天然气地面工程设计

第2版

（上卷）

高继峰　孙　娟　银永明　陈清涛　编著

中国石化出版社
·北京·

图书在版编目(CIP)数据

天然气地面工程设计．上卷／高继峰等编著．
2版．—北京：中国石化出版社，2025.4.—
ISBN 978-7-5114-7882-5

Ⅰ．TE37

中国国家版本馆CIP数据核字第2025MZ9183号

中国石化出版社出版发行

地址:北京市东城区安定门外大街58号
邮编:100011　电话:(010)57512446
发行部电话:(010)57512575
http://www.sinopec-press.com
E-mail:press@sinopec.com
北京艾普海德印刷有限公司印刷
全国各地新华书店经销
*
787毫米×1092毫米16开本51.25印张1392千字
2025年4月第1版　2025年4月第1次印刷
定价：198.00元

《天然气地面工程设计》
第2版

编　委　会

《天然气地面工程设计》第2版

编　写　组

主　　编：高继峰　孙　娟　银永明　陈清涛

副主编：（按姓氏笔画排序）

丁　锋　王向阳　公明明　史世杰

李　光　李晓鹏　罗　珊　曾丽瑶

陈俊亮

编　　委：（按姓氏笔画排序）

马海月　马靖威　马云锋　王志会

王雨生　王秋岩　王　磊　申　鹏

吉俊毅　毕海胜　乔爱丽　任　丹

孙　冲　孙胜利　李英存　吴佳伟

宋　燕　张　尧　张庆国　张丽艳

张丽鲜　张　迪　张祎帆　张钰豪

张　磊　苗　洁　庞怡可　赵怡斐

赵诗蒙　赵　钦　赵菁雯　胡恩源

段其照　倪平平　姬澳琪　黄家骥

龚　瑶　银俊宏　梁　莉　程振华

路　宽　魏　丹　魏正旋

总审核：仝淑月　梁法春

Preface 序

随着社会经济、技术的发展，天然气作为一种清洁能源，应用越来越广泛。天然气工业从上游的勘探开发，到中游的集输储存，再到下游的综合利用，已经形成一项技术密集型的系统工程。中原油田自第一口井“濮参1井”喷出工业油流到当前高效开发国内最大高酸性气田普光气田，时间跨度已达50年，在油田开发建设过程中，不仅积累了丰富的油气田开发实践经验，还成长起一批认真执着具有典型特征的中原石油人。

中原老区油气区块具有气油比高、伴生气富的特点。20世纪80年代初，受天然气处理技术瓶颈的限制，大量的伴生气未得到开发利用。当时中石化中原石油工程设计公司老一代工程技术人员面对国内处于空白的技术状况，充分发挥敢于探索、勇于实践的精神，独立自主设计建设了国内首套天然气处理装置——中原第一气体处理厂，并不断在技术上分析总结，在引进吸收先进技术的基础上，后续又建设了第二气体处理厂、第三气体处理厂，开始了天然气综合加工，不仅为油田创造了良好的经济效益，而且实现了资源的充分合理利用。

随着国内天然气的大规模开发，天然气地面工程建设进入了飞速发展时期，中石化中原石油工程设计公司陆续承担并建设完成当时国内最大规模天然气处理装置春晓气田陆上终端建设工程、国家重点项目“川气东送”管道工程及国外伊拉克祖拜尔气田处理工程等，在天然气地面工程领域积累了扎实丰富的经验，同时也培养出一大批优秀的天然气工程设计技术人员。后又陆续承担了德阳清洁能源回收及利用、文96地下储气库、文23地下储气库、内蒙古拐子湖区块拐6井伴生气综合利用、中安信资5万立方米LNG储罐、大牛地气田天然气乙烷回收等工程项目。在油气田地面工程、储气库建设、天然气液化及深冷加工等领域形成了一系列核心技术，如乙二醇、三甘醇、分子筛干燥脱水技术及脱甲烷塔防CO_2冻堵技术等。

项目建设，设计先行。从本质上看，设计是一种方法论，所涉及的工程设计也就是重组知识结构、重组资源，是为人类创造更合理、更健康生活方式的一种行为。在当前已进入全球化竞争的背景下，对设计的创新要求更趋严格，学会用自己的双眼观察市场，创造需求，任重而道远。

中石化中原石油工程设计公司时任郭晓明院长、银永明书记充分认识到这一点，组织院内老中青技术专家和骨干历时3年时间，编著此书。更为难得的是，公司大量新生代力量也参与了本书的编写，他们发挥出年青人的拼劲、闯劲、干劲，出色完成资料收集、整理提炼和编写校对等重要工作，充分体现出公司老中青技术传承体系的巨大优势。

这部《天然气地面工程设计·第2版》，详细总结了天然气从井口集输到最终用户的完整工程技术，既包括国内外先进的技术成果，又结合了中原油田开发实际案例，内容丰富，数据翔实，可供相关专业人员学习参考。

同时，希望本书的出版也能起到一定的传承作用，为地面工程设计工作创新提供基础支撑。我相信，经过一代代技术和管理人员的不懈奋斗，地面工程技术定会跟紧时代步伐，不断发展进步，并助力能源更好地服务人类生活。

是为序。

Foreword 前言

天然气是一种优质、高效、清洁的低碳能源。加快天然气产业发展，提高天然气在一次能源消费中的比重，对我国调整能源结构、提高人民生活水平、促进节能减排、应对气候变化具有重要的战略意义。

我国的天然气行业从无到有、从弱到强，已经发展成国家的一个重要行业，不仅为社会提供了重要的生产原料和生活产品，还培养了大批专业技术人才。他们在科研、设计和工程建设实践中不断探索，总结了大量的技术理论和管理经验，同时也在与国外相关行业交流、合作中，使大量国外先进技术在我国得到验证和推广。

本书第 1 版发行后，得到广大读者的欢迎及好评，我们深表感谢。近 10 年，中石化中原石油工程设计公司持续强化在天然气处理领域的关键技术攻关和科技成果转化，更加注重工作成果的梳理和先进经验的总结。经调研发现，在天然气提氦、脱硫及天然气液化领域，涌现出大量新技术、新工艺、新设备。因此，很有必要对本书第 1 版进行增补和完善，以适应新的行业发展要求，新增内容包括：天然气及氦资源分布的新数据、气田集输典型案例分析；分子筛脱硫法和离子液脱硫法、国内外天然气提氦工艺；新输气管道参数及要求；液化天然气工艺、液化天然气安全要求等；板翅式换热器、空冷器、重沸器等设备；泡罩型塔板、填料塔中的规整填料和塔内件。基于此，本书第 2 版将成为一本更具综合性、指导性、实用性的参考工具书。

本书共分为八编，第一编为天然气基础知识，包括天然气工业发展现状、天然气的分类和产品标准，以及天然气的性质等。主要由高继峰、丁锋、李光、孙冲、梁莉、王志会、马云锋、陈俊亮编写完成。第二编为天然气矿场集输，包括天然气集输概况、集输工艺、集输管线、增压集输和集输自动化等。主要由孙娟、李光、公明明、王向阳、毕海胜、吴佳伟、赵菁雯、马海月、王秋岩、程振华编写完成。第三编为天然气净化，包括天然气脱硫脱碳、脱水、硫黄回收及尾气处理等处理工艺的方法及计算等。主要由陈清涛、王向阳、罗珊、任丹、苗洁、胡恩源、赵怡斐编写完成。第四编为天然气加工和产品利用，包括天然气凝液回收和天然气凝液化工及产品利用。主要由孙娟、李晓鹏、史世杰、宋燕、龚瑶、庞怡可、赵诗蒙编写完成。第五编为天然气长输管线及各种储存工艺和计量，包括国内外输气管道概况、天然气输送、储存和输配、计量与检测仪表等。主要由银永明、公明明、曾丽瑶、黄家骥、王雨生、乔爱丽、毕海胜、张磊、张钰豪、张祎帆编写完成。第六编为液化天然气工艺及设备，包括液化天然气工艺、液化装置，液化天然气储运、设备及气化和液化天然气安全技术等。主要由陈清涛、史世杰、曾丽瑶、魏丹、段其照、银俊宏、姬澳琪、李英存编写完成。第七编为设备，分别对天然气地面工程中涉及的各种设备，如泵、压缩机、阀门、分离器、换热器等的工作原理、性能参数、特点、结构和选型进行研究。主要由银永明、丁锋、罗珊、吉俊毅、孙胜利、马靖威、倪平平、王磊、张庆国、路宽、张丽鲜、魏正旋编写完成。第八编介绍在地面工程设计中更重要的塔器。主要由高继峰、罗珊、李晓鹏、张迪、赵钦、申鹏、张尧、张丽艳编写完成。地面工程设计中的公用工程部分涉及范围较广，本书不能详尽收录，读者可翻阅相关专业书籍进行学习。在编写过程中，有关同志对本书做了细心审阅，提出了很多宝贵意见，在此表示感谢。

全书特邀仝淑月、梁法春教授进行校对审核，由高继峰、孙娟、银永明、陈清涛进行技术审查、内容调整、审校定稿。

书中不足之处，敬请广大读者批评指正。

Contents

目　录

第一编　天然气基础知识

第二编　天然气矿场集输

第三编　天然气净化

第四编 天然气加工和产品利用

第五编 天然气长输管线及各种储存工艺和计量

第一编　天然气基础知识

第一章　天然气工业发展现状

第一节　全球天然气资源量、储量和产量

一、全球天然气资源量

天然气资源量是天然气工业发展的基础。随着天然气勘探程度的加深和科学技术的发展，对资源量的估计越来越接近实际。根据目前的技术经济条件，通常将天然气资源分为两大类：常规资源和非常规资源。目前世界上开采的多数为常规资源，当技术经济发展到一定程度时，一些非常规天然气资源就进入技术经济可行的范畴，成为可以开发利用的可采储量。下面给出了世界天然气资源的统计，见表 1-1-1。因为没有进行资源评价，所以天然气水合物没有计算在内。

表 1-1-1　全球常规和非常规天然气剩余技术可采资源量　$10^{12}m^3$

地　区	常规天然气	非常规天然气			合　计	
		致密气	页岩气	煤层气	资源量	探明储量
北美洲	51	11	61	7	130	12
中南美洲	28	15	41		84	8
欧洲	19	5	18	5	47	5
非洲	51	10	41	0	101	17
中东	103	9	11		123	80
欧亚大陆	134	10	10	17	172	74
亚太	45	21	53	21	139	20
世界	432	82	233	50	796	216

二、全球天然气资源的分布状况

2020 年，全球勘探新发现油气田储量大于 5 亿桶油当量的巨型油气田有 6 个，大于 1 亿桶油当量的大型油气田有 28 个，这两类油气田的个数仅占 17.4%，但油气 2P 可采储量占全年新发现油气总储量的 83.6%。在常规油气勘探新发现中，排名前 3 位的国家分别是土耳其、苏里南和美国。

除了常规天然气资源外，地球上还蕴藏着相当丰富的非常规天然气资源，通常所说的非常规天然气是指致密砂岩气（TSG）、煤层气（CBM）、页岩气（SG）、天然气水合物、高压气（水溶性天然气）、深盆气和深源气等。非常规天然气的开采方式不同于常规天然气资源的勘探开采方式，开采成本高。现今，非常规天然气资源的商业化生产并不成熟。迄今为止在美国进行商业化生产的只有前 3 种气体。

就资源分布而言，北美、俄罗斯和中国具有广泛的煤层气、致密气、页岩气和天然气水合物资源分布。世界煤层气资源量巨大，分布广泛，主要分布于北美、俄罗斯和中国等国家和地区（见图 1-1-1）。

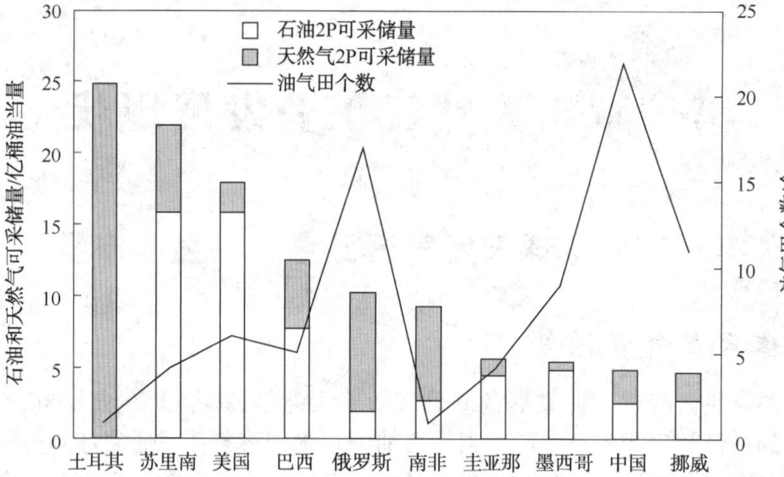

图 1-1-1　全球油气田分布状况

1. 致密砂岩气

美国联邦能源管理委员会(FERC)对致密砂岩储层的定义为：在产气层段内，其平均渗透率等于或低于 $0.1\times10^{-3}\mu m^2$ 的砂岩储层，或产量低于 FERC 规定的各深度层段的产量者，均称为致密砂岩储层。目前世界上可开采的致密砂岩气储量为 $10.5\times10^{12}\sim24\times10^{12}m^3$，居非常规天然气之首。

2. 煤层气

广义的煤层气是指储藏在煤层及其周围岩石中的天然气，其来源为：地层中有机物煤化过程中生成的气体(有机生成)；岩浆岩侵入时产生的气体及碳酸盐岩受热分解产生的气体(无机生成)；地壳中放射性元素衰变过程中产生的气体及地下水中释放出的氦、氡等气体(无机生成)。狭义的煤层气则是指可供能源开发利用的、在煤层及其周围岩石自生自储的以甲烷为主的天然气。这类天然气与石油天然气藏中的气藏气、油层的气顶气、石油中的溶解气等常规的天然气不同，因此也称为非常规天然气。据国际能源机构(IEA)估计，全世界煤层气资源量达 $260\times10^{12}m^3$，其中 90%的煤层气资源量分布在俄罗斯、加拿大、中国等 12 个主要煤产国。

3. 页岩气

页岩气是从页岩层中开采出来的。主体位于暗色泥页岩或高碳泥页岩中。以吸附或游离状态存在于泥岩、高碳泥岩、页岩及粉砂质岩类夹层中。页岩气主要是生物成因、热成因和生物-热成因的连续型天然气聚集，它的主要特征是含气面积大、隐蔽圈闭机理、盖层岩性不定和烃类运移距离较短。页岩气可以是储存在天然裂隙和粒间孔隙内的游离气，也可以是干酪根和页岩颗粒表面的吸附气，或是干酪根和沥青中的溶解气。页岩气藏的储层一般呈低孔、低渗透率的物性特征，气流的阻力比常规天然气大，需要实施储层压裂改造才能实现有效开采。目前，世界页岩气技术可采资源量约为 $210.67\times10^{12}m^3$，其中，中国页岩气技术可采资源量约为 $31.57\times10^{12}m^3$。

4. 天然气水合物

天然气水合物(Natural Gas Hydrate)因其外观像冰一样而且遇火即可燃烧，所以又被称作“可燃冰”或“固体瓦斯”和“气冰”。它是在一定条件(合适的温度、压力、气体饱和度、水的盐度、pH 值等)下，由水和天然气在中高压和低温条件下混合时组成的类冰的、非化学计量的、笼形结晶化合物。天然气水合物在自然界广泛分布在大陆、岛屿的斜坡地带、活动和被动大陆边缘的隆起处、极地大陆架及海洋和一些内陆湖的深水环境。

由于目前天然气水合物的资源勘探工作还有待深入，所采用的标准不同，所以各个研究机构对全世界天然气水合物储量的估计值差别很大，据潜在气体联合会(PGC)估计永久冻土区天然气水合物资源量为 $1.4\times10^{13}\sim3.4\times10^{16}m^3$，包括海洋天然气水合物在内资源总量为 $7.6\times10^{18}m^3$。美国科学家 Kvenvolden 预测全球天然气总资源量约为 $2.0\times10^{16}m^3$，大约是目前全球已知的包括煤炭、石油、天然气在内的常规化石能源储量的 2 倍。

5. 水溶性天然气

水溶性天然气是指以甲烷为主，在高压、高温地层水中溶解的非常规天然气。据初步估计，全世界水溶气储量约为常规气藏的 115 倍，是世界第二大非常规天然气资源和极具利用价值的潜在能源。水溶气通常储存于含油气盆地中，全球水溶气的资源量为 $3.3837\times10^{16}m^3$，典型盆地有墨西哥湾沿岸盆地、西西伯利亚盆地、伏尔加-乌拉尔盆地、滨里海盆地、南里海盆地、亚速夫-库班盆地、四川盆地、大庆长垣及以西地区和柴达木盆地三湖地区。

6. 深盆气

深盆气是 20 世纪 70 年代以来北美洲天然气勘探开发领域最重要的发现之一，其特点是天然气聚集在盆地的中央和凹陷较深部位，储层致密，气水关系倒置，含气层压力异常。仅美国西部大绿河盆地估算深盆气可采储量有 $1.7\times10^{12}m^3$。加拿大阿尔伯达省，中国四川、陕甘宁盆地深盆气资源量十分丰富。陕甘宁盆地深盆气地质储量估计可达 $8\times10^{12}m^3$。

7. 深源气

指来自地壳深部和上地幔的无机成因的天然气，或称非生物成因天然气。美国能源局计算了阿拉斯加西南海区深源气量可达 $84\times10^{12}m^3$。中国地质学家张恺于 1990 年用类比法估计塔里木盆地中部裂谷扩张区深源气量为 $48.39\times10^{12}\sim7657.18\times10^{12}m^3$，准噶尔盆地中部裂谷扩张沉降区深源气量为 $0.37\times10^{12}\sim386.7\times10^{12}m^3$，博格达地槽裂谷带深源气量为 $0.69\times10^{12}\sim6.99\times10^{12}m^3$，另外推测在中国的松辽、渤海湾、苏北、三水、四川、陕甘宁、吐鲁番、酒泉、柴达木等盆地均有无机成因的深源气。

三、全球天然气可采储量

国内外在资源量和储量的概念上有很大差异。迄今各国尚无统一的储量分类标准，不同国家之间，油气储量的对比十分困难，大体上有以下两种不同的理解：

(1)俄罗斯、中国等国家把油气储层圈闭中的油气含量确认为“储量”，因此各个类型的储量均为地下储量。这些国家对埋藏在地下的储量划分得很细致，概念很科学化，储量类别很多。储量分级都是对地下埋藏量的划分。

(2)欧美国家等清楚地区分了“储量”和“资源”是两个概念，认为只有目前技术和经济条件下能够采出的那部分油气量才是“储量”。各个类型的储量均为地上可采得的“储量”。这些国家只计算地下有商业价值的储量，一般只简单地划分四种储量，具体划分见图 1-1-2。

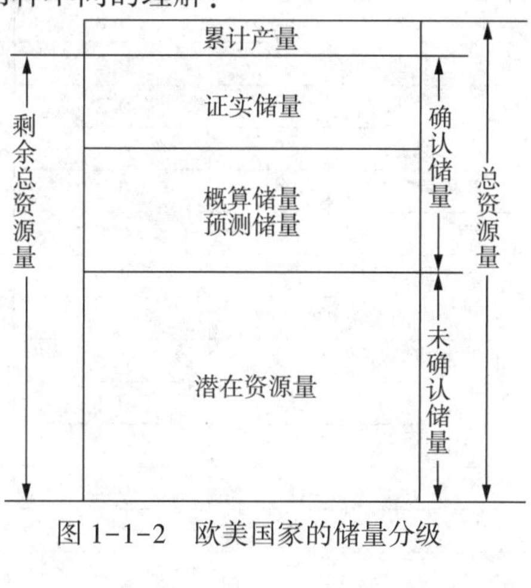

图 1-1-2　欧美国家的储量分级

(一)全球天然气可采储量的变化趋势

2000年、2010年与2020年全球天然气探明储量分布见图1-1-3，可以发现，相较于2000~2010年，2010~2020年天然气探明储量总体仍呈现出增长的趋势，但增长幅度有所下降。

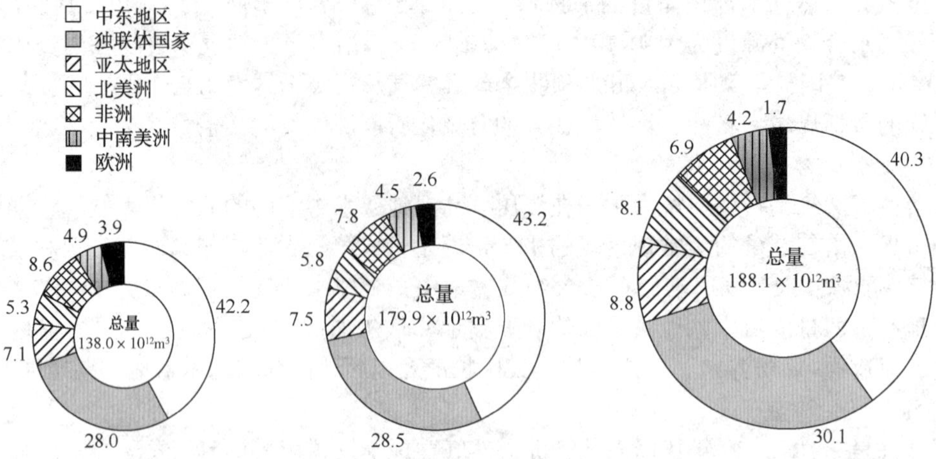

图1-1-3 2000年、2010年与2020年天然气探明储量分布

近20年来全球天然气可采储量增长较大。2000年为$138.0\times10^{12}m^3$，到2010年增长为$179.9\times10^{12}m^3$，增长约0.30倍；2020年增长为$188.1\times10^{12}m^3$，和2010年相比增长约0.05倍。近20年增长幅度和增长绝对值都下降明显，2020年和2010年相比，增长储量仅为$8.2\times10^{12}m^3$。全球各国家地区可采储量的具体分布及统计见表1-1-2。

表1-1-2 2000~2020年全球各地区可采储量分布 $10^{12}m^3$

国家或地区	2000年末	2010年末	2019年末	2020年末	
				可采储量	占总量/%
加拿大	1.6	1.9	2.0	2.4	1.3
墨西哥	0.8	0.4	0.2	0.2	0.1
美国	4.8	8.3	12.6	12.6	6.7
北美洲总计	7.3	10.5	14.8	15.2	8.1
阿根廷	0.8	0.3	0.4	0.4	0.2
玻利维亚	0.2	0.3	0.2	0.2	0.1
巴西	0.2	0.4	0.4	0.3	0.2
哥伦比亚	0.1	0.1	0.1	0.1	◆
秘鲁	0.2	0.3	0.3	0.3	0.1
特立尼达和多巴哥	0.5	0.4	0.3	0.3	0.2
委内瑞拉	4.6	6.1	6.3	6.3	3.3
其他中南美洲国家	0.1	0.1	0.1	0.1	◆
中南美洲总计	6.8	8.1	7.9	7.9	4.2
丹麦	0.1	0.1	+	+	◆
德国	0.2	0.1	+	+	◆
意大利	0.2	0.1	+	+	◆
荷兰	1.6	1.2	0.1	0.1	0.1

续表

国家或地区	2000 年末	2010 年末	2019 年末	2020 年末	
				可采储量	占总量/%
挪威	1.2	2.0	1.5	1.4	0.8
波兰	0.1	0.1	0.1	0.1	◆
罗马尼亚	0.2	0.1	0.1	0.1	◆
乌克兰	0.8	0.7	1.1	1.1	0.6
英国	0.7	0.3	0.2	0.2	0.1
其他欧洲国家	0.2	0.1	0.1	0.1	◆
欧洲总计	5.4	4.7	3.3	3.2	1.7
阿塞拜疆	1.0	1.0	2.5	2.5	1.3
哈萨克斯坦	1.7	1.7	2.3	2.3	1.2
俄罗斯	33.2	34.1	37.6	37.4	19.9
土库曼斯坦	1.8	13.6	13.6	13.6	7.2
乌兹别克斯坦	0.9	0.9	0.8	0.8	0.4
其他独联体国家	+	+	+	+	◆
独联体国家总计	38.6	51.3	56.8	56.6	30.1
巴林	0.3	0.2	0.1	0.1	◆
伊朗	25.4	32.3	32.1	32.1	17.1
伊拉克	3.0	3.0	3.5	3.5	1.9
以色列	+	0.2	0.6	0.6	0.3
科威特	1.5	1.7	1.7	1.7	0.9
阿曼	0.8	0.5	0.7	0.7	0.4
卡塔尔	14.9	25.9	24.7	24.7	13.1
沙特阿拉伯	6.0	7.5	6.0	6.0	3.2
叙利亚	0.2	0.3	0.3	0.3	0.1
阿拉伯联合酋长国	5.8	5.9	5.9	5.9	3.2
也门	0.3	0.3	0.3	0.3	0.1
其他中东国家	+	+	+	+	◆
中东地区总计	58.3	77.8	75.8	75.8	40.3
阿尔及利亚	4.4	4.3	4.3	2.3	1.2
埃及	1.4	2.1	2.1	2.1	1.1
利比亚	1.2	1.4	1.4	1.4	0.8
尼日利亚	3.9	4.9	5.5	5.5	2.9
其他非洲国家	1.0	1.2	1.6	1.6	0.8
非洲总计	11.9	14.0	14.9	12.9	6.9
澳大利亚	1.7	2.9	2.4	2.4	1.3
孟加拉国	0.3	0.3	0.1	0.1	0.1
文莱	0.4	0.3	0.2	0.2	0.1
中国	1.4	2.7	8.4	8.4	4.5
印度	0.7	1.1	1.3	1.3	0.7
印度尼西亚	2.7	3.0	1.4	1.3	0.7
马来西亚	1.1	1.0	0.9	0.9	0.5

第一编 CHAPTER ONE 天然气基础知识

续表

国家或地区	2000年末	2010年末	2019年末	2020年末	
				可采储量	占总量/%
缅甸	0.3	0.2	0.4	0.4	0.2
巴基斯坦	0.5	0.6	0.4	0.4	0.2
巴布亚新几内亚	+	0.1	0.2	0.2	0.1
泰国	0.4	0.3	0.1	0.1	0.1
越南	0.2	0.6	0.6	0.6	0.3
亚太其他国家和地区	0.2	0.3	0.2	0.2	0.1
亚太地区总计	9.8	13.5	16.8	16.6	8.8
全球总计	138.0	179.9	190.3	188.1	100
其中：经合组织	13.6	17.6	20.0	20.3	10.8
非经合组织	124.4	162.4	170.3	167.8	89.2
欧盟	2.5	1.6	0.4	0.4	0.2

注：+号表示低于0.05；◆号表示低于0.05%。

源自2021年第70版《BP世界能源统计年鉴》。

从表1-1-2可以看出，世界各地区可采储量分布很不均匀，中东和独联体国家的可采储量分别占世界总量的40.3%和30.1%，而欧洲地区仅占1.7%。截至2020年，世界主要国家的天然气可采储量排名如图1-1-4所示，其中中国排名第6。

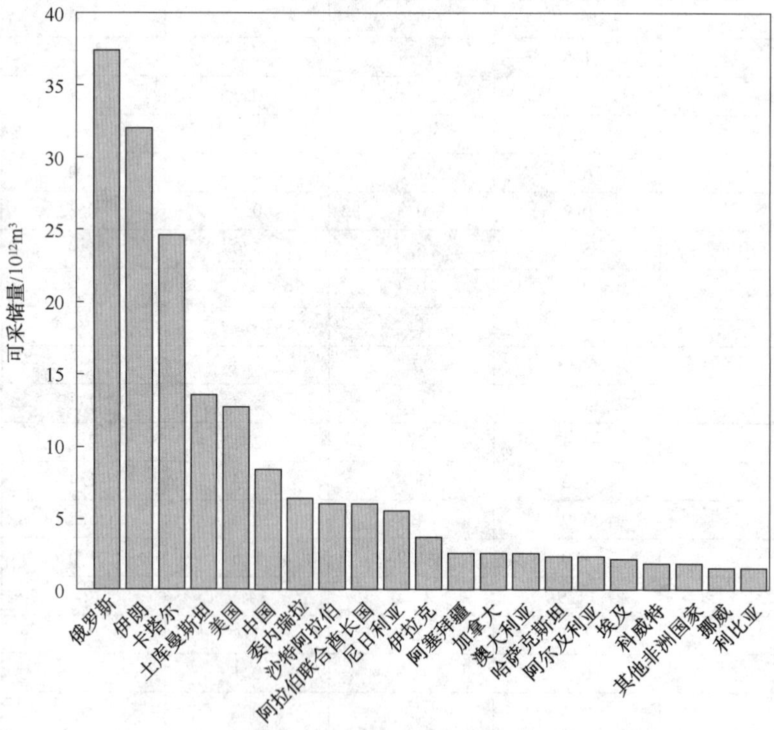

图1-1-4 截至2020年世界天然气可采储量国家排名

(二)全球天然气待开发区域分布情况

据美国地质调查局(USGS)评估，世界天然气远景资源量与已获得储量总量大致相当，初步估计待发现天然气资源量 $117.1\times10^{12}m^3$ 甚至更多，预计 2035 年新天然气资源储量将增加 $66.5\times10^{12}m^3$，两者合计 $183.6\times10^{12}m^3$，超过了当前全球探明储量(见图 1-1-5)。而待开发天然气储量分布见图 1-1-6。

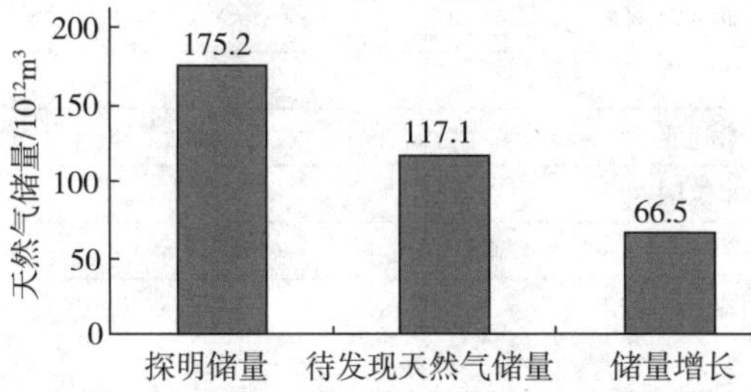

图 1-1-5　全球天然气资源储量

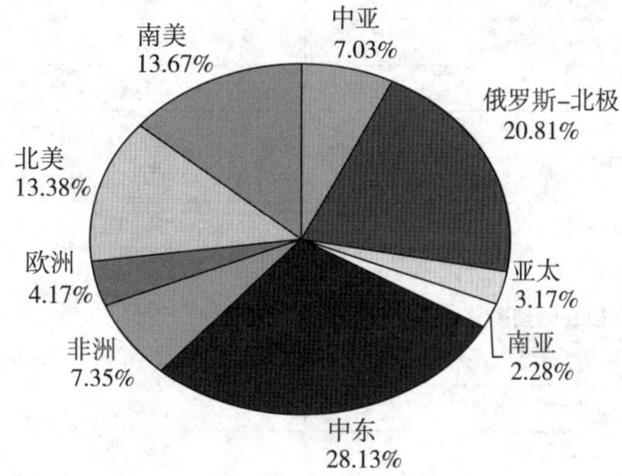

图 1-1-6　待开发天然气储量分布情况

四、全球天然气生产

(一)全球各国天然气的储采比

为了弄清天然气储量的开采能力，引入了“储采比”的概念，即剩余可采储量除以当年的年生产量得到的数值，反映了目前剩余可采储量按当年生产水平可以继续开采的年限，但这并不是天然气枯竭的年限。随着勘探水平的进步和认识水平的提高，资源量随之增大。因此，资源—可采储量—产量是一个动态的概念。

天然气生产的“储采比”是涉及天然气勘探、开发、生产、利用等相关技术经济因素的一个综合参数。储采比过低，将影响天然气下游工业的稳定；而储采比过高，大量的可采储量埋在地下不能及时开发，也就是大量资金“埋”在地下不能及时回收，又将影响天然气上游工业的经济效益和持续发展。合适的天然气储采比值，应该能够同时使天然气上下游工业都得以持续发展。当有丰富的资源量作为可采储量的后盾时，储采比可以控制低一些；如果资源量不丰富或者难以找寻时，仍然要努力追求较高的储采比(见表 1-1-3)。

表 1-1-3　2020 年世界各国各地区天然气储采比

国家或地区	储采比/年	国家或地区	储采比/年
加拿大	14.2	其他中南美洲国家	19.7
墨西哥	5.9	**中南美洲合计**	51.7
美国	13.8	丹麦	20.3
北美洲合计	13.7	德国	4.4
阿根廷	10.1	意大利	10.9
玻利维亚	14.8	荷兰	6.5
巴西	14.6	挪威	12.8
哥伦比亚	6.5	波兰	18.4
秘鲁	21.6	罗马尼亚	9.1
特立尼达和多巴哥	9.8	乌克兰	57.5
委内瑞拉	333.9	英国	4.7

续表

国家或地区	储采比/年	国家或地区	储采比/年
其他欧洲国家	14.3	**中东地区总计**	110.4
欧洲总计	14.5	阿尔及利亚	28.0
阿塞拜疆	96.9	埃及	36.6
哈萨克斯坦	71.2	利比亚	107.4
俄罗斯	58.6	尼日利亚	110.7
土库曼斯坦	230.7	其他非洲国家	54.8
乌兹别克斯坦	18.0	**非洲总计**	55.7
其他独联体国家	9.1	澳大利亚	16.8
独联体国家总计	70.5	孟加拉国	4.5
巴林	3.9	文莱	17.6
伊朗	128.0	中国	43.3
伊拉克	336.3	印度	55.6
以色列	39.7	印度尼西亚	19.8
科威特	113.2	马来西亚	12.4
阿曼	18.0	缅甸	24.4
卡塔尔	144.0	巴基斯坦	12.6
沙特阿拉伯	53.7	巴布亚新几内亚	13.7
叙利亚	89.6	泰国	4.4
阿拉伯联合酋长国	107.1	越南	74.1
也门	2618.8	亚太其他国家、地区	11.5
其他中东国家	24.7	**亚太地区总计**	25.4

1990~2020年历年的储采比变化如图1-1-7所示，从图中可以看出储采比基本处于一个下降的趋势。

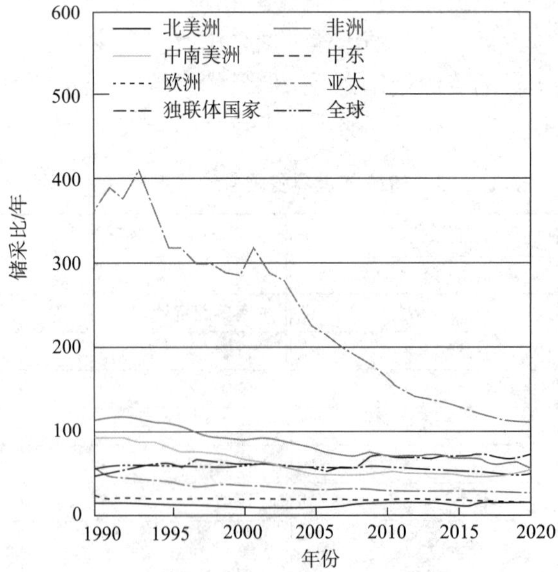

图1-1-7 1990~2020年历年的储采比变化

(二)全球天然气产量与消费量

近25年来，全球天然气生产和消费均呈波动增长态势，受2009年金融危机和2019年新冠肺炎疫情的影响，同年的天然气产量和消费量都有所下降(分别见图1-1-8和图1-1-9)，其中北美、独联体国家是传统天然气生产消费区，亚太、中东、非洲产销增长较快，世界各国天然气产量和消费量分别见表1-1-4和表1-1-5。

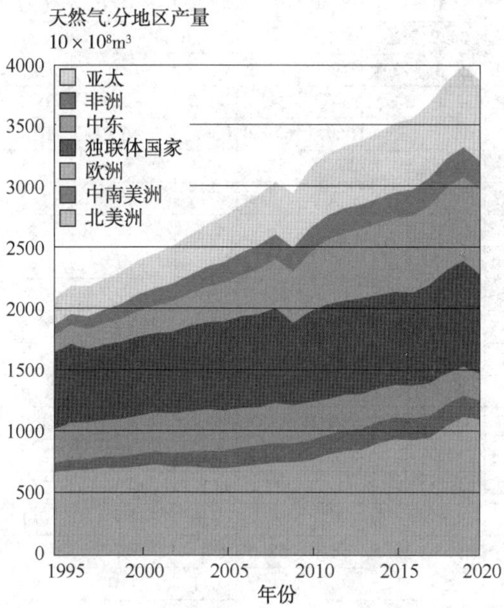

图1-1-8　1995~2020年全球天然气产量变化

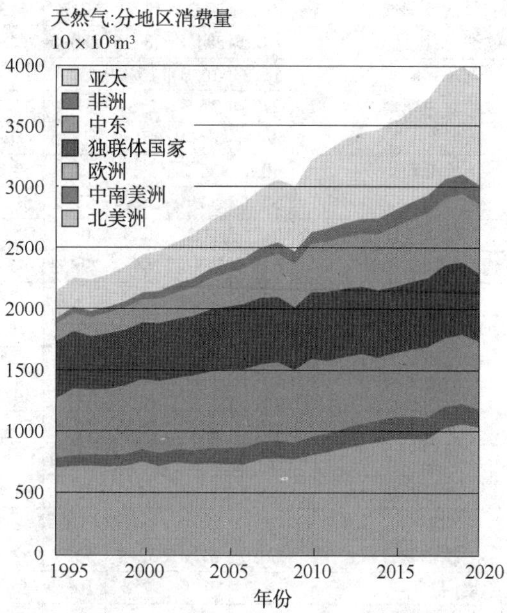

图1-1-9　1995~2020年全球天然气消费情况

表1-1-4　世界各国天然气产量　　$10\times10^8m^3$

国家或地区	2010年	2011年	2012年	2013年	2014年	2015年	2016年	2017年	2018年	2019年	2020年	2019~2020年变化情况/%	2020年占总量比例/%
加拿大	149.6	151.1	150.3	151.9	159.0	160.8	172.0	173.9	176.8	169.0	165.2	−2.5	4.3
墨西哥	51.2	52.1	50.9	52.5	51.3	47.9	43.7	38.3	35.2	31.3	30.1	−4.2	0.8
美国	575.2	617.4	649.1	655.7	704.7	740.3	727.4	746.2	840.9	930.0	914.6	−1.9	23.7
北美洲总计	775.9	820.5	850.3	860.1	915.0	949.0	943.0	958.3	1052.9	1130.3	1109.9	−2.1	28.8
阿根廷	39.0	37.7	36.7	34.6	34.5	35.5	37.3	37.1	39.4	41.6	38.3	−8.2	1.0
玻利维亚	13.7	15.0	17.1	19.6	20.3	19.6	18.8	18.2	17.0	15.0	14.4	−3.9	0.4
巴西	15.0	17.2	19.8	21.9	23.3	23.8	24.1	27.2	25.2	25.7	23.9	−7.3	0.6
哥伦比亚	10.8	10.5	11.5	13.2	12.3	11.6	12.0	12.3	12.9	13.2	13.3	0.2	0.3
秘鲁	7.3	11.5	12.0	12.4	13.1	12.7	14.0	13.0	12.8	135.	12.1	−10.7	0.3
特立尼达和多巴哥	40.3	38.7	38.5	38.7	38.1	36.0	31.3	31.9	34.0	34.6	29.5	−15.0	0.8
委内瑞拉	30.5	30.2	31.9	30.6	31.8	36.1	37.2	38.6	31.6	25.6	18.8	−26.9	0.5
其他中南美洲国家	3.8	3.2	3.0	2.7	2.6	2.9	3.1	3.1	3.0	3.2	2.7	−16.3	0.1
中南美洲总计	160.4	164.1	170.6	173.8	176.0	178.0	177.9	181.4	175.9	172.3	152.9	−11.5	4.0
丹麦	8.5	6.9	6.0	5.0	4.8	4.8	4.7	5.1	4.3	3.2	1.4	−57.0	◆
德国	11.1	10.5	9.5	8.6	8.1	7.5	6.9	6.4	5.5	5.3	4.5	−15.9	0.1
意大利	8.0	8.0	8.2	7.4	6.8	6.4	5.5	5.3	5.2	4.6	3.9	−16.4	0.1
荷兰	75.3	69.5	68.4	72.4	60.4	45.9	44.3	37.9	32.3	27.8	20.0	−28.5	0.5
挪威	106.2	100.5	113.9	107.9	107.5	116.1	115.9	123.7	121.3	114.3	111.5	−2.7	2.9
波兰	4.3	4.5	4.5	4.4	4.3	4.3	4.1	4.0	4.0	4.0	3.9	−1.7	0.1
罗马尼亚	10.0	10.1	10.1	10.1	10.2	10.2	9.1	10.0	10.0	9.6	8.7	−9.8	0.2

续表

国家或地区	2010年	2011年	2012年	2013年	2014年	2015年	2016年	2017年	2018年	2019年	2020年	2019~2020年变化情况/%	2020年占总量比例/%
乌克兰	19.4	19.5	19.4	20.2	20.2	18.8	19.0	19.4	19.7	19.4	19.0	-2.5	0.5
英国	57.9	46.1	39.2	37.0	37.4	40.7	41.7	41.9	40.7	39.5	39.5	-0.4	1.0
其他欧洲国家	9.3	9.2	8.4	7.2	6.3	6.1	8.7	9.0	8.4	7.4	6.3	-15.0	0.2
欧洲总计	310.1	284.8	287.5	280.0	266.1	260.8	259.9	262.7	251.4	235.2	218.6	-7.3	5.7
阿塞拜疆	16.3	16.0	16.8	17.4	18.4	18.8	18.3	17.8	19.0	24.3	25.8	6.0	0.7
哈萨克斯坦	27.8	29.3	29.7	31.1	31.7	31.9	32.1	34.5	34.1	34.0	31.7	-7.2	0.8
俄罗斯	598.4	616.8	601.9	614.5	591.2	584.4	589.3	635.6	669.1	679.0	638.5	-6.2	16.6
土库曼斯坦	40.1	56.3	59.0	59.0	63.5	65.9	63.2	59.7	61.5	63.2	59.0	-6.9	1.5
乌兹别克斯坦	57.1	56.6	56.5	55.9	56.3	53.6	53.1	53.4	57.2	57.3	47.1	-18.1	1.2
其他独联体国家	0.3	0.3	0.3	0.3	0.3	0.3	0.3	0.3	0.3	0.3	0.3	-0.5	◆
独联体国家总计	740.0	775.4	764.2	778.3	761.4	754.9	756.3	800.2	841.3	858.2	802.4	-6.8	20.8
巴林	12.4	12.6	13.1	14.0	14.7	14.6	14.4	14.5	14.6	16.3	16.4	0.8	0.4
伊朗	143.9	151.0	156.9	157.5	175.5	183.5	199.3	213.8	232.0	241.4	250.8	3.6	6.5
伊拉克	7.1	6.3	6.3	7.1	7.5	7.3	9.9	10.1	10.6	11.0	10.5	-4.6	0.3
科威特	11.1	12.9	14.7	15.5	14.3	16.1	16.4	16.2	16.9	17.9	15.0	-16.7	0.4
阿曼	25.7	27.1	28.3	30.8	29.3	30.7	31.5	32.3	36.3	36.7	36.9	0.4	1.0
卡塔尔	123.1	150.4	162.5	167.9	169.4	175.8	174.5	170.5	169.1	172.1	171.3	-0.7	4.4
沙特阿拉伯	83.3	87.6	94.4	95.0	97.3	99.2	105.3	109.3	112.1	111.2	112.1	0.6	2.9
叙利亚	8.4	7.4	6.1	5.0	4.6	4.1	3.5	3.5	3.5	3.3	3.0	-10.1	0.1
阿拉伯联合酋长国	50.0	51.0	52.9	53.2	52.9	58.6	59.5	59.5	58.0	58.0	55.4	-4.7	1.4
也门	6.3	9.4	7.6	10.4	9.8	2.9	0.5	0.3	0.1	0.1	0.1	1.0	◆
其他中东国家	3.3	4.2	2.5	6.3	7.3	8.1	9.0	9.5	10.1	10.2	15.0	46.3	0.4
中东地区总计	474.6	520.0	545.5	562.6	582.6	600.8	624.1	639.5	663.3	678.2	686.6	1.0	17.8
阿尔及利亚	77.4	79.6	78.4	79.3	80.2	81.4	91.4	93.0	93.8	87.0	81.5	-6.6	2.1
埃及	59.0	59.1	58.6	54.0	47.0	42.6	40.3	48.8	58.6	64.9	58.5	-10.2	1.5
利比亚	16.0	7.5	11.6	12.2	15.7	14.7	14.8	13.6	13.2	14.5	13.3	-8.5	0.3
尼日利亚	30.9	36.4	39.2	33.1	40.0	47.6	42.6	47.2	48.3	49.3	49.4	◆	1.3
其他非洲国家	18.2	18.0	18.9	20.5	20.7	21.7	22.8	26.9	27.6	28.1	28.6	1.6	0.7
非洲总计	201.5	200.6	206.7	199.1	203.5	208.0	211.9	229.5	241.4	243.8	231.3	-5.4	6.0
澳大利亚	52.6	54.2	58.0	60.3	64.9	74.1	94.0	110.1	126.0	143.1	142.5	-0.7	3.7
孟加拉国	19.3	19.6	21.3	22.0	23.0	25.9	26.5	26.6	26.6	25.3	24.7	-2.5	0.6
文莱	12.0	12.5	12.3	11.9	12.7	13.3	12.9	12.9	12.6	13.0	12.6	-2.9	0.3
中国	96.5	106.2	111.5	121.8	131.2	135.7	137.9	149.2	161.4	177.6	194.0	9.0	5.0
印度	47.4	42.9	37.3	31.1	29.4	28.1	26.6	27.7	27.5	26.9	23.8	-11.9	0.6
印度尼西亚	87.0	82.7	78.3	77.6	76.4	76.2	75.1	72.7	72.8	67.6	63.2	-6.8	1.6
马来西亚	65.1	67.0	69.3	72.6	72.2	76.8	76.7	78.5	77.2	79.3	73.2	-7.9	1.9
缅甸	12.2	12.6	12.5	12.9	16.5	19.2	18.3	17.8	17.0	18.5	17.7	-4.6	0.5
巴基斯坦	35.3	35.3	36.6	35.6	35.0	35.0	34.7	34.7	34.2	32.7	30.6	-6.6	0.8
泰国	33.7	33.8	38.4	38.9	39.1	37.5	37.3	35.9	34.7	35.8	32.7	-8.8	0.8
越南	9.1	8.2	9.0	9.4	9.9	10.3	10.2	9.5	9.7	9.9	8.7	-11.8	0.2
亚太其他国家和地区	17.9	17.7	17.7	18.2	23.0	27.9	28.9	29.1	27.0	28.7	28.4	-1.5	0.7
亚太地区总计	488.1	492.6	502.1	512.2	533.3	560.0	579.0	604.6	626.6	658.2	652.1	-1.2	16.9
全球总计	3150.8	3258.0	3326.8	3366.1	3437.9	3511.7	3552.1	3676.2	3852.9	3976.2	3853.7	-3.3	100
其中：经合组织	1130.9	1151.0	1187.0	1196.4	1242.1	1281.0	1296.7	1331.1	1430.9	1510.8	1478.5	-2.4	38.4
非经合组织	2019.9	2107.0	2139.8	2169.6	2195.8	2230.6	2255.4	2345.1	2422.0	2465.4	2375.2	-3.9	61.6
欧盟	125.6	117.5	113.9	113.9	99.9	84.3	82.3	76.8	68.8	61.1	47.8	-21.9	1.2

注：◆低于0.05%。

表 1-1-5 世界各国天然气消费量 $10\times10^8m^3$

国家或地区	2010年	2011年	2012年	2013年	2014年	2015年	2016年	2017年	2018年	2019年	2020年	2019~2020年变化情况/%	2020年占总量比例/%
加拿大	92.0	101.1	99.8	105.9	110.4	110.5	106.4	110.3	116.4	117.8	112.6	−4.7	2.9
墨西哥	66.0	70.8	73.7	77.8	78.8	80.8	83.0	86.0	87.6	88.0	86.3	−2.2	2.3
美国	648.2	658.2	688.1	707.0	722.3	743.6	749.1	740.0	821.7	849.2	832.0	−2.3	21.8
北美洲总计	806.3	830.1	861.6	890.8	911.5	934.8	938.6	936.3	1025.7	1055.1	1030.9	−2.6	27.0
阿根廷	42.1	43.8	45.7	46.0	46.2	46.7	48.2	48.3	48.7	46.6	43.9	−5.9	1.1
巴西	27.6	27.5	32.6	38.4	40.7	42.9	37.1	37.6	35.9	35.7	32.1	−10.4	0.8
智利	5.7	5.8	5.3	5.3	4.4	4.8	5.9	5.6	5.6	6.5	6.1	−6.3	0.2
哥伦比亚	8.7	8.5	9.5	10.5	11.4	11.2	12.1	12.4	13.2	13.4	13.9	3.3	0.4
厄瓜多尔	0.6	0.6	0.7	0.9	0.9	0.8	0.9	0.8	0.7	0.6	0.5	−13.9	◆
秘鲁	5.4	6.3	6.9	6.7	7.4	7.6	8.5	7.5	8.0	8.2	7.1	−14.4	0.2
特立尼达和多巴哥	20.7	20.5	20.2	20.4	20.5	19.6	16.9	18.3	17.4	17.5	15.1	−13.7	0.4
委内瑞拉	31.3	33.3	34.6	32.3	34.0	37.0	37.2	38.6	31.6	25.6	18.8	−26.9	0.5
其他中南美洲国家	5.1	5.8	6.3	6.9	7.2	7.1	7.3	7.2	8.0	9.2	8.1	−11.9	0.2
中南美洲总计	147.3	152.1	161.8	167.3	172.6	177.8	174.2	176.3	169.2	163.3	145.6	−11.1	3.8
奥地利	9.6	9.0	8.6	8.2	7.5	8.0	8.3	9.1	8.7	8.9	8.5	−4.5	0.2
比利时	19.4	16.5	16.7	16.5	14.5	15.8	16.2	16.4	16.9	17.4	17.0	−2.5	0.4
捷克	9.4	7.9	8.0	8.1	7.2	7.5	8.2	8.4	8.0	8.3	8.5	1.4	0.2
芬兰	4.1	3.6	3.2	3.0	2.7	2.3	2.0	1.8	2.1	2.0	2.0	−4.1	0.1
法国	49.6	43.0	44.4	45.1	37.9	40.8	44.5	44.8	42.8	43.7	40.7	−7.1	1.1
德国	88.1	80.9	81.1	85.0	73.9	77.0	84.9	87.7	85.9	88.7	86.5	−2.7	2.3
希腊	3.7	4.6	4.2	3.7	2.8	3.1	4.0	4.8	4.7	5.2	5.7	9.7	0.1
匈牙利	11.4	10.9	9.7	9.1	8.1	8.7	9.3	9.9	9.6	9.8	10.2	3.1	0.3
意大利	79.1	74.2	71.4	66.7	59.0	64.3	67.5	71.6	69.2	70.8	67.7	−4.7	1.8
荷兰	46.8	40.9	39.3	39.1	34.5	34.1	35.2	36.1	35.4	37.0	36.6	−1.5	1.0
挪威	4.1	4.0	4.0	4.0	4.3	4.5	4.4	4.6	4.4	4.6	4.4	−3.2	0.1
波兰	16.2	16.5	17.4	17.4	17.0	17.1	18.3	19.2	19.9	20.9	21.6	2.9	0.6
葡萄牙	5.2	5.3	4.6	4.3	4.1	4.8	5.1	6.3	5.8	6.1	6.0	−2.6	0.2
罗马尼亚	12.5	12.9	12.5	11.4	10.9	10.4	10.5	11.3	11.6	10.7	11.3	5.1	0.3
西班牙	36.2	33.6	33.2	30.3	27.5	28.5	29.1	31.7	31.5	36.0	32.4	−10.1	0.8
瑞典	1.5	1.2	1.1	1.0	0.8	0.9	1.0	1.0	1.0	1.0	1.1	3.4	◆
瑞士	3.5	3.1	3.4	3.6	3.1	3.3	3.5	3.5	3.3	3.4	3.2	−5.4	0.1
土耳其	35.8	41.8	43.3	44.0	46.6	46.0	44.5	51.6	47.2	43.4	46.4	6.6	1.2
乌克兰	54.6	56.1	51.8	47.7	40.3	32.0	31.4	30.2	30.6	28.3	29.3	3.4	0.8
英国	98.5	81.9	76.9	76.3	70.1	72.0	80.7	78.5	79.5	77.3	72.5	−6.5	1.9
其他欧洲国家	33.5	32.3	30.8	29.8	27.2	28.1	28.9	30.3	30.1	30.0	29.6	−1.3	0.8
欧洲总计	622.9	580.4	565.7	554.4	500.0	509.2	537.4	558.8	548.3	553.5	541.1	−2.5	14.2
阿塞拜疆	8.1	8.9	9.4	9.4	9.9	11.1	10.9	10.6	10.8	11.8	11.9	0.6	0.3
白俄罗斯	20.7	19.2	19.4	19.3	19.1	17.9	17.8	18.2	19.3	19.2	17.9	−7.0	0.5
哈萨克斯坦	9.5	10.6	11.4	12.0	13.4	13.6	14.2	15.1	17.4	17.4	16.6	−4.8	0.4
俄罗斯	423.9	435.6	428.6	424.9	422.2	408.7	420.6	431.1	454.5	444.3	411.4	−7.7	10.8
土库曼斯坦	18.3	20.7	22.9	19.3	20.0	25.4	25.1	24.8	28.4	31.5	31.3	−1.0	0.8

续表

国家或地区	2010年	2011年	2012年	2013年	2014年	2015年	2016年	2017年	2018年	2019年	2020年	2019~2020年变化情况/%	2020年占总量比例/%
乌兹别克斯坦	44.0	47.4	46.2	46.2	48.5	46.3	43.3	43.1	44.4	44.4	43.0	−3.4	1.1
其他独联体国家	5.2	5.5	5.7	4.8	5.3	5.2	5.1	5.1	5.9	5.6	6.1	9.7	0.5
独联体国家总计	529.8	548.0	543.7	535.7	538.4	528.2	537.1	547.9	580.6	574.2	538.2	−6.5	14.1
伊朗	144.4	153.2	152.5	153.8	173.4	184.0	196.3	205.0	219.6	223.4	233.1	4.0	6.1
伊拉克	7.1	6.3	6.3	7.1	7.5	7.3	9.9	11.4	14.6	19.5	20.8	6.4	0.5
以色列	5.1	4.7	2.4	6.6	7.2	8.1	9.2	9.9	10.5	10.8	11.3	4.6	0.3
科威特	14.0	15.9	17.5	17.8	17.9	20.3	21.1	21.0	21.2	23.0	20.6	−10.7	6.9
阿曼	16.4	18.1	19.7	21.7	21.3	23.0	22.9	23.4	25.0	25.0	25.9	3.4	0.7
卡塔尔	25.4	28.7	33.6	35.3	38.4	43.3	41.2	41.2	34.1	36.7	35.0	−4.9	0.9
沙特阿拉伯	83.3	87.6	94.4	95.0	97.3	99.2	105.3	109.3	112.1	111.2	112.1	0.6	2.9
阿拉伯联合酋长国	59.3	61.6	63.9	64.7	63.4	71.5	71.9	72.4	71.2	71.5	69.6	−2.9	1.8
其他中东国家	25.6	22.1	20.6	21.3	20.9	22.5	23.1	23.2	22.0	23.4	23.9	1.8	0.6
中东地区总计	380.5	398.2	411.0	423.4	447.4	479.2	500.9	516.7	530.3	544.5	552.3	1.2	14.4
阿尔及利亚	25.3	26.8	29.9	32.1	36.1	37.9	38.6	39.5	43.4	45.1	43.1	−4.8	1.1
埃及	43.4	47.8	50.6	49.5	46.2	46.0	49.4	55.9	59.6	58.9	57.8	−2.2	1.5
摩洛哥	0.7	0.9	1.2	1.1	1.1	1.1	1.1	1.1	1.0	1.0	0.8	−23.0	◆
南非	4.1	4.3	4.4	4.1	4.3	4.3	3.7	4.0	4.4	4.2	4.1	−4.8	0.1
其他非洲国家	24.6	26.4	28.7	30.2	36.4	43.1	44.3	44.4	45.6	46.0	47.3	2.4	1.2
非洲总计	98.1	106.1	114.7	117.0	124.1	132.5	137.1	145.0	154.0	155.3	153.0	−1.8	4.0
澳大利亚	31.7	32.8	33.0	34.7	37.2	38.8	37.9	37.1	35.8	42.1	40.9	−3.1	1.1
孟加拉国	19.3	19.6	21.3	22.0	23.0	25.9	26.5	26.6	27.4	30.9	30.4	−1.9	0.8
中国	108.9	135.2	150.9	171.9	188.4	194.7	209.4	241.3	283.9	308.4	330.6	6.9	8.6
中国香港	3.6	2.9	2.6	2.5	2.4	3.0	3.1	3.1	3.0	3.1	4.9	58.2	0.1
印度	59.0	60.3	55.7	49.0	48.5	47.8	50.8	53.7	58.1	59.3	59.6	0.3	1.6
印度尼西亚	44.0	42.7	43.0	44.5	44.0	45.8	44.6	43.2	44.5	43.9	41.5	−5.7	1.1
日本	99.9	112.0	123.2	123.5	124.8	118.7	116.4	117.0	115.7	108.1	104.4	−3.7	2.7
马来西亚	38.0	38.3	42.0	44.6	44.7	46.8	45.0	45.0	44.7	44.7	38.2	−14.9	1.0
新西兰	4.4	4.0	4.5	4.7	5.2	4.9	4.8	5.0	4.5	4.9	4.6	−7.2	0.1
巴基斯坦	35.3	35.3	36.6	35.6	35.0	36.5	38.7	40.7	43.6	44.5	41.2	−7.5	1.1
菲律宾	3.5	3.8	3.6	3.4	3.5	3.3	3.8	3.8	4.1	4.2	3.8	−9.1	0.1
新加坡	8.3	8.3	8.9	10.0	10.4	11.6	11.9	12.3	12.3	12.5	12.6	0.1	0.3
韩国	45.0	48.4	52.5	55.0	50.0	45.6	47.6	49.8	57.8	56.0	56.6	0.8	1.5
中国台湾	15.5	17.0	17.9	17.9	18.9	20.2	21.0	23.2	23.7	23.3	24.9	6.7	0.7
泰国	43.2	44.3	48.6	48.9	49.9	51.0	50.6	50.1	50.0	50.9	46.9	−8.3	1.2
越南	9.1	8.2	9.0	9.4	9.9	10.3	10.2	9.5	9.7	9.9	8.7	−11.8	0.2
亚太其他国家和地区	6.8	7.5	8.5	8.6	10.3	11.5	11.0	11.1	10.9	11.4	11.7	2.4	0.3
亚太地区总计	575.6	620.7	662.0	686.1	706.0	716.4	733.3	772.6	829.7	858.1	861.6	0.1	22.5
全球总计	3160.5	3235.7	3320.5	3374.6	3400.1	3478.2	3558.6	3653.7	3837.9	3903.9	3822.8	−2.3	100
其中：经合组织	1553.3	1547.5	1583.6	1616.6	1591.2	1623.7	1657.6	1678.7	1763.9	1800.0	1757.7	−2.6	46
非经合组织	1607.1	1688.2	1736.9	1758.1	1808.9	1854.5	1901.0	1975.0	2074.0	2104.0	2065.1	−2.1	54.0
欧盟	422.8	389.0	382.2	374.5	331.4	346.7	368.2	385.2	378.1	391.2	379.9	−3.1	9.9

注：◆低于0.05%。

第二节　我国天然气资源量、储量和产量

一、我国天然气资源状况

我国共发育505个沉积盆地，总面积为$670\times10^4km^2$，但以中小盆地为主。目前仅在86个盆地中进行过钻井勘探，在79个盆地发现了油气，累计发现油田610个。

(一)我国天然气资源储量

我国天然气类型多样，资源丰富。根据中国石油最新一轮油气资源评价结果，我国天然气总地质资源量高达$280.76\times10^{12}m^3$，其中技术可采资源量为$111.52\times10^{12}m^3$。分门别类来看，常规气(含致密气)地质资源量为$146.96\times10^{12}m^3$，其中技术可采资源量为$83.46\times10^{12}m^3$；页岩气地质资源量为$105.72\times10^{12}m^3$，其中技术可采资源量为$19.36\times10^{12}m^3$；煤层气地质资源量为$28.08\times10^{12}m^3$，其中技术可采资源量为$8.70\times10^{12}m^3$。

我国天然气剩余资源量丰富，总体探明程度低，勘探潜力巨大。截至2020年底，全国累计探明天然气地质储量$19.61\times10^{12}m^3$，探明率仅7.00%。其中常规气和致密气探明地质储量为$16.88\times10^{12}m^3$，探明率为11.48%；页岩气探明地质储量为$2.00\times10^{12}m^3$，探明率为1.91%；煤层气探明地质储量为$0.73\times10^{12}m^3$，探明率为2.61%(见表1-1-6)。

表1-1-6　我国天然气资源量和探明储量汇总　10^8m^3

类型	资源量/$10^{12}m^3$		累计探明储量/$10^{12}m^3$		待探明储量/$10^{12}m^3$		探明率/%	
	地质	技术可采	地质	技术可采	地质	技术可采	地质	可采
常规气+致密气	146.96	83.46	16.88	9.35	130.08	74.11	11.48	11.2
页岩气	105.72	19.36	2.00	0.47	103.72	18.89	1.91	2.43
煤层气	28.08	8.70	0.73	0.36	27.35	8.34	2.61	4.14
总计或平均	280.76	111.52	19.61	10.18	261.15	101.34	7.00	9.13

(二)我国天然气资源的构成

天然气资源分为两大类：常规资源和非常规资源。我国非常规气潜力巨大，其中天然气水合物地质资源量$153.06\times10^{12}m^3$，可采资源量$53.00\times10^{12}m^3$；页岩气地质资源量$80.21\times10^{12}m^3$，可采资源量$12.85\times10^{12}m^3$(见表1-1-7和表1-1-8)。

表1-1-7　我国常规天然气资源

项目	地质资源量/10^8m^3	可采资源量/10^8m^3
探明储量	145532.40	97046.79
剩余资源量	638889.75	387411.21
总资源量	784422.15	484457.94

表1-1-8　我国非常规天然气资源

类型	地质资源量/$10^{12}m^3$	可采资源量/$10^{12}m^3$
致密气	21.86	10.94
页岩气	80.21	12.85
煤层气	29.82	12.51
天然气水合物	153.06	53.00
合计	284.95	89.30

注：致密气评价范围不包括济阳、东濮、南襄、苏北等；其他资源类型为全国范围。

(三)我国天然气资源的分布

我国陆上常规天然气地质资源量集中分布在塔里木、四川两大含气盆地，天然气地质资源量均超过$10×10^{12}m^3$，占陆上总地质资源量的59%。松辽、渤海湾、鄂尔多斯、准噶尔、柴达木五个盆地天然气地质资源量均在$2×10^{12}$~$3×10^{12}m^3$。吐哈、海拉尔、苏北、酒泉、南襄、百色等其余盆地常规天然气地质资源量均较低。

二、我国非常规天然气后备资源潜力十分可观

(一)页岩气

1. 我国页岩气资源分布

我国的页岩气主要集中在三大海相页岩气富集区和五大湖相页岩气富集盆地。三大海相页岩气富集区主要包括南方古生界、华北地区古生界、塔里木盆地寒武—奥陶系等。五大湖相页岩气富集盆地包括松辽盆地白垩系、渤海湾盆地下第三系、鄂尔多斯盆地石炭—三叠系、准噶尔盆地石炭—侏罗系、吐哈盆地侏罗系等。其中一些区域的页岩气资源量预测见表1-1-9。

表1-1-9 我国页岩气富集区资源量预测

地区或盆地	时 代	面积/10^4km^2	厚度/m	有机碳含量/%	成熟度R_0/%	资源量/$10^{12}m^3$	气显示情况
扬子地台	Z-P (ε1、S1、P2)	30~50	200~300	1.0~23.49	2~4	33~76	气显示丰富 获工业气流
华北地台	O，C-P	20~25	50~180	O：1.0 C-P：3.0~7.0	1.5~2.5	22~38	气显示
塔里木盆地	ϵ-O	13~15	50~100	2.0~3.0	O：0.9~1.2 ϵ：1.7~2.4	14~22.8	气显示
松辽盆地	C-P，K	7~10	180~200	K：1.0~4.57 C-P：0.5~2.10	K：0.9~1.3 C-P：1.5~2.0	5.9~10.5	油气显示
渤海湾盆地	Ek-s	5~7	30~50	1.5~5.0	1.0~2.6	4.3~7.4	油气显示
鄂尔多斯盆地	C-P，T3	4~5	20~50	2.0~22.21	0.8~1.3	3.4~5.3	气显示
准噶尔盆地	C-J	3~5	150~250	J：1.5~18.47 C-P：0.47~14.28	J：1.35 C-P：1.2~2.3	2.6~5.3	气显示 获低产气流
吐哈盆地	C-J	0.8~1.0	150~200	J：1.58~25.73 C-P：2.10~3.24	J：0.8~1.5 C-P：1~2.0	0.7~1.1	气显示 获低产气流

2. 页岩气资源的开采

2006年，中国石油勘探院对四川盆地下古生界资源评价，已在四川盆地南部登记2个页岩气矿权，面积$7000km^2$。2008年11月，由中国石油设计实施我国第1口页岩气取心井——长芯1井。

2009年，中国石油与壳牌签署四川富顺—永川区块页岩气联合评价协议。在威远新场镇部署我国第1口页岩气直井——威201井。规划“十二五”末页岩气产量达$20×10^{12}$~$30×10^{12}m^3$。

2009年11月，原国土资源部油气中心、中国地质大学(北京)在重庆彭水县连湖镇启动国内第1口页岩气探井——渝页1井。设计井深350m，目的层为下志留统龙马溪组—上奥陶统五峰组。2010年，试验区已率先取得突破，发现页岩气工业气流；2011~2013年，计

划在本区实现突破，提交一批页岩气有利目标区和勘探开发区。到2014年提交页岩气可采储量1000×10^8~$3000\times10^8m^3$，形成我国首个页岩气生产区。

“十三五”期间，中国石化加强勘探开发一体化、地质工程一体化，加大关键技术攻关，高效开发了涪陵页岩气田，探明了中国首个深层页岩气田——威荣页岩气田，发现探明中国首个南川常压页岩气田，实现了中国首个常压页岩气田的规模商业发现。“十四五”期间，页岩气攻关方向以四川盆地及周缘深层、常压、新区新层系为重点领域，积极培育形成涪陵万亿立方米规模大气田，攻关突破川新层系，以及中扬子新区等领域，全力推进页岩气战略领域新突破，实现多类型页岩气商业发现和储产量规模增长。

（二）致密砂岩气

1. 我国致密砂岩气的资源分布

我国致密气资源主要分布在鄂尔多斯盆地、四川盆地、松辽盆地和塔里木盆地，其致密气地质资源量合计为$20.78\times10^{12}m^3$，占总资源的95%，是今后致密气勘探的重点盆地。我国已探明地质储量主要集中在鄂尔多斯盆地和四川盆地，其中鄂尔多斯盆地上古生界探明致密气地质储量为$6.02\times10^{12}m^3$，剩余地质资源量为$7.3\times10^{12}m^3$；四川盆地探明致密气地质储量为$1.28\times10^{12}m^3$，剩余地质资源量为$2.7\times10^{12}m^3$（见表1-1-10）。

表1-1-10 我国主要盆地致密砂岩气资源

盆地	致密气地质资源量/$10^{12}m^3$	盆地	致密气地质资源量/$10^{12}m^3$
鄂尔多斯盆地	13.32	松辽盆地	2.25
四川盆地	3.98	塔里木盆地	1.23

2. 我国致密砂岩气的开采

早在1995年之前，我国就已经开始进行致密气的勘探开发工作，但进展较为缓慢；20世纪90年代中后期，我国致密气勘探取得重大突破，一批致密气田先后被发现，但受资金及技术限制，致密气产量增长缓慢；2006年之后，我国在致密气开采领域的投资规模不断扩大，开采技术不断进步，致密气行业进入快速发展阶段。

我国致密气储量较大，但具有低渗、低压、低丰度的特点，开采难度较大，并且一经开采，初期产量较高，但递减较快，中后期低产时间较长，需要成熟技术才可以保证开采企业收益。我国在致密气开发技术研究领域的投资不断加大，经过长期不断发展，致密气开采已经突破相关技术瓶颈，开采水平不断提高，为我国致密气行业快速发展奠定了坚实基础。

我国致密气生产企业主要有壳牌中国勘探与生产有限公司、中国石油勘探开发研究院、中国石油西南油气田分公司、四川德阳新场气田开发有限责任公司、中国石油长庆油田分公司、中国石化华北油气分公司等。

（三）煤层气

1. 我国煤层气的资源分布

据中国石油第四次全国油气资源初步评价结果，我国埋深2000m以内浅煤层气资源量为$30.05\times10^{12}m^3$，预测评价煤层气可采资源量$12.51\times10^{12}m^3$，煤层气资源主要赋存于古生界和中生界，主要分布在中国东部区、中部区和西部区。其中，低煤阶煤层气资源量$10.3\times10^{12}m^3$，约占煤层气资源总量的34.3%；中煤阶煤层气资源量$9.15\times10^{12}m^3$，约占煤层气资源总量的30.4%；高煤阶煤层气资源量$10.6\times10^{12}m^3$，约占煤层气资源总量的35.3%。煤层气资源量按埋深划分：煤层气风化带1000m煤层气资源量占煤层气资源总量的37%，1500~

2000m 煤层气资源量占煤层气资源总量的 33%，1000~1500m 煤层气资源量占煤层气资源总量的 30%。煤层气可采资源量按埋深划分：煤层气风化带<1000m 的煤层气资源量占煤层气资源总量的 35%，1000~1500m 煤层气资源量占煤层气资源总量的 33%，1500~2000m 煤层气资源量占煤层气资源总量的 32%。

2. 我国煤层气的开采

我国大于 $5000\times10^8m^3$ 的含煤层气盆地共有 14 个，其中含气量在 $5000\times10^8m^3$ ~ $10000\times10^8m^3$ 的有川南黔北、豫西、川渝、三塘湖、徐淮等 5 个盆地，含气量大于 $10000\times10^8m^3$ 的盆地有 9 个，依次为鄂尔多斯、沁水、准格尔、滇黔贵、吐哈、二连、塔里木、海拉尔、伊犁盆地，九大盆地煤层气资源量占全国煤层气资源量的 83%。

我国煤层气的储量相对集中。埋深 2000m 以内浅煤层气主要分布在华北和西北地区，其中华北、西北、华南和东北地区赋存的煤层气地质资源量分别占全国煤层气地质资源总量的 56.3%、28.1%、14.3%和 1.3%。

目前我国已建成煤层气开发项目 10 个。已建成包括潘庄、潘河、樊庄—郑庄、枣园、柿庄南、寺河—成庄、韩城南、保德、阜新、延川南、筠连在内的多个煤层气田，这些煤层气田整体生产情况较好。从生产基地来看，目前主要煤层气生产项目集中于沁水盆地南部，其已成为我国主要的煤层气生产基地。

(四)天然气水合物

我国天然气水合物地质资源量为 $153\times10^{12}m^3$，可采资源量为 $53\times10^{12}m^3$。其中，陆地天然气水合物地质资源量为 $60.8\times10^{12}m^3$，占比 40%；海域天然气水合物地质资源量为 $92.25\times10^{12}m^3$，占比 60%。

(五)深盆气

深盆气是一种特殊机理的非常规天然气藏，我国具备形成深盆气的三个基本的条件：①充足的气源；②连片的致密砂岩储层；③稳定的负向构造。经初步研究，对鄂尔多斯、吐哈、准噶尔、四川、塔里木等盆地估算，远景资源量为 90×10^{12} ~ $110\times10^{12}m^3$，目前世界上开发的深盆气主要集中在相对高渗透富集区，一般占远景资源量的 10%~20%，据此类推我国深盆气可采资源量为 10×10^{12} ~ $20\times10^{12}m^3$。

(六)水溶天然气

估计我国资源量(用体积法计算)为 11.8×10^{12} ~ $65.3\times10^{12}m^3$。

(七)深源气

我国地质学家曾用类比法估计塔里木盆地中部裂谷扩张区、准噶尔盆地中部裂谷扩张沉降区、博格达的槽裂谷带和松辽、渤海湾、苏北、三水、四川、吐鲁番、酒泉、柴达木等盆地均有丰富的无机成因的深源气。

以上 7 种非常规天然气资源潜力很大，关键是加速科学技术的研发及应用转化，难点突破后展开勘探、开发，最大限度地将非常规天然气资源转化为常规天然气可采资源。

三、我国天然气生产进展

根据国家统计局的统计，2020 年全国生产天然气 $1925.0\times10^8m^3$，比 2019 年增加了 $163.3\times10^8m^3$，增长率为 9.27%。中国石油 2020 年生产天然气 $1306.0\times10^8m^3$，增长率为 9.93%。中国石化 2020 年生产天然气 $302.8\times10^8m^3$，增长率为 2.33%。中国海油 2020 年生产天然气 $198.8\times10^8m^3$，增长率为 15.11%。2015~2020 年中国天然气产量见表 1-1-11。

表 1-1-11 2015~2020 年中国天然气产量 10^8m^3

油气田/生产企业	2015 年	2016 年	2017 年	2018 年	2019 年	2020 年
中国石油	954.8	981.1	1032.7	1093.7	1188.0	1306.0
大庆油田	35.3	37.7	40.1	43.4	45.5	46.6
吉林油田	13.2	11.4	10.2	10.0	10.5	10.8
辽河油田	5.5	4.6	4.6	5.7	6.0	7.2
华北油田	10.9	10.8	11.4	13.6	14.6	15.8
大港油田	5.1	4.7	5.1	5.2	5.7	6.6
冀东油田	6.7	4.6	3.6	2.7	2.5	2.3
浙江油田	2.0	5.7	6.2	12.7	14.4	16.1
新疆油田	30.0	28.5	28.4	29.2	29.3	30.0
吐哈油田	9.1	7.3	6.0	5.0	4.0	3.2
塔里木油田	235.5	235.6	253.3	266.2	285.5	311.0
长庆油田	374.6	365.0	369.4	387.5	412.5	448.5
青海油田	61.4	60.8	64.0	64.1	64.0	64.0
玉门油田	0.1	0.1	0.04	0.05	0.03	0.02
西南油气田	154.8	190.1	210.2	226.3	268.6	318.2
南方石油勘探开发公司	1.4	1.4	1.1	1.1	1.0	1.0
煤层气公司	8.7	12.7	18.9	21.0	23.6	24.6
长城钻探	0.1	0.1	0.1	0.0	—	—
中国石化	207.0	215.9	257.4	275.7	295.9	302.8
胜利油田	4.6	4.0	4.1	4.8	4.9	5.7
河南油田	0.5	0.7	0.8	0.8	0.9	0.9
中原油田	58.5	40.0	59.8	65.6	70.7	64.0
江汉油田	33.1	51.7	61.3	61.4	64.4	68.1
江苏油田	0.4	0.2	0.4	0.7	0.5	0.4
东北油气	6.5	7.8	8.4	8.5	9.5	9.2
华北油气	33.3	35.2	37.3	40.6	44.3	47.5
西北油田	16.0	14.0	16.0	17.4	18.0	19.1
华东油气	1.1	1.8	3.0	9.3	11.7	14.5
西南油气	48.3	55.1	60.7	61.5	66.2	67.1
上海海洋油气	4.9	5.4	5.6	5.1	4.8	6.3
中国海油①	130.1	134.6	143.0	160.3	172.7	198.8
中联煤层气	8.7	9.4	11.5	13.8	18.2	21.8
陕西延长石油	17.2	20.4	25.8	33.7	48.1	57.1
全国合计Ⅰ(公司口径)②	1304.2	1346.5	1453.3	1558.2	1699.5	1858.0
全国合计Ⅱ(统计局口径)③	1346.1	1368.7	1480.4	1601.6	1761.7	1925.0

注：表中的天然气产量包括煤层气、页岩气等非常规气量；

①包含了中国海上各合资区块的全部产量以及所属煤层气公司的产量；

②全国合计Ⅰ为以上公司数据之和减去中国海油数据中被重复计算的中国石化的权益产量；

③全国合计Ⅱ为国家统计局公布的年度数据。

源自《国际石油经济》2021 年 4 月的统计信息。

四、我国焦炉煤气制天然气现状

我国是全球最大的焦炉气生产国。统计数据显示，2020年，全国焦炭产量为4.71×10^8t，与上一年度持平。焦炭生产的稳步发展进一步带动了我国焦炉气产量提升，根据《中国天然气发展报告(2021)》，2020年我国煤制天然气产量为$47\times10^8m^3$，同比增长8.8%。

焦炉煤气是用几种烟煤配成的炼焦用煤在炼焦炉中经高温干馏后产出焦炭和焦油及其他化学产品的同时所得到的可燃性气体，是炼焦的副产品，其主要成分为氢气(55%~60%)和甲烷(23%~27%)，另外还含有少量一氧化碳、二氧化碳、氮气等。焦炉煤气净煤气的热值较高，可达18000kJ/m^3，生产1t焦炭可产生焦炉煤气350~450m^3。合成天然气(SNG)技术是焦炉气利用的一个新领域，合成天然气可利用管道输送到用户，也可进一步加工成压缩天然气(CNG)或液化天然气(LNG)。

(一)焦炉煤气制天然气的方法

焦炉煤气制天然气的方法主要分两种，一是从焦炉煤气中直接提纯天然气；二是对焦炉煤气甲烷化后再提纯天然气。合成天然气(SNG)技术是焦炉气利用的一个新领域，合成天然气(SNG)是基于以下反应方程式：

$$CO+3H_2 \longrightarrow CH_4+H_2O$$

$$CO_2+4H_2 \longrightarrow CH_4+2H_2O$$

焦炉煤气合成天然气工艺流程见图1-1-10。

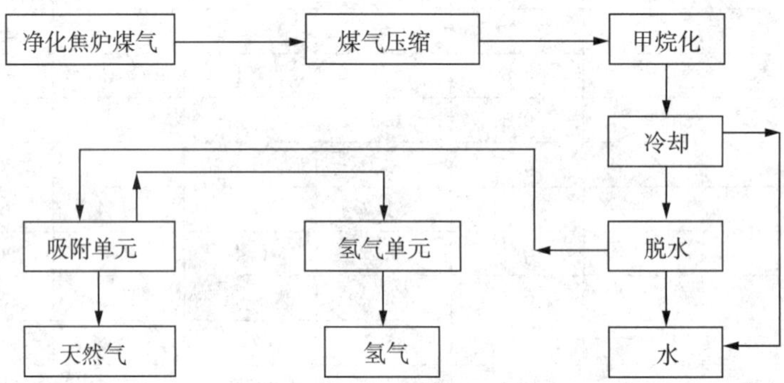

图1-1-10 焦炉煤气合成天然气工艺流程

在适宜的温度和催化剂的作用下，以上反应会稳定进行，且合成反应放出大量的热。用焦炉煤气合成天然气的过程就是焦炉煤气中CO、CO_2和H_2的合成过程。合成后焦炉煤气中的甲烷浓度增加，一氧化碳、二氧化碳被除去。通过吸附方法将甲烷、氢气分离出来。氢气输往苯加氢项目，甲烷作为商品气出售。

净化后的焦炉煤气经过压缩后进入合成单元进行合成反应。合成单元出来的混合气中含有大量的水，经冷却后，水分离出来，冷却后的气体最后进入吸附单元，脱去无用杂质(根据对气质要求，决定是否设吸附单元)，从而生产出符合国家标准的天然气产品。

我国是全球最早利用焦炉煤气制取天然气的国家，国内首家焦炉煤气制天然气项目于2012年底顺利投产。经过多年发展，我国焦炉煤气制天然气已经初具规模，包括内蒙古、山西、河北、黑龙江等在内的地区均有投产焦炉煤气制天然气项目。目前我国焦炉煤气制天然气是国内天然气生产行业的第二大气源，年产能接近$90\times10^8m^3$。

(二)焦炉煤气制 LNG

焦炉煤气制 LNG 这一技术的主要研发单位有中国科学院理化技术研究所和上海华西化工科技有限公司。

1. 中国科学院理化技术研究所技术

项目的技术原理是：来自焦化厂的焦炉煤气首先经过预净化处理，然后加压预热后脱氯，之后经过两段加氢转化，将有机硫转化为无机硫，并经过两段脱硫净化后，进入甲烷化工序。在此将大部分 CO、CO_2 与 H_2 经过甲烷化反应生成甲烷。甲烷化反应是强放热反应，通过副产中压蒸汽的方式移出反应热并回收。最终甲烷化后的混合气体产品，经除水脱碳等净化后进入低温液化工序，制取产品 LNG，其工艺流程见图 1-1-11。

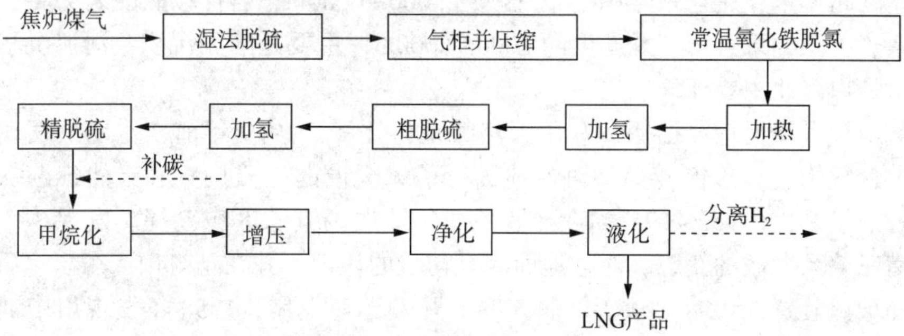

图 1-1-11　焦炉煤气制 LNG 流程图

对于分离出来的 H_2，则可以考虑以下利用途径：

方案一：氢气直接进入氢气锅炉，产生蒸汽，为脱碳、脱水单元再生提供热量，推动蒸汽轮机，为原料气压缩机和循环制冷系统压缩机提供动力，以及为全厂供暖，从而大大降低生产能耗。

方案二：利用氢气生产液氢产品，中国科学院理化技术研究所低温技术组已经有成熟技术。从膜分离得到的纯氢压缩后进入 PSA 纯化以得到 99.999% 的高纯氢。这部分氢作为原料氢进入液化冷箱，首先进入液氮槽降温至 70K，在此温区进行一次正仲氢转化，转化后的氢气进一步被冷却到 30K 后减压进入液氢储槽，在此过程中再进行一到两次正仲氢的转化。制冷系统采用氢作为制冷循环工质，利用膨胀机膨胀制冷。

中国科学院理化技术研究所先后完成了最早的小型天然气液化试验装置、我国第一套 $15\times10^5 m^3/d$ LNG 装置(现在运行指标优于同等规模进口装置)、2007 年晋城含氧煤层气液化装置($4300\ m^3/h$)等。由中国科学院理化技术研究所作为技术总负责方的山西河津焦炉煤气综合利用制取 LNG 工程经过联动，顺利产出合格的 LNG 产品。

2. 上海华西化工科技有限公司技术

该技术最大的特点是不仅有效利用了焦炉煤气资源，而且将钢铁行业中难以利用的部分低热值高炉煤气也与焦炉煤气一起全部转化为天然气资源，减少了煤气排放造成的环境污染，实现了节能、减排和循环经济，具有非常大的市场推广价值，技术具有全部国产自有知识产权，转化效率高、安全、节能，在国际处于领先水平。

2010 年 3 月 30 日，曲靖市麒麟气体能源有限公司 8500 m^3/h 焦炉煤气制 LNG 项目在云南曲靖通过了基础设计审查，工程进入详细设计阶段。该项目采用了上海华西化工科技有限公司开发的焦炉煤气制 LNG 技术，原料为焦炉煤气和高炉煤气。

五、我国主要含天然气盆地简介

(一)四川盆地

该盆地位于四川东部和重庆市，并跨湖北省、贵州省和云南省一角。盆地呈菱形，西北为龙门山，东北为大巴山，东南为巫山、大娄山，西南为大相岭。盆地内部为低山和丘陵，面积$18\times10^4km^2$。盆地是扬子准地台西缘的台内盆地，基底被深大断裂带划分为北东向展布的川西块体、川中块体和川东块体，简称“暗三块”。区域构造因受基底影响，可明显划分为北东—西南向的川东南斜坡高陡构造区(Ⅰ)、川中隆起平缓构造带(Ⅱ)、川西坳陷低陡构造区(Ⅲ)，又称“明三块”。正好和基底划分的“暗三块”相对应；盆地内震旦系至第四系地层齐全厚度超万米，震旦系至中三叠统厚约3000~6000m，岩性以碳酸岩为主，是已知主要含气层系。上三叠系至第三系厚度约3000~6000m，主要是陆相沉积，河流沉积，上三叠系须家河组是川西北主要产气层之一。

四川盆地是世界上最早钻探和利用天然气地区之一。1949年前，盆地只发现石油沟和圣灯山2个含气构造。1949年后，对盆地进行了大规模的地质调查和天然气勘探、开发工作：初期的油气勘探(1952~1957年)开展了油气地质调查和区域勘探。发现3个气田，勘探了川东南三叠系气区的轮廓，对盆地面貌有初步的认识。并在圣灯山、东溪、石油沟建成生产槽黑和炉黑装置；1958~1967年油气勘探开发迅速发展，1958年发现川中油田，相继发现川东南二叠系和震旦系气层。1965年石油工业部决定，在四川地区进行“开气找油”会战，从1963年起开始向工业城市供气，10年间发现威远、卧龙河等26个气田，勘探成果显著；1968年以后四川石油职工在极其困难的情况下坚持生产，地震勘探对泸州古隆起进行解剖取得重大进展。川西北地区天然气勘探突破发现中坝气田，天然气加工处理在提氦、低温回收凝析油、脱硫等方面的技术水平有很大提高；1977年以后，特别是十一届三中全会以来，四川天然气工业进入稳步发展阶段，1977年10月在川东相国寺气田，发现石炭系气层，对川东地区以后发展奠定了基础。在保持气田稳产方面做了提高气田采收率、在老区进行二次勘探和扩大勘探领域寻找新的天然气藏等工作。到1981年建成盆地南半供气系统；1985年以后，认真贯彻“以气养气”的政策和进行地质、钻井、开发、管理等方面的改革。

2001年以来，又先后发现了普光、广安、合川和新场等大型气田，据统计，2002~2008年，年平均探明天然气储量均超过$1000\times10^8m^3$，形成了四川盆地天然气勘探又一个高峰期。基本明确了震旦系、石炭系、二叠系、三叠系等主要含气层系，形成了川东、川西、川南和川中4个含气区。

截至2008年底，原国土资源部矿产储量委员会公布四川盆地已发现125个天然气田，累计探明天然气地质储量$17225.02\times10^8m^3$。其中，探明储量大于$300\times10^8m^3$的大型气田有14个，累计探明天然气地质储量$12543.26\times10^8m^3$，大型气田探明储量占盆地天然气总探明储量的72.8%；探明储量$100\times10^8\sim300\times10^8m^3$的中型气田有13个，累计探明天然气地质储量$2549.42\times10^8m^3$，中型气田探明储量占盆地天然气总探明储量的14.8%。大中型气田累计天然气探明储量$15092.68\times10^8m^3$，占盆地天然气总探明储量的87.6%。2009年四川盆地的天然气产量为$180.3\times10^8m^3$。

2011年宁201-H1井获测试产量$14\times10^4m^3/d$，成为中国第一口具有商业价值的页岩气井。2012年，中国石化在位于重庆涪陵的焦页1HF井钻获高产优质海相页岩气，到2015年，涪陵页岩气田探明储量增加到$3806\times10^8m^3$。

截至2019年底，根据自然资源部组织的“十三五资源评价”结果，四川盆地天然气总资源量为$39.94\times10^{12}m^3$，其中常规天然气资源量为$14.33\times10^{12}m^3$，致密气资源量为$3.98\times10^{12}m^3$，页岩气资源量为$21.63\times10^{12}m^3$。

2020年4月，我国首个深层页岩气田——威荣页岩气田开发建设全面铺开，项目建成后年产能将达$30\times10^8m^3$，成为四川盆地第三个页岩气田。

(二)陕甘宁盆地

陕甘宁盆地(鄂尔多斯盆地)西为六盘山、贺兰山，北邻狼山—大青山，东至吕梁山，南达秦岭，横跨甘肃、宁夏、内蒙古、山西、陕西五省区，面积约$37\times10^4km^2$。

盆地位于华北地块西部，是一个多构造体系，多旋回坳陷，多沉积类型的大型克拉通盆地，盆地形态不对称呈平缓西倾大斜坡，西部陡窄。盆地划分为：伊克阳盟、陕北斜坡、中央古隆起、渭北隆起、西部坳陷、两缘断裙带、晋西挠褶带7个一级构造单元。第三系喜山运动，盆地稳定隆起，其周围产生一些菱形断陷，沉积了巨厚的新生界地层，北为河套盆地，南为渭河盆地，西为银川盆地；盆地除志留系到下石炭统外，中元古代到第三系各时代地层发育较齐全，沉积多旋回层次清晰，目前已探明有以下含油层系：三叠系延长组生、储、盖组合，侏罗系延安组生、储、盖组合，石炭、二叠系生、储、盖组合、奥陶系风化壳生、储，盖组合；盆地西缘褶皱带和晋西挠褶带局部构造较发育，已获马家滩、大水坑、刘家庄、胜利井、摆晏井、吴堡、古驿等断块油田和含气构造；盆地南部三叠系延长组$10\times10^4km^2$的生油坳陷，控制了三叠系和侏罗系油气分布。北部伊克昭盟隆起，二叠系具有良好的储盖条件，在北部大断层附近发现规模宏伟的地面油气苗。奥陶系风化壳碳酸盐岩气藏是陕甘宁盆地中部大气田的主要成藏模式。

在公元前61年西汉宣帝在陕西鸿门(神木)现天然气井，并立“火井祠”，以后，北魏、南宋、元、明、清等朝代都有发现和利用天然气的文字记载。1907~1949年为早期地质调查阶段，日、美和我国地质学家先后对盆地调查和钻探，1935年陕北解放区组织地质调查和陕复生产，这期间共钻井52口、采出原油7054t。1950~1969年为区域勘探阶段，对全盆地进行了大规模的地面地质调查和各种地球物理勘探及少量的化学勘探，1953年在伊克昭盟隆起发现白垩系油气苗，1954年在西部鸳鸯湖构造上发现延长组油砂，1960年在李庄子构造1号井延安组中测试出具有工业价值的油流，这期间在刘家庄、天池等构造上都获得高产气井，在盆地南部钻参数井获得油气显示和重要资料，同时在东部开发延长、永坪等油田，对盆地的地质条件有较全面的认识。1970~1979年为石油会战阶段，1970年10月12日，原兰州军区奉中央、国务院命令组织陕甘宁石油会战，对盆地南部全面部署区域勘探，发现马岭、城华、大水坑、红井子、吴旗、元城、油房庄等油田，并研究和掌握了侏罗系油藏的形成和分布规律。1975年8月5日，党中央、国务院根据指示改变长庆油田领导关系，交由石油化工部直接领导。长庆油田继续组织会战对已发现油田进行全面开发建设，1978年7月1日，原油外输至兰州，陕甘宁老区油气工业基地基本形成，为长庆油田的发展奠定了基础。1980~1989年为油气田大发展的准备阶段，在全面开发建设油田实现原油稳产的同时，扩展勘探视野深入研究延长组、延安组三角洲沉积相的规律，集中力量主攻安塞地区，结果获得上亿储量的安塞油田，1981~1984年以构造带为对象，在盆地西缘和东缘钻探获胜利井等一批小气藏。1980年证实了中央古隆起的存在，1983年国家计委在庆阳组织召开全国第二次天然气勘探开发座谈会，全面论证陕甘宁盆地寻找天然气的前景并对寻找天然气的指导思想、方针、政策和部署做了安排，为加强天然气勘探成立了天然气勘探项目组，以后相继在一些构造上发现气藏。1985年麒参1井的钻探在勘探思路上进一步实现两个转变，即勘探向碳酸盐岩转变和向寻找大型地层岩性圈闭的转变。同时勘探局和石油部研究规划院专家论证部署了科学探井——陕参1井和榆3井都获得高产气流，实现了天然气勘探的重大突破，拉开了中部大气田的序幕；天然气勘探获得重大突破阶段，1989年至今经历了探规模、定类型、整体解剖、总体评价和探明储量气田开发建设阶段，全体职工做了卓有成效的大量、艰苦工作，天然气勘探开发取得重大突破，拿下了陕甘宁盆地中部特大型气田。向北京、西安、银川等地供气工程已配套完成，一个新兴的油气工业基地在黄土高原建成。

1994年资源评价天然气资源量为$4.18\times10^{12}m^3$，1998年累计探明储量$3127.90\times10^8m^3$，1999年生产天然气$12.1\times10^8m^3$，2009年陕甘宁盆地的天然气产量为$208.1\times10^8m^3$。长庆油田已成为中国重要的能源基地和油气上产的主战场，2009年长庆油田油气当量突破3000×10^4t，超过胜利油田成为国内第二大油气田。2011年长庆油田年产油气当量突破4000×10^4t，达到4059×10^4t，为实现年产油气当量5000×10^4t、建设“西部大庆”目标打牢了基础。2012年，年产油气当量跨上4500×10^4t历史新高点，达到4504.99×10^4t，超越大庆油田4330×10^4t油气当量，这标志着我国致密性油气田开发取得重大突破，中国石油建成“西部大庆”的目标将变成现实。2013年，长庆油田年产油气当量继续突破了5000×10^4t，近几年来，长庆油田加大盆地致密气、页岩油资源勘探开发力度，探明石油储量超10×10^8t级的庆城页岩油大油田，并建成了国内首个百万吨页岩油示范基地、$30\times10^8m^3$致密气高效开发示范区。随着页岩油、致密气等非常规油气资源潜力的释放，长庆油田计划“十四五”期间油气年产量将达到6800×10^4t。

(三)塔里木盆地

塔里木盆地位于新疆维吾尔自治区的南部，北接天山，南被昆仑山、阿尔金山环绕，面积约$54\times10^4km^2$。盆地位于中国地台的西延部分，通称“塔里木地台”。基底为元古界变质岩系，其上发育古生界海相沉积和中、新生界陆相沉积，沉积岩厚为15000m。盆地的构造可划分为“四隆凹坳”，即库车坳陷、塔北隆起、北部坳陷、巴楚隆起、塔中隆起、塔南隆起、西南坳陷、东南坳陷。盆地目前发现的天然气气藏分布在以下6个富集带，即库车坳陷山前逆冲构造带、塔北轮台断隆第三系—白垩系断裂构造带、塔北南坡轮南低隆潜山披棱构造带、塔中北坡1号断裂构造带、巴楚断隆南侧色力布亚断裂构造带和塔西南坳陷南缘逆冲构造带。盆地天然气气藏种类多，有3套高丰度的烃源岩，有5套区域盖层，盆地从震旦系到其第三系都获得工业气流，天然气储量相对集中在：第三系—白垩系，其探明储量占总储量的60%，石炭系其探明储量占总储量的28%。已探明的10个大中型气田有7个分布在第三系—白垩系中，有9个气田的产层砂岩，在18个含气构造中有9个产层属第三系—白垩系，有12个产层是砂岩。盆地具备形成特大气区的优越地质条件。

盆地的油气勘探开发工作是从1950年开始的，已完成全盆地露头区的地质普查及主要地区和重点构造的详查，完成了全盆地的重力、航空磁测和有施工条件地区的地震勘探和钻探工作。根据1994年全国常规天然气资源评价，盆地天然气资源量为$8.39\times10^{12}m^3$，占全国总资源量的22%。近期研究盆地生气量是生油量的3倍，气资源量是油资源量的1.67倍。截至1998年底，探明天然气地质储量$1889.72\times10^{12}m^3$。目前已基本探明16个大、中型气田，探明地质储量近$5000\times10^{12}m^3$(见表1-1-12)。2009年塔里木盆地的天然气产量为$194.41\times10^8m^3$。

表 1-1-12 塔里木盆地大中型油气田

油气田名称	层位	含油气面积/km^2	探明地质储量	
			石油/10^4t	天然气/10^8m^3
克拉-2 气田	始新纪 白垩纪	47.1	—	2506.1
塔中-4 油田	石炭纪	35.7	8137	119.27
牙哈油气田	新第三纪 始新纪	48.9	4442.9	405.37
	渐新纪			
绅克亚油气田	新第三纪	27.5	3065.5	313.55
和田河气田	石炭纪 奥陶纪	145		616.94
轮南油田	三叠纪 侏罗纪	36.6	5113	40.33
英迈-7 气田	始新纪 白垩纪	48.3	1950.1	309.75
东河塘油田	石炭纪 侏罗纪	16.5	3292.7	13.7
哈得-4 油田	石炭纪	66.6	3068	7.94
羊塔克油气田	寒武纪 白垩纪	18.3	567.5	274.29
吉拉克油气田	三叠纪 石炭纪	52.5	782	136.8
解放渠东油田	三叠纪	14	1532.2	34.39
桑塔木油田	三叠纪 奥陶纪	18.6	1501	18.49
塔中-16 油田	石炭纪	24.2	976	1.32
塔中-6 气田	石炭纪	58	73.4	58.26
玉东-2 气田	寒武纪 白垩纪	10.2	142.5	73.32

塔里木盆地探明的天然气 70%以上是凝析气，凝析油累计探明储量达 6865×10^4t，是我国目前凝析油探明储量最多的含油气盆地。全国有 10 个凝析油田，塔里木占 5 个(见表 1-1-13)。

表 1-1-13 全国凝析油储量最大的 10 个凝析气田

盆地	凝析气田	产层	凝析油储量/10^4t
塔里木	牙哈	第三系、白垩系	2826.9
塔里木	柯克亚	上第三系	1489.2
黄骅	板桥	第三系	581.2
塔里木	英迈力 7 号	下第三系	463.1
莺—琼	崖 13-1(CNOOC)	第三系	362.3
塔里木	雅克拉(CNSPC)	白垩系	353.8
辽河	锦州 20-2(CNOOC)	第三系	332.7
吐哈	丘东	侏罗系	330.9
东海	平湖(CNSPC)	第三系	306.0
塔里木	吉拉克	三叠系、石炭系	286.0

近期勘探形势很好，预测近年天然气探明储量将增至 $7000\times10^8m^3$ 以上，10 年后探明储量将在 $1\times10^{12}m^3$ 以上。塔里木盆地将成为我国天然气工业的战略接替基地，一个特大型天然气区即将出现在我国西部。

(四)莺歌海—琼东南盆地

莺歌海琼东南盆地简称莺—琼盆地，位于南海西北部海南岛南缘大陆架及部分陆坡上。

莺歌海盆地而积 $1.2\times10^4km^2$，琼东南盆地面积 $3.4\times10^4km^2$。莺—琼盆地属于陆缘断陷盆地，基底属下古生界变质岩系，为快速沉降，快速充填的年轻大型新生代盆地。沉积主体是第三系碎屑岩。盆地在构造演化上经历了早第三纪断陷演化阶段和晚第四纪坳陷演化阶段。盆地具有以海相和海陆相或湖沼相为主的烃源岩地层，并发育了多种成因的储集层类型，盆地沉积经多次旋回生、储、盖组合良好。盆地气藏类型主要是穹隆背斜控制的构造气藏及受断层和岩性控制的岩性构造气藏，泥底辟穹隆背斜圈闭，各构造带都有成带分布的局部圈闭。盆地具备形成大气区的优越地质条件。

1957~1965年，在海南岛西南沿海带调查油苗39处，在崖城—三亚以南海域内做地震勘探试验和浅井钻探，获少量原油。1974~1979年，完成南海北部航磁测量，地震概查、普查及局部地区详查，钻探井4口，获1口油井，3口有显示。1997年，我国在莺歌海海域同阿科等外国石油公司签订了地球物理勘探协议，进行全面勘探。在钻探20口预探井和6次评价之后，已发现气田4个，含气构造6个，主要气田有崖13-1、东方1-1、乐东15-1-1、乐东22-1，1994年评估天然气资源量为 $3.87\times10^{12}m^3$，目前天然气资源量已达 $11.76\times10^{12}m^3$，现已探明储量 $2600\times10^8m^3$。1996年1月1日，崖13-1气田正式投产，分别向香港和三亚市输气，年产 $34.5\times10^8m^3$，这是南海西部大气区勘探开发的第一个里程碑。“十二五”期间，莺歌海盆地东方区实现了中深层高温高压勘探的大突破，发现了东方13-1、东方13-2等气田，获得了超千亿立方米的天然气探明储量；在琼东南盆地深水区中央峡谷领域发现了陵水17-2超千亿立方米大气田。2018年以来，随着勘探开发技术的不断发展，在陵水18-1和陵水18-2这两个构造中均获得了油气发现，为我国新增天然气地质储量近 $300\times10^8m^3$。

(五)柴达木盆地

柴达木盆地位于青藏高原，东北为祁连山脉，西部为阿尔金山脉，南为昆仑山脉，面积 $12.1\times10^4km^2$。盆地位于祁连、昆仑两褶皱带的结合部，其基底由古生代变质岩系、花岗岩及花岗片麻岩组成，部分地区有古生代沉积岩分布，其上沉积侏罗世至晚白垩世的河湖沼泽相并发育着含煤系的生油气岩系，古新世、始新世沉积了碎屑岩，渐新统和中新统是一套半干旱气候下的盐湖沉积体系，发育着有利的生油气层系。盆地区域构造划分为：北斜坡、中央凹陷带、南斜坡。盆地在不同时期和不同地域分别发育了3套气源岩层，即盆地北缘侏罗系含煤层系、西部第三系暗色高含盐泥岩、东部第四系湖相泥岩。第四系储层多与泥岩频繁间互成层，生、储、盖组合良好。柴北缘储层在第二、第三系下于柴掏组和袖砂山组河流或滨湖相砂体内，柴西第三系储层，可分为碎屑岩和裂缝性两种类型。

20世纪50年代以前，中外地质学家对柴达木的前景寄予很大希望，并做了少量地质调查工作。1954年开始对盆地进行区域地质普查和构造详查、细测并以盆地的地层、构造、岩相、水文地质等进行专题调查。60年代完成重磁力普查，80年代基本完成地震勘探，并进行了大量的钻探工作。根据1994年全同常规天然气资源评价，盆地天然气资源量为 $0.9\times10^{12}m^3$。目前天然气资源量已达 $1.05\times10^{12}m^3$。1998年探明天然气储量 $1472.2\times10^8m^3$。预测2005年累计探明地质储量将达到 $3000\times10^8m^3$。2009年柴达木盆地的天然气产量为 $43.1\times10^8m^3$。

近年来，中国地质科学院地质力学研究所在柴达木盆地古生代石炭系海陆交互地层中，发现了以非常规油气为主的潜在第四套含油气系统，2018年钻穿石炭系地层青德地1井，揭示石炭系地层油气勘探潜力巨大。迄今为止，青海油田已连续发现5个亿吨级油气田，新增探明油气储量 4.6×10^8t，油气产量从 419×10^4t 上升至 738×10^4t。

(六)准噶尔盆地

准噶尔盆地位于新疆维吾尔自治区北部，南界为天山山脉，东北邻阿尔泰山山脉，西北界成吉思汗山，北与富海盆地相通，盆地中央为古尔班通古特沙漠，盆地面积 $13\times10^4km^2$，沉积岩厚达 15000m，盆地是我国境内形成最早，发育时间最长的内陆盆地，是一个中新生代和古生代复合型沉积盆地，具有生、储、盖相配合较好的含油气区。1994 年全国常规天然气资源评估资源量为 $1.24\times10^{12}m^3$。1998 年探明天然气储量 $570.04\times10^8m^3$。目前探明天然气储量已超过 $1500\times10^8m^3$，1999 年生产天然气 $15\times10^8m^3$。2020 年，中国石油所属新疆油田部署在准噶尔盆地东部阜康凹陷的风险探井康探 1 井获重大突破，三层均获高产工业油气流。乌尔禾组二段日产油 $133.4m^3$，日产气 $6000m^3$；乌尔禾组一段日产油 $158m^3$，日产气 $1.12\times10^4m^3$，二叠系芦草沟日产油 $24.1\times10^4m^3$，日产气 $1.44\times10^4m^3$。

(七)东海盆地

东海盆地是我国最大的近海沉积盆地，面积大于 $25\times10^4km^2$，位于东海大陆架，盆地呈南西—北东向。盆地主要是白垩系—第四系的层系。1992 年我国和 7 个国家 15 个公司签订了 18 个合同，在大陆架上 $7.28\times10^4km^2$ 范围内进行油气勘探工作，没有工业性发现；德士古公司(Texaco)1996 年在温州 33/19 区块钻探 26-1 井见油气显示；1997 年英国(Drimeline)石油公司在浙江省温州市东西 159km 处，台北凹陷的 32/32 区块，丽水 36-1-1 探井测试获日产 $280\times10^4m^3$ 的天然气气流。东海西湖凹陷，面积 $4.6\times10^4km^2$，新星石油公司(CNSPC)于 1974 年进行勘探，共计打预探井 26 口，有 17 口井获工业油流，发现平湖、宝云亭、残雪 3 个气田和鱼泉、天外天、断桥、乌云亭、孔雀亭和春晓 6 个含气构造，最大面积的春晓构造，初探井测试日产天然气 $160\times10^4m^3$，平湖气田探明天然气储量 $170.5\times10^8m^3$，原油储量 900×10^4t，现已开发，年生产天然气能力 $4.3\times10^8m^3$，规划给上海市供气 15 年，1994 年资源评价天然气资源量为 $2.48\times10^{12}m^3$。近年来的勘探数据显示，东海陆架盆地天然气资源量为 $6.02\times10^{12}m^3$。截至 2018 年底，已发现 16 个气田，其中储量大于 $1000\times10^{12}m^3$ 的特大型气田 4 个，盆地整体勘探程度较低，尚有一批预测储量规模较大的含气构造，发现大中型气田的希望较大。西湖凹陷和瓯江凹陷是进一步寻找大中型气田的有利勘探靶区。

第二章　天然气的分类和产品标准

第一节　天然气的分类

一、按矿场特点分类

1. 气藏气

产自天然气藏中的天然气称为气藏气。一般气藏气含有90%(体积分数)以上的甲烷，还含有少量乙烷、丙烷、丁烷等烃类气体和二氧化碳、硫化氢、氮气等非烃类气体。不与石油共生的纯气藏，又称非伴生气。

2. 油田气

含溶解气和气顶气，伴随原油共生，其特点是乙烷和乙烷以上的烃类含量比气田气高。

二、按天然气化学成分分类

1. 烃类气

甲烷及其重烃同系物的体积含量超过50%时称烃类气。按烃类气的组分含量，将烃类气分为贫气和富气。一般将甲烷含量大于或等于95%($C_{2+}/C_1<5\%$)的天然气称为干气，甲烷含量小于95%($C_{2+}/C_1>5\%$)的天然气称为湿气。

2. 含硫气

根据天然气中硫化氢含量的不同，有关学者提出了不同标准的分类方案：

(1)湛继红等学者提出(按体积分数)：①含硫气藏2%~5%；②高含硫气藏5%~20%；③特高含硫气藏20%以上；④“纯”硫化氢气藏80%~90%以上者。

(2)戴金星等学者(1989年)提出：①微含硫化氢型气0~0.5%；②低含硫化氢型气0.5%~2%；③高含硫化氢型气2%~70%；④硫化氢型气70%以上。

(3)根据四川气田天然气中含硫化氢的实际情况，王鸣华教授提出的划分等级：①无硫气(又称净气或甜气)小于0.0014%；②低含硫气或含相当量的二氧化碳时，统称酸气，0.0014%~0.3%；③硫气0.3%~1.0%；④中含硫气1.0%~5.0%；⑤高含硫气5.0%以上。

3. 二氧化碳类气

在烃类气藏中有二氧化碳共存。有的以二氧化碳为主，伴生有甲烷和氮气。目前世界上(包括我国)发现不少二氧化碳纯气藏。

4. 氮类气

天然气中氮的含量变化很大，从微量到以氮气为主。如我国鄂西和江汉等地区，天然气中含氮量达8%~9%。四川震旦系气藏(威远气田)含氮量在6%~9%(体积分数)，其他层系的气藏中含氮量都小于2%，一般在1%左右。

三、其他分类规则

(1)按组分划分：干气、湿气；烃类气、非烃气。

(2)按天然气来源划分：有机来源和无机来源。

(3)按生储盖组合划分：自生自储型、古生新储型和新生古储型。

(4)按天然气相态划分：游离气、溶解气、吸附气、固体气(气水化合物)。

(5)按有机母质类型划分：腐殖气(煤型气)、腐泥气(油型气)、腐殖腐泥气(陆源有机气)。

(6)按有机质演化阶段划分：生物气、生物—热催化过渡带气、热解气(热催化、热裂解气)、高温热裂解气等。

(7)其他。

第二节　天然气的组成

一、国外主要气田天然气和油田伴生气组分

国外某些重要气田的天然气组成见表1-2-1。国外某些国家油田伴生气的平均组成见表1-2-2。

表1-2-1　国外某些重要气田的天然气组成　%

国家	产地	甲烷	乙烷	丙烷	丁烷	戊烷	C_{6+}	CO_2	N_2	H_2S
美国	Louisiana	92.18	3.33	1.48	0.79	0.25	0.05	0.9	1.02	—
	Texas	57.69	6.24	4.46	2.44	0.56	0.11	6.0	7.5	15
加拿大	Alberta	64.4	1.2	0.7	0.8	0.3	0.7	4.8	0.7	26.3
委内瑞拉	San Joaquin	76.7	9.79	6.69	3.26	0.94	0.72	1.9	—	—
荷兰	Goningen	81.4	2.9	0.37	0.14	0.04	0.05	0.8	14.26	—
英国	Leman	95	2.76	0.49	0.20	0.06	0.15	0.04	1.3	—
法国	Lacq	69.4	2.9	0.9	0.6	0.3	0.4	10	15.5	—
俄罗斯	Дащавское	98.9	0.3	—	—	—	—	0.2	—	—
	Саратовское	94.7	1.8	0.2	0.1	—	—	0.2	—	—
	Шебелийиское	93.6	4.0	0.6	0.7	0.25	0.15	0.1	0.6	—
	Оренбургское	84.86	3.86	1.52	0.68	0.4	0.18	0.58	6.3	1.65
	Астраханское	52.83	2.12	0.82	0.53	0.51		13.96	0.4	25.37
哈萨克斯坦	Карачаганакткое	82.3	5.24	2.07	0.74	0.31	0.13	5.3	0.85	3.07

二、我国主要气田天然气、凝析气和油田伴生气组成

我国主要大油田的伴生气组成见表1-2-3。我国主要气田和凝析气田的天然气组成见表1-2-4。四川和重庆地区主要气田的天然气组成见表1-2-5。

根据上表，从我国天然气(伴生气)的组分中可以看出如下情况：

(1)伴生气中 C_{2+} 的含量较高，大部分伴生气含 C_{2+} 超过20%，较少含量的也在15%左右。

(2)凝析气田的天然气中 C_{2+} 含量比伴生气低一些，一般在5%~10%。

(3)气田的天然气组成中含有较少量的 C_{2+}，即一般称为干气，但也有部分气田的天然气组成中 C_{2+} 含量稍高些，一般均小于5%。

(4)在天然气(伴生气)中 CO_2、N_2、H_2S 等的含量参差不齐，无任何规律。

(5)我国高含硫化氢天然气主要分布在四川盆地和渤海湾盆地，硫化氢含量范围较大。四川盆地是我国高含硫化氢气体分布最广的盆地，近些年发现的渡口河气田和铁山气田均为高含硫气田，四川普光气田的探明储量达到 $1143.63\times10^{12}m^3$，可采储量 $878.32\times10^{12}m^3$，是我国已发现的最大的高含硫天然气田。

表1-2-2　国外某些国家油田伴生气的平均组成　　%(体积分数)

国　家	甲烷	乙烷	丙烷	丁烷	戊烷	C_{6+}	CO_2	N_2	H_2S
印度尼西亚	71.89	5.64	2.57	1.44	2.5	1.09	14.51	0.35	0.01
沙特阿拉伯	51.0	18.5	11.5	4.4	1.2	0.9	9.7	0.5	2.2
科威特	78.2	12.6	5.1	0.6	0.6	0.2	1.6	—	0.1
阿联酋	55.66	16.63	11.65	5.41	2.81	1.0	5.5	0.55	0.79
伊朗	74.9	13.0	7.2	3.1	1.1	0.4	0.3	—	—
利比亚	66.8	19.4	9.1	3.5	1.52	—	—	—	—
卡塔尔	55.49	13.29	9.69	5.63	3.82	1.0	7.02	11.2	2.93
阿尔及利亚	83.44	7.0	2.1	0.87	0.36	—	0.21	5.83	—

表1-2-3　我国主要大油田的伴生气组成　　%(体积分数)

油田名称		甲烷	乙烷	丙烷	异丁烷	正丁烷	异戊烷	正戊烷	C_6	C_{7+}	CO_2	N_2	H_2S
大庆油田	(萨南)	76.66	5.93	6.59	1.02	3.45	1.54		1.21	0.95	0.26	2.28	—
	(萨中)	85.88	3.34	4.54	0.67	1.99	0.35	0.81	0.36	0.16	0.9	1.0	—
	(杏南)	68.26	10.58	11.2	5.96		1.91		0.66	0.36	0.20	0.55	—
辽河油田	(兴隆台)	82.7	7.21	4.16	0.74	1.46	0.44	0.37	1.04	—	0.42	1.47	—
	(辽中)	87.53	6.2	2.74	0.62	1.22	0.36	0.30	0.21	0.46	0.03	0.33	—
中原油田(伴生气)		82.23	7.41	4.25	0.95	1.88	0.48	0.50	0.4	—	1.50	0.40	—
华北油田(任北)		59.37	6.48	10.02	9.21		3.81		1.34	1.40	4.58	1.79	—
胜利油田		87.75	3.78	3.74	0.81	2.31	0.82	0.65	0.06	0.03	0.53	0.02	—
吐哈油田	(丘陵)	67.61	13.51	10.69	3.06	2.55	0.68	0.56	0.16	0.09	0.40	0.65	—
	(温米)	76.12	9.28	6.77	2.82	1.65	0.84	0.30	0.22	0.07	0.26	1.59	—
	(鄯善)	65.81	12.85	10.17	3.66	3.18	1.15	0.68	0.39	1.14	1.89	0.03	—
大港油田		80.94	10.2	4.84	0.87	1.06	0.34		—	—	0.41	0.34	—

表 1-2-4　我国主要气田和凝析气田的天然气组成　%(体积分数)

气田名称		甲烷	乙烷	丙烷	异丁烷	正丁烷	异戊烷	正戊烷	C_{6+}	C_{7+}	CO_2	N_2	H_2S
长庆	(靖边)	93.89	0.62	0.08	0.01	0.01	0.001	0.002	—	—	5.14	0.16	0.048
	(榆林)	94.31	3.41	0.50	0.08	0.07	0.013	0.041	—	—	1.20	0.33	—
	(苏里格)	92.54	4.5	0.93	0.124	0.161	0.066	0.027	0.083	0.76	0.775	—	—
中原	(气田气)	94.42	2.12	0.41	0.15	0.18	0.09	0.09	0.26	—	1.25	—	—
	(凝析气)	85.14	5.62	3.41	0.75	1.35	0.54	0.59	0.67	—	0.84	—	—
海南崖 13-1 气田		83.87	3.83	1.47	0.4	0.38	0.17	0.10	1.11	—	7.65	1.02	70.7(mg/m^3)
塔里木气田	(克拉-2)	98.02	0.51	0.04	0.01	0.01	—	—	0.04	0.01	0.58	0.7	—
	(牙哈)	84.29	7.18	2.09	—	—	—	—	—	—	—	—	—
青海台南气田		99.2	—	0.02	—	—	—	—	—	—	—	0.79	—
青海涩北-1 气田		99.9	—	—	—	—	—	—	—	—	—	0.10	—
青海涩北-2 气田		99.69	0.08	0.02	—	—	—	—	—	—	—	0.2	—
东海平湖凝析气田		81.30	7.49	4.07	1.02	0.83	0.29	0.19	0.20	0.09	3.87	0.66	—
新疆阿克亚凝析气田		82.69	8.14	2.47	0.38	0.84	0.15	0.32	0.2	0.14	0.26	4.44	—
华北苏桥凝析气田		78.58	8.26	3.13	1.43	1.43	0.55	0.55	0.39	5.45	1.41	0.8	—

表 1-2-5　四川和重庆地区主要气田的天然气组成　%(体积分数)

单　位	气田名称	产气地层	甲烷	乙烷	丙烷	异丁烷	正丁烷	异戊烷	正戊烷	CO_2	N_2	H_2S
蜀南气矿	庙高寺	嘉二^2	96.42	0.73	0.14	0.04		—	—	—	1.93	0.69
	傅家庙	嘉三	95.77	1.10	0.37	0.16		—	—	0.08	2.24	—
	宋家场	阳三$^{2\sim4}$	97.17	1.02	0.2	—	—			0.47	1.09	0.01
	阳高寺	阳三^2	97.81	1.05	0.17	—	—	—	—	0.44	0.48	—
	兴隆场	嘉三	96.74	1.07	0.32	0.075	0.09	0.075		0.045	1.54	—
	自流井	阳三—阳二	97.12	0.56	0.07	—	—	—	—	1.135	1.06	0.02
	威远	震旦系	86.47	0.11	—	—	—	—	—	4.437	8.10	0.879
川中油气矿	磨溪	雷一	96.48	0.19	—	—	—	—	—	0.546	1.02	1.767
	八角场	大三	88.19	6.33	2.48	0.36	0.64	0.7		0.26	1.04	—
	遂南	香二—香四	87.92	6.48	2.46	0.54	0.6	0.4		0.21	1.38	—
川西北气矿	中坝 1	须二	91.0	5.8	1.59	0.13	0.35	0.1	0.28	0.47	0.19	—
	中坝 2	雷三	84.84	2.05	0.47	0.281	0.102		—	4.13	1.71	6.32
重庆气矿	卧龙河 1	嘉四^3	93.72	0.88	0.21	0.05	—	—	—	0.54	0.49	4.0
	卧龙河 2	嘉二^3	95.97	0.55	0.10	0.01	0.02	0.02	0.02	0.35	1.3	1.52
	卧龙河	石炭系	97.53	0.43	0.03	0.004	0.006	—	—	1.01	0.73	0.26
	相国寺	石炭系	97.62	0.92	0.07	—	—	—	—	0.16	1.13	0.16
	大天地	石炭系	95.97	1.23	0.23	0.004	0.006	—	—	1.71	1.87	0.13~0.26
	罗家寨	飞仙关	83.23	0.07	0.02	—	—	—	—	5.65	0.70	10.08
川东北气矿	铁山坡	飞仙关	77.12	0.05	0.01	—	—	—	—	6.32	1.01	15.00
	渡口河	飞仙关	75.84	0.05	0.03	—	—	—	—	6.59	0.91	16.50
普光气田	达县—宣汉		76.52	0.12	0.008	—	—	—	—	8.63	0.552	14.14

第三节 天然气分析与测定

天然气作为一种矿物资源，将其用作工业原料或燃料时，人们普遍对它的组分(包括有用组分和有害组分)和物理性质(如体积、压力、热值等)感兴趣。分析与测定是现场生产和科学研究取得上述数据不可缺少的手段，而经由国家技术监督行政部门认可的方法标准(包括国家标准、行业标准等)则是工程设计、商品天然气购销中结算、仲裁天然气数量与质量的依据。

一、气体组分表示方法

(一)国内外气体计量中采用的准则

第十届 CGPM 协议以及 ISO 7504—84 规定 273.15K 和 101.325kPa 为标准状态(Standard Condition)；ISO 7504 还推荐环境压力和 15℃、20℃、23℃、25℃、27℃等为基准状态(Normal Condition)。

1991 年，ISO/TC 193 文件中公布的气体计量参比状态见表 1-2-6。

表 1-2-6 ISO/TC 193 文件中公布的气体计量参比状态

国 家	气体计量参比状态		国 家	气体计量参比状态	
	压力/kPa	温度/℃		压力/kPa	温度/℃
澳大利亚	101.325	15	爱尔兰	101.325	1
奥地利	101.325	0	意大利	101.325	0
比利时	101.325	0	日本	101.325	0
加拿大	101.325	15	荷兰	101.325	0
丹麦	101.325	0	俄罗斯	101.325	0或20
法国	101.325	0	英国	101.325	15
德国	101.325	0	美国	101.325	15

我国国家标准《流量测量仪表基本参数》(JB/T 10564—2006)规定 20℃、101.325kPa 为气体基准状态，《天然气》(GB 17820—2018)及《用标准孔板流量计测量天然气流量》(GB/T 21446—2008)，均注明所采用的天然气体积(单位：m^3)为 20℃、101.325kPa 状态下的体积。气体在 0℃、101.325kPa 下所处的状态称为标准状态，其体积单位用 m^3(标准)表示。我国城镇燃气(包括天然气)的《城镇燃气设计规范》(GB 50028—2020)中注明燃气体积流量计量为 0℃、101.325kPa 状态下的流量。由此可见，我国天然气生产、经营管理及使用的天然气体积计量条件是不同的。因此，凡涉及天然气体积计量的一些性质(如密度、热值、硫化氢含量等)，亦存在同样情况，使用时务必注意其体积计量条件。

(二)天然气组分浓度表示法

1. 天然气组分浓度按分数表示及相互换算

天然气作为气体混合物，它的组分 i 的浓度可以由摩尔分数 y_i、体积分数 Φ_i 或质量分数 w_i 表示，因为体积分数是以标准状态下的测量值为基础得到的，因此它约等于摩尔分数。

1)摩尔分数 y_i 表示法

$$y_i=\frac{n_i}{\sum n_i} \tag{1-2-1}$$

式中 n_i——组分 i 的物质的量，mol；

$\sum n_i$——混合物中所有组分的物质的量的总和，mol。

2)体积分数 φ_i 表示法

$$\varphi_i = \frac{V_i}{\sum V_i} \tag{1-2-2}$$

式中　V_i——标准状态下组分 i 占有的体积，m^3；

$\sum V_i$——标准状态下测得的混合物的总体积，m^3。

3)质量分数 w_i 表示法

$$w_i = \frac{m_i}{\sum m_i} \tag{1-2-3}$$

式中　m_i——组分 i 的质量，kg；

$\sum m_i$——混合物的总质量，kg。

由摩尔分数(或体积分数)换算为质量分数，质量分数换算为摩尔分数(或体积分数)，分别按下式进行：

$$w_i = \frac{y_i M_i}{\sum y_i M_i}\quad，y_i(\text{或 }\varphi_i) = \frac{w_i M_i}{\sum w_i M_i}$$

式中　M_i——组分 i 的摩尔质量，kg/mol。

2. 天然气组分按质量浓度表示及相互换算

组分浓度也常用单位体积气体中某组分质量表示，称作质量浓度。单位 mg/m^3、g/m^3、kg/m^3 等。

1)由 mg/m^3 换算到体积分数 φ_i

$$\varphi_i = \frac{\rho_i \times V_{m(i)}}{M_i \times 10^4}\% \tag{1-2-4}$$

式中　$V_{m(i)}$——组分 i 在标准状态下的摩尔体积，L/mol；

ρ_i——组分 i 的密度，mg/m^3；

M_i——组分 i 的摩尔质量，g/mol。

2)由 $\varphi_i \times 10^{-6}$ 换算成 mg/m^3

$$\omega_i = \frac{M_i \times \varphi_i}{22.4 \times 10^{-6}} \tag{1-2-5}$$

(三)体积校正

在标准状态下，理想气体的摩尔体积为 $0.0224m^3/mol$(或 22.4L/mol)，而天然气中某些气体组分在标准状态下的摩尔体积为接近 22.4L/mol 的某个数值，见表 1-2-7。因此，要精确进行摩尔分数和体积分数间相互转化换算时，应采用表 1-2-7 的摩尔体积数据。

表 1-2-7　某些气体组分在标准状态下的摩尔体积

组　分	摩尔体积 V_m/(L/mol)	组　分	摩尔体积 V_m/(L/mol)
甲烷	22.36	氧	22.39
乙烷	22.16	氢	22.43
丙烷	22.00	空气	22.40
正丁烷	21.50	二氧化碳	22.26
异丁烷	21.78	一氧化碳	22.40
氦	22.42	硫化氢	22.14
氮	22.40	水蒸气	23.45
正戊烷	20.87	二氧化硫	21.89

无论在什么状态下工作的气体，大部分均在接近室温、大气压力的状态下采取试样，为了便于对比，一般需将气体换算成标准状态下的体积。

二、天然气分析与测定技术

(一)发展状况

天然气分析是气体分析测定技术的组成部分。新中国成立后，我国天然气工业得到了迅速发展，20世纪50年代后期，中国科学院石油研究所兰州分所(即现中国科学院兰州化学物理研究所)参照苏联和美国在气体分析方面的经验，率先开展了天然气分析的科研工作，并指导我国最大的天然气生产基地，设置在四川省原隆昌县的石油工业部天然气研究室(天然气研究院的前身)建立了一套能初步满足天然气勘探开发现场需要的天然气组分分析方法，并开展现场分析测试工作。于1960年编写了《四川地区各主要气井天然气组成汇编》，为我国的天然气组成情况建立了第一本账。

1965年后，天然气分析进入发展阶段，建立的气相色谱法能分析天然气中甲烷、乙烷、丙烷、异丁烷、正丁烷、异戊烷、正戊烷、己烷及以上烷烃、氧、氮、氩、一氧化碳、二氧化碳、硫化氢、氢及氦16个组分，专用的SC-4气相色谱仪由四川仪表九厂研制。

20世纪70年代后期，天然气分析技术进入精确、高效和标准化阶段，其特点是：

(1)在气相色谱技术方面，气相色谱法用于天然气组分分析的流程趋于定型化；使用高效色谱柱使分析组分延伸到C_{12}或更高，分析异构物的组分数达数百个；分析操作趋于自动化；数据处理趋于微机化。对磷、硫敏感的火焰光度检测器的应用，可用气相色谱法分析天然气中有机硫化合物组分。

(2)开发了适用于天然组分分析的标准气系列。

(3)参照国外先进标准，制定了天然气试验方法国家、行业标准，分析方法趋于标准化。

(4)建立了天然气中汞、氡、粉尘等微量组分的分析测试方法。

(二)天然气的取样

1. 取样目的和要求

取样目的是为取得有代表性的样品，如果未能取得有代表性的样品，即使后来的分析方法、操作技巧再高明、再仔细、再准确也是徒劳的。天然气分析测定，无论在现场直接取样分析或用取样瓶取样回实验室分析，都首先有一个取样操作过程，取样操作的任务就是为分析测定提供符合质和量的要求的样品。分析测定的目的是获得拟测定分析气源的真实组成或性质数据，因此，把取得能代表气源真实组成的样品称作代表性样品，反之，称作无代表性样品。

由于对取样，尤其对天然气这种特殊气体取样的重视，世界上许多国家、组织均先后起草制定气体、燃气或天然气的取样方法标准。但是规程、标准、规范也不可能包罗千变万化的现场条件与气源状态。更重要的是有赖于取样人员对取样对象——天然气的了解。要求取样人员了解：天然气组成及化学性质；物理性质及随工作状态和环境条件改变样品的相行为规律；取样用品与材料的物理、化学性质等知识，能应付各种复杂情况，拟订正确的取样方案，选用正确的取样方法，取得有代表性的样品。

2. 取样与天然气相态特性

天然气干气，降压取样过程的相态不变；天然气湿气，降压取样过程，可能会析出凝液，因此改变了样品对气源的代表性。开采凝析气藏，在降压取样过程出现的反凝析行为会给样品的代表性产生相当大的影响，故在制定取样方案中有相应对策。一个未知系统当其处于均一的气态(单相)时，随着温度、压力变化到一定程度后，可能有液体产生，形成气、液两相共存。温度、压力进一步变化时，系统还可能变为单一的液相，反之亦然。这种变化过程都遵循一定的规律，并可由相图(又称 p-T 图)表征，见图 1-2-1。

在反凝析区内，凝液生成量的变化规律与通常情况相反。在等温过程中，凝液生成量随压力的降低而增加；在等压过程中，凝液的生成量随温度的升高而增加。

图 1-2-1 中的虚线为等液量线，它们是相包络线内汇聚于临界点的一系列虚线，在每条线上的不同状态点，系统能生成相同体积分数或摩尔分数的液体。露点线和泡点线是特殊的等液量线。露点线是液体生成量为0%的等液量线。泡点线是液体生成量为100%的等液量线。

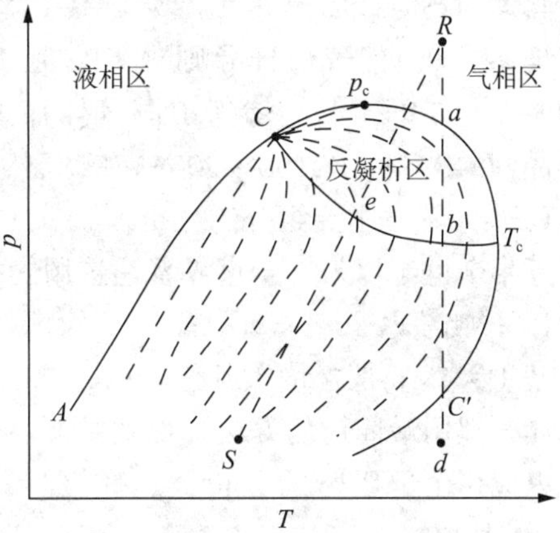

图 1-2-1　p-T 相图

C—临界点；p_c—临界凝析压力；T_c—临界凝析湿度；AC—泡点线；Cp_cT_cC'—露点线；$CebT_c$—最大凝析压力线

图 1-2-1 中的 R 代表气藏在地层内所处的状态，Rd 则代表气藏在不断开发时地层流体在等温降压过程中的相态变化规律。压力降至 a 点以前气藏处于单相状态，到达 a 点时，开始有微量的液体生成，以后随着压力的降低，地层内的凝液生成量逐渐增多，到 b 点时达到最大值，过 b 点后又逐渐减少，直至过 C' 点后液体全部挥发，又变成均一的单相。

RS 则代表在开发过程中，地层流体经过井筒达到地面分离器的降温降压过程中井流物的相态变化规律，但分离器平衡气相的相图已不是原相图的形状，其位置将大大向左(低温方向)移动。

3. 取样的一般考虑

1)取样方式

(1)直接在现场采样分析或间接用取样容器将样品取回实验室。

(2)取样时间安排是定时、瞬时或取一段时间内的平均样。

(3)采用何种适用的取样容器。

(4)采用容器取样时选用的容器置换方式，如封液置换、汞置换、活塞容器(如医用注射器)抽汲、抽空容器、吹扫容器取样等。

2)取样量

应以能满足分析测定的需要为原则，既要考虑一次分析的需要，也要考虑分析失误重新分析或保留样品备查的需要。

3)取样用具材料的选择

主要考虑安全、适用与方便。选用什么材料，主要根据气源的组成成分的性质及拟进行的分析测试项目作综合考虑，保证在取样过程或放入容器后，样品与材料不发生化学反应、不吸附，以免样品失去原有的代表性。

4)取样点的选择

必须符合以下要求：位于管线的高阻力件(如孔板、弯头)较远的高台地段，而不是低洼地段；气源处于流动状态，取样探头伸入到管线内径的1/3处；不能在已凝析气井的井口直接取气样，应在稳定条件下取平衡油、气样品分析，再按油气比组合成井流组分。

5)取样安全

应按操作易燃、易爆、带压、含毒气体的安全采样规定取样。

4. 取样方法有关标准

详参见《天然气取样导则》(GB/T 13609—2012)[等效采用《天然气取样导则》(ISO 10715—1997)]，也可参考美国气体加工者协会标准(GPA标准)《气相色谱法分析天然气样品》(GPA STD 2166—2005)和《天然气取样的标准方法》(ASTM D1145)。

(三)天然气主要组分的分析

近半个世纪以来，全世界普遍选用气相色谱法分析天然气这样一种多组分气体样品。

1. 一般考虑

基于天然气是含量极其悬殊(0.01%~99.99%)的烃类气体、惰性气体与酸性气体的混合气体，拟用最简捷的方法，得到对某一气源成分的全分析，就必须选用多色谱柱气相色谱仪，以应付全部组分的分析；选择检测器则应同时考虑检出能力与对微量组分的检出灵敏度。

此外，实验室应配备与被测天然气组成相似的标准气，以保证分析测定结果的溯源性。

2. 方法原理

气样和已知组成的标准气，在相同的操作条件下，用气相色谱法分析，将二者相应的各组分进行比较，用标准气的组成浓度计算气样相应组成的浓度，计算时可采用峰高或峰面积，或二者均采用。

3. 组分名称和浓度范围

天然气的主要组分及浓度范围是指表1-2-8所列的组分和浓度范围。

表1-2-8 天然气的主要组分及浓度范围

组 分	浓度范围摩尔分数 y/%	组 分	浓度范围摩尔分数 y/%
氦	0.01~10	正丁烷	0.01~10
氢	0.01~10	新戊烷	0.01~2
氧	0.01~20	异戊烷	0.01~2
氮	0.01~100	正戊烷	0.01~2
二氧化碳	0.01~100	己烷	0.01~2
甲烷	50~100	庚烷和更重组分	0.01~1
乙烷	0.01~100	一氧化碳[a]	0.01~1
丙烷	0.01~100	硫化氢	0.3~30
异丁烷	0.01~10		

注：a 常规天然气一般不含一氧化碳组分，煤制天然气等特殊样品中可能含有的一氧化碳组分，可采用本标准规定的方法进行检测。

4. 分析流程和方法

选用的分析流程是和采用的分析方法或方法标准紧密关联的，天然气主要组分的全分析可参照《天然气的组分分析 气相色谱法》(GB/T 13610—2020)。也可参考《气相色谱天然气分析方法》(ASTM D1945)。

(四) 天然气中 C_5 以上烃类的碳数组成及组成分析

1. 一般考虑

对于 C_5 以上烃类组分浓度较高的富天然气或油田伴生气，要获得较准确的热值、相对密度和压缩因子计算数据，将烃类组分延伸分析至 C_8、C_{10}甚至 C_{16}以上是必要的。因为天然气中较高碳数烃组成对烃露点的影响很大，例如当在采样天然气中加入体积分数为 0.28×10^{-6}的 C_{16}烃时，其烃露点上升 40℃，故应进行延伸的碳数组成分析。

2. 碳数组成的确定

碳数组成是指把 C_n 的所有异构物当成一个碳数组分 C_n 来看待。尽管 C_{n-1}与 C_n 个别异构物在色谱柱中的流出次序会有交叉或颠倒，在色谱图上人为地认定 n-C_{n-1}之后(不含 n-C_{n-1})第 1 个组分至 n-C_n 间所有组分之和就是 C_n，n-C_n 之后的第一个组分至 n-C_{n+1}间所有组分之和就是 C_{n+1}，以此类推。

3. 方法原理

直接将天然气样品注入低炉温柱头，使较重烃类富集，然后进入色谱柱程序升温分离，氢火焰离子检测器检测。用丁烷标准气外标法定量，比对计算其他组分，也可用测出的 C_5组分为架桥，比对计算出 C_9~C_{16}组分，整个样品的 C_1~C_{16}烃类组成需再归一计算。

4. 推荐方法标准

推荐采用《天然气中丁烷至 C_{16}烃类测定　气相色谱法》(GB/T 17281—2016)[等效采用《天然气　延伸分析　气相色谱法》(ISO 6975：1997)]。

(五) 天然气中硫化氢的测定

1. 一般考虑

由于硫化氢的化学活泼性和在水中溶解度都很大，对于天然气中的硫化氢，一般推荐选用现场直接吸收后测定或用在线仪器直接监测。不宜用取样容器取回实验室分析。

2. 测定方法及有关标准

1) 碘量法

方法原理：用过量的乙酸锌溶液吸收气样中的硫化氢，生成硫化锌沉淀。加入过量的碘溶液以氧化生成的硫化锌，过剩的碘用硫代硫酸钠标准溶液滴定。详见《天然气　含硫化合物的测定　第 1 部分》(GB/T 11060.1—2023)。该法系绝对测量方法。

2) 亚甲蓝法

方法原理：用乙酸锌溶液吸收气样中的硫化氢，生成硫化锌沉淀。在酸性介质中和三价铁离子存在下硫化锌同 N,N-二甲基对苯二胺反应，生成染料亚甲蓝。通过分光光度计测量溶液吸光度的方法测定生成的亚甲蓝，在一定的硫化氢浓度范围内，亚甲蓝颜色的深浅与硫化氢浓度呈线性关系。详见《天然气　含硫化合物的测定　第 2 部分》(GB/T 11060.2—2023)，也可参考《天然气中硫化氢的试验方法(亚甲蓝法)》(ASTM D2725)。

3) 钼蓝法

方法原理：用钼酸铵的酸性溶液吸收气样中的硫化氢，生成蓝色的钼蓝胶体溶液，对此蓝色溶液作吸光度测定。该法仅适用于硫化氢含量低于 50mg/m^3 的天然气。

4) 硫酸银法

方法原理：用一定的硫酸银溶液吸收气样中的硫化氢，生成硫化银沉淀和硫酸。用氢氧化钠标准溶液滴定生成的硫酸。该法适用于天然气中常量硫化氢的测定，不适用于硫醇含量超过一定限量的天然气中硫化氢的测定。

(六)天然气中二氧化碳的测定

1. 一般考虑

用气相色谱法分析天然气中的二氧化碳，不适用于现场分析。下面介绍两种适合现场的分析方法，其中氢氧化钡法是经典方法，可以用作仲裁分析；气体容量法对于二氧化碳含量较高，且同时含有硫化氢的样品，不失为一种简便的分析方法。

2. 测定方法及有关标准

(1)氢氧化钡法

方法原理：用准确、过量的氢氧化钡溶液吸收气样中的二氧化碳，生成碳酸钡沉淀，过剩的氢氧化钡用苯二甲酸氢钾标准溶液滴定。气样中的硫化氢用硫酸铜溶液吸收除去。详见《天然气中二氧化碳含量的测定　氢氧化钡法》(SY/T 7506—1996)。

(2)气体容量法

方法原理：当气体中同时存在常量硫化氢和二氧化碳时，用酸性硫酸铜镁溶液吸收一定量气样中的硫化氧，另用氢氧化钾溶液吸收相同量气样中的硫化氢和二氧化碳，根据气体体积的差值计算气样中硫化氢和二氧化碳的含量。

(七)天然气中总硫和总有机硫的测定

1. 一般考虑

此处所指总硫是包括硫化氢和有机硫化合物在内的所有的含硫化合物；总有机硫是指总硫中除硫化氢以外的所有的有机硫化合物。因为有机硫化合物是若干个化学式各异组分的组合，往往以硫(S)的量表示某有机硫化合物的量。

天然气中当含有硫化物时，硫化氧通常以常量存在，而有机硫化物则通常以微量存在，前者已有较多的成熟的分析方法可用，而后者通常应在选择脱除硫化氢后选用较灵敏的方法测定。因此，本条中的总硫和总有机硫的分析方法实际上是同一套方法，只是前者不带硫化氢过滤器，而后者带一个选择脱硫化氢的硫化氢过滤器。

硫化物的测定方法很多，总的分为两类：一类是将硫化物氧化成二氧化硫，然后进行测定；另一类是将硫化物还原成硫化氢，然后进行测定。现介绍两种属于氧化测定的方法。

2. 测定方法及有关标准

1)氧化比色法

方法原理：脱除硫化氢的天然气和洁净空气以大约1∶15的比例混合，进入温度为900℃±20℃的石英管中燃烧。有机硫被氧化成二氧化硫，用氯化汞钠作吸收剂，生成不挥发的螯合物$[HgCl_2SO_3]^-$，此螯合物与盐基品红甲醛溶液显色，生成紫红色，其颜色深线与氧化硫的浓度成比例，从而进行比色测定。方法的最低检知量为1μg，相对误差≤1%。

2)氧化微库仑法

方法原理：含硫天然气在温度为900℃±2℃的石英转化管中与氧气混合燃烧，硫转化成二氧化硫，随氧气进入滴定池与碘发生反应，消耗的碘由电解碘化钾补充。根据法拉第电解定律，由电解所消耗的电量，可计算出样品中硫的含量，并用标准气作校正。

详见《天然气含硫化合物的测定　第4部分：用氧化微仑法测定总硫含量》(GB/T 11060.4—2017)。也可参考《天然气　硫化物的测定　第一部分：总则》(EN ISO 6326.1—2007)；《天然气　硫化物的测定　第3部分：用电势分析法对硫化氢、硫醇硫和硫化羰基硫的测定》(EN ISO 6326.3—2007)，《天然气　硫化物的测定　第5部分：林格聂尔(lingener)燃烧法》(EN ISO 6326.5—2007)。

(八)天然气中有机硫化合物组分分析

1. 一般考虑

选用对硫敏感的火焰光度检测器(FPD)作气相色谱仪检测器，通用于有机硫化合物分离的色谱柱，达到分析天然气中含量在 0.2mg/m^3 以上的 C_1 ~ C_4 的 11 种有机硫化合物的目的。

2. 火焰光度检测器的检测原理

FPD 使用氢-氧焰和光电倍增管检测进入火焰的硫化合物生成的 S_2 碎片的分子辐射，当使用适当的干涉滤光片时，获得选择性，394mm 监测 S_2 辐射，S_2 辐射强度与进入火焰的硫原子呈指数比例关系。用纯有机化学物试剂与脱硫天然气为平衡气，制得若干种二元标准气(用微库仑法确定标准气中硫化合物浓度)，用气相色谱制得峰高对硫含量在双对数坐标上的若干条工作曲线，作为硫定量的依据。

3. 色谱条件和天然气中存在的 11 种有机硫化合物的色谱图

我国尚未制订有机硫化合物分析方法标准。可参见《气体分析　天然气中硫化合物的测定　气相色谱法》(ISO 19739：2004)，见图 1-2-2。

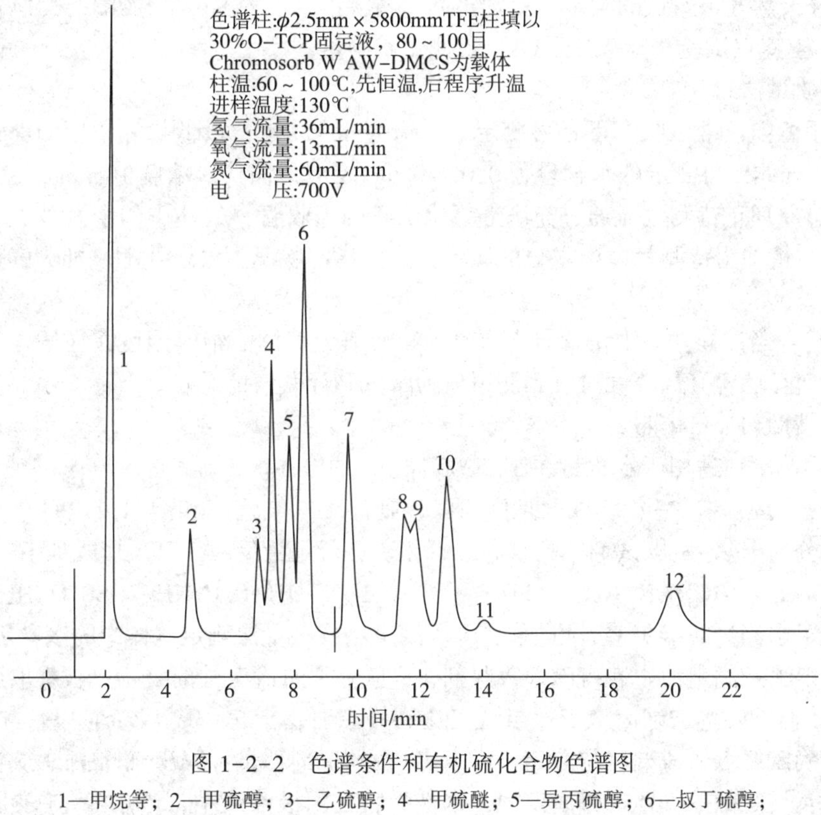

图 1-2-2　色谱条件和有机硫化合物色谱图

1—甲烷等；2—甲硫醇；3—乙硫醇；4—甲硫醚；5—异丙硫醇；6—叔丁硫醇；7—正丙硫醇；8—甲基乙丙基硫醚；9—异丁硫醇；10—乙硫醚；11—正丁硫醇；12—二甲基二硫化物

(九)天然气中水含量的测定

1. 一般考虑

气体中水分含量测定方法一般也适用于天然气。气体中的水分测定方法可参见《气体分析　微量水分的测定　第 1 部分　电解法》(GB 5832.1—2016)和《气体分析　微量水分的测定　第 2 部分　露点法》(GB 5832.2—2016)。鉴于天然气同时含有烃类及硫化合物等干扰组分，各国仍在进行针对天然气中水分含量测定的研究。

2. 测定方法及有关标准

1)露点法

(1)适用范围：适用于水露点在-25~5℃的气体。视气体压力而异，约相当于气体中的水含量(体积分数)在 $50\times10^{-6}\sim200\times10^{-6}$。

(2)测量原理：恒定压力下的被测气体，以一定的流量流经露点仪测定室中抛光金属镜面；该镜面可以通过人工方式降温，并可精确测量。随着镜面温度的逐渐降低，当气体中的水蒸气达到饱和时，镜面开始结露，此时测量到的镜面温度即为水露点，由露点值通过查表可以得到气体的绝对湿度值。

(3)烃类蒸气存在对测量的干扰：烃类也能在镜面上冷凝成露，但一般不会干扰测定。因为烃与水的表面张力相差甚远，烃露在镜面弥散开来，不会产生散射光。烃液与水不是互溶的；因此烃存在不会改变水露点，尤其当烃露点低于水露点时。相反，如果在测量水露点之前，就有大量烃液析出，则应预先除去烃凝液后再测量水露点。

可采用《天然气水露点的测定　冷却镜面凝析湿度计法》(GB/T 17283—2014)或《燃料气水汽含量测定 露点试验法》(ASTM D1142)测定水含量。

2)吸收质量法

(1)适用范围：常压状态下；可测定 0.1~10g/m^3 的水，最低检测浓度 10mg/m^3；低于5MPa 的带压气体，可测定的水含量为 0.02~0.5g/m^3，最高检测浓度 10g/m^3。

(2)测量原理：待测气流通过充满五氧化二磷的吸收管，气体中的水汽被五氧化二磷吸收，增加的质量即为待测气体中水分的质量，除以指定状况下气体体积，即为气体绝对湿度(g/m^3)。

(3)干扰：当试样气源中仅含有水汽时，测得值为气体的绝对湿度；当试样气源中不仅含有水汽，而且还含有烃蒸气时，则测得值为水汽和烃蒸气的总量。

3)卡尔费歇(Karlfischer)法

(1)适用范围：适用于水含量在 5~5000mg/m^3 的气体。

(2)方法原理：卡尔-费歇试剂是由甲醇、吡啶、二氧化硫和碘组成。存在于气体中的一定量的水分与卡尔-费歇试剂中的碘和二氧化硫进行定量反应。其反应式如下：

$$I_2+SO_2+3C_5H_5N+CH_3OH+H_2O \longrightarrow 2C_5H_5N\cdot HI+C_5H_5NH\cdot OSO_2OCH_3 \quad (1-2-6)$$

以标定了水当量的卡尔-费歇试剂，采用滴定法或电量法测定气体中的水含量。

电位滴定法：滴定池中装有碱性吸收剂，当气体通过滴定池时，水分被提取到碱性吸收剂中，然后用卡尔-费歇试剂滴定。当滴定达到终点时，卡尔-费歇试剂过量，电位产生突跃，以电位确定终点，故称电位滴定。由卡尔-费歇试剂耗量计算出气样中的水含量。

电量法：一定量的气体通过滴定池，水被吸收在阳极溶液中，当用卡尔-费歇试剂滴定时，发生式(1-2-6)的反应，按半电池反应 $I_2+2e\longrightarrow 2I^-$，阳极上 I_2 被还原，阴极上 I^- 被氧化。当滴定达到终点时，溶液中有微量卡尔-费歇试剂，当时 I_2 与 I^- 同时存在，此时溶液导电，电流表偏转，指示达到终点。反应所需的碘由电解产生，产生的碘与电解电流成正比，被消耗的碘又与气体的水含量成正比。因此，由电解电流就可直接转换成被测气体中的水含量。

(3)干扰：某些天然气中可能存在硫化氢和硫醇类，当其含量低于水含量的 20%以下时，能通过校正排除干扰，当其含量较高时，不能采用本方法。

(十)天然气中汞的测定

1. 一般考虑

一般大气的汞含量为 3~7ng/m^3，而天然气中汞含量在 100~300ng/m^3。由于汞在常温下会升华成蒸气，对人体有毒，对设备有腐蚀，故在测定操作时应注意密闭与通风。

2. 测定方法及有关标准

天然气中汞的测定方法有原子吸收光谱法，冷原子荧光分光光度计法等。按照天然气中汞含量的高低，样品中汞的富集分别采用溶液吸收法和银/金丝吸附法。

1)气样中汞的富集

(1)溶液吸收法：适用于汞含量 0~1000μg/m^3 的气样。气体通过装有一定体积的高锰酸钾硫酸溶液的吸收瓶，气体中的汞被氧化成汞离子，过剩的高锰酸钾用盐酸羟胺溶液还原，然后汞离子用氯化亚锡溶液还原成元素汞，通过具有一定流速的高纯氮气将汞蒸气带入仪器。

(2)银/金丝吸附法：适用于汞含量 0.3~1000ng/m^3 的气样。气体通过装有银绒的第 1 根石英管，汞被收集在银绒上，然后在升温到 900℃的炉中汞被释放出来，收集在装有金丝的第 2 根石英管内，通过具有一定流速的高纯氮气，将汞蒸气带入仪器。

2)方法原理

(1)原子吸收光谱法：汞蒸气随载气流通入吸收池，测定在 253.7mm 汞共振谱线下的吸光度，记录峰面积(或峰高)值。

(2)冷原子荧光分光光度计法：低压汞灯发出光束，通过透镜照射到由进样嘴进来的汞蒸气上，汞原子被激发而产生荧光，荧光再经过第 2 次透镜聚焦于光电倍增管，光电流经放大后，再由表头读数或记录峰值。由于汞在常温下可以汽化，本法采用还原汽化法，不用加热，故称冷原子荧光法。在一定条件下，汞原子的荧光强度与汞原子蒸气的浓度成正比。

(3)定量：在与试样完全相同的条件下，进入已知含量的汞标准液或汞饱和蒸气作为外标物，对测定峰面积或峰高进行校准，得出定量结果(注：汞蒸气在气体中的分布具有不均匀性，应收集较长周期内的、若干个气样的含汞量的平均值，取其算术平均值)。

可采用的标准为《天然气　汞含量的测定　第 1 部分：碘化学吸附取样法》(GB/T 16781.1—2017)和《天然气　汞含量的测定　第 2 部分：金-铂合金汞齐化取样法》(GB/T 16781.2—2017)[等效采用《天然气　汞的测定　第 1 部分　用碘化学吸附法对汞的取样》(ISO 6978-1：2003)和《天然气　汞的测定　第 2 部分：用金铂合金混汞法对汞的取样》(ISO 6978-2：2003)]。

(十一)天然气中粉尘的测定

粉尘一般是指由气溶胶与固体分散相共同组成的分散系，其颗粒大小由分子状态的粒子到肉眼能直接观察到的粒子(0.001~100μm)组成。这些粒子能时间长短不尽相同地处于悬浮状态。粉尘有浓度、分散度、比表面积、腐蚀性、爆炸性、可燃性等物化性质，此外粉尘也有化学组成成分指标。对于粉尘测定，我国起步较晚。现推荐一种适用于带压天然气测定天然气中粒度大于 0.5μm 粉尘浓度的重量方法。

1. 方法原理

一定体积的管输天然气通过预先已恒重的滤膜，天然气中的粉尘被截留在滤膜上，经干燥后称量直至恒重，根据粉尘质量和通过的天然气体积计算出粉尘浓度，以 mg/m^3 计。这里的粉尘是指去掉附着水的大于 0.5μm 的固体粒子，其中包括被粉尘吸附的、经过干燥仍未挥发的微量组分在内。

2. 测定装置和组件

粉尘浓度测定流程见图 1-2-3。

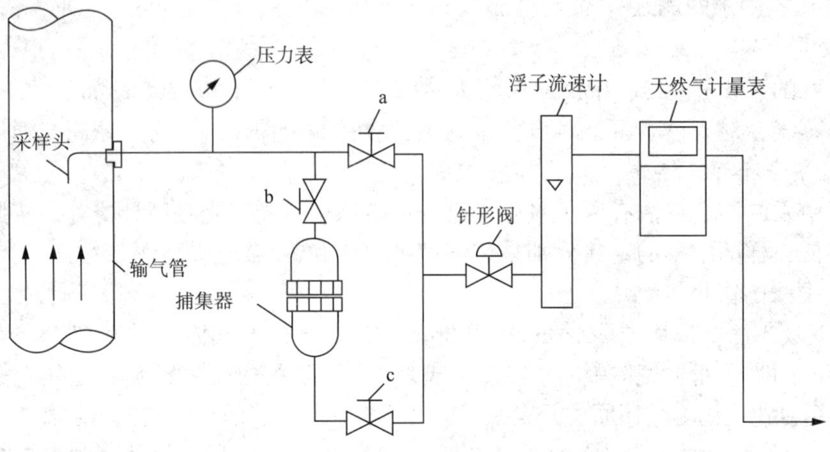

图1-2-3　粉尘浓度测定流程

a、b、c—不锈钢截止阀

3. 采样

(1)采样位置应选在输气管线垂直管段的直管部分，避开弯管或节流管段，以避免产生涡流、逆流。

(2)测定装置中天然气的流速可由每天的输气量计算，通过输气管线和测定装置采样管道截面积尺寸可以计算出保持等动力采样(等速采样)时天然气在测定装置中应有的流速。

(3)输气管线内粉尘为非均匀地、时间或长或短不尽相等地处于悬浮状态，浓度的变化没有一定的规律，瞬间测定值的波动性较大，如果在一定的时间区间内，连续多次测定，求出时间性平均值，用来代表实际粉尘浓度状况就比较合理。

(十二)天然气密度、相对密度和热值的确定

天然气的密度、相对密度和热值(发热量)可用仪器测量，也可用计算方法确定。

1. 天然气密度、相对密度的测量方法

(1)称量法：利用天平称量出同样体积的天然气与空气的质量，二者的比值即为天然气的相对密度。因为天然气很轻(密度很小)，即使用精密天平，也不易测准。

(2)泄流法：两种气体以相同压力从同一孔口流出时，密度较大气体的流速必然小于密度小的气体，这种利用流速差别测量相对密度的方法是比较准确简便的方法。

2. 天然气热值的测定方法

测定天然气热值的方法很多，主要有水流吸热法、空气吸热法和金属膨胀法。

1)水流吸热法(容克式热值测定方法)

原理：利用水流将天然气燃烧产生的热量完全吸收，按水流量和水的温升求出天然气的热值。方法遵循的热平衡可近似地写成式(1-2-7)：

$$VH_h = mC_p\Delta t \tag{1-2-7}$$

式中　H_h——天然气高热值，MJ/m^3；

V——在一定时间内，流过量热计的燃烧燃气的体积，m^3；

m——在同一时间内，流过量热计的水量，kg；

Δt——水被加热后温度升高值，℃；

C_p——水的比热容，J/(kg·℃)。

如欲求得天然气的低热值 H_l，尚需减去冷凝水放出的热量 q，即：

$$H_1 = H_h - q = \frac{mc_p \Delta t}{V} - q \qquad (1-2-8)$$

水流吸热法同样也可以用于液化石油气、天然气、焦炉气等各种热值燃气的热值测定，只需选用不同的本生灯喷嘴即可。

2）空气吸热法

原理：通过测量作为热交换介质空气流的温升的方法，测得天然气燃烧给予空气流的全部热量。天然气和吸热空气保持恒定的体积比。天然气燃烧的烟气加过剩空气与吸热空气是分隔开的，燃烧过程生成的水汽全部冷凝为液体，因此，测得值为高热值。吸热空气的温升直接与燃气的发热量成正比。

以上两种量热系统，使用前均需用已知热值的标准气，例如用芝加哥气体工艺研究所生产、美国国家标准局认可的纯甲烷气，对装置进行标定。

3）金属膨胀法

利用天然气燃烧产生的热量，加热两个同心的，由金属制作的膨胀管，两管的相互位置因温度改变而变化，而此温度又随天然气热值的大小而变化，由此法原理制成西格玛（sigma）自动量热计，在工业上使用较广。

3. 天然气密度、相对密度和热值的计算方法

天然气密度、相对密度和热值的计算方法可参见《天然气　发热量、密度、相对密度和沃泊指数的计算方法》（GB/T 11062—2020）［等效采用《天然气　由组成计算发热量、密度、相对密度和沃泊指数》（ISO 6976—2016）］。

三、天然气分析中标准气的制备与利用

（一）概述

本节中所谓天然气标准气是指天然气中以烃类为主要成分的混合标准气。

为使获得的天然气组分分析数据具有可追溯性，最理想的方法是用标准物质作为量值传递的中间媒介，即用已知组分浓度的，与待测天然气的组成成分及浓度相似的标准气作为外标物，对各组分进行定量。尤其对于用气相色谱法分析的那些烃类组分更为重要。

天然气中含硫化合物标准气，由于稳定性差，在分析方法中可找到现配现用的配制方法。天然气中惰性气体标准气可选用通用的相关气体标准气。

（二）制备方法

标准气作为一种标准物质，配制的方法可有称重法、静态容积法、动态容积法、测压法与饱和法等，但因为称重法是以质量为基础的绝对方法，无须准确测定气体的温度、压力、压缩因子而可获得准确可靠的配制结果，因而受到推荐。尤其是生产我国最高水平的有证标准物质时，必须采用此配制方法。

称重法配制方法：用分压法向气瓶中逐一充入已知纯度的各组分气体，气瓶在充入一定量已知纯度的某气体组分的前后用精密天平称量，两次称量的读数之差即为充入气瓶的该气体组分的质量。充入不同组分的气体，便制备一种混合气。混合气中各组分的摩尔分数为该组分的物质的量与混合气中所有组分的物质的量总和之比。为能最大限度地减少因环境条件（温度、大气压、湿度）及浮力变化而造成的称量误差，选择在大气中用参比瓶比对称量的称量方法。

（三）有关事项

（1）标准气为一种计量器具，必须选用有 CMC（中华人民共和国制造计量器具许可证）

标志的标准物质，与天然气分析有关的标准气见表1-2-9。

(2)我国标准物质分为一级标准物质(GBW)和二级标准物质(GBWE)，一般工作场所可选用二级标准物质，对实验室认证、方法验证、产品评价与仲裁可选用高水平的一级标准物质。

(3)使用烃类标准气应注意达到烃露点后对标准气组成的稳定性造成的影响，因此要密切注意标准气存放温度与压力下降状况。

表1-2-9 天然气分析相关的标准气

一级标准气	标准编号	标准标题
519	GBW 06305	甲烷中丙烷、异丁烷、正丁烷气体标准物质 8L
520	GBW 06306	甲烷中乙烷气体标准物质 4L
521	GBW 06307	甲烷中丙烷气体标准物质 4L
522	GBW 06308	甲烷中二氧化碳气体标准物质 4L
二级标准气	标准编号	标准标题
141	GBW (E) 060094	甲烷中氦、氢混合气体标准物质
142	GBW (E) 060095	甲烷中氧、氮混合气体标准物质
143	GBW (E) 060096	甲烷中二氧化碳气体标准物质
144	GBW (E) 060097	氮中甲烷气体标准物质
147	GBW (E) 060130	氮中硫化氢气体标准物质
148	GBW (E) 060131	甲烷中硫化氢气体标准物质
149	GBW (E) 060132	氮中二氧化碳气体标准物质
380	GBW (E) 080111	甲烷中乙烷、丙烷、正异丁烷、正异戊烷气体标准物质

第四节 天然气处理及其加工产品的质量要求

一、天然气处理与加工分类范畴

天然气处理与加工是天然气工业中一个十分重要的组成部分，是从油、气井中采出或从矿场分离器分出的天然气在进入输、配管道或送往用户之前必不可少的生产环节。但是，由于天然气处理与加工的目的不同，其含义也有所不同。

天然气处理是指为使天然气符合商品质量或管道输送要求而采取的工艺过程，如脱除酸性气体(即脱除酸性组分如H_2S、CO_2、有机硫化物如RSH等)和其他杂质(水、烃类、固体颗粒等)以及热值调整、硫黄回收和尾气处理(环保要求)等过程；天然气加工是指从天然气中分离、回收某些组分，使之成为产品的工艺过程，如天然气凝液回收、天然气液化以及从天然气中提取氦等稀有气体的过程等均属于天然气加工的范畴。

虽然天然气处理和加工所用的工艺方法可能相同，但两者的区别在于其目的不同。在我国，习惯把天然气的脱水、脱酸性气体(或脱硫)、硫黄回收和尾气处理(环保要求)等称之为净化。图1-2-4为天然气在油、气田进行处理与加工的示意图。由图1-2-4可知，从油、气井来的天然气经过一系列加工与处理过程后，或经输配管道进入城镇用户，或去油、气田内部回注等。图中的相分离、脱酸性气体及硫黄回收等过程均属于天然气处理范畴。图中的脱水与天然气凝液回收过程，其目的是为了控制天然气的水露点和烃露点(露点控制)，使其满足管道输送或商品天然气的要求，也应属于天然气处理范畴；或其目的是为了回收乙烷及更重烃类作为产品，则应属于天然气加工范畴。应该说明的是，并非所有油、气井来的天然气都经过图 1-2-4 中的各个加工与处理过程。例如，如果天然气中含酸性组分很少，则可不必脱酸性气体而直接脱水；如果天然气中含乙烷及更重烃类很少，则可不必经天然气凝液回收而直接液化生产液化天然气等。

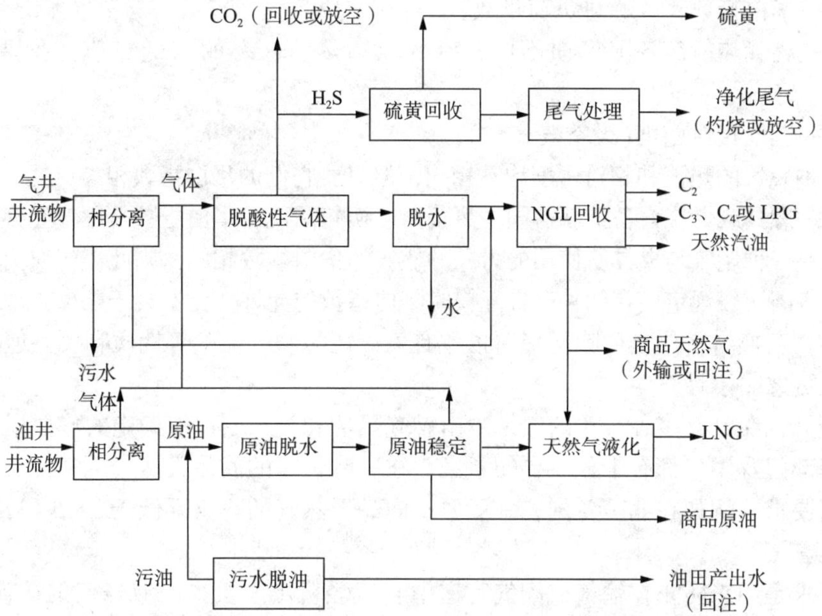

图 1-2-4　天然气在油气田进行处理与加工示意图

二、商品天然气的质量要求

商品天然气的质量要求是根据经济效益、安全卫生和环境保护三方面的因素综合考虑制定的。不同国家，甚至同一国家不同地区、不同用途的商品天然气质量要求均不相同，因此，不可能以一个国际标准来统一。此外，由于商品天然气多通过管道输往用户，也因用户不同，对气体质量要求也不同。通常，商品天然气的质量指标主要有下述几项。

(一)热值(发热量)

热值是表示燃气(即气体燃料)质量的重要指标之一，可分为高热值(高位发热量)与低热值(低位发热量)，单位为 kJ/m^3 或 kJ/kg，亦可为 MJ/m^3 或 MJ/kg。不同种类的燃气，其热值差别很大。天然气的热值大约是人工燃气的 2 倍，见表 1-2-10。

表 1-2-10　各种燃气低热值(概略值)

燃　气	天然气		人工燃气		
	气藏气	伴生气	焦炉煤气	直立炭化煤气	压力汽化煤气
热值/(MJ/m^3)	31.4~36.0	41.5~43.9	14.7~18.3	16.2~16.4	15.3~15.5

注：①此处 m^3 指 101.325kPa、0℃状态下的体积。

②未经加工或处理。

目前国内外天然气气质标准多采用高位发热值。天然气高位发热量直接反映天然气的使用价值(经济效益)，该值可以采用气相色谱分析数据计算，或用燃烧法直接测定。同时天然气的发热量值还与其体积参比条件有关。

燃气热值也是用户正确选用燃烧设备或燃具时所必须考虑的一项质量指标。

华白(Wobbe)指数是代表燃气特性的一个参数。它的定义式为：

$$W=\frac{H}{\sqrt{d}} \tag{1-2-9}$$

式中 W——华白指数，或称热负荷指数；

H——燃气热值，各国习惯不同，有的取高热值，有的取低热值，我国取高热值，kJ/m^3；

d——燃气相对密度(设空气 $d=1$)。

假设两种燃气的热值和相对密度均不相同，但只要它们的华白指数相等，就能在同燃气压力下和在同一燃具或燃烧设备上获得同一热负荷。换句话说，华白指数是燃气互换性的一个判定指数。只要一种燃气与燃具所使用的另一种燃气的华白指数相同，则此燃气对另一种燃气具有互换性。各国一般规定，在两种燃气互换时华白指数的允许变化不大于±5%~10%。

两种燃气互换时，热负荷除与华白指数有关，还与燃气黏度等性质有关，但在工程上这种影响往往可忽略不计。

由此可见，在具有多种气源的城镇中由燃气热值和相对密度所确定的华白指数，对于燃气经营管理部门及用户都有十分重要的意义。在一些国家的商品天然气质量要求中，都对其热值有一定要求。例如在北美各国，一般要求商品天然气的热值不低于34.5~37.3MJ/m^3。

(二)烃露点

此项要求是用来防止在输气或配气管道中有液烃析出。析出的液烃聚集在管道低洼处，会减少管道流通截面。只要管道中不析出游离液烃，或游离液烃不滞留在管道中，烃露点要求就不十分重要。烃露点一般根据各国具体情况而定，有些国家规定了在一定压力下允许的天然气最高烃露点。一些组织和国家对烃露点的要求见表1-2-11。

表1-2-11 一些组织和国家对烃露点的要求

国家或地区	烃露点的要求
ISO	在交接温度和压力下，不存在液相水和烃(见ISO 13686)
EASSE(欧洲气体能量交换合理化协会)	在0.1~7MPa下，烃露点-2℃
加拿大	在5.4MPa下，-10℃
意大利	在6MPa下，-10℃
荷兰	压力高达7MPa时，-3℃
俄罗斯	温带地区：0℃；寒带地区：夏-5℃，冬-10℃
英国	夏：6.9MPa，10℃；冬：6.9MPa，-1℃

(三)水露点(也称露点)

此项要求是用来防止在输气或配气管道中有液态水(游离水)析出。液态水的存在会加速天然气中酸性组分(H_2S、CO_2)对钢材的腐蚀，还会形成固态天然气水合物，堵塞管道和设备。此外，液态水聚集在管道低洼处，也会减少管道的流通截面。冬季水会结冰，也会堵塞管道和设备。

水露点一般也是根据各国具体情况而定。在我国，对管输天然气要求其水露点应比输气管道中气体可能达到的最低温度低5℃。也有一些国家是规定天然气中的水蒸气含量(也称水含量)，例如加拿大艾伯塔省规定水蒸气含量不高于65mg/m^3。

(四)硫含量

此项要求主要是用来控制天然气中硫化物的腐蚀性和对大气的污染，常用H_2S含量和总硫含量表示。

天然气中硫化物分为无机硫和有机硫。无机硫指硫化氢(H_2S)，有机硫指二硫化碳(CS_2)、硫化羰(COS)、硫醇(CH_3SH、C_2H_5SH)、噻吩(C_4H_4S)、硫醚(CH_3SCH_3)等。天然气中的大部分硫化物为无机硫。

硫化氢及其燃烧产物二氧化硫，都具有强烈的刺鼻性气味，对眼黏膜和呼吸道有损坏作用。空气中硫化氢浓度大于0.06%(约910mg/m^3)时，人呼吸半小时就会致命。当空气中含有0.05% SO_2时，人呼吸短时间生命就有危险。

空气中的硫化氢阈值为15mg/m^3(10×10^{-6})，安全临界浓度为30mg/m^3(20×10^{-6})，危险临界浓度为150mg/m^3(100×10^{-6})，SO_2的阈限值为5.4mg/m^3(2×10^{-6})。

硫化氢具有腐蚀性，在高压、高温以及有液态水存在时，腐蚀作用会更加剧烈。硫化氢燃烧后生成的二氧化硫和三氧化硫，也会造成对燃具或燃烧设备的腐蚀。因此，一般要求天然气中的硫化氢含量不高于6~20mg/m^3，除此以外，对天然气中的总硫含量也有一定要求，一般要求小于480mg/m^3。而我国要求小于350mg/m^3或更低。

(五)二氧化碳含量

二氧化碳是天然气中的酸性组分，在有液态水存在时，对管道和设备有腐蚀性。尤其当硫化氢、二氧化碳与水同时存在时，对钢材的腐蚀更加严重。此外，二氧化碳还是天然气中的不可燃组分。因此，一些国家规定了天然气中二氧化碳的含量不高于2%~3%。

(六)机械杂质(固体颗粒)

在我国国家标准《天然气》(GB 17820—2018)中虽未规定商品天然气中机械杂质的具体指标，但明确指出"天然气中固体颗粒含量应不影响天然气的输送和利用"，这与国家标准化组织天然气技术委员会(ISO/TC 193)2013年发布的《天然气质量指标》(ISO 13686：2013)是一致的。应该说明的是，固体颗粒指标不仅应按标准规定其含量，也应说明其粒径。故中国石油天然气集团公司的企业标准《天然气长输管道气质要求》(Q/SY 30—2002)对固体颗粒的粒径明确规定应小于5μm，俄罗斯国家标准(ГОСТ 5542)规定中的固体颗粒≤1mg/m^3。

(七)其他

关于含氧量，从我国西南油气田分公司天然气研究院十多年来对国内各油气田所产天然气的数据分析看，从未发现过井口天然气中含有氧。但四川、大庆等地区的用户均曾发现商品天然气中含有氧(在短期内)，有时其含量还超过2%(体积分数)。这部分氧的来源尚不清楚，可能是集输、处理过程中混入天然气中的。由于氧会与天然气形成爆炸性气体混合物，而且在输配系统中氧也可能氧化天然气中含硫加臭剂而形成腐蚀性更强的产物，所以无论从安全或防腐角度，应对此问题引起足够重视，及时开展调查研究。

国外对天然气中含氧量有规定的国家不多。欧洲气体能量交换合理化委员会(EASEE-gas)规定的"统一跨国输送的天然气气质"将确定氧含量≤0.01%(摩尔分数)，德国的商品天然气标准规定氧含量不超过1%(体积分数)，但全俄行业标准ГОСТ 51.40则规定在温暖地区应不超过0.5%(体积分数)。中国石油企业标准《天然气长输管道气质要求》(Q/SY 30—2002)则规定输气管道中天然气中的氧含量应小于0.5%(体积分数)。

此外，北美国家的商品天然气质量要求中还规定了最高输气温度和最高输气压力等指标。表1-2-12为国外商品天然气质量要求。表1-2-13则给出了欧洲气体能量交换合理化委员会的“欧洲H类天然气统一跨国输送气质指标”。EASEE-gas是由欧洲六家大型输气公司于2002年联合成立的一个组织。该组织在对20多个国家的73个天然气贸易交接点进行气质调查后于2005年提出一份“统一天然气气质”的报告，对欧洲影响较大，并被修订的国际标准《天然气-质量指标》(ISO 13686)作为一个新的资料性附录引用。

表1-2-12　国外商品天然气质量要求

国　家	H_2S/(mg/m^3)	总硫/(mg/m^3)	CO_2/%	水露点/(℃/MPa)	高发热量/(kJ/m^3)
英国	5	50	2	夏4.4/6.9，冬零下9.4/6.9	38.84~42.85
荷兰	5	120	1.5~2	零下8/7	35.17
法国	7	150	—	零下5/操作压力	37.67~46.04
德国	5	120	—	地温/操作压力	30.2~47.2
意大利	2	100	4.5	零下10/6	—
比利时	5	150	2	零下8/6.9	40.19~44.38
奥地利	6	100	1.5	零下7/4	—
加拿大	6	23	2	$64mg/m^3$	36.5
	23	115		零下10/操作压力	36
美国	5.7	22.9	3	$110mg/m^3$	43.6~44.3
俄罗斯	7	16.0	—	夏-3/(-10)，冬-5/(-20)*	32.5~36.1

注：*括弧外为温带地区，括弧内为寒带地区。

表1-2-13　欧洲H类天然气统一跨国输送气质指标

项　目	最小值	最大值	推荐执行日期
高沃泊指数/(MJ/m^3)	48.96	56.92	1/10/2010
相对密度	0.555	0.700	1/10/2010
总硫/(mg/m^3)	—	30	1/10/2006
硫化氢和羟基硫/(mg/m^3)	—	5	1/10/2006
硫醇/(mg/m^3)	—	6	1/10/2006
氧气/%(摩尔分数)	—	0.01①	1/10/2010
二氧化碳/%(摩尔分数)	—	2.5	1/10/2010
水露点(7MPa，绝压)/℃	—	零下8	注②
水露点(0.1~7MPa，绝压)/℃	—	零下2	1/10/2006

注：①EASEE-gas通过对天然气中氧含量的调查，将确定氧含量限定的最大值≤0.01%(摩尔分数)。

②针对某些交接点可以不严格遵守公共商务准则(CBP)的规定，相关生产、销售和运输方可另行规定水露点，各方也应共同研究如何适应CBP规定的气质指标问题，以满足长期需要。对于其他交接点，此规定值可从2006年10月1日开始执行。

表1-2-14则是我国国家标准《天然气》(GB 17820—2018)中商品天然气的质量指标。其中，用作城镇燃料的天然气，总硫和硫化氢含量应该符合一类气或二类气的质量指标。此外，作为城镇燃气的天然气，应具有可以察觉的臭味。燃气中加臭剂的最小量应符合《城镇燃气设计规范》(GB 50028—2006)有关规定。

表 1-2-14　我国商品天然气质量指标

项　　目		一类气	二类气
高位发热值[a,b]/(MJ/m^3)	≥	34.0	31.4
总硫(以硫计)[a]/(mg/m^3)	≤	20	100
硫化氢[a]/(mg/m^3)	≤	6	20
二氧化碳/%(体积分数)	≤	3.0	4.0

注：a 本标准中使用的标准参比条件是 101.325kPa，20℃。

b 高位发热量以干基计。

需要强调的是，在《天然气》(GB 17820—2018)标准中同时规定了商品天然气的质量指标及其测定方法，而且这些方法国内均有标准可依，在进行商品天然气贸易交接和质量仲裁时务必注意执行。

如果只是为了符合管道输送的要求，则经过处理后的天然气称之为管输天然气，简称管输气。我国《输气管道工程设计规范》(GB 50251—2015)对管输天然气的质量要求是：

①应清除机械杂质。

②水露点应比输送条件下最低环境温度低 5℃。

③烃露点应低于最低环境温度。

④气体中硫化氢含量不大于 20mg/m^3。

⑤二氧化碳含量不应大于 3%。

三、天然气加工主要产品及其质量要求

天然气加工产品包括液化天然气、天然气凝液、液化石油气、天然汽油等。典型的天然气及其加工产品的组分见表 1-2-15。

表 1-2-15　典型的天然气及其产品组成

名称＼组成	He 等	N_2	CO_2	H_2S	C_1	C_2	C_3	iC_4	nC_4	iC_5	nC_5	C_6	C_{7+}
天然气	▲	▲	▲	▲	▲	▲	▲	▲	▲	▲	▲	▲	▲
惰性气体	▲	▲	▲										
酸性气体			▲	▲									
液化天然气		▲			▲	▲	▲	▲	▲				
天然气凝液						▲	▲	▲	▲	▲	▲	▲	▲
液化石油气						▲	▲	▲	▲				
天然汽油							▲	▲	▲	▲	▲	▲	▲
稳定凝析油								▲	▲	▲	▲	▲	▲

(一)液化天然气

液化天然气(Liquefied Natural Gas，LNG)是由天然气液化制取的，以甲烷为主的液烃混合物，其摩尔组成(χ)约为：C_1 80%～95%，C_2 3%～10%，C_3 0%～5%，C_4 0%～3%，C_{5+} 微量。一般是在常压下将天然气冷冻到约零下 162℃使其变为液体。

由于液化天然气的体积为其气体(20℃，101.325kPa)体积的 1/625，故有利于输送和储存。随着液化天然气运输船及储罐制造技术的进步，天然气液化是目前跨越海洋运输天然气

的主要方法。LNG不仅可作为石油产品的清洁替代燃料，也可用来生产甲醇、氨及其他化工产品。此外，在一些国家和地区，LNG还用于民用燃气的调峰。LNG再汽化时的蒸发潜热(-161.5℃时约为511kJ/kg)还可供制冷、冷藏等行业使用。表1-2-16为LNG的主要物理性质。

表1-2-16 LNG的主要物理性质

气相相对密度(空气=1)	沸点/℃(常压下)	液体密度/(g/L)(沸点下)	高热值/(MJ/m³)①	颜色
0.60~0.70	约零下162	430~460	41.5~45.3	无色透明

注：①指101.325kPa，15.6℃状态下的气体体积。

(二)天然气凝液

天然气凝液(Natural Gas Liquids，NGL)也称为天然气液或天然气液体，我国习惯称为轻烃。NGL是指从天然气中回收到的液烃混合物，包括乙烷、丙烷、丁烷及戊烷以上烃类等，有时广义地说，从气井井场及天然气加工厂得到的凝析油均属于天然气凝液。天然气凝液可直接作为产品，也可进一步分离出乙烷、丙烷、丁烷或丙、丁烷混合物(LPG)和天然汽油等。天然气凝液及由其得到的乙烷、丙烷、丁烷等烃类是制取乙烯的主要原料。此外，丙烷、丁烷或丙、丁烷混合物不仅是热值很高(约83.7~125.6MJ/m^3)、输送及存储方便、硫含量低的民用燃料，还是汽车的清洁替代燃料。

(三)液化石油气

液化石油气(Liquefied Petroleum Gas，LPG)也称为液化气，是指主要由C_3和C_4烃类组成并在常温和压力下处于液态的石油产品。按其来源分为炼厂液化石油气和油气田液化石油气两种。炼厂液化石油气是由炼油厂的二次加工过程所得的，主要由丙烷、丙烯、丁烷和丁烯等组成。油气田液化石油气是由天然气加工过程所得到的，通常又可分为商品丙烷、商品丁烷和商品丙、丁烷混合物等。商品丙烷主要由丙烷和少量丁烷及微量乙烷组成，适用于要求高挥发性产品的场合。商品丁烷主要由丁烷和少量丙烷及微量戊烷组成，适用于要求低挥发性产品的场合。商品丙、丁烷混合物主要由丙烷、丁烷和少量乙烷、戊烷组成，适用于要求中挥发性产品的场合，油气田液化石油气不含烯烃。我国油气田液化石油气质量要求见表1-2-17。

表1-2-17 我国油气田液化石油气质量要求

项目		质量指标			试验方法
		商品丙烷	商品丙、丁烷混合物	商品丁烷	
密度(15℃)/(kg/m^3)		报告			SH/T 0221[a]
蒸汽压(37.8℃)/kPa	不大于	1430	1380	485	GB/T12576
组分[b]					SH/T 0230
C_3烃类组分(体积分数)/%	不小于	95	—	—	
C_3及C_4以上烃类组分(体积分数)/%	不大于	2.5	—	—	
(C_3+C_4)烃类组分(体积分数)/%	不小于	—	95	95	
C_5及C_5以上烃类组分(体积分数)/%	不大于	—	3.0	2.0	
残留物					SY/T 7509
蒸发残留物/(mL/100mL)	不大于	0.05			
油渍观察		通过[c]			

续表

项目		质量指标			试验方法
		商品丙烷	商品丙、丁烷混合物	商品丁烷	
铜片腐蚀(40℃，1h)/级	不大于	1			SH/T 0232
总硫含量(mg/m^3)	不大于	343			SH/T 0222
硫化氢(需满足下列要求之一)					
乙酸铅法		无			SH/T 0125
层析法/(mg/m^3)	不大于	10			SH/T 0231
游离水		无			目测[d]

注：a 密度也可用 GB/T 12576 方法计算，有争议时以 SH/T 0221 为仲裁方法。

b 液化石油气中不允许人为加入除加臭剂以外的非烃类化合物。

c 按 SY/T 7509 方法所述，每次以 0. 1mL 的增量将 0. 3mL 溶剂-残留物混合液滴到滤纸上，2min 后在日光下观察，无持久不退的油环为通过。

d 有争议时，采用 SH/T 0221 的仪器及试验条件目测是否存在游离水。

(四)天然汽油

天然汽油也称为气体汽油或凝析汽油，是指天然气凝液经过稳定后得到的，以戊烷及更重烃类为主的液态石油产品。我国习惯上称为稳定轻烃，国外也将其称为稳定凝析油。我国将天然汽油按其蒸气压分为两种牌号，其代号为 1 号和 2 号。1 号产品可作为石油化工原料；2 号产品除作为石油化工原料外，也可用作车用汽油调和原料。它们的质量要求见表1-2-18。

表 1-2-18 我国稳定轻烃质量要求

项目		质量指标		试验方法
		1 号	2 号	
饱和蒸汽压/kPa		74～200	夏[a]<74 冬[b]<88	GB/T 8017
馏程				GB/T 6536
10%蒸发温度/℃	不低于	—	35	
90%蒸发温度/℃	不高于	135	150	
终馏点/℃	不高于	190	190	
60℃蒸发率(体积分数)/%		实测	—	
硫含量[c]/%，不大于		0. 05	0. 10	SH/T 0689
机械杂质及水分		无	无	目测[d]
铜片腐蚀/级	不大于	1	1	GB/T 5096
赛波特颜色号	不低于	+25	—	GB/T 3555

注：a 夏季从 5 月 1 日至 10 月 31 日。

b 冬季从 11 月 1 日至 4 月 30 日。

c 硫含量允许采用 GB/T 17040 和 SH/T 0253 进行测定，但仲裁试验应采用 SH/T 0689。

d 将试样注入 100mL 的玻璃量筒中观察，应当透明，没有悬浮与沉降的机械杂质及水分。

(五)压缩天然气

压缩天然气(Compressed Natural Gas，CNG)是经过压缩的高压商品天然气，其主要成分是甲烷。由于它不仅抗爆性能(甲烷的研究法辛烷值约为 108)和燃烧性能好，燃烧产物中的温室气体及其他有害物质含量很少，而且生产成本较低，因而是一种很有发展前途的汽车优质替代燃料。目前，大多灌装在20~30MPa的气瓶中供汽车使用，称为汽车用压缩天然气(Compressed Natural Gas for Vehicle)。

我国发布的行业标准《汽车用压缩天然气》(GB/T 18047—2017)对汽车用压缩天然气的质量求见表1-2-19。

表1-2-19 我国汽车用压缩天然气质量要求

项目		技术指标
高位发热量[a]/(MJ/m^3)	≥	31.4
总硫(以硫计)[a]/(mg/m^3)	≤	100
硫化氢[a]/(mg/m^3)	≤	15
二氧化碳 mol∶mol/%	≤	3.0
氧气 mol∶mol/%	≤	0.5
水[a]/(mg/m^3)		在汽车驾驶的特定地理区域内，在压力不大于25MPa和环境温度不低于-13℃的条件下，水的质量浓度应不大于30mg/m^3
水露点/℃		在汽车驾驶的特定地理区域内，在压力不大于25MPa和环境温度低于-13℃的条件下，水露点应比最低环境温度低5℃

注：a 本标准中气体体积的标准参比条件是101.325kPa，20℃。

由于车用压缩天然气在气瓶中的储存压力很高，为防止因硫化氢分压高而产生腐蚀，故要求其硫化氢含量≤15 mg/m^3。这也是以城镇燃气管网的商品天然气(二类气质≤20mg/m^3)为原料气，有时需要进一步脱硫的原因所在。

车用压缩天然气在使用时，应考虑其华白指数(高华白数)。因为华白指数的变化将影响汽车发动机的输出功率和运转情况，而且由于大多数发动机的流量计系统使用孔板，故华白指数的变化也会导致空气/燃料比例发生变化。

应指出的是，上述各标准不仅规定了有关产品的质量指标，也同时规定了国内已有指标可依的测定方法，在进行商品贸易和质量仲裁时务必遵照执行。

至于其他如商品乙烷等，我国目前尚无上述由国家或行业在相应标准中提出的质量要求。

此外，天然气加工与原油加工的含义也是有区别的。原油加工是采用物理或化学方法由原油获得一系列产品的过程，而天然气加工只是采用物理方法从天然气中获得产品的过程。对于那些采用化学方法从天然气中获得产品的过程，则属于天然气化工的范畴。

当前，天然气的加工深度(通常以天然气凝液的回收率来表示)和天然气凝液的生产能力是衡量一个国家天然气工业发展水平的重要标志之一。回顾一些发达国家天然气凝液回收的发展过程，大致可分为以下四个阶段：

(1)井口汽油时代(1910~1920年)：由油井井口分离器分离出的伴生气经压缩、冷凝和分离后即可得到井口汽油(也称套管头汽油)。井口汽油组成不定，也不稳定。这一阶段只是对伴生气进行简单处理，以防止在输气管道中析出液烃。

(2)天然汽油时代(1920~1940年)：这一阶段天然气凝液回收方法有了很大发展，常温油吸收法逐步取代了初期的压缩法，主要产品是经过稳定的天然汽油，同时已开始生产液化石油气。

(3)液化石油气(或丙烷，丁烷)时代(1940~1960年)：液化石油气的生产始于20世纪30年代，到40年代以后其产量迅速增加，不仅促进了天然汽化工的发展，也给城市提供了清洁方便的燃料。这一阶段天然气凝液回收方法已从常温油吸收法逐渐转为低温油吸收法(冷冻油吸收法)，丙烷、丁烷的回收率有了显著提高。

(4)乙烷时代(1960~1980年)：自50年代后期至60年代，由于对乙烯的需求剧增，从天然气中回收的乙烷、丙烷、丁烷已成为裂解制取乙烯的主要原料，因而对乙烷的需求也日益增加。60年代中期出现的透平膨胀机制冷方法，由于具有很多优点而被广泛采用。与此同时，为了扩大乙烷来源，对组成较贫的天然气也进行了加工。

我国天然气处理与加工工业是在60年代以后才发展起来的，而大规模的建设是在70年代后期至80年代。其中，大庆、辽河、中原等油田的伴生气主要是经过加工生产天然气凝液，或再进一步分离为乙烷、丙烷、丁烷(或液化石油气)和天然汽油；四川及正在开采的陕北气藏气，主要是经过处理生产商品天然气，也有一小部分用来回收天然气凝液。

四、天然气体积的计量条件标准

天然气作为商品交接时必须进行计量。天然气流量计量的结果值可以是体积流量、质量流量和能量(热值)流量。其中，体积计量是天然气各种流量计量的基础。

天然气的体积具有压缩性，随温度、压力条件而变。为了便于比较与计算，需把不同压力、温度下的天然气体积折算成相同压力、温度下的体积。或者说，均以此相同压力、温度下的单位(工程上通常是1m^3)作为天然气体积的计量单位，此压力、温度条件称为标准状态。

(一)标准状态的压力、温度条件

目前，国内外采用的标准状态的压力和温度条件并不统一。一种是采用0℃、101.325kPa作为天然气体积计量的标准状态，在此状态下计量的1m^{3}天然气体积称为1标准立方米。我国以往写成1Nm^3，目前已改写成1m^3。另一种是采用20℃或15.6℃、(60℉)及101.325kPa作为天然气体积计量的标准状态。其中，我国石油天然气行业气体体积计量的标准状态采用20℃，英国、美国等则多采用15.6℃。为与前一种标准状态区别，我国以往称其为基准状态，而将此状态下计量的1m^{3}称为1基准立方米，简称1基方或1立方米，写成1m^3。英国、美国等通常写1Stdm^{3}或1m^3。

对于这两种标准状态条件下天然气的计量单位，我国目前均写为1m^3。为便于区别，故本书将前者写成1m^3(N)，后者写成1m^3，而对采用15.6℃及101.325kPa计算的1m^{3}写成1m^3(GPA)。当气体质量相同时，它们的关系是：1m^3=0.985m^3(GPA)=0.932m^3(N)。

(二)国内采用的天然气体积计量条件

目前，国内天然气生产、经营管理及使用部门采用的天然气体积计量条件也不统一，因此，在计量商品天然气体积时要特别注意所采用的体积计量条件。

在《天然气》(GB 17820—2018)及《用标准孔板流量计测量天然气流量》(GB/T 21446—2008)等行业标准中均注明所采用的天然气体积单位m^{3}为20℃、101.325kPa状态下的体积。在《天然气流量的标准孔板计量方法》中出现的标准状态一词，实际上就是以往所称的基准状态。

我国城镇燃气(包括天然气)设计、经营管理部门通常则采用0℃、101.325kPa为标准状态。例如，在《城镇燃气设计规范》(GB 50028—2006)中注明燃气体积流量计量条件为0℃、101.325kPa。

此外，在《城镇燃气分类和基本特性》(GB/T 13611—2018)中则采用15℃及101.325kPa为体积参比电极。

随着我国天然气工业的迅速发展，目前国内已有越来越多的城镇采用天然气作为民用燃料。对于民用(居民及公共建筑)用户，通常采用隔膜式或罗茨式气表计量天然气体积流量。此时的体积计量条件则为用户气表安装处的大气温度与压力，一般不再进行温度、压力校正。

由此可见，我国天然气生产、经营管理及使用部门的天然气体积计量条件是不同的。此外，凡涉及天然气体积计量的一些性质(如密度、热值、硫化氢含量等)均有同样情况存在，请务必注意其体积计量条件。

(三)采用能量计量是今后我国天然气贸易交接计量的方向

近些年来，我国越来越多的城镇已经实现天然气的多元化供应，其中气源包括了管道天然气和煤层气、液化天然气等，这些不同来源的天然气其发热量则有较大差别。

例如，北京目前来自长庆气区的管道天然气低位发热量为35MJ/m^3，来自华北油田的管道天然气低位发热量约为36.3MJ/m^3，而今后来自国外进口的液化天然气低位发热量则为37~40MJ/m^3。但是，多年来我国天然气贸易交接一直按体积计量，并未考虑发热量因素，显然有欠公平合理。目前，欧美等国普遍采用天然气的发热量作为贸易交接的计量单位。此计量方法对贸易双方都公平合理，代表天然气贸易交接计量的发展方向。因此，采用能量(发热量)计量是今后我国天然气贸易交接应该认真考虑的计量方法。

为了加快我国天然气(大规模)交接计量方式由传统的体积计量向能量计量过度，原国家质量监督检验检疫总局和国家标准化管理委员会于2008年12月31日联合发布了国家标准《天然气能量的测定》(GB/T 22723—2008)，并于2009年8月1日起实施。

《天然气能量的测定》(GB/T 22723—2024)修改并采用了国际标准《天然气—能量测定》(ISO 15112:2018)，并据其重新起草。此标准提供了采用测定或计算的方式对天然气进行能量测定的方法，并描述了必须采用的相关技术和措施，能量的计算是居于分别测定被输送天然气的量及发热量，后者可以由直接测定或通过计算获得。该标准还给出了估算能量测量不确定度的通用方法。

第三章　天然气的性质

第一节　天然气及其组分的物理化学性质

一、天然气中饱和烃类的物理化学性质

天然气中主要组分在标准状况下的物理化学性质见表 1-3-1。

二、天然气中硫化合物的物理化学性质

天然气中除含有硫化氢外，还含有数量不等的硫醇、硫醚以及微量的二硫化碳、硫氧化碳。有机硫化物多数具有特殊的臭味，只要有很少量存在就能凭嗅觉察觉到。因此，甲硫醇和噻吩被用作为天然气加臭剂，当输配气管道发生泄漏时能够及时察觉。

天然气中有机硫化物的主要性质见表 1-3-2。

三、天然气中其他组分的性质

(一)氦

氦是少数气藏天然气中可能存在的微量组分，是重要的氦资源之一。天然气中氦含量一般在 0.01%~1.3%，但个别气藏气中氦含量达到 8%~9%。四川气田某些天然气中氦含量在 0.02%~0.3%。

由于氦气的特殊性质，沸点极低 3.2K(-269.8℃)，临界温度为 3.35K(-269.95℃)，是无色、无臭、化学惰性的气体，在工业和国防上具有特殊的用途，如作低温制冷剂、潜艇中的人造空气，用于氦气球、氦飞船等。

(二)氡

氡是一种放射性元素，称为镭射气，相对分子质量(以下简称分子量)为 222，半衰期为 3.8d，为无色气体，凝点-71℃，沸点-61.8℃，密度 9.73 kg/m^3。由于氡的沸点接近丙烷，因此，它趋向于在丙烷气流中富集。当氡含量高于 2000 Bq/m^3 时，存在放射性危害。

(三)汞

某些天然气中含有微量的汞，其含量在 1~1000ng/m^3，荷兰某天然气井中汞含量为 4ng/m^3。汞是一种重金属元素，俗称水银，常温下呈液态，银白色，易流动，密度 13.59g/cm^3，沸点 356℃，凝点-39℃。在常温下能与硫化物生成硫化汞。汞不溶于水，能溶于硝酸，不被盐酸和冷硫酸侵蚀，汞蒸气对人体有毒。阈限值 TLV=50 ng/m^3 时，汞蒸气会导致铝热交换器和管道产生严重腐蚀。

(四)水蒸气

天然气中常常含有一定量的水蒸气或水，其含量高低取决于天然气的压力和温度。当天然气被水饱和时，会析出水滴。水往往是造成腐蚀和形成水化物的主要因素。

表 1-3-1　天然气中主要组分在标准状况下的物理化学性质

名称	分子式	分子量	摩尔体积 V_m/(m^3/kmol)	气体常数 R/[J/(kg·K)]	密度 ρ/(kg/m^3)	临界温度 T_c/K	临界压力 P_c/MPa	高热值 H_h/(MJ/m^3)	高热值 H_h/(MJ/kg)	低热值 H_j/(MJ/m^3)	低热值 H_j/(MJ/kg)	爆炸极限(体积分数)/%		动力黏度/(10^6 Pa·s)	运动黏度/(10^6 m^2/s)	沸点/℃	定压比热容 C_p/[kJ/(m^3·K)]	绝热指数 K	导热系数 λ/[W/(m·K)]	偏心因子
												下限	上限							
甲烷	CH_4	16.043	22.362	518.75	0.7174	19.058	4.544	39.842	55.367	35.906	50.050	5.0	15.0	10.60	14.50	-161.49	1.545	1.309	0.03024	0.0104
乙烷	C_2H_6	30.070	22.187	276.64	1.3553	305.42	4.816	70.351	51.908	64.397	47.515	2.9	13.0	8.77	6.41	-88.60	2.244	1.198	0.01861	0.0986
丙烷	C_3H_8	44.097	21.936	188.65	2.0102	369.82	4.194	101.266	50.376	93.240	46.383	2.1	9.5	7.65	3.81	-42.05	2.960	1.161	0.01512	0.1524
正丁烷	n-C_4H_{10}	58.124	21.504	143.13	2.7030	425.18	3.747	133.886	49.532	123.649	45.745	1.5	8.5	6.97	2.53	-0.50	3.710	1.144	0.01349	0.2010
异丁烷	i-C_4H_{10}	58.124	21.598	143.13	2.6912	408.14	3.600	133.048	49.438	122.853	45.650	1.8	8.5			-11.72	—	1.144	—	0.1848
正戊烷	C_5H_{12}	72.151	20.891	115.27	3.4537	46.965	3.325	169.377	49.042	156.733	45.381	1.4	8.3	6.48	1.85	36.06	—	1.121	—	0.2539
氢	H_2	2.016	22.427	412.67	0.0898	33.25	1.280	12.745	141.926	10.786	120.111	4.0	75.9	8.52	93.0	-252.75	1.298	1.407	0.2163	0.00
氧	O_2	31.999	22.392	259.97	1.4289	154.33	4.971	—		—		—	—	19.86	13.60	-182.98	1.315	1.400	0.0250	0.0213
氮	N_2	23.013	22.403	296.95	1.2507	125.97	3.349	—		—		—	—	17.00	13.30	-195.78	1.302	1.402	0.02489	0.040
氦	He	3.016	22.42	281.17	0.1345	3.35	0.118	—	—	—	—	—	—	—	—	-269.95	—	1.64(19℃)	—	—
二氧化碳	CO_2	44.010	22.260	189.04	1.9768	304.25	7.290	—		—		—	—	14.30	7.09	-78.20(升华)	1.620	1.304	0.01372	0.225
硫化氢	H_2S	34.076	22.180	244.17	153.92	373.55	8.890	25.364	16.488	23.383	15.192	4.3	45.5	11.90	7.63	160.20	1.557	1.320	0.01314	0.100
空气		28.066	22.400	287.24	1.2931	132.40	3.725	—		—		—	—	17.50	13.40	-192.50	1.306	1.401	0.02489	—
水蒸气	H_2O	18.015	21.629	461.76	0.833	647.00	21.830	—		—		—	—	8.60	10.12	—	1.491	1.335	0.01617	0.348

表 1-3-2　天然气中有机硫化物的主要性质

名　称	分子式	分子量	相对密度	熔点/℃	沸点/℃	临界温度/℃	临界压力/MPa	临界密度/(kg/L)	溶解性能		
									水	醇	醚
甲硫醇	CH_3SH	48.1	$d_0=0.896$	-121	5.8	196.8	7.14	0.323	溶	极易溶	极易溶
乙硫醇	C_2H_5SH	62.13	$d_4^{20}=0.839$	-121	36~37	225.25	5.42	0.301	1.5g/100g	溶	溶
正丙硫醇	C_3H_7SH	76.15	$d_4^{25}=0.836$	-112	67~68	—	—	—	难溶	溶	溶
异丙硫醇	$(CH_3)_2CHSH$	76.15	$d_4^{25}=0.809$	-130.7	58~60	—	—	—	极难溶	无限溶	无限溶
正丁硫醇	C_4H_9SH	90.18	$d_4^{25}=0.837$	-116	97~98	—	—	—	微溶	易溶	易溶
2-甲基丙硫醇	$(CH_3)_2CHCH_2SH$	90.18	$d_4^{20}=0.836$	<-79	88	—	—	—	极微溶	易溶	易溶
叔丁硫醇	$(CH_2)_2CSH$	90.18	—	—	65~67	—	—	—	—	—	—
甲硫醚	$(CH_3)_2S$	62.13	$d_4^{21}=0.846$	-83.2	37.3	229.9	5.41	0.306	不溶	溶	溶
乙硫醚	$(C_2H_5)_2S$	90.18	$d_4^{20}=0.837$	-99.5	92~93	283.8	3.91	0.279	0.31g/100g	无限溶	无限溶
硫化羰	COS	60.07	2.719g/L	-138.2	-50.2	105.0	6.10	—	80mg/100g	溶	溶
噻吩	C_4H_4S	84.13	$d_4^{15}=1.070$	-30	84	317.0	4.80	—	不溶	溶	—
硫	S	32.06	—	120	444.6	1040	11.6	—	—	—	—

(五)粉尘

由于天然气在开采、输送和分配管网的腐蚀所夹带的固体粒子，主要成分是携入的泥沙、矿物粉尘、因腐蚀形成的氧化铁等。这些粉尘的粒度为1~50μm。粉尘会导致压缩机、控制系统和计量装置出现故障。

第二节 天然气的物理性质

由于天然气是由互不发生化学反应的多种单一组分组成的混合物，无法用一个统一的分子式来表达它的组成和性质，只能假设成具有平均参数的某一物质。混合物的平均参数由各组分的性质按加合法求得。

天然气的物理性质通常指天然气平均相对分子质量、密度、相对密度、蒸气压、黏度、临界参数和气体状态方程等。

一、天然气的平均相对分子质量

(一)天然气的平均相对分子质量

$$M=\sum y_iM_i \tag{1-3-1}$$

式中 M——天然气的平均相对分子质量；

y_i——天然气中组分 i 的摩尔分数；

M_i——天然气中组分 i 的分子质量。

(二) 天然气凝液的平均相对分子质量

天然气凝液(NGL)是各种烃类液体的混合物，其物性参数服从液体混合物的加合法则。

天然气凝液的平均相对分子质量：

$$M=\sum x_iM_i \tag{1-3-2}$$

$$M=100/\sum(g_i/M_i) \tag{1-3-3}$$

式中 M——天然气凝液的平均相对分子质量；

x_i——天然气凝液中组分 i 的摩尔分数；

M_i——天然气凝液中组分 i 的分子质量；

g_i——天然气凝液中组分 i 的质量分数。

【例1-3-1】 已知天然气各组分的摩尔分数为：甲烷0.945、乙烷0.005、丙烷0.015、氮气0.02、二氧化碳0.015，求天然气的平均相对分子质量。

【解】 由表1-3-1查得各组分的分子质量，按式(1-3-1)计算其平均相对分子质量：

$M=\sum y_iM_i$

$=0.94516.04+0.005\times30.07+0.015\times44.1+0.02\times28.01+0.015\times44.0$

$=17.19$

二、天然气的密度和相对密度

(一)天然气的密度

$$\rho=\sum y_i\rho_i \tag{1-3-4}$$

式中 ρ——天然气的密度，kg/m^3；

y_i——天然气中组分 i 的摩尔分数；

ρ_i——天然气中组分 i 在标准状态下的密度，kg/m^3。

天然气的密度也可按式(1-3-5)计算：

$$\rho = M/V_m \quad (1-3-5)$$

式中　M——天然气的平均相对分子质量；

V_m——天然气的摩尔体积，$m^3/kmol$。

V_m 可按式(1-3-6)计算：

$$V_m = \sum y_i V_{mi} \quad (1-3-6)$$

式中　V_{mi}——天然气中组分 i 的摩尔体积，$m^3/kmol$。

(二)天然气的相对密度

天然气的相对密度是指在相同压力和温度条件下，天然气的密度与干空气密度之比。干空气的组成以摩尔分数表示，摩尔分数的总和等于1(N_2 0.7809、O_2 0.2095、Ar 0.0093、CO_2 0.0003)。

$$s = \rho/1.293 \quad (1-3-7)$$

式中　s——天然气的相对密度；

ρ——天然气的密度，kg/m^3；

1.293——标准状态下空气的密度，kg/m^3(空气的相对密度为1)。

天然气的相对密度也可用式(1-3-8)计算：

$$s = M/28.964 \quad (1-3-8)$$

式中　M——天然气的视分子量；

28.964——干空气的平均相对分子质量。

几种燃气的密度和相对密度列于表1-3-3中。

表1-3-3　几种燃气的密度和相对密度

燃气种类	密度/(kg/m^3)	相对密度
天然气	0.75~0.8	0.58~0.62
焦炉气	0.4~0.5	0.3~0.4
液化石油气	1.9~2.5	1.5~2.0

【例1-3-2】　已知天然气各组分的摩尔分数为：甲烷0.945、乙烷0.005、丙烷0.015、氮气0.02、二氧化碳0.015，求天然气的密度和相对密度。

【解】　由表1-3-1查得天然气各组分的密度，按式(1-3-4)计算天然气的密度：

$$\rho = \sum y_i \rho_i$$

$$= 0.945 \times 0.72 + 0.0015 \times 1.30 + 0.015 \times 2.01 + 0.02 \times 1.25 + 0.015 \times 1.98$$

$$= 0.77 kg/m^3$$

按式(1-3-7)计算天然气的相对密度：

$$s = \rho/1.293 = 0.77/1.293 = 0.595$$

(三)天然气凝液的密度和相对密度

天然气凝液的密度：

$$\rho = \sum x_i \rho_i / 100 \quad (1-3-9a)$$

$$\rho = 100 / \sum (g_i/\rho_i) \quad (1-3-9b)$$

式中　ρ——天然气凝液的密度，kg/L；

ρ_i——天然气凝液中组分 i 的密度，kg/L；

x_i——天然气凝液中组分 i 的体积分数；

g_i——天然气凝液中组分 i 的质量分数。

天然气凝液的相对密度是指凝液的密度与4℃时水的密度(1kg/L)之比。故凝液的相对密度与密度在数值上相等。

$$d=\rho/\rho_w \tag{1-3-10}$$

式中 d——天然气凝液的相对密度；

ρ_w——4℃时水的密度，kg/L。

在常温下液化石油气的密度为0.5~0.6kg/L(其相对密度为0.5~0.6)，约为水的一半。

或

$$d=\sum x_i d_i/100=\sum x_i\rho_i/100 \tag{1-3-11}$$

式中 x_i——组分 i 的体积分数；

d_i——天然气凝液中组分 i 的相对密度。

某些烃类在饱和状态下的密度列于表1-3-4中。液态烃类混合物与单一烃类一样，相对密度随温度升高而减小。

表1-3-4 某些烃类在饱和状态下的密度 kg/L

温度/℃	乙烷	丙烷	异丁烷	正丁烷	正戊烷
-45	0.4888	0.5852	0.6300	0.6464	0.6874
-40	0.4810	0.5795	0.6247	0.6414	0.6828
-35	0.4731	0.5737	0.6195	0.6367	0.6782
-30	0.4649	0.5677	0.6142	0.6317	0.6735
-25	0.4563	0.5616	0.6087	0.6268	0.6690
-20	0.4478	0.5555	0.6033	0.6218	0.6643
-15	0.4275	0.5493	0.5924	0.6166	0.6596
-10	0.4166	0.5429	0.5924	0.6115	0.6549
-5	0.4848	0.5364	0.5867	0.6066	0.6501
0	0.3918	0.5297	0.5810	0.60100	0.6452
5	0.3775	0.5228	0.5753	0.5957	0.6405
10	0.3611	0.5159	0.5694	0.5901	0.6356
15	0.3421	0.5086	0.5634	0.5846	0.6306
20	0.3197	0.5011	0.5573	0.5789	0.6258
25	0.2919	0.4934	0.5511	0.5732	0.6207
30	—	0.4856	0.5448	0.5673	0.6158
35	—	0.4775	0.5385	0.5613	0.6106
40	—	0.4689	0.5319	0.5552	0.6065
45	—	0.4604	0.5252	0.5490	0.6003

【例1-3-3】 已知液化石油气的质量分数为：乙烷5%、丙烷65%、异丁烷10%、正丁烷20%，求其20℃时的密度。

【解】 由表1-3-4查出20℃时，液化石油气各组分的密度，按式(1-3-9b)计算液化石油气的密度：

$$\begin{aligned}\rho &=100/\sum(g_i/\rho_i)\\ &=100/[5/0.3421+65/0.5011+10/0.5573+20/0.5789]\\ &=0.508\text{kg/L}\end{aligned}$$

三、天然气主要组分的蒸气压

蒸气压是指在一定温度下，物质呈气液两相平衡状态下的蒸气压力，亦称为饱和蒸气压。蒸气压是温度的函数，随着温度的升高而增大。

天然气中主要组分的蒸气压可由图 1-3-1 和图 1-3-2 及表 1-3-5 查得。

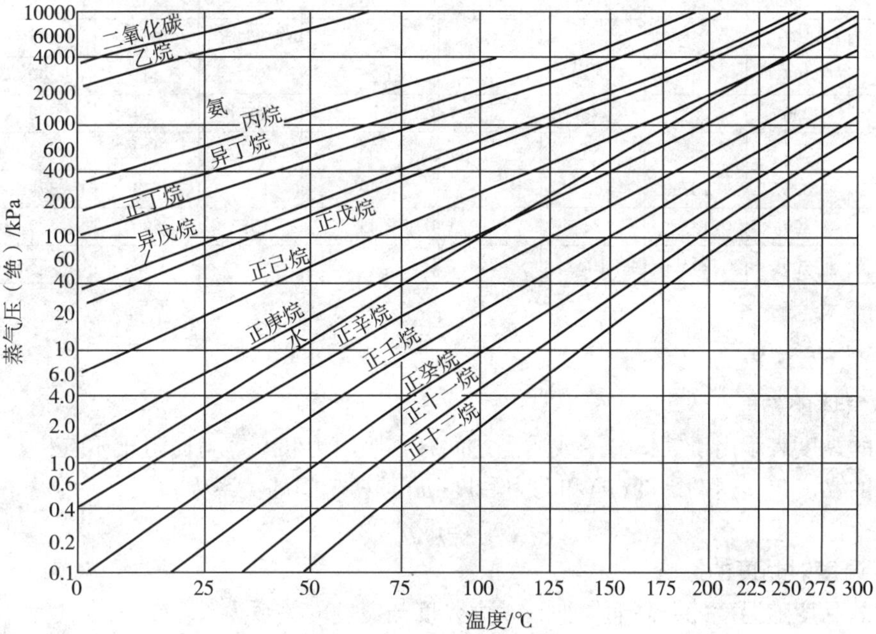

图 1-3-1　轻组分烃类在高温下的蒸气压

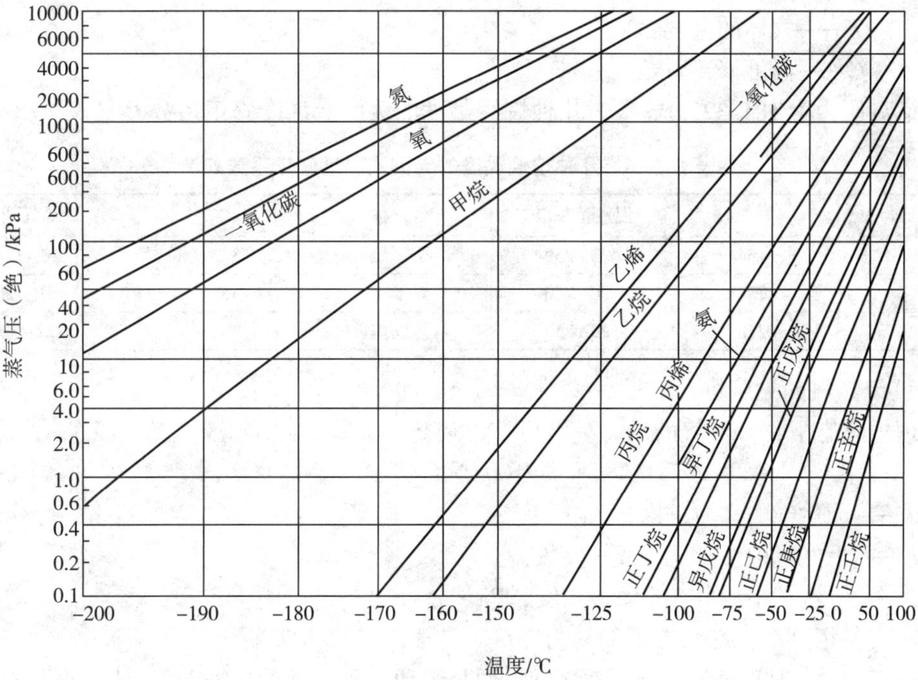

图 1-3-2　轻组分烃类在低温下的蒸气压

表 1-3-5 轻组分烃类的蒸气压与温度的关系

温度/℃	蒸气压/kPa				温度/℃	蒸气压/kPa			
	丙烷	异丁烷	正丁烷	正戊烷		丙烷	异丁烷	正丁烷	正戊烷
-45	88				5	543	182	123	30
-40	109				10	629	215	146	37
-35	134				15	725	252	174	46
-30	164				20	833	294	205	58
-25	197				25	951	341	240	67
-20	236				30	1080	394	280	81
-15	285	88	56		35	1226	452	324	96
-10	338	107	68		40	1382	513	374	114
-5	399	128	84		45	1552	590	429	134
0	466	153	102	24					

四、天然气的黏度

(一)气体的黏度

气体的黏度表示由于气体分子或质点之间存在吸引力和摩擦力而阻止质点相互位移的特性。气体的黏度包括运动黏度(ν)和动力黏度(μ)，两者间的关系为：

$$\nu=\mu/\rho$$

(二)温度对黏度的影响

气体的黏度随温度的升高而增加。动力黏度与温度的关系为：

$$\mu_t=\mu_0+(273+C)/(T+C)\times(T/273)^{2/3} \tag{1-3-12}$$

式中 μ_t、μ_0——气体在 t 和 0℃时的动力黏度，Pa·s；

T——气体的温度，K；

C——温度修正系数。

在绝对压力为 101.325kPa 下，几种烷烃黏度的无因次温度修正系数 C 见表 1-3-6。

表 1-3-6 几种烷烃黏度的无因次温度修正系数 C

名 称	C	温度范围/℃	名 称	C	温度范围/℃
甲烷	164	20~250	正丁烷	377	20~120
乙烷	252	20~250	异丁烷	368	20~120
丙烷	278	20~250	正戊烷	383	122~300

(三)天然气的黏度

在理想状态下，天然气的动力黏度可按下述近似计算公式求得：

$$\mu=100/\sum(y_i/\mu_i) \tag{1-3-13}$$

式中 μ——天然气的动力黏度，Pa·s；

y_i——天然气中组分 i 的摩尔分数；

μ_i——天然气中组分 i 的动力黏度，Pa·s。

天然气各组分在标准状态下的动力黏度可从表 1-3-1 中查得。

天然气的动力黏度随压力升高而增加，而其运动黏度却随压力升高而减小，在绝对压力小于 1MPa 的情况下，压力对黏度的影响较小。在工程计算中，往往只考虑温度对黏度的影响。

在低压力下，天然气的黏度可根据各组分在一定温度和压力下的黏度按式(1-3-14)计算：

$$\mu_L = \frac{\sum\left(y_i\mu_i\sqrt{M_i}\right)}{\sum\left(y_i\sqrt{M_i}\right)} \tag{1-3-14}$$

式中　μ_L——低压下天然气的黏度，Pa · s；

μ_i——相同压力下天然气中组分 i 的黏度，Pa · s；

y_i——天然气中组分 i 的摩尔分数；

M_i——天然气中组分 i 的分子量。

式(1-3-14)的平均误差为 1.5%，最大误差为 5%。

如果已知天然气的分子量和温度，也可由图 1-3-3 查得在 101.325kPa 下天然气的动力黏度。天然气中含有 N_2、CO_2 和 H_2S 气体会使烃类气体黏度增加，图 1-3-3 给出了有关的校正值。

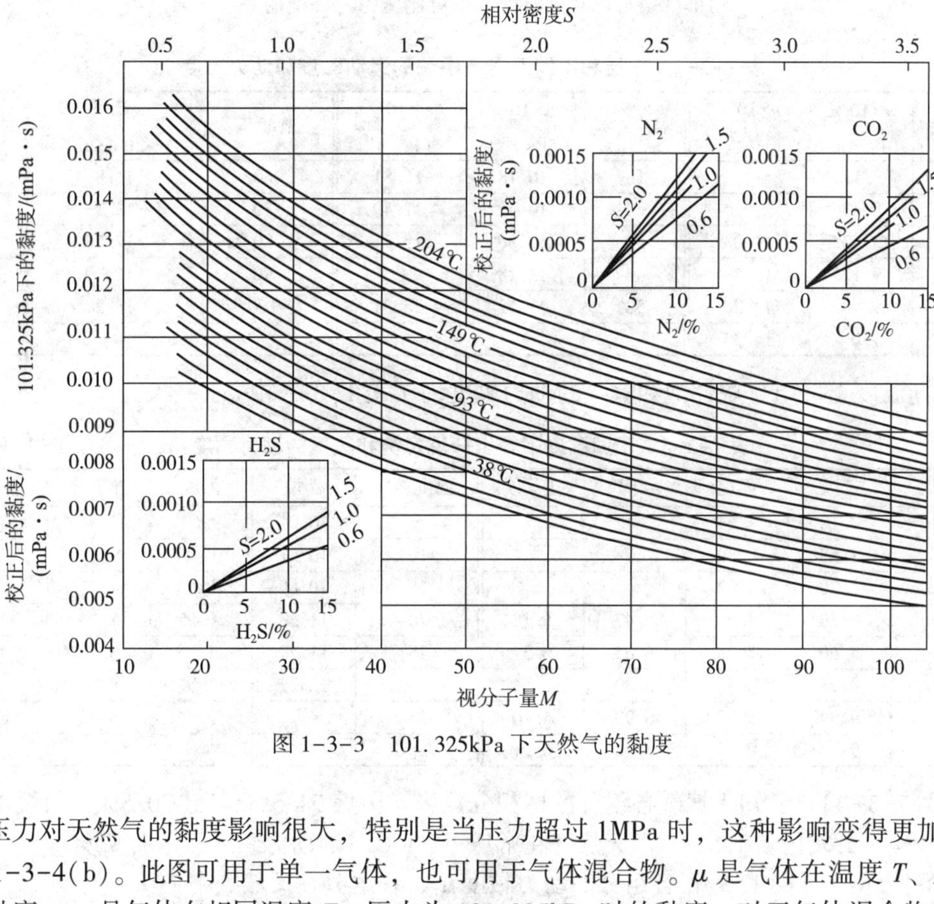

图 1-3-3　101.325kPa 下天然气的黏度

压力对天然气的黏度影响很大，特别是当压力超过 1MPa 时，这种影响变得更加显著，见图 1-3-4(b)。此图可用于单一气体，也可用于气体混合物。μ 是气体在温度 T、压力 P 下的黏度，μ_1 是气体在相同温度 T、压力为 101.325kPa 时的黏度。对于气体混合物应先按式(1-3-15)和式(1-3-16)计算出气体的视临界温度和视临界压力，再计算出其视对比压力 P_r 和视对比温度 T_r。图 1-3-4 是同类型的两组图同时列出，主要是为了便于内插。这两张图只能用于 T_r 和 $P_r \geqslant 1$ 的情况。在大多数情况下平均误差为 2%，最大误差为 10%。

当天然气中甲烷含量大于 95%时，其动力黏度和运动黏度可近似取作甲烷的相应值，见表 1-3-7。

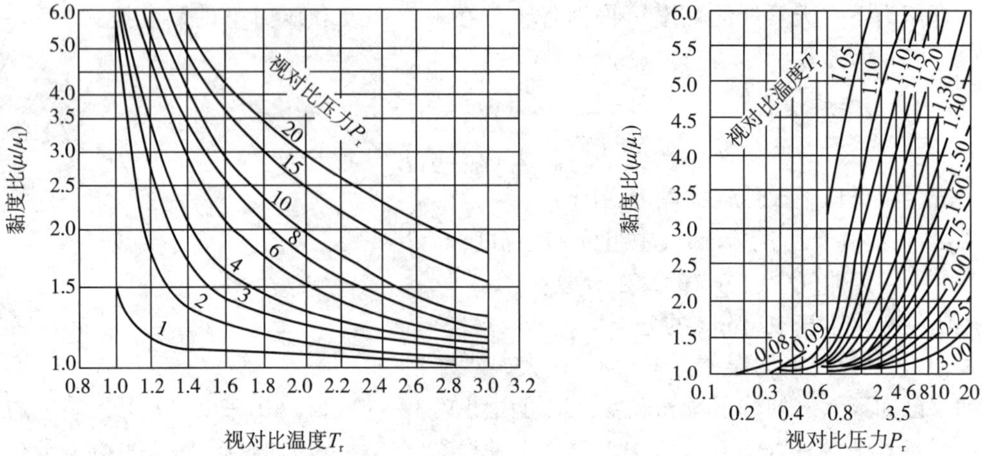

(a)视对比温度与黏度的关系　　(b)视对比压力与黏度的关系

图 1-3-4　视对比温度、视对比压力与黏度的关系

表 1-3-7　常压和不同温度下甲烷的运动黏度和动力黏度

温度/℃	$\mu\times10^6$/(Pa·s)	$\nu\times10^6$/(m^2/s)	温度/℃	$\mu\times10^6$/(Pa·s)	$\nu\times10^6$/(m^2/s)	温度/℃	$\mu\times10^6$/(Pa·s)	$\nu\times10^6$/(m^2/s)
-50	8.17		10	10.18	15.81	60	11.87	25.5
-40	8.43		20	10.49	17.40	70	12.23	
-30	8.83	10.08	30	10.86	19.31	80	12.55	
-20	9.12	11.53	40	11.18	21.2	90	12.90	
-10	9.48	13.20	50	11.52	23.31	100	13.24	25.46
0	10	14.37						

不同温度下轻组分烷烃饱和蒸气的动力黏度列于表 1-3-8 中。

表 1-3-8　不同温度下轻组分烷烃饱和蒸气的动力黏度　　10^{-6}Pa·s

温度/℃	乙烷	丙烷	异丁烷	正丁烷	温度/℃	乙烷	丙烷	异丁烷	正丁烷
-35	7.18	6.64			5	10.01	9.69	7.34	7.10
-30	7.58	6.89			10	10.51	10.00	7.51	7.29
-25	7.70	7.32			15	10.89	10.54	7.71	7.48
-20	8.20	7.67	6.47	6.18	20	11.33	10.97	7.86	7.73
-15	8.60	7.98	6.65	6.37	25	11.77	11.45	8.10	7.92
-10	8.78	8.45	6.80	6.54	30	12.27	11.92	8.32	8.18
-5	9.34	8.85	6.99	6.70	35		12.46	8.48	8.42
0	9.74	9.25	7.18	6.91					

【例 1-3-4】　已知天然气各组分的体积分数为：甲烷 94.5%、乙烷 0.5%、丙烷 1.5%、氮气 2.0%、二氧化碳 1.5%，求天然气在常压下、0℃时的动力黏度和运动黏度。

【解】　由表 1-3-3 查得各组分的动力黏度 μ_i，各组分在天然气中 y_i/μ_i：

$$y_{C_1}/\mu_{C_1}=\frac{94.5}{10.60\times10^{-6}},\quad y_{C_2}/\mu_{C_2}=\frac{0.5}{8.79\times10^{-6}}$$

$$y_{C_3}/\mu_{C_3}=\frac{1.5}{7.65\times10^{-6}},\quad y_{N_2}/\mu_{N_2}=\frac{2.0}{17.00\times10^{-6}}$$

$$y_{CO_2}/\mu_{CO_2}=\frac{1.5}{14.20\times10^{-6}}$$

按式(1-3-13)计算该天然气的动力黏度：

$$\mu=\frac{100}{\sum(y_i/\mu_i)}$$

$$=\frac{100}{\frac{94.5}{10.60\times10^{-6}}+\frac{0.5}{8.79\times10^{-6}}+\frac{1.5}{7.65\times10^{-6}}+\frac{2.0}{17.00\times10^{-6}}+\frac{1.5}{14.20\times10^{-6}}}$$

$$=10.64\times10^{-6}\text{Pa}\cdot\text{s}$$

天然气的运动黏度按下式计算(已知天然气的视密度为0.77kg/m^3)(例1-3-3)：

$$\nu=\frac{\mu}{\rho}=\frac{10.64\times10^{-6}}{0.77}=13.825\times10^{-6}\text{m}^2/\text{s}$$

五、天然气的临界参数

(一)气体临界参数的定义

任何一种气体当温度低于某一数值时都可以等温压缩成液体，但当高于该温度时，无论压力增加到多大，都不能使气体液化。可使气体压缩成液体的这个极限温度称为该气体的临界温度。当温度等于临界温度时，使气体压缩成液体所需的压力称为临界压力。此时的状态称为临界状态。气体在临界状态下的温度、压力、比体积、密度分别称为临界温度、临界压力、临界比体积和临界密度。

(二)天然气的视临界参数

天然气的视临界温度按式(1-3-15)计算：

$$T'_c=\sum y_iT_{ci} \tag{1-3-15}$$

式中 T'_c——天然气的视临界温度，K；

T_{ci}——天然气中组分i的临界温度，K；

y_i——天然气中组分i的摩尔分数。

气体的临界温度越高，越易液化。天然气的主要成分甲烷的临界温度很低，故较难液化；而液化石油气(LPG)的主要成分是丙烷、丁烷，其临界温度较高，故较易液化。

天然气的视临界压力按式(1-3-16)计算：

$$P'_c=\sum y_iP_{ci} \tag{1-3-16}$$

式中 P'_c——天然气的视临界压力，Pa；

P_{ci}——天然气中组分i的临界压力，Pa。

【例1-3-5】 已知天然气各组分的摩尔分数为：甲烷0.945、乙烷0.005、丙烷0.015、氮气0.020、二氧化碳0.015，求该天然气的视临界温度和视临界压力。

【解】 根据式(1-3-15)，查表1-3-1得到各组分的临界温度和临界压力：

$$T_c=\sum y_iT_{ci}$$

$$=0.945\times190.7+0.005\times305.42+0.015\times369.95+0.02\times126.1+0\ 015\times304.19$$

$$=192.85\text{K}$$

按式(1-3-16)计算天然气的视临界压力：

$$P_c=\sum y_iP_{ci}$$

$$=0.945\times4.641+0.005\times4.89+0.015\times4.26+0.02\times3.39+0.015\times7.38$$

$$=4.65\text{MPa}$$

六、天然气的 $p-V-T$ 计算

(一)理想气体状态方程

理想气体是指分子之间无作用力，分子的体积与总体积相比可忽略不计，分子与分子间、分子与容器壁间的碰撞完全是弹性碰撞，无内能损失的一种理想化的气体。

理想气体状态方程：

$$pV=nRT \tag{1-3-17}$$

式中 p——气体的绝对压力；

V——气体的体积，m^3；

T——气体的绝对温度，K；

n——在压力 p、温度 T 时，V 体积气体的物质的量；

R——摩尔气体常数。

摩尔理想气体常数是在压力为101.325kPa和温度为273.15K的标准状态下，占有的体积为 $22.414\times10^{-3}\ m^3$，其气体常数 R 为8.314 J/(mol·K)。

在低压下，多数气体可近似地当成理想气体。在工程计算时，当气体的压力低于1MPa，温度在10~20℃时，可近以地当作理想气体来对待。

(二)真实气体状态方程

天然气是一种真实气体的混合物。当气体的压力大于1MPa或温度很低时，用理想气体状态方程进行真实状态下天然气的计算，会产生较大的误差。此时必须考虑分子本身占有的容积和分子之间的引力，对理想气体状态方程进行修正。

在工程计算中，通常引入压缩系数(或压缩因子)对理想气状态方程加以修正，得到真实气体状态方程如下：

$$pV=ZnRT \tag{1-3-18}$$

式中，p、V、T、n 同式(1-3-17)中相同符号的意义；Z 为气体的压缩系数，无量纲。

压缩系数是随温度和压力变化的，通常用对比压力 p_r 和对比温度 T_r 的函数关系表示，即

$$Z=f(p_r,\ T_r) \tag{1-3-19}$$

对比压力 p_r 和对比温度 T_r 的表达式：

$$p_r=p/p_c,\ T_r=T/T_c$$

式中 p——气体的工作压力，Pa；

p_c——气体的临界压力，Pa；

T——气体的工作温度，K；

T_c——气体的临界温度，K。

1. 天然气压缩系数

天然气的压缩系数与视对比压力(p'_r)和视对比温度(T'_r)的关系见图1-3-5和图1-3-6。

图1-3-7用于低视对比压力下烃类气体的计算具有更高的精确度。图1-3-8是在接近常压时天然气的压缩系数，在多数情况下由它查得的压缩系数其精确度可达1%。

2. 天然气压缩系数的计算

天然气压缩系数除了利用视对比压力和视对比温度查图求得外，还可根据国家标准GB/T 17747.2—2011和GB/T 17747.3—2011，用天然气的摩尔组成或用天然气的物性值进行计算。

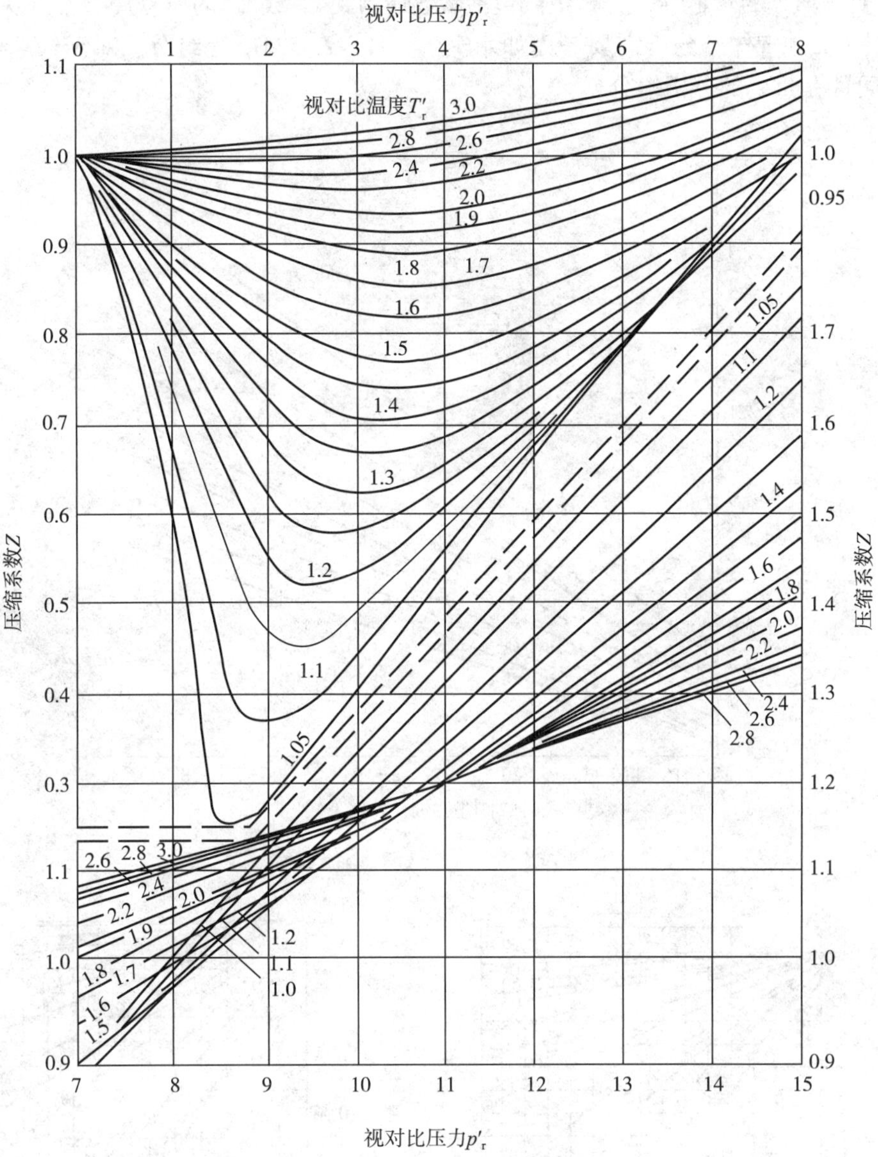

图 1-3-5 天然气的压缩系数

1)用摩尔组成进行计算

天然气、含人工掺合物的天然气和其他类似混合物仅以气体状态存在时的压缩系数计算方法。该计算方法是利用已知气体的详细的摩尔组成和相关压力、温度计算气体压缩系数。

该计算方法又称为 AGA8—92DC 计算方法，主要应用于输气和配气正常进行的压力系数和温度范围内的管输气，计算不确定度约为±0.1%。也可在更宽的压力和温度范围内，用于更宽组成范围的气体，但计算结果的不确定度会增加。

(1)计算方法。

AGA8—92DC 计算方法所使用的方程是基于这样的概念：管输天然气的容量性质可由组成来表征和计算。组成、压力和温度用作计算方法的输入数据。

该计算方法需要对气体进行详细的摩尔组成分析。分析包括摩尔分数超过 0.00005 的所有组分。对于典型的管输气，分析组分包括碳数最高到 C_7 或 C_8 的所有烃类，以及 N_2、CO_2 和 He。对于其他气体，分析需要考虑如水蒸气、H_2S 和 C_2H_4 等组分。对于人造气体，H_2 和 CO 也可能是重要的分析组分。

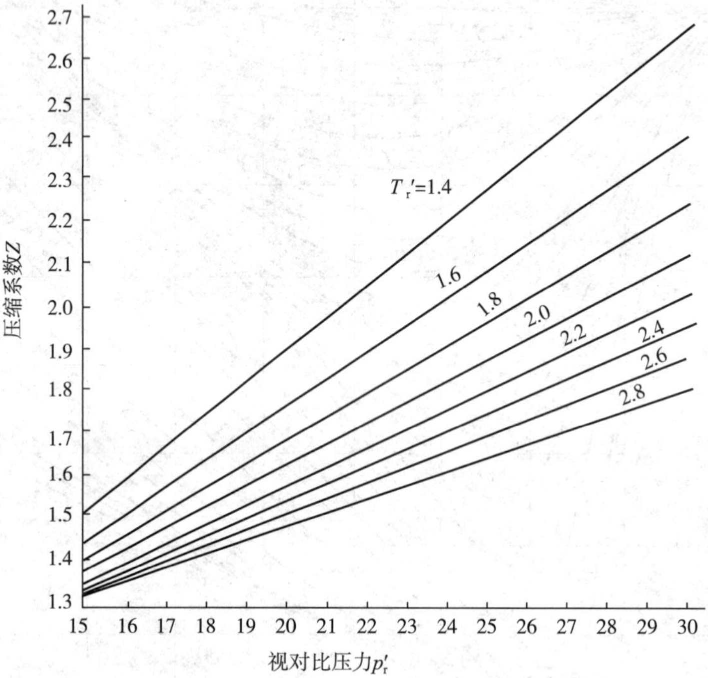

图 1-3-6　天然气的压缩系数

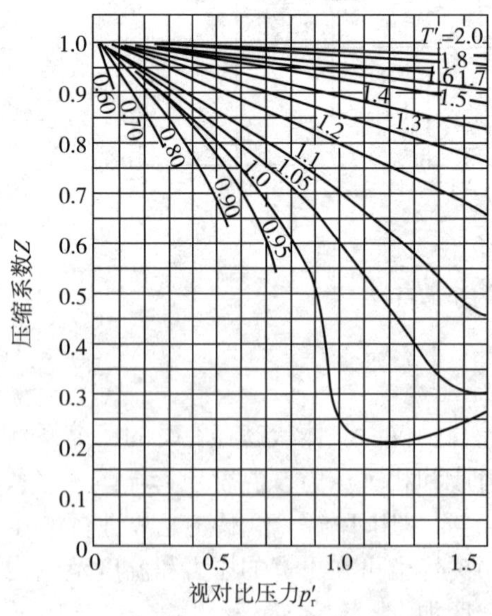

图 1-3-7　低视对比压力下天然气的压缩系数

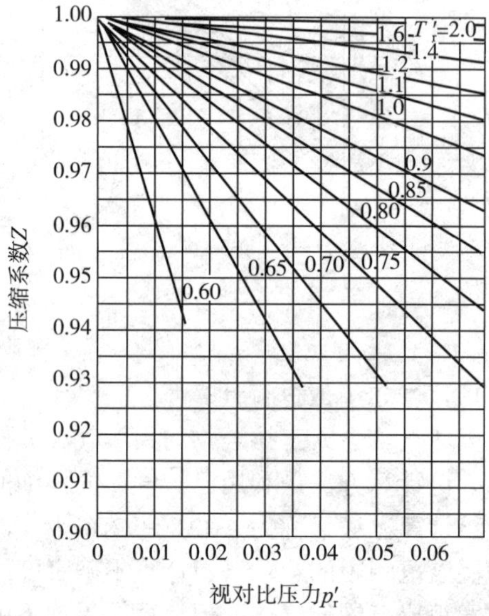

图 1-3-8　接近常压时天然气的压缩系数

(2) AGA8—92DC 方程。

AGA8—92DC 计算方法使用 AGA8 详细特征方程(下面表示为 AGA8—92DC 方程，见 GB/T 17747.1—2011)。该方程是扩展的维里方程，可写作：

$$Z=1+B\rho_{m}+\rho_{r}\sum_{n=13}^{58}C_{n}^{*}+\sum_{n=13}^{58}C_{n}^{*}\left[b_{n}-c_{n}k_{n}\rho_{r}^{b}n\exp(-c_{n}\rho_{r}^{k}n)\right] \tag{1-3-20}$$

式中　B——第二维里系数；

ρ_m——摩尔密度(单位体积的摩尔数)；

ρ_r——对比密度；

b_n、c_n、k_n——常数，见 GB/T 17747.1—2011 表 B_1；

C_n^*——温度和组成的函数的系数。

对比密度 ρ_r 同摩尔密度 ρ_m 相关，两者的关系由式(1-3-21)给出：

$$\rho_r=K^3\rho_m \tag{1-3-21}$$

式中　K——混合物体积参数。

摩尔密度表示为：

$$\rho_m=p/(ZRT) \tag{1-3-22}$$

式中　p——绝对压力；

R——摩尔气体常数；

T——热力学温度。

压缩系数 Z 的计算方法如下：首先利用 GB/T 17747.2—2011 附录 B 给出的相关式计算出 B 和 $C_n^*(n=13\sim58)$。然后通过适当的数值计算方法，求解联立方程(1-3-20)和方程(1-3-22)得到 ρ_m 和 Z。详细计算见 GB/T 17747.2—2011。

2)用物性值进行计算

天然气、含人工掺合物的天然气和其他类似混合物(仅以气体状态存在时)的压缩系数计算方法。该计算方法是用已知的高热值、相对密度和 CO_2 含量及相应的压力和温度计算气体的压缩系数。如果存在氢气，也需知道其含量，在含人工掺合物的气体中常有这种情况(注：已知高热值、相对密度、CO_2 含量和氮气含量中任意 3 个变量时，即可计算压缩系数。但氮气含量作为输入变量之一的计算方法不作为推荐方法，一般是使用前面 3 个变量作为计算的输入变量)。

该计算方法又称为 SGERG—88 计算方法，主要应用在输气和配气正常进行的压力和温度范围内的管输气，不确定度约为±0.1%。也可用于更宽的范围，但计算结果的不确定度会增加。

(1)计算方法。

SGERG—88 计算方法所使用的方程是基于这样的概念：管输天然气的容量性质可由一组合适的、特征的、可测定的物性值来表征和计算。这些特征的物性值与压力和温度一起作为计算方法的输入数据。

该计算方法使用高热值、相对密度和 CO_2 含量作为输入变量。尤其适用于无法得到气体摩尔组成的情况，它的优越之处还在于计算相对简单。对于含人工掺合物的气体，需知道氢气含量。

(2)SGERG—88 方程。

SGERG—88 计算方法是基于 GERG—88 标准维里方程(表示为 SGRG—88 方程，见 GB/T 17747.1—2011)。该 SGERG—88 方程是由 MCERG—88 维里方程推导出来的。MGERG—88 方程是基于摩尔组成的计算方法。SGERG—88 方程可写作：

$$Z=1+B\rho_m+C\rho_m^2 \tag{1-3-23}$$

式中　B、C——高热值、相对密度、气体混合物不可燃和可燃的非烃组分(CO_2、H_2)的含量及温度的函数；

ρ_m——摩尔密度，由式(1-3-22)得出。

其中

$$Z=f_1(p, T, H_h, d, x_{CO_2}, x_{H_2}) \tag{1-3-24}$$

SGERG—88 计算方法把天然气混合物看成本质上是由等价烃类气体(其热力学性质与存在的烃类的热力学性质总和相等)、N_2、CO_2、H_2 和 CO 组成的 5 组分混合物。为了充分表征烃类气体的热力学性质，还需要知道烃类的热值 H_{CH}。压缩系数 Z 的计算公式如下：

$$Z=f_2(p, T, H_{CH}, x_{CH}, x_{N_2}, x_{CO_2}, x_{H_2}, x_{CO}) \tag{1-3-25}$$

为了能模拟焦炉混合气，一般所采用的 CO 摩尔分数与氢气含量存在一个固定的比例关系。若不存在氢气($x_{H_2}<0.001$)，则设 $x_{H_2}=0$；这样在计算中可将天然气混合物看成是由 3 个组分组成的混合物。

计算按三个步骤进行：首先，根据 GB/T 17747.3—2011 附录 B 描述的迭代程序，通过输入数据得到同时满足已知高位热值和相对密度的 5 种组分的组成。其次，按附录 B 给出的关系式求出 B 和 C。最后，用适宜的数值计算方法求解联立方程(1-3-22)和方程(1-3-23)，得到 ρ_m 和 Z。详细计算见 GB/T 17747.3—2011。

七、含有 H_2S 和 CO_2 的酸性天然气压缩系数的计算

(一)含有 H_2S 酸性天然气压缩系数的计算

酸性天然气的压缩系数和无硫天然气有所不同，魏切特(Wichest)和埃则茨(Aziz)提出了简易的校正方法，这个方法仍使用标准的天然气压缩系数图(见图 1-3-5)。通过该法进行校正。即使天然气中酸气总含量达到 80%，也可给出精确的天然气压缩系数。

该校正方法使用了一个“视临界温度校正系数 ε”，按下式计算酸性天然气的视临界参数 T''、p''。

$$T_c''=T_c'-0.556\varepsilon \tag{1-3-26}$$

$$p_c''=\frac{p_c'T_c''}{T_c'+0.556B(1-B)\varepsilon} \tag{1-3-27}$$

$$\varepsilon=120(A^{0.9}-A^{1.6})+15(B^{0.5}-B^4) \tag{1-3-28}$$

式中 ε——视临界温度的校正系数，由式(1-3-28)计算得到；

T_c'——天然气的视临界温度，K；

p_c'——天然气的视临界压力，MPa；

T_c''——校正后的天然气的视临界温度，K；

p_c''——校正后的天然气的视临界压力，MPa；

A——酸性天然气中 H_2S 和 CO_2 的摩尔分数之和；

B——天然气中 H_2S 的摩尔分数。

【例 1-3-6】 求在 17.2MPa 和 361.1K 条件下的含硫天然气的压缩系数。天然气各组分的摩尔分数为：CH_4 89.10%，C_2H_6 2.65%，C_3H_8 1.90%，$n-C_4H_{10}$ 0.30%，$i-C_4H_{10}$ 0.20%，N_2 0.65%、CO_2 1.0%，H_2S 4.20%。

【解】 $A=0.042+0.01=0.052$，$B=0.042$

$\varepsilon=66.67\times(0.052^{0.3}-0\ 052^{1.6})+8.33\times(0.042^{0.5}-0.052^{4.0})=5.78K$

$T_c'=\sum y_iT_{ci}=206.54K$，$p_c'=\sum y_ip_{ci}=4.18MPa$

用 Wichert-Aziz 法校正：

$T_c''=206.54-5.78=200.76K$

$p_c''=4.81\times200.76/[206.54+0.042\times5.78\times(1-0.042)]=4.67MPa$

$p_r''=17.24/4.67=3.69$

$T_r''=361.1/200.76=1.798$

查图 1-3-5，得 $Z=0.90$。

【例 1-3-7】 已知含 H_2S 和 CO_2 天然气各组分的体积分数如下：

组　分	CH_4	C_2H_6	C_3H_8	C_4H_{10}	C_5H_{12}	CO_2	H_2S	N_2
含量/%	84.0	2.0	0.8	0.6	0.4	4.5	7.5	0.2

求该天然气的视临界参数。

【解】 按式(1-3-15)和式(1-3-16)计算得到天然气的 $T_c'=215.55K$，$p_c'=4.98MPa$

由 H_2S 和 CO_2 含量，查图得 $\varepsilon=17.5K$。由式(1-3-26)和式(1-3-27)计算得：

$$T_c''=205.82K，p_c''=4.74MPa$$

利用式(1-3-26)和式(1-3-27)进行天然气压缩系数的计算是相当精确的，通过 1000 多个实验数据比较，总平均偏差不大于 1%。

当 H_2S 和 CO_2 含量都不超过 20%时，可利用下面简化公式进行计算：

$$T_c''=T_c'-0.556\varepsilon \tag{1-3-29}$$

$$p_c''=T_c''/T_c'p_c' \tag{1-3-30}$$

【例 1-3-8】 用例 1-3-7 的数据，用简化公式进行计算，求天然气的校正后的视临界参数。

【解】 按式(1-3-29)和式(1-3-30)进行计算：

$T_c''=T_c'-0.556\varepsilon=215.55-0.556\times17.5=205.82K$

$p_c''=T_c''/T_c'p_c'=205.82\div215.55\times49.82=47.57\times10^5Pa=4.757MPa$

(二)富含 CO_2 的天然气压缩系数的计算

对于含有大量 CO_2 和少量 H_2S 的天然气，用 Wichest-Aziz 法计算的结果不能令人满意，对这类特殊气体应采用 Buxton-Campbell 法计算，其计算公式如下：

$$Z=Z^0+\omega'Z' \tag{1-3-31}$$

式中，Z^0 和 Z' 可由图 1-3-9 和图 1-3-10 查出；混合气体的视偏心因子 ω' 亦按式(1-3-32)计算：

$$\omega'=\sum y_i\omega_i \tag{1-3-32}$$

式中　y_i——混合气中组分 i 的摩尔分数；

ω_i——混合气中组分 i 的偏心因子，可由表 1-3-1 查得。

在使用图 1-3-9 和图 1-3-10 时，应先求出混合气体校正后的视对比温度 T_r'' 和视对比压力 p_r''，而计算此对比温度和对比压力需用校正后的视临界参数 T_c'' 和 p_c''。T_c'' 和 p_c'' 分两步计算，先按下式计算视临界参数 T_c'、p_c'。

$$T_c'=K^2/J \tag{1-3-33}$$

$$p_c'=T_c'/J \tag{1-3-34}$$

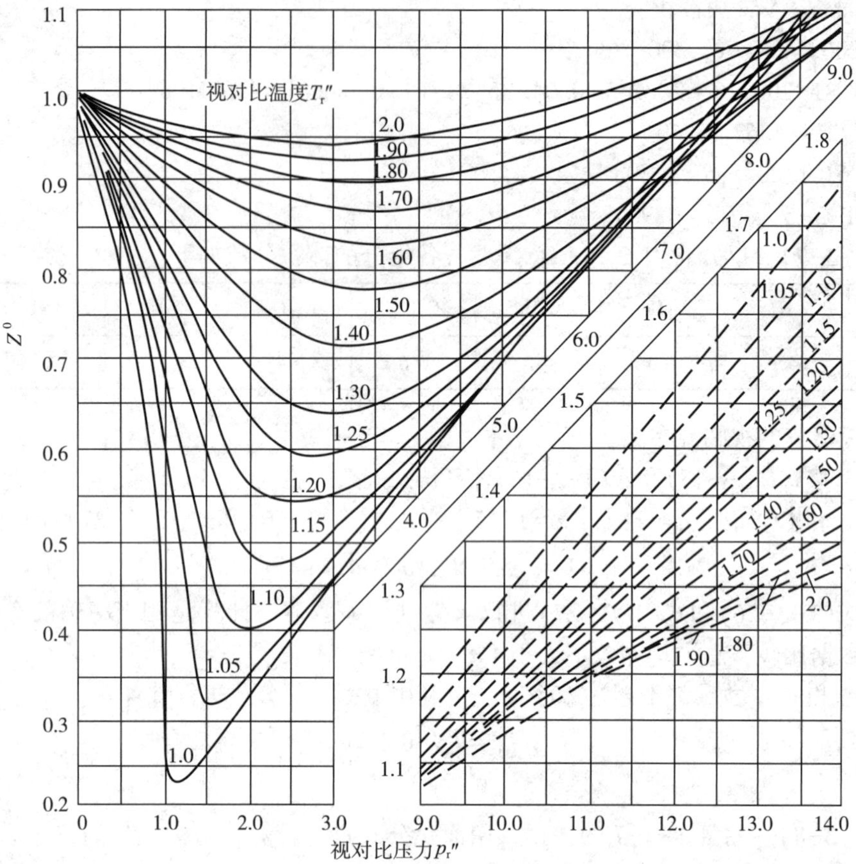

图1-3-9 压缩系数Z^0的关系图

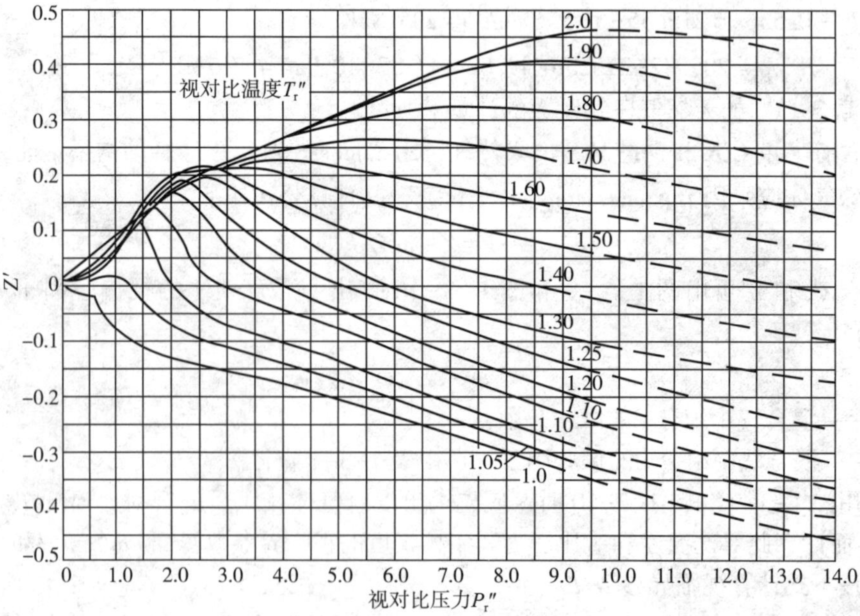

图1-3-10 压缩系数的校正系数Z'的关系图

$$K=\frac{T_c'}{p_c'^{0.5}}=\sum y_i\left(\frac{T_c}{p_c^{0.5}}\right) \tag{1-3-35}$$

$$J=\frac{T_c'}{p_c'}=\frac{1}{3}\left[\sum y_i\left(\frac{T_c}{p_c}\right)\right]+\frac{2}{3}\left[\sum y_i\left(\frac{T_c}{p_c}\right)^{0.5}\right]^2 \tag{1-3-36}$$

为了校正由于 CO_2 存在造成的影响，这里引进了一个多极因子 τ，它可由图 1-3-11 查出。

$$T_c''=T_c'-\frac{\tau}{1.8} \tag{1-3-37}$$

$$p_c''=p_c'\left(\frac{T_c''}{T_c}\right) \tag{1-3-38}$$

$$T_r''=\frac{T}{T_c''} \tag{1-3-39}$$

$$p_r''=\frac{p}{p_c''} \tag{1-3-40}$$

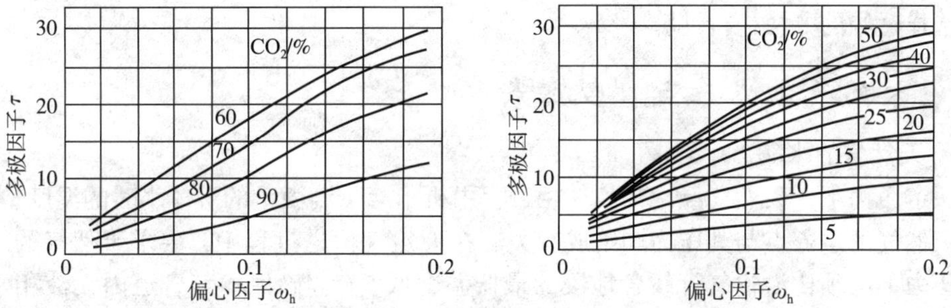

图 1-3-11　多极因子、偏心因子和 CO_2 百分数之间的关系

当 CO_2 含量达到 40%~70%时，τ 值达到最大；低于或高于此浓度时，τ 值均减小。使用图 1-3-11 所用的偏心因子 ω_h，可按式(1-3-41)计算：

$$\omega_h=\sum y_i\omega_i/(1-y_{CO_2}) \tag{1-3-41}$$

式中　ω_h——不计 CO_2 的混合气体的偏心因子；

ω_i——除 CO_2 外组分 i 的偏心因子，由表 1-3-1 查出；

y_i——除 CO_2 外组分 i 的摩尔分数；

y_{CO_2}——混合气体中 CO_2 的摩尔分数。

【例 1-3-9】　已知某富含 CO_2 的天然气的组成如表 1-3-9 所示，压力 34.5 MPa，温度 328K，求该天然气的压缩系数。

【解】　有关计算结果列于表 1-3-9。

表 1-3-9　【例 1-3-9】计算结果

组　分	y_i	T_c	p_c	T_c/p_c	$y(T_c/p_c)$	$y(T_c/p_c^{0.5})$	$y(T_c/p_c)^{0.5}\omega_i$	ω_i	$y_i\omega_i$
CH_4	0.548	191	45.44	4.20	2.54	16.52	1.19	0.0104	0.0061
C_2H_6	0.287	305	48.16	6.30	1.83	12.50	0.72	0.099	0.0281
CO_2	0.129	304	72.88	4.17	0.54	4.59	0.28	0.225	0.0290
Σ	1.00				4.82	33.61	2.17		0.0635

第一步：计算 T_c'、p_c'和 ω_c'从式(1-3-33)~式(1-3-36)可得：

$J=4.75$，$K=33.61$

$T_c'=238K$，$p_c'=50.0\times10^5Pa$

根据 T_c'、p_c'，求 T_c''和 p_c''，由图1-3-9~图1-3-11和式(1-3-31)，可以计算出来经校正的 Z 值。这时 $Z=0.91$。

第二步：计算 ω_h。从式(1-3-41)计算和查图1-3-11可得：

$$\omega_h=(0.0061+0.0784)/(1-0.129)=0.042,\ \tau=4$$

第三步：计算 Z^0 和 Z'。

$T_c''=238-(4/1.8)=236K$　　　$p_c''=50.0\times(236/238)=49.6\times10^5Pa$

$T_r''=328/236=1.39$　　　$p_r''=9345/4=6.96$

$Z^0=0.91$　　$Z'=0.04$

由式(1-3-31)即可算出：$Z=0.91+0.0635\times0.04=0.913$

上面介绍了3种有关天然气 Z 值的计算方法。对于无硫天然气，用天然气压缩系数图和对比原理计算，即可获得较准确的结果。对于含有酸性气体组分的天然气，情况则比较复杂，需选择适当的方法进行计算。

八、天然气的水露点、烃露点

(一)天然气的水露点

在一定压力下，天然气经冷却到气相过程中析出第1滴微小的液体水时的温度，称为水露点。天然气的水露点与其压力和组成有关。在天然气输送过程中，要求天然气的水露点，在输气压力下必须比沿输气管线各地段的最低温度低5℃，确保输气管道内无液相水存在。而从天然气中回收轻烃以及CNG加气站方面考虑，则要求天然气的水露点，达到很低的程度，必须进行深度脱水。

天然气的水露点和含水量之间存在着相应的关系，而且与体系气体的压力乃至气体的平均相对分子量等因素有关。天然气的水露点可通过图1-3-12和图1-3-13天然气的水含量及其露点图查得，也可通过实验仪器测定。

不同压力下天然气水含量与水露点的关系见表1-3-10和表1-3-11。

表1-3-10　不同压力下天然气水含量与水露点的关系

露点/℃	天然气水含量/(mg/m³)						
	4.5MPa	5.0 MPa	5.5 MPa	6.0 MPa	6.5 MPa	7.0 MPa	7.5 MPa
10	314	286	257	242	223	210	200
5	210	195	180	170	160	152	142
0	160	150	140	120	115	112	108
-5	114	105	96	88	82	80	75
-10	80	75	67	64	60	57	54

表1-3-11　某CNG加气站深度脱水后天然气的水含量与水露点关系

工艺过程	压力/MPa	露点/℃	水含量/(mg/m³)
分子筛脱水	25	-62	0.25
	25	-51	0.54

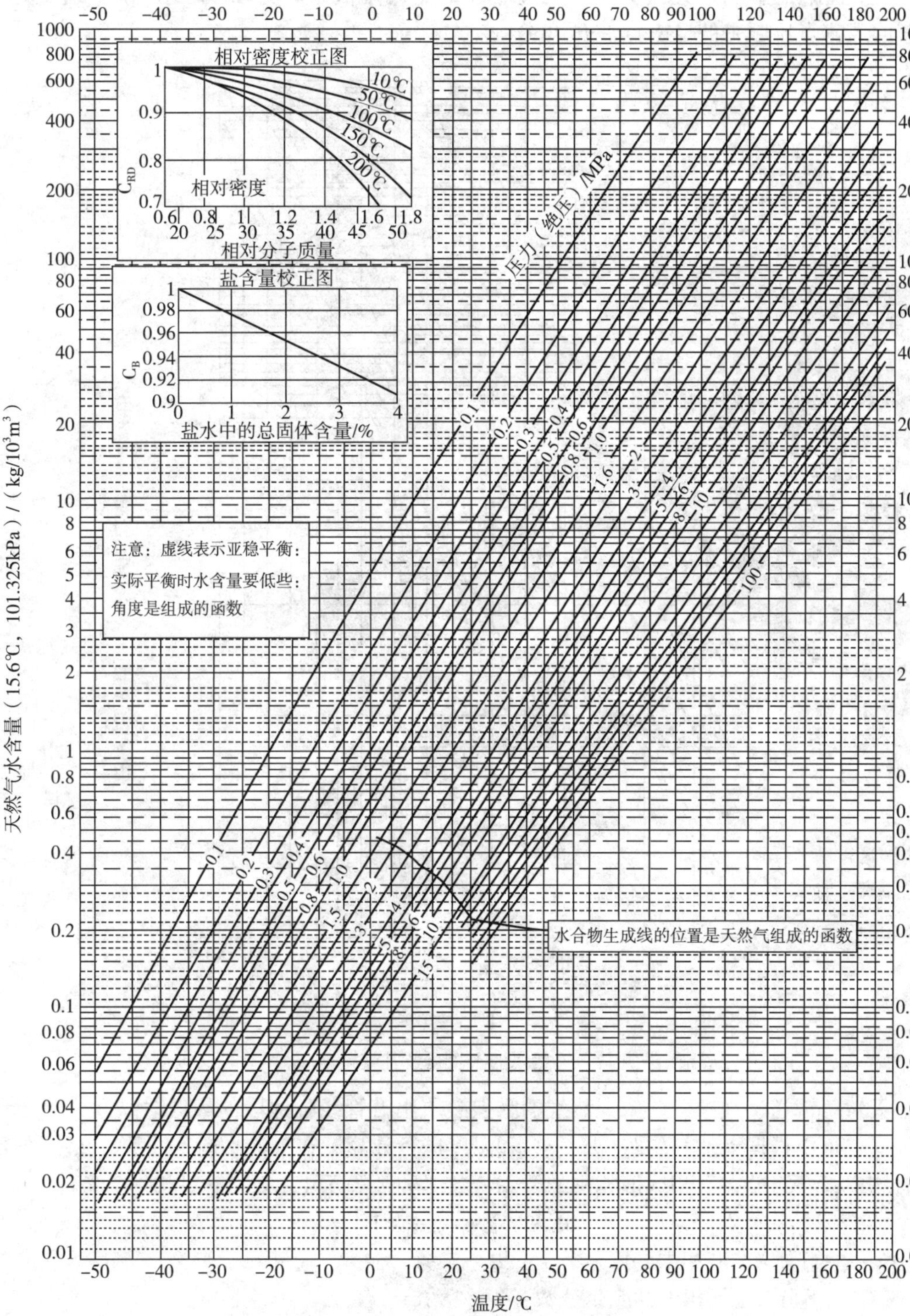

图 1-3-12 天然气的水含量及其露点

（二）天然气的烃露点

在一定压力下，天然气经冷却到气相过程中析出第一滴微小的液体烃时的温度，称为露点。天然气的露点与其组成和压力有关。在一定压力下，天然气的组成中尤以较高碳数组分的含量对烃露点的影响最大，例如在某天然气中加入体积分数为0.28×10^{-6}的十六烷烃时，天然气的烃露点比原来的烃露点上升40℃。

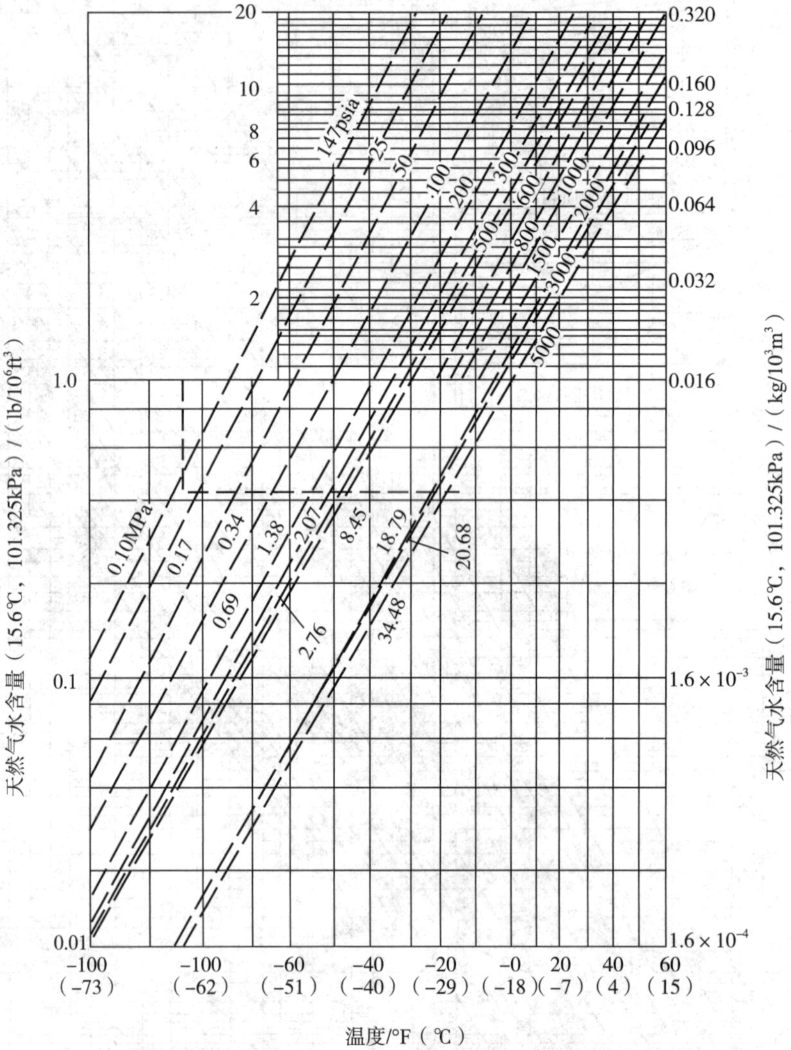

图1-3-13　天然气的水含量及其露点(延伸图)

在天然气输送过程中，要求天然气的露点必须比沿管线各地段的最低地温低5℃。天然气的烃露点可以根据天然气的组成、压力和温度进行计算。在气液平衡条件下，在多种烃类的混合物中，各组分在气相或液相中的摩尔分数之和都等于1，必须满足相平衡条件。

$$\sum K_i = \sum y_i / \sum x_i = 1 \tag{1-3-42}$$

式中　x_i——组分i在液相中的摩尔分数；

y_i——组分i在气相中的摩尔分数；

K——组分i的相平衡常数。

当已知天然气中各组分的气相摩尔分数y_i时，可以用试算方法求出给定压力下的露点温度。计算步骤如下：

①先假定该压力下天然气的露点温度；

②根据给定压力和假设的温度，按$K_i = p_i/p$计算相平常数K_i或查图1-3-14求得K_i；

③计算出平衡状态下各组分的液相摩尔分数，$x_i=y_i/K_i$；

④当$\sum x_i\neq1$时，重新假定露点温度，直至$\sum x_i=1$为止。

天然气的烃露点温度也可以用仪器直接测量。

【例 1-3-10】 已知液化石油气的气相摩尔组成为：丙烷 65%、正丁烷 30%、异丁烷 5%，求压力为 4×10^5Pa 时液化石油气的露点温度。

【解】 假设压力为 4×10^5Pa 时，液化石油气的露点温度为 5℃，查图 1-3-14，得到各组分的 K_i：

$K_{C_3^0}=p_i/p=1.80$，$K_{n-C_4^0}=p_i/p=0.45$，$K_{i-C_4^0}=p_i/p=0.80$

计算各组分的液相分子组成为：

$x_{C_3}=0.36$，$x_{n-C_4}=0.67$，$x_{i-C_4}=0.062$，$\sum x_i=1.092$

另假设露点温度为 12℃，依同样方法计算得$\sum x_i=1.001$。故求得该液化石油气的露点为 12℃。

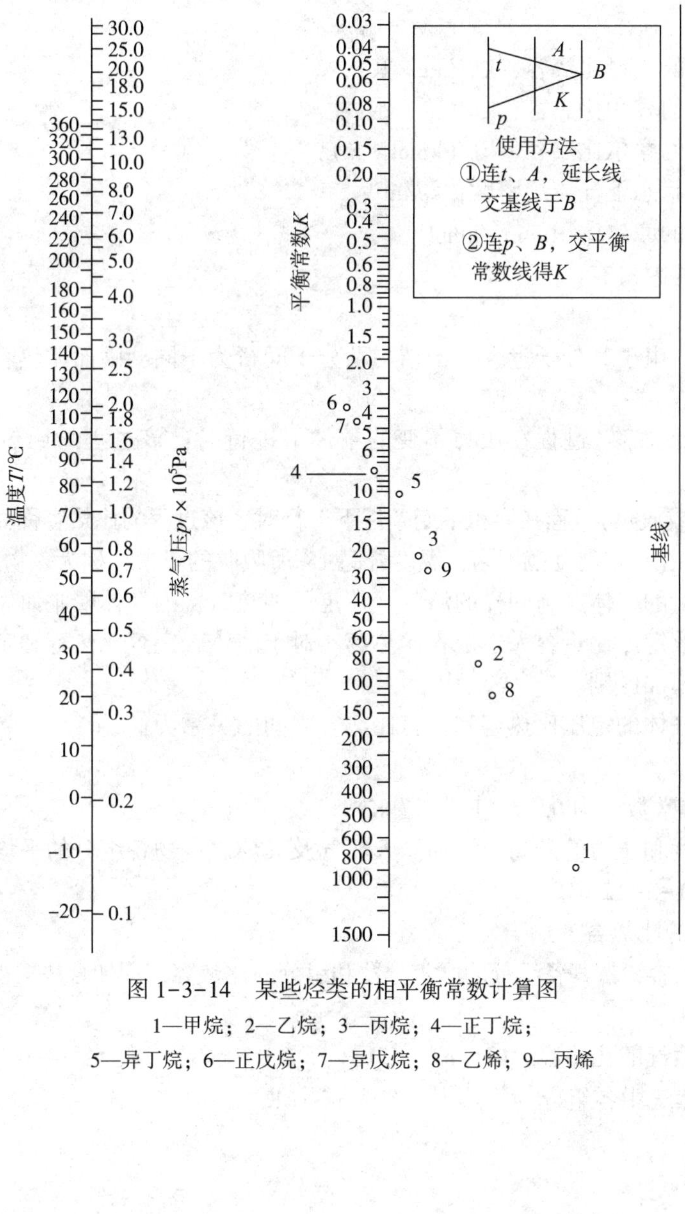

图 1-3-14 某些烃类的相平衡常数计算图

1—甲烷；2—乙烷；3—丙烷；4—正丁烷；

5—异丁烷；6—正戊烷；7—异戊烷；8—乙烯；9—丙烯

第三节　天然气的热力学性质

一、天然气的比热容

(一)比热容及其影响因素

在不发生相变和化学反应的条件下，单位质量物质温度升高1K所吸收的热量，称为该物质的比热容。

表示气体物质量的单位不同，比热容的单位也有所不同，对于1 kg、$1m^3$(标)、1kmol气体物质相应有质量比热容、容积比热容和摩尔比热容之分。

气体的这三种比热容可以互相换算：

$$c'=c\rho_0=c''/V_m \tag{1-3-43}$$

式中　c——气体的质量比热容，kJ/(kg·K)；

c'——气体的容积比热容，kJ/(m^3·K)；

c''——气体的摩尔比热容，kJ/(kmol·K)；

ρ_0——标准状态下气体的密度，kg/m^3；

V_m——气体的摩尔体积，m^3/kmol。

影响比热容的因素有：

1. 物质性质

不同的物质，由于其分子量、分子结构及分子间行为不同，因而比热容也不同。

2. 过程特性

(1)当加热(或放热)过程在压力不变的条件下进行时，该过程的比热容称为定压比热容 c_p。

(2)当加热(或放热)过程在容积不变条件下进行时，该过程的比热容称为定容比热容 c_v。

(3)当某物质在一定温度范围内，温度升高1K所吸收的热量，称为该物质的平均比热容。

对于相同质量的气体升高同样的温度，在定压加热时，因气体膨胀而做功，而定容加热时气体不做功，故定压比热容大于定容比热容。对于液体，定容比热容和定压比热容相差很小，通常运用时不加区别。

通常，理想气体的定压比热容和定容比热容之间的关系为：

$$c_p-c_v=R \tag{1-3-44}$$

式中　R——气体常数，为0.371kJ/(m^3·K)。

比热容随温度和压力的升高而增加。天然气及其燃烧产物各组分的平均定压比热容与温度的关系列于表1-3-12中。

(二)天然气的比热容

天然气的比热容，按其各组分的摩尔分数和组分的比热容，用加合法求得，表达式如下：

$$c_N=\sum y_i c_i \tag{1-3-45}$$

式中　c_N——天然气的比热容，kJ/(m^3·K)；

c_i——天然气中各组分的比热容，kJ/(m^3·K)。

表 1-3-12　某些单一气体的平均定压比热容　kcal/(m³·℃)

气体 温度/℃	甲烷	乙烷	丙烷	丁烷	戊烷	氢	一氧化碳	硫化氢	二氧化硫	二氧化碳	氧	氨	水蒸气	空气
0	1.56	2.20	3.07	4.21	5.21	1.28	1.30	1.47	1.59	1.539	1.305	1.293	1.494	1.295
100	1.65	2.50	3.53	4.75	5.93	1.29	1.30	1.51	1.77	1.713	1.317	1.295	1.506	1.300
200	1.77	2.78	3.98	5.23	6.63	1.30	1.31	1.55	1.89	1.796	1.356	1.300	1.522	1.308
300	1.89	3.08	4.40	5.71	7.29	1.30	1.32	1.60	1.98	1.871	1.357	1.307	1.542	1.318
400	2.02	3.311	4.80	6.20	7.93	1.31	1.33	1.64	2.04	1.938	1.378	1.317	1.565	1.329
500	2.14	3.34	4.80	6.20	7.93	1.31	1.34	1.64	2.04	1.997	1.398	1.328	1.589	1.343
600	2.27	3.80	5.46	7.06	9.02	1.31	1.36	1.72	2.12	2.049	1.417	1.341	1.614	1.357
700	2.36	4.02	5.77	7.45	9.47	1.31	1.37	1.76	2.16	2.049	1.351	1.354	1.641	1.371
800	2.50	4.21	6.04	7.81	9.90	1.32	1.39	1.80	2.18	2.139	1.450	1.367	1.668	1.384
900	2.60	4.38	6.30	8.14	10.27	1.33	1.40	1.83	2.21	2.179	1.465	0.373	1.696	1.398
1000	2.67	4.52	6.52	8.44	10.61	1.33	4.41	1.86	2.25	2.231	1.478	1.392	1.723	1.410
1100	2.78					1.34	1.42		2.25	2.245	1.485	1.404	1.750	1.422
1200	2.91					1.34	1.44		2.27	2.275	1.501	1.415	1.777	1.433
1300						1.35	1.45		2.29	2.301	1.511	1.426	1.803	1.444
1400						1.36	1.46		2.31	2.325	1.520	1.436	1.828	1.454
1500						1.38	1.47		2.32	2.347	1.529	1.446	1.853	1.463
1600									2.40	2.368	1.538	1.454	0.876	1.472
1700									2.35	2.387	1.546	1.462	0.900	1.480
1800									2.36	2.405	1.554	1.470	1.922	1.487
1900									2.38	2.421	1.562	1.478	1.943	1.495
2000									2.39	2.437	1.567	1.484	1.963	1.533

注：1 kcal = 4.1868kJ。

同样，天然气的比热容可用质量比热容、容积比热容和摩尔比热容表示。

天然气中各烃类组分在标准状态下的真实比热容和在 0~100℃范围内的平均比热容列于表 1-3-13。

表 1-3-13　某些烃类的真实比热容及平均比热容

气体	温度/℃	定压摩尔比热容 c_p/[kJ/(kmol·℃)]		定容摩尔比热容 c_v/[kJ/(kmol·℃)]		定压质量比热容 c_p/[kJ/(kg·℃)]		定压容积比热容 c_p/[kJ/(m³·℃)]	
		真实值	平均值	真实值	平均值	真实值	平均值	真实值	平均值
甲烷	0	34.74	34.74	26.42	26.42	2.17	2.17	1.55	1.55
	100	39.28	36.80	30.97	28.49	2.45	2.29	1.75	1.64
乙烷	0	49.53	49.53	41.21	41.21	1.65	1.65	2.21	2.21
	100	62.17	55.92	53.85	47.60	2.07	1.86	2.77	2.50
丙烷	0	68.33	68.33	60.00	60.00	1.55	1.55	3.05	3.05
	100	88.93	78.67	80.60	70.34	2.02	1.78	3.96	3.51
正丁烷	0	92.53	92.53	84.20	84.20	1.59	1.59	4.13	4.13
	100	117.82	105.47	109.48	97.13	2.03	1.81	5.26	4.70
正戊烷	0	114.93	114.93	106.60	106.60	1.59	1.59	5.13	5.13
	100	146.08	130.80	137.75	122.46	2.02	1.81	6.52	5.84

若计算高压下天然气的比热容，先求出其常压下的比热容，再用其视临界参数，求出对比压力和对比温度。从图1-3-15查出 Δc_p，乘以换算系数 4.1868×10^{-3}kJ/(mol·K)进行校正。如果已知高压下各组分的比热容数据，则可利用式(1-3-45)进行计算，但此时的 c_i 和 c_N 应是系统中该组分分压和系统温度下的比热容，而不是系统总压下的比热容。

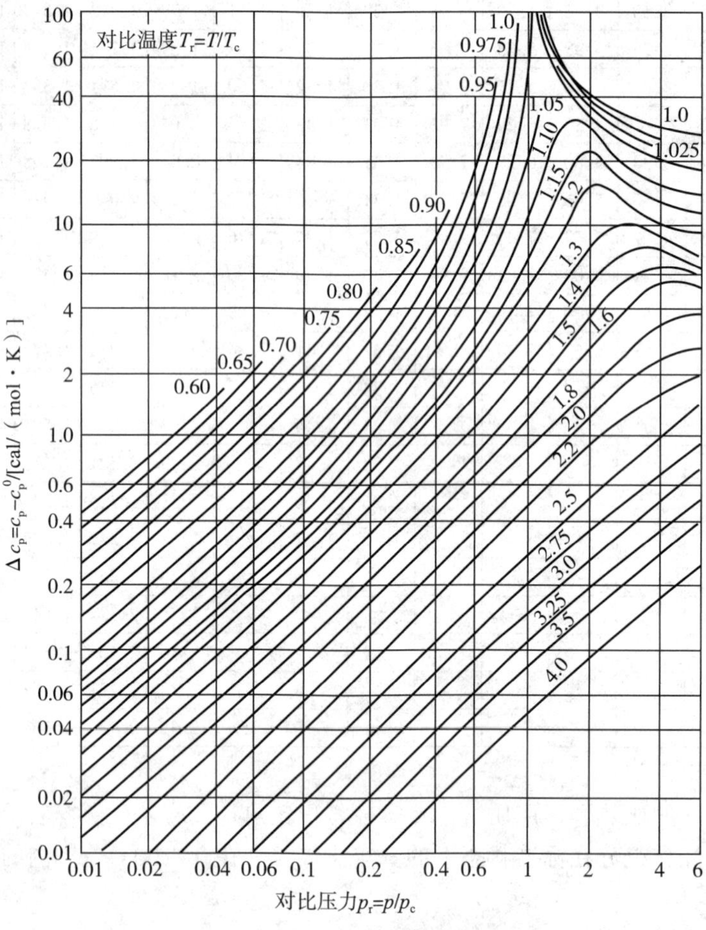

图1-3-15 真实气体比热容校正图

c_p^0—101.325kPa下的定压比热容；c_p—压力下的定压比热容[单位是cal/(mol·K)]

【例1-3-11】 已知某天然气各组分的摩尔分数为：甲烷0.945、乙烷0.005、丙烷0.015、氮气0.02、二氧化碳0.015，求天然气在标准状态下的定压容积比热容和定容容积比热容？

【解】 由表1-3-1，得到各组分在标准状态下的定压容积比热容，按式(1-3-45)计算：

$$c_p=\sum y_i c_i$$

$$=0.945\times1.545+0.005\times2.244+0.015\times2.960+0.02\times1.302+0.015\times1.620$$

$$=1.57\ \text{kJ/(m}^3\cdot\text{K)}$$

由式(1-3-44)求该天然气的定容容积比热容：

$$c_p-c_v=R=0.371\text{kJ/(m}^3\cdot\text{K)}$$

$$c_v=c_p-0.371=1.20\text{kJ/(m}^3\cdot\text{K)}$$

(三)天然气凝液的比热容

天然气凝液的比热容可按式(1-3-46)计算：

$$c=\sum g_i c_i/100 \tag{1-3-46}$$

式中　c——天然气凝液的比热容，kJ/(kg·K)；

g_i——天然气凝液中组分 i 质量分数,%；

c_i——天然气凝液中组分 i 的质量比热容，kJ/(m^3·K)。

当计算精度要求不高时，凝液的比热容与温度的关系可用式(1-3-47)计算：

$$c_p=c_p^0+\alpha t \tag{1-3-47}$$

式中　c_p——温度为 t℃时，天然气凝液的比热容，kJ/(kg·K)；

c_p^0——温度为0℃时，天然气凝液的定压比热容，kJ/(kg·K)；

α——温度系数。

丙烷、丁烷和异丁烷的温度系数 α 值列于表 1-3-14 中。

表 1-3-14　丙烷、丁烷和异丁烷的温度系数 α 值

名　称	$\alpha\times10^3$	c_p^0	适用温度范围/℃
丙烷	1.51	0.576	-30~20
正丁烷	1.91	0.550	-15~20
异丁烷	4.54	0.550	-15~20

某些液态烃类的质量比热容列于表 1-3-15 中，质量比热容随温度变化关系见图 1-3-17。

表 1-3-15　某些液态烃类的质量比热容　kJ/(kg·℃)

甲烷		乙烷		丙烷		正丁烷		异丁烷		正戊烷		异戊烷	
温度/℃	比热容	温度/℃	比热容	温度/℃	比热容	温度/℃	比热容	温度/℃	比热容	温度/℃	比热容	温度/℃	比热容
-95.1	5.46	-93.1	2.98	-42.1	2.22	-23.1	2.20	-28.12	2.17	-28.6	2.12	-24.8	2.07
-88.7	6.82	-33.1	3.30	0.0	2.34	-11.3	2.23	-16.14	2.21	+5.92	2.28	-12.8	2.17
		-31	3.48	+20.0	2.51	-3.1	2.28					+21.6	2.28
				+40.0	2.68	0.0	2.30						
						+20.0	2.43						
						+40.0	2.57						

【例 1-3-12】　已知液态液化石油气的质量分数为：丙烷 72%、丙烯 18%、异丁烷 20%，求 20℃时液态液化石油气的质量比热容。

【解】　由图 1-3-16 查得液化石油气各组分 20℃时的质量比热容，再按式(1-3-46)计算混合烃类液体的比热容：

$$c=\frac{\sum g_i c_i}{100}=0.01\times(72\times2.97+18\times2.75+20\times2.41)=3.12\ \text{kJ/(kg·K)}$$

二、天然气的绝热指数

(一)气体的绝热指数

气体的绝热指数(K)是气体的定压比热容与定容比热容之比，表达式为：

$$K=c_p/c_v \tag{1-3-48}$$

对于理想气体，绝热指数是常数，由气体的性质而定。标准状态下某些单一气体的绝热指数见表 1-3-16。

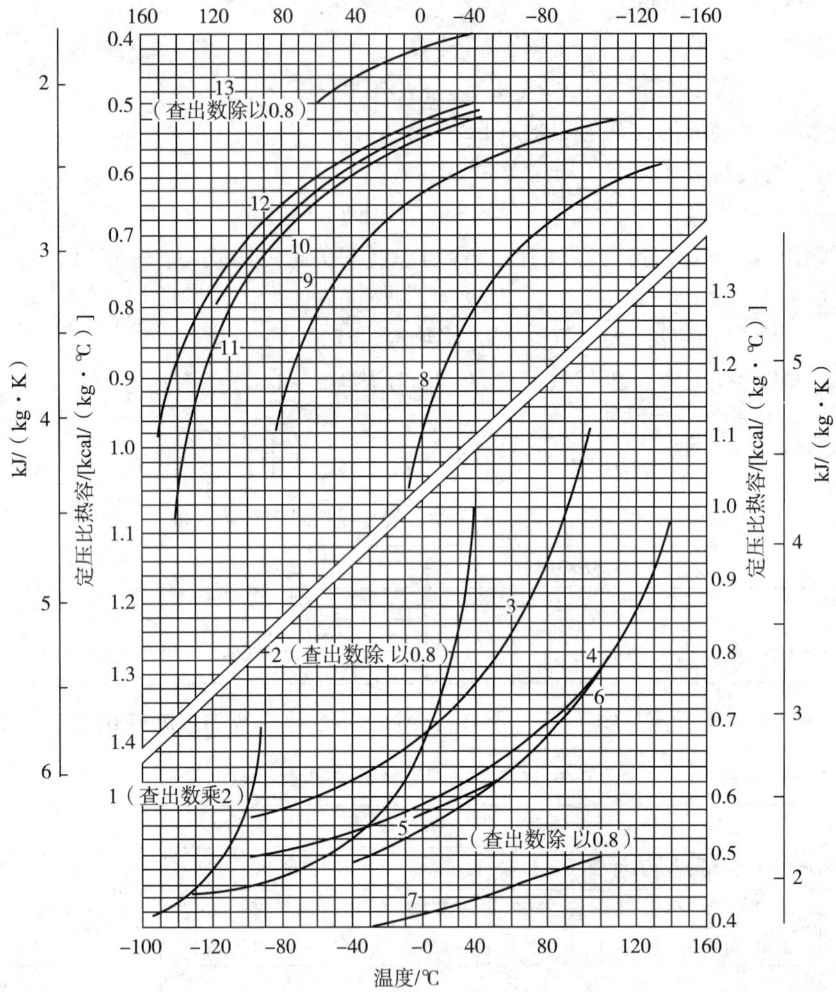

图 1-3-16 液态烷烃、烯烃的比热容

1—甲烷；2—乙烷；3— 丙烷；4—正丁烷；5—异丁烷；6—正戊烷；7—异戊烷；8—丁烯；9—丙烯；10—1-丁烯；11—顺-2-丁烯；12— 反-2-丁烯；13—异丁烯

表 1-3-16 标准状态下某些单一气体的绝热指数

气 体	K	气 体	K
甲烷	1.309	硫化氢	1.320
乙烷	1.198	二氧化碳	1.304
丙烷	1.161	氧气	1.401
丁烷	1.144	氮气	1.404
戊烷	1.121	水蒸气	1.335
氢气	1.407	空气	1.400
一氧化碳	1.403		

对于真实气体，绝热指数与温度和压力有关。不同温度和压力下的某些烃类的绝热指数可查图 1-3-17。

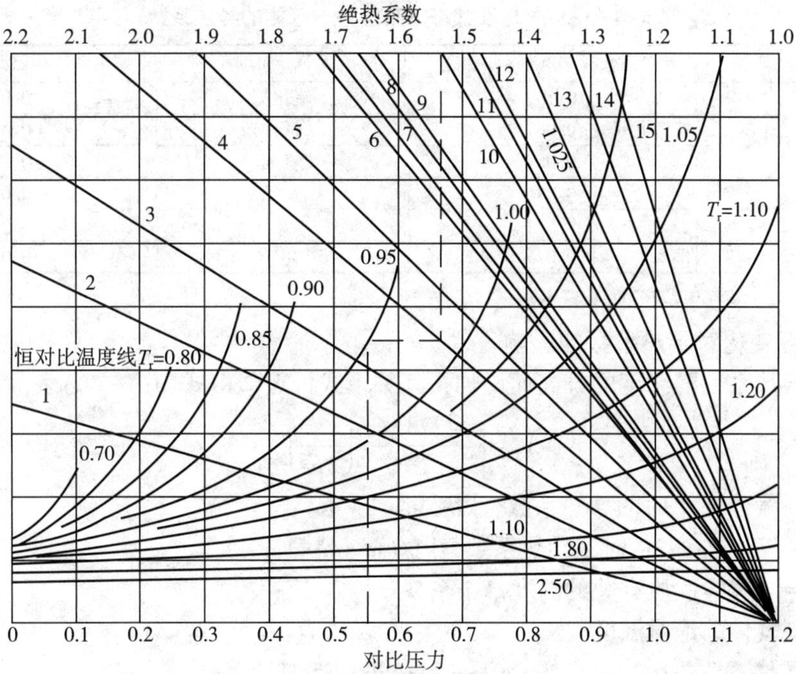

图 1-3-17 烃蒸气的绝热系数

1—甲烷；2—乙烯；3—乙烷，4—丙烯；5—丙烷；6—异丁烯；7—异丁烷；8—丁烯；9—正丁烷；10—异戊烷；11—正戊烷；12— 苯；13—正已烷；14—正庚烷；15—正辛烷

(二) 天然气的绝热指数

天然气的绝热指数(K)可按式(1-3-49)进行计算。

$$K=c_p/c_V=c_p/(c_p-R) \tag{1-3-49}$$

式中 c_p——天然气的平均定压比热容；

c_V——天然气的平均定容比热容；

R——摩尔气体常数，0.371 kJ/(m^3·K)。

在计算某天然气的绝热指数时，应首先分别求出天然气的定压比热容和定容比热容，然后按照式(1-3-48)进行计算。

当天然气中甲烷含量大于95%时，其绝热指数可取作甲烷的相应值，即 $K=1.31$。近似计算时，天然气的绝热指数 $K=1.3$。

【例 1-3-13】 已知天然气各组分的体积分数为：甲烷 94.5%、乙烷 0.5%、丙烷 1.5%、氮气 2.0%、二氧化碳 1.5%，求该天然气的绝热指数。

【解】 首先按式(1-3-45)和式(1-3-44)，求得该天然气的定压容积比热容 c_p = 1.55kJ/(m^3·K)和定容容积比热容 c_V = 1.18 kJ/(m^3·K)，再按式(1-3-48)进行计算：

$$K=c_p/c_V=1.55/1.18=1.31$$

三、天然气的导热系数

(一) 气体的导热系数

导热系数(λ)是物质导热能力的特性参数，表示沿着导热方向每米长度上温度降低 1K 时，每小时所传导的热量。标准状态下某些单一气体的导热系数列于表 1-3-17 中。

表 1-3-17 标准状态下某些单一气体的导热系数

气 体	导热系数/[kJ/(m·h·K)]	气 体	导热系数/[kJ/(m·h·K)]
甲烷	0.109	硫化氢	0.050
乙烷	0.067	二氧化碳	0.046
丙烷	0.054	氧气	0.088
丁烷	0.046	氮气	0.088
氢	0.574	水蒸气	0.057
一氧化碳	0.075	空气	0.078

注：1kJ/(m·h·K)= 0.27743W/(m·K)。

(二)温度变化对导热系数的影响

气体的导热系数随温度的升高而增加，其关系式可近似由式(1-3-50)表示：

$$\lambda_T=\lambda_0+\frac{273+C}{T+C}\times\left(\frac{T}{273}\right)^{3/2} \tag{1-3-50}$$

式中 λ_T——气体在 T 时的导热系数，kJ/(m·h·K)；

λ_0——气体在 273K 时的导热系数，kJ/(m·h·K)；

C——与气体性质有关的温度修正系数；

T——气体的绝对温度，K。

温度对导热系数的影响也可按式(1-3-51)进行近似计算：

$$\lambda_T=\lambda_0(1+0.0005T) \tag{1-3-51}$$

(三)温度与压力同时变化对导热系数的影响

导热系数是温度和压力的函数。图 1-3-18 表示导热系数比值 λ_p/λ_0 与气体的对比温度 T_r 和对比压力 p_r 的关系。λ_p 是温度为 T、压力为 p 时的导热系数，λ_0 是标准状态下气体的导热系数。

若求某天然气在某一温度和压力下的导热系数，首先求该天然气的视临界温度和临界压力，再计算出对比温度 T_r 和对比压力 p_r，查图 1-3-18 求得 λ_p/λ_0，即可计算出实际温度和压力下的导热系数。表 1-3-18 是导热系数的温度修正系数。

表 1-3-18 导热系数的温度修正系数

名 称	甲烷	乙烷	丙烷	正丁烷	异丁烷	正戊烷
C	164	252	278	377	368	383

(四)天然气的导热系数

天然气的导热系数不能按其组成通过混合法来计算，应选用实测数据。当天然气中甲烷含量大于 95%时，其导热系数可近似取作甲烷的相应值。

表 1-3-19 列出了不同温度和压力下甲烷的导热系数。

表 1-3-19 不同温度和压力下甲烷的导热系数 kJ/(m·h·K)

绝对压力/MPa	温度/℃											
	-30	-20	-10	0	10	20	30	40	50	60	70	80
0.1	0.0955	0.0996	0.104	0.109	0.113	0.117	0.122	0.127	0.133	0.137	0.158	0.146
2.0	0.103	0.109	0.112	0.116	0.120	0.126	0.128	0.132	0.137	0.142	0.150	0.158
5.0	0.116	0.119	0.123	0.130	0.131	0.134	0.135	0.136	0.148	0.153	0.158	0.162
10.0	0.162	0.155	0.151	0.154	0.156	0.161	0.162	0.165	0.168	0.170	0.173	0.174
15.0	—	0.201	0.193	—	—	0.191	—	0.189	—	0.188	—	—

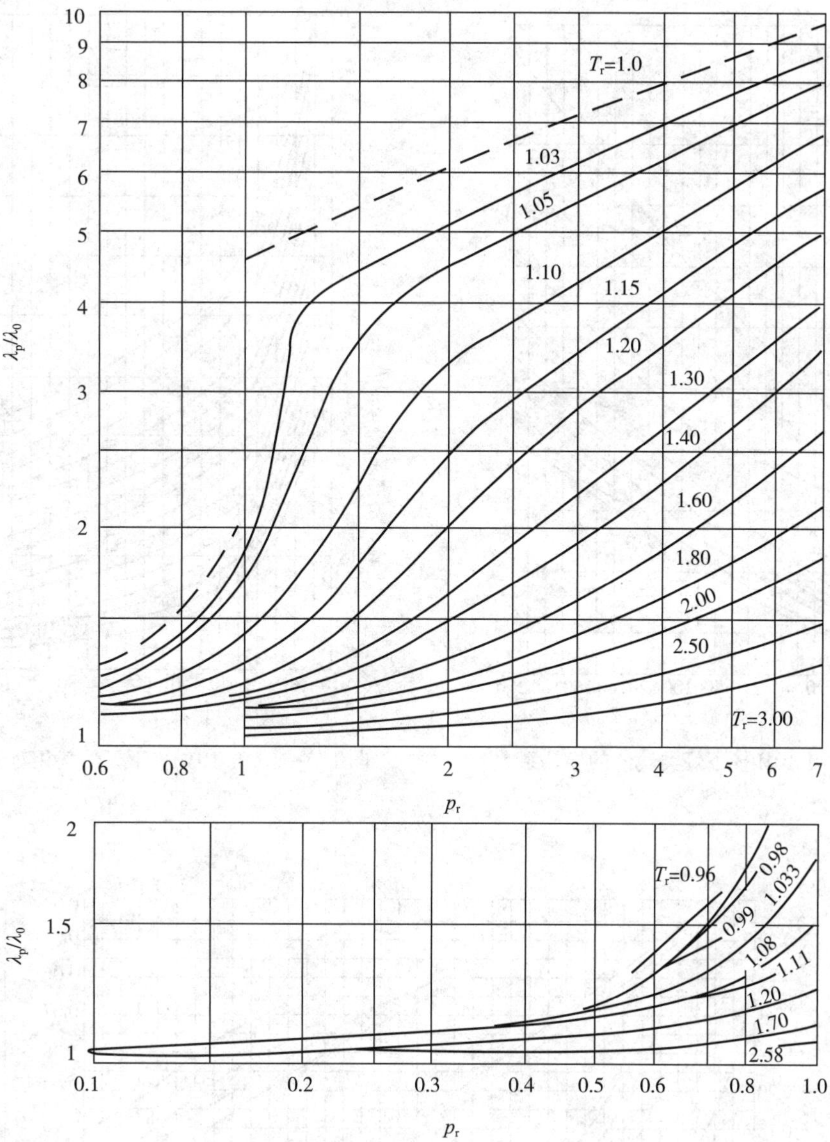

图 1-3-18　气体导热系数和压力修正值

图 1-3-19 表示在压力 0. 10MPa 下，某些烃类的导热系数与温度的关系。图 1-3-20 表示不同温度下，天然气分子量与导热系数的关系。高压天然气的导热系数的计算方法和黏度的计算方法相类似。

(五)天然气凝液的导热系数

天然气凝液是各种液烃的混合物。若已知天然气凝液各组分的质量分数或摩尔分数，则其导热系数 λ 分别可按下式计算：

$$\lambda=\sum g_i\lambda_i/100 \text{ 或 } \lambda=100/\sum(x_i/\lambda_i) \tag{1-3-52}$$

式中　g_i——天然气凝液中组分 i 的质量分数，%；

λ_i——天然气凝液中组分 i 的导热系数，kJ/(m·h·K)；

x_i——天然气凝液中组分 i 摩尔分数，%。

某些液态烃类的导热系数见图 1-3-21。

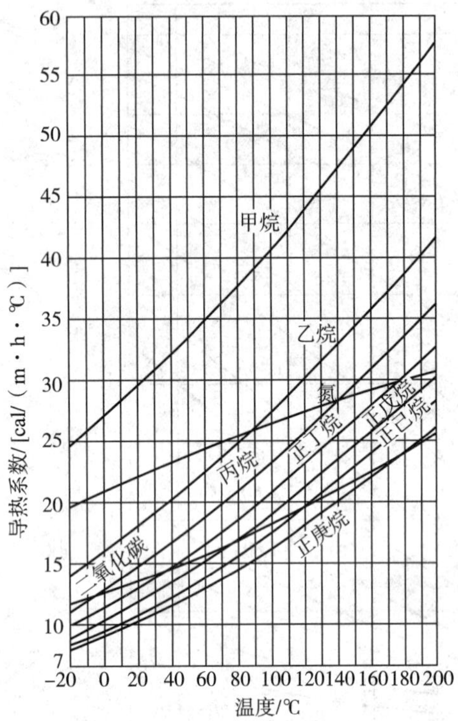

图 1-3-19　0.10MPa 下烃类气体的导热系数

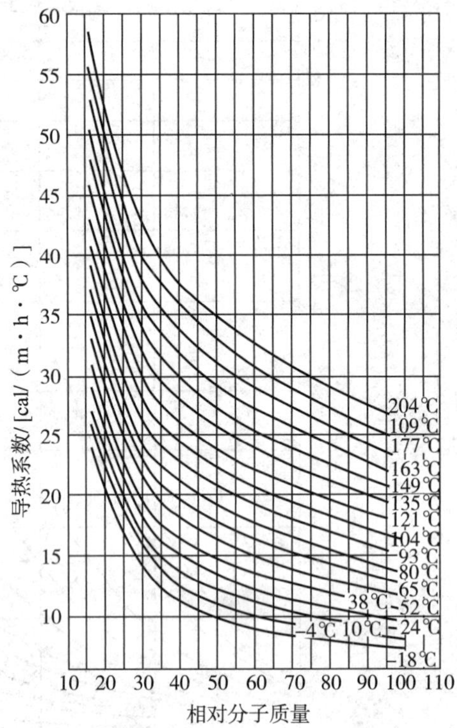

图 1-3-20　0.10MPa 下天然气相对分子质量与导热系数的关系

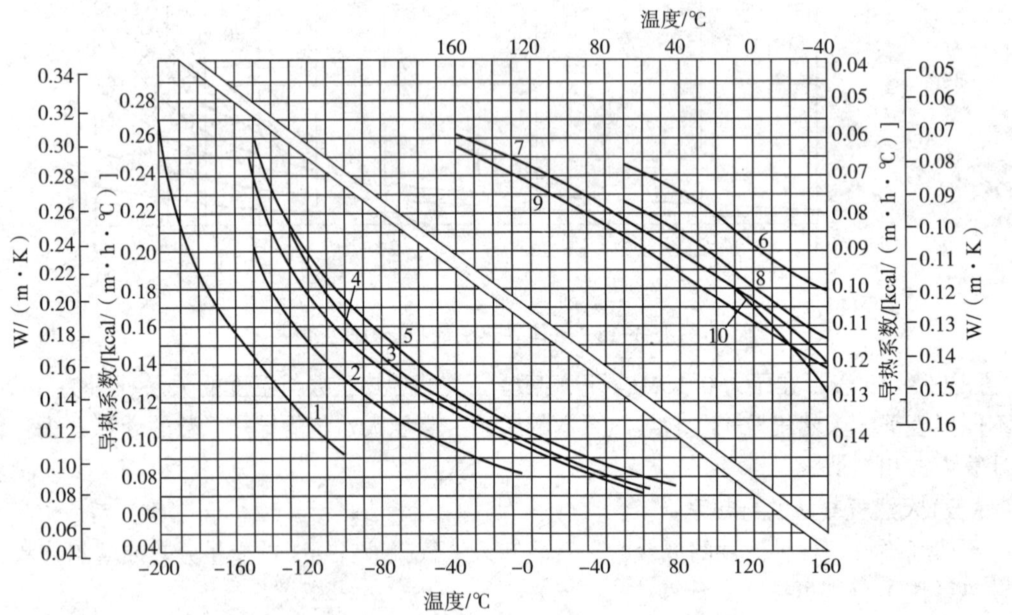

图 1-3-21　某些液态烃的导热系数

1—甲烷；2—乙烷；3—丙烷；4—丙烯；5—正丁烷；6—异丁烷；7—正戊烷；8—异戊烷；9—正己烷；10—异丁烷

【例 1-3-14】　已知液化石油气各组分的质量分数为：丙烷 70%、丙烯 10%、丁烷 20%，求 20℃时液化石油气的导热系数。

【解】 由图 1-3-21 查得液化石油气各组分在 20℃时的导热系数[图上数值乘以 4.1868 换算成 kJ/(m·h·K)]，按式(1-3-52)计算混合液烃的导热系数：

$$\lambda = \sum g_i \lambda_i / 100 = 0.01 \times (70 \times 0.38 + 10 \times 0.36 + 20 \times 0.40) = 0.42 \mathrm{kJ/(m \cdot h \cdot K)}$$

四、天然气凝液的汽化潜热

液体在沸腾时，1kg 饱和液体变成同温度的饱和蒸气所吸收的热量，称为汽化潜热。在蒸气液化时放出凝结热，凝结热与相同条件下液体汽化时的汽化潜热相等。

(一)温度对凝液汽化潜热的影响

汽化潜热与汽化时的压力和温度有关，液体的汽化潜热随着温度的升高而减少，达到临界温度时，汽化潜热等于零。汽化潜热与温度的关系可用式(1-3-53)表示：

$$r_1 = r_2 \left(\frac{T_c - T_1}{T_c - T_2} \right)^{0.38} \tag{1-3-53}$$

式中 r_1、r_2——温度为 T_1 和 T_2 时的汽化潜热，kJ/kg；

T_c——临界温度，K。

某些烃类的汽化潜热与温度的关系见表 1-3-20 和图 1-3-22、图 1-3-23。

(二)天然气凝液的汽化潜热

某些烷烃在压力 101.325kPa 下，沸点温度时的汽化潜热列于表 1-3-21。

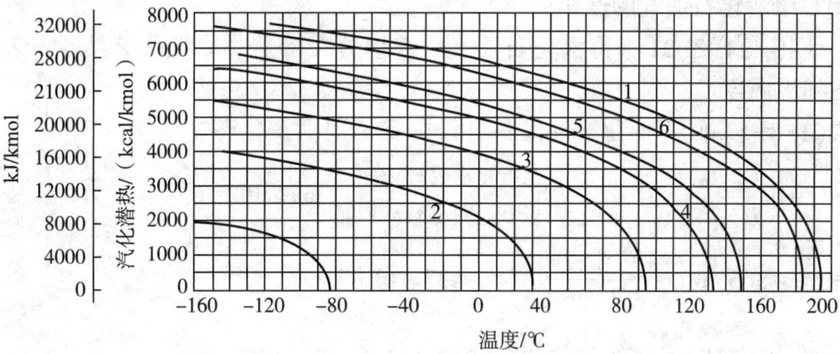

图 1-3-22 某些烷烃的汽化潜热与温度的关系

1—甲烷；2—乙烷；3—丙烷；4—异丁烷；5—正丁烷；6—异戊烷；7—正戊烷

表 1-3-20 液态丙烷及丁烷的汽化潜热与温度关系

温度/℃		-20	-15	-10	-5	0	5	10	15	20
汽化潜热/(kJ/kg)	丙烷	399.8	396.1	387.7	383.9	379.7	368.9	364.3	355.5	345.4
	丁烷	400.2	397.3	392.7	388.5	384.3	380.2	376.0	370.5	366.8
温度/℃		25	30	35	40	45	50	55	60	
汽化潜热/(kJ/kg)	丙烷	339.1	329.1	320.3	309.8	301.4	384.7	270.0	262.1	
	丁烷	362.2	358.4	355.0	346.7	341.2	333.3	328.2	321.5	

表 1-3-21 某些烷烃在沸点时的汽化潜热

名 称	甲烷	乙烷	丙烷	正丁烷	异丁烷	正戊烷
汽化潜热/(kJ/kg)	510.8	485.7	422.9	383.5	366.3	355.9

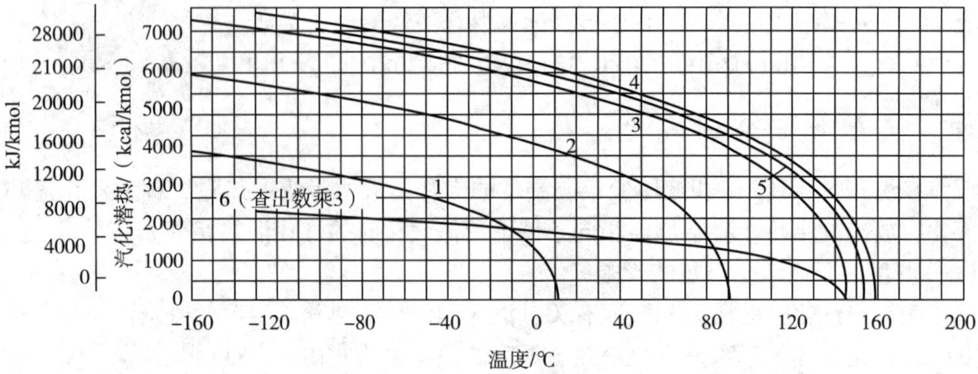

图 1-3-23 某些烯烃的汽化潜热与温度的关系

1—乙烯；2—丙烯；3—1-丁烯；4—顺-2-丁烯；5—反-2-丁烯；6—异丁烯

天然气凝液是各种烃类的混合物，其汽化潜热(r)可按式(1-3-54)计算：

$$r=\sum g_i r_i/100 \tag{1-3-54}$$

式中 g_i——天然气凝液中组分 i 的质量分数,%；

r_i——天然气凝液中组分 i 的汽化潜热，kJ/kg。

【例 1-3-15】 已知液化石油气各组分的质量分数为：丙烷 70%、异丁烷 10%、丁烷 20%，求 20℃该液化石油气的汽化潜热。

【解】 ①由表 1-3-21 查得液化石油气中各组分在沸点时的汽化潜热；查表 1-3-1 得到各组分的临界温度。

②按式(1-3-53)计算液化石油气各组分在 20℃时的汽化潜热：

丙烷：$r=r_2\left(\dfrac{T_c-T_1}{T_c-T_2}\right)^{0.38}=422.9\times\left(\dfrac{369.8-293}{369.8-231}\right)^{0.38}=337.7\text{kJ/kg}$

异丁烷：$r=366.3\times\left(\dfrac{408.1-293}{408.1-261.3}\right)^{0.38}=334.0\text{kJ/kg}$

丁烷：$r=383.5\times\left(\dfrac{425.2-293}{425.2-272.5}\right)^{0.38}=363.1\text{kJ/kg}$

③按式(1-3-54)计算液化石油气在 20℃时的汽化潜热：

$r=\sum g_i r_i/100=0.01\times(70\times337.7+10\times334.0+20\times363.1)=342.4\text{kJ/kg}$

五、天然气的焓、熵

(一)焓的定义

焓(H)是体系的状态参数，因而焓的变化与过程无关，只取决于体系的始态和终态。焓随着物质所处的温度和压力而变化。焓的表达式如下：

$$H=U+pV \tag{1-3-55}$$

式中 U——体系的内能；

p——体系的压力；

V——体系的体积。

一个体系在只做膨胀功的恒压过程中，吸收的热量等于该体系热焓的增量 ΔH，即

$$\Delta H=H_2-H_1=Q_p \tag{1-3-56}$$

Q_p 是过程吸收的热量，所以

$$dH=c_p dT$$

$$H_2 = H_1 + \int_{T_1}^{T_2} c_p dT \tag{1-3-57}$$

式中 H_2、H_1——系统在终结和初始状态下的焓，kJ/kg；

T_2、T_1——系统的终结和初始温度，K；

c_p——系统的定压比热容，kJ/(kg·K)。

气体在某一状态下的焓值除用 1kg 气体的焓值表示外，也可用 kJ/kmol 和 kJ/m^3(标)表示。

在工程计算中，一般并不需要求得焓的绝对值，而只要计算过程中焓值的变化即可。故可根据需要，规定某一状态的焓值为零，以此作为计算的起点。

(二)天然气焓值的计算

1. 定压过程中，物质吸收(或放出)的热量与过程始末物质温度变化的关系

可用式(1-3-58)和式(1-3-59)表示：

$$Q_p=c_p(T_2-T_1) \tag{1-3-58}$$

$$\Delta H=c_p(T_2-T_1) \tag{1-3-59}$$

式中 c_p——定压过程中温度从 T_1 变至 T_2 时的平均质量比热容，kJ/(kg·K)。

2. 气体焓值的计算

对于理想气体，焓值仅与温度有关。因此，任何状态变化过程只要已知始末温度的变化值均可按式(1-3-59)计算焓值。对于真实气体，焓值不仅与温度有关，而且与压力有关。因此，必须对理想气体的焓值进行修正，如式(1-3-60)所示：

$$H_r=H_0+\Delta I \tag{1-3-60}$$

式中 H_r——真实气体的焓，kJ/kg；

H_0——理想气体的焓，kJ/kg；

ΔI——真实气体焓的修正值。

根据气体的对比温度 T_r 和对比压力 p_r，由图 1-3-24 查得 $\Delta I/T_c$，再求 ΔI。

3. 液体焓值的计算

液体焓值可按下式计算：

$$\Delta H=c(T_2-T_1) \tag{1-3-61}$$

式中 ΔH——过程始末液体的焓值变化量，kJ/kg；

c——液体的平均比热容，kJ/(kg·K)。

液体的定压比热容与定容比热容基本相等。

4. 天然气和天然气凝液焓值的计算

1)按组分计算法

当已知天然气和天然气凝液各组分的质量分数时，其焓值均可按式(1-3-62)计算：

$$H=\sum g_i H_i/100 \tag{1-3-62}$$

式中 H——天然气或凝液的焓，kJ/kg；

g_i——天然气或凝液中组分 i 的质量分数，%；

H_i——天然气或凝液中组分 i 的焓，kJ/kg。

当已知天然气或凝液各组分的摩尔分数时，则其焓值均可按式(1-3-63)计算：

$$H' = \sum x_i H_i / 100 \tag{1-3-63}$$

式中 H'——天然气或凝液的焓，kJ/kmol；

x_i——天然气或凝液中组分 i 的摩尔分数。

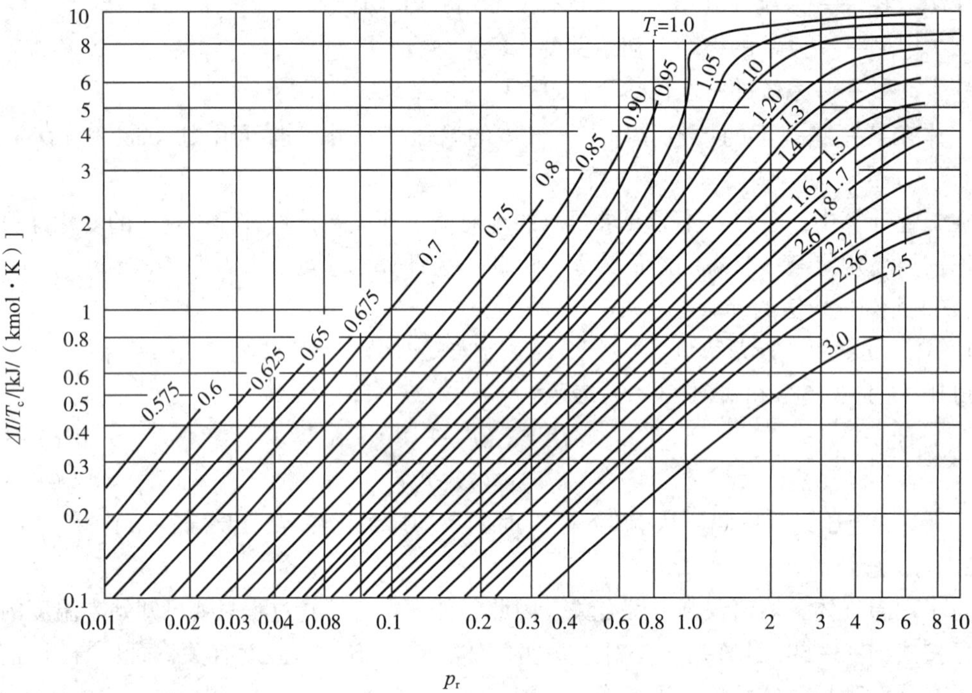

图 1-3-24 实际气体焓的修正值

不同温度下天然气中某些组分(理想气体)的焓值列于表 1-3-22 及表 1-3-23。也可查图 1-3-25 和图 1-3-26 得到纯组分在理想气体状态下的焓值。

某组分在任意温度下的焓值可用插入法求得。

2)用总焓图的快速计算法

利用总焓图进行计算，是以天然气混合物而不是以每一个组分作为计算基础。这样就简化了计算手续，但只有当天然气基本上是烃类混合物时，才不会产生大的偏差。

图 1-3-27 中(a)~(i)是一组不同温度和压力下，不同分子量的烷烃气体和烷烃液体的总焓图。利用这些图可以快速计算出气相、液相或气液两相共存体系的焓。这些图包括了天然气工业中从井口分离到液化天然气体系可能遇到的全部气体组成、温度及压力条件。其计算步骤如下：

(1)计算天然气的视分子量 M。

(2)根据分子量、温度、压力和流体的相条件(是液相还是气相)，由图上查出焓值，单位 kcal/ kg，乘以换算系数 4. 1868，变成 kJ/kg。

(3) 按式(1-3-59)求得过程变化引起的焓值变化量。

在装置设计和现场工作中，若已知天然气的组成、压力和温度，用总焓图可以快速地校核热平衡计算。虽然快速计算法和按组分计算法算出的焓值有一定的偏差，但计算出的热交换器和该系统的热平衡，其结果是接近的。对于设备设计最好还是采用按组分计算法。

表 1-3-22 C_1 ~ C_5 烷烃的焓(理想气体状态)

名称(气体)	温度/℃																				
	-273.16	-200	-150	-100	-50	0	25	50	100	150	200	300	400	500	600	700	800	900	1000	1100	1200
	焓/(kcal/kg)																				
甲烷	0	36.25	61.03	85.81	110.74	136.26	149.42	162.94	191.21	221.42	253.82	325.24	405.3	493.70	589.44	692.0	800.3	914.2	1033.2	1156.4	1282.8
乙烷	0		33.70	49.13	66.05	84.80	94.98	105.81	129.28	155.21	183.62	247.80	320.92	401.56	488.99	582.0	680.7	783.8	891.1	1002.0	1116.2
丙烷	0		24.59	37.67	52.74	70.09	79.65	90.02	112.72	138.15	166.25	229.43	301.22	380.41	465.94	556.9	652.7	753.0	856.8	963.7	1073.4
正丁烷	0				52.58	70.18	79.92	90.33	112.97	138.92	166.31	229.06	300.05	378.22	462.51	552.20	646.44	744.90	846.88	951.96	1059.46
异丁烷	0				46.70	63.91	73.57	83.85	106.52	132.00	160.21	223.62	295.13	373.73	458.45	548.2	642.7	741.6	843.6	948.4	1055.7
正戊烷	0				50.85	68.33	78.02	89.34	110.83	137.54	163.89	226.19	296.55	374.09	479.58	546.30	639.50	736.86	837.56	941.21	1047.20
异戊烷	0				46.93	63.87	73.39	83.56	105.94	131.16	159.00	221.54	292.53	370.32	454.51	543.7	637.7	735.8	837.1	941.6	1048.6
2,2—二甲基丙烷(新戊烷)	0				42.66	59.94	69.72	80.17	103.27	129.18	157.83	222.28	294.89	374.55	459.96	550.3	645.0	743.7	845.9	950.8	1057.9

表 1-3-23 O_2、H_2、OH、H_2O、N_2、NO、C、CO、CO_2 的焓

名 称	状 态	温度/℃													
		-273.16	0	25	100	200	300	400	500	600	700	800	900	1000	1100	1200
		焓/(kcal/kg)														
氧	气	0	59.236	64.681	81.244	103.919	127.319	151.453	176.249	201.56	227.31	253.43	279.85	306.57	333.50	360.67
氢	气	0	918.20	1003.87	1261.95	1608.02	1955.08	2302.97	2652.53	3004.3	3359.3	3718.4	4081.9	4450.4	4823.9	5202.3
羟基	气	0	113.30	123.84	155.20	196.71	238.20	279.70	321.42	363.57	406.25	449.49	493.36	537.92	583.21	629.05
水蒸气	气	0	120.26	131.42	165.10	210.93	258.07	306.94	357.49	409.54	463.15	518.2	574.64	632.49	691.75	752.24
氮	气	0	67.757	73.967	92.623	117.633	142.968	168.782	195.157	222.11	249.61	277.64	306.13	335.02	364.23	393.73
一氧化氮	气	0	67.185	73.120	90.924	114.93	139.35	164.36	189.96	216.16	242.89	270.23	297.55	325.43	353.60	382.12
碳	固体石墨	0	16.853	20.946	35.72	60.73	90.91	125.25	162.79	202.86	244.6	287.7	331.8	377.3	423.8	471.2
一氧化碳	气	0	67.789	73.995	92.668	117.790	143.341	169.448	196.208	223.58	251.50	279.92	308.78	338.04	367.63	397.46
二氧化碳	气	0	45.863	50.854	66.645	89.510	114.091	140.082	167.256	195.41	224.37	254.03	284.31	315.09	346.28	377.84

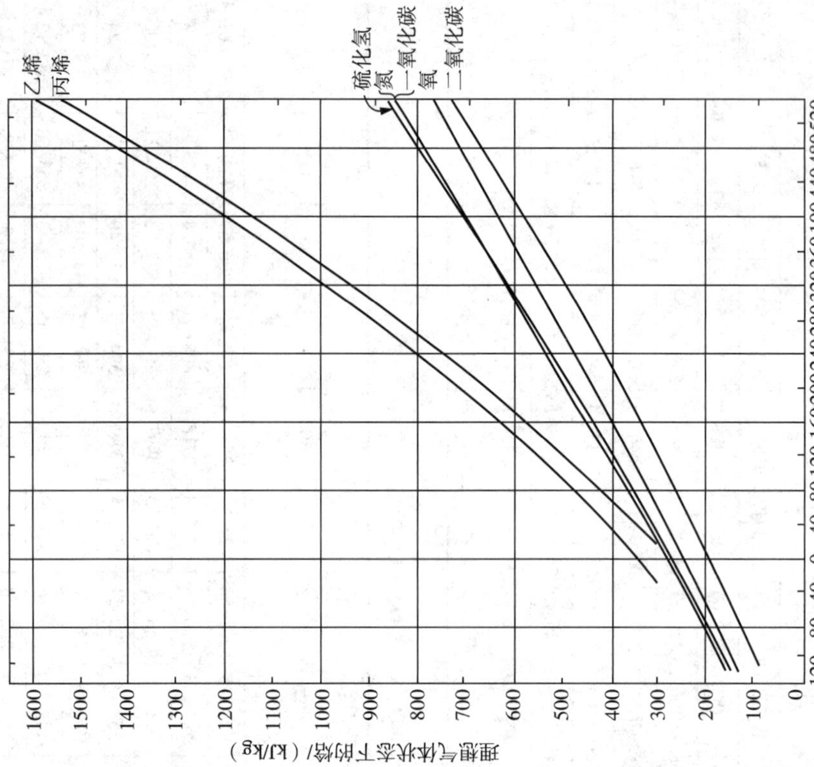

图1-3-26　纯组分理想气体状态下的焓

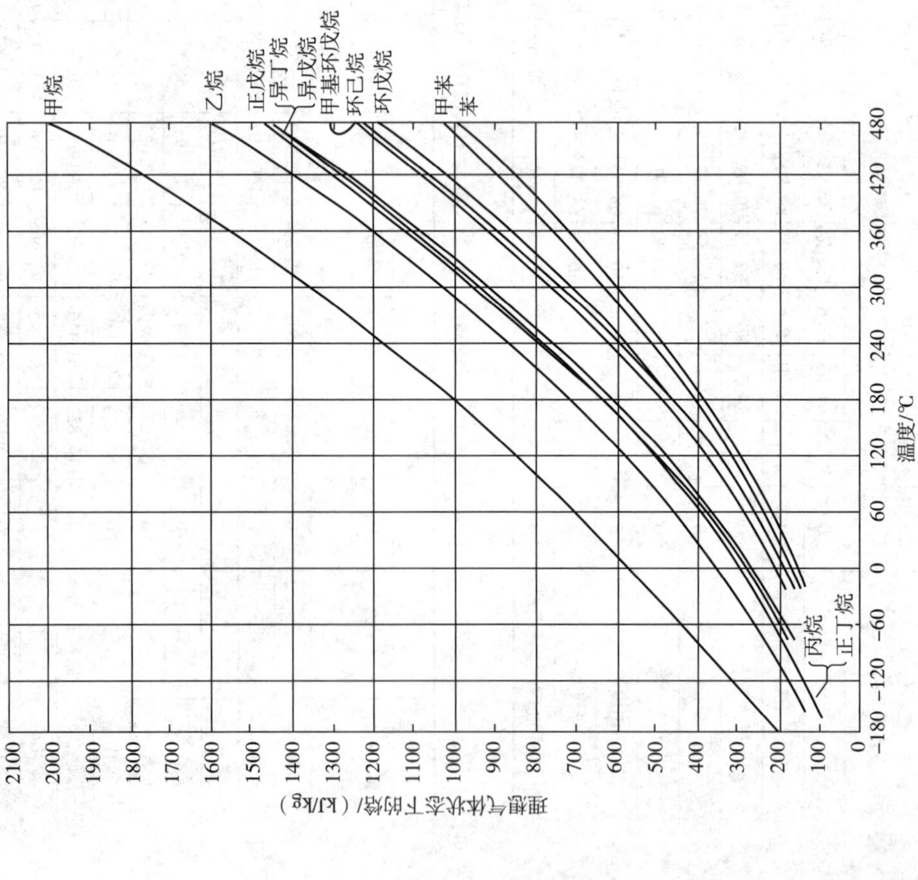

图1-3-25　纯组分理想气体状态下的焓

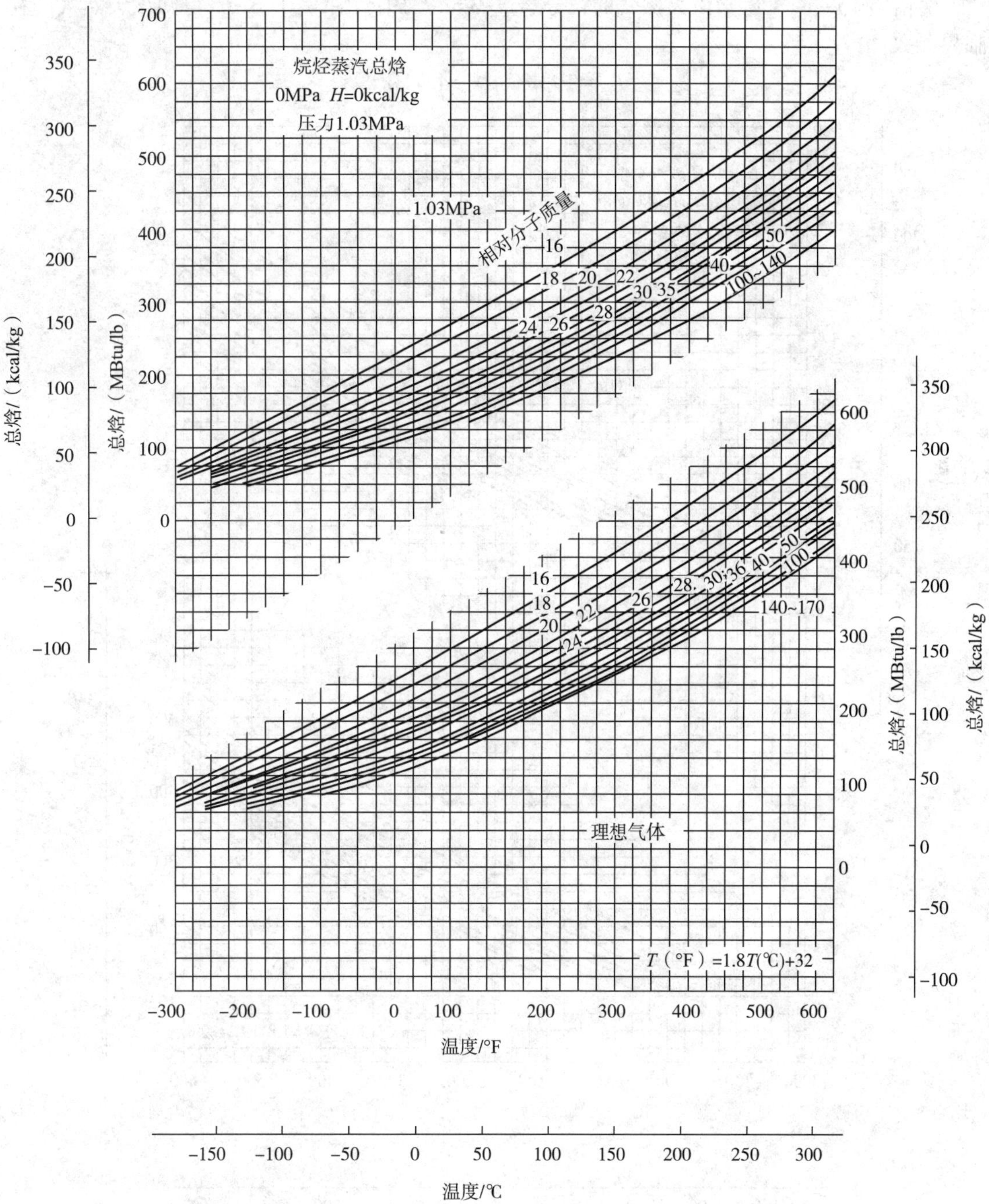

图 1-3-27 烷烃蒸汽的总焓图(a)

【例 1-3-16】 已知天然气组成如[例 1-3-1]，求压力在 6.12MPa(绝压)，温度从 25℃升到 100℃时实际焓值的变化。

【解】 ①将[例 1-3-1]天然气的组成由体积分数换算成质量分数：

$$g_i = = \frac{r_i M_i}{\sum r_i M_i} \times 100,\ g_{C_1} = (94.5\times100)/17.2 = 88.2\%$$

$$g_{C_2} = 0.87\%,\ g_{C_3} = 3.85\%,\ g_{N_2} = 3.30\%,\ g_{CO_2} = 3.85\%$$

②由[例1-3-1]得知该天然气的视分子量 $M=17.19$；由[例1-3-6]得知该天然气的视临界参数：

$$T_c'=193\text{K}\quad p_c'=4.7\text{MPa}$$

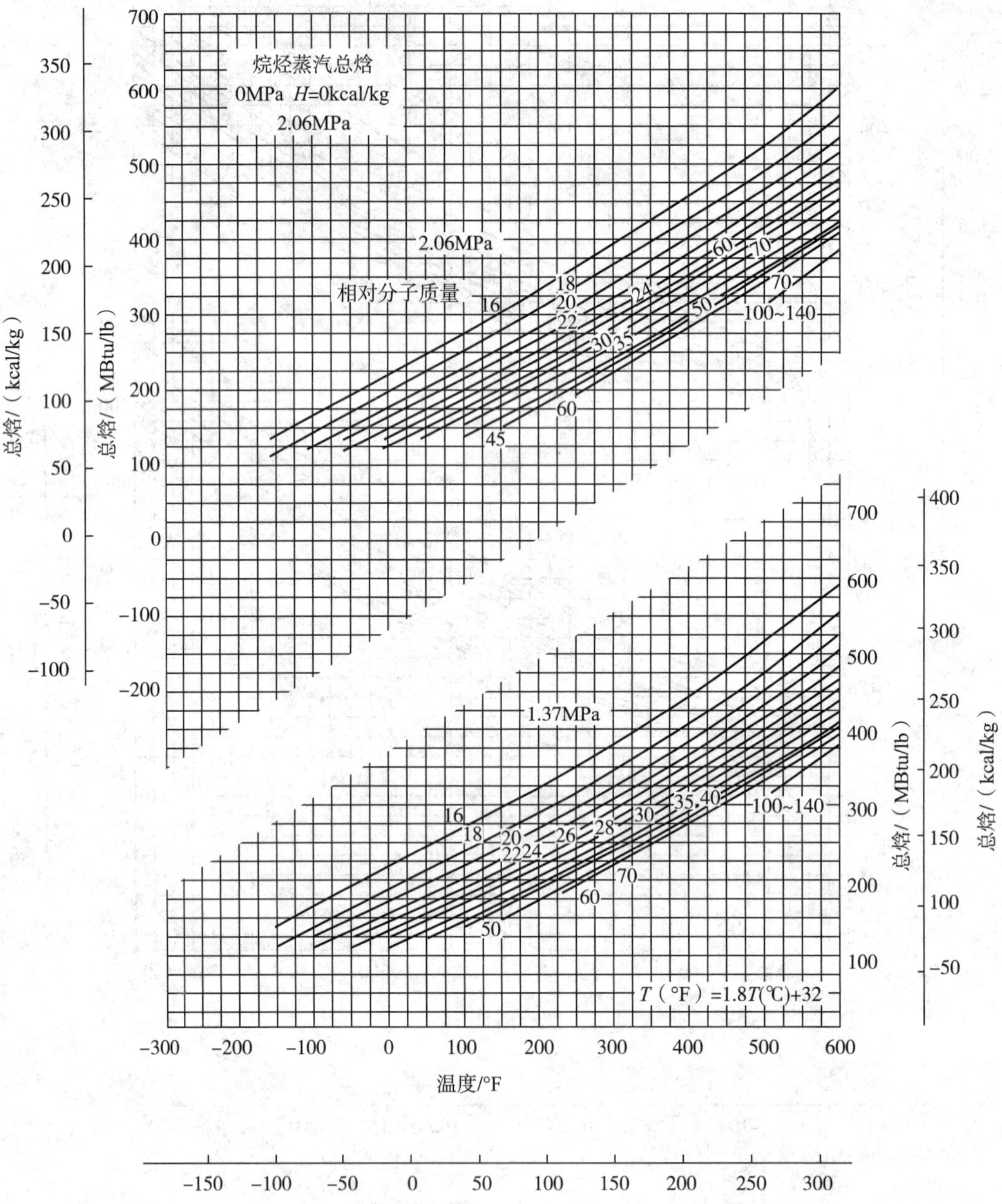

图1-3-27　烷烃蒸汽的总焓图(b)

③查表1-3-22和表1-3-23得到各组分在常压、25℃和100℃的焓值，并乘以4.1868，换算成kJ/kg，列于表1-3-24。

④求出天然气的视对比温度 T_r' 和视对比压力 p_r'：

$T_r'=T/T_c'=298/193=1.54$，$p_r'=p/p_c'=6.12/4.7=1.3$

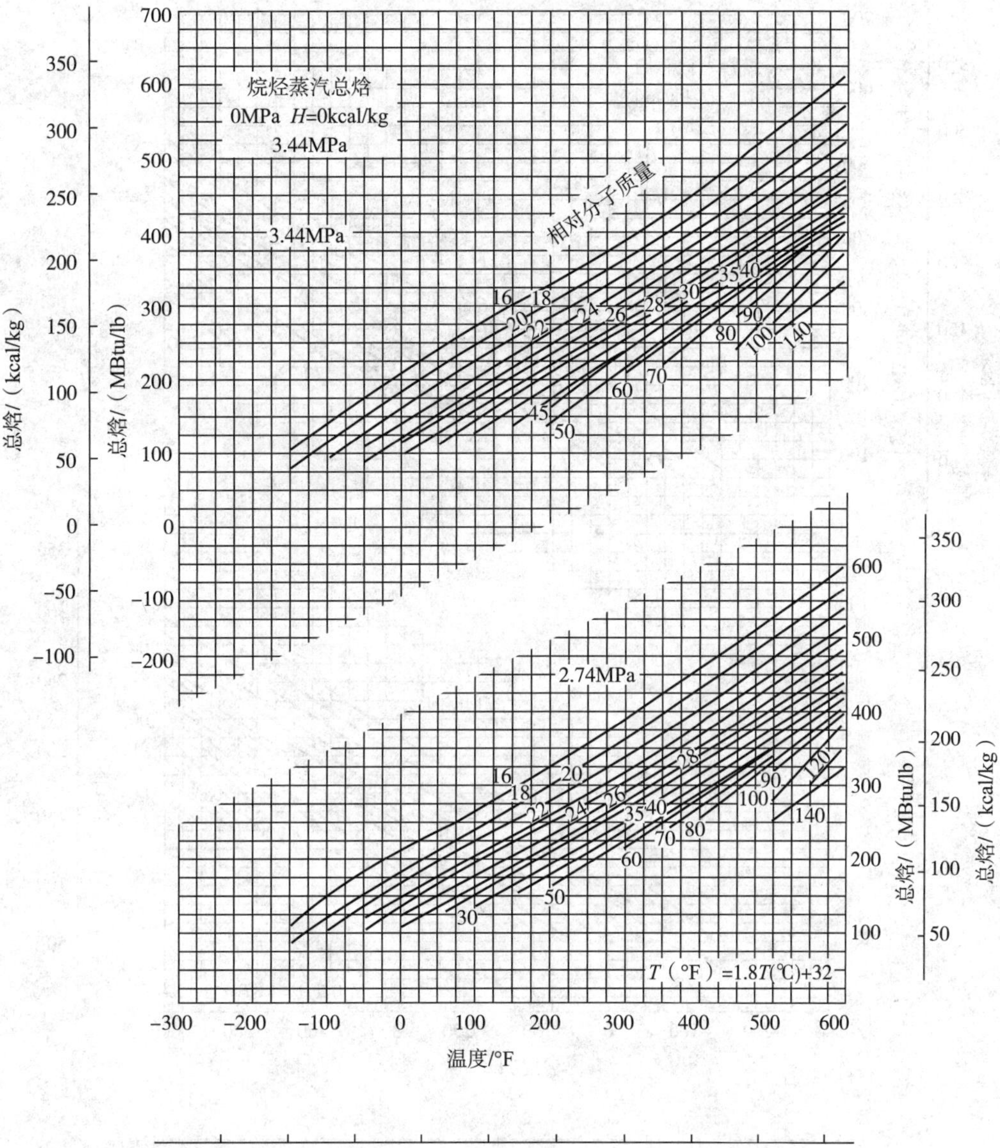

图 1-3-27　烷烃蒸汽的总焓图(c)

表 1-3-24　各组分的焓值计算结果

组　分	g_i/%	焓值/(kJ/kg)				
		H_i(25℃)	H_i(100℃)	$H_1(g_iH_i)$(25℃)	$H_2(g_iH_i)$(100℃)	ΔH_0
CH_4	88. 2	625. 6	800. 6	551. 8	706. 1	
C_2H_6	0. 87	397. 7	538. 8	3. 5	4. 7	
C_3H_8	3. 85	333. 5	471. 9	12. 4	18. 2	
N_2	3. 30	309. 7	387. 8	10. 2	12. 8	
CO_2	3. 85	212. 9	279. 1	8. 2	10. 7	
合计	100. 07			586. 1	916. 3	330. 2

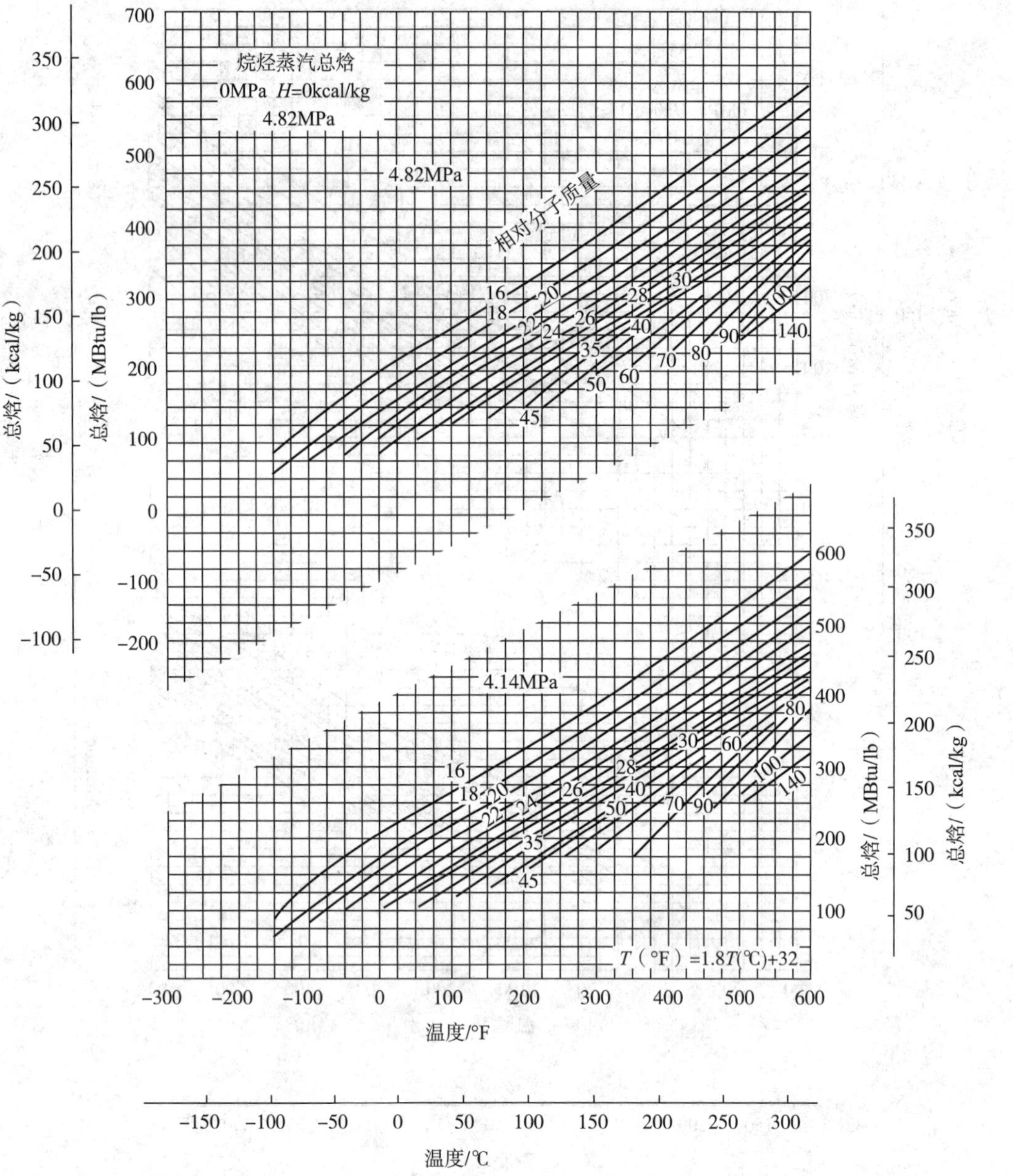

图 1-3-27　烷烃蒸汽的总焓图(d)

查图 1-3-23，得 $\Delta I/T_c{}'=1.35$ kJ/(kmol·K)，$\Delta I=1.35\times193=260.55$kJ/kmol

该天然气的视分子量为 17.19，$\Delta I=260.55/17.19=15.2$kJ/kg

⑤该天然气温度由 25℃ 升至 100℃，在压力 $p=6.12$MPa 时，实际天然气的焓值变化量为：

$$\Delta H=\Delta H_0+\Delta I=330.2+15.2=345.2\text{kJ/kg}$$

(三) 天然气的熵

熵是物质的特性之一，如同物质的焓一样是状态函数，具有加和性与容量性质。在状态变化时熵也随着变化，它的变化与过程无关，只取决于始态和终态。

对于理想气体的等温可逆膨胀或压缩过程，熵的增量 ΔS 按式(1-3-64)计算：

$$\Delta S = Q/T \tag{1-3-64}$$

式中　Q——体系在过程中吸收或放出的热量；

　　　T——体系的温度。

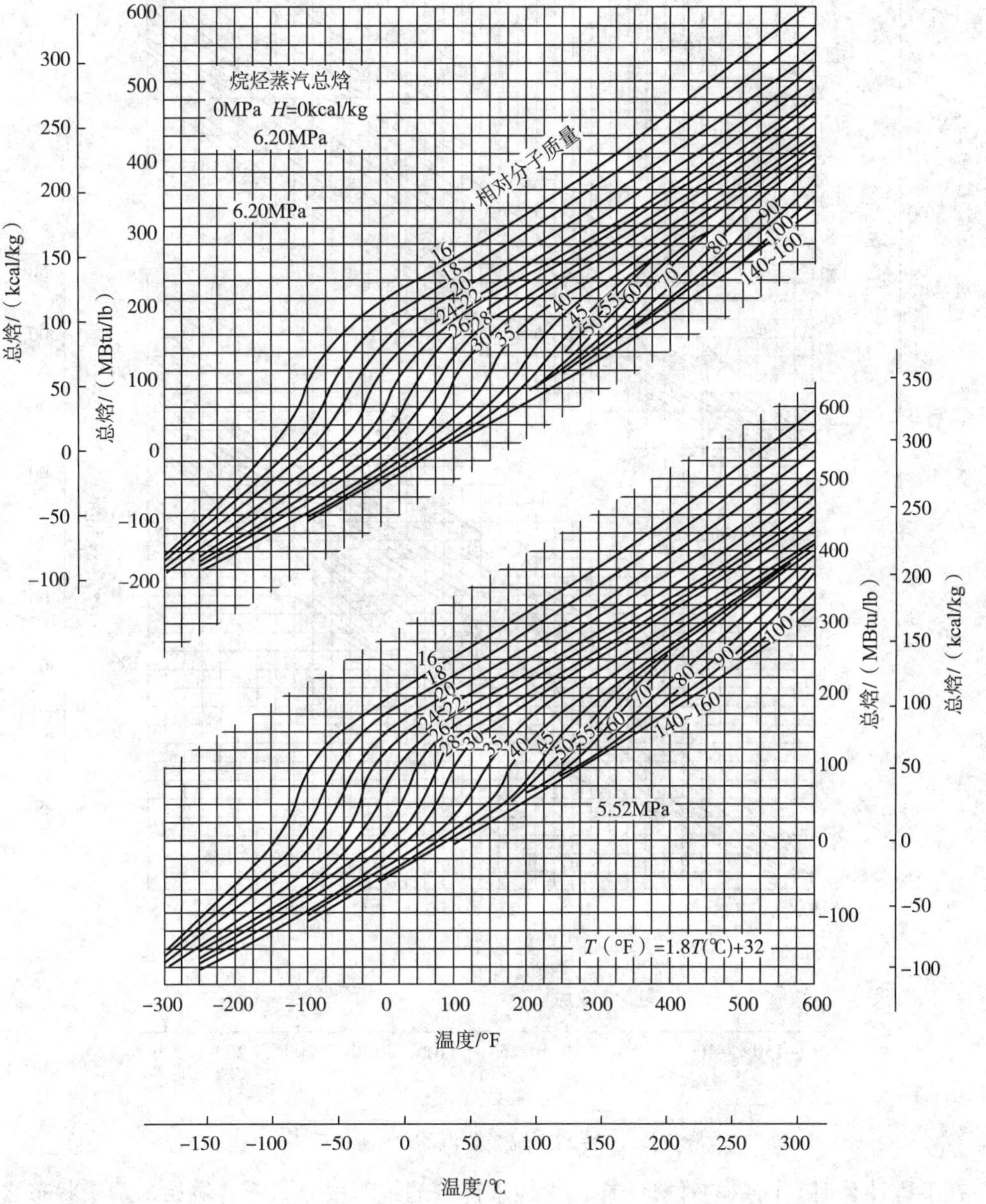

图 1-3-27　烷烃蒸汽的总焓图(e)

在变温条件下，若初始温度为 T_1，终结温度为 T_2，则非等温过程熵值增量按式(1-3-65)和式(1-3-66)计算：

$$\mathrm{d}S = \mathrm{d}Q/T \tag{1-3-65}$$

$$\Delta S = \int_{T_1}^{T_2} \mathrm{d}S = \int_{T_1}^{T_2} \mathrm{d}Q/T \tag{1-3-66}$$

由式(1-3-65)可知，T 始终是正值，在任一状态变化过程中，若 $\mathrm{d}Q>0$，则 $\mathrm{d}S>0$，反之亦然。说明吸热时，熵增加；放热时，熵减少。

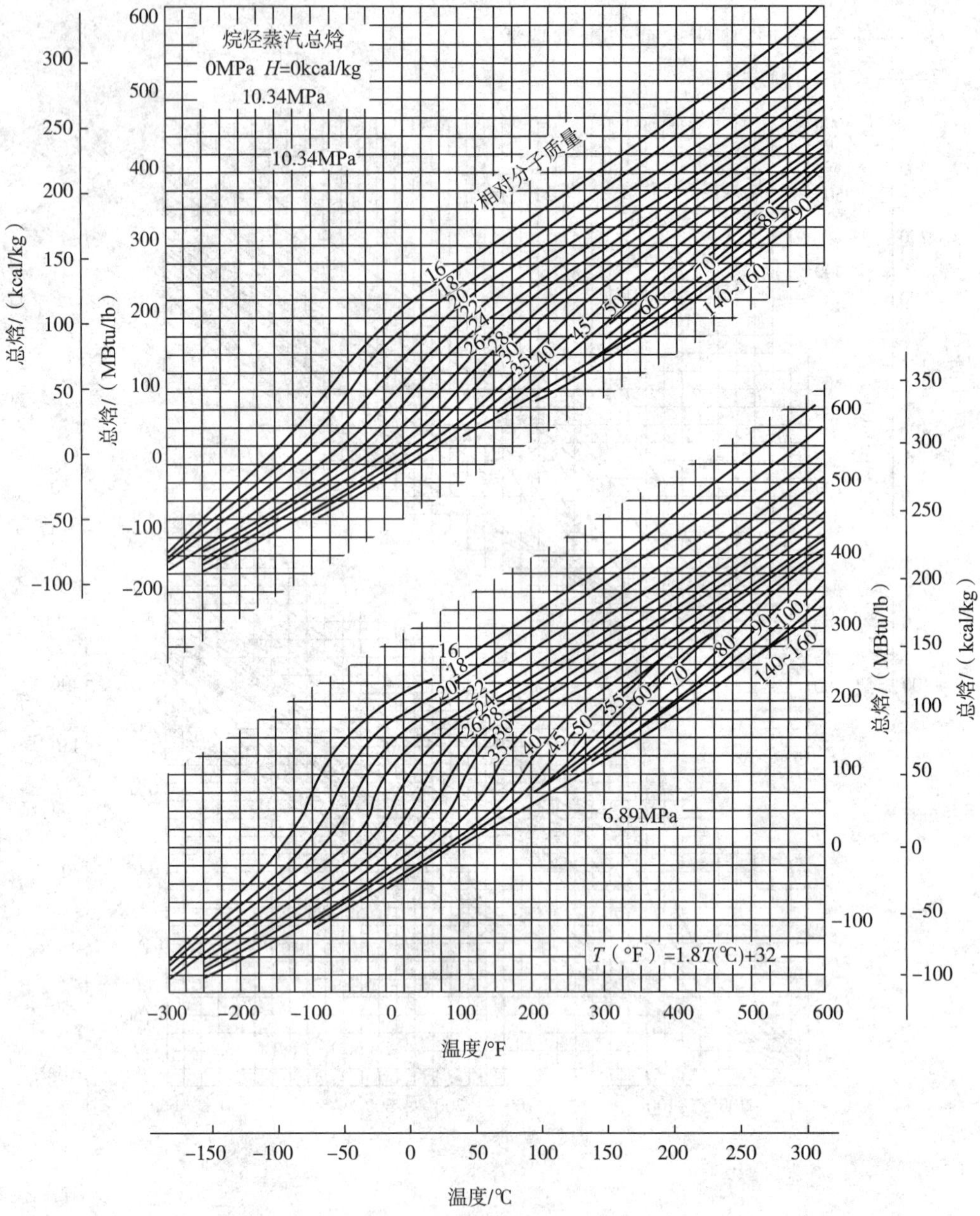

图 1-3-27 烷烃蒸汽的总焓图(f)

在工程计算时，同焓的计算一样，无须求得熵的绝对值，只需计算始末两个状态之间的熵的变化即可。可用式(1-3-67)计算物质始态、终态下熵的变化。

$$\Delta S = c_V \ln \frac{T_2}{T_1} + R\ln \frac{v_2}{v_1} = c_V \ln \frac{p_2}{p_1} + c_p \ln \frac{v_2}{v_1} \tag{1-3-67}$$

式中 ΔS——始态、终态下气体熵的变化，J/(kg. K)；

T_1、T_2——始态、终态下气体的温度，K；

v_1、v_2——始态、终态下气体的比体积，m^3/kg；

p_1、p_2——始态、终态下气体的压力，Pa。

对于特殊过程，式(1-3-66)变换如下：

定容过程　$v_1=v_2$，$\Delta S=c_V\ln(T_2/T_1)=c_V\ln(p_2/p_1)$　(1-3-68)

定压过程　$p_1=p_2$，$\Delta S=c_p\ln(T_2/T_1)=c_p\ln(v_2/v_1)$　(1-3-69)

等温过程　$T_1=T_2$，$\Delta S=R\ln(v_2/v_1)=c_p\ln(p_2/p_1)$　(1-3-70)

绝热过程　$dQ=0$，$\Delta S=0$ 或 $S_1=S_2$　(1-3-71)

式中　S_1、S_2——始态、终态下气体的熵，J/(kg·K)。

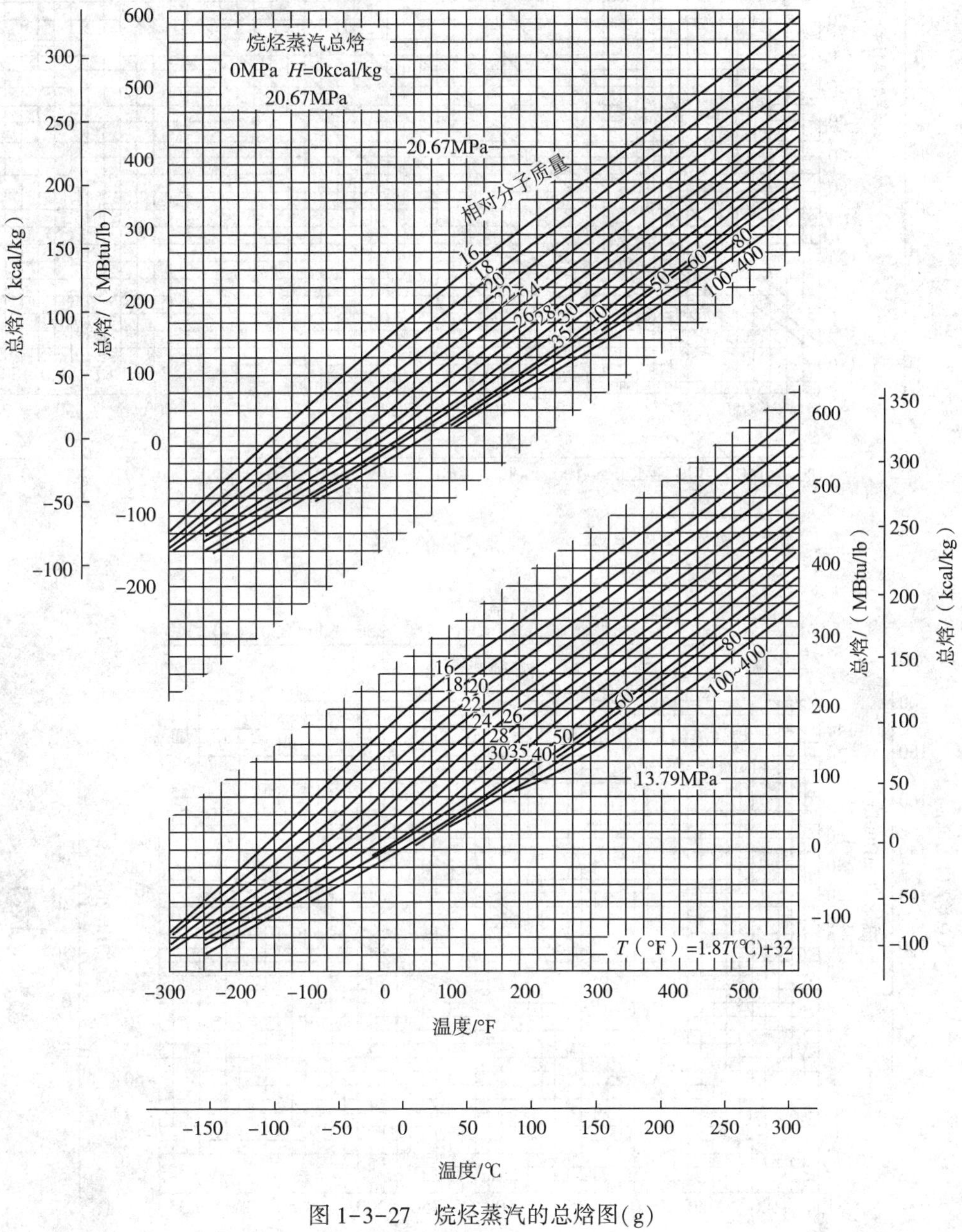

图 1-3-27　烷烃蒸汽的总焓图(g)

天然气熵的计算方法和焓的计算方法基本一样，首先计算理想气体状态下气体的熵，然后再计算压力对熵的影响，只是计算方法没有焓完善。

图 1-3-28～图 1-3-30 是不同相对密度天然气的焓-熵图。用这些图计算等焓和等熵过程较为简单，但准确性不高。

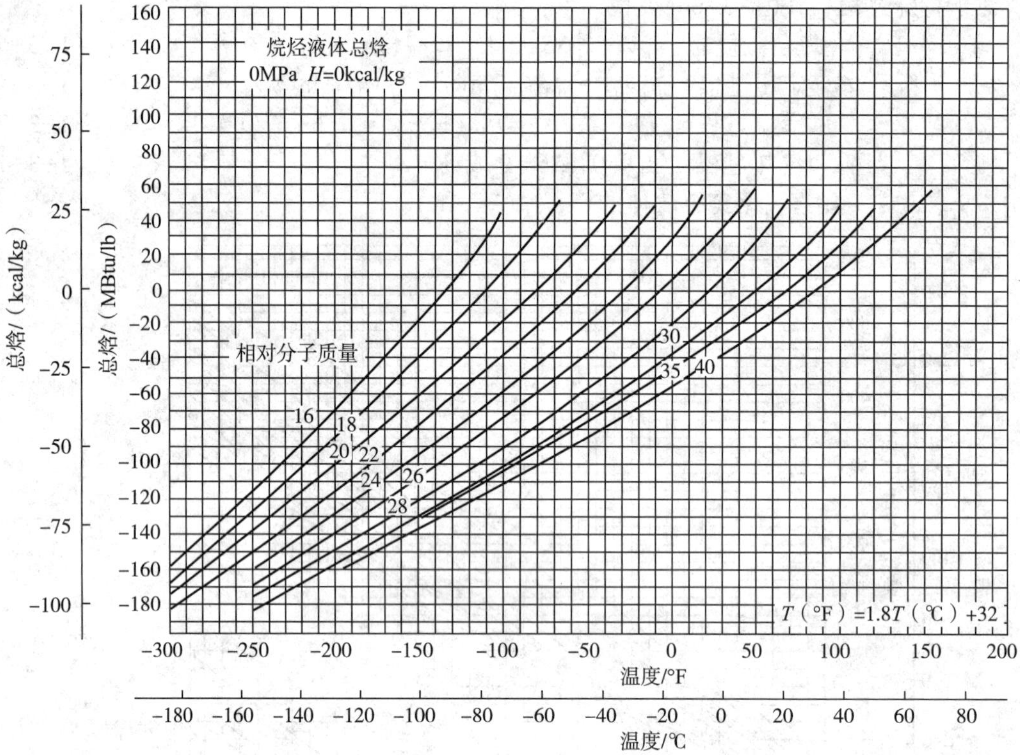

图 1-3-27 烷烃液体的总焓图(h)

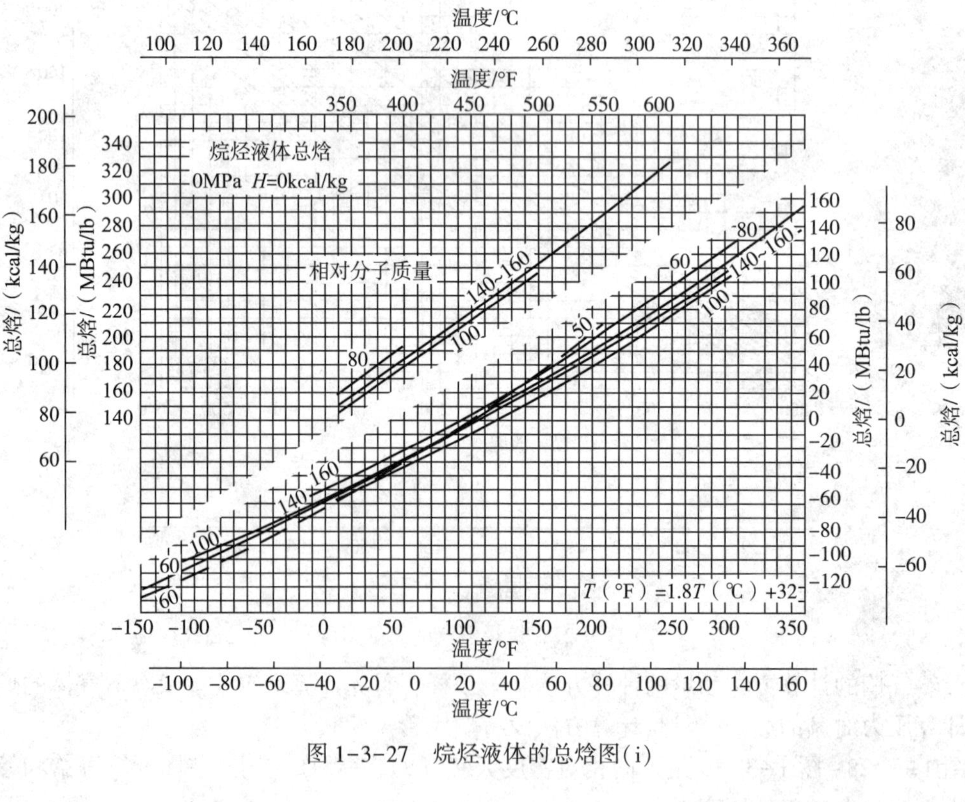

图 1-3-27 烷烃液体的总焓图(i)

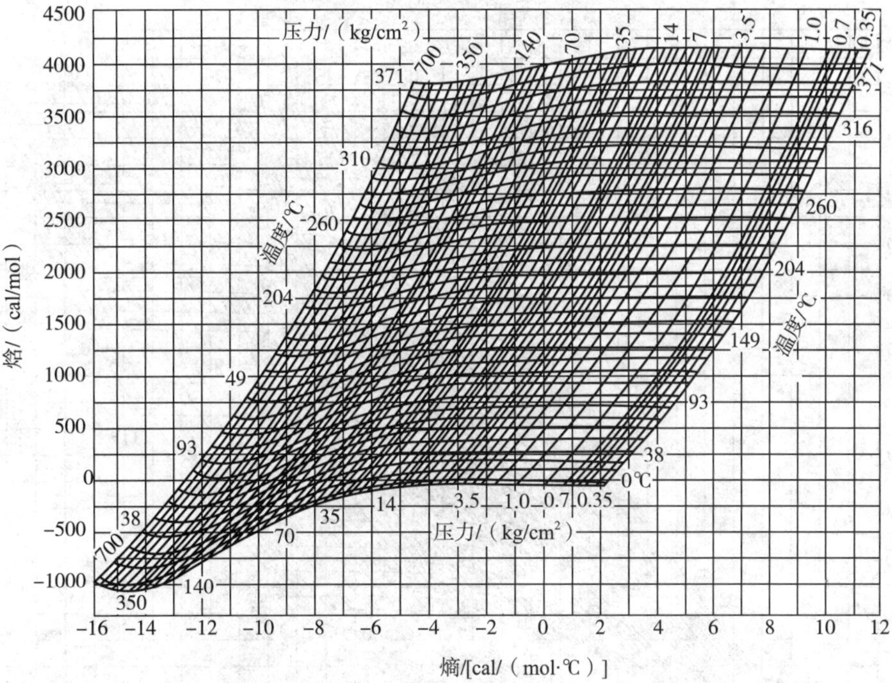

视临界压力48kg/cm²（1kg/cm²=0.098067MPa），视临界温度200K

图 1-3-28 相对密度 0.6 的天然气的焓-熵图

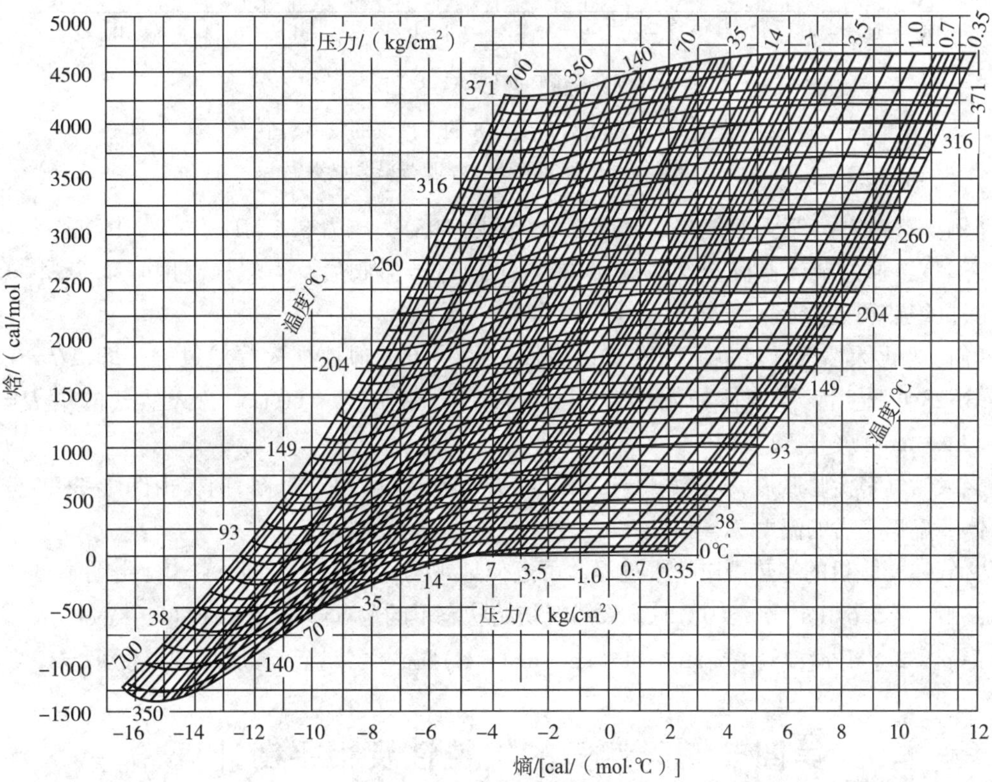

视临界压力46kg/cm²，视临界温度218K

图 1-3-29 相对密度 0.7 的天然气的焓-熵图

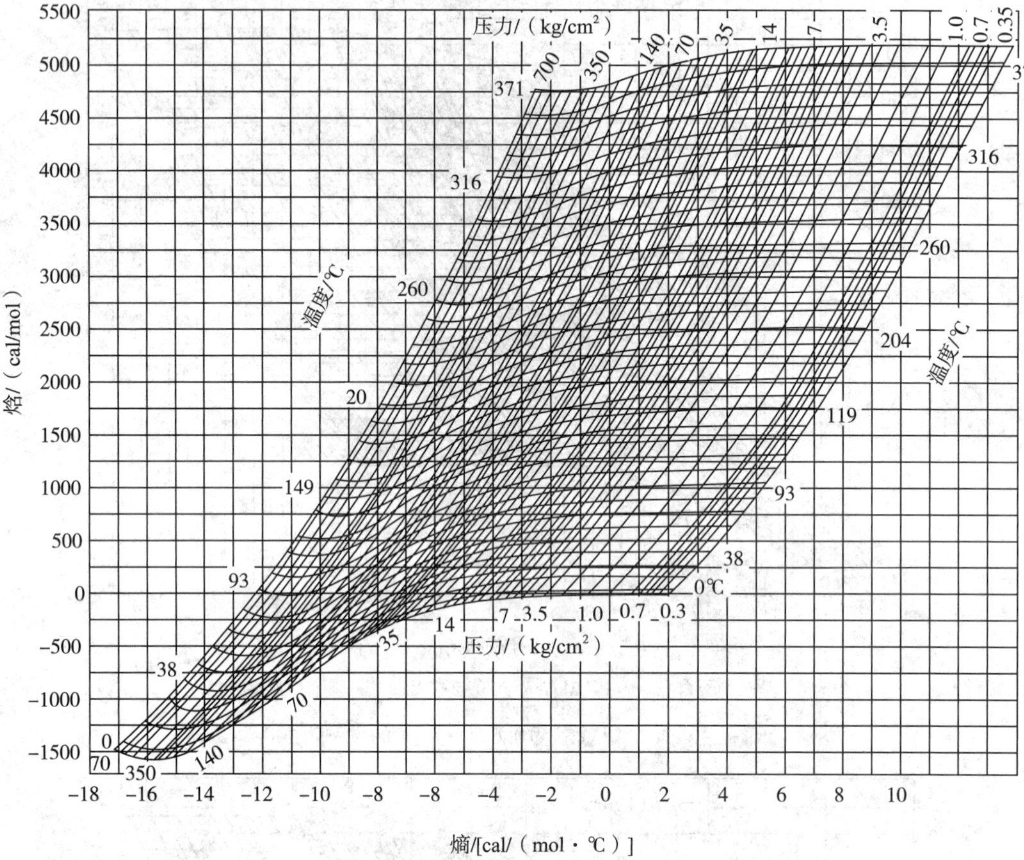

图 1-3-30 相对密度 0.8 的天然气的焓-熵图

视临界压力 46.3kg/cm²，视临界温度 236K

【例 1-3-17】 某天然气相对密度 0.6，温度 60℃，压力 5.6 MPa，产量 100m³/d(在标准状态下)，通过节流阀降至 2.8MPa，求：①通过节流阀后，天然气温度降至多少？②通过膨胀机绝热可逆膨胀，气体温度变为多少？

【解】 ①天然气通过节流阀的自由膨胀过程，可近似地视为等焓过程，即 $\Delta H=0$。由图 1-3-28 可查出，当气体初始压力 $p_1=5.6\text{MPa}$，温度 $T_1=60℃$时，天然气的焓 $H=342$ kcal/(kg·mol)。

当天然气节流膨胀后，压力 $p_2=2.8\text{MPa}$，$H=342$ kcal/(kg·mol)时，由图 1-3-27(c)查出气体节流膨胀后的温度 $T_2=49℃$。

②气体膨胀机的绝热可逆膨胀过程，可近似地视为等熵过程，即 $\Delta S=0$。由图 1-3-28 可查出，当 $p_1=5.6\text{MPa}$，$T_1=60℃$时，天然气初始状态下的熵 $S=-6.55$ kcal/(kg·mol·K)。

当 $p_2=2.8\text{MPa}$，$S=-6.55$ kcal/(kg·mol·K)时，气体绝热膨胀后的温度 $T_2=10℃$。

第四节 天然气的相特性及相平衡计算

在天然气工业中，为了了解一些工艺过程的实质，往往需要确定天然气的相特性，或者需要测定或计算其在相平衡(主要是气-液相平衡)时的各相组成及数量等。

一、天然气的相特性

天然气主要是由低分子烃类组成的多组分体系，其相特性常用相图表示。烃类体系的相图可通过实验数据绘制，也可通过热力学关系式预测，或者由二者结合而得。由于天然气中的水蒸气冷凝后会在体系中出现第二液相——富水相，天然气中的 CO_2 在低温下还会形成固体，故除需了解烃类体系的相特性外，还需了解烃-水体系及烃-CO_2 体系的相特性。

(一) 烃类体系的相特性

1. 纯组分体系

纯组分(单组分)体系相特性是多组分体系相特性的特殊情况，其典型的 p、V、T 三维相图见图 1-3-31。由于此图使用不便，经常使用的是其在 p-T 和 p-V 平面上的投影图。其中，p-T 图见图 1-3-32。

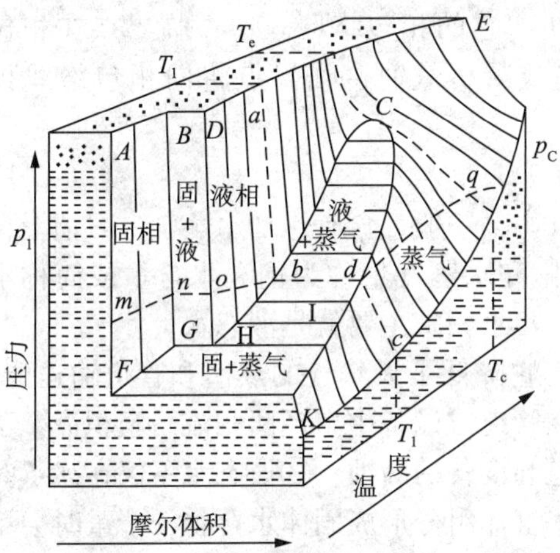

图 1-3-31　纯组分的 p-V-T 图

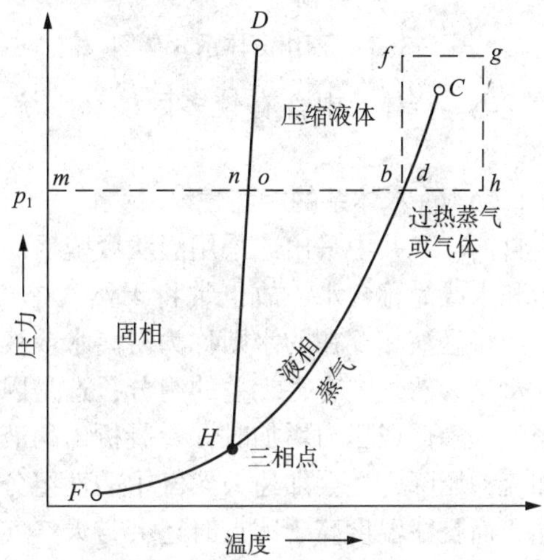

图 1-3-32　纯组分的 p- T 图

图 1-3-32 中的 FH 线是固-气相平衡线，HD 线是固-液相平衡线，HC 线是气-液相平衡线。其中，HC 线又常称为蒸气压线。对纯组分而言，HC 线也是泡点线和露点线。它从三相点 H 开始，到临界点 C 终止。某一加热过程假定是在等压 p_1 下进行，从 m 到 n 点体系一直是固相，至 o 点完全变为液相，从 o 到 b 点体系一直是液相，在 b 点体系为饱和液体，至 d 点完全汽化，体系变为饱和蒸气。

2. 两组分及多组分体系

对于这类体系，就必须把另一变量——组成加到相图中去。然而，对于组成已知的天然气来讲，经常使用的是表明其在气-液相平衡时各种压力和温度组合下气、液含量的相图。

图 1-3-33 为组成一定的两组分体系的 p-T 图。图中，由泡点线、临界点和露点线构成的相包络线以及所包围的相包络区位置，取决于体系组成和各组分的蒸气压线。

图 1-3-33 与图 1-3-32 之间的区别在于两组分体系的露点线与泡点线并不重合但却交汇于临界点，因而在相包络区内还有表示不同气、液含量或汽化百分数的等汽化率线(图 1-3-33中仅表示了 90%汽化率线)。此外，两组分体系在高于临界温度 T_c 时仍可能有饱和液体存在，直至最高温度点 M 为止。T_M 是相包络区内气、液能够平衡共存的最高温度，称为临界冷凝温度。同样，在高于临界压力 p_c 时仍可能有饱和蒸气存在，直至最高压力点 N 为止。p_N 是相包络区内气、液能够平衡共存的最高压力，称为临界冷凝压力。T_M 和

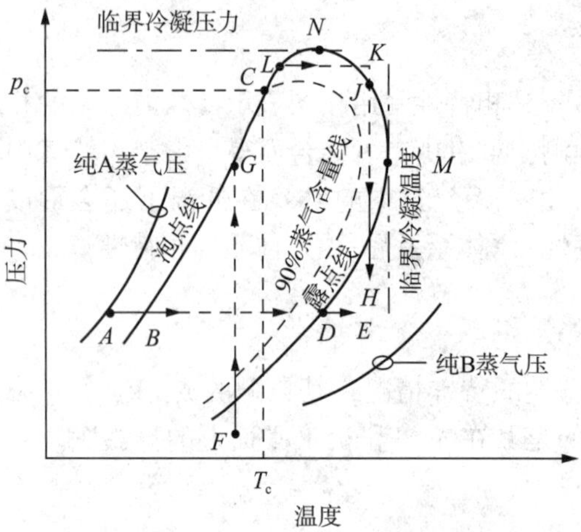

图 1-3-33 两组分体系 p-T 图

p_N 的大小和位置取决于体系中的组分和含量。

正是由于两组分体系的临界点 C、临界冷凝温度点 M 和临界冷凝压力点 N 不重合，因而在临界点附近的相包络区内会出现反凝析(倒退冷凝、反常冷凝)现象。即在等压下升高温度时可以析出液体(见 LK 线)，而在等温下降低压力时会使蒸气冷凝(见 JH 线)。对于纯组分，这是完全不可能的。

天然气属于多组分体系，其相特性与两组分体系基本相同。但是，由于天然气中各组分的沸点差别很大(原油则更大)，因而其相包络区就比两组分体系更宽一些。贫天然气中组分数较少，它的相包络区较窄，临界点在相包络线的左侧。当体系中含有较多丙烷、丁烷、戊烷或凝析气时，临界点将向相包络线顶部移动。

(二)烃-水体系的相特性

自油、气井中采出或采用湿法脱硫后的天然气中，一般都含有饱和水蒸气，习惯上称为含饱和水或简称含水，故也常将天然气中含有的饱和水蒸气量称为饱和水含量或简称水含量，而将呈液相存在的水则称为游离水或液态水。富水相中主要就是液态水。

水是天然气中有害无益的组分，这是因为：①它降低了天然气的热值和管道输送能力；②当温度降低或压力增加时，冷凝析出的液态水在管道或设备中出现两相流乃至积液，不仅增加流动压降，还会加速天然气中酸性组分对管道和设备的腐蚀；③液态水不仅在冰点时会结冰，而且在温度高于冰点时还会与天然气中一些气体组分形成固体水合物，严重时会堵塞管道和设备等。因此，了解与预测烃-水体系两个十分重要的相特性，即天然气中的饱和水含量和水合物形成条件是十分重要的。

1. 天然气饱和水含量

预测天然气水含量的方法有两种：①图解法：其中，有一类图用于不含酸性组分的天然气，其值取决于天然气的温度、压力；另一类用于含酸性组分的天然气，其值还取决于酸性组分含量。②状态方程法：此法利用电算进行精确的相平衡计算求取水含量。例如，采用SRK-GPA * SIM、HYSIS(原为HYSIM)等软件。

1)不含酸性组分的天然气(净气)

这类天然气的水含量及其露点可由图1-3-12查得。图中，水合物形成线(虚线)以下是水合物形成区。纵坐标是气体相对密度为0.6并与纯水接触时的水含量。

当气体相对密度不是0.6时，可由图1-3-12中相对密度校正附图查出校正系数 C_{RD}，即

$$C_{RD}=\frac{\text{相对密度为 RD 的气体水含量}}{\text{相对密度为 0.6 的气体水含量}}$$

当气体与盐水接触时，可由图1-3-12中盐含量校正附图查出校正系数 C_B，即

$$C_B=\frac{\text{与盐水接触时的气体水含量}}{\text{与纯水接触时的气体水含量}}$$

因此，当气体相对密度不是0.6，且与盐水接触时的水含量(W)($kg/10^3m^3$)为：

$$W=0.985W_0C_{RD}C_B \quad (1-3-72)$$

式中　W_0——由图 1-3-12 查得的天然气水含量(15.6℃，101.325kPa)(未校正)，kg/10^3m^3(GPA)。

如已知天然气常压下的露点，还可由图 1-3-12 查得在某压力下的露点，反之亦然。当天然气在常压下的露点较低(例如，在 CNG 加气站中要求脱水后天然气的常压露点达到-40~-70℃甚至更低)时，则可由图 1-3-13 查得在某压力下的露点，反之亦然。图 1-3-13 是图 1-3-12左下侧部分的延伸图。

2)含酸性组分的天然气(酸气)

当天然气中酸性组分含量大于5%，特别是压力大于4.7MPa 时，采用图 1-3-12 就会出现较大误差。此时，可用坎贝尔(Campbell)提出的公式近似计算(酸性组分含量小于 40%时)，也可用 Wichert 等提出的图解法确定其水含量。

Wichert 法由一张不含酸性组分的天然气水含量图(即图 1-3-12)和一张含酸性组分与不含酸性组分的天然气水含量比值(水含量比值＝酸气中的水含量/净气中的水含量)图(图 1-3-34)组成，其适用条件为：压力≤70MPa，温度≤175℃，H_2S 含量(摩尔分数)≤55%。

【例 1-3-18】 某酸性天然气各组分的摩尔分数为：CH_4 30%、H_2S 10%、CO_2 60%；压力为 8.36MPa，温度为 107℃。试由图 1-3-34 确定其水含量。

【解】 ①利用图 1-3-12 确定在相同条件下无硫天然气中的水含量约为 14.2 kg/10^3m^3。

②酸性天然气中 CO_2 含量乘以 0.75，加上 H_2S 含量成为 H_2S 的当量含量：60%×0.75+10%＝55%。

③由图 1-3-34 中 107℃等温线和 55%H_2S 当量曲线的交点垂直上移与 8.36MPa 线相交，求得水含量比值为 1.2。

④由此可知，酸性天然气中水含量为：14.2×1.2＝17.04kg/10^3m^3。

2. 天然气水合物

它是水与天然气中的 CH_4、C_2H_6、C_3H_8、i-C_4H_{10}、n-C_4H_{10}、H_2S、N_2 及 CO_2 等小分子气体形成的非化学计量型笼形晶体化合物，外观类似松散的冰或致密的雪，相对密度为 0.96~0.98。

1)水合物结构

在天然气水合物中，水分子(主体分子)借氢键形成具有笼形空腔(孔穴)的各种多面体(十二、十四、十六及二十面体)，而尺寸较小且几何形状合适的气体分子(客体分子)则在范德瓦耳斯力作用下被包围在笼形空腔内，若干个多面体相互连接即成为水合物晶体。目前，已发现的天然气水合物晶体结构有Ⅰ型(SⅠ)、Ⅱ型(SⅡ)及 H 型(SH)3 种。相对分子质量较小的气体(如 CH_4、C_2H_6、H_2S、N_2 及 CO_2)形成Ⅰ型水合物，属于体心立方结构；相对分子质量较大的气体形成Ⅱ型水合物，属于金刚石型结构，戊烷以上烃类一般不形成水合物。当天然气中含有形成这两种水合物结构的气体组分时，通常只生成一种结构较为稳定的水合物，具体结构主要取决于气体组成。此外，甲基环己烷等大分子还可形成 H 型水合物，属于六面体型结构。

在这 3 种结构水合物中，除均含有由正五边形构成的十二面体(D-5^{12})外，还分别含有十四面体(T-$5^{12}6^2$)、十六面体(H-$5^{12}6^4$)和二十面体(E-$5^{12}6^8$)。此外，在 H 型结构中还含有另一种十二面体(D'-$4^35^66^3$)。这 3 种水合物的晶体结构见图 1-3-35。

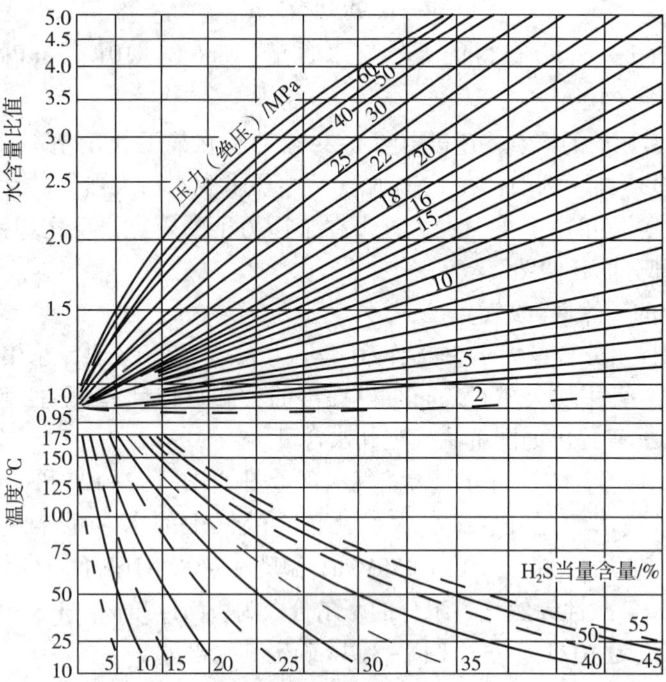

图 1-3-34　酸性天然气水含量比值图

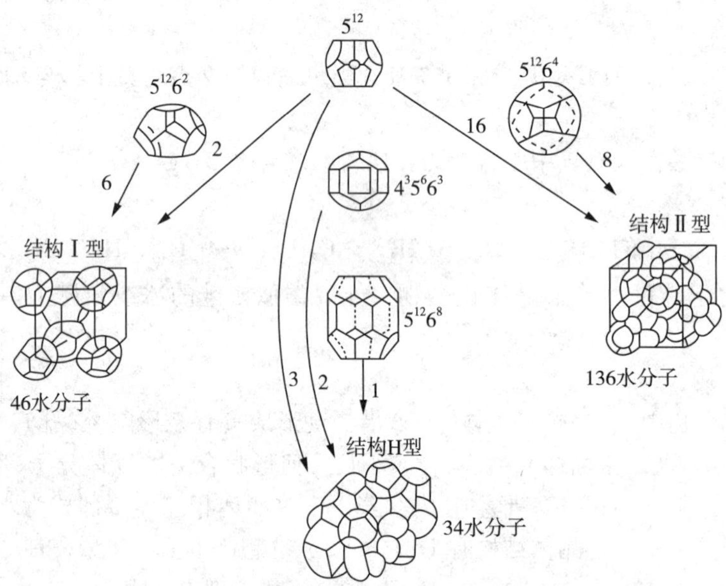

图 1-3-35　3 种水合物的结构和相应的笼形空腔

结构 H 型与结构Ⅰ、Ⅱ型水合物不同之处，在于其晶体中不仅包含 3 种大小不同的笼形空腔，而且是一种二元气体水合物，即在稳定的结构 H 型水合物中，大分子的烃类(如甲基环已烷)占据晶体中的大空腔(二十面体)，同时还必须有小分子的甲烷占据其他两种较小的空腔(十二面体)。目前，仅在深海的天然气水合物中发现有 H 型结构。

笼形空腔的大小与客体分子直径必须匹配，才能形成稳定的水合物。一般来说，气体分子直径与水合物笼形空腔直径之比约为 0.9 时，形成的水合物比较稳定。

2)水合物形成条件

当天然气中水蒸气含量为饱和状态，体系中存在富水相(当在0℃以下时为冰)时，在低温、高压下液态水与气体就会形成水合物。但是，水合物也会直接从天然气(即水蒸气含量未饱和，体系中不存在富水相)中形成，条件是温度足够低，存在湍流或平衡时间长。例如，一些准稳定水露点线可能是在某些情况下形成水合物的准稳定条件。这不是真正的平衡状态。影响水合物形成的主要因素：①气体必须在或低于其水露点或在饱和状态下(形成水合物时不必有液态水)；②温度；③压力；④组成。

其次要考虑的是：①处于混合过程；②动力学因素；③有晶体形成和聚结的场所，如管线中的弯头、孔板、测温元件套管或积垢；④盐含量等。

通常温度降低、压力增加至所需条件时将会形成水合物。

3)水合物形成条件预测

目前，预测天然气水合物形成条件的方法有相对密度法、平衡常数法、分子热力学法及实验法等。通常，可先采用相对密度法估计天然气水合物的形成条件。如需精确计算，则应采用由分子热力学模型建立起来的软件通过电算完成此项工作。当天然气压力很高(如高于21MPa)时，还需用高压下的实验数据来核对这些预测结果的可靠性。

图1-3-36为图解的相对密度法。已知天然气相对密度，就可用此图估计一定温度下形成水合物的最低压力，或一定压力下形成水合物的最高温度。Loh等曾将此法与用SRK状态方程预测的结果进行比较，对于甲烷及天然气相对密度不大于0.7时，二者十分接近；而当天然气相对密度在0.9~1.0时，二者差别较大。

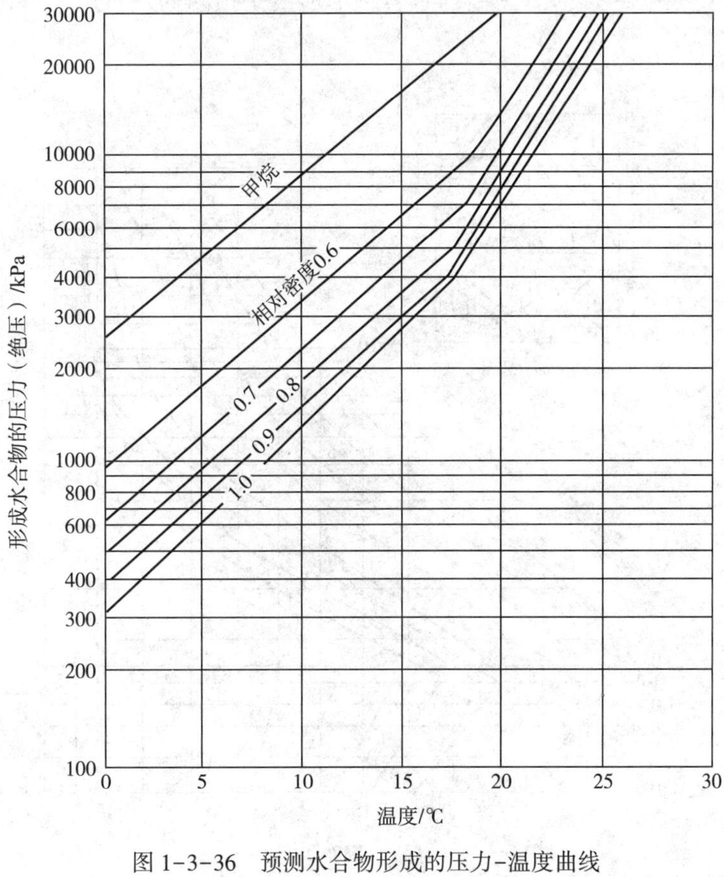

图1-3-36　预测水合物形成的压力-温度曲线

对于含酸性组分的天然气，Baillie 等根据 HYSIM 软件求取的水合物形成条件绘制成图1-3-37。当酸性组分含量在 1%~70%，如 H_2S 含量在 1%~50%，H_2S/CO_2 比在(1∶3)~(10∶1)，根据 C_3 含量修正酸性天然气水合物的形成温度。在由此图查取的温度值中，有 75%的数据与用 HYSIM 软件预测值相差±1.1℃，90%的数据相差±1.7℃。此图也适用于不含酸性组分、C_3H_8 含量高达 10%的天然气。

分子热力学法是建立在相平衡理论基础上的一种预测水合物形成条件的热力学方法。截至目前，几乎所有预测气体水合物相平衡的理论模型都是在 van der Waals-Platteeuw 统计热力学模型的基础上发展起来的。根据相平衡准则，平衡时多组分体系中每个组分在各相中的化学位相等。在含天然气水合物的体系中，水在三相平衡时共存，即水合物相、气相、富水相或冰相。在平衡状态时，水在水合物相 H 中的化学位与其他两个平衡共存相中水的化学位相等，即

$$\mu_W^H = = \mu_W^\alpha \tag{1-3-73}$$

式中　μ_W^H——水在水合物相 H 中的化学位；

μ_W^α——水在除水合物相以外任一平衡共存的含水相 α 中的化学位。

因此，预测水合物形成条件的分子热力学模型可分为水合物相和富水相或冰相(当天然气中水蒸气未达饱和状态时则为气相)两部分。随着对这些模型研究的不断深化和计算机应用技术的迅速发展，目前国内外已普遍采用有关软件(如 AQUA* SIM、PROCESS 和 HYSIS 等)来预测水合物形成条件。Maddox 等根据 SRK 状态方程对模拟天然气体系计算出的数据绘制成图 1-3-38 及图 1-3-39。图中的水合物形成线是预测的，只用来举例说明，不能推广到其他体系。

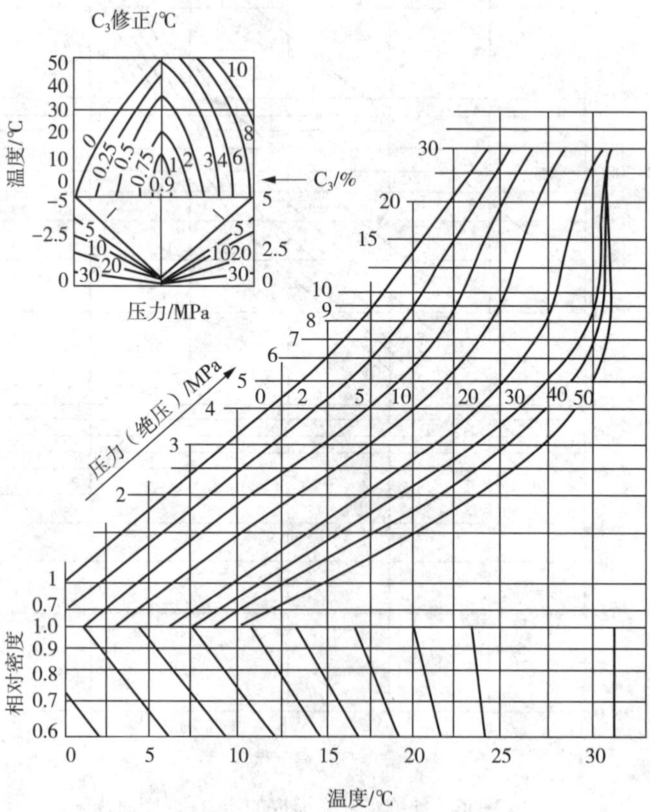

图 1-3-37　酸性天然气水合物形成条件

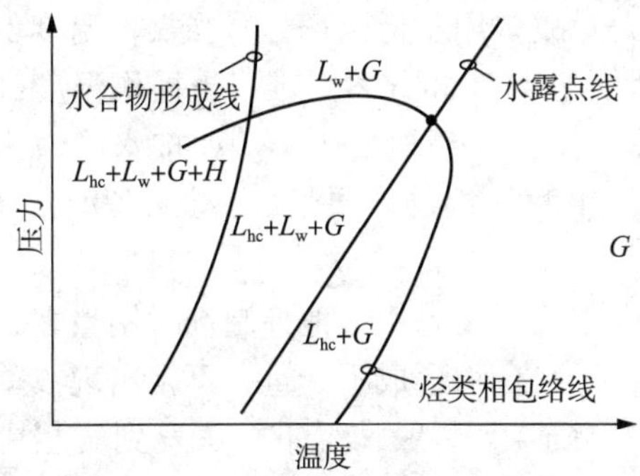

图 1-3-38 一般的烃-水体系相特征

L_{hc}—富烃相；L_w—富水相；H—水合物相；G—气相

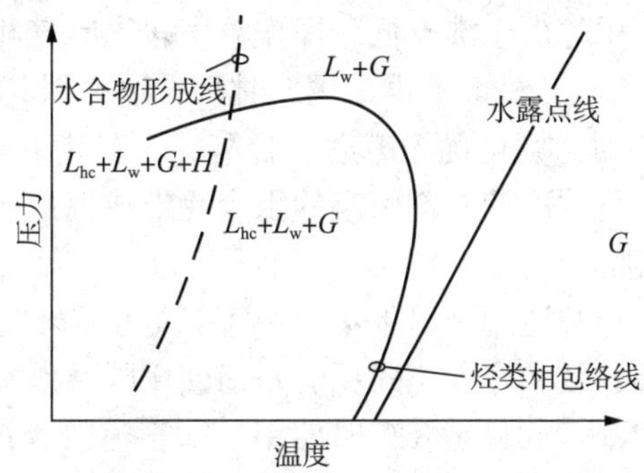

图 1-3-39 含水多的烃-水体系相特征

L_{hc}—富烃相；L_w—富水相；H—水合物相；G—气相

4) 防止天然气水合物形成的方法

防止水合物形成的方法有：①将天然气加热；②采用液体(如三甘醇)或固体(如分子筛)干燥剂将天然气脱水，使其露点降低；③向气流中加入水合物抑制剂。天然气脱水是防止水合物形成的最好方法，但由于经济上的考虑有时也采用加热(如在井场上)和加入抑制剂(如在集气系统及采用浅冷分离的 NGL 回收装置中)的方法。此处仅介绍加入抑制剂的方法。

目前广泛采用的是热力学抑制剂，但自 20 世纪 90 年代以来研制开发的动力学抑制剂及防聚剂也日益受到重视与应用。

向天然气中加入热力学抑制剂后，可以改变水溶液(富水相)或水合物相的化学位，从而使水合物形成条件移向较低温度或较高压力范围。常见的热力学抑制剂有电解质水溶液(如氯化钠、氯化钙等无机盐的水溶液)、甲醇及甘醇类(如乙二醇、二甘醇)等。目前多采用甲醇、乙二醇及二甘醇等有机化合物，它们的主要理化性质见表 1-3-25。

表 1-3-25 常见热力学有机抑制剂主要理化性质

性 质		甲醇	乙二醇(EG)	二甘醇(DEG)	三甘醇(TEG)
分子式		CH_3OH	$C_2H_6O_2$	$C_4H_{10}O_3$	$C_6H_{14}O_4$
相对分子质量		32.04	62.1	106.1	150.2
正常沸点/℃		64.7	197.3	244.8	288
蒸气压/kPa	20℃	12.3			
	25℃		16.0	1.33	1.33
密度/(g/cm³)	20℃	0.7928			
	25℃		1.110	1.113	1.119
冰点/℃		-97.8	-13	-8	-7
黏度/(mPa·s)	20℃	0.5945			
	25℃		16.5	28.2	37.3
比热容/[J/(g·K)]	20℃	2.512			
	25℃		2.428	2.303	2.219
闪点(开口)/℃		15.6	116	138	160
汽化热/(J/g)		1101	846	540	406
与水溶解度(20℃)		互溶	互溶	互溶	互溶
性质		无色、易挥发、易燃，有中等毒性	无色、无臭、无毒、有甜味的黏稠液体	同乙二醇	同乙二醇

甲醇由于沸点低、操作温度较高时气相损失过大，故多用于低温场合。当操作温度低于-10℃时，一般不再采用二甘醇，这是因其黏度较大，且与液烃分离困难；当操作温度高于-7℃时，则可优先考虑二甘醇，这是因其与乙二醇相比，气相损失较小。如按水溶液中相同质量浓度抑制剂引起的水合物形成温度降来比较，甲醇的抑制效果最好，其次为乙二醇、二甘醇。

甲醇适用于以下场合：①气量小，不宜采用脱水方法；②采用其他抑制剂时用量多，成本高；③在建设正式厂、站前使用临时设施的地方；④水合物形成不严重，不常出现或季节性出现；⑤只是开工时使用；⑥管道较长(如超过1.5km)。一般情况下，蒸发到气相中的甲醇蒸气不再回收，而溶在水溶液中那部分甲醇可用蒸馏的方法回收后循环使用。

甘醇类抑制剂无毒，沸点远高于甲醇，故在气相中蒸发损失很小，大部分可回收循环使用，适用于气量大而又可不用脱水的场合。因此，在采用浅冷分离的NGL回收装置中常有应用。

注入气流中的抑制剂与气体中析出的液态水混合后形成抑制剂水溶液。当所要求的水合物形成温度降已知时，抑制剂在水溶液中的最低浓度可按Hammerschmidt提出的半经验公式计算，即

$$C_m=\frac{100\Delta t\cdot M}{(K+\Delta t\cdot M)} \tag{1-3-74}$$

式中 C_m——达到所要求的水合物形成温度降，抑制剂在水溶液中必须达到的最低质量分数,%；

Δt——根据工艺要求而确定的水合物形成温度降,℃；

M——抑制剂相对分子质量；

K——常数，甲醇为1297，乙二醇和二甘醇为2222。

实践证明，当甲醇水溶液质量分数约低于25%，或甘醇类水溶液质量分数高至60%～70%时，采用该式仍可得到满意的结果。对于浓度高达50%甲醇水溶液及温度低至-107℃时，Nielsen等推荐采用的计算公式为

$$\Delta t=-72\ln(1-c_{mol}) \tag{1-3-75}$$

式中 c_{mol}——达到所要求的水合物形成温度降，甲醇在水溶液中必须达到的最低摩尔分数,%。

动力学抑制剂是一些水溶性或水分散性的聚合物，例如N-乙烯基吡咯烷酮(NVP)的聚合物及其丁基衍生物。它们虽不影响水合物形成的热力学条件，但却可以推迟水合物成核和晶体生长的时间，因而也可起到防止水合物堵塞管道的作用。尽管这类抑制剂目前价格很高，但因其用量远低于热力学抑制剂(在水溶液中的质量分数小于0.5%)，故操作成本还是很低。目前，它们已在美国陆上及英国海上的一些油、气田进行了工业化试验与应用。

防聚剂是一些聚合物和表面活性剂。它们虽不能防止水合物形成，但在水和液烃(油)同时存在时却可防止水合物颗粒聚结及在管壁上黏附。这样，水合物就会呈浆液状在管道内输送，因而不会在管道中沉积和堵塞。防聚剂的用量也很低，其在水溶液中的质量分数也小于0.5%。

(三)烃-CO_2体系的相特性

天然气中的CO_2在低温下会成为固体。由于条件不同，有时是在气相，有时则是在液相中形成固体CO_2。通常利用图1-3-40估计贫气中形成CO_2的条件。由于固体CO_2在液相

中的溶解度与压力基本无关，而在气相中的溶解度则随压力而变，故应先从右上侧附图确定体系处于液相或气相，再相应查取主图中的固-液平衡线(虚线)或固-气平衡等压线(实线)。如需准确确定固体 CO_2 的形成条件，则可采用建立在分子热力学模型上的有关软件进行电算。

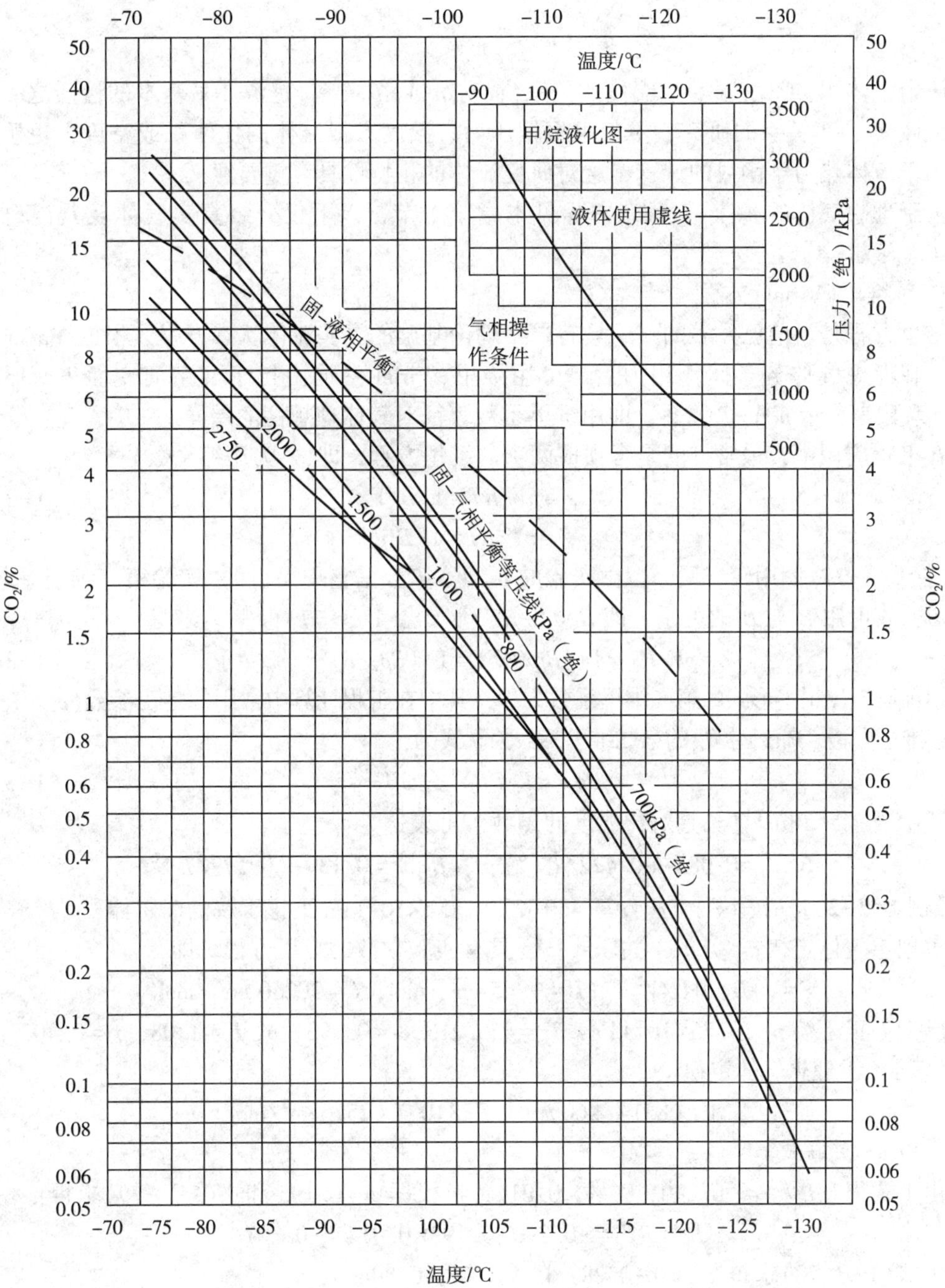

图 1-3-40 形成固体 CO_2 的近似条件

【例 1-3-19】 含有 CO_2 的天然气经透平膨胀机膨胀到 2.07MPa(绝压)和-112℃，试确定其 CO_2 含量(摩尔分数)为多少时就可能形成固体？

【解】 由图1-3-43右上附图知，在2.07MPa（绝压）及-112℃时体系处于液相。从主图固-液相平衡的虚线查得，液相中含2.10% CO_2 时，就可能形成固体 CO_2。但是，在同样压力及-101℃时，由右上附图知此时体系处于气相。从主图固-气相平衡的实线查得，气相中含有1.28% CO_2 时，就可能形成固体 CO_2。

二、流体的 $p-V-T$ 关系

压力、体积(或比体积)、温度的关系(简称 $p-V-T$ 关系)是流体最基本的性质之一。通过对流体 $p-V-T$ 关系的研究，不仅可根据压力、温度求得流体的比体积或密度，更重要的是可用于流体热力学函数的计算，这对研究流体的相特性具有重要意义。

关于理想气体的 $p-V-T$ 状态方程见本章第二节，以下仅介绍真实气体及其混合物的 $p-V-T$ 状态方程。

(一)维里(Virial)方程

维里方程是目前已发表的唯一具有严格理论基础的真实流体状态方程。根据Mayer集团理论，在考虑气体分子间作用力后，可用维里(Virial一词由拉丁文字演变而来，原意是“力”)系数来表示 $p-V-T$ 关系，即用维里系数表征对气体理想性的差异。

在工程应用中，最常见的是舍项成两项的维里方程，即(Z 为压缩系数)

$$Z=pV/RT=1+B/V \tag{1-3-76}$$

$$Z=pV/RT=1+B'p \tag{1-3-77}$$

式(1-3-77)使用较方便，但由实验的 p、V、T 数据整理而得的“实验第二维里系数”往往是 B，故可用 B 与 B' 的关系，即 $B'=B/RT$ 代入式(1-3-77)得

$$Z=pV/RT=1+(Bp/RT)=1+(Bp_c/RT_c)(p_r/T_r) \tag{1-3-78}$$

目前已提出很多形式的第二维里系数方程，其中在工程计算中常用的是三参数(p_r、T_r、ω)对比态维里方程。Pitzer提出的第二维里系数关联式为：

$$Bp_c/RT_c=B^{(0)}+\omega B^{(1)} \tag{1-3-79}$$

式中，$B^{(0)}$ 和 $B^{(1)}$ 只是对比温度的函数，可表达为：

$$B^{(0)}=0.083-(0.422/T_r^{1.6}),\quad B^{(1)}=0.139-(0.172/T_r^{4.2})$$

【例1-3-20】 按下列方法计算460 K和 1.52×10^3 kPa下正丁烷的摩尔体积：①理想气体定律；②Pitzer关联式；③具有实验常数的维里方程。即

$$Z=1+B/V+C/V^2\quad (B=-265\ \mathrm{cm^3/mol},\ C=30250\ \mathrm{cm^6/mol^2})$$

已知：正丁烷 $p_c=3.75\times10^3$ kPa，$T_c=425.2$K，$\omega=0.193$，故 $T_r=1.08$，$p_r=0.40$。

【解】 ①理想气体定律

$$V=(8314\times460)/(1.52\times10^3)=2516\mathrm{cm^3/mol}$$

②Pitzer关联式

由上式得：$B^{(0)}=-0.290$，$B^{(1)}=0.014$；再根据 $\omega=0.193$ 和式(1-3-79)求得：

$$Bp_c/RT_c=-0.290+0.193\times0.014=-0.287$$

然后由式(1-3-78)求得 $Z=1-0.287\times0.4/1.08=0.894$

最后得 $V=(0.894\times8314\times460)/(1.52\times10^3)=2250\mathrm{cm^3/mol}$

③应用有实验常数的维里方程，即

$$Z=(1.52\times10^3\ V)/(8314\times460)=1-(265/V)+(30250/V^2)$$

用试差法解得 $V=2233\ \mathrm{cm^3/mol}$。由于此法结果是用实验数据得来，故可认为是精确的。

用其他两法得到的值与此值误差分别为 12.7%及 0.76%。

(二)立方型状态方程

维里型状态方程由于缺乏精确的体积数据来确定高次项维里系数，而使用三项维里舍项式一般又很难应用到更高压力范围，而且舍项维里方程和单独一套维里系数又不能同时描述气、液两相。因此，必须寻找经验状态方程来描述更高密度的气、液性质。

立方型状态方程是指展开成体积三次幂多项式的真实流体状态方程。由于它能解析求根，因而在工程上广泛应用。

1. 范德瓦耳斯(VDW)方程

系第 1 个能表达从气态到液态的连续性状态方程，即

$$p=[RT/(V-b)]-a/V^2 \tag{1-3-80}$$

该式虽不精确，但对于对比态原理以及后来类似状态方程的开发有着巨大贡献。该方程中的参数可用 p_c、T_c 来推算，即

$$a=27(RT_c)^2/64p_c,\quad b=RT_c/8p_c,\quad p_cV_c/RT_c=3/8$$

2. Redlich-Kwong 方程(简称 RK 方程)

在 VDW 方程的基础上，Redlich-Kwong 修正了压力校正项 a/V^2，即

$$p=[RT/(V-b)]-a/[T^{0.5}V(V+b)] \tag{1-3-81}$$

式中，a、b 是各物质特有的参数，最好用实验数据拟合确定，但在实际应用中通常可由 T_c 和 p_c 求得。目前采用的 RK 方程参数为：

$$a=0.42748R^2T_c^{2.5}/p_c \tag{1-3-82}$$

$$b=0.08664RT_c/p_c \tag{1-3-83}$$

如果用 ZRT/p 代替 V，可将式(1-3-81)重排为：

$$Z^3-Z^2+(A-B-B^2)Z-AB=0 \tag{1-3-84}$$

式中，$A=ap/R^2T^{2.5}=0.42748p_r/T_r^{2.5}$，$B=bp/RT=0.08664p_r/T_r$。

3. Soave-Redlich-Kwong 方程(简称 SRK 方程)

RK 方程主要用于非极性或弱极性化合物，若用于极性及含有氢键的物质，则会产生较大的误差。为了进一步提高 RK 方程的精度，扩大其应用范围，人们又提出了各种 RK 方程修正式，其中较成功的是 Soave 提出的修正式，即 SRK 方程。

Soave 将 RK 方程中与温度有关的 $a/T^{0.5}$项中的 a 改为 $a_c\alpha$，并把 α 定义为对比温度 T_r 和偏心因子的 ω 函数，即

$$a=a_c\alpha \tag{1-3-85}$$

$$a_c=0.42748(RT_c)^2/p_c \tag{1-3-86}$$

$$\alpha^{0.5}=1+m(1-T_r^{0.5}) \tag{1-3-87}$$

$$m=0.480+1.574\omega-0.176\omega^2 \tag{1-3-88}$$

SRK 方程用于计算纯烃和烃类混合物的气-液平衡具有较高的精度。在实际应用中常将 SRK 方程也表示为如式(1-3-84)的形式，但其中的 A、B 则分别为：

$$A=ap/(RT)^2=0.42748\alpha(p_r/T_r^2) \tag{1-3-89}$$

$$B=bp/RT=0.08664(p_r/T_r) \tag{1-3-90}$$

4. Peng-Robinson 方程(简称 PR 方程)

由于 RK 方程和 SRK 方程预测液体密度时精度很差，Peng 和 Robinson 提出如下改进形式的状态方程，即

$$P = \frac{RT}{V-b} - \frac{a}{V(V+b)+b(V-b)} \tag{1-3-91}$$

式中，a 和 b 同样可用SRK方程中所述的方法确定，而 a_c 和 b 分别为：

$$a_c = 0.45724(RT_c)^2/p_c \tag{1-3-92}$$

$$b = 0.077796RT_c/p_c \tag{1-3-93}$$

将式(1-3-91)重排成压缩系数形式后可得

$$Z^3-(1-B)\ Z^2+(A-2B-3B^2)Z-(AB-B^2-B^3)=0 \tag{1-3-94}$$

式中

$$A=ap/(RT)^2=0.45724(ap_r/T_r^{\ 2}) \tag{1-3-95}$$

$$B=bp/RT=0.077796(p_r/T_r) \tag{1-3-96}$$

PR方程中的温度函数 α 可用与SRK方程同样的方法求得，即

$$\alpha^{0.5}=1+m(1-T_r^{\ 0.5}) \tag{1-3-97}$$

$$m=0.37464+1.54226\omega-0.26992\omega^2 \tag{1-3-98}$$

由于SRK方程和PR方程有很好的温度函数 α，在预测蒸气压时有明显优点，而在预测稠密区的摩尔体积方面，PR方程比SRK方程更优越。但是，SRK方程和PR方程都不能用于含氢气的体系。

两参数立方型状态方程由于形式简单，因而在石油、化工等领域工程计算中广为应用。一般说，RK方程较适合于一些简单物质，如Ar、O_2、N_2、CO、CH_4 等(它们的 ω 值一般很小)，而PR方程对于 $\omega=0.35$ 左右(相当于 $Z_c=0.26$ 左右)的物质比较合适。

【例1-3-21】 0.5kg的氨气，在温度为338.15K的30000cm³高压容器内储存，试按下列方法计算其压力：①SRK方程；②PR方程。

已知氨的物性数据：$M=17.031$，$T_c=405.6\text{K}$，$p_c=11.28\times10^6\text{Pa}$，$Z_c=0.242$，$\omega=0.250$。

【解】 ①SRK方程：

氨的摩尔体积　$V=\dfrac{30000}{500/17.031}=1021\text{cm}^3/\text{mol}$

$$b=0.08664\times\frac{8.314\times10^6\times405.6}{11.28\times10^6}=25.90$$

$$a_c=0.42748\times\frac{(8.314\times10^6\times405.6)^2}{11.28\times10^6}=4.3095\times10^{11}$$

$$m=0.480+1.574\times0.250-0.176\times(0.250)^2=0.8625$$

$$\alpha=1+0.8625\times(1-0.833^{0.5})=1.156,\ \alpha=1.156\times4.3095\times10^{11}=4.9817\times10^{11}$$

$$p=\frac{8.314\times10^6\times338.15}{1021-25.90}-\frac{4.9817\times10^{11}}{1021\times(1021+25.90)}=2.359\text{MPa}$$

②PR方程：

$$b=0.077796\times\frac{8.314\times10^6\times405.6}{11.28\times10^6}=23.264,\ a_c=0.45724\times\frac{(8.314\times10^6\times405.6)^2}{11.28}=4.6095\times10^{11}$$

$$m=0.37464+1.54226\times0.250-0.26992\times(0.250)^2=0.74336$$

$$\alpha=1+0.74336\times(1-0.833^{0.5})=1.0649,\ \alpha=1.0649\times4.6095\times10^{11}=4.90866\times10^{11}$$

$$p=\frac{8.314\times10^6\times338.15}{1021-25.90}-\frac{4.90866\times10^{11}}{1021\times(1021+23.264)+23.264\times(1021-23.264)}=2.3672\text{MPa}$$

如按理想气体定律计算，$p=2.753\times10^3$kPa。因此，使用SRK和PR方程计算p，尽管氨为极性分子，但二者的计算值与实验值(2.382MPa)则基本相符。

(三)流体$p-V-T$关系的普遍化计算

在相同温度、压力下，不同气体的压缩系数均不相等。因此，在真实气体状态方程中都含有与气体性质有关的参数项。根据对比态原理可知，在相同的对比温度、对比压力下，不同气体的压缩系数可近似看成相等。借助对比态原理可将压缩系数做成普遍化图，也可消除真实气体状态方程中与气体性质有关的参数项，使之变成普遍化状态方程。

1. 普遍化真实气体状态方程

在对比态原理基础上，可将真实气体状态方程中的物质特性参数变为只由p_r、T_r、V_r构成的通用形式，即所谓普遍化的状态方程。如普遍化的VDW方程为：

$$Z=1+\frac{p_r}{(8ZT_r-p_r)}-\frac{27p_r}{Z(8T_r)^2} \tag{1-3-99}$$

同样，可写出SRK方程的普遍化形式为：

$$Z=1+\frac{1}{1-h}-\frac{4.9340Fh}{1+h} \tag{1-3-100}$$

式中

$$F=\alpha/T_r=[1+m(1-T_r^{0.5})]^2/T_r \tag{1-3-101}$$

$$m=0.480+1.574\omega-0.176\omega^2 \tag{1-3-102}$$

$$h=B/Z=0.08664p_r/ZT_r \tag{1-3-103}$$

已知有关物质的T_c、p_c、ω值后，先按式(1-3-101)与式(1-3-102)求出F与m，然后在式(1-3-100)与式(1-3-103)之间进行迭代，直至收敛。

【例1-3-22】 试用普遍化SRK方程计算360K、1541kPa下异丁烷蒸气的压缩系数，已知$T_r=408.1$K，$p_c=3.65$MPa，$\omega=0.176$，而由实验数据求出的$Z_{实}=0.7173$。

【解】 已知$\omega=0.176$，$T_r=0.88214$. 求得：

$$m=0.480+1.574\times0.176-0.176\times0.1760^2=0.7516$$

$$F=\frac{1}{0.88214}\times[1+0.7516\times(1-0.88214^{0.5})]^2=1.240$$

已知$p_r=0.4222$，取Z的初值$Z_0=1$进行迭代如下：

$$Z_0\xrightarrow{\text{式(1-3-100)}}h_1\xrightarrow{\text{式(1-3-103)}}Z_1\xrightarrow{\text{式(1-3-100)}}h_2\xrightarrow{\text{式(1-3-103)}}Z_2$$

经过9次迭代后，得到$Z=0.7322$，与实验值比较其误差为2.08%。

2. 真实气体混合物

天然气是多组分的真实气体混合物。然而，由于混合物的$p-V-T$实验数据很少，故要想从手册或文献中找到工艺计算恰好所需的数据，这种机会极少。因此，更多地要借助于关联的方法，从纯物质的$p-V-T$关系推算混合物的性质。真实气体混合物的$p-V-T$数据的计算方法很多，以下仅介绍比较常用的一些方法。

1)混合规则

如前所述，状态方程通常都是针对纯物质构成的，如用于混合物则需采用混合规则。混合规则只不过是用来计算混合物参数的一种方法。除维里系数的混合规则外，一般混合规则多少有些任意性，仅在一定程度上反映了组成对体系性质的影响。从VDW方程发展起来的简单方程大多使用未经修改或经改进的VDW混合规则。其中，SRK及PR方程的混合规则如下：

(1)SRK方程。

此方程的混合规则为：

$$b=\sum_i x_i b_i,\ \alpha=\sum_i\sum_j x_i x_j(a_i a_j)^{0.5}(1-k_{ij})$$

式中的 b_i 由式(1-3-83)给出，而 a_i 或 a_j 则由式(1-3-85)~式(1-3-88)共同得出。非烃气体和烃类间二元相互作用系数 k_{ij} 值见表1-3-26，烃-烃间的 $k_{ij}\approx 0$。

如果将方程(1-3-84)用于混合物，则其中的 A 和 B 为：

$$A=\sum_i\sum_j x_i x_j A_{ij},\ B=\sum_i x_i B_i$$

式中的 A_i 和 B_i 可由式(1-3-89)和式(1-3-90)给出。x_i(或 x_j)为混合物中组分 i(或组分 j)的摩尔分数：

(2)PR方程。将式(1-3-91)应用于混合物时其混合规则为：

$$b=\sum_i x_i b_i,\ a=\sum_i\sum_j x_i x_j(a_i a_j)^{0.5}(1-k_{ij})$$

式中，b_i 由式(1-3-93)给出，而 a_i 或 a_j 则由式(1-3-85)、式(1-3-87)、式(1-3-98)和式(1-3-92)共同给出，其中非烃类气体和烃类间的二元相互作用系数 k_{ij} 值也见表1-3-26。

表1-3-26 SRK及PR方程的相互作用系数 k_{ij}

组分	CO_2		H_2S		N_2		CO	
	SRK	PR	SRK	PR	SRK	PR	SRK	PR
甲烷	0.093	0.092			0.028	0.031	0.032	0.030
乙烯	0.053	0.055	0.085	0.083	0.080	0.086		
乙烷	0.316	0.132			0.041	0.052	-0.028	-0.023
丙烯	0.094	0.093			0.090	0.090		
丙烷	0.129	0.124	0.089	0.088	0.076	0.085	0.016	0.026
异丁烷	0.128	0.120	0.051	0.047	0.094	0.103		
正丁烷	0.143	0.133			0.070	0.080		
异戊烷	0.131	0.122			0.087	0.092		
正戊烷	0.131	0.122	0.069	0.063	0.088	0.100		
正己烷	0.118	0.110			0.150	0.150		
正辛烷	0.110	0.100			0.142	0.144		
正硅烷	0.130	0.114						
二氧化碳			0.099	0.097	-0.032	-0.017		
环己烷	0.129	0.105						
苯	0.077	0.077			0.153	0.164		
甲苯	0.113	0.106						

如果将方程(1-3-94)应用于混合物，则其中的 A 和 B 为：

$$A=\sum_i\sum_j x_i x_j(A_i A_j)^{0.5}(1-k_{ij}),\ B=\sum_i x_i B_i。$$

式中，A_i(或 A_j)和 B_i 可由式(1-3-95)、式(1-3-96)得出。

2)混合物的虚拟临界参数

混合物的虚拟临界温度、压力与混合物的真实临界参数不同，它只是数学上的比例参数，没有任何物理意义，但在使用虚拟临界参数计算混合物的 $p-V-T$ 关系时，所得结果一般较好。计算混合物虚拟临界参数的方法中，最简单的是Kay规则，即

$$T_{pc}=\sum_i x_i T_{ci}\,,\quad p_{pc}=\sum_i x_i p_{ci}$$

也就是说，Kay 提出的混合物虚拟临界温度和压力是混合物中各组分值的摩尔平均值。

若混合物中所有组分的临界温度之比和临界压力之比均在0.5~2时，Kay 规则与其他复杂规则所得数值的差别不到2%。否则，一般是不够精确的。

自 Kay 规则发表后，陆续发表了很多计算混合物临界性质的规则，但没有一种方法令人完全满意，往往是不同的混合规则只针对某个不同的对比态方法。

三、流体相平衡计算

流体相平衡尤其是气-液平衡计算，是天然气工业中经常见到的一种工艺计算。此外，对含 CO_2 的天然气来讲，通过相平衡计算确定其在低温下形成固体 CO_2 的条件，有时也是十分必要的。

(一)气-液平衡计算

气-液平衡计算的目的是确定例如图1-3-34中相包络线上的 B、G、J、D 和其他点，以及相包络区内各点的气相及液相组成等。沿泡点线(B、G 点等)和沿露点线(J、D 点等)的相平衡计算，通常分别称为泡点计算和露点计算，而在相包络区内气液两相状态下所进行的相平衡计算则称为各种闪蒸计算。

1. 气-液平衡常数

当流体处于气-液平衡时，通常以各组分的相平衡常数 K_i 来表示气、液相组成的关系。此时，流体中某一组分 i 的相平衡常数定义为：

$$K_i=y_i/x_i \tag{1-3-104}$$

式中　K_i——组分 i 的相平衡常数；

y_i、x_i——组分 i 在气、液相中的摩尔分数。

应用热力学模型求解气-液平衡的方法有单模型法和混合模型法两类。属于单模型法的有 SRK、PR 方程法等，属于混合模型法的有 Chao-Seader(CS)、Lee-Erbar-Edmister 法等。

1)单模型法(状态方程法)

由热力学关系可知，在气-液平衡时可导出：

$$K_i=(f_i^{L}/x_i\mathrm{p})/(f_i^{V}/y_i\mathrm{p})=\phi_i^{L}/\phi_i^{V} \tag{1-3-105}$$

式中　f_i^{L}、f_i^{V}——组分 i 在液相和气相中的逸度；

ϕ_i^{L}、ϕ_i^{V}——组分 i 在液相和气相中的逸度系数。

因此，对于压力、温度及组成已知的多组分体系，可选用一个同时适用气、液两相的状态方程(如 SRK、PR 方程)分别计算平衡条件下气、液两相的压缩系数和逸度系数，然后再由式(1-3-105)求得 K_i。由于开始计算时 x_i 和 y_i 未知，而它们又是利用状态方程求解压缩系数等所必需的，故整个计算是反复迭代过程。

从压缩系数计算逸度系数的公式因状态方程不同而异。由 SRK 方程及其混合规则导出的计算混合物中组分 i 逸度系数中 ϕ_i 的公式为：

$$\ln\phi_i=(Z-1)\frac{b_i}{b}-\ln\left(Z-\frac{pd}{RT}\right)-\frac{a}{bRT}\left\{\frac{1}{a}\left[2a_i^{0.5}\sum_j x_j a_j^{0.5}(1-k_{ij})-\frac{b_i}{b}\right]\right\}\ln\left(1+\frac{b}{V}\right) \tag{1-3-106}$$

其中，由液相压缩系数 Z_L 求得的为 ϕ_i^{L}，由气相压缩系数 Z_V 求得的为 ϕ_i^{V}。

同样，由PR方程及其混合规则导出的计算混合物中组分逸度系数 ϕ_i 的公式为：

$$\ln\phi_i=(Z-1)\frac{b_i}{b}-\ln\left(Z-\frac{pd}{RT}\right)-\frac{a}{2^{1.5}bRT}\left\{\frac{1}{a}\left[2a_i^{0.5}\sum_j x_j a_j^{0.5}(1-k_{ij})-\frac{b_i}{b}\right]\right\}\ln\left[\frac{V+(2^{0.5}+1)b}{V-(2^{0.5}-1)b}\right] \tag{1-3-107}$$

单模型法的优点是具有两相一致性，且需设定标准状态，计算时所需参数较少，仅从纯物质的特性参数(T_c，p_c，ω)出发，必要时引入二元混合参数即能预测高压(包括临界区)和中、低压的气-液平衡，甚至可预测气体的溶解度、液-液平衡和超临界流体的相平衡等。缺点是对混合规则依赖性很大，不同混合规则或同一规则中不同混合参数的取值往往对计算结果影响很大，对于组分性质差异较大的体系更是如此。

2)混合模型法

由热力学关系还可导出：

$$K_i=\nu_i^0\gamma_i/\phi_i \tag{1-3-108}$$

其中：　$\nu_i^0=f_i^0/p$，$\phi_i=f_i^{\mathrm{v}}/y_i p$，$\gamma_i=f_i^{\mathrm{L}}/x_i f_i^0$

式中　ν_i^0——纯组分 i 液体在体系压力、温度下的逸度系数；

ϕ_i——组分 i 在气相中的逸度系数；

γ_i——组分 i 在液相中的活度系数；

f_i^0——纯组分 i 液体在体系压力、温度下的逸度；

p——体系总压。

式(1-3-108)既考虑了气相与理想气体的偏差，同时也考虑了液相与理想溶液的偏差。Chao-seader及Lee-Erbar-Edmister等各自提出分别计算气相混合物中组分逸度系数和液体溶液中组分活度系数的热力学模型，然后再由式(1-3-105)求得 K_i。

2. 泡点计算

这类计算是已知液相组成 x_i 和体系压力 p(或温度 T)，求解泡点温度 T(或泡点压力 p)和平衡时的气相组成 y_i，其计算公式为：

$$y_i=K_i x_i \tag{1-3-109}$$

由于 K_i 是体系压力、温度及组成的复杂函数，故泡点计算需用迭代法进行。当迭代达到收敛时除应满足 $f_i^{\mathrm{L}}=f_i^{\mathrm{V}}$ 外，还应满足：

$$\sum_i y_i=1 \tag{1-3-110}$$

目前，这类计算都是采用建立在热力学模型基础上的软件由电子计算机完成。

例如，用SRK方程求解泡点温度的步骤为：①输入已知的 x_i、p 数据，假设一个温度并采用理想平衡常数 K_i 作为初值求取 y_i；②由式(1-3-84)求解压缩系数，对气相(使用 y_i)取最大根，对液相(使用 x_i)取最小根；③求出 Z_{V} 和 Z_{L} 后，由式(1-3-106)分别计算逸度系数 ϕ_i^{L} 和 ϕ_i^{V}，再由式(1-3-105)求出 K_i，然后用新的 $y_i=K_i x_i$，重新试差，注意返回试差前应把 y_i 归一化，用 $\sum_i y_i=1$ 检查是否收敛，如果 $\sum_i y_i-1>\varepsilon$，则调整温度重新试差。

【例1-3-23】 假定在2026.5kPa下的丙烯-异丁烷体系在整个组成范围内的气-液平衡都可用SRK方程描述，试计算其泡点温度及组成。

已知基础物性数据如下：

组 分	T_c/K	p_c/kPa	V_c/(cm^3/mol)	Z_c	ω	α_c	b	备 注
C_3H_6	365	4620	181	0.275	0.148	8.4080	0.0569	组分1
i-C_4H_8	408.1	3648	263	0.285	0.176	13.3138	0.0806	组分2

【解】有关计算公式($k_{ij}\approx0$)为：

$$Z^3-Z^2+(A-B-B^2)Z-AB=0$$

$$A=\alpha_c\alpha P/(RT)^2,\ B=bp/(RT),\ R=0.08206$$

$$\alpha_1=\left[1+0.7113(1-\sqrt{T/365})\right]^2,\ \alpha_2=\left[1+0.7533(1-\sqrt{T/408.1})\right]^2$$

$$\alpha=\alpha_c\alpha(y_1\sqrt{a_c a_1}+y_2\sqrt{a_c a_2})^2,\qquad b=y_1b_1+y_2b_2$$

$$\ln\Phi_i=(Z-1)\frac{b_i}{b}-\ln\left\{Z-\frac{pb}{RT}-\frac{a_c a}{bRT}\left[\frac{2\sqrt{(a_c a)_i}}{\sqrt{a_c a}}-\frac{b_i}{b}\right]\ln(1+\frac{b}{V})\right\}$$

按照前述求解步骤得到的计算结果如下：

x_L	T	y_i	Z_V	Z_L	Φ_1^V	Φ_2^V	Φ_1^L	Φ_2^L
0	373.42	0	0.6636	0.1026	0.9005	0.7538	1.5060	0.7538
0.1	367.00	0.1606	0.6793	0.0993	0.8823	0.7403	1.4165	0.6904
0.2	360.84	0.3067	0.6924	0.0963	0.8664	0.7281	1.3286	0.6311
0.3	354.93	0.4376	0.7024	0.0935	0.8525	0.7168	1.2434	0.5759
0.4	349.34	0.5535	0.7100	0.0909	0.8401	0.7063	1.1626	0.5256
0.5	344.05	0.6553	0.7154	0.0885	0.8290	0.6962	1.0866	0.4799
0.6	339.06	0.7445	0.7190	0.0862	0.8187	0.6865	1.0157	0.4385
0.7	334.39	0.8221	0.7211	0.0839	0.8093	0.6772	0.9504	0.4016
0.8	330.00	0.8898	0.7246	0.0817	0.8003	0.6687	0.8901	0.3683
0.9	325.89	0.9486	0.7215	0.796	0.7920	0.6590	0.8348	0.3387
1.0	322.02	1	0.7202	0.0775	0.7840	0.6502	0.7839	0.3121

3. 露点计算

天然气的烃露点计算公式和实例见本章第二节。

4. 闪蒸计算

多组分体系在泡点和露点之间的温度、压力下存在着气、液两相，每相的数量和组成取决于影响体系的条件。这些条件最普遍的组合是固定温度和压力，或固定比焓(或摩尔焓)和压力，或者固定比熵(或摩尔熵)和压力。其中，属于第一类组合的单级平衡分离过程称之为平衡闪蒸(平衡汽化或平衡冷凝)。

1)固定温度、压力时的闪蒸(平衡闪蒸、等温闪蒸)

此闪蒸过程见图1-3-41。由图可知，对于组分i其物料和相平衡条件为：

$$Fz_i=Lx_i+Vy_i \tag{1-3-111}$$

$$y_i=K_ix_i \tag{1-3-112}$$

式中 F——进料的摩尔流量；

L——闪蒸后平衡液相的摩尔流量；

V——闪蒸后平衡气相的摩尔流量；

z_i——进料中组分i的摩尔分数。

其他符号意义同前。

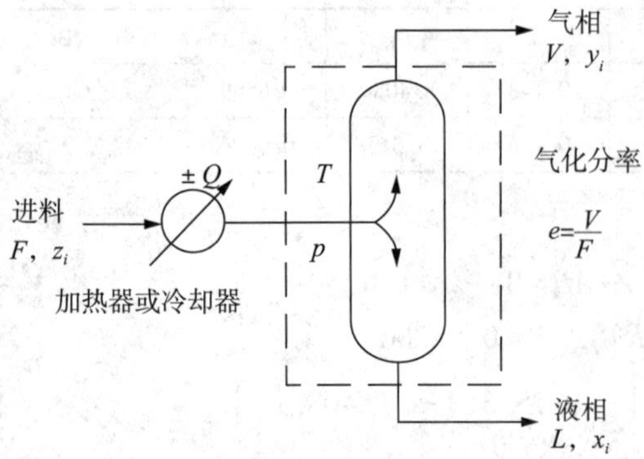

图 1-3-41 固定 T、p 的平衡闪蒸过程

将式(1-3-109)、式(1-3-110)及式(1-3-111)联解,并引入汽化率(汽化分数)e 后,闪蒸条件即变为:

$$F(e)=\sum_i K_i x_i-1=\sum_i \frac{z_i}{1+e(K_i-1)}-1=0 \tag{1-3-113}$$

当指定了 T、p、F 和 z_i(K_i 亦相应决定)时,式(1-3-113)为 e 的单值函数,故可由其求解 e。由于该式对 e 为高度非线性方程,因而需用迭代法,通常采用 Newton-Raphson 迭代求根法。

【例 1-3-24】 某采用深冷分离的 NGL 回收装置,从冷箱出来的物流进入分离器分离。已知物流组成 z_i(见下表)、$T=250.15\text{K}$ 及 $p=5.22\text{kPa}$,试求其汽化率及平衡分离后的气、液相组成。

【解】 采用 PR 方程由电子计算机完成此项计算,求得其汽化率 $e=0.79107$,进料组成及平衡分离后的气、液相组成(均为摩尔分率)如下:

组 分	进料组成 z_i	平衡常数 K_i	液相组成 x_i	气相组成 y_i
CO_2	0.00180	0.55059	0.00279	0.00154
N_2	0.00964	5.61946	0.00207	0.01164
C_1	0.78217	2.04268	0.39445	0.88459
C_2	0.07296	0.45650	0.12794	0.05841
C_3	0.07891	0.14312	0.24495	0.03506
i-C_4	0.00966	0.06456	0.03714	0.00240
n-C_4	0.02629	0.04619	0.10709	0.00495
i-C_5	0.00438	0.03582	0.01847	0.00066
n-C_5	0.00942	0.01505	0.04265	0.00064
n-C_6	0.00421	0.00519	0.01976	0.00010
n-C_7	0.00054	0.00177	0.00257	0.00000
H_2S	0.00003	0.28396	0.0007	0.00002
Σ	1.00000		0.99999	0.99999

2)固定比焓(或摩尔焓)时的闪蒸(等焓闪蒸,绝热闪蒸)

图 1-3-42 为典型的等焓闪蒸过程。由图可知,对于流量为 F、压力为 p_1、温度为 T_1 的多组分进料,在绝热条件下通过节流阀后瞬间降至指定的最终压力 p,其中一部分汽化(其量为 V),另一部分则为残存液体(其量为 L)。汽化所需潜热由原来进料的显热提供,因而体系温度降至 T_F。由于节流过程是在绝热情况下进行,节流前后焓值不变(膨胀功忽略不计),因而这种分离过程也称为等焓闪蒸。如假定节流生成的气相和液相分离时达到平衡,此时除应满足物

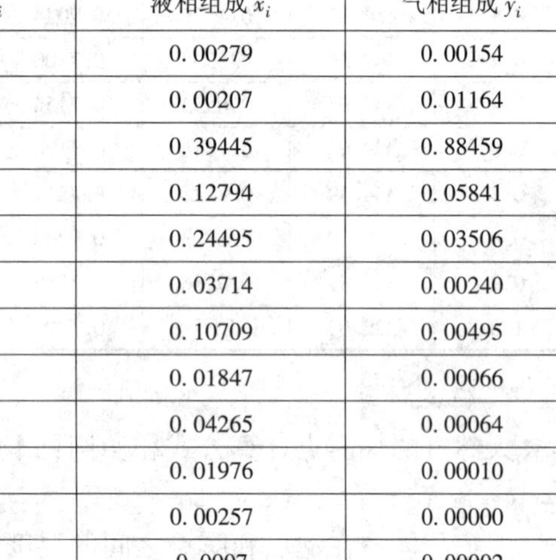

图 1-3-42 等焓闪蒸过程

料平衡和相平衡条件外，还应满足热平衡条件，即

$$FH_1^M = VH^V + LH^L = FH_F^M \tag{1-3-114}$$

或用汽化率表示为：

$$H_1^M = eH^V + (1-e)H^L = H_F^M \tag{1-3-115}$$

式中　H_1^M——进料(液体混合物)节流前的摩尔焓；

H_F^M——进料节流后混合物的摩尔焓；

H^V——节流后平衡分离的气相摩尔焓；

H^L——节流后平衡分离的液相摩尔焓。

假设 H 具有加和性，并假设在给定压力下 H 与 T 的函数已知，则上述平衡条件可写为：

$$\psi(e,\ T) = H_1^M - (1-e)\sum_i \frac{z_i H_i^L}{1+e(K_i-1)} - e\sum_i \frac{K_i z_i H_i^V}{1+e(K_i-1)} = 0 \tag{1-3-116}$$

式中　H_i^V——节流后平衡分离的气相中组分 i 的摩尔焓；

H_i^L——节流后平衡分离的液相中组分 i 的摩尔焓；

其他符号意义同前。

当已知 F、z_i、p_1(即规定了 H_1^M 或 H_F)及 P(或 T_F)时，通过将式(1-3-109)、式(1-3-110)、式(1-3-111)和式(1-3-114)等联解，即可求得 T_F(或 P_F)、V(或 e)、L、y_i、x_i 和 H^V、H^L 等。由于等焓闪蒸计算增加了热平衡条件，其求解过程要比上述平衡闪蒸计算更加复杂。严格的等焓闪蒸计算程序包括三重迭代循环，即内层 e 循环、中层 K 循环及外层 T_F 循环，故需由电子计算机计算完成。

固定比熵(或摩尔熵)的闪蒸(等熵闪蒸)过程计算与等焓闪蒸过程计算步骤类似，此处就不再多述。需要指出的是，等焓或等熵过程不一定只限于单相或两相状态，两者也可能在无相变条件下发生，即它们的始态或终态可能是处于过热蒸气或过冷液体。因此，就真实意义而言，等焓和等熵过程并不是真正的闪蒸。

(二)加压下的平衡

1. 互溶系统的相图

相图能形象化地描述物相性质的变化，非常有助于理解相平衡的问题，特别是对那些难于精确计算或不可能精确计算的复杂相平衡问题。这里仅限于讨论二元系统，因为组分更多的系统，不能用二维图充分地表达。

对于含有两个组分的系统，$N=2$，根据相律，$F=4-\pi$，因为至少有一个相($\pi=1$)，这时自由度数为3。因此，所有系统的平衡状态可用压力-温度-组成三元空间来表示。在这空间里，两相平衡共存时($F=4-2=2$)，用面表示。一个表示汽液平衡的面的示意三维图见图1-3-43。这个图简略地表明二元系统饱和蒸汽和饱和液体平衡状态的 p-T-组成面。下表面表示饱和蒸汽的状态，即 p-T-y 表面。上表面表示饱和液体的状态，即p-T-x 表面。这些表面沿着 $UBHC_1$ 线和 KAC_2 线相交。这两根曲线代表纯组分 1 和 2 的蒸汽压-温度曲线。而且，下表面和上表面构成一个连接的圆拱形曲面。C_1 和 C_2 点是纯组分 1 和 2 的临界点；由组分 1 和组分 2 构成的不同组成混合物的临界点在 C_1 和 C_2 之间的圆形的边缘线上。也就是说 C_1C_2 曲线是临界点的轨迹。

在图 1-3-43 中，上表面以上的区域是过冷液体区域；低于下表面的区域是过热蒸汽区域。上下表面的内部空间是气液两相共存的区域。如果从 F 点状态的液体出发，在恒温和恒组成的条件下沿着垂直线 FG 降低压力，则第一个气泡在 L 点出现。L 点位于上表面，因

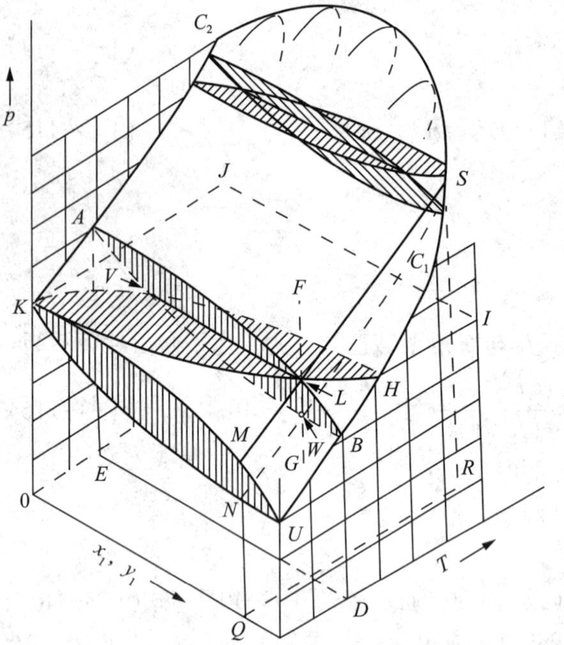

图 1-3-43 汽液平衡的 $p-T-x-y$ 图

此 L 点叫作泡点，上表面叫作泡点面。和 L 点气相成平衡的液相点位于同温同压的 V 点，连接 VL 就是连接二相平衡点的连接线。

当压力进一步沿着 FG 线降低，越来越多的液体汽化，直到 W 点液体全部汽化完毕。W 点位于下表面，W 点是最后一滴液滴消失的点，所以叫作露点，因此下表面是露点面。进一步降低压力，就进入过热蒸汽区域。

因为图 1-3-43 过于复杂，因此二元系统的汽液平衡的特性通常用二维图来描绘。二维图实际上就是切割三维图所成。例如，与温度轴垂直的平面 $ALBDEA$ 上的线代表恒温下的压力-组成相图，这种图在前面已经见过了。如果把几个从不同的平面上取下的图投影在一个平面上，就会得到如图1-3-44 所示的图。它表示三个不同温度的 $p-x-y$ 图，其中 T_a 代表图 1-3-43 上的 $ALBDEA$ 这个截面。水平线是连接线，即连接相平衡组成的线。温度 T_b 是处于图 1-3-43 上的二个纯组分的临界温度 C_1 和 C_2 之间。而温度 T_d 是高于这两个临界温度，所以这两根曲线不是伸展到头的。图 1-3-44 上的 C 点是混合物的临界点，它们都是水平线与曲线相切的切点，这是由于所有相平衡的连接线都是水平线，因此连接两个相同相(根据临界点的定义)的连接线也必须是切割这个图形的水平线。

与图 1-3-44 的 p 轴相垂直的水平面用 $HIJKLH$ 标出，这个平面的俯视图就是恒压下的 $T-x-y$ 图。当几个这样的图投影在一个平面上时，结果见图 1-3-45。这个图类似于图 1-3-44。图上的 p_a、p_b 和 p_d 代表三个不同的压力。

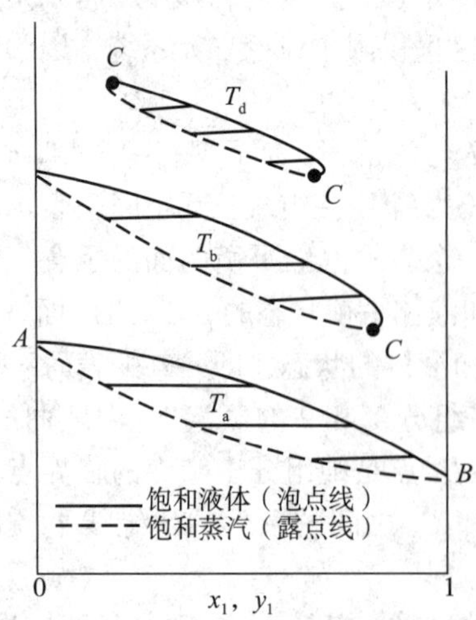

图 1-3-44 恒温的 $p-x-y$ 图

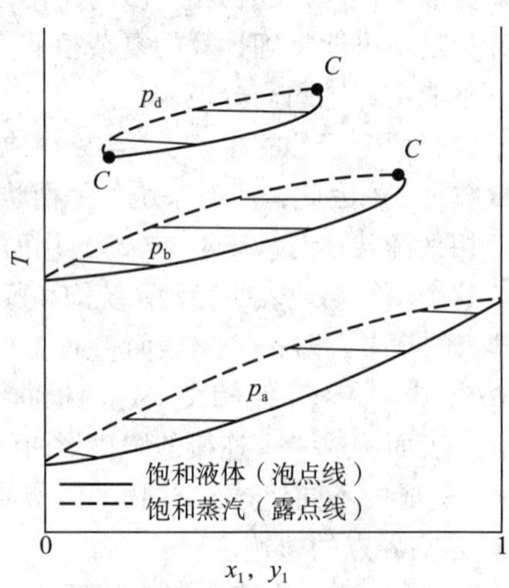

图 1-3-45 恒温的 $T-x-y$ 图

第三个平面是垂直于组成轴，在图 1-3-43 上用 *MNQRSLM* 标出。几个这样平面的线投影在一个平面上时，结果如图 1-3-46 所示。这是 $p-T$ 图。线 UC_1 和 KC_2 是纯组分的蒸汽曲线，用与图 1-3-43 上相同的字母表示。每一根回线代表一固定组成的混合物的饱和液体和蒸汽的 $p-T$ 性质；不同的回线是对不同的组成来说的。很清楚，在相同的组成下饱和液体的 $p-T$ 关系不同于饱和蒸汽的 $p-T$ 关系。这与纯物质的性质刚好相反，纯物质的泡点线与露点线是重合的。图 1-3-46 上的 *A* 点和 *B* 点，饱和液体和饱和蒸汽的线看起来似乎相交。实际上，这种点表示一个组成的饱和液体和另一个组成的饱和蒸汽具有相同的 *T* 和 *p*，即此二相是互相平衡的。在 *A* 点和 *B* 点这些重合点的连接线是垂直于 $p-T$ 平面，正如图 1-3-43 上的 *VL* 线所表示的那样。

二元混合物的临界点位于回线的鼻端上，如图 1-3-43 所示，它与包络线相切。反过来说，包络线是临界点的轨迹。

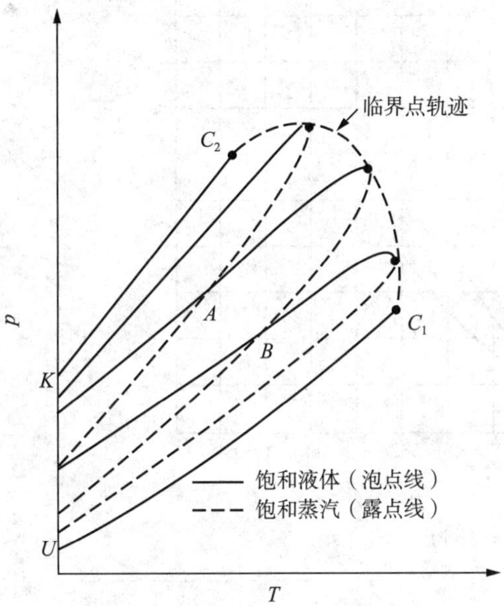

图 1-3-46　几个不同组成的 $p-T$ 图

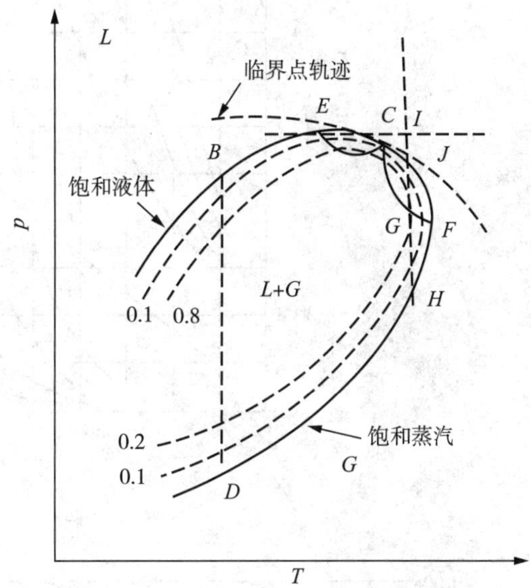

图 1-3-47　表示临界区域相性质的 $p-T$ 图

为了详细讨论溶液的临界现象，查看图 1-3-47 所示的表示临界区域相性质的 $p-T$ 图。在泡点曲线 *BEC* 之上和左方为液相区域；在露点曲线 *CFD* 之下和右方是气相区域，*C* 为混合物的临界点，对多组分系统来说，其定义为在该状态时，互成平衡的气液相的性质相同。这个定义对单组分系统来说也是正确的；不过在单组分系统时，临界压力就是气液相平衡共存的最大压力，而临界温度就是气液相平衡共存的最高温度。这个推论对多组分系统来说是不正确的，正如图 1-3-47 所示，气液两相共存的最高温度是在 *F* 点，叫它为临界冷凝温度；气液两相共存的最大压力在 *E* 点，叫它为临界冷凝压力。

图 1-3-47 上的虚线是指汽液两相混合物中液相的百分比线。根据它们的位置，可以很明显地看出，在某些条件下，当压力降低时会产生液相百分比增加的异常性质。在临界点 *C* 的左侧，例如沿着 *BD* 线降低压力，在泡点 *B* 时开始汽化，在露点 *D* 时完全变为蒸汽。但是在临界点的右侧，例如沿着 *IH* 降低压力时，因为 2 次通过露点线，在画有斜线的区域内，随着压力的减少，会发生冷凝现象，在 *G* 点以下再发生汽化，这个现象叫作逆向冷凝。同时，在 *C* 和 *E* 之间，进行等压升温，在斜线部分，随着温度的上升发生冷凝，这也是逆向

冷凝。前者叫作等温逆向冷凝，后者叫作等压逆向冷凝。逆向冷凝的原理在石油生产中具有很重要的意义。

图 1-3-48 所示的是乙烷-庚烷系统的 $p-T$ 图。图 1-3-49 是同一系统的 $y-x$ 图。y 和 x 表示混合物中易挥发的组分的摩尔分数。某压力下的 $y-x$ 曲线和对角线的交点表示在该压力下蒸馏时所得的挥发组分的最大浓度和最小浓度。除了 $y=x=0$ 或 $y=x=1$ 以外，这些点实际上就是混合物的临界点。图 1-3-49 上的 A 点代表两相共存时最大压力下的气相和液相的组成，压力为 85.7atm，含有乙烷的摩尔分数大约为 77%。相应于 A 点的，在图 1-3-48 上用 M 表示。

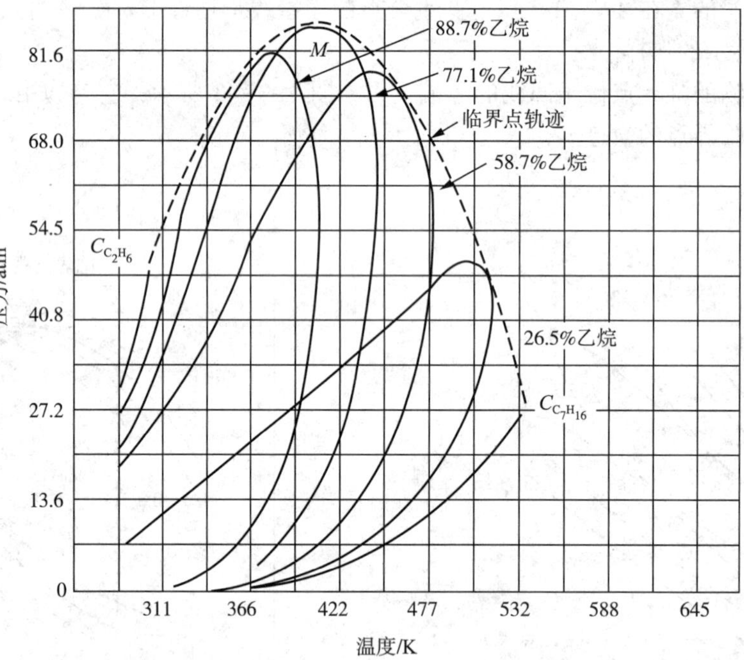

图 1-3-48　乙烷-庚烷系统的 $p-T$ 图

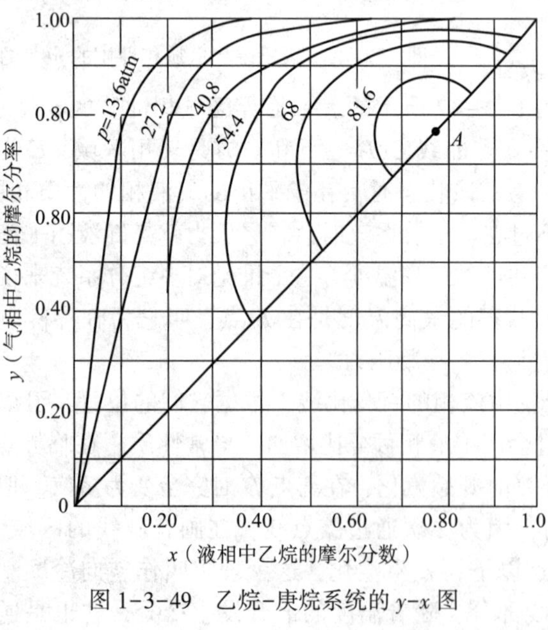

图 1-3-49　乙烷-庚烷系统的 $y-x$ 图

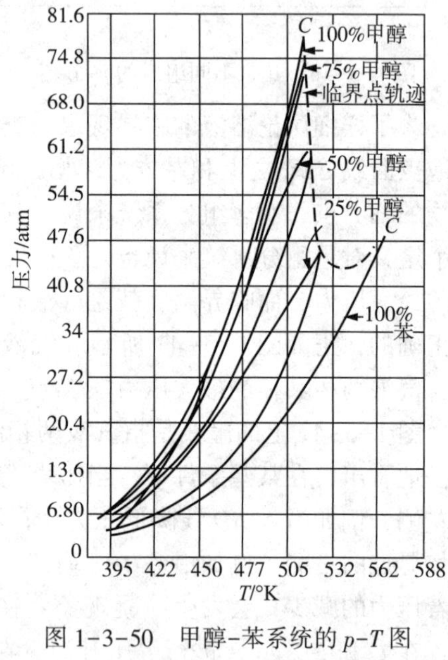

图 1-3-50　甲醇-苯系统的 $p-T$ 图

图 1-3-48 是典型的非极性烃类混合物的 p-T 图。图 1-3-50 是非理想程度很大的系统甲醇-苯的 p-T 图。这个图上曲线的复杂性和特殊性暗示了预测该系统是由两个极不相似的组分甲醇和苯所构成。

2. 加压下气液平衡的计算

最简单的气液平衡问题是理想溶液和理想气体的相平衡，其次是互相平衡的汽液相，气相是理想气体而液相是非理想液体。这里要讨论的仅是一般的情况。

在同温同压下汽液两相互成平衡的标准为：

$$y_i \hat{\phi}_i p = x_i \gamma_i f_i^0 \quad (i=1,\ 2,\ \cdots,\ N) \tag{1-3-117}$$

式中，$\hat{\phi}_i$ 是指气相的，γ_i 和 f_i^0 是指液相的。

式(1-3-117)指出了解决气液平衡问题的方向。最重要的是把与物系组成有关的热力学函数组合在一起了。式中 $\hat{\phi}_i$ 与气相组成有关，但与液相组成无关。相反，γ_i 只是液相组成的函数。标准态逸度 f_i^0 是纯组分 i 的性质。一般有下述函数关系：

$$\hat{\phi}_i = \phi(T,\ P,\ y_1,\ y_2,\ \cdots,\ y_{N-1})$$

$$\gamma_i = \gamma(T,\ P,\ x_1,\ x_2,\ \cdots,\ x_{N-1})$$

$$f_i^0 = f(T,\ P)$$

因此，式(1-3-117)表示 N 个复杂关系式，它们关联着 $2N$ 个相律变数。所以首先必须确定这 $2N$ 个变数中的 N 个变数，然后由式(1-3-117)的 N 个方程式可以解出其余 N 个变数。

虽然求解其他的变数是可能的，但工程上感兴趣的问题通常分成以下 4 类：

①计算泡点的温度和组成，求解 T；给定压力下的 y_1，y_2，…，y_{N-1}；x_1，x_2，…，x_{N-1}。

②计算泡点的压力和组成，求解 p；给定温度下的 y_1，y_2，…，y_{N-1}；x_1，x_2，…，x_{N-1}。

③计算露点的温度和组成，求解 T；给定压力下的 x_1，x_2，…，x_{N-1}；y_1，y_2，…，y_{N-1}。

④计算露点的压力和组成，求解 p；给定压力下的 x_1，x_2，…，x_{N-1}；y_1，y_2，…，y_{N-1}。

如果上述计算不能采用过分简化的假设，则需要使用迭代法。实际上只能用数字计算机。上述的每一类都需要单独的计算程序。

另一类问题叫作闪蒸计算，这是在特定的温度和压力下，已知其总组成，求解液相(或气相)分率和相组成。

对于高压，特别是临界区域，汽液平衡的计算变得特别困难。其处理方法和加压情况也有所不同。所以，这里把高压和中低压分开讨论。

在加压的情况下，没有达到临界区域，假设 γ_i 和 f_i^0 在与压力无关时对计算结果的可靠性不产生大的影响。

γ_i 和 f_i^0 分别对压力的导数分别为：

$$\left(\frac{\partial \ln \gamma_i}{\partial p}\right)_{T,x} = \frac{\Delta \bar{V}_i}{RT}$$

$$\left(\frac{\partial \ln f_i^0}{\partial p}\right)_T = \frac{V_i^0}{RT}$$

混合过程的偏摩尔体积的变化 $\Delta \bar{V}_i$ 和组分 i 的标准态摩尔体积 V_i^0 都是液相性质，除了临界区域以外，这两个导数值都是很小的。加之，压力不高，不可能出现很大的压力差。所以在加压的情况下，忽略压力对 γ_i 和 f_i^0 的影响是可以的。

如果根据刘易斯-兰德尔定则来选取标准态逸度，那么 f_i^0 变成 f_i，即为在系统的温度和压力下纯液体 i 的逸度。于是可以写成这样的等式：

$$f_i^0=f_i=p_i^{\mathrm{S}}\left(\frac{f_i^{\mathrm{S}}}{p_i^{\mathrm{S}}}\right)\left(\frac{f_i}{f_i^{\mathrm{S}}}\right)$$

式中所有的量都是在温度 T 下的量。根据刚才的假设，f_i/f_i^{S} 等于1；而且 $f_i^{\mathrm{S}}/p_i^{\mathrm{S}}$ 由定义为 ϕ_i^{S}，因此，

$$f_i^0=f_i=p_i^{\mathrm{S}}\phi_i^{\mathrm{S}}$$

式(1-3-117)变成：

$$y_i\hat{\phi}_ip=x_i\gamma_ip_i^{\mathrm{S}}\phi_i^{\mathrm{S}}\quad(i=1,\ 2,\ \cdots,\ N)\tag{1-3-118}$$

式(1-3-118)中的 ϕ_i^{S} 是纯组分 i 在温度 T 和它的饱和蒸汽压时的逸度系数。因为这个量对饱和蒸汽和饱和液体是相同的，所以它可以根据气相的状态方程式来计算。于是在式(1-3-118)中，所需要的液相的热力学函数的数据仅仅是 γ_i。

下面，分别考虑式(1-3-118)中的每个热力学函数。

纯组分 i 的蒸汽压 p_i^{S}，仅仅是温度的函数。

纯组分 i 在气相的逸度系数 $\hat{\phi}_i$ 是 T、p 和蒸汽组成的函数。使用于气相的状态方程式一经选定，则 $\hat{\phi}_i$ 就可计算。在许多实际应用中，压力 p 的二项维里展开已经足够。在此情况下，$\hat{\phi}_i$ 的公式可推得：

$$\hat{\phi}_i=\exp\frac{p}{RT}\left\{B_{ii}+\frac{1}{2}\sum_j\sum_k\left[y_iy_k(2\delta_{ii}-\delta_{ik})\right]\right\}\tag{1-3-119}$$

式中 $\delta_{ii}=\delta_{ij}=2B_{ji}-B_{ij}-B_{ii}$。

在使用这个方程式时，必须要知道维里系数。

纯组分 i 的逸度系数 ϕ_i^{S}，是用同一状态方程式来计算的。当使用维里方程式时，所需要的方程式由式(1-3-119)推得，令式中所有的 δ_{ji} 和 δ_{jk} 都等于零，则：

$$\phi_i^{\mathrm{S}}=\exp\frac{B_{ii}p_i^{\mathrm{S}}}{RT}\tag{1-3-120}$$

注意 ϕ_i^{S} 仅仅是温度的函数。

活度系数 γ_i 的求算可使用威尔逊方程式。

式(1-3-118)所代表的 N 个方程式的联立求解的步骤介绍如下。必须计算的热力学函数列于表1-3-27。求解第Ⅰ类问题，以计算泡点温度 T 为例，图1-3-51的方框图表示计算的步骤。

以所给的 P、x_1、x_2、…、$x_N(\sum x_i=1)$ 值和表1-3-27所列的参数为依据，温度是未知的，必须进行计算。但是，温度不指定，所需要的热力学函数一个也不能计算。所以输入的数据里要包括估计的温度 T。热力学函数中只有 $\hat{\phi}_i$ 与未知的气相组成有关。所以，在开始的计算中假设 $\hat{\phi}_i$ 等于1。

第一步，由式(1-3-118)计算 y_i 的初始值。

可以按下式计算：

$$y_i=\frac{x_i\gamma_ip_i^{\mathrm{S}}\phi_i}{\hat{\phi}_ip}\quad(i=1,\ 2,\ \cdots,\ N)$$

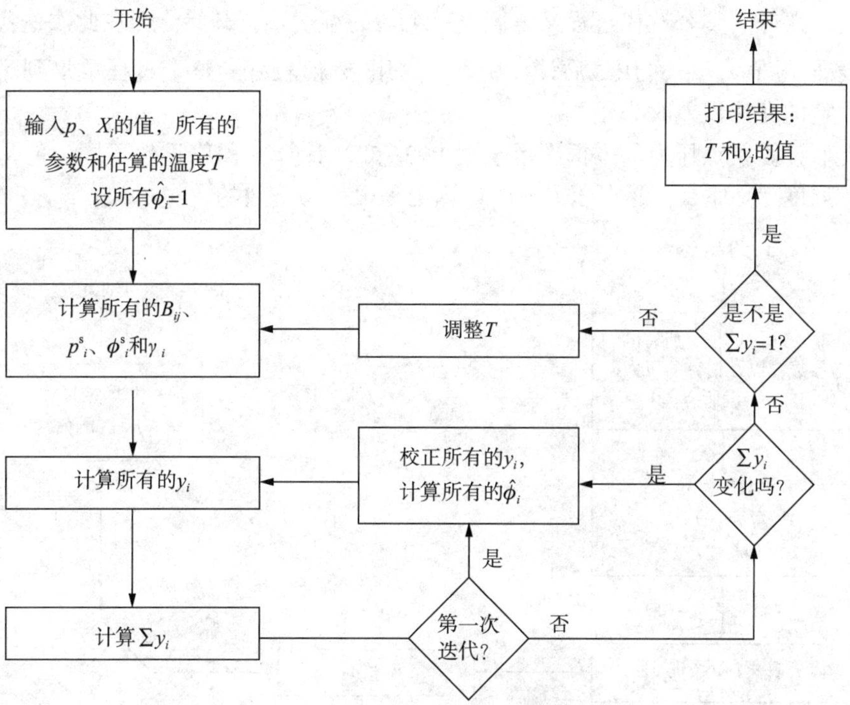

图 1-3-51　计算泡点温度 T 的方框图

表 1-3-27　需要求算的热力学函数表

热力学函数	函数关系	计算所需要的参数
p_i^S	只与 T 有关	对每一组分所使用的蒸汽压方程：$p_i^S=p(T)$ 中的所有常数
$\hat{\phi}_i$	T、p、y_1、y_2、…、y_{N-1}	对每一组分 T_{ci}、V_{ci}、Z_{ci}、w_i
ϕ_i^S	只与 T 有关	对每一组分 p_i^S、T_{ci}、w_i
γ_i	T、x_1、x_2、…、x_{N-1}	对每一组分 V_i[或 $V_i=V(T)$]
		对每对组分：a_{ij}的两个值

对每一个 y_i 的求解都是单独进行的，最后的结果必须满足 $\sum y_i=1$；但是第一次计算的结果未必能达到这个要求。不管怎样，$\sum y_i$ 是本计算程序中的一个关键的量。因此，第二步计算就是把算得的 y_i 值进行相加。

将所得的一组 y_i 值，按式(1-3-119)直接计算 $\hat{\phi}_i$ 值，以便进行第一次迭代。但是，必须首先对计算所得的 y_i 值进行归一化，每个值都除以 $\sum y_i$。这样可以保证用来计算 $\hat{\phi}_i$ 的一组 y_i 值的总和等于 1。

第一组 $\hat{\phi}_i$ 的值一经确定，方框图内侧回路通过重算 y_i 值得以完成。因为温度和前面的计算是相同的，所以 γ_i、p_i^S 和 ϕ_i^S 不变。

再计算 $\sum y_i$；因为这是第二次迭代，新的 $\sum y_i$ 和第一次迭代的进行比较。如果有变化，可重算 $\hat{\phi}_i$ 值，开始另一次迭代。这个过程一直重复到前一次迭代的 $\sum y_i$ 和后一次 $\sum y_i$ 的变化小于预定的允许误差。当这个条件达到后，第二步则看 $\sum y_i$ 是是否等于 1。如果等于 1，那么这个计算就完成了。此时，y_i 值就是平衡的气相组成；开始假设的温度就是平衡温度。

如果 $\sum y_i\neq1$，则假设的 T 值必须进行调整。若 $\sum y_i>1$，则假设的温度太高；若 $\sum y_i<1$，

则假设的温度太低。整个迭代过程又得假设一个新的温度重新开始。但在此次迭代中，则不需要再假设 $\hat{\phi}_i$ 的值为1；可用最后计算所得的这组 $\hat{\phi}_i$ 值较好。整个过程重复到 $\sum y_i$ 与1的差值小于预定的允许误差时为止。

一个类似计算露点压力的方框图示于图1-3-52。计算的程序显然不同。但是搞懂了如何计算泡点温度 T，那么，露点压力 p 的计算也是很容易仿效的。

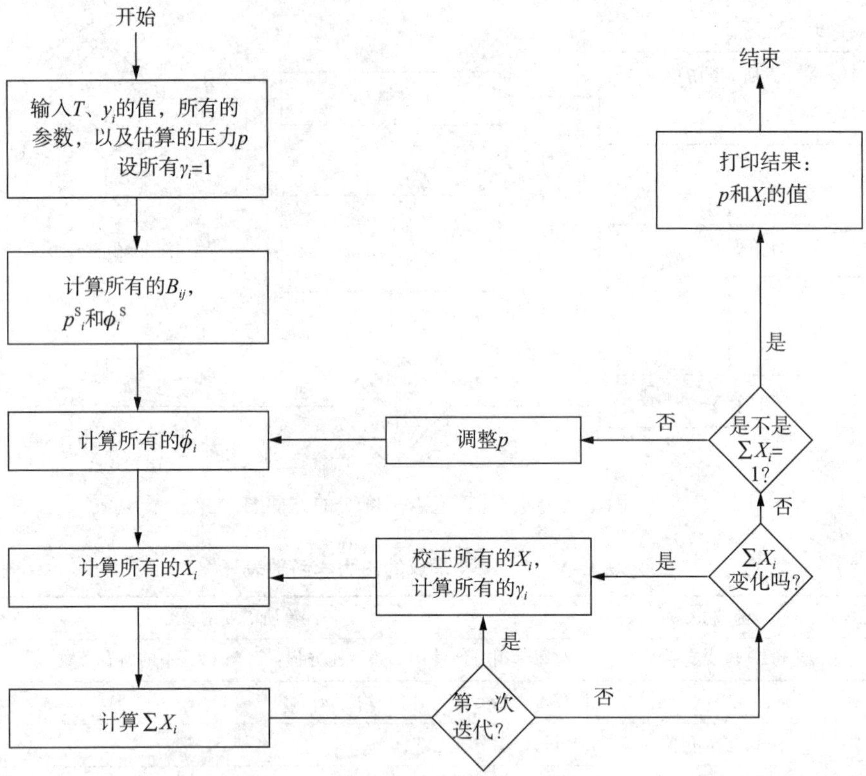

图1-3-52　计算露点压力 p 的方框图

对于一些系统的这种计算所需要的参数已经由波罗斯尼茨等人给出，威尔逊方程式的一些参数值也是由纳格塔所提供。

表1-3-28列出了正己烷-乙醇-甲基环戊烷-苯系统在 p=1atm下的泡点温度的计算结果。已知压力 p=1atm，液体的组成 x_i 列于表1-3-28第二栏。计算确定平衡温度 T 和气相组成 y_i。所需要的参数来自波罗斯尼茨等人的著作。表中列出了计算结果和实验值的比较；还给出了热力学函数的最终计算值。

$$T(\text{计算})=335.35\text{K},\ T(\text{实验})=335.36\text{K}$$

表1-3-28　正己烷-乙醇-甲基环戊烷-苯系统在 p=1atm 下的泡点温度的计算结果

组　分	液相摩尔分率 x_i	液相摩尔分率		p_i^S/atm	ϕ_i^S	$\hat{\phi}_i$	γ_i
		y_i(计算)	y_i(实验)				
正己烷	0.731	0.610	0.597	0.8105	0.9608	0.9512	1.0179
乙　醇	0.035	0.212	0.221	0.5101	0.9831	0.9664	11.6742
甲基环戊烷	0.111	0.085	0.086	0.7367	0.9678	0.9565	1.0800
苯	0.123	0.093	0.096	0.5564	0.9779	0.9602	1.3351

表 1-3-28 中列出的泡点温度的计算，是在 1atm 下进行的。在这样的压力下，气相常常被看成理想气体。如果采用这样的假设，那么所有组分的 ϕ_i^S 和 $\hat{\phi}_i$ 都等于 1。正如从表1-3-28所看到的，这些变量的值全都在 0.95~1.00，与 1 相近。因为 ϕ_i^S 和 $\hat{\phi}_i$ 分别出现在式(1-3-118)的两边，当它们的值相近时，其影响就互相抵消。这恰如把两者的值取为 1 一样。于是当压力等于或小于 1atm 时，理想气体的假设不致引起很大的误差。当采取这个假设时，式(1-3-118)变成：

$$y_i p = x_i \gamma_i p_i^S \quad (i=1,\ 2,\ \cdots,\ N)$$

采取这个假设，图 1-3-51 和图 1-3-52 中的迭代法方框图就可以大大简化。例如，计算泡点 T 的图 1-3-54 中内侧回路就可以取消。此时就可以从 $\sum y_i$ 的计算直接过渡到 $\sum y_i = 1$，那就变成拉乌尔定律了，这就得假设液相是理想溶液，这样常常是不正确的。这只要一看到表中所列的乙醇的 γ_i 值大于 11，就可以知道这个道理了。

【例 1-3-25】 对二元系统正戊醇(1)-正戊烷(2)，常数 a_{ij} 为：

$$a_{12} = 1718.3\text{cal/gmol},\ A_{21} = 166.6\text{cal/gmol}$$

使用威尔逊方程式确定液相活度系数，并假设气相是理想气体，计算 30℃ 下含有 20%(摩尔)正戊醇的液体在相平衡时的气相组成，并且计算平衡压力。30℃时

$$V_1 = 109.2,\ V_2 = 132.5\text{cm}^3/\text{gmol}$$

$$p_i^S = 3.23,\ p_i^S = 187.10\text{mmHg}$$

【解】 对每个组分分别写出：

$$y_1 p = x_1 \gamma_1 p_1^S \tag{A}$$

和

$$y_2 p = x_2 \gamma_2 p_2^S \tag{B}$$

把上述两式相加，注意 $y_1 + y_2 = 1$，

$$p = x_1 \gamma_1 p_1^S + x_2 \gamma_2 p_2^S \tag{C}$$

活度系数 γ_1 和 γ_2，由下式计算：

$$\ln\gamma_1 = -\ln(x_1 + x_2\lambda_{12}) + x_2\left(\frac{\lambda_{12}}{x_1 + x_2\lambda_{12}} - \frac{\lambda_{21}}{x_2 + x_1\lambda_{21}}\right)$$

$$\ln\gamma_2 = -\ln(x_2 + x_1\lambda_{21}) - x_2\left(\frac{\lambda_{12}}{x_1 + x_2\lambda_{12}} - \frac{\lambda_{21}}{x_2 + x_1\lambda_{21}}\right)$$

λ_{12}和 λ_{21}的值，可从下式计算而得：

$$\lambda_{12} = \frac{V_2}{V_1}\exp\frac{-a_{12}}{RT} \quad 和 \quad \lambda_{21} = \frac{V_1}{V_2}\exp\frac{-a_{21}}{RT}$$

代入已知值，得

$$\lambda_{12} = \frac{132.5}{109.2}\exp\frac{-1718.3}{1.987\times303.15} = 0.070$$

$$\lambda_{21} = \frac{109.2}{132.5}\exp\frac{-166.6}{1.987\times303.15} = 0.625$$

于是，组分 1 的活度系数为：

$$\ln\gamma_1 = -\ln(0.2 + 0.8\times0.070) + 0.8\left(\frac{0.070}{0.2 + 0.8\times0.070} - \frac{0.625}{0.8 + 0.2\times0.625}\right) = 1.0408$$

$$\gamma_1 = 2.831$$

同样，组分2的活度系数为：

$$\ln\gamma_2=-\ln(0.8+0.2\times0.625)-0.2\left(\frac{0.070}{0.2+0.8\times0.070}-\frac{0.625}{0.8+0.2\times0.625}\right)=0.1619$$

$$\gamma_2=1.176$$

解方程式(C)得平衡压力：

$$p=0.2\times2.831\times3.23+0.8\times1.176\times187.1=177.81\text{mmHg}$$

解方程式(A)得气相中正戊烷的摩尔分率：

$$y_1=\frac{x_1\gamma_1 p_i^{\mathrm{S}}}{p}=\frac{0.2\times2.831\times3.23}{177.81}=0.0103$$

于是气相中正戊醇的百分率略超过1%。

3. 高压汽液平衡的计算

对于高压下的相平衡，或者接近临界区域的相平衡，不能再假定液相的热力学函数与压力无关。而且，简单的二项维里方程式不能再用来计算气相的性质，要应用适应高压的状态方程式，再加上高压下常出现临界现象，包括逆向冷凝现象，对于它们的情况了解得很少，这些因素使得高压下的汽液平衡的计算问题复杂化了。直至1961年以前，没有一个以热力学为根据的通用方法可适用于这方面的计算。此后，有了赵-西德尔(Chao-Seader)法以及对该法的修正法，这些方法在石油工业高压气液平衡的计算中起了重要的作用。

下面扼要地介绍赵-西德尔法。基本方程式是式(1-3-117)，把它写成如下的形式：

$$K_i=\frac{\gamma_i f_i^0}{\hat{\phi}_i p}\quad(i=1,\ 2,\ \cdots,\ N)\tag{1-3-121}$$

$$K_i=\frac{y_i}{x_i}$$

式中，K_i 代表平衡比 y_i/x_i，在石油工业和天然气工业中得到了普遍使用。这个变量称为 K 值。虽然使用 K 值没有增加关于汽液平衡的热力学知识，但是提供了一个组分“挥发性”的度量，即在气相增浓的趋势。轻组分的 K 值大于1，而重组分的 K 值小于1，即重组分在液相增浓。由式(1-3-118)可以看出，每一个 K 值都是温度、压力、气相组成和液相组成的复杂函数。

把式(1-3-121)应用于赵-西德尔法，只要代入$\dfrac{f_i^0}{p}=\dfrac{f_i^l}{p}=\phi_i^l$，式(1-3-121)可写成：

$$K_i=\frac{\gamma_i\phi_i^l}{\hat{\phi}_i}\quad(i=1,\ 2,\ \cdots,\ N)\tag{1-3-122}$$

这样代入的根据是：第一，在系统的 T 和 p 的条件下，纯液体 i 的逸度选为标准态逸度。第二，由纯物质逸度系数的定义式出发，ϕ_{i}^l 就是纯液体 i 在系统的 T 和 p 的条件下的逸度系数，所以它是温度和压力的函数。

由式(1-3-122)计算 K 值，需要把 γ_i、ϕ_i^l 和 $\hat{\phi}_i$ 都写成有关变量的函数。为了便于广泛应用，这些函数关系都必须通用化。赵-西德尔法的实质就是指导了这些通用关系式。

关于 ϕ_i^l 的关系式是在皮查尔所提出的通用法的范围之内。

$$\log\phi_i^l=\log\phi_i^0+\omega_i\log\phi_i^l$$

式中，ϕ_i^0 和 ϕ_i^l 都是 T_{r} 和 p_{r} 的复杂的函数。

气相逸度系数 $\hat{\phi}_i$ 是根据通用的 Redlich-Kwong 状态方程式计算的。在这个计算中所需要的参数仅有 T_{ci}、V_{ci}和 Z_{ci}。

液相活度系数来源于斯卡查德-希尔德布兰德(Scatchard-Hildebrand)关系式，

$$\ln\gamma_i=\frac{V_i}{RT}(\delta_i-\bar{\delta})^2 \tag{1-3-123}$$

式中 V_i——摩尔体积；

δ_i——纯液体 i 的溶解度参数；

$\bar{\delta}$——液体混合物的平均溶解度参数。

该式是根据规则溶液理论建立的。溶解度参数 δ_i 是温度的函数，但是 $\delta_i-\bar{\delta}$ 的差值受温度的影响极小。因此，通常在 25℃ 下进行计算时把 δ_i 和 V_i 看作常数，并认为它们与 T、p 都无关。因此，活度系数只作为温度、组成的函数，而与压力无关。

对于规则溶液，不需要混合物数据，参数 δ_i 是根据纯组分计算的。由这些方程式所建立的气液平衡的计算方法的精确性较差；但是对非极性混合物(或者弱极性)，非缔合组分通常能提供满意的近似值。其应用限于烃类和一些与石油和天然气的加工过程有关的气体如 N_2、H_2、CO_2 和 H_2S，δ_i 和 V_i 的值载于有关的参考资料中。

在汽液平衡的计算中最困难的问题是遇到一些组分，它们的临界温度低于人们所关心的计算温度，这些在系统的温度下不能以液体状态存在的组分称为超临界组分。然而，我们需要在系统的 T 和 p 下的 ϕ_i^l 值和这些组分作为液体的 δ_i 和 V_i 的值。为此，在赵-西德尔法中，对于这些超临界组分的参数使用了虚拟值，每个这样的组分(如 N_2、H_2、CH_4)的这些虚拟值用试差法来确定，使得产生的结果与数据一致。但是这样安排的解决办法是不能令人满意的。泼洛斯尼茨等人在他们的专著中对此有不同的和比较严格的处理方法。

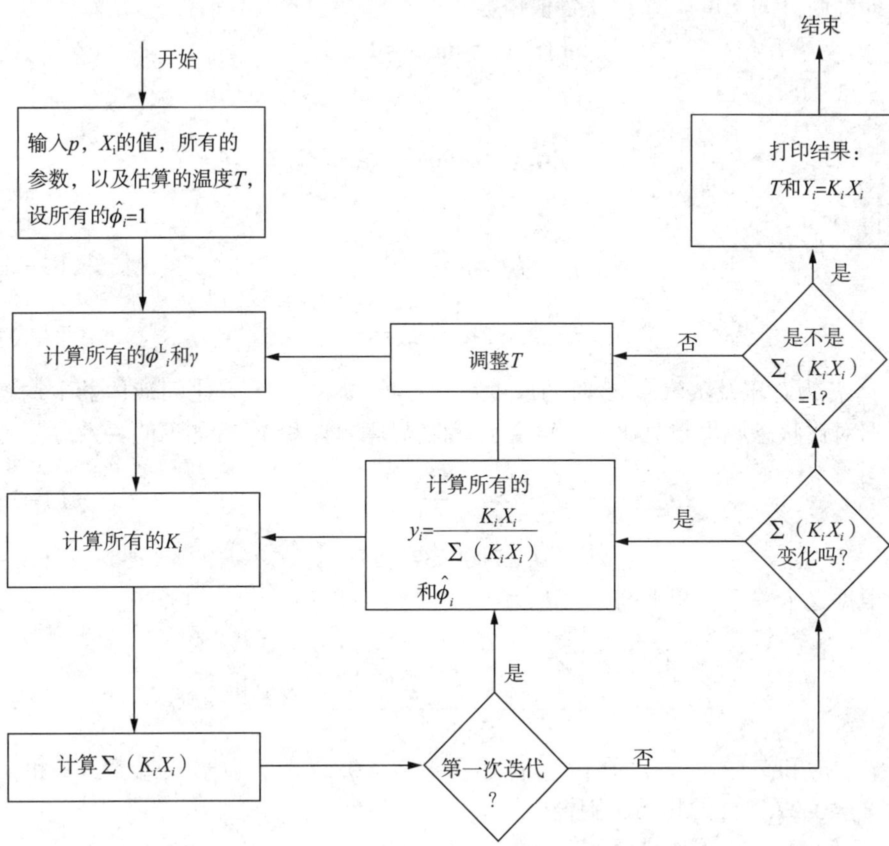

图 1-3-53 高压下泡点温度 T 的方框图

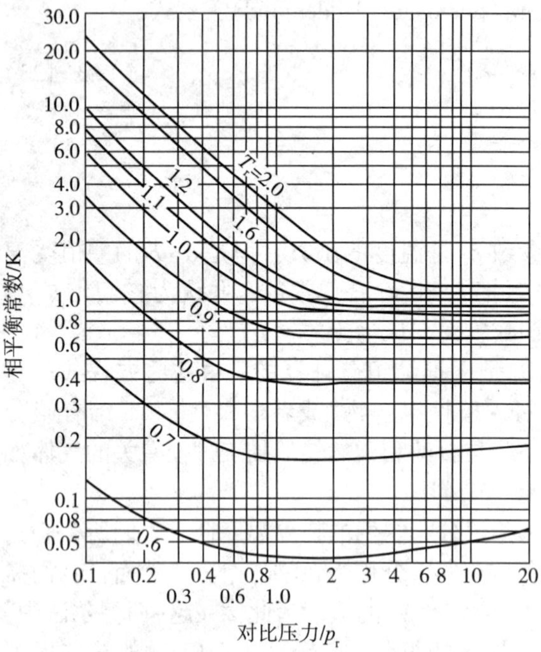

图 1-3-54 相平衡常数图(Z_a=0.27)

前面关于计算泡点和露点温度或者压力讨论的4类问题中的每一类又都需要自己的计算机求解程序。计算程序的方框图和中低压的十分类似，在图1-3-53上示出赵-西德尔法泡点温度计算的方框图，以供和图1-3-51相比较。

迭代法计算需要计算机和大量的输入数据。如果是由碳氢化合物的混合物所构成的系统，在不太靠近临界点的压力下，虽不服从理想气体定律，但气液相都表现出理想溶液的性质。按此条件，下式中的$\gamma_{iv}=\gamma_{il}=1$,

$$\gamma_{iv}f_{iv}{}^{0}y_i=\gamma_{il}f_{il}{}^{0}x_i$$

所以气液平衡比y/x为：

$$y/x=f_{il}{}^{0}/f_{iv}{}^{0}=K \tag{1-3-124}$$

即在此情况下，各组分的平衡组成比值与溶液的组成无关，等于组分所特有的相平衡常数K，如果已知在该温度和压力下的K值，就可以进行气液平衡的近似计算。标准态的逸度，即纯组分的逸度f_{iv}^{0}、f_{il}^{0}，各根据：

$$\lim_{p\to 0}(f_i/p)=\lim_{p\to 0}\phi_i=1$$

及

$$\left(\frac{\partial \bar{G}_i}{\partial p}\right)_T=\bar{V}_i \qquad \mathrm{d}\bar{G}_T=RT\mathrm{d}\ln\hat{f}_i \qquad (恒温)\hat{f}_{iv}=\hat{f}_{il}$$

由诸式得

$$f_{iv}{}^{0}=p\phi_p \tag{1-3-125}$$

$$f_{il}{}^{0}=p^{S}\phi_p^{S}\exp\left[\frac{V_m(p-p^S)}{RT}\right] \tag{1-3-126}$$

式中，ϕ_p、ϕ_p^S各为总压及蒸汽压p^S时的逸度系数；V_m为在p及p^S之间液体的平均摩尔体积。后者根据对比状态原理与对比临界温度T_r和临界摩尔体积V_c有如下的关系。

$$V_c=\frac{Z_cRT}{p_c} \tag{1-3-127}$$

$$V_m=(0.25+0.132T_r)V_c \tag{1-3-128}$$

因此，根据这个关系，相平衡常数K为：

$$K=\frac{p_r^S\phi_p^S\exp\left[Z_c\dfrac{(0.25+0.132T_r)(p_r-p_r^S)}{RT_r}\right]}{p_r\phi_p} \tag{1-3-129}$$

K仅为T_r、p_r和Z_c的函数，图1-3-54表示出Z_c=0.27时，以T_r为参数，K和p_r之间的关系。对Z_c=0.27以外的物质，则根据

$$K=K_{0.27}\times 10^{D(Z_c-0.27)} \tag{1-3-130}$$

而求之。式中D为温度的函数，取表1-3-29中的值。

表 1-3-29　**D 值**

T_r	0.60	0.70	0.80	0.90	1.0	1.2	1.5	2.0
K	20.4	10.3	4.7	1.70	0	−1.3	−1.8	−2.4

另外根据迪普里斯特(Depriester)所制备的轻烃的 K 图[见图 1-3-55、图 1-3-56(a)、图 1-3-56(b)]，根据温度和压力可以直接查出各组分的 K 值。这 3 种图虽然没有假设理想溶液这个条件，但是在图上所示的有限的压力范围内，组成对 K 值的影响很小，仍然把 K 看成仅仅是温度和压力的函数。

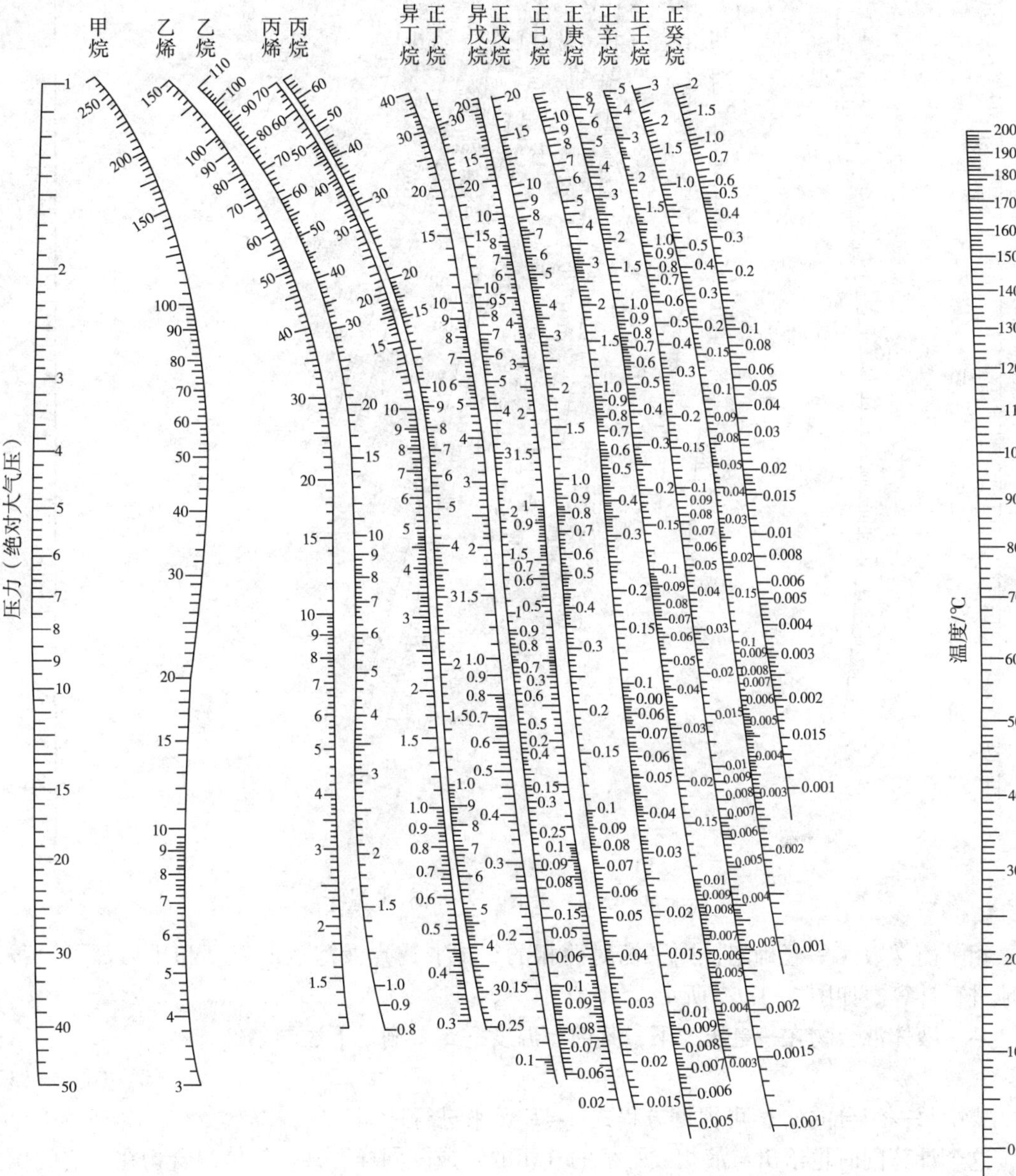

图 1-3-55　烃类的 p-T-K 图(高温段)

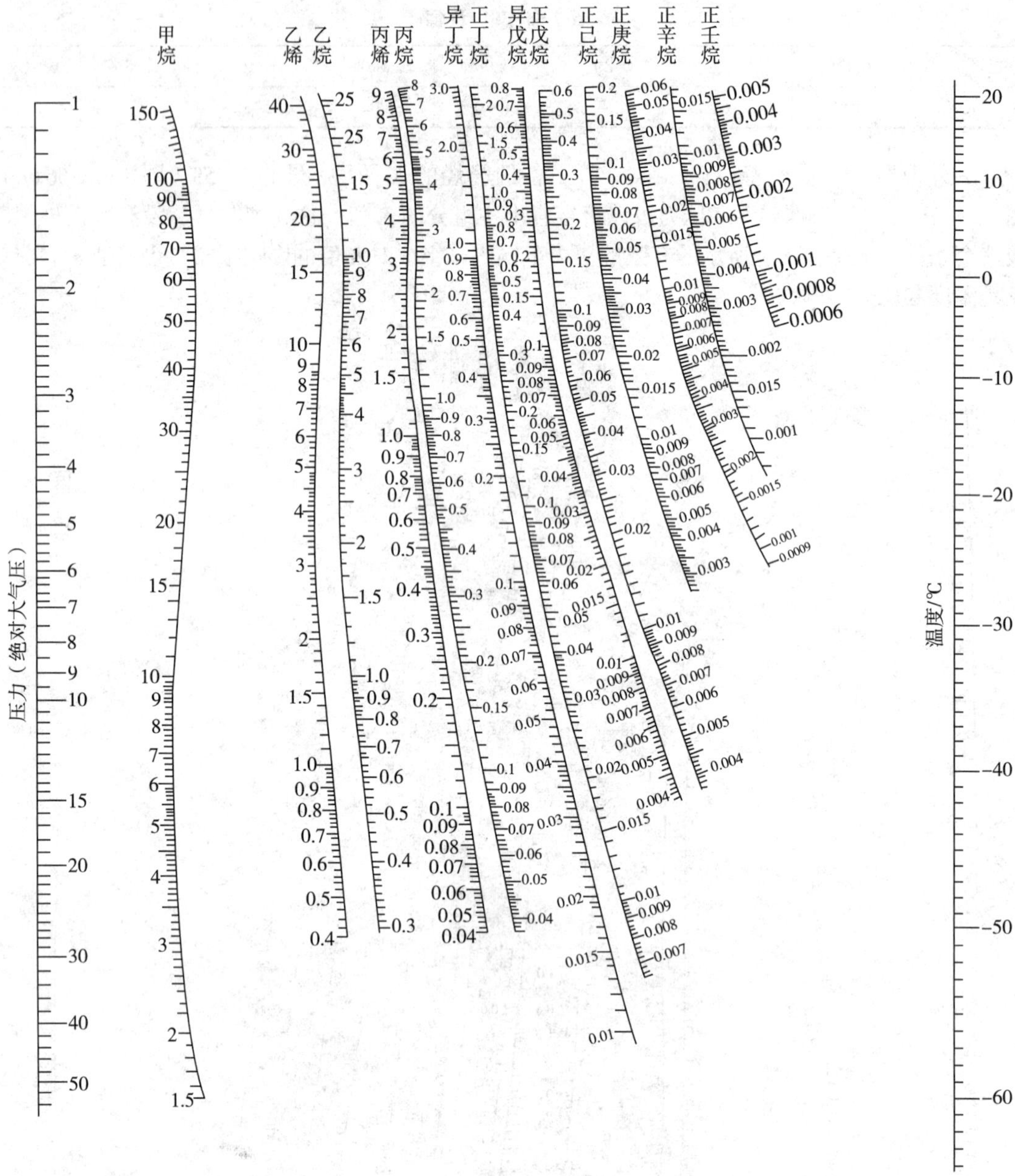

图 1-3-56(a) 烃类的 p-T-K 图(低温段 I)

相平衡常数 K 一经确定，则平衡时两相的组成、露点及泡点的温度和压力都可以很容易地进行计算。如图 1-3-57 所示。

某一液体混合物在一定压力下，其泡点温度一定要满足下述的条件。

$$\sum y_i = 1 \tag{1-3-131}$$

式中每一组分的 y_i 值可根据方程式 $y_i = K_i x_i$ 来进行计算。

这个计算同时也给出与液相成平衡的气相的组成。同样，某一气体混合物在一定的压力下，其露点温度由下述方程式确定。

$$\sum x_i = 1 \tag{1-3-132}$$

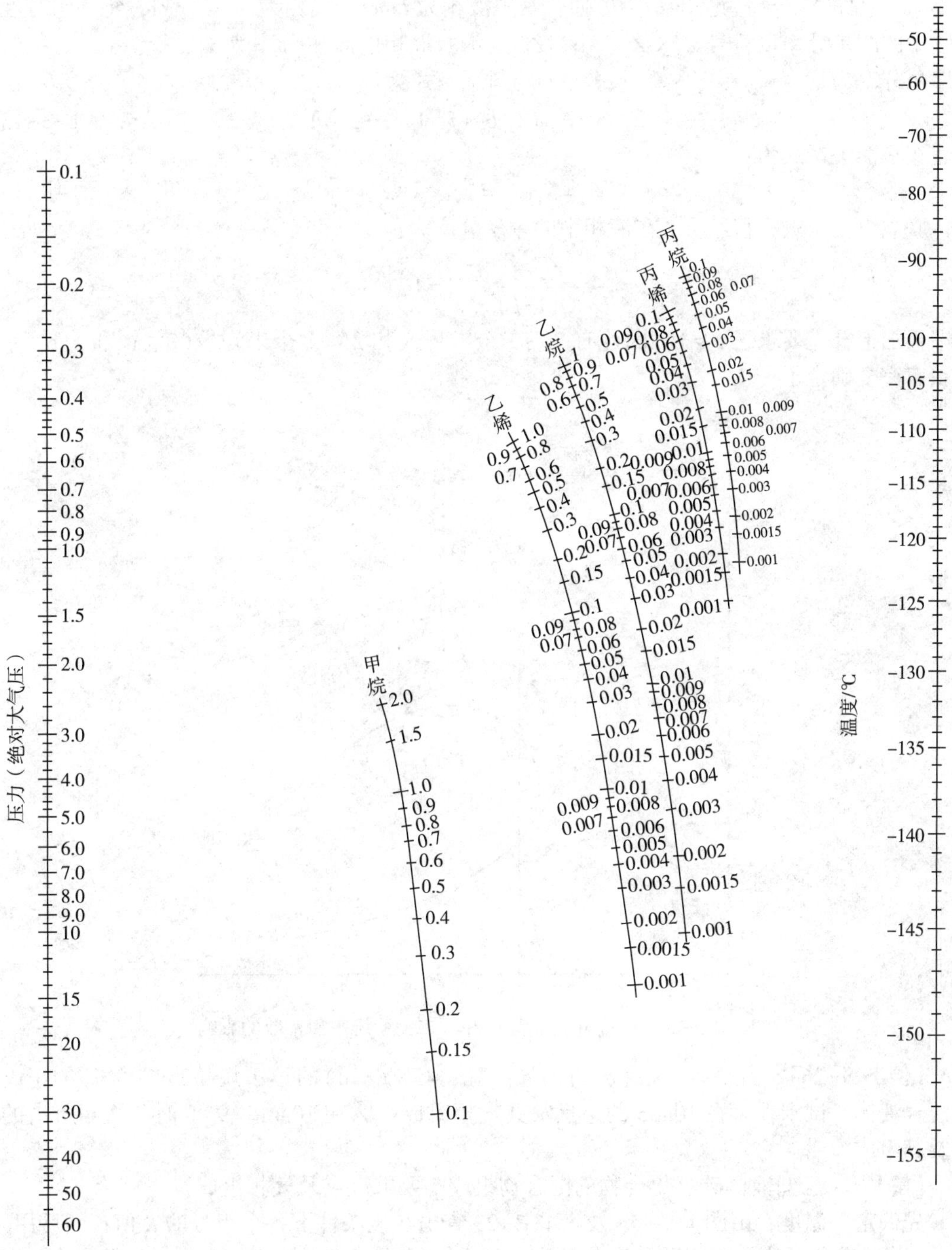

图 1-3-56(b)　烃类的 p-T-K 图(低温段Ⅱ)

式中每一组分的 x_i 值由方程式：

$$x_i = \frac{y_i}{K}$$

来进行计算。这个计算同时也给出与气相成平衡的液相的组成。

还有一个附加的汽液平衡的问题，叫作“闪急蒸发”。它也是用 K 值来进行计算。如果混合物在泡点和露点之间的某一中间温度成平衡，则必形成两相。在这种两相的问题中，以取1mol的总的混合物为基准最为方便，其中液相为Lmol，气相为$(1-L)$mol，每一组分在混合物中的摩尔分率以符号Z_1、Z_2、…、Z_N表示；液相的摩尔分率为x_1、x_2、…、x_N；气相的摩尔分率为y_1、y_2、…、y_N。组分i的物料平衡式为：

$$Z_i=x_iL+y_i(1-L)(i=1, \cdots, N) \tag{1-3-133}$$

相平衡关系式为：

$$y_i=K_ix_i(i=1, \cdots, N) \tag{1-3-134}$$

联立以上两式，得组分i在液相中的摩尔分率为：

$$x_i=\frac{Z_i}{L+K_i(1-L)} \quad (i=1, \cdots, N) \tag{1-3-135}$$

再加上补充要求$\sum x_i=1$，因此有$2N+1$个方程式和$2N+1$个未知数(L、y_i和x_i)，系统的状态完全确定了。

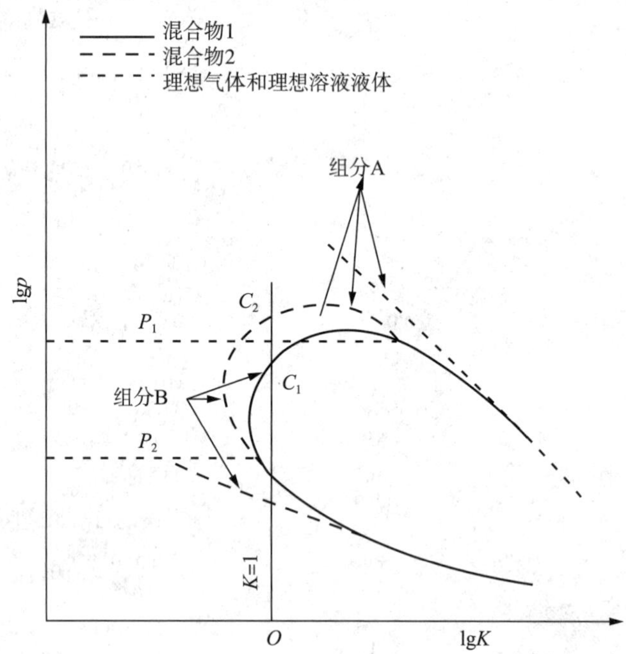

图1-3-57 压力和组成对A和B二元系统平衡常数的影响

【例1-3-26】 有一含20%(mol)的异丁烷、45%(mol)的正丁烷、35%(mol)的正戊烷的混合液体，试求：①在10atm的泡点及其气相组成；②在10atm、95℃时，液相所占的比率及其组成。

【解】 ①已知液体碳氢化合物的混合物组成，要求泡点及气相组成：

先假定一温度，由图1-3-54及表1-3-29查出在该条件下各个组分的K值；然后用$y_i=K_ix_i$式求出蒸汽相中每一组分的摩尔分率。如果算得的y值相加不等于1，则所有的温度是错误的，需重新假定温度计算，直到蒸汽相的摩尔分率之和等于1为止。

如表A所示，假定的泡点为89℃时，则可满足$\sum y_i=1$，因此泡点是89℃。此时的蒸汽组成见表中最后一行。

②是一个平衡闪急蒸发问题：已知温度和压力条件，并已知混合物的总组成，可以求出各个组分的K_i值：$K_1=1.68$、$K_2=1.29$、$K_3=0.58$。

假定L之值，并计算x_i。如果假设得不合适，则液体的摩尔分率之和不等于1，则必须重新假设计算，一直试差到$\sum x_i=1.0$时，即为所求的L值，如表B所示，$L=0.34$。

表A y_i 值

组 分	x	p_c/atm	T_c/K	Z_c	p_r	T_r	K	$y_i=K_ix_i$
异丁烷	0.20	36.0	408	0.282	0.278	0.888	1.49	0.298
正丁烷	0.45	37.5	425	0.274	0.267	0.852	1.15	0.509
正戊烷	0.35	33.3	470	0.268	0.301	0.770	0.56	0.196
								1.003

表B x_i 值

组 分	Z_i	K	x_i		
			$L=0.40$	$L=0.30$	$L=0.34$
异丁烷	0.2	1.68	0.142	0.136	0.139
正丁烷	0.45	1.29	0.383	0.374	0.377
正戊烷	0.35	0.58	0.476	0.469	0.484
			0.992	1.006	1.000

高压气液平衡的计算，除前面所述的方法以外，还有 $p-V-T$ 关系法、收敛压力法等。

$p-V-T$ 关系法：

根据马克斯威尔关系式

$$\left(\frac{\partial \bar{G}_i}{\partial p}\right)_T=\bar{V}_i \text{ 和 } \mathrm{d}\bar{G}_i=RT\mathrm{d}\ln \hat{f}_i \qquad \text{（恒温）}$$

两式联立，然后在恒温恒组成下积分，得到混合物中组分 i 的逸度。

$$\ln\frac{\hat{f}_i}{p_i}=\frac{1}{RT}\int_0^p \bar{V}_i\mathrm{d}p \tag{1-3-136}$$

把式(1-3-136)分别应用在液气两相中，液相中组分 i 的摩尔分数为 x_i，气相中组分 i 的摩尔分数为 y_i，故得：

$$\ln\left(\frac{\hat{f}_i}{p_i}\right)_L=\frac{1}{RT}\int_0^p \bar{V}_{il}\mathrm{d}p \tag{1-3-137}$$

$$\ln\left(\frac{\hat{f}_i}{p_i}\right)_V=\frac{1}{RT}\int_0^p \bar{V}_{iv}\mathrm{d}p \tag{1-3-138}$$

在压力趋近于零时，液相也变成理想气体，因此 $p_{il}=px_i$，同样，$p_{iv}=py_i$。把此两值分别代入式(1-3-137)、式(1-3-138)。最后把两式代入平衡条件式 $\hat{f}_i^{\,v}=\hat{f}_i^{\,l}$，则得：

$$\ln\left(\frac{\hat{f}_i^{\,l}/x_i}{\hat{f}_i^{\,v}/y_i}\right)=\ln(y_i/x_i)=\ln K_i=\frac{1}{RT}\int_0^p(\bar{V}_{il}-\bar{V}_{iv})\,\mathrm{d}p \tag{1-3-139}$$

式(1-3-139)是汽液平衡比的一般关系式。它表示了根据 $p-V-T$ 数据来计算相平衡组成的热力学上的严格方法。积分号内的第一项为组分 i 在液相中的偏摩尔体积，第二项为组分 i 在气相中的偏摩尔体积，两者均与组成有关。所以，结果所得的相平衡常数也是组成、温度和压力的函数。由于积分必须从零积分到平衡压力 p，因而就需要整个压力范围内的偏摩尔体积的数据。这个方程式应用在恒温之下，自然可以对系统中每一组分单独写出一个方程式。系统有 N 个组分，所以就有 N 个方程式。这 N 个方程式与物料平衡一起即可确定相平衡的组成。

用方程式(1-3-139)来计算平衡常数是完全正确合理的。但是 $p-V-T$ 数据不易得到，所以方程式(1-3-139)很难严格使用。而对于烃类来说，已经使用Benedict-Webb-Rubin状态方程式来计算偏摩尔体积。其结果可用来计算许多低分子烃类的逸度系数和相平衡常数。这方面的工作是由本尼迪克特(Benedict)等所完成的。他们曾对12种低分子烃的逸度-组成比进行了计算，这些计算对高达245atm的相平衡常数得出了可靠的结果。他们用324个图来表示计算的结果，这就叫作凯洛格(Kellog)图。这些图的主要特点，是以混合物的摩尔平均沸点作为参数，来表示各种温度和压力下的平衡常数。此摩尔平均沸点即代表组成对平衡常数的影响。

收敛压力法(又称会聚压力法)：

有许多关系式，使用临界压力来代替摩尔平均沸点表示组成的影响。很明显，临界点的位置是随组成和组分的性质而变的。在临界压力时，蒸汽和液体的组成相同，使得每一组分的平衡常数都等于1。如图1-3-57所示，K对压力的曲线在临界压力时收敛于1。此图表示了A(易挥发组分)、B二元系统混合物的平衡常数曲线。具有p_{c1}临界压力(或收敛压力)的实线相应于一个A和B的混合物。虚线代表具有收敛压力p_{c2}的另一个混合物。这个图清楚地表明了在接近临界压力时，平衡常数不仅是物系温度、压力的函数，而且是混合物组成的函数。因此，高压时相平衡常数为：

$$y/x=f(T,\ p,\ p_c) \tag{1-3-140}$$

一些研究者已经给出了使用式(1-3-140)推算高压相平衡常数的线图。

使用收敛压力的关系来计算是很麻烦的，而且常常要试差，所以它的实际应用就受到了限制。

根据上述讨论相平衡常数K_i，

$$K_i=\frac{y_i}{x_i}=\frac{\gamma_{il}f_{il}^{\ 0}}{\gamma_{iv}f_{iv}^{\ 0}}$$

大致可以分成5类情况：

第1类：高温、低压下，构成物系的组分，其分子结构彼此相似。气相看成理想气体，则$\gamma_{iv}=1$，$f_{iv}^{\ 0}=p$。液相看成理想溶液，则$\gamma_{il}=1$，$f_{il}^{\ 0}=p_i^S$。所以，$K_i=y_i/x_i=p_i^S/p$，即相平衡常数等于组分的蒸汽压与系统的总压之比。K_i仅与温度和压力有关，而与组成无关。这样的系统叫做安全理想系统。例如2atm以下的轻烃混合物系。

第2类：高温、低压下，构成物系的组分，其分子结构差异较大。气相看成理想气体，液相是非理想液体，则$\gamma_{iv}=1$，$f_{iv}^{\ 0}=p$，$\gamma_{il}\neq1$，$f_{il}^{\ 0}=p_i^S$。所以$K_i=\dfrac{\gamma_{il}p_i^S}{p}$。当$\gamma_{il}<1$时，为负偏差；当$\gamma_{il}>1$时，为正偏差。由于$\gamma_{il}$与物系组成有关，故这类相平衡常数$K_i$不仅与温度、压力有关，且与组成有关。低压下的非烃类，如水与醇、醛、酮等，所组成的物系就属于这一类。

第3类：中压下，气相和液相都可以看成理想溶液，$\gamma_{iv}=\gamma_{il}=1$，则$K_i=\dfrac{f_{il}^{\ 0}}{f_{iv}^{\ 0}}$，相平衡常数与组成无关。这种物系称为理想系。例如35atm的裂解气就属于这样的体系。

第4类：高压下，气相为非理想气体混合物，液相为理想溶液。根据相平衡常数，

$$K_i=\frac{\gamma_{il}f_{il}^{\ 0}}{\hat{\phi}_i p}$$

$\hat{\phi}_{iv}\neq1$，$\gamma_{il}=1$，则$K_i=\dfrac{f_{il}^{\ 0}}{\hat{\phi}_i p}$。第3类和第4类都是由碳氢化合物的混合物所组成的系统，所不同的是第4类的压力比第3类高。

第5类：高压下，构成物系的组成，其分子结构差异也很大。此时$\hat{\phi}_i$、γ_{il}、γ_{iv}均不等

于1，则 $K_i=\frac{\gamma_{i1}f_{i1}^{0}}{\hat{\phi}_i p}$，相平衡常数与压力、温度和组成都有关。这种物系称为完全非理想系。

(三)含固体 CO_2 的相平衡

具有相当大范围挥发度物质的混合物在平衡时能以气-液-固3相存在，例如在低温下的天然气中固相可以是 CO_2、H_2S 及重烃等。在这种情况下通常可假定固相是纯的，即假定溶剂在固相溶质中的溶解度等于零，从而简化计算。此外，流体逸度可从SRK、PR等方程来确定。

平衡时，多组分体系中组分 i 在气、液、固相中的逸度相等。

组分 i 在固相中的逸度 f_i^s 等于纯固体 i 的逸度，并可由下式得到，即

$$f_i^s=\phi_i^{sat}p_i^{sat}(PF)_i \tag{1-3-141}$$

$$(PF)_i=\exp\int_{p_i^{sat}}^{p}\frac{V_i^s dp}{RT} \tag{1-3-142}$$

式中，ϕ_i^{sat} 为固体 i 在饱和压力 p_i^{sat} 下的逸度系数；p_i^{sat} 为固体 i 的饱和(蒸气)压力；$(PF)_i$ 为固体 i 的Poynting因子，是考虑到总压 p 不同于 p_i^{sat} 时所加的校正；V_i^s 为固体 i 的摩尔体积。它们都是在温度 T 时的值。

f_i^V、f_i^L 可直接从同时适用于气、液相的状态方程求解 t(例如SRK方程)。因此，已知多组分体系的压力(或温度)及组成，由式(1-3-141)求得的 f_i^s 和由状态方程求得的 f_i^V 相等时的温度(或压力)，即为固体 i 开始从一个已知组成的流体相中析出的温度(或压力)条件。此外，当体系温度、压力和组成已知时，也可由式(1-3-141)和状态方程求解固体 i 析出的量和流体相的组成。

如果多组分体系为液相，也可由状态方程求得固体 CO_2 等溶解组分在液相中的逸度系数，再根据 $f_i^s=\phi_i x_i p$ 计算固体 CO_2 等在液相中的溶解度。例如，采用SRK方程计算固体 CO_2 在液化天然气中的溶解度，结果见表1-3-30。

表1-3-30 固体 CO_2 在 C_1 ~ C_3 液体混合物中的溶解度

温度/K	溶剂组成(不计 CO_2)			CO_2 溶剂度/%		压力/MPa	
	C_1	C_2	C_3	实验值	计算值	实验值	计算值
150.2	0.331	—	0.669	1.08	0.952	0.4571	0.401
150.2	0.648	—	0.352	1.03	1.022	0.7584	0.726
165.2	0.327	—	0.673	3.32	2.65	0.7584	0.687
165.2	0.652	—	0.348	2.92	2.83	1.3239	1.293
166.5	0.418	0.582	—	3.84	3.24	0.898	0.851
166.5	0.697	0.303	—	3.36	3.16	1.382	1.358
183.2	0.430	0.570	—	10.15	8.99	1.417	1.400
183.2	0.700	0.300	—	9.14	8.70	2.279	2.206
185.2	0.296	—	0.704	10.94	8.70	1.151	1.081
185.2	0.590	—	0.410	10.51	9.55	2.1133	2.067
190.2	—	0.382	0.618	11.83	11.10	0.121	0.1228
190.2	—	0.734	0.266	13.20	11.92	0.1655	0.1632
190.2	0.321	0.192	0.487	14.77	12.17	1.3790	1.2935
190.2	0.340	0.446	0.214	15.22	12.95	1.3790	1.3502
190.2	0.517	0.132	0.351	16.73	12.90	2.0685	2.000
190.2	0.525	0.325	0.150	15.30	13.38	2.0685	1.992

第五节　天然气燃烧特性

一、热值

单位体积天然气完全燃烧所放出的热量，称作天然气热值(也称天然气发热量)，单位 MJ/m^3(体积均系标态下的体积，下同)，也可用 MJ/kg 表示。热值有高热值和低热值之分。

高热值(高发热量)，指单位体积天然气完全燃烧后，烟气被冷却到原来的天然气温度，燃烧生成的水蒸气完全冷凝出来所释放的热量，称作高热值，有时称总热值。

低热值(低发热量)，指单位体积天然气完全燃烧后，烟气被冷却到原来的天然气温度，但燃烧生成的水蒸气不冷凝出来所释放的热量，称作低热值，有时称净热值。

同一天然气高、低热值之差即为其燃烧生成水的汽化潜热。一般应用中，排烟温度较高，这部分热量未能利用，所以实用中多用低热值。

商品天然气中甲烷是主要组分，并含有少量其他饱和烃、氢气及一些无机气体如二氧化碳、氮气等。一般还含微量硫化合物。来自不同气田的天然气组分有差别，热值也有差异，以体积计量供气，难做到“同值同价”。

热值可用测量方法获得，如水流吸热法(Junkers 热量计)、空气吸热法(Curiel-Harnrnet 量热计)、金属膨胀法(Sigma 自动量热计)。

热值也常用天然气中各可燃组分的热值与其体积分数的乘积加和求得，如式(1-3-143)：

$$H=H_1r_1+H_2r_2+\cdots\cdots+H_nr_n \tag{1-3-143}$$

式中　H——天然气高(低)热值，kJ/m^3；

H_1、H_2…、H_n——天然气中可燃组分高(低)热值，kJ/m^3；

r_1、r_2…、r_n——天然气中可燃组分的体积分数，%。

天然气进入输气管道前虽经脱水，但难以脱尽，水分含量常常波动，所以本书所用各种热值数据均用干基。一些可燃组分的热值见表1-3-31。

表1-3-31　燃气组分的热值①

名　称	分子式	相对分子质量	高热值/(MJ/m^3)	低热值/(MJ/m^3)	高热值/(MJ/kg)	低热值/(MJ/kg)
氢	H_2	2.0160	12.74	10.79	141.87	120.16
一氧化碳	CO	28.0104	12.64	12.64	10.11	10.11
甲　烷	CH_4	16.0430	39.82	35.88	55.51	50.01
乙　烷	C_2H_6	30.0700	70.30	64.35	51.87	47.48
丙烷	C_3H_8	44.0970	101.20	93.18	50.34	46.35
正丁烷	n-C_4H_{10}	58.1240	133.80	123.56	49.50	45.71
异丁烷	i-C_4H_{10}	58.1240	132.96	122.77	49.41	45.62
戊烷	C_5H_{12}	72.1510	169.26	156.63	49.01	45.35
乙烯	C_2H_4	28.0540	63.40	59.44	50.30	47.16
丙烯	C_3H_6	42.0810	93.61	87.61	48.92	45.78
丁烯	C_4H_8	56.1080	125.76	117.61	48.43	45.29
戊烯	C_5H_{10}	70.1350	159.10	148.73	48.13	44.99
苯	C_6H_6	78.1140	162.15	155.66	42.27	40.57
乙炔	C_2H_2	26.0380	58.48	56.49	49.94	48.24
硫化氢	H_2S	34.0760	25.35	23.37	16.47	15.18

注：①气体状态为：273.15K，101.325kPa。

二、华白数和空气引射指数

(一) 华白数

在燃气互换性问题中，它是衡量燃气输给燃烧器热负荷大小的特性指数。当燃烧器喷嘴前压力不变时，可用式(1-3-144)表示为：

$$W=H/\sqrt{S} \tag{1-3-144}$$

式中　W——华白数；

H——燃气的热值，kJ/m^3；

S——燃气的相对密度($S=\rho_g/\rho_a$)；

ρ_g——燃气的密度，kg/m^3；

ρ_a——空气的密度，kg/m^3。

当燃烧器喷嘴前压力变化时，华白数此时称作广义华白数，用式(1-3-145)表示：

$$W'=H\sqrt{p_g S} \tag{1-3-145}$$

式中　W'——广义华白数；

p_g——燃烧器喷嘴前的燃气压力。

(二) 一次空气系数与过剩空气系数

在燃烧器中预先和天然气混合的空气量与理论需要的空气量之比，称一次空气系数，用α'表示。实际使用的总空气量与理论需要的空气量之比，称全空气系数或过剩空气系数，用α表示。

(三) 空气引射指数

一个确定的引射式燃烧器，喷嘴前压力固定不变，当改变燃气组分时，除引起热负荷变化外，还会造成引射的空气量变化。采用空气引射指数来反映改换燃气时，对引射的空气量变化及一次空气系数的影响。空气引射指数用式(1-3-146)表示：

$$B=V_0/\sqrt{S} \tag{1-3-146}$$

式中　B——空气引射指数；

V_0——理论空气量，m^3/m^3(干燃气)；

S——燃气的相对密度。

当燃气密度变化时，单位体积引射的空气量发生变化；燃气密度变化一般是由组分变化引起的，所以燃气热值发生变化，也导致理论空气量的变化。因此，当改换燃气时，如空气引射指数不变，那么一次空气系数α'近似不变。空气引射系数近似地与华白数成正比。

三、天然气燃烧所需空气量

(一) 理论空气量

1m^3 天然气按化学反应计量方程式完全燃烧时所需要的空气体积，称作理论空气量。燃气中单一可燃组分完全燃烧所需的理论空气量见表 1-3-32。

当已知燃气中各组分的体积含量时，燃气燃烧需要的理论空气量可从式(1-3-147)求得：

$$V_0=\frac{1}{21}\left[0.5H_2+0.5CO+\sum\left(n+\frac{m}{4}\right)C_nH_m+1.5H_2S-O_2\right] \tag{1-3-147}$$

由于天然气中不含 CO、O_2，并且 H_2S 含量甚微，式(1-3-147)可简化成：

$$V_0=\frac{1}{21}[0.5H_2+0.5CO+\sum(n+\frac{m}{4})C_nH_m] \quad (1-3-148)$$

式中 V_0——理论空气量，m^3/m^3(干燃气)；

H_2、C_nH_m、CO、H_2S、O_2——氢气、烃、一氧化碳、硫化氢、氧气的体积分数,%。

对于烷烃类燃气如天然气、石油伴生气、液化石油气等的理论空气量可采用式(1-3-149)、式(1-3-150)的简便算法：

$$V_0=0.268H_l/1000 \quad (1-3-149)$$

$$V_0=0.24H_h/1000 \quad (1-3-150)$$

式中 H_l、H_h——燃气的低热值、高热值，kJ/m^3。

表 1-3-32 一些单一气体的燃烧特性

名 称	燃烧反应式	理论空气需要量及耗氧量/ m^3/m^3(干燃气)		理论烟气量 V_f/ m^3/m^3(干燃气)				爆炸极限(20℃，101.325 kPa)/%		燃烧热量计温度/℃	着火温度/℃
		空气	氧	CO_2	H_2O	N_2	V_f	下限	上限		
氢	$H_2+0.5O_2=H_2O$	2.28	0.5	—	1.0	1.88	2.88	4.0	75.9	2210	400
一氧化碳	$CO+0.5O_2=CO_2$	2.38	0.5	1.0	—	1.88	2.88	12.5	74.2	2370	605
甲烷	$C_2H_4+2O_2=CO_2+2H_2O$	9.52	2.0	1.0	2.0	7.52	10.52	5.0	15.0	2043	540
乙炔	$C_2H_2+2.5O_2=2CO_2+H_2O$	11.90	2.5	2.0	1.0	9.40	12.40	2.5	80.0	2620	335
乙烯	$C_2H_4+3O_2=2CO_2+2H_2O$	14.28	3.0	2.0	2.0	11.28	15.28	2.7	34.0	2343	425
乙烷	$C_2H_6+3.5O_2=2CO_2+3H_2O$	16.66	3.5	2.0	3.0	13.16	18.16	2.9	13.0	2115	515
丙烯	$C_2H_6+4.5O_2=3CO_2+3H_20$	21.42	4.5	3.0	3.0	16.92	22.92	2.0	11.7	2224	460
丙烷	$C_3H_8+5O_2=3CO_2+4H_2O$	23.80	5.0	3.0	4.0	18.80	25.80	2.1	9.5	2155	450
丁烯	$C_4H_8+6O_2=4CO_2+4H_2O$	28.56	6.0	4.0	4.0	22.56	30.56	1.6	10.0	—	385
正丁烷	$C_4H_{10}+6.5O_2=4CO_2+5H_2O$	30.94	6.5	4.0	5.0	24.44	34.44	1.5	8.5	2130	365
异丁烷	$C_4H_{10}+6.5O_2=4CO_2+5H_2O$	30.94	6.5	4.0	5.0	24.44	34.44	1.8	8.5	2118	460
戊烯	$C_5H_{10}+7.5O_2=5CO_2+5H_2O$	35.70	7.5	5.0	5.0	28.20	38.20	1.4	8.7	—	290
正戊烷	$C_5H_{12}+8O_2=5CO_2+6H_2O$	38.08	8.0	5.0	6.0	30.08	41.08	1.4	8.3	—	260
苯	$C_6H_6+7.5O_2=6CO_2+3H_2O$	35.70	7.5	6.0	3.0	28.20	37.20	1.2	8.0	2258	560
硫化氢	$H_2S+1.5O_2=SO_2+H_2O$	7.14	1.5	1.0	1.0	5.64	7.64	4.3	45.5	1900	270

(二)实际空气需要量

在实际的燃烧装置中，由于存在燃气和空气混合不均匀，为使燃气尽可能完全燃烧，减少化学不完全燃烧的损失，实际供给的空气量往往大于理论空气量。实际供给的空气量与理论空气量之比称为剩空气系数。

$$\alpha=V/V_0 \quad (1-3-151)$$

式中 α——过剩空气系数；

V——实际供给的空气量，m^3/m^3 干燃气。

四、天然气燃烧产物量

(一)理论烟气量

供给理论空气量，完全燃烧 $1m^3$ 天然气产生的烟气量。可表示成：

V_f——理论干烟气量，m^3/m^3 干天然气；V_f'——理论湿烟气量，m^3/m^3 干天然气。

(二)甲烷按化学计量方程式燃烧产生的烟气量及烟气组成

甲烷与纯氧反应如下式：

$$CH_4+2O_2 \xlongequal{} CO_2+2H_2O$$

甲烷与空气燃烧反应时(取空气中 $N_2:O_2=79:21$，体积比)：

$$CH_4+2O_2+7.52N_2 \xlongequal{} CO_2+2H_2O+7.52N_2$$

烟气中各组分的体积(按 $1m^3$ 干甲烷计)：

$$V_{CO_2}=1m^3,\ V_{H_2O}=2m^3,\ V_{N_2}=7.52m^3$$

理论空气量(按 $1m^3$ 干甲烷计)：

$$V_0=2+7.52=9.52m^3$$

理论干、湿烟气量(按 $1m^3$ 干甲烷计)：

$$V_f=V_{CO_2}+V_{N_2}=1+7.52=8.52m^3,\ V_f''=V_f+V_{H_2O}=8.52+2=10.52m^3$$

烟气中各组分的体积分数(%，干基)：

$$r_{CO_2}=V_{CO_2}/V_f=1/8.52=11.74\%,\ r_{N_2}=V_{N_2}/V_f=7.52/8.52=88.26\%$$

单一可燃组分燃烧产生的烟气量见表 1-3-32。

(三)计算例题

计算下列组成的干天然气 $1m^3$，按化学计量方程式完全燃烧时所需理论空气量和产生的烟气量。组成：$CH_4$92.9%，C_2H_6 1.5%，C_3H_8 0.5%，H_2 0.1%，CO_2 2.0%，N_2 3.0%(体积分数)。

计算结果列于表 1-3-33。

表 1-3-33　一干天然气完全燃烧所需的理论空气量和生成的烟气量　m^3

组　分	CO_2 生成量 V_{CO_2}	H_2O 生成量 V_{H_2O}	空气和天然气带入的 N_2 量 V_{N_2}	理论空气量 V_0	干烟气量 V_f	湿烟气量 V_f'
CO_2	1×0.02=0.02	0	0	0	0.02	0.02
N_2	0	0	1×0.03=0.03	0	0.03	0.03
H_2	0	1×0.001=0.001	1.8×0.001=0.00188	2.38×0.001=0.00238	1.88×0.001=0.00188	0.00288
CH_4	1×0.929=0.929	2×0.929=1.858	7.52×0.929=6.986	9.50×0.929=8.844	8.52×0.929=7.915	9.773
C_2H_6	2×0.015=0.030	3×0.015=0.045	13.16×0.015=0.197	16.66×0.015=0.250	15.16×0.015=0.227	0.272
C_3H_8	3×0.005=0.015	4×0.005=0.020	18.80×0.005=0.094	23.80×0.005=0.119	21.80×0.005=0.109	0.129
合　计	0.994	1.924	7.309	9.215	8.303	10.227

实际的燃烧过程多是不完全燃烧，无论空气供应是过剩还是不足，烟气中都残存可燃组分。此时可把燃烧过程处理为空气供应不足的燃烧并伴随有附加空气。即供给的总空气量为 αV_0，其中 $\alpha_1 V_0$ 的空气作燃烧用，其 $\alpha_1<1$，$\alpha_2 V_0$ 作附加空气。

$$\alpha V_0=\alpha_1 V_0+\alpha_2 V_0 \tag{1-3-152}$$

$$\alpha=\alpha_1+\alpha_2 \tag{1-3-153}$$

此时总的过剩空气系数 α 可大于1，也可小于或等于1。这类燃烧工况下的烟气组分除了 CO_2、N_2、H_2O 外，还会有 CO、H_2、CH_4 等可燃物质，还会存在 O_2。

五、燃烧温度及烟气的焓

(一)燃烧温度

1. 热量计温度

天然气燃烧过程如果在绝热下进行，燃烧所产生的热量全部用于加热烟气，那么烟气所达到的温度称作热量计温度。根据热平衡方程式该温度为：

$$t_c=\frac{H_1+(c_g+1.20c_{H_2O}d_g)t_g\alpha V_0(c_a+1.20c_{H_2O}d_a)t_a}{V_{CO_2}c_{CO_2}+V_{H_2O}c_{H_2O}+V_{N_2}c_{N_2}+V_{O_2}c_{O_2}} \tag{1-3-154}$$

式中 t_c——热量计温度，℃；

H_1——天然气的低热值，kJ/m³；

c_g、c_a——天然气、空气的平均体积定压比热容，kJ/(m³·℃)；

c_{CO_2}、c_{H_2O}、c_{N_2}、c_{O_2}——二氧化碳、水蒸气、氮气、氧气的平均体积定压比热容，kJ/(m³·℃)；

1.20——水蒸气的质量体积，m³/kg；

d_g——天然气中水蒸气含量，kg/ m³(干天然气)；

d_a——空气中水蒸气含量，kg/ m³(干空气)；

t_g、t_a——天然气、空气温度，℃；

V_{CO_2}、V_{H_2O}、V_{N_2}、V_{O_2}——1m³ 干天然气完全燃烧产生的 CO_2、H_2O、N_2、O_2 的体积。

单一可燃组分的热量计温度见表1-3-32。

2. 理论燃烧温度

如果考虑化学不完全燃烧和1500℃以上的高温下，CO_2、H_2O 分解吸收所损失的热量，扣除后求得的烟气温度称作理论燃烧温度，其计算如下式：

$$t_{th}=\frac{H_1-H_c+(C_g+1.20c_{H_2O}d_g)t_g+\alpha V_0(c_a+1.20c_{H_2O}d_a)t_a}{V_{CO_2}c_{CO_2}+V_{H_2O}c_{H_2O}+V_{N_2}c_{N_2}+V_{O_2}c_{O_2}} \tag{1-3-155}$$

式中 t_{th}——理论燃烧温度，℃；

H_c——化学不完全燃烧和 CO_2、H_2O 分解吸热所损失的热量，kJ/m³ 干天然气。

一些烃的理论燃烧温度见图1-3-58，烃与空气均为干基，入口温度为0℃。

3. 实际燃烧温度

由于炉体、工件的吸热和向周围环境散热，炉膛实际温度比理论燃烧温度低得多。其差值依加热工艺和炉体结构而改变，难以精确计算。根据经验对理论燃烧温度和实际燃烧温度的关系建立如下的经验式：

$$t_{ac}=\mu t_{th} \tag{1-3-156}$$

式中 t_{ac}——实际燃烧温度，℃；

μ——高温系数。

对于无焰燃烧器的火道，可取 $\mu=0.9$，其他常用加热设备的 μ 值见表1-3-34。

(二)烟气的焓

以1m³ 干天然气为基础，燃烧后生成的烟气在不同温度下的焓等于理论烟气的焓与过剩空气的焓之和。热力计算中常由烟气温度求焓或相反。为求值方便，常用式(1-3-157)编制焓温表或焓温图使用。

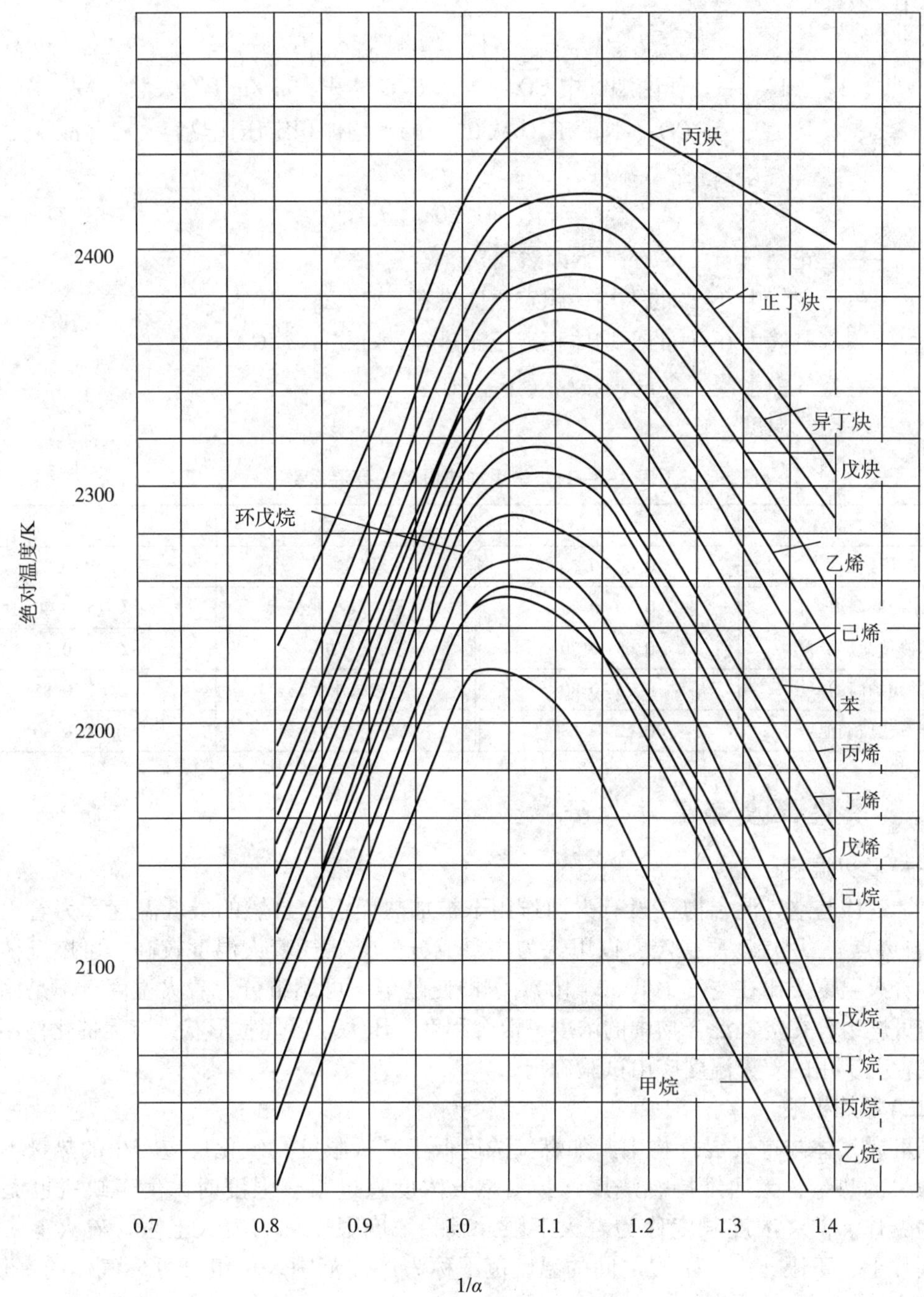

图 1-3-58　烃的理论燃烧温度

$$I_f = I_f^0 + (a-1) I_a^0 \tag{1-3-157}$$

式中　I_f——烟气的焓，kJ/m³(干天然气)；

I_f^0——理论烟气的焓，kJ/m³(干天然气)；

I_a^0——理论空气的焓，kJ/m³(干天然气)；

a——过剩空气系数。

其中：

$$I_f^0=V_{CO_2}^0 c_{CO_2} t_f+V_{N_2}^0 c_{N_2} t_f+V_{H_2O}^0 c_{H_2O} t_f \tag{1-3-158}$$

式中 $V_{CO_2}^0$、$V_{N_2}^0$、$V_{H_2O}^0$——理论烟气中CO_2、N_2、H_2O体积，m^3/m^3(干天然气)；

c_{CO_2}、c_{N_2}、c_{H_2O}——CO_2、N_2、H_2O从$0\sim t_f$的平均体积定压比热容，$kJ/(m^3 \cdot ℃)$；

t_f——空气温度，℃。

$$I_a^0=V_0(c_a+1.20c_{H_2O}d_a)t_a \tag{1-3-159}$$

式中 V_0——理论空气量，m^3/m^3(干天然气)；

c_a——干空气由$0\sim t_a$的平均体积定压比热容，$kJ/(m^3 \cdot ℃)$；

c_{H_2O}——水蒸气由$0\sim t_a$的平均体积定压比热容，$kJ/(m^3 \cdot ℃)$；

d_a——空气中水蒸气含量，kg/m^3(干空气)；

t_a——空气温度，℃。

表1-3-34 常用加热设备的高温系数

名 称	μ	名 称	μ
锻造炉	0.66~0.70	隧道窑	0.75~0.82
无水冷壁锅炉炉膛	0.70~0.75	竖井式水泥窑	0.75~0.80
水冷壁锅炉炉膛	0.65~0.70	平 炉	0.71~0.74
有关闭炉门的室炉	0.75~0.80	回转式水泥窑	0.65~0.85
连续式玻璃池炉	0.62~0.68	高炉空气预热器	0.77~0.80

六、着火温度和爆炸极限

(一)着火温度

可燃气体与空气混合物在没有火源作用下被加热而引起自燃的最低温度称为着火温度(又称自燃点)。甲烷性质稳定，以甲烷为主要成分的天然气着火温度较高。可燃气体在纯氧中的着火温度要比在空气中低50~100℃。即使是单一可燃组分，着火温度也不是固定数值，与可燃组分在空气混合物中的浓度、混合程度、压力、燃烧室形状、有无催化作用等有关。工程上实用的着火温度应由试验确定。

(二)爆炸极限

在可燃气体与空气混合物中，如燃气浓度低于某一限度，氧化反应产生的热量不足以弥补散失的热量，无法维持燃烧爆炸；当燃气浓度超过某一限度时，由于缺氧也无法维持燃烧爆炸。前一浓度限度称为着火下限，后一浓度限度称为着火上限。着火上、下限又称爆炸上、下限，上、下限之间的温度范围称为爆炸范围。单组分可燃气体的爆炸上、下限见表1-3-32。

对于不含氧和不含惰性气体的燃气之爆炸极限可按式(1-3-160)近似计算：

$$L=100/\sum(V_i/L_i) \tag{1-3-160}$$

式中 L——燃气的爆炸上、下限，%；

L_i——燃气中各组分的爆炸上、下限，%；

V_i——燃气中各组分的体积分数，%。

对含有惰性气体的燃气之爆炸极限可参阅图1-3-59~图1-3-61。从图中可看出，一些可燃气体混入惰性气体后，其爆炸极限的上、下限间的范围存在缩小的规律。

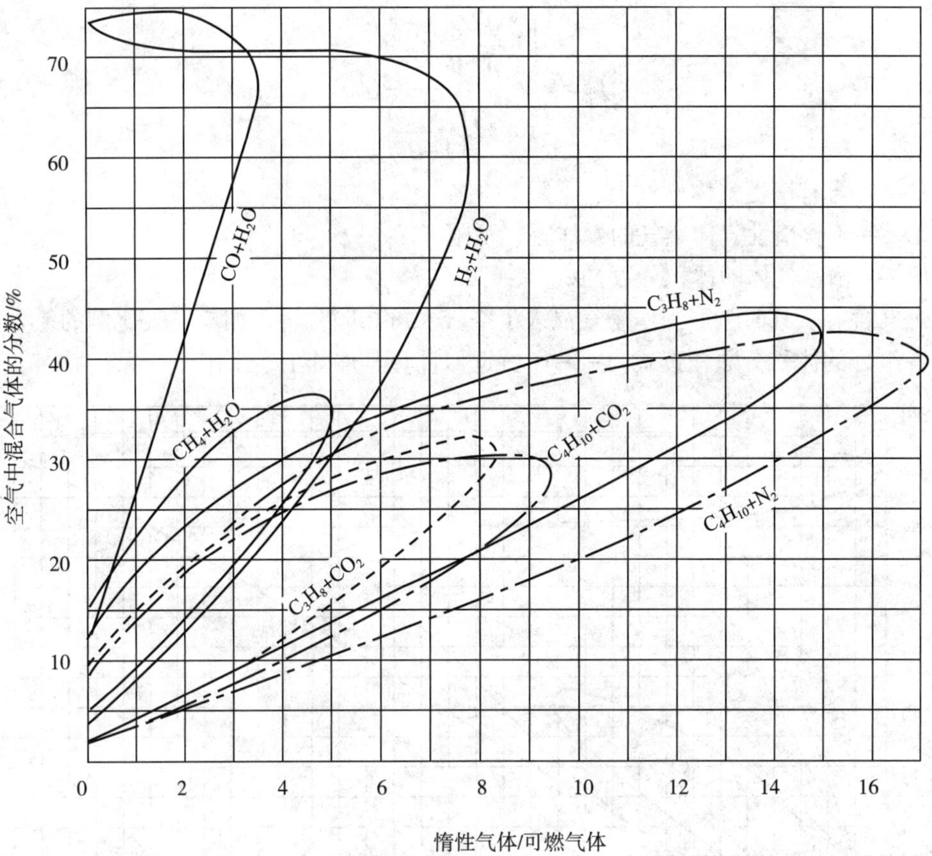

图 1-3-59 H_2、CO、CH_4、C_3H_8、C_4H_{10}与 CO_2、H_2O、N_2 混合时的爆炸极限

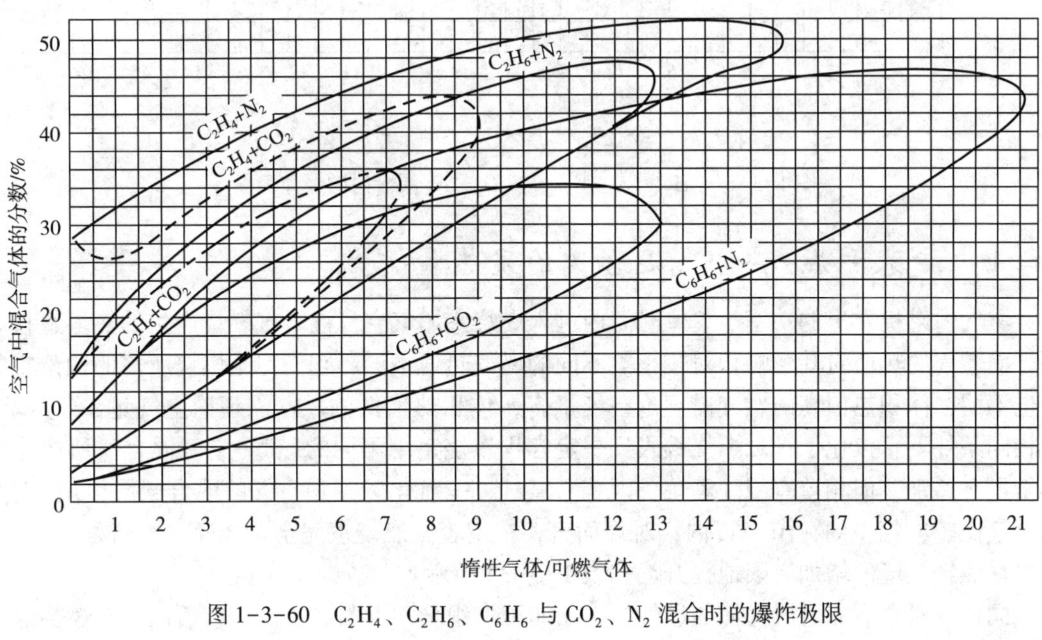

图 1-3-60 C_2H_4、C_2H_6、C_6H_6 与 CO_2、N_2 混合时的爆炸极限

含有惰性气体的燃气之爆炸极限也可按式(1-3-161)近似计算：

$$L_d = L\frac{\left(1+\dfrac{B_i}{1+B_i}\right)100}{100+L\left(\dfrac{B_i}{1-B_i}\right)}(\%) \tag{1-3-161}$$

式中 L_d——含有惰性气体燃气上、下限，%；

L——不含惰性气体燃气的爆炸上、下限，%；

B_i——惰性气体的体积分数，%。

当燃气含有氧气时，可当作燃气混入了空气，可扣除含量及相应空气比例的氮含量，调整燃气各组分的体积分数，按式(1-3-161)近似计算其爆炸上、下限。

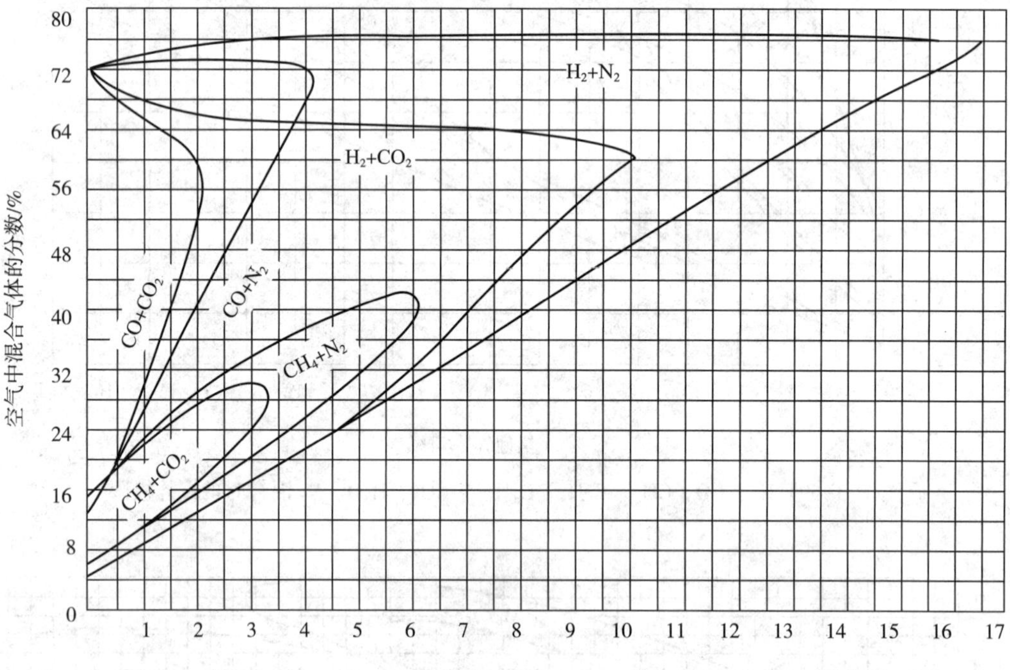

图 1-3-61 H_2、CO、CH_4 与 CO_2、N_2 混合时的爆炸极限

七、定容积燃气-空气混合气的发热量

燃气内燃机发出的功率与单位时间内进入燃烧室燃气空气混合气燃烧产生的热量直接相关，而燃气的热值对其影响相对较小。不同的燃气热值不同，它们完全燃烧所需的理论空气量也不同，体积热值高的燃气需理论空气量多，体积热值低的燃气需理论空气量少。那么，在相同条件下，按化学计量燃烧吸入到一定容积燃烧室中不同的燃气-空气混合气所产生的热量虽有差别，但相差有限。乙烷、丙烷、氧气、一氧化碳等和空气的混合气同甲烷-空气混合气比较，相差约在10%以内；对烃而言，在定容积燃烧室完全燃烧烃-空气混合气产生的热量随烃热值的增加有限地提升，如表1-3-35所示。

同理，对含有非可燃气体的燃气，由于非可燃组分不参与燃烧反应，所以完全燃烧这类燃气比同质的不含非可燃组分的燃气需理论空气量少。一定容积燃烧室，按化学计量燃烧含有非可燃组分的燃气-空气混合气所产生的热量，随燃气中非可燃组分含量的增加有一定程度的下降，但不如燃气中由于非可燃组分含量增加热值下降幅度大。燃气中非可燃组分含量由0增到80%，燃气热值由原来的100%降到20%；而在一定容积燃烧室中，按化学计量燃烧含有非可燃组分的燃气，非可燃组分含量由0增到80%时，这类燃气-空气混合气产生的热量由原来的100%降到72.4%，如表1-3-36所示。

表1-3-35 定容积燃烧室燃气-空气混合汽化学计量燃烧时产生的热量

项目		甲烷	乙烷	丙烷	正丁烷	氢气	一氧化碳
燃气低热值/(MJ/m^3)		35.88	64.35	93.18	123.56	10.79	12.64
和甲烷热值对比		1	1.79	2.60	3.44	0.30	0.35
理论空气量/(m^3/m^3燃气)		9.52	16.66	23.80	30.94	2.38	2.38
1L容积燃烧室内燃气-空气混合物以化学计量燃烧时	其中燃气量/L	0.0951	0.0566	0.0403	0.0313	0.2959	0.2959
	其中空气量/L	0.9049	0.9434	0.9597	0.9687	0.7041	0.7041
	混合气燃烧产生的热量/kJ	3.4122	3.6422	3.7552	3.8674	3.1928	3.7402
	各混合气热量比(与甲烷)	1	1.067	1.101	1.1327	0.936	1.096
	±%	0	+6.7	+10.1	+13.3	-6.4	+9.6

表1-3-36 进入定容积燃烧室的含量不同比例非可燃组分的甲烷-空气混合汽化学计量燃烧产生的热量

项目		100%甲烷	80%甲烷+20%非可燃气	60%甲烷+40%非可燃气	40%甲烷+60%非可燃气	20%甲烷+80%非可燃气
含不同比例非可燃气体的燃气	低热值/(MJ/m^3)	35.88	28.70	21.53	14.35	7.18
	和甲烷热值对比	—	0.8	0.6	0.4	0.2
	理论空气量/(m^3/m^3燃气)	9.520	7.616	5.712	3.808	1.904
1L容积燃烧室内燃气-空气混合物以化学计量燃烧时	燃气量/L	0.0951	0.1161	0.1490	0.2080	0.3444
	需空气量/L	0.9049	0.8839	0.8510	0.7920	0.6556
	燃气中甲烷量/L	0.0951	0.0929	0.0894	0.0832	0.0689
	混合气热量/(kJ/L)	3.4122	3.3333	3.2076	2.9852	2.4721
	混合气热量比	1	0.976	0.940	0.874	0.724

用管网天然气做汽车燃料时，天然气组分一般变化不大，天然气热值在小范围内波动，汽车燃烧室混合气热量变化极小，仅从热量因素考虑，对汽车出力影响是很小的。

八、抗爆性

燃气内燃机发出的动力与燃烧室内混合气发生的热量有关，还与压缩比有较大的关系，在同一燃气、同等进气条件下，压缩比越高，发出的功率越大。而达到压缩比的数值依赖于燃气的抗爆性或称抗爆震能力。抗爆性是点燃式内燃机燃料重要特性。汽油抗爆性的评定采用辛烷值法。选择异辛烷作为抗爆性强的基准，定其辛烷值为100；选择抗爆性极弱的正庚烷，定其辛烷值为0。将两种燃料按不同体积比混合制成系列标准燃料。将欲测定的某种燃料在专门的试验机上做对比试验，当被测燃料的抗爆性与含有某体积百分数异辛烷标准燃料相当时，此时异辛烷的体积百分数即为被测燃料的辛烷值。当欲测定的燃料的辛烷值超过100时，还可在作为标准的液体燃料中添加四乙铅等抗爆剂，使辛烷值达到120，再与预测燃料对比。

以甲烷为主要成分的天然气具有很高的抗爆性，若以辛烷值来推定，甲烷和以甲烷为主要成分的天然气辛烷值超过120，据美国燃气研究所(GRI)研究，纯甲烷辛烷值(马达法)约140，多数天然气为115~130。因此，沿用汽油辛烷值试验来标定天然气辛烷值，评价其抗爆性，对含甲烷高的天然气就不甚适宜。加上不同地区或同地区不同时间的天然气组成变化甚大，采用试验法来确定天然气辛烷值十分不便，所以人们寻求更准确、方便的评价天然气抗爆性的方法。

(一)建立天然气组分或氢碳比与辛烷值的关系式，计算天然气的辛烷值方法

在天然气组分中，甲烷抗爆性最高，乙、丙烷含量增加会降低其抗爆性，尤其是正构丁烷会显著降低天然气抗爆性，而天然气中的惰性组分 CO_2、N_2 会增加抗爆性。因此天然气抗爆性与组成或“有效氢/碳(H/C)”密切相关(有效H/C指天然气中烃的氢原子总数对碳原子总数的比率)。

美国燃气研究所通过研究，分别导出天然气马达法辛烷值(MON)-天然气组分的关联式和MON-有效H/C的关联式。

MON-天然气组分关联式为线性因数关系式，

$$MON = C_1 \cdot f_1 + C_2 \cdot f_2 + C_3 \cdot f_3 + C_4 \cdot f_4 + CO_2 \cdot f_{CO_2} + N_2 \cdot f_{N_2}$$

式中　C_1、C_2、C_3、C_4、CO_2、N_2——甲、乙、丙、丁烷、CO_2 和 N_2 的摩尔分数,%；

f_1、f_2、f_3、f_4、f_{CO_2}: f_{N_2}——甲、乙、丙、丁烷、CO_2 和 N_2 分别与各组分特性有关的因数。

选取6个已知组成的天然气，它们的 *MON* 可按ASTM辛烷值测定法测得，取得6组数据，代入上式，可解出 $f_1 \sim f_{N_2}$ 个因数，这样 *MON* 与组分的关系式可写成式(1-3-162)：

$$MON = 137.780 \times C_1 + 29.948 \times C_2 - 8.93 \times C_3 - 167.062 \times C_4 + 181.233 \times CO_2 + 26.994 \times N_2 \quad (1-3-162)$$

又据GRI实测天然气的 *MON* 与有效H/C之间的关系为指数曲线，近似三次方的方程式，其通式为：

$$MON = K_0 + K_1 R + K_2 \mathrm{R}^2 + K_3 R^3$$

式中　K_0、K_1、K_2 和 K_3——多项式回归系数；

R——有效H/C。

选取4种已知有效H/C的天然气，按ASTM辛烷值测定法取得4个 *MON* 测定值代入上通式，求得 K_0、K_1、K_2 和 K_3，这样天然气的MON与有效H/C的关系式可写成：

$$MON = -406.14 + 508.04R - 173.55R^2 + 20.17R^3 \quad (1-3-163)$$

式(1-3-162)和式(1-3-163)建立了天然气 *MON* 和组分或有效H/C的关系，可方便地利用天然气组分或H/C数据计算天然气的 *MON*。此法适用于天然气抗爆性的 $MON \leqslant 120$。

(二)甲烷值法

除了用 *MON* 来衡量天然气抗爆性外，还可用甲烷值(*MN*)来衡量天然气抗爆性，特别是 *MON* 高于120的天然气的抗爆性。

甲烷值是以纯甲烷作为抗爆性强的基准，定其甲烷值为100；把氧气作为抗爆性弱的基准，定其甲烷值为0。表1-3-37示出几种可燃组分的甲烷值。

表 1-3-37　几种可燃组分的甲烷值[①]

组　分	100%甲烷	100%乙烷	100%丙烷	100%丁烷	100%H_2
甲烷值	100	44	32	8	0

注：①数据取自 IGU/IANGV，1994。

GRI 利用试验数据，通过线性同归数据处理，建立甲烷值与马达法辛烷值关系式：

$$MON = 0.679 \times MN + 72.3 \tag{1-3-164}$$

$$MN = 1.445 \times MON - 103.42$$

式(1-3-164)中两个关系式并非完全线性，因此相互间不是严格可逆的，适用于确定甲烷含量高的天然气抗爆性。

第二编　天然气矿场集输

第一章 天然气集输概况

第一节 天然气集输工程发展概况

天然气是存在于地下岩石储集层中以烃为主体的混合气体的统称，包括油田气、气田气、煤层气、泥火山气和生物生成气等。天然气集输就是以最省的投资，最低的运行费用，安全地将天然气收集、处理、输送到用户的过程，广义地说是指将油、气井采出的天然气(油田伴生气、气藏气和凝析气等)汇集、处理和输送到用户，可分为井场集气、集气站、增压站、脱水站与输送管道5部分，主要技术有天然气矿场采集和预处理技术，天然气净化技术，天然气管道输送技术，天然气储存技术，工艺设备、仪器仪表自动化控制应用技术，天然气加工与应用、安全生产等技术。狭义地说是长距离输气管道首站或天然气处理厂以前的集气、脱液与固体杂质分离预处理、天然气输送为天然气集输，以后部分属于天然气加工、长距离输气管道内容。

油田伴生气、气藏气和凝析气矿场集输没有明显界限，主要区别在于井流物中以石油为主还是以天然气为主，一般认为以开采石油为主的叫油井，配套的油田伴生气集输不包括井口到接转站(联合站)的集油(气)部分，油气分离器气相出口以后属于天然气集输范围，油田伴生气集输相对简单，因此，没有特别说明天然气集输包含了油田伴生气集输范畴。

一、国外天然气集输发展概况

国外天然气集输技术发展迅速，新技术、新工艺层出不穷，膜分离技术、超音速低温分离技术、旋转透平分离技术等逐渐开始应用。

1. 膜分离技术

气体膜分离技术以其经济、便捷、高效、洁净的技术特点，成为膜分离学科中应用发展较快的技术分支，广泛应用在天然气的分离、脱水及净化等领域。

与其他分子筛法、醇胺法等常规天然气净化工艺相比，膜分离技术具有很多优点，如分离过程中无相变、能耗低；分离过程中不使用化学剂，副反应少，基本不存在装置腐蚀问题；设备简单、占地面积小及操作容易等。一般情况下，根据天然气中 H_2O、CO_2、H_2S 含量，确定采用一级膜分离技术，还是采用多级膜分离技术。

膜分离技术还可以与醇胺法结合使用，采用一级膜分离技术和二级醇胺法复合净化工艺，不仅可以提高天然气脱硫脱碳净化效果，而且设备建造、能耗、运行操作成本等都较低。

但是受制于膜分离工艺特点，膜分离技术对天然气脱硫脱碳后，废气中仍然含有一定量天然气组分，对天然气的损失率一般为3%~6%。对这部分气体还需要进行专门处理。

膜分离技术天然气脱水在国外也已得到了应用，掌握该项技术的主要是美国的MTR和德国的GKSS两家公司。膜分离技术脱水在降低天然气水露点的同时，还可以实现重烃组分的分离。与目前常用的三甘醇脱水法相比，膜分离技术脱水具有设备占地面积小、安装速度快、维护量少、运行费用低、安全性高等优点，但设备投资较高。

2. 天然气超音速低温分离技术

荷兰TWISTERBV公司研发的天然气超音速低温分离技术，以超音速分离出烃类液体和水分。与常规技术相比，不需要使用化学药剂，可以减少有害气体的泄漏；无动力部件、无人操作；允许远程操作、立即启动。

超音速分离器按工作原理分为以下4段：

(1)膨胀收缩段：当原料天然气经过此段时，由于喷管内径收缩，气体压力、温度及状态发生变化。

(2)加速段：由于气体膨胀，原料气压力下降、温度降低，是一个制冷过程。在此阶段，气体速度可达到约390~450m/s。

(3)离心力段：喷管内离心力的产生是由于管内壁上固定了一个叶片，夹角7°~10°，高速度气体经过此处后产生旋转，在管子中环状流动，产生很强的离心力。

(4)气体扩散段：由于喷管内径扩张，产生涡流扩散。气体压力增高、温度升高，气体由此排出，部分饱和的湿气微小颗粒进入支管与部分漏失的气体混合，进入回收罐再分离。

经过上述4段处理后，天然气中水分和重烃被分离出来，合格干气直接外输。

3. 高压透平增压泵能量回收新技术

三甘醇脱水、胺法脱碳、脱硫装置的吸收塔通常在高压下操作，而汽提塔则在常压下操作。因此，需要用循环泵(国内一般用离心泵)将汽提塔塔底来的贫液加压至高压后进入吸收塔，因此需要泵的扬程很高、功率很大，需要选用高压电动机驱动。另外，吸收塔塔底流出的高压富液通常流经一个液位调节阀，节流至较低压力后进入闪蒸罐，造成了高压富液压力能的浪费。将高压富液的压力能通过透平装置进行回收，可有效降低配套电机的功率。

液压透平增压泵(HTC)是把冲击式水力透平机与水泵结合在一起，实现把高压富液的能量直接转换为低压贫液的能量，透平和泵的综合能量转化效率高达81%。

其工作原理是：来自吸收塔的高压富液进入透平增压泵的透平壳体内冲击透平叶轮高速旋转，将高压富液能量转化成泵轴的旋转机械能，直接驱动水泵叶轮，水泵叶轮把低压贫液增压后泵入吸收塔，从而实现把富液的能量直接转换成贫液的能量，达到能量回收之目的。

该项技术由美国PEI公司研发，已有数千台应用于海水淡化能量回收、天然气气体净化能量回收及合成氨气体净化能量回收。

4. 美国旋转透平分离技术

美国利用旋转分离透平，在回收高压天然气井口节流降压能量损失的同时，提供高效分离和驱动动力。该技术包括三相旋转分离透平(RST3)、两相旋转分离透平(RST)、管式旋转分离透平(IRIS)、油气分离透平、高压天然气分离透平等系列产品。

现场试验中，分离效率达到99%以上。该技术原理是：依靠喷嘴将流体加速并产生均匀的气液流(气相和液相之间滑差很小)，均匀布置的喷口使流体冲击可旋转分离转筒的光滑内表面，使流体产生涡流，在强大离心力的作用下，由于密度不同使气、液高效分离(在三相旋转分离透平中为气、油、水高效分离)。该装置在回收压降过程中能量损失的同时，提供高效分离和发电的能量。该技术的分离效率达到或超过常规沉降罐，而设备占地减少约50%。三相旋转分离透平设备排出的污水指标优于所有现有的海上排放标准，无温室气体排放。

5. 超级活性炭吸附储存天然气技术

超级活性炭吸附储气用于天然气储存和天然气应用，是近年来美国、加拿大和日本等国研究开发的新技术。其原理是将超级活性炭作为吸附剂用特殊方法装填在储气容器中。由于吸附剂表面分子与气体之间的作用力远高于气体分子之间的作用力，使吸附剂微孔中气体密度远高于相同压力下气相气体密度，从而存储同样气量的压力可以减少近 10 倍。储气吸附剂如果采用比表面积为 $3000m^2/g$ 的微孔活性炭，其储气能力为 120~170v/v，即在 3.5MPa 压力下，$1m^3$装有吸附剂的气瓶可容纳 120~170m^3的天然气。

体积填充机理只有在孔径约为 2μm 的微孔中才起作用。超级活性炭孔径越小，这种分子之间的作用力越强。为了增加单位容积吸附剂的储气量，吸附剂一般需要成型加工，将超级活性炭的密度从 0.2~0.3g/mL 增加到目前能够提供的 0.5~0.7g/mL。此项技术对充分利用边缘油田的天然气具有一定的意义。

二、我国天然气集输工业发展概况

我国天然气的开发利用有着悠久的历史。据史料记载，东汉时期(公元 25~219 年)在临邛(今四川邛崃市)、鸿门(今陕西临潼)等地，已开始利用天然气就地煮盐。到清代中后期(公元 18~19 世纪)天然气的利用已有一定规模，并出现了用竹制笕管等引送火井天然气到煮盐灶户的情况。管一般长一丈五尺(约 5m)，管径四寸(约 130mm)，将管首尾相接，从火井接到灶户。对于规模较大、用气量较多的灶户需要从多口井集气，而一些产气量较大的火井则又往往需将天然气分输到多个用户。于是，在一定范围内形成了我国早期的“天然气集输管网”。

天然气真正大规模勘探开发利用还是在 1950 年以后的四川地区。集输管网主要配合气田试采，向附近用户如炭黑厂供气，但输气的范围有限，工程也较简单。1958 年后随着我国工业、农业、国防、交通运输的发展，对能源和原料需要量的急增，天然气工业也得到迅速发展，天然气集输工程规模不断扩大，技术水平也不断提高。天然气集输技术的发展，经历了一个较长的时间，由以单个气田为集输单元发展到多气田集输系统组合，进而形成大型集输系统。发展过程大致可分为初级阶段、起步阶段、大发展阶段、完善提高阶段四个：

20 世纪 50~70 年代中期属于天然气集输技术发展的初级阶段，天然气利用水平低，用户少供气距离短。天然气的集输主要采用单井集气流程，天然气在井口采出后经气液分离脱除天然气中的游离水、油及机械杂质，经计量后直接输往用户。油田联合站生产的伴生气主要用作生产过程加热燃料与生活取暖用气，剩余天然气放空“点天灯”。

生产时气量由井口节流阀进行控制，为防止天然气节流降压时产生水合物形成冰堵，矿场多采用蒸汽夹套管加热，井场设锅炉供汽。这个时期的气田生产管理以每个气田为一生产单元，没有完整的水、电、通信等配套工程，集输过程采用的设备性能差，均为手动操作，生产效率低，仅能适应局部地区供气。

70~80 年代，随着我国改革开放带来的工业大发展，天然气利用水平提高对能源需求的快速增长，油气田开发迅速扩大，天然气集输也得到迅速发展。首先是起步较早的四川地区，气田数量由十多个扩大到几十个，建成了区域性管网。

具有代表性的是低温分离等工艺的应用，实现了干气输送，增加了天然气输送距离与输量。国内最先进的输气北干线——管径 720mm 大口径北半环天然气管道输送系统于 1988 年建成并投入运行，它以川东天然气脱硫总厂为起点，经南充、蓬溪、射洪、遂宁等地至成都配气站，全长 330km，年输气能力达 $20\times10^8m^3$。它与南干线一起，把四川气田各开发区，成都、重庆和自贡等大中城市以及四川维尼纶厂、四川化工厂、泸州天然气化工厂、云南天然气化工厂和贵州赤水天然气化工厂等大化肥、大化纤企业连接起来，形成了一个四通八达、输配自如的大规模天然气管网系统。与此同时，天然气脱水、脱硫、低温脱烃净化处理技术得到快速提升，在卧龙河、中坝、渠县等地兴建了7座大型天然气净化厂，30多套脱硫、脱水、硫黄回收及尾气处理等装置，含硫天然气的处理能力已达$1000\times10^4m^3/d$以上，开发高压、高含硫、凝析油含量较高的气田集输技术日趋成熟。

大庆、胜利、中原等大油田借助当地石油化工行业发展对天然气的需求，相继引进、开发与完善了天然气增压、多级离心压缩、分子筛吸附脱水、甘醇吸收脱水、原油稳定、丙烷制冷、膨胀制冷低温分离回收轻烃等天然气处理工艺技术，凝析气田开发、原油稳定与膨胀制冷回收伴生气、轻烃装置迅速形成规模，建成大型天然气处理厂，实现了向天然气长输管道以及化工企业稳定供给合格商品天然气与轻烃化工原料常态化。中原油田自1976年发现至1983年天然气集输以油田内天然气集输干线、柳屯工业配气站及第一气体处理厂建设为标志。中原油田以1984年文23气田进行产能建设和1989年白庙气田投入试采为标志；天然气集输以外供气长输管道建设和引进国外技术回收乙烷高水准第三气体处理厂建设为标志。

经过40多年的油气田勘探、开发，从20世纪90年代到21世纪初天然气利用与集输属于大发展阶段，特别是近10年来整体集输技术水平不断完善提高，满足了我国各类地区不同气源开发需要、不同天然气用户供气需要。主要体现在下述方面。

一是有相当部分气田进入产量递减期，采出程度在60%以上，个别气田超过80%，部分气井井口流动压力已不能进入高压集气管网。为了适应这种情况，采用高、低压两套管网分输，高压气进入输气干线，向远离气田的用户供气，低压输气管道向当地用户就近供气。

二是我国天然气勘探开发取得突破，在鄂尔多斯、四川、塔里木、柴达木和莺-琼五大盆地相继发现了大气田，例如鄂尔多斯苏里格、乌审旗、榆林大气田；塔里木英买7、牙哈、羊塔克中型凝析气田与克拉2特大气田；川渝地区双龙气田、双家坝气田、磨溪气田、渡口河、铁山坡、罗家寨、普光、元坝特大气田；柴达木台南、涩北一号、涩北二号气田；琼东南盆地崖13-1、东方1-1、乐东22-1、乐东15-1等超大中型气田。为了克服所处地区不是严寒就是山区自然环境差不利于天然气集输局面，满足距离天然气最终用户距离远需要长距离管道输送要求，提高集输系统效率，多井多气源联网集中建设大型天然气净化处理厂、因地制宜选择一级布站与二级布站集气工艺，实现商品气(干气)外输长距离输送。

三是为充分利用气藏能量，选用高压集气工艺，集气压力由2.5~4.0MPa提升到8.0~10.0MPa。

四是天然气输送工艺更加完善，根据地质开发方案，低压伴生天然气、煤层气多选择湿气输送集气工艺；中原、新疆凝析气田井流物含液量高、井距短多选择湿气输送与混相输送集气工艺；为严寒地区防止水合物堵塞管道，含硫天然气腐蚀管道，寒冷地区、含硫天然气与远距离输送选择干气输送集气工艺。中原油田天然气集输工艺为节省工程投资，提高整体运行效益，建设了回收乙烷的高水准第三气体处理厂，集中处理天然气进行规模化生产，文23等气田采用二级布站集气工艺，气田中心建设脱水站，缩短集气站到脱水站距离采用湿气输送，脱水站到处理厂距离远采用干气输送。文中、文东、文南、濮城、文明寨、户部寨、马厂等各断块油田生产的伴生气压力低，采用湿气输送由联合站分离器油气分离后，经过增压站增压至0.6~1.0MPa输送到净化厂集中净化处理，净化厂处理后干气输送到各用户。

90 年代，中原文东油田开发以及牙哈凝析气田开发采用气举采(油)气工艺，分别采用中、高压常温混相输送集(油)气工艺，将采出的中、高压凝析气经过处理(分离)、计量后，天然气经过注气压缩机增压回注地下，多出部分经过脱水、脱烃净化后外输，回收的凝析油经过管道外输，提升了油气田开发整体水平。

1990~2005 年，中原油田文 23 气田等一批气田投入开发和试采，气层气逐渐占据中原油田天然气生产的主导地位；天然气集输处理技术发展并逐步成熟阶段：黄河北形成了以文留、柳屯地区为中心，连接文卫、马寨、濮城、文中、文东、文南等主要油、气田的集输网络，黄河南连接桥口、马厂油田和白庙气田的集输系统也已形成。第三气体处理厂建设运行并准备改扩建，以气加工产品为基础原料的轻烃后加工业已初具规模。

长庆气区包括靖边气田、榆林气田及苏里格气田，属低渗透、低丰度、中低产、大面积复合连片整装气区，开发难度较大。天然气集输遵循安全、高效、简单、先进、实用的原则，结合不同区块的地质特性、气质特点及当地环境条件，选择多种天然气采气工艺、输送工艺、处理工艺与多项配套技术组合，形成了靖边、榆林、苏里格气田天然气集输高压模式，不仅提高了地面建设水平，简化了工艺流程，降低了工程投资，而且保障了长庆气区的经济高效开发。

三、中西方天然气集输设计的差异

随着国际化程度的不断提高，中国企业参与的海外油气田开发项目也越来越多，与西方企业的交流合作也逐渐频繁。在合作过程中，中西方在天然气气田集输工艺设计方面的差异化也就显现出来。

(一)设计理念不同

设计理念的不同主要体现在两个方面：①设计人员自身的理念在设计中的体现；②业主方(生产方)的理念在设计中的反映。由于国内长期以来形成了业主方强势的局面，在业主方和设计方理念不一致时，在不违背设计规范的前提下，业主方有更大的话语权，而在西方，通常设计方具有更大的话语权。

我国的设计理念是在保证生产设施安全的前提下保障产量，二者同等重要；西方公司的设计理念是当生产安全和保障产量发生冲突时，把安全放在首位。由于设计时的出发点不同，因此根据设计而建设的地面处理设施自然不同。

业主方的管理理念同样影响设计理念。由于业主方出于生产管理方面的考虑，对设计提出一些貌似合理的要求，导致老旧工艺在设计中继续应用。如在某海外项目中，常规油气处理站的大罐脱水流程，由于其能耗高、效率低、轻烃损耗大和不环保等缺点，在国内已基本被淘汰，但由于业主方管理上的习惯和惰性(该流程俗称“睡觉流程”)，要求设计采用该流程，无形中拉低了设计水平。西方设计公司一般不会同意这种要求，会更加注重设计水平的体现。

(二)管理模式不同

国内设计单位的用人方式和习惯做法使设计理念迟滞不前，新技术和新工艺难以在项目中采用。绝大多数国内的设计单位都采用“以老带新”的方式，年轻人毕业后直接到了设计单位，从最基本的设计学起，在以后的工作中不断汲取经验。这种用人和培养方式一方面使得年轻人难于接触新技术和新工艺。另一方面为了设计稳妥和保险，提出的新技术和新工艺有时又不能得到老师傅的认可；同时设计人员的流动相对较少，外部的新鲜力量鲜有流入。

西方设计公司的人员流动较强，而且很多是生产制造、科研企业和设计公司之间的人员相互流动，这就带动了新技术和新工艺的推广，促进了设计理念和水平的提高。

再者，我们的设计人员缺乏专业间的沟通，“各扫门前雪”的思维根深蒂固，专业负责人协调深度不够。在某项目的审查中，曾出现过一个典型的例子，在采气井口设计中，由于单井没有系统电，放空火炬点火装置和 RTU(远程数据终端单元)采用太阳能蓄电池供电。这原本是一个很好的技术方案，可在实施中，放空火炬点火装置和 RTU 各设计一套太阳能蓄电池系统，设计人员的理由是放空火炬点火装置属于机械专业领域，RTU 属于仪表专业领域，且生产厂商不同，若由一方供电，另一方出现故障，不便协调，因此两个设备各自提供太阳能蓄电池系统。最后，在方案审查专家的提议下，由用电负荷大的放空火炬点火装置承包商统一提供太阳能蓄电池系统，在其技术规格书中增加提供 RTU 所需用电负荷的内容。西方设计公司遇到这种情况时，通常由专业负责人出面沟通、协调。

(三)设计周期不同

中国公司做项目强调的是工期，由于施工周期有刚性要求，就压缩设计时间，时间越压越短。中国设计单位由于历史上形成的弱势，往往只能被动接受，疲于应付设计文件的交付任务，尽量照搬、照抄以前的设计图纸，没有时间和精力去考虑采用新技术和新工艺，也没有时间去考虑怎样做更经济、更便利和更美观。西方公司做一个大型油气田工程项目的 FEED(Front End Engineering Design)或基础设计通常用时在一年左右或更长；而我们通常用半年的时间完成。这也就不难想象为什么我们的设计总让人感觉到存有遗憾。例如，伊拉克某气处理厂的球罐设计项目，最初选用了数量众多的 2000m^3 的球罐，而 3000m^3 和 5000m^3 的球罐已经在国内外多个地方获得应用。究其原因，是因为设计单位已经多次设计 2000m^3 球罐，为了节省时间，将来可以直接应用而无须重新设计。对于整个工程项目来说，设计是花小钱办大事。大家都在说设计是源头，可在时间上又得不到保障，最终也就导致了项目设计水平存在差距。

(四)装备制造水平不同

虽然现在我国号称“世界工厂”，国内装备制造业规模较大，但大型装备关键核心部件、控制技术和高性能材料依赖进口现象严重。在材料、数控以及大型关键成套设备制造领域，与西方机械强国有着较大差距。无论是在制作精细度、可靠性、耐用性和人性化方面，还是在配套的人机界面、控制系统、电仪布线方面，差距都很明显。最明显的就是油气田站场中单体设备处理能力的差距，相同外形尺寸的设备，其处理能力只有西方知名厂家设备的 70%~80%。例如，大功率离心式输油泵，国内的产品多为独立强制冷却方式(即独立于泵体的一套冷却循环系统)，欧美产品多为本体辅助冷却方式，相比国内的大型输油泵，其省去了单独的冷却循环系统，这样既节省了空间，又减少了施工时间和维护工作量。

海外气田多处于社会依托较差的区域，通常要建设自备发电站来解决气田自身用电需求。以燃气发电站为例，燃气发电有两种主流设备：一种是燃气涡轮发电机组；另一种是燃气内燃机发电机组。由于燃气内燃机发电机组单机功率通常小于 2MW，无法适应气田自备发电站对大功率机组的要求，因此燃气自备发电站基本选用燃气涡轮发电机组。国内生产燃气涡轮机组的厂家非常有限，种类少、单机功率小，且多为与国外公司合作，因此燃气涡轮大中型机组几乎被美国通用电气公司(GE)、德国西门子公司(Siemens)、日本三菱重工公司(MHI)、法国阿尔斯通公司(Alstom)等垄断，燃气涡轮小型机组则以美国索拉公司(Solar)、英国罗尔斯·罗伊斯公司(Rolls Royce)等占绝对优势。在气田自备发电站设计中，如果选用了国产机型，就不得不牺牲单机功率的优化配置和技术性能。装备制造上的差距在无形中把不该有的差距拉大并表现出来。

与此同时，装备制造水平的不足也影响了装置“撬装化、模块化”的应用，因而难以减少现场施工工作量，缩短现场施工周期。

我国的设计在运行操作和检修维护的灵活性和便利性上有一定优势，但我们也要正视设计理念、管理模式、设计周期和装备制造水平等方面的差距。这种差距不能简单地归结为设计单位的问题，而是设计理念、生产理念、管理方式和国家制造实力等的综合体现。

第二节 四川、中原气田集输工程技术概况

四川和新疆部分气田为典型的酸性气田，而中原、辽河、胜利等油田开发的天然气为不含酸性气体的油田伴生气及凝析气，四川气田与中原油田天然气开发生产、综合利用起步早，其天然气集输工程技术具有一定代表性。

一、四川气田集输工程技术概况

四川气田分布在川西南、川东北等地区，不但自然环境差异性大，山地丘陵地区增加了天然气集输难度，而且天然气组成差异性更大，特别是有的天然气含硫更增加了天然气集输难度。

1. 天然气集输

1)井口采气工艺

从采气井口到集气站的采气工艺，负责将井流物输送到集气站，一般分为3种：①采气井口不加热、不节流高压输送工艺；②采气井口不加热、节流注抑制剂低压输送工艺；③采气井口加热、节流低压输送工艺。其中比较典型的井场装置流程图如图2-1-1、图2-1-2所示。

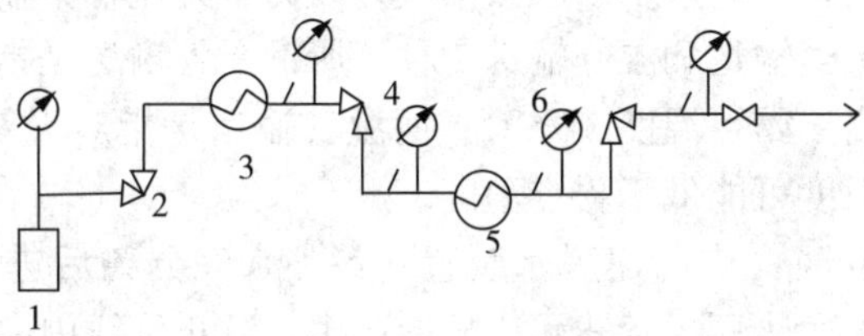

图2-1-1 加热防冻的井场装置原理流程图

1—气井；2—采气树针型阀；3—加热炉；4—一级节流阀(气井产量调控节流阀)；5—天然气极热设备；6—二级节流阀(气体输压调控阀)

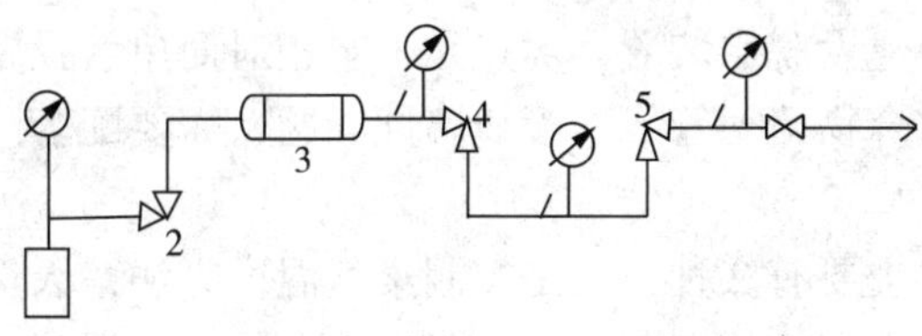

图2-1-2 注抑制剂防冻的井场装置原理流程图

1—气井；2—采气树针型阀；3—抑制剂注入器；4—一级节流阀(气井产量调控节流阀)；5—二级节流阀(气体输压调控阀)

四川自然条件下环境气温较高，不同气田开发方案差别大，一般气井井口压力高，井流物温度低，选择井口加热、节流低压输送工艺；高压气井口不加热、节流注抑制剂低压输送工艺；近些年来高压集气时需要采用井口不加热不节流高压输送工艺；含硫天然气井口加入缓蚀剂。

四川气田开发初期，各井、站加热天然气主要采用锅炉和套管换热器。随着气田的开发，产气量和气井压力逐渐下降，需要供热保温的热量日趋减少，有的仅冬季供热保温，锅炉运行仅在三分之一额定负荷以下。存在集气站锅炉使用年限短，使用效率低且操作管理复杂问题。

20世纪70年代末水套加热炉已基本上取代锅炉，水套炉具有结构简单、操作方便、水质要求不高、投产快、易搬迁等优点，是中、小型井站较理想的加热设备。井、站使用较多的为两进、两出水套加热炉，它具有热效率高、投资省、占地面积小及操作管理简便等优点。四川磨溪气田对原水套炉结构、部件进行了改进，采用了撬装式水套炉，可以整体搬迁。

2)集输管网布置

气田集输管网按其敷设的几何形状可分为树枝状、放射状、环状，其形式的选用取决于气田的形状及大小、地形地貌、天然气组成特性等要素。四川多数气田由于受山区丘陵环境影响，管网布置比较灵活，有井场与集气站、脱水站合建在一起的一级布站工艺，有以脱水站为中心与众多集气站组成的二级布站工艺。

如何选择需要通过技术经济比较后确定。对于集气站选择困难、井距较小或从式井场、压力高气量大、井流物含液多的气田选择一级布站。

对于高压、超高压以及大产水气井选用单井流程：每一口井配置分离、计量、脱水设施，连续运行。气田在气井出水以后，为克服气水混输压力降过大，可以将多井流程改为单井流程，以适应天然气采出条件变化的特点。如威远气田，由于气井大量产水，井口回压过大，迫使气井减产。为此将一些产水量较大的气井改为单井流程集输，以稳定气井产能。

天然气输送可分为干气输送和湿气输送2种，所谓干气输送是指先进行脱水处理，天然气输送过程中温度始终高于露点温度3~5℃；而湿气输送是指对天然气仅节流降压、分离、脱出液相后输送过程中温度可能低于露点温度。

干气输送需要在(集气站)内部建脱水装置，各井来气分离后进入脱水装置，再进计量装置，后经输气干线输往净化厂，管线无凝析液产生，防止管线内腐蚀发生。干气输送工艺的优点是输气管线运行阻力小、管线内腐蚀轻；缺点是工艺复杂、投资高、运行费用高。

天然气中含有硫化氢等酸性气体时，多选择干气输送，选择湿气输送时必须配套管道防腐技术或加注缓蚀剂。

湿气输送在末站集中建设脱水装置，优点是工艺相对简单、投资低、运行费用低；缺点是运行压力高时，存在水合物堵塞管线、管线腐蚀问题，需要配套防止水合物堵塞、管线内防腐技术。

防止水合物形成技术主要有2种：一是控制集气温度方法，天然气输送温度高于水合物形成温度以上；二是加注水合物抑制剂方法，降低水合物形成温度，使其低于天然气的输送温度。中坝气田的中24井，日产天然气$15\times10^4m^3$，采气管线管径为$DN100$，压力为11MPa，井口距中坝低温站5.6km。虽井口加热但冬季仍经常发生冰堵，后改为在井口注入浓度为80%~85%的乙二醇，解决了冰堵，并在中18井、中21井、中23井、中42井推广应用，效果良好。井口注醇防冻受到供电限制。

四川气田天然气集输工艺中采气井到集气站管线采用混相输送，含硫天然气井口设置缓蚀剂注入装置。一般集气站含有脱水功能，分为常温分离与低温分离，对各井来气集中脱水处理，带有低温分离功能的集气站，天然气至集气总站外输属干气输送，较早开发的气田仅采用常温分离时，严格意义上讲不属于干气输送，属于湿气输送范围。部分气田输气干线管内气阻较大，主要原因是天然气中未脱除干净。

3）集输管线选择

（1）压力选择。

四川气田集气管网压力等级的确定受到气田压力状况、气质、管材、施工技术等因素影响，分高压、中压和低压3种：

①高压集气：压力（一般）在10MPa以上，多为井场装置至集气站的采气管线采用。如卧龙河、中坝气田的采气管线均按16MPa设计。

②中压集气：压力在1.6~10MPa，多为集气站至脱硫厂的集气管线采用，其压力与脱硫厂生产压力相适应。如卧龙河天然气净化总厂设计压力为6.4MPa，与之配套的集气管线设计压力为10MPa。垫江天然气净化分厂设计压力为4MPa，与之配套的集气管线设计压力为6.4MPa。一些直接进入输气干线的不含硫或微含硫天然气的集气管线一般按4.0~8.0MPa设计。

③低压集气：压力在1.6MPa以下。一些气田到开采后期，井口压力下降，不能进入输气干线，当不采取增压措施时则采用低压集气供给邻近用户。如阳高寺气田压力降至0.16MPa以下，便就近输至炭黑厂和泸州市供民用。

（2）管径选择。

采气单井管线、集气支线：*DN*50、*DN*65、*DN*80、*DN*100、*DN*150等，其钢管材质选用20号钢、09MnV等，以适应抗硫化氢腐蚀要求。

集气干线（指集气站到脱硫厂或外输站的管线）：*DN*100~*DN*500，但因管材质量、施工遗留物及天然气中未脱除干净的其他杂质等因素，使管内气阻较大。

四川气田地层复杂，为适应天然气开采过程压力、流量及产水量的变化，采气管线管径选择时一般留有一定裕量。

4）增压输气

四川部分气田已进入开采的中、后期，当低压天然气依靠自身压力不能进入集气管网时需要增压输气，有以下两种方法：

（1）天然气喷射器增压。

根据高压气引射低压气的原理，使低压气达到升压的目的。1963年首次在川南阳高寺气田进行试验，1981年试验取得成果，先后在川南、川西南矿区推广使用，增压效果显著。在四川阳高寺气田，阳7井压力1.8MPa天然气为动力源，引射压力为0.25MPa的阳1井、阳8井低压天然气升压到0.5MPa，使阳1井产气量从$2\times10^4m^3/d$提高到$2.3\times10^4m^3/d$，提高了外输能力。四川牟家坪气田利用压力为11.8MPa的牟8井为动力源，引射压力为1MPa牟6井的低压气由提高到2.7~3.1MPa，压比约为2.6~3.1MPa，提高外输气量约60%。阳8井、牟6井和牟11井等原属间歇生产井，使用喷射器后都能连续生产。

四川气田集输系统采用高压气携带低压气天然气喷射器增压输气工艺，有：一口高压井带一口低压井；两口高压井带一口低压井；一口高压井带两口低压井等类型。

四川气田大多数具有多产层和多裂缝的特点。一些气井到了开发中后期，进入低压小产量阶段，需要增压；另一部分刚投产的井却是高压高产井，需要把高压降至使用压力，压能白白损失。天然气喷射器在气田开发中利用高压气井压力能使低压气增压，投资和运营费用少，且效果显著，喷射器的应用在四川气田低压气开采中起到了积极作用。

(2)压缩机增压。

根据四川气田特点，采用的增压办法：一种是喷射器，使高压气携带低压气，增压增产；另一种是采用压缩机增压。

20世纪70年代中期，四川气田为适应气田开发需要，与国内有关压缩机制造厂合作进行了气田用压缩机的研制。到80年代初先后研制出6RMY、2MT8-5/14-44型燃气摩托压缩机、2M16-12.9/16-54、2D8-4/54-74型燃气发动机-压缩机及2D16-10.4~14.4/5-68型天然气压缩机。同时从美国AJAX公司购进了DPC-115、DPC-230型撬装式燃气发动机压缩机，并先后建成兴3井、威6井、付家庙、卧龙河等增压站。通过一段时间运行后可以看出，DPC型、2D16-10.4/14.4、5-68型及M1、M2型压缩机具有较多的优点。DPC型整体燃气发动机压缩机具有传动效率高、机组配套齐全(包括启动、冷却、润滑、燃料、点火、控制等系统)的优点，压缩机、发动机及各系统的设备、管道、阀件全部组装在一个撬式底座上。用户仅需接上需压缩的天然气、燃气机用的燃料气，即可启动。仪表及点火用电由自身发电供应。我国生产的2D16-10.4~14.4/5-68型天然气压缩机为对称平衡型、两列、两缸、双作用变工况机组，运转平稳，机组配套齐全，用电动机作动力不需专用净化气管线供应燃料。但该机组为固定式机组，布置成二层楼式，系统设备、管道现场安装不易拆迁。80年代末，在总结国内外机组优缺点后，研制出M1、M2型压缩机，并很快在各气田推广使用。通过多年运行，四川气田用压缩机的选型应考虑以下几个问题：

①压缩机选型。考虑气田开发后期产量与井口压力递减快、变化幅度大的特点，排量、压力易于调节。

②机组系统配套应齐全、无需外水外电，以适应边远山区使用。

③机组宜为全天候，不建厂房；整体撬装，便于拆迁。

④动力机视电力及净化气情况，可为电动机或燃气发动机。

⑤研制对燃气要求不高的燃气发动机压缩机；压缩机产品应形成系列，以适应用户需要。

2. 气田气处理

1)常温、低温分离处理

四川气田集输工艺中一般集气站配置有天然气脱水处理功能，主要依靠集气站内常温分离与低温分离完成。常温分离工艺比较简单，处理后天然气湿气输送。低温分离工艺系指高压常温集气和低温分离回收装置的组合，利用地层能量节流降压制冷，用低温分离的方法脱除天然气中的凝液，集气站后天然气实现干气输送。

1971~1983年先后在卧龙河气田建成3套低温回收凝析油装置，在中坝气田建成一套此装置，3套装置设计处理能力可达$710\times10^4m^3/d$，原理流程分以下几部分：

①集气部分：由各井来的高压气进站后分离，计量。

②低温分离部分：喷注防冻抑制剂，气体预冷，节流膨胀，低温分离，凝液收集。

③回收部分：凝析油稳定，油醇分离，凝析油储存及输送，抑制剂再生与储存。

④放空及排污：气体放空，污油污水排放、储存及处理。

生产运行证明，用低温分离法从凝析油含量较低的高压天然气中脱水、回收凝析油是行之有效的方法。该工艺的特点是工艺流程及设备简单，运行可靠，维修方便，操作范围弹性大，适于高压大流量条件，流量和压力易于调节。当气层压力下降过低时，该种致冷方法不适用的。

低温分离的采用取决于气田实际储量和采收率。四川气田 C_5 以上含量一般都较低，通常只有 5~50g/m^3，个别凝析气田可达 50g/m^3 以上。对于凝析油含量低、产气量大的气田，考虑了资源的合理利用及气质要求，采用低温分离法脱水回收凝析油，技术上、经济上是合理的。

四川凝析气田使用的是 1991 年四川中坝低温站，在总结生产实践的基础上对原工艺流程设计进行了改进：

(1)在高压集气装置气液分离后增设了一套凝析油闪蒸分离装置，使高压分离出来的油醇液计量后输至稳定装置，解决了稳定装置进料不稳定问题，避免了闪蒸气放空，减少了大气污染，增加了天然气回收量。

(2)在乙二醇提浓塔顶部增加了提浓塔外回流系统，使塔顶温度得到控制，使再生乙二醇收率计算值可达 99.70%。大大减少塔顶冷凝水中乙二醇含量，减少污水处理难度。

(3)改进了主要工艺设备：如改进了换冷器管板设计，使管板厚度减少了三分之二；减少了钢材，解决了锻件加工制造困难等问题；改进了乙二醇注入阀结构，使乙二醇喷注雾化与天然气混合更加均匀；采用了抗 H_2S 腐蚀仪表，提高了测量精度并使生产更安全。工艺设备的改进减少了环境污染。

(4)根据四川凝析气田特点，采用低温分离技术，较之常温分离，脱水率、凝析油收率成倍提高，特别是增加了凝析油回收对四川气田开发起到积极作用。

(5)四川气田除采用节流膨胀法制冷外，也采用膨胀机制冷法和热分离机制冷法。

2)膨胀制冷低温处理

1987 年四川中坝气田建成膨胀机制冷回收天然气中丙、丁烷的装置。天然气通过透平膨胀机降压膨胀致冷，从天然气中回收丙、丁烷。同时利用降压膨胀释放出的能量带动同轴压缩机，使干气升压外输。

该膨胀机处理量为 30×10^4m^3/d，进口压力 3.75MPa，进口温度 -60℃，出口压力 1.88MPa，出口温度-84.8℃。采用国产 LTQ-12500 型中压透平膨胀机，绝热效率达 71%，丙烷收率 69%，丁烷收率为 95%，每天可生产液化气 14t。该装置流程简单、效率高、操作条件弹性较大、制冷量易于调节，以及装置紧凑、操作方便、对原料气变化适应性强、运转可靠。

3)分子筛+热分离机低温处理

该处理方法利用热分离机使气体压缩，然后通过一个特殊的冷发生器，使气体膨胀后制冷。四川气田研制的旋转式热分离器，处理量为 5×10^4m^3/d，回收轻烃效率达 60%。安装在川中八南输气管线末站，已运行十几年。该机有效地利用气体本身压力能，无须外加其他能源，即可制冷。它的结构比膨胀机简单，安装维修方便；转子温度高，不需低温润滑；转子转速低，不容易出事故，适应性强，对进口温度、压力、流量等变化有较强的适应性，但等熵效率比膨胀机低。

3. 仪器仪表与自动化控制、流量计量技术

20 世纪 70 年代以前，气田开发天然气集输通常采用常规仪表，压力、温度、液位就地

显示。工艺过程基本处于手动操作阶段，依靠人工计算出每日产量。70年代以后根据气田生产发展的实际状况，开始了自控设备研制，并取得了成果，实现了站场部分的自动监测和控制。主要仪器仪表、自控设备有：

①单针双笔压力指示记录仪，这种仪器可同时在气井井口就地指示和自动记录油压和套压。它利用长周期大力矩钟表机构驱动，不需供电或压缩空气，可连续自动记录7~15d。该记录仪已在四川、新疆等气田广泛使用。

②气动安全切断阀，当采气管线发生事故，压力突然下降时，气动安全切断阀会立即关闭采气管线和水套加热炉气源以保护井口，它是实现井口无人值守的关键设备之一。

③气井高压自力式调节器，它是利用力平衡原理，由主调节阀、气压给定阀、指挥阀、恒节流小针、气源过滤器五个单体和信号、控制、充放气3个气路组成控制系统。无需外来能源，利用被调介质压力推动执行机构，改变阀芯开度达到调节天然气压力和流量的目的。该调节器精度高(<3%)，易损件寿命长，噪声低于90dB。既可调压力又可调流量。目前四川气田和新疆马庄气田使用的气井高压自力式调节器有*PN*32、*DN*25和*PN*16、*DN*25两种规格。

④自动排液系统，在分离器上配套安装了自动排液装置，解决了人工排液可能造成的天然气损失的问题。四川气田研制成功的LCA-Ⅱ型节电型自动排液系统，由UHZ-55型磁浮子液位计、节电型液位控制器和气源处理装置、排液阀、普通电瓶5部分组成。磁浮子液位计具有高低液位控制排液、直观显示液位高度的特点，以车用蓄电池作工作电源每月充电一次，使用压力$p \leqslant 13$MPa，运行可靠，在四川、新疆等气田推广使用。

流量计量：四川气田天然气流量计量长期以来主要采用孔板计量法。孔板流量计的精度虽低于涡轮流量计，但它具有坚固耐用、性能可靠、维修方便等优点，孔板计量约占我国天然气流量计量的95%以上。

我国天然气流量计量方法，20世纪60年代以前主要是参照美国AGA NO_3号报告(天然气孔板计量)，当时的计量工具粗糙，结构尺寸及计算取值也无统一模式。1958年原国家计量局推荐采用苏联部长会议量具与计器工作委员会22-5-54规程作为我国暂行规程。1965年四川石油管理局编制了企业标准《测量天然气流量的孔板计量安装检定使用和管理规程》，使天然气计量逐步走向正轨。1983年原石油工业部组织编制了《天然气流量和标准孔板计量方法》，统一了我国天然气流量计量方法。

孔板节流装置曾采用法兰和环室取压，由于环槽沉积脏污，因此需经常清洗。80年代后较多地采用法兰取压。1978年研制成孔板阀新型取压装置，有高级型、简易型和普通型。高级型可不停气换孔板。产品最大压力10MPa，最大口径*DN*500，已成系列产品。采用CWD阴极圆盘记录仪配合流量计算器，人工取值计算流量。80年代以后开始使用计算机系统采集参数，流量自动处理计算。

90年代后期，逐渐推广应用涡轮流量计、智能旋进漩涡流量计与超声波流量计。

4. 含硫天然气集输防腐蚀技术

四川于1963年左右发现含硫气田。由于当时对硫化氢的腐蚀缺乏认识，以致从勘探到开发，从井下到地面，从钻杆、套管、油管、采气井口压力表、抽油杆到气田集输管线都发生了多次硫化氢腐蚀破坏。如1966年威远气田开发初期，在短短几个月内，8口井连续发生9次油管断裂事故；威2井测试时连续38个压力表发生爆裂；采气井口阀门从测试到投产11个月内，阀门丝杆断裂10根；特别是威23井完井后即发生硫化氢应力腐蚀破坏。

1965 年，威内集气管线采用 16Mn 钢 $D529\times6$ 螺旋焊缝钢管，组焊完毕后，用含有硫化氢及气田水的天然气作为试压介质。在试压过程中，连续两次发生爆破事故。威成输气管道采用 16Mn 钢 $D630\times8$ 螺旋焊缝钢管，1968 年投产，由于输送含有硫化氢和水的天然气冲蚀管壁，严重的电化学腐蚀和含硫流体的冲蚀，使厚 8mm 的管壁减薄到 1.2mm，于 1971 年 1 月和 5 月连续两次发生强烈爆破事故。此外在付纳线、佛两线、卧龙河一号站等都发生过较严重的腐蚀破坏事故。

四川气田生产的天然气中 70%以上含 H_2S 和 CO_2，天然气 H_2S 含量(按体积百分数)大致可分为 4 种：高含硫 H_2S 含量 7%~13%，如中坝气田、普光气田；中含硫 H_2S 含量 4.7%~7.3%，低含硫如卧龙河气田；H_2S 含量 1.22%，如威远气田；微含硫 H_2S 含量小于 1%，如付家庙气田。

通过科研攻关对含硫气田腐蚀机理、主要类别与特征有了进一步认识。含硫天然气对钢材的腐蚀类型主要有硫化物应力开裂(SSC)、氢诱发裂纹(HIC)及电化学失重腐蚀。

硫化氢腐蚀除与介质中含水有关外，氢诱发裂纹、硫化物应力开裂还与钢材的因素如晶相组织、化学成分、钢材强度、硬度、夹杂、缺陷有关；与钢材的环境因素如硫化氢浓度、pH 值、温度、压力、CO_2 含量、氯离子浓度有关；与钢材受力状况如应力大小、焊接的残余应力有关。通过多年的研究和生产实践，四川气田摸索了一套防止硫化氢腐蚀的综合技术措施，基本保证了含硫气田的正常开发。

通过选择使用抗硫材质与对焊接施工的控制，做到控制钢材内部因素即冶金因素及应力因素，防止氢诱发裂纹和硫化物应力开裂；选择有效涂层与缓蚀剂，以防止电化学失重腐蚀。四川气田开发 30 多年来，先后编制了抗硫材料的选择标准、抗硫材料的检验方法，以及钢材焊接防止硫化物应力腐蚀破裂的技术准则等。研制出一批抗硫采气井口装置、抗硫专用管材、抗硫阀门和仪表等设备、材料，成功研制管道内壁防腐涂层、含硫凝析油罐内防蚀、耐蚀、耐磨的 Ni-P 合金镀层，电刷镀、化学镀等技术，解决了含硫气田上机、泵、阀的易损件修复难题；提高了设备寿命，满足了生产要求，形成了一套适应四川特点的完整的含硫气田开发技术。

二、中原油田集输工程技术概况

中原油田油气富集，不仅有整装气田(藏)，而且原油中富含溶解气。天然气开发与利用在中原油田生产建设中一直占据重要地位。

(一)油气田集输

中原油田地面天然气集输工程经历了起步阶段、发展阶段，逐步完善成熟 3 个阶段。

自 1976 年发现至 1983 年天然气集输以油田内天然气集输干线、柳屯工业配气站及第一气体处理厂建设为标志。

以 1984 年文 23 气田进行产能建设和 1989 年白庙气田投入试采为标志；天然气集输以外供气长输管道建设和引进国外技术回收乙烷高水准第三气体处理厂建设为标志。

1990~2005 年，中原油田文 23 气田等一批气田投入开发和试采，气层气逐渐占据中原油田天然气生产的主导地位；天然气集输处理技术发展并逐步成熟阶段：黄河北形成了以文留、柳屯地区为中心，连接文卫、马寨、濮城、文中、文东、文南等主要油、气田的集输网络，黄河南连接桥口、马厂油田和白庙气田的集输系统也已形成。第三气体处理厂建设运行并准备改扩建，以气加工产品为基础原料的轻烃后加工业已初具规模。

1. 伴生气集输

中原油田由文中、文东、文南、濮城、文明寨、户部寨、胡庄、马厂、文23、文96、卫11、白庙等断块油气田组成。中原油田开发初期，国内油气集输水平较低，油气处理联合站常用的“开式”原油处理流程中高含水罐低压伴生气无法回收，且当地经济欠发达伴生气得不到利用，联合站生产的伴生气除了生产加热、生活采暖以外，放空点“天灯”。

中原油田地面集输工艺以断块油气田为单元，中心位置建设油气处理联合站，天然气外输压气站(后改扩建后称为净化厂)，并以各联合站为中心与计量站、油井构成二级布站集油工艺，集油半径单井0.8km，计量站5.0km。联合站油气分离器运行压力0.3MPa，分出的伴生气经增压站加压后输往柳屯工业配气站(1984年设计)和文留工业配气站(1991年设计)，再分配给各气体处理厂回收轻烃。气体处理厂产生的干气再返回柳屯工业配气站，然后送至各用户。

80年代初，天然气发电、天然汽化肥、化工兴起，伴生气回收利用得到重视，为解决油气处理联合站低压伴生气无法回收利用问题，研究联合站原油密闭处理工艺，国内第一套联合站负压法原油稳定密闭工艺流程关键装置——文一联原油稳定轻烃回收装置1982年试验成功，1983年起在中原油田各联合站迅速推广，与集油干线端点加药(原油破乳剂)联合站三相分离计量工艺配套形成了中原特色的原油密闭处理工艺技术，解决了低压伴生气回收难题。其中，关键设备负压螺杆压缩机成功应用，进气压力低于0.05MPa，出口压力0.5MPa,连续运转达到10000h，原油稳定时率达到98%，轻烃回收率达到1.5%以上，降低了联合站油气蒸发损耗。集油干线端点加药(原油破乳剂)联合站三相分离计量工艺技术成功应用，实现了油藏管理需要的分线(集油干线)分队(采油管理区)油、气、水三相分相计量，为油气生产提供了第一手准确数据。

“七五”期间对伴生气集输系统进行了全面的改造，针对国产压缩机排量小、效率低不能满足联合站伴生气回收增压问题，引进了18台燃气引擎压缩机组对伴生气进行增压，解决了伴生气回收问题，1999年底中原油田联合站彻底消除了放空火炬“点天灯”现象。

为最大限度回收油田伴生气，针对不同区块选择在集油工艺。一般的生产区块，采用井口油气混输到计量站，计量后油气再自压混输至处联合站；在个别独立的偏远油区，采用井口油气混输到计量站，计量站通过混输泵增压至联合站。通过自压混输技术和混输泵技术的运用，使中原油田内油田气的收集基本上全部集中到了联合站集中处理。90年代，对于气油比高的文东油田开发采用气举采油工艺，采用中压密闭常温混相输送集油(气)工艺，将采出的中压凝析气经过文三联处理(分离)、计量后，循环低压天然气经过文东气举站注气压缩机增压回注地下，生产中压天然气则直接输送到气体处理厂处理后外输，原油经过管道外输。

自中原油田开发以来，以断块油气田为依托先后建成了年处理原油150×10^4t能力的文一联、濮一联、文二联、濮二联、文明联、胡庄联、马厂联等8座联合站与配套的集油工艺，联合站原油稳定轻烃回收装置6套，文东油田气举采油天然气增压站一座(大型天然气压缩机组10台，10MPa高压气举供气管网18km，供气能力$150\times10^4m^3/d$)；第一、第二、第三3个压气站(后改气体处理厂)与柳屯、文留等10个工业配气站、增压站10座，形成供配气能力$350\times10^4m^3/d$，建成天然气集气管线约800km，形成了非常完备的伴生气集输工艺，满足了油气生产要求。

2. 伴生气处理

中原油田原油物性好，属于轻质原油，联合站生产的伴生气轻烃组分含量高达$350mg/m^3$，常温湿气输送管线积液严重，不仅影响增压机运行，而且天然气正常输送、使用存在安全隐患，需要对伴生气处理。

油田伴生气运行压力低，一般不超过 0.6MPa，基本不含硫，这就极大地简化了处理工艺，先后经过了早期的常温气液分离简单处理、小膨胀制冷回收液化气、净化厂脱烃深度处理 3 个阶段。油田开发初期，天然气利用率低、供气距离短、用气少，依靠立式+卧式重力分离器+过滤器进行气液分离，脱除伴生气中游离水、凝析油。为防止在输送过程中供气管道降温凝析液体影响用气设备，常在用气设备前加分离器、分气包，冬季防止冻堵则采取保温措施。随着联合站供气量增大、距离增加，常温分离满足不了集输气要求，在常温气液分离、过滤的基础上，研究伴生气低温分离轻烃处理技术，1983 年第一套天然气分子筛脱水与膨胀制冷回收轻烃装置在文一联试运成功，迅速在油田推广，先后在文一联、濮一联、文二联、文明联等建成 6 套小膨胀制冷回收液化气装置，联合站外输伴生气液化气回收率达到 80%以上，为伴生气增压输送创造了条件。

联合站建脱水脱烃回收液化气和轻质油装置，短期解决了伴生气集输问题，长期看存在装置分散、规模较小，而且增加运行管理人员和成本，不符合油田大规模开发的需要等问题。为充分利用集中处理的规模优势，1987 年引进了膨胀制冷深冷回收 C_2 技术对第一处理厂进行技术改造，于 1990 年在国内率先建设了以回收乙烷为目的高水准第三气体处理厂，提高伴生气和凝析气处理轻烃综合收率，充分回收轻烃资源，为后续加工提供原料，将伴生气净化为纯干气(商品气)长距离输送，并以净化厂为中心建设联通濮城、文东、文中、文南等油田的增压集输管网。1992 年起对于规模较小的联合站只进行增压常温脱水，逐步淘汰小膨胀制冷回收液化气装置，将伴生气集输到净化厂统一进行轻烃回收。不仅提高了伴生气的收集率，减少了放空，保证了沧州化肥厂等重点用户的原料供应，而且便于统一管理，降低了运行成本，增加了规模效益。

(二)气田集输

1. 气田气集输

中原油田先后发现开发了文 23、卫 11、文 96、文 24、文 186、濮城沙三、白庙、桥口等气田。其中，中原油田文 23 气田是中国陆上东部地区探明规模最大的整装砂岩干气，气田于 1978 年试采，1979 年开始规划建设天然气集输系统，至 1986 年底逐步建成最高年产量 $14\times10^8m^3$ 的伴生气和气田气的集输系统。但因生产井数量少，天然气用户需求较少，地面系统只建成了少量临时性单井生产管线和集气阀组。气井气直接外输至当地濮阳县发电厂、濮阳县化肥厂，以及用作油田居民生活用气。

1987 年 4 月对文 23 气田进行地面规划，选择以三甘醇脱水站为中心配套集气站的二级布站湿气集输集气工艺，集气半径单井管线 1.5km，集气站到脱水站 2km，在国内率先采用了井口不加热高压采气工艺。脱水后天然气经过文留配气站进入气体处理厂回收乙烷净化处理外输。共部署 4 座常温集气站、1 座脱水站。每座集气站设计 8 套单井生产流程及配套设施，最大日处理天然气能力 $80\times10^4m^3$。气井到集气站、集气站到脱水站均采用放射状集气管网类型。井口至集气站采用分级节流地面高压集气工艺，井口不设任何保温分离设备，气井气在井口经过一级节流后高压进站，根据各单井压力级别选择进入高压流程或低压流程。在集气站经过保温、二级节流、气液分离和计量，多井汇集外输至脱水站集中处理后进入输气管网系统，如图 2-1-3 所示。

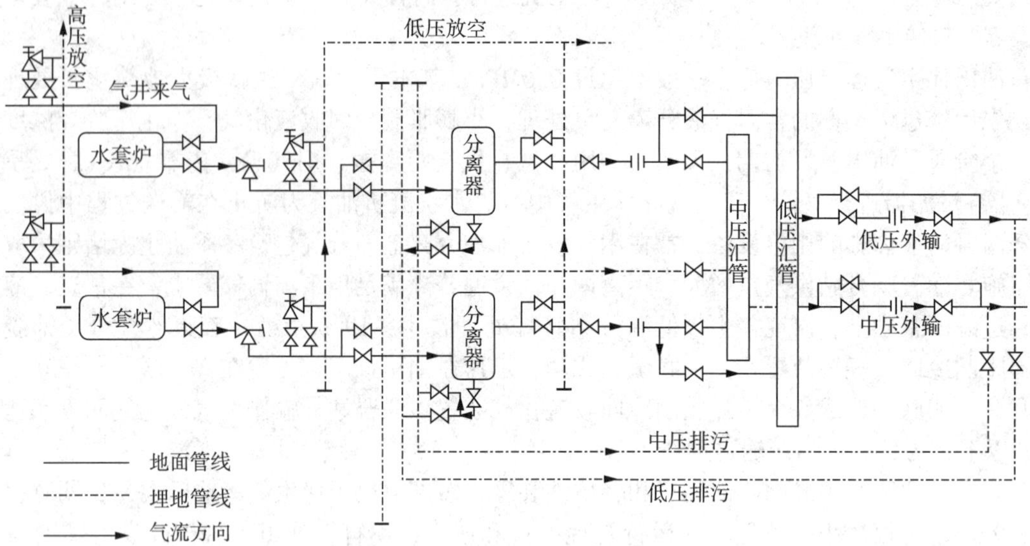

图 2-1-3 文 23 气田集气站流程示意图

“八五”期间，中原油田天然气系统主要任务是配套新区、完善老区、挖潜改造，提高天然气的收集率、处理率和轻烃回收率。随着开发形势的变化，从 1997 年起，气田逐步实施了井网调整技术改造。

(1)1997 年文 23 气田边块出现积液井，为充分利用高压气井的能量和现有流程，确保低压积液井正常生产，对气田 4 座集气站实施了高、低压井进站流程互联改造，实现了高、低压气井互联气举采气。

(2)文 23 气田进入中后期后，为提高低压气井的稳产能力，2001 年实施了文 23 气田高低压分输工程。2001~2002 年在文 4 号集气站进行了高、低压井分输流程改造试验，向脱水站铺设天然气低压外输管线 1 条 1.9km，形成站内、站外高低压 2 套集气系统，气井按井口压力高低选择进入高压或低压集气系统，互不干扰，气井还可进行低压、高压系统互相切换。试验后，将 4 口低压气井的外输回压由 2.8MPa 降到了 0.8MPa，低压气井口压力由 3MPa 降到了 1MPa，恢复并提高了低压气井生产能力，解决了各集气站高、低压井同一个生产系统，低压井因生产回压高生产不正常的问题，生产时率和产气量均提高了 65%以上。2003~2005 年高、低压分输工艺推广到气田所有集气站，共铺设各集气站到脱水站低压分输流程的改造，建立起气田高低压分输流程系统，如图 2-1-4 所示。

(3)2002 年黄河南白庙、桥口等气田开发，2003 年中原油田建成南气北输管线(ϕ377mm×6mm，长 36.2km)，可将黄河南白庙、桥口等气田气输往文二联增压站，并经管线与文留工业配气站和柳屯工业配气站相连。管线设计工作压力 2.2MPa，输气量可达 $3.0\times10^8 m^3/a$。

(4)气田地层压力进一步降低，气举排液高压气源井逐渐减少，为了满足低产积液气井气举排液生产的需要，2004 年进行增压气举采气改造。建成气举增压站一座，铺设到集气站气举干线 6 条共 5km，完善了文 23 气田高压气举管网，形成了气田气举排液采气系统。

气田的气举排液采气系统包括气举增压站、气举干线、各集气站气举阀组、单井气举管线等。气举压缩机以高压净化装置外输气为增压气源，增压后天然气气举压力可达到

14MPa，最大日排气量达到 $12×10^4m^3$。主要工艺流程是气举增压站压缩机组对天然气净化站来气经过过滤、调压、计量、增压后，通过气举干线外输至各集气站，各集气站接收的高压气通过气举阀组的控制和分配，经各单井气举管线注入井筒，实现气举排液目的。

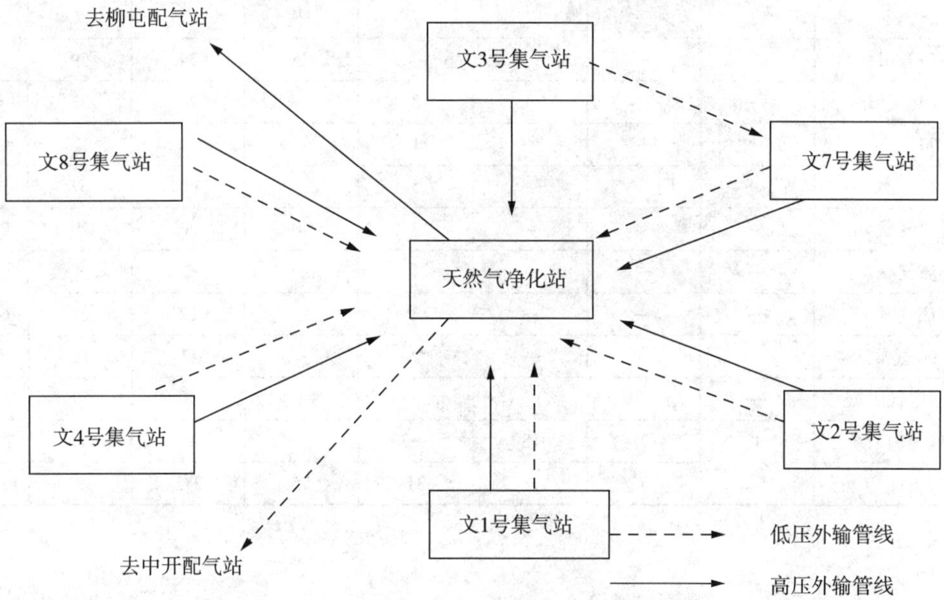

图 2-1-4　文 23 气田高低压集气系统示意图

2. 气田气处理

中原油田气组分基本不含硫，这就极大地简化了工艺。天然气处理采用常温分离+三甘醇脱水+集中膨胀制冷深度脱烃净化工艺，即集气站普遍采用中低压常温分离技术。在文 23 气田、户部寨气田中心设置脱水站采用三甘醇脱水技术集中脱水。2004 年，为提高脱水效率，解决低压天然气外输管道积液、结垢等影响管道输送效率和供用户气质的问题，在脱水站新建高压、低压 2 套天然气脱水装置，高压装置日处理天然气能力 $150×10^4m^3$，低压装置日处理天然气能力 $50×10^4m^3$，外输天然气水露点降到-7℃以下。为充分发挥集中处理的规模优势，1987 年引进了膨胀制冷深冷回收 C_2 技术对第一处理厂进行技术改造，于 1990 年在国内率先建设了以回收乙烷为目的的高水准第三气体处理厂，脱水后的天然气自压或增压经过配气站汇集到天然气净化厂，采用分子筛深度脱水、丙烷压缩制冷和膨胀机制冷的联合深度制冷技术，提高伴生气和凝析气处理轻烃综合收率，为后加工提供原料。多年运行说明该工艺流程简单可靠、制冷量大、效率高，对天然气组分的波动适应性强，净化后纯干气符合管输天然气标准，由配气站、增压站输送到各个用户。并以净化厂为中心建设连通濮城、文东、文中、文南等油田的增压集输管网，不仅满足了天然气集输要求，而且深度脱烃净化技术回收了 C_2以上大量优质化工原料，增加了经济效益。

截至 2005 年，中原油田建成了 20 座集气站和文 23 脱水站（1987 年设计），集气能力 $13×10^8m^3/a$，集气率达 94.7%，形成气田气配套生产能力 $8.5×10^8m^3/a$，满足了气田不同阶段生产对天然气集输要求。2005 年中原油田建成天然气集输工程实物量见表 2-1-1。

表 2-1-1 2005年中原油田建成天然气集输工程实物量表

类别 气田(藏)	净化站/座	增压站/座	配气站/座	集气站/座	单井加热炉/座	井口/套	输气管线	
							数量/条	长度/km
文23气田	—	—	—	7	—	51	86	51.9
白庙气田	—	—	—	4	25	54	59	50.7
户部寨气田	—	—	—	3	—	26	33	45.47
文24气藏	—	—	—	1	—	10	12	12.56
卫11气藏	—	—	—	5	—	60	67	43.4
桥口气藏	—	—	—	3	30	26	29	28.266
濮城气藏	—	—	—	1	—	7	8	14
刘庄气藏	—	—	—	3	—	22	21	68.186
文96气藏	—	—	—	2	—	11	12	5.425
胡状溶解气工程	—	—	—	2	—	5	17	65.122
天然气集输系统	1	7	18	—	—	—	49	739.603
合计	1	7	18	31	55	272	393	1124.632

第二章　天然气集输工艺

第一节　集输工艺流程

一、气井产物

从气井产出的物质，除天然气外一般含有液体和固体物质。

液体包括液烃和气田水，其中气田水又包含游离水和凝结水两种。气田开采初期，一般不出现游离水，但少数气田在开采初期也有游离水随着天然气从气井采出。凝结水是天然气在高压、高温的地层中所含有的饱和水汽，当天然气被采出后，由于压力和温度降低，在天然气中的饱和水汽随着温度和压力的变化而凝结为液体被游离出来。其中液烃也是由于天然气被采出后，随着气-液相态平衡条件的变化，一部分较重的烃也凝结为液体被析出。但对组成属于干气范围的天然气，从气井采出后不析出液烃。

固体物质包括岩屑、砂、酸化处理后的残存物等。这些固体物质一般统称为机械杂质。

天然气的性质和气田水的有无、气田水的性质，以及对气田集输流程的制定有密切关系。

(一)天然气

1. 天然气的组成

天然气是以烃类为主，同时含有少量非烃类物质的混合气体，由于天然气是在不同地质条件下生存的，其组分差异很大。烃类中主要的是正构或异构烷烃，特别是甲烷(CH_4)所占比例最大。非烃类气体多为氮(N_2)、硫化氢(H_2S)、二氧化碳(CO_2)、一氧化碳(CO)、氧(O_2)、有机硫及氦(He)等。

2. 天然气的分类

1)以天然气的来源分类

天然气分为伴生气和非伴生气。伴生气是伴随原油共生，与原油同时被采出。非伴生气包括纯气田天然气和凝析气田天然气。本章所讨论的对象是气田天然气。

2)以天然气含烃组成分类

天然气分为干气、湿气或贫气和富气。

干气：每立方米气中的 C_5 及 C_{5+}组分，按液态计小于 10mL 的天然气。

湿气：每立方米气中的 C_5 及 C_{5+}组分，按液态计大于 10mL 的天然气。

贫气：每立方米气中的 C_3 及 C_{3+}组分，按液态计小于 100mL 的天然气。

富气：每立方米气中的 C_3 及 C_{3+}组分，按液态计大于 100mL 的天然气。

3)以天然气含非烃类气体的性质分类

天然气分为非酸性天然气和酸性天然气。

非酸性天然气：H_2S 和 CO_2 含量甚微或两者均不含有，不需经过脱除处理，即可成为商品气。

酸性天然气：所含 H_2S 和 CO_2 等酸性气体的量超过有关标准的规定，而需要经过处理才能成为商品气。

3. 天然气的物理性质

表征天然气的物理特性有以下各种参数：压缩因子、密度、相对密度、黏度、比热容、导热系数等。

天然气是由多组分组成的混合气体，各种物理参数需要根据天然气的组成，通过实测和计算求得。

4. 天然气体积的量度标准

无论量度天然气或表达其性质，均需以一定条件为基础，即以一定的压力和温度作为基准。由于所采取的基础不同，各国所采用的量度标准也不相同。通常采用的有以下 3 种：

(1)标准状态。这是全世界物理学界所规定的标准。以 0.101325MPa 绝对压力及 0℃为基准。许多常用工程数据和图表系以此为基准制作的。本章内容所涉及的计算问题，大多以此为基准。

(2)基准状态。这是各个国家根据自己的情况所确定的标准。我国采气工程目前系以 0.101325MPa 绝对压力及 20℃为基准。本章对气井的产气量和集输管线的输气量，均以此为基准。

(3)实用状态。以采气地点或用气地点的实际大气压和温度作为基准称为实用状态。本章内容所涉及的问题，均不采用此种基准。

5. 天然气中烃和非烃组分的物理性质

烃和非烃物质的物理常数如表 2-2-1 所示。

表 2-2-1 为烃和非烃物质的物理常数

气体名称	分子式	相对分子质量	理想气体 101.3250kPa，15℃		比热容[101.3250kPa，15℃]c_p/[kJ/(kg·℃)]		液体 101.3250kPa，15℃相对密度(15℃/15℃)	沸点[101.3250kPa]/℃	蒸汽压/kPa(40℃)	临界常数	
			相对密度 空气=1	比容/(m^3/kg)	理想气体	液体				压力/kPa	温度/K
乙烷	C_2H_6	30.07	1.0382	0.7863	1.706	3.807	0.3581	-88.58	(6000)	48880	305.43
丙烷	C_3H_8	44.097	1.5225	0.5362	1.625	2.476	0.5083	-42.07	1341	4249	369.82
正丁烷	C_4H_{10}	58.124	2.0068	0.4068	1.652	2.366	0.5047	-0.49	377	3797	425.16
异丁烷	C_5H_{10}	58.124	2.0068	0.4068	1.616	2.366	0.5637	-11.81	528	3648	408.13
正戊烷	C_5H_{12}	72.151	2.4911	0.3277	1.622	2.292	0.6316	36.06	115.66	3369	469.6
异戊烷	C_5H_{12}	72.151	2.4911	0.3277	1.600	2.239	0.6250	27.84	151.3	3381	460.6
季戊烷	C_5H_{12}	72.151	2.4911	0.3277	1.624	2.317	0.5972	9.50	269	3199	433.75
正己烷	C_6H_{14}	86.178	2.9753	0.2744	1.613	2.231	0.6644	68.74	37.28	3012	507.4
新己烷	C_6H_{14}	86.178	2.9753	0.2744	1.593	2.148	0.6545	49.73	73.41	3.081	288.73
正庚烷	C_7H_{16}	100.205	3.4596	0.2360	1.606	2.209	0.6886	98.42	12.34	2736	540.2
正辛烷	C_8H_{18}	114.232	3.9439	0.2070	1.601	2.191	0.7073	125.67	4.143	2486	568.76
异辛烷	C_8H_{18}	114.232	3.9439	0.2070	1.599	2.049	0.6966	99.24	12.96	2568	543.89
正壬烷	C_9H_{20}	128.259	4.4282	0.1843	1.598	2.184	0.7224	150.82	1.40	2288	594.56
正癸烷	$C_{10}H_{22}$	142.286	4.9125	0.1662	1.595	2.179	0.7346	174.16	0.4732	2099	617.4

续表

气体名称	分子式	相对分子质量	理想气体 101.3250kPa，15℃		比热容[101.3250kPa，15℃]c_p/[kJ/(kg·℃)]		液体 101.3250kPa，15℃相对密度（15℃/15℃）	沸点[101.3250kPa]/℃	蒸汽压/kPa（40℃）	临界常数	
			相对密度 空气=1	比容/(m^3/kg)	理想气体	液体				压力/kPa	温度/K
一氧化碳	CO	28.010	0.9671	0.8441	1.040		0.7893	-191.49		3499	132.92
二氧化碳	CO_2	44.010	1.5195	0.5373	0.8330		0.8226	-78.51		7382	304.19
硫化氢	H_2S	34.076	1.1765	0.6939	0.9960	2.08	0.7897	-60.31	2881	9005	373.5
二氧化硫	SO_2	64.059	2.2117	0.3691	0.6062	1.359	1.397	-10.02	630.8	7894	430.8
氨	NH_3	17.031	0.5880	1.388	2.079	4.693	0.6183	-33.33	1513	11280	405.6
空气	N_2+O_2	28.964	1.0000	0.8163	1.005		0.856	-194.2		3771	132.4
氢	H_2	2.016	0.0696	11.73	14.24		0.07106	252.84		1297	33.2
氧	O_2	31.999	1.1048	0.7389	0.9166		1.1420	-182.962		5081	154.7
氮	N_2	28.013	0.9072	0.8441	1.040		0.8093	-195.80		3399	126.1
氯	Cl_2	70.906	2.4481	0.3335	0.4760		1.426	-34.03	1134	7711	417
水	H_2O	18.015	0.6220	1.312	1.862	4.191	1.000	100.00	7.371	22118	647.3
氦	He	4.003	0.1382	5.907	5.192		0.1251	-268.93		227.5	5.2
氯化氢	HCl	36.461	1.2588	0.6485	0.7991		0.8528	-85.00	6304	8309	324.7

（二）气田水

1. 气田水的类别

气田水分为底水（或边水）和束缚水两类。气藏里与天然气同时存在的水称为气田水，存在于气藏边缘和衬托在天然气底部的气层水称为边水或底水，一部分水因受气层岩粒的附着力或超毛细孔隙作用力的作用，在采气过程中不随气流流动的水称为束缚水。

2. 气田水的性质

（1）物理性质。气田水通常有较高的矿化度，一般在10g/L以上。常以测定氯化物或氯根（Cl^-）的含量代表水的矿化度。单位用mg/L或10^{-6}表示。相对密度一般大于1，黏度大于1mPa·s，温度随含水层埋藏深度的增加而增加，导电性较强。

（2）化学性质。气田水所含的离子、元素种类甚多，常见的阳离子有：Na^+、K^+、Ca^{2+}，阴离子有：Cl^-、SO_4^{2-}、CO_3^{2-}、HCO_3^-。有的气田水中NaCl含量达到工业品位，还含有微量元素碘（I）、溴（Br）、硼（B）、锶（Sr）、钡（Be）、锂（Li）等。随着矿化度增高微量元素也增多，有的也具有提取价值。

二、气田集输系统的范围和作用

天然气从气井采出，经过降压进行分离除尘除液处理之后，再由集气支线、集气干线输送至天然气处理厂或长输管道首站，称为气田集输系统。当天然气中含有H_2S、CO_2时，需经过天然气处理厂进行脱硫、脱水处理，然后输至长输管道首站。

气田集输系统的作用是收集天然气，并经过降压、分离、净化使天然气达到符合管输要求的条件，然后输往长输管道。

三、气田集输流程的类别和适用条件

气田集输流程是表达天然气的流向和处理天然气的工艺方法。气田集输流程分为气田集输管网流程和气田集输站场工艺流程。

气田集输站场工艺流程分为单井集输流程和多井集输流程。按其天然气分离时的温度条件，又可分为常温分离工艺流程和低温分离工艺流程。

储气构造、地形地物条件、自然条件、气井压力温度、天然气组成以及含油含水情况等因素是千变万化的，而适应这些因素的气田天然气集输流程也是多种多样的。本文仅对较为典型和常见的流程加以描述。

(一)气田集输管网流程

气田集输管网流程所表达的内容是气井产出物的流向和流量，同时还要表达各条管线的通过能力和操作参数。其类型、工艺计算和适用条件详见本编第三章。

(二)气田集输站场工艺流程

气田集输站场工艺流程是表达各种站场的工艺方法和工艺过程。所表达的内容包括物料平衡量、设备种类和生产能力、操作参数，以及控制操作条件的方法和仪表设备等。

1. 井场装置

井场装置具有3种功能：

(1)调控气井的产量。

(2)调控天然气的输送压力。

(3)防止天然气生成水合物。

比较典型的井场装置流程，也是目前现场通常采用的有两种类型：一种是加热天然气防止生成水合物的流程；另一种是向天然气中注入抑制剂防止生成水合物的流程，如图2-2-1和图2-2-2所示。

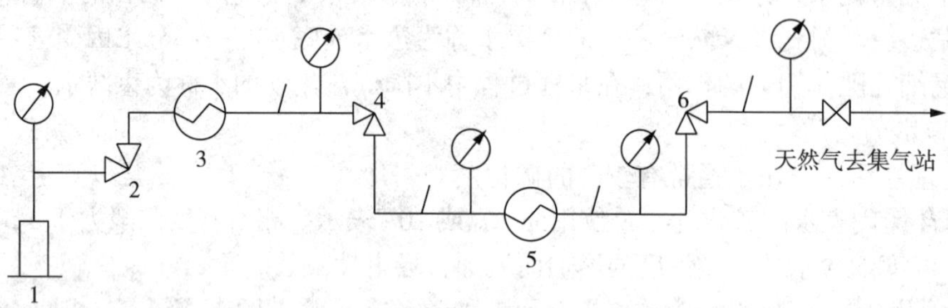

图2-2-1　加热防冻的井场装置原理流程图

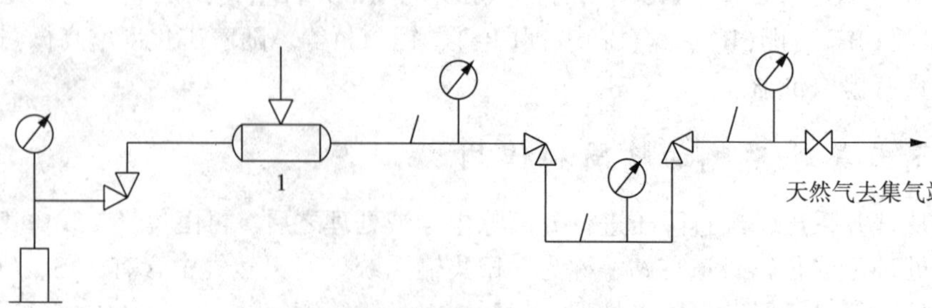

图2-2-2　注抑制剂防冻的井场装置原理流程图

如图 2-2-1 所示，图中 1 为气井，2 为采气树针形阀。天然气从针形阀出来后进入井场装置，首先通过加热炉 3 进行加热升温，然后经过第一级节流阀(气井产量调控节流阀)4 进行气量调控和降压，天然气再次通过加热器 5 进行加热升温，和第二级节流阀(气体输压调控节流阀)6 进行降压以满足采气管线起点压力的要求。

如图 2-2-2 所示，流程图中的抑止剂注入器 1 替换了图 2-2-1 中的加热炉 3 和加热器 5，流经注入器的天然气与抑制剂相混合，一部分饱和水汽被吸收下来，天然气的水露点随之降低。经过第一级节流阀(气井产量调控阀)进行气量控制和降压，再经第二级节流阀(气体输压调控阀)进行降压以满足采气管线起点压力的要求。

2. 常温分离集气站

常温分离集气站的功能是收集气井的天然气；对收集的天然气在站内进行气液分离处理；对处理后的天然气进行压力控制，使之满足集气管线输压要求并且进行计量。

我国目前常用的常温分离集气站流程有以下几种：

1) 常温分离单井集气站流程

图 2-2-3 中，1 为从井场装置来的采气管线，2 为天然气进站截断阀，3 为天然气加热炉，4 为分离器压力调控节流阀，5 为气、油、水三相分离器，6 为天然气孔板计量装置，7 为天然气出站截断阀，8 为集气管线，9 为液烃(或水)液位控制自动放液阀，10 为液烃(或水)的流量计，11 为液烃(或水)出站截断阀，12 为放液烃管线，13 为水液位控制自动放液阀，14 为水流量计，15 为水出站截断阀，16 为放水管线。

在图 2-2-4 中，5 为气液两项分离器，其余符号代表意义与图 2-2-3 相同，9 为液烃或水的液位控制自动排放阀，10 为液烃或水的流量计，11 为液烃或水出站截断阀，12 为放液烃或放水管线。

常温分离单井集气站分离出来的液烃或水，根据量的多少，采用车运或管输方式，送至液烃加工厂或气田水处理厂进行统一处理。

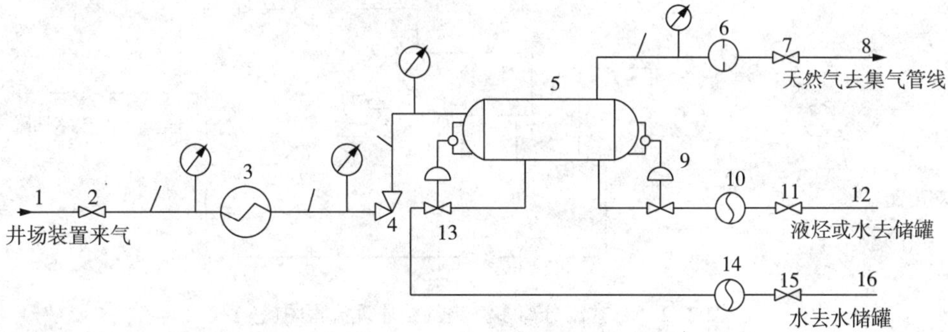

图 2-2-3　常温分离单井集气站原理流程图(一)

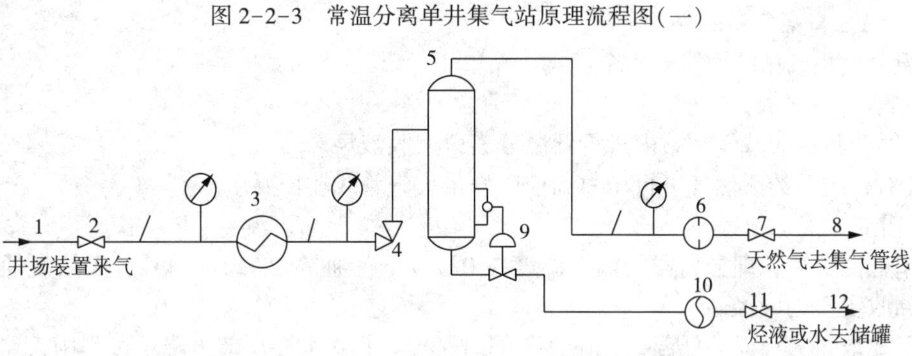

图 2-2-4　常温分离单井集气站原理流程图(二)

第二编
CHAPTER TWO
天然气矿场集输

常温分离单井集气站通常是设置在气井井场。两种流程不同之处在于分离设备的选型不同，前者为三相分离器，后者为气液分离器，因此其使用条件各不相同。前者适用于天然气中液烃和水含量均较多的气井，后者适用于天然气中只含水或液烃较多和微量水的气井。

2)常温分离多井集气站流程

常温分离多井集气站一般有两种类型，如图2-2-5和图2-2-6所示，图2-2-5中管线和设备与图2-2-3相同，图2-2-6中管线和设备与图2-2-4相同，此处流程简述从略。两种流程的不同点在于前者的分离设备是三相分离器，后者的分离设备是气液分离器。两者的适用条件不同。前者适用于天然气中油和水的含量均较高的气田，后者适用于天然气中只有较多的水或较多的液烃的气田。

图2-2-5和图2-2-6所示仅为两口气井的常温分离多井集气站。多井集气站的井数取决于气田井网布置的密度，一般采气管线的长度不超过5km，井数不受限制。以集气站为中心，5km为半径的面积内，所有气井的天然气处理均可集于集气站内。

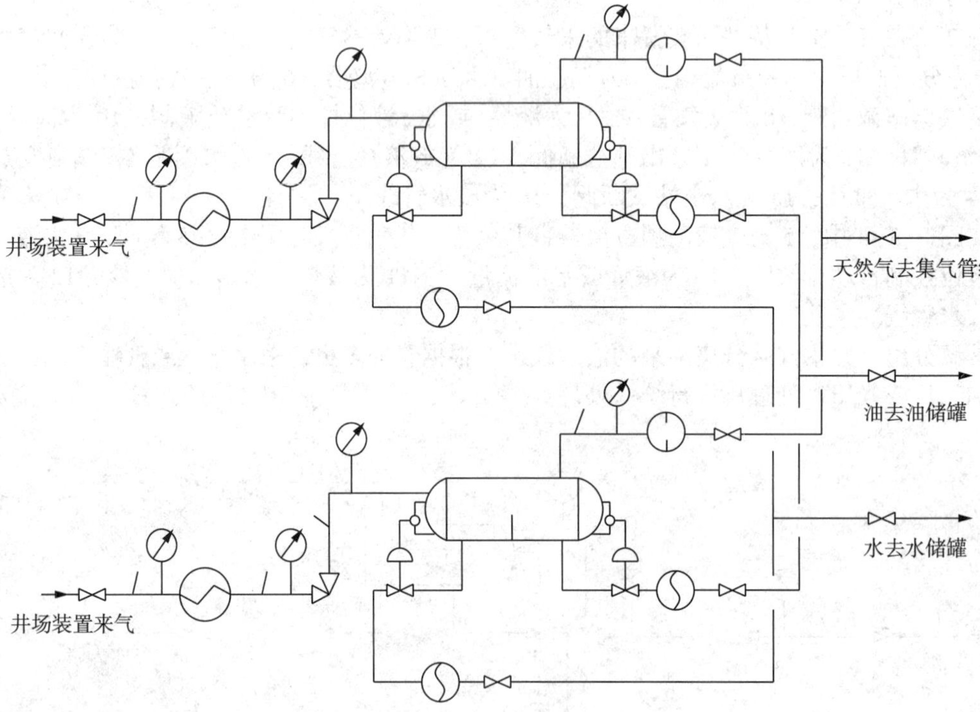

图2-2-5　常温分离多井集气站原理流程图(一)

3. 低温分离集气站流程

低温分离集气站的功能有4个：

(1)收集气井的天然气。

(2)对收集的天然气在站内进行低温分离以回收液烃。

(3)对处理后的天然气进行压力调控以满足集气管线输压要求。

(4)计量。

所谓低温分离，即分离器的操作温度在0℃以下，通常为-20~-4℃。天然气通过低温分离可回收更多的液烃。

为了要取得分离器的低温操作条件，同时又要防止在大差压节流降压过程中天然气生成水合物，因此不能采用加热防冻法，而必须采用注抑制剂防冻法以防止生成水合物。

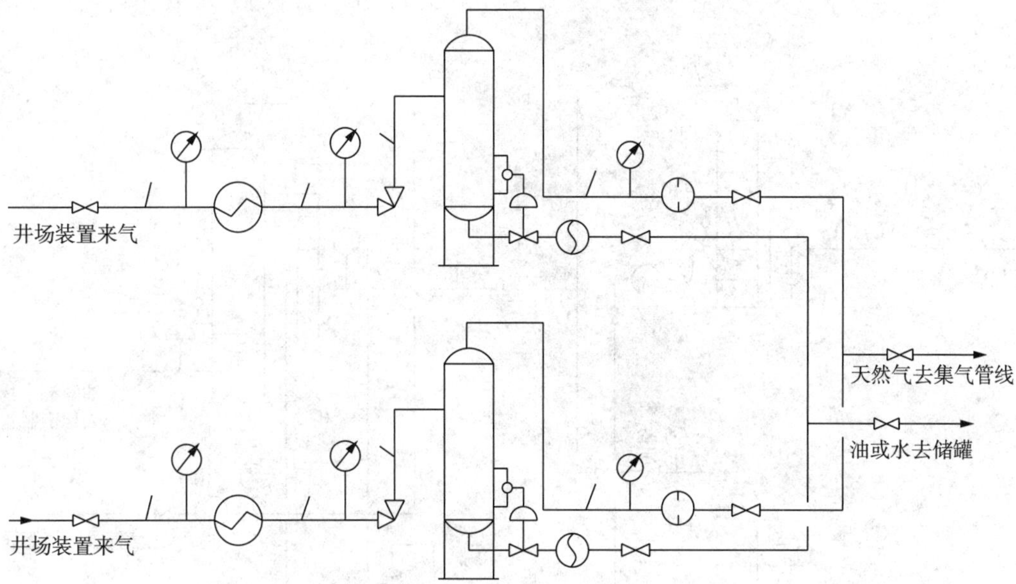

图 2-2-6　常温分离多井集气站原理流程图(二)

天然气在进入抑制剂注入器之前，先使其通过一个脱液分离器(因在高压条件下操作，又称高压分离器)，使存在于天然气中的游离水先行分离出去。

为了使分离器的操作温度达到更低的程度，故使天然气在大差压节流降压前进行预冷，预冷的方法是将低温分离器顶部出来的低温天然气通过气-气换热器，与分离器的进料天然气换热，使进料天然气的温度先行下降。

因闪蒸分离器顶部出来的气体中，带有一部分较重烃类，故使之随低温进料天然气进入低温分离器，使这一部分重烃能得到回收。

比较典型的两种低温分离集气站流程分别如图 2-2-7 和图 2-2-8 所示。

图 2-2-7 流程图的特点是低温分离器底部出来的液烃和抑制剂富液混合物在站内未进行分离。图 2-2-8 流程图的特点是低温分离器底部出来的混合液在站内进行分离。前者是以混合液直接送到液烃稳定装置去处理，后者是将液烃和抑制剂富液分别送到液烃稳定装置和富液再生装置去处理。

图 2-2-7 流程图所示：井场装置通过采气管线 1 输来气体经过进站截断阀 2 进入低温站。天然气经过节流阀 3 进行压力调节以符合高压分离器 4 的操作压力要求。脱除液体的天然气经过孔板计量装置 5 进行计量后，再通过装置截断阀 6 进入汇气管。各气井的天然气汇集后进入抑制剂注入器 7，与注入的雾状抑制剂相混合，部分水汽被吸收，使天然气水露点降低，然后进入气-气换热器 8 使天然气预冷。降温后的天然气通过节流阀进行大差压节流降压，使其温度降到低温分离器所要求的温度。从分离器顶部出来的冷天然气通过气-气换热器 8 后温度上升至 0℃以上，经过孔板计量装置 10 计量后进入集气管线。

从高压分离器 4 的底部出来的游离水和少量液烃通过液位调节阀 11 进行液位控制，流出的液体混合物计量后经装置截断阀 12 进入汇液管。汇集的液体进入闪蒸分离器 13，闪蒸出来的气体经过压力调节阀 14 后进入低温分离器 9 的气相段。闪蒸分离器底部出来的液体再经液位控制阀 15，然后进入低温分离器底部液相段。

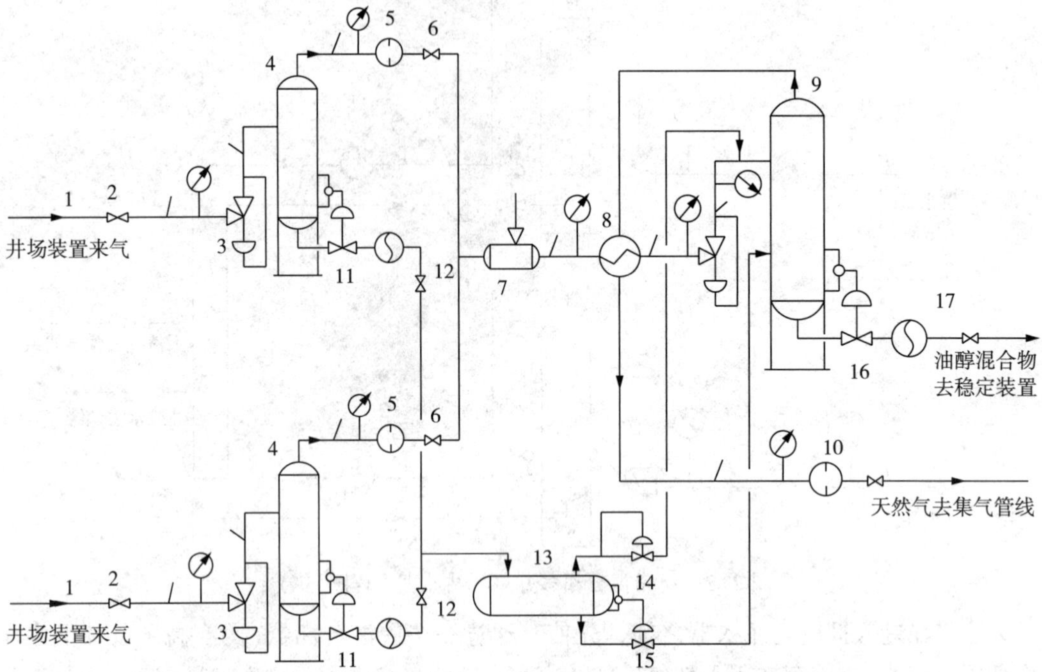

图 2-2-7 低温分离集气站原理流程图(一)

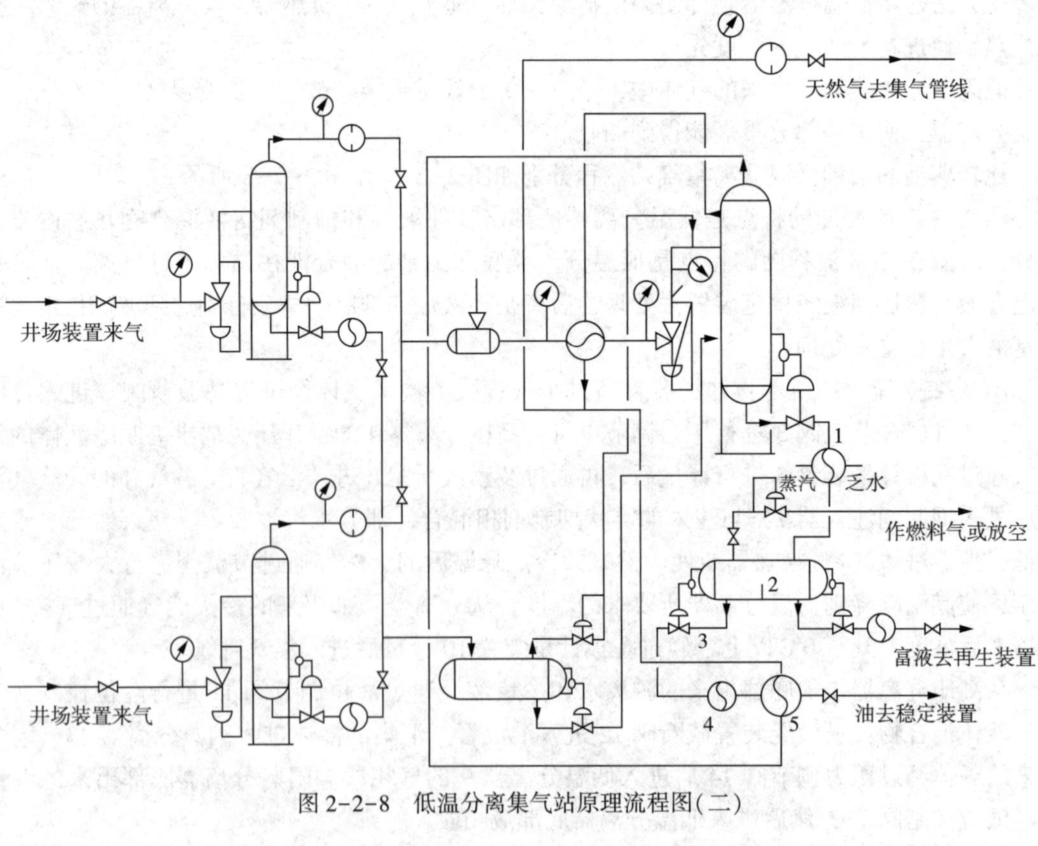

图 2-2-8 低温分离集气站原理流程图(二)

从低温分离器底部出来的液烃和抑制剂富液混合液经液位控制阀16再经流量计17，然后通过出站截断阀进入混合液输送管线送至液烃稳定装置。

图2-2-8流程图与图2-2-7流程图的不同之处是：从低温分离器底部出来的混合液，不直接送到液烃稳定装置去，而是经过加热器1加热升温后进入三相分离器2进行液烃和抑制剂分离。液烃从三相分离器左端底部出来，经过液位控制阀3再经流量计4，然后通过气-液换热器5与低温分离器顶部引来的冷天然气换热被冷却，降温到0℃左右。最后，液烃通过出站截断阀，由管线送至稳定装置。从三相分离器右端底部出来的抑制剂富液经液位控制阀再经流量计后，通过出站截断阀送至抑制剂再生装置。

因为低温分离器的低温是由天然气大差压节流降压所产生的节流效应所获得，故高压分离器的操作压力是根据低温分离器的操作温度来确定的。操作温度随气井温度和采气管线的输送温度来决定，通常按常温考虑。

闪蒸分离器的操作压力随低温分离器的操作压力而定，操作温度则随高压分离器的操作温度而定。

三相分离器的操作压力根据稳定塔的操作压力来确定，操作温度则根据稳定塔的液相沸点和最高进料温度来确定。

图2-2-7和图2-2-8两种低温分离流程的选取，取决于天然气的组成、低温分离器的操作温度、稳定装置和提浓再生装置的流程设计要求。低温分离器操作温度越低，轻组分溶入液烃的量越多。

四、气田集输流程的制定

1. 制定集输流程的技术依据

技术依据主要来源于两方面的资料数据：①气田开发方案；②近期收集的有代表性的气井动态资料。

在上述两方面的资料中，以下各种资料和数据对于制定气田集输流程有重要关系：

(1)气井产物。井口条件下天然气取样分析资料，油的分析和评价资料，水分析资料等。

(2)构造储层特征。气田可采储量、开采速度、开采年限，逐年生产规模，各生产区单井平均产量、生产井布置图、生产井数等。

(3)气层压力和温度。生产条件下的井口压力和温度，气田压力递减率。

2. 制定集输流程应遵循的技术准则

(1)国家各种技术政策和安全法规。

(2)各种技术标准和产品标准，各种规程、规范和规定。

(3)环保、卫生规范和规定。

3. 集输系统(包括管网和站场)的布局

集输系统的布局可参考以下原则：

(1)在气田开发方案和井网布置的基础上，集输管网和站场应统一考虑、综合规划、分步实施，应做到既满足工艺技术要求又符合生产管理集中简化和方便生活。

(2)产品应符合销售流向要求。

(3)三废处理和流向应符合环保要求。

(4)集输系统的通过能力应协调平衡。

(5)集输系统的压力应根据气田压能和商品气外输首站的压力要求综合平衡确定。

第二节 气田天然气矿场分离

一、矿场分离的对象和特点

如前所述，天然气从气井采出往往含有液体(水或液烃)和固体(岩屑、腐蚀产物及酸化处理后的残存物等)物质。这将对集输管线和设备产生极大的磨蚀危害，且可能堵塞管道和仪表管线以及设备等，因而影响集输系统的运行。矿场分离的目的就是尽可能除去天然气中所含的液体和固体物质。

天然气中含大量砂不是常见现象，故在前一节关于井场装置典型流程介绍中未涉及砂的分离问题。若含砂量高，天然气在进入集输管线前，需采用除砂分离器(或称沉砂器)将其分离。天然气中微量固体物质和少量液体物质均不在井场装置进行分离。从井场装置到集气站，一般是两相输送，这样可简化系统设施。天然气中的水如气田水含量较大且对采气管线输送产生困难时，则需矿场进行分离处理。

矿场分离的特点，就是用机械方法从天然气中分离出固体或液体物质。分离器操作温度和压力的变化影响烃类和水的相态平衡关系，因此矿场分离可能分离出来的液体产物量将随分离温度和压力的控制而发生变化。

二、矿场分离工艺

1. 常温分离工艺

天然气在分离器操作压力下，以不形成水合物的温度条件下进行气-液分离，称为常温分离。分离器出口的气体送入气田集输管线系统，分离出的液体(水或液烃)送入储水罐(池)或液烃储罐。

分离器前的节流阀用于调节分离器的操作压力，分离器操作压力取决于集输管线的起点压力。加热器用于调节分离器的操作温度，分离器的操作温度取决于分离器操作压力条件下水合物形成温度。通常分离器的操作温度要比分离器操作压力条件下水合物形成温度高3~5℃。

常温分离工艺的特点是辅助设备较少，操作简便，适用于干气的矿场分离。

2. 低温分离工艺

在很多情况下，天然气采气压力远高于外输压力。利用天然气在气田集输过程出现的大差压节流降压所产生的节流效应(焦耳-汤姆逊效应)达到的低温条件，在此条件下进行气体和水或液烃分离，称为矿场低温分离。此种分离工艺同时产生两种效果：①增加液烃回收量；②降低天然气露点。因此气田集输系统即可利用这两种效果，对天然气进行液烃回收或脱水。气田集输系统可利用低温分离工艺使天然气的烃露点和水露点降低以满足管输要求，也是气田集输系统的节能措施之一。

来自井场装置的天然气，经过脱液分离器脱除其所携带的游离水或液烃以及固体杂质后，经注入水合物抑制剂，再进入气-气换热器与低温天然气换热后温度下降，然后通过节流阀产生大差压节流降压，温度进一步下降并达到所要求的低温条件。在此条件下天然气中C_{5+}组分大部分被冷凝下来，C_3和C_4也有相当一部分成为液相溶于液烃中。所有液相物质沉聚到分离器底部。

低温分离器出来的液体，其中包含有抑制剂富液和液烃。此时所获得的液烃是不稳定的，因为其中溶解有一部分甲烷和乙烷气体。为了满足气田矿场储存的要求，故在液烃输往加工厂之前需进行矿场稳定。稳定的方法是降低液烃的蒸气压以满足储存要求。低温分离器的操作压力根据集气管线的输压来确定。操作温度则根据天然气组成和所要得到的液烃组分的回收率来确定。同时，根据矿场回收条件和稳定工艺的特点，确定低温分离器的操作温度。

低温分离工艺通常适用于富气的分离。对于贫气，在通过气-液平衡计算，表明低温分离工艺对液烃回收具有经济价值时，则应采用低温分离工艺。

三、矿场分离工艺计算

由于分离器的操作温度和压力影响烃类和水的相态平衡关系，从矿场分离器中分离出来的水和液烃的产量，则需通过气-液平衡计算来确定。从天然气中冷凝下来的水量可从天然气的饱和含水汽量图，根据温度和压力条件查得。从天然气中凝析出来的液烃量则需通过气-液平衡计算来求得。

1. 平衡状态的概念

汽化(蒸发)是指物质从液态变化为气态的过程；液化(凝结)则表示气态物质变为液态的过程。若在密闭容器内分子脱离液体的速度与其返回液体的速度相等时，即谓此系统处于平衡状态。

在某温度下液体的蒸气压与液体表面上蒸气空间中物质的分压相等时，则表示此系统在该条件下处于动力平衡状态。

各种不同的液体在同一温度条件下有不同的蒸气压。即在同一条件下，变为气态的能力各不相同，因此各种物质分为低沸点(容易汽化)和高沸点(不易汽化)两类。某一系统在任何时间内存在而不改变其系统中相的数目及各相所含的成分，则此系统称为平衡系统。

理想状态的平衡是不容易获得的。为了进行计算则需假定其已经处于平衡，在很多实际场合的实际状态已接近理想状态平衡，因此由状态所产生的误差则可忽略不计。但在某些情况下，根据假定的平衡状态进行计算所得到的结果，在必要时须应用效率因数或校正因数进行校正。气相和液相之间的平衡是气田集输工艺的重要基础，它对液烃回收量，天然气外输量，气、液组分和含水量等具有直接的影响。上述各种量的确定，则需通过气-液平衡计算来求得。

2. 蒸汽压

蒸汽压是讨论气-液平衡的重要概念。在一定温度下，物质的气相与其液相处于平衡状态时的气相压力，称为饱和蒸汽压，简称蒸汽压。纯烃和烃类混合物的蒸汽压可由图2-2-9和图2-2-10查得并可用式(2-2-20)计算求得。

3. 分压

气体混合物中某一单组分的分压，指该组分单独占有该混合物总体积时所具有的压力。对于理想气体其状态方程为：

$$pV=NRT \tag{2-2-1}$$

式中 p——气体的绝对压力；

T——气体的绝对温度；

N——气体的摩尔数；

V——气体的体积；

R——气体常数。

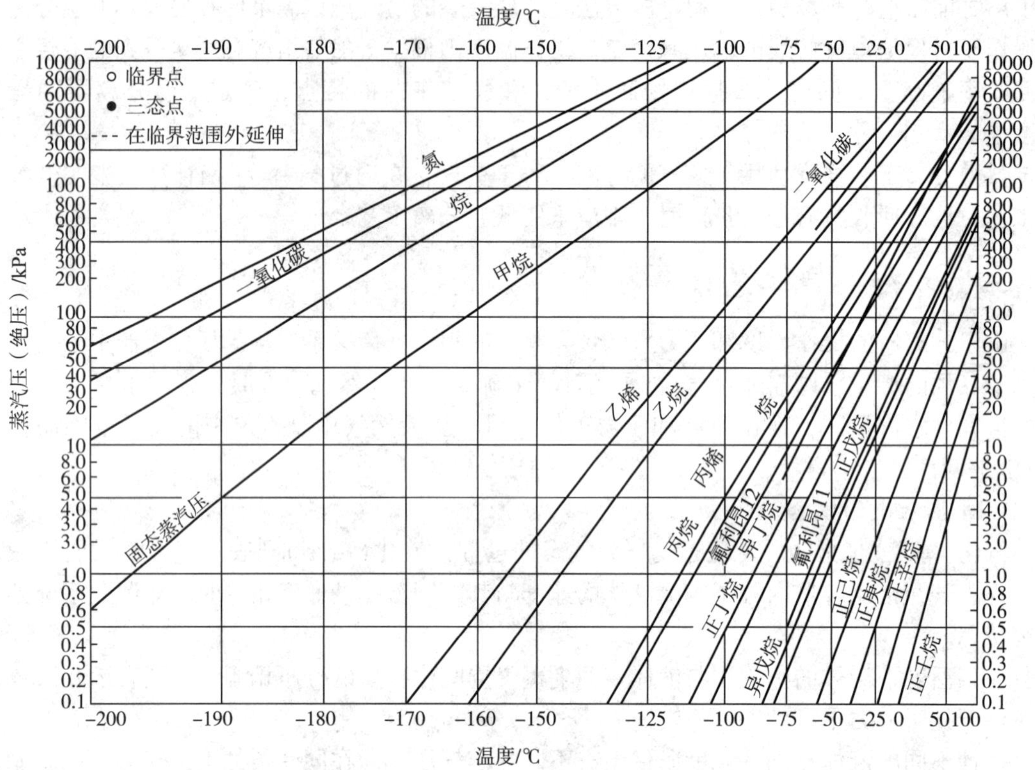

图 2-2-9　轻组分烃类低温下的蒸汽压

将某一组分的摩尔数和混合物的总体积代入式(2-2-1)，则得

$$p_A V = N_A RT \tag{2-2-2}$$

式中　p_A——组分 A 的分压；

N_A——组分 A 的摩尔数。

再将式(2-2-1)和式(2-2-2)相除，则得

$$\frac{p_A V}{pV} = \frac{N_A RT}{NRT}$$

即

$$\frac{p_A}{p} = \frac{N_A}{N} = n_A \tag{2-2-3}$$

由此可知，多组分气体混合物中某一组分的分压与该组分在气体混合物中的浓度成正比，则混合气体中某一组分的分压即等于该组分在混合气体中的摩尔分数乘以系统总压。

4. 气液平衡常数

单组分的平衡常数(或 K 值)不仅受混合物温度和压力的影响，且受物质的浓度以及组成此混合物的其他组分的影响。基于此种原因，K 值需用试验法求得，许多文献有关于 K 值的研究。

在工程计算中求气液平衡常数的方法较多，通常采用列线图法或收敛法求得。目前在许多情况下用电算法求算 K 值。利用图 2-2-11～图 2-2-13 可查得各烃类单组分的平衡常数。

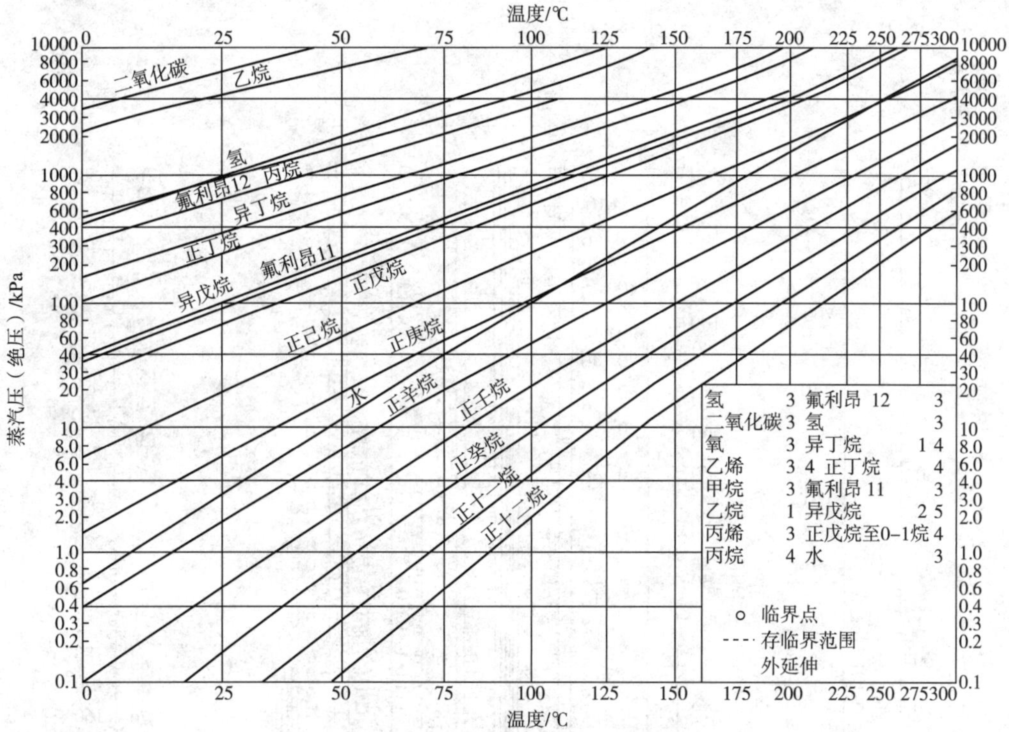

图 2-2-10　轻组分烃类高温下的蒸汽压

5. 气液平衡计算

1) 混合物的泡点和露点计算

(1) 泡点：在一定压力下液体混合物刚开始沸腾的温度称为液体在该压力下的泡点温度简称泡点。满足式(2-2-4)的温度，即是液体混合物的泡点温度。

$$\sum K_i \cdot N_i = 1 \tag{2-2-4}$$

(2) 露点：在一定压力下气体混合物刚开始凝成液体的温度称为气体在该压力下的露点温度，简称露点。满足式(2-2-5)的温度，即是气体混合物的露点温度。

$$\sum N_i / K_i = 1 \tag{2-2-5}$$

式中　N_i——混合物中组分 i 的百分数；

K_i——混合物中组分 i 的平衡常数。

当混合物在一定压力和温度条件下，$\sum N_i/K_i>1$ 和 $\sum K_i \cdot N_i>1$ 时，则此混合物在露点和泡点温度范围内是气相和液相并存。

当混合物在一定压力条件下，$\sum K_i \cdot N_i<1$ 时该系统全是液体。$\sum N_i/K_i<1$ 时，系统全是气体。

利用上述规律则可判断混合物在一定温度和压力条件下是气、液并存，或是气体，或全是液体。要确知混合物在一定条件下气、液并存时量的关系，则需通过气液平衡计算来解决。

2) 混合物气液平衡计算

如果气体和液体并存，并且处于平衡状态，则此两相之间的关系为：

$$y = Kx \tag{2-2-6}$$

式中　y——混合物中气相摩尔百分数；

x——混合物中液相摩尔百分数；

K——混合物在系统存在条件下的平衡常数。

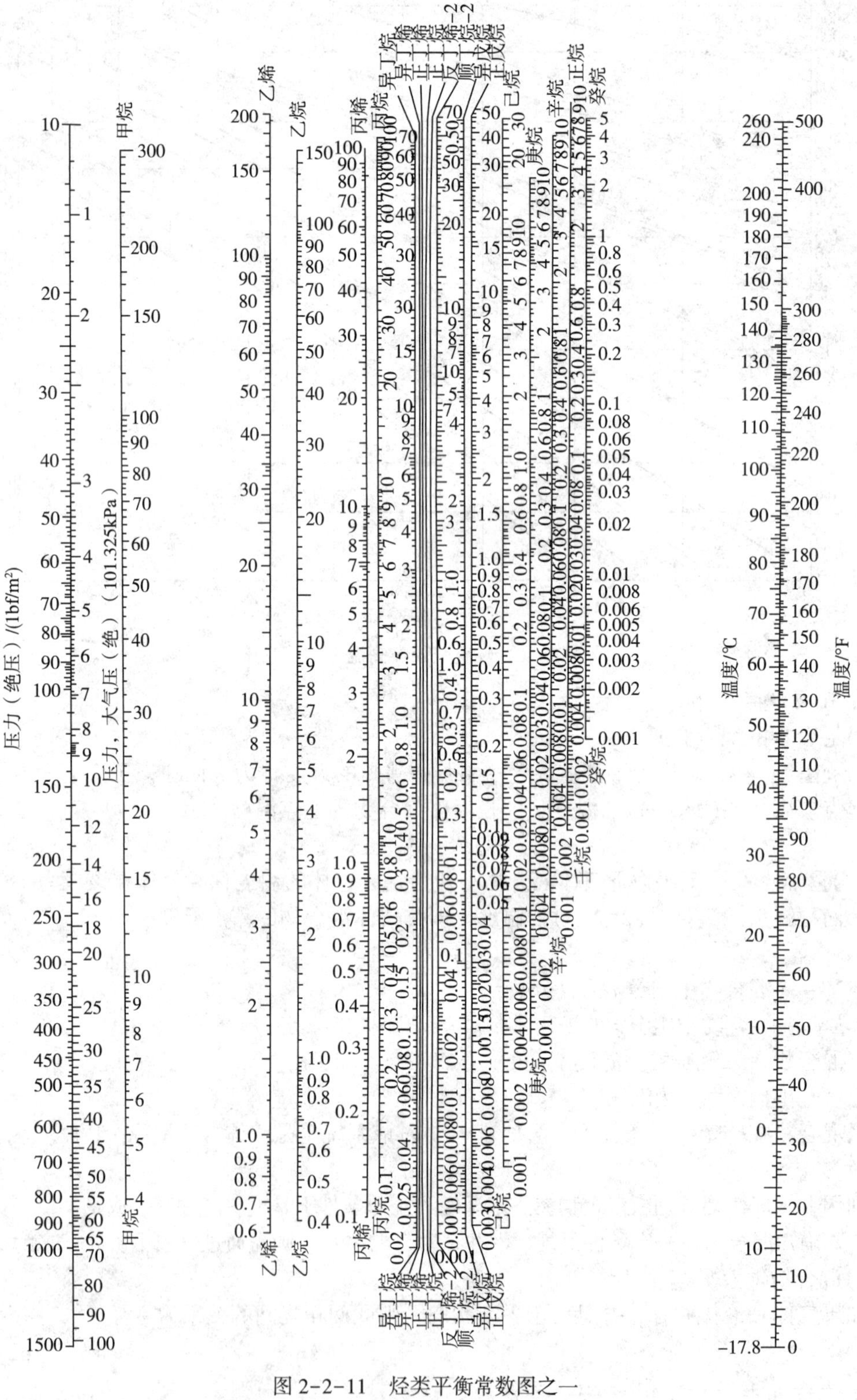

图 2-2-11　烃类平衡常数图之一

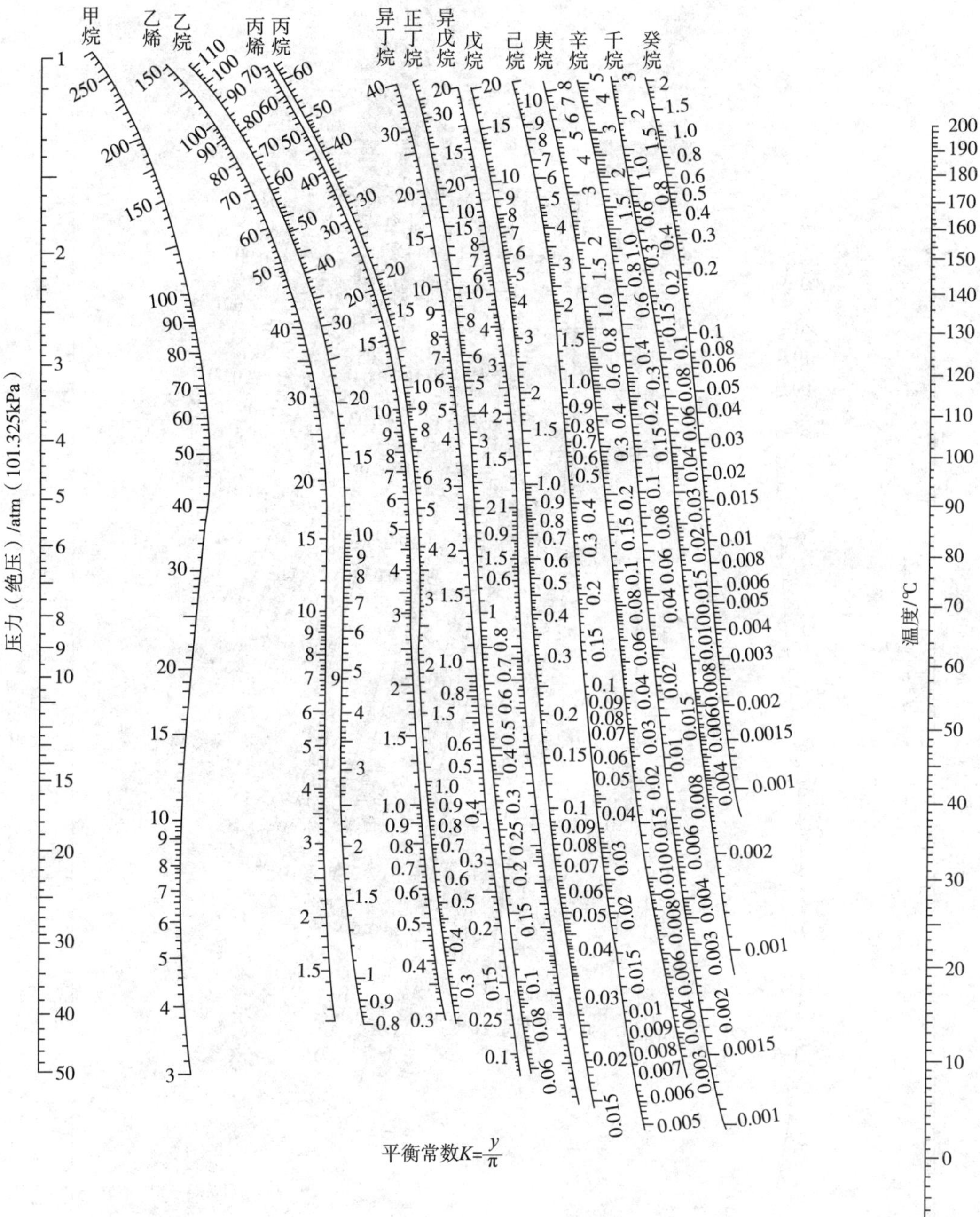

图 2-2-12 烃类平衡常数图之二（0~200℃）

总物料平衡为在平衡状态下气体出料与液体出料之和等于总进料量。用式(2-2-7)表达：

$$F=V+L \tag{2-2-7}$$

对于其中某一组分关系则可用下式表达：

$$F_i=V_i+L_i \tag{2-2-8}$$

对某一组分的气相摩尔百分数和液相摩尔百分数可用下列方程表示：

$$y_i = \frac{V_i}{V},\ x_i = \frac{L_i}{L} \tag{2-2-9}$$

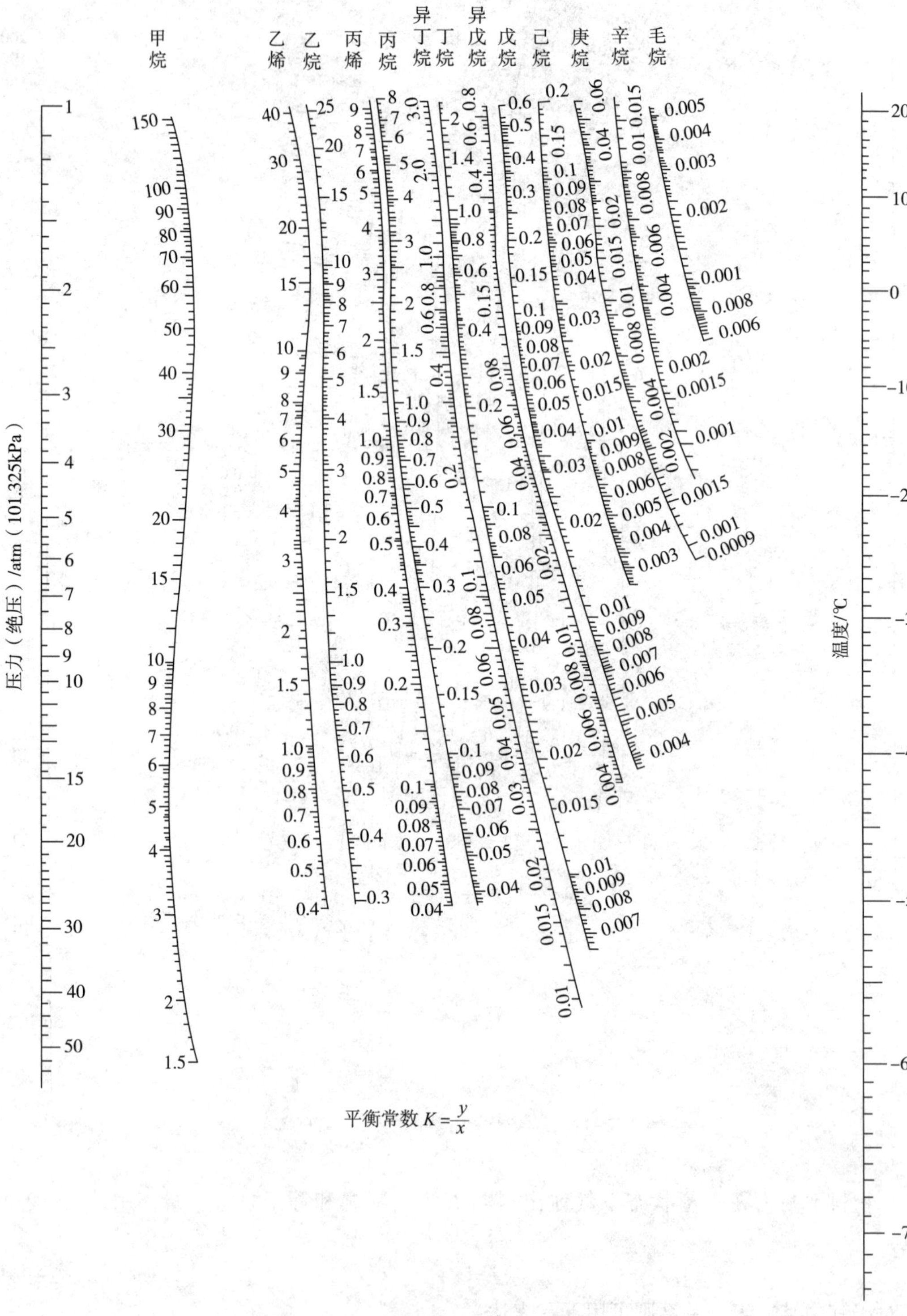

图 2-2-13　烃类平衡常数图之三（−70~20℃）

将式(2-2-9)代入式(2-2-6)，则得$\frac{V_i}{V}=K_i\left(\frac{L_i}{L}\right)$

即
$$V_i=L_i\left(K_i\frac{V}{L}\right) \tag{2-2-10}$$

将式(2-2-10)中V_i代入式(2-2-8)，则得 $F_i=L_i\left(K_i\frac{V}{L}\right)+L_i$

$$F_i=L_i\left[\left(K_i\frac{V}{L}\right)+1\right]$$

则
$$L_i=\frac{F_i}{\left[\left(K_i\frac{V}{L}\right)+1\right]} \tag{2-2-11}$$

对于全组分，则

$$L=\sum L_i \tag{2-2-12}$$

用同样方法解出式(2-2-10)中L_i并代入式(2-2-8)，得

$$V_i=\frac{K_iF_i}{\left[\left(\frac{L}{V}\right)+K_i\right]} \tag{2-2-13}$$

对于全组分，则

$$V=\sum V_i \tag{2-2-14}$$

以上各式中，F为系统进料总摩尔数，mol；V为气相出料总摩尔数，mol；L为液相出料总摩尔数，mol；F_i为系统进料中组分i的摩尔数，mol；V_i为气相出料中组分i的摩尔数，mol；L_i为液相出料中组分i的摩尔数，mol；y_i为混合物中组分i的气相摩尔百分数；x_i为混合物中组分i的液相摩尔百分数；K_i为系统存在条件下组分i的平衡常数。

利用式(2-2-11)或式(2-2-13)即可分别求出某一混合物在一定条件下液相和气相的数量关系。

3)液烃回收率计算

单组分回收率计算：

$$L_{\mathrm{R}i}=\frac{L_i}{F}\times100\% \tag{2-2-15}$$

液烃回收率计算：

$$L_{\mathrm{R油}}=\frac{\sum L_{5+}}{\sum F_{5+}}\times100\% \tag{2-2-16}$$

以上式中，$L_{\mathrm{R}i}$为单组分回收率；$L_{\mathrm{R油}}$为液烃回收率；$\sum L_{5+}$为液相出料中C_5及其以上组分的摩尔总数，mol；$\sum F_{5+}$为系统进料中C_5及其以上组分的摩尔总数，mol。

其余符号意义同式(2-2-6)~式(2-2-14)。

4)计算步骤

(1)校核泡点和露点，证明液相和气相是否并存。

(2)通过平衡常数曲线图(或其他方法)根据系统存在的温度和压力条件，确定各组分的平衡常数K值。

(3)假定L和V或$\frac{L}{V}$的数值。式(2-2-7)即为此种数值的关系式。当进料组分肯定之后

假定其中一个数值，则可计算出另一个数值，然后可计算出$\frac{L}{V}$比值。

(4)使用式(2-2-11)或式(2-2-13)算出每一组分的液相或气相的摩尔数。

(5)使用式(2-2-12)或式(2-2-14)算出总液量或总气量。

(6)核对第(5)步算出的总液量或总气量与第(3)步所假定的数值是否相符，如果相符表明计算正确；如果不相符则应重新假定数值，并从第(3)步开始重新计算。在假定新数值时必须按照以下规律：如果计算出来的数值大于假定值，则重新假定的数值应大于此计算值；如果计算值小于假定值，则重新假定的数值应小于此计算值。

5)解题举例

【例2-2-1】 某集气站天然气压力为5.1MPa(绝压)，温度为38℃，其组分分析如例表2-1-1所列。当压力不变时分离器在38℃和-18℃两种条件下操作，试计算比较两种分离条件下液烃的回收量。

例表2-2-1 天然气组分

组分	C_1	C_2	C_3	iC_4	nC_4	iC_5	nC_5	C_6	C_7
摩尔百分数/%	88.80	5.29	2.57	0.49	0.63	0.45	0.41	0.46	0.90

解：

第一步：校核泡点和露点。

根据式(2-2-4)和式(2-2-5)计算泡点和露点，其成果如例表2-2-2所列。

例表2-2-2 露点和泡点计算成果表

组分	摩尔百分数/%	$K\left(\frac{38℃}{5.1\text{MPa}}\right)$	N_i/K_i	$K\left(\frac{-18℃}{5.1\text{MPa}}\right)$	$N_i \cdot K_i$
C_1	88.80	4.6	19.3	3.0	266.4
C_2	5.29	1.04	5.1	0.47	26.9
C_3	2.57	0.395	6.5	0.13	
iC_4	0.49	0.210	2.3	0.052	
nC_4	0.36	0.166	3.8	0.086	
iC_5	0.45	0.081	5.5	0.015	
nC_5	0.41	0.067	6.1	0.0112	
C_6	0.46	0.028	16.4	0.0040	
C_7	0.90	0.0112	80.4	0.00125	
Σ	100		135.1		$\gg 100$

从例表2-2-2可看出，该天然气的露点低于38℃，泡点高于-18℃，天然气是处于气液并存的混合物。

第二步：确定系统温度和系统压力下各组分的K值，由图2-2-12和图2-2-13查得。

确定压力为5.1MPa，温度为38℃和压力为5.1MPa，温度为-18℃两种系统存在条件下的气液平衡常数，根据列线图查取，如例表2-2-3所列。

例表 2-2-3　平衡常数 K

组　分	C_1	C_2	C_3	iC_4	nC_4	iC_5	nC_5	C_6	C_7
$K\left(\frac{38℃}{5.1MPa}\right)$	4.6	1.04	0.395	0.210	0.166	0.081	0.067	0.028	0.0112
$K\left(\frac{-18℃}{5.1MPa}\right)$	3.0	0.47	0.13	0.052	0.086	0.015	0.0112	0.004	0.00125

第三步至第六步合并进行：采用式(2-2-11)计算，其成果如例表 2-2-4 和例表 2-2-5所列。

例表 2-2-4　5.1MPa(绝压)、38℃系统条件下计算成果

组　分	摩尔百分数/%	$K\left(\frac{38℃}{5.1MPa}\right)$	$K\left(\frac{V}{L}\right)+1$ $\left[\begin{matrix}L=1.04\\ \frac{V}{L}=95.1\end{matrix}\right]$	L_i	$K\left(\frac{V}{L}\right)+1$ $\left[\begin{matrix}L=1.075\\ \frac{V}{L}=92.1\end{matrix}\right]$	L_i	V_i
C_1	88.80	4.6	438	0.203	425	0.209	88.59
C_2	5.29	1.04	100	0.053	96.8	0.055	5.24
C_3	2.57	0.395	38.5	0.067	37.4	0.069	2.50
iC_4	0.49	0.210	21.0	0.023	20.3	0.024	0.47
nC_4	0.63	0.166	16.8	0.038	16.3	0.039	0.59
iC_5	0.45	0.081	8.70	0.052	8.46	0.053	0.40
nC_5	0.41	0.067	7.36	0.056	7.17	0.057	0.34
C_6	0.46	0.028	3.66	0.126	3.58	0.128	0.33
C_7	0.90	0.0112	2.06	0.436	2.03	0.444	0.46
Σ	100			1.054		1.078	98.92

例表 2-2-5　5.1MPa(绝压)、-18℃系统条件下计算成果

组　分	摩尔百分数/%	$K\left(\frac{38℃}{5.1MPa}\right)$	$K\left(\frac{V}{L}\right)+1$ $\left[\begin{matrix}L=1.04\\ \frac{V}{L}=95.1\end{matrix}\right]$	L_i	V_i
C_1	88.80	3.0	48.0	1.850	86.95
C_2	5.29	0.47	8.36	0.632	4.66
C_3	2.57	0.13	3.04	0.845	1.72
iC_4	0.49	0.052	1.814	0.270	0.22
nC_4	0.63	0.086	1.564	0.402	0.23
iC_5	0.45	0.015	1.235	0.864	0.09
nC_5	0.41	0.0112	1.175	0.349	0.06
C_6	0.16	0.004	1.062	0.432	0.03
C_7	0.90	0.00125	1.020	0.882	0.02
Σ	100			0.026	93.98

例表 2-2-4 计算结果表明天然气在进入低温分离器前的条件(5.1MPa，38℃)下，液体量为 1.078mol，从例表 2-2-5 计算结果得出天然气在进入低温分离器操作条件(5.1MPa，-18℃)下，液体量为 6.028mol，两者的差即是低温分离过程所净增的液烃量。

低温分离对液烃所增加的回收量为

$$L_m = 6.026 - 1.078 = 4.958\text{mol}$$

第三节 液烃矿场稳定

一、矿场稳定的意义

无论常温分离或低温分离所回收的液烃，都会溶解有甲烷和乙烷这类极轻的组分，特别是低温分离工艺所获得的液烃，其中所溶解的甲烷和乙烷成分更多。这类轻组分在液烃内极不稳定，一旦液烃储罐温度升高，且在常压下储存时，甲烷和乙烷以及一部分丙烷和丁烷极易从液烃中蒸发逸出。当轻组分逸出时，重组分也会有一部分被其携带而逸出，故未稳定的液烃在储存和输送过程中容易增大蒸发损失。未稳定的液烃通过矿场稳定处理，即可避免这种不必要的损失，稳定的方法是从未稳定的液烃中脱除甲烷和乙烷以及部分丙烷和丁烷等易挥发的轻组分。

二、矿场稳定与液烃收率

这里所说的收率是指液烃进入储罐后的收率。天然气中 C_{5+} 组分含量不同，在分离条件相同的情况下所获得的液烃量和储罐收率是不相同的。从以下 3 个曲线图中可以看出，C_{5+} 组分含量不同的天然气经过矿场稳定后的液烃收率均高于未稳定液烃的收率。

从图 2-2-14~图 2-2-16 可看出，天然气中液烃含量越高，分离后，经稳定比不经稳定所得到的液烃收率更高。同样也可以看到，分离温度越低，分离后经稳定比不稳定所得到的液烃收率也更高。

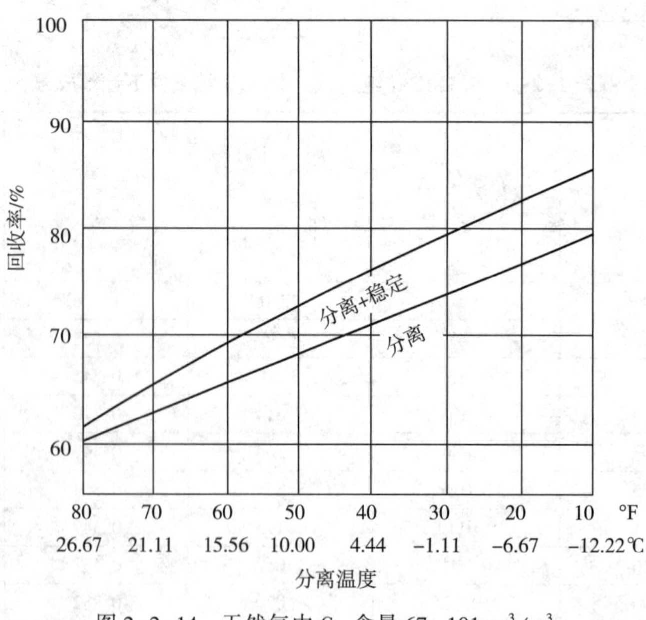

图 2-2-14 天然气中 C_{5+} 含量 67~101cm³/m³

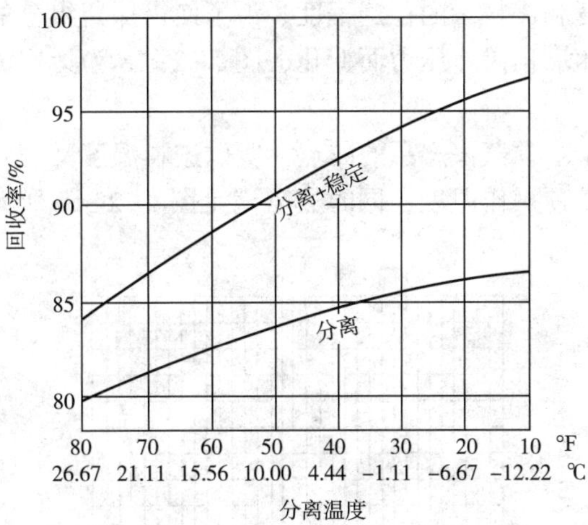

图 2-2-15 天然气中 C_{5+} 含量 253~309cm³/m³

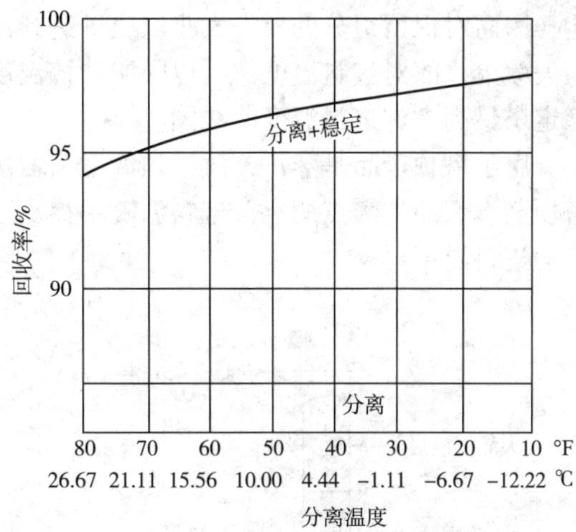

图 2-2-16 天然气中 C_{5+} 含量 815~927cm³/m³

三、矿场稳定工艺

1. *矿场稳定工艺原理*

矿场稳定工艺，就是利用储罐塔对液烃进行拔顶蒸馏。把其中部分丁烷和丙烷以及几乎全部乙烷和甲烷分离出去，塔底的残留液便是稳定的液烃。

2. *矿场稳定工艺的特点*

在矿场的特定条件下，所采用的稳定工艺应具有以下特点：

(1)具有独立性和灵活性。矿场设施分散独立，稳定设备的辅助设施应力求简化，稳定装置在需要使用时能迅速运行。

(2)控制系统应简单可靠。使之易于为矿场操作者所掌握，易于维护管理。

(3)适于处理组分变化范围广的天然气。气田天然气组分往往不完全相同，操作条件一旦变化，所回收的液烃的组成和量都会变化。因此，稳定设备的适应范围要宽。

(4)工艺设备容易安装和拆迁。矿场生产常随地质条件变化，稳定设备宜作成组合快装式，适宜拆迁安装的要求。

3. *稳定塔的类型和矿场条件的适应性*

国外通常使用的稳定塔有两种类型：

(1)通用回流型。与一般液烃加工厂所用的稳定塔相同，用制冷气冷却后的液烃作回流。操作压力为 1.055~2.109MPa(150~300lbf/in²)(绝压)。

(2)高压无回流型。要求冷进料，进料口接近塔顶。操作压力为 1.055~2.109MPa。

4. *无回流稳定塔的特点*

无回流稳定塔由于不具有常规精馏塔所设有的回流线，因此由进料本身兼起液相回流的作用。塔所需要的气相回流，则由塔底重沸器将塔底残液一部分汽化而来，塔底残液就是稳定的液烃。无回流稳定塔只适用于-20~-4℃条件下所获得天然气液烃的稳定。无回流稳定塔的流程图如图 2-2-17 所示。

稳定塔是一个只有提馏段的精馏塔。未稳定的液烃从塔的顶部进料，塔顶产品是蒸汽，不加冷凝也不用它来作塔的液相回流，而只将其引走作为燃料使用。

塔顶温度通过进料温度控制，因此它的控制不可能十分稳定。塔顶产品受进料温度影响，因而对保留组分的损失大小取决于进料温度和进料量的稳定程度。为了使得保留组分的损失减少，故对进料温度需予以限制，该温度随塔顶操作压力而变化，图 2-2-18 为无回流稳定塔最高允许进料温度曲线图。

由于塔顶产品是蒸汽，故塔顶温度又取决于塔顶蒸汽产品的露点，所以进料温度又需随塔顶蒸汽产品的露点而定。进料温度不得高于塔顶操作温度，同时亦需满足图 2-2-18 所允许的进料温度。

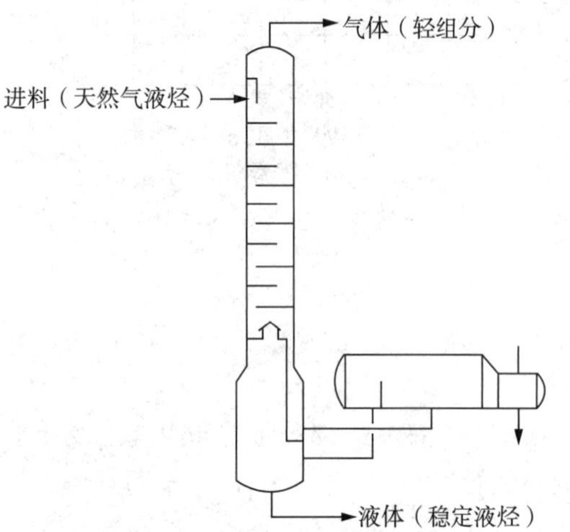

图 2-2-17 无回流稳定塔

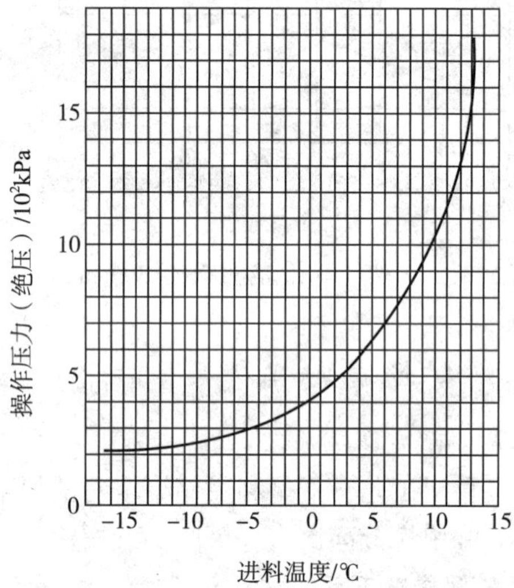

图 2-2-18 无回流稳定塔的最高允许进料温度

塔底产品是稳定液烃，因此塔底产品的蒸汽压必须满足储存条件的要求。稳定液烃的蒸汽压(38℃)应符合国家标准《稳定轻烃》(GB 9053—2013)的质量指标。稳定液烃的塔底温度取决于塔底操作压力。图 2-2-19 为稳定塔塔底温度和塔压的关系曲线。该曲线图是以 18lb 雷氏蒸汽压和产品为基准。设计塔底温度可供参考。

5. 无回流稳定塔的操作范围

液烃保留组分的范围与其加工方案有关，当需要从液烃中提取液化石油气时，稳定时最轻的保留组分是 C_3，则无回流稳定塔所要脱除的是 C_2 及更轻的组分。当稳定后的液烃是送去炼油装置切割成汽、煤、柴等油品时，稳定时最轻的保留组分是 C_4，则无回流稳定塔所要脱除的是 C_3 及更轻的组分。当稳定后液烃需在常压储罐中储存时，稳定后的液烃是控制其蒸汽压，即要求稳定液烃的蒸汽压应符合国标《稳定轻烃》(GB 9053—2013)的规定。

矿场稳定的特点是满足液烃在常压储罐或压力储罐中储存，故其保留组分范围应当是保留大部分 C_4，脱出少部分 C_4，而以脱除 C_3 及更轻的组分为主。故在选取平衡常数时，通常在 C_3 和 C_4 曲线之间确定，且靠近 C_3 曲线，见图 2-2-20。

6. 产品蒸汽压与保留组分的损失率

稳定液烃中保留组分的损失率可按式(2-2-17)计算：

$$L_{ei}=\frac{d_i}{F_i}\times 100\% \tag{2-2-17}$$

式中 L_{ei}——组分 i 的损失率，%；

d_i——塔顶馏出物中组分 i 的流量，mol/h；

F_i——塔进料中组分 i 的流量，mol/h。

7. 无回流稳定塔的适用条件

无回流稳定塔适用于常温分离和节流膨胀致冷的低温分离所回收液烃的稳定。

低温分离工艺所回收的液烃一般应进行稳定。常温分离工艺所回收的液烃需根据天然气中 C_5 含量和分离温度来确定是否需进行稳定。如图 2-2-14~图 2-2-16 所示，天然气中 C_5 含量大于 800cm³/m³ 时，常温分离条件（T=15.56℃），液烃的收率相差 10%。如采用常温分离回收液烃时，天然气越富越需要进行稳定，否则保留组分的损失率很高。但无回流稳定塔要求冷进料，需要通过外冷源来降低塔进料的温度。因此对常温分离工艺所回收的液烃是否需要进行稳定，应根据稳定液烃的经济效益来确定。

8. 无回流稳定塔的进料情况

无回流稳定塔的进料有两种情况：一种进料是单独的液烃，这时的稳定称为“单一稳定”；另一种进料是液烃与甘醇富液的混合液，这时的稳定称为“混合稳定”。混合稳定对稳定塔的操作产生以下影响：

(1)塔底温度降低。

(2)塔底气相负荷稍有增加，因而重沸器的热负荷略有增加。

(3)重沸器蒸汽耗量稍有增加，同时重沸器的换热面积有所增加。

(4)塔的分离效果有所提高。

低温分离集气站原理流程图(一)是适应于液烃的“混合稳定”流程(图 2-2-7)。低温分离集气站原理流程图(二)是适应于液烃的“单一稳定”流程(图 2-2-8)。从图 2-2-7 和图 2-2-8可看出，“混合稳定”较“单一稳定”具有以下优点：

(1)“单一稳定”的塔进料为单独的烃液，甘醇富液需从混合液中分离出去，“混合稳定”的塔进料为混合液，烃、醇混合液不需分离，因而不需设置分离器。

(2)混合液分离需加热破乳，否则烃醇不易分离，“混合稳定”则不经分离故不设置换热设备，亦不需热量消耗。

(3)加热后的液烃温度必然高于塔进料所要求的低温，因此需降温后才能进塔；而“混合稳定”不需设置冷却设备和换冷介质的消耗。

(4)混合液在加热升温过程中，较轻的组分必然产生汽化，需要保留的较重的重组分一部分亦将随着汽化后的轻组分而被携带逸出，造成保留组分的损失，“混合稳定”则不存在此种现象。

(5)“单一稳定”工艺流程比较复杂，“混合稳定”工艺流程比较简单。

四川气田现在建成的液烃矿场稳定装置，仅一座是“单一稳定”流程，其余均为“混合稳定”流程。

四、矿场稳定工艺计算

（一）基本概念

液烃为含有两个以上组分的多元系，其稳定为多元系精馏。对于塔顶及塔底两端产品均为多元系，为了简化塔两端产品组成的计算，故引入“关键组分”的概念。在液烃冷进料无回流稳定塔中，塔顶为轻组分混合物 C_1~C_4，假定重关键组分为 C_4，则在塔顶重于 C_4 的组分就可以忽略。塔底为重组分混合物 C_3~C_8，假定轻关键组分为 C_3 时，可认定在塔底比 C_3 更轻的组分很少以致可以忽略。这是多元组分精馏，对塔顶塔底两端用关键组分来控制而推算其他组分含量的方法。

(二) 稳定塔工艺计算

1. 全塔操作条件的确定

1) 塔顶温度和塔顶压力

由于塔顶无回流，故塔顶温度等于或接近于进料温度。

冷进料无回流稳定塔，是以进料处于低温而用以防止保留组分的损失。随着进料温度的上升，保留组分的损失逐渐增加，为了使保留组分不致有过多的损失，则进料温度需予以限制。图 2-2-18 是无回流稳定塔的最高允许进料温度。从图中可看到，在同样的进料温度条件下，保留组分的损失随塔顶压力升高而减少，因此采取较高的塔压可以减少保留组分的损失。同样，在塔顶操作压力不变的情况下，进料温度越低，保留组分的损失越少。因此，降低进料温度也可减少保留组分的损失。

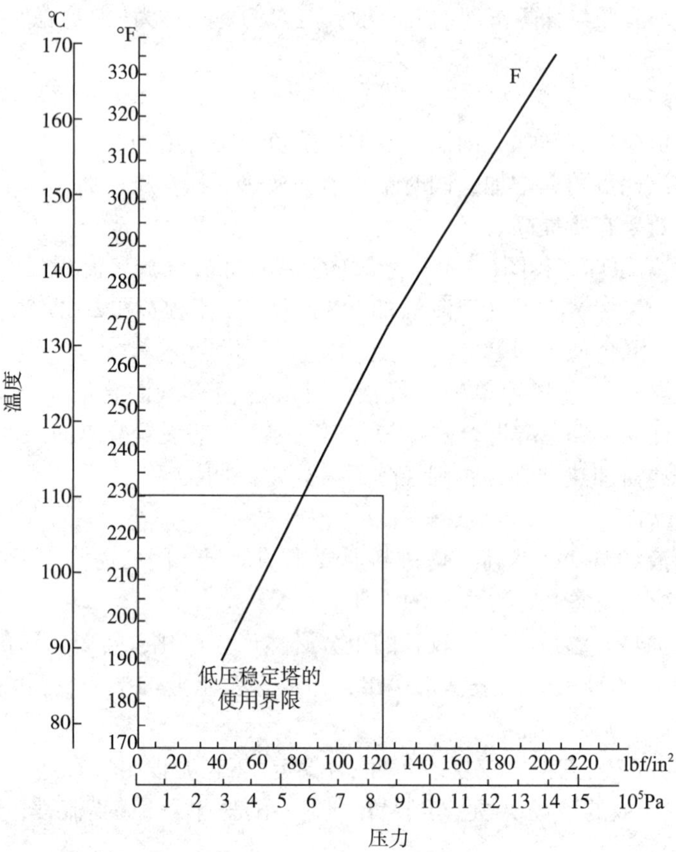

图 2-2-19　稳定塔塔底温度和塔底的关系曲线(产品雷氏蒸汽压：18lbf)

塔顶条件的确定，通常以如下方法进行。首先确定塔顶压力。塔顶压力与热源蒸汽压力有关。若采用低压(0.8MPa)蒸汽锅炉加热，则塔顶压力不应超过 1.2MPa(绝压)。根据液烃进料温度，由图 2-2-19 查得塔顶压力是否符合矿场条件，如果压力较高，超出矿场加热条件，可采取降低塔进料温度的措施。低温分离所获得的液烃采用“混合稳定”工艺，其温度足够满足高压稳定塔的进料要求。若采用“单一稳定”工艺，混合液需加热脱乳分离，液烃温度较高则需降温后才能满足进塔要求。

当进料温度已知，即塔顶温度确定，即可采用露点方程求算塔顶操作压力。应用试算法，先假设一操作压力，然后查取在该压力和进料温度下各组分的平衡常数 K_i 值，并计算是否使$\sum N_i/K_i=1.0$，否则需另行假设操作压力再次计算。当使$\sum N_i/K_i=1.0$时，该假设压力即为塔顶操作压力。当塔顶压力已定，用同样方法亦可求得塔顶温度。

2)塔底重沸器温度和操作压力

塔底重沸器压力等于塔顶压力与全塔压力降之和，当塔顶压力已知时，则塔底压力即可求得。一般根据经验，先假设全塔压力降数值，塔顶压力加全塔压力降等于重沸器压力(塔底压力)。填料塔的全塔压力降可估计为0.03~0.05MPa。当重沸器压力为已知时，则根据泡点方程，即可求出塔底重沸器的温度。

应用试算法，先假设一操作温度，然后查取在该温度和塔底压力条件下，各组分的平衡常数K_i值，并计算是否使$\sum N_iK_i=1.0$，否则需另行假设温度再次计算。当使$\sum N_iK_i=1.0$时，该假设温度即为塔底重沸器温度。

2. 全塔物料平衡计算

冷进料无回流稳定塔能达到的分离程度，可用埃帕(Erbar)和马多克斯(Maddox)提出的一种简单而可靠的方法进行计算。该法的原理是将无回流稳定塔，看作一个塔顶和塔底物料之间达到一种假想平衡，在此条件下所进行的闪蒸分离。塔的进料和塔顶馏出物之间的关系由式(2-2-18)表达：

$$d_i=\frac{K_{ei}F_i}{K_{ei}+\frac{L}{V}} \qquad (2-2-18)$$

式中 d_i——塔顶馏出物中组分i的流量，mol/h；

F_i——塔进料中组分i的流量，mol/h；

L——塔底液相产物流量，mol/h；

V——塔顶馏出物的气体流量，mol/h；

K_{ei}——组分i的假想平衡常数。

K_{ei}值与烃类沸点及塔所要达到的分离程度有关，可由图2-2-20烷烃的K_e数值曲线图查得。曲线的选择根据保留组分的范围确定。

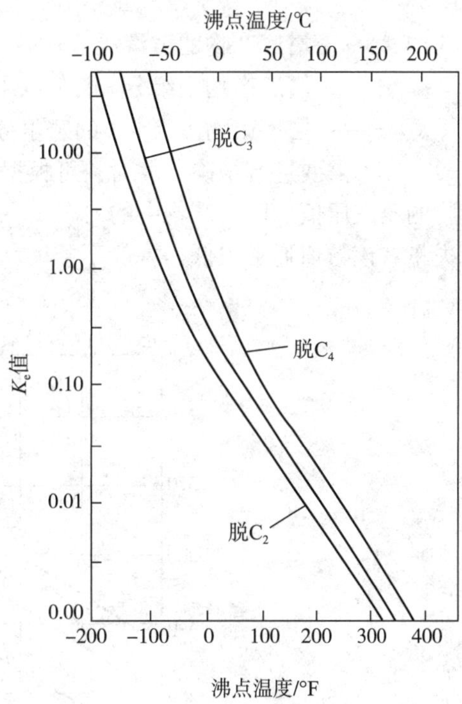

图2-2-20 石蜡烃假想$K(K_e)$图

液烃保留组分的范围与其加工方案有关(参见本节无回流稳定塔的操作范围)，根据关键组分的概念选取K_e值曲线，再根据各组分在常压(10132.5kPa)下的沸点温度查取各组分的假想平衡常数K_e值，如图2-2-20所示。烷属烃类物质及非烃物质常压下的沸点温度如表2-2-2所示。

表2-2-2 烷属烃类物质及非烃物质在常压下的沸点温度

组分		C_1	C_2	C_3	iC_4	nC_4	iC_5	nC_5	C_6	C_7
沸点	℃	-161.52	-88.58	-42.07	-11.81	-0.49	27.84	36.06	68.74	98.42
	℉	-258.736	-127.444	-43.726	10.742	31.118	82.112	96.908	155.732	209.156
组分		C_8	C_9	H_2S	CO_2	CO	N_2	H_2	O_2	
沸点	℃	125.67	150.82	-60.31	-78.51	-191.80	-195.80	-252.87	-182.962	
	℉	258.206	303.476	-76.558	-109.318	-312.682	-320.44	-423.166	-297.332	

计算可采取试算法，先假设一个(L/V)值，进行计算。

计算所得的(L/V)值与假设的值相等或接近，说明计算正确，否则应重新假设并做计算。塔顶产物求得之后，可由下式求算塔底产物：

$$b_i=F_i-d_i \tag{2-2-19}$$

式中　b_i——塔底产物中组分i的流量，mol/h。

其余符号意义同式(2-2-18)。

3. 塔底产物的蒸汽压核算

全塔物料平衡得到后，对塔底产物应核算其蒸汽压是否满足要求，否则应调整K_e曲线，重新查取K_e值，重作物料平衡计算。塔底产物的蒸汽压可用式(2-2-20)计算。

$$p=\sum_{i-1}^{n}x_i p_i \tag{2-2-20}$$

式中　p——塔底产物的蒸汽压，kPa；

p_i——塔底产物中组分i的蒸汽压，kPa；

x_i——塔底产物中组分i的摩尔分数。

在不需要进行精确计算时，可根据重沸器的温度和压力条件，由图2-2-21查得塔底产物的蒸汽压值。塔顶产物中的C_4、C_5的量和进料中的C_4、C_5量之差值，即为C_4、C_5的损失量，该数值通常很低，一般不予计算。

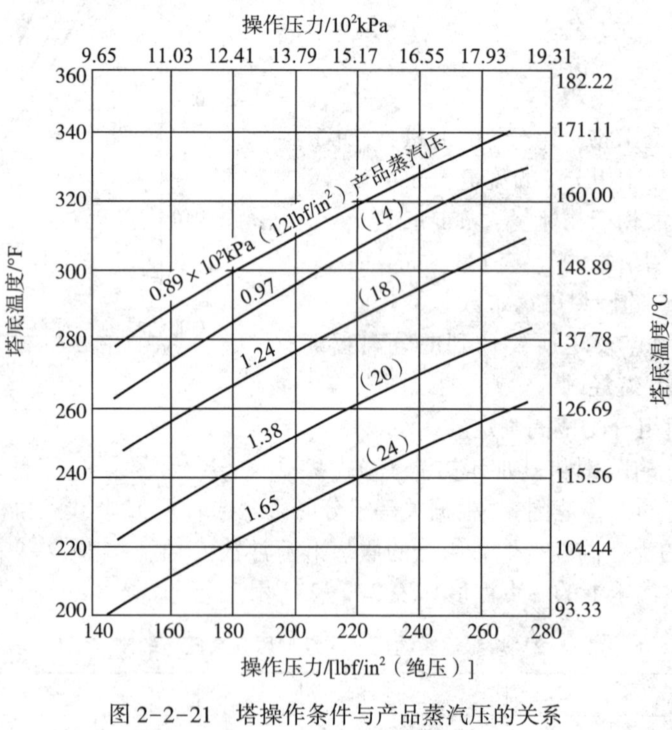

图2-2-21　塔操作条件与产品蒸汽压的关系

(1lbf/in²=6.89476kPa)

4. 塔的负荷计算

塔的最大气相负荷可采用桑德斯(Souders)和布朗(Brown)公式计算。

$$G_{max}=0.3048C\sqrt{\rho_V(\rho_L-\rho_V)} \tag{2-2-21}$$

式中　G_{max}——最大气相负荷，kg/(h·m²)；

ρ_V——在塔的平均操作条件下气相密度，kg/m^3；

ρ_L——在塔的平均操作条件下液相密度，kg/m^3；

C——常数。在塔的平均操作条件下，塔板间距和液体表面张力的函数，由图 2-2-22 查得。

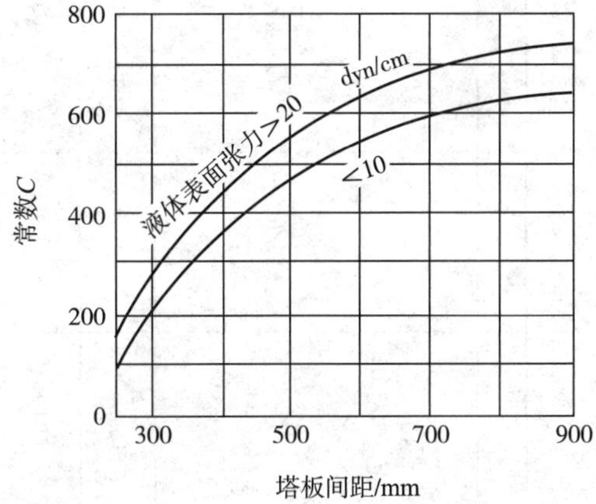

图 2-2-22 最大允许气相负荷的常数 C 值（1dyn=10^{-5}N）

5. 举例

【例 2-2-2】 低温分离器回收的液烃组成如例表 2-2-6 所列，采用无回流稳定塔稳定。稳定液烃应符合国家标准《稳定轻烃》(GB 9053—2013)质量指标，试计算塔底和塔顶产品的质量组成、塔顶和塔底的操作条件。

解：

(1)求取假想平衡常数。

稳定液烃须满足储存要求并应符合国家标准《稳定轻烃》(GB 9053—2013)规定。根据图 2-2-20 假想平衡常数 K_e 值从脱 C_4 曲线选取，如例表 2-2-7 所列。

例表 2-2-6 塔进料组成

组分	C_1	C_2	C_3	iC_4	nC_4	iC_5	nC_5	C_6	C_7
mol/h	1.9270	0.7230	1.7159	1.0171	2.1864	3.5495	4.2241	9.0951	103820
摩尔比率	0.0557	0.0209	0.0496	0.0294	0.0622	0.2016	0.1221	0.2629	0.3001

例表 2-2-7 烷属烃类物质及非烃物质的沸点温度

组分		C_1	C_2	C_3	iC_4	nC_4	iC_5	nC_5	C_6	C_7
沸点	℃	−161.52	−88.58	−42.07	−11.81	−0.49	27.84	36.06	68.74	98.42
	℉	−258.736	−127.444	−43.726	10.742	31.118	82.112	96.908	155.732	209.156
K_e		∞	∞	10	0.9	0.6	0.14	0.12	0.035	0.02

(2)气液平衡计算。

根据例表 2-2-6 和例表 2-2-7 数据，按公式(2-2-18)和式(2-2-19)用试算法进行计算，计算结果列于例表 2-2-8。

(3)确定塔顶操作条件。

①确定塔顶压力。采取低压蒸汽加热，确定塔顶压力 $P_{顶}=1.0$MPa(绝压)。

②确定塔顶温度。设定塔顶出料为纯气体。在塔顶操作条件下，塔顶出料的露点温度即为塔顶温度。假使塔顶温度 $T_{顶}=42$℃，根据塔顶温度和压力，由图 2-2-12 求取平衡常数 K 值，并根据例表 2-2-8 计算的塔顶产品组成 V_i，按式(2-2-5)用试算法进行计算，计算结果列于例表 2-2-9。

由例表 2-2-9 计算结果表明假定的温度正确。

(4)确定塔底操作条件。

①确定塔底压力。估定全塔压力降 $\Delta p=0.03$MPa。塔底压力=塔顶压力$+\Delta p=1.0+0.03=1.03$MPa(绝压)。

例表 2-2-8 稳定塔气液平衡计算表

1	2	3	4	5	6	7	8	9	10	11	12	13
组 分	进料 F_i/(mol/h)	进料摩尔分率 N_i	平衡常数 K_{ei}	(L/V)试算值 $\frac{K_{ei}F_i}{K_{ei}+(L/V)}$				(L/V)最后值 $\frac{K_{ei}F_i}{K_{ei}+(L/V)}$		M_i/相对分子质量 M_i/(kg/mol)	(10)×(11) 液体量 L_w/(kg/h)	(9)×(11) 液体量 L_w/(kg/h)
				$(L/V)=7$ 气相分子 V_i/(mol/h)	(2)−(5) 液相分子 L_i/(mol/h)	$(L/V)=8$ 气相分子 V_i/(mol/h)	(2)−(7) 液相分子 L_i/(mol/h)	$(L/V)=7.5$ 气相分子 V_i/(mol/h)	(2)−(9) 液相分子 L_i/(mol/h)			
C_1	1.9270	0.0557	∞	1.9270	0	1.9270	1.9270	0	16.04	16.04	0	30.9091
C_2	0.9230	0.0209	∞	0.7230	0	0.7230	0.7230	0	30.07	30.07	0	21.7405
C_3	1.7159	0.0496	10	1.0094	0.7065	0.9533	0.9805	0.7334	44.10	0.9533	32.3429	43.2401
iC_4	1.0171	0.0294	0.9	0.1159	0.9012	0.9142	0.1090	0.9081	58.12	0.1029	52.7788	6.3351
nC_4	2.1864	0.0622	0.6	0.1726	2.0138	2.0339	0.1620	2.0244	58.12	0.1525	117.6581	9.4154
iC_5	3.5495	0.10226	0.14	0.0696	3.4799	3.4884	0.0650	3.4845	72.15	0.611	251.4067	4.6898
nC_5	3.2241	0.12221	0.12	0.0712	4.1529	4.1617	0.0665	4.1576	72.15	0.0624	299.9708	4.7980
C_6	9.0951	0.2629	0.035	0.0453	9.0498	9.0555	0.0423	9.0525	86.18	0.396	780.1703	3.6454
C_7	10.3820	0.3001	0.02	0.0296	10.5524	10.3561	0.0276	10.3544	100.20	0.0259	1037.5109	2.7655
Σ	34.8201	1.0065		4.1636	30.6565	30.8225	4.1029	30.7172		3.9976	2571.8385	127.5390

②确定塔底温度。因塔底出料为液体，在塔底操作条件下，塔底产物的泡点即为塔底温度。假定塔底温度 $T_{底}=142℃$。根据塔底温度和压力由图 2-2-12 求取平衡常数 K 值，并根据例表 2-2-8 计算的塔底产品组成 L_i，按式(2-2-4)用试算法进行计算，计算结果列于例表 2-2-10。

例表 2-2-9 塔顶产品泡点温度计算

组　分	C_1	C_2	C_3	iC_4	nC_4	iC_5	nC_5	C_6	C_7
V_i	1.9270	0.7230	0.9805	0.1090	0.1620	0.0650	0.0665	0.0423	0.0276
y_i	0.4697	0.1762	0.2390	0.0266	0.0395	0.0158	0.0162	0.0103	0.0067
K_i	17	3.8	1.35	0.52	0.42	0.20	0.16	0.064	0.025
y_i/K_i	0.0276	0.0464	0.1770	0.0448	0.0941	0.0790	0.1013	0.1609	0.2680
$\sum y_i/K_i$	0.9991 与 1.00 非常接近								

例表 2-2-10 塔底产品泡点温度计算

组　分	C_1	C_2	C_3	iC_4	nC_4	iC_5	nC_5	C_6	C_7
L_i	0	0	0.7334	0.9081	2.0244	3.4845	4.1576	9.0528	10.3544
x_i			0.0239	0.0296	0.0659	0.1134	0.1354	0.2947	0.3371
K_i			4.9	2.9	2.5	1.4	1.2	0.65	0.35
$K_i \cdot x_i$			0.1171	0.0858	0.1648	0.1588	0.1325	0.1916	0.1180
$\sum K_i \cdot x_i$	0.9985 与 1.00 非常接近								

由例表 2-2-10 计算结果表明假定的温度正确。

根据塔底产品组成，并由图 2-2-9 查得各组分在 38℃时的蒸汽压，用式(2-2-20)计算总蒸汽压，计算结果列于例表 2-2-11。

例表 2-2-11 塔底产品蒸汽压计算

组　分	C_3	iC_4	nC_4	iC_5	nC_5	C_6	C_7
x_i	0.0239	0.0296	0.0689	0.1134	0.1354	0.2947	0.3371
p_i^2/kPa	1000	500	300	100	70	25	8
$x_i p_i^2$	23.9	14.8	19.77	11.34	9.478	7.3675	2.6968
$\sum x_i \cdot p_i^2$	89.3523 kPa						

《稳定轻烃》(GB 9053—2013)标准中规定 38℃时的蒸汽压为 74~200kPa 属Ⅰ号质量指标。对于Ⅰ号稳定轻烃须用压力容器储存。该稳定液烃的蒸汽压为 89.3523kPa，在 74~200kPa，属于Ⅰ号质量指标，故须采用压力储罐储存。若要使液烃在常压罐储存，则须调整 K_e 值曲线，即应将 K_e 值曲线选取在脱 C_3 和脱 C_4 之间。

(5)解题结果。

由以上计算所得成果如例表 2-2-12 所列。

例表 2-2-12 解题成果

组分	塔顶			塔底		
	产品组成/(kg/h)	操作条件		产品组成/(kg/h)	操作条件	
		压力/MPa	温度/℃		压力/MPa	温度/℃
C_1	30.9091					
C_2	21.7406					
C_3	43.2401			32.3429		
iC_4	6.3351			52.7788		
nC_4	9.4154	1.0	45	117.6581	1.03	142
iC_5	4.6898			251.4067		
nC_5	4.7980			399.9708		
C_6	3.6454			780.1703		
C_7	2.7655			1037.5109		
Σ	127.5390			2570.8385		

第四节 水合物的形成及防止

一、天然气的水汽含量

天然气在地层温度和压力条件下含有饱和水汽。天然气的水汽含量取决于天然气的温度、压力和气体的组成等条件。天然气含水汽量，通常用绝对湿度、相对湿度、水露点3种方法表示。

1. 天然气绝对湿度

每立方米天然气中所含水汽的克数，称为天然气的绝对湿度，用°表示。

2. 天然气的相对湿度

在一定条件下，天然气中可能含有的最大水汽量，即天然气与液态平衡时的含水汽量，称为天然气的饱和含水汽量，用 e_S 表示。相对湿度，即在一定温度和压力条件下，天然气水汽含量 e 与其在该条件下的饱和水汽含量 e_S 的比值，用 ϕ 表示。即：

$$\phi=\frac{e}{e_S} \tag{2-2-22}$$

3. 天然气的水露点

天然气在一定压力条件下与 e_S 相对应的值称为天然气的水露点，简称露点。可通过天然气的露点曲线图查得，如图 2-2-23 所示。

图中，气体水合物生成线(虚线)以下是水合物形成区，表示气体与水合物的相平衡关系。纵坐标表示天然气含水量为相对密度等于0.6的天然气与纯水的平衡值。若相对密度不等于0.6或接触水为盐水时，应乘以图中修正系数。非酸性天然气饱和水含量按式(2-2-23)计算：

$$W=0.983W_0C_{RD}C_S \tag{2-2-23}$$

式中 W——酸性天然气饱和水含量，mg/m^3；

W_0——由图 2-2-23 左侧查得的含水量，mg/m^3；

C_{RD}——相对密度校正系数，由图 2-2-23 查得；

C_S——含盐量校正系数，由图 2-2-23 查得。

对于酸性天然气，当总压低于 2100kPa(绝压)时，可不对 H_2S 和/或 CO_2 含量进行修正。当总压力高于 2100kPa(绝压)时，则应进行修正。酸性天然气饱和水含量按下式计算：

$$W=0.983(y_{HC}W_{HC}+y_{CO_2}W_{CO_2}+y_{H_2S}W_{H_2S}) \tag{2-2-24}$$

式中　W——酸性天然气饱和水含量，mg/m^3；

y_{HC}——酸性天然气中除 CO_2 和 H_2S 外所有组分的摩尔分数；

y_{CO_2}、y_{H_2S}——气体中 CO_2，H_2S 的摩尔分率；

W_{HC}——由图 2-2-7 查得的天然气水含量，mg/m^3；

W_{CO_2}——纯 CO_2 气体的水含量，由图 2-2-24 查得，mg/m^3；

W_{H_2S}——纯 H_2S 气体的水含量，由图 2-2-25 查得，mg/m^3。

从图 2-2-24、图 2-2-25 查得的水含量仅适用于式(2-2-24)。由此法求得的气体水含量一般高于含酸性组分的气体中实际水含量。

【例 2-2-3】　天然气的组成如例表 2-2-13 所列，相对密度为 0.679，试计算温度为 25℃，压力为 5.0MPa 时的饱和水含量。

例表 2-2-13　天然气组成

组　分	CH_4	C_2H_6	C_3H_8	C_4H_{10}	C_5H_{12}	CO_2	H_2S	N_2
体积分数/%	84.0	2.0	0.8	0.6	0.4	4.5	7.5	0.2

解：由图 2-2-23 查得天然气在 5.1MPa(绝压)，温度 25℃时的饱和水含量为 $60mg/m^3$，并由该图查得当相对密度为 0.679 的校正系数 $C_{RD}=0.99$，天然气中无游离水，故因含盐量所引起的饱和水量不需校正。可计算除 CO_2 和 H_2S 气体以外的烃类气体的饱和水含量：

$$W_{HC}=600\times0.99=594mg/m^3$$

由图 2-2-24 和图 2-2-25 查得 CO_2 和 H_2S 气体的含水量为 $W_{CO_2}=620mg/m^3$，$W_{H_2S}=1400mg/m^3$，则可计算酸性天然气饱和水含量：

$$W=0.983(0.88\times594+0.0045\times620+0.075\times1400)=644.47mg/m^3$$

二、天然气水合物

在水的冰点以上和一定压力下，天然气中某些气体组分能和液态水形成水合物。天然气水合物是白色结晶固体，外观类似松散的冰或致密的雪，相对密度为 0.96~0.98，因而可浮在水面上和沉在液烃中。水合物是由 90%水和 10%的某些气体组分(一种或几种)组成。天然气中的这些组分是 CH_4、C_2H_6、C_3H_8、iC_4H_{10}、nC_4H_{10}、CO_2、N_2 及 H_2S 等。其中，nC_4H_{10}本身并不形成水合物，但却可促使水合物的形成。

1. 水合物结构

天然气水合物是一种非化学计量型笼形晶体化合物，即水分子(主体分子)借氢键形成具有笼形空腔(空穴)的晶格，而尺寸较小且几何形状合适的气体分子(客体分子)则在范德华力作用下被包围在晶格的笼形空腔内，几个笼形晶格连成一体成为晶胞或晶格单元。

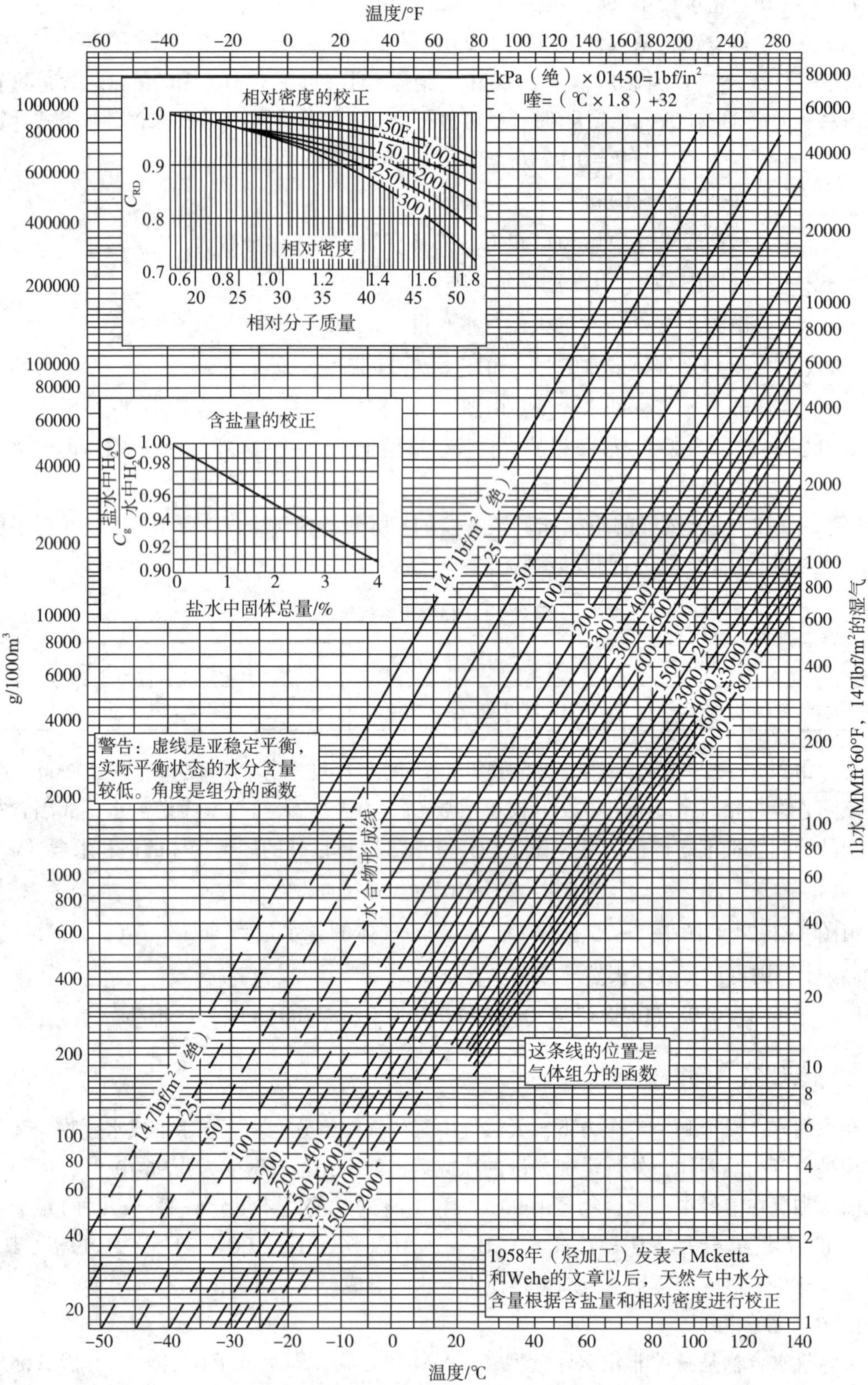

图 2-2-23　天然气的露点

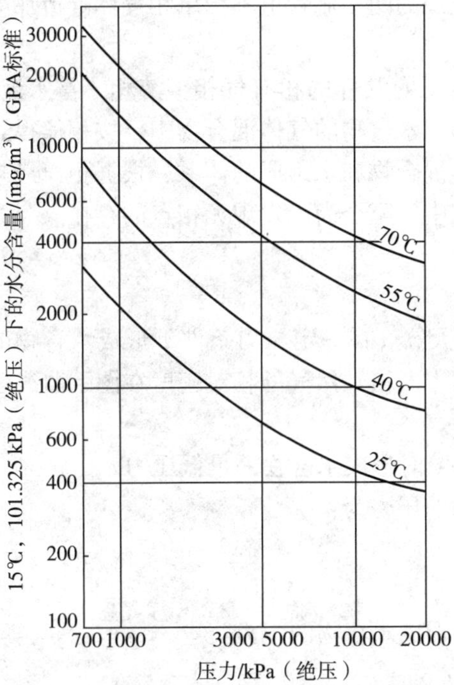

图 2-2-24　CO_2 的水含量

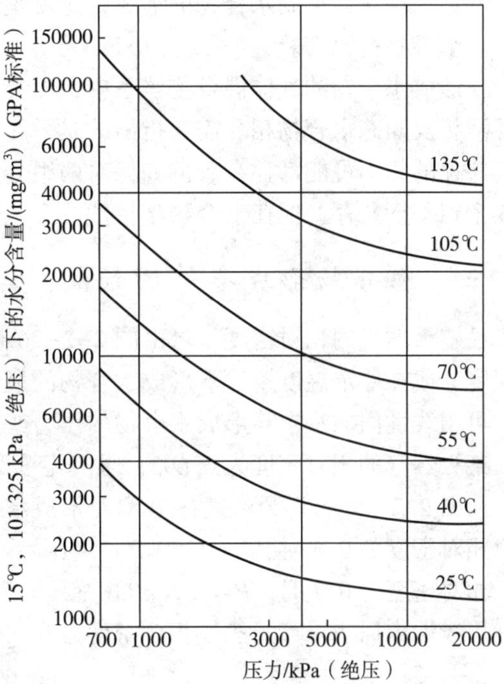

图 2-2-25　H_2S 的水含量

已经确定的天然气水合物晶体结构有三种，分别成为Ⅰ型、Ⅱ型和 H 型。结构Ⅰ与Ⅱ都包含有大小不同而数目一定的空腔即多面体。存在 12 面体、14 面体、和 16 面体构成的 3 种笼形空腔。较小的 12 面体分别和另外两种较大的多面体搭配而形成Ⅰ型，Ⅱ型两种水合物晶体结构。结构Ⅰ的晶胞内有 46 个水分子，6 个平均直径为 0.860nm 大空腔和 2 个平均直径为 0.795nm 小空腔来容纳气体分子。结构Ⅱ晶胞内有 136 个水分子，8 个平均直径为 0.940nm 大空腔和 16 个平均直径为 0.782nm 小空腔来容纳气体分子。H 型水合物晶格单元不仅包含 3 种大小不同的空腔，而且是一种二元气体水合物。气体分子填满空腔的程度主要取决外部压力和温度，只有水合物晶胞中大部分空腔被气体分子占据时，才能形成稳定的水合物。在水合物中，与一个气体分子结合的水分子数不是恒定的，这与气体分子大小和性质，以及晶胞中空腔被气体充满的程度等因素有关。戊烷以上烃类一般不形成水合物。

2. 水合物形成条件及相特性

水合物的形成与水蒸气的冷凝不同。当压力一定，天然气温度等于或低于露点温度时就要析出液态水，而当天然气温度等于或低于水合物形成温度时，液态水就会与天然气中的某些气体组分形成水合物。所以，水合物形成温度总是等于或低于露点温度。由此可知，引起水合物形成的主要条件是：

(1) 天然气的温度等于或低于露点温度，有液态水存在。

(2) 在一定压力和气体组成下，天然气温度低于水合物形成温度。

(3) 压力增加，形成水合物的温度相应增加。

当具备上述主要条件时，有时仍不能形成水合物，还必须具备下述一些引起水合物形成的次要条件：气流速度很快，或者通过设备或管道中诸如弯头、孔板、阀门、测温元件套管等处时，使气流出现剧烈扰动；压力发生波动；存在小的水合物晶种；存在 CO_2 或 H_2S 等组分，因为它们比烃类更易溶于水并易形成水合物。

液烃的存在会抑制水合物的形成。这就是含液烃的两相流管道不像单相气体管道那样易于形成水合物的原因。

在形成水合物的气体混合物体系中，可能出现平衡共存的相有气相、液相，富水液相、富烃液相及固态水合物相。需要指出的是，在可形成水合物的气体混合物中，按相律得到的平衡共存的相不可能都存在。例如，对两组分气体混合物和水组成的体系，根据相律最多可有5个相平衡共存，但在水合物相特性的实验研究中，至今尚未发现无相点的存在。

三、水合物形成条件的预测

已知天然气的相对密度，可由图2-2-26查出天然气在一定压力条件下形成水合物的最高温度，或在一定温度条件下形成水合物的最低压力。当天然气的相对密度在图示曲线之间时，可用线性内插法求算形成水合物的压力或温度。

某天然气的相对密度为0.693，求算温度为10℃时形成水合物的最低压力。

从图2-2-26查得天然气在10℃时形成水合物的压力为：

相对密度为0.6时，P=3350kPa(绝压)；

相对密度为0.7时，P=2320kPa(绝压)；

用线性内插法求算天然气相对密度为0.693时形成水合物的压力：

$$p=3350-\left[(3350-2320)\times\left(\frac{0.693-0.6}{0.7-0.6}\right)\right]=2391.1\text{kPa(绝压)}$$

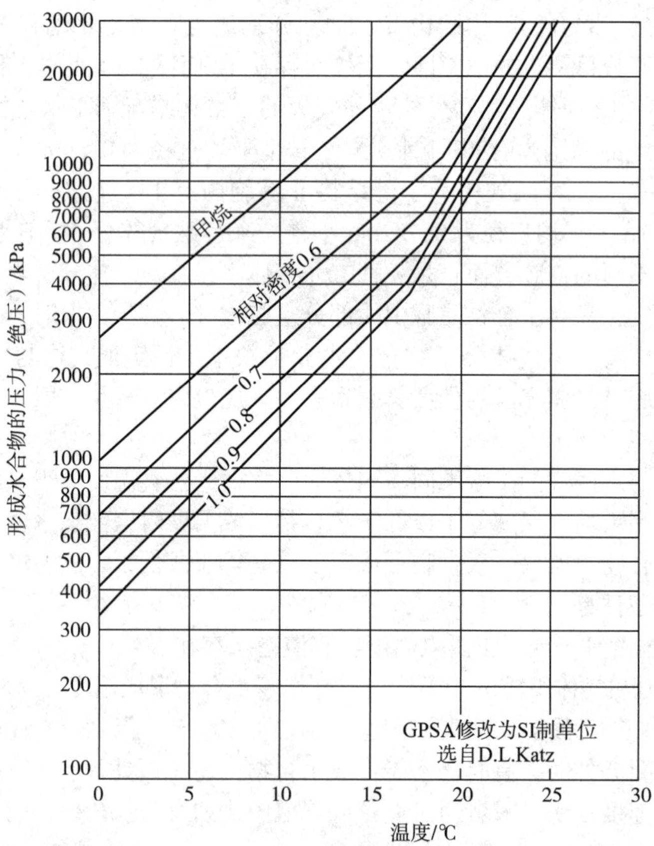

图2-2-26　预测形成水合物的压力-温度曲线

四、水合物形成与节流膨胀的关系

(一)节流效应

1. 基本概念

气体节流时由于压力变化所引起的温度变化，成为节流效应，或称焦耳-汤姆逊效应。

节流时微小压力变化所引起的温度变化，称为微分节流效应。一般定义 α_i 为微分节流效应系数，表达式为

$$\alpha_i = \left(\frac{\partial T}{\partial p}\right)_i \tag{2-2-25}$$

由热力学基本关系式可导出微分节流效应系数 α_i 与节流前气体状态参数(p、V、T)之间关系的通用方程式：

$$\alpha_i = \frac{A}{c_p}\left[T\left(\frac{\partial V}{\partial T}\right)_p - V\right] \tag{2-2-26}$$

式中　A——功的热当量；

c_p——气体的定压比热容。

从式(2-2-26)可以看出，α_i 取决于温度和压力的变化，为了求出 $\left(\frac{\partial V}{\partial T}\right)_p$ 必须给出气体的状态方程 $pV=ZRT$，并需知道函数的解析方程 $Z=f(pT)$。在实际工程计算中，α_i 值是通过经验公式或诺模图查得，或由实验测定。

2. 节流降温原理

节流效应的物理性质，根据焓和微分节流效应的定义，由热力学关系可导出

$$\alpha_i = -\frac{1}{c_p}\left(\frac{\partial \mu}{\partial p}\right)_T - \frac{A}{c_p}\left[\frac{\partial (pV)}{\partial p}\right]_T \tag{2-2-27}$$

由式(2-2-27)表明，节流效应系由内能和流动功两部分能量变化所组成。

由于气体在绝热膨胀过程中，压力降低比容增大，导致分子间的平均距离增大。此时必然消耗功来克服分子间的吸引力，于是分子间的位能增加。但由于外界无能量供给气体，分子间位能增加只能形成分子动能减少，因此产生使气体温度降低的效应。

从式(2-2-27)可以看出，α_i 值为正、为负或为零，取决于气体流动功的变化，即 $-\frac{A}{c_p}\left[\frac{\partial (pV)}{\partial p}\right]_T$ 的变化。

当 $\left[\frac{\partial (pV)}{\partial p}\right]_T<0$ 时，$-\frac{1}{c_p}\left[\frac{\partial (pV)}{\partial p}\right]_T>0$，则 $\alpha_i>0$，节流产生冷效应；

当 $\left[\frac{\partial (pV)}{\partial p}\right]_T>0$ 时，$-\frac{1}{c_p}\left[\frac{\partial (pV)}{\partial p}\right]_T<0$，则 α_i 视内能变化和流动功变化的绝对大小而不同，并将有以下三种情况：

若 $\left|\left(\frac{\partial \mu}{\partial p}\right)_T\right|>A\left|\left[\frac{\partial (pV)}{\partial p}\right]_T\right|$，则 $\alpha_i>0$ 即产生冷效应；

若 $\left|\left(\frac{\partial \mu}{\partial p}\right)_T\right|=A\left|\left[\frac{\partial (pV)}{\partial p}\right]_T\right|$，则 $\alpha_i=0$ 即产生零效应；

若 $\left|\left(\frac{\partial \mu}{\partial p}\right)_T\right|<A\left|\left[\frac{\partial (pV)}{\partial p}\right]_T\right|$，则 $\alpha_i<0$ 即产生热效应。

对于大多数气体，其中包括天然气，其流动功随压力的降低而增加。即$\left[\frac{\partial(pV)}{\partial p}\right]_T<0$或$-\frac{A}{c_p}\left[\frac{\partial(pV)}{\partial p}\right]_T>0$，因此，$\alpha_i>0$，节流产生降温作用。

气体节流效应产生降温或升温作用，可用气体的转化点和转化温度来判断。

同一气体在不同状态下节流，具有不同的微分节流效应值，即为正、为负或为零的值。微分节流效应值$\alpha_i=0$的点称为转化点。相应于转化点的温度，称为转化温度。

气体处于转化点时，$\frac{\partial T}{\partial p}=0$。若气体在节流前的温度低于该压力下的转化温度，则节流后产生冷效应，即温度降低。若节流前的温度高于该压力下的转化温度，则节流后产生热效应，即温度升高。

若气体符合范德华方程式，在简化条件下，可导出

$$T_R=6.75T_C \tag{2-2-28}$$

式中 T_R——气体的转化温度，K；

T_C——气体的临界温度，K。

利用式(2-2-28)可近似地估算气体的转化温度。从式(2-2-28)可以看出，气体的临界温度愈高，则转化温度亦愈高。对于大多数气体，其转化温度都很高，故在通常温度下，大多数气体在节流后都是产生冷效应，即温度降低。只有少数气体如氖、氦、氢等，其转化温度很低，故在节流后，温度不但不降低反而升高。

(二)膨胀致冷的利用

气田集输系统的集气站在压力降能够利用的情况下，可采用膨胀致冷的办法回收液烃和脱水。一般可采用两种基本类型的工艺，一种使用水合物抑制剂，另一种不使用水合物抑制剂。这两种工艺均系用绝热膨胀的办法使气流冷却。为了使天然气膨胀后的温度更低，可将分离器出来的低温气体与膨胀前的气体进行热交换，使气体在膨胀之前的温度先行降低，这样，可使膨胀致冷后的气体温度更低。

必须指出，膨胀前气体的预冷温度不得低于其压力条件下形成水合物的温度。如果需要获取更低的致冷温度，膨胀前气体的预冷温度可不予限制，但须在预冷前向天然气注入水合物抑制剂。

采取不使用水合物抑制剂的制冷工艺时，允许在低温分离器内生成水合物，水合物将立即在分离器中聚集。采取这种工艺时须在分离器内装设加热蛇管，将膨胀前的气体(温度应能满足要求)引入加热蛇管，使水合物融解。必须注意，采用这种工艺时，分离器的顶部不得装设捕雾器，以防水合物堵塞。

对天然气的组成分析资料必须准确，膨胀致冷的计算才能保证准确可靠。利用图2-2-27可以预测两种工艺制冷程度的近似值。利用图2-2-28~图2-2-31可以计算气体开始形成水合物的条件，同时也可用来判断在形成水合物的条件下天然气的允许膨胀程度。

当天然气的相对密度不是图2-2-28~图2-2-31所给出的数值，例如0.64、0.67、0.72和0.75等可用线性内插法求算天然气膨胀的初始温度。

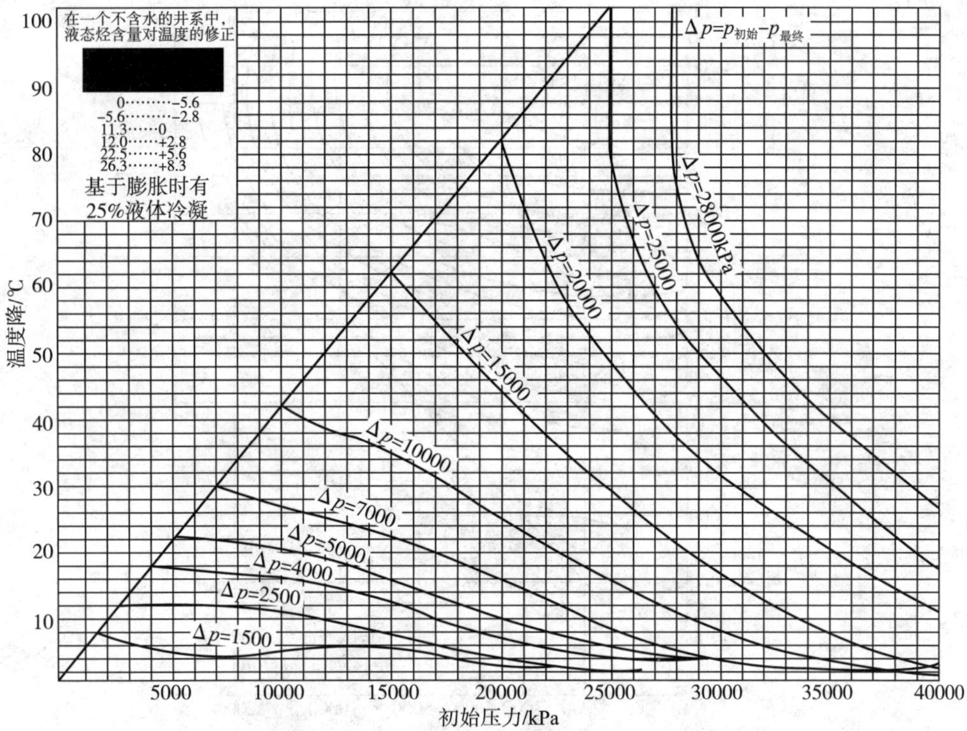

图 2-2-27　给定压力降所引起的温度降

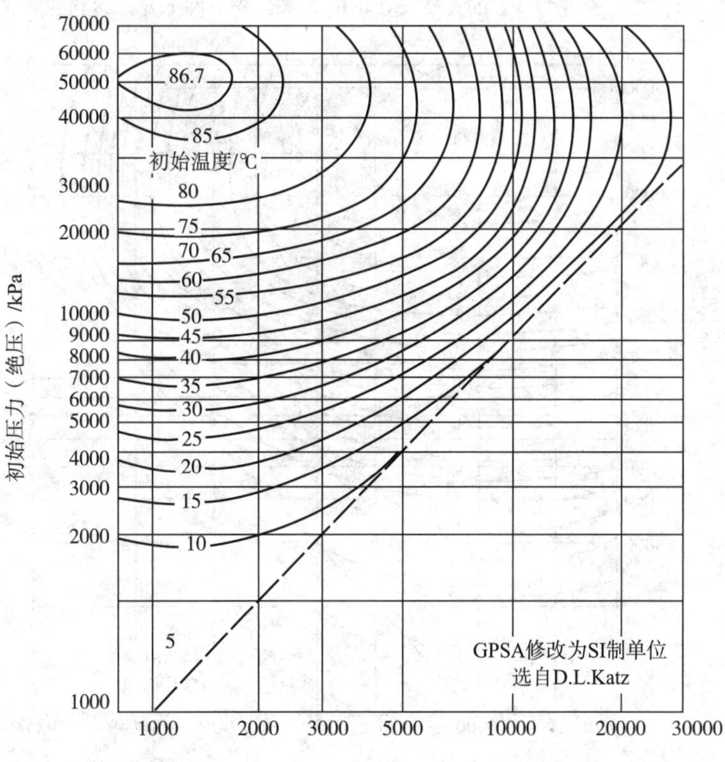

图 2-2-28　相对密度为 0.7 的天然气在不形成水合物条件下允许达到的膨胀程度

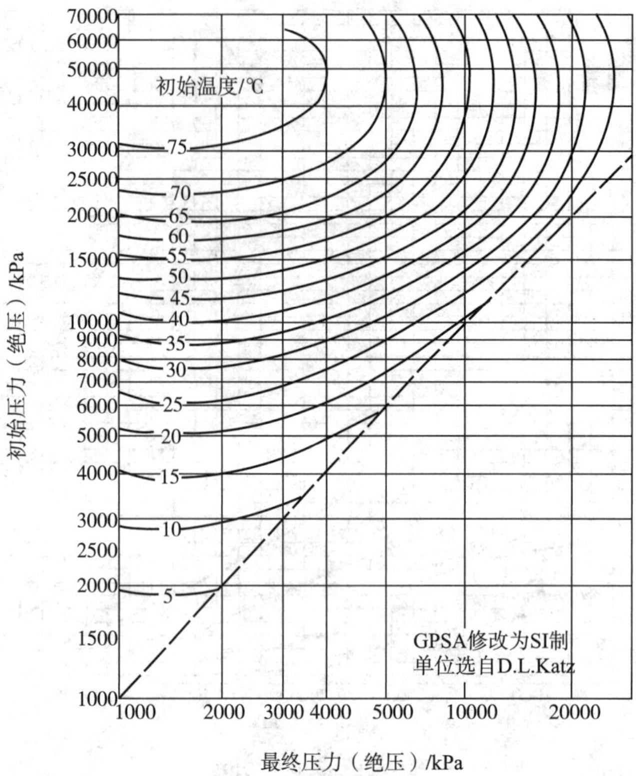

图 2-2-29 相对密度为 0.6 的天然气在不形成水合物条件下允许达到的膨胀程度

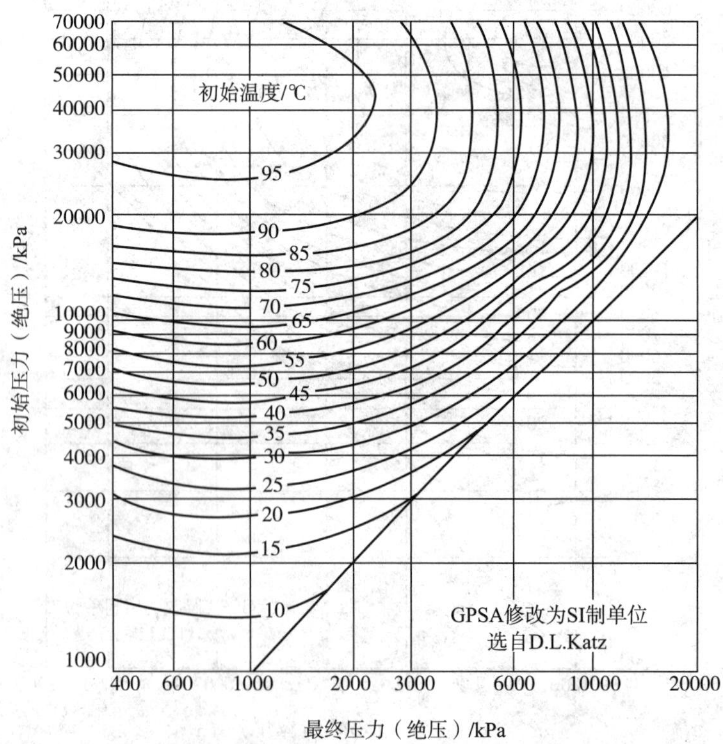

图 2-2-30 相对密度为 0.9 的天然气在不形成水合物条件下允许达到的膨胀程度

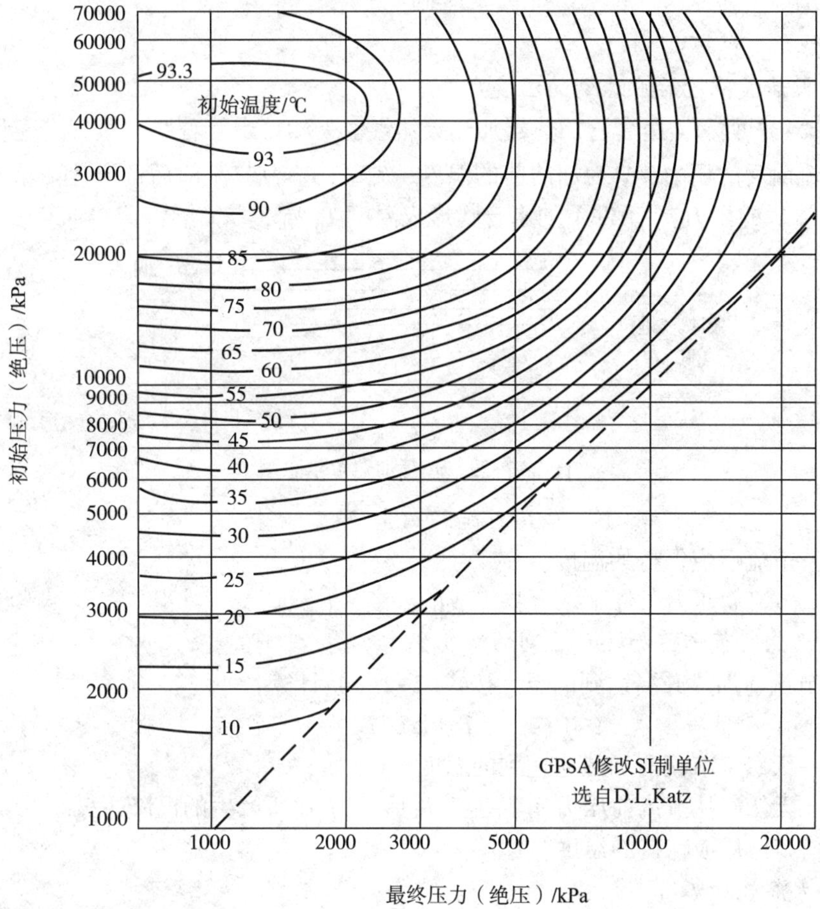

图 2-2-31 相对密度为 0.8 的天然气在不形成水合物条件下允许达到的膨胀程度

五、防止水合物形成的方法

从井口采出的或从矿场分离器分出的天然气一般都含水。含水的天然气当其温度降低至某一值后，就会形成固体水合物，堵塞管道与设备，极易在阀门、分离器入口、管线弯头及三通等处形成。防止固体水合物形成的方法有 3 种：第一种方法是将含水的天然气加热，如果加热时天然气的压力和水含量不变，则加热后气体中的水含量就处于不饱和状态，亦即气体温度高于其露点，因而可防止水合物的形成，在气井井场采用加热器即为此法一例。当管道或设备必须在低于水合物形成温度以下操作时，就应该采用其他两种方法：一种方法是利用液体(如三甘醇)或固体(如分子筛)干燥剂将天然气脱水，使其露点降低在操作温度以下；另一种方法则是向气流中加入化学剂。目前广泛采用的化学剂是热力学抑制剂，但自 20 世纪 90 年代以来研制开发的动力学抑制剂及防聚剂也日益受到人们的重视与使用。

天然气脱水是防止水合物形成的最好方法，但出自经济上的考虑，一般应在集中处理站内进行脱水。否则，则应考虑加热或加入化学剂的方法。

(一)加热法

提高天然气节流前的温度，或敷设平行于采气管线的热水伴随管线，使气体流动温度保持在天然气的水露点以上，是防止水合物生成的有效方法。矿场常用的加热设备有套管加热器和水套加热炉。

加热器热负荷计算:

1. 确定天然气节流后应达到的温度 T_2

如图2-2-32所示，用套管加热器加热天然气，天然气走管程，水蒸气走壳程，p_1 和 p_2 为加热和节流前后的压力，T 为加热前的温度，T_1 和 T_2 为节流前后的温度。节流后的温度 T_2 要求比节流后的压力 p_2 条件下的水合物形成温度 T_0 高3~5℃。

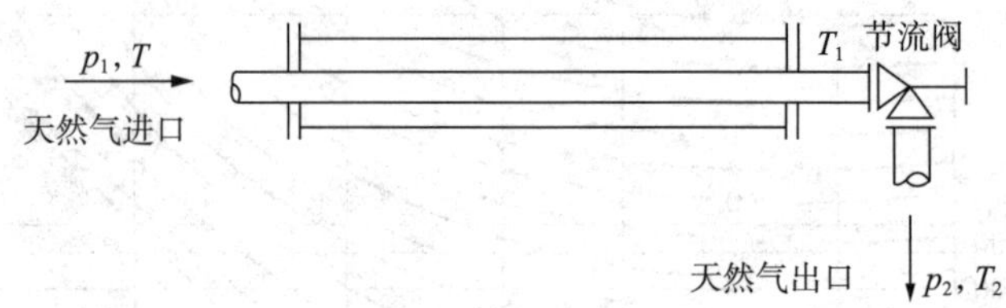

图2-2-32 套管加热炉示意图

即

$$T_2=T_0+(3\sim5) \tag{2-2-29}$$

式中 T_2——节流后应保持的温度，℃；

T_0——节流后压力条件下水合物生成的温度，℃。

2. 确定天然气节流前加热应达到的温度 T_1

天然气节流前加热升温达到的温度按式(2-2-30)计算:

$$T_1=\Delta T+T_2 \tag{2-2-30}$$

式中 T_1——天然气节流前加热应达到的温度，℃；

ΔT——天然气从节流前压力 p_1 降至节流后压力 p_2 所产生的温降，℃；

T_2——节流后应保持的温度，℃。

3. 计算天然气加热所需热量

$$Q=q_v\rho_G c_p(T_1-T) \tag{2-2-31}$$

式中 Q——加热天然气所需热量，kJ/h；

q_v——天然气流量(p=0.101325MPa，T=20℃)，m^3/h；

ρ_G——天然气密度，kg/m^3；

c_p——天然气在 c_1 和 T_{cp} 条件下的定压比热容，kJ/(kg·℃)；

T_{cp}——天然气加热前后的平均温度，℃。

$$T_{cp}=\frac{T+T_1}{2} \tag{2-2-32}$$

式中 T、T_1——天然气加热前和加热后的温度,℃。

(二)注抑制剂法

1. 抑制剂的种类和特性

可以用于防止天然气水合物生成的抑制剂分为有机抑制剂和无机抑制剂两类。有机抑制剂有甲醇和甘醇类化合物；无机抑制剂有氯化钠、氯化钙及氯化镁等。天然气集输矿场主要采用有机抑制剂，这类抑制剂中又以甲醇、乙二醇和二甘醇最常使用。

抑制剂的加入会使气流中的水分溶于抑制剂中，改变水分子之间的相互作用，从而降低表面上水蒸气分压，达到抑制水合物形成的目的。广泛采用的醇类天然气水合物抑制剂的物理化学性质如表2-2-3所列。

水合物热力学抑制剂是目前广泛采用的一种防止水合物形成的化学剂。

作用机理：改变水溶液或水合物的化学位，使水合物的形成温度更低或压力更高。

目前普遍采用的热力学抑制剂有：甲醇、乙二醇、二甘醇、三甘醇等。

表 2-2-3　常用抑制剂的优选结果

项　目	甲　醇	乙二醇	二甘醇	氯化钙
分子式	CH_3OH	$CH_2CH_2(OH)_2$	$O(CH_2CH_2OH)_2$	$CaCl_2$
相对分子质量	32.04	62.07	106.1	54
(101.3kPa，24℃)相对密度 d_{20}^{20}	0.7915	1.1088	1.1184	2.15
与水溶解度(20℃)	完全互溶	完全互溶	完全互溶	一定溶解度
绝对黏度(20℃)/mPa·s	593	21.5	35.7	
性　质	无色易挥发易燃液体	甜味无溴黏稠液体	无色无溴黏稠液体	白色晶体
适用性	①不宜采用脱水方法；②采用其他水合物抑制剂时用量多，投资大；③使用临时设施的地方；④水合物形成不严重，不常出现或季节性出现；⑤温度较低；⑥管道较长	气体的脱水防止水合物的生成，温度较高	气体的脱水防止水合物的生成，温度较高。	地层水的矿化度较高。需测定凝固温度、沉淀物析出的可能性、水合物形成的平衡条件
同浓度下抑制效果	温降最大	温降次之	温降最小	温降再次之
同过冷度下经济性(以例1为例)	35175~48072.5元/天	34768~40672元/天	57273~58396元/天	11473~12516元/天
优　点	适用性强，效果好	凝固温度最低，在烃类气体中具有低溶解性	在烃类气体中具有低溶解性	成本低
缺　点	易挥发，加入量大(包括气相损失及液相损失两部分)	在凝析油中含芳香烃时损耗大，以细小液滴注入	用量大，价格贵，以细小液滴注入	长期使用可能会导致含晶体的形成

对热力学抑制剂的基本要求是：①尽可能大地降低水合物的形成温度；②不与天然气的组分反应，且无固体沉淀；③不增加天然气及其燃烧产物的毒性；④完全溶于水，并易于再生；⑤来源充足，价格便宜；⑥冰点低。实际上，很难找到同时满足以上 6 项条件的抑制剂，但①~④是必要的。目前常用的抑制剂只是在上述某些主要方面满足要求。

从表 2-2-4 列出的甲醇和乙二醇两种抑制剂在相同条件下所作的水合物形成温度降实验结果表明，质量浓度相同的两种抑制剂，其效果是甲醇优于乙二醇。

表 2-2-4　甲醇与乙二醇效果比较

甲　醇			乙二醇		
x%	摩尔分率 *n*	Δt	*x*%	摩尔分率 *n*	Δt
5	0.0287	2.0	5	0.0150	0.6
10	0.0583	4.2	10	0.0312	1.8
20	0.1232		20		5.0
30	0.1941	17.2	30	0.1105	9.5
40	0.2725	30.0	40	0.1620	15.2

1)甲醇类抑制剂特点

由于甲醇沸点低(64.6℃),蒸汽压高,使用温度高时气相损失过大,多用于操作温度较低的场合(<10℃)。在下列情况下可选用甲醇作抑制剂:

(1)气量小,不宜采用脱水方法来防止水合物生成。

(2)采用其他水合物抑制剂时用量多,投资大。

(3)在建设正式厂、站之前,使用临时设施的地方。

(4)水合物形成不严重,不常出现或季节性出现。

(5)只是在开工时将甲醇注入水合物容易生成的地方。

甲醇在使用过程中的有关问题:一般情况下喷注的甲醇蒸发到气相中的部分不再回收,液相水溶液经蒸馏后可循环使用。是否需再生循环使用应根据处理气量和甲醇的价格等条件并经济分析论证后确定。根据有关文献介绍,在许多情况下回收液相甲醇在经济上并不合算。若液相水溶液不回收,废液的处理将是一个难题,故需综合考虑,以求得最佳的社会效益和经济效益。

在使用甲醇时,残留在天然气中的甲醇将对天然气的后序加工(主要是天然气吸收或吸附法脱水系统)产生下列问题:

(1)当用吸收法天然气脱水时,甲醇蒸气与水蒸气一起被三甘醇吸收,因而增加了甘醇富液再生时的热负荷。而且,甲醇蒸气会与水蒸气一起由再生系统的精馏柱顶部排向大气,这也是十分危险的。

(2)甲醇水溶液可使吸收法脱水再生系统的精馏柱及重沸器气相空间的碳钢产生腐蚀。

(3)当用吸附法天然气脱水时,由于甲醇和水蒸气在固体吸附剂表面发生共吸附和与水竞争吸附,因而,也会降低固体吸附剂的脱水能力。

(4)注入的甲醇就会聚集在丙烷馏分中,将会使下游的某些化工装置的催化剂失活。

甲醇具有中等程度的毒性,可通过呼吸道、食道及皮肤侵入人体。甲醇对人中毒剂量为5~10mL,致死剂量为30mL。当空气中甲醇含量达到39~65mg/m^{3}浓度时,人在30~60min内即会出现中毒现象。我国《工业企业设计卫生标准》(GBZ 1—2010)规定车间空气中最高容许浓度为50mg/m^3。因此,使用甲醇作抑制剂时应注意采取相应的安全措施。

2)甘醇类抑制剂特点

(1)无毒。

(2)沸点高(二甘醇:244.8℃,三甘醇:288℃)在气相中的蒸发损失少。

(3)可回收循环使用。适用于气量大而又不宜采用脱水方法的场合。

甘醇适于处理气量较大的气井和集气站的防冻;甘醇类抑制剂黏度较大,注入后将使系统压降增大,特别在有液烃存在情况下,操作温度过低将使甘醇溶液与液烃的分离造成困难,并增加在液烃中的溶解损失和携带损失:溶解损失一般为0.12~0.72L/m^{3}液烃,多数情况为0.25L/m^{3}液烃。在含硫液烃系统中的溶解损失大约是不含硫系统的3倍。

使用甘醇类作抑制剂时应注意以下事项:

(1)为保证抑制效果,甘醇类必须以非常细小的液滴(例如呈雾状)注入气流中。

(2)通常用于操作温度不是很低的场合中,才能在经济上有明显的优点。例如,在一些采用浅冷分离的天然气液回收装置中。

(3)如果管道或设备的操作温度低于0℃,最好保持甘醇类抑制剂在水溶液中的质量分数在60%~70%,以防止甘醇变成黏稠的糊状体使气液两相流动和分离困难。

2. 抑制剂注入量计算

注入天然气系统中的抑制剂，一部分与液态水混合成为抑制剂水溶液称为富液，另一部分蒸发与气体混合形成蒸发损失。计算抑制剂注入量时，对甲醇因沸点低需要考虑气相和液相中的量。对于甘醇因沸点高一般不考虑气相中的量。

当确定出水合物形成的温度降(ΔT)后，可按哈默施米特(hammerschnidt)公式计算液相中必须具有的抑制剂浓度X(质量百分浓度)。

$$X=\frac{(\Delta T)M}{K_e+(\Delta T)M}\times 100\% \tag{2-2-33}$$

式中　X——抑制剂最低富液浓度，质量百分数；

ΔT——水合物形成温度降，℃；

M——抑制剂的相对分子质量；

K_e——抑制剂常数，K_e 取值：甲醇 1297，乙二醇和二甘醇 2220。

由式(2-2-33)计算所得的甘醇最低富液浓度须用图 2-2-33 和图 2-2-34 进行校核。甘醇类化合物虽不致凝结为固体，但在低温条件下将丧失流动性，故对其溶液须校核凝固点，应使富液浓度处于非结晶区，否则需提高富液浓度。富液浓度过高将增大抑制剂的注入量，故富液浓度只需提高到非结晶区即可满足要求。

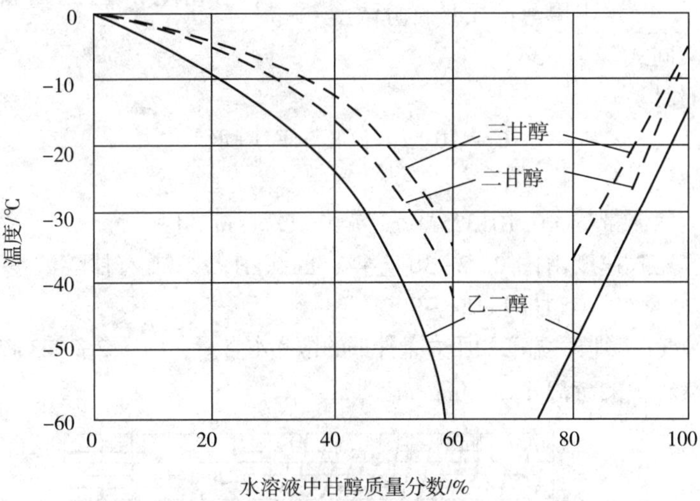

图 2-2-33　三种甘醇的“凝固点”图

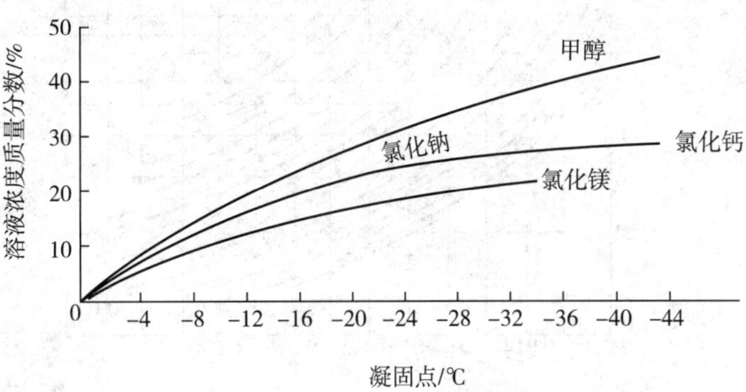

图 2-2-34　各种浓度的防冻剂溶液的凝固点图

1)甲醇注入量计算

$$G_m = 10^{-6} q_v (G_s + G_g) \tag{2-2-34}$$

式中 G_m——甲醇注入量，kg/d；

G_s——液相中甲醇量，mg/m^3，由式(2-2-35)计算；

G_g——气相中甲醇量，mg/m^3，由式(2-2-36)计算；

q_v——天然气流量(p=0.101325MPa，t=20℃)，m^3/d。

$$G_s = \frac{X}{C-X}\left(W_1 - W_2 + W_f + \frac{100-C}{100} G_g\right) \tag{2-2-35}$$

式中 C——注入甲醇的浓度，质量百分数；

W_1、W_2——天然气在膨胀前后温度和压力条件下的饱和水含量，由图2-2-23查得，mg/m^3；

W_f——天然气中的游离水量，mg/m^3。

$$G_g = 10^5 \frac{X}{C} \times \alpha \tag{2-2-36}$$

式中 α——甲醇在每立方米天然气中的克数与在水中质量浓度的比值，即 $\alpha = \dfrac{g(\text{甲醇})/m^3(\text{天然气})(0.1013\text{MPa},\ 20℃)}{X(\text{水中甲醇的质量百分浓度})}$，由图2-2-35查得。

其余符号意义同式(2-2-34)。

2)甘醇注入量计算

$$G_e = 10^{-6} q_v G[(W_1 - W_2) + W_f] \tag{2-2-37}$$

式中 G_e——甘醇注入量，kg/d；

q_v——天然气流量(p=0.101325MPa，t=20℃)，m^3/d；

G——甘醇注入速度由图2-2-36查得，kg/kgH_2O；注入甘醇浓度一般为：乙二醇70%~80%，二甘醇80%~90%；

W_1、W_2——天然气在膨胀后温度和压力条件下的饱和水含量，由图2-2-23查得，mg/m^3；

W_f——天然气中的游离水量，mg/m^3。

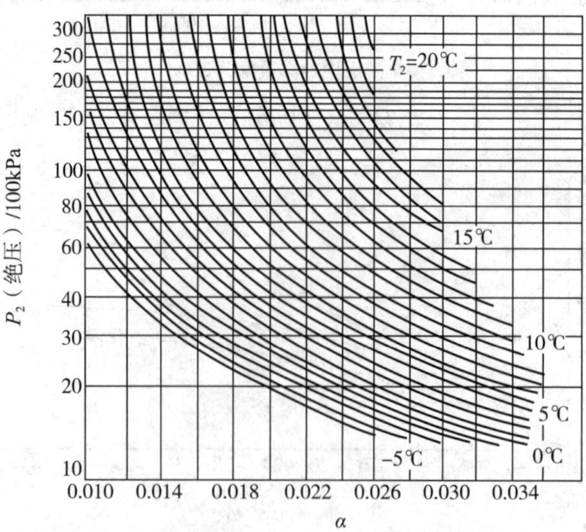

图2-2-35 α与压力和温度关系曲线图

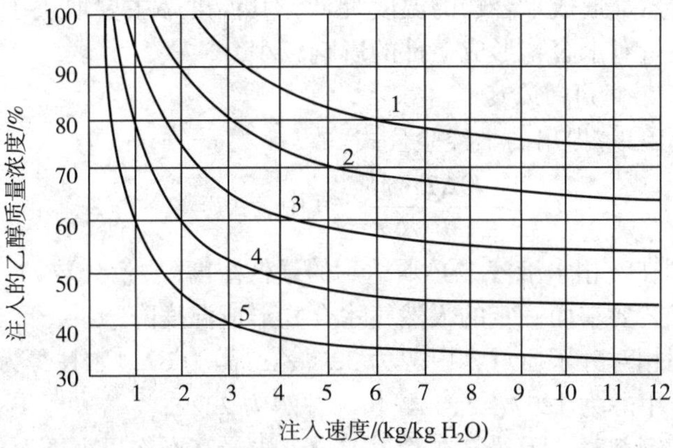

图 2-2-36　乙二醇的注入速度与质量浓度的关系图

图中乙二醇的注入速度 1、2、3、4、5 相应于 70%、60%、50%、40%和 30%乙二醇在水中的最小浓度

3. 注入抑制剂的低温分离法工艺流程(图 2-2-37)

在学习低温分离法流程时，应注意以下几点：

(1)流程操作温度不是很低，适合于加抑制剂。

(2)此流程加入的抑制剂为乙二醇，故流程中有乙二醇雾化装置和乙二醇回收装置。

(3)当用甲醇作抑制剂时，因甲醇不需要回收与再生，因而可省去了再生系统的各种设备。因甲醇蒸气压高，可保证气相中有足够的甲醇浓度，故可省去雾化设备。正因为甲醇的抑制效果好，注入系统简单，因而得到广泛应用。

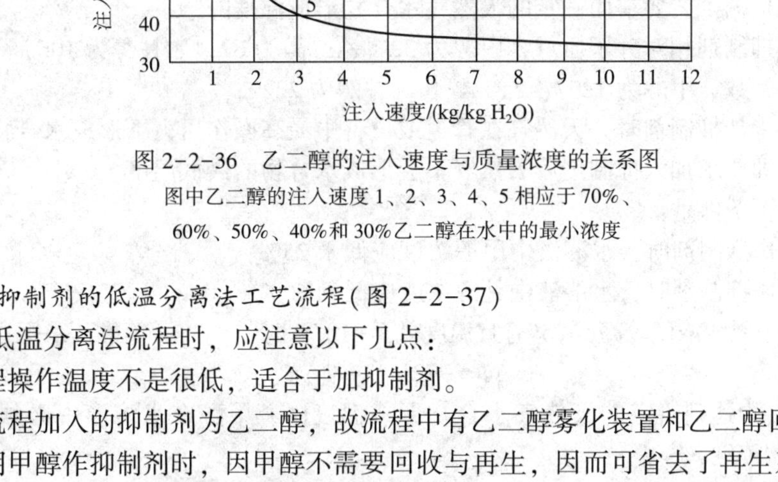

图 2-2-37　低温分离法工艺流程示意图

1—游离水分离器；2—低温分离器；3—蒸汽发生器；4—乙二醇再生器；5—醇-油分离器

(三)水合物抑制剂用量的确定

加入体系中的抑制剂分别损失到气、液两相中：

在气相中损失的抑制剂量为 q_g，由于抑制剂蒸发而造成的；

在液相中损失的抑制剂量为 q_l。

抑制剂的总消耗量(q_t)为：

$$q_t = q_l + q_g$$

注入抑制剂后天然气形成水合物的温度降低，其温度降主要取决于抑制剂的液相用量，损失于气相的抑制剂量对水合物形成条件的影响较小。

1. 水溶液中最低抑制剂的浓度

Hammerschmidt(1939)提出的半经验公式：

$$C_m=\frac{100\Delta T\cdot M}{K+M\cdot\Delta T}\quad 其中，\Delta T=T_1-T_2 \tag{2-2-38}$$

式中 C_m——抑制剂在液相水溶液中必须达到的最低浓度(质量分数)；

ΔT——根据工艺要求而确定的天然气水合物形成温度降,℃；

M——抑制剂相对分子质量，甲醇为32，乙二醇为62，二甘醇为106；

K——常数，甲醇为1297，乙二醇和二甘醇为2222；

T_1——未加抑制剂时，天然气在管道或设备中最高操作压力下形成水合物的温度；

T_2——即要求加入抑制剂后天然气不会形成水合物的最低温度。

上式的应用条件是：

当用甲醇作抑制剂时，水溶液中甲醇浓度应低于25%；

当用甘醇作抑制剂时，水溶液中甘醇浓度应低于60%；

当水溶液中甲醇浓度较高(>25%)且温度低至-107℃时，Nielsen等推荐采用式(2-2-39)：

$$\Delta T=-72\ln(1-C_{mol}) \tag{2-2-39}$$

式中 C_{mol}——为达到给定的天然气水合物形成温度降，甲醇在水溶液中必须达到的最低浓度,%。

2. 水合物抑制剂的水溶液用量

当加入的抑制剂不是纯组分而是含水溶液时，其抑制剂水溶液的加入量按式(2-2-40)计算：

$$q_1=\frac{C_m}{C_1-C_m}[q_w+(100-C_1)q_g] \tag{2-2-40}$$

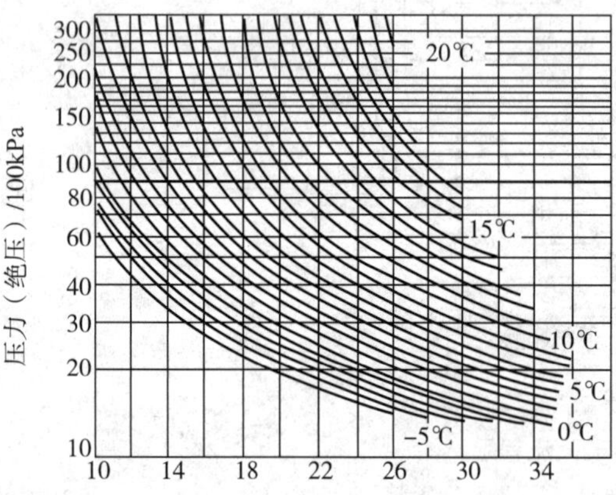

图2-2-38 甲醇的气相损失量

式中 q_1——注入浓度为C_1的含水抑制剂在液相中的用量，kg/d；

q_g——注入浓度为C_1的含水抑制剂在气相中的损失量，kg/d；

C_1——注入的含水抑制剂溶液中抑制剂的浓度(质量分数)，%；

q_w——单位时间内体系中产生的液态水量，kg/d；

C_m——抑制剂在液相水溶液中必须达到的最低浓度(质量分数)，%。

3. 水合物抑制剂的气相损失量

甘醇类抑制剂由于沸点较高，气相损失量较小，而甲醇易于蒸发，故其在气相中的损失量必须予以考虑。甲醇在气相中的含量计算公式为：

$$W_g=\alpha C_m \tag{2-2-41}$$

式中 W_g——甲醇在最低温度和相应压力下的天然气中的气相含量，$kg/10^6m^3$；

α——比例系数，可由图2-2-38查得。

六、动力学抑制剂

1. 动力学抑制剂的作用机理

动力学抑制剂在水合物成核和生长的初期吸附于水合物颗粒的表面，防止颗粒达到临界尺寸或者使已达到临界尺寸的颗粒缓慢生长，从而推迟水合物成核和晶体生长的时间，因而可起到防止水合物堵塞管道的作用。动力学抑制剂不改变水合物形成的热力学条件。

2. 动力学抑制剂的结构特点

动力学抑制剂是一些水溶性或水分散性的聚合物。1993 年，Duncum 最先提出了洛氨酸及其衍生物动力学抑制剂；1993 年，Aselme 又提出了 N-乙烯基吡咯烷酮(NVP)的聚合物抑制剂，如 NVP 的均聚物(PVP)及它的丁基衍生物(Agrimerp-904)均可作为水合物抑制剂，如图 2-2-39 所示。

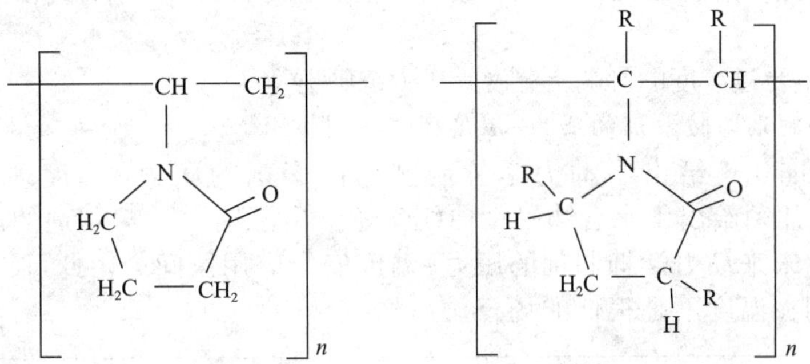

图 2-2-39　PVP 及其丁基衍生物(R 为 C_4H_9)的单元结构

Sloan 于 1994 年提出的 NVP、N-乙烯基己内酰胺和二甲氨基丙烯酸甲酯的三元共聚物(图 2-2-40)抑制剂的抑制效果比 PVP 好。

图 2-2-40 中从左至右为 N-乙烯基己内酰胺、NVP、甲氨基丙烯酸甲酯。

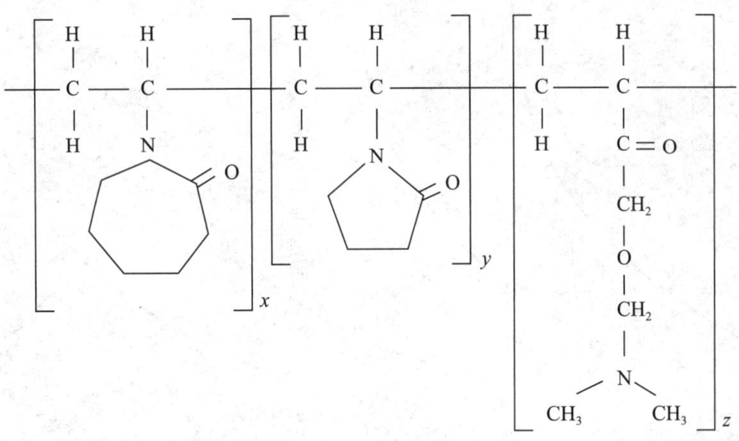

(a) N-乙烯基己内酰胺　(b) NVP　(c) 甲氨基丙烯酸甲酯

图 2-2-40　三聚物 Gaffix VC—713 单体的单元结构

3. 动力学抑制剂的应用特点

(1)动力学抑制剂注入后在水溶液中的浓度很低(<0.5%，热力学抑制剂为 10%~50%)，综合成本低于热力学抑制剂。

(2)对于海上油气田开采，动力学抑制剂可有效降低输送成本(用量少)。

(3)目前一些动力学抑制剂的过冷度不大于8~9℃，还不能完全满足一些气田的需要。

(4)目前所开发的动力学抑制剂从结构上看还远远不是最佳的，还可能有其他抑制效果更好的动力学抑制剂有待进一步开发。

4. 防聚剂

1)作用机理

防聚剂是一些聚合物和表面活性剂，使体系形成油包水(W/O)型乳化液，水相分散在液烃相中，防止水合物聚集及在管壁上黏附，而是成浆液状在管内输送，因而就不会堵塞管道。

2)防聚剂的应用特点

(1)防聚剂的注入浓度也较低(<0.5%)。

(2)只有当有液烃存在，且水含量(相对于液烃)低于30%~40%时，采用防聚剂才有效果。

(3)防聚剂不受过冷度的影响，温度、压力范围更宽。

5. 动力学抑制剂与防聚剂的压力-温度理论应用极限

1995年Kelland等给出了动力学抑制剂与防聚剂的压力-温度理论应用极限图(图2-2-41)。此图给出了水合物平衡曲线，还给出了动力学抑制剂的压力-温度安全应用区间，以及未来动力学抑制剂的压力-温度安全应用区间。由此可以看出，动力学抑制剂只能应用在温度不是很低的场合。

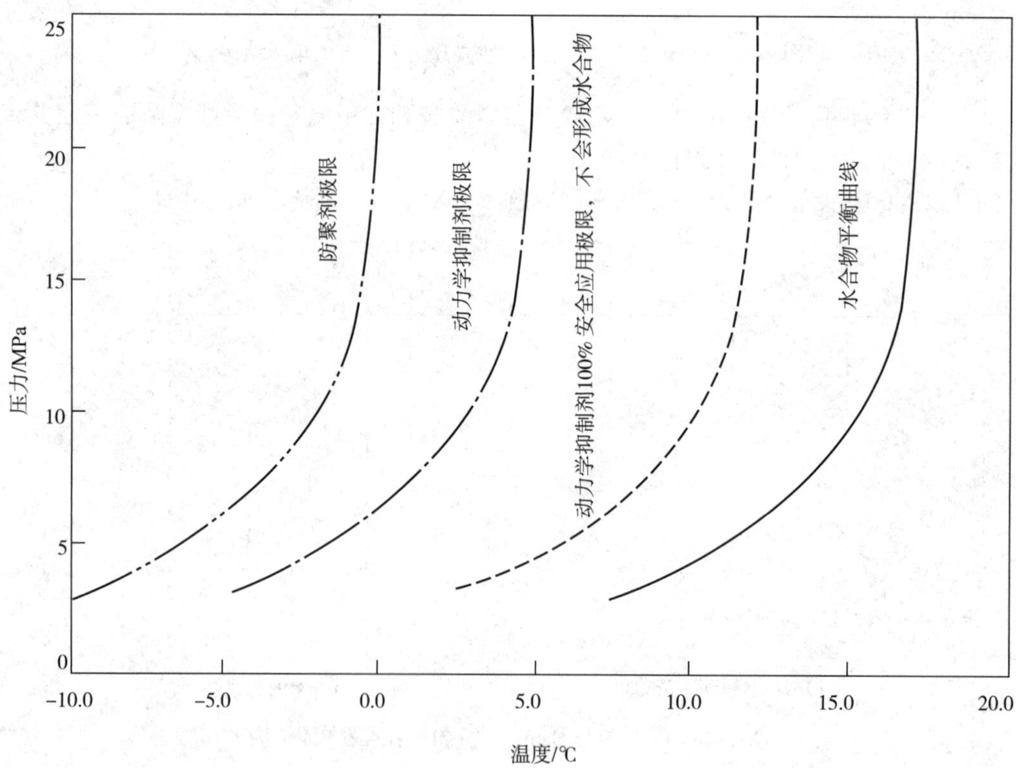

图2-2-41 动力学抑制剂和防聚剂的压力-温度理论应用极限

第五节 集输系统的安全防护

集输系统的安全保护包括集输管道和集输站场的安全保护，其内容包括防火、防爆和防毒等。

一、集输管道的安全防护

1. 集输管道的防火安全保护

集输管道的防火安全保护主要是防止管道破裂和放空不当引起火灾。主要方法是采取防火安全措施，以实现安全生产。安全措施的内容包括两方面：

(1)管道选材正确并具有足够的强度。

(2)管道同其他建筑物、构筑物、道路、桥梁、公用设施及企业等保持一定的安全距离。

管道的强度设计应符合有关规程、规范的规定；管道施工必须保证焊接质量并符合现行标准规范的要求，同时采取强度试压和严密性试压来认定；在生产过程中应对管道进行定期测厚，并保持良好的维护管理以保证管道的安全运行。

2. 集输管道的防爆安全保护

主要应防止管道泄漏，避免泄漏气体的燃烧和在封闭的空间内产生爆炸。因此集输管道的防爆安全防护，应通过管道设计时材料选择和强度设计的正确、施工质量的确认和生产过程中定期巡线检漏工作来保证。

3. 集输管道的限压保护和放空

1)采气管道的限压保护

采气管道的限压保护一般通过井场装置的安全阀来实现。天然气集气站进站前管道上设置的紧急放空阀和超压报警设施，对采气管道的安全也能起保证作用。

2)集气管道的限压保护

集气管道的限压保护通常由出站管道上安全阀的泄压功能来实现，同时集气管道应有自身系统的截断和放空设施。

集气支管道可在集气站的天然气出站阀之后设置集气支管放空阀；长度超过 1km 的集气支管，可在集气支管与集气干管相连处设置截断阀。

在集气干管末端，在进入外输首站或天然气净化厂的进站(厂)截断阀之前，可设置集气干管放空阀，并在该处设置高、低压报警设施，该报警设施一般设在站内，有站内操作人员管理维护。

二、集输站场的安全保护

1. 集输站场的防火防爆措施

(1)集输站场的位置及与周围建筑物的距离、集输站场的总图布置等应符合防火规范的规定。

(2)工艺装置和工艺设备所在的建筑物内，应具有良好的通风条件。

(3)凡可能有天然气散发的建筑物内应安装可燃气体报警仪。

2. 集输站场的限压保护和放空

1)井场装置的限压保护

井场装置的限压保护如图2-2-42所示。各种限压保护设备的作用是：

(1)高低压安全截断阀。如图2-2-42中3所示，它是一种以气体为动力的活塞式高低压截断阀。当采气管道的压力高于上限或低于下限时，安全截断阀3即自动关闭。采气管道超过上限压力，一般是由于采气管道堵塞或集气站事故情况下紧急关闭进站截断阀而造成的。采气管道低于下限压力，一般是因为采气管道发生事故破裂所致。

(2)弹簧安全阀。如图2-2-42中5和8所示，是一种超压泄放设备。管道系统具有不同压力等级时，为防止上一级压力失控，保护下一级压力系统的设备和管道，一般须装设泄压安全阀。

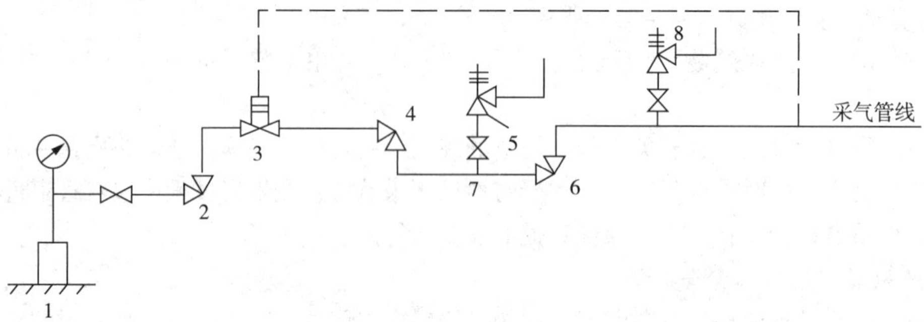

图2-2-42 井场装置限压保护阀

1—采气阀；2—采气树叶形阀；3—高低压截断安全阀；4—气井产量调节控制节流阀；5、8—压力泄放安全阀；6—气体压力调节控制节流阀；7—截断阀

2)集气站的限压保护

通常集气站中的节流阀将全站操作压力分成两个等级。凡有压力变化的系统，在低一级的压力系统应设置超压泄放安全阀。安全阀与系统之间应安装有截断阀，以便检修或拆换安全阀时不影响正常生产。在正常操作时，安全阀之前的截断阀应处于常开状态，并加铅封。

常温分离单井集气站，在进、出站的截断阀之间，可在高压系统或在中压系统设一个紧急放空兼作检修时卸压放空的放空阀。放空气体应引出站外安全地段放空。

常温分离多井集气站的多组平行生产装置，在设置安全阀的管段附近，应同时设置一个检修泄压放空阀，并连同安全阀的放空气体，合并引出站外放空管放空。在多组平行生产装置的汇气管上装设一个紧急放空阀，作为全站超压泄放之用。

低温分离集气站中，高压分离器和低温分离器之前分别设有节流阀，故有压力等级的变化，因此在高温分离器和低温分离器的前或后的管段上，应分别设置超压泄放安全阀。设在分离器进口管段上的安全阀，其泄放介质应考虑为气液混相，设在分离器出口段上的安全阀，其泄放介质则为气相。

含硫天然气的集输系统除了要预防火灾、爆炸危险事故之外，还应该采取相应措施预防中毒事故的发生。

由于硫化氢是毒性很大的气体，吸入高浓度的硫化氢会迅速死亡，即使低浓度的硫化氢，也会刺激眼睛、鼻子和喉咙。

空气中含不同浓度的硫化氢对人体的危险性如下：

(1)长期接触的极限值(TLV)：10mg/L(体积、不同)。

(2)接触数小时后有轻微症状：70~150mg/L。

(3)呼吸 1h 不致出现严重反应的最高浓度：170~300mg/L。

(4)接触 0.5~1h 后有危险：450~500mg/L。

(5)30min 之内致命的浓度：600~800mg/L。

为防止硫化氢中毒事故的发生，含硫天然气集输系统必须采用有效的防毒安全措施：集输管道应有正确的设计、施工和规范的操作管理，避免含硫天然气的泄漏；含有硫化氢的天然气集配站场，应在适当位置装设 2~3 个风向指示标；在站场的工艺装置和有公益设施的建筑物内，应装设硫化氢检测报警仪，避免操作人员误入有硫化氢泄漏的场所；操作和维护人员在取样或处理故障时应戴防毒面具；如需进入容器内检修，应事先对容器内的介质进行置换和吹扫，当容器内的氧含量大于 18%、硫化氢含量小于 10mg/m^3 时，才允许进行检修作业。

第三章　集 输 管 线

第一节　集输管线及其分类

集输管线是集输系统重要的组成部分。从气井至集气站第一级分离器入口之间的管线称为采气管线；集气站至净化厂或长输管线首站之间的管线称为集气管线。集气管线分为集气支线和集气干线。由集气站直接到附近用户的直径较小的管线也属集气管线范畴。由集气干线和若干集气支线(或采气管线)组合而成的集气单元称为集气管网；一个地区的集气管网则是指一个气田和一个或几个气田的集气管线组合而成的集气单元。

图 2-3-1 为一气田集输管网的示意图。净化后的天然气进入输气管线。

按集气管线的操作压力通常分为高压、中压和低压集气管线。其压力范围如表 2-3-1 所示。

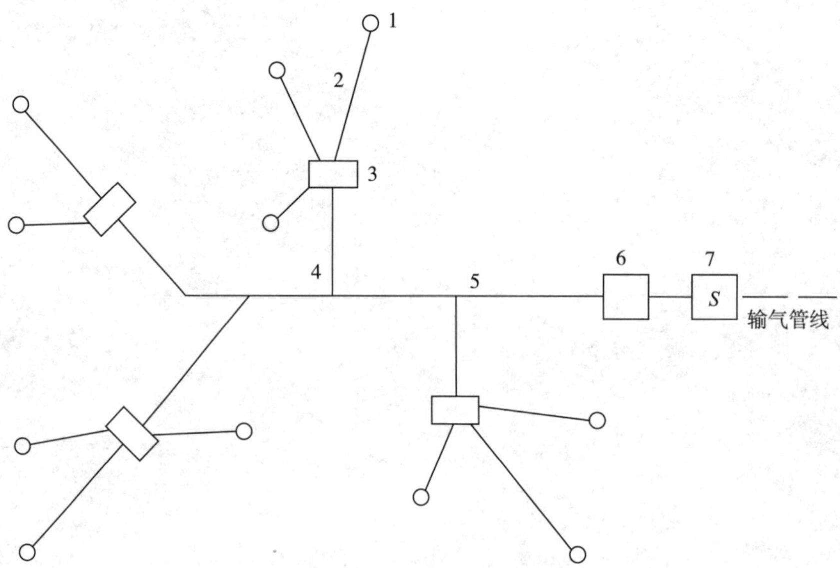

图 2-3-1　集气系统示意图

1—井场装置；2—采气管线；3—多井集气站；
4—集气支线；5—集气干线；6—集气总站；7—天然气净化厂

表 2-3-1　按管压管线分类

管 线 名 称	压力范围/MPa
高压集气管线	$10 \leq p \leq 16$
中压集气管线	$1.6 \leq p \leq 10$
低压集气管线	$p < 1.6$

第二节 集输管网

一、集输管网的分类

气田集输管网流程可分为4种形式：线型管网、放射型管网、成组型管网、环型管网。集输管网流程类型如图2-3-2所示。

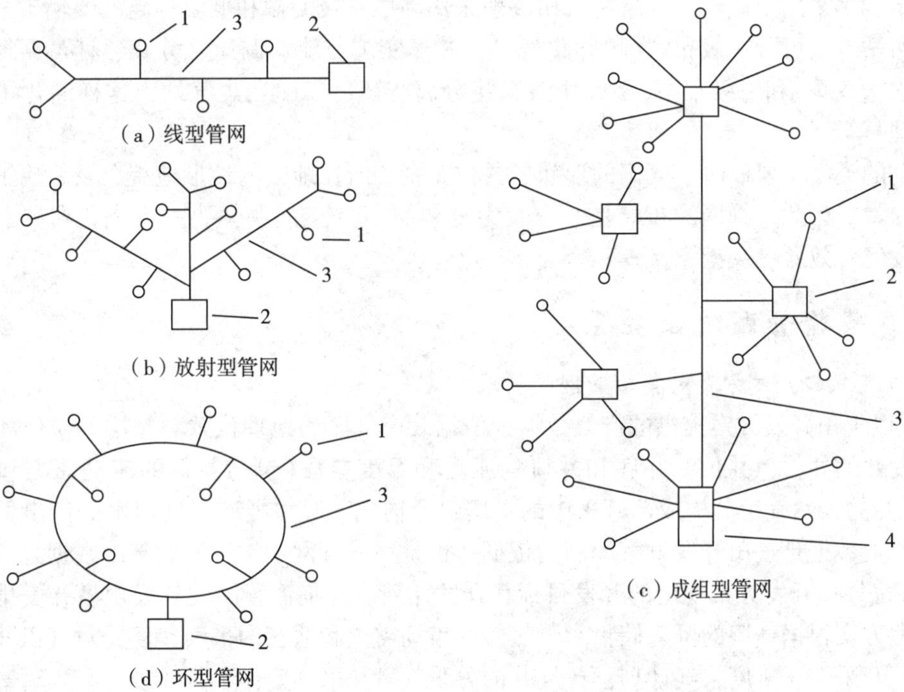

图2-3-2 集输管网流程的类型

1—气井；2—集气站；3—集气管道；4—集气总站或增压站

1. 线型管网流程

线型管网流程的管网呈树枝状，经气田主要产气区的中心建一条贯穿气田的集气干线，将位于干线两侧各井的气集入干线，并输到集气总站，如图2-3-2(a)所示。该流程适用于气藏面积狭长且井网距离较大的气田，其特点是适宜于单井集气。

2. 放射型管网流程

放射型管网有几条线型集气干线从一点(集气站)呈放射状分开，如图2-3-2(b)所示，适用于气田面积较大，井数较多，且地面被自然条件所分割的矿场。

3. 成组型管网流程

成组型管网流程如图2-3-2(c)所示，适用于若干气井相对集中的一些井组的集气，每组井中选一口设置集气站，其余各单井到集气站的采气支线成放射状，亦称多井集气流程。在四川气田应用最广泛，大庆的汪家屯气田和大港的板桥气田也采用这种流程，其优点是便于天然气的集中预处理和集中管理，能减少操作人员。

4. 环型管网流程

环型管网流程如图2-3-2(d)所示，适用于面积较大的圆形或椭圆形气田。具备上述条件的气田，如果地形复杂，气田处于大山深谷中，则不宜采用，而以采用放射型管网为宜。四川威远气田即采用这种流程。其特点是：气量调度方便，环形集气干线局部发生事故也不影响正常供气。

大型气田不局限于一种集气管网流程，可用2种或3种管网流程的组合。

此外，集输管网按压力等级分高、中、低压3种，如一般压力在10MPa以上为高压集气，1.6~10MPa为中压集气，小于1.6MPa为低压集气。

集输管网的输送方式有干气和湿气输送2种，采气管线一般为湿气输送。含硫气田集气支线和干线多采用干气输送。凝析气田一般采用高压气液混输和低温分离的集输工艺流程。

按布站方式可分一级布站(单井集气，在井场实施节流、调压、分离、计量、加温、注醇、排水采气等)和二级布站(多井集气，将分离、计量集中在集气站，这样简化了井口流程及管理)等。

管网的类型主要取决于气田的形状、井位布置、所在地区的地形地貌以及集输工艺等诸多方面因素。因此，管网的布局是一个较为复杂的“系统”问题，要进行优化布置，对提高气田开发经济效益有关键意义。

二、集输管网的设置原则

1. 满足气田开发方案对集输管网的要求

(1)以气田开发方案提供的产气数据为依据。产气区的地理位置、储层的层位和可采储量；开发井的井数、井位、井底和井口的压力和温度参数(包括井口的流动压力和流动温度)；气井的天然气组分构成，开采中的平均组分构成；气井凝液和气田水的产出量和组分构成，以上数据是气田开发方案编制的依据，也是集输管网建设所需的基础数据。

(2)按气田开发方案规定的开发目标和开发计划确定集输管网的建设规模并安排建设进度。开发方案根据气田的可采储量、天然气的市场需求和适宜的采气速度，对气田开发的生产规模、开采期、年度采气计划、各气井的总采气量和采气率作了具体规定。集输管网的建设规模应与天然气生产规模相一致。当天然气生产规模要求分阶段行程时，集输管网的分期建设计划可根据开发期内年度采气计划规定的年采气量变化来制定。

2. 集输管网设置与集气工艺的应用和合理设置集输场站相一致

集输管网的设置与集气工艺技术的应用、集气生产流程的安排和集输场站的合理布点要求密切相关。采用不同的集气工艺技术和不同的集输场站设置方案会对集输管网设置提出不同的要求，带来某些有利和不利的因素，影响到集输管网的总体布置和建设投资。通过优化组合集输管网和场站建设方案将这两项工程建设的总投资额降到最低，是集输管网设置希望达到的主要目标之一。

3. 集输管网内的天然气总体流向合理，管网内主要管道的安排和具体走向与当地的自然地理环境条件和地方经济发展规范协调

矿场集输中的天然气的终端是天然气净化厂，但经净化后的净化天然气最终要输送到天然气用户区。集输管网内的天然气总体流向不但要与产气区到净化厂的方向相一致，还应与产气区到主要用户区的方向一致。为此要把集输管网设置和天然气净化厂的选址结合起来，把净化厂选址在产气区与主要用户区之间的连线上或与这个连接尽可能接近的区域，并力求净化厂与产气区的距离最短。

管网中集气干管道和主要集气支管道的走向与当地的地形、工程地质、公路交通条件相

适应。避开大江、大河、湖泊等自然障碍区和不良工程地段以及高度地震区，使管道尽可能沿有公路的地区延伸。远离城镇和其他居民密集区，不进入城镇规划区和其他工业规划区。

4. 符合生产安全和环境保护要求

(1)腐蚀控制。腐蚀是导致集输管道在内压作用下发生爆破的主要原因，要求根据天然气中腐蚀性物质的种类和含量有针对性地制定防护措施和正确选用管道材质，防止爆破事故的发生。

(2)设置事故时的气源自动紧急截断装置。爆破事故发生时自动紧急截断通向事故点的气源，这是集输管网设置中的安全原则之一。在气井井口处设置高低压安全截断阀，在下游管道超压或失压时自动关闭井口。在管道上分段设置能在管道爆破时自动紧急截断上、下游气源的截断阀，将事故时的天然气自然泄放量和天然气中有毒物质的绝对泄放量都控制在规定的限定值以内。这些都是降低事故危害作用，防止后续事故发生的通行做法。

第三节　集输管网的水力计算

一、水力计算的作用和计算工作的内容

(一) 作用

1. 设计计算

(1)在集输及处理生产规模和运行压力一定的情况下，计算管网中各流动截面的尺寸，使管网运行中各点处的流量、压力符合生产工艺和生产能力的要求，各流动截面的尺寸相互匹配。

(2)确定不同工况下管网各点处流体流动参数的变化幅度，检查管网对变工况运行的适应能力，为管网水力设计的优化提供依据。

(3)计算给定管段的压力、温度的平均值和管内的天然气积存量，为分段或分区设置安全截断装置提供依据。

2. 检查集输管网运行情况，为运行优化提供依据

(1)检查运行中各点处的流量、压力状态是否与设计相一致，判断运行是否正常。

(2)根据相关各点的流量和压力关系检查有无泄漏和确定泄漏点的大致位置。

(3)分析管网对给定运行状况的适应能力，根据新的工作要求确定管网的集输改造方案。

(二)计算工作的主要内容

(1)流量计算：确定管网中各流动截面的天然气通过能力。

(2)天然气流动中沿管道轴向方向上的压力变化：确定管网各部位的压降速率和运行各点处的压力变化。

(3)确定给定管段内的天然气平均压力。

二、水力计算的基本依据和气体管内稳定流动的基本方程式

基本依据

1. 管道内气体流动基本方程

表征管道内气体流动的状态参数主要由气体的压力、密度、流速组成，它们之间的关系由气体在管道中流动的基本方程，即连续性方程、运动方程及能量方程共同描述。

1)连续性方程

根据质量守恒定律，气体连续性方程为：

$$\frac{\partial\rho}{\partial t}+\frac{\partial(\rho v)}{\partial x}=0 \tag{2-3-1}$$

式中 ρ——气体的密度，kg/m^3；

v——气体的流速，m/s；

t——时间变量，s；

x——沿管长变量，m。

2)运动方程

根据牛顿第二定律，由流体力学所建立的运动方程形式可写为：

$$\frac{\partial(\rho v)}{\partial t}+\frac{\partial(\rho v^2)}{\partial x}=-g\rho\sin\theta-\frac{\partial p}{\partial x}-\frac{\lambda}{D}\cdot\frac{v^2}{2}\rho \tag{2-3-2}$$

式中 g——重力加速度，m/s^2；

θ——管道与水平面间的倾角，rad；

λ——水力摩阻系数；

D——管道内径，m；

p——管道中的气体压力，Pa。

其余符号同前。

3)能量方程

根据能量守恒定律，由流体力学建立的能量方程为：

$$-\rho v\frac{\partial Q}{\partial x}=\frac{\partial}{\partial t}\left[\rho\left(u+\frac{v^2}{2}+gs\right)\right]+\frac{\partial}{\partial x}\left[\rho v\left(h+\frac{v^2}{2}+gs\right)\right] \tag{2-3-3}$$

式中 Q——单位质量气体向外界放出的热量，J/kg，

u——气体内能，J/kg；

h——气体的焓，J/kg；

s——管道位置高度，m。

其余符号同前。

对于稳定流动，能量方程变为：

$$-\rho v\frac{\partial Q}{\partial x}=\frac{\partial}{\partial x}\left[\rho v\left(h+\frac{v^2}{2}+gs\right)\right] \tag{2-3-4}$$

2. 气体的状态方程

实际气体状态方程通式为：

$$p=Z\rho RT \tag{2-3-5}$$

气体状态方程表达了气体的压力 p、密度 ρ、温度 T 三者之间的关系。把它与上述的运动方程和连续性方程结合起来，就从理论上具备了求解管内流动气体的压力、密度和流速的条件。

气体管内的运动方程、连续性方程、气体状态方程，这三个方程式是进行流体水力计算的基本依据。

在天然气管内稳定流动中，管内轴向各点处的质量流量不随时间变化，处于稳定流动状态，这时运动方程和连续性表达式得到简化。

对于稳定流动，运动方程形式变为：

$$\frac{dp}{dx}+\rho v\frac{dv}{dx}=-g\rho\sin\theta-\frac{\lambda}{D}\cdot\frac{v^2}{2}\rho \tag{2-3-6}$$

对于稳定流动，其流动参数不随时间而变化，其连续性方程变为：

$$\frac{d(\rho v)}{dx}=0 \tag{2-3-7}$$

整理得出，气体在管内作稳定流动的基本方程式：

$$-\frac{dp}{\rho}=\frac{dv^2}{2}+g ds+\frac{\lambda}{D}dx\frac{v^2}{2} \tag{2-3-8}$$

可以看出稳定流动中影响压力变化的 3 个因素为：

(1)流动中的摩擦阻力损失。摩擦阻力损失与水力摩擦系数 λ 成正比，与流体流动速度 v 的平方成正比，与流动直径 D 成反比。

(2)气体流动中的高程变化。高程增加时气体的位能成正比增加，压力相应下降；高程降低时气体的位能成正比下降，压力相应升高。

(3)气体流速。气体流动中的线速度增高时气体的动能增大、压力降低，线速度降低时气体的动能下降、压力升高。

三、气体输送管道的流量计算

1. 威莫斯(Weymouth)公式及其使用条件

威莫斯输气计算公式：

$$Q=5033.11d^{8/3}\sqrt{\frac{(p_1^2-p_2^2)}{ZTL\gamma}} \tag{2-3-9}$$

潘汉德输气计算公式(B 式)：

$$Q=11522Ed^{2.53}\sqrt{\frac{(p_1^2-p_2^2)}{ZTL\gamma^{0.961}}} \tag{2-3-10}$$

式中　p_1——管线起点压力，MPa；
p_2——管线终点压力，MPa；
Q——管线输量，m^3/d；
d——管线内径，cm；
L——管线长度，km；
T——管输天然气的平均温度，K；
γ——天然气对空气的相对密度，无量纲数；
Z——管输天然气在平均压力和平均温度下的平均压缩因子。

威莫斯公式适用于有液相水和烃类液相物质存在的天然气矿场集输管道流量计算。制管技术的进步已使钢管内表面的粗糙程度较威莫斯公式提出时有较大的改善，天然气矿场集输中的天然气气液分离效果、天然气输送过程的清管和腐蚀控制技术也有了很大的提高，这使威莫斯公式的流量计算值常常比实际值低 10%左右。但迄今为止它仍然广泛应用在天然气矿场集输的流量计算，只有当天然气矿场干燥时才会考虑采用其他的流量计算公式。

威莫斯公式发表于 1912 年，当时正值天然气输气管线发展初期，管线管径及输送量较小，气质净化程度低，制管技术较为落后，输气管内壁粗糙，根据当时的生产条件统计归纳出了此公式。我国目前的绝大部分气田集气管线的工作条件与之相仿。以四川气田为例，四川气田的集气支线和集气干线的管径，绝大多数是在 $DN80 \sim DN400$；气体一般未经脱硫脱水；管道内壁腐蚀产物夹以施工残留的杂物于集气管道内，加之制管水平较低，管线内壁绝对粗糙度较大。因此，对于气质条件较差、管径较小的集气管线，采用威莫斯公式进行流量计算是比较适宜的。

2. 潘汉德(Pandhandle)公式及其适用条件

潘汉德根据管道输送清洁、干燥的商品天然气的经验提出了适用于这类天然气输送的水力摩擦系数取值方法，并代入流量的一般表达式得出了与威莫斯公式的形式相似、各参数的单位一致的流量计算潘汉德公式。他前后推荐了两种不同的水力摩擦系数取值方法，分别如式(2-3-11)和式(2-3-12)所示：

$$\lambda = 0.0847 Re^{-0.01461} \tag{2-3-11}$$

$$\lambda = 0.01471 Re^{-0.03922} \tag{2-3-12}$$

式(2-3-11)常被称为潘汉德公式的A式，式(2-3-12)则为B式，Re 为雷诺数。B式是对A式的修正，目前应用中常采用B式。

在水平输气管道中可以对稳定流动状态下的基本方程作进一步简化，此时公式为：

$$q_v = 1051.32 \left[\frac{(p_1^2 - p_2^2) d^5}{\lambda Z \gamma T L} \right]^{0.5} \tag{2-3-13}$$

式中 q_v——气体($p_0 = 0.101325$MPa，$T = 293$K) 流量，m³/d；

p_1、p_2——输气管起、终点压力(绝压)，MPa；

d——输气管道直径，cm；

λ——水力摩阻系数；

γ——气体相对密度；

Z——气体压缩因子；

T——输气管道内气体的平均温度，K；

L——输气管道计算段的长度，km。

如果忽略天然气的黏度变化对 λ 值的影响，就将其视为定值，只与天然气的相对密度 γ、管径 d 和流速 w 有关。将其代入式(2-3-13)即可得到另一种形式的潘汉德公式，前提是对天然气在管输状态下的黏度做了 $\mu = 1.09 \times 10^{-5} \mathrm{N \cdot s/m^2}$ 的前提。使用此式前应对天然气在设计或实际状态下的黏度作核对，实际黏度与假定值相似时使用式比较方便。与假定值相差较大时应使用上式。

$$q_v = 10477 d^{2.53} \left(\frac{p_1^2 - p_2^2}{Z \gamma^{0.961} T L} \right)^{0.51} \tag{2-3-14}$$

潘汉德公式适用于气质条件比较好的商品天然气输送管道，尤其是大直径、长距离的商品天然气管道，一般不在矿场集输管道中使用。但当矿场集输中处于腐蚀防护的目的已对天然气进行矿场干燥处理，或集输中在低温状态进行凝液回收已使天然气处于干燥状态时，可以采用潘汉德公式。

中国《输气管道工程设计规范》(GB 50251—2015)建议，在流动状态处于阻力平方区的情况下应用潘汉德公式B时用输气管道效率系数 E 对流量计算结果校正。在公称直径为300~800mm时，$E = 0.8 \sim 0.9$；在公称直径大于800mm时 $E = 0.91 \sim 0.94$。认为这比较符合中国当前的制管技术、管道施工和生产运行管理的实际情况。

3. 流量计算公式参数分析

从式(2-3-10)可以看出，管输流量取决于管线直径，起、终点压力，管线长度以及管输的平均温度和天然气对空气的相对密度。但各参数对输量的影响不同。现假定当其他条件不变时，分析其中一个参数变化对输量的影响。

1）管径 d 的影响

根据式(2-3-10)可知，当其他条件一定时，管径和流量的关系可由下式表达：

$$\frac{Q_1}{Q_2}=\left(\frac{d_1}{d_2}\right)^{8/3}$$

由上式可知，管输流量与管径的8/3次方成正比。若管径增加1倍，即 $d_2=2d_1$，则 Q_2 为 Q_1 的6.3倍。因此，扩大管径是增加输量最有效的办法。

2）管线长度 L 的影响

当其他条件一定时，管线长度和流量的关系如下：

$$\frac{Q_1}{Q_2}=\left(\frac{L_2}{L_1}\right)^{0.5}$$

管输流量与管长的0.5次方成反比。若管长缩短一半，即 $L_2=0.5L_1$，则 $Q_2=1.41Q_1$。

3）温度 T 的影响

当其他条件一定时，天然气温度和流量的关系如下：

$$\frac{Q_1}{Q_2}=\left(\frac{T_2}{T_1}\right)^{0.5}$$

和管长一样，管输流量与温度(绝对温度)的0.5次方成反比，即管中的温度越低、其输量越大。但为提高输量而降低温度将带来一系列工艺上的改变，且对输量的提高仍不显著。如原操作温度为25℃，降温后为0℃(若工艺条件能保证不致形成水合物)，则

$$\frac{Q_1}{Q_2}=\left(\frac{273+0}{273+25}\right)^{0.5}=0.957$$

$$Q_2=1.045Q_1$$

即输量提高4.5%。在采用注抑制剂法或干气输送的管道上，适当地降低温度是有利的。

4）起点压力 p_1 和终点压力 p_2 对输量的影响

当其他条件一定时，若增加 p_1 和减少 p_2 的数值 Δp 如相同，则有

$$(p_1+\Delta p)^2-p_2^2=p_1^2+2p_1\Delta p-p_2^2+\Delta p^2$$

和

$$p_1^2-(p_2-\Delta p)^2=p_1^2+2p_2\Delta p-p_2^2-\Delta p^2$$

上两式右边相减得

$$2\Delta p(p_1-p_2)+2\Delta p^2>0$$

所得差值始终为正值，即 $(p_1+\Delta p)^2-p_2^2>p_1^2-(p_2-\Delta p)^2$。因 Q 与 $\sqrt{p_1^2-p_2^2}$ 成正比，起、终点差越大，Q 越大。可见，增大起点压力 p_1 比减少同样数值的终点压力 p_2 更有利于输气量的增加。

4. 气体输送中高程变化的流量计算公式

当集输管道通过地区的地形起伏会使管道轴线上的各点出现大于200m的高程变化时，需要在流量计算中考虑高程变化对管道流量的影响。

1）考虑地面高程变化的威莫斯公式：

$$q_v=5031.22d^{\frac{8}{3}}\left[\frac{p_1^2-p_2^2(1+a\Delta h)}{Z\gamma TL\left[1+\frac{a}{2L}\sum_{i=1}^{n}(h_i+h_{i-1})L_i\right]}\right]^{0.5} \tag{2-3-15}$$

第二编 CHAPTER TWO 天然气矿场集输

2)考虑地面高程变化的潘汉德公式：

$$q_v = 1051.32d^{\frac{5}{2}}\left\{\frac{p_1^2 - p_2^2(1+a\Delta h)}{\lambda Z\gamma TL\left[1+\frac{a}{2L}\sum_{i=1}^{n}(h_i+h_{i-1})L_i\right]}\right\}^{0.5} \tag{2-3-16}$$

$$a = \frac{2\gamma}{ZR_a T} \tag{2-3-17}$$

式中 a——系数，m^{-1}；

R_a——空气气体常数，在标准状况下(p_0=0.101325MPa，T=293K)，R_a=287.1$m^2/(s^2 \cdot K)$；

Δh——输气管道计算段的终点对计算段起点的标高差，m；

n——输气管道沿线计算的分管段数(计算分管段的划分是沿输气管道走向，从起点开始，当其中相对高差在200m以内，同时不考虑高差对计算结果影响时可划作一个计算分管段)；

h_i——各计算分管段终点的标高，m；

h_{i-1}——各计算分管段起点的标高，m；

L_i——各计算分管段的长度，km；

g——重力加速度，g=9.81 m/ s^2。

其余符号同前。

气液两相混输管路的流动状态极为复杂，人们至今尚未完全掌握其流动规律，也没有一个世界上所公认的、经得起实践检验的高精度计算方法。目前我国采用的采气管线的流量计算方法是使用式(2-3-14)计算，然后对计算值进行修正，即当天然气中液体含量小于40cm^3/m^3 时，采用式(2-3-18)计算天然气流量：

$$Q = 5033.11d^{8/3}\left(\frac{p_1^2 - p_2^2}{\Delta ZL}\right)^{0.5} E_p \tag{2-3-18}$$

式中 E_p——流量校正系数。

其余符号同式(2-3-10)。

对于水平管，当天然气流速小于15m/s时，流量校正系数 E_p 可按式(2-3-19)计算：

$$E_p = \left(1.06 - 0.233 \times \frac{q_1^{0.32}}{\overline{\omega}}\right)^{-1} \tag{2-3-19}$$

式中 q_1——气体中液体含量，cm^3/m^3；

$\overline{\omega}$——管线中气体平均流速，m/s。

当管中天然气流速大于15m/s时，可按图2-3-3确定流量系数 E_p 的近似值。

四、集输管道运行中轴向压力变化以及管段天然气的平均压力

(一)管道轴向压力的变化

1. 影响压力变化的主要因素

不存在严重泄漏情况下，天然气在流动中的摩擦阻力损失是影响压力变化的主要因素。压力降低过程中的J-T效应、天然气通过管壁与外界环境的热量变换、天然气在管内流动中的高程变化，也是影响压力变化的因素。由于天然气在输送状态下的密度相对低、压降幅度相对窄，高程变化和J-T效应对压力变化的影响通常不大。与外界环境的热量交换受管外传热系数低的限制，也常常不是影响压力变化的主要因素。

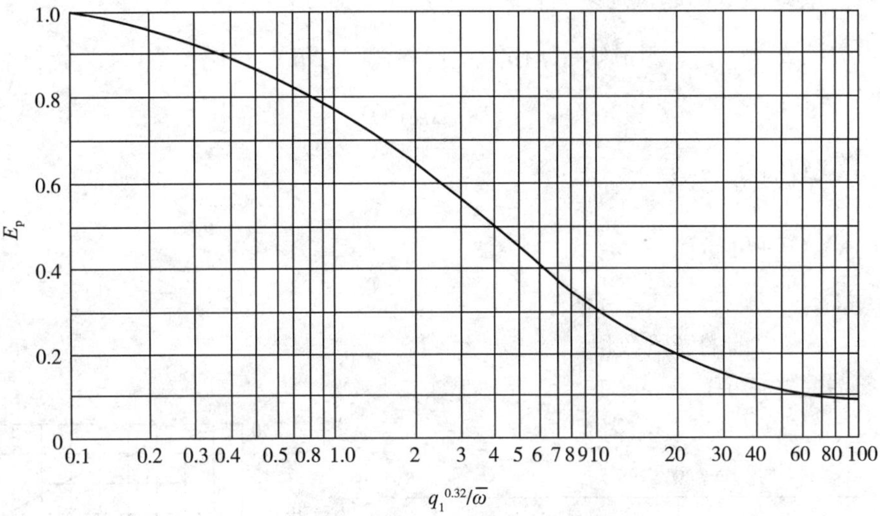

图 2-3-3　校正系数 E_p 值图

2. 集输管道内压力变化的特点

压降速率随流经路程的增长而增长，沿管道轴向的压力曲线呈抛物线状，这是包括天然气集输管道在内的所有气体输送管道的共同特点。

(二)管道运行中天然气的平均压力

关注管内天然气平均压力可以用来辅助确定某些物理性质和计算管道运行状态下管内天然气积存量。集输管道运行中轴向各点处的压力变化：

1. 管线沿程的压力分布

设在一水平管线上，起点为 A，终点为 B，M 为管线上距 A 点为 x 的任意一点，起点压力为 p_1，终点压力为 p_2。全长为 L，管线输量为 Q_o，如图 2-3-4 所示。

利用式(2-3-9)，分别列出 AM 和 BM 的流量计算式。令两段流量相等，即可得 M 点处的压力为：

$$p_x = \sqrt{p_1^2-(p_1^2-p_2^2)\frac{x}{L}} \tag{2-3-20}$$

符号意义同前。

用不同的 x 值代入式(2-3-20)，得到数个对应的 p_x 值，将 p_x 值置于以 L 为横坐标，以 p 为纵坐标的坐标图中，可得管线沿程压力分布曲线(图 2-3-5)。它表明天然气在管中压力变化的规律。在前段，压力下降较为缓慢，距起点越远，压力下降越快。在前 3/4 的管段上，压力下降了约一半，而另一半的压降则消耗在后段仅 1/4 的管段上。

了解管线压力的分布规律，不仅在管线设计工作中，而且在生产实际中也是有意义的。例如在生产过程中，用实测的压降曲线与理论曲线相比较，可以发现管线运行是否正常。当管线所经地区的高差大于 200m 时，就应考虑高程变化对压力的影响。此时在管线上任一点的压力为

$$p_x = \left[p_1^2-\frac{2(p_1^2-p_2^2)}{(2-a\Delta H)L}\frac{x}{L}+\frac{a\Delta H(p_1^2-p_2^2)}{2-a\Delta H}\frac{x^2}{L^2}\right]^{0.5} \tag{2-3-21}$$

由 n 段斜管线组成的起伏地区的管线上任一点的压力为：

$$p_x=\left\{\frac{p_1^2(1+C)+p_2^2B-\left[p_1^2-p_2^2(1+a\Delta H)\dfrac{x}{L}\right]}{(1+a\Delta H)+D}\right\}^{0.5} \tag{2-3-22}$$

式中　$B=\dfrac{a}{L}\sum\limits_{1}^{n_x}(H_i+H_{i+1})l_i$；

$C=\dfrac{a}{L}\sum\limits_{n_x}^{n}(H_i+H_{i+1})l_i$；

$D=B+C$；

n_x——x 点以前的管段数目。

其余符号意义同前。

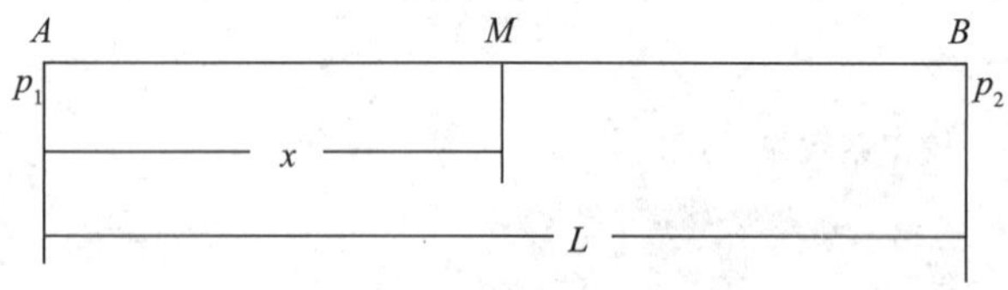

图 2-3-4　管线参数示意图

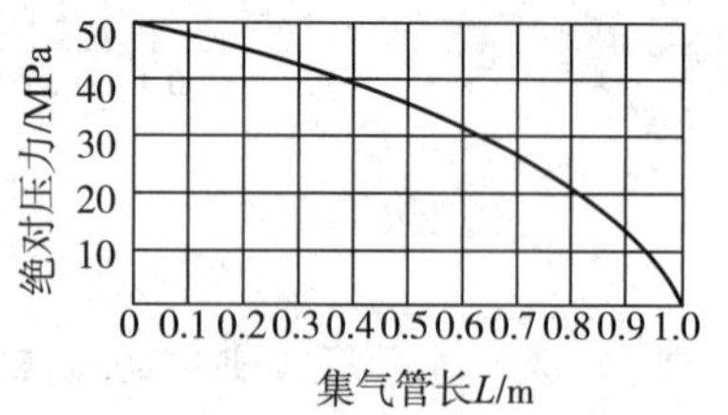

图 2-3-5　集气管中压力变化曲线

2. 管线中气体的平均压力

当管线停输后，管内高压端的气体很快流向低压端，终点压力逐渐升高，起点压力逐渐下降，压力逐渐达到平衡。在平衡的过程中，管线中有一点的压力是不变化的，这一点叫平均压力点。

平均压力是计算管线平均压缩系数和管道储气量及其他参数的重要参数。若已知管线起、终点的压力，即可采用下式求得该管线天然气的平均压力。

$$p_{cp}=\frac{2}{3}\left(p_1+\frac{p_2^2}{p_1+p_2}\right) \tag{2-3-23}$$

利用平均压力，可求得在操作条件下气体的平均压缩因子。对于干燥的天然气可采用式(2-3-24)计算：

$$Z=\frac{100}{100+1.734p_{cp}^{1.15}} \tag{2-3-24}$$

对于湿天然气可采用式(2-3-25)计算：

$$Z=\frac{100}{100+2.916p_{cp}^{1.15}} \tag{2-3-25}$$

图 2-3-6 是根据管输天然气的压力、温度及相对密度的关系绘制的。当不需精确计算时，已知管线的起、终点压力，可求得平均压力；已知平均压力、操作温度和管输天然气的相对密度，可求得满足工程计算要求的天然气的压缩因子。例如，已知管线的起点压力 p_1 为 5.8MPa，终点压力 p_2 为 4.5MPa，天然气的相对密度为 0.75，天然气的平均温度为 30，由图 2-3-6 可查得管中天然气的平均压力 p_{cp} 为 5.18MPa，压缩因子为 0.875。

地形起伏地区的管线的平均压力可用下式计算：

$$p_{cp}=\frac{2}{3}\,\frac{p_1^3\left(1-\dfrac{3}{2}a\Delta H\right)-p_2^3\left(1-\dfrac{a\Delta H}{2}\right)}{(p_1^2-p_2^2)(1-a\Delta H)} \tag{2-3-26}$$

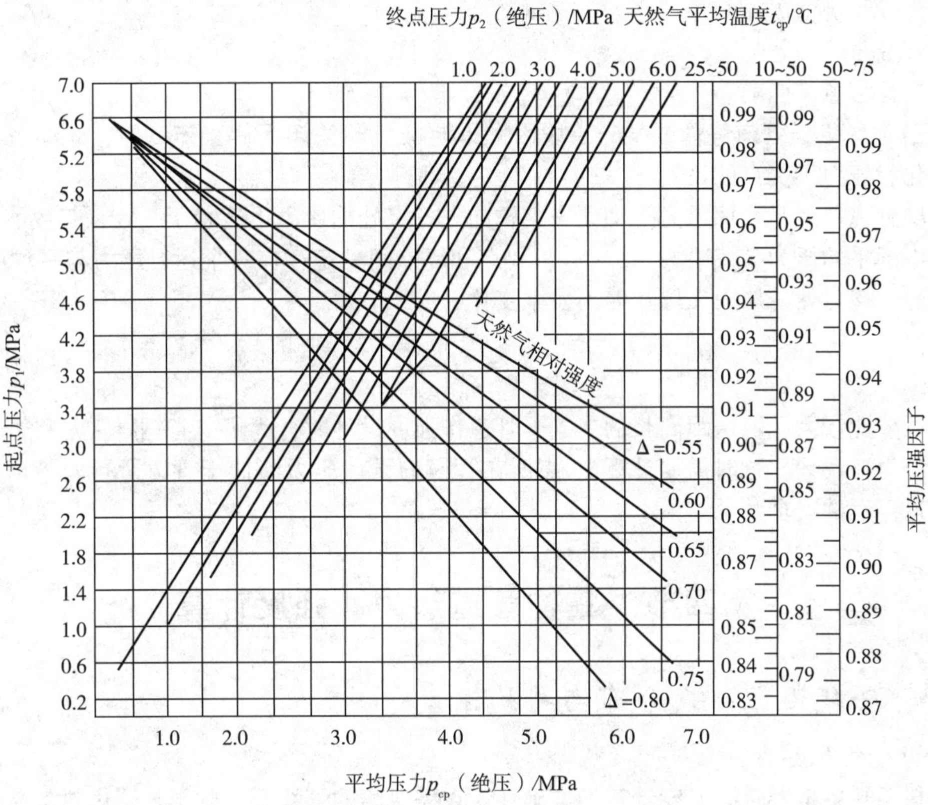

图 2-3-6 天然气平均压力和压缩因子计算图

对于由 n 段直管段组成的起伏管线，其平均压力可按下述方法求得：

(1)首先根据式(2-3-27)求出各转折点处的压力：

$$p_2=\left(p_1^2-\frac{3.948\times10^6 Q\Delta TLZ}{d^{\frac{16}{3}}}\right)^{0.5} \tag{2-3-27}$$

(2)按照式(2-3-23)求出各直线管段的平均压力：

(3)采用下式，求得 n 段直管段的平均压力：

$$p_{cp}=\frac{\sum_1^n p_{cpi}l_i}{L} \tag{2-3-28}$$

式中 p_{cp}——n 段直管段的平均压力，MPa；

p_{cpi}——各分段直管段的平均压力，MPa；

l_i——各分段长度，km。

平均压力点距起点的距离，可用式(2-3-29)求得：

$$x_0=\frac{p_1^2-p_{cp}^2}{p_1^2-p_2^2}L \tag{2-3-29}$$

从管线停输到气压达到平衡的时间，可用 t 表示：

$$t=\frac{1}{a}\ln\frac{p_1+\sqrt{p_1^2-p_{cp}^2}}{p_{cp}} \tag{2-3-30}$$

式中 $a=\frac{4}{L}\sqrt{\frac{9.81dZRT}{\lambda x_0}}$。

其余符号意义同前。

(三)气体输送管道停输或某一管段因上下游截止阀关闭而停止流动时，轴向各点处的压力变化和压力不变点的位置

集输管道停运时摩擦阻力立即消失，轴向上各点处的压力迅速趋于一致，其数值等于管道运行中的平均压力 p_m。由 $p_Z<p_m<p_Q$，起点和终点间一定存在一个运行压力与平均压力 p_m 相等的点，该点处的压力在停运时不发生变化。

$$x_m=\frac{p_Q^2-p_m^2}{p_Q^2-p_Z^2}L \tag{2-3-31}$$

对压降比较大、输送距离长的集气干管道作强度设计时，为了节省钢材常常将管道分段按不同压力作设计，这时需要计算 x_m 点所在管段的设计压力不低于管道运行的平均压力以保证管道停运的安全。

第四节 集输管道热力、强度计算

一、管线沿程温度分布与平均温度

1. 总传热系数

传热系数决定着管线温度计算的准确性。在需保温的管线上，则影响到供热负荷的大小和热能的合理利用。总传热系数可由式(2-3-32)计算：

$$\frac{1}{Kd}=\frac{1}{\alpha_1 d}+\sum_{i=1}^{n}\frac{\ln\frac{D_i}{d_i}}{2\lambda_i}+\frac{1}{\alpha_2 D} \tag{2-3-32}$$

式中 K——管线的总传热系数，W/(m²·K)；

α_1——气体对管道内壁的散热系数，W/(m²·K)；

α_2——管线向外界的散热系数，W/(m²·K)；

d_i——涂层、管壁和绝缘层等的内径，m；

D_i——涂层、管壁和绝缘层等的外径，m；

d——管道内径，m；

D——管道外径，m；

λ_i——各层材料的导热系数，W/(m²·K)。

当雷诺数 $Re>10^4$ 时，λ_i 用努塞尔准数 Nu 方程确定：

$$\alpha_1=\frac{Nu\lambda_i}{d}$$

$$Nu=0.021Re^{0.8}Pr^{0.43}$$

式中 Pr——普朗特准数。

$$Pr=\frac{\mu c_\mu}{\lambda}$$

式中 μ——气体的动力黏度，Pa·s；

c_{μ}——气体的定压比热容，kJ/(kg·K)；

λ——气体的导热系数，W/(m·K)。

外部散热系数用式(2-3-33)求得：

$$\alpha_2=\frac{2\lambda_s}{D\ln\left[\frac{2h}{D}+\sqrt{\left(\frac{2h}{D}\right)^2-1}\right]} \tag{2-3-33}$$

式中　λ——土壤的导热系数，W/(m·K)；

H——从地面到管中心线的深度，m。

气体、土壤及其他材料的导热系数见表 2-3-2。

可以看出，总传热系数取决于管径的大小、介质的物性(黏度、定压比热容等)、管线覆盖层和土壤的导热系数等多种因素。对于采用石油沥青为绝缘层的埋地管线的总传热系数可采用表 2-3-3 所示值。

表 2-3-2　有关介质的导热系数

介质名称	温度/℃	导热系数/[W/(m²·K)]	介质名称	温度/℃	导热系数/[W/(m²·K)]
空气	0	24.4	沥青	30	0.6~0.74
氮气	0	24.4	纸	20	0.14
甲烷	50	24.4	超细玻璃棉	36	0.03
	0	30.2	玻璃棉毡	28	0.04
乙烷	50	37.2	玻璃丝	35	0.06~0.07
	0	18.3	聚氯乙烯	30	0.14~0.15
一氧化碳	0	23.0	黄沙	30	0.28~0.34
二氧化碳	0	12.8	湿土	20	1.26~1.65
水蒸气	100	24.0	干土	20	0.5~0.63
氢气	0	137.2	普通土	20	0.83
氦气	0	141.9	黏土	20	0.7~0.93
氮气	0	23.3	石灰岩	0	1.9~2.4
15#碳素钢	0	54.4	水	0	0.55
30#碳素钢	0	50.2	冰	0	1.05

表 2-3-3　埋地石油沥青绝缘管线总传热系数表　　W/(m²·℃)

土壤潮湿程度 / 管径 DN/mm	稍　湿	中等湿度	潮　湿	水　田
50	5.81(5.0)	6.62(5.7)	7.55(6.5)	8.14(7.0)
65	5.23(4.5)	5.81(5.0)	6.62(5.7)	7.21(6.2)
80	4.88(4.2)	5.58(4.8)	6.16(5.3)	6.74(5.8)
100	4.41(3.8)	5.11(4.4)	5.69(4.9)	6.28(5.4)
150	3.60(3.1)	4.18(3.6)	4.76(4.1)	5.23(4.5)
200	3.02(2.6)	3.48(3.0)	4.07(3.5)	4.65(4.0)
250	2.67(2.3)	3.14(2.7)	3.60(3.1)	4.07(3.5)
300	2.20(1.9)	2.55(2.2)	2.90(2.5)	3.25(2.8)
400	1.86(1.6)	2.09(1.8)	2.44(2.1)	2.79(2.4)

2. 管线沿程温度分布

管线沿程温度分布以及据此确定的天然气平均温度是影响集输工艺过程的重要参数。集气管线的水力计算、管输能力计算以及确定管内凝析水和水合物产生的可能性、研究管线防蚀绝缘层的耐久性能等，都需要可靠的温度参数。

管线中距起点 $l_x$km 处的温度可由式(2-3-34)确定：

$$T_x=T_0+(T_1-T_0)\mathrm{e}^{-al_x}-J\frac{\Delta p_x}{al_x}(1-\mathrm{e}^{-al_x}) \tag{2-3-34}$$

式中 $a=\dfrac{225.358\times10^6 DK}{Q\Delta c_p}$；

T_x——管线中距起点 l_x 处的温度，℃；

T_0——管线周围介质的温度，℃；

T_1——管线起点气体的温度，℃；

K——由管中气体到土壤的总传热系数，W/(m^2·K)；

Δp_x——l_x 管段内的压降，MPa；

D——管子外径，m；

c_p——气体的定压比热容，J/(kg·K)；

Q——天然气流量，m^3/d；

l_x——计算温度处距起点的距离，km；

L——管线全长，km；

J——焦尔-汤姆逊效应系数，℃/MPa，见表2-3-4。

表2-3-4 焦耳-汤姆逊效应系数

温度/℃	压力/MPa				
	0.098	0.510	2.53	5.050	10.101
-50	0.69	0.66	0.59	0.51	0.41
-25	0.56	0.55	0.50	0.45	0.36
0	0.48	0.47	0.43	0.38	0.32
25	0.41	0.40	0.36	0.33	0.27
50	0.35	0.34	0.31	0.28	0.25
75	0.30	0.30	0.26	0.24	0.21
100	0.26	0.26	0.23	0.21	0.19

注：表中温度与压力系数指管段的平均温度与平均压力。

式(2-3-34)中最后一项表示气体压力降低伴随有温度降低，即焦尔-汤姆逊效应引起的温降。若不考虑该项，即为著名的苏霍夫公式：

$$T_x=T_0+(T_1-T_0)\mathrm{e}^{-al_x} \tag{2-3-35}$$

假定管线周围介质温度(T_0)为10℃，管线起点气体温度(T_1)为32℃，管中气体到土壤的总传热系数(K)为3.02W/(m^2·℃)，天然气密度(ρ)为0.68kg/m^3。采用ϕ219×7钢管输送，输量为10×10^{4}m^3/d，其定压比热容(c_p)为35kJ/(kg·K)。据式(2-3-35)计算，可在直角坐标系中，绘出管线中天然气的温降曲线，如图2-3-7中1所示；若土壤温度为5℃，温降变化则如曲线2所示。可以看出，起点温度与环境温度差值越大，温降越快。在15km处，温降值约为全线温降的1/2。在20km处，两曲线所示的天然气温度均在20℃以下，曲线2在20km处的温度为16℃。对于在6.4MPa以下操作的集气管道，此温度已低于水合物形成的温度。因此，对于采用加热集气工艺的集气管道，天然气的输送一般采取提高起点温度(T_1)和管道保温(减小传热系数)的措施，以保证管道正常运行。

图2-3-7曲线是采用式(2-3-35)计算，即忽略了节流效应的影响。当起点温度高于环境温度时，有限长管道的终点温度始终高于环境温度。但实际上，在很多情况下，由于节流效应引起的温降，致使终点天然气温度往往低于土壤温度。因此，对于始末端压差较大的管线，不应忽略节流效应对天然气温度的影响。

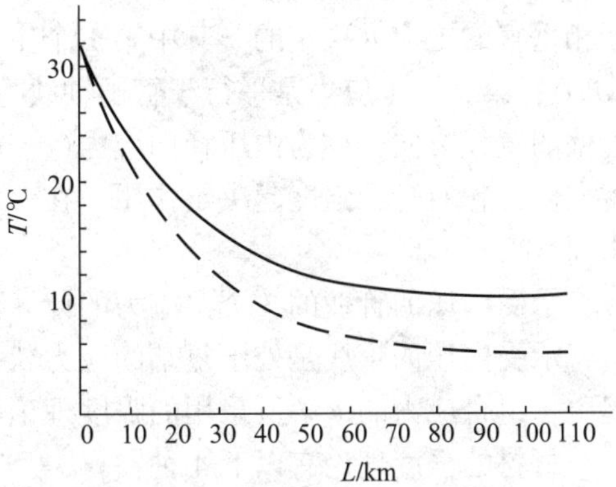

图2-3-7　埋地管线天然气温度变化图

3. 管线的平均温度

进入埋地管线的天然气与埋设管道周围的土壤存在一定的温差，由于天然气与土壤进行了热交换，温度发生变化，经一段距离后，天然气温度基本上降至地温，如图2-3-7所示。可见，运行中的集气管线起、终点的天然气存在一定的温差，起点与地温温差越大，则起、终点天然气温差越大。为了较为准确地进行集气管线的计算，引入了平均温度这一概念。为了导出平均温度T_{cp}的计算式，对式(2-3-34)的管道长度进行积分，再取全线的平均值即得

$$T_{cp}=T_0+\frac{T_1-T_0}{aL}(1-e^{-aL})-J\frac{\Delta p}{L}\left(1-\frac{1}{aL}\right)(1-e^{-aL})$$

若不计节流效应的影响，则为

$$T_{cp}=T_0+\frac{T_1-T_0}{aL}(1-e^{-aL}) \tag{2-3-36}$$

式中，符号意义同前。

在设计和生产过程中，通常采用式(2-3-36)来确定集气管道工艺计算中的平均温度。

4. 埋地金属管道在运行中的管壁温度

计算管壁温度可以为在低气温地区工作的集输管道提供选材的依据，也可以防止管道外表面的防腐绝缘材料因管壁温度过高受到破坏。

计算管壁温度时，因为金属材料的导热系数高，管壁径向各点处的金属温度变化不大，允许将管道金属内壁或外壁的温度作为管壁温度。

$$T_w=\frac{K_B T+K_H T_T}{K_B+K_H} \tag{2-3-37}$$

式中　T_w——管壁金属温度，℃；

K_B，K_H——管内和管外放热系数，W/(m^2·K)；

T_T——管道埋深处土壤温度，℃。

二、管道的强度计算

一个气田集输工程的建设、往往需要上千吨的钢材，而线路管材占总钢耗量的比例很大。管壁厚度若相差1mm，则线路管材耗钢量就可能相差数百吨甚至上千吨。以一条长60km的ϕ325mm×12mm的管线为例，若壁厚减少1mm，钢材耗量就减少447t。另一方面，集气管道的操作压力高，工作环境较为恶劣，管线必须具有满足运行工况下的强度。不但要求管线设计要经济合理，更要安全可靠。因此，正确地采用壁厚计算公式，具有十分重要的意义。

1. 管线应力及强度理论

当管线内存在均匀分布的压力时，管壁上任何一点的应力状态，是由作用于该点上3个互相垂直的主应力决定的。其中第1个主应力是沿管壁圆周的切线方向，称为内压周向应力(σ_{zx})；第2个主应力是平行于管子轴线方向，称为内压轴向应力(σ_{zh})；第3个主应力是沿管壁的直径方向，称为内压径向应力(σ_{jx})。在这3个方向的应力中，内压周向应力始终为最大值，它对管子强度起决定作用；在一般情况下，径向应力为最小，轴向应力则介于两者之间。

承受内压的管壁的3个主应力的计算公式见表2-3-5。

承受内压的管线是处于复杂的应力状态下，它的强度是由主应力的联合作用所决定的，但由于组合应力的求解所采用的强度理论不同，管子的理论壁厚计算公式也不同。

材料的强度理论有以下4种：

(1)最大主应力理论(第一强度理论)，该理论认为材料的失效或破坏只取决于绝对值最大的主应力。

(2)最大变形理论(第二强度理论)，该理论认为材料的失效或破坏取决于最大变形值，对于管子，即为承受内压的最大拉伸形变值。

(3)最大剪应力理论(第三强度理论)，该理论认为材料的失效或破坏取决于最大剪应力。

(4)变形能强度理论(第四强度理论)，该理论认为材料失效或破坏取决于单位体积的变形所积累的位能值。

根据4个强度理论推导的管子理论壁厚计算式见表2-3-6。

表2-3-5 承受内压管壁的主应力计算公式表

应力	管子内壁压力 $r=r_n$	管子外壁压力 $r=r_w$	管壁平均压力	简化的管壁平均压力
内压周向应力	$\frac{p_j(\beta^2+1)}{\beta^2-1}$	$\frac{2p_j\delta}{\beta^2-1}$	$\frac{p_jd}{2\delta}$	$\frac{p_jd}{2\delta}$
内压轴向应力	$\frac{p_j\delta}{\beta^2-1}$	$\frac{p_j\delta}{\beta^2-1}$	$\frac{p_jd^2}{4\delta(d+\delta)}$	$\frac{p_jd}{4\delta}$
内压径向应力	$-p_j$	0	$-\frac{p_jd^2}{2(d+\delta)}$	$-\frac{p_j}{2}$

注：p_j—计算压力，MPa；β—管子外径与内径之比；δ—管子壁厚，cm；d—管子内径，cm。

表2-3-6 不同强度理论的管子理论壁厚计算公式

强度理论	强度条件	由管子内壁最大应力计算的理论壁厚	由管壁平均应力计算的理论壁厚
最大主应力理论	$\sigma_{max}\leqslant[\sigma]_j$	$\delta_{ln}=\frac{d}{2}\left[\sqrt{\frac{[\sigma]_j+p_j}{[\sigma]_j-p_j}}-1\right]$	$\delta_{lp}=\frac{p_jd}{2[\delta]_j}$
最大变形理论	$\varepsilon_{max}\leqslant[\varepsilon]$	$\delta_{ln}=\frac{d}{2}\left[\sqrt{\frac{[\sigma]_j+0.4p_j}{[\sigma]_j-1.3p_j}}-1\right]$	$\delta_{lp}=\frac{d}{2}\left[\frac{1+\sqrt{\frac{4([\sigma]_j)^2}{p_j^2}+\frac{1.6[\sigma]_j}{p_j}+0.67}}{2\left(\frac{[\sigma]_j}{p_j}-0.15\right)}-1\right]$

续表

强度理论	强度条件	由管子内壁最大应力计算的理论壁厚	由管壁平均应力计算的理论壁厚
最大剪应力理论	$\sigma_1>\sigma_2>\sigma_3$ $\sigma_1-\sigma_3\leqslant[\sigma]_f$	$\delta_{ln}=\frac{d}{2}\left[\sqrt{\frac{[\sigma]_j}{[\sigma]_j-2p_j}}-1\right]$	$\delta_{lp}=\frac{p_j d}{2[\delta]_j-p_j}$或 $\delta_{lp}=\frac{p_j D}{2[\delta]_j+p_j}$
变形能理论	$U_f\leqslant[U_f]$	$\delta_{ln}=\frac{d}{2}\left[\sqrt{\frac{[\sigma]_j}{[\sigma]_j-\sqrt{3}p_j}}-1\right]$	$\delta_{lp}=\frac{p_j d}{2.3[\delta]_j-p_j}$或 $\delta_{lp}=\frac{p_j D}{2.3[\delta]_j+p_j}$

注：δ_{max}—最大应力值；$[\sigma]_j$—钢材在计算湿度下的基本许用应力；ε_{max}—最大拉伸变形值；$[\varepsilon]$—许用拉伸变形值；σ_1—内压产生的周向应力值；σ_2—内压产生的轴向应力值；σ_3—内压产生的径向压力值；U_f—单位体积的变形所积成的位能量；$[U_f]$—单位体积的变形所积成的位能许用值；δ_{ln}，δ_{lp}—管子的理论壁厚；p_j—计算压力；d—管子内径。

2. 弯管的强度计算

弯管承受内压作用所需的最小壁厚按式(2-3-38)计算：

$$s=\frac{pD_H}{2\sigma_s F\varphi}\times\frac{4R-D_H}{4R-2D_H}+C_2 \tag{2-3-38}$$

式中　s——弯管任意点处最小壁厚，mm；
D_H——弯管的外径，mm；
p——内压力，MPa；
σ_s——钢管金属材料的屈服极限，MPa；
F——设计系数，$F<1$；
C_2——腐蚀余量，mm；
φ——焊接钢管的焊缝系数；
R——弯管的曲率半径，mm。

3. 焊接三通的强度计算

1)对焊接三通的一般要求

(1)材质：用与直管材质相同或相近的钢材制作三通。

(2)用与直管相同材质制作的焊接三通在任意点处的壁厚都不小于与之相连接的直管的厚度，但直管壁厚超过工作压力实际需要时可以例外。

2)强度计算

焊接三通的总剖面上，主管和直管连接部位的限定区域内(图2-3-8)。

面积满足式(2-3-39)的要求：

$$S_f\geqslant\frac{p(S_{F_1}+0.5S_f)}{\sigma_S+F} \tag{2-3-39}$$

式中　S_f——承载金属载面的净面积，mm²；
p——内压力，MPa；
$S_{F_1}+0.5S_f$——压力作用面积，mm²；
σ_S——金属材料的屈服极限，MPa；
F——设计系数，$F<1$。

金属截面净面积 S_f 和压力作用面积 S_{F_1} 分别按式(2-3-40)和式(2-3-41)计算：

$$S_f = S_1'\left(\sqrt{d_1 S_1'} + S_2'\right) + S_2'\sqrt{d_1 S_2'} + \frac{1}{2}K^2 \tag{2-3-40}$$

$$S_{F_1} = \frac{1}{2}\left[d_1\left(\sqrt{d_1 S_1'} + \frac{S_2'}{2}\right) + S_2'\sqrt{d_2 S_2'}\right] \tag{2-3-41}$$

式中　S_1'，S_2'——主管和支管的净壁厚，mm；

d_1，d_2——主管和支管的计算内径，mm；

K——角焊缝的腰高。

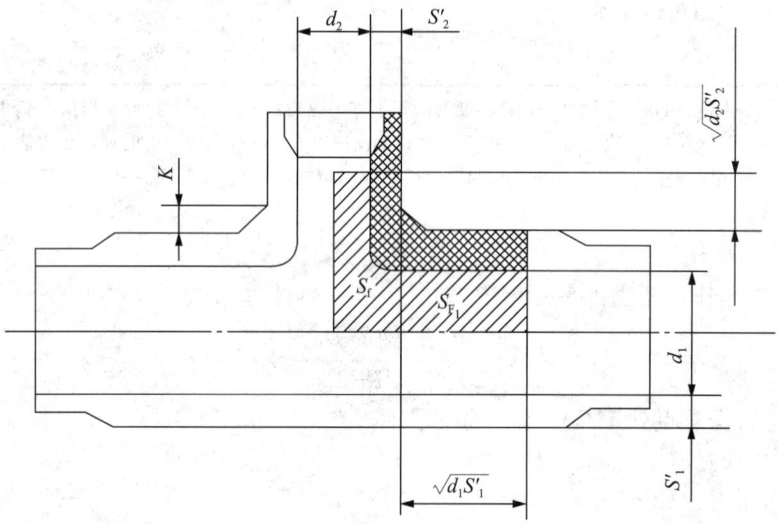

图2-3-8　三通强度计算中的压力作用原理图

三、管道中凝析水量计算

目前，集气管线中很少有实现干气输送的。进入集气管线的天然气，由于工况的改变，常有饱和水析出。气体中饱和水含量随温度增高而增加，随压力增高而减少。

如图2-3-9所示，当天然气在管中流动时，其温度和压力沿输送方向逐渐下降。图中 t 为温降曲线，p 为压降曲线，ad 为在该压力和温度条件下天然气的饱和水含量变化曲线。天然气刚进入管线，由于温差较大，在前一段(ac)的温降较大，而压降较平缓，这段管线中，温降对凝水的析出起主导作用，天然气中的饱和水含量处于下降过程，当气温趋于地温时，温度降低极少，气体的压降就转化为决定气体饱和水含量的主要因素，气体的饱和水含量又开始了上升的趋势(cd)在 ac 段凝析出的水量是

$$\Delta W = \frac{W - W_{min}}{1000}Q \tag{2-3-42}$$

式中　ΔW——气体在管道中凝析出的水量，kg/d；

W——气体在初始温度和压力下的饱和水含量，g/m^3；

W_{min}——气体在凝析停止点(c)的饱和水含量，g/m^3；

Q——气体在基准状态下的流量，m^3/d。

c 点以后，假如已经凝析出的水不再向前流动，气体的含水量将始终为 W_{min}，而气体的相对湿度(水蒸气饱和度)则不断降低。如果气体进入管道时的含水量 W_h 小于 W_1，但又大

于 W_{min}，在温度和压力下降的第一阶段，气体的含水量不变(W_h)、饱和度则不断增大。达到饱和状态(b 点)以后，才开始有水分凝析，在 bc 段上形成水分凝析区。其凝析出的水量用式(2-3-43)计算：

$$\Delta W=\frac{W_h-W_{min}}{1000}Q \tag{2-3-43}$$

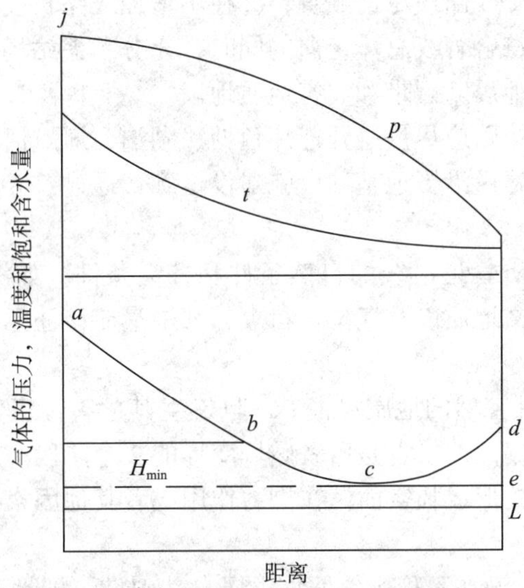

图 2-3-9 管道沿线天然气含水量的变化规律

脱水后的天然气的含水量 $W<W_{min}$，故永远不会有水析出。

第五节 线路工程

天然气管道的线路工程是指在管道运营之前的这一部分，包括选线、管路的焊接、清管、试压等。

一、选线

线路选择总原则是根据设计标准以及管道所经地区的地形、地貌、交通、工程地质等条件，结合本工程特点，确定以下选线原则：

(1)线路走向力求顺直、平缓，以节约钢材、减少投资。

(2)尽可能靠近或利用现有铁路、公路、以方便管道施工和维护管理。

(3)尽量避开施工难度较大和不良工程地质段，确保管道可靠、安全运行，确有困难时，应选择合适的位置和方式通过，并采取相应的工程措施。

(4)大中型穿跨越位置选择应符合线路总体走向，其局部走向应根据实际情况进行调整，尽量减少穿跨越段的工程量和施工难度。

(5)线路由与地方的城镇规划、矿产资源、铁路及公路的规划建设相协调，尽量避开人口稠密区；因特殊原因无法躲避时，严格按《输气管道工程设计规范》(GB 50251—2015)关于地区等级划分的要求进行设计，对于城镇和工矿企业区应充分考虑其发展、规划的需求。

(6)尽量避开多年经济作物区域和重要的农田基本建设设施。

(7)避开重要的军事设施、易燃易爆仓库及国家重点文物保护单位的安全保护区。

(8)避开城市的水源保护区及国家级风景名胜区。

较为特殊的是山地选线时应注意：①应选择较宽阔、纵坡较小的河谷、沟谷、山体鞍部等地段通过；②尽量选择稳定的缓坡地带敷设，避开陡坡、陡坎和陡崖地段；③尽量减少对森林植被的损坏和影响。

平地选线时应注意：①线路应尽量顺直；②在不增加线路长度的前提下，尽量靠近沿线用气市场；③站场位置在符合管线总体走向的同时，充分考虑站场自身的功能以及站场的社会依托条件；④尽量避开地震断裂带和灾害地质地段。

水网选线时注意：①线路应尽量避开连片鱼塘、湖泊、通航河流、养殖区等水体；②充分与当地规划结合，线路尽量沿当地基础设施建设走廊带通过；③尽量避开风景区、湿地保护区、自然保护区等地段。

选线时还要统计与分析管道沿线的自然条件和社会条件，如沿线行政区划分，地形地貌，沿线的工程地质和水文地质以及气象资料等，其中最应该注意的是几种不良地质构造：

(1)滑坡。

(2)崩塌。崩塌是一种突然的地质灾害，一旦发生其危害性极大，按变形破坏阶段可分为山体开裂、危岩体、崩塌。前二者是后者破坏变形的2个阶段。在中低山地区，由于地势高陡，修筑道路或人工开挖形成临空面，在重力作用或者其他因素作用下，不稳定结构的山体易产生失稳破坏。

(3)潜在不稳定斜坡。潜在不稳定斜坡一类属自然斜坡，即地壳长期的抬升和地表水侵蚀下切作用下形成的天然斜坡，另一类为人工边坡，为后期人类工程活动开挖形成。

天然不稳定斜坡由于自身结构存在不稳定因素，在外界条件成熟时易发生变形破坏，或滑坡、或崩塌。常见的以滑坡形式破坏的不稳定斜坡主要有易汇水的松散堆积体斜坡、松弛破碎岩体斜坡、切脚的顺层岩质斜坡等；常见的以崩塌形式破坏的不稳定斜坡主要有明显具有外倾结构面的高陡斜坡、受多组裂隙切割的外倾楔形岩体悬崖陡壁。前者多在管道顺坡穿越的“V”型沟，后者多在管道跨越的“U”型谷。

人工不稳定边坡主要表现为公路边坡及居民建房形成的局部切坡，土质边坡多以局部小范围的坍塌为主，岩质边坡多以零星崩塌掉块为主。在管道沿线已建和在建的交通线路上多次见有人工不稳定边坡，一般高3~20m，长10~200m不等，一般都有不同程度的变形。天然气管道线路经常从这些不稳定斜坡体上方或下方经过或横穿，施工时极易造成该边坡体失稳破坏，给自身带来损失。

(4)泥石流。泥石流是山区暴雨引发的最常见的一种地质灾害，集中在坡高沟深、地势陡峻、沟床纵坡降大、地形破碎、流域形态便于水流汇集的地段。

(5)岩溶地面塌陷。

(6)采空地面塌陷。

(7)河流塌岸。

(8)不良土体。

(9)地面沉降。

在线路选择过程中对管道安全影响较大的不良地质应进行避让，对于受地形、规划、下气点等原因无法避让或与管线距离较近的地段，应在详细勘察的基础上采取相应的处理措施，以保证管道的安全。具体措施如下：

1) 滑坡

对于无法避让的滑坡，通过勘查论证其稳定性，确定防治方案，确保滑坡稳定。对于距管线较近的滑坡，在科学论证的前提下，划定保护区，预留安全带，区内严禁开山炸石。对于场地条件好，且方量小易治理的滑坡，可进行适当勘查论证后实施工程治理。

对于整体稳定的滑坡群，只需进行局部边坡的防护。对于整体不稳定的滑坡群，应论证管线避让的距离，以免诱发再次滑坡。对于较大的潜在不稳定斜坡，对其进行长期监测，酌情处理。滑坡的治理可根据具体情况采取如下措施：

(1) 滑坡防治应首先考虑采取挡土墙、抗滑桩、抗滑锚杆等措施对滑坡体进行支挡。

(2) 采用向滑动面内灌浆等措施，黏结滑坡体。

(3) 采用卸荷等方法彻底清除滑坡体。

(4) 为防止地面水侵入滑动面内，布置有效的导流措施。

2) 崩塌

对于距离管线较近的崩塌，崩塌予以适当的避让或设置障碍拦挡滚石；对于无法避让的崩塌，宜选在枯水季节施工，同时严禁使用爆破手段；对于峡谷段的跨越点，开展专门的勘察，论证两岸岩体稳定性，确定支撑点位置。所有对管线产生威胁的崩塌危岩体，施工时都应做到边施工、边监测，发现问题及时处置。

避不开的山体崩塌可根据具体情况相应采取如下措施：①清除崩塌体；②修筑明洞、棚洞等防崩塌构筑物；③在坡角或半坡设置起拦截作用的挡石墙和拦石网；④在危岩下部修筑支柱等支挡加固措施；⑤对易崩塌岩体采用锚索或锚杆串联加固；⑥对岩体中的裂缝、空洞，易采用片石填补、砼灌浆等方法镶补、勾缝；⑦有水活动的地段，应相应设置导流系统。

3) 不稳定斜坡

在基础开挖时，应注意基坑预降水及围护措施，防止因软土剪切变形或在地下水头差作用下引发粉性土流水、涌砂。同时，在基坑开挖施工过程中应加强对明、暗浜地段的围护，加强监测，发现异常及时处理，以防止地质灾害的发生。在穿(跨)越河流时，尽量减小工程施工对河岸的影响，避免在其附近堆土、堆物及大量的车辆运行，必要时可对现有河岸进行加固。

4) 泥石流

危害程度严重的泥石流，管线必须避开；危害程度中等的泥石流，管线原则上也应该避开或只能在稳定的堆积区通过，但避免直穿洪积扇，可在沟口设桥(墩)通过，桥位应避开河床弯曲处，宜采取一跨或大跨度跨越，并应注意跨越的安全高度，不得在沟里埋设支墩；危害程度较小的泥石流，管线可在洪积扇通过，但不能改沟、并沟，并宜分段设桥和采取排洪、导流等防治措施。

泥石流的防治措施一般有：泥石流形成区宜采取植树造林、修建引水、蓄水工程及削弱水动力措施。修建防护工程，稳定土体。流通区宜建拦沙坝、谷坊，采取拦截固体物质、固定沟床和减缓纵坡的措施。堆积区宜修筑排水沟、导流堤、停淤场，采取改变流路，疏派泥石流的措施；对于稀性泥石流宜修建截水沟、引水渠和植被措施，以调节径流，削弱水动力。对黏性泥石流宜修筑拱石坝、谷坊、各种支挡结构和造林措施，以稳定土体，遏制泥石流的形成。

5) 采空区

对于无法避让的采空区，如果地面发生塌陷现象，将会对管线造成危害。

治理措施为：对尚未形成危害的采空区，应与地方煤炭管理部门进行协商，今后在靠近线路下放采煤时应留足保安煤柱，以确保输气管道安全；对已形成地面塌陷的采空区，应采用回填或压力灌浆的方法进行处理。回填材料可采用毛石混凝土、粉煤灰、灰土或砂石料等，或采用桩基础跨越的措施。在其周边设置一定数量的变形监测点进行长期观测，以便随时掌握变形破坏程度，及时采取预防措施。

6)地震断裂带

通过对管道沿线场地进行地震安全性评价报告，确定是否存在对管道有威胁的活动断裂带。

7)软土、膨胀土

管线施工前应详细查明管线工程沿线的软土分布及其厚度，线路、站址尽量避开较厚的软土区。在地基土空间分布变化较大的地段可采取松散物进行回填，并采取相应的措施降低管道外壁的摩擦阻力。当采用不同的施工工艺(基础形式)时，应在基础形式变化地段设置柔性接头或其他可靠的技术措施，以减轻或避免差异沉降对工程建设的危害。

8)地面沉降

加强地面沉降监测，及时分析区域地面沉降可能对工程的影响。在工程沿线增设沉降监测点，及时监控施工过程及竣工运行后的沉降影响，施工时尽量避开雨季、雨天。

运营期间工程沿线应进行定期沉降监测，对后期沉降较大的地段加大监测力度，缩短监测周期。将工程沿线的沉降监控纳入地方地面沉降监控网络体系之中，进行地面沉降预测、预报。加强沿线及区域地下水开采管理，防止地下水位大幅下降。

对于地面建(构)筑物可在设计时根据区域地面沉降趋势及工程设计使用年限综合考虑进行预留标高。

9)砂土液化

加强工程勘察等前期工作，查明工程场地内浅层砂性土的空间分布规律、液化可能性及其液化等级，设计时采取相应的抗液化处理措施。对于浅层砂(粉)性土发育区，当基坑开挖时应加强降水，做好必要的基坑防护措施，以防治流沙现象的发生。

对于不良地质地段应做好地质灾害地段详细勘察工作，探明管线经过地段各种地质灾害位置、状态等。管道施工严禁不合理放坡和弃渣。沿线山区石方段管沟开挖，从爆破方法上建议应以小药量的松动爆破为主，清除爆破为辅，松动岩块以人工清除为好，减少爆破震动诱发地质灾害。

对管道工程区的地质灾害和可能发生地质灾害及环境问题，采取合理的防治工程措施和生态环境保护措施，以达到预防和减轻地质灾害危害的目的。同时做好施工期及运行期的地质灾害监测预警和防灾预案工作。

二、线路截断阀室设置

按《输气管道工程设计规范》(GB 50251—2015)的要求，为了在管道发生事故时减少天然气的泄漏量、减轻管道事故可能造成的次生灾害，便于管道的维护抢修，应在管道沿线按要求设置线路截断阀室。截断阀一般选择在交通方便、地形开阔、地势较高的地方。截断阀的最大间距应符合下列规定：

(1)在以一级地区为主的管段最大间距不宜大于32km。

(2)在以二级地区为主的管段最大间距不大于24km。

(3)在以三级地区为主的管段最大间距不大于16km。

(4)在以四级地区为主的管段最大间距不大于8km。

依据《原油和天然气输送管道穿跨越工程设计规范　穿越工程》(SY/T 0015.1—1998)的要求，大型穿越工程应在穿越两端设置截断阀(岸边阀)。截断阀选用气液联动全通径全焊接球阀，并能通过清管器。一旦管道破裂，截断阀可根据管道的压降速度来判断工作状态，并自动关闭。一般阀室为手动，但在交通不便的山区和活动断裂带的两侧设自动阀室(RTU阀室)。此外，为检测管道泄漏的可能性，并对泄漏进行定位，确保管道泄漏时及时发现，减少事故损失，在部分自动阀室(RTU阀室)设置音波检漏系统。

三、管材及管件选用

根据我国《天然气》(GB 17820—2018)标准判断输送气质等级及对管道腐蚀程度；管道输送设计压力判断输气管线的压力级别。针对上述特点选择《管线管规范》(API 5L—2020)作为钢管选用标准。弯管制作应参照《油气输送用钢制感应加热弯管》(SY/T 5257—2012)执行。

线路用管选用的基本原则是：①保证钢管质量可靠、生产技术先进、价格经济合理；②应满足介质的特性、设计压力、环境温度、铺设方式以及所在地区等级的要求；③保证钢管具有满足管道要求的刚性、强度、韧性和可焊性，并尽量减少耗钢量。

氢致开裂(HIC)是输气管道失效原因之一，HIC主要与H_2S分压等因素有关。由于从钢材冶炼上考虑抗HIC性能将增加钢板的生产难度和投资费用，因此，本工程应以控制气质指标为主，含硫量和介质pH值必须满足有关标准要求，不合格的气体不允许进入输气管道。

对于制管方式，用于长输管道的钢管成型方式通常有螺旋缝钢管和直缝钢管2种。根据国内外输气管道建设的经验，确定以下用管类型：

(1)管道所处1级地区，一般直管段采用螺旋缝埋弧焊(SSAW)钢管。

(2)管道所处2级地区，一般直管段采用螺旋缝埋弧焊(SSAW)钢管。

(3)管道所处3、4级地区，一律采用直缝埋弧焊(LSAW)钢管。

(4)所用弯管、弯头，一律采用直缝埋弧焊（LSAW）钢管进行制作。

(5)处于一级地区的困难山区，壁厚加大一个等级。

(6)河流大中型穿跨越、大中型冲沟穿跨越、隧道穿越、二级及二级以上公路穿越、铁路穿越一律采用直缝埋弧焊管(LSAW)进行制作。

(7)灾害性地质段采用直缝埋弧焊管(LSAW)进行制作，根据应力分析选取壁厚。

建设长输管道，安全性和可靠性必须放在第一位。因此，选择制管所需板材的生产技术应是成熟、稳定和可靠的，应从管材性能(强度、韧性、可焊性)、经济性、设计压力、管径与管材相匹配几方面进行综合考虑。为此，ϕ1016、ϕ813管材宜从目前应用较多的X70、X65两种钢级中进行选择，ϕ610、ϕ559、ϕ508管材宜从X60、X65两种钢级中进行选择。大管径钢管选用X65钢级时管道壁厚较大，钢材用量多，工程造价高。经过西气东输和陕京二线工程的建设，针对X70焊管，国内制管厂、钢板生产厂和施工企业已经有丰富的生产和施工经验，采用X70钢级的整体经济性比X65更好。因此，川气东送输气管道干线推荐选用X70钢级的钢材。

管道壁厚的选取应尽量为订货和现场施工提供便利。通过计算，得到圆整后的各种钢级钢管壁厚。

四、埋地敷设

1. 埋地敷设的优点

由于管线埋于地下，人为破坏的因素少。管线一旦发生爆破，对周围居民及建(构)筑物的影响较露空小；集气管线由于有成熟的防蚀技术的保护，对管道不需作日常维护保养；埋地管线的环境温差小，管道一般不会因热应力而破坏。

2. 对管线埋地敷设的要求

1)管线的埋设深度

管线的埋设深度应根据管线所经地区的气温、地温、地面负荷、工程地质条件，以及地下隐蔽物、地区特点等综合考虑确定，以确保管道及其防蚀绝缘层不受损害。但管顶至自然地而的最小距离应为：水田0.8m，旱地0.7m，岩石荒坡为0.5m。

2)管沟

管沟沟底的宽度一般根据管线组装焊接的需要来确定。当管沟深度≤3m时沟底宽度可由式(2-3-44)确定：

$$B=D_0+b \tag{2-3-44}$$

式中 B——管沟底宽，m；

D_0——钢管的结构外径(包括防腐、保温层的厚度)，m；

b——沟底加宽裕量(可参考表2-3-7)，m。

表2-3-7 沟底加宽裕量

施工方法	沟上组装焊接			沟下组装焊接		
地质条件	旱地	沟内有积水	岩石	旱地	沟内有积水	岩石
b/m	0.5	0.7	0.9	0.8	1.0	0.9

当沟内深度大于3m而小于5m时，沟底宽应按式(2-3-44)的计算值再加宽0.2m。当管沟需加支撑时，其沟底宽度应考虑支撑结构所占用的宽度。

当管沟深度超过5m时，应根据土壤类别及其物理力学性质确定管沟底宽，以保证施工的安全。

3)管沟边坡坡度要求

管沟边坡坡度应根据土壤类别和物理力学性质(如黏聚力、内摩擦角、湿度、容重等)确定。

在无法取得土壤的物理性质资料时，如土壤具有构造均匀，无地下水，水文地质条件良好，挖深不大于5m，且不加支撑的管沟，其边坡可按表2-3-8确定。挖深超过5m的管沟可将边坡放缓或加筑平台。

管道采用沟埋敷设，石方段管道管顶覆土深度不小于0.8m，土方段管道管顶覆土深度不小于1m。此外，管道的埋深还应满足管道稳定性要求：

(1)在相邻的反向弹性弯管之间以及弹性弯管和人工弯管之间，应采用直管段连接，直管段长度不应小于钢管的外径，且不小于500mm。

(2)在石方区的管道敷设时，要求超挖0.2~0.3m，沟底必须首先铺设0.2m厚的细土或细砂垫层，平整后方可吊管下沟。在石方区的管沟回填时，必须首先用细土(沙)回填至管顶以上0.3m，然后方可用原土回填。细土回填的最大粒径不应大于3mm，回填土的岩石或砾石块径不应大于250mm。

表 2-3-8 管沟允许边坡坡度

土壤名称	边坡坡度		
	人工挖土	机械挖土	
		沟下挖土	沟上挖土
中、粗砂	1∶1	1∶0.75	1∶1
亚砂土、含卵砾石土	1∶0.67	1∶0.5	1∶0.75
粉质黏土	1∶0.5	1∶0.33	1∶0.75
黏土、泥灰岩、白垩土	1∶0.33	1∶0.25	1∶0.67
干黄土	1∶0.25	1∶0.1	1∶0.33
未风化土	1∶0.1		
粉细砂	1∶1~1∶1.5		
次生黄土	1∶0.5		

(3)河流大型穿跨越的两端及管道沿线适当位置应根据规范的要求设置事故截断阀，并设阀室。

(4)根据管道的稳定性计算，确定在出入站、大中型的穿越及各种跨越两端，管道起伏段、出土端、大角度纵向弯头的两侧是否加设固定墩。

(5)在线路沿线要求设置里程桩、标志桩、测试桩、警示牌等，测试桩与里程桩合并。

(6)对于公路穿越，原则上路边沟外缘线外 10m 内的穿越段要求采用相同的设计系数(可以根据实际穿越情况适当圆整为整根管段的倍数)，在穿越段内尽量不要出现弯头、弯管(穿越两侧同坡向山区公路除外)。

(7)对于大坡度的山坡，应设截水墙、挡土墙、锚栓、截水沟等确保管道的稳定，保持回填土稳定的措施。

(8)管道的敷设应以埋地方式为主，局部的特殊地段，经技术经济比较后可以采用地上或管堤敷设。

(9)对于地表植被繁密、坡度较大的山岭，经技术经济比较后，可以采用隧道穿越。隧道内管道根据隧道纵向坡度和地质情况可采用堤埋敷设或支墩敷设两种方式。

(10)开挖管沟之前需对施工作业带两侧各 50m 范围内的地下管道、电缆或其他地下建构筑物详细排查。

(11)下沟前应检查管沟的深度、标高和断面尺寸，并应符合设计要求。对管体防腐层应用高压电火花检漏仪进行 100%检查，检漏电压不低于 20kV，如有破损和针孔应及时修补。冬季施工时，下沟应选择在晴天中午气温较高时。管沟回填应至少高出地面 0.3m，管沟挖出土应全部回填于沟上，耕作土应置于回填土的最上层。在管道出土端和弯头两侧，回填土应分层夯实。

3. 对于线路煨制弯管、冷弯管及弹性敷设

(1)线路弯头采用 $R=6D$ 的煨制弯管，达州专线采用 $R=30D$ 的冷弯管，其他冷弯管采用 $R=40D$ 的弯管，弯管壁厚减薄量应满足设计压力下所要求的最小管壁要求(D 为管子公称直径)。

(2)管道平面的弹性敷设应采用不小于 $1000D$ 的曲率半径。竖面的弹性敷设曲率半径应满足自重条件下弹性敷设的要求，同时满足管道强度的要求。

(3)在场地条件许可的情况下，对平坦地段，在竖面上应优先采用弹性敷设，但对于山

区及石方段，不采用弹性敷设，优先采用现场冷弯管。

(4)在进行线路的平断面设计时，避免≤90°的平面及竖面的转角，尽量使转角控制在可弹性敷设或可采用冷弯管的范围内。

(5)考虑山区的施工难度，尽量避免大角度的叠加弯头、弯管。

(6)对于地形复杂地区，设计人员应根据采用的施工机具和施工方法，先设计出作业带的扫线宽度和断面，并根据设计的扫线作业带地形断面进行管道敷设的设计。合理确定作业带、管沟的土石方量、弯头、弯管的数量和规格。

(7)在相邻的反向弹性弯管之间以及弹性弯管和人工弯管之间，应采用直管段连接，直管段长度不应小于钢管的外径，且不小于500mm。

对于特殊地段，必须对工程建设中将遇到的各种特殊地段进行施工方案的优化比选。

1)山区陡坡段

在山区陡坡段，按照如下措施进行施工：

(1)山区陡坡段交通依托条件差，运管、布管、管沟开挖、焊接、回填各个施工环节都存在相当大的难度，在施工之前，施工单位必须事先进行现场踏勘，结合施工情况和地形地质条件，灵活选择适合于施工段的施工形式。

(2)山区陡坡段运管首先将管材采用运管车运送到施工工地附近的堆管点；再采取二次倒运、三次倒运将管材运送到组对现场。

(3)在运管过程中应注意运管人员的保护，做好安全防范工作；注意管材的保护，不损伤钢管防腐层。

(4)在≤15°纵向坡度的作业区采取吊管机布管，坡度>15°的地段，应因地制宜地分别采取挖掘机运管、轻轨运管、山地爬犁外力牵引运管、索道布管、卷扬机牵引溜管等各种运管措施。

(5)陡坡布管，应对钢管采取保护措施，外面包裹五彩布或篾片，防止布管中损伤钢管防腐层；防腐管就位时，应小心轻放，防止损坏钢管坡口。在没有外力牵引下，严禁溜管、滑管。

(6)陡坡管沟开挖，应提前修筑挡土墙，将开挖土石方抛置在挡土墙内，防止流失。

(7)山区陡坡段补口完成后应立即回填，并同时做好水工保护和地貌恢复。

2)冷浸田地区

冷浸田地区施工应做到如下几点：

(1)冷浸田承载力差，地下水位高，管沟积水严重，自然排水困难，在施工前，应重点注意便道修建，清淤排水，地基加固。

(2)对存在淤泥区的冷浸田，应先将淤泥清除，平铺编织袋加土或铺垫钢制管排，保证焊接施工的正常进行。

(3)冷浸田积水严重区域，同时采用作业带两侧修筑挡水坝，用潜水泵抽水，开挖排水沟的方法，降低施工作业带内水位。

(4)冷浸田段管沟成形困难，极易塌方，应在管沟两侧打钢板桩进行防护，管沟底部挖设积水坑；特殊地段使用环形打桩、多层打桩等方法阻止管沟连续塌方和渗水现象发生。

(5)冷浸田地段湿度较大，焊接时应采用焊前预热，焊后烘干的方法，避免不完全焊道和密集性气孔的发生。

(6)在喷砂除锈后，马上进行防腐补口作业，防止钢管因为冷浸田湿度大凝结水珠增加防腐工作难度。

(7)管沟开挖、管线下沟、管沟回填紧密结合，管沟形成立即下沟，立即回填；管线下沟后，必须进行稳管，防止回填过程出现漂管现象。

3)地面塌陷

地面塌陷分为岩溶塌陷和采空区塌陷。管线途经地区岩溶塌陷，在施工过程中应加大岩土工程地质勘察力度，准确查明岩溶分布情况，根据现场实际情况，选择塌陷坑边上的稳定地段通过，与塌陷坑保持不小于5m的距离。

4)采空区

已建矿区的采空区塌陷通过详细勘察后进行必要避让；预测矿区采空塌陷应根据天然气分公司委托进行的压矿报告意见执行。

5)地震区和断裂带管道敷设

管线穿过地震区时，瞬间的地震波传播而引起的地面运动，一般不会对高质量的焊接钢管造成直接的损坏；但是，瞬间的地面抖动可能引起滑坡，饱和砂土液化等永久的地面变形。滑坡可能会对埋地管道产生很大的应力，砂土液化可能引起土壤横向扩散，水面上升，因而引起管道的漂浮。同时，地震区中的活动断裂带，在地震时将对管道产生较大的应力。因此，地震区的滑坡、砂土液化、活动断裂带在管道设计中需着重关注。

根据灾害地区范围和潜在的地面运动，管线的应力分析应考虑管线的非线性力、较大的管道变形和弹塑性管道材料。由于钢管本身具有柔性，且滑坡、断裂带运动的可能性较小，因而，管线穿越潜在的滑坡和活动断裂带区域时，允许管道产生有限的非弹性应变。

6)石方段

石方段开山修路，开挖管沟，使用爆破施工方法前，要进行试验确定最佳爆破参数。以小药量的松动爆破为主，清除爆破，松动岩块采用人工清除。

对地质资料中提到过的、无法避让的崩塌，严禁使用爆破手段。

在石方地段敷设管道时，为保护管道防腐层，在管底以下20cm至管顶以上30cm范围内采用细砂土回填，对三层PE，回填细土最大粒径应小于30mm。细土上部采用管沟开挖土石料回填，粒径不大于250mm。

7)泥石流

管线通过易产生泥石流的地段，应以避让为主，若无法避让，应埋在稳定层以下。

8)水网区

长三角地区属于水网密集区，有些地段甚至连成片，地下水位高、不易成沟。管道沿线河、塘、沟、渠密布，施工较困难。针对上述情况，可采取以下措施：

(1)采取分段施工并设置导流围堰的办法，将作业区内地表水与外部隔离。

(2)在施工过程中可采用砂、碎石、矿渣等材料以挤压的方式，对极软弱的施工作业带内的软土进行浅层加固，便于机械设备的通行和作业以及管沟开挖。

穿越连片鱼塘时，需考虑工程造价和赔偿、征地等情况，在鱼塘两端有空地且鱼塘长度较长时可以采用定向钻穿越；在其他地段采用围堰开挖穿越，管道穿越较宽水面时(水面宽大于20m)，施工后需要采用管顶上压压重块配重稳管。

9)与高压输电线并行

工程输气干线及支线因受地形、地物等条件限制，局部被迫靠近高压线并与其并行，管线设计需采取特殊的阴极保护措施，保证管道的安全。

离高压线较近段，在施工中应加强施工人员、施工机具设备的安全绝缘措施，如施工人员应穿绝缘鞋，戴绝缘手套，或者在绝缘保护垫上操作等。在高压线附近进行管道焊接时，焊管必须接地。任何情况下都不得把管道与高压线塔接地连接起来。施工不宜采用大型机具。雷雨天气必须停止施工作业。和高压线接地极安全距离为10m，如果间距不足，可以和电力部门联系更改接地极走向。

10)经过经济作物区、果园段

管线通过经济作物区、果园时，为减少管线施工对经济作物、果园的损坏，施工作业带宽度应尽量缩窄，宜采用沟下组焊方式减小施工作业带宽度，本工程管道通过经济作物区和果园的施工作业带宽度宜压缩为8m(沟下组焊)。

11)经过城镇街区段

管线个别地段受地形、建构筑物及其他在建工程的限制，从城镇空地间通过。通过这样的地段，首先要获得有关部门批准，施工中采取相应的安全保障措施，可在狭窄场地外组焊，沟下整体拖管就位，以缩小施工作业带宽度(施工作业带宽度可酌情缩减至6~8m)，并设置施工作业带警戒线，修筑临时通道，夜间挂红灯警示，控制噪声。

12)连续梯田

连续梯田段扫线后地貌被完全破坏，必须在施工前设置栓桩，核实管底高程，确保地貌恢复后管道埋深达到设计埋深要求。

13)地下水位较高段

地下水位较高或存在流沙或淤泥地段，均应设计配重块，防止水位上升，管道上浮。

14)河流小型

河流小型虽然水量不大，但如果埋深不足或没有及时恢复地貌，做好水工保护，极易在雨季冲毁管沟，损坏管道。因此，必须埋到冲刷深度以下，并及时做好水工保护，确保管道安全。

五、架空敷设

1. 架空管架分类

管线架空敷设分高架和低架两类。高架管线人为破坏因素较低架少，一般用于局部架空，例如过沟、壑或者通过不能开挖的特别地区。低架管线施工和维护方便，但人为的破坏因素大，一般用于人迹稀少、不易开挖的地段或临时管线。

按照管架结构的特点，管架有刚性、柔性和半铰接之分。刚性管架是以自身刚度抵抗管线热膨胀引起水平推力的一种结构。由于管线刚度大、柱顶位移值很小，不能适应管线的热变形，因而承受的热应力大，水平推力也大。半铰接管架，足以适应管线热变形，是一种可以忽略推力为其特点的管架。它在沿管道轴线方向上，柱顶允许的位移值较大。柔性管架沿管线轴向的柔度大，柱顶依靠管架本身的柔度允许发生一定的位移，从而适应管线的热胀变形。在设计管架时，依据管线的具体情况，确定管架的间距、固定点的布置及管架的型式。

2. 管架的荷载及跨度

管架的荷载分垂直荷载和水平荷载。垂直荷载包括管道、管路附件、保温层以及冰雪的质量、检修时的行人荷载、管道投产前所进行的水压试验的水重以及清管时的污物。水平荷载包括补偿器的弹力、管线移动的摩擦力以及柔性管架的管架位移弹力等沿管线轴线方向的水平荷载，管线横向位移产生的摩擦力与管子轴线方向交叉的侧向水平荷载，还包括作用在管线上(沿管线径向传给管架)和管架上的风荷载等。

管线允许跨度的大小取决于管材的强度、管子截面刚度、外荷载大小(包括介质重)以及管线敷设的坡度和允许的最大挠度。对于集气管线的跨度，通常按强度条件来决定。

在估算管架数量和不需要精确计算管线跨度的场合，可用 $L=D+4$ 进行跨度估计。其中，L 为管线跨度(m)，D 为管子公称直径(in)(1in=25.4mm)。

六、沿地表敷设

沿地表敷设可分为裸管沿地表敷设和土堤敷设两种。

裸管敷设的优点是施工方便，投资少；若为临时管线，用后可拆卸，作再次利用。但此种敷设有诸多不安全因素，特别是易于人为因素的破坏。因此，集气管线一般不采取这种方式敷设。

土堤敷设常用于管线经过不易开挖的石山区或不能开挖的地段。土堤敷设需根据所在地段的地形地貌、自然环境、气候条件及工程地质和水文地质，确定其覆土厚度、土堤边坡坡度，采用防止土堤滑动及可能损坏的措施。土堤埋设管道的覆土厚度一般不宜小于 0.6m，上堤顶部宽度应大于 $2D$，且不宜小于 0.5m。

七、管线热补偿

架空敷设与沿地表敷设管线和埋地管线在强度计算、热应力、承受外载荷等方面都有许多不同之处，尤以热应力影响最大。因此，露天管线需考虑人工或自然补偿，以避免热应力给管线带来的危害。

1. 热应力计算

当管线受温度变化发生热胀冷缩且受到外界的约束时，管线内便产生热应力。热应力的大小与管线的截面积和长度无关，仅与管材的性质、温度及约束条件有关。热应力可用式(2-3-45)计算：

$$\sigma=\alpha\cdot\Delta t\cdot E \tag{2-3-45}$$

式中 α——钢材的线膨胀系数，mm/(mm·℃)；

Δt——管线工作温度与安装温度之差，℃；

E——管线弹性模量，MPa。

管线受约束产生热应力时，相应产生一定的推力或拉力。

$$F=S\cdot\sigma_t \tag{2-3-46}$$

式中 F——推力或拉力，N；

S——管线的截面积，mm^2；

σ_t——热应力，MPa。

以一条 ϕ325mm×6mm 管线为例。管线敷设与运行时的最大温差为 40℃，钢材的线胀系数为 1.13×10^{-5}mm/(mm·℃)，弹性模量为 2×10^5MPa，管线截面积为 6503mm^2。按式(2-3-45)和式(2-3-46)计算，受力可达 5.88×10^5N。

可见，管线的热应力是管线设计中不可忽视的问题，特别对于架空管线，如果对管线不采取补偿的措施，可能产生对约束条件的破坏、支架支墩的倒塌、管线悬空下垂，直至断裂。

2. 补偿器的类型

在露空的集气管线上为吸收热膨胀，通常采用自然补偿和补偿器(Π 型、Γ 型和 Z 型)补偿。补偿器的弹性力可采用弹性中心法计算。

自然补偿根据管线所经过的地形条件，利用管线的自然弯曲补偿管线热伸长量。这种弯曲大多可以看作是非90°的Γ型补偿器。当采用自然补偿时，由于活动管架妨碍了横向位移，使管内应力增大，故自然补偿的臂长不能过大，一般不超过25m。

Π型、Γ型和Z型补偿器结构简单，投资少，维修保养方便，但所占空间较大。

金属波纹管补偿器使用范围也越来越广，因为它不仅需要的空间小，而且其固有挠性能够使它吸收不止一个方向上的运动。但目前，这种金属波纹管补偿器仅能适于低压力的管道，中、高压波纹管在制造上较为困难，在我国的中、高压集气管道上未曾使用过。

八、管道焊接、检验、清管、试压、干燥与置换

1. 焊接

目前，管道现场焊接常用的方式根据操作条件分有：手工电弧焊、半自动焊、自动焊3种。若工程沿线地形复杂，施工难度大，在全线可因地制宜地采用以下多种焊接方式及其组合。

对于地形较好的地段，如平原、低矮丘陵和坡度较缓的山区地段可采用半自动焊或全自动焊的方法进行。

对于地形较差，不适于半自动焊的地段，以及沟底碰死口和返修焊接部位现场环焊缝全部焊道采用手工电弧焊下向焊方式。

下向焊操作规程必须符合《管道下向焊接工艺规程》(SY/T 4071—1993)的规定。

2. 焊接材料

目前，管道上常用的手工焊条主要有纤维素焊条和低氢焊条两种。纤维素焊条价格相对便宜、焊接可操作性强、焊速快、质量可靠，但抗裂性能比低氢焊条稍差，适用于对抗裂性能要求相对较低的输油管道；输气管道对抗裂性能、韧性指标要求相对较高，通常采用抗裂性好的低氢焊条，但其价格相对较高，焊接可操作性相对稍差。

3. 焊缝检验

管道施焊前，应进行焊接工艺试验和焊接工艺评定，制定现场对口焊接及缺陷修补的焊接工艺规程。管道组对应选用内对口器，焊接必须有必要的防风保护措施。当钢级较高环境温度较低时，要根据焊接工艺评定要求对焊口采取必要的焊前、焊后热处理措施。

4. 检测规定

(1)管道焊接、修补或返修完成后应及时进行外观检查，检查前应清除表面熔渣、飞溅和其他污物。焊缝外观应达到《钢制管道焊接及验收》(GB/T 31032—2023)规定的验收标准。外观检查不合格的焊缝不得进行无损检测。

(2)考虑管道的重要性，所有对接焊缝应进行100%射线检测，并按以下要求进行超声检测复验。

对以下焊口进行100%超声检测：

①三级地区、四级地区的所有管道焊口；

②穿跨越河流大中型、山岭隧道、沼泽地、水库、三级以上公路、铁路的管道焊口；

③穿越地下管道、电缆、光缆的管道焊口；

④特殊地质带、地震带管道焊口；

⑤钢管与弯头连接的焊口；

⑥分段试压后的碰头焊口；

⑦每个机组最初焊接的前100道焊口；

⑧在采用双壁单影法时，公称壁厚不小于 17.5mm 的焊口。

对于探伤不合格的焊口应按要求进行返修，焊口只允许进行一次返修，一次返修不合格必须割口；当裂纹长度小于焊缝长度的 8%时，施工单位提出返修方案，经监理单位同意后，可进行一次返修，否则所有带裂纹的焊缝必须从管道上切除。返修部位应进行 100%超声检测；渗透探伤规定角焊缝进行 100%渗透检测；对于 X60 及以上级别的管材返修后进行 100%渗透检测；射线检测应优先选用中心透照法，射线源优先选用 X 射线。对于弯头和直管段焊缝的超声波检测应进行工艺性试验，得出合理的工艺参数。用 X 射线检测时，应采用不低于爱可发(AGFA)C7 型胶片；用 γ 源检测时，应采用不低于爱可发(AGFA)C4 型胶片，胶片宽度不小于 80mm。在编制渗透检测工艺时，应根据现场可能遇到的非标准温度条件进行工艺试验。

5. 清管测径

在进行分段试压前必须采用清管器进行分段清管测径。分段清管应确保将管道内的污物清除干净。

站间管道全部连通后，用压缩空气推动清管器进行站间清管测径。站间清管应使用站场清管收发装置。清管器所经阀门为全开状态。

6. 试压

试压介质选用无腐蚀性洁净水，不得采用空气作为强度试压介质。

7. 干燥

目前，天然气长输管道常用的干燥方法有：干燥剂法、干空气干燥法、真空干燥法等。若工程管道直径大，采用内涂层，经过清管后管内水分含量少，干燥施工工期要求紧等，以及安全、环保等诸多因素，选择以干空气干燥法为主对管道进行干燥，特殊地段结合采用干燥剂、真空干燥法。

当采用干燥气体吹扫时，可在管道末端配置水露点分析仪，干燥后排出气体水露点应连续 4h 比管道输送条件下最低环境温度至少低 5℃、变化幅度不大于 3℃为合格。

当采用真空法时，选用的真空表精度不小于 1 级，干燥后管道内气体水露点应连续 4h 低于-20℃，相当于 100Pa(绝压)气压为合格。

当采用甘醇类吸湿剂时，干燥后管道末端排出甘醇含水量的质量百分比应小于 20%为合格。

管道干燥结束后，如果没有立即投入运行，宜充入干燥氮气，保持内压大于 0.12～0.15MPa(绝压)的干燥状态下的密封，防止外界湿气重新进入管道，否则应重新进行干燥。

8. 置换

投产置换是天然气管道施工后投入运行的一个关键步骤，本工程采用注入氮气后加隔离清管器再引入天然气进行置换的方法。根据置换过程中的实际情况，

采用该方法时建议采取以下措施：置换前要确保清管干净，以免给以后的运行管理带来麻烦；置换前要周密计算置换过程中天然气的供气压力，合理控制管道内气体流速，其流速应控制在 15～18km/h；置换时要注意检测氮气及天然气到达的位置，计算管道内纯氮气段的大小，保持天然气与空气之间的距离，2 个清管器的理想距离为 50～60km；置换前粗略确定所需氮气量，避免浪费或出现不足的情况，在管段较长时，可以采用分段置换的方法。注氮压力和注天然气压力应保持一致，在注氮结束后要马上注入天然气，尽量减小混气段，减少氮气的损失。

9. 线路附属工程

1)管道锚固

若管线沿线地形复杂，起伏很大，为了防止管线失稳，应在合适的位置设置固定墩。固定墩为钢筋混凝土结构。*DN*1000 的固定墩采用锚固法兰结构，其他口径的固定墩采用加强环结构，锚固法兰、加强环全部采用工厂预制。固定墩设置原则为：在管道进、出站场处设置固定墩；管道跨越两端根据计算设置固定墩；管道敷设长陡坡地段根据地形合理设置固定墩；管道起伏段、出土端根据稳定性计算设置设固定墩；截断阀室室外放空管线与放空立管之间设置固定墩。管线固定墩由于地形起伏、输送介质温度、管径大小、管壁厚薄等因素的影响，大小不等，形式多样；为简化设计，方便施工，对固定墩承受的推力实行系列化和具体化。

2)管道标志桩

根据《管道干线标记设置技术规定》(SY/T 6064—1994)的规定，管道沿线应设置：

(1)里程桩：千米设一个，一般与阴极保护桩合用。

(2)转角桩：管道水平改变方向的位置，均应设置转角桩。转角桩上要标明管线里程，转角角度。

(3)穿越标志桩：管道穿越河流大中型，铁路、高等级公路、河流大中型和鱼塘定向钻穿越的两侧，均设置穿越标志桩，穿越标志桩上应标明管线名称、穿越类型、铁路公路或河流的名称，线路里程，穿越长度，有套管的应注明套管的长度、规格和材质。

(4)交叉标志桩：与地下管道、电(光)缆和其他地下构筑物交叉的位置应设置交叉标志桩。交叉标志桩上应注明线路里程、交叉物的名称、与交叉物的关系。

(5)结构标志桩：管道外防护层或管道壁厚发生变化时，应设置结构标志桩：桩上要标明线路里程，并注明在桩前和桩后管道外防护层的材料或管道壁厚。

(6)设施标志桩：当管道上有特殊设施(如固定墩)时，应设置设施桩。桩上要标明管线的里程、设施的名称及规格。

3)管道警示牌

为保护管道不受意外外力破坏，提高管道沿线群众保护管线的意识，输气管线沿途设置一定数量的警示牌。

警示牌设置位置：

(1)管线经过人口密集区时，在进出两端各设警示牌一块，中间每 300m 设置一块警示牌。

(2)管线跨越河流冲涧处，两端各设置一块警示牌，并在通航河流跨越段中间悬挂明显警示标志。

(3)管线穿越河流大中型处，在两岸大堤内外各设置一个警示牌，每条河流设置四块警示牌。

警示牌应设置在明显醒目的地方，可依托水工保护护坡、挡土墙等光滑面刻写标语。

4)人工保护

管道沿线所经地貌段大致分为：河谷川台单元、山地单元、水网密集单元、河流穿越单元和其他不良地质段。针对各种不同情况，水工保护设计可采取相应处理措施。

(1)河谷川台地带水工保护。

设计主要是河谷岸坡的防护治理，工程措施主要采取砌石护岸、锚杆加固和混凝土灌浆等防护形式。河谷川台地段水工保护设计采用 50 年一遇洪水设计标准。

(2)山地单元水工保护。

山地单元水工保护设计防护采用50年一遇洪水设计标准。垂直等高线水工保护：垂直等高线水工保护设计应根据具体测量、工程地质资料、管线埋设情况及现场踏勘情况确定。垂直等高线水工保护形式主要有：截水墙、实体护坡、重力式挡土墙、植物防护、排水沟等，对于特殊地形地段可综合采用上述方式两种或两种以上。

平行等高线水工保护根据测量、地质资料、管线埋设情况及现场踏勘情况，来确定平行等高线水工保护设计。斜交等高线水工保护可根据实际情况参照平行等高线和垂直等高线水工保护形式进行防护。

(3)水网密集单元水工保护。

管线在湖北、江浙、安徽、上海等地进入水网密集区，管道沿线湖、塘、沟、渠密布，有些地段甚至连成片，地下水位高不易成沟，管线施工较困难，另外管道本身的防腐及水工保护的工程量较大，水工保护的方案主要有：围堰与导流、管线穿越处湖、塘、沟、渠堤岸的恢复与防护、稳管措施等。

(4)河流单元水工保护。

管线穿跨越河流大型、冲沟的防护采用100年一遇洪水位设计标准；河流中型、冲沟的防护采用50年一遇洪水位设计标准；河流小型、冲沟的防护采用20年一遇洪水位设计标准。

管线穿跨越河流大中型、冲沟处岸坡的防护形式，根据穿越处两岸河流特征状态、自然演变趋势及岩土性能的不同具体确定。

管线穿越河流、冲沟段河床的防护，主要治理河床的下切破坏对管线的影响，根据河床床基岩性质的不同结合管线稳管要求综合考虑。

第六节　清管技术

在天然气长输管道建设和运行中，清管是一项非常重要、同时也是非常有风险的作业。对于新建管道来说，施工作业遗留物较多，管道打压试验时遗留的水比较多，清管的主要目的是清除管道内的水以及施工遗留物，包括焊条、焊渣、木棍、石块、土、沙子、饭盒、塑料以及毛刺，如果这些杂物不清除，会堵塞下游的过滤器和阀门，损坏压缩机。天然气中一般含有 H_2S 和 CO_2 等酸性气体，水的存在会加速管道腐蚀，同时易形成水合物，造成管道和设备的堵塞，对安全造成威胁。对于新建管道，经常在投产前用测径清管器对管道椭圆度和管道内表面的凸凹不平进行测量，作为管道完整性管理的原始资料。

对于已经投产运行的管道，清管的主要目的是清除FeS铁粉，提高管壁光洁度和管输效率；对于运送湿气的管道，通过清管可以清出管道内的水；对于从气田或地库出来的管道，通过清管可将轻烃等凝析液排出。

在管道运行过程中，对管道进行内腐蚀检测和泄漏检测是非常必要的。近几年，天然气管道内检测技术发展迅速，欧洲和北美等国家已经开始应用天然气管道的智能内检测技术，在管道的运行维护中发挥了重要的作用。2003年，我国在陕京管道主干线上实行了内检测技术，取得了良好的效果。

一、清管器的种类

传统的清管器已有100多年的历史，从简单到复杂，目前发展到300多个种类。清管器主要分为3大类：清管球、机械清管器、用于管道检测的清管器。常用的有如下几种：

1. 清管球

常用的清管球由橡胶制成，中空，壁厚 30～50 mm，球上有一个可以密封的注水排气孔。注水孔有加压用的单向阀，用以控制打入球内的水量，从而控制球对管道的过盈量。清管球主要清除管道内的液体和分离介质，清除块状物的能力较差(图 2-3-10)。

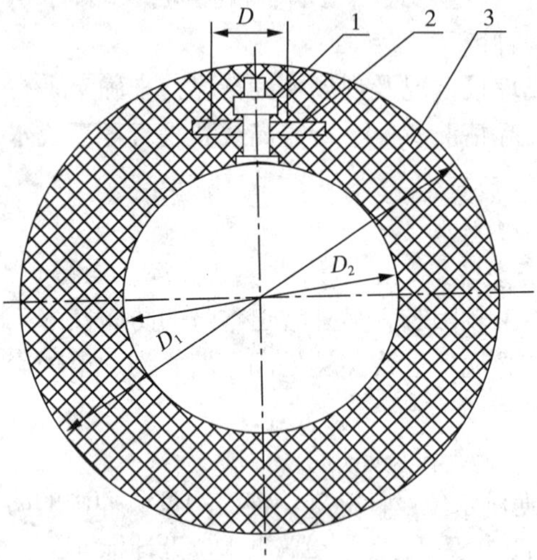

图 2-3-10　清管球结构图

1—气嘴(拖拉机内胎直气嘴)；2—固定岛；3—球体

2. 皮碗清管器

皮碗清管器结构相对简单，安装形式灵活，常用的皮碗按形状分为平面、锥面和球面三种。皮碗清管器是由一个刚性骨架和前后两节或多节皮碗构成(图 2-3-11)。它在管内运行时，能够保持固定的方向，所以可携带各种检测仪器和装置。为了保证清管器顺利通过大口径支管三通，前后两节皮碗的间隔应有一个最短的限度，根据理论计算和实验，确定前后皮碗的间距不应小于管道直径 D，清管器的总长度可根据皮碗节数的多少和直径的大小保持在 $1.1D$～$1.5D$ 范围内，皮碗唇部对管道内径的过盈量取 2%～5%(图 2-3-12)。皮碗清管器有多道密封，密封性能好，钢刷为其清理工具。

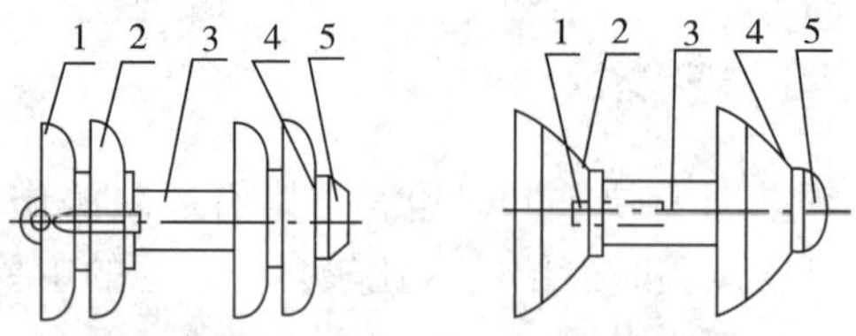

(a)　　(b)

图 2-3-11　皮碗清管器结构简图

1—QXJ-1 型清管器信号发射机；2—皮碗；3—骨架；4—压板；5—导向塞

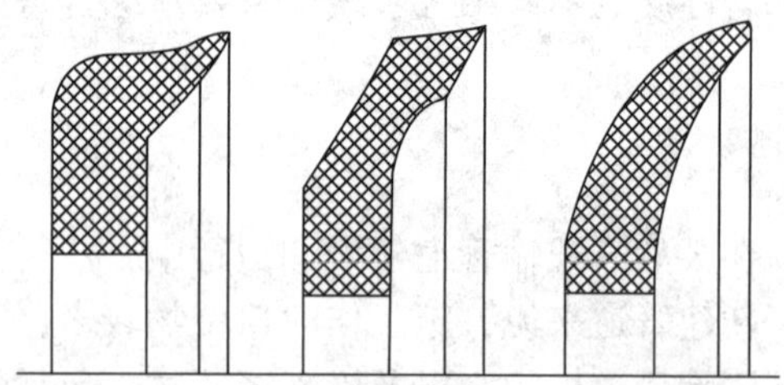

(a) 平面皮碗　(b) 锥面皮碗　(c) 球面皮碗

图 2-3-12　清管器皮碗形式

3. 直板清管器

直板清管器的主体骨架和皮碗清管器基本相同，直板主要分为支撑板(导向板)和密封板，其形状为圆盘，支撑板的直径比管道的内径略小。密封板相对管道内径要有一定的过盈量。直板清管器最大的优点是可以双向运动，其清除管道杂物的能力较强，在管道投产前期最好用直板清管器，一旦发生堵塞等情况，可进行反吹解堵。

4. 测径清管器

测径清管器主要用来检测管道内部的几何形状，它通过一组传感器将管道内径的变化记录在主体内的记录器中，包括管道焊缝的焊透性情况、椭圆度以及不平度等。测径清管器的主体结构紧凑，直径大约为管道内径的 60%，皮碗的柔性较好，可以通过缩孔 15%的孔洞。通过测径清管器的测量，提供管道状况的原始数据，为管道维修和清管提供相关依据。在智能清管之前，我们经常先发测径清管器，确定管道内部状况，检测管道的通过能力。

5. 泡沫清管器

泡沫清管器主要由多孔的、柔软抗磨的聚氨酯泡沫制成，其长度为管径的 1.75~2 倍，泡沫根据密度分为低密度、中密度和高密度。每一种密度的泡沫做成的清管器，其功用也有差别，用低密度泡沫做成的清管器主要用来吸收液体，干燥管道，目前国内应用较多；中密度泡沫用来制作干燥、脱水以及清扫管道的清管器；高密度泡沫制作的清管器可以清除管内沉积的杂质和其他比较难除的杂质。泡沫清管器可收缩，柔性好，对管道和阀门等设备的损伤小，通过能力强，堵塞可能性低，管道振动小，安全系数高，但只能一次性使用，运行距离较短。泡沫清管器的过盈量一般为 1in。

6. 漏磁检测清管器

管道在运行过程中常受到化学腐蚀、细菌腐蚀、应力腐蚀和氢脆等的影响，导致管道破裂，造成很大损失，及早发现管道的腐蚀缺陷并加以防范和更换非常重要。通过漏磁检测可以确定管道内外壁的缺陷位置、面积以及严重程度。其基本原理是在管道截面充满磁场，利用置于磁极之间的传感器感应磁场泄漏和偏移，从而确定金属损失的面积。2003 年，对陕京管道进行了内检测，取得良好的效果，采用的内检测清管器主要由检测器、支撑系统、驱动系统、钢刷、探头和电路系统以及信号处理系统组成。其中，检测器主要由驱动系统、能源系统、磁化系统、传感器系统、数据记录和处理系统、里程系统、旋转检测系统、定位系统等组成。

为了使内检测清管顺利进行，保证内检测效果，在发射智能清管器前先发射普通清管器对管道进行清理，然后再发射测径清管器和模拟清管器检查管道的通过能力。

二、清管器的发送和接收

清管器收发装置多附设在压缩机站和调压计量站等站场上，以便管理。凝析水量多，积水条件集中的管段，则应该考虑有无单独建立收发装置的必要。

清管器收发装置包括收发筒、工艺管线、阀门以及装卸工具和通过指示器等辅助设备。收发筒集气快速开关盲板是收发装置的主要构成部分。

收发筒的开口端是一个牙嵌式或挡圈式快速开关盲板，快速开关盲板上应有防自松安全装置，另一端经过偏心大小头和一段直管与一个全通径阀连接，这段直管的长度对于接收筒应不小于一个清管器的长度，否则，一个后部密封破坏了的清管器就可能部分地停留在阀内。全通径阀必须有准确的阀位指示。

清管器的收发筒可朝球的滚动方向倾斜 8°~10°，多类型清管器的收发筒应当水平安装。收发筒离地面不应过高，以方便操作为原则，大口径发送筒应有清管器的吊装工具，接收筒应有清管排污坑。排出的污水应贮存在污水池内，不允许随意向自然环境中排放。

清管器收发装置的工艺流程如图 2-3-13 所示。从主管引向收发筒的连通管起平衡导压作用，可选用较小的管径。发送装置的主管三通之后和接收筒大小头前的直管上，应设通过指示器，以确定清管器是否已经发入管道和进入接收筒。收发筒上必须安装压力表，面向盲板开关操作者的位置。有可能一次接收几个清管器的接收筒，可多开一个排污口。这样，在第 1 个排污口被清管器堵塞后，管道仍可以继续排污。

清管前应先做好收发装置的全部检查工作。要求收发筒的快速开关盲板、阀门和清管器通过的全通孔阀开关灵活、工作可靠、严密性好，压力表示值准确，通过指示无误。使用的清管器探测仪器先仔细检查。

清管球必须充满水，排净空气，打压至规定过盈量，注水口的严密性应十分可靠。清管器皮碗夹板的连接螺栓应适度拧紧，并采取可靠的放松措施。发射前应严格检查信号发射机与清管器的连接螺栓和放松件，防止在运动中松动脱落。

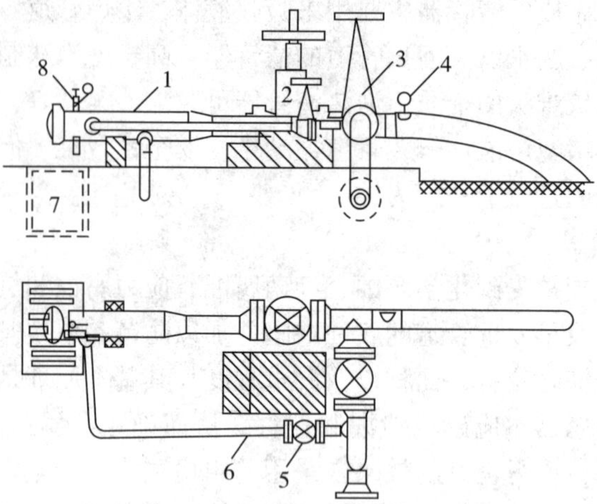

(a)发送装置

1—发送筒；2—发送阀；3—线路主阀；4—通过指示器；
5—平衡阀；6—平衡管；7—清洗坑；8—放空管和压表

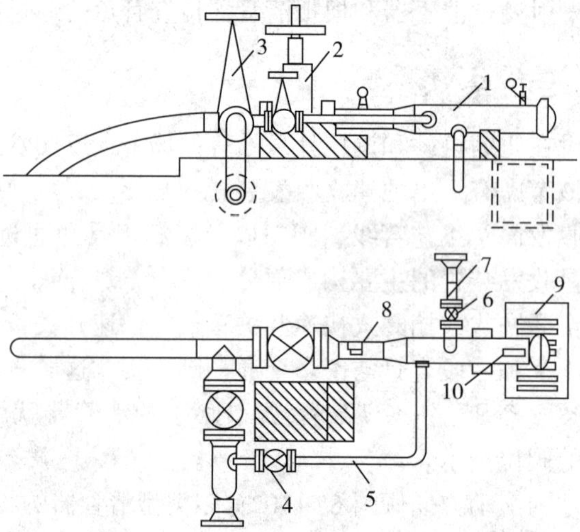

(b)接收装置

1—接收筒；2—接收阀；3—线路主阀；4—平衡阀；
5—平衡管；6—排污阀；7—排污管；8—通过指示器；
9—清洗坑；10—放空管和压力表

图 2-3-13 清管流程示意图

打开发送筒前，务必检查发送阀和连通阀，使之处于完全状况，再打开放空阀，令压力表指针回零。在保持放空阀全开位置的条件下，慢慢开动盲板，并注意盲板的受力情况。开动盲板时，它的正前方和转动方向不要站人，以保证安全。打开盲板后，应尽快把清管器送进筒内；清管球或清管器的第 1 节皮碗必须紧靠大小头，形成密封条件。清管器就位后，先关盲板，后关放空阀。

发出清管器前，先检查发送筒盲板和放空阀，如已关闭妥当，方可打开连通阀。待发送筒与主管压力平衡后，再开发送阀，阀门开度应与阀门指示器的全开位一致。清管器的发送方法是：关闭线路主阀，在清管器前后形成压力差，直至把它推进管道。

清管器进入管道，依据主管三通下游的通过指示器判定清管器确已发出后，应尽快打开主阀，关闭发送阀，恢复原来的生产流程，随后关闭连通阀，打开放空阀，为发送筒卸压。

发出清管器时，不应在打开发送阀的同时关闭线路主阀，因为在这种情况下，主阀节流产生的压差就会在发送阀还未完全打开时，把清管器推向阀孔，而招致阀芯、阀的驱动装置和清管器的损坏。

在清管器的管道运行期间，收发站应注意监视干线的压力和流量，如果压差增大，输量变小，清管器未按预定时间通过或达到管道某一站场，就应该及时分析原因，考虑需要采取的措施。在运行过程中可能发生的故障有：清管器失密(清管器破裂、漏水、被大快物体垫起、清管器皮碗损坏等失密尤其容易发生在管径较大的三通处)、推力不足(清管器推动大段流体通过上坡管段时，需积蓄一定的压力差克服液柱高度的阻力)、遇卡(管道变形、三通挡条断落、管堵塞)等情况。清管器失密一般不会带来很大的压力变化。清管器可能停滞地点(如携带检测仪器，就可以准确定位)和线路地形、管道状况等有关，应综合分析，作出判断。

为了排除上述故障，首先采用增大压差的办法，即在可能的范围内提高上游压力和降低下游压力，必要时可考虑短时间关闭下游干线阀从接收站放空降压的措施。但这样会使大量气体损失，故不轻易使用。清管器失密时，如果增大压差受上下游压力同时升降的限制而难于实现，则可发送第 2 个清管器去恢复清管。任何一种排解措施都必须符合管道和有关设备的要求，不影响管道的输送过程。

可能时，清管球和双向清管器还可以采取反向运行的方法解除故障，即造成反向压差，使清管器倒退一段或一直退回原发送站。

如果上述方法均不能奏效，就应尽快确定清管器的停止位置，制定切割管段的施工方案。

清管器运行到距离接收站 200~1000m 的区间时，应向接收站发出预报，以便开始必要的接收操作。为此，可按实际需要的预报时间，在站前装设一个固定的远传通过指示器。

接收清管器的程序是：在污物进站之前，关闭接收筒的放空阀和排污阀(盲板的关闭状况应事先检查)：打开接收筒连通阀，平衡接收阀前后压力，全开接收阀；提前关闭线路主阀，以防污物窜入下流；及时关闭连通阀，打开放空阀排气；待污物进站后迅速关闭放空阀，打开排污阀排污，直至清管器进入接收筒。清管器是否已全部通过接收阀，应依据接收筒上的通过指示器或探测仪器的显示判断确定清管器全部通过之后，打开连通阀，平衡主阀前后压差，打开主阀，恢复干线输气，关闭接收阀、连通阀，打开排污阀、放空阀，把筒内放至大气压。最后打开盲板，取出清管器，清洗接收阀，关闭盲板。

第四章　天然气增压集输

天然气管道压气站的功能是给天然气增压以维持所要求的输气流量，主要设备是天然气压缩机组。近些年来，随着天然气需求量不断增加，在我国能源结构中的比例正在迅速增大。据统计，2005~2015 年，世界各地计划建造原油、成品油和天然气管道约 9.6×10^4km，其中 62%是天然气管道。自 2002 年以来，我国管道压气站建设进入高峰期，相继投运的涩宁兰、西气东输、忠武线、陕京二线、冀宁和兰银等长距离天然气管道设计中均配置有 1 座或多座压气站。

第一节　天然气的增压

一、气田天然气增压的必要性

随着气田天然气的不断开采，气井天然气压力逐渐降低，当降至低于集气管线压力时，便不能输入集气管网，这种低压气在我国开采较早的天然气生产基地——四川气田正在逐年增多。对于气井压降不一致的气田，如果条件许可，应尽量实行高、低压管分输。低压天然气输给当地用户，高压天然气进入集气干线；若因种种原因，气田以建 1 个系统为宜时，则需建气田天然气增压站，将低压气增压后进入管网。

二、气田天然气增压方法

气田天然气增压的方法，一般有两种：

1. 机械增压法

机械增压法所使用的设备是天然气压缩机。压缩机在原动机的驱动下运转，将天然气引入压缩机，在压缩机转子或活塞的运转过程中，通过一定的机械能转换和热力变换过程，使天然气的压能增加，从而达到增压的目的。

气体压缩机的种类很多，如往复式、离心式、螺杆式等。本章仅对气田天然气增压常用的往复式压缩机的有关问题进行论述。

2. 高、低压气压能传递增压法

高、低压气压能传递增压法所使用的设备是喷射器(亦称增压喉)，用高压天然气通过喷射器，以很高的速度喷出，并把在喷射器喷嘴前的低压气带走。即根据高压气引射低压气的原理，使低压气达到升压的目的。它的特点是不需外加能源，结构简单，喷嘴可更换调节，操作使用方便，但效率低，且需高、低压气层同时存在并同时开采，才能使用。虽然在国内外油气田均有应用，但不普遍。

三、我国气田天然气增压现状

自 1982 年 7 月我国首次安装试运于天然气集输工程的燃气发动机压缩机组在四川兴 3 井建成投产以来，天然气气田增压工作得到了迅速发展，不仅在四川 13 个气田建了增压站，而且在中原、辽河、大庆、胜利、华北、大港等油田，增压站也迅速增加。据不完全统计，截至 1993 年底，全国共有气田天然气增压机组 226 套，装机容量(轴功率)约 12×10^4kW。仅四川就有 92 套压缩机机组对 13 个气田的 142 口井进行增压，年增压天然气产量达 $6\times10^8m^3$。

1986 年 8 月，我国第一座长输天然气管道压气站在中沧输气管道濮阳站建成投产，首次采用了燃气轮机驱动离心压缩机机组。1996 年 11 月建成投产的鄯乌输气管道鄯善站，是我国首次采用天然气发动机驱动往复式压缩机机组的压气站。2000 年 11 月投产的陕京管道应县压气站，是我国第一个采用变频调速电机通过增速齿轮箱驱动离心压缩机机组的压气站。2007 年 2 月投产的西气东输管道蒲县压气站，是我国第一个投产的采用高速变频调速电机直接驱动离心压缩机机组的压气站。

自 20 世纪 50 年代末以来，燃气轮机已成为中等功率到大功率范围天然气管道增压用最广泛的驱动机，较小功率的机组多采用燃气发动机驱动往复式压缩机。随着我国天然气管道的不断延伸和电力电网的发展，一些靠近电力充足地区的压气站开始以大功率电动机驱动离心压缩机作为天然气增压方式，促进了我国天然气输送工业的发展。针对易维护性、远程控制以及环保要求不断提高的现状，在供电能力较高的地区，采用电动机驱动管道压缩机的机组将会越来越多。我国天然气管道使用的压缩机组有燃气发动机驱动往复式压缩机、变频调速电机驱动往复式压缩机、变频调速电机通过增速齿轮箱驱动离心式压缩机、高速变频调速电机直接驱动离心式压缩机和燃气轮机驱动离心式压缩机等类型，但目前我国还没有采用恒速高压电机通过调速行星齿轮驱动离心式压缩机的机组，以及整体式磁悬浮电驱离心压缩机组。

表 2-4-1 是国内气田天然气增压压缩机使用现状情况。

第二节　气田压气站工艺设计

一、气田压气站工艺流程

气田压气站的工艺流程必须满足压气站的基本工艺过程，即分离、加压和冷却。当天然气经压缩后的温升不超过防腐绝缘层的温度限制和所产生的热应力压力损失在允许范围内时，亦可不进行冷却。为了适应压缩机的启动、停车、正常操作等生产上的要求，以及事故停车的可能性，在工艺流程中还必须考虑天然气“循环”。压缩机进、出口连通称为小循环。压缩机出口气体经冷却，节流降压后再返回压缩机进口称为站内“大循环”。根据工艺要求，有时只设置小循环，有时两者均应设置。同时还应考虑设置天然气调压、计量、安全保护、放空等设施。此外还应包含正常运转必不可少的辅助系统，其中包括燃料系统、仪表控制系统、冷却系统、润滑系统、启动系统等。

图 2-4-1 为装设两台燃气发动机——往复式压缩机组的气田压气站原理流程图。需注意的是本流程只适用于无 H_2S 和 CO_2 的天然气。若为酸性气体，燃气发动机和燃料气源应与气田低压气分开，采用经净化的天然气作为燃料气源。若采用电动机驱动，则取消燃料气部分。

表 2-4-1 国内气田天然气增压压缩机使用现状表

制造厂	机 型	排量/(m^3/min)	压力/MPa		轴功率/kW	驱动型号或类型	使用油田名称	数量/台
			进气	排气				
上海压缩机厂	H22(Ⅱ)-260/15	260		1.5	2000	TDK260/55-24		11/6
沈阳气体压缩机厂	4M12-100/42	100		4.2	1000	电动机	辽河/胜利	16/11
北京第一通用机械厂	2D12-70/0.1-3	70	0.01	1.3	500	JB500-12	大庆	10
北京第一通用机械厂	4L-28/0.3-5	28	0.03	0.5	120	电动机	大庆	3
北京第一通用机械厂	4L-45/1-6	45	0.1	0.6	150	电动机	辽河	13
北京第一通用机械厂	P-5/0.3-2.5	5	0.03	0.25	55	JDO315S-14P	辽河	8
北京第一通用机械厂	P-28/2-8	28	0.2	0.8	90	电动机	胜利	3
四川空气压缩机厂	2MT10-2.8-11.4/45	2.8~11.4	0.13~0.8	0.5~4.5	174	天然气发动机	大港/胜利/四川	1/3/22
四川空气压缩机厂	MY10-1.4-5.7/45	1.4~5.7	0.13~0.8	0.5~4.5	87	天然气发动机	四川	7
北京第一通用机械厂	2DT2-150/2-8	150	0.2	0.8	500	电动机	中原	8
四川空气压缩机厂	2D16-10.4-14.4/5-68	10.4~14.4	0.5~6.0	6.8	283~757	TDF800-16/2150	四川	2
美国艾瑞儿公司	JGR/2-H				150	G329 天然气发动机	四川	2
美国艾瑞儿公司	JGR/2-L				150	G379 天然气发动机	四川	2
美国艾瑞儿公司	JG/4				300	G3408 天然气发动机	四川	11
美国库伯能源服务公司	C-42				31	二冲程天然气发动机	大庆	
美国库伯能源服务公司	DPC-60				45	二冲程天然气发动机	四川	6

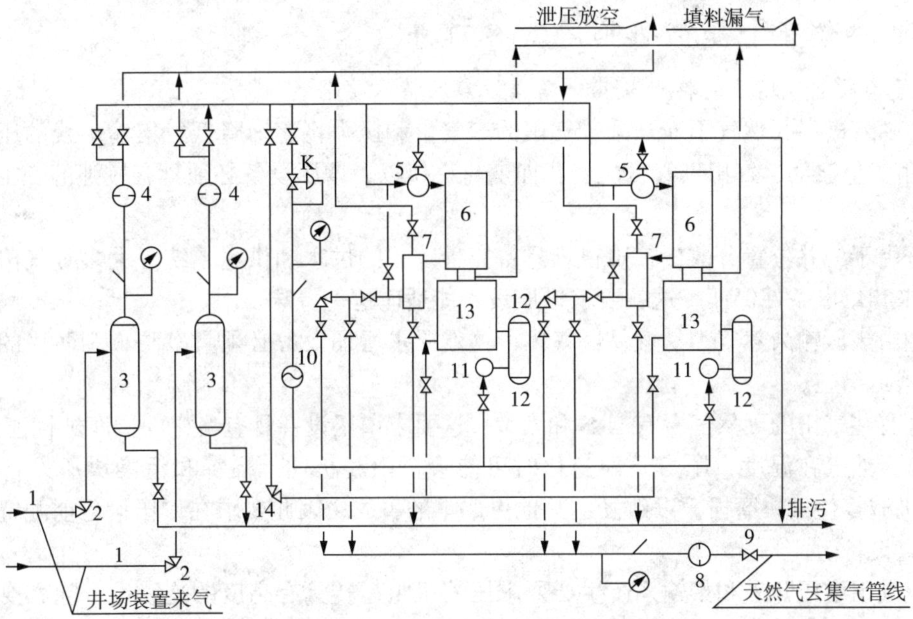

图 2-4-1　气田压气站原理流程图

1—从井场装置接来的采气管线；2—进站气体压力控制阀；3—气液分离器；4—企业流量计；5—气体精细过滤分离器；6—活塞式压缩机；7—冷却器；8—压缩机出口气体总计量；9—出站气体截断阀；10—燃料气计量表；11—燃料气过滤分离器；12—燃料气缸；13—燃料发动机；14—起动气体压力控制阀

二、压气站主要工艺参数的确定

1. 站装机容量的确定

当压气站最大处理量给定时，便可确定装机容量。装机容量是安装在站内所有压缩机额定生产能力的总和。装机容量不等于站最大处理量，但必须大于站最大处理量。通常对连续工作的压气站应增大 25%~50%，装机容量可按式(2-4-1)计算：

$$q_A=(1.25\sim1.5)q_{max} \tag{2-4-1}$$

式中　q_A——压气站装机容量，m^3/d；

q_{max}——压气站最大处理量，m^3/d。

2. 进、出站压力的确定

1)气田压气站的设置方式

气田压气站的设置分为推式和拉式两种。推式设置法压气站设在气井井场，天然气在井场经压缩升压后送入采气管线。拉式设置法压气站设在多井集气站或集气总站，天然气在多井集气站或集气总站经压缩升压后送入集气支线或集气干线。

2)气田压气站进出站压力的确定

(1)推式压气站的进、出站压力。推式压气站的进站压力为气井生产时的井口流动压力。出站压力根据集气站的进站压力和采气管线的压力降而定。即压气站的出站压力等于集气站进站压力加采气管线压力降。

(2)拉式压气站的进、出站压力。拉式压气站的进站压力为集气站或集气总站的出站压力。压气站的出站压力为气田集输系统集气支线的压力或集气干线的压力。

三、压缩机和驱动机的选型及计算

1. 气田天然气增压的特点及其对增压设备的特殊要求

(1)随着气田天然气不断开采，气田的产气量和压力将逐渐降低，集输干线的压力也随用户的用气量波动、气田供气量的变化而变化。所以，增压设备必须具有较强的变工况适应能力。

(2)由于气井位置分散，气田很难具备完善统一的供水和供电系统。大多数气田缺乏可靠的供水和供电条件保证。这就要求增压设备能适应这一特殊要求。

(3)由于所输天然气为易燃易爆气体，这就要求增加设备必须具有防火和防爆的特性及良好的密封措施。

(4)有些气田的天然气含有 H_2S 和 CO_2，这要求增压设备具有良好的抗腐蚀性能。

(5)天然气在温度、压力条件变化时可能会析出凝析油，稀释和污染增压设备的润滑油，使机械零件加快磨损，以致发生其他更严重的事故，因此要求在增压设备前配置高精度液体分离设备。

(6)气田增压开采和集输系统生产要求压缩机组运转具有高度的连续性，除必要的计划检修时间外，压缩机组必须不间断地正常运转，否则将导致用户停产或减产，造成巨大的经济损失。

(7)由于气田天然气生产状况不断变化，增压的压缩机机组多为中、小型，因此，机组及辅助系统的安装，宜为撬装，以便缩短现场的建设周期和适应搬迁的需要。

2. 压缩机及驱动机的选择原则

(1)使用安全可靠，运转率高，操作维修方便。

(2)比功率小，比质量轻，占地少，造价低。

(3)自动化水平较高，变工况适应性强。

(4)活塞式压缩机采用多台安装，一般为2~4台，以便机组检修时，有备用机组保证系统正常运行。

(5)压缩机机组必须满足气田天然气增压的特点及其对增压设备的特殊要求。机组安装的周围环境必须满足相关规范的要求，并以此确定驱动机的防爆等级或防火等级。

3. 驱动机的选择原则

往复式压缩机通常采用燃气发动机或电动机作驱动设备。由于气田集输工艺的特点，要求压缩机在一定条件下改变工况运行，主要是排气量的改变。一般燃气发动机和变速电动机均可满足这项要求。但因连续调节转速的交流电动机，不但价格昂贵而且运行经济性较差，加之气田矿区电源难于保证，因此燃气发动机是气田压气站最常选用的驱动设备。驱动设备可按下述原则选择：

(1)驱动机的转速应与被驱动压缩机转速相匹配，这样可省去变速箱的机械损失，并使结构简化。

(2)活塞式压缩机的驱动机只适宜用电动机和天然气发动机，在电源得不到保证的地方，应尽量选用天然气发动机。对于辅助设备所需动力，应尽量考虑由主发动机驱动或主发动机发电电动机驱动。

(3)驱动机的额定功率应比压缩机的轴功率大，一般应留5%~15%的裕量，以备压缩机脉动载荷及工况波动影响之用，另需考虑传动效率。

(4)若要求用调节驱动机的转速来调节压缩机排气量，则驱动机应保证压缩机能获得设计转速。

(5)对于活塞式压缩机，中、小型一般选用笼型电动机，大型一般选用同步电动机。电源电压根据供电系统确定。按有关规定：当供电电源电压为6000V时，功率大于或等于220kW，选用6000V电动机，小于220kW，选用380V电动机；当供电电源电压为3000V时，大于或等于100kW时选用3000V电动机，小于100kW时选用380V电动机。

(6)由于二冲程发动机比四冲程发动机易于调节转速，维修费用低，更适合驱动压缩机；但四冲程发动机比二冲程发动机对燃料的适应范围大。

(7)选择天然气发动机时，注意当地现场安装环境条件与天然气发动机设计环境条件不同时，对二冲程发动机和四冲程自然吸气式发动机须进行功率校正。涡轮增压后冷却式发动机是否需校正，应根据设备的具体情况确定。

(8)机组应有防火、防爆措施。

4. 压缩机的选型计算步骤

首先应确定计算参数。根据压气站的总流程，确定压缩机的装机排量、单机排气量、吸气压力、排气压力、吸气温度、排气温度以及在此情况下的绝热指数等计算参数。具备了流程的原始数据和单机排气量之后就可以对照压缩机的样本资料进行选择配套的压缩机。倘若压缩机的技术资料不齐全，为了进一步核对压缩机有关热力参数对流程的适应性以及制订压缩机运转过程的操作控制指标，有必要对初步选定的压缩机进行工艺方面的热力计算。这种热力计算是在已初定压缩机的结构方案、级数、气缸直径、转速、行程的基础上进行的。其热力计算步骤如前所述，只是当计算到各级气缸直径与实际选定的压缩机气缸直径不符时，以实际的气缸直径代替，然后再复算出各有关热力参数。其步骤如下：

1)初步确定各级的名义压力

按等压力比分配各级压力：

$$\varepsilon = B\sqrt{\frac{p_{\mathrm{d}B}}{p_{\mathrm{s}I}}} \tag{2-4-2}$$

式中　B——压缩机级数；

$p_{\mathrm{d}B}$——第 B 级的排气压力；

$p_{\mathrm{s}I}$——第 I 级的吸气压力。

各级的吸排气压力为

$$p_{\mathrm{s}I}\cdot\varepsilon = p_{\mathrm{d}i} = p_{\mathrm{s}(i+1)} \tag{2-4-3}$$

2)计算各级排气系数

可按式(2-4-4)求取：

$$\lambda = \frac{Q}{V_{\mathrm{t}}} = \lambda_{\mathrm{V}}\cdot\lambda_{\mathrm{p}}\cdot\lambda_{\mathrm{T}}\cdot\lambda_{\mathrm{g}} \tag{2-4-4}$$

式中　Q——压缩机状态实际排气量，m^3/min；

V_{t}——行程容积，m^3/min；

λ_{V}——容积系数；

λ_{p}——压力系数；

λ_{T}——温度系数；

λ_{g}——泄漏系数或称气密系数。

3)计算析水系数

可按式(2-4-5)求取：

$$\mu_{di}=\frac{p_{sI}-\varphi_{si}\cdot p_{saI}}{p_{si}-\varphi_{si}\cdot p_{sai}}\cdot\frac{p_{si}}{p_{sI}} \tag{2-4-5}$$

式中 p_{sai}、p_{saI}——第 i 级和第 I 级吸气温度下的饱和蒸汽压，10^5Pa；

p_{si}、p_{sI}——第 i 级和第 I 级吸气压力，10^5Pa。

4)计算各级气缸行程容积

单级压缩机或多级压缩机的 I 级行程容积按式(2-4-6)求取；多级压缩机的其余各级行程容积按式(2-4-7)求取；排气压力超出 1.0×10^7Pa 的高压级按式(2-4-8)求取。

$$Q'=V_t=V_h\cdot n \tag{2-4-6}$$

式中 V_t——行程容积(即单位时间内的理论吸气容积值)，m^3/min；

V_h——气缸工作容积(即活塞在一个行程所扫过的容积值)，m^3；

n——压缩机的转数，r/min。

$$Q_i=V_{ti}\cdot\frac{\lambda_{Vi}\cdot\lambda_{pi}\cdot\lambda_{Ti}\cdot\lambda_{gi}}{\mu_{di}}\cdot\frac{p_{si}}{p_{sI}}\cdot\frac{T_{sI}}{T_{si}} \tag{2-4-7}$$

当考虑压缩因子时，

$$Q_i=V_{ti}\cdot\frac{\lambda_{Vi}\cdot\lambda_{pi}\cdot\lambda_{Ti}\cdot\lambda_{gi}}{\mu_{di}}\cdot\frac{p_{si}}{p_{sI}}\cdot\frac{T_{sI}}{T_{si}}\cdot\frac{Z_{sI}}{Z_{si}} \tag{2-4-8}$$

5)计算各级气缸直径

据拟选压缩机的结构方案，级在列中的配置及活塞杆直径 d，由表2-4-2所列行程容积 V_t 反求各级气缸直径 D_i'。

表2-4-2 不同压力和不同温度下的绝热指数 K_T

气 体	温度/℃	压力/10^5 Pa						
		1	100	200	300	600	800	1000
N_2	20	1.410	1.416	1.400	1.379	1.345	1.340	1.346
	100	1.406	1.419	1.426	1.419	1.377	1.372	1.373
	200	1.400	1.409	1.409	1.408	1.387	1.380	1.374
H_2	25	1.404	1.407	1.408	1.407	1.402	1.394	1.390
	100	1.398	1.399	1.400	1.401	1.396	1.393	1.388
	200	1.396	1.397	1.398	1.399	1.396	1.394	1.392
CO	25	1.400	1.433	4.414	1.394	1.349	1.344	1.341
	100	1.400	1.422	4.424	1.422	1.395	1.390	1.390
	200	1.399	1.407	1.415	1.422	1.408	1.403	1.398
CH_4	25	1.320	1.360	1.280	1.240	1.220	1.210	1.210
	100	1.270	1.300	1.300	1.280	1.250	1.230	1.220
	200	1.230	1.260	1.250	1.250	1.240	1.240	1.230

6) 按拟选压缩机的实际气缸直径圆整各计算直径

若计算所得的各级缸径 D_i' 与实际直径 D_i 不符，则以 D_i' 值圆整。

7)圆整后的实际行程容积计算

据不同的气缸配置，以 D_i 分别代替 D_i'，求得圆整后的实际行程容积 V_{ti}''。

8)计算圆整后的各级名义压力

圆整后各级名义吸、排气压力 p_{si}^{o}、p_{di}^{o} 为：

$$p_{si}^{o}=\beta_{si}p_{si} \tag{2-4-9}$$

$$p_{di}^{o}=\beta_{di}p_{di} \tag{2-4-10}$$

式中 β_{si}——圆整后的吸气压力修正系数；

β_{di}——圆整后的吸气压力修正系数。

$$\beta_{si}=\frac{V_{tI}^{o}}{V_{tI}}\cdot\frac{V_{ti}}{V_{ti}^{o}}$$

$$\beta_{di}=\beta_{s(i+1)}$$

9）计算圆整后各级实际压力及压比考虑压力损失后各级吸、排气实际压力 p'_{si}、p'_{di}

$$p'_{si}=p_{si}^{o}(1-\delta_{si}) \tag{2-4-11}$$

$$p'_{di}=p_{di}^{o}(1-\delta_{di}) \tag{2-4-12}$$

式中，δ_{si}、δ_{di} 按本章第二节图 2-4-2 中查出，并按式(2-4-13)、式(2-4-14)修正。

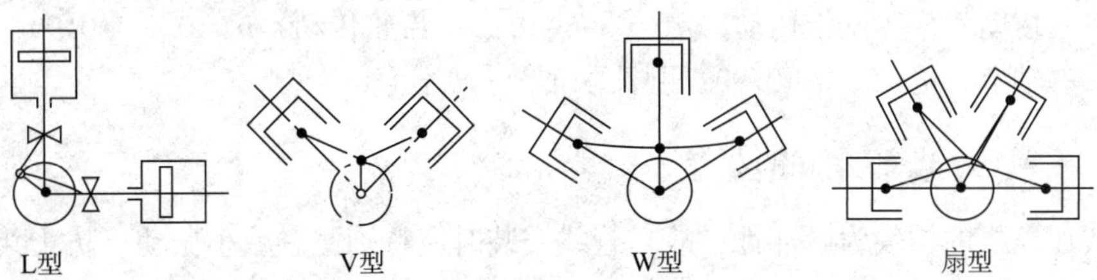

图 2-4-2 角度式压缩机的结构形式

$$\delta'=\delta\left(\frac{\gamma}{1.29}\right)^{\frac{2}{3}} \tag{2-4-13}$$

$$\delta'=\delta\left(\frac{C_{m}}{1.29}\right)^{2} \tag{2-4-14}$$

式中 δ'——修正后的压损率；

γ——压缩气体的重度；

C_{m}——实际压缩机活塞平均线速度。

各级实际压力比 ε_i'为：

$$\varepsilon'_{i}=\frac{p'_{di}}{p'_{si}} \tag{2-4-15}$$

10）复算各级实际排气温度

按式(2-4-17)计算。

11）压缩机精确排气量 Q'复算：

$$Q'=Q\frac{V_{tI}^{o}}{V_{sI}} \tag{2-4-16}$$

12）计算各级指示功率

中低压级的指示功率为：

$$N_{i}=1.634p_{si}V_{ti}^{o}\cdot\lambda_{Vi}\frac{K_{Ti}}{K_{Ti}-1}\cdot\left[\left(\frac{p'_{di}}{p'_{si}}\right)^{\frac{K_{Ti}-1}{K_{Ti}}}-1\right] \tag{2-4-17}$$

对于高压级，考虑气体压缩性因子影响：

$$N_{i}=1.634p_{si}V_{ti}^{o}\cdot\lambda_{Vi}\frac{K_{Ti}}{K_{Ti}-1}\cdot\left[\left(\frac{p'_{di}}{p'_{si}}\right)^{\frac{K_{Ti}-1}{K_{Ti}}}-1\right]\cdot\frac{Z_{si}+Z_{di}}{2Z_{si}} \tag{2-4-18}$$

13)压缩机轴功率及驱动机功率

按式(2-4-19)、式(2-4-20)计算。

轴功率为：

$$N=\frac{N_{id}}{\eta_m} \tag{2-4-19}$$

式中 N_{id}——压缩机的指示功率；

η_m——压缩机对大中型，$\eta_m=0.9\sim0.95$；小型压缩机，$\eta_m=0.85\sim0.9$；

N——压缩机的机械效率。

驱动机功率为：

$$N_e=(1.05\sim1.15)\frac{N}{\eta_e} \tag{2-4-20}$$

式中 η_e——传动效率。皮带传动，$\eta_e=0.96\sim0.99$；齿轮传动，$\eta_e=0.97\sim0.99$；半弹性联轴节，$\eta_e=0.97\sim0.99$；刚性联轴节，$\eta_e=1$。

四、压缩机站的管线安装

往复式压缩机的排气为脉冲性，故在管线安装时应特别注意减小振动、防止共振。可采取以下措施：

(1)出、入口缓冲罐和油水分离器应尽量靠近压缩机的气缸，管线越短越好。在安装位置许可时，缓冲罐应与压缩机的出、入口直接相连。尽量少用弯头或不用弯头。必须使用弯头时，弯头曲率半径不得小于2.5*DN*。

(2)在设计气缸进、出口的支架时，应特别考虑疲劳强度的影响，管托要有减震措施。

(3)压缩后的脉冲气流，虽有缓冲罐进行缓冲，仍有相当一部分冲击负荷由管线传到支架，使管线、支架和支架基础发生振动。故支架位置的选择应考虑地基的抗震能力，或用减震设施减少地基和基础的振动负荷。

(4)为提高稳定性，基础的质量一般应为压缩机和原动机质量的3~5倍。在可能的条件下力求基础的标高降低。

(5)为了防止管线发生剧烈振动，进、出口前后的管线宜直接埋地敷设。

压气站管线内气体流速过高将产生很大噪音和较大的振动，并增大阻力损失，若管径增大虽可使流速降低并可使振动减弱，但又导致安装困难和投资增多。因此，综合各方因素考虑，压缩机进口管线流速宜小于10m/s，出口管线流速宜小于15m/s。

为了防止压缩气体中的凝液进入气缸引起撞缸事故，故在压缩机入口处应设气、液分离器，并设有排液设施。各级冷却器、缓冲罐等容器的底部，以及管线的低点均应设有排液口。

多级压缩时，每一级应设有安全泄压阀，当级间管线超压时能自动泄气减压。安全阀应安装在易于检修的位置。为了检修不影响压缩机运行，安全阀前应设有截断阀。压缩机末级出口应装设单向阀，以防高压气倒回机体。

天然气压缩机，在开工时须用惰性气体置换气缸内和管线内的空气，因此应设有惰性气体置换管线，置换管线的入口接于压缩机进口截断阀后。排空管线接于出口截断阀前。

多级压缩机，除各级之间设置必需的调节回路外，始末两级之间应设闭路循环管线，供启动与切换时使用。

五、管道压气站优化设计中应注意的问题

1. 压缩机组备用方式

常用的机组备用方式有机组备用、功率备用、隔站机组备用等，确定机组备用方式后还有一用一备和多用一备等方式。目前，我国选择备用方式的主要依据是实用性、可靠性、效率、投资费用等，压气站多采用机组备用，往复机组多用一备，而离心机组一用一备较多。

2. 压缩机组比选

压缩机组的比选是根据机组安装地的环境条件，结合不同机组的优点和缺点进行计算和分析。首先是离心压缩机组与往复压缩机组的比选：一是离心压缩机组中有电机驱动与燃气轮机驱动的比选；二是电机驱动机组中有变频调速电机驱动、恒速高压电机通过调速行星齿轮驱动和整体式磁悬浮电驱离心压缩机组二者的比选。比选的主要依据为可用性、可靠性、效率、经济性(20 年费用现值)、性价比、不间断工作时间、无故障工作时间、运行维护保检难度及费用、污染情况和在天然气管道的使用业绩等。此外，压气站优化设计可能会受到投产日期、制造周期、政治因素、市场因素等条件制约，因此必须进行综合考虑。我国在陕京、靖西、西气东输和涩宁兰管道压气站的设计中均进行了科学合理的优化。

3. 压缩机组水力模型等的相关计算

压缩机组初步设计的第一步是建立设计单位的水力计算模型与压缩机生产厂商机芯设计的一体化计算，根据计算结果确认和改进压缩机的设计性能和运行条件。由于每条管道的工艺条件不同，机组的运行工艺条件均存在一些不确定因素，因此在机组投产后，设计单位应根据实际情况进行参数审查、确认、修正管道水力模拟和压缩机工艺电算结果。设置两个或多个压气站的管道，在实际运行达到设计流量目的运行条件稳定以后，应对整个管道压缩系统中的所有压缩机运行实际效能进行全面的重新评估和分析，将得到的整个管道压缩系统的总效率与设计要求相比较，以弥补国内相关设计水平的不足。

4. 压缩机组相关技术的应用

1) 回热联合循环系统

燃气轮机增加回热联合循环系统后，既能提高燃气轮机的综合热效率，又可减少热污染，在国外已被广泛地应用。例如，阿意输气管道 Messina 压气站的燃气轮机额定功率与西气东输管道用部分燃气轮机功率相近，由于采用回热联合循环，每台燃机的综合热效率由 36.5%上升到 47.5%，但在国内天然气管道压缩机组中还尚未应用。

2) 蒸发冷却技术

在干燥炎热地区为燃机进气系统选配蒸发冷却器，能够提高燃机效率、降低综合能耗和延长燃机寿命。目前使用的有湿膜式蒸发冷却器和喷雾式蒸发冷却器等，基本原理是等焓蒸发冷却，通过蒸发冷却器的测量、控制和保护系统严格控制给水的水质，防止叶片结垢；根据燃气机的功率、进气温度、湿度和大气压力适时调节喷水量，既能最大限度地提高进气的相对湿度，又能严格控制进入燃机的含水量；在很短的时间内(<1s) 实现水的绝热蒸发，并使进气的相对湿度超过 90%。此项技术已日趋成熟，在我国西部地区的燃机上已有应用，并取得了较好的效果，在西气东输西段燃驱机组上有推广应用的空间。

3) 主动磁力悬浮技术

主动磁力悬浮轴承属于“无油”技术，1985 年该技术首次应用于天然气压缩机组。该技

术的优势是：取消了复杂并占用较大空间的润滑油系统，降低了润滑油的损耗；减少了天然气泄漏和机组维护成本费用，机组使用寿命提高，故障率降低；噪声降低；无废气排放等。该技术目前已应用于燃机、电机和离心压缩机中。

4)调速行星齿轮驱动离心式压缩机

调速行星齿轮驱动装置的运行是基于功率分配原理，在很宽的速度范围内保持高效率，采用了流体动力学的运行方式，无磨损且可靠性高。它集流体动力学部件和行星齿轮于一个箱体内，由可调转矩变换器、固定行星齿轮和旋转行星齿轮等主要部件构成。通过可调转矩变换器，用液压油将一部分动力分流叠加到旋转行星齿轮，来控制主驱动轴的转速。采用标准高压电机驱动，实现了无污染气体排放，减少了噪声和电磁辐射对人员的伤害。目前，此项技术在我国的电驱机组中还没有得到应用。

5)整体式磁悬浮电驱离心压缩机组

整体式磁悬浮电驱离心压缩机组可用于管道增压和储气库注气，是一种高速、智能、无油电驱离心压缩机组。该机组电机和压缩机均采用磁悬浮轴承(径向轴承和推力轴承)，取消了润滑油系统，大大简化了操作和维护；采用整体密封式技术集压缩机和电机为一体，取消了干气密封，电机用工艺气冷却。由于采用高速变频器和高速变频电机，电机与离心压缩机为直联方式，取消增速齿轮箱，其大功率变频器的应用，使压缩机单台功率达到22000kW。此项技术目前在我国还尚未应用。

六、压缩机组运行及维护

1. 压气站机组运行优化

在压气站运行期间，可以利用仿真模拟软件(TGNET，SPS)模拟分析不同输量下压气站的运行方式，优化出各种输量下压气站最优运行方案；在某座或某几座压气站发生故障的情况下，可以根据当时各下游用户的计划输量要求，优化出全线机组最佳运行方案。

目前，我国输气管道下游用气结构主要为居民生活用气、气田天然气增压用气、商业用气、化肥、甲醇和燃气发电等，其中一些管道下游用气量由于冬季采暖原因随气温下降而猛增，有些管道因此而增建冬季调峰用压气站。目前，我国多条管道都有很大的冬季运行优化空间，应在分析下游用气结构，利用下游用气资源的基础上，结合上游气田资源，合理利用管道自身资源(压气站资源)，不断优化冬季用气高峰期运行方案和预案，以减少压气站机组运行时间和启机次数，达到提输、降耗和增效的目的。

天然气管道联网是保障向下游供气的重要手段，目前我国几条长距离大管径天然气管道即将连通，组网运行的优势逐渐凸显。组网运行的管道在统一调控下可根据不同情况，通过计算进行网内优化运行，在优化运行方案和预案的制订过程中，管网内各压气站机组使用和工作方式将是优化运行的重要内容。

2. 机组故障监测与诊断

1)远程监测与诊断系统

天然气管道压缩机组远程监测与诊断系统是利用丰富的图谱实时对机组进行“体检”，实现机组的早期故障预警，并通过网络随时掌控机组的实时运行状态，变被动的故障后处理为早期发现潜在故障并及时处理，能使远在千里之外的诊断专家及时得到机组异常变化信息。它的有效利用可以提高机组故障诊断准确率，对机组故障的预测、分析和排除能力、机组定期保养检修和辅助大修能力以及机组现场开车指导能力和机组备品、备件需求预前判断能力具有重要意义，可以保证压缩机组的长期、安全和平稳运行。例如，西气东输管道在机组引进的同时购买了“机组远程在线监测与诊断系统”，国内其他管道压缩机组也有使用且收效显著。

2）油液分析

油液分析是抽取油箱中有代表性的油样，分别采用铁谱分析、发射光谱分析、红外光谱分析以及常规理化指标分析，确定在用润滑油中的磨粒种类、数量和成分、变质产物的种类，含量以及润滑油中典型添加剂的损耗程度，以此作为判断机组关键摩擦部位润滑和磨损状况的主要依据。在国内已进行了针对天然气压缩机组的油液分析、诊断和研究工作且开始了部分应用。

3. 机组效率计算

燃气轮机离心压缩机组效率计算是通过对机组运行过程中各相关参数进行精确采集，分别计算得出燃气轮机和离心压缩机的效率。定期进行机组效率计算，可以依此运行状况及时对可能存在的问题进行分析评价。通过与燃机历史效率的对比，判断是否需要清洁燃机的进气滤芯或水洗燃机的压气机；通过与离心压缩机历史效率的对比，判断级间密封是否磨损；找出机组的实际最佳运行区，结合实际运行工况使机组在最佳效率区内运行。

七、压气站的运行管理

我国各输气管道所属压气站的运行管理方式各不相同，目前较先进的管道压气站管理方式是以业主管理为核心，以现场运行维护服务承包商和机组保养检修专业化技术服务承包商为主要作业者，以机组生产厂商售后服务为支持的“四位一体”运行管理体系框架。

管道压缩机组（燃气轮机、变频调速电机、离心压缩机）结构和控制系统复杂，技术含量高，要求从事运行维护、检修保养和故障诊断的人员应具有较高的专业技术水平和丰富的现场经验。

压气站的主要污染源有噪声排放、废气排放、废油废水排放、固体废物、电磁辐射和热污染等。压气站内“地埋式污水处理装置”有效使用效率低，部分压气站所处环境复杂多样，操作人员存在流行病、地方病等隐患。在处理机组故障或机组保检时，长时间连续在高噪声环境工作等产生的职业健康问题，还有待通过制度、标准的建立等方式解决。

压气站完整性管理是输气管道完整性管理的重要组成部分，是基于大型数据库技术、内容管理技术、网络应用技术、地理信息技术、项目管理技术等现代技术与生产运行相结合而形成的，使管理可视化、语音化、网络化和数字化，涉及压气站设计、建设、运行维护、保养检修和评价等各个阶段，目的是使机组始终处于完好的、可靠的安全工作状态或受控状态。此外，在压气站建设和投产期间对机组及各附属设施的安装、管路连接与清洁、各主要设备参数的检查调试、性能测试、防喘线测试、72h 带负荷试验和验收等信息通过影音、图片和文本数据等形式进行整理存储，可以为今后管道压缩机组的运行、保养检修和故障处理保留原始的信息和资料。

我国管道压气站机组运行维护、保养检修和分析评价的相关标准还不能满足需求，急需编制和修订。压气站运管部门在机组备件管理、机组资料管理、建立机组专家库、机组人员培训、机组长期停用的保养、机组耗材和部件国产化等方面需要做更深入细致的工作。

第三节 气田集输典型案例介绍

一、普光气田工艺集输介绍

普光气田位于四川省达州地区宣汉县，属山区，地形及地质条件复杂。管道敷设环境复杂、土壤潜在腐蚀性较强。

普光气田含有较高的H_2S(15.16%)和CO_2(8.64%)，属典型的酸性气田。

1. 工艺技术路线

集输系统采用全湿气加热保温混输工艺。

井口天然气先进入集气站，经加热、节流、计量后外输，采用“加热保温+注缓蚀剂”工艺经集气支线进入集气干线，然后输送至集气末站分水，含饱和水蒸气的酸气则送至净化厂进行净化。

井口天然气先进入集气站，经加热、节流、计量后外输，采用“加热保温+注缓蚀剂”工艺经集气支线进入集气干线，然后输送至集气末站分水，生产污水输送至污水站处理后回注地层，水蒸气饱和酸气送至净化厂进行净化。

主工艺流程框图如图2-4-3所示。

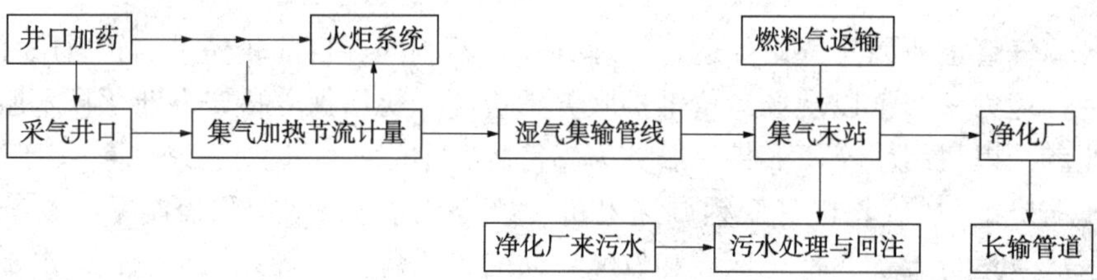

图2-4-3 主工艺流程框图

详细流程：

井口→ESD关断阀→投产用移动式分离撬块→一段井口加热→一级节流→二段井口加热→多井管汇→单井切换计量撬块→加药智能清管装置→ESD阀→集气支线及阀室→集气干线及阀室→净化厂。(注：带方框文字表示集气站内流程部分)

清管：选择智能清管与普通清管系统相结合的方式。

2. 主要设计参数

1)设计压力

井口节流阀至井口加热炉节流阀之间的管道设计压力为40MPa，节流阀之后的酸气管道系统设计压力为10MPa，老君区块12MPa，燃料气返输管道设计压力为4.0MPa。

2)设计温度

井口节流阀至井口加热炉节流阀前的管道设计温度为80℃，节流阀及之后酸气管道系统设计温度为60℃，燃料气返输管道设计温度为常温。

3)酸气管道外保温层厚38mm。

3. 材料工程

1)管道的主要腐蚀形态

本系统原料气中H_2S含量约15.16%，CO_2含量约8.64%，属于高含硫和二氧化碳的天然气集输系统。从气体组分看，材料的腐蚀主要表现在H_2S腐蚀并伴随CO_2的弱酸腐蚀(目前尚无法确定氯离子和单质硫的存在)。

其中，H_2S 腐蚀主要表现为硫化物应力开裂(SSC)和氢致开裂(HIC)，而 CO_2 溶入水后对钢铁有着极强的腐蚀性，其腐蚀特点为全面腐蚀和一种典型沉积物下方的局部腐蚀。

2)管道材料选择

(1)材料对腐蚀的影响分析。

高含硫天然气输送管道可能出现金属氢致开裂(HIC)和硫化物应力开裂(SSC)。由于氢的存在致使管道的断裂韧性、材料的物理、化学、机械性能下降，在运行中容易产生管道和设备损伤现象，从而破坏管道和设备的安全性，影响了管道和设备的使用寿命。因此，在选材时必须同时考虑管材的耐一般腐蚀能力和抗 SSC、HIC 的性能。

随着钢的强度性能提高，其硫化氢破裂的倾向也在增加。也就是说，高强度低合金钢通常要比普通碳钢更高程度地遭受这种类型的破裂。作为不能承受硫化氢破裂的临界硬度值，取 HRC(洛氏硬度)值为 20~22，这也是美国腐蚀工程师协会推荐的硬度值范围。但是，部分研究者通过试验选取的临界 HRC 值为 19~21。

研究表明，抗硫化氢破裂性能最好的是镍合金，即蒙乃尔合金(镍铜铁合金)、因康镍合金(镍铬铁耐热耐蚀合金)、由镍、钼和铬组成的哈斯捷洛依合金以及钴基合金和钛合金等。但是，这些合金由于昂贵、稀缺，没有得到广泛应用。

(2)管道材料的选择。

针对普光气田地面集输部分，主要管道的材料选择应依据美国腐蚀工程师协会《石油天然气生产中-含硫化氢环境中原材料使用规定》(NACE MR0175/ISO 15156)标准，选用合适的抗硫碳钢材料，并模拟现场条件对所选抗硫管材及焊口进行抗 SSC、HIC 试验和相关的焊接工艺评价。

在酸气系统中，同时存在高浓度的 H_2S、CO_2(并可能存在氯离子和单质硫)等多重因素的腐蚀，腐蚀环境极其恶劣。依据执行《石油天然气生产中-含硫化氢环境中原材料使用规定》(NACE MR0175/ISO 15156)标准，材料选择抗硫碳钢+缓蚀剂方案。

站内外酸气管道材料根据 NACE MR0175/ISO 15156. 2 的要求，选用抗硫碳钢管材，并对材料的 S、P 等有害元素进行严格的限定，控制材料的硬度不超过 HRC22，根据现场条件对所选抗硫管材及焊口进行 SSC、HIC 试验和评价及焊接工艺评定。同时配套相应的缓蚀剂加注，对缓蚀剂提出相应的技术要求，并配合全面有效的腐蚀监测设施对腐蚀进行实时监测记录。

①酸气管道材料选择。

本工程集输管道中的 H_2S 分压超过 1. 5MPa，属于高含硫化氢输送系统。站内外输送管道材料根据 NACE MR0175/ISO 15156 选择，*DN*400 以上的管子采用 GB/T 9711. 3—2005/ISO 3183. 3—1999 L360NCS(或 CSA Z245. 1 Grade 359 Cat Ⅱ)直缝埋弧焊钢管，*DN*400(包括 *DN*400)以下的管子采用 GB/T 9711. 3—2005/ISO 3183. 3—1999 L360 NCS(或 ASTM A106-B)无缝钢管，同时对材料和缓蚀剂提出相应的要求，配合全面有效的腐蚀监测设施对腐蚀进行实时监测记录。

为避免缓蚀剂在井口至加热炉节流阀之前的高压加注困难，此段管线全部选用“固容镍基合金 825”管材。另外计划选择 PH~P4 段约 1700m 管道选用“抗硫碳钢+825 镍基合金复合管”管材。管材的熔炼成分限制如下：C≤0. 15，焊接管 S≤0. 003%，无缝管 S≤0. 01%，锻件 S≤0. 025%，P≤0. 02，并应进行 SSC、HIC 试验及焊接工艺评价。酸气管道订货技术要求中，还要求对冶炼夹杂物和显微带状组织的形态进行控制，并采用高纯精度细晶粒全镇静钢。

②燃料气管道。

选用符合《石油天然气工业输送钢管　交货技术条件　第2部分：B级钢管》(GB/T 9711.2—1999)标准的国产L245MB无缝钢管。

③污水管道。

污水管道采用衬塑碳钢复合管材。

3)设备材料的选择

借鉴国外成功的经验和技术，依据相关的压力容器设计规范及NACE MR0175/ISO 15156，主要选择SA516-70N、20R、16MnR等，并对材料提出相应的要求；采用环氧防腐涂料对设备进行内涂层防腐和工艺防腐的配套措施。

4. 腐蚀控制与监测

普光气田含有较高的H_2S(15.16%)和CO_2(8.64%)，属典型的酸性气田。参考类似气田污水水质，其矿化度约为114.41g/L，含有较高的氯离子，水型为$MgCl_2$，pH值5.0~6.0，有结垢趋势。针对本工程集输系统管道设备的内外腐蚀环境，应充分考虑各种因素，采取经济合理、有效的腐蚀控制及腐蚀监测技术，以防止腐蚀危害，保证气田的安全生产。

1)腐蚀类型

在普光气田地面集输系统中，由于H_2S和CO_2引发的管道、设备内腐蚀问题，是本工程腐蚀控制的关键。

含H_2S/CO_2气田的腐蚀破坏，通常可分为两大类型：一类为电化学腐蚀，包括全面腐蚀和点蚀坑蚀等局部腐蚀。另一类为H_2S环境开裂，主要包括硫化物应力腐蚀开裂(SSC)、氢致破裂(HIC)、应力导向氢诱发裂纹(SOHIC)等。其中，硫化物应力腐蚀开裂是油气田开发过程中危害性最大的一种腐蚀类型，如果产出天然气中还含氯离子及地层水等多种腐蚀介质时，腐蚀问题将更为严重和复杂。

2)腐蚀控制措施

(1)集输管道外防腐方案。

为保证管道的长期安全运行，抑制土壤电化学腐蚀，对站外埋地集输干线管道应采取涂层与阴极保护的联合保护方案。

管道地处山区，土壤腐蚀性较强，集输管道保温采用聚氨酯泡沫，保温层内管道防腐层推荐采用环氧粉末，补口采用辐射交联聚乙烯热收缩套。燃料气管道采用三层PE防腐结构，补口亦采用辐射交联聚乙烯热收缩套。

集输管道采用强制电流阴极，共设8座阴极保护站，分别位于末站、P6、P2、PA、P4、PE、大湾3、老君2集气站。管道沿线保护电位的测试采用阴极保护远程智能监测系统，现自动监测，监测数据(包括站内阴极保护设备的输出信号)通过WIMAX或SCADA传至中控室，保证阴极保护系统的正常运行。

(2)集输管道内防腐方案。

根据加拿大调研资料显示，在造成新建管线泄漏、断裂等事故中，内腐蚀、外腐蚀、工程焊接、管线制造这四种因素占事故率的88.69%，其中内腐蚀占50%以上，因此加强内腐蚀监控是极其重要的。加拿大石油公司，通常要求酸性气田管道内腐蚀控制在0.0254mm/a，并且无点蚀。

加拿大高含硫酸性气田地面集输系统 H_2S/CO_2 的腐蚀控制：普遍采用碳钢管，不做内防腐涂层；通常在井口注入缓蚀剂；设计中考虑管线壁厚的腐蚀量；经常通球并选用智能清管器测取壁厚；设腐蚀监测系统，以及腐蚀监测点并设置腐蚀挂片，在管线低处的底部设放水孔，通过检测水中铁离子判断腐蚀情况。

针对普光高含硫气田的具体情况，在技术交流和调研分析的基础上，采用以下集输系统管网和设备的腐蚀控制措施。

(1)采用抗硫化物开裂(SSC 和 HIC)材料。

正确地选用抗硫化物氢致开裂材料和工艺是防止 SSC 和 HIC 最有效的方法。根据《石油天然气生产中-含硫化氢环境中原材料使用规定》(NACE MRO175/ISO 15156)标准进行选材，并严格控制材料的化学成分、硬度和使用抗拉强度，对焊接区应用适当的热处理，消除内应力。

(2)工艺控制。

①通过加热使天然气输送过程中气体温度保持在水合物形成温度之上、加入水合物抑制剂防止水合物形成，减少集气管下部的积水，防止水合物阻塞管线，减小对管道的腐蚀。

②控制管内流速。在整个集输管网压力允许的前提下，选择经济、合理的管径，保证管内气体流速不低于 3m/s。

(3)采用缓蚀剂及相应的处理工艺。

①预涂膜缓蚀剂。

②连续加注缓蚀剂。

③批处理缓蚀剂(一季度一次)。

为了增强连续加注缓蚀剂的保护效果，建议每季度采用油溶性缓蚀剂增加一次处理。批处理用缓蚀剂与预膜缓蚀剂及其加注方式相同，但缓蚀剂用量将减少。

(4)定期清管。

加强集气管线清管作业，根据集气管线投产时间、积液、垢物积聚和腐蚀情况制定清管周期和程序。在投产时先进行一次智能清管，作为管道原始的基础数据保存，运行一段时间后(根据腐蚀及其他监测情况定)，再做一次，进行对比。

(5)增加腐蚀裕量。

针对普光气田集输管道：湿气输送管线增加 1~6mm 腐蚀裕量，燃料气返输管线腐蚀裕量为 1.6mm。

(6)建立腐蚀监测系统。

根据集输管道穿越地区地貌特征、工艺流程和集输系统的特点建立一套完整、适用、有效的腐蚀监测系统。采用挂片试样、氢探针、电阻探针等各种探针在线监测管道设备的腐蚀；对地面设备和管道等采用超声波和 X 射线检测、智能清管器，检测管壁厚度和坑蚀；建立检测和监测程序和数据库，并将有关腐蚀数据上传至自控 SCADA 控制系统。同时加强产出介质的组分分析、细菌、铁离子及相关腐蚀产物分析等，为系统评价腐蚀因素、腐蚀预测提供数据基础。

5. 自动控制与泄漏监测

1)自控 SCADA 系统方案

(1)普光气田自控 SCADA 系统概述。

普光气田 $120\times10^8m^3/a$ 产能建设地面集输工程的自动控制系统采用国际先进的 SCADA

系统。整个SCADA系统由控制中心、各站站控PLC系统，井口、截断阀室和隧道内设置的就地RTU系统，现场检测仪表、紧急切断控制阀门、管线泄漏检测软件、通信网络等组成，实现全气田集中数据采集、监控。系统的控制中心设在净化厂集中控制室。控制中心管辖的下属各集气站、末站均设置站控系统和SIS仪表安全系统，保障整个气田安全、可靠、平稳、高效、经济地运行。

普光气田SCADA系统采用两级管理结构。

第一级在末站设中心控制室，对整个气田天然气集输系统(包括井场、集气脱水站、末站等)进行管理、监视、控制和调度。

控制中心设上传中原油田管理系统数据通信接口，上传来自普光气田的各种生产运行重要参数，并通过计算机进行显示。上级管理人员可方便地了解整个气田运行状态。

第二级在各集气站和末站设置区域站控PLC站，对该站站内数据采集和工艺过程控制操作；对所管辖的单井进行区域监视和控制。

(2)控制中心。

普光气田控制中心设置在净化厂中心控制室内。主要功能如下：

①对普光气田运行实行统一调度管理，监测气田各站主要运行参数和设备运行状态，采集和处理温度、压力、流量及各种有关参数。

②通过上传上级控制室的通信接口，可及时将普光气田的各站主要运行参数和设备运行状态上传到上一级控制室的管理中心。

③对远程站场及井口的各种切断阀正常启动、正常关闭和紧急关闭。对站场设备的启、停及阀门的开、关和故障状态，可燃和有毒气体泄漏监测、火灾报警、数据通信线路状态等进行监视和控制。

④对站场关键参数进行远程设定和控制，对管线泄漏监测保护系统发出同步通、断测试命令，向集气站站控系统或井口RTU下达控制指令。

⑤对运行参数、状态及动态趋势进行实时、多窗口、多画面工艺图形的直观显示与操作，生成和打印事件及各类生产报表。

⑥系统的数据管理，包括动态数据的更新、存取、显示和打印等，历史数据的记录归档、自由存取、显示与打印等。

⑦通过离线模拟，实现输气工艺的优化、跟踪、预测和分析各种管网运行的动态，管道泄漏检测和定位。对管道运行进行调度管理决策指导。

⑧数据通信处理、网络系统的监控和管理。

⑨系统的组态编程与开发，数据库在线、离线修改。

(3)集气站、末站站控系统。

站控PLC系统是SCADA系统的基础和远程终端，设置在下属各集气站。主要对站内的工艺设备、辅助系统和公共设施进行检测和控制，为全线优化管理提供检测和控制信息。站控系统的主要功能如下：

①与控制中心通信，将有关信息传送给控制中心并接受和执行控制中心下达的命令。数据通信的主通道为光纤，备用通道为无线WIMAX数据传输。

②当运行参数偏离设定的工作状态时，站控系统自动报警提醒工作人员注意。必要时可以自动启动紧急关断系统，关闭部分设备乃至整个站。

③站操作模式选择：可选择就地人工控制模式、站控模式或中心控制模式。

④工艺过程数据采集；动态图形显示，显示实时趋势曲线和历史曲线；历史数据管理，数据存储及处理；打印报警和事件报告。

⑤站内设工艺设备状态监视、控制；各种保护系统及供配电系统参数监控。

⑥站内各工艺过程压力、温度、液位、流量监测和压力、液位调节；可燃气体和有毒气体浓度检测和越限报警。

(4)切断阀室。

RTU 也是 SCADA 系统的远程终端，设置在各个井口、管线沿途和切断阀室。RTU 不仅能接受控制中心的指令，同时也能向控制中心发送实时数据。数据通信的通道为光纤。一旦通信系统或控制中心 SCADA 系统故障，RTU 能自动无扰动地切换到本机自动控制状态，独立承担本站场的数据采集与控制任务，保证站场正常运行。

阀室 RTU 主要完成井口和切断阀室各种参数的采集，异常紧急情况下可实现紧急关断阀的自动联锁，为控制中心的自控检测系统提供足够的参数保证。

外输管线沿途重要地段设在线有毒气体、可燃气体浓度检测、越限报警。信号也通过 RTU 上传中控室。线路 RTU 的主要功能就是传递就地有毒气体、可燃气体浓度检测的信号，为就地一次表提供工作电源。

(5)SIS 仪表安全系统。

①SIS 系统的设置。

仪表安全系统分为两大部分：紧急关断系统(ESD)和火气系统(FGS)。

SIS 系统是在发生事故的情况下确保人员和生产设施的安全，防止环境污染，将事故造成的影响限制到最小，将 SIS 系统设计成生产过程中最后一道安全防线。系统的关断逻辑由紧急关断系统来实现。SIS 通过对普光气田生产过程中的关键参数工作状况以及站内的各种火气危险进行连续监视，当所监测的过程变量超过其安全限定值时，ESD 系统立即对生产设备进行操作实施自动关断，把发生恶性事故的可能性降到最低的程度，保护人员、生产设备、周边环境的安全。

SIS 系统通过网络接口设备进入冗余通信网络，与 SCADA 系统及其他系统共享上位操作管理层所有功能。

SIS 系统及其部件的安全等级应达到 SIL3、AK6。

②ESD 紧急关断系统关断级别的划分。

ESD 紧急关断系统分为 4 级：

1 级关断(ESD-1)：全气田关断；

2 级关断(ESD-2)：局部线路关断；

3 级关断(ESD-3)：集气站内泄漏、火灾或其他重大事故关断；

4 级关断(ESD-4)：单井关断。

以上各级关断的逻辑设计都是从相关井的井口开始关断，最大限度减少排放到火炬的 H_2S 总量，降低对环境的污染。

2)管道泄漏监测

(1)必要性。

普光气田的主要特点是输送介质中含有 13%~18%的剧毒物质 H_2S，发生任何意外泄漏事故都将造成巨大的社会危害。集气管线地处川东北异常复杂的山区、丘陵地形中，周边聚集密集的村落和居民，随时有可能发生的各种自然灾害和人为破坏都将对管线安全造成重大影响。同时管道内介质的酸性腐蚀也会对管线带来危险。因此，必须设置可靠的在线泄漏监测与自动切断设施，保障周边居民的安全和生产的平稳运行。

(2)泄漏监测系统构成。

泄漏监测系统应该在尽可能短的时间内发现泄漏并报警，同时能够较准确地指示泄漏的位置和泄漏量的大小，通过SCADA系统的ESD功能实现紧急关断。为了保证管线泄漏监测的实时性、准确性和可靠性，目前采用的方法主要有：

①量平衡结合压力分析法。量平衡法通过读取SCADA实时数据库的数据，包括管线进口和出口的流量、温度和压力，依据质量平衡的原理，对比各管段进、出口的质量流量，通过软件计算分析，判断是否存在泄漏。同时，检测由于泄漏导致的压力波，根据压力波的大小以及上、下游两端接收到的时间差来判断泄漏位置。

②感温光缆监测法。感温光纤监测法基于分布式温度传感系统，光纤伴随着管线敷设，由于管线的高压气体泄漏到外部的低压环境中会引起周围温度骤降，温度变化会引发光缆内拉曼散射波形的剧烈变化，通过这个变化可以探测出线路各点的温度变化，而光信号的发射光强，传播速度以及衰减速度均已知，一次可以指示出泄漏的位置以及大小。

③音波测漏系统。音波测漏系统是通过安装于管段两端的现场数据采集处理器来接收管段区间的音波，当管道发生破裂时，现场数据采集处理器能够立即接收管道内输送介质泄漏的瞬间所产生的音波震荡，通过比较数据库中的模型来确定管道是否发生了泄漏以及泄漏量等数值。同时，利用管段两端的现场数据采集处理器传送信号的时差，判断泄漏位置。

④激光检测系统。由于甲烷以及硫化氢均有特定的吸收光谱，因此，可通过在一定距离内设置激光发射与接收，检测光波被吸收的量，探测出在发射与接收之间是否存在泄漏。

(3)方案比选。

在以上四种方法中，量平衡方法由于是采用软件方式间接判断，同时完全依赖现场探测仪表的测量精度，因此在反应时间以及准确性上都不能够适应本项目的要求；而音波法以及压力法虽然采用硬件方法直接采集泄漏瞬变数据，但是都要受到管线运行中的背景噪声(如管线本身的噪声以及压力的波动，这些对于信号分离的要求都较高)，以及气体可压缩性的影响，也就是说这两种方法的难度在于信号分离及识别，一般来说，这两种方法的响应速度比较快，但是在准确性以及分辨率方面需要继续调研讨论；而感温光缆泄漏检测系统是直接探测高压气体泄漏所导致的温度骤降，而且光信号的稳定性以及可靠性明显优于电信号，因此此系统的准确性以及可靠性较高，但是由于普光地区地形复杂，施工难度极大，而且价格昂贵。

但考虑到音波法技术成熟(至今已有近30年的应用历史)，而且在“西气东输”管线苏浙沪段主干线上也成功测试安装，并于2006年5月投入使用。因此在本项目中，我们使用音波法和激光检测系统结合的方式。在隧道内安装激光检测系统，在管线沿线安装音波探测器。

系统的组成分别如下：

①音波测漏系统。在各个集气站场外输管线的进、出口设置音波探测器，通过现场数据采集处理器采集数据并将数据通过RS485/Modbus网络上传至站控RTU，统一通过光纤以太网将数据发送到调度中心数据汇集处理器。

②激光泄漏检测系统。激光泄漏检测系统应用于隧道内的可燃气体以及硫化氢气体浓度的检测，信号上传至就近的阀室或站场 RTU。

3) 自控仪表及选型

为保证设备安全和系统的可靠，各种重要的一次仪表均选用先进的仪表。普光气田是高压、高含硫、高 CO_2、易燃、易爆、危险场所。自控仪表的选型要严格按照有关标准规范选择现场仪表的防爆、防腐等级。

可燃气体和有毒气体检测仪表均选用先进的仪表设备。站内除配置固定式可燃气体和有毒气体检测仪，还配置便携式可燃气体和有毒气体检测仪，以便操作工巡检时使用。

各种高压紧急切断阀是保障安全生产的重要设备，必须选用高质量、高性能的阀门。

为满足流量计量和管线泄漏监测系统的需要，并且符合管线能清管收发球的要求，外输流量计仪表选用超声波流量计。站内其他流量计一般选用高级孔板阀计量系统。

为保证计算机和仪表设备的安全运行，在各控制室自控系统接线柜内、现场重要控制回路和工艺重要检测参数的变送器上，均安装防雷击浪涌保护器。

二、长庆伴生气集输介绍

合水油田位于甘肃省庆阳市合水县境内。东邻陕西省富县，西与西峰区、庆城县相连，南与宁县接壤，北靠华池县及陕西省志丹县。距甘肃省庆阳市 45km。主要覆盖勘探开发区域包括合水县板桥、老城关、蒿咀铺、固城、太莪、西华池等。合水地处黄土高原西部，位于庆城县东南方向，境内地形以塬、川道、梁峁、沟壑为主。甘肃省合水县属半干旱内陆性季风气候区，总的气象特点是干旱少雨，蒸发强烈，温差较大，冬春两季多西北风，雨季多集中在 7 月、8 月、9 月三个月。

合水油田主要位于甘肃省合水县境内，交通运输以公路为主，区域内可依托的道路主要有青兰高速、G309、G211、合水-固城沥青路、合水-太莪沥青路、板桥-李家渠沥青路及油田专用道路等。合水油田区域内 G309 贯通东西，G211 线连接南北，与县乡道路、通村公路及油田专用道路共同构成了四通八达的公路交通网，方便了油田的生产运营。

1. 合水油田产能部署

合水油田庄 183 区 2020~2025 年共部署产能 336×10^4t，地质产能 161×10^4t，建水平井 435 口，见表 2-4-3。

表 2-4-3　合水油田庄 183 区页岩油 2020~2025 年开发规划部署表（2025 年 500×10^4t）

年　份	区　块	单　元	层　位	井　型	产能建设					
					总井数/口	采油井/口	万吨投资进尺/m	部署产能/10^4t	单井产油/(t/d)	地质产能/10^4t
2020	合水区	Ⅰ类	长 7	长水平井	5	5	2.473	4.5	13.0	2.1
		$Ⅱ_1$类	长 7	长水平井	13	13	2.894	10.0	11.3	4.8
		小计			18	18	2.763	14.5	11.9	7.0
2021	合水区	Ⅰ类	长 7	长水平井	45	45	2.862	35.0	13.0	19.3
2022	合水区	$Ⅱ_1$类	长 7	长水平井	84	84	2.877	65.0	11.3	31.3
2023	合水区	$Ⅱ_1$类	长 7	长水平井	110	110	2.898	84.5	11.3	41.0

续表

年份	区块	单元	层位	井型	产能建设					
					总井数/口	采油井/口	万吨投资进尺/m	部署产能/10^4t	单井产油/(t/d)	地质产能/10^4t
2024	合水区	$Ⅱ_1$类	长7	长水平井	111	111	2.907	85.0	11.3	41.4
2025	合水区	$Ⅱ_2$类	长7	长水平井	67	67	2.868	52.0	9.5	21.0
合计	合水区	Ⅰ类	长7	长水平井	50	50	2.818	39.5	13.0	21.4
		$Ⅱ_1$类	长7	长水平井	318	318	2.895	244.5	11.3	118.6
		$Ⅱ_2$类	长7	长水平井	67	67	2.868	52.0	9.5	21.0
		小计			435	435	2.882	336.0	11.2	161.0

合水油田各区域伴生气组分见表2-4-4。

表2-4-4 伴生气组成分

区块	层位	CH_4	C_2H_6	C_3H_8	iC_4H_{10}	其他组分	相对密度
宁146	长8	62.44	14.19	11.00	1.27	11.06	0.80
庄288	长6	59.84	16.76	14.24	1.65	7.18	0.81
庄183	长7	47.41	15.36	19.23	3.08	14.92	1.09
宁138	侏罗系	32.7	13.25	27.45	4.39	22.21	1.27

长庆油田长7页岩油开发试验始于2010年，试验区主要包括陕北姬塬油田安83井区、吴464井区、吴471井区，庆城油田的马岭华池区、合水庄183区，试验主要分为四个阶段：

(1)定向井开发试验。2010~2011年，在安83井区开展了定向井矩形井网、正方形反九点井网和菱形反九点井网井组超前注水开发试验，采用多级加砂压裂、斜井多段压裂、多羟基醇压裂液压裂等改造工艺，平均单井加陶粒32.1m^3，砂比29.8%，排量2.0m^3/min，投产单井产量较低，初期单井产量1.5t/d，开发未获得突破。

(2)水平井常规压裂试验。针对定向井开发单井产量低的问题，2011年安83井区长7页岩油开展了水平井常规排量分段多簇压裂、五点井网超前注水开发试验，完钻6口，初期单井日产油5.3t，开发过程中水平井快速水淹。

(3)水平井体积压裂先导性开发试验。借鉴国外页岩油成功开发经验及2011年攻关成果，2012年在安83井区开展了体积压裂先导性试验，共完钻水平井24口，单井产量大幅提升，初期单井日产油达10t以上，页岩油开发试验取得突破。

(4)水平井体积压裂规模开发试验。在前期试验成功的基础上，2013~2016年，在安83井区、华池区、庄230井区和吴464井区扩大水平井体积压裂试验规模，探索页岩油规模效益开发技术。

2018年，依托“十三五”国家科技重大专项“鄂尔多斯盆地致密油开发示范工程”，长庆油田成立国家级页岩油示范区，旨在通过攻关研究与示范，实现页岩油规模效益开发。以多层系、立体式、大井丛、工厂化为思路，2018~2020年在页岩油示范区部署产能200×10^4t，新建水平井251口。

华池区已完钻235口，水平段1680m，油层钻遇率73.7%；投产114口井，生产正常满3个月井79口，初期单井日产油18.0t，含水37.8%。目前正常生产井96口，单井日产油

12.8t，含水 34.3%；排液井 18 口，单井日产油 2.9t，含水 91.1%。

合水区已完钻 46 口，水平段 1780m，油层钻遇率 83.7%；投产 28 口，生产正常满 3 个月井 20 口，初期单井日产油 10.5t，含水 36.3%。目前正常生产井 23 口，单井日产油 7.9t，含水 38.6%，排液井 5 口，日产油 2.2t，含水 94.9%。

合水油田 2020~2029 年伴生气产量预测见表 2-4-5。

表 2-4-5 合水油田 2020~2029 年伴生气产量预测

年 份	庄一联/($10^4m^3/d$)	庄二联/($10^4m^3/d$)	庄三联/($10^4m^3/d$)	合计/($10^4m^3/d$)
2020	8.4	12.6	7.1	28.1
2021	8.7	13.7	8.0	30.4
2022	8.9	14.4	8.2	31.5
2023	9.1	14.9	8.5	32.5
2024	9.1	14.1	8.3	31.5
2025	9.3	14.3	8.1	31.7
2026	9.5	13.6	7.9	31.0
2027	9.5	13.0	7.7	30.2
2028	9.5	12.3	7.5	29.3
2029	9.5	12.0	7.3	28.8

2. 集输系统现状

合水油田已建成联合站 3 座，接转站 12 座，增压点 57 座，形成了以庄一联输油站为原油外输总出口，经西二联交接进入庆咸线，净化油设计外输能力 $245\times10^4t/a$ 的油田地面集输生产系统。合水油田集输系统如图 2-4-4 所示。

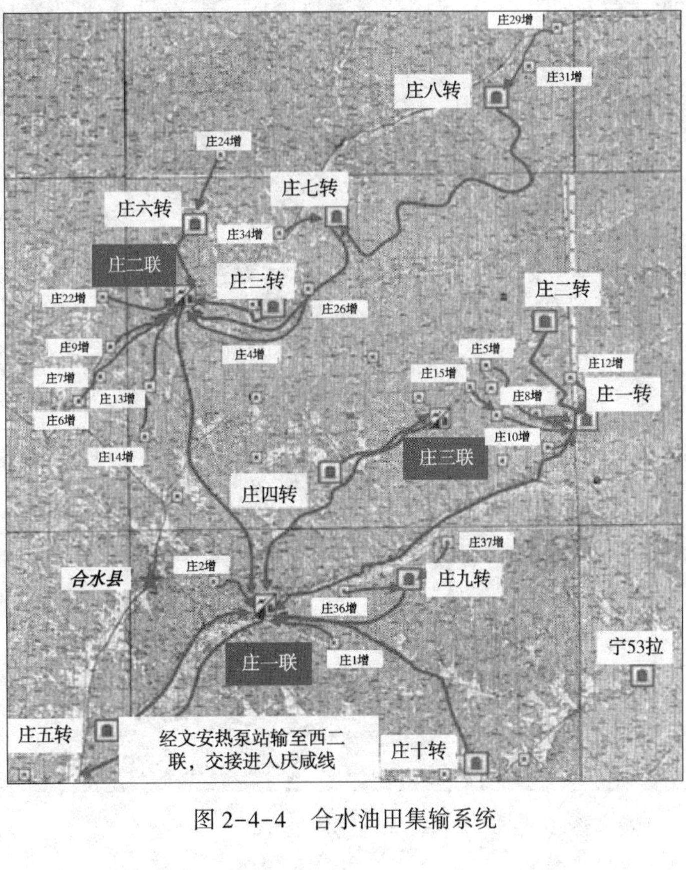

图 2-4-4 合水油田集输系统

合水油田2020~2029年原油产量最大为195×10^4t/a，油区已建原油稳定装置3套，庄一联、庄二联区域原油产量最大为162.8×10^4t/a，依托庄一联已建100×10^4t/a+50×10^4t/a原油稳定装置满足稳定要求，装置负荷率为83%~108%。庄三联区域原油最大产量为32.5×10^4t/a，依托庄三联已建25×10^4t/a原油稳定装置满足区域内原油稳定要求，装置负荷率为107%~130%。2020~2029年合水油田原油稳定率可达100%(见表2-4-6)。

表2-4-6 合水油田三座联合站原油产量预测

区 域		庄一联区域/(10^4t/a)	庄二联区域/(10^4t/a)	庄三联区域/(10^4t/a)	合计/(10^4t/a)
层 位		长3、长7、长8	长6、长7、长8	长6、长7	
年 份	2020	80.2	45.0	26.8	152.0
	2021	82.9	42.7	28.1	153.7
	2022	89.1	42.6	30.0	161.7
	2023	94.7	47.3	31.1	173.1
	2024	97.5	56.6	31.8	185.9
	2025	100.4	62.1	32.3	194.8
	2026	100.8	60.6	32.5	193.9
	2027	102.1	60.1	32.5	194.7
	2028	102.4	60.3	32.5	195.2
	2029	102.4	60.3	32.5	195.2

经过2018年示范工程建设，合水油田伴生气集供气系统较为完善，油区已建集气管线303km、供气管线204km，已建轻烃厂2座(庄一联、庄二联)，混烃厂3座(庄二联、庄三联、庄一转)，分布于合水油田三个联合站区域范围内，装置总处理规模$18.5\times10^4m^3/d$，目前处理气量$17.8\times10^4m^3/d$，装置负荷率96.2%，已接近满负荷运行(见图2-4-5)。

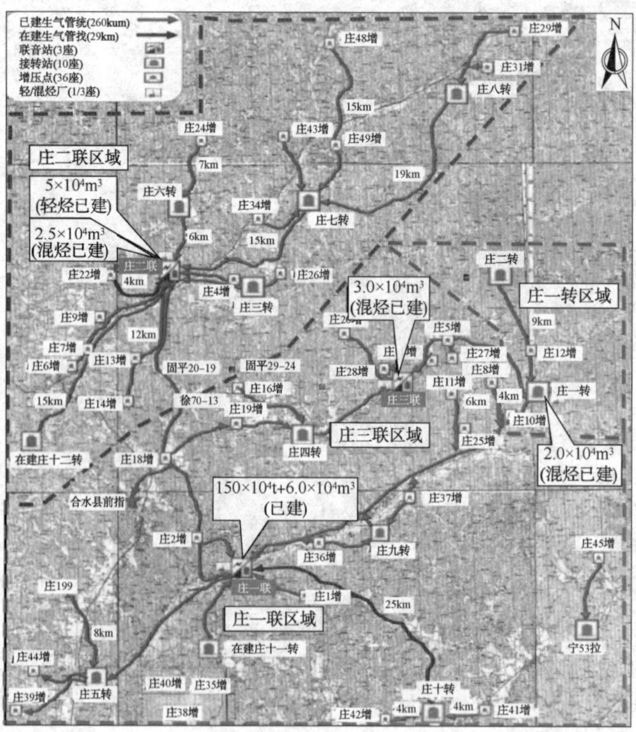

图2-4-5 合水油田已建伴生气处理装置分布图

1)庄一联区域

庄一联区域包括庄一联、庄一转两座伴生气处理站场，根据区域 2020~2029 年产量预测，伴生气量在 2026 年达到最大 $9.5\times10^4m^3/d$，区域内已建 2 套伴生气处理装置规模为 $8\times10^4m^3/d$(其中庄一联 $6\times10^4m^3/d$、庄一转 $2\times10^4m^3/d$)，最大处理能力 $9.6\times10^4m^3/d$，满足区域内伴生气处理要求(见表 2-4-7 和图 2-4-6)。

表 2-4-7　合水油田庄一联区域伴生气产量预测

年　份	庄一联区域/($10^4Nm^3/d$)	备　注
2020	8.4	—
2021	8.7	
2022	8.9	
2023	9.1	
2024	9.1	
2025	9.3	
2026	9.5	
2027	9.5	
2028	9.5	
2029	9.5	

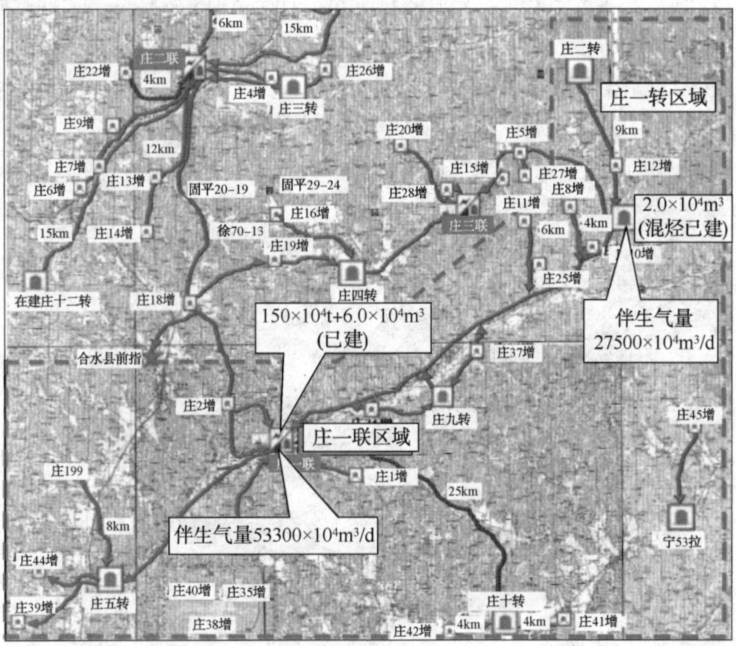

图 2-4-6　庄一联区域已建伴生气处理装置分布图

2)庄二联、庄三联区域

庄二联、庄三联区域包括庄二联轻烃厂、庄二联混烃厂、庄三联混烃厂 3 座伴生气处理站场，3 套伴生气处理装置能力为 $10.5\times10^4m^3/d$，2020~2029 年伴生气总量为$(19.3\sim23.4)\times10^4m^3/d$，庄二联、庄三联区域内伴生气处理装置能力缺口达$(8.8\sim12.0)\times10^4m^3/d$(见表 2-4-8)。

表 2-4-8 合水油田庄二联、庄三联区域伴生气产量预测

年 份	庄二联/($10^4m^3/d$)	庄三联/($10^4m^3/d$)	合计/($10^4m^3/d$)
2020	12.6	7.1	19.7
2021	13.7	8.0	21.7
2022	14.4	8.2	22.6
2023	14.9	8.5	23.4
2024	14.1	8.3	22.4
2025	14.3	8.1	22.4
2026	13.6	7.9	21.5
2027	13.0	7.7	20.7
2028	12.3	7.5	19.8
2029	12.0	7.3	19.3

方案一：伴生气分散处理。

庄二联上游庄七转区域+庄八转区域伴生气合计 $5.74\times10^4m^3/d$，结合后期产量预测，考虑在庄七转区域新建 $5\times10^4m^3/d$ 伴生气处理装置 1 套，处理庄七转、庄八转以及上游增压点、井场伴生气。庄二联区域周边依托庄二联已建 $7.5\times10^4m^3/d$ 伴生气处理装置处理。新建庄七转—庄七转轻烃厂集气管线 *DN*150-1.8km。庄三联区域伴生气已收集至庄三联混烃厂，由于处理能力不足，部分伴生气无效放空，结合气量预测，考虑在庄三联附近新建 1 套 $5\times10^4m^3/d$ 伴生气处理装置(见图 2-4-7)。

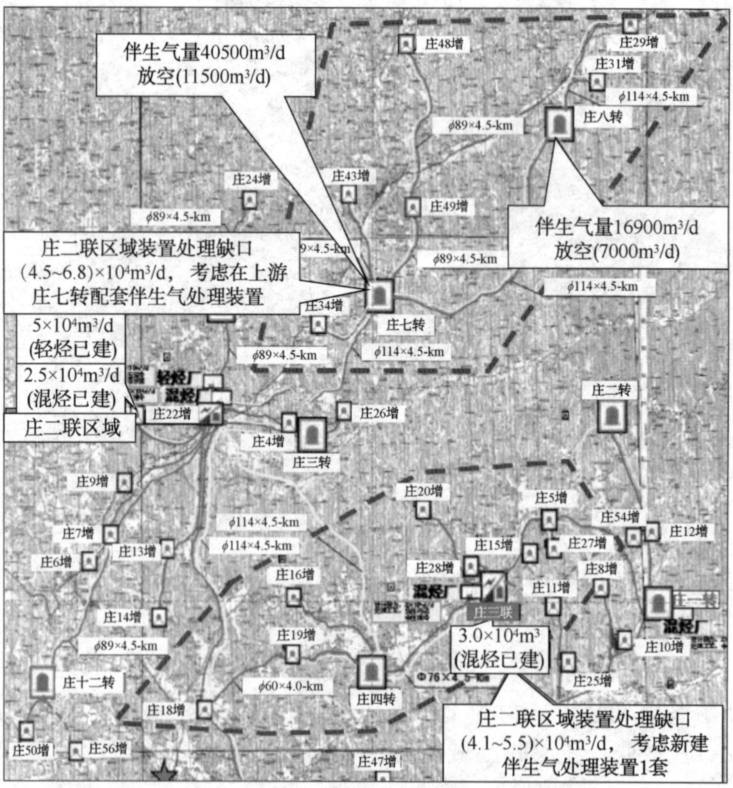

图 2-4-7 庄二联、庄三联区域伴生气分散处理示意图

方案二：伴生气集中处理。

在庄二联轻烃厂东侧 750m 新建 $10\times10^4m^3/d$ 伴生气处理装置 1 套，新建庄七转—庄二联、庄三联—庄二联集气管线，将区域内伴生气全部集中至庄二联新建伴生气处理装置集中处理(见图 2-4-8 和图 2-4-9)。

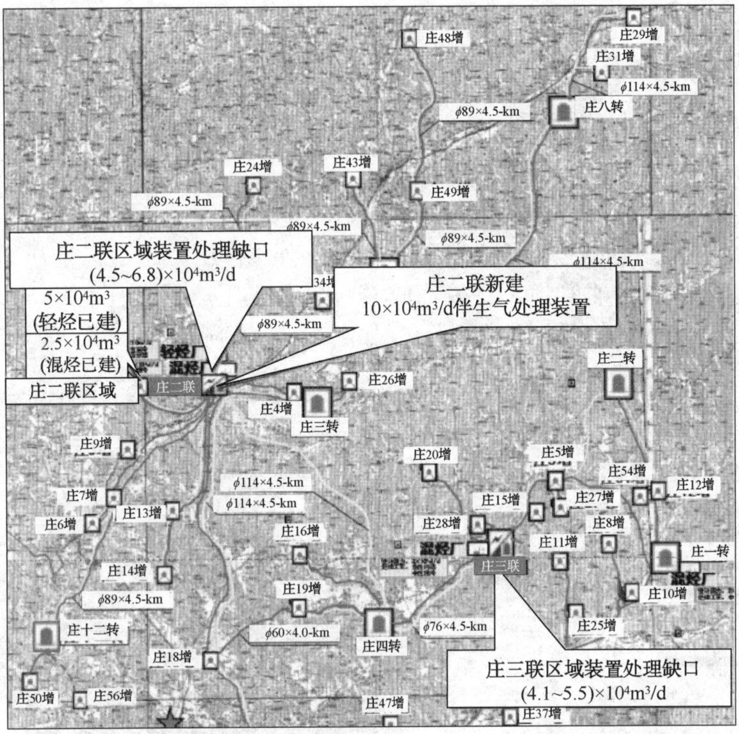

图 2-4-8　庄二联、庄三联区域伴生气集中处理示意图

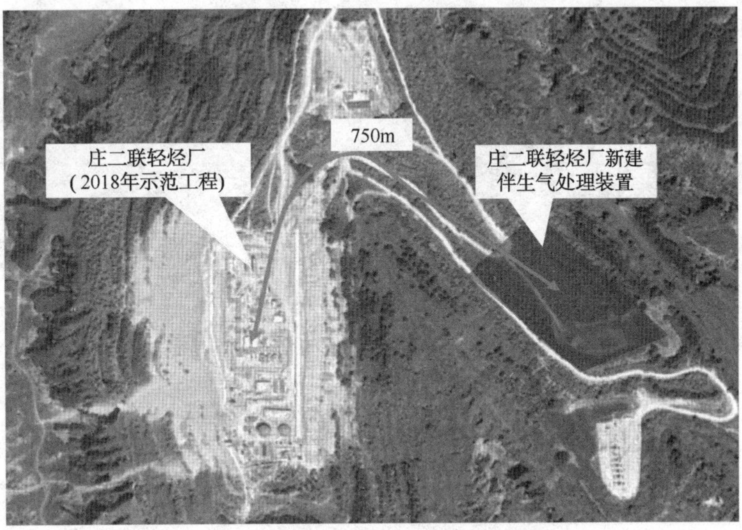

图 2-4-9　庄二联新建伴生气处理装置位置示意图

(1)新建庄七转—庄二联轻烃厂集气管线 $DN150-14.6km$，配套集气压缩机 $Q=50000m^3/d$，$P=0.6MPa\cdot N=116kW$、2 台(1 用 1 备)，分子筛脱水装置 $Q=50000m^3/d$、2

台(1用1备)。

(2)新建庄三联—庄二联轻烃厂集气管线 $DN150-28.5\text{km}$；配套集气压缩机 $Q=50000\text{m}^3/\text{d}$，$P=0.8\text{MPa}\cdot \text{N}=136\text{kW}$、2台(1用1备)；分子筛脱水装置 $Q=50000\text{m}^3/\text{d}$、2台(1用1备)。

3. 伴生气集输

根据长庆油田地质、自然环境以及集输系统布站方式，主要包括井场、站场集气。

1)井组集气工艺

可直接进入系统的井组采用定压阀集气，边远井组采用定压阀+同步回转式油气混输工艺集气。

(1)定压阀集气工艺。

在套管与单井出油管道之间安装定压放气阀，当套管压力超过设定压力后，定压阀打开，套管内伴生气进入出油管道，有效回收套管气。定压放气阀压力设定值为油井回压+0.2MPa(设计文件中的压力均为绝对压力)，如图2-4-10所示。

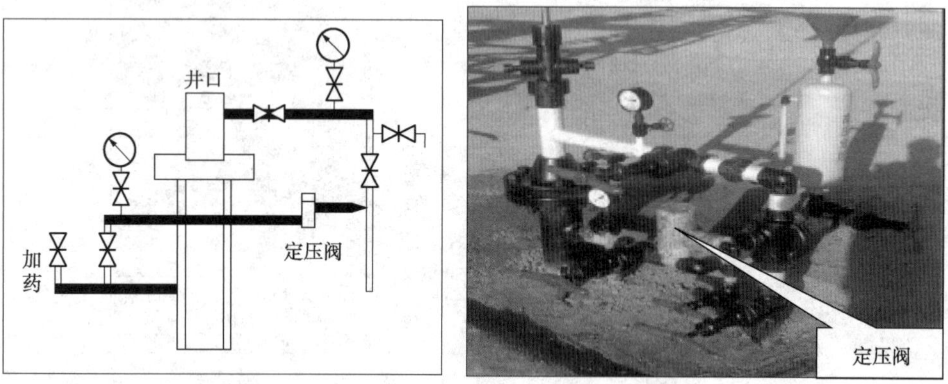

图2-4-10 套管气定压回收工艺示意图

(2)同步回转式油气混输工艺。

针对高回压井组以及边远低液量井组，采用定压阀+同步回转混输装置(见图2-4-11)将套管气和井组来油经过滤，油气混输进入集油管线输至下游站场，有效解决油井高回压矛盾，回收井口伴生气资源(见图2-4-12)。

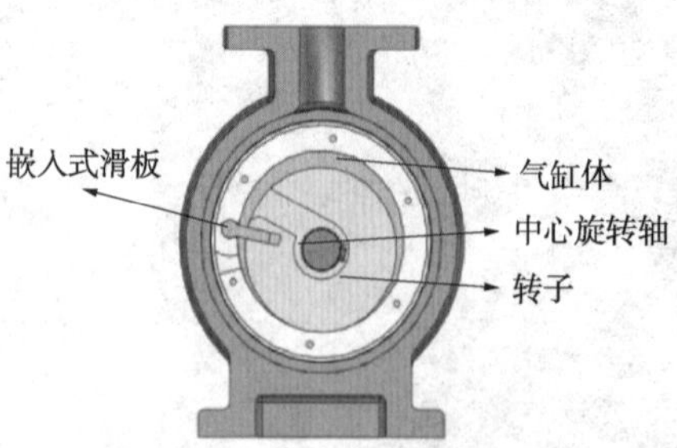

图2-4-11 同步回转结构图

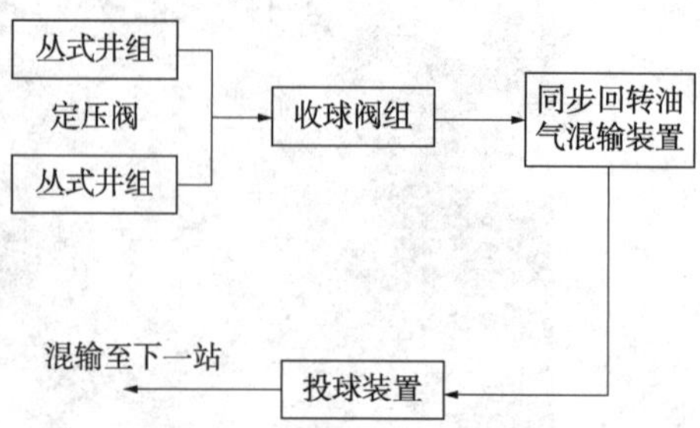

图2-4-12 同步回转流程示意图

通过前期推广试验，目前排量为0.6~1L/min同步回转压缩机现场已应用成熟可靠，可实现井场降回压密闭增压集输。

2)站场伴生气回收

站场集气主要为增压点与接转站两个层级。

(1)增压点伴生气回收。

根据井组来油不同气油比，增压点集气采取油气混输与油气分输两种工艺。

①油气混输工艺。当气油比≤50m^3/t 时，采用油气混输泵与一条外输管道，将井组来原油、伴生气、采出水三相介质经总机关、收球筒、水套炉加热、外输泵增压后输至下游站场(见图 2-4-13)。

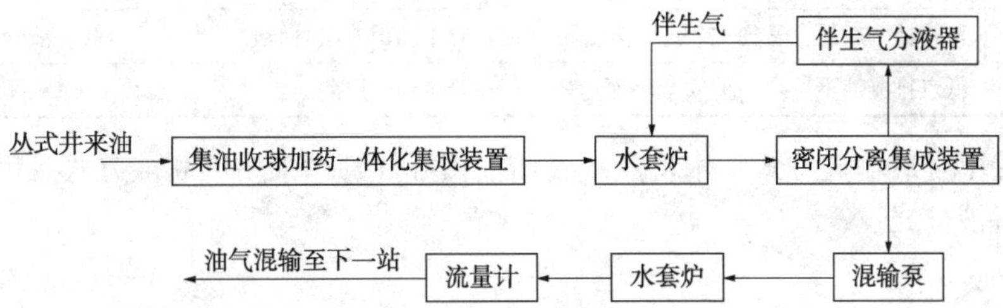

图 2-4-13 增压点/增压撬油气混输工艺流程示意图

②油气分输工艺。当气油比>50m^3/t 时，由于国产混输泵携气率较低，无法满足油气混输技术要求，采用混输工艺将造成站点伴生气无效放空，因此需通过密闭分离装置将井组来油油气分离，将伴生气经空冷器冷却除掉凝液后，通过单独敷设的集气管道输送至下游站场。采用分输工艺时，需采取低点排液、投球清管等措施，防止水合物堵塞管线(见图 2-4-14)。

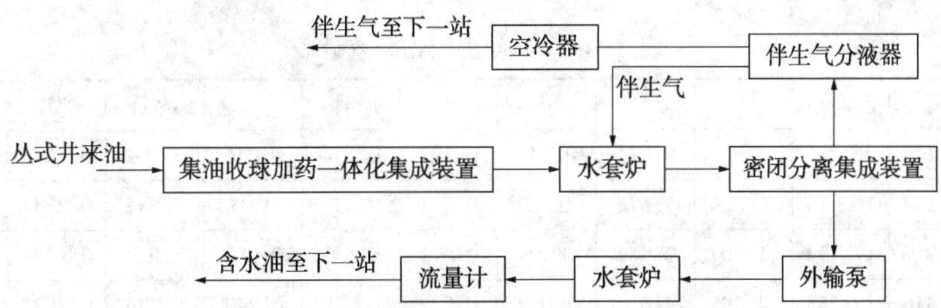

图 2-4-14 增压点/增压撬油气分输工艺流程示意图

(2)接转站集气工艺。

接转站由于液量与气量相对较大，采用油气混输工艺输送困难，因此采用油气分输模式。

通过分离缓冲罐或三相分离器将含水油油气分离，伴生气利用站内密闭容器余压或设置压缩机增压后，通过单独敷设的输气管线增压(自压)输至下游站场(见图 2-4-15)。

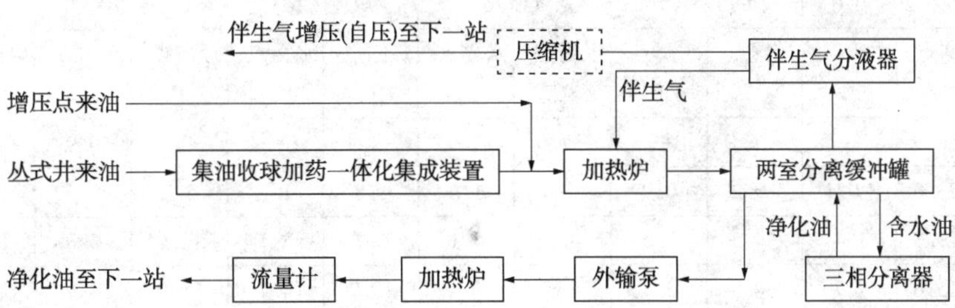

图 2-4-15 接转站增压(自压)油气分输工艺流程示意图

4. 湿气管线防冻

集气管线冬季运行过程中，会产生大量凝液，这是导致管线运行困难的症结。为保证湿气管道冬季平稳运行，急需解决凝液问题。结合技术现状及现场应用情况，防止凝液冻堵管线技术主要有两种路线。

1)不脱液防冻

主要通过定期清管、低点排凝液的方式冻堵(见表2-4-9)。

表2-4-9 不脱液输送方式技术特点

不脱液方式	特　点
定期清管	清管器一般适合管径大、压力较高的管道，对于油田湿气管线管径小、压力低，清管方式难以实现
低点排凝液	低点排凝液不符合当前安全环保形势，存在安全环保风险

根据两种不脱液输送方式技术特点，目前油田湿气管输采用不脱液方式难度较大，因此需考虑采用脱液方式。

2)脱液防冻

脱液防冻主要分为低温法(空冷法、冷剂制冷法、膨胀法)、吸收法(乙二醇、三甘醇)和吸附法(分子筛、无水氯化钙、硅胶、活性氧化铝)。

伴生气前端集气脱液深度直接影响下游处理装置负荷与轻烃产量，因此需结合湿气输送压力、温度，烃露点及水露点形成温度，综合考虑脱水湿气水露点温度及脱水方式。

现选取油田陕北延安、定边及陇东相应区域的石油伴生气组分(见表2-4-10)，添加饱和水后进行模拟计算(见表2-4-11~表2-4-13)。

表2-4-10 伴生气组分统计表

井　号	C_1	C_2	C_3	i-C_4	n-C_4	i-C_5	n-C_5	C_6	N_2	CO_2	H_2S	He
王400-81	79.112	8.753	4.9	0.941	0.447	0.197	0.154	0.056	5.192	0.1575	0.0058	0.081
关22-35	74.144	11.013	7.328	1.573	0.77	0.251	0.236	0.03	4.345	0.2344	0.0094	0.061
固平20-30	60.950	17.554	11.307	2.342	1.35	0.411	0.382	0.083	3.947	0.1647	0.0154	1.494
尚15-14	57.416	17.565	14.198	4.027	2.012	0.922	0.928	0.247	2.233	0.3835	0.0156	0.052
芦43-76	54.666	13.779	16.854	5.175	2.547	1.386	1.201	0.481	3.202	0.0236	0.0219	0.662
塬43-103	50.875	14.590	17.929	5.656	2.775	1.187	1.174	0.677	4.806	0.0792	0.0191	0.232
安398-100	27.394	17.916	32.509	9.465	4.527	1.65	1.537	0.247	4.417	0.2219	0.0296	0.082
东38-36	16.388	27.257	39.142	4.191	4.65	0.712	0.358	1.484	5.527	0.2822	0.0044	0.004

表2-4-11 不同压力下烃露点和水露点形成温度

名　称	固平20-30井		尚15-14井		芦43-76井		塬43-103		安398-100井		东38-36	
输送压力/MPa	烃露点/℃	水露点/℃	烃露点/℃	水露点/℃	烃露点/℃	水露点/℃	烃露点/℃	水露点/℃	烃露点/℃	水露点/℃	烃露点/℃	水露点/℃
0.3	-28.9	—	-15.0	—	-7.0	—	-4.4	—	-1.9	0.9	4.4	0.2
0.4	-23.6	-0.4	-9.2	0.9	-0.8	1.6	1.8	1.7	5.2	2.5	11.0	1.7
0.5	-19.3	1.4	-4.5	2.5	4.1	3.1	6.7	3.1	11.0	3.8	16.3	2.9
0.6	-15.6	2.7	-0.5	3.7	8.3	4.4	10.9	4.4	15.9	4.9	20.9	3.9
0.7	-12.6	3.8	2.9	4.8	11.9	5.4	14.5	5.4	20.2	5.8	24.9	4.7
0.8	-9.8	4.8	5.9	5.7	15.0	6.4	17.8	6.3	24.0	6.6	28.5	5.3
0.9	-7.3	5.7	8.6	6.6	18.0	7.2	20.6	7.1	27.5	7.2	31.7	5.9
1.0	-5.1	6.4	11.1	7.3	20.6	7.9	23.3	7.9	30.7	7.8	34.6	6.5

表 2-4-12　烃露点计算结果

烃露点/℃ \ 压力/MPa	0.3	0.4	0.5	0.6	0.7	0.8	0.9	1.0
王 400-81 井	-42	-37.8	-34.4	-31.5	-29.1	-27	-25.1	-23.4
关 22-35 井	-39.3	-34.5	-30.7	-27.4	-24.6	-22.1	-20	-18
固平 20-30 井	-28.9	-23.6	-19.3	-15.6	-12.6	-9.8	-7.3	-5.1
尚 15-14 井	-15	-9.2	-4.5	-0.5	2.9	5.9	8.6	11.1
芦 43-76 井	-7	-0.8	4.1	8.3	11.9	15	18	20.6
塬 43-103 井	-4.4	1.8	6.7	10.9	14.5	17.8	20.6	23.3
安 398-100 井	-1.9	5.2	11	15.9	20.2	24	27.5	30.7
东 38-36 井	4.4	11	16.3	20.9	24.9	28.5	31.7	34.6

表 2-4-13　水露点计算结果

温度/℃ \ 压力/MPa	0.3	0.4	0.5	0.6	0.7	0.8	0.9	1.0
王 400-81 井	—	—	—	0.4	1.6	2.6	3.5	4.4
关 22-35 井	—	—	0.4	1.8	3	4	4.9	5.7
固平 20-30 井	—	-0.4	1.4	2.7	3.8	4.8	5.7	6.4
尚 15-14 井	—	0.9	2.5	3.7	4.8	5.7	6.6	7.3
芦 43-76 井	—	1.6	3.1	4.4	5.4	6.4	7.2	7.9
塬 43-103 井	—	1.7	3.1	4.4	5.4	6.3	7.1	7.9
安 398-100 井	0.9	2.5	3.8	4.9	5.8	6.6	7.2	7.8
东 38-36 井	0.2	1.7	2.9	3.9	4.7	5.3	5.9	6.5

不同压力、不同组分的湿气，其水露点不一致。其中随着压力升高，水露点形成温度也升高。随着甲烷含量升高，水露点形成温度降低。

湿气输送管道应选择合理的外输压力和温度，选择脱水工艺应使水露点及烃露点形成温度尽可能低于管道环境温度。

按照《天然气脱水设计规范》(SY/T 0076—2023)内容，天然气气流温度在输送压力下必须高于它形成水合物的温度，通常推荐取气流温度高于水露点形成温度 2~3℃。

根据现场调研，以及运行单位对冬季湿气输送管线管理运行建议："将已建湿气输送管线的脱水温度控制在-10℃(由于已施工完成的湿气输送管线埋深不足，管道埋深处温度约-10℃"。

综合考虑已建湿气管线运行现状、运行单位建议以及工程投资等因素，脱水后湿气水露点要求温度如下：

(1)对于新建湿气管线，湿气水露点要求为 0℃(取环境温度为 3℃)。

(2)对于已建埋深没有达到最大冻土深度下 0.2m 的湿气管线，湿气水露点要求-10℃。

结合湿气水露点要求、对下游伴生气处理装置负荷影响、运行管理及工程投资等因素，油田湿气输送管线脱水选择吸附法中的无水氯化钙脱水工艺。

根据示范工程相应站场伴生气量收集情况，对站场按照集气规模划分，结合冬季管线冻堵停输、轻烃产量、年运行费用等因素，在8%差额收益率下，经计算气量≥3000m^3/d，管线长度≥5km的集气管线设置无水氯化钙装置。

无水氯化钙吸水后变为$CaCl_2\cdot(1\sim6)H_2O$，饱和后的$CaCl_2$从吸收塔底部排出，$CaCl_2$无毒无害，可排入油田水处理系统，也可统一回收后经高温加热至260~300℃并经脱水后循环利用。

无水氯化钙脱水装置采用撬装化设计，布置于增压点、接转站、联合站气液分离器后，集气压缩机之前。

第五章　矿场集输自动化

第一节　自动化管理系统

一、自动化管理的作用

我国天然气资源较丰富，气田分布面广，并且常远离工业城镇和人口集居的地区；在同一气田中气井又十分分散，由于它所处的地理位置不同，开采层位各异，其天然气成分和所含杂质不一。一般来说，除在集输工艺上需要一套与工艺设备相适应的自控仪表设备来对分离、计量、换热、调压等过程进行检测与控制外，还需要有与生产相适应的纵观全貌的调度管理系统。

调度管理系统是对一个气田中多口气井或多个气田的集中管理，其中包括集气站和连接这些站场、气井的管线的管理；它的首要任务是通过检测仪表感测集输工艺参数和设备的运行状态，并通过执行机构使工艺过程维持在预定状态，从而正确合理地解决天然气生产、集输与分配。为了安全、平稳、保质、保量集输天然气，需要协调各气井的运行，使井口设备在安全运行条件下高效地工作，并通过对加热、过滤、分离、节流或增压设备的控制，使集气设备和集气管道经济地运行。

目前，我国天然气开采已从单井采气发展到多井集气。在气井较为适中的位置建立集气站，在这些集气站上进行分离、调压、计量，并通过调度人员或调度设备解决天然气的分配，协调内外部门供气关系，达到供需平衡。

合理地调度是高效地利用资源，挖掘现有设备潜力，有效开发能源的重要管理手段。最终效果将在降低能耗、提高产量和降低运行费用上体现出来。所以，运用自动化仪表和自动化管理设备将迅速准确地反映天然气集输设备和天然气工艺参数的实时状态，为自动化控制设备，调度管理人员提供调节、控制的依据。保证合理开发天然气资源，向用户安全平稳供气。

二、矿场集输调度管理现状

在我国，天然气开发历史悠久，但由于历史条件和科学技术发展等原因，长期以来，集输自动化调度管理较技术发达国家落后一步，一个完善的自动化调度管理系统尚未形成。在近年来新开发的气田设计中，自动检测控制管理系统的应用正处于起步阶段。自动化管理没有广泛应用于矿场集输的原因，主要有以下几个方面：

(1)天然气开发的历史条件。四川气田虽然分布面广，但大多数系裂缝性储层气田，稳产高产气井并不多，中小产量气井占了绝大多数。早年开采的气井限于当时自动化设备、自动控制技术和生产规模，难于实现集输自动化。近些年来，更多的是考虑了这种气田的投入与产出带来的经济效益问题。在国外，气田集输生产管理自动化也是要根据气田规模，通过技术经济比较论证后确定采用不同的检测控制方式。

(2)在技术上，由于井口天然气工作压力高，除伴有水、凝析油和硫化物外，常有泥沙等杂质，特别是分离物常因黏稠度大，并有沉淀与结晶，使许多化工方面的常规仪表难于胜任，给推行集输自动化管理带来困难。

(3)气田分散，气井相互远离；大多数气井在边远地带或山区。在工业基础薄弱情况下，自动化装置用电常常难于保证需要；设立数据传输信道费用大，可靠性又不高，加之交通不便，给维护管理带来极大困难。

鉴于上述原因，我国气田集输系统的调度管理仍以井场、站场就地检测控制，值班人员看守为主。井与站、站与站、站与生产调度管理部门使用有线或无线话音通信方式，通过人工上报各工艺设备运行状态，生产工艺过程参数(压力、流量、液位及温度)和下达各种操作控制与调节指令，由现场人员人工完成相应的操作。无疑，它的准确性、实时性方面是较差的。

20世纪70年代起，随着工业基础的加强，防爆电气仪表的研制成功，电力及天然气勘探开发的蓬勃发展，提高自动化管理水平有了实际的基础。在部分集气站上采用巡回检测的遥测装置，它能自动准确并及时地采集各远端井场的运行参数(如油压、套压)。这在多井集气的站场上给生产管理人员了解全貌起着良好的作用。采用遥测，在井场可取消常设的值班人员，改善了工人生活条件。在站场内，采用以站场为基础的就地自动化，实现站内以常规仪表与微机相结合的集中检测与控制，为集输系统自动化奠定了基础。

在调度管理方面，在四川天然气矿场集输中，调度系统是与行政管理部门合一的生产管理体制。集气站除管理本站外，常管理相应的气井生产；采气队管理集气站或集气总站，有的队也直接管理单井的生产；采气队则属矿区一级的天然气开发部门或矿总调领导。各队与矿区之间通常用有线—专用电话或无线电台沟通，形成多级管理系统(见图2-5-1)。

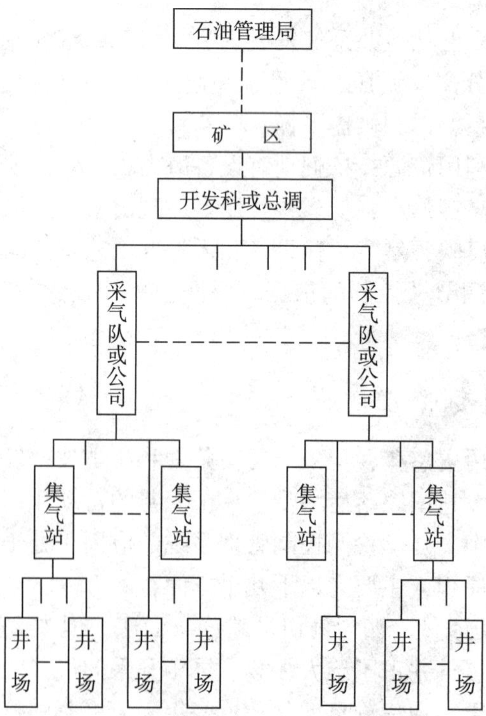

图2-5-1 集输调度管理系统

三、矿场集输调度管理的发展

由于气田十分分散，多数处于崇山峻岭之中。在供需日益矛盾的今天，在新开发的气田上提高气田自动化管理水平，充分开发资源的潜在能力，使系统设备安全高效运行显得十分重要。1965 年，原石油工业部向四川石油管理局下达在四川泸州气矿长坦坝构造带对 20 口气井实现全面自动化管理的科研任务，它是“三五”规划中全国 32 个自动化工程重点项目之一。由于历史条件限制，实现以遥测、遥控、遥信和遥调为目标的联合研究工作被迫中断。1969 年，四川石油管理局设计院在有关单位支持下，在隆昌气矿兴隆场气田上研制遥测、遥信装置，于 1971 年投入运行，深受操作人员和管理部门的欢迎。1973 年，该院在兄弟单位协作配合下，研制了天然气集输的第一套分散目标远动装置，并在川东矿区卧龙河一号集气站投入试运行。它不仅可遥测数据，检测设备状态，还可控制两口气井。鉴于气田恶劣环境，检测仪表及控制设备适应能力差等原因未能长期稳定可靠地运行。

随着电子技术、计算机技术、通信技术及工程控制技术水平的提高，性价比高的计算机、变送器和执行器的问世，在矿场集输中采用先进的监视控制与数据采集系统，即 SCADA系统才得以实现。

以计算机为中心的 SCADA 系统主要由硬件设备和软件组成。

硬件部分由主端装置 MTU(Master Terminal Unit)，远程终端装置 RTU(Rerrote Ter-riiinal Unit)和通信设备(包括通道)构成(见图 2-5-2)。

1. 主端装置 MTU

它是以计算机为核心再配以必要的外围设备，如存储器、人机接口等设备构成。它设置在矿场集输地理位置适中、管理方便之处，一般称作调度中心，它管理一台以上远程终端装置。主要功能有：

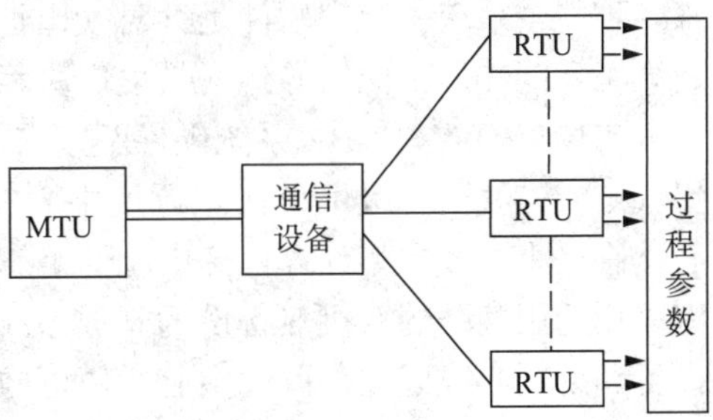

图 2-5-2　SCADA 系统组成

(1)实时采集各远程终端检测的主要过程数据、设备运行状态和报警信息。

(2)显示或记录采集的数据和数据输出控制。

(3)对发生的事件或故障自动以声、光信号进行报警以提醒操作人员的注意。

(4)数据的存储。

(5)遥控远端站场设备运行；启动、停运或关断矿场压缩机、阀门乃至整个站场。

(6)定时或按操作人员要求绘制原始数据、中间计算数值，最终结果数据的运行趋势曲线。

(7)定时(按时、日、月、年)或按要求打印各种报表。

(8)模拟显示各远端设备、工艺管线流程及实时运行状态。

若配有优化管理程序，还可提供安全平稳供气，提高设备运行效率、使用、维护的流程指南及预测预报等工作。

2. 远程终端装置 RTU

远程终端装置设在井口、站场等生产装置或必要的监测点附近。它是以微处理器或微型计算机为核心的智能装置，它也可由可编程序逻辑控制器 PLC(Pragramable Logic Controller)构成。在生产过程一侧，通过接口部件(AID、DIA、数字量、开关量输入/输出组件、高速数据通道等)与工艺过程的传感器、变送器和执行器相接；在通信一侧，通过通信接口与通信设备、本地人机接口设备相连。它在自身中央处理单元控制下，采集生产过程数据和设备的运行状态。通过判断、单位变换以及计算后存入本地存储器中，或经输出接口控制与调整设备的运行。另一方面，接受主端装置控制指令控制本地设备运行和传送必要的数据到主端装置。为了本地维护、修改方便，常留有人机接口或设有人机接口设备，用它可直接监测与控制本地及近距内站场设备的运行。

3. 通信设备

它是连接MTU和RTU的桥梁。一般来说，它由通信控制设备和信道组成。它的任务是按SCADA系统与通信所约定的远程通信规约规定的格式，迅速准确地传输数据与控制指令。作为矿场集输中的SCADA系统通信，常采用专用通信线、超短波无线电台、微波等通信媒体。

4. SCADA系统软件

矿场集输SCADA系统软件与用于其他工程的SCADA系统软件一样，由三大部分组成，即操作系统软件、SCADA系统管理软件和应用软件，这些软件是SCADA系统的灵魂。为了实现主端装置各项功能，宜采用实时、多任务的类似UNIX操作系统。矿场集输中软件体系构成可用图2-5-3表明。

该图中操作系统软件和SCADA系统软件是必不可少的。采用操作系统软件可管理好计算机系统，充分利用系统资源SCADA系统软件则作为数据采集与控制，并通过人-机对话来管理整个系统；应用软件是针对气田管理特点而专门开发的软件。一个完善的应用软件能起人工智能作用，能给操作人员提供决策的依据，使集输系统优化运行。

矿场集输的SCADA系统硬件配置需按集输规模和生产管理方式来确定。一般来说，在集气站或采气队一级可设区域调度中心，宜以微机为中心的组态系统在矿区一级设调度中心，宜以小型或中型计算机为中心的组态系统。为了保证可靠性、可维护性和可扩展性能，宜采用适用性强的双机热备份的开放系统。若按图2-5-1在现行管理系统的职能部门分别设置调度中心或区域分调度中心，便可构成矿区—采气队—集气站三级的管理系统。

目前，由于气田分散，管理体制层次较多，SCADA系统建立常常只考虑本地区和本工程。实施时常采用用户熟悉、灵活方便、价格便宜、容易升级的，以个人计算机为主体结构的SCADA系统。这对检测控制点不多的集输系统无疑是正确的。但是，从矿场集输整体来说，全面地实施SCADA系统管理应从系统观点出发，在总体规划和改变不适应生产管理体制的同时分步实施才能保证系统的整体性，使它具有可用性、可维护性和可扩展性。

下面以某工程为例，介绍在采气队一级建立的典型的矿场集输中SCADA系统组态图(见图2-5-4)。

该工程采用微机系统，通过超短波电台与气井、计量站通信，与集气站采用专用电话线通信，双机热备份工作。采用本系统可实现SCADA系统管理软件(见图2-5-3)全部功能和应用软件的部分(如流量计量软件)功能。

由于SCADA系统与DCS系统(Dtstributed Contral System)一样是高级的自控管理系统，它们均能起到人工智能作用。但SCADA系统更适合用于目标分散、RTU远离MTU、调节回路很少的矿场集输中。可以预料，在我国新开发的气田集输中将随时代的发展和管理上的要求而不断建立起来。

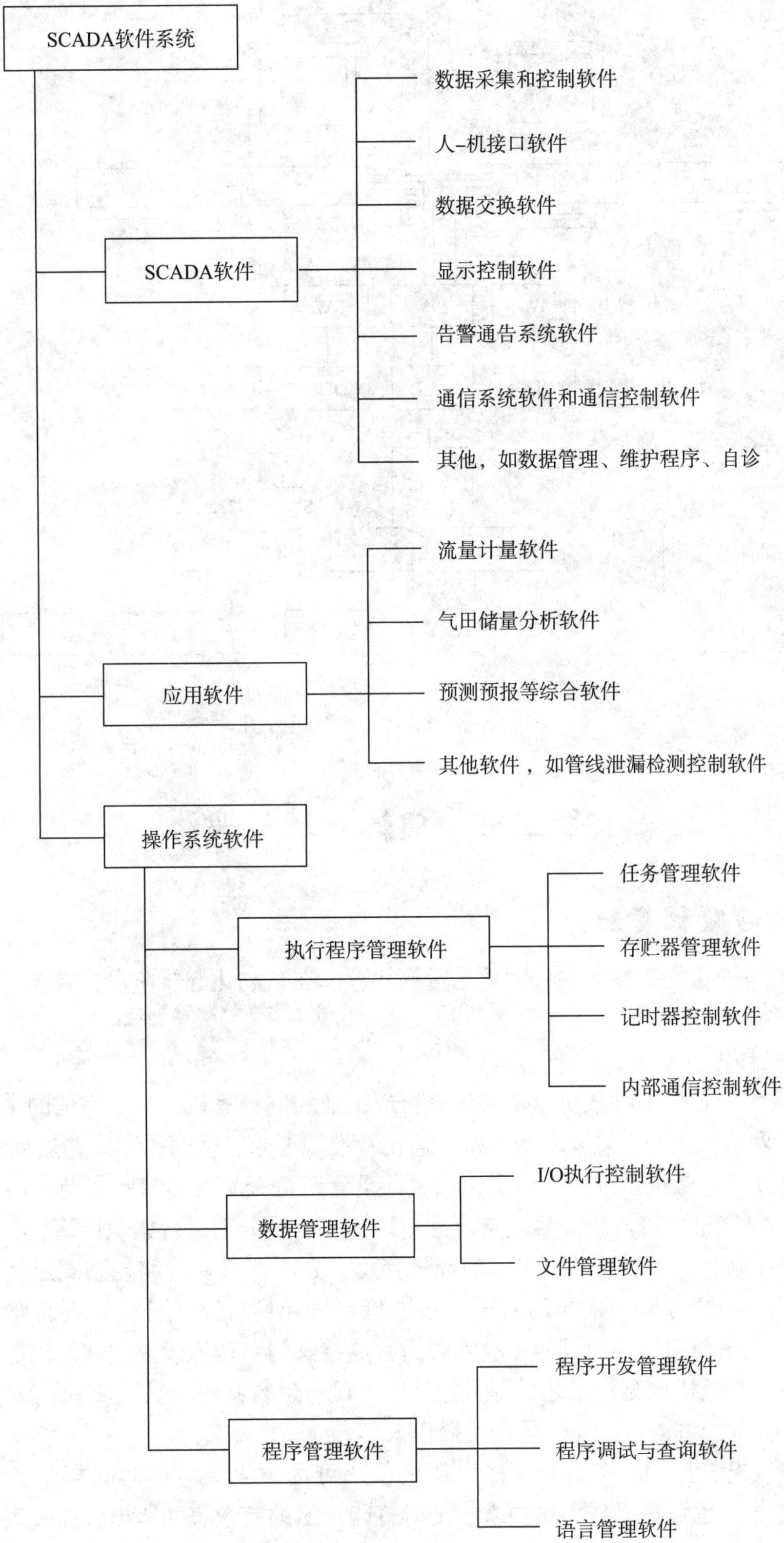

图 2-5-3　SCADA 系统软件体系图

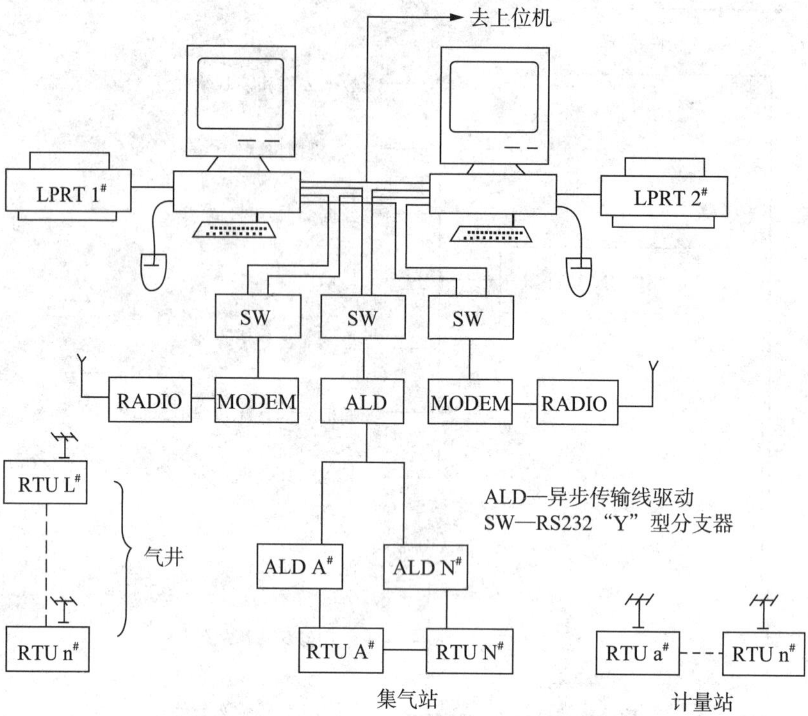

图2-5-4　SCADA系统组态图

第二节　集输站场管理

一、站场微机管理

集气站场自动化是矿场集输自动化的重要部分。在自动化起步阶段，首先采用微机技术对集气站场进行管理。

1. 站场微机的功能

目前，应用于站场上的微机以个人计算机或工业控制计算机为主，完成的主要功能有：

(1)数据采集。它按工艺要求和计量、监视及控制要求，实时采集工艺过程参数。

(2)流量计算。微机系统对站内多台流量计量管路按天然气流量计规范实时地进行流量计算，并以小时流量、班流量、日流量、月流量、年流量分别进行累积计算。

(3)阀门控制。对于多路并列工作的计量管路、分离器所在管路控制阀或其他阀门进行程序控制，微机系统可根据检测的差压参数进行流量计量管路或分离设备管路的切换。此外，对站场进出站阀门、旁通阀门、放液阀门、放空阀门、调压管路控制阀门等进行控制。

(4)报警。当微机检测到工艺过程参数越限，设备运行状态变位或其他(如变送器断路、短路)故障发生时，将以声、光信号提醒操作人员。

(5)报告、报表打印。按管理要求，微机系统可按预先规定的时间打印各种班报、日报、月报和年报；也可按操作人员要求，随时打印指定的参数表和历史数据报表。站内若发生故障或操作人员修改设定参数，打印机也将自动记录下来。

(6)数据存储。为了日后查询，运行状态参数、中间变换参数和最终计算结果将按要求存入软盘或硬盘。

(7)图形显示。主要参数运行趋势曲线、主要工艺管线、工艺设备运行状态以及主要工艺流程以直观、容易理解的图形动态地显示出来。

实现上述功能除需配备必要的硬件设备外，同时必须配备相应的操作系统和专用应用软件系统，以对计算机系统资源和站场上工艺设备进行管理。

自1984年以来，用于站场管理的微机软件常采用汇编、BASIC或C语言编制软件。其间配以汉字操作系统(CCDOS)，采用中文菜单提示方式操作，给站场管理操作带来了方便，同时也提高了站场管理水平。

站场微机硬件配置需要按站场检测控制规模来确定。常采用单机、双机系统，一般不用双机串联、多机并联系统。其原因主要是站场检测控制参数少，调节回路几乎没有，而站场工艺过程又比较稳定。

2. 单机检测控制系统

图2-5-5为单机检测控制系统框图，该系统主要由主机、显示器、打印机、键盘和接口部分构成。来自站内的过程状态参数，例如分离器液位高低限开关接点、进出站压力过高过低以及阀门全开全关信号等，通过离散量输入接口进入计算机系统。对于分离器液体的排放、多路流量计量管路的切换、站内电动阀门开闭以及站内模拟屏(若有的话)状态显示等可通过离散量输出进行控制。对于工艺过程参数，例如温度、压力、流量、液位等连续变化的模拟量，由变送器提供，经模拟/数字(A/D)变换后进入主机进行计算。若站内有调节回路，或改变调节器的设定点来改变工艺过程参数，通过数字/模拟(D/A)组件输出使工作过程参数保持恒定。

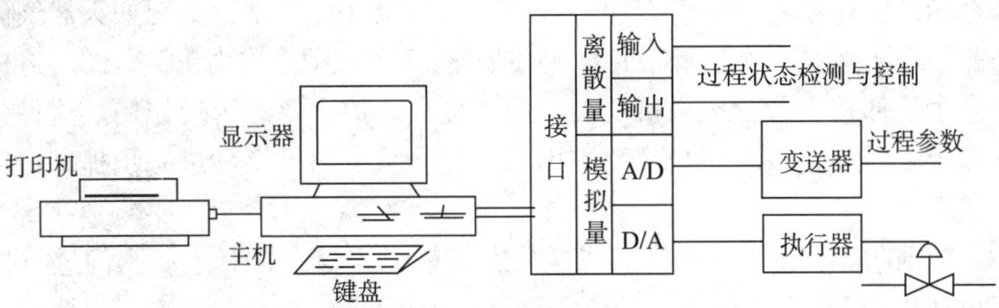

图2-5-5 单机测控系统

显示器、打印机、键盘等设备则完成监视、控制、修改等人-机对话和管理功能。

主机系统有多种选择与配置。早些时候常采用如TP801系列单板机，配以简单的键盘，窄行字轮式打印机、黑白显示器。随着微机性能的提高和价格的降低，常采用IBM-PC/XT、286、386型主机系统或工业控制机。近些年来，随着标准接口组件的出现，利用主机内空槽并安插组件可构成微机检测控制系统的硬件。若配以相适应的软件，便构成适合于站场的微机检测控制系统。

3. 双机检测控制系统

采用双机并联检测控制系统可由2台上机系统，通过切换开关与接口组件相连(图2-5-6)。切换开关可以是自动的，也可为手动切换，它与2台主机运行状态有关。当主机为热备用时为自动切换；冷备用时为人工切换。热备用时一台主机承担全站检测控制任务，由监视器(watch dog)或监视软件监视主机运行。一旦运行主机发生故障，由于备用上机内随时都有运行主机全部运行参数的副本，通过自动切换开关可无扰动地接替故障主机运行而变成运行主机。故障主机修复后又可成为备用主机或通过切换成工作主机。采用这种冗余配置可保证连续运行，大大地提高了可靠性。

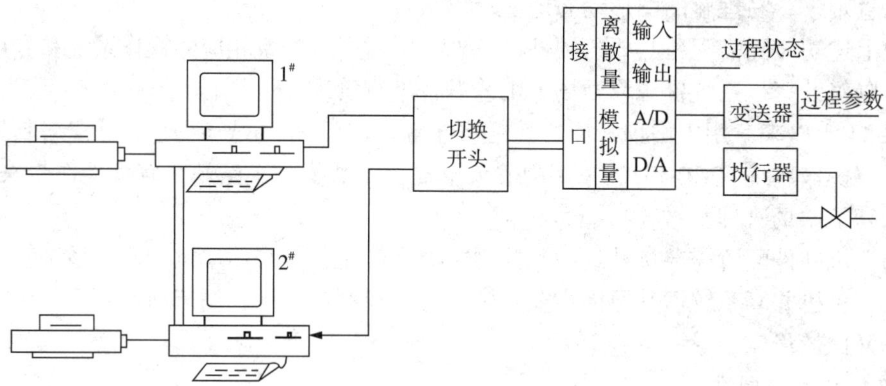

图 2-5-6　双机并联测控系统

鉴于集输工艺参数运行状态比较稳定，一般没有靠微机系统构成的调节回路。对于流量参数，正常工作时常在磁盘介质上定时(如10min间隔)存入。所以对于集气站这种简单的小型控制系统，为了简化系统、节约投资，常采用冷备用方式，实践证明是可行的。

4. 分布式监拉系统

图2-5-7为用微机监控的分布式检测控制系统框图。图中LG为局部控制器，它含有中央处理单元、存储器(ROM、RAM)、实时时钟及多个通信接口。每个局部控制器通过其中一个通信口与多个I/O模块相接，另一个通信口与主机通信。每个LG能独立进行数据采集、数据寄存和逻辑运算功能。若有协处理器时可加快计算速度，实现如天然气流量计量等复杂计算功能。对于过程状态监测、PID闭环控制(若有的话)均由LG完成。这样，过程检测与控制由多个局部控制器分担主机功能，而主机只承担必要的管理作用。这种分工合作方式，可将故障带来的危害限制在局部范围内，使整个系统的可靠性进一步提高。

5. 结论

(1)站场微机的应用对站内主要工艺参数进行集中监测，并对主要阀门进行控制，提高了站场管理自动化水平。

(2)用微机能实时计算天然气流量，计算速度快，计量精度高，减少了许多烦琐的人工运算。特别是站内有多路流量计量管路时，集中计算可使投资较少。

(3)目前通用微机都具有串行与并行接口，只需采用局部网络组件就可并入本地网。若配MODEM或数传电台便可与远地数字终端设备或数字接收设备交换信息。当然，必须配备必要的通信软件。

(4)采用微机作集输站场检测控制也存在某些不足，特别是单机系统中进行流量的集中检测与计算。由于流量是矿场集输中很重要的参数，它是财务结算的唯一依据，采用集中计量时，一旦微机出现故障将对生产管理与经营产生巨大影响。此外，在运行中计量仪表常需定期校验，节流装置需要清洗；为防校验信号进入微机造成不正确计量，也可能漏计流量，常需操作人员与仪表调校人员相互配合，这增加了诸多不便。再者，近几年来微机更新换代甚快，站场上就已用的机型来看各不相同，采用的语言品种较多，软件的开发没有统一的标准，常随开发研究单位而异，使之通用性较差。若由用户自行进行功能扩展则比较困难，使推广应用受到限制。

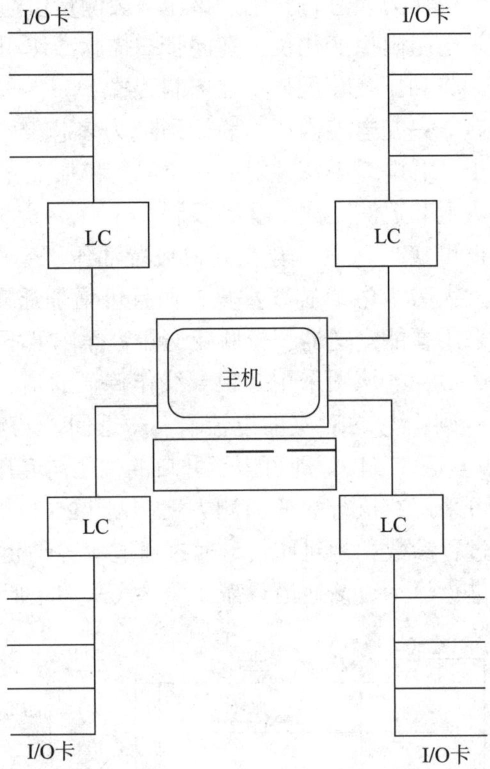

图 2-5-7　微机监控分布系统

二、遥测系统的应用

遥测系统是利用遥测装置对远端工艺参数进行测量。在矿场集输中，常通过有线或超短波电台在集气站对井场油压、套压等参数进行远距离测量。

在多井集气工艺中，常温分离的井场工艺流程十分简单。即使在工艺较复杂的井场，也可采用遥测系统。它能及时收集井场参数，实现井场装置无人管理。在边远地区，交通不便的气井显得十分优越。

1. 遥测系统的功能

采用遥测系统可实现下述功能：

(1) 实时采集远端参数和运行状态，使管理人员及时了解生产现状。

(2) 利用遥测装置操作键盘，可对远端进行轮询、编组轮询和定点监视、定时监视等运行方式进行选择。

(3) 利用遥测装置显示设备集中显示原始检测值、中间变换值和最终运算值。

(4) 利用存储单元或记录设备，连续记录运行趋势变化曲线，并可长期保存有关数据。

(5) 按照设定门限，遥测装置可自动判断运行参数是否越限；一旦越限，可进行声光报警。

(6) 当配备有打印机时，可按要求打印有关参数和制定报表。

2. 遥测系统工作原理

遥测装置无论国内还是国外，产品品种甚多，在矿场集输中都有一定的适应性。

早在 20 世纪 70 年代，在四川隆昌气矿兴隆场集气站上采用有线传输的遥测装置，可分别对设在多个井口的光电编码压力表进行扫描。该压力表测量值通过按格雷码刻制的码盘变换成与压力值相对应的光敏电阻阻值变化位；在同步扫描脉冲作用下，通过并行—串行—并行码变换及单位变换后顺次将油压及套压显示在遥测装置上。

采用该装置，井口只有2只光电编码压力表。通道为多芯架空电缆与调度端装置相连，系统结构十分简单。但由于多芯电缆中每芯对应一位码元，加上光电码的电光源都通过多芯电缆通道供给，势必在投资上和遥测距离上受到限制。

运用电流连续性原理也可实现遥测。若在井口设置油压、套压的压力变送器，如1151型类似的变送器，不仅可大大减少电缆芯线数量，而且可增加遥测距离，乃至可用3~4根架空明线就可实现。如若采用智能变送器，校验变送器等操作可不去井场便可完成。

该方案遥测原理见图2-5-8。该图采用3根导线作传输通道，电源$+E$由集气站供给井口变送器p_1、p_2，压力信号则由与之对应的电流i_1、i_2返回。若集气站采用电压接收，在R_1、R_2两端将产生对应的电压V_1、V_2，即可表示井口的油压与套压。

若井口检测点较多，可采用有执行端的遥测方案(见图2-5-9)。该遥测装置在同步脉冲驱动下，顺次扫描每个过程参数；相对应信号通过通道，各码元同步进入调度端并分别存入对应单元，顺次或按需进行显示。该通道只需2根导线采用星形或分支形网络结构均可。

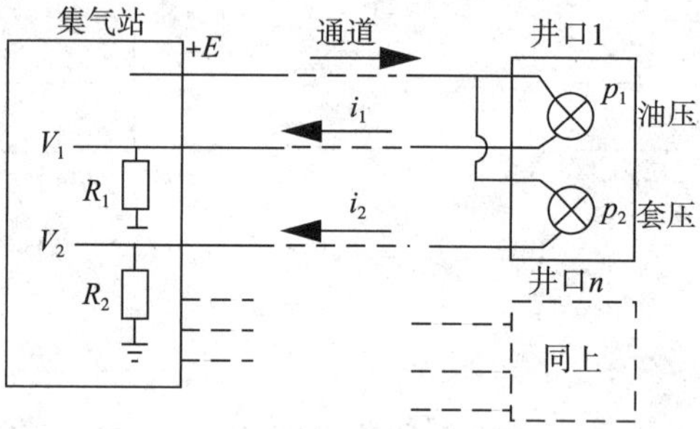

图2-5-8 遥测原理图

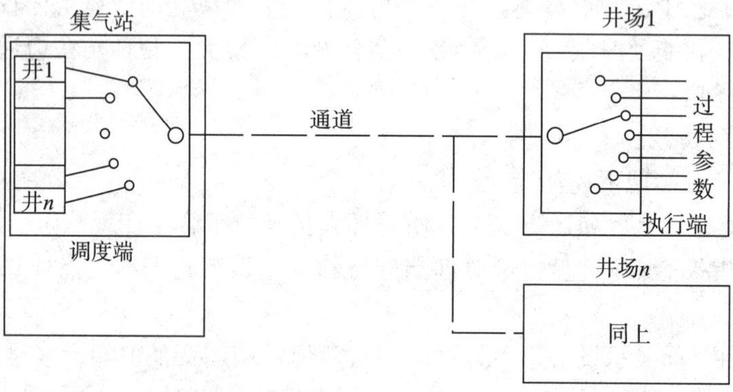

图2-5-9 有执行端的遥测原理图

采用SCADA系统RTU作遥测系统执行端，并利用它的数据采集，计算功能可实现工艺参数的遥测。若采用智能RTU，在系统正常时可完成遥测系统诸多功能。当出现通道故障或主端调度装置故障时，各遥测终端仍能在本地检测、变换、计算与存储。系统恢复正常后，存储的历史数据还可再传送到主端调度装置。

由于在矿场集输中遥测系统的工作环境恶劣，遥测设备工作环境温度范围要宽，应能在无空调无吸湿设备或在室外只有防护箱环境下长期稳定运行。由于气井分散，在设备上应有抗各种干扰措施，要具有抗浪涌和抗雷击能力。在耗电方面要采用低功耗器件，并可适应多种供电电源。为了适应新的气田开发，设备应有扩展能力，并有适应通信要求的通用标准接口。

三、站场自动化

集输系统的检测与控制主要集中在井场、集气站、矿场压缩机站。因此实现站场自动化具有特别重要的意义。

在四川，气田自动化研究进行了多年，经历了实践—认识—总结—再实践的过程。实践证明应以就地自动化为主，对检测仪表和执行装置进行攻关，再实现站场自动化、集输系统自动化。

根据井场常常无外来电源或外电不可靠的特点，除研制了靠井口天然气压力能为动力的天然气发电机外，还针对采输工艺要求，研制出如井口高低压安全截断阀、带导阀的高压力式调压器、高压自动液位检测排放系统、高级孔板节流装置、长周期双笔记录仪和流量计算机等单参数的检测控制装置。随着防爆电气仪表的出现，低功耗电子器件的问世，在线式不间断电源的应用给站场自动化奠定了基础。

1. 常规仪表为主的站控系统

采用常规仪表，按单回路检测控制方式构成自控系统是最常用的一种。它按被检测控制对象和需要的功能，用电动单元组合仪表实现站内集中监视与控制(见图 2-5-10)。

按照本方案，变送器可安装在检测点附近，通过控制电缆接入控制室；在控制室设立仪表盘，由指示表、记录仪、计算器、报警器，控制器及模拟屏等完成相应功能。操作人员在控制室即能全面了解全站运行状态和控制全站的运行。

2. 以 RTU 为主的站控系统

站场自动化可用 SCADA 系统的智能 RTU 或 PLC 再配以操作员接口来实现(见图 2-5-11)。

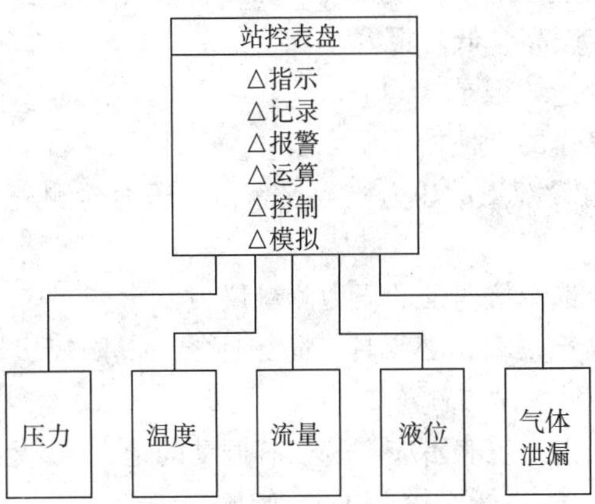

图 2-5-10 站场检测控制图(一)

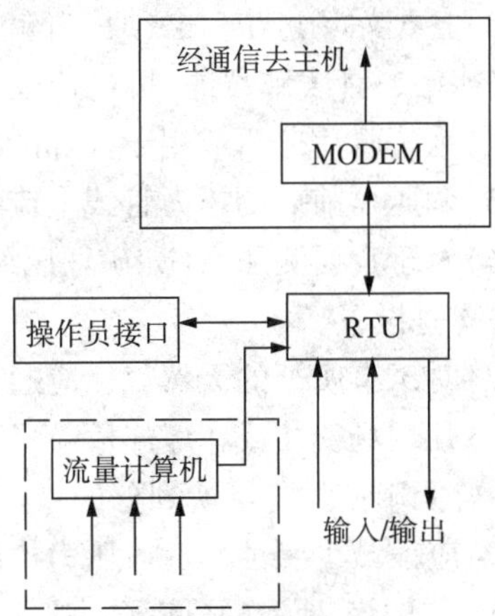

图 2-5-11 站场检测控制图(二)

该方案需在集输自控系统统一规划下，在站场控制室设置智能远程终端或可编程序控制器。利用它的模拟量输入/输出组件，离散量输入/输出组件与变送器、执行器相连；显示、报警、运行趋势、控制等可通过操作员接口设备来实现。对于无人管理站场，操作员接口可不设置或采用便携式结构设计。流量计算可利用 RTU 内运算功能或采用单回路流量计算机。

此时，单回路流量计算机利用它的串行接门与RTU交换数据。该站控制系统可以独立工作，也可利用RTU通信接口，经通信系统与SCADA系统主机通信。

采用这种方式的站控系统结构简单，操作维护方便。由于RTU按工业环境标准设计，可靠性高。在通信中断或SCADA系统主机故障情况下可自成系统，独立承担站内检测控制任务。

第三节　检测与控制

参数的检测和控制是实现站场自动化管理和集输系统自动化管理的必要条件。检测仪表性能和设置正确与否直接影响对工艺参数检测的准确性和实时性。一个好的高性能的检测仪表能及时可靠地反映工艺参数变化，准确无误地提供给控制系统进行运算和发出控制指令。控制设备则接受控制指令，使工艺参数保持恒定或维持在安全运行的范围内。这就要求控制设备在安全可靠基础上反应迅速，灵敏度要高。

压力是表征输气系统的重要参数。在矿场集输系统中，压力值常常都很高，集输管线、分离、计量等设备都有规定的设计压力，通过检测与控制使天然气压力保持在允许范围内，保证设备和人身的安全、长期可靠的生产具有重大意义。

气井井口压力和地下储量紧密相关。特别是在气田试采过程中，井口压力变化规律常对气田开发，天然气集输系统总体规划具有指导性作用。

按照天然气计量规范，工作状态下的流量需采用压力、温度补偿，以换算为标准状态下的流量。所以在流量测量时，需要按规定进行压力参数的测量。

1. 压力检测的设置原则

(1)高压设备必须要在能反映设备内部压力之处装设就地指示压力表。该表不得因进出口阀门关闭而失去指示设备内压力的能力。

(2)天然气井井口除有就地指示压力表外，宜对油压和套压进行连续的记录。

(3)各类站场进出口必须设置就地压力表。检测点压力过高、过低(如加热炉熄火后造成管路冰堵、管线破裂等)可能造成危害时，应设高、低压报警。

(4)为了日后分析或用于计算的压力应进行连续记录。

(5)调压器前后的压力管线上应装设便于操作的就地指示压力表。

(6)对于重要测压点(如矿场压缩机出口)宜设双重的压力检测仪表，或压力检测表、压力开关同时设置。

(7)对于有腐蚀的天然气，应通过隔离液或选用抗腐蚀的压力测量仪表。

(8)凡现场安装或在爆炸危险场所安装的电气仪表，必须具有防爆性能；其防爆级别和分组不得低于该危险场所划分的级别与组别。

(9)应该减少腐蚀环境对压力检测仪表的损害；仪表不应安装在有振动的地方。

(10)为了就地清晰可读，宜选用径向不带边的表壳直径150mm或100mm压力表。测量精确度宜为1.5级或2.5级；变送器精确度不应低于0.5级。

(11)矿场集输中一般压力都较高，当压力大于40kPa时应选用弹簧管压力表；当超过100MPa时，应有泄压安全措施。

(12)压力仪表量程：在测量稳定压力时，正常操作压力宜为量程的1/3~2/3；测量脉动压力时，正常操作压力宜为量程的1/3~1/2。

2. 压力检测的典型应用

对于缺乏电源的井口可采用 YZJ-121 型、YZJ-122 型长周期单针双笔压力指示记录仪，它是四川石油管理局设计院针对石油天然气井口特点研制的仪表。采用该表不需要供电或压缩空气，它用长周期的钟表机构，上足发条可连续记录油管压力和套管压力达 7d 以上。由于安装简单，操作维护方便，它是解决无人、无电的井口压力检测，实现就地指示与记录的较好仪表品种。

该仪表测量原理为采用弹簧管受压变形，通过杠杆连杆机构放大带动指针进行指示并驱动记录笔移动进行记录。

为了测量油压与套压，仪表内有 2 套测压器，2 套杠杆驱动的记录笔和 1 套走纸系统。能对高达 60MPa 的压力进行测量，测量精度为 2.5 级。可在-5～70℃室内环境下长期稳定运行。

为了集中显示、记录、报警或远传，一般都选用防爆电动仪表，如电容式、扩散硅式、振弦式、电感式和位移式等二线制仪表。图 2-5-12 为一个压力测点的指示、记录、上下限报警和远传回路框图例。现场仪表为 1751 压力变送器，盘装表为 EK 系列仪表。报警点由指示表设定，它的报警接点去驱动光字牌和声响器件。

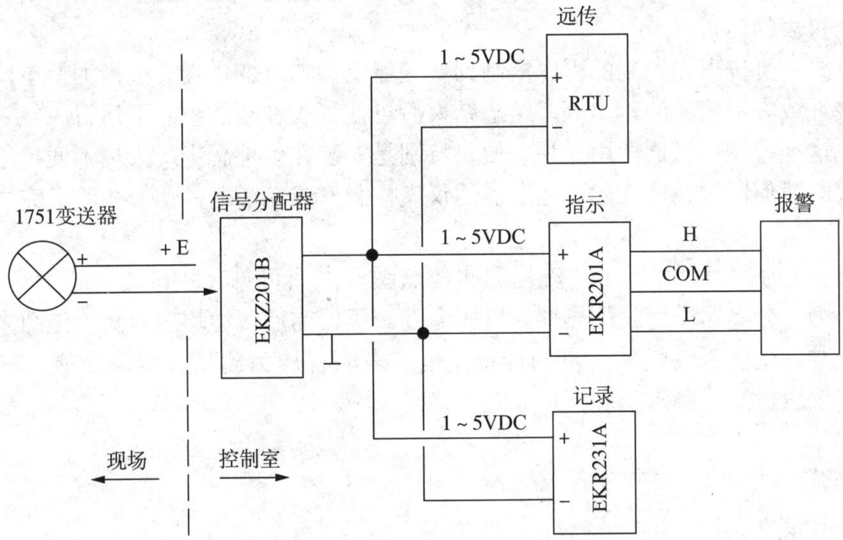

图 2-5-12　压力指示、记录、报警、远传框图

仪表测量回路除按隔爆系统设计外，也可按本安系统设计。此时应将信号分配器采用与变送器相关联的安全栅取代。仪表盘内布线，安全栅与变送器间线路的电感、电容及走线、接地等均应严格按有关本安系统规定执行。只有现场仪表、相关联仪表及信号引线回路都是本安的，才是本安系统回路。

微处理器引入模拟式变送器后构成的智能变送器，在变送器家族中又增添了高性能的成员。如霍尼威尔(Honeywell) ST3000、ST200、ST900 系列变送器，它在扩散硅传感技术基础上引入微处理技术，使之具有更宽的测量范围(16∶1 以上)，更高的测量精度(0.1 级或更高)；具有环境混度、静压补偿，自诊断和双向通信功能。

图 2-5-13 为该变送器内部结构框图和应用原理图。图中记录仪、调节器采用电流信号输入。

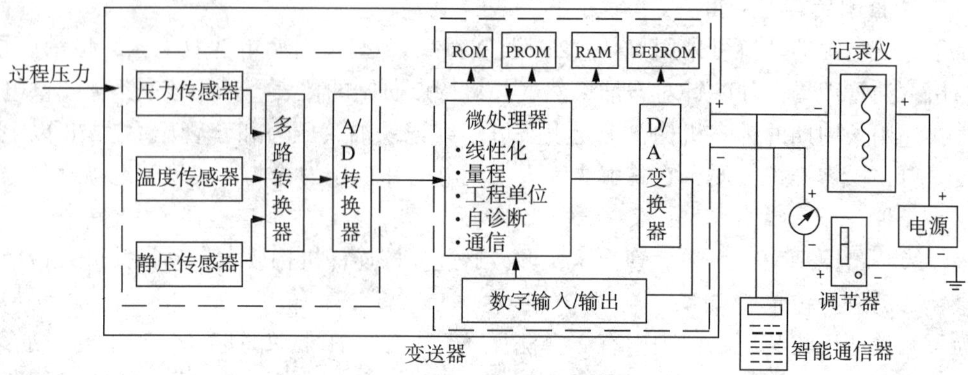

图 2-5-13　智能变送器测量原理图

图中智能通信器未接入智能变送器测量回路，并采用模拟信号测量时，则测量回路的外特性与模拟变送器测量方式相同。当接收仪表为数字式仪表时，对检测的压力能达到更高的准确度。当智能通信器在任何位置跨接在信号线路上时，可对变送器进行测试和组态。

在测试状态，可进行变送器中各组件和软件的测试、智能通信器的自诊断和测量回路的测试，测试结果将显示在通信器屏幕上。在测试时不干扰生产过程的模拟输出信号，不影响原测量回路仪表的运行。

组态方式，可按事先编制的程序复制到变送器上，如改变量程、选择测量单位、设置阻尼时间、线性或方根信号的输出等。组态结束后可使仪表在新的组态下运行。

可见，这类智能变送器使用极为方便。特别是安装在条件恶劣，人员不便接近操作的地方，使用智能通信器时，可在远离变送器的仪表控制室或端子箱的信号线路上完成校验、测试等工作。

图 2-5-14 为某工程井场工艺流程和测控点图。由图可见，井口油管压力、套管压力、节流阀后压力、分离器压力、加热炉进口压力及调压器前后压力均应检测。该图未表示出燃料气的处理与计量、采输气体流量的计量，也未表明各压力测量应实现功能。在实际设计时，应根据仪表检测控制水平和管理方式来确定。

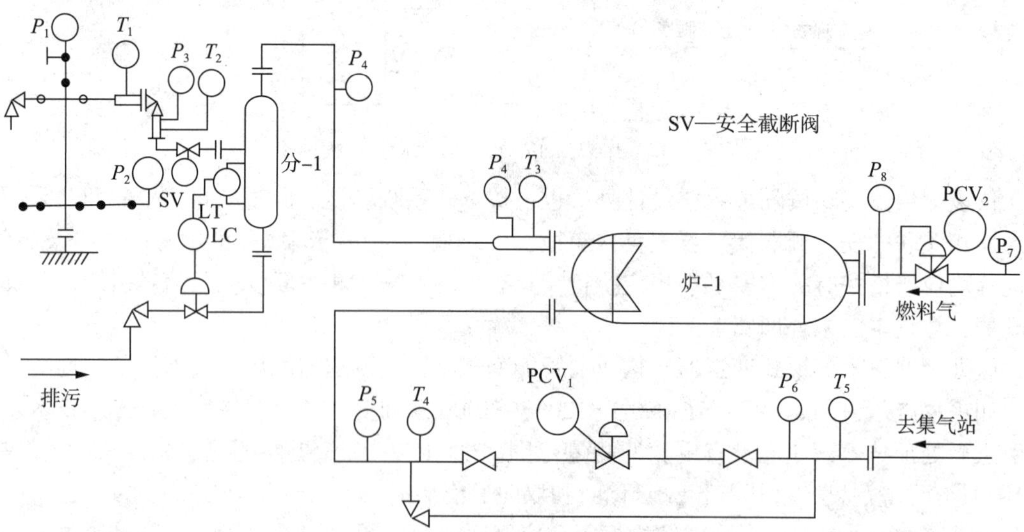

图 2-5-14　井场工艺流程及测控点图

3. 压力的控制

集输系统的压力一般不采用电动调节阀，以防止掉电造成压力失控影响安全平稳供气。广泛应用的是利用天然气压力能为动力的自力式调压器。

采用一台自力式调压器，可在一定条件下使输送压力维持在某一水平上；采用多台调压器串联、并联，再结合安全截断阀、安全泄压阀可构成多种压力监控方案，以确保工艺设备安全和不间断地输送天然气。

1)一级调压控制原理

图 2-5-15 为自力式调压器工作原理。在输气管线上安装一台调压器，在 $p_1>p_2$ 条件下，可自动维持 p_2(或 p_1)为某一定值。

调压器由主阀、指挥阀、阻尼阀和压力取压管路组成。

主阀是调压器的关键设备。它由上膜盖、下膜盖、托盘、膜片、弹簧、阀芯、阀座、阀体等组成。它接收从指挥阀输出压力信号 p，在克服弹簧和 p_2 平衡力后由膜片移动驱动阀芯上下动作，改变阀芯阀座间隙，从而改变通过的流量。

指挥阀主要由阀体、喷嘴、挡板、膜片、设定弹簧、调节杆等部件组成。它利用喷嘴、挡板对主阀前压力 p_1 进行节流，再与主阀后压力 p_2，弹簧力比较后输出压力 p 送往主阀。阻尼阀是指挥阀输出压力 p 与被控压力 p_2 的节流通道，它对输出信号和被控压力有节流延迟作用。

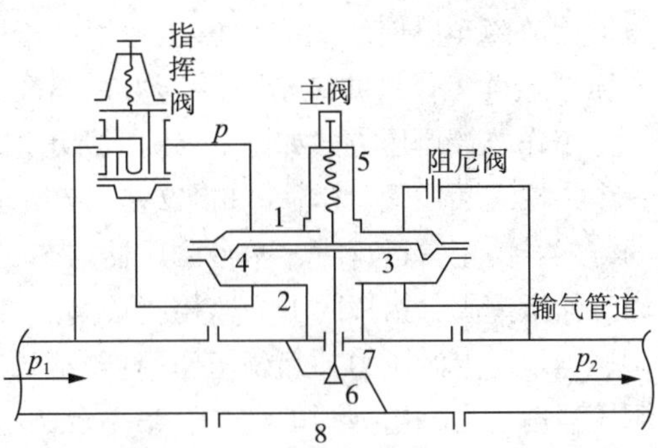

图 2-5-15　自力式调压器工作原理图

1—上膜盖；2—下膜盖；3—托盘；4—膜片；5—弹簧；6—阀芯；7—阀座；8—阀体

假定主阀后压力 p_2 因某种原因上升并超过由指挥阀弹簧设定压力值时，升高的压力首先传递给指挥阀下膜腔，使喷嘴与挡板间距减小，输出压力 p 相应减小，在不平衡力作用下使主阀膜片向上移动。阀芯上移使 p_2 下降，直到等于设定值为止。反之，当 p_2 下降时，通过调节作用使 p_2 回到设定值。

该调压器只需稍加改动，可作阀前压力控制。即当阀前压力高于给定值时，调压器开度增大，泄去过高压力。当流量过大或其他原因，使阀前压力降低时将减少开度使阀前压力回升。所以用于阀前压力控制有过压保护和限流功能。

2)串级调压原理

串级调压采用一台相同或不相同的调压器前后设置(图 2-5-16)。前一级调压器出口压力 p_3 即为后一台调压器入口压力，使 p_1、p_2 之压力差由二台调压器共同承担。

这种压力控制方式在第一台调压器因故障而全开时，第二台调压器若可以承担全部压力，将能继续维持调压功能。但是，当第二台调压器因故障而全开时，下游压力将升高到 p_3。这将会危及下游的安全；若任意一台因故障全关时，将中断该路供气。

与采用一级调压方式相比，采用二级串级调压虽然多了一台调压器，但可对较大压力差管路进行调压。特别是上游压力波动较大时，可使第一台调压器承担压力的波动，使第二台调压器调压性能得以改善。对于上下游压力差过大，如当调压器前后压力差超过临界比时，不仅使流通能力只与进口压力有关，而且过大的压力差会产生过大的噪声，造成环境声源污染。采用串级调压时在一定条件下可改善气流流动状况。当然，若在调压器内从结构上分别采取措施后，也可大大地降低噪声等级。

3)监控调压方式原理

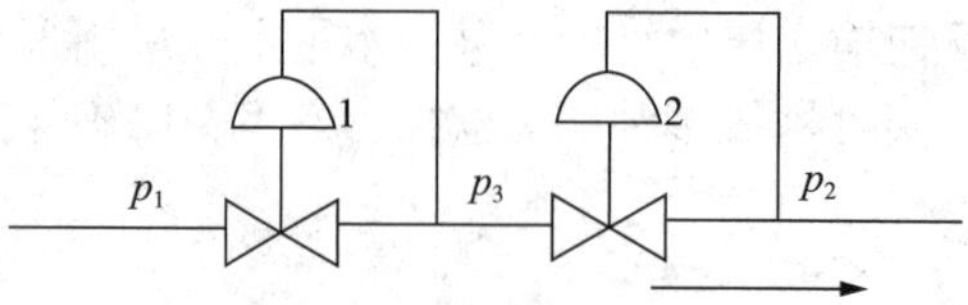

图 2-5-16　串级调压

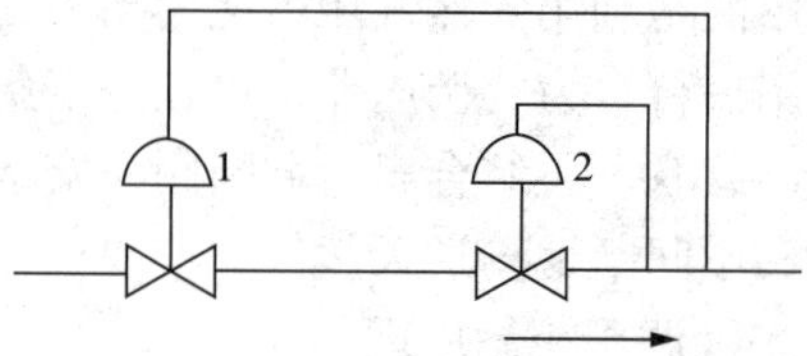

图 2-5-17　全开监控方式

上述两种压力控制在设备正常情况下可使下游压力维持在设定值上，但不能避免调压器故障时造成压力失控的危险。采用图 2-5-17、图 2-5-18 所构成的监控方式调压，可在一定条件下克服某些弊病。

图 2-5-17 为全开监控调压方式。正常运行时，可设定其中一台调压器为工作调压器，它承担全部调压功能；而另一台调压器为监控调压器，它全开而处于等待状态。一旦工作调压器因故障全开时，只要出口压力稍高于监控调压器的设定值时，监控调压器动作接替工作调压器继续工作，并维持下游压力在稍高于原工作调压器设定的压力水准上。

工作监控调压方式如图 2-5-18 所示。它也由两台自力式调压器串级连接构成，但增加了一个指挥阀和一条引压管(如图 2-5-17 所示 2 个指挥阀已省略)。采用对指挥阀设定值不相同的方式，使正常运行时，两台调压器与图 2-5-16 一样起串级调压作用。图2-5-18中指挥阀 2′为工作指挥阀，指挥阀 1′为监控指挥阀。第一台(上游一台)调压器若发生故障全开时，第二台调压器承受上游压力并起调压作用；若第二台调压器故障全开时，只要下游压力稍高于第二台调压器后压力，指挥阀 1′动作，第一台调压器承担全部调压功能。

无论是全开监控方式，还是工作监控方式都能保证下游不超压，但都不能保证任一台调压器故障而关闭造成供气中断。

4)截断型监控方式

截断型监控方式原理见图 2-5-19。截断型监控调压由一台调压器和一个截断阀构成。正常运行时，截断阀 1 全开，调压器 2 如同一台单级调压器一样工作。一旦调压器因故障而全开时，截断阀关闭而中断供气，从而避免下游过压的危险。

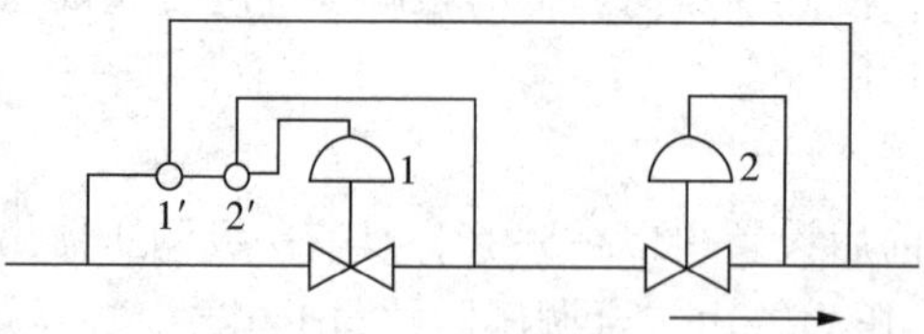

图 2-5-18　工作调控方式

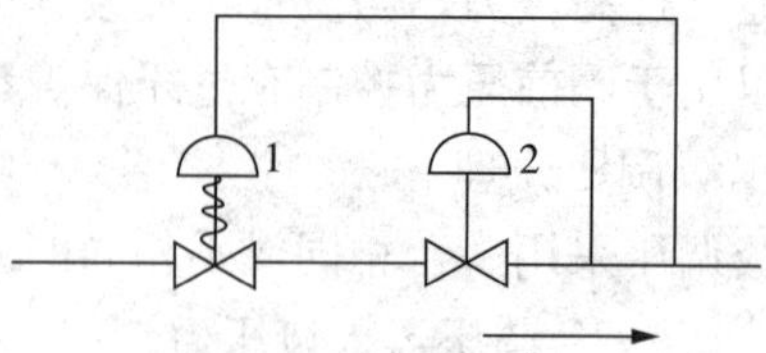

图 2-5-19　截断型监控方式(之一)

截断型安全截断阀可单独使用，如图 2-5-14 中 SV 阀门。在该图中，它可作高低压截断，以防止节流阀门故障和水套炉熄火因冰堵造成压力异常故障。它的压力监测点可在节流阀后或在水套炉出口气管线上。图 2-5-20 为某工程又一种截断型监控示例。来自分离器放液管路液体经 2 台串级保护的安全截断阀 1、2 和压力控制阀后进入凝液罐。当某种原因使凝液罐压力升高并达到安全截断动作压力时，截断放液管路。

5)泄压型监控方式

泄压型监控原理见图 2-5-21。这种方式主要是一个泄压阀，它可以是一个靠弹簧整定的安全放空阀。这里按阀前压力为监控点的自力式调压器来叙述。监控对象可以是调压器阀前或阀后压力，也可以是管道或其他压力容器的压力。当监控点压力过高时，该调压器开启泄去过高的压力。该调压器宜采用快开的流量特性。

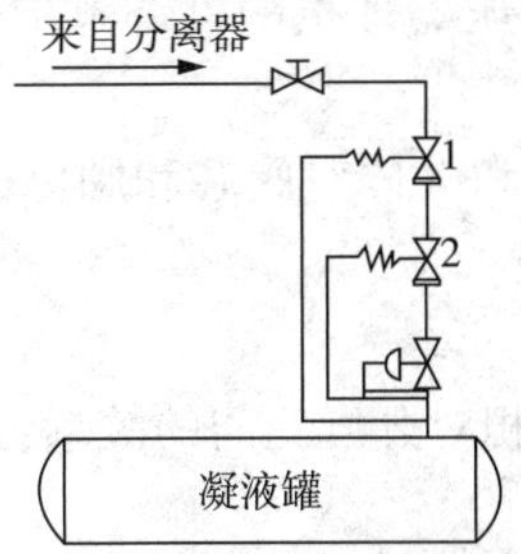

图 2-5-20 截断型监控方式(之二)

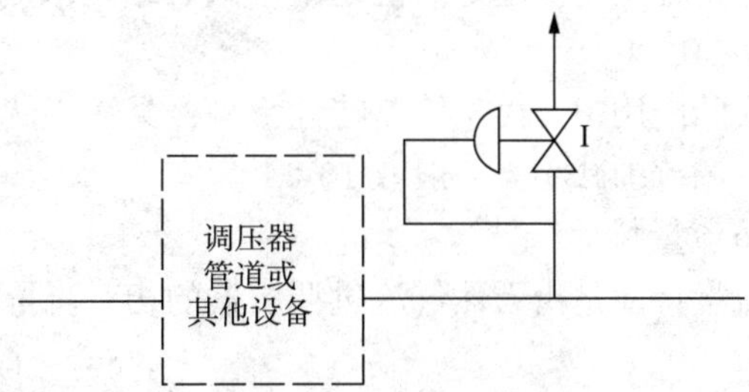

图 2-5-21 泄压型监控方式

上面几种压力监控方式都是集输系统中常用的调压保护方式。每一种方式都有其各自的特点。表 2-5-1 为各种监控方式的比较。

表 2-5-1 各种监控方式的比较

项 目	单级	中级	全开监控	工作监控	截断	泄压
设备台件数	少	多	多	多	少	少
测试方便性	方便	较方便	方便	方便	方便	方便
能否连续保证向用户供气	不能	不能	不能	不能	不能	能
有无气体泄放导致公害	不会	不会	不会	不会	不会	有
自动操作后是否需要人工复位	不要	不要	不要	不要	要	不要
是否会导致调压器流通能力下降	不会	会	会	会	不会	不会
正常运行时是否都处于调节状态	是	是	不是	是	不是	不是
系统动作后供气部门是否需要采取应急措施	要	不要	不要	不要	要	不要
从压力记录曲线上能否看出调压器监控异常	能	能	有可能	能	不能	不能
从压力记录曲线上能否分辨调压器工作异常	能	能	能	能	能	能

上述各种监控均由自力式调压器、安全截断阀组成。在实际应用中，考虑到管线设备长期稳定运行，并且不超压、不失压，不对环境造成污染，可靠地集输天然气，宜采用上述监控方式相结合的混合监控方式。也可酌情考虑气动、电动、电-气联动方式来构成。图2-5-22为一个混合监控的例子。该图采用全开监控、并联调压、安全截断和泄压放空相结合。管路为一用一备方式，从而保证供气的安全性与可靠性。

由于单路全开监控不能保证调压器关闭故障而截断供气。这里采用一用一备方式，并对不同调压器建立不同的压力设定值。当一路中断供气、将导致下游压力降低。该降低的压力将使备用一路不用人工干预即可自行启动使备用调压器投入运行。

4. 调压器的选择与计算

集输系统一般没有压缩空气设施，外来电源可靠性较差，所以大都采用自力式调压器。具体选择时主要考虑因素是可调范围、流量特性和流通能力。

1) 可调范围

调压器可调范围 R 由式(2-5-1)定义:

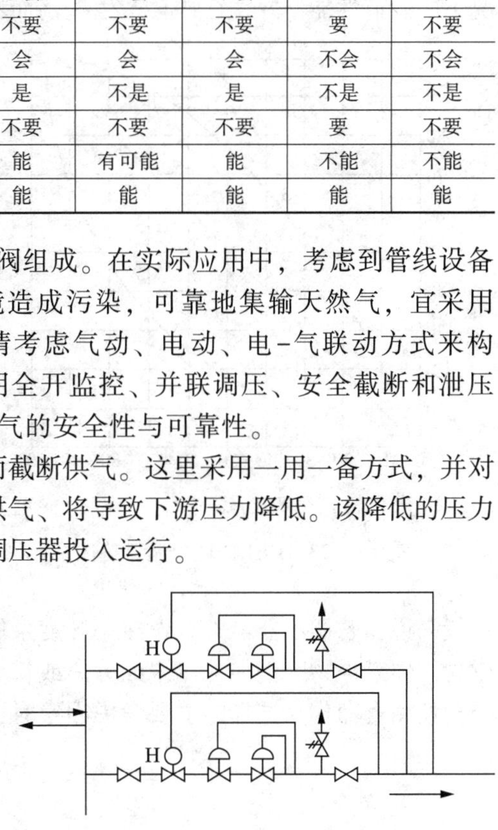

图 2-5-22 混合监控方式

$$R=\frac{\text{调压器控制的最大流量}}{\text{调压器控制的最小流量}}=\frac{q_{\max}}{q_{\min}} \tag{2-5-1}$$

在理想情况下，可调范围能换算为最大流通能力与最小流通能力之比。该值从控制角度出发总是希望越大越好。但是由于阀芯结构限制，常用调压器理想的可调范围小于 50∶1，一般为 30∶1。

实际应用中，由于管路特性影响，集输天然气的腐蚀和气体对阀芯和阀座的冲刷磨损，会使可调范围减小，一般取 10∶1 为宜。

2) 流量特性

流量特性是指天然气流过调压器的相对流量与调压器相对开度之间的关系：

$$\frac{q}{q_{\max}}=f\left(\frac{l}{L}\right) \tag{2-5-2}$$

式中 $\frac{q}{q_{\max}}$ ——调节阀某一开度流量与全开流量之比；

$\frac{l}{L}$ ——调节阀某一开度行程与全开行程之比。

通常，调压器有直线、等百分比和快开流量特性三种：

(1) 直线流量特性是指调压器相对开度与相对流量之间呈线性关系，即它的单位行程变化所引起的流量变化是相等的。采用这种流量特性时，在流量小时同一相对开度的相对流量变化较大；而流量大时，流量相对值变化小，直线流量特性阀门在小开度(小负荷流量)情况下的调节性能不好，往往会产生振荡而不容易控制。

(2) 等百分比流量特性是指单位行程变化所引起的流量变化与该开度下的流量成正比关系。经推算，在同样行程变化的情况下，流量小时流量变化小，流量较大时流量变化较大。当接近关闭时，工作缓和平稳；接近全开时，放大作用大，工作灵敏，调节特性好。

(3) 快开特性是指调压器行程小时，流量变化量较大。随着行程增大，流量很快达到饱和，这种特性调压器常用于两位式调节，如图 2-5-21 所示的泄压放空阀。

图 2-5-23 为调压器三种流量特性比较图。在集输系统中常用的是等百分比和直线流量特性的调压器。

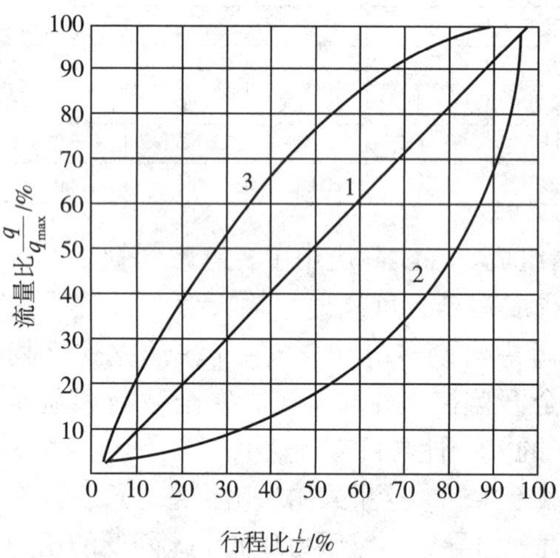

图 2-5-23 调压器理想流量特性

1—直线；2—等百分比；3—快开

直线流量特性和等百分比流量特性的选用：一般来说，若调压器经常工作在小开度条件时，宜选用等百分比的流量特性；但是当天然气中含固体悬浮物，例如井口未经分离或初步分离的天然气，因为直线型阀芯表面不易磨损，当把使用寿命作为选择的主要考虑因素时，应选直线型流量特性的调压器。

第六章　站场安全放空及火炬的设计

放空系统是天然气站场安全设施的重要组成部分，其完善决定了输气管道和处理装置的平稳运行和人民生命财产及国有资产的安全。随着各类大型气田的开发、长距离高压大口径管道工程的建设，在处理气量大、压力高、酸性介质含量高以及系统复杂的天然气工程设计中，泄放系统设置问题更加突显。

影响安全泄放的关键因素均为超压，而防止超压继续扩大的主要手段就是安全截断。所以，在此环节，其工艺配置要与自动控制系统配置紧密相关，超压时系统应由压力变送器提供压力高报警，压力超高与紧急截断阀(井口安全截断阀、进出站截断阀)连锁，以关断气源。具有较高自控水平的工艺系统，可减少放空概率或者避免放空。

系统放空主要是对安全阀的设置有很高的要求，作为保护系统超压的最后一道屏障，安全阀应保证在规定的范围内正常开启，以避免设备或者管道发生爆炸。安全阀可以保护一个设备或整个系统，且应尽量靠近被保护设备，被保护设备应满足在发生事故时无任何与安全阀相通的隔断设施。

一、放空工艺设备

1. 火炬/放空立管

放空火炬的尺寸应通过放空量进行计算确定，为保证放空气体的充分燃烧，泄放时马赫数不超过0.5。在处理气量大、处理压力高的工况下，可采用高压火炬，减少火炬及各级放空管线的直径。但背压增高，放空管线压力等级将有所增加，因此需根据各工程具体的放空气量从经济及操作上进行综合比较后决定。在实际工程建设中，对于放空量较小、人烟稀少的位置，根据工程特点，也存在气体直接放空，选择只设置放空立管，其前提条件是不引起火灾或爆炸危害。

2. 放空分液罐

放空分液罐应满足的工艺设计条件是分离气体中直径大于300μm的液滴，其位置可有三种选择，即站场围墙内、火炬区以及放空管线的最低点。

3. 阻火设施

长输管道工程通常采用阻火器；内部集输系统阻火设施有阻火器和分子封(或者动密封，较少使用)，后者需要的配套系统较多。采用阻火器时，若放空气中杂质较多，宜设带有爆破片的旁通放空管路，以防止阻火器堵塞之后放空系统憋压。

4. 点火设施

火炬点火装置在正常工作情况下是连续燃烧的，不需要专门打火，但如果火炬点火装置熄灭了或第一次投运点火装置时，就必须要给点火装置再次打火，以保证点火装置点火头处始终有火焰。目前，打火方式主要分两种，一种是最常规的火焰锋打火；另一种是电打火。

图2-6-1点火装置是靠燃料气计量节流孔的节流产生的负压作用将外部大气中的空气吸入并混合后点燃的，但有时也采用空气与燃料气单独计量。采用单独节流孔分开计量后的空气、燃料气再通过混合器进行混合再点燃，这样做的目的是便于控制燃料气和空气的混合

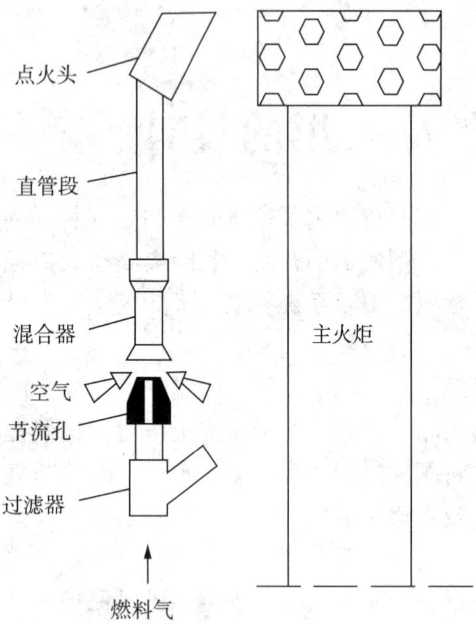

图 2-6-1　火炬点火装置结构示意图

比例，保证点火装置的稳定性。例如：甲烷气体能稳定正常燃烧的可燃性极限是 5.7～19(空气体积/甲烷体积)，如果实际运行中空气体积/甲烷体积低于 5.7 或大于 19，点火装置都是很难点火成功的。因此，采用单独计量燃料气和空气，计量后的固定体积比混合气更容易点燃。但这种设置依赖性更强，必须保证有持续的空气供应和燃料气供应，空气供应中断或燃料气供应中断都会导致火炬点火装置失效。因此，目前一般采用图 2-6-1 所示的靠燃料气计量节流孔的节流产生的负压作用将外部大气中的空气吸入并混合后点燃的火炬点火装置较多一些。

二、放空立管的设计

设计合理的放空立管能保证火炬燃烧效率、热辐射、噪声和气体扩散等完全满足环境保护有关要求，有效减轻污染和其他公害，改善环境质量，使工程设计的社会效益、经济效益和环境效益相统一。本文将围绕热辐射、噪声和扩散等关键问题，详细论述天然气集输站场放空立管的基本设计原则和方法。

1. 放空立管直径

确定放空立管直径的主要因素是管口气体排放速度。理论分析和实践经验表明，天然气集输站场这种非连续性、短时间的紧急放空，管口气体流速以 0.5 倍音速为宜。这时喷射功能居主导地位，排放气体与空气的混合速度极高，混合气体很快稀释至可燃性低限。在该排放速度下，火焰稳定在管口上方，燃烧效率可大于 98%。

放空火炬燃烧属扩散火焰，火焰前端正对放空管口，燃烧速度是火焰前端进入未燃烧的可燃混合物的速度。气体排放速度过低，火焰燃烧速度大于气体流速，会导致部分火焰前端进入管口内，使管口过热或火焰熄灭。在低排放速度下，火焰完全受风影响，火炬口下风向低压区可能造成火焰沿火炬下行，气体中的腐蚀性物质能加速火炬口金属的腐蚀。放空速度过高，火焰燃烧速度低于气体排放速度，则火焰会上窜，在气流中远高于点火点处形成新的稳定状态，这时火焰可能接近或处于可燃混合气体边界，燃烧效率将降低。

放空立管内径按下列公式计算：

$$v_s=\left(\frac{KRT}{M}\right)^{0.5}=91.2\left(\frac{KT}{M}\right)^{0.5} \tag{2-6-1}$$

$$v_g=0.5v_s \tag{2-6-2}$$

$$d=2\left(\frac{W}{\pi v_g}\right)^{0.5} \tag{2-6-3}$$

式中 v_s——管口放空气体中的声速，m /s；

v_g——管口气体排放速度，m/s；

K——放空气体平均绝热指数；

R——理想气体常数，8 319.9J/(kmol·K)；

M——放空气体平均摩尔质量，kg/kmol；

T——放空气体温度，K；

d——放空管口内径，m；

W——放空气体流量，m^3/s。

不点火的放空管，不考虑火焰稳定性和燃烧效率，排放速度可以增大，但最大流速不超过临界流速(即1倍音速)。这时，需校核噪声及气体扩散对环境的影响。

2. 放空立管高度

有关放空立管基本设计的立面几何尺寸如图2-6-2所示。

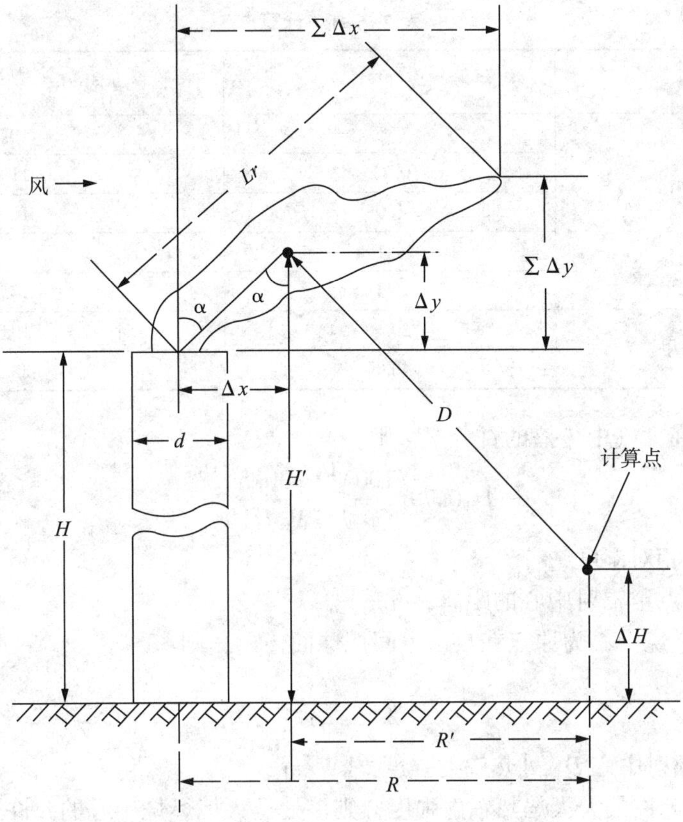

图2-6-2　放空立管基本设计尺寸

确定放空立管高度的主要因素是燃烧气体的热辐射强度。

1)热辐射强度

燃烧火焰的释放热能由式(2-6-4)求出：

$$Q = WQ_H \tag{2-6-4}$$

式中　Q——燃烧火焰的释放热能，kJ/s；

Q_H——排放气体低热值，kJ/m^3；

W——放空气体流量，m^3/s。

根据气体组成可求出混合气体低热值(Q_H)。对于未知组成的烃类混合物，可由下述经验公式求Q_H：

$$Q_H = 1890M + 3192 \tag{2-6-5}$$

释放热能(Q)一部分以辐射形式传播，辐射分率(F)随火焰直径增加而增加，但有一上限。甲烷及某种天然气扩散火焰辐射分率(F)的实验数据，见表2-6-1。

对于天然气放空立管，常用的 F 推荐值为0.19~0.2，也可由实验数据拟合的 F 表达式计算：

$$F=0.048M^{0.5} \tag{2-6-6}$$

或

$$F=0.2\left(\frac{Q_H}{33020}\right)^{0.5} \tag{2-6-7}$$

辐射热量通过大气层时，由于大气吸收造成 F 的衰减，在距辐射源150m外，F 的衰减可达10%~20%(见表2-6-1)。

表2-6-1 计算

气体	燃烧口径/cm	$F\times100=\frac{热辐射分量}{总热能}\times100$
甲烷	0.5	10.3
	0.91	11.6
	1.9	16.0
	4.1	16.1
	8.4	14.7
天然气(含95%甲烷)	20.3	19.2
	40.6	23.2

用 J 表示 F 在大气中传播的百分率，则：

$$J=0.79\left(\frac{100}{h}\right)^{1/16}\left(\frac{30.5}{D}\right)^{1/16} \tag{2-6-8}$$

式中 h——当地相对湿度,%；

D——计算点至辐射中心的距离，m。

设热辐射以燃烧中心为原点在自由空间按球面传播，则：

$$q_D=\frac{JFQ}{4\pi D^2} \tag{2-6-9}$$

式中 q_D——距辐射中心 D_m 处热辐射强度，kW/m^3。

若 q_D 为该处允许最大火焰热辐射强度，则该处至火焰燃烧中心的允许最小距离：

$$D=\left(\frac{JFQ}{4\pi q_D}\right)^{0.5} \tag{2-6-10}$$

允许最大火焰热辐射强度应等于允许最大总热辐射强度减去当地太阳热辐射强度。表2-6-2列出了推荐的允许最大总热辐射强度值。若无当地气象资料，太阳热辐射强度可按0.7785~1.041 kW/m^3 取值。

表2-6-2 允许最大总热辐射强度

允许最大总热辐射强度/(kW/m^3)	适用场合
15.77	对设备、构筑物或区域的热辐射强度。该区域无人值班或有热辐射屏蔽，如在设备后面
9.46	有人通过的区域，只允许暴露数秒，满足躲离要求
6.31	人员在事故条件下持续操作1min，无屏蔽但有适宜的防护服
4.73	人员在事故条件下持续操作数分钟，无屏蔽但有适宜的防护服
1.58	人员可连续停留

此外，还应考虑热辐射对热敏材料、电气设备及可燃介质的影响。

2)燃烧中心

规定辐射中心位于火焰正中，根据火焰总释放热由图 2-6-3 查出火焰长度(L_t)。计算当地水平风速(v_w)与气体排放速度(v_g)之比 τ，即

$$\tau=\frac{v_w}{v_g}$$

从图 2-6-4 查出火焰顶部相对偏移，为 $\sum\Delta X$ 和 $\sum\Delta Y$，则火焰中心水平和垂直偏移 ΔX、ΔY 为：

$$\Delta X=\frac{1}{2}\sum\Delta X,\ \Delta Y=\frac{1}{2}\sum\Delta Y$$

3)放空火炬高度

$$H=[D^2-(R-\Delta X)^2]^{0.5}-\Delta Y+\Delta H \tag{2-6-11}$$

式中　H——放空火炬最小高度(见图 2-6-2)，m；

R——计算点至放空火炬水平距离，m；

ΔH——计算点与放空火炬底部水平高差，m，计算点高于放空管底部为正，反之则为负。

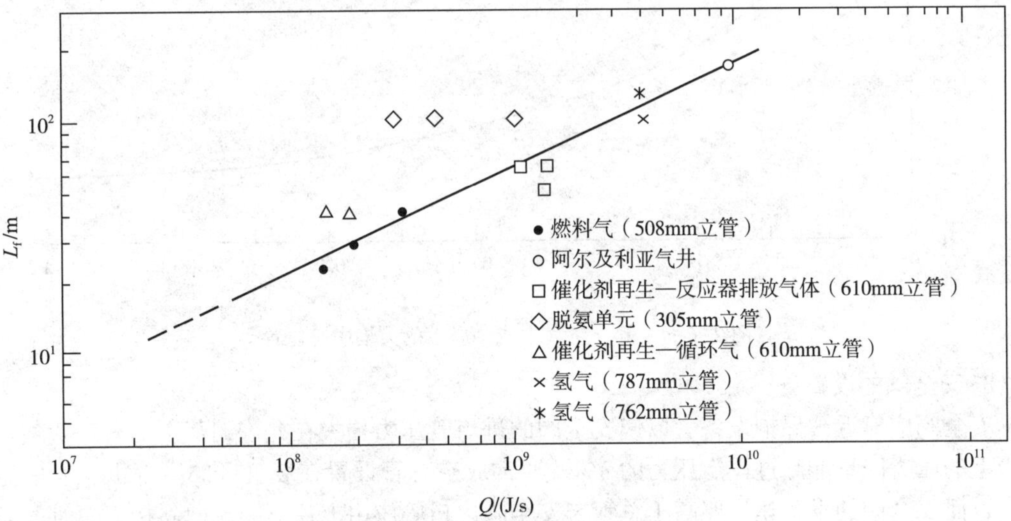

图 2-6-3　火焰长度与释放热量关系

3. 放空火炬系统的安全因素

在工程设计中，放空系统及火炬系统的安全设计需注意以下几点：

1)事故状态时最大负荷的确定

为使设备、装置安全稳定的运行，一般会在众多设备上设置安全阀等泄压装置，以达到在发生事故时，设备内压力达到泄放压力后，泄压装置自动开启，使设备压力回落，以保护装置的目的。防止超压的设计首先需要考虑可能引起超压的各种事故，然后根据产生压力大小分析此时必需的泄放流量。

2)管网的设计

在管网设计时，要考虑管网的布置。为使泄放气能畅通无阻地通过火炬进行安全处理，在火炬总管上不应设控制阀门等设施，以尽可能地减少阻力降，因为这些设施很有可能因故

障失灵；同时管路也不能存在管袋，且总管的坡度向总管下游倾斜，以防气体中蒸汽凝结堵塞或减小流通面积，增加阻力。

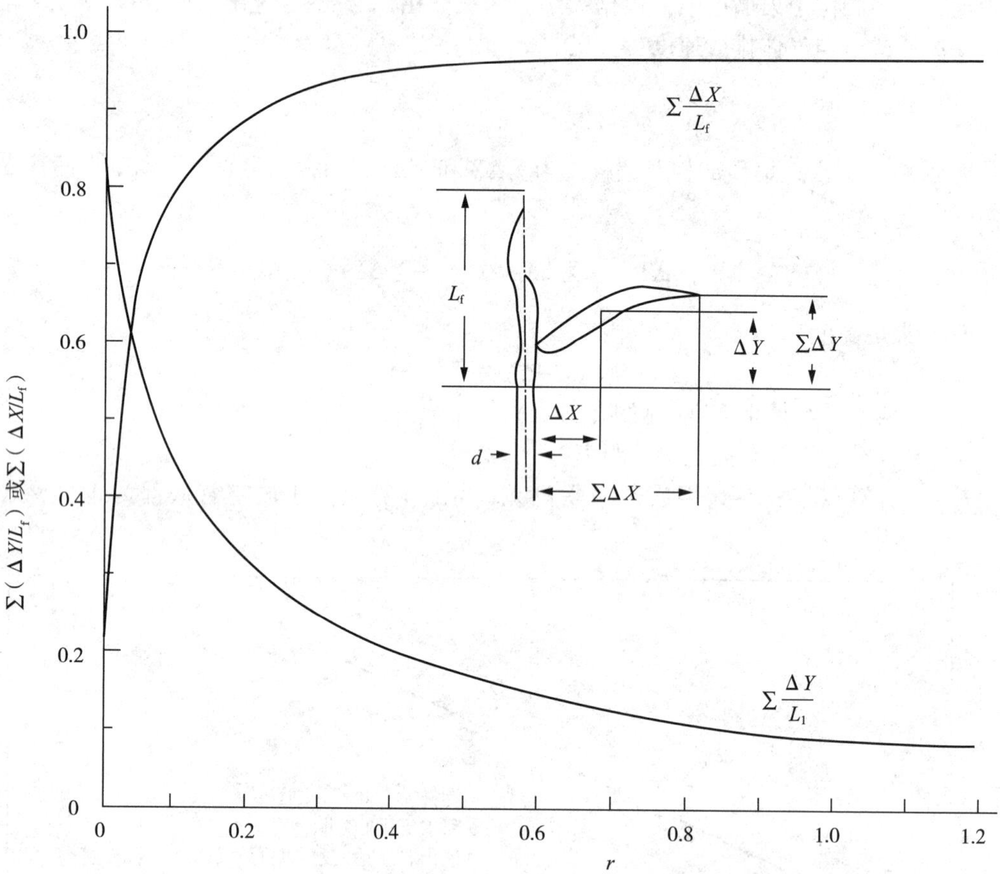

图 2-6-4　静止空气中或侧风下的火焰中心位置

3)安全阀的设置

安全阀应靠近被保护设备，以使安全阀的进口管压力损失在允许的范围内。一般气体在此管上的压力降不能超过设定压力的3%。通常放空总管设置在装置区的管廊上，有一定的高度，而安全阀的设置建议要高于总管，安全阀出口管应由上往下顺流向斜接入总管。若安全阀出门管出底部接入，便人为设置了管袋，易堵塞，容易对设备造成破坏。

4)确保空气不漏入火炬系统

为达到此目的，需注意以下几个方面：

(1)在火炬燃烧时要保持火焰的稳定性。

当气体速度很低、气流量较小时，即气流速度低于燃烧速度，火焰焰峰有可能回入竖管内部燃烧而发生“回火”；若速度更小，气量更低，可能在竖管顶部发生空气的返混，在竖管中形成爆炸混合物。相反，若气体的速度过大，火炬竖管顶端的火焰升到烧嘴之上与空气湍流混合，会产生“离焰”，即火焰会离开火炬顶部一定的距离，并发生严重的颤动。若速度再增加，火焰会继续往上浮，将有火焰熄灭的危险，这叫“脱火”，这将使大量有毒、有腐蚀、易燃易爆的气体外溢、扩散，不仅会造成人员伤亡，污染环境，严重的会导致爆炸、火灾。为保持火焰的稳定性，设计的气体速度要控制在一定的边界区域内，一般为 0.2~0.4MPa。

(2)液封装置的设置。

为了防止空气进入火炬筒，除了确保火焰的稳定外，比较普遍的方法还有设置阻火器与液封罐。确保操作人员和设备的安全火炬燃烧时，会释放出大量的热能，巨大的热辐射强度将会伤及操作人员以及损坏设备。在 API RP521 标准中，列出了一些火炬设计时允许的热辐射强度：

①当 $q=1.58kW/m^2$ 时，操作人员可长时间经受火炬的热辐射；

②当 $q=3.16kW/m^2$ 时是油气储罐、设备管线等工艺设施允许的热强度；

③当 $q=4.7kW/m^2$ 时，操作人员仅能停留几分钟；

④当 $q=6.31kW/m^2$ 时，此时热辐射强度为太阳的 6 倍多，操作人员仅能停留 1min 左右。当火炬周边有农田时，校核火炬设施是否对农作物有害，可用太阳辐射强度来确定所征用土地边界上的辐射强度。

第三编　天然气净化

第一章　天然气脱硫脱碳

第一节　脱硫脱碳方法的分类与选择

部分天然气中含有诸如硫化氢(H_2S)、二氧化碳(CO_2)、硫化羰(COS)、硫醇(RSH)和二硫化物(RSSR′)等酸性组分。通常，将酸性组分含量超过商品气质量指标或管输要求的天然气称为酸性天然气或含硫天然气(Sour Gas)。

天然气中含有酸性组分时，不仅在开采、处理和储运过程中会造成设备和管道腐蚀，而且用作燃料时会污染环境，危害用户健康；用作化工原料时会引起催化剂中毒，影响产品收率和质量。此外，天然气中 CO_2 含量过高还会降低其热值。因此，当天然气中酸性组分含量超过商品气质量指标或管输要求时，必须采用合适的方法将其脱除以达到标准。脱除的这些酸性组分混合物称为酸气(Acid Gas)，其主要成分是 H_2S、CO_2，并含有少量烃类。从酸性天然气中脱除酸性组分的工艺过程统称为脱硫脱碳或脱酸气。如果此过程主要是脱除 H_2S 和有机硫化物则称之为脱硫；主要是脱除 CO_2 则称之为脱碳。原料气经湿法脱硫脱碳后，还需脱水(有时还需脱油)和脱除其他有害杂质(例如脱汞)。脱硫脱碳、脱水后符合一定质量指标或要求的天然气称为净化气，脱水前的天然气称为湿净化气。脱除的酸气一般还应回收其中的硫元素(硫黄回收)。当回收硫黄后的尾气不符合大气排放标准时，还应对尾气进行处理。

当采用深冷分离的方法从天然气中回收天然气凝液(NGL)或生产液化天然气(LNG)时，由于要求气体中 CO_2 含量很低，这时就应采用深度脱碳的方法。

一、脱硫脱碳方法的分类

天然气脱硫脱碳方法很多，一般可分为化学溶剂法、物理溶剂法、化学-物理溶剂法、直接转化法和其他类型方法。

1. 化学溶剂法

化学溶剂法系采用碱性溶液与天然气中的酸性组分(主要是 H_2S、CO_2)反应生成某种化合物，故也称化学吸收法。吸收了酸性组分的碱性溶液(通常称为富液)再生时又可使该化合物将酸性组分分解与释放出来。这类方法中最具代表性的是采用有机胺的醇胺(烷醇胺)法以及较少采用无机碱法，例如活化热碳酸钾法。

目前，醇胺法是天然气脱硫脱碳最常用的方法。方法包括一乙醇胺(MEA)法、二乙醇胺(DEA)法、二甘醇胺(DGA)法、二异丙醇胺(DIPA)法、甲基二乙醇胺(MDEA)法，以及空间位阻胺、混合醇胺、配方醇胺溶液(配方溶液)法等。

醇胺溶液主要由烷醇胺与水组成。

2. 物理溶剂法

此法系利用某些溶剂对气体中 H_2S、CO_2 等酸性气体与烃类的溶解度差别很大而将酸性组分脱除，故也称物理吸收法。物理溶剂法一般在高压和较低温度下进行，适用于酸性组分分压较高(大于 345 kPa)的天然气脱硫脱碳。此外，此法还具有可大量脱除酸性组分，溶剂不易变质，比热容小，腐蚀性小以及可脱除有机硫(COS、CS_2 和 RSH)等优点。由于物理溶剂对天然气中的重烃有较大的溶解度，故不宜用于重烃含量高的天然气，且多数方法因受再生程度的限制，净化度(即原料气中酸性组分的脱除程度)不如化学溶剂法。当净化度要求很高时，需采用汽提法等再生方法。

目前，常用的物理溶剂法有多乙二醇二甲醚法(Selexol 法)、碳酸丙烯酯法(Fluor 法)、冷甲醇法(Rectisol 法)等。

物理吸收法的溶剂通常依靠多级闪蒸进行再生，无需蒸汽和其他热源，还可同时使气体脱水。

3. 化学-物理溶剂法

这类方法采用的溶液是醇胺、物理溶剂和水的混合物，兼有化学溶剂法和物理溶剂法的特点，故又称混合溶液法或联合吸收法。目前，典型的化学-物理溶剂法为砜胺法(Sulfinol 法)，包括 DIPA-环丁砜法(Sulfinol-D 法、砜胺Ⅱ法)、MDEA-环丁砜法(Sulfinol -M 法、砜胺Ⅲ法)。此外，还有 Amisol、Selefining、Optisol 和 Flexsorb 混合 SE 法等。

4. 直接转化法

这类方法以氧化-还原反应为基础，故又称为氧化-还原法或湿式氧化法。它借助于溶液中的氧载体将碱性溶液吸收的 H_2S 氧化为元素硫，然后采用空气使溶液再生，从而使脱硫和硫回收合为一体。此法目前虽在天然气工业中应用不多，但却在焦炉气、水煤气、合成气等气体脱硫及尾气处理方面广为应用。由于溶剂的硫容量(即单位质量或体积溶剂能够吸收的硫的质量)较低，故适用于原料气压力较低及处理量不大的场合。属于此法的主要有钒法(ADA-$NaVO_3$ 法、栲胶-$NaVO_3$ 法等)、铁法(Lo-Cat 法、Sulferox 法、EDTA 络合铁法、FD 及铁碱法等)，以及 PDS 等方法。

上述诸法因都采用液体脱硫脱碳，故又统称为湿法。其主导方法是胺法和砜胺法，采用的溶剂主要性质见表 3-1-1。

表 3-1-1 主要胺法和砜胺法溶剂性质

溶 剂	MEA	DEA	DIPA	MDEA	环丁砜
分子式	$HOC_2H_4NH_2$	$(HOC_2H_4)_2NH$	$(HOC_3H_6)_2NH$	$(HOC_2H_4)_2NCH_3$	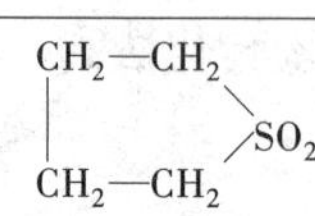
相对分子量	61.08	105.14	133.19	119.17	120.14
相对密度	$d_{20}^{20}=1.0179$	$d_{20}^{30}=1.0919$	$d_{20}^{45}=0.989$	$d_{20}^{20}=1.0418$	$d_{20}^{30}=1.2614$
凝点/℃	10.2	28.0	42.0	-14.6	28.8
沸点/℃	170.4	268.4(分解)	248.7	230.6	285
闪点(开杯)/℃	93.3	137.8	123.9	126.7	176.7
折射率(n_D^{20})	1.4539	1.4776	1.4542(45℃)	1.469	1.4820(30℃)
蒸汽压(20℃)/Pa	28	<1.33	<1.33	<1.33	0.6
黏度/mPa·s	24.1(20℃)	380.0(30℃)	198.0(45℃)	101.0(20℃)	10.286(30℃)
比热容/[kJ/(kg·K)]	2.54(20℃)	2.51(15.5℃)	2.89(30℃)	2.24(15.6℃)	1.34(25℃)
热导率/[W/(m·K)]	0.256	0.220		0.275(20℃)	
汽化热/(kJ/kg)	1.92(101.3kPa)	1.56(9.73kPa)	1.00	1.21(101.3kPa)	
水中溶解度(20℃)	完全互溶	96.4%	87.0%	完全互溶	完全互溶

5. 其他类型的方法

除上述方法外，还可采用分子筛法、膜分离法、低温分离法及生物化学法等脱除 H_2S 和有机硫。此外，非再生的固体(例如海绵铁)和液体以及浆液脱硫剂则适用于 H_2S 含量低的天然气脱硫。其中，可以再生的分子筛法等又称为间歇法。

膜分离法借助于膜在分离过程中的选择性渗透作用脱除天然气的酸性组分，主要有 AVIR、Cynara、杜邦(DuPont)、Grace 等，大多用于从 CO_2 含量很高的天然气中分离 CO_2。

上述主要脱硫脱碳方法的工艺性能见表 3-1-2。

表 3-1-2　气体脱硫脱碳方法性能比较

方　法	脱除 H_2S 至 $4×10^{-6}$(体积分数)(5.7mg/m^3)	脱除 RSH、COS	选择性脱除 H_2S	溶剂降解(原因)
伯醇胺法	是	部分	否	是(COS、CO_2、CS_2)
仲醇胺法	是	部分	否	一些(COS、CO_2、CS_2)
叔醇胺法	是	部分	是③	否
化学-物理法①	是	是	是③	一些(CO_2、CS_2)
物理溶剂法	可能②	略微	是③	否
固定床法	是	是	是③	否
液相氧化还原法	是	否	是	高浓度 CO_2
电化学法	是	部分	是	否

注：①例如 Sulfinol 法。②某些条件下可以达到。③部分选择性。

二、脱硫脱碳方法的选择

在选择脱硫脱碳方法时，图 3-1-1 作为一般性指导是有用的。由于需要考虑的因素很多，不能只按绘制图 3-1-1 的条件去选择某种脱硫脱碳方法，有时经济因素和局部情况会支配某一方法的选择。

1. 需要考虑的因素

脱硫脱碳方法的选择会影响整个处理厂的设计，包括酸气排放、硫黄回收、脱水、NGL 回收、分馏和产品处理方法的选择等。在选择脱硫脱碳方法时应考虑的主要因素有：①原料气中酸气组分的类型和含量；②净化气的质量要求；③酸气要求；④酸气的温度、压力和净化气的输送温度、压力；⑤原料气的处理量和原料气中的烃类含量；⑥脱除酸气所要求的选择性；⑦液体产品(如 NGL)质量要求；⑧投资、操作、技术专利费用；⑨有害副产物的处理。现对其中几种因素介绍如下：

1)原料气中酸性组分的类型和含量

脱硫脱碳方法的选择和经济性取决于对气体中所有组分的准确认识，因此对原料气的组成进行准确分析的重要性无论怎样强调都不过分。

大多数天然气中的酸性组分是 H_2S、CO_2，但有时也可能含有 COS、CS_2 和 RSH(即使含量很低)等。只要气体中含有其中任何一种组分，不仅会排除某些脱硫脱碳方法，而且对下游气体处理装置的工艺设计也具有显著影响。

例如，在下游的 NGL 回收过程中，气体中的 H_2S、CO_2、RSH 以及其他硫化物主要将会进入 NGL。如果在回收 NGL 之前未从天然气中脱除这些组分，就要对 NGL 进行处理，以符合产品质量指标。

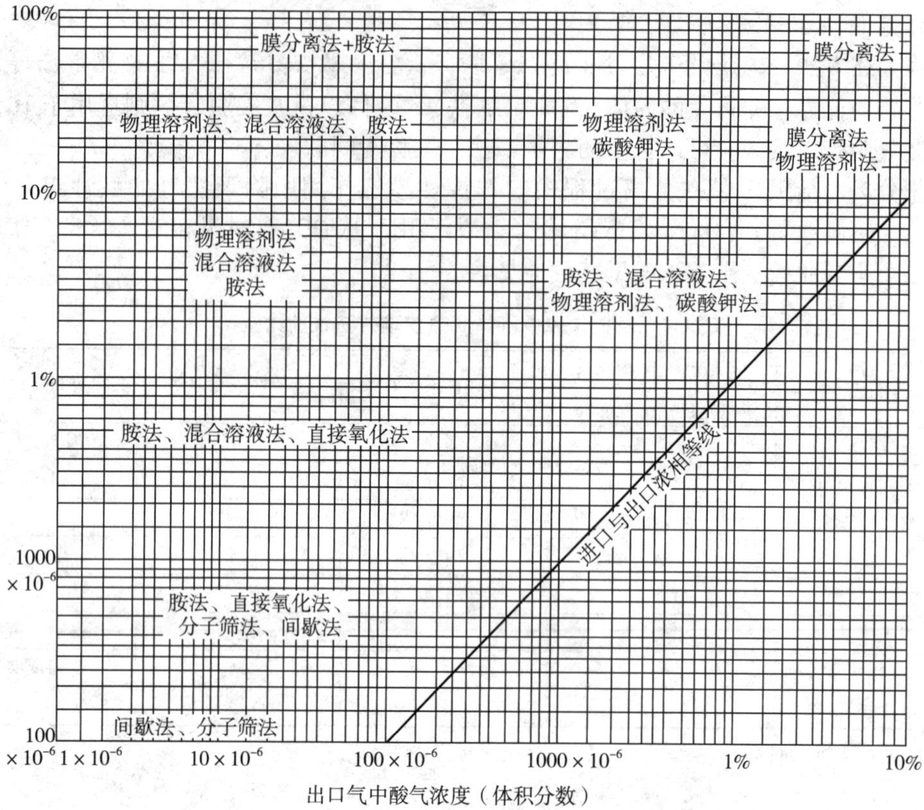

图 3-1-1 天然气脱硫脱碳方法选择指导

2)酸气组成

作为硫黄回收装置的原料气——酸气，其组成是必须考虑的一个因素。如果酸气中的CO_2浓度大于80%时，就应考虑采用选择性脱H_2S方法的可能性，包括采用多级脱硫过程。

当水含量和烃类含量高时，将对硫黄回收装置的设计与操作带来很多问题。因此，必须考虑这些组分对气体处理方法的影响。

3)原料气的组成和操作条件

原料气中酸气分压高(345kPa)时提高了选择物理溶剂法的可能性，而重烃的大量存在却降低了选择物理溶剂法的可能性。酸气分压低和净化度要求高时，通常需要采用醇胺法脱硫脱碳。

4)pH值的控制

控制电解质水溶液的pH值对大多数脱硫脱碳方法都是非常重要的。需要指出的是，当pH值等于7时，所有弱酸或弱碱溶液都可能不是中性的，使其中和所需的pH值将随酸的性质而变化，但通常会小于或大于7。

2. 选择原则

根据国内外工业实践，以下原则可供选择各种醇胺法和砜胺法脱硫脱碳时参考。

1)一般情况

对于处理量比较大的脱硫脱碳装置首先应考虑采用醇胺法的可能性，即：

(1)原料气中碳硫比高[CO_2/H_2S(摩尔比)>6]时，为获得适用于常规克劳斯硫黄回收装置的酸气(酸气中H_2S浓度低于15%时无法进入该装置)而需要选择性脱H_2S，以及其他可

以选择性脱 H_2S 的场合，应选用选择性 MDEA 法。

(2)原料气中碳硫比高，且在脱除 H_2S 的同时还需脱除相当量的 CO_2 时，可选用 MDEA 和其他醇胺(如 DEA)组成的混合醇胺法或合适的配方溶液法。

(3)原料气中 H_2S 含量低、CO_2 含量高且需深度脱除 CO_2 时，可选用合适的 MDEA 配方溶液法(包括活化 MDEA 法)。

(4)原料气压力低，净化气的 H_2S 质量指标严格且需同时脱除 CO_2 时，可选用 MEA 法、DEA 法、DGA 法或混合醇胺法。如果净化气的 H_2S 和 CO_2 质量指标都很严格，则可采用 MEA 法、DEA 法或 DGA 法。

(5)在高寒或沙漠缺水地区，可选用 DGA 法。

2)需要脱除有机硫化物

当需要脱除原料气中的有机硫化物时一般应采用砜胺法，即：

(1)原料气中含有 H_2S 和一定量的有机硫需要脱除，且需同时脱除 CO_2 时，应选用 Sulfinol-D法(砜胺Ⅱ法)。

(2)原料气中含有 H_2S、有机硫和 CO_2，需要选择性地脱除 H_2S 和有机硫时应选用 Sulfinol-M法(砜胺Ⅲ法)。

(3) H_2S 分压高的原料气采用砜胺法处理时，其能耗远低于醇胺法。

(4)原料气如经砜胺法处理后其有机硫含量仍不能达到质量指标时，可继之以分子筛法脱有机硫。

3) H_2S 含量低的原料气

当原料气中 H_2S 含量低、按原料气处理量计的潜硫量(t/d)不高、碳硫比高且不需脱除 CO_2 时，可考虑采用以下方法，即：

(1)潜硫量在 0.5~5 t/d 之间，可考虑选用直接转化法，例如 ADA-$NaVO_3$ 法、络合铁法和 PDS 法等。

(2)潜硫量在小于 0.4 t/d(最多不超过 0.5 t/d)时，可选用非再生类方法，例如固体氧化铁法、氧化铁浆液法等。

4)高压、高酸气含量的原料气

高压、高酸气含量的原料气可能需要在醇胺法和砜胺法之外选用其他方法或者采用几种方法的组合。

(1)主要脱除 CO_2 时，可考虑选用膜分离法、物理溶剂法或活化 MDEA 法。

(2)需要同时大量脱除 H_2S 和 CO_2 时，可先选用选择性醇胺法获得富含 H_2S 的酸气去克劳斯装置，再选用混合醇胺法或常规醇胺法以达到净化气质量要求。

(3)需要大量脱除原料气中的 CO_2 且同时有少量 H_2S 也需脱除时，可先选用膜分离法，再选用醇胺法以达到处理要求。

以上只是选择天然气脱硫脱碳方法的一般原则，在实践中还应根据具体情况对几种方案进行技术经济比较后确定某种方案。

第二节　醇胺法脱硫脱碳

醇胺法是目前最常用的天然气脱硫脱碳方法。据统计，20 世纪 90 年代美国采用化学溶剂法的脱硫脱碳装置处理量约占总处理量的 72%，其中有绝大多数是采用醇胺法。

20世纪30年代最先采用的醇胺法溶剂是三乙醇胺(TEA)，因其反应能力和稳定性差而不再采用。目前，主要采用的是MEA、DEA、DIPA、DGA和MDEA等溶剂。

醇胺法适用于天然气中酸性组分分压低和要求净化气中酸性组分含量低的场合。由于醇胺法使用的是醇胺水溶液，溶液中含水可使被吸收的重烃降低至最低程度，故非常适用于重烃含量高的天然气脱硫脱碳。MDEA等醇胺溶液还具有在CO_2存在下选择性脱除H_2S的能力。

醇胺法的缺点是有些醇胺与COS和CS_2的反应是不可逆的，会造成溶剂的化学降解损失，故不宜用于COS和CS_2含量高的天然气脱硫脱碳。醇胺还具有腐蚀性，与天然气中的H_2S和CO_2等会引起设备腐蚀。此外，醇胺作为脱硫脱碳溶剂，其富液再生时需要加热，不仅能耗较高，而且在高温下再生时也会发生热降解，所以损耗较大。

一、酸气在醇胺溶液中的平衡溶解度

H_2S及CO_2在醇胺溶液中依靠与醇胺的反应而从天然气中脱除，对于砜胺溶液，以及在较高的酸气分压下，也有一定的物理溶解量。

在一定的溶液组成、温度和H_2S及CO_2分压条件下，有一定的酸气平衡溶解度。

一套天然气脱硫装置，在设计中需要计算的关键工艺参数是溶液循环量，而溶液循环量决定于或者更准确地说受制于酸气平衡溶解度。因此，H_2S及CO_2在不同分压和温度下，在各种不同浓度的醇胺及砜胺溶液中的平衡溶解度，是天然气脱硫工艺中最重要的基础数据。

为此，国内外在测定不同溶液于不同条件下酸气的平衡溶解度方面进行了许多工作，然而，测定所有不同组合条件下的平衡溶解度，不仅其工作量之巨大是难以完成的，也是没有必要的，而且低浓度条件下测定数据的误差也比较大。所以，通过计算而获得平衡溶解度数据成为国内外许多学者努力的目标。然而，纯粹的理论分析并不成功，体系的非理想性使计算数据有相当大的偏差。为此采取了一种折中的，或者称之为半经验的方法，即开发既有理论分析、又依据部分实测数据进行校正的数学模型，这一路线取得了成功，现已成为相当流行的方法。

下面介绍酸气在醇胺溶液中实测的平衡溶解度数据，以及计算平衡溶解度的数学模型。酸气在砜胺溶液中的平衡溶解度将在本章第三节进行介绍。

1. 酸气在MDEA溶液中的平衡溶解度

H_2S及CO_2在MEA溶液及DEA溶液中的平衡溶解度，在《天然气工程手册》等书中收集了许多资料；DIPA溶液也有一定数据。下面仅介绍酸气在MDEA溶液中的平衡溶解度测定数据。

1) H_2S在MDEA溶液中的平衡溶解度

H_2S单组分在4.28kmol/m^3、2.0kmol/m^{3}及1.0kmol/m^{3}MDEA溶液中，于不同温度下的平衡溶解度分别见图3-1-2、图3-1-3及图3-1-4。

图3-1-5给出了不同研究者测定的H_2S在不同浓度MDEA溶液中的平衡溶解度数据，可见在分压低于10kPa时差别较大。

2) CO_2在MDEA溶液中的平衡溶解度

CO_2单组分在4.28kmol/m^3、2.0kmol/m^{3}MDEA溶解中于不同温度下的平衡溶解度分别见图3-1-6及图3-1-7。

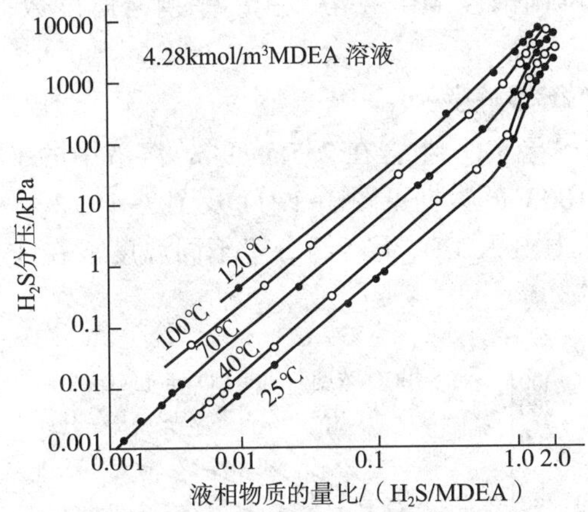

图 3-1-2　H_2S 在 4. 28kmol/m^3 MDEA 溶液中的平衡溶解度

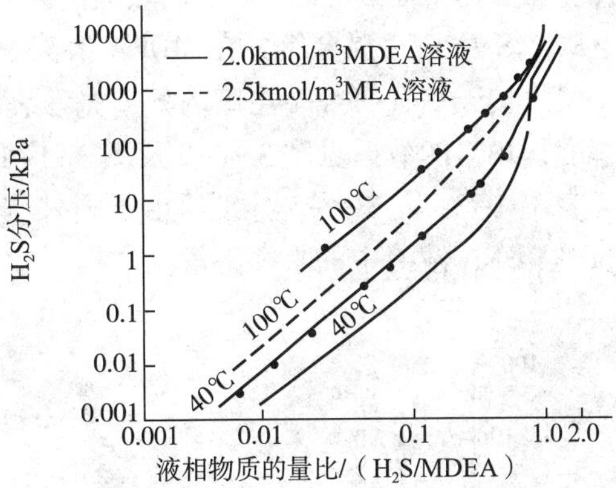

图 3-1-3　H_2S 在 2. 0kmol/m^3 和 2. 5kmol/m^3 MDEA 溶液中的平衡溶解度

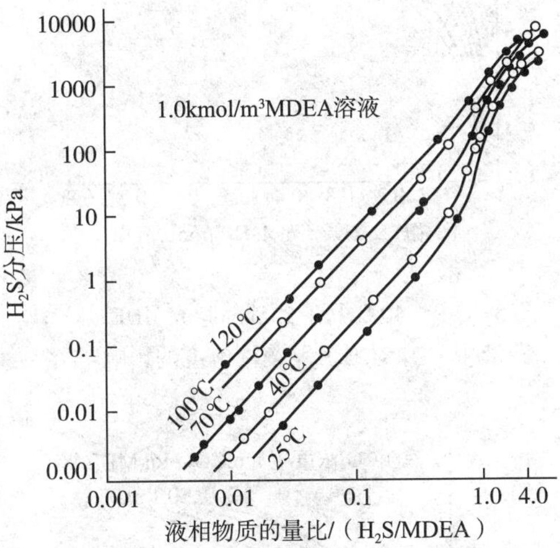

图 3-1-4　H_2S 在 1. 0 kmol/m^3 MDEA 溶液中的平衡溶解度

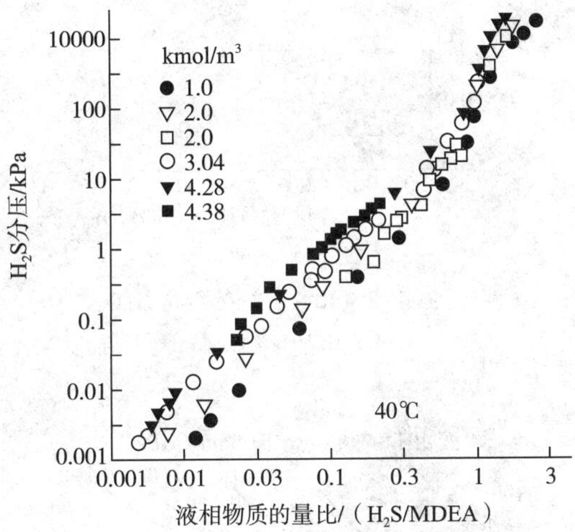

图 3-1-5　40℃时 H_2S 在不同浓度 MDEA 溶液中的平衡溶解度

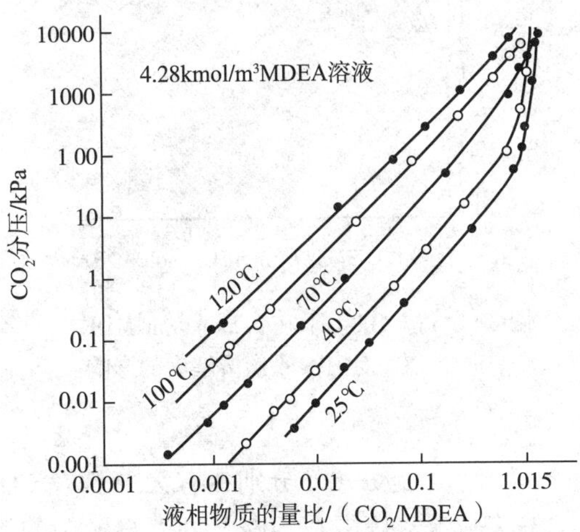

图 3-1-6　CO_2 在 4. 28kmol/m^3 MDEA 溶液中的平衡溶解度

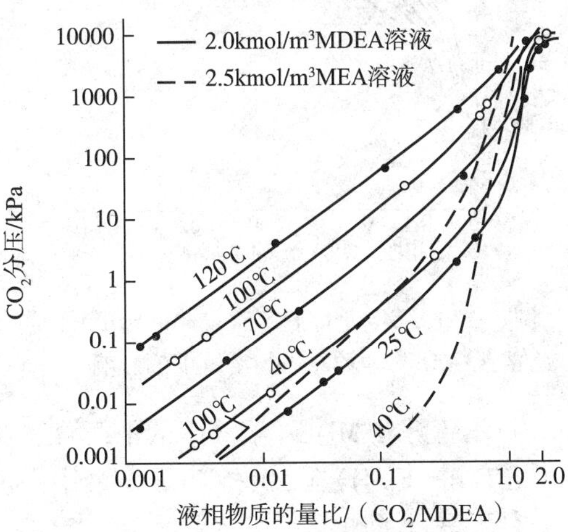

图 3-1-7　CO_2 在 2. 0kmol/m^3 MDEA 溶液中的平衡溶解度

图3-1-8给出了不同研究者测定的CO_2在不同浓度MDEA溶液中的平衡溶解度数据，同样，在分压低于5kPa时显示出较大的差别。

3)H_2S及CO_2混合组分在MDEA溶液中的平衡溶解度

国内某天然气研究院在国内外率先发表了H_2S及CO_2组合在2.5kmol/m^{3}溶液中的平衡溶解度，40℃的数据见图3-1-9及图3-1-10，100℃的数据见图3-1-11及图3-1-12。

表3-1-3~表3-1-5分别给出了国外测定的H_2S及CO_2混合组分于不同温度下在35%及50%MDEA溶液中的平衡溶解度数据。

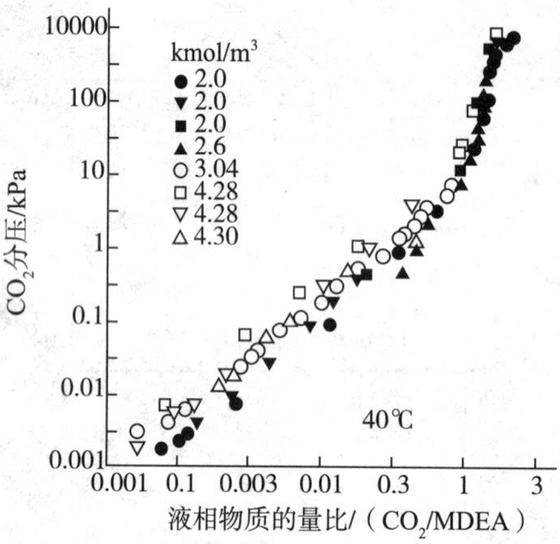

图3-1-8 40℃ CO_2在不同MDEA溶液中的平衡溶解度

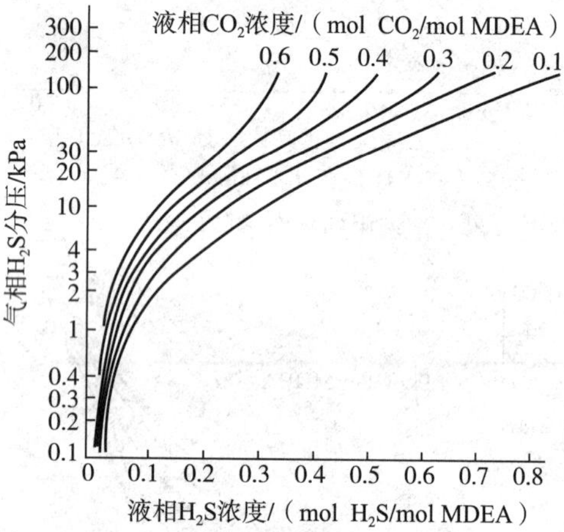

图3-1-9 40℃下在2.5kmol/m^{3}MDEA溶液中CO_2对H_2S平衡溶解度的影响

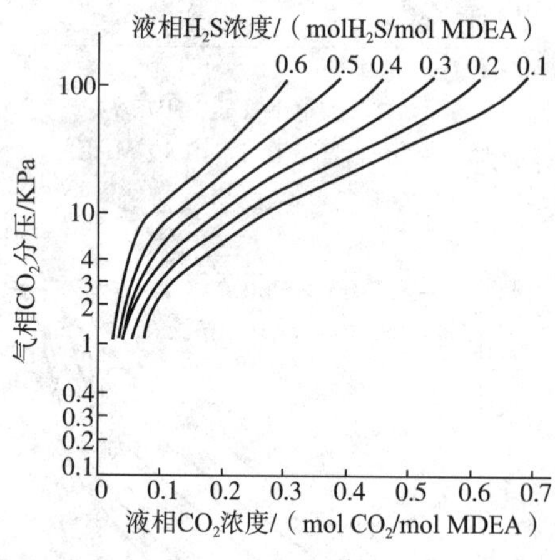

图3-1-10 40℃下在2.5kmol/m^{3}MDEA溶液中H_2S对CO_2平衡溶解度的影响

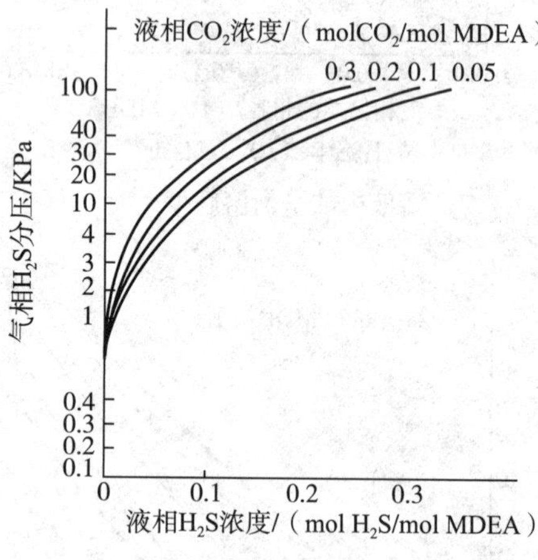

图3-1-11 100℃下在2.5kmol/m^{3}MDEA溶液中CO_2对H_2S平衡溶解度的影响

4)乙硫醇在MDEA溶液中的平衡溶解度

乙硫醇(E_tSH)在50%MDEA溶液中平衡溶解度，于40℃及70℃分别在有无H_2S及CO_2的条件下进行了测定，其结果示于表3-1-6及表3-1-7。乙硫醇在50%MDEA溶液中的溶解度大致为其在水中溶解度的3倍；H_2S及CO_2的存在降低了其溶解度。

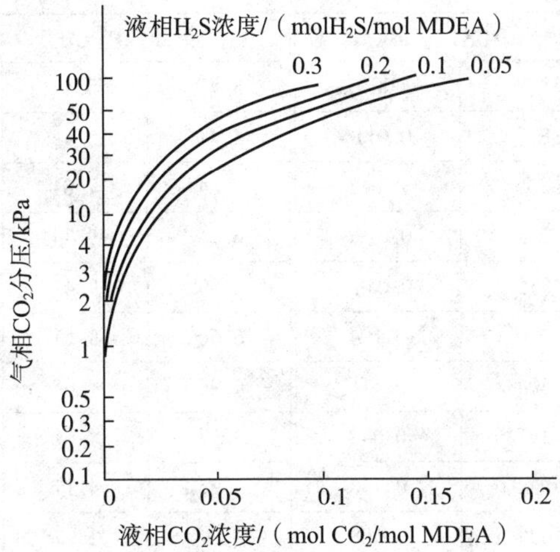

图 3-1-12　100℃下在 2.5kmol/m^3MDEA 溶液中 H_2S 对 CO_2 平衡溶解度的影响

表 3-1-3　40℃下 H_2S+CO_2 在 35%MDEA 溶液中的平衡溶解度(α)

分压/kPa		液相物质的量比/(mol/mol)		分压/kPa		液相物质的量比/(mol/mol)	
H_2S	CO_2	H_2S/MDEA	CO_2/MDEA	H_2S	CO_2	H_2S/MDEA	CO_2/MDEA
3.70	23.9	0.0769	0.523	10.19	0.719	0.366	0.0205
2.45	15.1	0.0678	0.399	9.70	1.099	0.353	0.0307
2.51	11.0	0.0784	0.316	10.46	1.207	0.355	0.0318
0.122	0.9765	0.0161	0.00813	10.42	1.618	0.352	0.0388
0.258	0.919	0.0356	0.0726	10.92	3.271	0.339	0.0775
8.38	0.0361	0.448	0.00101	11.56	2.824	0.358	0.0673
2.07	0.014	0.146	0.00061	10.85	3.417	0.343	0.0836
4.03	0.00621	0.215	0.00044	11.25	4.213	0.341	0.102
1.61	0.0151	0.143	0.00076	16.97	14.53	0.355	0.249
1.06	0.0174	0.104	0.00077	18.72	19.09	0.331	0.291
0.734	0.0188	0.0847	0.00129	17.46	20.46	0.310	0.310
0.437	0.0144	0.0605	0.00074	15.33	14.88	0.321	0.260
0.348	0.0727	0.0535	0.00668	16.68	13.17	0.346	0.226
0.415	0.0796	0.064	0.00819	13.23	8.695	0.338	0.168
1.24	0.120	0.103	0.00659	2.71	0.457	0.200	0.0273
1.15	0.0498	0.108	0.00248	3.16	0.719	0.197	0.0324
10.4	0.228	0.36	0.00654	3.85	1.35	0.204	0.0533
12.9	0.193	0.49	0.00680	5.00	2.16	0.236	0.0756
48.9	0.14	0.699	0.00179	5.14	2.67	0.230	0.0908
76.6	0.264	0.811	0.00259	4.50	3.19	0.214	0.112
100.0	0.262	0.888	0.00086	5.19	3.95	0.219	0.127

续表

分压/kPa		液相物质的量比/(mol/mol)		分压/kPa		液相物质的量比/(mol/mol)	
97.1	0.661	0.873	0.00452	5.47	5.44	0.209	0.164
98.0	2.50	0.873	0.0114	4.41	5.45	0.193	0.178
5.12	1.05	0.266	0.047	5.84	7.81	0.209	0.218
59.1	1.02	0.746	0.0126	6.01	9.34	0.208	0.252
86.6	9.4	0.815	0.0489	4.90	9.42	0.177	0.270
68.8	33.8	0.650	0.194	6.50	9.51	0.222	0.242
31.8	70.2	0.304	0.516	4.91	7.65	0.192	0.237
13.9	88.8	0.127	0.649	3.32	4.61	0.149	0.199
6.34	97.4	0.0863	0.758	3.91	4.17	0.161	0.184
1.21	33.7	0.049	0.588	0.139	28.7	0.00351	0.594
0.644	18.1	0.0406	0.455	0.609	28.9	0.0118	0.591
0.587	9.08	0.0553	0.375	4.49	39.0	0.0623	0.612
2.09	3.43	0.160	0.154	4.17	21.7	0.0836	0.506
7.88	2.16	0.341	0.0958	2.81	14.3	0.076	0.42
53.4	1.65	0.715	0.0201	8.12	31.9	0.117	0.539
101.0	0.0978	0.882	0.0007	4.99	24.1	0.947	0.537
71.3	0.154	0.805	0.00144	2.92	16.9	0.0752	0.498
27.5	0.0153	0.583	0.00021	1.06	7.55	0.0473	0.342
6.51	0.00506	0.303	0.00017	1.52	9.43	0.0584	0.349
2.96	0.02790	0.194	0.00118	3.46	20.3	0.0865	0.599
0.233	0.01030	0.047	0.00093	7.68	91.5	0.0702	0.709
0.0641	0.00559	0.0241	0.00118	5.92	89.7	0.0525	0.679
0.0323	0.0227	0.0167	0.00524	3.28	53.3	0.0435	0.658
0.0401	0.111	0.0166	0.021	2.00	33.7	0.0369	0.556
0.743	101.0	0.0101	0.788				

表 3-1-4　100℃下 H_2S+CO_2 在 35%MDEA 溶液中的平衡溶解度

分压/kPa		液相物质的量比/(mol/mol)		分压/kPa		液相物质的量比/(mol/mol)	
H_2S	CO_2	H_2S	CO_2	H_2S	CO_2	H_2S	CO_2
20.3	3.84	0.147	0.0078	16.9	196	0.079	0.172
12.2	5.54	0.105	0.016	14.0	225	0.060	0.191
60.2	6.00	0.268	0.006	67.0	257	0.178	0.172
15.8	6.65	0.118	0.02	196	281	0.367	0.150
126.0	7.13	0.386	0.0035	190	306	0.365	0.161
12.4	72.8	0.075	0.098	22.9	367	0.071	0.235
50.4	76.1	0.193	0.077	118	529	0.210	0.244
61.8	125	0.213	0.111				

表 3-1-5　不同温度下 H_2S+CO_2 在 50%MDEA 溶液中的平衡溶解度(α)

$p_{总}$/kPa	p_{N_2}/kPa	p_{CO_2}/kPa	p_{H_2S}/kPa	α_{CO_2}/(mol CO_2/mol MDEA)	α_{H_2S}/(mol H_2S/mol MDEA)	$p_{总}$/kPa	p_{N_2}/kPa	p_{CO_2}/kPa	p_{H_2S}/kPa	α_{CO_2}/(mol CO_2/mol MDEA)	α_{H_2S}/(mol H_2S/mol MDEA)
40℃						70℃					
8800	273	8120	397	1.228	0.0836	15000	30	10450	4420	0.777	0.622
7560	15.4	5300	2240	0.934	0.481	10200	17	7230	2910	0.685	0.658
6540	199	6040	288	1.205	0.0821	7170	0	5090	2050	0.625	0.655
6500	0	4600	1890	0.854	0.554	100℃					
6150	221	5890	25.5	1.072	0.0319						
6150	233	3710	2390	0.690	0.777	13160	0	9540	3520	0.538	0.706
6000	0	5320	668	1.101	0.214	10020	22	5880	4090	0.346	0.957
3600	105	2790	692	0.903	0.336	10000	88	9710	88.9	0.998	0.0320
3050	0	2150	885	0.755	0.498	8170	13	5890	2170	0.463	0.669
3000	105	2870	12.6	1.182	0.0806	7410	29	2860	4410	0.176	1.171
2000	0	1080	908	0.505	0.699	7000	0	6790	109	0.901	0.0513
1820	44.4	1210	556	0.681	0.485	5490	22	625	4750	0.0369	1.298
1340	223	1080	25.5	1.072	0.0319	5160	23	28.0	5020	0.00223	1.431
1330	47.2	1010	259	0.829	0.285	5100	23	114	4870	0.00737	1.417
1300	15.2	820	455	0.627	0.507	5090	24	42.7	4930	0.00316	1.423
700	17.3	642	34.7	0.999	0.0642	2900	0	2710	100	0.634	0.0836
600	3.3	295	295	0.409	0.509	2400	28	2270	14.5	0.642	0.0172
500	10.9	481	2.37	0.965	0.00589	1800	6.8	52.3	1590	0.00649	0.950
400	292	97.7	4.42	0.697	0.0394	560	2.3	29.0	320	0.00997	0.477
260	225	11.7	16.9	0.145	0.305	400	0.5	258	53.1	0.150	0.119
250	227	3.17	13.4	0.0474	0.305	360	0.2	271	0.588	0.213	0.00231
250	224	18.2	1.40	0.337	0.0405	350	51	205	6.59	0.157	0.0218
250	232	0.392	11.4	0.00641	0.300	300	154	15.2	42.8	0.0116	0.132
250	233	0.172	11.2	0.00286	0.299	300	0.3	209	2.21	0.164	0.00785
250	235	0.118	8.70	0.00239	0.258	280	185	5.98	0.995	0.0130	0.0109
210	201	2.38	0.677	0.0785	0.0395	250	158	3.43	0.781	0.00960	0.0107
200	193	0.88	0.419	0.0393	0.0400	250	160	0.126	1.54	0.000406	0.0205
200	194	0.086	0.295	0.00563	0.0401	250	159	2.07	0.912	0.00566	0.0123
200	189	0.0805	4.56	0.00209	0.179	250	170	1.59	0.234	0.00532	0.00538

表 3-1-6　40℃下乙硫醇在 50%MDEA 溶液中的平衡溶解度①

$p_{总}$/kPa	p_{CH_4}/kPa	m_{CH_4}/(mmol/kg)	x_{CH_4}	H_{CH_4}/MPa	p_{CO_2}/kPa	α_{CO_2}	p_{H_2S}/kPa	α_{H_2S}	p_{EtSH}/kPa	m_{EtSH}/(mmol/kg)	x_{EtSH}	H_{EtSH}/MPa
6890	6870	73.5	2.30×10^{-3}	2650					10.2	17.6	5.49×10^{-4}	9.6
6890	6880	74.2	2.30×10^{-3}	2654					2.48	4.36	1.31×10^{-4}	9.8
6890	6880	73.3	2.29×10^{-3}	2665					0.612	0.994	3.11×10^{-5}	10.2
6890	6880	72.6	2.27×10^{-3}	2689					0.195	0.381	1.19×10^{-5}	8.5
6890	6860	49.9	1.47×10^{-3}	4140			23.3	0.461	0.75	0.83	2.44×10^{-5}	15.8
6890	6850	48.0	1.41×10^{-3}	4310			27.0	0.495	6.80	7.28	2.12×10^{-4}	16.5
6890	6870	64.4	1.98×10^{-3}	3078	2.94	0.112			3.51	4.78	1.47×10^{-4}	12.3
6890	6875	59.7	1.84×10^{-3}	3315	4.51	1.160			0.708	1.06	3.25×10^{-5}	11.2
6890	6875	51.6	1.58×10^{-3}	3860	5.40	0.170			0.178	0.257	7.85×10^{-6}	11.7
6890	6840	51.6	1.52×10^{-3}	3992	36.4	0.471			3.36	2.96	8.72×10^{-5}	19.8
6890	6550	23.7	6.63×10^{-4}	8767	321.0	0.897			6.76	3.72	1.04×10^{-4}	32.9
6890	6870	52.2	1.59×10^{-3}	3833	3.88	0.0912	3.40	0.123	6.10	8.95	2.72×10^{-4}	11.5
6890	6860	37.2	1.11×10^{-3}	5483	11.0	0.151	8.93	0.193	1.87	2.41	2.70×10^{-5}	13.4
6890	6790	40.8	1.17×10^{-3}	5149	40.8	0.259	39.2	0.404	11.0	9.01	2.59×10^{-4}	21.7
6890	6810	41.0	1.19×10^{-3}	5077	48.3	0.364	18.4	0.221	2.65	2.50	7.24×10^{-5}	18.8
6890	6010	24.7	6.80×10^{-3}	7855	437.0	0.430	431	0.615	3.83	1.89	5.20×10^{-5}	35.6
6890	6150	16.7	4.61×10^{-4}	11849	541.0	0.720	180	0.313	11.1	5.05	1.39×10^{-4}	39.2
6890	5530	24.9	6.82×10^{-4}	7224	853.0	0.599	487	0.465	9.86	4.20	1.15×10^{-4}	40.2

注：①$p_{H_2O}=(10\pm2)$ kPa；α_{CO_2}=molCO₂/molMDEA，α_{H_2S}=molH₂S/molMDEA。

表 3-1-7　70℃下乙硫醇在 50%MDEA 溶液中的平衡溶解度①

$p_{总}$/Pa	p_{CH_4}/kPa	m_{CH_4}/(mmol/kg)	x_{CH_4}	H_{CH_4}/MPa	p_{CO_2}/kPa	α_{CO_2}	p_{H_2S}/kPa	α_{H_2S}	p_{EtSH}/kPa	m_{EtSH}/(mmol/kg)	x_{EtSH}	H_{EtSH}/MPa
6890	6850	79.8	2.49×10^{-3}	2528					8.75	7.94	2.48×10^{-4}	21.4
6890	6860	82.6	2.58×10^{-3}	2443					3.45	3.36	1.05×10^{-4}	19.9
6890	6860	80.1	2.50×10^{-3}	2521					0.705	0.718	2.24×10^{-5}	19.1
6890	6860	79.5	2.49×10^{-3}	2531					00.298	0.277	8.66×10^{-6}	20.9
6890	6750	56.6	1.66×10^{-3}	3736			112	0.521	0.90	0.48	1.41×10^{-5}	38.4
6890	6750	56.5	1.66×10^{-3}	3736			99.6	0.484	7.75	4.33	1.27×10^{-4}	36.7
6890	6750	45.9	1.38×10^{-3}	4494	111	0.297			1.29	0.535	1.61×10^{-5}	48.4
6890	6225	25.0	7.18×10^{-4}	7972	631	0.673			3.77	1.17	3.36×10^{-5}	66.3
6890	5355				1500	0.873			4.38	1.19	3.34×10^{-5}	74.8
6890	6720	47.9	1.43×10^{-3}	4318	98.1	0.185	41.1	0.196	4.16	2.30	6.84×10^{-5}	36.6
6890	6710	45.9	1.36×10^{-3}	4533	123	0.289	20.2	0.127	8.44	4.86	1.45×10^{-4}	35.0
6890	6590	43.2	1.25×10^{-3}	4844	158	0.255	101	0.370	12.9	6.62	1.92×10^{-4}	40.1
6890	6625	38.2	1.12×10^{-3}	5435	182	0.270	49.1	0.195	4.13	2.02	5.96×10^{-5}	41.6
6890	5800	33.3	9.37×10^{-4}	5698	855	0.557	192	0.309	14.8	5.37	1.51×10^{-4}	56.5

注：①$p_{H_2O}=(10\pm2)$ kPa；α_{CO_2}=molCO₂/molMDEA，α_{H_2S}=molH₂S/molMDEA。

2. 酸气在醇胺溶液中平衡溶解度的计算模型

通过理论分析和部分实验数据而成功地获得酸气在醇胺溶液中平衡溶解度的计算模型，首推 Kent 与 Eisenberg。此后，国内朱利凯等亦循此途径，通过适当简化而获得了一个较为简单的计算模型。此外，国内外还在提高模型的理论深度方面进行了许多探讨。本节仅介绍 Kent 等的思路及导出的计算模型。

1) 涉及的平衡方程式

H_2S-CO_2-Am(醇胺)$-H_2O$ 这一体系中，所涉及的平衡式有：化学反应平衡式 7 个，亨利关系式 2 个，物料平衡式 3 个，电中性式 1 个，合计 13 个，它们及其平衡常数式如下：

化学反应平衡式：

$$AmH^+ \rightleftharpoons Am + H^+ \tag{3-1-1}$$

$$K_1 = [Am][H^+]/[AmH^+] \tag{3-1-2}$$

$$AmCOO^- + H_2O \rightleftharpoons Am + HCO_3^- \tag{3-1-3}$$

$$K_2 = [Am][HCO_3^-]/[AmCOO^-] \tag{3-1-4}$$

$$CO_2 + H_2O \rightleftharpoons H^+ + HCO_3^- \tag{3-1-5}$$

$$K_3 = [H^+][HCO_3^-]/[CO_2] \tag{3-1-6}$$

$$H_2O \rightleftharpoons H^+ + OH^- \tag{3-1-7}$$

$$K_4 = [H^+][OH^-] \tag{3-1-8}$$

$$HCO_3^- \rightleftharpoons H^+ + CO_3^{2-} \tag{3-1-9}$$

$$K_5 = [H^+][CO_3^{2-}]/[HCO_3^-] \tag{3-1-10}$$

$$H_2S \rightleftharpoons H^+ + HS^- \tag{3-1-11}$$

$$K_6 = [H^+][HS^-]/[H_2S] \tag{3-1-12}$$

$$HS^- \rightleftharpoons H^+ + S^{2-} \tag{3-1-13}$$

$$K_7 = [H^+][S^{2-}]/[HS^-] \tag{3-1-14}$$

亨利关系式：

$$p_c = H_c[CO_2] \tag{3-1-15}$$

$$p_s = H_s[H_2S] \tag{3-1-16}$$

物料平衡式：

$$m = [Am] + [AmH^+] + [AmCOO^-] \tag{3-1-17}$$

$$m\alpha_s = [HS^-] + [S^{2-}] + [H_2S] \tag{3-1-18}$$

$$m\alpha_c = [HCO_3^-] + [CO_3^{2-}] + [AmCOO^-] + [CO_2] \tag{3-1-19}$$

电中性式：

$$[HCO_3^-] + [OH^-] + 2[CO_3^{2-}] + [HS^-] + 2[S^{2-}] + [AmCOO^-] = [AmH^+] + [H^+] \tag{3-1-20}$$

式中，方括弧内为相应的分子或离子在醇胺溶液中的浓度，mol/L；m 为醇胺浓度，mol/L；p_c 及 p_s 分别为 CO_2 及 H_2S 的分压，kPa；α_c 及 α_s 分别为 CO_2 及 H_2S 的平衡溶解度，mol/mol 醇胺。

2) 计算模型

Kent 等方法的特点在于将 K_3 至 K_7 以及两个亨利常数均“视”为“理想”的，从而可以使用文献中查得的这些平衡常数数据；体系的非理想性则全“归”于两个最主要的反应，即醇

胺与 H_2S 反应的 K_1 和醇胺与 CO_2 反应生成氨基甲酸盐的 K_2，K_1 与 K_2 可使用单组分平衡溶解度的测定数据来拟合；得到拟合的 K_1 及 K_2 值后，则可以计算混合酸气条件下的平衡溶解度，所得计算值与实测值的吻合情况良好。

根据这一方法可导出求取拟合的 K_1 及 K_2 的公式，以及求取混合酸气平衡溶解度的公式，现介绍如下。

(1)从 H_2S-Am-H_2O 实验数据求拟合的 K_1：

$$K_1=\frac{[H^+]^4+m[H^+]^3-\left(K_4+K_6\frac{p_s}{H_s}\right)[H^+]^2-2K_6K_7\frac{p_s}{H_s}[H^+]}{-[H^+]^3+\left(K_4+K_6\frac{p_s}{H_s}\right)[H^+]+2K_6K_7\frac{p_s}{H_s}} \tag{3-1-21}$$

式中的$[H^+]$可由式(3-1-22)求得：

$$\left(ma_s-\frac{p_s}{H_s}\right)[H^+]^2-K_6\frac{p_s}{H_s}[H^+]-K_6K_7\frac{p_s}{H_s}=0 \tag{3-1-22}$$

根据醇胺法实际运行条件，略予简化，可得简化式如下：

$$K_1=\frac{[H^+]^3+m[H^+]^2-\left(K_4+K_6\frac{p_s}{H_s}\right)[H^+]}{-[H^+]^2+\left(K_4+K_6\frac{p_s}{H_s}\right)} \tag{3-1-23}$$

$$[H^+]=\frac{K_6\frac{p_s}{H_s}}{ma_s-\frac{p_s}{H_s}} \tag{3-1-24}$$

(2)从 CO_2-Am-H_2O 实验数据求拟合的 K_2：

$$K_2=\frac{K_3\frac{p_c}{H_c}\left\{[H^+]^2+\left(m-2ma_c+2\frac{p_c}{H_c}\right)[H^+]+\left(K_3\frac{p_c}{H_c}-K_4\right)\right\}}{\left(ma_c\frac{p_c}{H_c}\right)[H^+]^2-K_3\frac{p_c}{H_c}[H^+]-K_3K_5\frac{p_c}{H_c}} \tag{3-1-25}$$

$$[H^+]^4+\left(K_1-2ma_c+m+2\frac{p_c}{H_c}\right)[H^+]^3+\left(K_3\frac{p_c}{H_c}+K_1\frac{p_c}{H_c}-K_4-K_1ma_s\right)\times [H^+]^2-K_1K_4[H^+]-K_1K_3K_5\frac{p_c}{H_c}=0 \tag{3-1-26}$$

简化式为：

$$K_2=\frac{K_3\frac{p_c}{H_c}\left\{[H^+]^2+\left(m-2ma_c+2\frac{p_c}{H_c}\right)[H^+]+\left(K_3\frac{p_c}{H_c}-K_4\right)\right\}}{\left(ma_c\frac{p_c}{H_c}\right)[H^+]^2-K_3\frac{p_c}{H_c}[H^+]} \tag{3-1-27}$$

$$[H^+]^3+\left(K_1-2ma_c+m+2\frac{p_c}{H_c}\right)[H^+]^2+\left(K_3\frac{p_c}{H_c}+K_1\frac{p_c}{H_c}-K_4-K_1ma_s\right)\times [H^+]-K_1K_4=0 \tag{3-1-28}$$

(3)求 $H_2S-CO_2-Am-H_2O$ 系统的平衡溶解度:

$$a_s=\frac{1}{m}\left(\frac{K_6\frac{p_s}{H_s}}{[H^+]}+\frac{K_6K_7\frac{p_s}{H_s}}{[H^+]^2}+\frac{p_s}{H_s}\right) \tag{3-1-29}$$

$$a_c=\frac{1}{m}\left(\frac{K_3\frac{p_c}{H_c}}{[H^+]}+\frac{K_3K_5\frac{p_c}{H_c}}{[H^+]^2}+\frac{p_c}{H_c}+\frac{mK_3\frac{p_c}{H_c}}{K_2[H^+]+\frac{K_2[H^+]^2}{K_1}+K_3\frac{p_c}{H_c}}\right) \tag{3-1-30}$$

$$A[H^+]^5+B[H^+]^4+C[H^+]^3+D[H^+]^2+E[H^+]+F=0 \tag{3-1-31}$$

$$A=-K_2 \tag{3-1-32}$$

$$B=-(K_1K_2+mK_2) \tag{3-1-33}$$

$$C = K_1K_2\frac{p_c}{H_c} + K_2K_4+ K_2K_6\frac{p_s}{H_s}-K_1K_3\frac{p_c}{H_c} \tag{3-1-34}$$

$$D = K_1K_2K_3\frac{p_c}{H_c} + K_1K_2K_4+ K_1K_2K_6\frac{p_s}{H_s} + 2K_2K_3K_5\frac{p_c}{H_c} + 2K_2K_6K_7\frac{p_s}{H_s} + mK_1K_3\frac{p_c}{H_c} \tag{3-1-35}$$

$$E = 2K_1K_2K_3\frac{p_c}{H_c} + 2K_1K_2K_6K_7\frac{p_s}{H_s} + K_1K_3^2\frac{p_c^2}{H_c^2} + K_1K_3K_4\frac{p_c}{H_c} + K_1K_3K_6\frac{p_c}{H_c}\cdot\frac{p_s}{H_s} \tag{3-1-36}$$

$$F = 2K_1K_3^2K_5\frac{p_c^2}{H_c^2} + 2K_1K_3K_6K_7\frac{p_c}{H_c}\cdot\frac{p_s}{H_s} \tag{3-1-37}$$

简化式为:

$$a_s=\frac{1}{m}\left(\frac{K_6\frac{p_s}{H_s}}{[H^+]}+\frac{p_s}{H_s}\right) \tag{3-1-38}$$

$$a_c=\frac{1}{m}\left(\frac{K_3\frac{p_c}{H_c}}{[H^+]}+\frac{p_c}{H_c}+\frac{mK_3\frac{p_c}{H_c}}{K_2[H^+]+\frac{K_2[H^+]^2}{K_1}+K_3\frac{p_c}{H_c}}\right) \tag{3-1-39}$$

$$A'[H^+]^4+B'[H^+]^3+C'[H^+]^2+D'[H^+]+E'=0 \tag{3-1-40}$$

$$A'=-K_2 \tag{3-1-41}$$

$$B'=-(K_1K_2+mK_2) \tag{3-1-42}$$

$$C'= K_2K_3\frac{p_c}{H_c} + K_2K_4+ K_2K_6\frac{p_s}{H_s}-K_1K_3\frac{p_c}{H_c} \tag{3-1-43}$$

$$D'= K_1K_2K_3\frac{p_c}{H_c} + K_1K_2K_4+ K_1K_2K_6\frac{p_s}{H_s} + mK_1K_3\frac{p_c}{H_c} \tag{3-1-44}$$

$$E' = K_1K_3^2\frac{p_c^2}{H_c^2} + K_1K_3K_4\frac{p_c}{H_c} + K_1K_3K_6\frac{p_c}{H_c}\cdot\frac{p_s}{H_s} \tag{3-1-45}$$

第三编 CHAPTER THREE 天然气净化

当然，也可以从已知的溶解度求其相应的平衡 H_2S 及 CO_2 分压，其 H_2S 计算式如下：

$$p_s=\frac{ma_sH_s[H^+]^2}{[H^+]^2+K_6[H^+]+K_6K_7} \tag{3-1-46}$$

简化式为：

$$p_s=\frac{ma_sH_s[H^+]}{[H^+]+K_6} \tag{3-1-47}$$

(4)叔烷醇胺体系：

对于如 MDEA 这样的叔胺体系，因不存在生成氨基甲酸盐(AmCOO⁻)的反应，体系要简单一些，其计算式如下：

$$[H^+]^3+(K_1+m)[H^+]^2-\left(K_3\frac{p_c}{H_c}+K_6\frac{p_s}{H_s}+K_4\right)[H^+]-\left(K_1K_3\frac{p_c}{H_c}+K_1K_4+K_1K_6\frac{p_s}{H_s}\right)=0 \tag{3-1-48}$$

$$a_s=\frac{1}{m}\left(\frac{K_6\dfrac{p_s}{H_s}}{[H^+]}+\frac{p_s}{H_s}\right) \tag{3-1-49}$$

$$a_c=\frac{1}{m}\left(\frac{K_3\dfrac{p_c}{H_c}}{[H^+]}+\frac{p_c}{H_c}\right) \tag{3-1-50}$$

$$p_s=\frac{ma_sH_s[H^+]}{K_6+[H^+]} \tag{3-1-51}$$

$$p_c=\frac{ma_cH_c[H^+]}{K_3+[H^+]} \tag{3-1-52}$$

此模型及其他一些模型均已编程包括在 HYSYS 软件中。

二、醇胺与 H_2S、CO_2 的主要化学反应

醇胺化合物分子结构特点是其中至少有一个羟基和一个胺基。羟基可降低化合物的蒸汽压，并能增加化合物在水中的溶解度，因而可配制成水溶液；而胺基则使化合物水溶液呈碱性，以促进其对酸性组分的吸收。化学吸收法中常用的醇胺化合物有伯醇胺(如 MEA、DGA，含有伯胺基—NH_2)、仲醇胺(如 DEA、DIPA，含有仲胺基═NH)和叔醇胺(如 MDEA，含有叔胺基 ≡N)3 类，可分别以 RNH_2、R_2NH 及 $R_2R'N$(或 R_3N)表示。

作为有机碱，上述 3 类醇胺均可与 H_2S 发生以下反应：

$$2RNH_2(\text{或 }R_2NH,\ R_3N)+H_2S\leftrightarrow(RNH_3)_2S[\text{或}(R_2NH_2)_2S,\ (R_3NH)_2S] \tag{3-1-53}$$

然而，这 3 类醇胺与 CO_2 的反应则有所不同。伯醇胺和仲醇胺可与 CO_2 发生以下 2 种反应：

$$2RNH_2(\text{或 }R_2NH)+CO_2\leftrightarrow RNHCOONH_3R(\text{或 }R_2NCOONH_2R) \tag{3-1-54}$$

$$2RNH_2(\text{或 }R_2NH)+CO_2+H_2O\leftrightarrow(RNH_3)_2CO_3[\text{或}(R_2NH_2)_2CO_3] \tag{3-1-55}$$

式(3-1-54)的反应生成氨基甲酸盐，是主要反应；式(3-1-55)的反应生成碳酸盐，是次要反应。

由于叔胺的 ═N上没有活泼氢原子，故仅能生成碳酸盐，而不能生成氨基甲酸盐：

$$2R_2R'N + CO_2 + H_2O \longleftrightarrow (R_2R'NH)_2CO_3 \quad (3-1-56)$$

以上这些反应均是可逆反应，在高压和低温下反应将向右进行，而在低压和高温下反应则向左进行。这正是醇胺作为主要脱硫脱碳溶剂的化学基础。

上述各反应式表示的只是反应的最终结果。实际上，整个化学吸收过程包括了 H_2S 和 CO_2 由气体向溶液中的扩散(溶解)、反应(中间反应及最终反应)等过程。例如，反应(3-1-53)的实质是醇胺与 H_2S 离解产生的质子发生的反应，反应(3-1-54)的实质是 CO_2 与醇胺中的活泼氢原子发生的反应，反应(3-1-56)的实质是酸碱反应，它们都经历了中间反应的历程。

此外，无论伯醇胺、仲醇胺或叔醇胺，它们与 H_2S 的反应都可认为是瞬时反应，而醇胺与 CO_2 的反应则因情况不同而有区别。其中，伯醇胺、仲醇胺与 CO_2 按式(3-1-54)发生的反应很快，而叔醇胺与 CO_2 按式(3-1-56)发生的酸碱反应，由于 CO_2 在溶液中的溶解和生成中间产物碳酸氢胺的时间较长而很缓慢，这正是叔醇胺在 H_2S 和 CO_2 同时存在下对 H_2S 具有很强选择性的原因。

醇胺除了与气体中的 H_2S 和 CO_2 反应外，还会与气体中存在的其他硫化物(如 COS、CS_2、RSH)以及一些杂质发生反应。其中，醇胺与 CO_2、漏入系统中空气的 O_2 等还会发生降解反应(严格地说是变质反应，因为降解系指复杂有机化合物分解为简单化合物的反应，而此处醇胺发生的不少反应却是生成更大分子的变质反应)。醇胺的降解不仅造成溶液损失，使溶液的有效醇胺浓度降低，增加了溶剂消耗，而且许多降解产物使溶液腐蚀性增强，容易起泡，还增加了溶液的黏度。

三、常用醇胺溶剂性能比较

1. 甲基二乙醇胺中哌嗪的作用

甲基二乙醇胺本身与二氧化碳、羰基硫的反应速率非常慢。工业上通常利用甲基二乙醇胺与硫化氢和二氧化碳反应速度的不同，从含硫化氢和二氧化碳的天然气中选择性地脱除硫化氢，同时在产品气中保留一定数量的二氧化碳。尽管甲基二乙醇胺和二氧化碳反应速率很慢，但甲基二乙醇胺作为叔胺，1mol 的胺可反应吸收 1mol 的二氧化碳，而哌嗪(PZ)作为仲胺，1mol 的胺只能吸收 0. 5mol 的二氧化碳。哌嗪与甲基二乙醇胺的组合(活化 MDEA)可加快整体反应速率，这样既可利用甲基二乙醇胺的高酸气负荷，同时又不会降低反应速率。

哌嗪在整个反应中充当“穿梭物”或中介桥梁的摆渡作用。可有效促进二氧化碳和羰基硫的气液两相传质、促进两者与甲基二乙醇胺结合以及促进羰基硫水解过程，最终大幅度提升二氧化碳和羰基硫的化学反应速率和吸收效率(见图 3-1-13)。

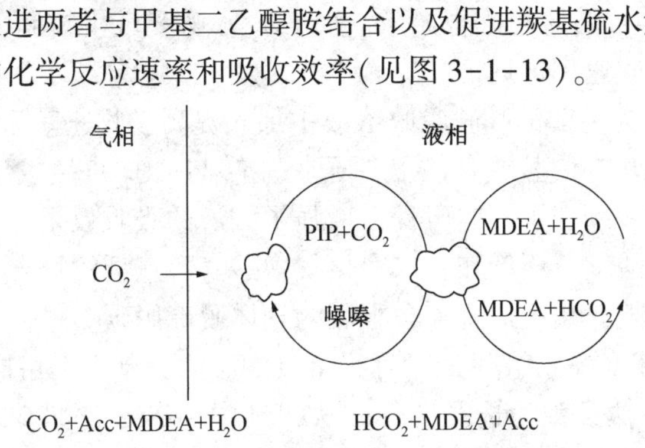

图 3-1-13　哌嗪作用示意图

2. 活化 MDEA 吸收脱碳体系平衡关系

活化 MDEA(PZ-MDEA)吸收脱碳流程中存在以下平衡关系，其主要的化学反应为：

$$MEDE^{+}+H_2O \rightleftharpoons MDEA+H_3O^{+}$$

$$CO_2+2H_2O \rightleftharpoons H_3O^{+}HCO_3^{-}$$

$$2H_2O \rightleftharpoons H_2O^{+}+OH^{-}$$

$$PZH^{+} \rightleftharpoons PZ+H^{+}$$

$$PZ+CO_2 \rightleftharpoons PZCOO^{-}$$

$$H^{+}PZCOO^{-} \rightleftharpoons H^{+}+PZCOO^{-}$$

$$PZCOO^{-}+CO_2 \rightleftharpoons OOPZCOO^{-}+H^{+}$$

3. 不同吸收体系脱碳模拟结果对比

通过对纯物理、纯 MDEA、活化 MDEA 3 种不同吸收体系下吸收脱碳过程的模拟，达到工业要求标准(烷烃回收率大于或等于 99.5%，CO_2 回收率大于或等于 90%)。吸收塔和再生塔模拟结果见表 3-1-8。

表 3-1-8 不同吸收体系下吸收塔和再生塔数据

项 目	吸收塔			再生塔		
	纯物理吸收过程	纯 MDEA 吸收过程	活化 MDEA 吸收过程	纯物理吸收过程	纯 MDEA 吸收过程	活化 MDEA 吸收过程
原料入塔温度/℃	45	44.9	46.6			
塔顶压力/kPa	7400	6700	5700	190	190	190
全塔压降/kPa	50	50	50	10	10	10
塔顶温度/℃	61.2	67.1	67.9	59.6	64.6	67.7
塔底温度/℃	78.8	79.1	82.2	74.7	114.5	75.2
等板高度/m	0.37	0.24	0.18			

在 PZ-MDEA 实际吸收过程中，不仅涉及物理过程，更涉及化学吸收过程，仅仅考虑物理吸收过程，与实际吸收过程相比，物理吸收过程吸收速率大大降低，导致需要增加塔顶压力以达到增强吸收传质系数的目的，同时通过增加塔高，达到生产标准。

而活化 MDEA 吸收过程与纯 MDEA 吸收过程相比较，纯 MEDA 作为一种叔胺，其 N 原子上没有连接 H 原子，所以实际反应中并没有生成氨基甲酸盐的快反应发生，只能与 CO_2 水解后产生的 H^+ 反应生成胺基甲酸根离子。而 CO_2 水解受气模控制，单独使用 MDEA 溶液的一大缺陷就是溶液吸收速率过低。

而在以叔胺 MDEA 为主体的醇胺吸收溶液中加入提高吸收速率哌嗪来活化原来的 MDEA 溶液，活化剂中一般都含有伯胺或仲胺氨原子，能够与 CO_2 直接发生反应，生成较稳定的胺基甲酸盐，哌嗪的加入改变了反应历程，增强了胺液的吸收效果，加快了吸收速率。

醇胺法特别适用于酸气分压低和要求净化气中酸气含量低的场合。由于采用的是水溶液可减少重烃的吸收量，故此法更适合富含重烃的气体脱硫脱碳。

通常，MEA 法、DEA 法、DGA 法又称为常规醇胺法，基本上可同时脱除气体中的 H_2S、CO_2；MDEA 法和 DIPA 法又称为选择性醇胺法，其中 MDEA 法是典型的选择性脱 H_2S 法，DIPA 法在常压下也可选择性地脱除 H_2S。此外，配方溶液目前种类繁多，性能各不相同，

分别用于选择性脱 H_2S，在深度或不深度脱除 H_2S 的情况下脱除一部分或大部分 CO_2，深度脱除 CO_2，以及脱除 COS 等。

1. 一乙醇胺(MEA)

MEA 可用于低吸收压力和净化气质量指标要求严格的场合。

MEA 可从气体中同时脱除 H_2S 和 CO_2，因而没有选择性。净化气中 H_2S 的浓度可低至 5.7 mg/m^3。在中低压情况下 CO_2 浓度可低至 100×10^{-6}(体积分数)。MEA 也可脱除 COS、CS_2，但是需要采用复活釜，否则反应是不可逆的。而且即使有复活釜，反应也不能完全可逆，故会导致溶液损失和在溶液中出现降解产物的积累。

MEA 的酸气负荷上限通常为 0.3～0.5mol 酸气/mol MEA，溶液质量浓度一般限定在 10%～20%。如果采用缓蚀剂，则可使溶液浓度和酸气负荷显著提高。由于 MEA 蒸汽压在醇胺类中最高，故在吸收塔、再生塔中蒸发损失量大，但可采用水洗的方法降低损失。

2. 二乙醇胺(DEA)

DEA 不能像 MEA 那样在低压下使气体处理后达到管输要求，而且也没有选择性。

如果酸气含量高且总压高，则可采用具有专利权的 SNPA-DEA 法。此法可用于高压且有较高 H_2S/CO_2 比的酸气含量高的气体。专利上所表示的酸气负荷为 0.9～1.3mol 酸气/mol DEA。

尽管所报道的 DEA 酸气负荷高达 0.8～0.9mo1 酸气/mol DEA，但大多数常规 DEA 脱硫脱碳装置因为腐蚀问题而在很低的酸气负荷下运行。

与 MEA 相比，DEA 的特点为：①DEA 的碱性和腐蚀性较 MEA 弱，故其溶液浓度和酸气负荷较高，溶液循环量、投资和操作费用都较低，典型的 DEA 酸气负荷(0.35～0.8mol 酸气/mol DEA)远高于常用的 MEA 的酸气负荷(0.3～0.4mol 酸气/mol MEA)；②由于 DEA 生成的不可再生的降解产物数量较少，故不需要复活釜；③DEA 与 H_2S 和 CO_2 的反应热较小，故溶液再生所需的热量较少；④DEA 与 COS、CS_2 反应生成可再生的化合物，故可在溶液损失很小的情况下部分脱除 COS、CS_2；⑤蒸发损失较少。

3. 二甘醇胺(DGA)

DGA 是伯醇胺，不仅可脱除气体和液体中的 H_2S 和 CO_2，而且可脱除 COS 和 RSH，故广泛用于天然气和炼厂气脱硫脱碳中。DGA 可在压力低于 0.86MPa 下将气体中的 H_2S 脱除至 5.7mg/m^3。此外，与 MEA、DEA 相比，DGA 对烯烃、重烃和芳香烃的吸收能力更强。因此，在 DGA 脱硫脱碳装置的设计中应采用合适的活性炭过滤器。

与 MEA 相比，DGA 的特点为：①溶液质量浓度可高达 50%～70%，而 MEA 溶液浓度仅为 15%～20%；②由于溶液浓度高，所以溶液循环量小；③重沸器蒸汽耗量低。

DGA 溶液浓度在 50%(质量分数)时的凝点为-34℃，故可用于高寒地区。由于降解反应速率大，所以 DGA 系统需要采用复活釜。此外，DGA 与 CO_2、COS 的反应是不可逆的，生成 N，N -二甘醇脲，通常称为 BHEEU。

4. 甲基二乙醇胺(MDEA)

MDEA 是叔醇胺，可在中、高压下选择性脱除 H_2S 以符合净化气的质量指标或管输要求。但是，如果净化气中的 CO_2 含量超过允许值，则需进一步处理。

选择性脱除 H_2S 的优点是：①由于脱除的酸气量减少而使溶液循环量降低；②再生系统的热负荷低；③酸气中的 H_2S/CO_2 摩尔比可高达含硫原料气的 10～15 倍。由于酸气中 H_2S 浓度较高，有利于硫黄回收。

此外，叔醇胺与 CO_2 的反应是反应热较小的酸碱反应，故再生时需要的热量较少，因而用于大量脱除 CO_2 是很理想的。这也是一些适用于大量脱除 CO_2 的配方溶液(包括活化 MDEA 溶液)的主剂是 MDEA 的原因所在。

采用 MDEA 溶液选择性脱硫不仅由于循环量低而可降低能耗，而且单位体积溶液再生所需蒸汽量也显著低于常规醇胺法。此外，选择性醇胺法因操作的气液比较高而吸收塔的液流强度较低，所以装置的处理量也可提高。

5. 二异丙醇胺(DIPA)

DIPA 是仲胺，对 H_2S 具有一定的选择性，与 CO_2、COS 发生变质反应的能力大于 MEA、DEA 和 DGA。DIPA 可用于从液化石油气中脱除 H_2S 和 COS。

6. 配方溶液

配方溶液是一种新的醇胺溶液系列。与大多数醇胺溶液相比，由于采用配方溶液可减少设备尺寸和降低能耗而广为应用，目前常见的配方溶液产品有 Dow 化学公司的 GAS/SPEC™，联碳(Union Carbide)公司的 UCARSOL™，猎人(Huntsman)公司的 TEXTREAT™ 等。配方溶液通常具有比 MDEA 更好的优越性。有的配方溶液可以选择性地脱除 H_2S 至 4×10^{-6}(体积分数)，而只脱除一小部分 CO_2；有的配方溶液则可从气体中深度脱除 CO_2 以符合深冷分离工艺的需要；有的配方溶液还可在选择性脱除 H_2S 至 4×10^{-6}(体积分数)的同时，将高 CO_2 含量气体中的 CO_2 脱除至 2%。

7. 空间位阻胺

埃克森(Exxon)公司在 20 世纪 80 年代开发的 Flexsorb 溶剂是一种空间位阻胺。它通过空间位阻效应和碱性来控制胺与 CO_2 的反应。目前已有很多型号的空间位阻胺，分别用于不同情况下的天然气脱硫脱碳。

醇胺法脱硫脱碳溶液的主要工艺参数见表 3-1-9。表中数据仅供参考，实际设计中还需考虑许多具体因素。表中富液酸气负荷指离开吸收塔底富液中酸性组分含量；贫液残余酸气负荷指离开再生塔贫液中残余酸性组分含量；酸气负荷则为溶液在吸收塔内所吸收的酸性组分含量，即富液酸气负荷与贫液酸气负荷之差。它们的单位均为 mol(H_2S+CO_2)/mol 胺。酸气负荷是醇胺法脱硫脱碳工艺中一个十分重要的参数，溶液的酸气负荷应根据原料气组成、酸性组分脱除要求、醇胺类型和吸收塔操作条件等确定。

表 3-1-9 醇胺法溶液的主要工艺参数

项 目	MEA	DEA	SNPA-DEA	DGA	Sulfinol	MDEA
酸气负荷/[m^3(GPA)/L，38℃]，正常范围①	0.0230~0.0320	0.0285~0.0375	0.0500~0.0585	0.0350~0.0495	0.030~0.1275	0.022~0.056
酸气负荷/(mol/mol 胺)，正常范围②	0.33~0.40	0.35~0.65	0.72~1.02	0.25~0.3	—	0.2~0.55
贫液残余酸气负荷/(mol/mol 胺)，正常范围③	0.12	0.08	0.08	0.10	—	0.005~0.01
富液酸气负荷/(mol/mol 胺)，正常范围②	0.45~0.52	0.43~0.73	0.8~1.1	0.35~0.40	—	0.4~0.55
溶液质量浓度/%，正常范围	15~25	25~35	25~30	50~70	3 种组分，组成可变化	40~50

续表

项 目	MEA	DEA	SNPA-DEA	DGA	Sulfinol	MDEA
火管加热重沸器表面平均热流率/(kW/m^2)	25.0~31.9	25.0~31.9	25.0~31.9	25.0~31.9	25.0~ 31.9	25.0~31.9
重沸器温度④/℃，正常范围	107~127	110~121	110~121	121~127	110~138	110~127
反应热⑤(估计)/(kJ/kgH_2S)	1280~1560	1160~1400	1190	1570	变化/负荷	1040~1210
反应热⑤(估计)/(kJ/kgCO_2)	1445~1630	135~1515	1520	2000	变化/负荷	1325~1390

注：①取决于酸气分压和溶液浓度。

②取决于酸气分压和溶液腐蚀性，对于腐蚀性系统仅为60%或更低值。

③随再生塔顶部回流比而变，低的贫液残余酸气负荷要求再生塔塔板或回流比更多，并使重沸器热负荷更大。

④重沸器温度取决于溶液浓度、酸气背压和所要求的参与 CO_2 含量。

⑤反应热随酸气负荷、溶液浓度而变化。

必须说明的是，上述酸气(主要是 H_2S、CO_2)负荷的表示方法仅对同时脱硫脱碳的常规醇胺法才是恰当的，而对选择性脱除 H_2S 的醇胺法来讲，由于要求 CO_2 远离其平衡负荷，故应采用 H_2S 负荷才有意义。鉴于目前仍普遍沿用原来的表示方法，故本书在介绍选择性脱除 H_2S 时还引用酸气负荷一词。

四、醇胺法工艺流程与参数

(一)工艺流程

醇胺法脱硫脱碳的典型工艺流程见图 3-1-14。由图可知，该流程由吸收、闪蒸、换热和再生(汽提)4 部分组成。其中，吸收部分是将原料气中的酸性组分脱除至规定指标或要求；闪蒸部分是将富液(即吸收了酸性组分后的溶液)在吸收酸性组分时还吸收的一部分烃类通过闪蒸除去；换热部分是回收离开再生塔的热贫液热量；再生部分是将富液中吸收的酸性组分解吸出来成为贫液循环使用。

在图 3-1-14 中，原料气经进口分离器除去游离的液体和携带的固体杂质后进入吸收塔的底部，与由塔顶自上而下流动的醇胺溶液逆流接触，脱除其中的酸性组分。离开吸收塔顶部的是含饱和水的湿净化气，经出口分离器除去携带的溶液液滴后出装置。通常，都要将此湿净化气脱水后再作为商品气或管输，或去下游的 NGL 回收装置或 LNG 生产装置。

由吸收塔底部流出的富液降压后进入闪蒸罐，以脱除被醇胺溶液吸收的烃类。然后，富液再经过滤器进入贫富液换热器，利用热贫液将其加热后进入在低压下操作的再生塔(汽提塔)上部，使一部分酸性组分在再生塔顶部塔板上从富液中闪蒸出来。随着溶液自上而下流至底部，溶液中其余的酸性组分就会被在重沸器中加热气化的气体(主要是水蒸气)进一步汽提出来。因此，离开再生塔的是贫液，只含少量未汽提出来的残余酸性气体。此热贫液经贫富液换热器、溶液冷却器冷却和贫液泵增压，温度降至比塔内气体烃露点高 5~6℃以上，然后进入吸收塔循环使用。有时，贫液在换热与增压后也经过一个过滤器。

从富液中汽提出来的酸性组分和水蒸气离开再生塔顶，经冷凝器冷却与冷凝后，冷凝水作为回流返回再生塔顶部。由回流罐分出的酸气根据其组成和流量，或去硫黄回收装置，或压缩后回注地层以提高原油采收率，或经处理后去火炬等。

如图 3-1-14 所示的典型流程基础上，还可根据需要衍生出一些其他流程，例如分流流程(图 3-1-15)。在图 3-1-15 中，由再生塔中部引出一部分半贫液(已在塔内汽提出绝大部分酸性组分但尚未在重沸器内进一步汽提的溶液)送至吸收塔的中部，而经过重沸器汽提后的贫液仍送至吸收塔的顶部。此流程虽然增加了一些设备与投资，但对酸性组分含量高的天然气脱硫脱碳装置却可显著降低能耗。

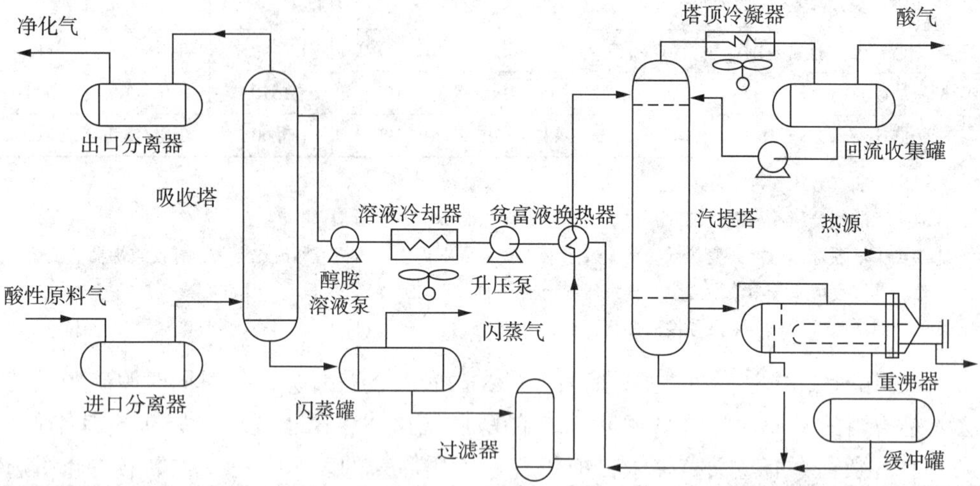

图 3-1-14 醇胺法和砜胺法典型工艺流程图

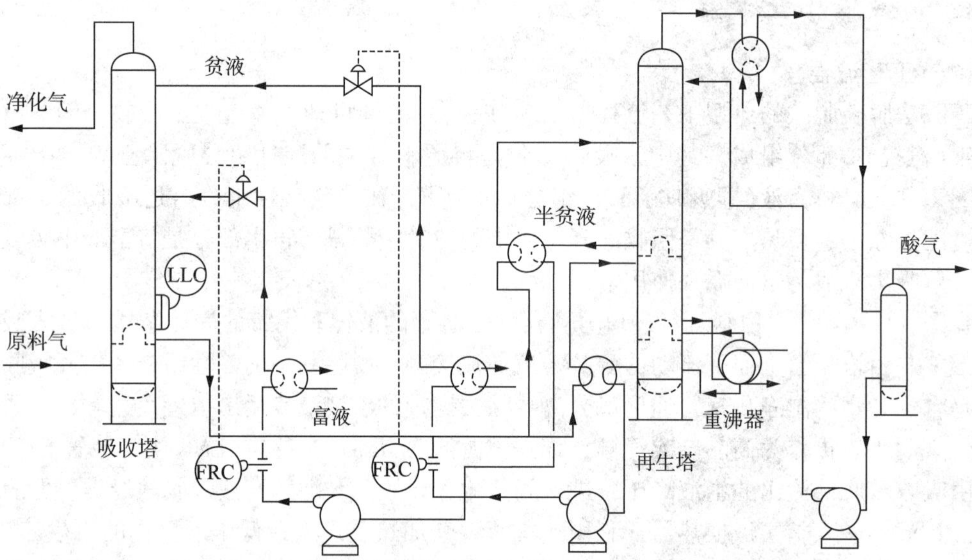

图 3-1-15 分流法脱硫脱碳工艺流程图

图 3-1-16 是 BASF 公司采用活化 MDEA(aMDEA)溶液的分流法脱碳工艺流程。该流程中活化 MDEA 溶液分为 2 股在不同位置进入吸收塔，即半贫液进入塔的中部，贫液则进入塔的顶部。从低压闪蒸罐底部流出的是未完全汽提好的半贫液，将其送到酸性组分浓度较高的吸收塔中部；而从再生塔底部流出的贫液则进入吸收塔的顶部，与酸性组分浓度很低的气流接触，使湿净化气中的酸性组分含量降低至所要求之值。离开吸收塔的富液先适当降压闪蒸，再在更低压力下闪蒸，然后去再生塔内进行汽提，离开低压闪蒸罐顶部的气体即为所脱除的酸气。此流程的特点是装置处理量可提高，再生的能耗较少，主要用于天然气及合成气脱碳。

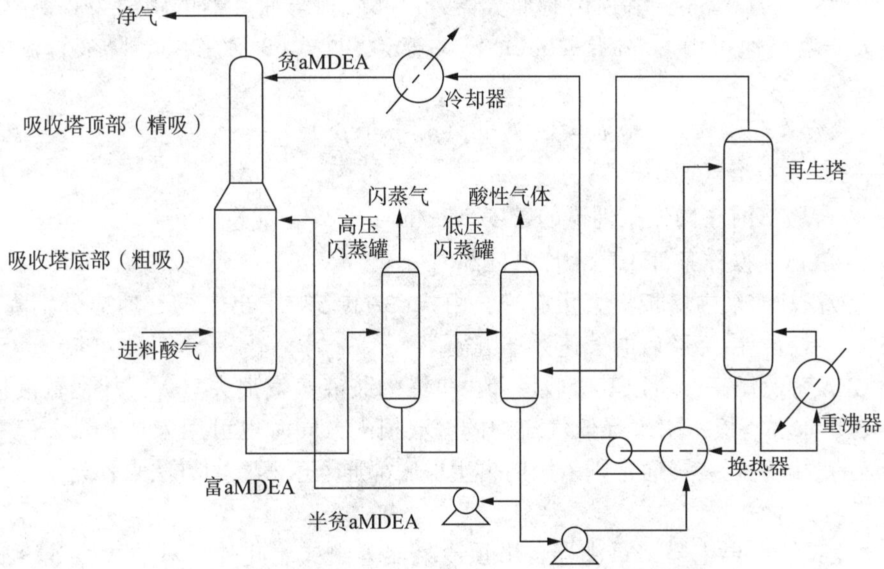

图 3-1-16 BASF 公司活化 MDEA 溶液分流法脱碳工艺流程

(二)主要设备

1. 高压吸收系统

高压吸收系统由原料气进口分离器、吸收塔和湿净化气出口分离器等组成。

吸收塔可为填料塔或板式塔，后者常用浮阀塔板。

吸收塔的塔板数应根据原料气中 H_2S、CO_2 含量、净化气质量指标经计算确定。通常，其实际塔板数为 14~20 块。对于选择性醇胺法(例如 MDEA 溶液)来讲，适当控制溶液在塔内停留时间(限制塔板数或溶液循环量)可使其选择性更好。这是由于在达到所需的 H_2S 净化度后，增加吸收塔塔板数实际上几乎只是使溶液多吸收 CO_2，故在选择性脱 H_2S 时塔板应适当少些，而在脱碳时则可适当多些塔板。采用 MDEA 溶液选择性脱 H_2S 时净化气中 H_2S 含量与理论塔板数的关系见图 3-1-17。

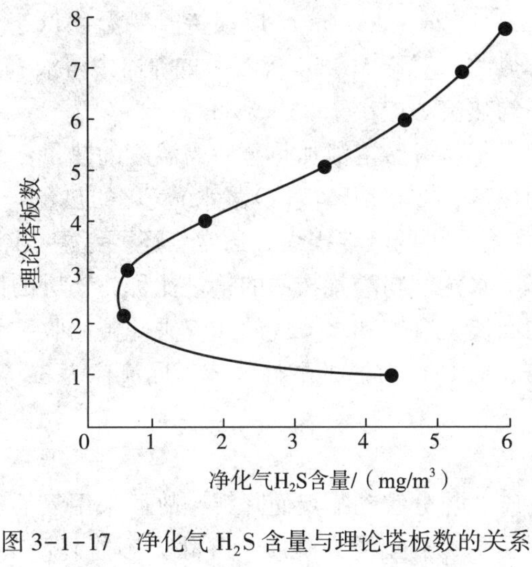

图 3-1-17 净化气 H_2S 含量与理论塔板数的关系

塔板间距一般为0.6m，塔顶设有捕雾器，顶部塔板与捕雾器的距离为0.9~1.2m。吸收塔的最大空塔气速可由Souders-Brown公式确定，见式(3-1-58)。降液管流速一般取0.08~0.1m/s。

$$v_g = 0.07762[(\rho_1 - \rho_2)/\rho_g]^{0.5} \tag{3-1-57}$$

式中　v_g——最大空塔气速，m/s；

ρ_1——醇胺溶液在操作条件下的密度，kg/m³；

ρ_2——气体在操作条件下的密度，kg/m³。

为防止液泛和溶液在塔板上大量起泡，由式(3-1-57)求出来的气速应分别降低25%~35%和15%，然后再由降低后的气速计算塔径。

由于MEA蒸汽压高，所以其吸收塔和再生塔的胺液蒸发损失量大，故在贫液进料口上常设有2~5块水洗塔板，用来降低气流中的胺液损失，同时也可用来补充水。但是，采用MDEA溶液的脱硫脱碳装置通常则采用向再生塔底部通入水蒸气的方法来补充水。

2. 低压再生系统

低压再生系统由再生塔、重沸器、塔顶冷凝器等组成。此外，对伯醇胺等溶液还有复活釜。

1)再生塔

与吸收塔类似，可为填料塔或板式塔，塔径计算方法相似，但需选取塔顶和塔底气体流量较大者确定塔径。塔底气体流量为重沸器产生的汽提水蒸气流量(如有补充水蒸气，还应包括其流量)，塔顶气体量为塔顶水蒸气和酸气流量之和。

再生塔的塔板数也应经计算确定。通常，在富液进料口下面约有20~24块塔板，板间距一般为0.6m。有时，在进料口上面还有几块塔板，用于降低溶液的携带损失。

再生塔的作用是利用重沸器提供的水蒸气和热量使醇胺和酸性组分生成的化合物逆向分解，从而将酸性组分解吸出来。水蒸气对溶液还有汽提作用，即降低气相中酸性组分的分压，使更多的酸性组分从溶液中解吸，故再生塔也称汽提塔。

汽提蒸汽量取决于所要求的贫液质量(贫液中残余酸气负荷)、醇胺类型和塔板数。蒸汽耗量大致为0.12~0.18 t/t溶液。小型再生塔的重沸器可采用直接燃烧的加热炉(火管炉)，火管表面热流率为20.5~26.8 kW/m²，以保持管壁温度低于150℃。大型再生塔的重沸器可采用蒸汽或热媒作热源。对于MDEA溶液，重沸器中溶液温度不宜超过127℃。当采用火管炉时，火管表面平均热流率应小于35 kW/m²。

重沸器的热负荷包括：①将醇胺溶液加热至所需温度的热量；②将醇胺与酸性组分反应生成的化合物逆向分解的热量；③将回流液(冷凝水)气化的热量；④加热补充水(如果采用的话)的热量；⑤重沸器和再生塔的散热损失。通常，还要考虑15%~20%的安全裕量。

再生塔塔顶排出气体中水蒸气与酸气物质的量之比称为该塔的回流比。水蒸气经塔顶冷凝器冷凝后送回塔顶作为回流。含饱和水蒸气的酸气去硫黄回收装置，或去回注或经处理与焚烧后放空。对于伯醇胺和低CO_2/H_2S的酸性气体，回流比为3；对于叔醇胺和高CO_2/H_2S的酸性气体，回流比为1.2。

2)复活釜

由于醇胺会因化学反应、热分解和缩聚而降解，故而采用复活釜使降解的醇胺尽可能地复活，即从热稳定性的盐类中释放出游离醇胺，并除去不能复活的降解产物。MEA等伯胺由于沸点低，可采用半连续蒸馏的方法，将强碱(例如质量浓度为10%的氢氧化钠或碳酸氢钠溶液）和再生塔重沸器出口的一部分贫液（一般为总溶液循环量的1%~3%）混合（使pH值保持在8~9）送至复活釜内加热，加热后使醇胺和水由复活釜中蒸出。为防止热降解产生，复活釜升温至149℃加热停止。降温后，再将复活釜中剩余的残渣（固体颗粒、溶解的盐类和降解产物）除去。采用MDEA溶液和Sulfinol-M（砜胺Ⅲ）溶液时可不设复活釜。

3. 闪蒸和换热系统

闪蒸和换热系统由富液闪蒸罐、贫富液换热器、溶液冷却器及贫液增压泵等组成。

1）贫富液换热器和贫液冷却器

贫富液换热器一般选用管壳式和板式换热器，富液走管程。为了减轻设备腐蚀和减少富液中酸性组分的解吸，富液出换热器的温度不应太高。此外，对富液在碳钢管线中的流速也应加以限制。对于MDEA溶液，所有溶液管线内流速应低于1m/s，吸收塔至贫富液换热器管程的流速宜为0.6~0.8m/s；对于砜胺溶液，富液管线内流速宜为0.8~1.0m/s，最大不超过1.5m/s。不锈钢管线由于不易腐蚀，富液流速可取1.5~2.4m/s。

贫液冷却器的作用是将换热后的贫液温度进一步降低。一般采用管壳式换热器或空气冷却器。采用管壳式换热器时贫液走壳程，冷却水走管程。

2）富液闪蒸罐

富液中溶解有烃类时容易起泡，酸气中含有过多烃类时还会影响克劳斯硫黄回收装置的硫黄质量。为使富液进再生塔前尽可能地解吸出溶解的烃类，可设置一个或几个闪蒸罐。通常采用卧式罐。闪蒸出来的烃类作为燃料使用。当闪蒸气中含有H_2S时，可用贫液来吸收。

闪蒸压力越低，温度越高，则闪蒸效果越好。目前吸收塔操作压力在4~6MPa，闪蒸罐压力一般在0.5MPa。对于两相分离（原料气为贫气，吸收压力低，富液中只有甲烷、乙烷），溶液在罐内停留时间为10~15min；对于三相分离（原料气为富气，吸收压力高，富液中还有较重烃类），溶液在罐内的停留时间为20~30min。

为保证下游克劳斯硫黄回收装置硫黄产品质量，国内要求采用MDEA溶液时设置的富液闪蒸罐应保证再生塔塔顶排出的酸气中烃类含量不超过2%（体积分数）；采用砜胺法时，设置的富液闪蒸罐应保证再生塔塔顶排出的酸气中烃类含量不超过4%（体积分数）。

（三）工艺参数

1. 溶液循环量

醇胺溶液循环量是醇胺法脱硫脱碳中一个十分重要的参数，它决定了脱硫脱碳装置诸多设备尺寸、投资和装置能耗。

在确定醇胺法溶液循环量时，除了凭借经验估计外，就必须有H_2S、CO_2在醇胺溶液中的热力学平衡溶解度数据。自1974年Kent和Eisenberg等首先提出采用拟平衡常数法关联实验数据以确定H_2S、CO_2在MEA、DEA水溶液中的平衡溶解度后，近几十年来国内外不少学者又系统地采用实验方法测定了H_2S、CO_2在不同分压、不同温度下，在不同浓度的MEA、DEA、DIPA、DGA、MDEA和砜胺溶液中的平衡溶解度，并进一步采用数学模型法关联这些实验数据，使之由特殊到一般，因而扩大了其使用范围。

酸性天然气中一般会同时含有H_2S和CO_2，而H_2S和CO_2与醇胺的反应又会相互影响，即其中一种酸性组分即使有微量存在，也会使另一种酸性组分的平衡分压产生很大差别。只有一种酸性组分（H_2S或CO_2）存在时其在醇胺溶液中的平衡溶解度远大于H_2S和CO_2同时存在时的数值。

目前，H_2S和CO_2同时存在时，在MEA、DEA、DIPA、DGA和MDEA等水溶液中的平衡溶解度可通过模型计算，也可从有关文献中查取。

现以常规醇胺法(同时脱除 H_2S 和 CO_2)为例，通常其溶液循环量的计算方法如下：

(1)选择合适的醇胺溶液和浓度。

(2)根据原料气组成，计算 H_2S、CO_2、RSH 以及其他硫化物的分压。

(3)估计吸收塔塔底富液出口温度。由于吸收过程是放热的，该温度一般比原料气进口温度高 10~20℃。

(4)从图表中查取或采用数学模型计算原料气中 H_2S、CO_2 等在富液中吸收达到平衡时的负荷。采用这种方法时需要有不同条件下 H_2S、CO_2 等酸性组分在各种醇胺溶液中的平衡溶解度数据。这些数据还应考虑到 H_2S 和 CO_2 同时存在时的相互影响。

(5)从动力学角度考虑，H_2S 和 CO_2 等在富液中的实际溶解度(富液酸气负荷)不可能达到平衡值，所以需要根据经验确定其实际溶解度。对于富液，其酸气负荷大致是平衡溶解度的 70%~80 %；对于贫液，其残余酸气负荷因醇胺类型不同而异。表 3-1-9 数据可供参考。

(6)根据富液酸气负荷和贫液残余酸气负荷确定溶液的净酸气负荷。

(7)根据溶液的净酸气负荷和原料气中酸性组分流量，计算醇胺溶液循环量。

(8)根据溶液的净酸气负荷，计算 H_2S、CO_2 等被溶液吸收时的反应热和溶解热。

(9)估计贫液进吸收塔的温度和湿净化气出吸收塔的温度(比原料气进吸收塔的温度高 8~17℃或比贫液高 0~8℃)。

(10)对吸收塔进行热平衡计算，核对所有假定是否合适。如不合适，应根据相互关系重新假定和计算。

MEA、DEA、DGA 和 MDEA 等溶液的循环量也可按照下述公式快速估算：

溶液循环量(m^3 溶液/h)= K×原料气体积流量[10^6 m^3(GPA)/d] ×

原料气中被脱除的酸性组分体积分数(%)

式中 K——醇胺溶液循环量计算系数，(m^3 溶液/h)/[($10^6 m^3$(GPA)原料气/d)×(原料气中被脱除的酸性组分体积分数,%)]，其值见表 3-1-10。

表 3-1-10 醇胺溶液循环量计算系数 K[①]

溶 剂	MEA	DEA		DGA	MDEA
		一般负荷	高负荷		
溶液质量浓度/%	20	30	35	60	50
酸气负荷/(mol/mol 醇胺)	0.35	0.50	0.70	0.30	0.40
K	16.44	11.63	7.62	10.26	10.02

注：①表中 K 值适用于压力高于 2.70MPa 及温度低于 49℃的吸收塔。

【例 3-1-1】 某压力为 6.3MPa(绝压)的天然气，流量为 $1.42×10^6 m^3/d$，其 H_2S 和 CO_2 含量分别为 0.5%和 2.0%，需用 15.3%(质量分数)的 MEA 溶液将 H_2S 脱除到 5.72mg/m^3 以符合管输气要求。假定原料气进吸收塔温度为 32℃，贫液进塔温度为 43℃，吸收塔底富液中酸气负荷为平衡溶解度的 70%，试求溶液循环量。

【解】

(1)塔底富液中酸气负荷的确定。

因吸收过程中放热，取溶液温升为 17℃，故离开吸收塔底富液温度为 60℃。

根据 H_2S、CO_2 分压，由有关图中查得 60℃时 H_2S、CO_2 在 MEA 溶液中的平衡溶解度分别为 0.096mol H_2S/mol MEA 和 0.565mol CO_2/mol MEA，故在吸收塔底富液中的酸气负荷为

$$\alpha_{H_2S}=0.096\times0.70=0.0672\text{mol}H_2S/\text{molMEA}$$

$$\alpha_{CO_2}=0.565\times0.70=0.3955\text{mol}CO_2/\text{molMEA}$$

由实际生产经验(或查有关图表)知，汽提后贫液中残余酸气负荷为

$$\alpha^0_{H_2S}=0.0025\text{mol}H_2S/\text{molMEA}$$

$$\alpha^0_{CO_2}=0.1275\text{mol}CO_2/\text{molMEA}$$

因此，溶液的净酸气负荷为

$$\Delta\alpha_{H_2S}=0.0672-0.0025=0.0647\text{mol}H_2S/\text{molMEA}$$

$$\Delta\alpha_{CO_2}=0.3955-0.1275=0.2680\text{mol}CO_2/\text{molMEA}$$

(2)溶液循环量的确定。

如不考虑湿净化气中微量的 H_2S、CO_2，则原料气中所有的 H_2S、CO_2 均为 MEA 溶液吸收，即脱除的酸气量为

$$q_{\text{mol}(H_2S)}=\frac{0.005\times1.42\times10^6}{24\times22.4}=13.21\text{kmol/h}$$

$$q_{\text{mol}(CO_2)}=\frac{0.02\times1.42\times10^6}{24\times22.4}=52.83\text{kmol/h}$$

$$q_{\text{mol}(H_2S)}+q_{\text{mol}(CO_2)}=52.83+13.21=66.03\text{kmol/h}$$

质量浓度为 15.3%的 MEA 溶液相当于 2.5kmolMEA/m^3 溶液。由于溶液净酸气负荷合计为(0.2680+0.0647)= 0.3327mol(CO_2+H_2S)/molMEA，故需 MEA 溶液的摩尔流量为

$$q_{\text{mol(MEA)}}=66.03/0.3327=198.5\text{kmol/h}$$

或需质量浓度为 15.3%的 MEA 溶液体积流量(即溶液循环量)为

$$q_{\text{v(MEA)}}=198.5/2.5=79.39\text{m}^3/\text{h}$$

对于酸性天然气中同时含有 H_2S、CO_2 而采用选择性脱除 H_2S 的场合，由于使 CO_2 的吸收量远离平衡值，故 H_2S 的吸收量可以提高，此时就无法采用上述方法计算溶液循环量。为此，国内有人提出 H_2S 负荷第二平衡程度的概念及计算选择性吸收过程溶液循环量的方法。

目前，天然气脱硫脱碳的工艺计算普遍采用有关软件由计算机完成。但是，在使用这些软件时应注意其应用范围，如果超出其应用范围进行计算，就无法得出正确的结果，尤其是采用混合醇胺法脱硫脱碳时更需注意。

2. 压力和温度

吸收塔操作压力一般在 4~6MPa，主要取决于原料气进塔压力和净化气外输压力要求。降低吸收压力虽有助于改善溶液选择性，但压力降低也使溶液负荷降低，装置处理能力下降，因而不应采用降低压力的方法来改善选择性。

再生塔一般均在略高于常压下操作，其值视塔顶酸气去向和所要求的背压而定。为避免发生热降解反应，重沸器中溶液温度应尽可能较低，其值取决于溶液浓度、压力和所要求的贫液残余酸气负荷。不同醇胺溶液在重沸器中的正常温度范围见表 3-1-9。

通常，为避免烃类在吸收塔中冷凝，贫液温度应较塔内气体烃露点高 5~6℃，因为烃类的冷凝析出会使溶液严重起泡。所以，应该核算吸收塔入口和出口条件下的气体烃露点。这是因为脱除酸性组分后，气体的烃露点升高。还应该核算一下，在吸收塔内由于温度升高、压力降低，气体有无反凝析现象。

采用 MDEA 溶液选择性脱 H_2S 时贫液进吸收塔的温度一般不高于45℃。

由于吸收过程是放热过程，故富液离开吸收塔底和湿净化气离开吸收塔顶的温度均会高于原料气温度。塔内溶液温度变化曲线与原料气温度和酸性组分含量有关。MDEA 溶液脱硫脱碳时吸收塔内溶液温度变化曲线见图 3-1-18。由图 3-1-18 可知，原料气中酸性组分含量低时，主要与原料气温度有关，溶液在塔内温度变化不大；原料气中酸性组分含量高时，还与塔内吸收过程的热效应有关。此时，吸收塔内某处将会出现温度最高值。

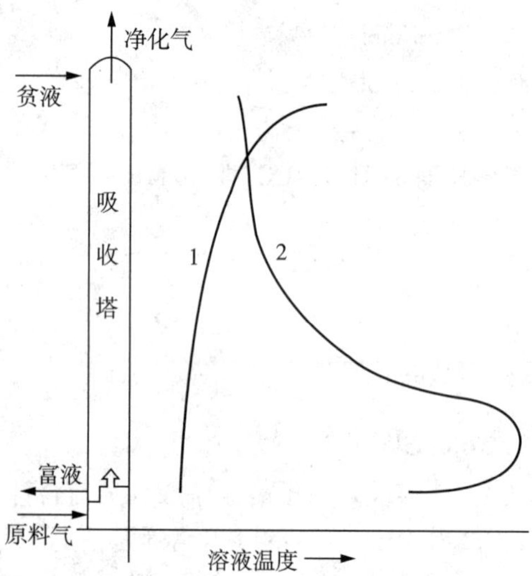

图 3-1-18　吸收塔内溶液温度曲线

1—低酸气浓度；2—高酸气浓度

对于 MDEA 法来说，塔内溶液温度高低对其吸收 H_2S、CO_2 的影响有两个方面：①溶液黏度随温度变化。温度过低会使溶液黏度增加，易在塔内起泡，从而影响吸收过程中的传质速率；②MDEA与 H_2S 的反应是瞬间反应，其反应速率很快，故温度主要是影响 H_2S 在溶液中的平衡溶解度，而不是其反应速率。但是，MDEA 与 CO_2 的反应较慢，故温度对其反应速率影响很大。温度升高，MDEA 与 CO_2 的反应速率显著增加。因此，MDEA 溶液用于选择性脱 H_2S 时，宜使用较低的吸收温度；如果用于脱硫脱碳，则应适当提高原料气进吸收塔的温度。这是因为，较低的原料气温度有利于选择性脱除 H_2S，但较高的原料气温度则有利于加速 CO_2 的反应速率。通常，可采用原料气与湿净化气或贫液换热的方法来提高原料气的温度。

醇胺法脱硫脱碳装置正常运行时，其他一些设备压力、温度参数见表 3-1-11。

表 3-1-11　醇胺法装置一些设备压力、温度参数

工艺参数	富液出吸收塔(液位调节阀出口)	贫富液换热器				胺液冷却器		塔顶冷却器		回流泵		增压泵		胺液泵	
		富液侧		贫液侧											
		进口	出口	进口	出口	进口	出口	进口	出口	进口	出口	进口	出口	进口	出口
压力/kPa	275~550	—	—	—	—	—	—	—	—	20~40	205~275	20~40	345~450	0~275	345①
温度/℃	38~82	38~82	88~104	115~121	77~88	77~88	38~54	88~107	38~54	—	—	—	—	—	—

注：① 高于吸收塔压力之差值。

3. 气液比

气液比是指单位体积溶液所处理的气体体积量(m^3/m^3)，它是影响脱硫脱碳净化度和经济性的重要因素，也是操作中最易调节的工艺参数。MDEA 法的气液比为 2450~4570，砜胺法的气液比为 660~1100，MDEA 法溶液循环量大大低于砜胺法，这样可节约水、电、汽(气)的消耗。

对于采用 MDEA 溶液选择性脱除 H_2S 来讲，提高气液比可以改善其选择性，因而降低了能耗。但是，随着气液比的提高，净化气中的 H_2S 含量也会增加，故应以保证 H_2S 的净化度为原则。

4. 溶液浓度

溶液浓度也是操作中可以调节的一个参数。对于采用 MDEA 溶液选择性脱除 H_2S 来讲，在相同气液比时提高溶液浓度可以改善选择性，而当溶液浓度提高并相应提高气液比时，选择性改善更为显著。

但是，溶液浓度过高将会增加溶液的腐蚀性。此外，过高的 MDEA 溶液浓度会使吸收塔底富液温度较高而影响其 H_2S 负荷。

五、醇胺法脱硫脱碳装置操作注意事项

醇胺法脱硫脱碳装置运行一般比较平稳，经常遇到的问题有溶剂降解、设备腐蚀和溶液起泡等。因此，应在设计与操作中采取措施防止和减缓这些问题的发生。

1. 溶剂降解

醇胺降解大致有化学降解、热降解和氧化降解 3 种，是造成溶剂损失的主要原因。

化学降解在溶剂降解中占有最主要地位，即醇胺与原料气中的 CO_2 和有机硫化物发生副反应，生成难以完全再生的化合物。MEA 与 CO_2 发生副反应生成的碳酸盐可转变为恶唑烷酮，再经一系列反应生成乙二胺衍生物。由于乙二胺衍生物比 MEA 碱性强，故难以再生复原，从而导致溶剂损失，而且还会加速设备腐蚀。DEA 与 CO_2 发生类似副反应后，溶剂只是部分丧失反应能力。MDEA 是叔胺，不与 CO_2 反应生成恶唑烷酮一类降解产物，也不与 COS、CS_2 等有机硫化物反应，因而基本不存在化学降解问题。

MEA 对热降解是稳定的，但易发生氧化降解。受热情况下，氧可能与气流中的 H_2S 反应生成元素硫，后者进一步和 MEA 反应生成二硫代氨基甲酸盐等热稳定的降解产物。DEA 不会形成很多不可再生的化学降解产物，故不需复活釜。此外，DEA 对热降解不稳定，但对氧化降解的稳定性与 MEA 类似。

避免空气进入系统(例如溶剂罐充氮保护、溶液泵入口保持正压等)及对溶剂进行复活等，都可减少溶剂的降解损失。在 MEA 复活釜中回收的溶剂就是游离的及热稳定性盐中的 MEA。

2. 设备腐蚀

醇胺溶液本身对碳钢并无腐蚀性，只是酸气进入溶液后才产生的。

醇胺法脱硫脱碳装置存在有均匀腐蚀(全面腐蚀)、电化学腐蚀、缝隙腐蚀、坑点腐蚀(坑蚀、点蚀)、晶间腐蚀(常见于不锈钢)、选择性腐蚀(从金属合金中选择性浸析出某种元素)、磨损腐蚀(包括冲蚀和气蚀)、应力腐蚀开裂(SCC)及氢腐蚀(氢蚀、氢脆)等。此外，还有应力集中氢致开裂(SONIC)。

其中可能造成事故甚至是恶性事故的是局部特别是应力腐蚀开裂、氢腐蚀、磨损腐蚀和坑点腐蚀。醇胺法装置容易发生腐蚀的部位有再生塔及其内部构件、贫富液换热器中的富液侧、换热后的富液管线、有游离酸气和较高温度的重沸器及其附属管线等处。

酸性组分是最主要的腐蚀剂，其次是溶剂的降解产物。溶液中悬浮的固体颗粒(主要是腐蚀产物如硫化铁)对设备、管线的磨损，以及溶液在换热器和管线中流速过快，都会加速硫化铁膜脱落而使腐蚀加快。设备应力腐蚀是由 H_2S、CO_2 和设备焊接后的残余应力共同作用下发生的，在温度高于 90℃的部位更易发生。

为防止或减缓腐蚀，在设计与操作中应考虑以下因素：

(1)合理选用材质，即一般部位采用碳钢，但贫富液换热器的富液侧(管程)、富液管线、重沸器、再生塔的内部构件(例如顶部塔板)和酸气回流冷凝器等采用不锈钢。

(2)控制管线中溶液流速，减少溶液流动中的湍流和局部阻力。

(3)设置机械过滤器(固体过滤器)和活性炭过滤器，以除去溶液中的固体颗粒、烃类和降解产物。过滤器应除去所有大于5μm的颗粒。活性炭过滤器的前后均应设置机械过滤器，推荐富液采用全量过滤器，至少不低于溶液循环量的25%。有些装置对富液、贫液都进行全量过滤，包括在吸收塔和富液闪蒸罐之间也设置过滤器。

(4)对与酸性组分接触的碳钢设备和管线应进行焊后热处理以消除应力，避免应力腐蚀开裂。

(5)其他，如采用原料气分离器，防止地层水进入醇胺溶液中。因为地层水中的氯离子可加速坑点腐蚀、应力腐蚀开裂和缝间腐蚀；溶液缓冲罐和储罐用惰性气体或净化气保护；再生保持较低压力，尽量避免溶剂热降解等。

3. 溶液起泡

醇胺降解产物、溶液中悬浮的固体颗粒、原料气中携带的游离液(烃或水)、化学剂和润滑油等，都是引起溶液起泡的原因。溶液起泡会使脱硫脱碳效果变坏，甚至使处理量剧降直至停工。因此，在开工和运行中都要保持溶液清洁，除去溶液中的硫化铁、烃类和降解产物等，并且定期进行清洗。新装置通常用碱液和去离子水冲洗，老装置则需用酸液清除铁锈。有时，也可适当加入消泡剂，但这只能作为一种应急措施。根本措施是查明起泡原因并及时排除。

4. 补充水分

由于离开吸收塔的湿净化气和离开再生塔回流冷凝器的湿酸气都含有饱和水蒸气，而且湿净化气离塔温度远高于原料气进塔温度，故需不断向系统中补充水分。小型装置可定期补充即可，而大型装置(尤其是酸气量很大时)则应连续补充水分。补充水可随回流一起打入再生塔，也可打入吸收塔顶的水洗塔板，或者以蒸汽方式通入再生塔底部。

为防止氯化物和其他杂质随补充水进入系统，引起腐蚀、起泡和堵塞，补充水水质的最低要求为：总硬度<50mg/L、固体溶解物总量(TSD)$<100\times10^{-6}$(质量分数，下同)、氯(2×10^{-6})、钠(3×10^{-6})、钾(3×10^{-6})、铁(10×10^{-6})。

5. 溶剂损耗

醇胺损耗是醇胺法脱硫脱碳装置重要经济指标之一。溶剂损耗主要为蒸发(处理NGL、LPG时为溶解)、携带、降解和机械损失等。根据国内外醇胺法天然气脱硫脱碳装置的运行经验，醇胺损耗通常不超过30kg/10^6m^3。

六、醇胺法脱硫脱碳工艺的工业应用

如前所述，MDEA是一种在H_2S、CO_2同时存在下可以选择性脱除H_2S(即在几乎完全脱除H_2S的同时仅脱除部分CO_2)的醇胺。自20世纪80年代工业化以来，经过20多年的发展，目前已形成了以MDEA为主剂的不同溶液体系：①MDEA水溶液，即传统的MDEA溶液；②MDEA-环丁砜溶液，即Sulfion1-M法或砜胺Ⅲ法溶液，在选择性脱除H_2S的同时具有很好的脱除有机硫的能力；③MDEA配方溶液，即在MDEA溶液中加有改善其某些性能的添加剂；④混合醇胺溶液，如MDEA-MEA溶液和MDEA-DEA溶液，具有MDEA法能耗低和MEA、DEA法净化度高的能力；⑤活化MDEA溶液，加有提高溶液吸收CO_2速率的活化剂，可用于脱除大量 CO_2，也可同时脱除少量的 H_2S。

它们既保留了 MDEA 溶液选择性强、酸气负荷高、溶液浓度高、化学及热稳定性好、腐蚀低、降解少和反应热小等优点，又克服了单纯 MDEA 溶液在脱除 CO_2 或有机硫等方面的不足，可针对不同天然气组成特点、净化度要求及其他条件有针对性地选用，因而使每一脱硫脱碳过程均具有能耗、投资和溶剂损失低，酸气中 H_2S 浓度高，对环境污染少和工艺灵活、适应性强等优点。

目前，这些溶液体系已广泛用于：①天然气及炼厂气选择性脱除 H_2S；②天然气选择性脱除 H_2S 及有机硫；③天然气及合成气脱除 CO_2；④天然气及炼厂气同时脱除 H_2S、CO_2；⑤硫黄回收尾气选择性脱除 H_2S；⑥酸气中的 H_2S 提浓。

由此可见，以 MDEA 为主剂的溶液体系几乎可以满足不同组成天然气的处理要求，再加上 MDEA 法能耗低、腐蚀性小的优点，使之成为目前广泛应用的脱硫脱碳工艺。

此外，为了提高酸气中 H_2S 浓度，有时可以采用选择性醇胺和常规醇胺(例如 MDEA 和 DEA)2 种溶液串接吸收的脱硫脱碳工艺，即二者不相混合，而按一定组合方式分别吸收。这时，就需对 MDEA 和 DEA 溶液各种组合方式的效果进行比较后才能作出正确选择。本节后面还将介绍 MDEA 和 DEA 两种溶液串接吸收法的工业应用。

(一)常规醇胺法的应用

现以印度 Basin 天然气处理厂工艺装置构成为例，从中说明常规醇胺法的实际应用。

该厂属于 Marathon 油公司，总处理量为 $850\times10^4m^3/d$，其改造后的全厂工艺流程方框图见图 3-1-19。原料气组成见表 3-1-12。

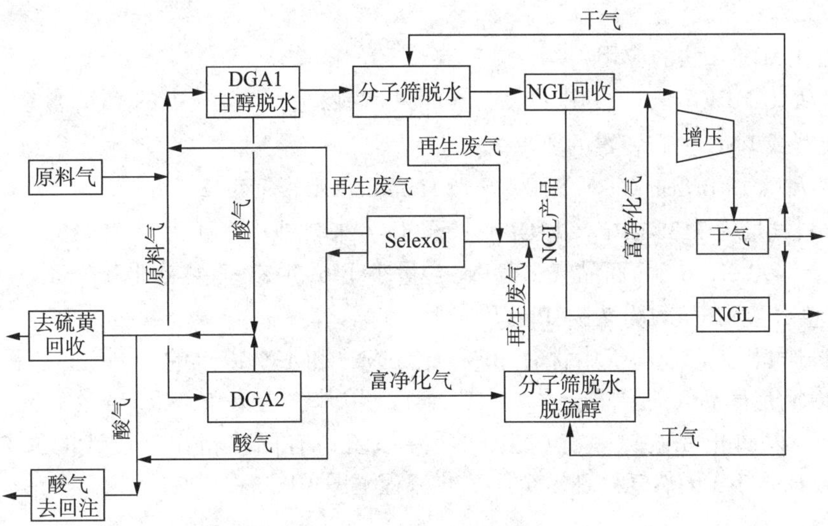

图 3-1-19　Basin 天然气处理厂工艺流程方框图

表 3-1-12　Basin 天然气处理厂原料气组成　%(干基，体积分数)

组　分	N_2	CO_2	H_2S	C_1	C_2	C_3	C_4	C_5	C_{6+}	甲硫醇①	乙硫醇	丙硫醇	丁硫醇
数　值	0.72	0.62	0.81	88.01	5.45	2.01	1.10	0.42	0.76	50.8	128.2	81.7	34.3

注：① 所有硫醇体积浓度均为表中值乘以 10^{-6}。

根据原料气性质，该厂除了生产符合质量指标的商品天然气，还从原料气中回收 NGL 作为产品，故要求将其水分、H_2S、CO_2 和有机硫化物含量脱除至允许值以内，并尽可能使

NGL 中的 CH_4/C_2H_6(摩尔比)保持一定比值(1.2)。

由表 3-1-11 可知，由于原料气中含有水分、H_2S、CO_2 和有机硫化物(硫醇)，故必须深度脱硫脱碳和脱水才可去 NGL 回收装置，以保证干气和液烃产品(NGL)中的水分、H_2S、CO_2 和有机硫化物含量符合质量指标。

为此，原料气进厂脱除游离的烃液后分为 2 股处理。其中，大部分原料气(约 $680\times10^4m^3/d$)去主流程中的 DGA1($1^{\#}$二甘醇胺)脱硫脱碳装置和 TEG(三甘醇)脱水装置，先经 DGA1 脱硫脱碳装置将原料气中的 H_2S、CO_2 分别脱至 4×10^{-6} 和 50×10^{-6}(体积分数)，再经 TEG 脱水装置脱除湿净化气中大部分水分，最后经分子筛脱水装置深度脱水，以满足 NGL 回收装置对气体中 H_2S、CO_2 含量和水露点的要求。NGL 回收装置采用透平膨胀机制冷，产品为干气和 NGL。另一小部分原料气(约 $170\times10^4m^3/d$)则去 DGA2($2^{\#}$二甘醇胺)脱硫脱碳装置，将原料气中的 H_2S、CO_2 也分别脱至 4×10^{-6} 和 50×10^{-6}(体积分数)，湿的富净化气再经分子筛脱水脱硫醇装置，除使气体水露点符合要求外，还因脱除硫醇使其总硫含量降低，然后与 NGL 回收装置的干气混合后增压外输，混合后的气体总硫含量符合商品气质量指标。

此外，一部分增压后的干气作为再生气去 2 套分子筛装置，对床层进行再生，再生废气经 Selexol 脱硫装置脱除气流中的硫醇尤其是重硫醇后返回原料气中一起处理，从而使 NGL 产品中的总硫含量低于 150×10^{-6}(体积分数)。离开 Selexol，DGA1 和 DGA2 等脱硫装置的酸气则去硫黄回收装置和回注(见图 3-1-19)。

图 3-1-19 中有关甘醇和分子筛脱水以及 NGL 回收的原理和工艺将在以后章节中介绍。

此外，我国海南海燃公司辖属 LNG 工厂在对原料气预处理时也采用 DGA 法深度脱除其中的 CO_2。

(二)活化 MDEA 法的应用

通常，活化 MDEA 法也可用于天然气深度脱碳，将原料气中的 CO_2 含量脱除至符合 NGL 回收装置或 LNG 生产装置的要求。

1. 英国天然气(British Gas)公司突尼斯 Hannibai 天然气处理厂

该厂原料气量为 $713\times10^4m^3/d$(GPA，下同)，来自地中海距海岸约 113km 的 Miskar 气田。设计生产 $490\times10^4m^3/d$ 商品气，其 N_2 含量小于 6.5 %，烃露点低于-5℃，水含量小于 80×10^{-6}(质量分数)，压力为 7.5MPa。

由 Miskar 气田来的原料气中含有 16%以上的 N_2 和 13%以上的 CO_2，必须将 N_2 脱除至小于 6.5%以满足商品气的要求，水、BTEX(苯、甲苯、乙苯和二甲苯)及 CO_2 等也必须脱除至很低值，以防止在脱氮装置(NRU)低温系统中有固体析出。设计的原料气组成见表 3-1-13，Hannibai 天然气处理厂全厂工艺流程框图见图 3-1-20。

表 3-1-13 Hannibai 天然气处理厂设计原料气组成 %(干基，体积分数)

组分	N_2	CO_2	H_2S	C_1	C_2	C_3	C_4	C_5	C_6	BTEX	C_7	C_8	C_9^+
数值	16.903	13.588	0.092	63.901	3.349	0.960	0.544	0.289	0.138	0.121	0.057	0.019	0.006

在海上生产设施中，脱水后的气体与湿凝析油混合后经海底管线送至岸上的处理厂。首先进入该厂的液塞捕集器(长距离混输管路的终端设备常称为液塞捕集器，它是一种气液初级分离设备，有两方面作用：①有效地进行气液分离和捕集气体中携带的液体，确保下游气液处理设备正常工作；②在最大液塞到达时，可作为带压液体的临时储存器，能连续向下游供气，将气体与凝析油进行分离，分出的凝析油去稳定装置稳定后送至储罐，然后装车外运。

来自液塞捕集器的气体进入活化 MDEA 脱碳装置，采用质量浓度为 50%的活化 MDEA 溶液，将气体中的 CO_2 脱除至 200×10^{-6}(体积分数)以下。由再生塔顶脱出的酸气中含有相当量 H_2S，送至 Lo-Cat 装置转化为硫黄。离开活化 MDEA 脱碳装置的湿净化气先去 TEG 脱水装置脱除其中的大部分水分，再去分子筛脱水装置脱除残余的水分。脱水后的干气送至脱氮装置，将其中的 N_2 脱除至符合商品气质量要求后去突尼斯电力煤气公司(STEG)，脱出的 N_2 放空。

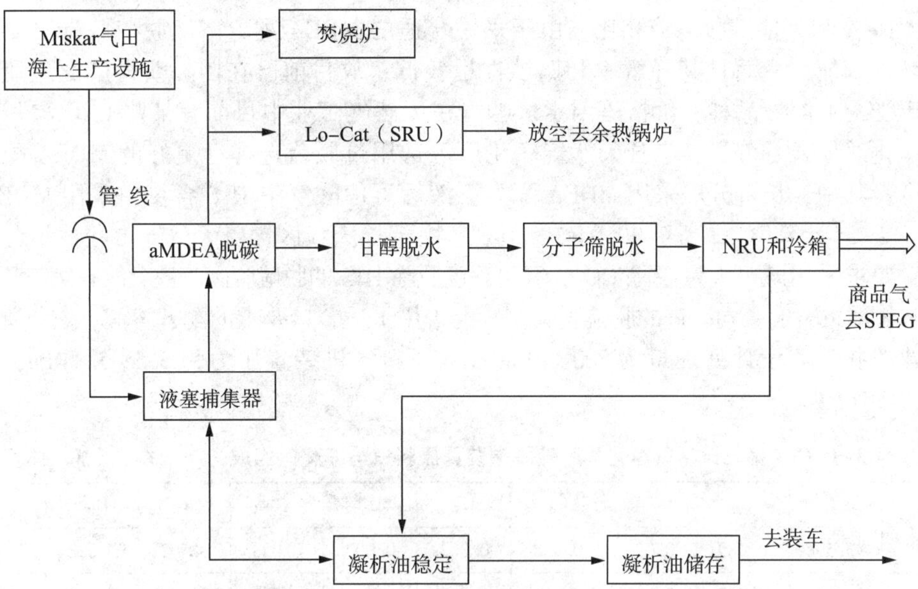

图 3-1-20 Hannibai 天然气处理厂工艺流程图

2. 印度尼西亚 PT Badak NGL 公司 Badak 液化天然气厂

该厂共有 8 列 LNG 生产线，每列生产线由脱碳(醇胺法)、脱水和脱汞、凝液分馏、制冷和液化 5 套装置组成。最早的 2 列生产线按原料气中含有 5.88% CO_2 和微量 H_2S 进行设计，目前全部生产线可处理 CO_2 含量为 8%的原料气。离开脱碳装置吸收塔的湿净化气中 CO_2 设计含量应小于 50×10^{-6}(体积分数)。

1977~1989 年时该厂最早采用 MEA 溶液脱碳，由于应力腐蚀开裂经常造成设备损坏，故以后更换为 MDEA-A 溶液。更换溶液后不仅避免了应力腐蚀开裂，而且由于 CO_2 与 MDEA 反应热较小，富液再生时蒸汽耗量也相应减少。但是，CO_2 很易在低压区逸出而产生碳酸腐蚀，并在高温部位经常出现片状的碳酸铁腐蚀产物。为此，又在一套脱碳装置改用加有活化剂的 MDEA-B 溶液进行了一年多的工业试验，结果表明 CO_2 脱除效果很好，溶液中铁离子含量很低也很稳定，而且脱除相同数量的 CO_2 时溶剂的补充量和再生用的蒸汽量均比 MDEA-A 溶液要少。该厂前后采用三种不同溶液时的工艺参数见表 3-1-14。

表 3-1-14 采用 MEA、MDEA-A 和 MDEA-B 溶液的工艺参数

参　数	LNG 流量/(m^3/h)	净化气中 CO_2 含量/10^{-6}(体积分数)	溶液循环量/(m^3/h)	溶液浓度/%(质量分数)	贫液负荷/(mol/mol)	富液负荷/(mol/mol)	蒸汽耗量/(t/h)	溶剂补充量/(m^3/月)
MEA	620	15	1000	20	0.12	0.41	125	3.66
MDEA-A	725	<10	1050	35	0.019	0.34	120	2.23
MDEA-B	725	<10	750	40	0.012	0.42	96	1.19

（三）MDEA 配方溶液法的应用

MDEA 配方溶液是近些年来广泛采用的一类气体脱硫脱碳溶液。它以 MDEA 为主剂，复配有各种不同的添加剂来增加或抑制 MDEA 吸收 CO_2 的动力学性能。因此，有的配方溶液可比 MDEA 具有更好的脱硫选择性，有的配方溶液也可比其他醇胺溶液具有更好的脱除 CO_2 效果。在溶液中复配的这些化学剂同时也影响着 MDEA 的反应热和汽提率。

与 MDEA 和其他醇胺溶液相比，由于采用合适的 MDEA 配方溶液脱硫脱碳可明显降低溶液循环量和能耗，而且其降解率和腐蚀性也较低，故目前已在国外获得广泛应用。在国内，由于受配方溶液品种、价格等因素影响，在天然气工业中目前有某些 LNG 项目和重庆天然气净化总厂长寿分厂、忠县天然气净化厂等选用过脱硫选择性更好的 MDEA 配方溶液（CTS-5）。其中，长寿分厂采用 MDEA 配方溶液后可使酸气中 H_2S 含量由采用 MDEA 溶液时的 30.48 %（计算值）提高至 39.04%。但是，由于长庆气区含硫天然气中酸性组分所具有的特点，要求采用既可大量脱除 CO_2，又可深度脱除 H_2S 的脱硫脱碳溶液，故在第三天然气净化厂由加拿大 Propak 公司引进的脱硫脱碳装置上采用了适合该要求的配方溶液。该装置于 2003 年年底建成投产，设计处理量为 $300\times10^4m^3/d$，原料气进装置压力为 5.5～5.8MPa，温度为 3～18℃，其组成见表 3-1-15。

表 3-1-15 第三天然气净化厂脱硫脱碳装置原料气与净化气组成 %（干基，体积分数）

组 分	C_1	C_2	C_3	C_4	C_5	C_6^+	He	N_2	H_2S	CO_2
原料气①	93.598	0.489	0.057	0.008	0.003	0.002	0.028	0.502	0.028	5.286
原料气②	93.563	0.597	0.047	0.006	0.001	0.000	0.020	0.252	0.025	5.489
净化气	96.573	0.621	0.048	0.006	0.001	0.000	0.021	0.311	0.38③	2.418

注：①设计值。
②投产后实测值。
③单位为 mg/m^3。

由表 3-1-15 可知，第三天然气净化厂原料气中 CO_2 与 H_2S 含量分别为 5.286% 和 0.028%，CO_2/H_2S（摩尔比）高达 188.8（均为设计值）。其中，CO_2 与 H_2S 含量与已建的第二天然气净化厂原料气相似，如表 3-1-16 所示。

表 3-1-16 长庆气区酸性天然气中 CO_2、H_2S 含量① %（体积分数）

组 分		CO_2	H_2S	CO_2/H_2S（摩尔比）
组 成	第二天然气净化厂	5.321	0.065	81.9
	第三天然气净化厂	5.286	0.028	188.8

注：① 均为设计采用值。

由此可知，第三天然气净化厂与第二天然气净化厂原料气中的 CO_2 含量差别不大；H_2S 含量虽略低于第二天然气净化厂，但含量都很低且均处于同一数量级内。因此，可以认为二者原料气中 CO_2、H_2S 含量基本相同。但是，由于已建的第二天然气净化厂脱硫脱碳装置采用选择性脱硫的 MDEA 溶液，因而溶液循环量较大，能耗较高。

生产单位为了解第三天然气净化厂脱硫脱碳装置在设计能力下的运行情况，2004 年年初对其进行了满负荷性能测试，测试结果的主要数据见表 3-1-17。为做比较，表 3-1-17 也同时列出有关主要设计数据。

表 3-1-17 第三天然气净化厂脱硫脱碳装置主要设计与满负荷性能测试数

部 位	原料气			脱硫脱碳塔				闪蒸塔	再生塔		
参 数	处理量/（10^4m^3/d）	压力/MPa	温度/℃	溶液循环量/（m^3/h）	净化气温度/℃	贫液进塔温度/℃	闪蒸气量/（m^3/h）	压力/MPa	塔顶温度/℃	塔底温度/℃	酸气量/（m^3/h）
设计值	300	5.5	26.6	63.3	43.3	43.3	85.8	0.55	95.8	119.6	3334
测试值	300	5.4	27	63.2	55	40	125	0.55	86	122	3750

由表 3-1-17 可知，第三天然气净化厂脱硫脱碳装置在满负荷下测试的溶液循环量与设计值基本相同，但测试得到的吸收塔湿净化气出口温度(55℃)却远比设计值高，分析其原因主要是原料气中的 CO_2 实际含量(一般在 5.49%左右)大于设计值的缘故。这与闪蒸塔的闪蒸气量($125m^3/h$)和再生塔的酸气量($3750\ m^3/h$)均大于设计值的结果是一致的。

此外，测试得到的净化气中的 CO_2 实际含量均小于 2.9%，符合商品气的质量要求。这一结果也表明，在原料气中 CO_2 实际含量大于设计值的情况下，采用与设计值相同的溶液循环量仍可将 CO_2 脱除到 3%以下。

如果将第二天然气净化厂脱硫脱碳装置(共 2 套，每套处理量为 $400\times10^4m^3/d$)采用的 MDEA 溶液量(每套设计值为 $135m^3/h$)与第三天然气净化厂脱硫脱碳装置($300\times10^4m^3/d$)采用的 MDEA 配方溶液量($63.3m^3/h$)相比，前者原料气处理量是后者的 1.33 倍，但溶液循环量却是后者的 2.13 倍，即前者的溶液循环量比后者高出约 60%，因而该装置的能耗也相应较高。由此不难看出，对于长庆气区这样高碳硫比的原料气，采用合适的 MDEA 配方溶液脱硫脱碳，无论从节约能源还是提高技术水平来讲，都是十分重要的。

投产后的实践表明，第三天然气净化厂脱硫脱碳装置采用的工艺流程和 MDEA 配方溶液总体来说是成功的。此外，该装置除了采用 MDEA 配方溶液脱硫脱碳外，还针对天然气脱硫脱碳与选择性脱硫的不同特点，在工艺流程上也做了一些修改，其示意图见图 3-1-21。

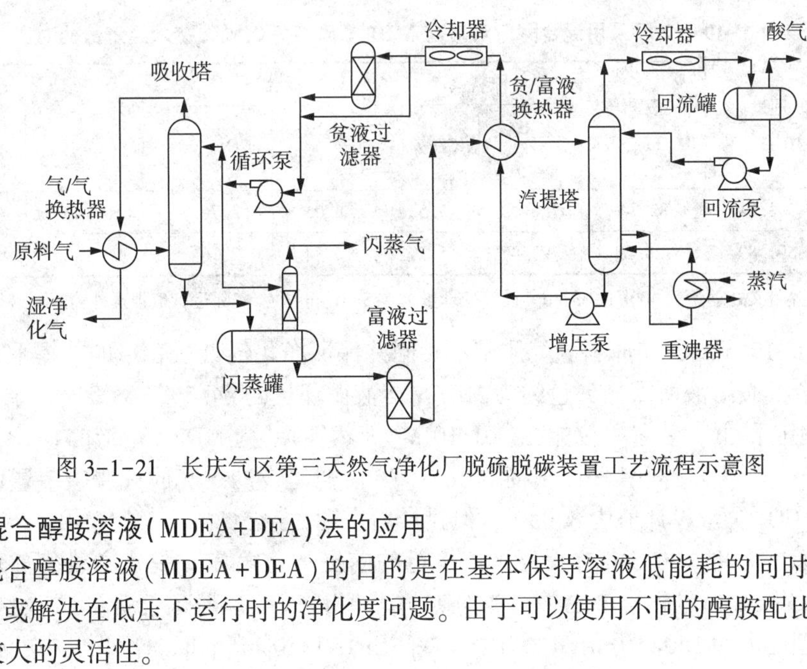

图 3-1-21 长庆气区第三天然气净化厂脱硫脱碳装置工艺流程示意图

(四)混合醇胺溶液(MDEA+DEA)法的应用

采用混合醇胺溶液(MDEA+DEA)的目的是在基本保持溶液低能耗的同时提高其脱除 CO_2 的能力或解决在低压下运行时的净化度问题。由于可以使用不同的醇胺配比，故混合醇胺法具有较大的灵活性。

在MDEA溶液中加入一定量的DEA后，不仅DEA自身与CO_2反应生成氨基甲酸盐(其反应速率远高于MDEA与CO_2反应生成碳酸盐的反应速率)，而且据文献报道，在混合醇胺溶液体系中按“穿梭”机理进行反应。即DEA在相界面吸收CO_2生成氨基甲酸盐，进入液相后将CO_2传递给MDEA，“再生”了的DEA又至界面，如此在界面和液相本体间穿梭传递CO_2。此外，对于含DEA的混合溶液，因其平衡气相具有较低的H_2S和CO_2分压，因而可在吸收塔顶达到更好的净化度。

如前所述，由于长庆气区第一和第二天然气净化厂原料气中的H_2S含量低而CO_2含量较高，脱硫脱碳装置主要目的是脱除大量CO_2而不是选择性脱除H_2S。因此，2003年新建的$400×10^4m^3/d$脱硫脱碳装置则采用混合醇胺溶液(设计浓度为45% MDEA+5% DEA，投产后溶液中DEA浓度根据具体情况调整)。

第二天然气净化厂(以下简称“二厂”)2套脱硫脱碳装置原设计均采用MDEA溶液(设计浓度为50 %)，在投产后不久经过室内和现场试验，分别在2002年和2004年也改用MDEA+DEA的混合醇胺溶液(设计溶液总浓度45%，实际运行时溶液中DEA浓度也根据具体情况调整)。其中，第2套脱硫脱碳装置在2003年通过满负荷性能测试后，至今运行情况基本稳定。该装置某一年经过整理后的运行数据见表3-1-18。

表3-1-18　二厂第二套脱硫脱碳装置某年运行情况①

运行情况	运行时间/(h/a)	处理气量/($10^4m^3/d$)	MDEA循环量/(m^3/h)	原料气H_2S/(mg/m^3)	原料气CO_2/%	汽提气量/(m^3/d)	净化气H_2S/(mg/m^3)	净化气CO_2/%	H_2S脱除率/%	CO_2脱除率/%
设计值	8000	375	150	920	5.321	528	≤20	≤3.0	97.8	43.6
实际运行	7687	291	78	762	5.34	546	5	2.9	99	50

注：①DEA浓度为3.25%左右，胺液浓度40%左右。

二厂脱硫脱碳装置采用MDEA溶液和MDEA +DEA混合醇胺溶液的技术经济数据对比见表3-1-19。

表3-1-19　二厂采用混合醇胺溶液与MDEA溶液脱硫脱碳技术经济数据对比

溶　液	处理量①/($10^4m^3/d$)	溶液循环量/(m^3/h)	原料气		净化气		循环泵耗电量/(kW/d)	再生用蒸汽量/(t/d)
			H_2S/(mg/m^3)	CO_2/%	H_2S/(mg/m^3)	CO_2/%		
混合醇胺	391.01	82.74	756.05	5.53	8.05	2.76	6509.43	343.02
MDEA	391.89	128.23	793.85	5.59	2.34	2.76	9901.86	403.15

注：①套装置名义处理量为$400×10^4m^3/d$，设计处理量为$375×10^4m^3/d$，实际运行值根据外输需要进行调整。

由表3-1-19可知，在原料气气质基本相同并保证净化气气质合格的前提下，装置满负荷运行时混合醇胺溶液所需循环量约为MDEA溶液循环量的64.5%，溶液循环泵和再生用汽提蒸汽量也相应降低，装置单位能耗($MJ/10^4m^3$天然气)约为MDEA溶液的83.31%。

此外，第一天然气净化厂(以下简称“一厂”)最初建设的5套脱硫脱碳装置由于原料气气质的变化(CO_2含量设计值为3.03%，但投产后实际大于5%)，净化气中的CO_2含量不能达到质量指标。为此，2005年在保证平稳运行的前提下将第3套脱硫脱碳装置采用混合醇胺溶液(MDEA+DEA)进行了2台溶液循环泵并联时最大脱硫脱碳能力的试验。结果表明，此时最大处理能力为$150×10^4m^3/d$。当处理量高于$150×10^4m^3/d$时，净化气中的CO_2含量大于3%。但是，如将此净化气与已建 $400\times10^4m^3/d$ 脱硫脱碳装置的净化气混合后则可符合《天然气》(GB 17820—2012)规定的2类气质指标。

由于DEA是伯胺，腐蚀性较强，故在现场进行混合醇胺溶液试验前后还分别在室内和现场测定了溶液的腐蚀速率。结果表明，混合醇胺溶液的腐蚀速率虽较MDEA溶液偏大，但仍在允许范围之内。

一厂、二厂混合醇胺法脱硫脱碳装置的主要设计和实际运行数据见表3-1-20。

表3-1-20 一厂、二厂混合醇胺法脱硫脱碳装置主要设计与实际运行数据

装置位置	数据来源	处理量/($10^4m^3/d$)	溶液浓度/%(质量分数)	溶液循环量/(m^3/h)	净化气酸性组分含量	
					$H_2S/(mg/m^3)$	$CO_2/\%$
一厂	设计值	400	45(MDEA)+5(DEA)	190	≤20	<0.5
	实际值	330~380	总浓度50±2(DEA为2.3%①)	110~130	1~5	1.05~2.0
二厂	设计值	400②	45(MDEA)	150	≤20	≤3
	实际值	200~350②	总浓度46±2(DEA为3.4%①)	80~100	≤1	2.0~2.9

注：①实际运行时溶液中DEA浓度根据具体情况调整，表中为2009年年初数据。

②单套装置名义处理量，设计处理量为 $375\times10^4m^3/d$，实际运行值根据外输需要进行调整。

由此可知，在处理量、原料气质、溶液浓度基本相同并保证净化气气质合格的前提下，一厂新建的混合醇胺溶液脱硫脱碳装置和二厂改用混合醇胺溶液脱硫脱碳的装置均表现出良好的脱硫脱碳性能及技术经济性。

此外，二厂在2008年6月将其一套脱硫脱碳装置吸收塔(共20层塔板)进料层下18层浮阀塔板全改为径向侧导喷射塔板，最高处理量曾达到 $380\times10^4m^3/d$，溶液循环量为 $96.6m^3/h$，装置至今运行平稳，吸收塔内拦液现象明显减少。之后，又将另外一套脱硫脱碳装置和一厂的一套 $200\times10^4m^3/d$ 脱硫脱碳装置吸收塔浮阀塔板改为径向侧导喷射塔板。

需要说明的是，一厂原有5套脱硫脱碳装置，投产后虽因原料气中 CO_2 含量高于设计值，导致净化气的实际 CO_2 含量高达3.5%~4.0%，但由于之后建设的 $400\times10^4m^3/d$ 天然气脱硫脱碳装置的净化气实际 CO_2 含量约为1%(设计值小于0.5%)，故混合后的外输商品气中 CO_2 含量仍符合要求。

有人曾采用TSWEET软件对混合醇胺法在高压或低压下脱硫脱碳进行了研究，其条件为：MDEA/MEA质量浓度(%)为50/0~45/5；MDEA/DEA质量浓度(%)为50/0~42/8；压力为11.6MPa和2.9MPa；H_2S 浓度为0.1%~1%(体积分数)；CO_2 浓度为5%~10%(体积分数)。计算结果表明，在高压下混合醇胺法较MDEA法无明显优势，但随压力下降，MDEA法可能无法达到所要求的 CO_2 指标，在原料气 H_2S 浓度大于0.1%时，净化气中的 H_2S 浓度也可能不合格，而使用混合醇胺法在低压下仍可达到所需的净化度。

俄罗斯阿斯特拉罕天然气处理厂原料气中 H_2S 含量为25%，CO_2 含量为14%，原来采用SNPA-DEA或MDEA+DEA混合醇胺溶液脱硫脱碳时，几乎全部 CO_2 都进入酸气，致使酸气中 H_2S 含量仅为60%左右。为了提高酸气中的 H_2S 含量，在1999年将一套脱硫脱碳装置进行改造，采用MDEA选择性脱硫与DEA脱硫脱碳组合工艺，即用MDEA溶液和DEA溶液分别进行吸收，前者为选择性脱硫，后者为脱硫脱碳，其结果是大部分 CO_2 既不进入酸气，也不进入净化气，而是单独排放，从而使酸气中的 H_2S 含量提高至72%。该装置改造后的新工艺流程示意图见图3-1-22。

由图 3-1-22 可知，原料气先进入高压吸收塔 1，采用 45%(质量分数) MDEA 溶液选择性脱硫，然后进入高压吸收塔 2，又以 35%(质量分数)的 DEA 溶液脱硫脱碳，塔 2 顶部的湿净化气再去脱水。高压吸收塔 1 的 MDEA 富液去再生塔 5，再生塔 5 顶部的酸气去克劳斯硫黄回收装置，中部半贫液去吸收塔 1 和凝析油稳定气低压吸收塔 4，底部贫液去贫酸气提浓塔 3 上部。高压吸收塔 2 底部的 DEA 富液去再生塔 6，塔 6 顶部气体去贫酸气提浓塔 3 的下部，塔 6 底部贫液去吸收塔 2。贫酸气提浓塔 3 塔顶为 CO_2 气体，送至焚烧炉焚烧后排放，塔 3 底部溶液与塔 5 中部的半贫液汇合后去吸收塔 1。

该装置的物料组成和主要工艺参数见表 3-1-22。

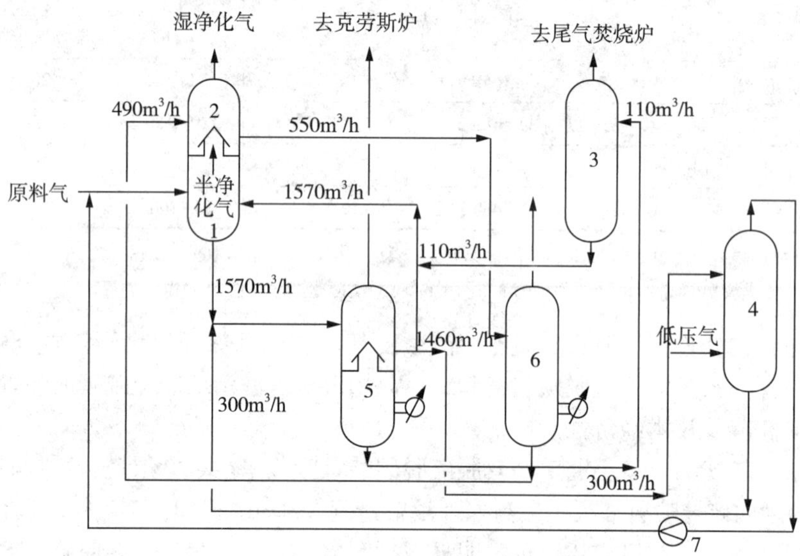

图 3-1-22 阿斯特拉罕天然气处理厂串接吸收法工艺流程示意图

1—MDEA 吸收塔；2—DEA 吸收塔；3—DEA 酸气提浓塔；4—低压吸收塔；5—MDEA 再生塔；6—DEA 再生塔；7—压缩机

表 3-1-21 阿斯特拉罕串接吸收法脱硫脱碳装置物料组成和主要参数

物流名称	组成/%(体积分数)				温度/℃	压力/kPa	流量/(kmol/h)
	C_1	CO_2	H_2S	H_2O			
塔 1 原料气	62.77	13.97	23.10	0.16	31	6600	10000
塔 1 顶部半净化气	84.39	13.96	1.33	0.31	54	6600	7391
塔 2 顶部湿净化气	99.77	0.04	<6.3mg/m³	0.19	45	6600	7391
塔 5 顶部酸气	0.06	20.4	72.3	7.24	50	180	3287
塔 3 顶部 CO_2 气体	1.89	93.0	0.04	5.07	45	180	1272

由表 3-1-21 可知，采用串接吸收法脱硫脱碳后，酸气中 H_2S 含量由 59.4%增加到 72.3%，最后使硫黄总收率提高了 0.18%。

(五)选择性 MDEA 法在我国天然气工业中的应用

MDEA 是在 20 世纪 80 年代作为选择性脱硫溶剂进入工业应用，在 80 年代后期掀起应用热潮。在高压和常压条件下，MDEA 工艺均有较好的选吸效果。国内普光天然气净化厂、渠县净化厂、磨溪净化厂等均选用 MDEA 脱硫脱碳工艺，装置运行平稳，选吸和节能效果良好。截至目前，以 MDEA 为主剂开发出多种溶液体系，其应用范围几乎覆盖了整个气体脱硫脱碳领域。下面以普光气田脱硫脱碳为例介绍。

川东北达县–宣汉区块高含硫天然气，H_2S 含量 13%～18%(体积分数)，有机硫含量 340.6mg/m^3，CO_2 含量为 8%～10%(体积分数)，需净化后方可供用户使用。

为加快普光气田开发建设和实施川气东送工程，进一步提高国内天然气供应能力，根据中国石化股份有限公司的开发部署，普光气田 2008 年建成原料气产能 120×10^{8}m^3/a；2010 年建成原料气产能 30×10^{8}m^3/a，总产能达到 150×10^8 m^3/a。为此天然气净化厂建设 16 个系列的天然气处理装置及配套工程，每个系列的天然气装置处理能力为 300×10^{4}m^3/d，天然气净化处理能力为 4800×10^{4}m^3/d。

普光天然气净化厂各联合装置的处理能力为 2×300×10^{4}Nm^3/d(20℃，1.013×10^{5}Pa)原料天然气，主要工艺单元包括完全相同的两列天然气脱硫单元、硫黄回收单元及尾气处理单元，以及共用一套天然气脱水单元和一套酸性水汽提单元。联合装置年工时数按 8000h 计算，采用美国 Black&Veatch 公司的工艺包。

1. 普光天然气净化厂基本参数

天然气脱硫单元单列公称规模为 300×10^{4}Nm^3/d(20℃，1.013×10^{5}Pa)原料天然气，原料气压力为 8.3～8.5MPa，温度为 30～40℃；天然气脱硫单元的进料为自天然气集气末站来的高含硫天然气，进料天然气组成和性质见表 3–1–22。

表 3–1–22 天然气原料组成和性质

组 分	组成/%(mol)	组 分	组成/%(mol)
He	0.01	C_2H_6	0.12
H_2	0.02	C_3H_8	0.008
N_2	0.552	有机硫	340.6mg/Nm^{3}③
CO_2	8.63①	总计	100
H_2S	14.14①②	临界温度/K	227.65
CH_4	76.52	临界压力/MPa(绝压)	5.496

注：① 原料气中 H_2S 含量范围 13%～18%(体积分数)；CO_2 含量 8%～10%(体积分数)。

② 普光主体 H_2S 含量为 15.16%，普光周边 H_2S 含量较低，混合原料气 H_2S 含量约为 14.14%。

③ 其中 COS 为 316.2mg/m^3、甲硫醇为 22.8 mg/m^3、乙硫醇为 1.6 mg/m^3。

天然气净化厂是天然气生产过程中的一个中间环节，目的是将从气田开采出的含硫天然气中的 H_2S 和 H_2O 几乎全部脱出，并部分脱除 CO_2，使净化后的天然气气质满足国家标准《天然气》(GB 17820—2012)2 类气的要求，并将天然气脱除的含有 H_2S 的酸性气体中的元素硫回收生产硫黄产品，表 3–1–23 为普光天然气净化厂湿净化气脱硫脱碳后气质要求。

表 3–1–23 湿净化气脱硫脱碳后气质要求

温 度	≤45℃
H_2S 含量	≤6 mg/m^3
总硫含量(以硫计)	≤200 mg/m^3
CO_2 含量	≤3%(v)

2. 普光天然气净化厂脱硫脱碳工艺流程简述

1) 天然气脱硫脱碳

如图 3–1–23 所示，酸性天然气自厂外管道进入装置，先经天然气进料过滤分离器脱除携带的液体及固体颗粒，脱下来的液体自压送往集气末站闪蒸水罐。过滤之后的酸性天然气进入两级胺液吸收塔，即第一级主吸收塔和第二级主吸收塔，用质量分数为50%的MDEA溶液吸收气体中的H_2S和CO_2。

从天然气进料过滤分离器出来的酸性天然气进入第一级主吸收塔，第一级主吸收塔内设7层塔板，在塔中酸性天然气与胺液逆流接触。两级主吸收塔采用了Black & Veatch公司的专利级间冷却技术以加强对CO_2吸收的控制。在第二级主吸收塔底部用中间胺液泵抽出胺液，与来自尾气吸收塔的半富液混合后进入中间胺液冷却器，冷却至39℃后返回第一级主吸收塔顶部。采用级间冷却技术可显著降低吸收塔的温度，降低吸收温度可抑制CO_2受动力学影响的吸收过程，同时，加快H_2S受化学平衡影响的吸收过程。利用尾气处理单元的半富液进入第一级主吸收塔进行再吸收，可以提高半富液的酸气负荷，同时显著减少送入胺液再生塔的胺液循环量。

经第一级主吸收塔部分脱硫后的天然气进入水解部分脱除COS，以满足产品规格要求。气体首先通过水解反应器进出料换热器与水解反应器出口气体换热升温至124℃，通过换热可减少水解反应器预热器的蒸汽耗量及水解反应器出口空冷器的热负荷。换热升温后的气体与低压凝结水泵升压后的凝结水再混合后，进入水解反应器入口分离器分离出携带的胺液及未气化的水，分出的胺液排入胺液回收罐。在入口分离器前凝结水作为水解反应物注入天然气中，可促进反应器中发生的COS水解反应。分离了胺液并饱和了水蒸气的天然气在水解反应器预热器中由110℃被加热至140℃，预热器采用饱和高压蒸汽作为加热介质，气体被加热后可防止在水解反应器中产生凝液。加热后的天然气进入水解反应器，COS与H_2O反应生成H_2S和CO_2，反应式如下：

$$COS+H_2O \longrightarrow H_2S+CO_2$$

该水解反应受化学平衡限制，同时低温可促进反应进行。离开水解反应器的气体经水解反应器进出料换热器降温至72.5℃后进入水解反应器出口空冷器，进一步冷却至50℃后进入第二级主吸收塔，第二级主吸收塔内设11层塔板，在塔中天然气与胺液逆流接触(胺液为来自高压贫液泵升压后的再生贫液)，气体中所含的H_2S及CO_2被进一步吸收并达到产品规格的要求，即H_2S含量低于$6mg/Nm^3$，CO_2含量低于3%(mol)，硫化物含量(以S计)低于$200mg/Nm^3$。脱硫后的天然气经脱硫气体分液罐分离出携带的胺液后进入天然气脱水单元。

2)溶剂再生

如图3-1-24所示，从第一级主吸收塔底部出来的富胺液进入富胺液透平减压膨胀后进入富胺液闪蒸罐，在罐内闪蒸出所携带的轻烃，并在闪蒸气吸收塔中用补充胺液吸收闪蒸气中可能携带的H_2S。闪蒸气经压力控制后作为燃料气送入尾气焚烧炉，焚烧所产生的热量通过发生高压蒸汽进行回收。

闪蒸后的富胺液自闪蒸罐底流出，与来自胺液再生塔底的贫胺液在贫富胺液换热器内进行换热，温度由59℃升至105℃后从上部进入胺液再生塔，富胺液闪蒸罐内的液位通过调节贫富胺液换热器的富液出口流量来控制。

在胺液再生塔内，富胺液含有的H_2S和CO_2被重沸器内产生的汽提气解吸出来，从塔顶流出，塔顶气经胺液再生塔顶空冷器冷却后进入胺液再生塔顶回流罐分液，分离出的酸性水经回流泵升压后送至再生塔顶，过量的酸性水定期送往酸水罐。分液后的酸性气为水饱和气，送往硫黄回收单元，其温度为50℃，压力为0.177MPa(绝压)。

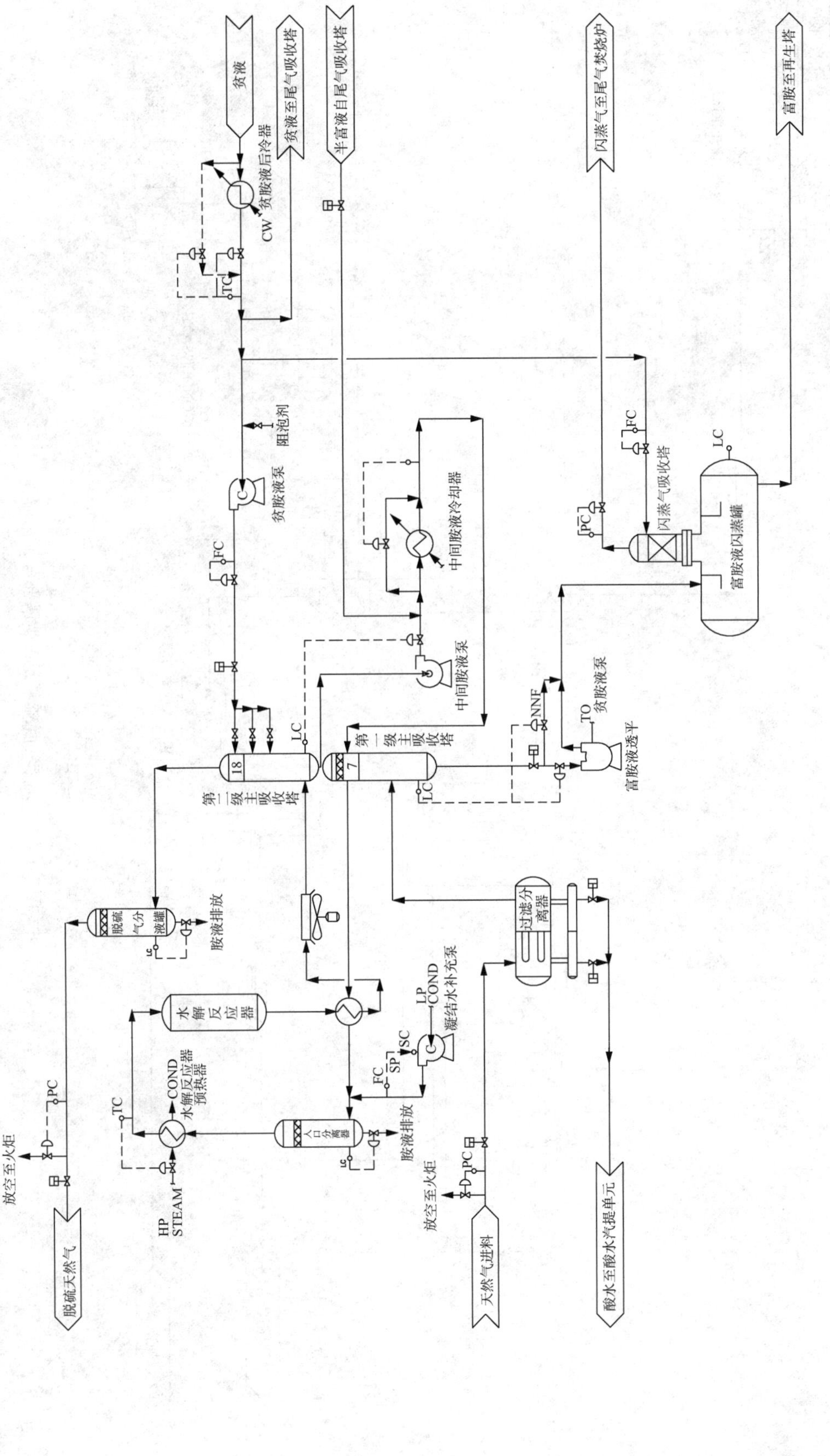

图3-1-23 天然气脱硫单元吸收塔部分工艺流程图

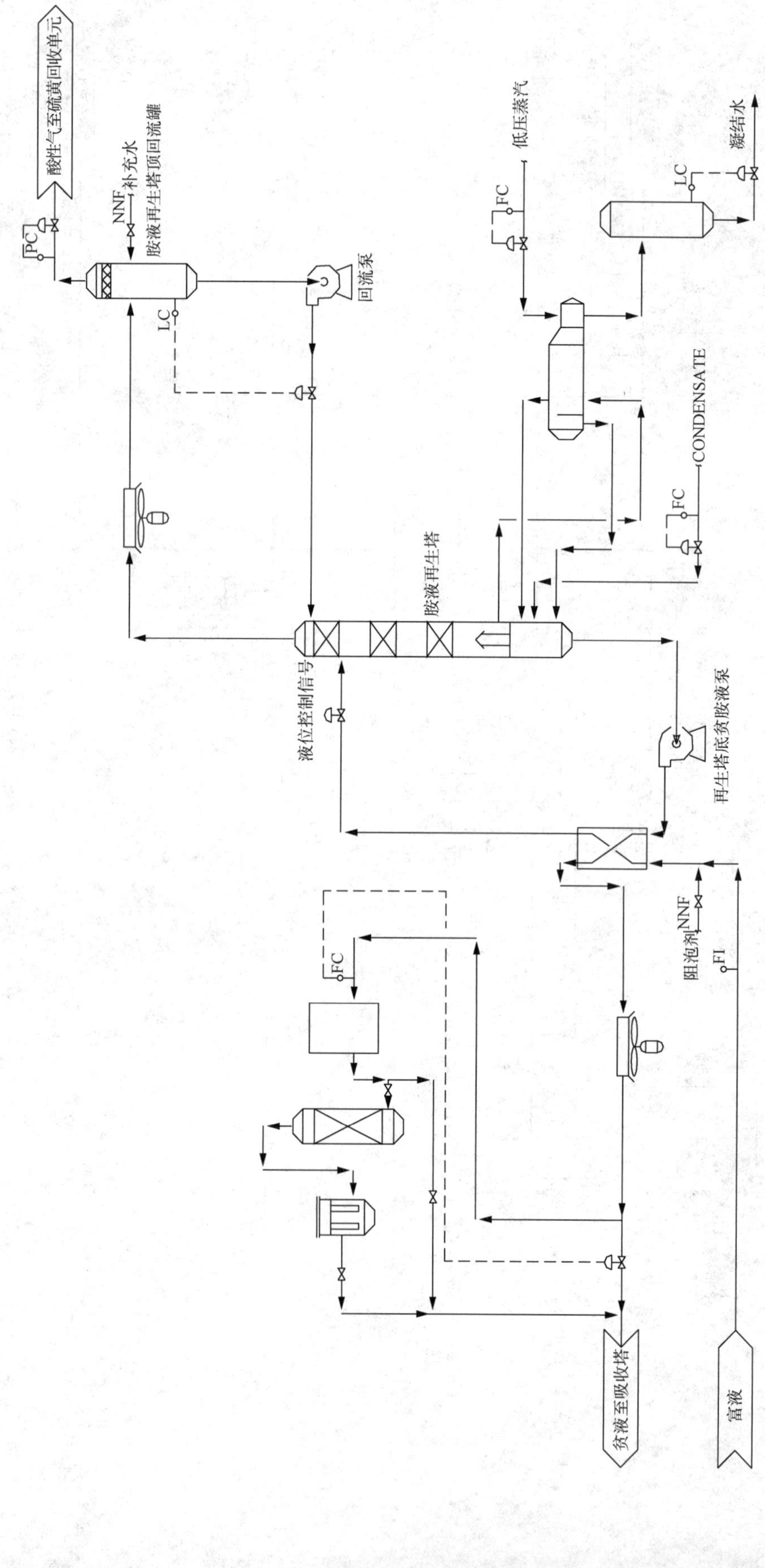

图3-1-24 天然气脱硫单元再生塔部分工艺流程

胺液从位于第一层塔板以下的集液箱进入胺液再生塔重沸器，在重沸器内胺液部分气化产生汽提气，汽提气从重沸器顶部返回再生塔底部的气相空间，重沸器内未气化的胺液从釜内溢流堰上部流出并返回再生塔底部。

胺液再生塔重沸器用低压蒸汽冷凝过程中释放的热量来气化胺液，蒸汽采用流量控制。从重沸器流出的凝结水进入凝结水罐，通过液位控制送入凝结水回收罐，然后经凝结水回收泵送出单元界区。

再生塔底的高温贫胺液经再生塔底贫胺液泵升压后进入贫富胺液换热器与来自富液闪蒸罐的富液换热，温度由128℃降至70℃，然后进入贫胺液空冷器，进一步冷却至55℃。冷却后的部分贫液(总流量的30%)进入胺液过滤器脱除携带的腐蚀产物及其他固体杂质，以尽量降低胺液在吸收塔或再生塔发泡的可能性，在压差达到一定值时切换过滤器。经胺液过滤器过滤的贫液再依次经过胺液活性炭过滤器，胺液后过滤器以脱除携带的烃类物质、部分热稳定性盐(HSS)及固体颗粒。

过滤后的贫液与其余未经过滤的胺液混合后进入贫胺液后冷器，贫胺液后冷器采用旁路温度控制来调节贫液的冷却量，将冷却后贫液的温度控制在39℃。冷却后的贫液一部分经高压贫胺液泵送入第二级主吸收塔，其余部分送往尾气吸收塔。

补充胺液通过系统胺液补充泵将新鲜胺液送至各单元。

取样及维修时排出的胺液都收集在胺液回收罐中，这部分胺液用胺液回收泵抽出，经回收胺液过滤器过滤后返回胺液循环系统使用。凝析油回收罐用于收集单元内的酸性烃类液体排放。

3)工艺流程中的主要设备

工艺流程中的主要设备见表3-1-24。

表3-1-24 主要设备表

序号	名称	数量/台	操作介质	规格及内部结构(设备形式)	备注
1	1级主吸收塔(板材进口)	1	天然气、H_2S、CO_2、MDEA	ϕ3700×12600(切)	内设7层塔板
2	2级主吸收塔(板材进口)	1	天然气、H_2S、CO_2、MDEA	ϕ2500×15600(切)	内设11层塔板
3	闪蒸气吸收塔	1	闪蒸气、胺液	ϕ500×8000T/FF	内装填料4.5m
4	胺液再生塔	1	H_2S、CO_2、MDEA	ϕ3500×40700(切)	内装填料21.9m
5	富胺液闪蒸罐	1	天然气富胺液、H_2S、CO_2	ϕ3500×15100(切)卧式	内件进口
6	水解反应器入口分离器	1	酸性天然气	ϕ1400×4200(切)立式	壳体：16MnR+316L 内件：316L
7	水解反应器	1	酸性天然气	ϕ3100×5300T/T(立)	内装催化剂36.5m^3
8	贫富液换热器	3	MDEA	板焊式：900m^2	换热板
9	中间胺液冷却器	2	水	BFU1800×7000	串联
10	再生塔重沸器	2	MDEA、H_2S、CO_2	BKU2000/3000×15000(卧)	并联、管束、壳体
11	高压贫液泵	2	贫胺液	需要轴功率955kW	备用和操作各1台

续表

序号	名称	数量/台	操作介质	规格及内部结构(设备形式)	备注
12	中间抽出胺液循环泵	2	胺液	需要轴功率46kW	备用和操作各1台
13	天然气进料过滤分离器	2	酸性天然气	ϕ700×1800T/T(卧)	设备进口
14	胺液混合器	1	胺液	*DN*500	定型

第三节 砜胺法及其他脱硫脱碳方法

一、砜胺法(Sulfinol)

砜胺法在我国工业化初期使用砜胺-Ⅰ型溶液；其后，从1976年起改为砜胺-Ⅱ型溶液。在使用这些溶液的工业装置的运行中，曾经遇到一些迫切需要解决的工艺问题，这些问题的解决不仅消除了燃眉之急，而且为我国气体净化工艺积累了宝贵的经验。砜胺-Ⅲ溶液在我国于20世纪90年代初开始工业化应用。

1. 酸气在砜胺-Ⅲ型溶液中的平衡溶解度

1) H_2S 在砜胺-Ⅲ型溶液中的平衡溶解度

对于组成为20.9%MDEA、30.5%环丁砜和48.6%水的MDEA混合溶液，H_2S 在40℃及100℃下的平衡溶解度见图3-1-25。

2) CO_2 在砜胺-Ⅲ型溶液中的平衡溶解度

CO_2 在上述组成的MDEA混合溶液中40℃及100℃下的平衡溶解度见图3-1-26。

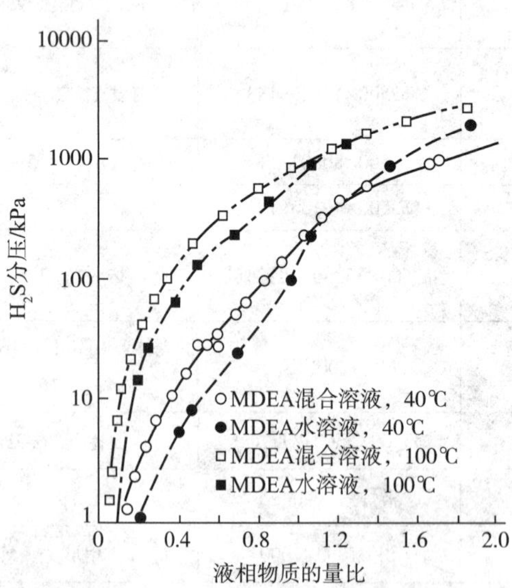

图3-1-25 H_2S 在砜胺-Ⅲ型溶液中的平衡溶解度

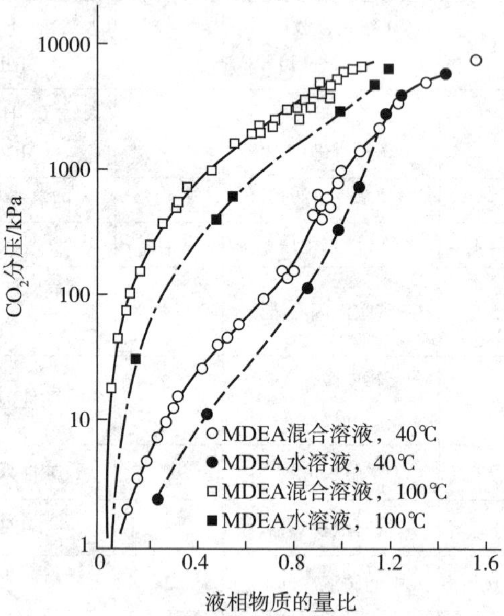

图3-1-26 CO_2 在砜胺-Ⅲ型溶液中的平衡溶解度

3) H_2S 及 CO_2 混合组分在砜胺-Ⅲ型溶液中的平衡溶解度

H_2S 及 CO_2 混合组分于 40℃下在砜胺-Ⅲ型溶液中的平衡溶解度分别见图 3-1-27 及图 3-1-28，两种溶液的组成(质量比，下同)为：

(1) MDEA：环丁砜：水=40：45：15。

(2) MDEA：环丁砜：水=50：30：20。

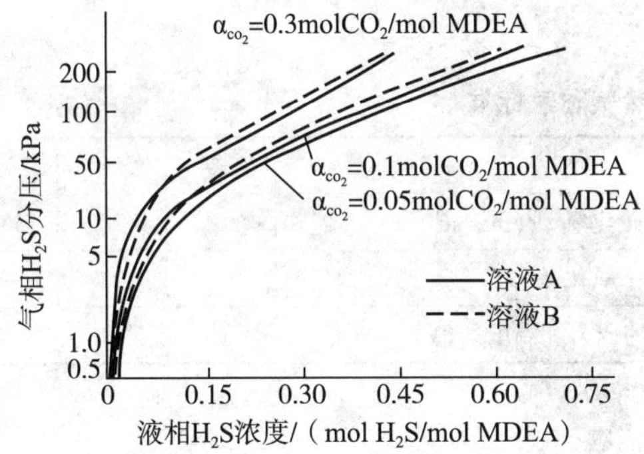

图 3-1-27 40℃下在砜胺-Ⅲ型溶液中 CO_2 对 H_2S 平衡溶解度的影响

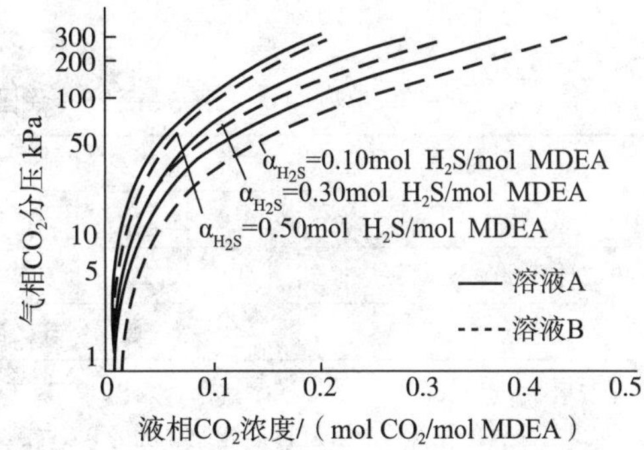

图 3-1-28 40℃下在砜胺-Ⅲ型溶液中 H_2S 对 CO_2 平衡溶解度的影响

2. 脱除有机硫的经验

如表 3-1-25、表 3-1-26 所示，天然气质量标准对总硫含量(其实质是有机硫含量)有限制。当原料气中有机硫含量较高需予以脱除时，采用化学物理溶剂法如砜胺法是一种合理的选择；当然，纯物理溶剂大多也有良好的脱有机硫能力，但应用远不如砜胺法广泛。

20 世纪 70 年代中期，为解决向四川维尼纶厂供气问题，原石油部曾组织一次脱有机硫技术攻关会战，通过调整溶液组成及气液比等工艺条件，达到了将净化气总硫含量稳定低于 250mg/m^3 的攻关目标。

在此期间，为考察砜胺-Ⅰ型溶液中脱除有机硫的主导组分，曾以工业装置净化气(H_2S 含量< 5mg/m^3)，考察了不同组成的溶液及不同操作条件的脱有机硫效果，现示于表 3-1-27。

表 3-1-25 国外管输天然气主要质量指标

国家	H_2S/(mg/m^3)	总硫/(mg/m^3)	CO_2/%	水露点/(℃/MPa)	高热值/(MJ/m^3)
英国	5	50	2.0	夏 4.4/4.9 冬-9.4/6.9	38.84~42.85
荷兰	5	120	1.5~2.0	-8/7	35.17
法国	7	150	—	-5/操作压力	37.67~46.0
德国	5	120	—	低温/操作压力	30.2~47.2
意大利	2	100	1.5	-10/6.0	—
比利时	5	150	2.0	-8/6.9	40.19-44.38
奥地利	6	100	1.5	-7/4.0	—
加拿大	23	115	2.0	-10/操作压力	36
美国	5.7	22.9	3.0	110mg/m^3	43.6~44.3

续表

国 家	H_2S/(mg/m³)	总硫/(mg/m³)	CO_2/%	水露点/(℃/MPa)	高热值/(MJ/m³)
波兰	20	40	—	夏 5/3.37 冬-10/3.37	19.7~35.2
保加利亚	20	100	7.0①	-5/4.0	34.1~46.3
南斯拉夫	20	100	7.0①	夏 7/4.0 冬-11/4.0	35.17

注：①系 CO_2+N_2。

表 3-1-26 我国天然气国家标准①

项 目		一类	二类	三类	项 目		一类	二类	三类
高热值①/(MJ/m³)	≥	36.0	31.4	31.4	硫化氢①/(mg/m³)	≤	6	20	350
总硫(以硫计)①/(mg/m³)	≤	60	200	350	二氧化碳 y/%	≤	2.0	3.0	—
水露点②③/℃		在天然气交接点的压力和温度条件下，比最低环境温度低 5℃							

注：①本标准中气体体积的标准参比条件是 101.325kPa，20℃。

②在输送条件下，当管道管顶埋地温度为 0℃时，水露点应不高于-5℃。

③进入输气管道的天然气，水露点的压力应是最高输送压力。

表 3-1-27 脱有机硫性能考察结果

溶液及组成	压力/MPa	气液比/(m³/m³)	总硫/(mg/m³)		脱硫率/%
			进料	出料	
MEA：环丁砜：水=20：50：30	3.72	500	181	21	88.4
	3.72	780	233	58	75.1
环丁砜：水= 70：30	3.68	500	175	35	80.0
	2.94	500	144	39	72.9
	2.11	500	154	55	64.3

从表 3-1-27 的数据可见：

(1)以硫醇为主的有机硫的脱除主要依靠环丁砜的物理溶解，MEA 作为碱性较强的醇胺多少也能脱除一些呈弱酸性的硫醇。可以预期，DIPA 及 MDEA 等醇胺脱除有机硫的能力将弱于 MEA。

(2)较低的气液比及较高的操作压力有利于有机硫的脱除；此外，可以预期较低的操作温度也是有利的。

(3)根据以上结果，选择合理的溶液组成及工艺条件，在脱除 H_2S 及 CO_2 的同时，使用砜胺溶液脱除 80%以上的有机硫是可能的。不过应当指出，大量 H_2S 及 CO_2 的存在对砜胺溶液的脱有机硫能力多少有一些不利影响(如与酸气的反应热升高了溶液温度，降低了溶液 pH 值等)。

20 世纪 70 年代末引进建设的天然气脱硫装置，为获得高的脱有机硫效率，不仅吸收压力为 6.27MPa，吸收塔板也由常用的 20 块增至 36 块，使有机硫脱除率达到 90%左右(见表 3-1-28)。

基于相同的原料气，压力由 3.9MPa 升至 6.3MPa，吸收塔板数由 20 块增至 36 块，不仅脱有机硫效率由 80%升至 90%，操作的气液比也有大幅度的提高，由 480 升至 686m³/m³，能耗显著下降。

表 3-1-28　引进装置脱有机硫结果①

工艺条件	进料有机硫/(mg/m³)	出料有机硫/(mg/m³)	有机硫脱出率/%
吸收塔板 36 块，压力 6.27MPa，气压比 686 m^3/m^3	811	79	90.2
	1038	136	86.9
	1152	93.2	91.9

注：①溶液组成：DIPA∶环丁砜∶水 = 40∶45∶15。

3. 降低酸气烃含量的经验

脱硫装置再生酸气一般后继以硫黄回收装置生产硫黄。由于溶解及夹带，醇胺溶液、特别是含有物理溶剂的砜胺溶液将从吸收塔带出一些烃类；富液带出烃量将随压力升高、气液比降低等因素而增加，塔底泡沫分离不良将导致较高的富液带出烃量。

富液带出烃如无有效措施分离必将带入再生塔而进入酸气；较高的酸气烃含量不仅使硫黄回收装置的燃烧炉工况发生变化并使硫黄收率降低，而且在严重时将产生“黑”硫黄。

20 世纪 70~80 年代，国内设计及国外引进的砜胺法脱硫装置均曾遇到过酸气烃含量过高的问题，后在调查研究的基础上采取措施而获得解决。

1)烃在砜胺溶液中的溶解度

从表 3-1-29 可见，以 CH_4 在 DEA 水溶液中的溶解度为基准(估计 DIPA 水溶液与之是相同或相近的)，随着环丁砜进入溶液及其浓度的升高，烃的溶解度呈数量级的增加；随碳数升高，溶解度也成倍增长。还需要指出的是，环丁砜是优良的芳烃抽提溶剂，它几乎可以完全溶解原料气中的芳烃。

表 3-1-29　烃在不同溶液中的相对溶解度

溶　剂	C_1	C_2	C_3	nC_4	nC_5
DEA∶水=25∶75	1	2.24	—	—	—
DIPA∶环丁砜∶水					
52∶23∶25	4.69	7.23	11.52	17.58	30.27
40∶50∶10	23.44	33.20	52.33	83.98	136.7

然而，需要指出的是，一方面，天然气中 C_{2+}烃不高，芳烃含量甚微；另一方面，溶解烃量仅是富液带出烃量的一部分，砜胺溶液由于环丁砜良好的消泡作用，故其夹带的气量低于水溶液，总的富液带出烃量并不高。

2)两次解决酸气烃含量的经验

表 3-1-30 给出了 2 套装置降低酸气烃含量的一些结果，通过装置必要的改造实现了预定目标，获得了一些对装置设计有重要借鉴意义的经验。

表 3-1-30　脱硫装置降低酸气烃含量结果

装　置	川东净化总厂垫江装置		川东净化总厂引进装置	
溶液	砜胺-Ⅱ型①		Sulfinol - D①	
吸收压力/MPa	3.9		6.2	
气液比/(m^3/m^3)	546	539	600	611

续表

装置	川东净化总厂垫江装置		川东净化总厂引进装置	
闪蒸温度/℃	47	67	48	58
闪蒸压力/MPa	5.9	5.5	4.9	4.9
富液带出烃量/[$m^3/(m^3 \cdot h)$]	2.89	2.63	5.71	4.93
酸气甲烷含量/%	5.45	1.45	3.34	1.44
闪蒸效率/%	38.1	82.8	76.3	88.4

注：①均为 DIPA-环丁砜溶液。

(1)酸气烃含量高的主要原因是闪蒸效率低，而这主要是由于闪蒸温度偏低所致。为了达到不低于80%的闪蒸效率，闪蒸温度应不低于60℃。当吸收塔底富液温度低于此值时，应设法升高温度。

垫江装置因地制宜采取了调整富液流程的方法：改造前：富液→闪蒸塔→一级贫富液换热器→二级贫富液换热器；改造后：富液→一级贫富液换热器→闪蒸塔→二级贫富液换热器。

引进装置由日本千代田公司在闪蒸罐前增加了1台富液蒸汽加热器。

两种方案各有利弊，前者能耗较低，后者调温灵活。

(2)闪蒸罐以卧式为佳，其闪蒸界面大而有利于气体逸出；垫江装置受条件所限，采取了在原立式闪蒸塔内增加富液喷淋及折流板的措施，闪蒸效率上升5%左右。

(3)在吸收塔底采取有效的分离措施，有助于降低富液带出烃量，垫江装置在吸收塔底增加的分离筛板使富液带出烃量下降 0.5~0.8$m^3/(m^3 \cdot h)$。

(4)根据两次改造的经验，闪蒸罐宜取以下参数：温度不低于60℃，闪蒸界面 5~6m^2/(100m^3 循环液/h)，溶液在罐内的停留时间在3min左右。

二、多乙二醇二甲醚法(Selexol 法)

物理溶剂法系利用天然气中 H_2S 和 CO_2 等酸性组分与 CH_4 等烃类在溶剂中的溶解度显著不同而实现脱硫脱碳的。与醇胺法相比，其特点是：①传质速率慢，酸气负荷决定于酸气分压；②可以同时脱硫脱碳，也可以选择性脱除 H_2S，对有机硫有良好的脱除能力；③在脱硫脱碳同时可以脱水；④由于酸气在物理溶剂中的溶解热低于其与化学溶剂的反应热，故溶剂再生的能耗低；⑤对烃类尤其是重烃的溶解能力强，故不宜用于 C_2H_6 以上烃类尤其是重烃含量高的气体；⑥基本上不存在溶剂变质问题。

由此可知，物理溶剂法应用范围虽不可能像醇胺法那样广泛，但在某些条件下也具有一定技术经济优势。

常用的物理溶剂有多乙二醇二甲醚、碳酸丙烯脂、甲醇、*N*-甲基吡咯烷酮和多乙二醇甲基异丙基醚等。其中，多乙二醇二甲醚是物理溶剂中最重要的一种脱硫脱碳溶剂，分子式为 $CH_3(OCH_2CH_2)_nCH_3$。此法是美国 Allied 化学公司首先开发的，其商业名称为 Selexol 法，溶剂分子式中的 n 为 3~9。国内系南京化工研究院开发的 NHD 法，溶剂分子式中的 n 为 2~8。

物理溶剂法一般有2种基本流程，其差别主要在于再生部分。当用于脱除大量 CO_2 时，由于对 CO_2 的净化度要求不高，故可仅靠溶液闪蒸完成再生。如果需要达到较严格的 H_2S

净化度，则在溶液闪蒸后需再汽提或真空闪蒸，汽提气可以是蒸汽、净化气或空气，各有利弊。

Selexol 法工业装置实例如下：

1）德国 NEAG-Ⅱ Selexol 法脱硫装置

该装置用于从 H_2S 和 CO_2 分压高的天然气选择性脱除 H_2S 和有机硫，其工艺流程示意图见图 3-1-29。原料气中 H_2S 和 CO_2 含量分别为 9.0%和 9.5%，有机硫含量为 230×10^{-6}(体积分数)，脱硫后的净化气中 H_2S 含量为 2×10^{-6}(体积分数)，CO_2 含量为 8.0%，有机硫含量为 70×10^{-6}(体积分数)。

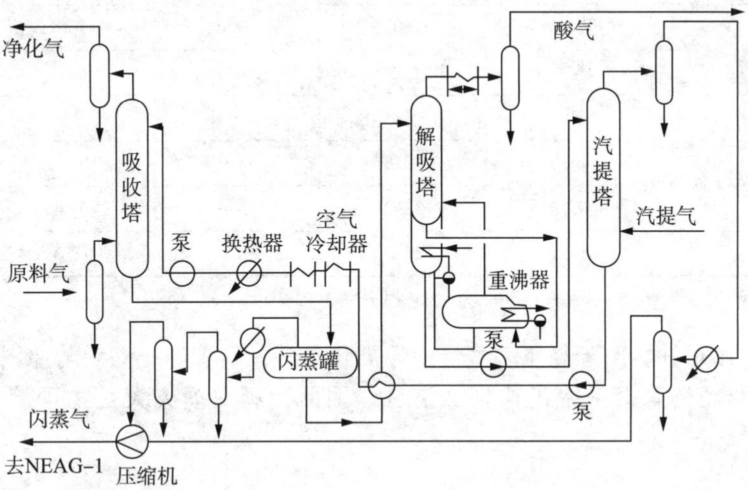

图 3-1-29　NEAG-Ⅱ Selexol 法脱硫装置工艺流程示意图

2）美国 Pikes Peak 脱碳装置

该装置原料气中 CO_2 含量高达 43%，H_2S 含量仅 60mL/m^3，对管输的净化气要求是 H_2S 含量为 6mL/m^3，CO_2 含量为 3%，故实际上是一套脱碳装置，其工艺流程示意图见图3-1-30。

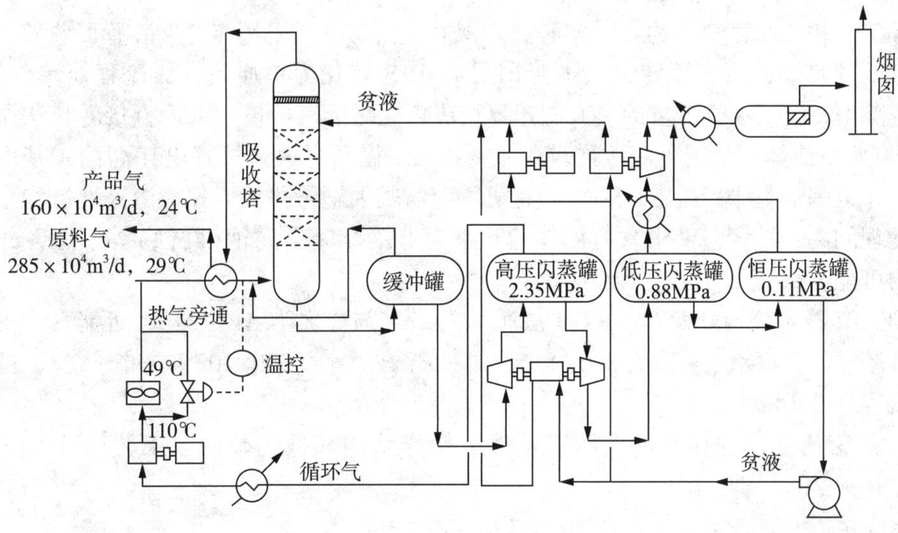

图 3-1-30　Pikes Peak 脱碳装置工艺流程示意图

由图可知，原料气和高压闪蒸气混合后先与净化气换热，温度降至4℃再进入吸收塔与Selexol溶剂逆流接触，脱除 H_2S 和 CO_2 后的净化气从塔顶排出。富液经缓冲后先后在高压、中压和低压闪蒸罐内闪蒸出气体。其中，高压闪蒸气中烃类含量多，经压缩后与原料气混合，而中压、低压闪蒸气主要是 CO_2，从烟囱放空。低压闪蒸后的贫液增压后返回吸收塔循环使用。

Pikes Peak 脱碳装置的典型运行数据见表3-1-31。

表3-1-31　Pikes Peak 脱碳装置的典型运行数据

物　流	原料气	循环气	进塔气	产品气	放空气
流量/($10^4m^3/d$)	285	60	345	160	125
压力/MPa	6.9	6.9	6.9	6.7	0.1
温度/℃	29	49	4	24	24
CO_2/%	44.0	70.9	48.7	2.8	96.5
$H_2S/10^{-6}$	60.0	32.2	55.0	5.4	129.3
CH_4/%	54.7	28.2	50.1	95.3	3.0

注：CO_2 脱除率96.3%，H_2S 脱除率94.5%，烃类总损失率2.72%

由表3-1-31可知，由于高压闪蒸气中烃类含量多，尽管经压缩后与原料气混合返回吸收塔，但装置的烃类总损失率仍达到2.72%。因此，烃类损失大是物理溶剂的一个重要缺点。

三、Lo-Cat 法

直接转化法采用含氧化剂的碱性溶液脱除气流中的 H_2S 并将其氧化为单质硫，被还原的氧化剂则用空气再生，从而使脱硫和硫黄回收合为一体。由于这种方法采用氧化-还原反应，故又称为氧化-还原法或湿式氧化法。

直接转化法可分为以铁离子为氧载体的铁法、以钒离子为氧载体的钒法以及其他方法。Lo-Cat 法属于直接转化法中的铁法。

与醇胺法相比，其特点为：①醇胺法和砜胺法的酸气需采用克劳斯装置回收硫黄，甚至需要尾气处理装置，而直接转化法本身即可将 H_2S 转化为单质硫，故流程简单，投资低；②主要脱除 H_2S，仅吸收少量的 CO_2；③醇胺法再生时蒸汽耗量大，而直接转化法则因溶液硫容(单位质量或体积溶剂可吸收的硫的质量)低、循环量大，故其电耗高；④基本无气体污染问题，但因运行中产生 $Na_2S_2O_3$ 和有机物降解需要适量排放以保持溶液性能稳定，故存在废液处理问题；⑤因溶液中含有固体硫黄而存在有堵塞、腐蚀(磨蚀)等问题，故出现操作故障的可能性大。

美国ARI技术公司开发的Lo-Cat法所用的络合剂称之为ARI-310，可能含有EDTA及一种多醛基醣，其溶液pH值为8.0~8.5，总铁离子含量为500×10^{-6}(质量分数)，按此值计其理论硫容为0.14g/L。

Lo-Cat工艺是一种在常温、低压条件下操作费用较低的硫回收工艺，其化学反应式如下：

$$H_2S+\frac{1}{2}O_2 \longrightarrow H_2O+S^0$$

上述反应是采用水溶性铁离子在洗涤的条件下来完成的，这种铁离子可在大气环境下被空气或工艺物流中的氧气氧化，并在适宜的条件下将硫离子氧化为单质硫。简单地说，这一反应可以在含铁离子的水溶液中进行，其中的铁离子可从硫离子处移走电子(负电荷)将其转化为硫黄，铁离子本身在再生阶段将电子再转移给氧。虽然许多金属都具有这一功能，但在 Lo-Cat 工艺中选用铁离子作为氧化剂是因为它廉价且无毒。

Lo-Cat 工艺由吸收和再生 2 个部分组成，各阶段的化学反应如下：

1)吸收阶段

硫化氢的溶解：

$$H_2S(g)+H_2O \rightleftharpoons H_2S+H_2O(l)$$

H_2S 第一级电离：

$$H_2S \rightleftharpoons H^++HS^-$$

H_2S 第二级电离：

$$HS^- \rightleftharpoons H^++S^{2-}$$

S^{2-} 的氧化：

$$S^{2-}+2Fe^{3+} \longrightarrow S^0(s)+2Fe^{2+}$$

总的吸收反应式：

$$H_2S(g)+2Fe^{3+} \rightleftharpoons 2H^++S^0+2Fe^{2+}$$

2)再生阶段

氧气的溶解：

$$H_2O+\frac{1}{2}O_2(g) \rightleftharpoons H_2O+\frac{1}{2}O_2(l)$$

二价铁的再生：

$$H_2O+\frac{1}{2}O_2+2Fe^{2+} \longrightarrow 2OH^-+2Fe^{3+}$$

总再生反应方程式：

$$H_2O+\frac{1}{2}O_2(g)+2Fe^{2+} \longrightarrow 2OH^-+2Fe^{3+}$$

在总的化学反应式中，铁离子的作用是将反应吸收一侧的电子转移到再生一侧，而且每个原子的硫至少需要 2 个铁离子。从这个意义上来说，铁离子是反应物。但铁离子在反应过程中并不消耗，只作为 H_2S 和氧反应的催化剂。正因如此，铁离子的络合物被称为催化反应物。

Lo-Cat 法有两种基本流程用于不同性质的原料气。双塔流程用于处理天然气或其他可燃气脱硫，一塔吸收，一塔再生；单塔流程用于处理废气(例如醇胺法酸气、克劳斯装置加氢尾气等)，其吸收与再生在一个塔内同时进行，称之为“自动循环”的 Lo-Cat 法。目前，第二代工艺 Lo-CatⅡ法主要用于单塔流程。此法适用于含硫天然气压力低于 3MPa、潜硫量在 0.2~10 t/d 的酸气处理。图 3-1-31 为 Lo-CatⅡ法的单塔流程图。

塔河油田采油三厂硫黄回收装置投资 2400 余万元，设计最大酸气处理为每小时处理 230m^3，日回收硫黄 2t，年累计可回收硫黄约 730t，是塔河油田第一套集天然气脱硫、轻氢回收和硫黄回收于一体的现代化装置，采用可靠、成熟、适用的自循环 Lo-Cat 工艺技术回收硫黄(见图 3-1-32)，以提高天然气的综合利用率，降低硫的外排量，设计年减少二氧化硫排放2190t，该装置具有溶液循环量小、不产生废液的优点，提高了资源利用率，属纯环保项目。

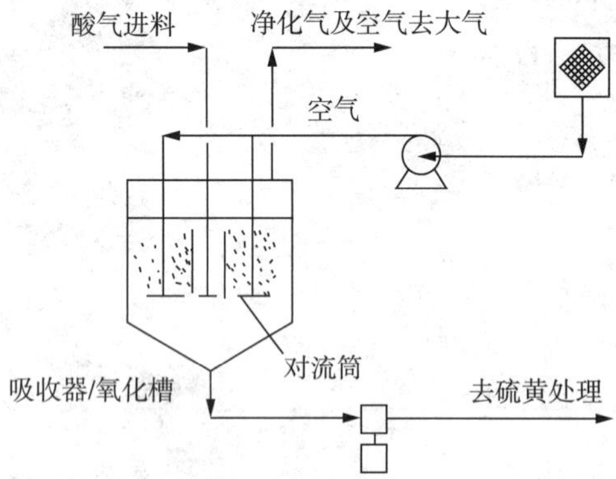

图3-1-31 Lo-CatⅡ法的单塔原理流程图

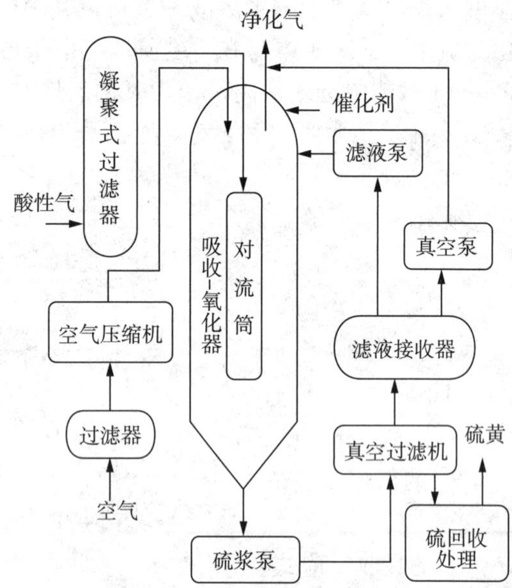

图3-1-32 Lo-Cat硫回收工艺自循环流程

该装置的采用，充分利用塔河油田的油资源，实现含硫天然气低标外排，减少对空气的污染。自稳定投产以来，酸气输入流量、吸收氧化塔液位、氧化塔空气流量、配比溶液温度、pH值等指标都在可控范围之内，硫化氢浓度最高不超过1×10^{-6}(体积分数)，基本实现零外排。

该装置所用催化剂为美国进口，年运行费用高达180多万元，以硫黄价格600元/t计算，即使该装置满负荷运行，在不考虑运行成本的情况下，也需要55年才能收回成本。因此该项目是中国石化西北油田分公司开展的一个纯环保项目，没有经济效益，但社会效益、环保效应巨大。

四、水洗法脱碳

水洗法脱除CO_2是物理吸收过程，它是根据CO_2和CH_4等烃类在水中具有不同的溶解度这一基本原理进行的。CO_2在水中的溶解度比烃大。随着压力的升高，CO_2在水中的溶解度增大，具体见图3-1-33。

与其他的天然气脱硫脱碳方法相比，采用水吸收法脱除CO_2，利用CO_2高压易溶解于水的特点，工艺流程简单，操作方便，且水价廉易得、无毒、易于再生，同时水对天然气中的各种组分均无化学反应，对设备腐蚀较小。整套工艺不添加任何化学药剂，因此属于真正绿色环保工艺。

河南天冠$10\times10^4Nm^3/d$沼气脱碳工程，采用水洗法脱除CO_2，在国内属于首例。该项目获得联合国绿色环保补贴。南阳天冠集团作为一家河南省知名酒类企业，每年白酒销量达到3×10^4t，同时产生大量副产品酒糟，大量酒糟作为副产品被直接掩埋，不仅造成资源浪费，而且对环境造成污染。为保护环境，提高企业经济、社会效益，南阳天冠集团利用酒糟发酵制造沼气，沼气的主要成分为甲烷，是CNG(压缩天然气)的主要成分。该项目正是利用沼气制造 CNG，原料成本几乎可以忽略，利润效果显著，同时利用水洗法脱除 CO_2，如图 3-1-34所示，可以减少环境污染，大大提升企业的社会效益。

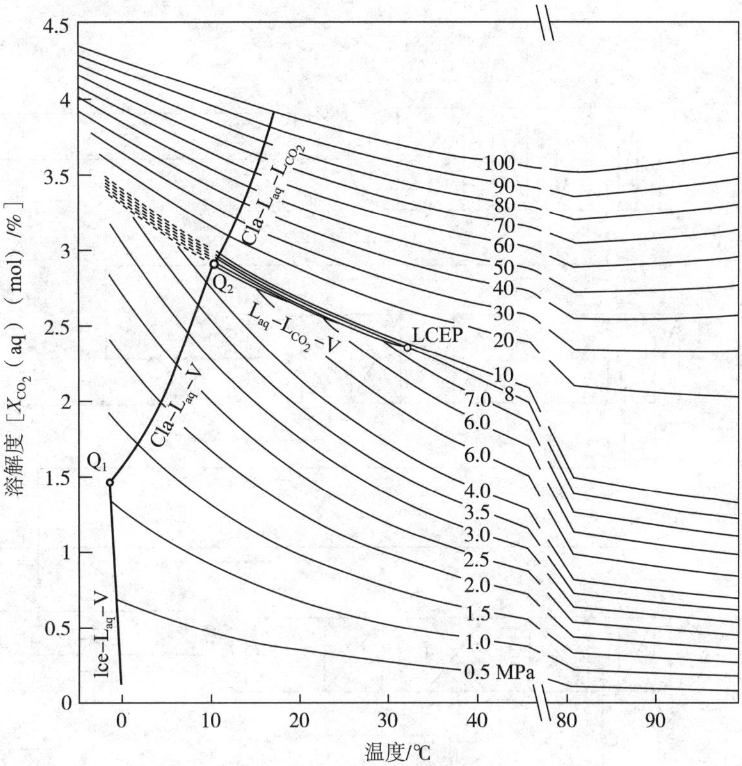

图 3-1-33 不同温度和压力下 CO_2 在水中的溶解度对照表

原料气(组成见表 3-1-32)先进入沼气储罐缓冲，然后进入沼气压缩机将气体压缩至 2. 0MPa(表压)，进入吸收塔下部，与上部喷淋下来的冷却水逆流接触进行热质交换，吸收 CO_2 气体，直至满足工艺要求，达到符合要求的气体浓度，吸收塔塔顶出来的湿净化气，先进入天然气储罐，然后去后续的脱水系统。吸收塔塔底出来的吸收 CO_2 的水进行 2 级减压，一次减压到 0. 6MPa(表压)后进入一级解析塔，塔顶的 CH_4 气体浓度较高，返回沼气储罐；一级解析塔塔底出来的溶有 CO_2 的水进一步减压到 2kPa(表压)后进入二级解析塔，放出的气体主要是 CO_2，进入 CO_2 回收系统。解吸后的水再经水泵增压送入吸收塔进行再次循环吸收 CO_2。

表 3-1-32 河南天冠 $10\times10^4m^3/d$(标准)沼气脱碳工程原料气组成

序 号	组 成	含 量
1	CH_4	62%
2	CO_2	38%

注：温度：30℃；压力：3kPa。

吸收 CO_2 的高压水，具有一定的能量，通过水力透平减压，回收部分能量。图 3-1-35 是河南天冠 $10\times10^4m^3/d$(标准)沼气脱碳工程物料平衡图。

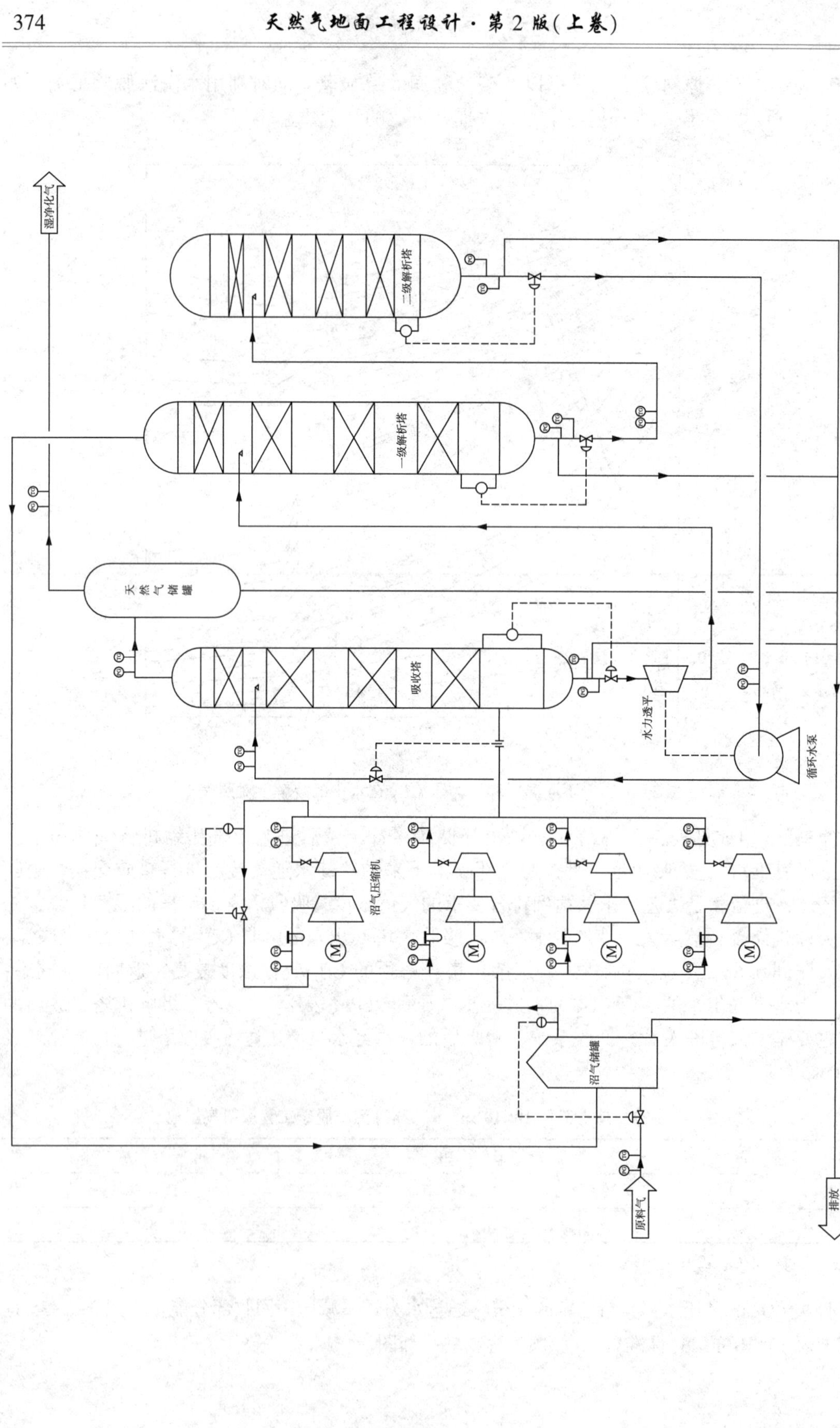

图3-1-34 河南天冠$10\times10^4m^3/d$(标准)沼气脱碳工程水洗法脱碳工艺流程图

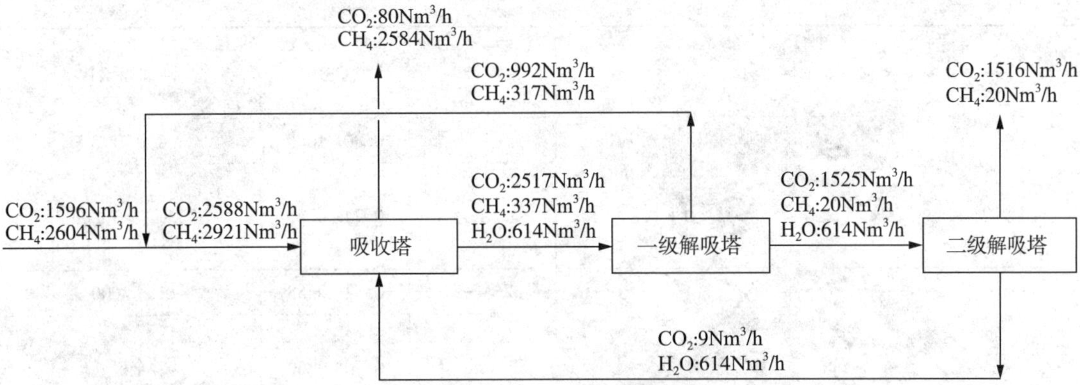

图 3-1-35　河南天冠 $10\times10^4m^3/d$(标准)沼气脱碳工程物料平衡图

第四节　分子筛脱硫法

分子筛是一种合成沸石，它可以用于脱除气体中的硫化氢。分子筛脱硫法的应用主要是在国外所研发的，在当下天然气脱硫中应用较为广泛，工业化程度较高。一般来讲，分子筛孔径为 1nm，这也就使得天然气中硫化氢的筛分更加细致。但从实际应用来讲，天然气水分含量较高时，为保障分子筛脱硫质量，可采用三甘醇脱水与分子筛脱硫工艺相结合的方式，进而切实落实天然气的有效净化。

一、分子筛脱硫剂的种类

可用于脱 H_2S 的分子筛主要有天然沸石和人工合成沸石分子筛。天然沸石主要有斜发沸石(HEU)，人工合成沸石分子筛主要有 LTA 型、FAU 型分子筛、MFI 型分子筛、钛硅分子筛(ETS 分子筛)以及 M41S、SBA-n 分子筛，结构参数见表 3-1-33，HEU 型、LTA 型、FAU 型及 MFI 型平面结构如图 3-1-36 所示。LTA 型分子筛主要是 A 型分子筛，骨架由相邻 2 个 β 笼通过四棱柱连接，构成主笼-α 笼，根据阳离子的不同分为 3A、4A 和 5A；FAU 分子筛可分为 X 型分子筛(1≤Si/Al≤1.5)和 Y 型分子筛(Si/Al≥3)，其同时具有 β 笼，通过六元环相连，可以构成较大的超笼；MFI 分子筛具有双十元环交叉孔道结构，典型代表是 ZSM-5 分子筛，Si/Al 比可由 10 调至全硅 silicalite-I；钛硅分子筛(ETS 分子筛)结构中存在由钛-氧八面体通过共用顶点形成的互相垂直的 2 组—Ti—O—Ti—O—链，分子筛骨架具有 6 元环、8 元环和 12 元环，微孔孔径为 0.3~0.4nm。

表 3-1-33　常用的脱 H_2S 分子筛的结构参数

分子筛类型	结构单元	常见种类	孔道直径/nm	硅铝原子比
HEU	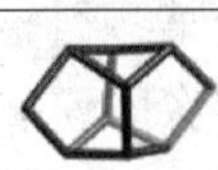	斜发沸石	0.35	17~20
LTA	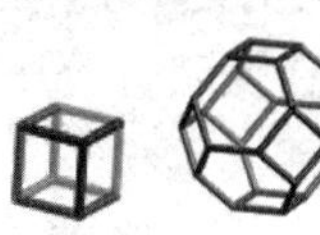	3A	0.30	≈1
		4A	0.40	≈1
		5A	0.50	≈1

续表

分子筛类型	结构单元	常见种类	孔道直径/nm	硅铝原子比
FAU	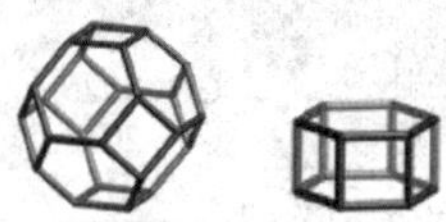	X	0.80~1.00	1.0~1.5
		Y	0.74~0.80	≥3
MFI	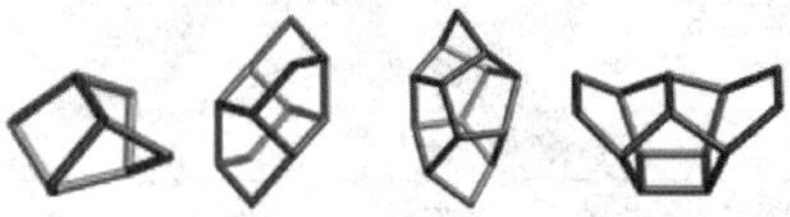	ZSM-5	0.53~0.58	10~3000
		Silicalite-Ⅰ	0.50~0.60	全硅
ETS	—	ETS-2	0.56~0.58	—
M41S	—	MCM-41	1.50-10.00	全硅
		MCM-48	2.50	≥1000
SBA-n	—	SMA-15	4.60-30.00	≥1000

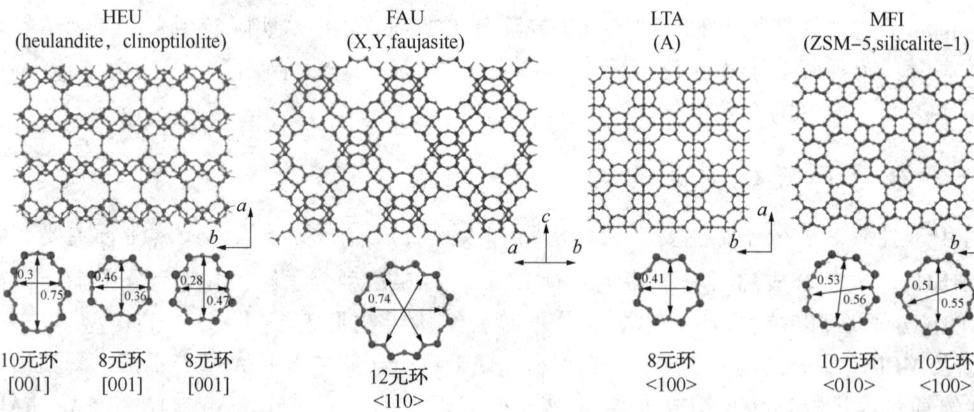

图 3-1-36 常用的脱 H_2S 分子筛平面结构及结构单元示意

MCM-41 和 SBA-15 介孔分子筛具有六方平行排列的纳米通道，孔道均匀、孔隙率高、热稳定性好。可以看出，分子筛结构规整、孔道排列整齐，使其具有优异的择形选择性以及酸碱位、金属位可调性，可用于煤气脱硫净化。

二、分子筛脱硫的基本原理

分子筛因其具有孔径均匀的微孔孔道而仅允许直径较其孔径为小的分子进入孔内而得名。它又是一类强极性的吸附剂，对极性、不饱和化合物以及易极化分子有很高的亲和力。所以，分子筛可按分子尺寸、极性及不饱和度将复杂体系中的某些组分脱除或分离出来。

分子筛对天然气中的硫化物及其他组分的吸附强度按下述次序递减：

$$H_2O>CH_3SCH_3>CH_3SH>H_2S>COS、CS_2>CO_2>N_2>CH_4$$

与其他吸附剂相比，分子筛不仅具有择形选择性，而且在低组分分压下仍有相当高的吸附容量，见表 3-1-34。

表 3-1-34 吸附剂从天然气中脱除硫醇的首次循环硫容量
(压力 6.0MPa，进料硫醇含量 18mg 硫/m^3，吸附剂装量 363kg)

吸附剂	5 A 分子筛	13 X 分子筛	浸铜活性炭	硅胶
吸附温度,℃	15.6	26.7	19.4	19.4
硫容量，kg(硫)/100kg	8.3	9.0	1.1	0.8

从表 3-1-34 可见，分子筛的硫容量相当于活性炭或硅胶硫容量的 10 倍左右。需要指出的是，当气流中含有较重的有机硫化合物时，由于择形效应，5A 分子筛可能无法达到净化度要求，而 13X 则可顺利达到小于 1.4mg(硫)/m^3 的指标。

图 3-1-37 为 25℃下几种分子筛的吸附容量与 H_2S 分压的关系；图 3-1-38 则是 5A 分子筛在不同温度及不同 H_2S 分压下的吸附容量。

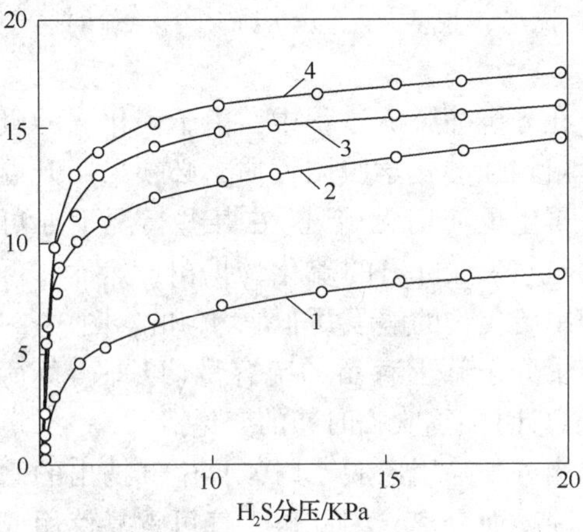

图 3-1-37 25℃下几种分子筛的 H_2S 吸附容量
1—10X；2—4A；3—5A；4—13X

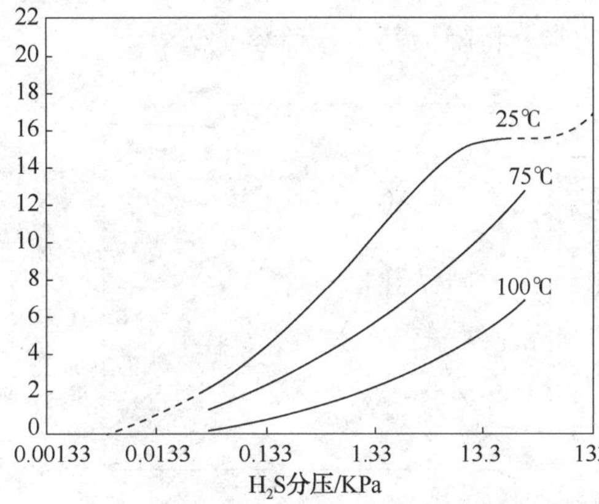

图 3-1-38 不同温度下 5A 分子筛的 H_2S 吸附容量

图 3-1-39 则是 25℃下乙硫醇在几种吸附剂上的吸附容量。

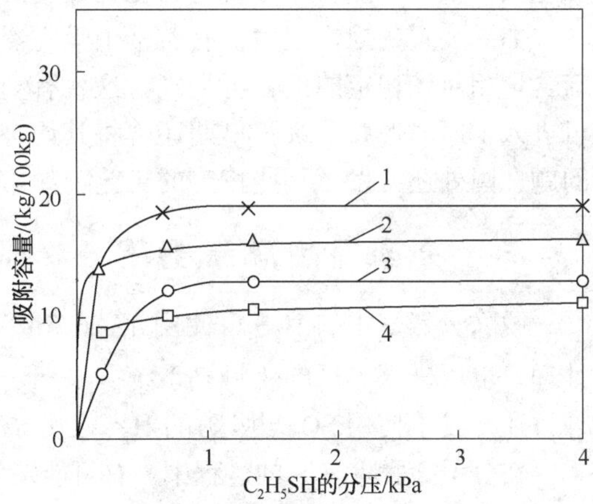

图 3-1-39 25℃下几种吸附剂的乙硫醇吸附容量
1—13X；2—5A；3—4A；4—10X

从图 3-1-37～图 3-1-39 可见，几种分子筛中 13X 及 5A 具有较高的硫容量；较低的吸附温度及较高的组分分压可获得较高的硫容量。

然而应当指出，13X 分子筛由于具有较大的孔径(1.0nm)，大的烃分子特别是芳烃将会共吸附于其上，再生时易生焦而使其性能变差。

在实际吸附过程中，工作硫容不仅与平衡硫容量有一定的距离，而且还要受其他组分的影响；当天然气中含有水汽时，由于分子筛对水的亲和力优于各种硫化物，因此分子筛床层在实际运行中将会形成几个不断推进的区域，如图 3-1-40 所示，包括水平衡段、水-硫交换段、硫平衡段和硫传质吸附段四个区域；事实上通常还有第五个区域——分子筛尚未发生吸附的清净区。在实际运行过程中，随吸附时间增加，清净区逐渐缩小，在清净区消失前即应停止吸附转为再生。

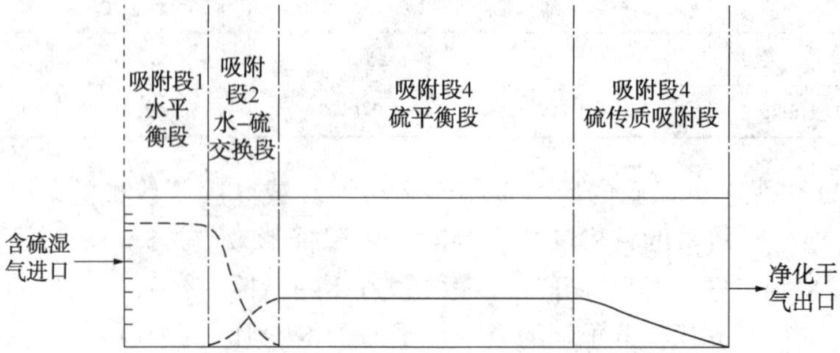

图 3-1-40　分子筛脱硫床层的不同区域

图 3-1-40 既表明使用分子筛可实现同时脱硫脱水，也表明当分子筛用于脱硫时，气流中的水分将降低其工作硫容。

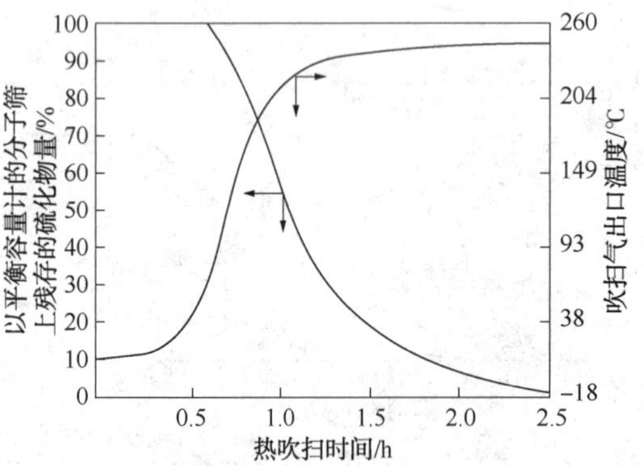

图 3-1-41　分子筛上硫化物的解吸特性

在分子筛脱硫过程中，由于硫化物的吸附显示出较强的化学吸附性质，必须采用升温再生，再生可使用无硫气(在某些情况下亦可使用含硫气)将析出的硫化物携出；然而，再生过程中硫化物的解吸并非是均匀的，图 3-1-41 给出了分子筛上存留的硫容量(以平衡负荷的百分数计)随热吹扫时间的变化情况。

当分子筛用于脱水时，再生气携出的水汽可借冷凝而分离，因此再生气可重复使用或返回进料气中。然而硫化物不可能借冷凝而分离，因此再生所得含硫气的处理是整个分子筛脱硫工艺安排上的难点，再生气中硫化物浓度的不均匀性更加重了这一困难。

如果装置的规模很大，有若干个吸附器分别处于不同的吸附与再生阶段，从而可以产生硫含量相对较稳定的汇合再生气，这就有利于安排其再脱硫过程；有时，此股含硫再生气也可进入工厂的燃料系统；早期还曾将其灼烧排放。除此之外，针对分子筛脱硫过程中的再生问题，国外还开发了一些特定的工艺，如 EFCO 及 Haines 等。

三、分子筛法脱除 H_2S

脱除天然气中的 H_2S 可使用 4A 或 5A 分子筛，含 H_2S 的再生气可使用胺液或其他溶剂处理，也可进入工厂的燃料气系统，早期还曾采取过将小量含硫再生气灼烧排放的措施。此外，还开发了使用 SO_2 与吸附的 H_2S 在分子筛上反应生成元素硫逸出的 Haines 工艺。

在分子筛脱除 H_2S 的过程中，有可能发生 H_2S 与 CO_2 转化为 COS 的反应，值得予以注意。

1. EFCO 工艺

美国 Engineers and Fabricators 公司开发的 EFCO 工艺的特点是再生气中的 H_2S 在一吸收塔内以溶剂吸收，溶剂可借闪蒸而再生，此工艺可实现同时脱硫脱水，其流程示于图 3-1-42。

事实上，对于大型联合装置，分子筛再生气脱硫塔的富液可以与其他脱硫塔的富液合并再生(前提是使用了相同的脱硫溶液)。

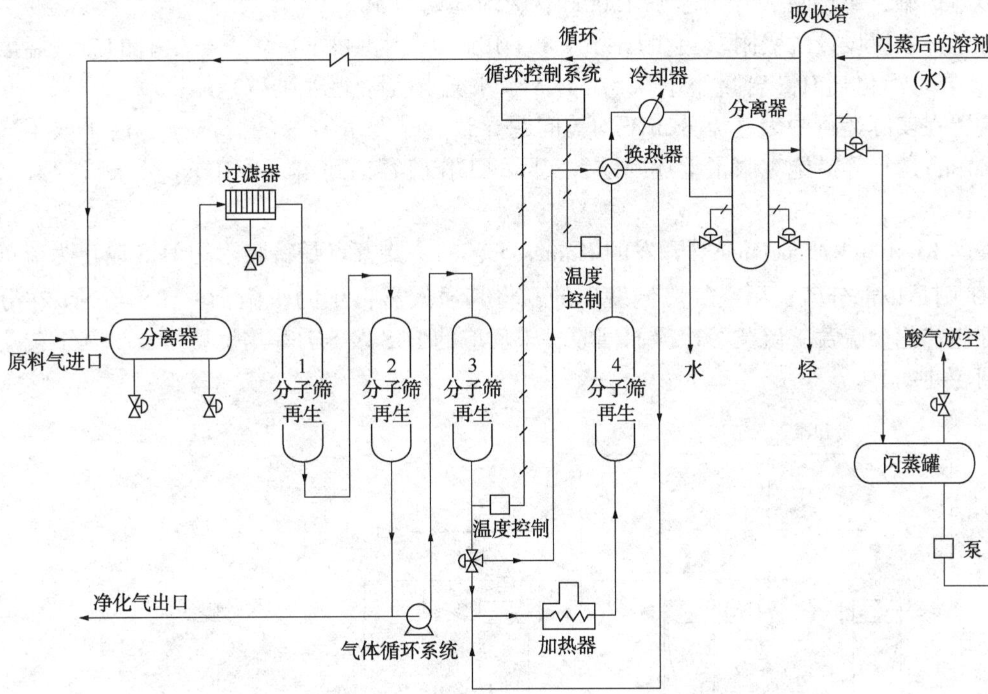

图 3-1-42　EFCO 分子筛脱硫工艺流程图

2. 加拿大井场分子筛脱硫装置

Amoco 公司 Beaver 及 Pointed Mountain 井场天然气 H_2S 含量分别为 0.57%及 0.47%，安排在井场以三甘醇脱水，处理量分别为 679.2×$10^4m^3/d$ 及 509.4×$10^4m^3/d$，干气送净化厂脱硫。为此井场需 2.5×$10^4m^3/d$ 的燃料气，因此建设了 5×$10^4m^3/d$ 的分子筛脱硫装置，净化气一半用作 TEG 装置的燃料气，另一半则作为分子筛装置的再生气，此含硫再生气并入 TEG 装置输出的干气去净化厂。

装置流程示于图 3-1-43，共有三个。

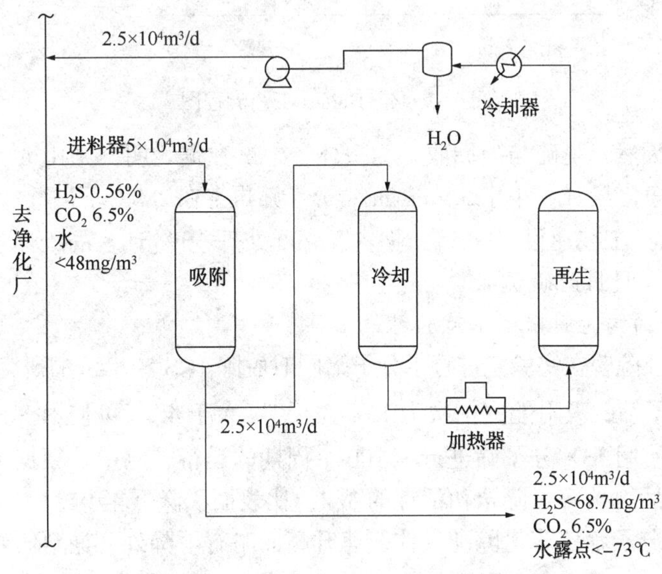

图 3-1-43　Beaver 分子筛脱硫装置流程图

吸附剂罐，每罐装 A 型分子筛 1500kg，吸附周期为 4h。

分子筛装置设计的吸附及再生压力为 8. 4MPa，吸附温度 44. 4C，再生时的热气温度为 288℃，要求净化气 H_2S 含量小于 68. 7mg/m^3，水露点实际上达到-73℃以下。

装置在实际运行中因气流分布不均等问题导致过早发生 H_2S 的“穿透”，后采取了降压(3. 26MPa)运行等措施克服了上述问题，实际的工作硫容达到 4. 2kg/100kg 分子筛。

3. Haines 工艺

美国 Kreil and Associates 等开发的 Haines 工艺的主要特点是将吸附的 H_2S 以化为硫黄回收，SO_2则是以部分硫黄用空气燃烧发生的，将其通人需再生的吸附剂，H_2S 与 SO_2在分子筛上催化转化为硫黄，硫黄经冷凝而回收，未反应的 H_2S 及 SO_2等灼烧后排放，其工艺流程示于图 3-1-44。

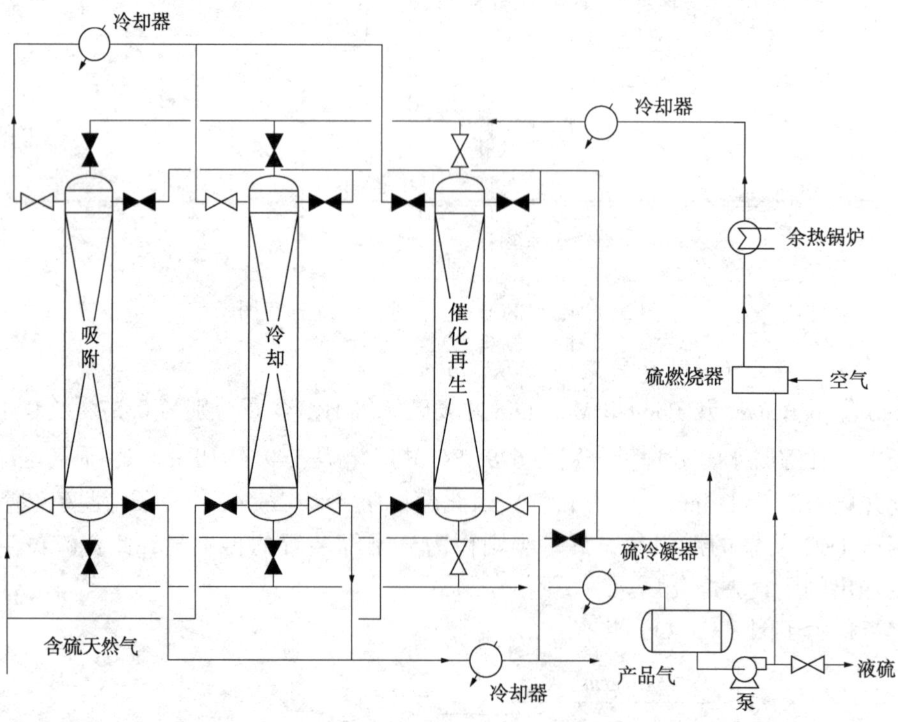

图 3-1-44 Haines 工艺流程图

此工艺实际将天然气脱硫与硫回收融为一体。中试数据表明，采用 A 型分子筛，可将含 10%的 H_2S 原料气净化至 H_2S 小于 5. 7mg/m^3；分子筛再生在 288℃下进行，硫收率可达 90%。

据报道以 Haines 工艺建设了一套工业装置，可处理 15% H_2S 的天然气 22. 64×10^{4}m^3/d 实现同时脱硫脱水，且日产硫黄 45t。

4. 国内的分子筛同时脱硫脱水试验结果

四川天然气研究院曾在实验室进行了分子筛同时脱除 H_2S 和水汽的研究，评选了 14 种国产分子筛，不同分子筛的吸附能力依次为 13X 大于 5A 大于 4A，可使 H_2S 降至小于 5mg/m^3，水小于 10mg/m^3。使用 13X 分子筛进行了 100 个周期的运行，测定的数据示于表 3-1-35。

经 100 次循环后，硫容量降至初活性的 3/4，比表面积降低至 95. 3%。

值得注意的是分子筛硫容量除随气体线速升高而略有下降外，原料气碳硫比显示出对其硫容量有一定影响。

表 3-1-35　13X 分子筛同时脱硫脱水试验结果

原料气 H_2S/(mg/m³)	原料气 CO_2/%	吸附空速/h^{-1}	净化气 H_2S/(mg/m³)	净化气 H_2O/(mg/m³)	工作硫容/%	再生温度/℃	再生空速②/h^{-1}
250~400 (353)①	0.87	4000	<5	<10	1.99~2.15	200~300	200~600

注：①括弧内为平均值；
②以净化气作再生气。

5. 分子筛脱除 H_2S 过程中的 COS 问题

在分子筛用于脱除天然气中的 H_2S 时，气流中常常同时含有 CO_2，由于分子筛具有良好的催化性能及优良的脱水能力，吸附于其上的 H_2S 与 CO_2 可能转化产生 COS，其反应为：

$$H_2S+CO_2 \rightleftharpoons COS+H_2O$$

该反应在一定温度范围内的平衡常数示于表 3-1-36。

表 3-1-36　COS 生成反应的平衡常数

温度/℃	20	100	200	300	400
平衡常数	1.38×10^{-6}	3.16×10^{-5}	3.64×10^{-4}	1.8×10^{-3}	5.4×10^{-3}

从表 3-1-36 所示数据可见，较高的温度在热力学上有利于 COS 生成；就动力学的角度而言，较高的温度也有较快的反应速率。

有研究者曾经以含 COS 40mL/m³ 及 CO_2 10% 的天然气在 3.5MPa 及 93.3℃ 的条件下研究了 H_2S 浓度与 COS 生成率的关系，如图 3-1-45 所示。还有人测定了分子筛法燃料气脱硫装置中不同气流的 COS 含量数据，原料气 COS 含量为 14~17mL/m³，净化气 COS 含量为 161mL/m³、105mL/m³、260 mL/m³、307mL/m³ 及 364mL/m³（大体上随吸附时间的增长而升高），再生气 COS 为 176mL/m³（仅一个测定数据）。

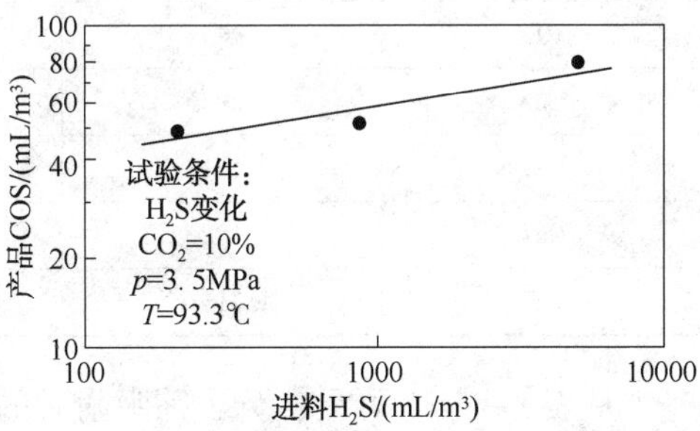

图 3-1-45　COS 生成率与 H_2S 浓度的关系

四、分子筛脱除硫醇等有机硫化合物

当以分子筛法脱除天然气或其他物料中的硫醇等有机硫化合物，尤其是存在含硫大分子化合物时，需要选用 13X 分子筛。

分子筛脱除天然气中的硫醇可达到高的净化度，净化气总硫含量可降至小于 1.4mg/m³；但含硫醇的再生气更难于采取后续的处理措施，将此股气流送入工厂的燃料气系统可能是一个适宜的措施。

1. 美国 El Paso 分子筛脱硫醇

美国 El Paso 分子筛脱硫醇装置的进料气已经脱除了 H_2S 及 CO_2 并经过甘醇法脱水，尚含有硫醇等有机硫，以硫计的含量约 45.8mg/m³，要求净化气硫含量达到 1.4mg/m³ 以下。

装置处理的天然气量为 566×10^4 m³/d，选用的吸附剂为 13X 分子筛，安排了两个吸附罐，如图 3-1-46 所示，每罐装分子筛 11.35t。

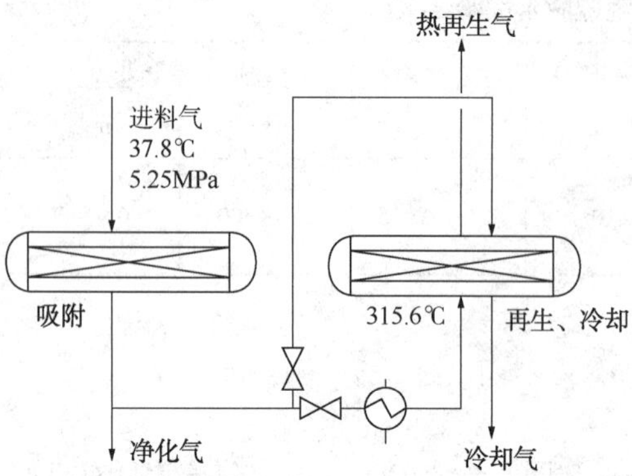

图 3-1-46 El Paso 分子筛脱硫醇装置

进料气压力为 5.25MPa，温度 37.8℃，再生气加热至 315.6℃，压力为 5.2MPa，每次循环为 24h，其中吸附 12h，再生 8h，冷却 4h。吸附及冷却阶段气流从床层通过的方向为自上而下，再生时的气流方向则是自下而上。

经吸附脱硫后的净化气总硫含量小于 1.4mg/m^3，实际上经常低于 0.7mg/m^3；分子筛的工作硫容量为 1.12kg/100kg；再生完成后分子筛上残存的硫容量低于 0.2kg/100kg。

2. 国内分子筛脱除有机硫试验结果

为了脱除天然气中的有机硫化合物，20 世纪 70 年代中期南京炼油厂研究所曾在卧龙河脱硫厂进行了分子筛脱除有机硫的侧线试验，以脱硫厂的净化气为进料，以分子筛的净化指标为总硫 10mg/m^3 计，几种不同的分子筛均显示了良好的脱除效率，此中 CuX、13X 及 5A 三种分子筛的硫容高于其他几种，见表 3-1-37。

表 3-1-37 分子筛脱除天然气中有机硫试验结果

[温度 25~35℃，压力 3.4~3.6MPa(表压)，空速 2000h^{-1}，净化气硫含量<10mg/m^3]

分子筛	进料气总硫/(mg/m^3)	连续吸附时间/h	分子筛硫容/%	分子筛增重率/%
5A	277	12	1.20	10.5
13X	186	16	1.20	11.4
10X	144	9	0.58	11.8
CuX	294	14	1.50	15.0
CaY	121	18	0.88	23.0
CuY	188	7.4	0.64	11.9
NaY	216	3.4	0.50	9.4

从表 3-1-37 可见，分子筛吸附后的增重率大体上较其计算硫容高一个数量级，看来除硫化物外，分子筛还吸附了一些其他的物质，最主要的应当是水分。

分子筛的再生可在常压、350℃下进行，再生气使用经分子筛脱硫后的部分净化气，空速为 200h^{-1}、再生时间不超过 10h，分子筛脱硫活性得以恢复。

此外，西南化工研究院亦曾使用 13X 分子筛进行脱除天然气中甲硫醇及甲硫醚的试验，净化气甲硫醇及甲硫醚含量均可达到 0.5mg/m^3 以下(以硫计)。

第五节 离子液体脱硫

离子液体是指在室温或室温附近温度下呈液态的由离子构成的物质。在天然气净化工艺中，离子液体通常具有以下特点：①具有非常高的热稳定性和较强的导电性，常温下呈现液体的状态，在一定的温度范围内挥发性很弱，在节约成本及环境保护方面有较大的优势；②离子液体结构具有可修饰性，可以通过改造阴、阳离子的结构比来提高离子液体吸收酸气的能力；③离子液体(特别是含有金属离子的离子液体)对某些反应具有催化作用，使其和气体中一些较难脱除的少量或微量杂质发生反应，可能会有进一步的促进作用。所以在脱硫过程中，表现出溶液剂量小、吸收效能高、能耗低、运行稳定、工艺简单、污水排放少，对环境影响低等特点。

研究表明，在离子液体的阳离子上嵌入醚基官能团，可以使其脱硫性能大幅度的提高，而且随着醚基基团个数的增长，该类离子液体对 SO_2 的吸收量呈现增大的趋势。醚基是吸收 SO_2 分子的活性位点，该活性位点通过静电作用力来捕捉 SO_2 分子，属于物理吸收。并且咪唑环在结构上可以增加和调控活性点，增强离子液体对 SO_2 的吸收能力。

胍盐类、醇胺类及咪唑类离子液体均能够吸收 SO_2，其脱硫的机理如图 3-1-47 所示。

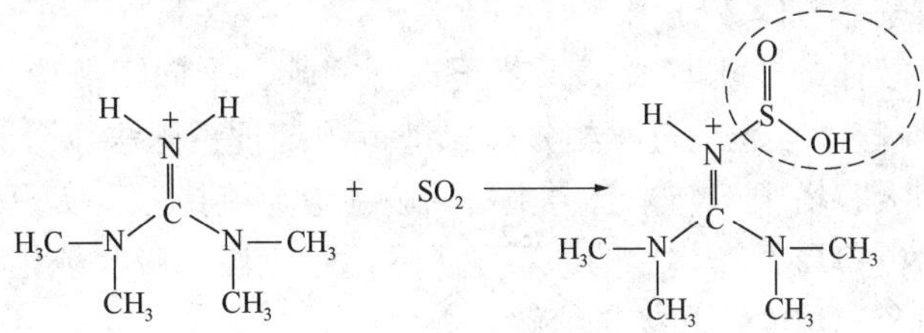

(a)胍盐类离子液体吸收 SO_2 的机理

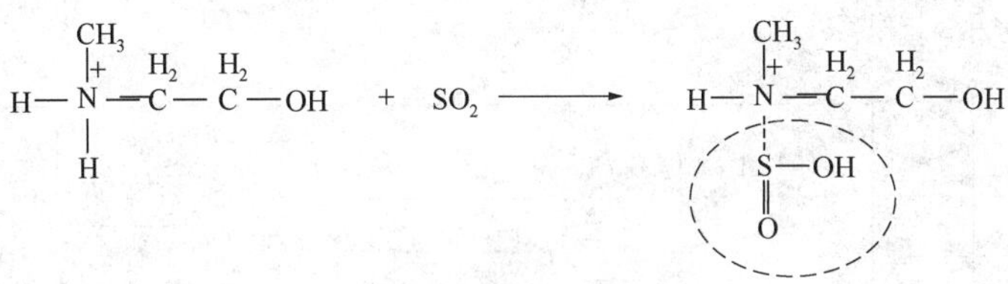

(b)醇胺类离 子液体吸收 SO_2 的机理

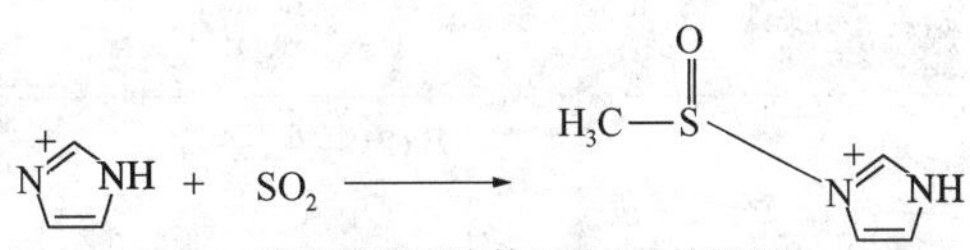

(c)咪唑类离子液体吸收 SO_2 的机理

图 3-1-47　不同种类离子液体吸收 SO_2 的机理

由图 3-1-47 可知，这三类离子液体均是通过其自身结构中所含的 N 原子与 SO_2 分子中的 S 形成了较弱的 N—S 化学键，来达到脱除 SO_2 的目的。它们均属于化学吸收，吸收性好、稳定性高，但存在着解吸困难、能耗高、再生性能低等缺点。目前已合成多种脱硫类离子液体，在机理研究上已有报道，且国内已有少数装置，但商业应用的报道却很少，这主要与离子液体的成本较高、成分复杂、各方面的研究不够深入等因素有关。

北京化工大学环境催化与分离研究中心提出非水相(Nasil)湿法氧化脱硫工艺，在疏水的有机介质中完成含硫酸性气(H_2S)的反应性吸收，将硫化氢直接转化为产物硫黄，从脱硫液中原位沉降分离，此过程无须添加任何化学辅助药剂，流程简化，易操作易控制；空气再生时所产生的水分可以通过挥发或蒸发的方式从脱硫液中去除，达到脱硫液不被稀释和没有废水外排的绿色生产目标。

金属基有机离子液采用非水相(Nasil)湿法氧化脱硫工艺，其工艺的原理和特点主要表现在：

其一，Nasil-DS 脱硫液中的活性成分具有适宜的氧化能力，可以直接将 H_2S 氧化为硫黄单质，然后在空气中脱硫液 Nasil-DS 得以再生循环使用，同时 H_2S 中的 H 元素被氧化为 H_2O，以 Nasil-DS 为催化剂去除 H_2S 反应可表示如下：

$$H_2S + O_2 \rightarrow S + H_2O$$

其二，脱硫液具有疏水特性，酸性气中的水分和反应过程中脱硫所产生的水及产物固体硫黄均自动与净化剂分层而被分离，不会稀释净化剂，而且可实现产物从净化剂中分离回收。

其三，运行过程中无须再添加任何辅助药剂，既简化工艺，又无废水等二次污染产生。

其四，脱硫液在室温条件下就可以实现高效脱硫，又具有良好的耐热特性，可在120℃条件下循环操作，最优化使用条件在70~90℃条件下既可以显著提高其脱硫和脱硫性能，又可以加速其再生效率。

基于铁基离子液体的非水相脱硫工艺正逐步完善，推向工业应用，该工艺流程通式如图3-1-48所示，原料气首先经过三相分离器进行预处理，除去水分、重烃类物质以及固体杂质，随后进入到吸收塔中，与来自再生塔的脱硫液逆流接触，实现硫化氢的高效脱除，此时硫化氢被氧化为硫单质，净化后的原料气进入后续工段。吸收硫化氢后的脱硫富液经过富液泵进入闪蒸罐，分离出 CO_2 和少量溶解。

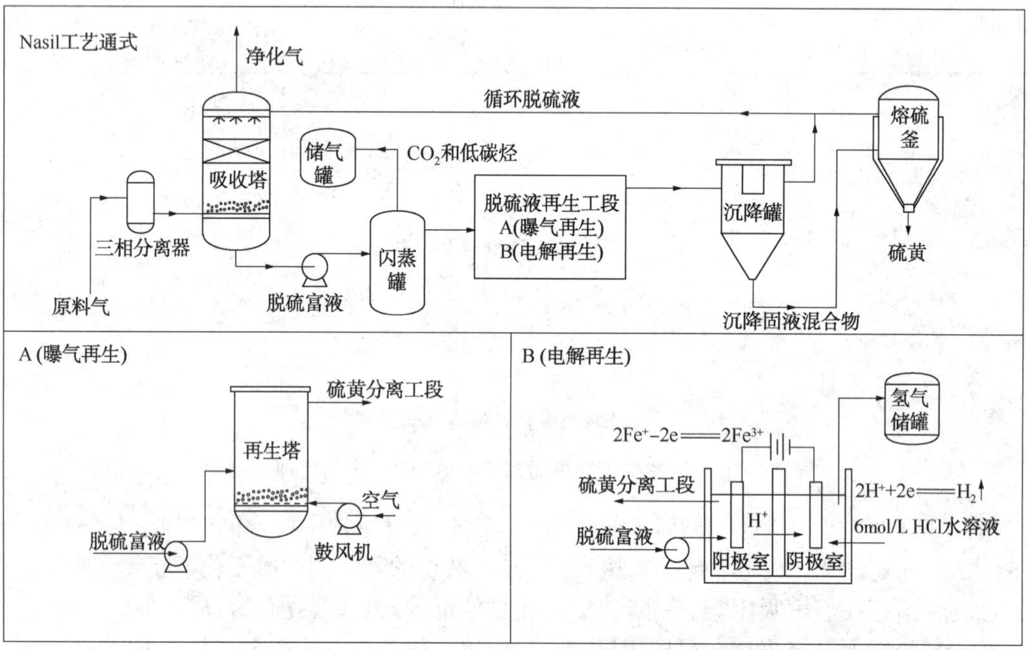

图3-1-48　金属基离子液体脱硫工艺流程图

在脱硫剂中的烃类物质，闪蒸后的脱硫富液进入再生塔，进行脱硫液的再生。再生方式可以是空气曝气和电解再生两种方式，再生后的脱硫液夹带着硫黄进入沉降槽中进行硫黄的沉降，沉降罐底部的固液混合物经熔硫釜熔硫后，得到产品硫黄，而熔硫釜分离出的液体与沉降罐上清液共同汇至再生塔中。

工业示范应用表明，非水相金属基离子液体脱硫工艺操控简单，脱硫过程中无须添加化学辅剂和消耗水资源，运行能耗低，硫黄产品纯度高、无二次污染，符合小型撬装工艺和设备的要求，适合偏、散和储量变化大的气田开采以及生产工艺段的废气处理。如果采用电解再生，可以生产氢清洁能源。

普光天然气净化厂中新上一套处理量为12000m³/d(标准)的非水相离子液脱硫试验装置，装置设计值如下：装置操作弹性为50~100%，间歇性操作，净化气硫化氢含量为

≤20ppm，硫黄产量为 15.25kg/h(设计值，干基)，硫黄纯度达 99%以上。酸气引自克劳斯炉尾气进行连续性科研试验，考察脱硫工艺及脱硫液的稳定性，为非水相离子液脱硫工艺工业性应用奠定基础。

适用于小规模各种 H_2S 含量零散单井天然气脱硫；离子液硫容大、寿命长、损耗低，无须添加辅助药剂，运行成本低；工艺路线短，动设备及控制系统少，能耗低且操作简单；硫黄纯度高，无硫堵现象；无污染排放，符合“绿色”生产目标，具有良好的经济效益和社会效益。

第二章　天然气脱水

天然气脱水是指从天然气中脱除饱和水蒸气或从天然气凝液（NGL）中脱除溶解水的过程。脱水的目的是：①防止在处理和储运过程中出现水合物和液态水；②符合天然气产品的水含量（或水露点）质量指标；③防止腐蚀。因此，在天然气露点控制（或脱油脱水）、天然气凝液回收、液化天然气及压缩天然气生产等过程中均需进行脱水。

天然气及凝液的脱水方法有吸收法、吸附法、低温法、膜分离法、气体汽提法和蒸馏法。本章着重介绍天然气脱水常用的低温法、吸收法和吸附法。

第一节　低温法脱油脱水

低温法是将天然气冷却至烃露点以下某一低温，得到一部分富含较重烃类的液烃（即天然气凝液或凝析油），并在此低温下使其与气体分离，故其也称冷凝分离法。按提供冷量的制冷系统不同，低温法可分为膨胀制冷（节流制冷和透平膨胀机制冷）、冷剂制冷和联合制冷法三种。

除回收天然气凝液时采用低温法外，目前也多用于含有重烃的天然气同时脱油（即脱液烃或脱凝液）脱水，使其水、烃露点符合商品天然气质量指标或管道输送的要求，即通常所谓的天然气露点控制。

为防止天然气在冷却过程中由于析出冷凝水而形成水合物，一种方法是在冷却前采用吸附法脱水，另一种方法是加入水合物抑制剂。前者用于冷却温度很低的天然气凝液回收过程；后者用于冷却温度不是很低的天然气脱油脱水过程，即天然气在冷却过程中析出的冷凝水和抑制剂水溶液混合后随液烃一起在低温分离器中脱除（即脱油脱水），因而同时控制了气体的水、烃露点。本节仅介绍用于天然气脱油脱水的低温法。

自20世纪中期以来，国内外有不少天然气在井口、集气站或处理厂中采用低温法控制天然气的露点。

一、低温法脱油脱水工艺

1. 膨胀制冷法

此法是利用焦耳-汤姆逊效应（即节流效应）将高压气体膨胀制冷获得低温，使气体中部分水蒸气和较重烃类冷凝析出，从而控制了其水、烃露点。这种方法也称为低温分离（LTS或LTX）法，大多用于高压凝析气井井口有多余压力可供利用的场合。

图3-2-1为采用乙二醇作抑制剂的低温分离（LTS或LTX）法工艺流程图。此法多用来同时控制天然气的水、烃露点。

由凝析气井来的井流物先进入游离水分离器脱除游离水，分离出的原料气经气/气换热器用来自低温分离器的冷干气预冷后进入低温分离器。由于原料气在气/气换热器中将会冷却至水合物形成温度以下，所以在进入换热器前要注入贫甘醇（即未经气流中冷凝水稀释因而浓度较高的甘醇水溶液）。

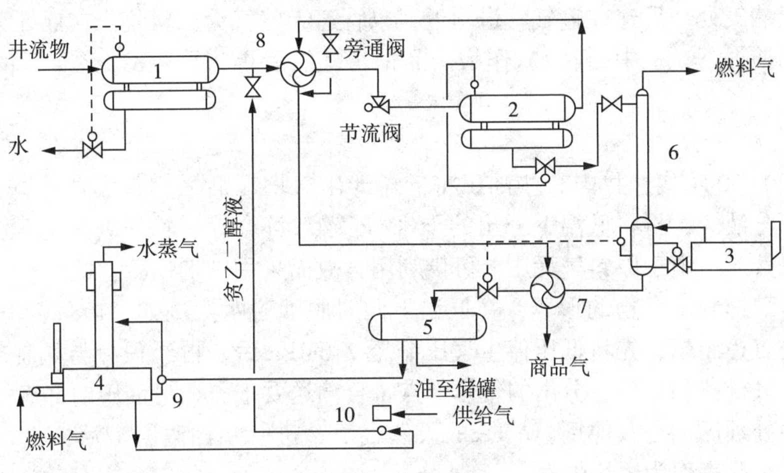

图 3-2-1　低温分离法工艺流程

1—游离水分离器；2—低温分离器；3—重沸器；4—乙二醇再生器；5—醇-油分离器；6—稳定塔；7—油冷却器；8—气/气换热器；9—调节器；10—乙二醇泵

原料气预冷后再经节流阀产生焦耳-汤姆逊效应，温度进一步降低至管道输送时可能出现的最低温度或更低，并且在冷却过程中不断析出冷凝水和液烃。在低温分离器中，冷干气(即水、烃露点符合管道输送要求的气体)与富甘醇(与气流中冷凝水混合后浓度被稀释了的甘醇水溶液)、液烃分离后，再经气/气换热器与原料气换热。复热后的干气作为商品气外输。

由低温分离器分出的富甘醇和液烃送至稳定塔中进行稳定。由稳定塔顶部脱出的气体供站场内部作燃料使用，稳定后的液体经冷却器冷却后去醇-油分离器。分离出的稳定凝析油去储罐。富甘醇去再生器，再生后的贫甘醇用泵增压后循环使用。

目前，我国除凝析气外，一些含有少量重烃的高压湿天然气当其进入集气站或处理厂的压力高于干气外输压力时，也采用低温分离法脱油脱水。例如，2009 年建成投产的塔里木气区迪那 2 凝析气田天然气处理厂处理量(设计值，下同)为 $1515\times10^4m^3/d$，原料气进厂压力为 12MPa，温度为 40℃，干气外输压力为 7.1MPa。为此，处理厂内建设 4 套 $400\times10^4m^3/d$ 低温分离法脱油脱水装置，其工艺流程与图 3-2-1 基本相同。原料气经集气装置进入脱油脱水装置后，注入乙二醇作为水合物抑制剂，先经气/气换热器用来自干气聚结器的冷干气预冷至 0℃，再经节流阀膨胀制冷至-20℃去低温分离器进行气液分离，分出的干气经聚结器除去所携带的雾状醇、油液滴，再进入气/气换热器复热后外输，凝液去分馏系统生产液化石油气及天然汽油(稳定轻烃)。由集气装置及脱油脱水装置低温分离器前各级气液分离器得到的凝析油在处理厂经稳定后得到的稳定凝析油与分馏系统得到的液化石油气、天然汽油分别作为产品经管道外输。又如，塔里木气区克拉 2 气田和长庆气区榆林气田无硫低碳天然气由于含有少量 C_5^+ 重烃，属于高压湿天然气。为了使进入输气管道的气体水、烃露点符合要求，也分别在天然气处理厂和集气站中采用低温分离法脱油脱水。

需要指出的是，当原料气与外输气之间有压差可供利用时，采用低温分离法控制外输气的水、烃露点无疑是一种简单可行的方法。但是，由于低温分离法中低温分离器的分离温度一般仅为-20～-10℃，如果原料气(高压凝析气)中含有相当数量的丙烷、丁烷等组分时，由于在此分离条件下大部分丙烷、丁烷未予回收而直接去下游用户，既降低了天然气处理厂的经济效益，也使宝贵的丙烷、丁烷资源未能得到合理利用。在美国，20 世纪 70～80 年代就曾有一些天然气处理厂建在输气管道附近，以管道天然气为原料气，在保证天然气热值符合质量指标的前提下，从中回收 C_{2+} 作为产品销售，然后再将回收 C_{2+} 烃类后的天然气返回输气管道。

2. 冷剂制冷法

20 世纪 70~80 年代，我国有些油田将低压伴生气增压后采用低温法冷却至适当温度，从中回收一部分液烃，再将低温下分出的干气(即露点符合管道输送要求的天然气)回收冷量后进入输气管道。由于原料气无压差可供利用，故而采用冷剂制冷。此时，大多采用加入乙二醇或二甘醇抑制水合物的形成，在低温下同时脱油脱水。例如，1984 年华北油田建成的某天然气露点控制站，先将低压伴生气压缩至 2.0MPa 后，再经预冷与氨制冷冷却至 0℃去低温分离器进行三相分离，分出的气体露点符合输送要求，通过油田内部输气管道送至永清天然气集中处理厂，与其他厂(站)来的天然气汇合进一步回收凝液后，再将分出的干气经外输管道送至北京作为民用燃气。

此外，当一些高压湿天然气需要进行露点控制却又无压差可利用时，也可采用冷剂制冷法。如长庆气区榆林、苏里格气田的几座天然气处理厂即对进厂的湿天然气采用冷剂制冷的方法脱油脱水，使其水、烃露点符合管输要求后，经陕京输气管道送至北京等地。榆林天然气处理厂脱油脱水装置采用的工艺流程见图 3-2-2。

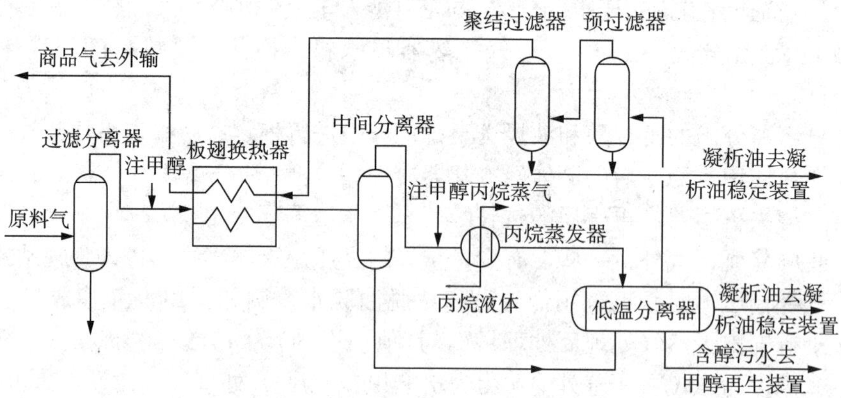

图 3-2-2　榆林天然气处理厂脱油脱水工艺流程

图 3-2-2 中的原料气流量为 $600\times10^4m^3/d$，压力为 4.5~5.2MPa，温度为 3~20℃，并联进入 2 套脱油脱水装置(图中仅为其中一套装置的工艺流程)。根据管输要求，干气出厂压力应大于 4.0MPa，在出厂压力下的水露点应小于等于-13℃。为此，原料气首先进入过滤分离器除去固体颗粒和游离液，然后经板翅式换热器构成的冷箱预冷至-15~-10℃后去中间分离器分出凝液。来自中间分离器的气体再经丙烷蒸发器冷却至-20℃左右进入旋流式低温三相分离器，分出的气体经预过滤器和聚结过滤器进一步除去雾状液滴后，再去板翅式换热器回收冷量升温至 0~15℃，压力为 4.2~5.0MPa，露点符合要求的干气然后经集配气总站进入陕京输气管道。离开丙烷蒸发器的丙烷蒸气经压缩、冷凝后返回蒸发器循环使用。

低温分离器的分离温度需要在运行中根据干气的实际露点进行调整，以保证在干气露点符合要求的前提下尽量降低获得更低温度所需的能耗。

二、影响低温法控制天然气露点的主要因素

图 3-2-1 和图 3-2-2 的低温分离器在一定压力和低温下进行三相分离，使烃类凝液和含抑制剂的水溶液从低温分离器中分离出来。尽管通常将低温分离器内视为一个平衡的气液分离过程，即认为其分离温度等于分离出的干气在该压力下的水、烃露点，但是实际上干气的露点通常均高于此分离温度，分析其主要原因如下：

(1) 取样、样品处理、组分分析和工艺计算误差以及组成变化和运行波动等造成的偏差。

天然气取样、样品处理、组分分析和工艺计算误差，以及组成变化和运行波动等因素均会造成偏差，尤其是天然气中含有少量碳原子数较多的重烃时，这些因素造成的偏差就更大。

必须指出的是，露点线上的临界冷凝温度取决于天然气中最重烃类的性质，而不是其总量。因此，在取样分析中如何测定最重烃类的性质，以及进行模拟计算时如何描述最重烃类的性质，将对露点线上的临界冷凝温度影响很大。

天然气组分分析误差对确定该天然气的露点控制方案的影响已在第一编中介绍，此处不再多述。

(2) 低温分离器对气流中微米级和亚微米级雾状液滴的分离效率不能达到 100%。

由于低温分离器对气流中微米级和亚微米级雾状水滴和烃液滴的分离效率不能达到 100%，这些雾状液滴将随干气一起离开分离器，经换热升温后或成为气相或仍为液相进入输气管道或下游生产过程中。气流中这些液烃雾滴多是原料天然气中的重烃，即使量很少，却使气流的烃露点明显升高，并将在输气管道某管段中析出液烃。低温分离器分出的冷干气实际烃露点与其分离温度的具体差别视原料气组成和所采用的低温分离器分离条件和效率而异。如果低温分离器、预过滤器及聚结过滤器等的内构件在运行中发生损坏，则分离效率就会更差。

同样，气流中所携带的雾状水滴也会使其水露点升高。但是，如果采用吸附法(例如分子筛)脱水，由于脱水后的气体水露点很低(一般低于-60℃)，在低温系统中不会有冷凝水析出，因而也就不会出现这种现象。

当加入水合物抑制剂例如甲醇时，气流中除含气相甲醇外，还会携带含有抑制剂的水溶液雾滴。气相甲醇和水溶液雾滴中的抑制剂对水露点(或水含量)的测定值也有较大影响。而且，由于测定方法不同，对测定值的影响也不相同。当采用测定水露点的绝对法(即冷却镜面湿度计法)测定水露点时，如果测试样品中含有甲醇，由此法测得的是甲醇和水混合物的露点。

此外，目前现场测定高压天然气中水含量时常用 P_2O_5 法。该法是将一定量的气体通过装填有 P_2O_5 颗粒的吸收管，使气体中的水分被 P_2O_5 吸收后成为磷酸，吸收管增加的质量即为气体的水含量。此法适用于压力在 1MPa 以上且水含量≥10mg/m^3 的天然气，但由于天然气中所含的甲醇、乙二醇、硫醇、硫化氢等也可与 P_2O_5 反应而影响测定效果。

一般来说，在平稳运行时由低温分离器、预过滤器及聚结过滤器分出的冷干气实际水露点与其分离温度的差值约为 3~7℃甚至更高，具体差别则视所采用的抑制剂性质及低温分离器等的分离效率等而异。

根据《输气管道工程设计规范》(GB 50251—2003)规定，进入输气管道的气体水露点应比输送条件下最低环境温度低 5℃，烃露点应低于最低环境温度，这样方可防止在输气管道

中形成水合物和析出液烃。因此，在考虑上述因素后低温分离器的实际分离温度通常应低于气体所要求的露点温度。

为了降低获得更低温度所需的能耗，无论是采用膨胀制冷还是冷剂制冷法的低温法脱油脱水工艺，都应采用分离效率较高的气液分离设备，从而缩小实际分离温度与气体所要求露点温度的差别。例如，低温分离器采用旋流式气液分离器，在低温分离器后增加聚结过滤器等以进一步除去气体中雾状液滴等。

必须指出的是，气液分离和捕雾设备等的分离温度和分离效率应在进行技术经济综合论证后确定。

(3)一些凝析气或湿天然气脱除部分重烃后仍具有反凝析现象，其烃露点在某一范围内随压力降低反而增加。

天然气的水露点随压力降低而降低，其他组分对其影响不大。但是，天然气的烃露点与压力关系比较复杂，先是在反凝析区内的高压下随压力降低而升高，达到最高值(临界凝析温度)后又随压力降低而降低。

现以克拉2气田为例，其天然气组成见表3-2-1。由表3-2-1中的组成2可知，该天然气为含有少量重烃的湿天然气，经集气、处理后，干气通过管道送往输气管道首站交接。经过计算及方案优化，进入天然气中央处理厂的压力为12.1MPa，干气出厂压力为9.4MPa。所要求的商品气露点为：烃露点-5℃(在输气管道1.6~10MPa的输送压力范围内)，水露点-10℃(12MPa下)。因此，需要对进入处理厂的天然气脱油脱水以控制其露点。

表3-2-1 克拉2气田天然气组成 %(摩尔分数)

组分或代号	N_2	CO_2	C_1	C_2	C_3	C_4	C_5	C_6
组成1①	0.45	0.65	97.57	0.62	0.41	0.2	0.01	0.05
组成2②	0.5975	0.7208	97.8234	0.5499	0.0488	0.0074	0.0119	0.0053
组分或代号	苯	C_7	甲苯	$XF_1$③	XF_2	XF_3	XF_4	XF_5
组成1①	—	—	—	—	—	—	—	—
组成2②	0.0500	0.0079	0.007	0.0082	0.0078	0.0040	0.0016	0.0005
组分或代号	XF_6	XF_7	XF_8	XF_9	XF_{10}	XF_{11}	H_2O	H_2S
组成1①	—	—	—	—	—	—	0.04	0.33④
组成2②	0.0002	0.0001	0.0000	0.0000	0.0000	0.0000	0.1391	—

注：①预可研时提供的天然气组成。

②试采时测试取样分析的天然气组成。

③XF代表不同平均沸点的窄馏分。

④单位为mg/m^3。

在确定脱油脱水工艺方案时，曾考虑将进厂的天然气先采用膨胀制冷(压力由12.1MPa节流至9.4MPa)，再采用冷剂制冷将其再冷至-30℃后进行气液分离。如仅从分离温度来讲，此低温足可满足商品气的露点要求。但由于此时所分离出的干气仍具有反凝析现象，随着压力降低其烃露点反而升高，最高约达28 ℃。而且，这种反凝析现象正好出现在输气管道的压力范围内，势必会在某一管段中析出液烃，因而对输气管道带来不利影响。

由此可知，只降低分离温度而不改变分离压力还不能满足商品气的烃露点要求，为此又考虑了其他方案。据计算，如将进厂气压力由12.1MPa节流膨胀至6.36MPa，温度相应降至-30℃以下进行低温分离，此时由低温分离器分出的干气虽仍具有反凝析现象，但其最高烃露点仅为-5℃，完全可以满足输气管道压力范围内对商品气的烃露点要求。此方案不足之处是需将干气增压至9.4MPa方可满足外输压力要求，未能充分利用进厂天然气的压力能。

第二节 吸收法脱水

吸收法脱水是根据吸收原理，采用一种亲水液体与天然气逆流接触，从而将气体中的水蒸气进行吸收而达到脱除目的。用来脱水的亲水液体称为脱水吸收剂或液体干燥剂(简称干燥剂)。

脱水前天然气的水露点(以下简称露点)与脱水后干气的露点之差称为露点降。人们常用露点降表示天然气的脱水深度。

脱水吸收剂应该对天然气中的水蒸气有很强的亲和能力，热稳定性好，不发生化学反应，容易再生，蒸汽压低，黏度小，对天然气和液烃的溶解度低，起泡和乳化倾向小，对设备无腐蚀，同时价格低廉，容易得到。常用的脱水吸收剂是甘醇类化合物，尤其是三甘醇因其露点降大，成本低和运行可靠，在甘醇类化合物中经济性最好，因而广为采用。

甘醇法脱水与吸附法(吸附法将在本编第三节详细介绍)脱水相比，其优点是：①投资较低；②系统压降较小；③连续运行；④脱水时补充甘醇比较容易；⑤甘醇富液再生时，脱除1kg水分所需的热量较少。与吸附法脱水相比，其缺点是：①天然气露点要求低于-32℃时，需要采用汽提法再生；②甘醇受污染和分解后有腐蚀性。

当要求天然气露点降在30~70℃时，通常应采用甘醇脱水。甘醇法脱水主要用于使天然气露点符合管道输送要求的场合，一般建在集中处理厂(湿气来自周围气井和集气站)、输气首站或天然气脱硫脱碳装置的下游。

一、甘醇脱水工艺

(一)甘醇法脱水的适用范围

与吸附法脱水相比，甘醇法脱水具有投资费用较低，压降较小，补充甘醇比较容易，甘醇富液再生时脱除1kg水分所需热量较少等优点。而且，甘醇法脱水深度虽不如吸附法，但气体露点降仍可达40℃甚至更大。当采用汽提法再生时，干气的露点甚至可低至约-60℃。但是，当要求露点降更大、干气露点或水含量更低时，就必须采用吸附法。

一般来说，除在下述情况之一时推荐采用吸附法脱水外，采用甘醇(三甘醇)法脱水将是最普遍而且可能是最好的选择：

(1)天然气脱水的目的是为了符合管输要求，但又有不宜采用甘醇法脱水的场合。例如，在海上平台由于波浪起伏会影响吸收塔内甘醇溶液的正常流动；或者当天然气是酸气时等。

(2)高压(超临界状态)二氧化碳脱水。因为此时二氧化碳在三甘醇溶液中溶解度很大。

(3)冷冻温度低于-34℃的天然气加工(例如NGL回收、天然气液化)中的气体脱水。

(4)同时脱除水和烃类，以符合水露点和烃露点的要求。

(5)从贫气中回收NGL，此时往往采用制冷的方法。

一般来说，甘醇法脱水主要用于使天然气露点符合管输要求的场合，而吸附法脱水则主要用于NGL回收、天然气液化装置以及压缩天然气(CNG)加气站中。

(二)甘醇法脱水工艺流程

现以广为应用的三甘醇脱水装置为例介绍如下(见图3-2-3)。此装置由高压吸收及低压再生两部分组成。原料气先经吸收塔塔外和塔内的分离器(洗涤器)除去游离水、液烃和固体杂质，如果杂质过多，还要采用过滤分离器。由吸收塔内分离器分出的气体进入吸收段底部，与向下流过各层塔板或填料的甘醇溶液逆流接触，使气体中的水蒸气被甘醇溶液吸收。离开吸收塔的干气经气体/贫甘醇换热器先使贫甘醇进一步冷却，然后进入管道外输。

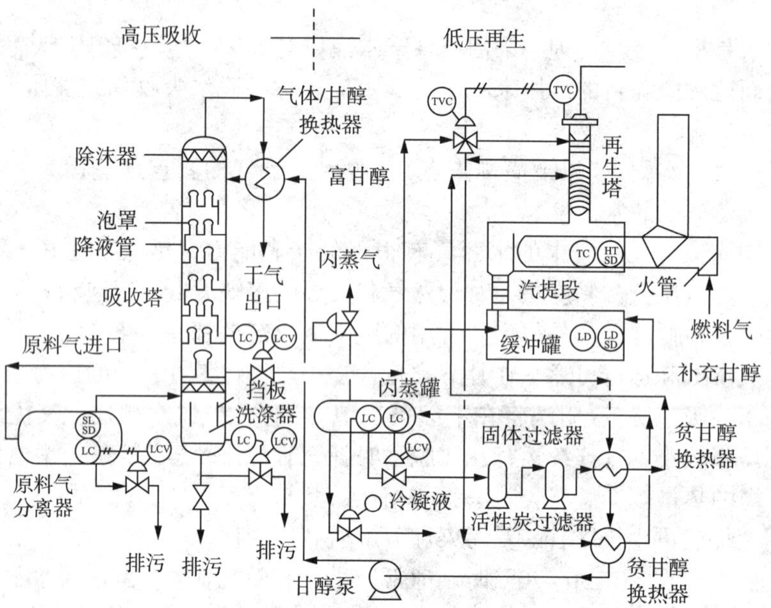

图 3-2-3　三甘醇脱水工艺流程图

吸收了气体中水蒸气的甘醇富液(富甘醇)从吸收塔下侧流出，先经高压过滤器(图中未画出)除去原料气带入富液中的固体杂质，再经再生塔顶回流冷凝器及贫/富甘醇换热器(贫甘醇换热器)预热后进入闪蒸罐(闪蒸分离器)，分出被富甘醇吸收的烃类气体(闪蒸气)。此气体一般作为本装置燃料，但含硫闪蒸气则应灼烧后放空。从闪蒸罐底部流出的富甘醇经过纤维过滤器(滤布过滤器、固体过滤布)和活性炭过滤器，除去其中的固、液杂质后，再经贫/富甘醇换热器进一步预热后进入再生塔精馏柱。从精馏柱流入重沸器的甘醇溶液被加热到177~204℃，通过再生脱除所吸收的水蒸气后成为贫甘醇。

为使再生后的贫甘醇液浓度(质量分数)在99%以上，通常还需向重沸器或重沸器与缓冲罐之间的贫液汽提柱(汽提段)中通入汽提气，即采用汽提法再生。再生好的热贫甘醇先经贫/富甘醇换热器冷却，再由甘醇泵加压并经气体/贫甘醇换热器进一步冷却后进入吸收塔顶循环使用。

(三)三甘醇脱水的主要设备

三甘醇脱水装置吸收系统主要设备为吸收塔，再生系统主要设备为由精馏柱、重沸器及缓冲罐等组合而成的再生塔。

1. 吸收塔

吸收塔一般由底部的分离器、中部的吸收段及顶部的捕雾器(除沫器)组合成一个整体。当原料气较脏且含游离液体较多时，最好将底部分离器设在塔外或在塔外另设一个分离器。小型装置的气体/贫甘醇换热器有时也设置在塔内吸收段与顶部捕雾器之间。吸收段采用泡罩(泡帽)或浮阀塔板，也可采用填料塔板。

由于甘醇易于起泡，故塔板间距不应小于0.45m，最好在0.60~0.75m。顶部捕雾器用来除去≥5μm的甘醇液滴，使干气中携带的甘醇量小于0.016g/cm^3。捕雾器到干气出口间距不应小于吸收塔内径的0.35倍，顶部塔板到捕雾器的间距不应小于塔板间距的1.5倍。

吸收塔的脱水负荷与效果取决于原料气的流量、温度、压力和贫甘醇的浓度、温度、比循环量（即脱除气体中1kg水蒸气所需的贫甘醇量，其单位通常为L贫甘醇/kg水，以下示为L/kg），以及吸收塔的塔板数或填料高度等。现将这些影响因素分述如下。

1）原料气流量、温度及压力

原料气进入吸收塔的流量、温度和压力主要影响其水含量和吸收塔需要脱除的水量。此外，由于原料气量远大于甘醇溶液量，故塔内吸收温度主要取决于原料气温度。原料气进塔温度低，塔内温度也低，导致甘醇溶液起泡增多，黏度增加，脱水效果下降。原料气进塔温度高，不仅其水含量增加，而且甘醇溶液脱水能力也会下降。三甘醇溶液的吸收温度一般为10~54℃，最好在27~38℃。

吸收塔压力高于1MPa时，塔内各处温度差别很少超过2℃。通常，塔内压力为2.8~10.5MPa，最低应大于0.4MPa。若低于此压力时，因甘醇脱水负荷过高（原料气水含量高），应将气体加压冷却后再用甘醇脱水。

当吸收塔采用板式塔时，其塔板通常均在高气液比的“吹液”区内操作。如原料气量过大，会使塔板上的“吹液”现象更加恶化，对吸收塔操作极为不利。

2）贫甘醇温度、浓度及比循环量

贫甘醇进塔温度应比塔内气体高3~8℃。如果贫甘醇温度比气体低，就会使气体中一部分重烃冷凝，促使甘醇溶液起泡。反之，如果贫甘醇温度高于气体温度8℃以上，甘醇损失和出塔干气露点就会增加很多。三甘醇脱水装置吸收塔及其他设备操作温度推荐值见表3-2-2。

表3-2-2　三甘醇脱水装置操作温度推荐值

设备或部位	原料气进吸收塔	贫甘醇进吸收塔	富甘醇进闪蒸罐	富甘醇进过滤器	富甘醇进精馏柱	精馏柱顶部	重沸器	贫甘醇进泵
温度/℃	27~38	高于气体3~8	38~93（宜选65）	38~93（宜选65）	93~149（宜选149）	99（有汽提气时为88）	177~204（宜选193）	<93（宜选<82）

原料气在吸收塔中的脱水效果（即露点降）随贫甘醇浓度、比循环量和吸收塔塔板数（或填料高度）的增加而增加。三甘醇比循环量一般为12.5~33.3L/kg。吸收塔至少要有4块实际塔板才有良好脱水效果，一般采用4~12块。小型脱水装置吸收塔通常有4~6块实际塔板，三甘醇比循环量为20~25 L/kg。大型脱水装置吸收塔通常有8块甚至更多实际塔板，三甘醇比循环量可减少至16.7L/kg。当采用二甘醇脱水时，其比循环量为40~100 L/kg。

此外，也可利用Kremser-Brown法（吸收因子法）或Manning图解法来确定塔板数、贫甘醇比循环量和露点降的关系。如还需详细计算吸收塔理论板数，可绘出修正的McCabe-Thiele图来确定，然后除以板效率或乘以填料的等板高度（由制造厂商提供）。泡罩塔板和浮阀塔板的板效率分别约为25%和33%。根据经验，还可按原料气经过前4块实际塔板时的露点降为33℃，然后每再经过1块实际塔板的露点降为4℃来估计所用塔板数是否满足气体脱水所要求的露点降。

吸收塔脱水深度受到水在天然气-贫甘醇体系中气-液平衡的限制。图3-2-4为出吸收塔干气的平衡露点、吸收温度和贫甘醇浓度的关系图。已知吸收温度、所要求的干气实际露点(其值一般比相应的平衡露点高3~6℃)，即可根据平衡露点由此图确定达到所要求露点降时的贫甘醇最低浓度。不论吸收塔塔板数(或填料高度)和贫甘醇比循环量如何，低于此浓度时出塔干气就不能达到预定的露点。

2. 闪蒸罐

闪蒸罐的作用就是在低压下通过闪蒸以分离出甘醇溶液在吸收塔中吸收的少量烃类气体。

原料气若为贫气，在闪蒸罐中通常没有液烃存在，可选用两相(气体、富甘醇)分离器，液体在罐内停留时间为5~10 min。原料气如为富气，在闪蒸罐中会有液烃存在，故选用三相(气体、液烃和富甘醇)分离器，因重烃可使甘醇溶液乳化和起泡，故停留时间为20~30min。闪蒸罐的压力最好在0.35~0.52MPa。

当需要在闪蒸罐中分离液烃时，可将吸收塔来的富甘醇先经贫/富甘醇换热器等预热至一定温度。预热可降低液体黏度并有利于液烃与富甘醇的分离，但也增加了液烃在富甘醇中的溶解度，故预热温度不能过高，其最高值及推荐值见表3-2-2。

3. 再生塔

再生塔一般由精馏柱(包括回流冷凝器)、重沸器及缓冲罐(包括换热盘管)组合而成。若要求干气露点很低，在重沸器与缓冲罐之间还设有贫液汽提柱(见图3-2-5)。再生塔通常在常压下操作。

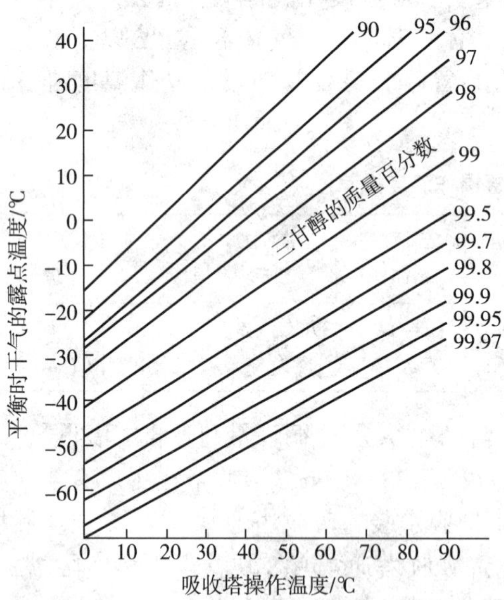

图3-2-4 吸收塔温度、进塔贫三甘醇浓度和出塔干气平衡露点关系

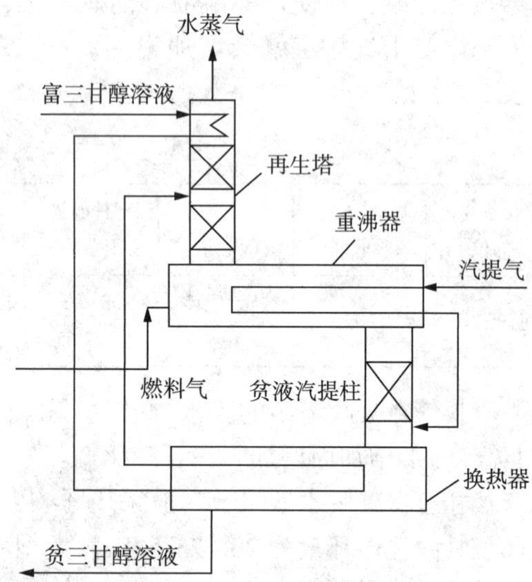

图3-2-5 有贫液汽提柱的再生塔

1)精馏柱

精馏柱内充填1.2~2.4m高的陶瓷或不锈钢填料(25mm或38mm的Intalox填料或鲍尔环)，大型脱水装置有时也用塔板。小型脱水装置通常将精馏柱安装在重沸器的上部。

由吸收塔来并经过预热的富甘醇在再生塔精馏柱和重沸器内进行再生。精馏柱顶部设有冷却盘管(回流冷凝器)，可使上升的部分水蒸气冷凝，成为柱顶回流，以控制柱顶温度，并可减少排向大气中的甘醇损失量。当回流量约为柱顶水蒸气排放量的30%时，随水蒸气排放的甘醇量非常少。

在一些小型脱水装置中精馏柱下段保温，上段裸露，或者在上段外部焊有垂直的冷却翅片，靠大气冷却提供柱顶回流。这种方法虽然简单经济，但却无法保证回流量平稳。

2)重沸器

重沸器的作用是用来提供热量将富甘醇加热至一定温度，使甘醇溶液所吸收的水分气化并从精馏柱顶排出(即使甘醇溶液再生)。此外，重沸器还要提供回流气化热负荷和补充散热损失。

重沸器一般为卧式容器，既可采用火管直接加热，也可采用水蒸气或热油间接加热，还可采用气体透平或引擎的废气为热源。采用三甘醇脱水时，重沸器火管传热表面的热流密度在18~25kW/m^2，最高不应超过31kW/m^2。由于三甘醇在高温下会分解变质，故重沸器中三甘醇温度不能超过204℃，管壁温度也应低于221℃。当重沸器采用热源间接加热时，热流密度由热源温度控制，热源温度推荐为232℃，有时也可到260℃。

甘醇脱水装置是通过控制重沸器内甘醇溶液温度以得到必要的再生深度或贫甘醇浓度(图3-2-6)。由图3-2-6可知，在相同温度下出重沸器的贫甘醇浓度比常压(0.1MPa)下沸点曲线的估计值要高，这是因为甘醇溶液在重沸器中再生时还有溶解在其中的烃类解吸与汽提作用。

3)缓冲罐

有的缓冲罐中不设换热盘管，仅作为再生好的热贫甘醇的缓冲容器(图3-2-3)，有的缓冲罐中则设有换热盘管，兼作贫/富甘醇换热器(图3-2-5)。如采用贫液汽提柱，则在重沸器和缓冲罐之间的溢流管(高约0.6~1.2m)内还填充有Intalox填料或鲍尔环，汽提气一般从贫液汽提柱下方通入。

(四)甘醇质量的最佳值

在三甘醇脱水装置中由于原料气中含有液体和固体杂质，甘醇在操作中氧化或降解变质、甘醇泵泄漏和设备尺寸设计不周等，都会引起甘醇损失或设备腐蚀。因此，在设计和操作中采取相应措施，避免甘醇受到污染是十分重要的。

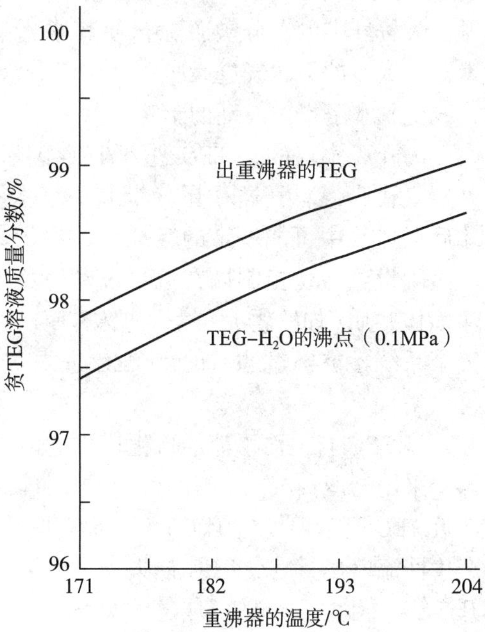

图3-2-6 重沸器温度对贫甘醇浓度的影响

在操作中除应定期对贫、富甘醇取样分析外，如果怀疑甘醇受到污染，还应随时取样分析，并将分析结果与表3-2-3中列出的最佳值进行比较并查找原因。氧化或降解变质的甘醇在复活后重新使用之前及新补充的甘醇在使用前都应对其质量进行检验。

正常操作期间，甘醇脱水装置的三甘醇损失量一般不大于15mg/m^{3}天然气，二甘醇损失量一般不大于22mg/m^{3}天然气。

表 3-2-3　三甘醇质量的最佳值

参数	pH 值①	氯化物/(mg/L)	烃类②/%	铁离子②/(mg/L)	水③/%	固体悬浮物②/(mg/L)	气泡倾向	颜色及外观
富甘醇	7.0~8.5	<600	<0.3	<15	3.5~7.5	<200	气泡高度，10~20mm；破沫时间 5s	洁净，浅色到黄色
贫甘醇	7.0~8.5	<600	<0.3	<15	<1.5	<200		

注：①富甘醇由于有酸性气体溶解，其 pH 值较低。

②由于过滤器效果不同，贫、富甘醇中烃类、铁离子及固体悬浮物含量会有区别。烃含量为质量分数,%。

③贫、富甘醇的水含量(质量分数)相差在 2%~6%。

(五)三甘醇脱水装置实例

目前，在我国普光、中原、大庆、长庆等油气田均有甘醇脱水装置在运行，现以普光气田和中原油田的三甘醇脱水装置为例介绍如下：

1. 普光气田三甘醇脱水装置

按照国家标准《天然气》(GB 17820—2018)的规定，产品天然气的水露点在交接点压力下，水露点应比输送条件下最低环境温度低 5℃；同时根据下游输气所经区域的气象条件，要求普光气田天然气净化厂脱水后产品气的水露点在出厂压力条件下≤-15℃即可。普光气田采用三甘醇脱水装置对天然气进行脱水。

图 3-2-7 为普光气田三甘醇脱水装置工艺流程图。来自两系列脱硫单元脱硫气体分液罐的天然气混合后进入脱水塔，该塔为填料塔，在塔内天然气与高纯度三甘醇(TEG)逆流接触，天然气中的水分被脱除，使其水露点达到-15℃。TEG 的纯度是抑制水露点的决定因素。脱水后的天然气进入净化天然气分液罐脱除可能携带的 TEG，同时可以避免下游产品气管线受脱水塔操作波动的影响。

离开脱水塔的富 TEG 进入 TEG 闪蒸罐，在罐内闪蒸以脱除溶解的天然气，闪蒸出的天然气作为燃料气送往尾气焚烧炉，焚烧所产生的热量通过发生高压蒸汽进行回收。脱硫后天然气中可能携带的轻烃物质在闪蒸罐中累积，到一定量后排往凝析油回收罐。TEG 闪蒸罐设置液位控制以在流量波动时稳定 TEG 循环量。闪蒸后的 TEG 进入 TEG 过滤器脱除固体杂质(如铁锈)，然后进入 TEG 活性炭过滤器脱除可能累积的烃类物质，以免影响整个系统性能。过滤后的富 TEG 进入贫富 TEG 换热器与贫 TEG 换热，被升温后进入 TEG 再生塔。

富 TEG 自上而下流经再生塔中的散堆填料，进入 TEG 重沸器，TEG 重沸器为釜式重沸器，采用高压蒸汽[2.8MPa(表压)]加热富 TEG 以脱除其中所含的水和烃类，加热温度尽量接近 TEG 降解温度(204℃)，以提高脱除效率。TEG 再生塔顶部设置起冷却作用的散热片，产生回流以尽量减少 TEG 损失。回流液体向下流经一段散堆填料后与进料富 TEG 混合，离开 TEG 再生塔顶部的气体送入焚烧炉处理。

重沸器中的 TEG 从釜内溢流堰上部流出并进入重沸器底部的 TEG 汽提塔，与汽提气在散堆填料中逆流接触以进一步脱除残余水分，离开 TEG 汽提塔的 TEG 纯度为 99.5%。提高汽提气流量可提高 TEG 纯度，以满足天然气水露点的要求。再生后的贫 TEG 流入 TEG 缓冲罐。

从 TEG 缓冲罐流出的贫 TEG 进入贫富 TEG 换热器，冷至 56℃后经 TEG 循环泵升压后送至脱水塔，均匀分布后从塔内规整填料顶部流下。TEG 循环泵为往复泵，泵出口的 TEG 压力高于脱水塔操作压力。

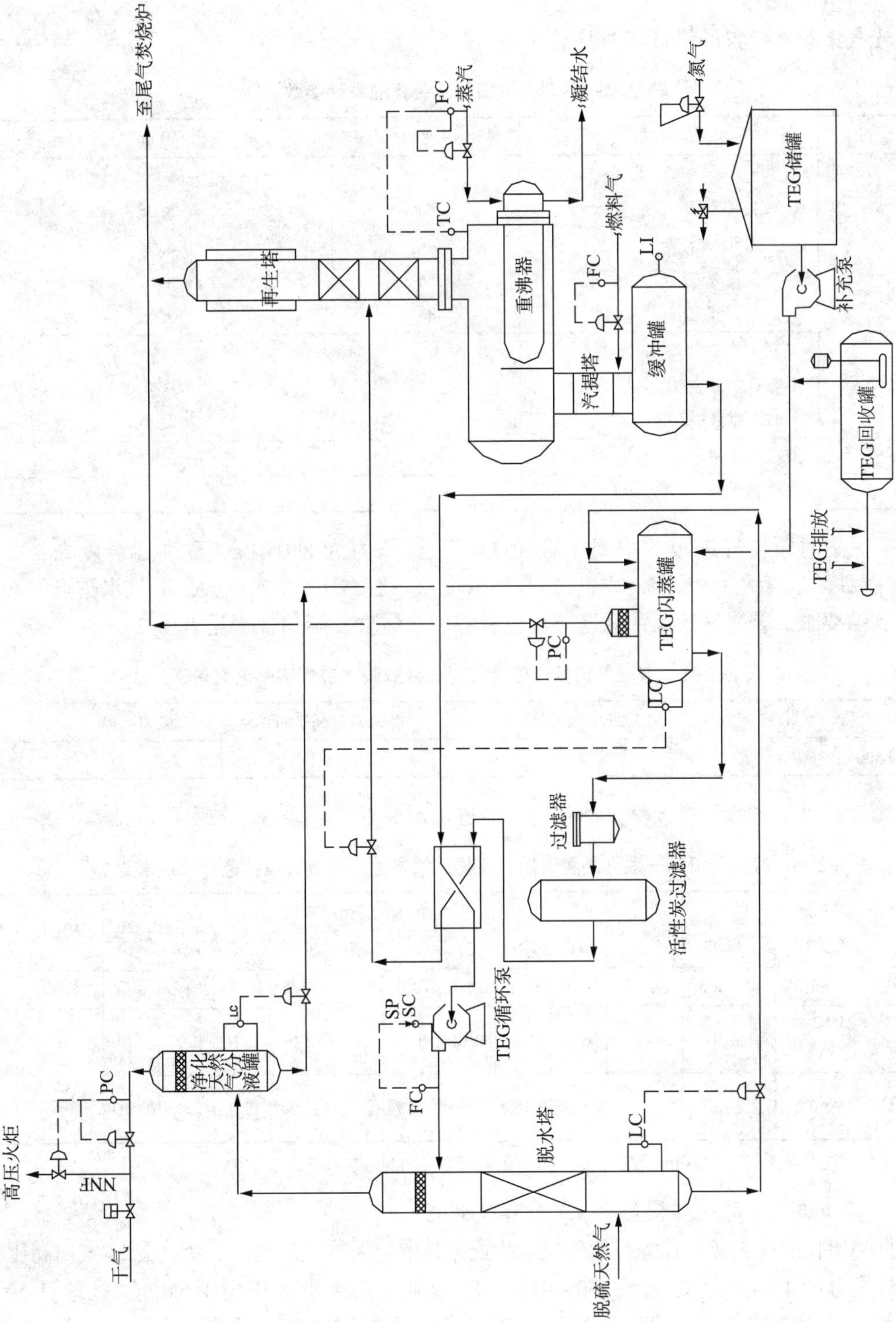

图3-2-7　普光气田三甘醇脱水装置工艺流程图

本单元中设置的 TEG 回收罐用于收集设备和液位仪表连通管排放的 TEG，避免大量酸性水被排放到含油污水系统中，同时可通过罐内设置的液下泵将存储的 TEG 排放送回 TEG 闪蒸罐进行重复利用。

普光气田脱水装置的设计参数见表 3-2-4。

表 3-2-4 普光气田脱水装置的设计参数

序号	项目	温度/℃	压力/MPa(表压)
1	脱水塔		
	天然气进塔	43	8.05
	天然气出塔	44	8.04
	TEG 贫液进塔	56	8.14
	TEG 富液出塔	44	8.05
2	贫富 TEG 换热器		
	TEG 贫液进/出	197/55	0.003/0.002
	TEG 富液进/出	47/183	0.42/0.4
3	TEG 闪蒸罐	46.7	0.32
4	TEG 再生塔	204	0.005

装置试运时原料气进吸收塔温度在 40℃以上，压力为 8.0MPa，重沸器温度在 200~204℃，贫甘醇浓度大于 98.5%，贫、富甘醇浓度差一般在 1.5%或更大，干气水露点符合-15℃的管输要求。普光气田第一联合装置三甘醇脱水装置实际消耗量见表 3-2-5。

表 3-2-5 普光气田第一联合装置三甘醇脱水装置实际消耗量

项目	TEG 损失/(t/a)	燃料气/(Nm^3/h)	电力/(kW·h/h)
$2\times300\times10^4m^3$/d 装置	6	4868.8	3214.14

普光气田第一联合装置天然气净化厂气体进、出装置设计条件及技术要求见表 3-2-6。

表 3-2-6 普光气田第一联合装置天然气净化厂气体进、出装置设计条件及技术要求①

项目	流量/(m^3/d)	压力/MPa	温度/℃	摩尔组分/%									水露点/℃
				CH_4	C_2H_6	C_3^+	H_2	H_2S	CO_2	N_2	H_2O	He	
原料气	$300\times2\times10^4$	8.3~8.5	30~40	76.52	0.12	0.008	0.02	14.14	8.63	0.552	饱和	0.01	—
进脱水装置气	$235\times2\times10^4$	8.05~8.15	43	96.97	0.15	0.01	0.03	2.31×10^{-6}	2.03	0.71	0.09	0.01	—
净化气	496×10^4	7.8~8.0	≤45	97.018	0.1634	0.0109	0.0274	2.46×10^{-6}	1.99	0.76	34.9×10^{-6}	0.0169	≤-15 (8.0MPa 下)

注：①每套装置设计年运行 8000h；进、出厂气即进脱硫装置、出脱水装置气。

2. 中原油田三甘醇脱水装置——三甘醇脱水橇

中原油田目前有 5 套三甘醇天然气脱水装置，其中：天然气产销厂 3 套：文 23 气田高压 1 套，设计压力为 4.0MPa，处理量 $150\times10^4m^3$/d；低压 1 套，设计压力 1.6MPa，处理量 $50\times10^4m^3$/d；户部寨气田 1 套，设计压力 1.4MPa，处理量 $50\times10^4m^3$/d。采油一厂气举采油天然气增压站天然气脱水装置 1 套，设计压力为 2.0MPa，处理量 $200\times10^4m^3$/d。另外还有天然气分公司文 96 储气库天然气脱水装置 1 套，设计压力 8.0MPa，处理量 $500\times10^4m^3$/d。

橇装天然气脱水装置具有占地面积小、设备布置紧凑、易搬迁、不需外界动力、气动控制系统稳定可靠等优点。2000 年，中原油田采用一套橇装式天然气三甘醇脱水装置，其处理量为 $500\times10^4m^3/d(300\times10^4\sim550\times10^4Nm^3/d)$，其进气压力为 6.8~7.9MPa，进气温度为 15~40℃。TEG 循环量为 3800~5500kg/h；贫甘醇质量浓度为 99.5%~99.7%。

本装置利用三甘醇溶液吸收法脱除天然气中的部分水分，满足露点降的要求。其三甘醇脱水橇效果图如图 3-2-8 所示。

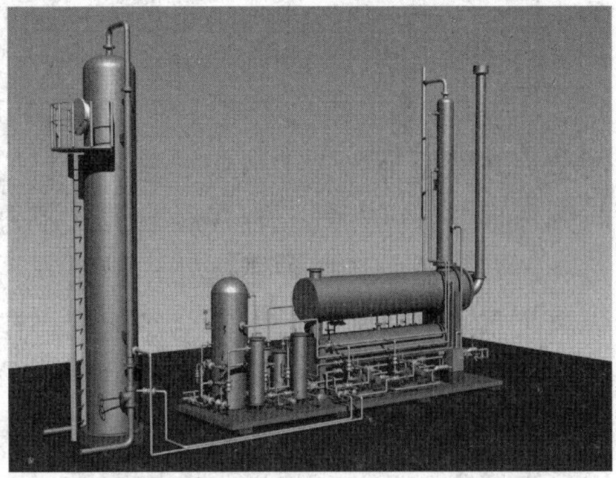

图 3-2-8　三甘醇脱水橇三维效果图

1) 主工艺流程

井口来的高压天然气(约 12MPa，50℃)进高压绕管式换热器，温度降低到 30℃左右，进分离器分水，分水后的气体节流到 6.8~7.9MPa 后再一次分水，然后经绕管式换热器换热后去三甘醇脱水系统。

(1) 湿天然气经过场站设置的过滤分离器，分离掉湿天然气中游离态液滴及固体杂质后呈水饱和状态的湿天然气进入吸收塔下部的气液分离腔。分离掉因过滤分离器处于事故状态而可能进入吸收塔中的游离液体。湿天然气在吸收塔内的上升过程中，与从塔上部进入的贫三甘醇逆流接触，气液传质交换，脱除掉天然气中的水分后，经塔顶捕雾丝网除去大于 5μm 的甘醇液滴后由塔顶部出塔。

(2) 干天然气出塔后，经过套管式气液换热器与进塔前热贫甘醇换热，降低贫三甘醇进塔温度，换热后经基地式自力式气动薄膜调节阀调节控制吸收塔运行压力，然后进入外输气管网。上述调节阀两侧设置旁通管路，管路上设节流阀，供调节阀维修及装置启动时使用。

(3) 贫三甘醇由塔上部进入吸收塔，自上而下经过填料层，吸收天然气中的水分。吸收水分的富甘醇与部分高压天然气的气液混合物经过过滤器进入循环泵。

(4) 富甘醇出甘醇循环泵进三甘醇再生塔塔顶盘管，被塔顶蒸汽加热至 40~60℃后进入闪蒸罐，闪蒸分离出作为驱动循环泵的动力气及溶解在甘醇中的烃气体。再生塔塔顶盘管两端连接有旁通调节阀，用以调节富甘醇进盘管的流量，从而调节再生塔塔顶的回流量。

(5) 甘醇由闪蒸罐下部流出，经过闪蒸罐液位控制阀，依次进入滤布过滤分离器及活性炭过滤器。通过滤布过滤器过滤掉富甘醇中 5μm 以上的固体杂质。通过活性炭过滤器过滤掉富甘醇溶液中的部分重烃及三甘醇再生时的降解物质。2 个过滤器均设有旁通管路。在过滤器更换滤芯时，装置可通过旁通管路继续运行。

(6) 经过滤后富甘醇进入选型为板式换热器的贫富液换热器，与由再生重沸器下部三甘醇缓冲罐流出的热贫甘醇换热升温至 150~170℃后进入三甘醇再生塔。

(7) 在三甘醇再生塔中，通过提馏段、精馏段、塔顶回流及塔底重沸的综合作用，使富甘醇中的水分及很小部分烃类分离出塔。塔底重沸温度为 198~202℃，三甘醇质量百分比浓度可达 98.5%~99.0%。

(8) 重沸器中的贫甘醇经贫液汽提柱，溢流至重沸器下部三甘醇缓冲罐，在贫液汽提柱中可由引入汽提柱下部的热干气对贫液进行汽提，经过汽提后的贫甘醇重量百分比浓度可达99.8%。

(9)贫液从缓冲罐进入板式贫富液换热器，与富甘醇换热，温度降至约60℃左右进循环泵，由泵增压后进套管式气液换热器与外输气换热至40℃进吸收塔吸收天然气中的水分。

2)辅助流程

(1)从吸收塔出口干气干管上引出一股干气至三甘醇缓冲罐，加热后经自力式压力调节阀节流并稳压至0.3~0.4MPa进入燃料气缓冲罐。从燃料气缓冲罐引出一股气，经单流阀后与闪蒸罐罐顶闪蒸气汇合并经自力式压力调节阀稳定阀后压力为0.2MPa，进入三甘醇再生重沸器燃烧器及焚烧炉燃烧器作燃料气。从燃料气缓冲罐引出另一股气，经流量计进入三甘醇再生重沸器，加热后引申至贫液汽提柱下部，作为贫液汽提气。

(2)三甘醇富液闪蒸罐顶部闪蒸气引出后与燃料气缓冲罐引出燃料气汇合，作重沸器燃烧器及焚烧炉燃烧器的燃料气。在闪蒸气管线上设置放空管线。该管线经设定控制阀前压力的自力式压力调节阀及单流阀后连接站内放空系统。该自力式压力调节阀设定的压力略高于燃料气缓冲罐，约0.5~0.6MPa。其作用是在三甘醇重沸器燃烧器主火强度减弱或熄灭时，在闪蒸罐内通过升压过程储存此时闪蒸出的可燃气体。

(3)闪蒸罐高于正常液位上部设有篦油口，当从吸收塔出来的富甘醇中混有液烃时，可暂时提高闪蒸罐液位，让液烃从篦油口的管阀排至排污管汇。

(4)重沸器富液精馏柱顶排放的气体主要是三甘醇中再生出来的水蒸气，但同时含有甲烷和乙烷以上烃类，以及微量CO_2、N_2等。大部分情况下经柱顶至焚烧炉排汽管线的冷却，水蒸气冷凝为水液，在焚烧炉下部的分液腔内分离出来，经排污管排放至污水池中。未凝气部分非甲烷烃类含量极小，如符合废气无组织排放标准，可直接排放。

(5)循环增压泵高压出口管线上设有一复线与富甘醇进三甘醇再生塔管线相连，供装置投产时向重沸器内灌注三甘醇时使用。

(6)仪表风由站内仪表风系统供给，0.7MPa压力的仪表风由站内经自力式压力调节阀稳压至0.3MPa进入仪表风缓冲罐，并经仪表风过滤器过滤后分配至各气动控制仪表设备。

橇装三甘醇脱水装置主要设备见表3-2-7。

表3-2-7 主要设备一览表

序号	名称	型号、材质、设计参数/技术条件	单位	数量
1	三甘醇吸收塔(泡罩)	ϕ2000×11200mm	座	1
2	干气贫甘醇换热器	16m^2	座	1
3	三甘醇重沸器	ϕ1620×5000mm	座	1
4	三甘醇缓冲罐	ϕ1220×4500mm	座	1
5	甘醇再生精馏塔	ϕ600×4500mm	座	1
6	不锈钢贫富液换热器	60m^2	座	1
7	活性炭过滤器	ϕ600×1540mm	座	1
8	滤布过滤器	ϕ600×1540mm	座	1
9	三甘醇闪蒸罐	ϕ800×2580mm	座	1
10	燃料气缓冲罐	ϕ325×1020mm	座	1
11	仪表风缓冲罐	ϕ325×1020mm	座	1
12	甘醇循环泵	450015 PV	台	4

装置的主要设计参数和消耗指标见表 3-2-8。

表 3-2-8 中原油田三甘醇脱水装置设计参数和消耗指标(单套装置)

设计参数				消耗指标		
进气压力/MPa	进气温度/℃	TEG 重沸温度/℃	燃料气压力/kPa	三甘醇/(kg/d)	燃料气/(m^3/h)	仪表风/(m^3/h)
6.8~7.9	15~40	198~202	10~30	最大 90	40~70	最大 60

二、甘醇脱水工艺计算

进行甘醇脱水工艺计算时，首先需要确定以下数据：①原料气流量，m^3/h；②原料气进吸收塔的温度,℃；③吸收塔压力，MPa；④原料气组成或密度以及酸性组分(H_2S、CO_2)含量；⑤要求的露点降，或干气离开吸收塔的露点。

除此之外，还需根据脱水量选定甘醇比循环量、吸收塔塔板数(或填料高度)，以及根据要求的露点降选定贫甘醇进吸收塔的最低浓度。

(一)吸收塔

吸收塔工艺计算主要是确定塔板数(或填料高度)、甘醇比循环量和塔径。

1. 吸收塔脱水量

湿原料气进吸收塔的温度就是在该塔操作压力下的露点，其水含量可由图 3-2-9 查得。对于含酸性组分的原料气，则需采用图 3-2-10 进行校正。干气出吸收塔的露点可根据工艺或管道输送要求确定，再由图 3-2-9 等查得其水含量。然后，即可根据原料气流量、原料气进吸收塔和干气出吸收塔时的水含量计算吸收塔的脱水量(kg/h)。

2. 贫甘醇进吸收塔浓度

离开吸收塔的干气露点或原料气要求的露点降取决于贫甘醇进塔浓度、甘醇比循环量、吸收塔的理论板数和操作条件等。

吸收塔的压力对干气露点影响较小。吸收塔的温度虽对干气露点有影响，但因原料气质量流量远大于甘醇质量流量，故主要取决于原料气进塔温度。除吸收压力低于 1MPa 外，塔内各点温差很少超过 2℃。

已知原料气进塔温度和所要求的干气露点时，可由图 3-2-11 确定贫甘醇进吸收塔时必须达到的最低浓度。无论吸收塔理论板数和甘醇比循环量如何，低于此浓度时离开吸收塔的干气就不能达到预定的露点。

图 3-2-11 纵坐标为干气平衡露点，即吸收塔塔顶气体与进塔贫甘醇在顶层塔板充分接触并达到平衡时的露点。由于离开吸收塔的干气实际露点高于平衡露点，故应将干气实际露点减去二者差值求得平衡露点后，再由图 3-2-11 确定贫甘醇进吸收塔时的最低浓度。

3. 原料气在吸收塔中的脱水率

原料气在吸收塔中的脱水深度也可用其脱水率 δ 表示，其定义为

$$\delta=(W_{in}-W_{out})/W_{in} \tag{3-2-1}$$

式中 W_{in}——原料气进吸收塔时的水含量，kg/10^6m^3；

W_{out}——干气离开吸收塔时的水含量，kg/10^6m^3。

当吸收塔理论板数分别为 1、1.5、2、2.5 和 3(约相当于 4 块、6 块、8 块、10 块和 12 块实际板数)时，贫甘醇浓度、甘醇比循环量和脱水率的关系见图 3-2-12~图 3-2-16。因此，当原料气所要求的露点降、吸收塔温度、压力等参数已知时，可由图 3-2-12~图3-2-16 选择合适的贫甘醇浓度、甘醇比循环量和吸收塔塔板数或填料高度。

第三编 CHAPTER THREE 天然气净化

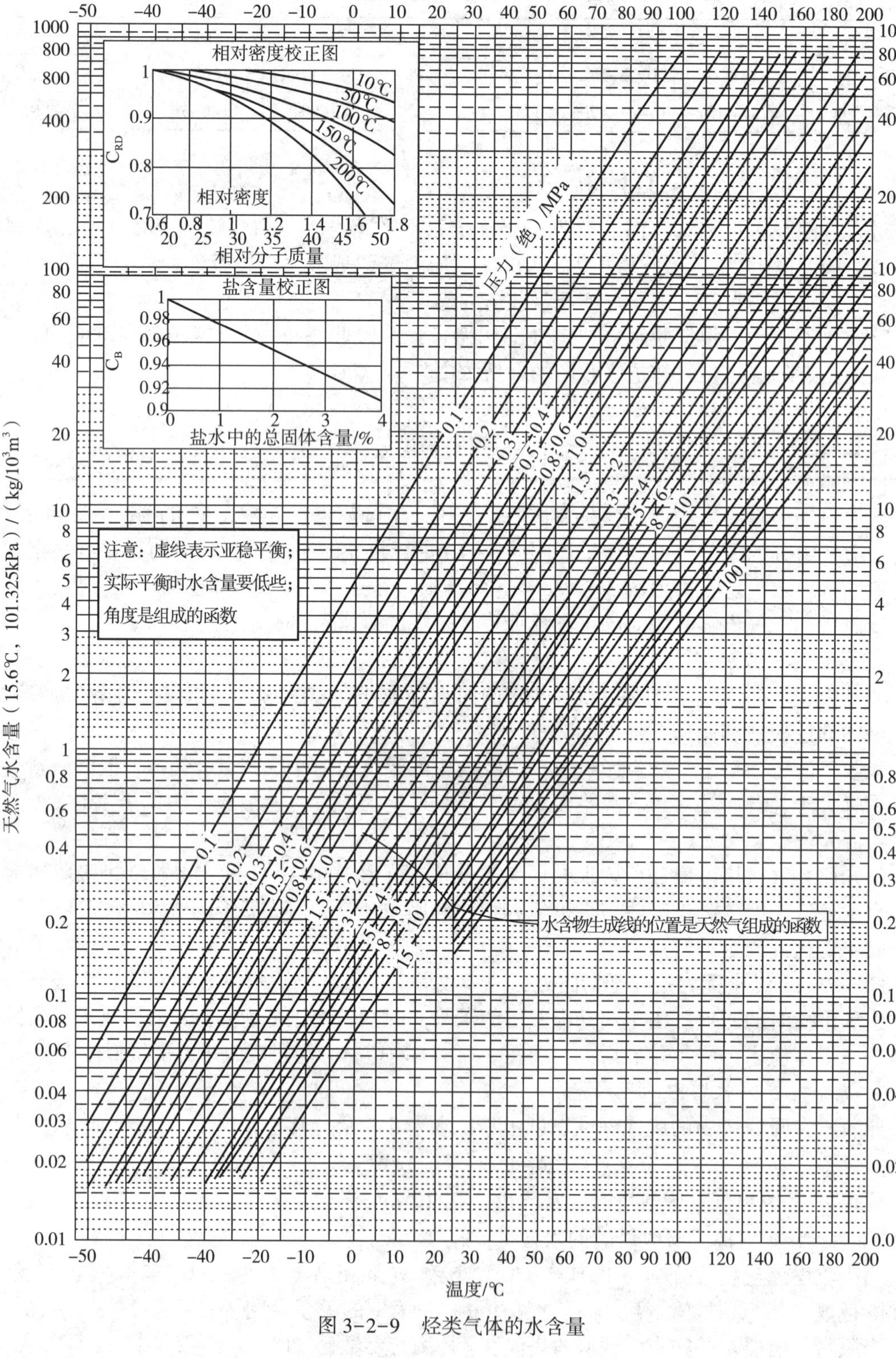

图 3-2-9 烃类气体的水含量

普光天然气净化厂第一联合装置三甘醇脱水装置吸收塔实际塔板数约为10块。

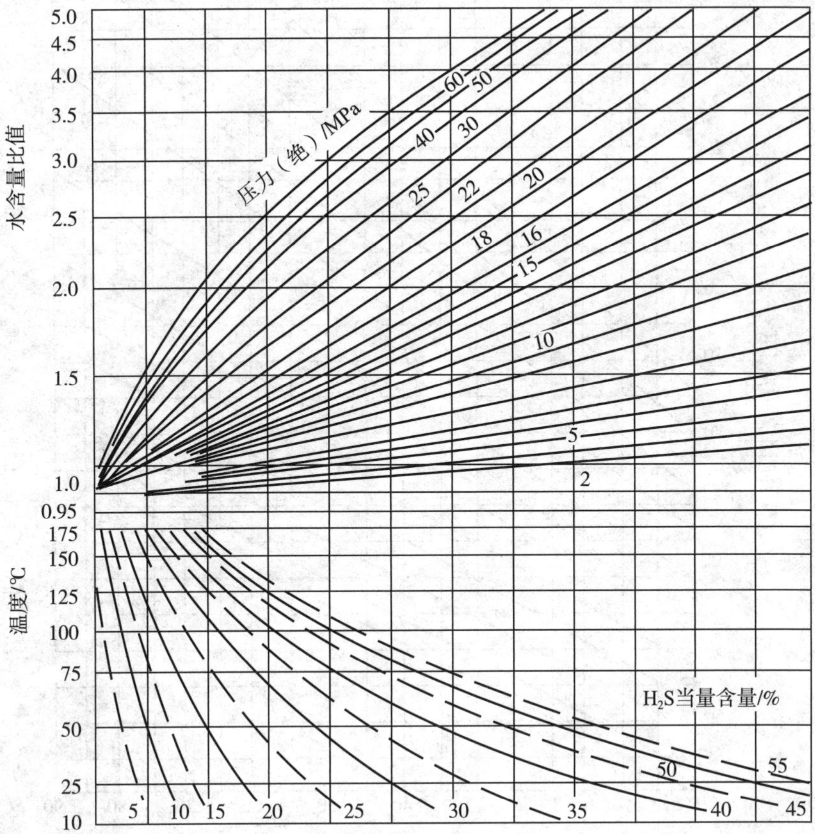

图3-2-10　含硫天然气水含量比值图

4. 吸收塔直径

板式吸收塔的允许空塔气速可按Souders-Brown公式确定，即

$$v_c = K[(\rho_l - \rho_g)/\rho_g]^{0.5} \tag{3-2-2}$$

式中　v_c——允许空塔气速，m/s；

ρ_l——甘醇在操作条件下的密度，kg/m³；

ρ_g——气体在操作条件下的密度，kg/m³；

K——经验常数，见表3-2-9。

表3-2-9　经验常数 *K* 值

泡罩塔板间距/mm	*K* 值
500	0.043
600	0.049
750	0.052
规整填料	0.091～0.122①

注：①取决于填料密度和商品要求。

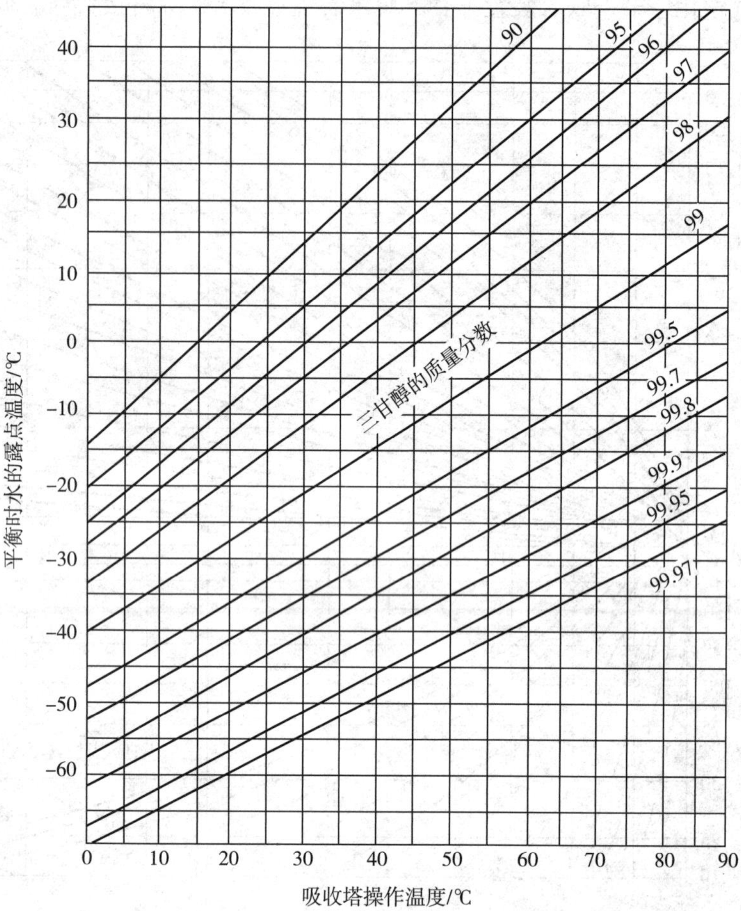

图 3-2-11 不同三甘醇浓度下干气平衡水露点与吸收温度的关系

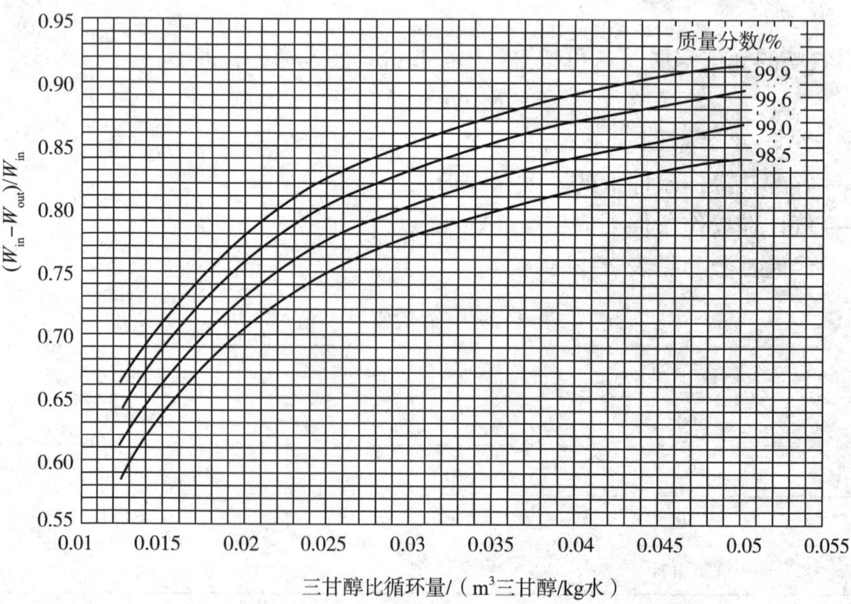

图 3-2-12 不同浓度三甘醇比循环量与脱水率关系图(N=1)

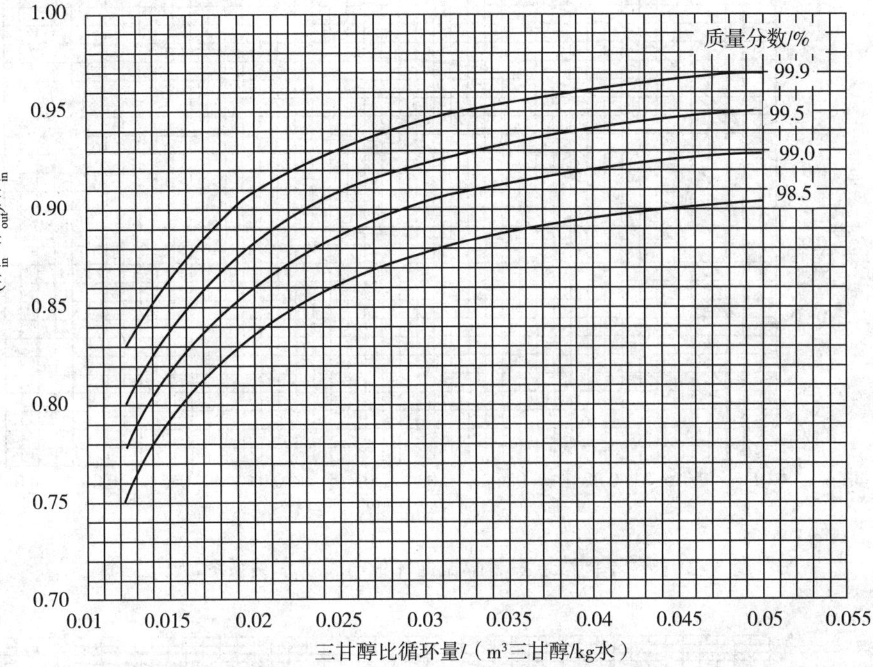

图 3-2-13　不同浓度三甘醇比循环量与脱水率关系图（N=1.5）

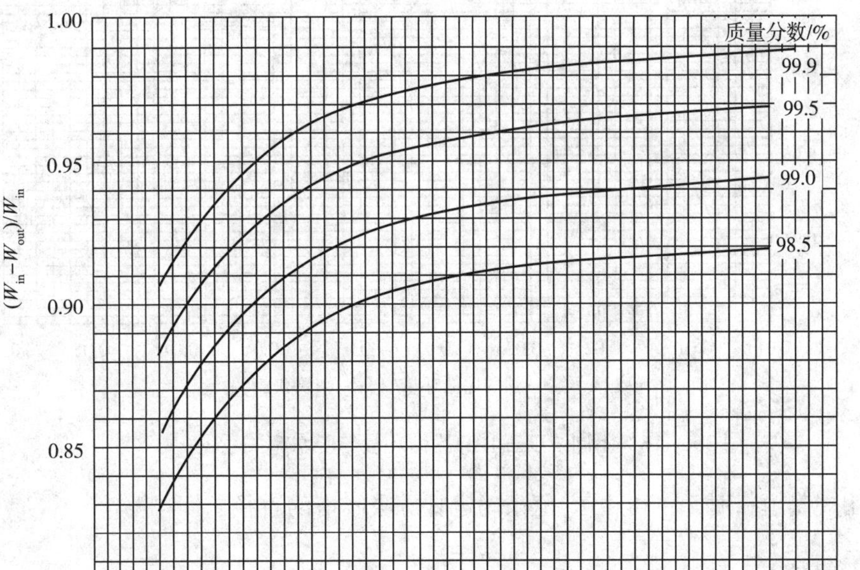

图 3-2-14　不同浓度三甘醇比循环量与脱水率关系图（N=2）

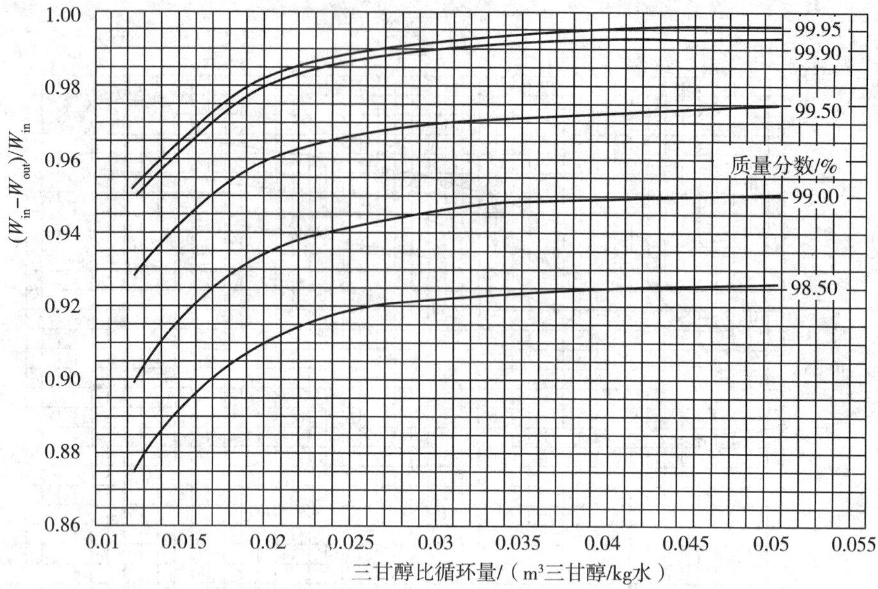

图3-2-15　不同浓度三甘醇比循环量与脱水率关系图(N=2.5)

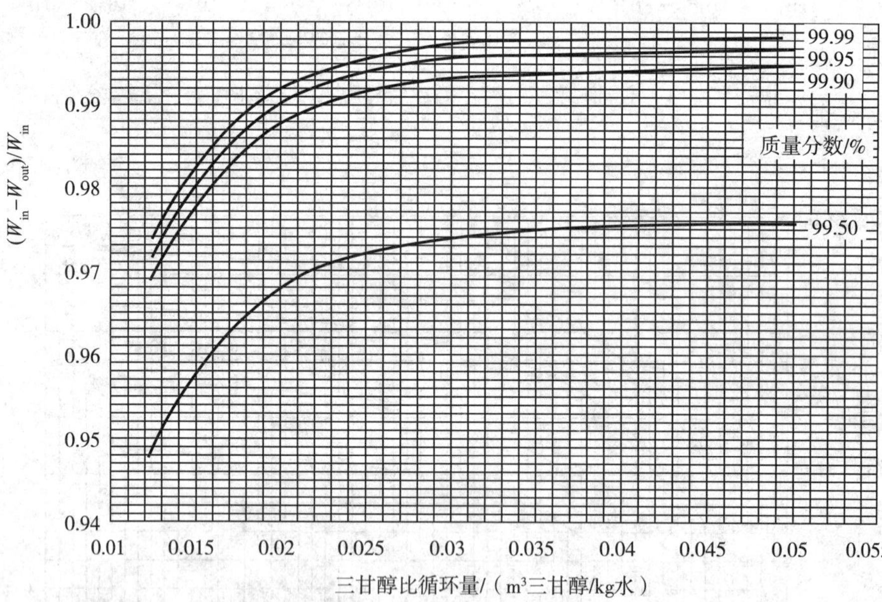

图3-2-16　不同浓度三甘醇比循环量与脱水率关系图(N=3)

当采用规整填料时，也可由 F_s 值来确定甘醇吸收塔的直径，即

$$F_s = v_c \sqrt{\rho_g} \tag{3-2-3}$$

式中，F_s 值一般在3.0~3.7。

【例3-2-1】　某天然气流量为 $0.85\times10^6 m^3$(GPA)/d，相对密度为0.65，在38℃和4.1MPa(绝压)下进入吸收塔，要求干气出塔时的水含量为 $110kg/10^6 m^3$(GPA)，三甘醇比循环量选用 $0.025m^3/kg$，甘醇溶液在操作条件下的密度为1119.7 kg/m^3，气体在操作条件下的密度为32.0 kg/m^3，气体的压缩因子为0.92，试估算达到上述要求时吸收塔泡罩塔板板数或规整填料高度以及直径。

【解】 (1)由图3-2-11估算所需的三甘醇浓度。

由图3-2-9查得干气在4.1MPa(绝压)、38℃和水含量为110kg/10^6m^{3}时的露点为-4℃。假定平衡露点比实际露点低6℃，则由图3-2-11查得贫三甘醇进吸收塔浓度约为99%。

(2)由图3-2-12~图3-2-16估算理论板数。

由图3-2-9查得原料气在4.1MPa(绝压)、38℃时的水含量为1436kg/10^6m^3，故吸收塔的脱水率为

$$\delta=(1436-110)/1436=0.922$$

由图3-2-13纵坐标查得在$N=1.5$、甘醇比循环量为0.025m^3/kg和贫甘醇浓度为99%时脱水率为0.885；由图3-2-14纵坐标查得在$N=2$、甘醇循环率为0.025m^3/kg和贫甘醇浓度为99%时脱水率为0.925。因此，选用$N=2$。

对于泡罩塔板，2块理论塔板相当于8块实际塔板，板间距取0.6m。

对于规整填料，2块理论塔板相当于高度为3m的填料。

(3)计算吸收塔直径。

对于板间距为0.6m的泡罩塔，由式(3-2-2)求得其允许空塔气速v_c为

$$v_c=0.049[(1119.7-32.0)/32.0]^{0.5}=0.2845\text{m/s}$$

气体在吸收塔内的实际流量q_{ac}为

$$q_{ac}=0.85\times10^6\ \frac{0.92\times101.325\times(273+38)}{24\times4100\times(273+15.6)}=866.5(\text{m}^3/\text{h})=0.2407\text{m}^3/\text{s}$$

吸收塔的截面积

$$F=0.2407/0.2845=0.846\text{m}^2$$

吸收塔采用泡罩塔板时的直径

$$d=\left(\frac{4\times0.846}{\pi}\right)^{0.5}=1.04\text{m}$$

如采用规整填料，K值取0.091，则按上述方法计算的吸收塔直径为0.76m。

如按式(3-2-3)计算，F_s值取3.0，则吸收塔直径也为0.76m。

(二)再生塔

1. 精馏柱

富甘醇再生过程实质上是甘醇和水2组分混合物的蒸馏过程。甘醇和水的沸点差别很大，又不生成共沸物，故较易分离。因此，精馏柱的理论板数一般为3块，即底部重沸器、填料段和顶部回流冷凝器各1块。富甘醇中吸收的水分由精馏柱顶排放大气，再生后的贫甘醇由重沸器流出。

精馏柱一般选用不锈钢填料，其直径D可根据柱内操作条件下的气速和喷淋密度计算，也可按式(3-2-4)来估算：

$$D=247.7\sqrt{L_T q_W} \tag{3-2-4}$$

式中　D——精馏柱直径，mm；

L_T——甘醇比循环量，m^3/kg(水)；

q_W——吸收塔的脱水量，kg/h。

精馏柱顶部的回流冷凝器热负荷可取甘醇溶液吸收的水分在重沸器内全部气化所需的热负荷的25%~30%。

2. 重沸器

重沸器的热负荷 Q_R 可由式(3-2-5)计算：

$$Q_R = L_T q_W Q_C \tag{3-2-5}$$

式中　Q_R——重沸器的热负荷，kJ/h；

Q_C——循环 1m³ 甘醇所需的热量，kJ/ m³。

也可根据脱水量由式(3-2-6)估算：

$$Q'_R = 2171+275L'_T \tag{3-2-6}$$

式中　Q'_R——脱除 1kg 水分所需的重沸器热负荷，kJ/ kg(水)；

L'_T——甘醇比循环量，L/kg。

其他符号意义同上。

由式(3-2-6)计算的结果通常比实际值偏高。

采用汽提法时，汽提气通常是在重沸器内预热后通入汽提柱，或在预热后直接通入重沸器底部。汽提气量可由图 3-2-17 确定。当重沸器温度为 204℃、汽提气直接通入重沸器中时，可将贫三甘醇浓度(质量分数)从 99.1%提高至 99.5%。如将汽提气通入汽提柱中时效果更好，贫三甘醇的浓度可达 99.9%。但是，采用汽提气时也增加了操作费用，因而只在必要时才使用。

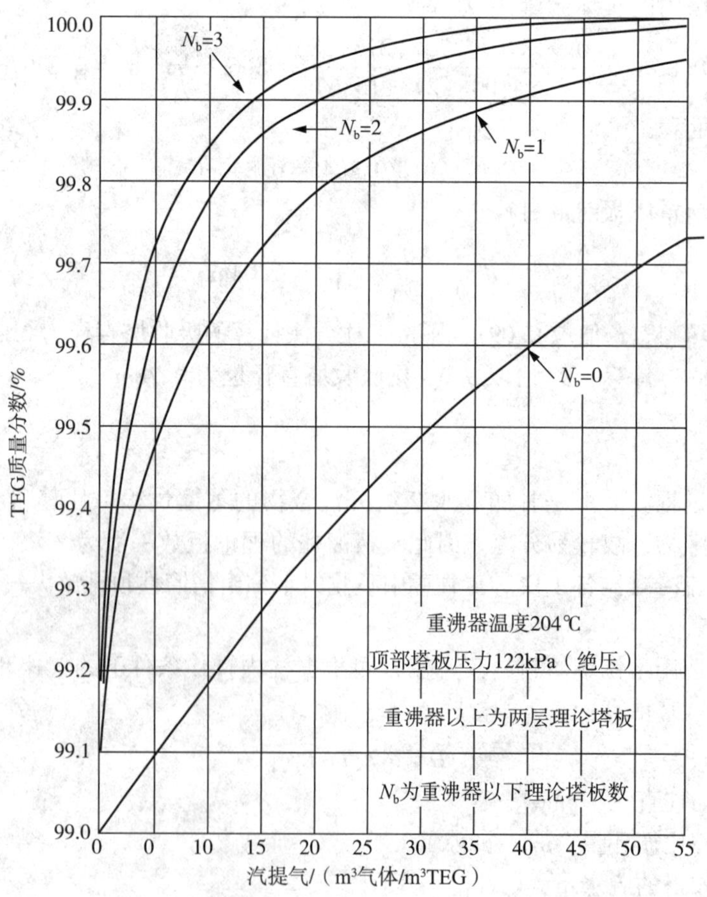

图 3-2-17　汽提气量对三甘醇浓度的影响

【例 3-2-2】 接【例 3-2-1】，假定进入再生塔的富三甘醇温度为 150℃，重沸器温度为 200℃，三甘醇的平均密度为 1114kg/m^3，平均比热容为 2.784kJ/(kg·K)，水的气化潜热为 2260kJ/kg，试计算以 1m^3 三甘醇为基准的重沸器热负荷。

【解】 将 1m^3 三甘醇由 150℃加热到 200℃所需的潜热 Q_s 为

$$Q_s = 1114 \times 2.784(200-150) = 155\text{MJ/m}^3$$

将 1m^3 三甘醇吸收的水气化所需要的潜热 Q_v 为

$$Q_v = 2260/0.025 = 90\text{MJ/m}^3$$

精馏柱顶部的回流冷凝器热负荷取甘醇溶液吸收的水分在重沸器内全部气化所需热负荷的 25%，则回流冷凝器热负荷 Q_c 为

$$Q_c = 0.25 \times 90 = 22.5\text{MJ/m}^3$$

包括 10%热损失的总热负荷

$$Q_R = 1.1 \times (155+90+22.5) = 294\text{MJ/m}^3$$

三、提高贫甘醇浓度的方法

除最常用的汽提法、负压法外，目前还有一些可提高甘醇浓度的专利方法如下：

1. DRIZO 法

DRIZO 法即共沸法，如图 3-2-18 所示。此法是采用一种可气化的溶剂作为汽提剂。离开重沸器汽提柱的汽提气(溶剂蒸气)与从精馏柱出来的水蒸气和 BTEX(即苯、甲苯、乙苯和二甲苯)一起冷凝后，再将水蒸气排放到大气。DRIZO 法的优点是所有 BTEX 都得以回收，三甘醇的浓度可达 99.999%，而且不需额外的汽提气。

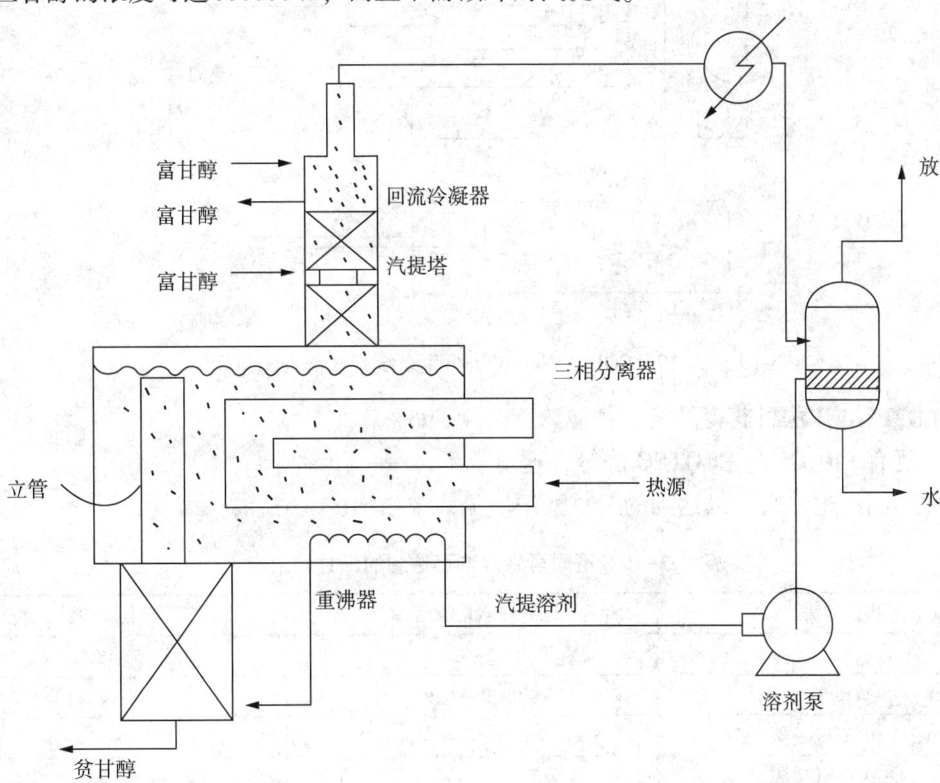

图 3-2-18　DRIZO 法再生系统工艺流程示意图

DRIZO 法适用于需提高甘醇浓度而对现有脱水装置进行改造，或需要更好地控制 BTEX 和 CO_2 排放的场合。

2. CLEANOL+法

CLEANOL+法中包含了提高甘醇浓度和防止空气污染的两项措施。该法采用的汽提剂是 BTEX，在重沸器中气化后作为汽提气与水蒸气一起离开精馏柱顶去冷凝分离。分出的 BTEX 经蒸发干燥后循环使用，含 BTEX 的冷凝水经汽化后回收其中的 BTEX，回收 BTEX 后的水再去处理。

CLEANOL+法可获得浓度为 99.99%的贫甘醇。此法不使用任何外部汽提气，而且无 BTEX 或 CO_2 排放。此法可很容易地用于一般的甘醇再生系统中。

3. COLDFINGER 法

COLDFINGER 法不使用汽提气，而是利用一个插入到缓冲罐气相空间的指形冷却管将气相中的水、烃蒸气冷凝，从而提高了贫甘醇浓度。冷凝水和液烃从收液盘中排放到储液器内，并周期性地泵送到进料中。COLDFINGER 法再生系统工艺流程示意图见图 3-2-19。

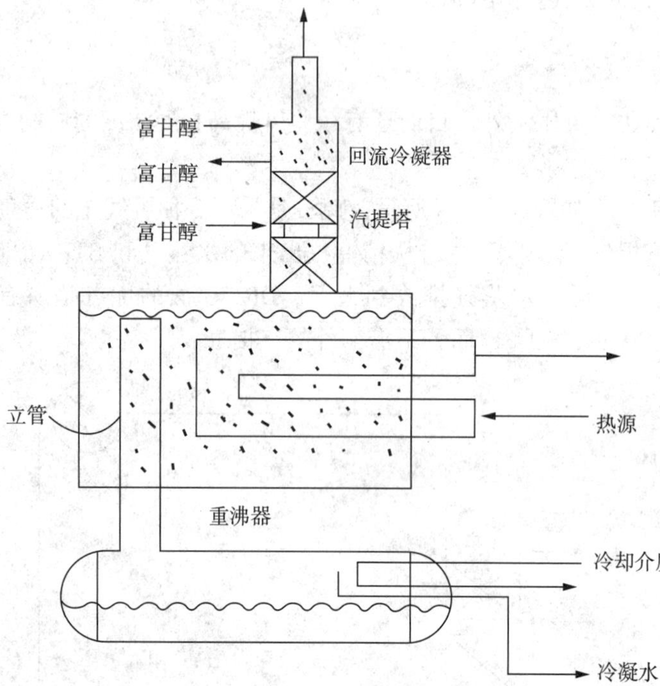

图 3-2-19 COLDFINGER 法再生系统工艺流程示意图

COLDFINGER 法可获得的贫三甘醇浓度为 99.96%。

其他还有 PROGLY、ECOTEG 法等，这里就不再一一介绍。

几种不同再生方法可以达到的三甘醇浓度见表 3-2-10。

表 3-2-10 不同再生方法可达到的三甘醇浓度

再生方法	三甘醇质量浓度/%	露点降/℃
气提法	99.2~99.98	55~83
负压法	99.2~99.9	55~83
DRIZO 法	>99.99	100~122
COLDFINGER 法	99.96	55~83

四、注意事项

在甘醇脱水装置运行中经常发生的问题是甘醇损失过大和设备腐蚀。原料气中含有液体、固体杂质，甘醇在运行中氧化或变质等都是其主要原因。因此，在设计和操作中采取措施避免甘醇受到污染是防止或减缓甘醇损失过大和设备腐蚀的关键。

在操作中除应定期对贫、富甘醇取样分析外，如果怀疑甘醇受到污染，还应随时取样分析，并将分析结果与表 3-2-11 列出的最佳值进行比较和查找原因。氧化或降解变质的甘醇在复活后重新使用之前及新补充的甘醇在使用之前都应对其进行检验。

表 3-2-11　三甘醇质量的最佳值

参数	pH 值①	氧化物/(mg/L)	烃类②/%	铁离子②/(mg/L)	水③/%	固体悬浮物②/(mg/L)	气泡倾向	颜色及外观
富甘醇	7.0~8.5	<600	<0.3	<15	3.5 ~7.5	<200	起泡高度为10~20mm 泡沫时间，5s	洁净，浅色到黄色
贫甘醇	7.0~8.5	<600	<0.3	<15	<1.5	<200		

注：① 富甘醇中因溶有酸性气体，故其 pH 值较低。

② 由于过滤器效果不同，贫、富甘醇中烃类、铁离子及固体悬浮物含量会有区别。烃含量为质量分数。

③ 贫、富甘醇的水含量(质量分数)相差为 2%~6%。

在一般脱水条件下，进入吸收塔的原料气中 40%~60%的甲醇可被三甘醇吸收。这将额外增加再生系统的热负荷和蒸气负荷，甚至会导致再生塔液泛。

甘醇损失包括吸收塔顶的雾沫夹带损失、吸收塔和再生塔的气化损失以及设备泄漏损失等。不计设备泄漏的甘醇损失范围是：高压低温原料气约为 $7L/10^6m^3$ 天然气~低压高温原料气约为 $40\ L/10^6m^3$ 天然气。正常运行时，三甘醇损失量一般不大于 $15mg/m^3$ 天然气，二甘醇损失量不大于 $22mg/m^3$ 天然气。

除非原料气温度超过 50℃，否则甘醇在吸收塔内的气化损失很小。但是，在低压时这种损失很大。

尤其在压力高于 6.1MPa 时，CO_2 脱水系统的甘醇损失明显大于天然气脱水系统。这是因为三甘醇在密相 CO_2 内的溶解度高，故有时采用对 CO_2 溶解度低的丙三醇脱水。

甘醇长期暴露在空气中会氧化变质而具有腐蚀性。因此，储存甘醇的容器采用干气或惰性气体保护可有助于减缓甘醇氧化变质。此外，当三甘醇在重沸器中加热温度超过 200℃时也会产生降解变质。

甘醇降解或氧化变质，以及 H_2S、CO_2 溶解在甘醇中反应所生成的腐蚀性物质会使甘醇 pH 值降低，从而又加速甘醇变质。为此，可加入硼砂、三乙醇胺和 NACAP 等碱性化合物来中和，但是其量不能过多。

第三节　吸附法脱水

吸附是指气体或液体与多孔的固体颗粒表面接触，气体或液体分子与固体表面分子之间相互作用而停留在固体表面上，使气体或液体分子在固体表面上浓度增大的现象。被吸附的气体或液体称为吸附质，吸附气体或液体的固体称为吸附剂。当吸附质是水蒸气或水时，此固体吸附剂又称为固体干燥剂，也简称干燥剂。

根据气体或液体与固体表面之间的作用不同，可将吸附分为物理吸附和化学吸附两类。

物理吸附是由流体中吸附质分子与吸附剂表面之间的范德华力引起的，吸附过程类似气体液化和蒸气冷凝的物理过程。其特征是吸附质与吸附剂不发生化学反应，吸附速度很快，瞬间即可达到相平衡。物理吸附放出的热量较少，通常与液体气化热和蒸汽冷凝热相当。气体在吸附剂表面可形成单层或多层分子吸附，当体系压力降低或温度升高时，被吸附的气体可很容易地从固体表面脱附，而不改变气体原来的性状，故吸附和脱附是可逆过程。工业上利用这种可逆性，通过改变操作条件使吸附质脱附，达到使吸附剂再生并回收或分离吸附质的目的。

吸附法脱水就是采用吸附剂脱除气体混合物中水蒸气或液体中溶解水的工艺过程。

通过使吸附剂升温达到再生的方法称为变温吸附(TSA)。通常，采用某加热后的气体通过吸附剂使其升温再生，再生完毕后再用冷气体使吸附剂冷却降温，然后又开始下一个循环。由于加热、冷却时间较长，故TSA多用于处理气体混合物中吸附质含量较少或气体流量很小的场合。通过使体系压力降低使吸附剂再生的方法称为变压吸附(PSA)。由于循环快速完成，通常只需几分钟甚至几秒钟，因此处理量很高。天然气吸附法脱水通常采用变温吸附进行再生。

化学吸附是流体中吸附质分子与吸附剂表面的分子起化学反应，生成表面络合物的结果。这种吸附所需的活化能大，故吸附热也大，接近化学反应热，比物理吸附大得多。化学吸附具有选择性，而且吸附速度较慢，需要较长时间才能达到平衡。化学吸附是单分子吸附，而且多是不可逆的，或需要很高温度才能脱附，脱附出来的吸附质分子又往往已发生化学变化，不具有原来的性状。

固体吸附剂的吸附容量(当吸附质是水蒸气时，又称为湿容量)与被吸附气体(即吸附质)的特性和分压、固体吸附剂的特性、比表面积、空隙率以及吸附温度等有关，故吸附容量(通常用kg吸附质/100kg吸附剂表示)可因吸附质和吸附剂体系不同而有很大差别。所以，尽管某种吸附剂可以吸附多种不同气体，但不同吸附剂对不同气体的吸附容量往往有很大差别，亦即具有选择性吸附作用。因此，可利用吸附过程这种特点，选择合适的吸附剂，使气体混合物中吸附容量较大的一种或几种组分被选择性地吸附到吸附剂表面上，从而达到与气体混合物中其他组分分离的目的。

在天然气凝液回收、天然气液化装置和汽车用压缩天然气(CNG)加气站中，为保证低温或高压系统的气体有较低的水露点，大多采用吸附法脱水。此外，在天然气脱硫过程中有时也采用吸附法脱硫。由于这些吸附法脱水、脱硫均为物理吸附，故下面仅讨论物理吸附，并以介绍天然气吸附法脱水为主。

吸附法脱水装置的投资和操作费用比甘醇脱水装置要高，故其仅用于以下场合：①高含硫天然气；②要求的水露点很低；③同时控制水、烃露点；④天然气中含氧。如果低温法中的温度很低，就应选用吸附法脱水而不采用注甲醇的方法。

一、吸附剂的类型与选择

虽然许多固体表面对于气体或液体或多或少具有吸附作用，但用于天然气脱水的干燥剂应具有下列物理性质：①必须是多微孔性的，具有足够大的比表面积(其比表面积一般都在500~800m^2/g)。比表面积愈大，其吸附容量愈大；②对天然气中不同组分具有选择性吸附能力，即对所要脱除的水蒸气具有较高的吸附容量，这样才能达到对其分离(即脱除)的目的；③具有较高的吸附传质速度，可在瞬间达到相平衡；④可经济而简便地进行再生，且在使用过程中能保持较高的吸附容量，使用寿命长；⑤颗粒大小均匀，堆积密度大，具有较高的强度和耐磨性；⑥具有良好的化学稳定性、热稳定性，价格便宜，原料充足等。

(一)吸附剂的类型

用于天然气脱水的干燥剂必须是多孔性的，具有较大的吸附表面积，对气体中的不同组分具有选择性吸附作用，有较高的吸附传质速率，能简便经济地再生，且在使用过程中可保持较高的湿容量，具有良好的化学稳定性、热稳定性、机械强度和其他物理性能以及价格便宜等。目前，常用的天然气脱水吸附剂有活性氧化铝、硅胶及分子筛等，一些吸附剂的物理性质见表 3-2-12。

表 3-2-12 一些吸附剂的物理性质

吸收剂	硅胶 Davidson03	活性氧化铝 Al_2O_3 (F-200)	硅石球(H_1R 型硅胶) Kali-chemie	分子筛 Zeochem
孔径/10^{-1}nm	10~90	15	20~25	3，4，5，8，10
堆密度/(kg/m^3)	720	705~770	640~785	690~750
比热容/[kJ/(kg·K)]	0.921	1.005	1.047	0.963
最低露点/℃	-50~-96	-50~-96	-50~-96	-73~-185
设计吸收容量/%	4~20	11~15	12~15	8~16
再生温度/℃	150~260	175~260	150~230	220~290
吸附热/(kJ/kg)	2980	2890	2790	4190(最大)

1. 活性氧化铝

活性氧化铝是一种极性吸附剂，以部分水合的、多孔的无定性 Al_2O_3 为主，并含有少量其他金属化合物，其比表面积可达 250m^2/g 以上。例如，F-200 活性氧化铝的组成为：Al_2O_3 94%、H_2O 5.5%、Na_2O 0.3%及 Fe_2O_3 0.02%。

由于活性氧化铝的湿容量大，故常用于水含量高的气体脱水。但是，它在再生时能耗较高，而且因其呈碱性，可与无机酸发生化学反应，故不宜处理酸性天然气。此外，因其微孔孔径极不均匀(见图 3-2-20)，没有明显的吸附选择性，故在脱水时还能吸附重烃且在再生时不易脱除。通常，采用活性氧化铝干燥后的气体露点可达到-60℃，而采用近年来问世的高效氧化铝干燥后的气体露点可低至-100℃。

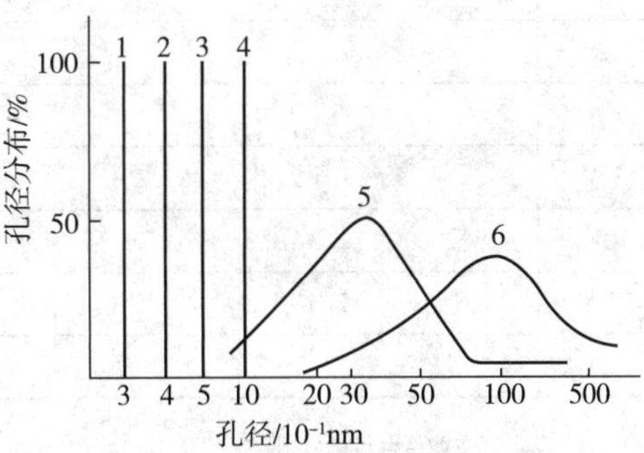

图 3-2-20 常用吸附剂孔径分布

1—3A 分子筛；2—4A 分子筛；3—5A 分子筛；4—13X 分子筛；5—硅胶；6—活性炭

2. 硅胶

硅胶是一种晶粒状无定形氧化硅，分子式为 $SiO_2 \cdot nH_2O$，其比表面积可达 300m^2/g。Davidson 03 型硅胶的化学组成见表 3-2-13。

硅胶为亲水的极性吸附剂，它吸附气体中的水蒸气时，其量可达自身质量的 50%，即使在相对湿度为 60%的空气流中，微孔硅胶的湿容量也达 24%，故常用于水含量高的气体脱水。硅胶在吸附水分时会放出大量的吸附热，常易使其粉碎。此外，它的微孔孔径也极不均匀，没有明显的吸附选择性。采用硅胶干燥后的气体露点也可达-60℃。

表 3-2-13　硅胶化学组成(干基)

组　成	SiO_2	Al_2O_3	TiO_2	Fe_2O_3	Na_2O	CaO	ZrO_2	其他
含量/%	99.71	0.10	0.09	0.03	0.02	0.01	0.01	0.03

3. 分子筛

目前，常用的分子筛系人工合成沸石，是强极性吸附剂，对极性、不饱和化合物和易极化分子(特别是水)有很大的亲和力，故可按照分子极性、不饱和度和空间结构不同对其进行分离。

分子筛热稳定性和化学稳定性高，又具有许多孔径均匀的微孔孔道与排列整齐的空腔，故其比表面积大($800\sim1000m^2/g$)，且只允许直径比其孔径小的分子进入微孔，从而使大小及形状不同的分子分开，起到了筛分分子的选择性吸附作用，因而称之为分子筛。

1)分子筛的化学组成

人工合成沸石系结晶硅铝酸盐的多水化合物，其化学通式为：

$$Me_{x/n}[(AlO_2)_x(SiO)_n]\cdot mH_2O$$

式中，Me 为正离子，主要是 Na^+、K^+和 Ca^{2+}等碱金属或碱土金属离子；x/n 系价数为 n 的可交换金属正离子 Me 的数目；m 为结晶水的摩尔数。

几种常用分子筛化学组成见表 3-2-14。

表 3-2-14　几种常用分子筛化学组成

型　号	SiO_2/Al_2O_3(物质的量比)	孔径/10^{-1}nm	化学式
3A	2	3~3.3	$K_{7.2}Na_{4.8}[(AlO_2)_{12}(SiO)_{12}]\cdot mH_2O$
4 A	2	4.2~4.7	$Na_{12}[(AlO_2)_{12}(SiO)_{12}]\cdot mH_2O$
5 A	2	4.9~5.6	$Ca_{4.5}Na_3[(AlO_2)_{12}(SiO)_{12}]\cdot mH_2O$
10X	2.3~3.3	8~9	$Ca_{60}Na_{26}[(AlO_2)_{86}(SiO)_{106}]\cdot mH_2O$
13 X	2.3~3.3	9~10	$Na_{86}[(AlO_2)_{86}(SiO)_{106}]\cdot mH_2O$
NaY	3.3~6	9~10	$Na_{56}[(AlO_2)_{56}(SiO)_{136}]\cdot mH_2O$

2)分子筛的结构

根据分子筛孔径、化学组成、晶体结构及 SiO_2 与 Al_2O_3 的物质的量比不同，可将常用的分子筛分为 A 型、X 型和 Y 型。A 型基本组成是硅铝酸钠，孔径为 0.4nm(4Å)，称为 4A 分子筛。用钙离子交换 4A 分子筛中钠离子后形成 0.5nm(5Å)孔径的孔道，称为 5A 分子筛。用钾离子交换 4A 分子筛中钠离子后形成 0.3 nm(3Å)孔径的孔道，称为 3A 分子筛。X 型基本组成也是硅铝酸钠，但因晶体结构与 A 型不同，形成约 1.0 nm(10Å)孔径的孔道，称为 13X 分子筛。用钙离子交换 13X 分子筛中的钠离子后形成的约 0.8nm(8Å)孔径的孔道，称为 10X 分子筛。Y 型具有与 X 型相同的晶体结构，但其化学组成(Si/Al 比)与 X 型不同，通常多用作催化剂。A 型和 X 型、Y 型分子筛晶体结构见图 3-2-21。

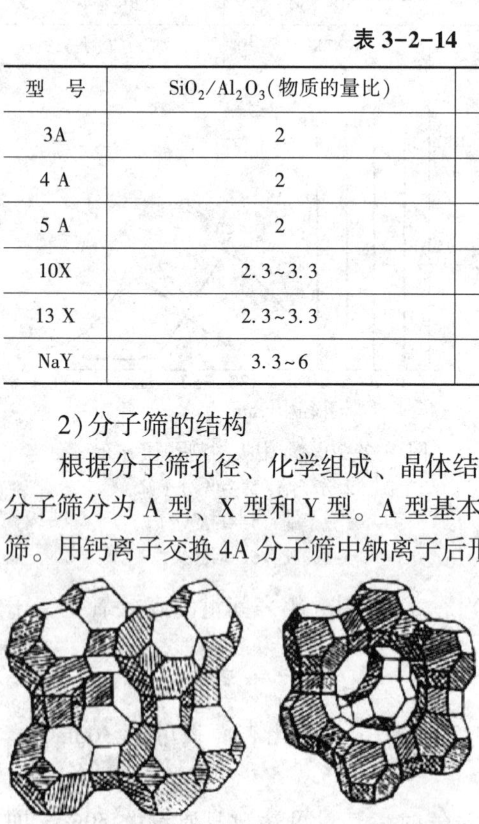

(a) A型　　(b) X型、Y型

图 3-2-21　A 型和 X 型、Y 型分子筛晶体结构

水是强极性分子，分子直径为0.27~0.31nm，比A型分子筛微孔孔径小，故A型分子筛是气体或液体脱水的优良干燥剂，采用分子筛干燥后的气体露点可低于-100℃。目前，裂解气脱水多用3A分子筛，天然气脱水多用4A或5A分子筛。

常用分子筛的性能及用途见表3-2-15。

表3-2-15　常用分子筛的性能及用途①

分子筛型号	3Å		4Å		5Å		10X		13X	
形状	条	球	条	球	条	球	条	球	条	球
孔径/10^{-1}nm	~3	~3	~4	~4	~5	~5	~8	~8	~10	~10
堆密度/(g/L)	≥650	≥700	≥660	≥700	≥640	≥700	≥650	≥700	≥640	≥700
压岁强度/N	20~70	20~80	20~80	20~80	20~55	20~80	30~50	20~70	45~70	30~70
磨耗率/%	0.2~0.5	0.2~0.5	0.2~0.4	0.2~0.4	0.2~0.4	0.2~0.4	≤0.3	≤0.3	0.2~0.4	0.2~0.4
平衡湿容量②/%	≥20.0	≥20.0	≥22.0	≥21.5	≥22.0	≥24.0	≥24.0	≥24.0	≥28.5	≥28.5
包装水含量(付运时)/%	<1.5	<1.5	<1.5	<1.5	<1.5	<1.5	<1.5	<1.5	<1.5	<1.5
吸附剂(最大)/(kJ/kg)	4190	4190	4190	4190	4190	4190	4190	4190	4190	4190
吸附分子	直径<0.3nm的分子，如H_2O、NH_3、CH_3OH		直径<0.4nm的分子，如C_2H_5OH、H_2S、CO_2、SO_2、C_2H_4、C_2H_6和C_3H_6		直径<0.5nm的分子，如左侧各分子、C_3H_8、n-C_4H_{10}~$C_{22}H_{26}$、n-C_4H_9OH以及更大的醇类		直径<0.8nm的分子，如左侧各分子及异构烷烃、烯烃及苯		直径<1.0nm的分子，如左侧各分子及二正丙基胺	
排除分子	直径>0.3nm的分子，如C_2H_6		直径>0.4nm的分子，如C_3H_8		直径>0.5nm的分子，如异构化合物及四碳环状化合物		二正丁基胺及更大分子		三正丁基胺及更大分子	
用　途	①不饱和烃如裂解气、丙烯、丁二烯、乙炔干燥；②极性液体如甲醇、乙醇干燥		空气、天然气、专用气体、稀有气体、溶剂、烷烃、制冷剂气体或液体的深度干燥		①天然气干燥、脱硫、脱CO_2；②PSA过程(N_2/O_2分离、H_2纯化)；③正构烷烃分离、脱硫、脱CO_2		①芳烃分离；②脱有机硫		①原料气净化(同时脱除水及CO_2)；②天然气、液化石油气、液烃的干燥、脱硫(脱除H_2S和RSH)；③一般气体干燥	

注：①表中数据取自锦中分子筛有限公司等产品技术资料，用途未全部列入表中。

②平衡湿容量指在2.331kPa和25℃下1kg活化的吸附剂吸收水的数量(kg)。

3)吸附热

流体分子自流动相吸附到沸石表面时所放出的热称为吸附热。以Q或ΔH表示，其单位为kJ/mol。

物理吸附是一种表面凝聚现象，在吸附质分子和吸附剂之间，并没有发生电子转移、原子重排或化学键的破坏与生成等现象，只是由于范德华力的吸引，降低了吸附质分子的自由度。因此，物理吸附总是放热的，一般相当于液化热(凝聚热)，流体分子在沸石上的吸附热比其他吸附剂上高，约是液化热的1~2倍或更高些。

例如，水在23℃时在沸石上的微分吸附热约为62.8kJ/mol，比其液化热(约为41.86kJ/mol)大一些，吸附量不同时，其吸附热稍有差别，如表3-2-16所列。

表 3-2-16 水的微分吸附热(23℃)

吸附量/10^{-3}mol/g	吸附热/(kJ/mol)		吸附量/10^{-3}mol/g	吸附热/(kJ/mol)	
	A 型	X 型		A 型	X 型
1.0	81.6	77.0	11.0	63.6	62.4
2.0	71.2	71.6	12.0	63.2	62.0
3.0	68.2	68.2	13.0	62.0	61.5
4.0	66.1	66.1	14.0	56.5	59.9
5.0	64.9	65.7	15.0	49.8	56.9
6.0	63.6	66.6	16.0	46.9	56.1
7.0	63.2	64.5	17.0	—	55.3
8.0	62.8	63.2	18.0	—	49.8
9.0	62.8	62.8	19.0	—	
10.0	63.2	62.8			

吸附热大小与吸附能力的强弱有关，因此，可以用来评价吸附质和沸石之间的作用力的强弱，有助于在分离混合物时选择适宜的沸石类型以及设计吸附塔时计算能量平衡。

惰性气体和甲烷在沸石上的吸附热很小。例如在 NaA 型沸石上，氖的吸附热为 4.6kJ/mol(280K)，氩约为 11.7kJ/mol(280K)；在 CaA 型沸石上，氩的吸附热为 19.3kJ/mol(315K)，甲烷约为 11.7kJ/mol(290K)。

表 3-2-17 中列出了一些流体分子在 NaX 型沸石上的吸附热数据，吸附热的差别表现出吸附性质不同的影响。

表 3-2-17 在 NaX 型沸石上的吸附热

吸附质	C_2H_4	C_6H_6	N_2	CO_2	$(CH_3)_2O$
吸附热/(kJ/mol)	37.3	75.3	20.9	41.9	68.6
吸附质	$(C_3H_5)_2O$	CH_3NO_2	CH_3CN	H_2O	CH_3OH
吸附热/(kJ/mol)	87.9	83.3	41.9	77.4	77.0
吸附质	C_2H_5OH	C_3H_7OH	n-C_4H_9OH	NH_3	CH_3NH_2
吸附热/(kJ/mol)	87.5	97.1	108.8	67.0	75.3

表 3-2-18 为一些流体分子在 NaX 型和 NaY 型沸石上的吸附热数据，由此可看出阳离子密度和吸附热之间的关系，NaY 型沸石较 NaX 型沸石中阳离子密度小，吸附热也较小。

表 3-2-18 X 型和 Y 型沸石上的吸附热

沸石 \ 吸附质	CH_4	CO	C_2H_6	C_2H_4	C_3H_8	C_3H_6	n-C_4H_{10}
NaX	18.8	28.9	26.0	41.4	33.5	46.5	41.4
NaY	17.8	27.2	24.3	34.7	29.7	45.2	37.3

沸石中的阳离子不同，吸附热也会发生变化。乙烷、乙烯在不同阳离子 X 型沸石上的吸附热如表 3-2-19 所列。从表可看出，对含 π 电子或永久偶极矩的分子如乙烯分子，沸石中的阳离子越小，吸附作用力越强，吸附热就越大，表现为吸附热随沸石中阳离子半径的增

大而减小。而对饱和烃类，吸附作用力主要是弥散力，因此，吸附作用力随着沸石中阳离子半径的增大而增强，表现为吸附热随阳离子半径的增大而增大。

表 3-2-19　X 型沸石上的吸附热

沸　石	阳离子半径/10^{-1}nm	吸附热/(kJ/mol)	
		C_2H_6	C_2H_4
LiX	0.78	23.0	37.3
NaX	0.98	26.0	38.5
KX	1.33	26.8	32.6
RbX	1.49	27.6	32.6
CsX	1.65	28.0	32.2

水在分子筛及其他吸附剂上的吸附等温线见图 3-2-22 和图 3-2-23。分子筛再生后的残留水分见图 3-2-24。

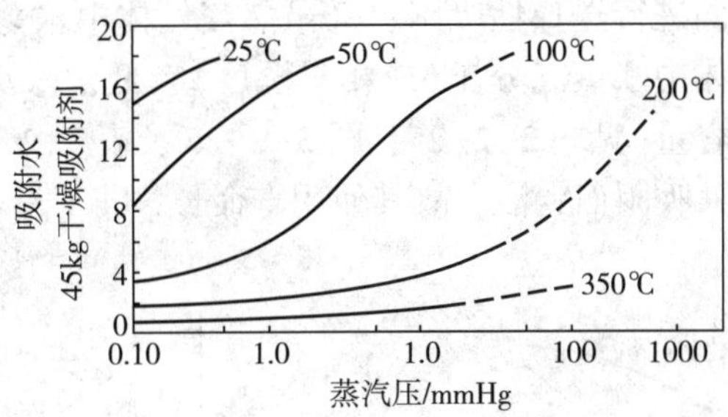

图 3-2-22　水在 4A 型分子筛上吸附的等温线

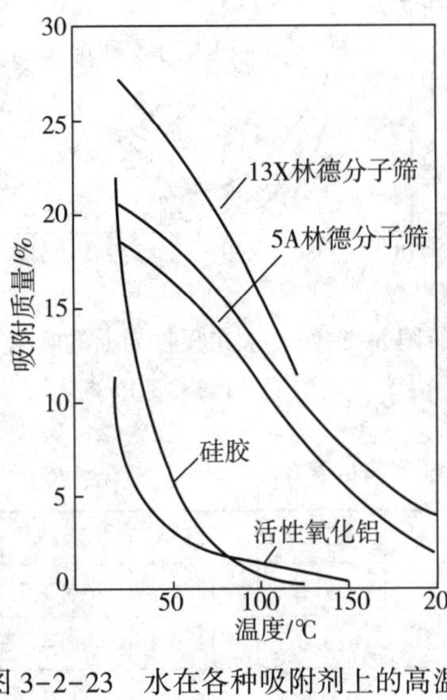

图 3-2-23　水在各种吸附剂上的高温吸附等温线(10mmHg)

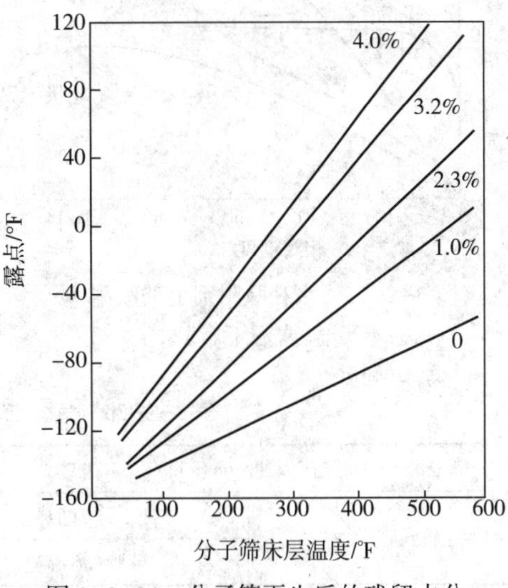

图 3-2-24　分子筛再生后的残留水分

4. 复合吸附剂

复合吸附剂是同时使用两种或两种以上的吸附剂。

如果使用复合吸附剂的目的只是脱水，通常将硅胶或活性氧化铝与分子筛在同一干燥器内串联使用，即湿原料气先通过上部的硅胶或活性氧化铝床层，再通过下部的分子筛床层。

目前，天然气脱水普遍使用活性氧化铝和4A分子筛串联的双床层，其特点是：①湿气先通过上部活性氧化铝床层脱除大部分水分，再通过下部分子筛床层深度脱水从而获得很低露点。这样，既可以减少投资，又可保证干气露点。②当气体中携带液态水、液烃、缓蚀剂和胺类化合物时，位于上部的活性氧化铝床层除用于气体脱水外，还可作为下部分子筛床层的保护层。③活性氧化铝再生时的能耗比分子筛低。④活性氧化铝的价格较低。在复合吸附剂床层中活性氧化铝与分子筛用量的最佳比例取决于原料气流量、温度、水含量和组成、干气露点要求、再生气组成和温度以及吸附剂的形状和规格等。

如果同时脱除天然气中的水分和少量硫醇，则可将两种不同用途的分子筛床层串联布置，即含硫醇的湿原料气先通过上部脱水的分子筛床层，再通过下部脱硫醇的分子筛床层，从而达到脱水脱硫醇的目的。

(二)吸附剂的选择

通常，应从脱水要求、使用条件和寿命、设计湿容量以及价格等方面选择吸附剂。

与活性氧化铝、硅胶相比，分子筛用作干燥剂时具有以下特点：①吸附选择性强，即可按物质分子大小和极性不同进行选择性吸附；②虽然当气体中水蒸气分压(或相对湿度)高时其湿容量较小，但当气体中水蒸气分压(或相对湿度)较低，以及在高温和高气速等苛刻条件下，则具有较高的湿容量(见图3-2-25、图3-2-26及表3-2-20)；③由于可以选择性地吸附水，可避免因重烃共吸附而失活，故其使用寿命长；④不易被液态水破坏；⑤再生时能耗高；⑥价格较高。

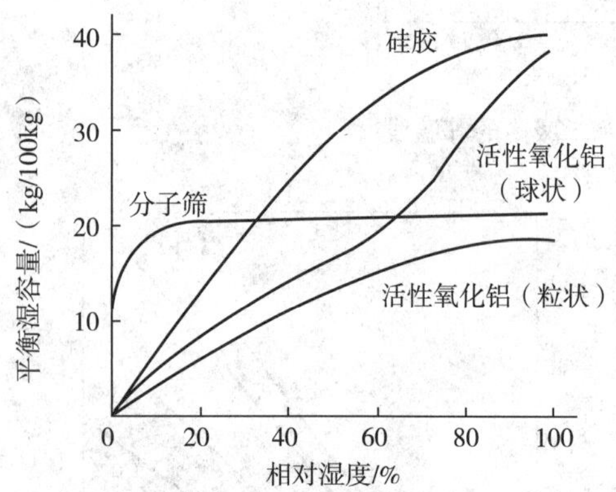

图3-2-25 水在吸附剂上的吸附等温(常温下)线

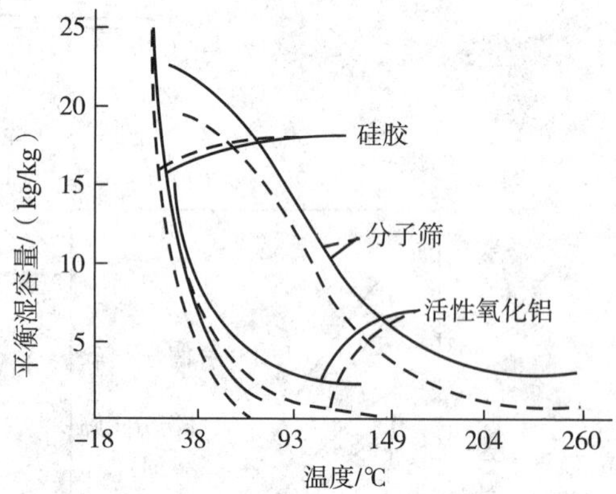

图3-2-26 水在吸收剂上的吸附等压线(1.3332kPa)

表3-2-20 气体流速对吸附剂湿容量的影响

气体流速/(m/min)		15	20	25	30	35
吸附剂湿容量/%	分子筛(绝热)	17.6	17.2	17.1	16.7	16.5
	硅胶(恒温)	15.2	13.0	11.6	10.4	9.6

由图3-2-25可知，当相对湿度小于30%时，分子筛的平衡湿容量比其他干燥剂都高，这表明分子筛特别适用于气体深度脱水。此外，虽然在相对湿度较大时硅胶的平衡湿容量比较高，但这是指静态吸附而言。天然气脱水是在动态条件下进行的，这时分子筛的湿容量则可超过其他干燥剂。表3-2-20就是在压力为0.1MPa和气体入口温度为25℃、相对湿度为50%时不同气速下分子筛与硅胶湿容量(质量分数)的比较。图3-2-26则是水在几种干燥剂

上的吸附等压线(即在1.3332kPa水蒸气分压下处于不同温度时的平衡湿容量)。图中虚线表示干燥剂在吸附开始时有2%残余水的影响。由图3-2-26可知，在较高温度下分子筛仍保持有相当高的吸附能力。

由此可知，对于相对湿度大或水含量高的气体，最好先用活性氧化铝、硅胶预脱水，然后再用分子筛脱除气体中的剩余水分，以达到深度脱水的目的。或者，先用三甘醇脱除大量的水分，再用分子筛深度脱水。这样，既保证了脱水要求，又避免了在气体相对湿度大或水含量高时由于分子筛湿容量较小，需要频繁再生的缺点。由于分子筛价格较高，故对于低含硫气体，当脱水要求不高时，也可只采用活性氧化铝或硅胶脱水。如果同时脱水脱硫醇，则可选用两种不同用途的分子筛。

二、固体吸附剂脱水工艺及设备

(一)固体吸附剂脱水工艺流程

固体吸附剂脱水适用于干气露点要求较低的场合。在天然气处理与加工过程中，有时是专门设置吸附法脱水装置(当湿气中含酸性组分时，通常是先脱硫)对湿气进行脱水，有时吸附法脱水则是采用深冷分离的天然气气液回收装置中的一个组成部分。采用不同吸附剂的天然气脱水工艺流程基本相同，干燥器(吸附塔)都采用固定床。由于吸附剂床层在脱水操作中被水饱和后需要再生，故为了保证装置连续操作至少需要两个干燥器。在两塔(即两个干燥器)流程中，一个干燥器进行脱水，另一个干燥器进行再生(加热和冷却)，然后切换操作；在三塔或多塔流程中，切换流程则有所不同。

干燥器再生用气可以是湿气也可以是脱水后的干气。

图3-2-27为采用湿气或干气作再生气时脱水操作中干气露点的比较。当采用湿气作再生气时，图3-2-27(a)中的*AB*线为吸附周期脱水操作的等温线。吸附剂的水含量由吸附开始时(*A*点)的0.2%(质量分数)增加到吸附饱和时(*B*点)的水含量。当吸附剂采用湿气进行再生时，表示床层加热过程的*BC*取决于在此湿气露点(38℃)线上的加热温度(204℃)。当用湿气进行冷却时，假定床层温度由204℃降低至38℃时整个床层的水含量不变(1.2%，质量分数)。由图3-2-27(a)可知，即使床层在再生时加热到204℃，脱水操作中出口干气的露点最低仅为-39℃。

采用干气作再生气时，脱水操作中出口干气的露点可以达到很低值，如图3-2-27(b)所示。同样，图中*AB*线表示脱水操作的等温线。然而，由于采用干气作再生气，在加热过程中一方面床层温度由38℃增加到204℃，另一方面床层出口气体(再生气加上脱除的水蒸气)的露点由38℃降到-29℃，表示加热过程的*BC*线为一斜线。和湿气一样，用干气冷却床层时床层上吸附剂的水含量0.003%(质量分数)也保持不变。采用干气作再生气时，脱水操作中的出口干气的露点可低至-76℃。

由图3-2-27还可看出，加热温度越高，再生后床层上吸附剂的残余水含量就越低，因而在吸附周期脱水操作时出口干气的露点也降低。但是，加热温度越高，加热所需能耗就越高，而且吸附剂的使用寿命也会减少。因而，应在保证出口干气的露点要求下，选择合理的加热温度。

采用不同来源再生气的吸附脱水工艺流程如下所述：

1. 采用湿气(或进料气)作再生气

吸附脱水工艺流程由脱水(吸附)与再生2部分组成。采用湿气或进料气作再生气的吸附脱水工艺流程如图3-2-28所示。

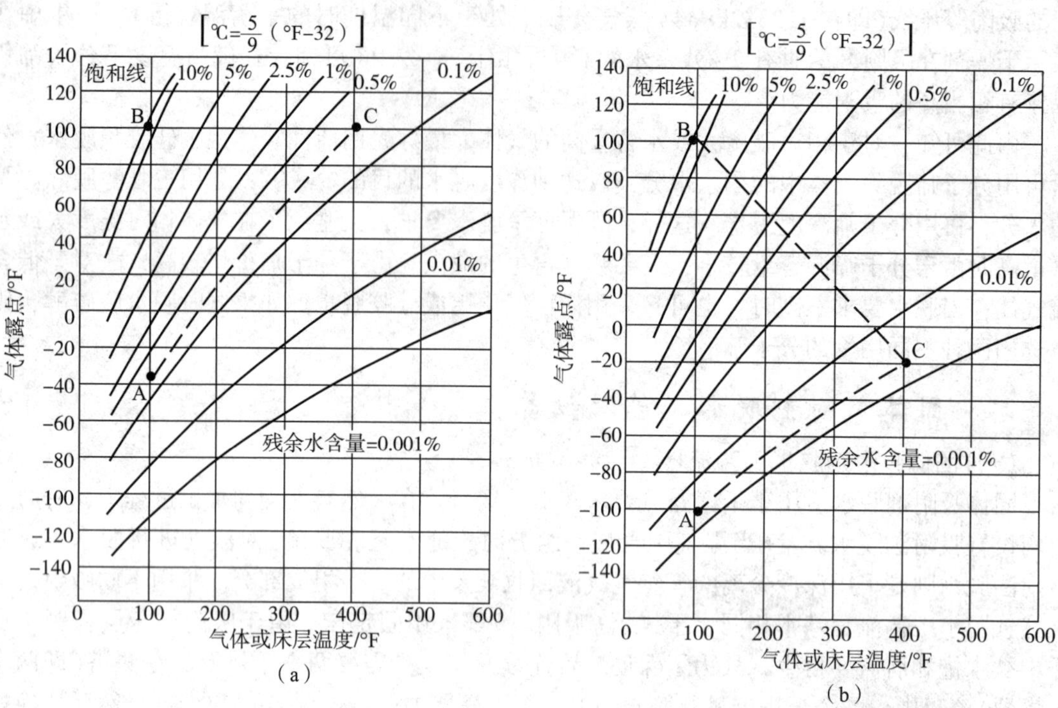

图 3-2-27 F200 活性氧化铝在不同水含量、不同再生加热温度时可能达到的露点

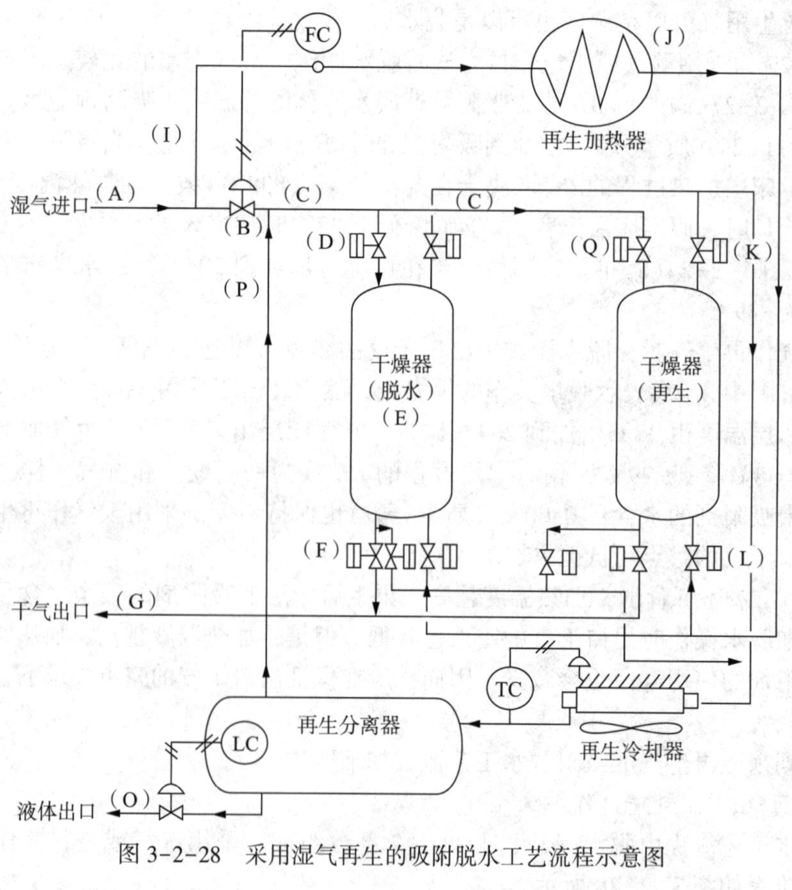

图 3-2-28 采用湿气再生的吸附脱水工艺流程示意图

湿气一般是经过一个进口气涤器或分离器(图中未画出)，除去所携带的液体与固体杂质后分为两路：小部分湿气经再生气加热器加热后作为再生气；大部分湿气去干燥器脱水；由于在脱水操作时干燥器内的气速很大，故气体通常是自上而下流过吸附剂床层，这样可以减少高速气流对吸附剂床层的扰动。气体在干燥器内流经固体吸附剂床层时，其中的水蒸气被吸附剂选择性吸附，直至气体中的水含量与所接触的固体吸附剂达到平衡为止，通常，只需要几秒钟就可以达到平衡，由干燥器底部流出的干气出装置外输。

在脱水操作中，干燥器内的吸附剂床层不断吸附气体中的水蒸气直至最后整个床层达到饱和，此时就不能再对湿气进行脱水。因此，在吸附剂床层未达到饱和之前就要进行切换(图中为自动切换)，即将湿气改为进入已再生好的另一个干燥器，而刚完成脱水操作的干燥器则改用热再生气进行再生，再生用的气量一般约占进料气的5%~10%，经再生气加热器加热至232~315℃后进入干燥器。热的再生气由下而上通过吸附床层将床层加热，并使水从吸附剂上脱附。脱附出来的水蒸气随再生气一起离开吸附剂床层后进入再生气冷却器，大部分水蒸气在冷却器中冷凝下来，并在再生气分离器中除去，分出的再生气与进料湿气汇合后又去进行脱水。加热后的吸附剂床层由于温度较高，在重新进行脱水操作之前必须先用未加热的湿气冷却至一定温度后才能切换，但是，冷却湿气采用自上而下流过床层，这样可以避免冷却湿气中的水蒸气不被床层下部干燥剂吸附，从而最大限度地降低脱水周期中出口干气露点。

在流程中，脱水时湿气由上而下通过吸附塔，使流动气体对吸附床层的扰动降至最低，允许有较大的气体流速，减小塔径和造价。湿气向下流动。还使顶层吸附剂长期处于饱和或过饱和状态，与兼起承重作用的底层吸附剂相比，顶层吸附剂容易破碎，保护了底层吸附剂。若湿气向上流动，将使吸附床层膨胀、吸附剂流化，使吸附剂颗粒产生无序运动，磨损并使颗粒破碎，缩短吸附剂寿命。

2. 采用干气作再生气

图3-2-28中采用湿气作为再生加热气与冷却气(冷吹气)，也可采用脱水后的干气作为再生加热气与冷却气。再生气加热器可以是采用直接燃烧的加热炉，也可以是采用热油、水蒸气或其他热源的间接加热器。再生干气自下而上流过干燥器，这样，一方面可以脱除靠近干燥器床层上部被吸附的物质，并使其不流过整个床层，另一方面可以确保与湿进料气最后接触的下部床层得到充分再生，而下部床层的再生效果直接影响流出床层的干气露点。同湿气冷却一样，冷却干气同样采用自上而下流过干燥气，

采用干气作再生气的吸附脱水工艺流程如图3-2-29所示。图3-2-29中的湿气脱水流程与图3-2-28相同，但是，由干燥器脱水后的干气有一小部分经增压(一般增压0.28~0.35MPa)与加热后作为再生气去干燥器，使水从吸附剂上脱附。脱附出来的水蒸气随再生气一起离开吸附剂床层后经过再生气冷却器与分离器，将水蒸气冷凝下来的液态水脱除。由于此时分出的气体是湿气，故与进料湿气汇合后又去进行脱水。

除了采用吸附脱水后的干气作为再生气外，还可采用其他来源的干气(例如，采用天然气气液回收装置脱甲烷塔塔顶气)作为再生气。这种再生气的压力通常比图3-2-28中的干气压力要低得多，故在这种情况下脱水压力远远高于再生压力。因此，当干燥器完成脱水操作后，先要进行降压，然后再用低压干气进行再生。

(二)工艺参数选择

1. 吸附周期

干燥器吸附剂床层的吸附周期(脱水周期)应根据湿气中水含量、床层空塔流速和高径

比(不应小于 2.5)、再生能耗、吸附剂寿命等进行综合比较后确定。对于两塔流程，干燥器床层吸附周期一般设计为 8~24h，通常取吸附周期 8~12h。如果进料气中的相对湿度小于 100%，吸附周期可大于 12h。吸附周期长，意味着再生次数较少，吸附剂寿命较长，但因床层较长，投资较高。对于压力不高、水含量较大的天然气脱水，为避免干燥器尺寸过大，耗用吸附剂过多，吸附周期宜小于等于 8h。

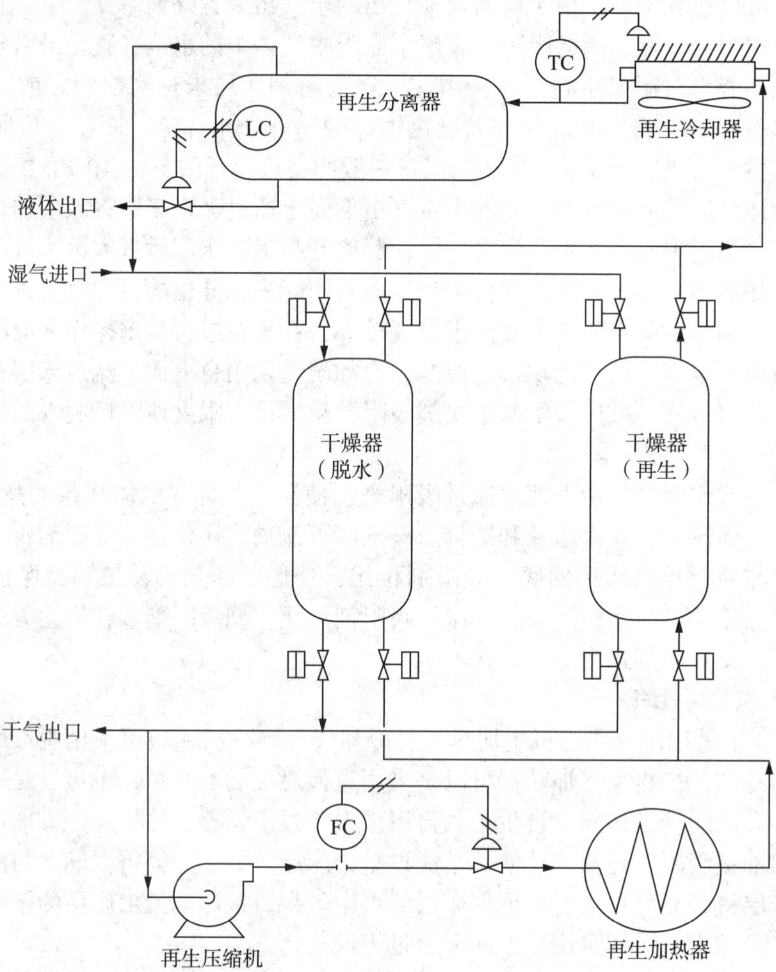

图 3-2-29 采用干气再生的吸附脱水工艺流程示意图

2. 湿气进干燥器温度

如前所述，吸附剂的湿容量与吸附温度有关，即湿气进口温度越高，吸附剂的湿容量越小。为保证吸附剂有较高的湿容量，故进床层的湿气温度最高不要超过 50℃。

3. 再生加热与冷却温度

再生加热温度是指吸附剂床层在再生加热时最后达到的最高温度，通常近似取此时再生气出吸附剂床层的温度、再生加热温度越高，再生后吸附剂的湿容量也越高，但其有效使用寿命越短。再生加热温度与再生气进干燥器的温度有关，而再生气进口温度则应根据脱水深度确定。对于分子筛，其值一般为 232~315℃；对于硅胶其值一般为 234~245℃。对于活性氧化铝，介于硅胶与分子筛之间，并接近分子筛之值。

图 3-2-30 为采用双塔流程的吸附脱水装置典型 8h 再生周期(包括加热与冷却)的温度变化曲线。曲线 1 表示再生气进干燥器的温度 T_H，曲线 2 表示加热和冷却过程中出干燥器的气体温度，曲线 3 则表示进料湿气温度。

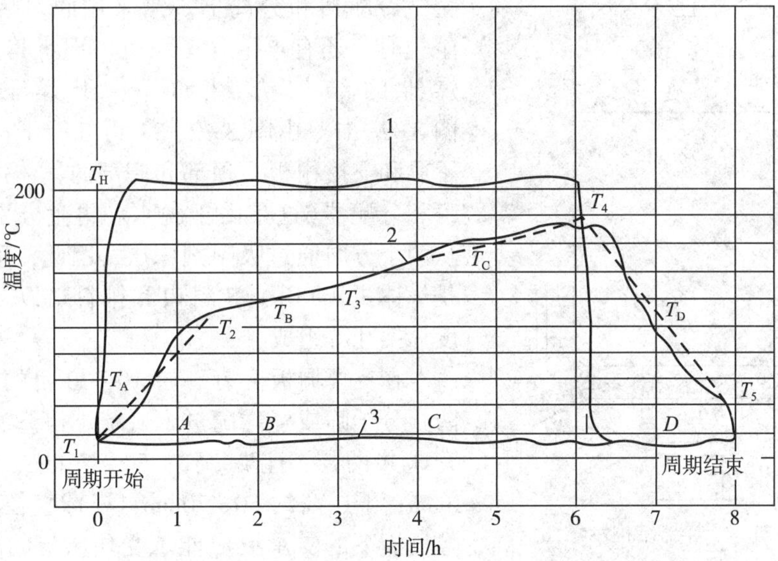

图 3-2-30　再生加热与冷却过程温度变化曲线

由图 3-2-30 可知，再生开始时热再生气进入干燥器加热床层及容器，出床层的气体温度逐渐由 T_1 升至 T_2，大约在 116～120℃时床层中吸附的水分开始大量脱附，所以此时升温比较缓慢。设计中可假定大约在 121～125℃的温度下脱除全部水分。待水分全部脱除后，继续加热床层以脱除不易脱附的重烃和污物。当再生时间在 4h 或 4h 以上，离开干燥器的气体出口温度达到 180～230℃时床层加热完毕。热再生气温度 T_H 至少应比再生加热过程中所要求的最终离开床层的气体出口温度 T_4 高 19～55℃，一般为 38℃。然后，将冷却气通过床层进行冷却，当床层温度大约降至 50℃时停止冷却。因为，如果冷却温度过高，由于床层温度较高，吸附剂湿容量将会降低；反之，如果冷却温度过低，当像图 3-2-28 那样采用湿气作再生气时，将会使吸附剂(尤其是床层上部吸附剂)被冷却气中的水蒸气预饱和，在一些要求深度脱水的天然气液回收装置中，为了避免吸附剂床层在冷却时被水蒸气预饱和，在其脱水系统中多采用脱水后的干气或其他来源干气作冷却气。有时，还可将冷却用的干气自上而下流过吸附剂床层，使冷却气中所含的少量水蒸气被床层上部的吸附剂吸附，从而最大限度地降低吸附周期中出口干气的水含量。

4. 加热与冷却时间分配

加热时间是指在再生周期中从开始用再生气加热吸附剂床层到床层达到最高温度(有时，在此温度下还保持一段时间)的时间。同样，冷却时间是指加热完毕的吸附剂从开始用冷却气冷却到床层温度降低到指定值(例如 50℃左右)的时间。

对于采用两塔流程的吸附脱水装置，吸附剂床层的加热时间一般是再生周期的 55%～65%。对于 8h 的吸附周期而言，再生周期的时间分配大致是：加热时间 4.5h；冷却时间 3h；备用和切换时间 0.5h。

自 20 世纪 80 年代末期以来，国内陆续引进了几套处理量较大的天然气液回收装置，这些装置中的脱水系统均采用分子筛干燥器。

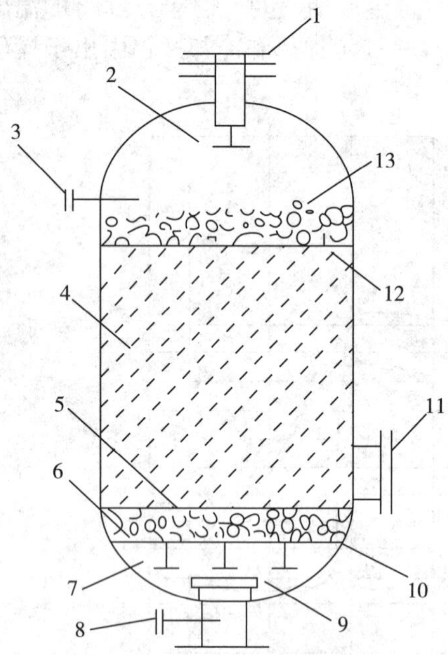

图3-2-31　干燥器结构示意图

1—入口喷嘴/装料口；2、9—挡板；3、8—取样口及温度计插口；4—分子筛；5、13—陶瓷球或石块；6—滤网；7—支持梁；10—支撑栅；11—排料口；12—浮动滤网

（三）干燥器结构

固体吸附剂脱水装置的设备包括进口气涤器（分离器）、干燥器、过滤器、再生气加热器、再生气冷却器和分离器。当采用脱水后的干气作再生气时，还有再生气压缩机。现将其主要设备-干燥器的结构介绍如下；干燥器的结构见图3-2-31。由图3-2-31可知，干燥器由床层支承梁和支撑栅板、顶部和底部的气体进口、出口管嘴和分配器（这是由于脱水和再生分别是两股物流从两个方向通过吸附剂床层，因此，顶部和底部都是气体进出口）、装料口和排料口以及取样口、温度计插孔等组成。

在支撑栅板上有一层10~20目的不锈钢滤网，防止分子筛或瓷球随进入气流下沉。滤网上放置的瓷球共两层，上层高约50~75mm，瓷球直径为6mm；下层高约50~70mm，瓷球直径为12mm。支撑栅板下的支承梁应能承受住床层的静载荷（吸附剂等的质量）及动载荷（气体流动压降）。

分配器（有时还有挡板）的作用是使进入干燥器的气体（尤其是从顶部进入的湿气，其流量很大）以径向、低速流向吸附剂床层。床层顶部也放置有瓷球，高约100~150mm，瓷球直径为12~50mm。瓷球层下面是一层起支托作用的不锈钢浮动滤网。这层瓷球的作用主要是改善进口气流的分布并防止因涡流引起吸附剂的移动与破碎。

由于吸附剂床层在再生时温度较高，故干燥器需要进行保温。器壁外保温比较容易，但内保温可以降低大约30%的再生能耗。然而，一旦内保温的衬里发生龟裂，湿气就会走短路而不经过床层。

干燥器的吸附剂床层中装填有吸附剂。吸附剂的大小和形状应根据吸附质不同而异。对于天然气脱水，可采用$\phi 3$~$\phi 8$mm的球状分子筛。

干燥器的尺寸会影响吸附剂床层压降，一般情况下，对于气体吸附来讲，其最小床层高径比为2.5∶1。

三、吸附法脱水工艺的应用

与吸收法脱水相比，吸附法脱水适用于要求干气露点较低的场合，尤其是分子筛，常用于采用深冷分离的NGL回收、天然气液化及汽车用压缩天然气的生产（CNG加气站）等过程中。

1. NGL回收装置中的天然气脱水

由于这类装置需要在低温（对于采用浅冷分离的NGL回收装置，一般在-35~-15℃；对于采用深冷分离的NGL回收装置，一般低于-45℃，最低达-100℃以下）回收和分离NGL，为了防止在装置的低温系统形成水合物和冰堵，故须采用吸附法脱水。此时，吸附法脱水设施是 NGL 回收装置中的一个组成部分，其工艺流程见图 3-2-32 和图 3-2-33。脱水深度应根据装置中天然气的冷冻温度有所不同，对于采用深冷分离的 NGL 回收装置，通常都要求干气水含量低至 1×10^{-6}(体积分数，下同)或 0.748mg/m³，约相当于干气露点为-76℃。

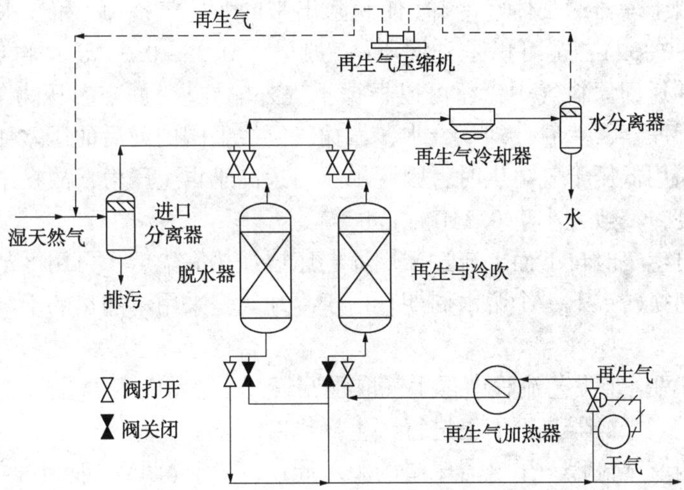

图 3-2-32　吸附法脱水双塔工艺流程图

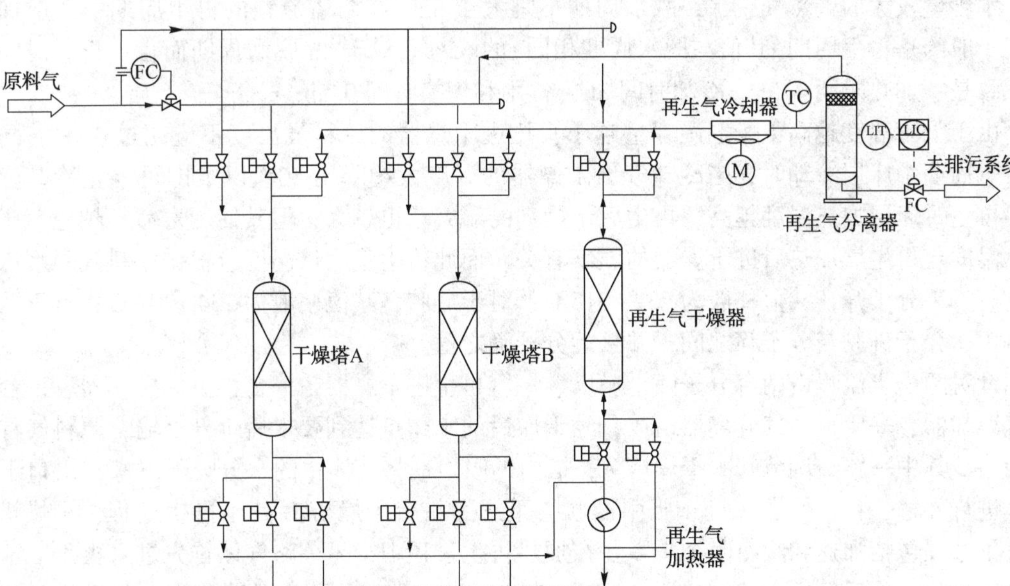

图 3-2-33　吸附法脱水两塔半工艺流程图

1）工艺流程

图 3-2-32 为采用深冷分离的 NGL 回收装置中的气体脱水工艺流程。干燥器（吸附塔）均采用固定床。由于床层中的干燥剂在吸附气体中的水蒸气达到一定程度后需要再生，为保证装置连续操作，故至少需要两台干燥器。在图 3-2-32 的两塔（即两台干燥器）和图 3-2-33 的两塔半（即两台干燥器和一台再生气干燥器）流程中，一台干燥器进行原料气脱水（上进下出，以减少气流对床层的扰动），另一台干燥器进行吸附剂再生（再生气下进上出，对床层

依照一定时间进行加热和冷却)，然后切换操作。

干燥器再生用气可以是湿原料气，也可以是脱水后的高压干气或外来的低压干气(例如用NGL回收装置的脱甲烷塔塔顶气)。

当采用高压干气作再生气时，可以是直接加热后去干燥器将床层加热，并使水从吸附剂上脱附，再将流出干燥器的气体经冷却(使脱附出来的水蒸气冷凝)和分水，然后增压返回原料气中(见图3-2-32)；也可以是先增压(一般增压0.28~0.35MPa)再经加热去干燥器，然后冷却、分水并返回原料气中；还可以根据干气外输要求(露点、压力等)，再生气无须增压，经加热去干燥器，然后冷却、分水，靠输气管线上阀门前后的压差使这部分湿气与干气一起外输。当采用低压干气再生时，因脱水压力远高于再生压力，故在干燥器切换时应控制升压与降压速度，一般宜小于0.3MPa/min。

采用干气作再生气时自下而上流过干燥器，床层加热完毕后，再用冷却气使床层冷却至一定温度，然后切换转入下一个脱水周期。由于冷却气是采用不加热的干气，故一般也是下进上出。

图3-2-33的两塔半工艺流程中再生气取湿原料气，该湿气经再生气干燥器干燥后经再生气加热器加热进入干燥器自下而上进行再生操作。

对于两塔及两塔半流程，干燥器床层的脱水周期(吸附周期)一般为8~24h，通常取8~12h。如果要求干气露点较低时，对同一干燥器来讲其脱水周期应短一些。此外，对压力不高、水含量较大的天然气脱水，脱水周期不宜大于8h。在两塔流程的再生周期中床层加热时间一般约是再生周期(其值与脱水周期相同)的65%。对于8h脱水周期而言，再生时间分配大致是：加热时间4.5h，冷却时间3h，备用和切换时间0.5h。

由于吸附温度越高干燥剂湿容量越小，故进干燥器的原料气温度不应超过50℃。同理在再生周期中床层冷却时，当冷却气出干燥器的温度大约降至50℃以下即可停止冷却。此外，再生时床层加热温度越高，再生后干燥剂的湿容量也越大，但其使用寿命却越短。床层加热温度与再生气加热后进干燥器的温度有关，而此再生气入口温度应根据原料气脱水深度确定。对于分子筛，共值一般为232~315℃；对于硅胶，其值一般为234~245℃；对于活性氧化铝，介于硅胶与分子筛之间，并接近分子筛之值。

针对两塔半流程由两台分子筛干燥塔、一台再生塔干燥器、一台再生气换热器、一台再生气冷却器、一台再生气分离器组成，经干燥后的水露点达到要求后干气外输；原料气首先成两路，其中一路经调节阀去干燥塔A，塔内的吸附剂将气体中的水分吸附下来，出口干燥气体进行外输，在干燥塔A处于吸附的状态下，另一台干燥塔B处于再生过程，干燥塔B的再生过程包括加热和吹冷两个步骤：在加热再生过程中，另一路气体首先进入再生塔干燥器进行吸附，然后经再生气加热器升温至250℃左右，进入分子筛干燥塔B上部后经下部排出，吸附剂升温后，被吸附的水分得以解吸出来，解吸气经再生气冷却器冷却后进入再生气分离器分离出水，气相再次返回原料气管线内，然后进入干燥塔A。即为干燥塔B再生过程。

在吹冷过程中，再生气进入干燥塔B，将塔内温度吸附剂降至常温后入再生气加热器加热至200~220℃后进入再生气干燥器，对其中的吸附剂进行加热再生，经再生气冷却器冷却至约40℃，后进入再生气分离器分离出水，气相再次返回原料气管线内，然后进入干燥塔A。当再生加热过程中出塔气体温度达到温度设定值时即停止加热。干燥塔B完成再生后，切换到干燥塔A，即B塔吸附，A塔再生，如此循环。

2）主要设备

主要设备有干燥器、再生气加热器、冷却器及分离器。当采用脱水后的干气作再生气时，还有再生气压缩机。现将干燥器的结构介绍如下。

干燥器的结构见图 3-2-21。前面已对其进行详细介绍，此处不再赘述。

吸附剂的形状、大小应根据吸附质不同而异。对于天然气脱水，通常使用的分子筛颗粒是球状和条状（圆形或三叶草形截面）。常用的球状规格是 $\phi3\sim\phi8$mm，条状（即圆柱状）规格是 $\phi1.6\sim\phi3.2$mm。气体通过干燥剂床层的设计压降一般应小于 35kPa，最好不大于 55kPa。

20 世纪 80 年代末期以来，我国陆续引进了几套处理量较大且采用深冷分离的 NGL 回收装置，其工艺流程见本书第四编图 4-1-8、图 4-1-9。这些装置的气体脱水系统均采用分子筛吸附工艺，主要工艺参数见表 3-2-21。

表 3-2-21　几套引进装置的分子筛干燥器工艺参数

处理厂名称	大庆莎南深冷厂	中原第三气体处理厂	辽河 $120\times10^4m^3/d$	辽河 $200\times10^4m^3/d$
处理量/(m^3/h)	29480	41670	50000	83330
脱水负荷/(kg/h)	42.1	37.5	65.5	
干燥器台数/台	2	2	2	2
分子筛产地	德(美)国	德(美)国	日本	美国
分子筛型号	4A	4A	4A	4A
分子筛形状/尺寸/mm	球状/$\phi3\sim\phi5$	球状/$\phi3\sim\phi5$	条状	球状/$\phi3\sim\phi5$
分子筛堆积密度/(kg/m^3)	660	660	710	640
分子筛床层高度/m	3.1	2.57	3.528	3.05
分子筛湿容量/%	7.88	7.79	8.22	
分子筛使用寿命/a	2	4	2~3	2
吸附周期/h	8	8	8	8
吸附温度/℃	38	27	35	15
吸附压力(绝压)/MPa	4.2	4.4	3.5	1.9
原料气水含量	饱和	饱和	饱和	饱和
干气水含量/10^{-6}	≈1	≈1	≈1	≈1
再生气入口温度/℃	230	240	290	310
再生气出床层温度/℃	180	180	—	240
再生气压力/MPa	1.95	1.23	0.72	—
外输气压力/MPa		1.2	0.9	0.8
床层降压时间/min	20	20	—	—
床层吹扫时间/min	20	20	—	—
床层加热时间/min	222	260	—	—
床层冷却时间/min	156	140	—	—
床层升压时间/min	20	20	—	—

续表

处理厂名称	大庆莎南深冷厂	中原第三气体处理厂	辽河 $120\times10^4m^3/d$	辽河 $200\times10^4m^3/d$
两床平行运行时间/min	30	10	—	—
阀门总切换时间/min	12	10	—	—
干燥器直径/m	1.6	1.7	1.9	2.591
操作状态下空塔流速/(m/s)	0.1017	0.1115	0.1421	0.2408

这里需要说明的是，设计选用的有效湿容量最好由干燥剂制造厂提供，若无此数据时，也可选取表3-2-22中的数据。此表适用于清洁含饱和水的高压天然气脱水，干气露点可达-40℃以下。当要求露点更低时，因床层下部的气体相对湿度小吸附推动力也小，干燥剂湿容量相应降低，故应选用较低的有效湿容量。

表3-2-22 设计选用的干燥剂有效湿容量

干燥剂	活性氧化铝	硅胶	分子筛
有效湿容量/(kg/100kg)	4~7	7~9	9~12

天然气液化装置中脱水系统的工艺流程与上述介绍基本相同，此处不再多述。

2. CNG加气站中的天然气脱水

原料气一般为由输气管线来的天然气，在加气站中加压至20~25MPa并冷却至常温后，再在站内储存与加气。灌加在高压气瓶(约20MPa)中的CNG，用作燃料时须从高压经二级或三级减压降至常压或负压(-70~-50kPa)，再与空气混合后进入汽车发动机中燃烧。由于减压时有节流效应，气体温度将会降至-30℃以下。为防止气体在高压与常温(尤其是在寒冷环境)或节流后的低温下形成水合物和冰堵，故必须在加气站中对原料气进行深度脱水。

CNG加气站中的天然气脱水虽也采用吸附法，但与采用深冷分离的NGL回收装置中脱水系统相比，它具有以下特点：①处理量很小；②生产过程不连续，而且多在白天加气；③原料气一般已在上游经过净化，露点通常已符合管输要求，故其相对湿度大多小于100%。

据了解，CNG加气站中气体脱水用的干燥剂在美国多为分子筛，俄罗斯以往多用硅胶，目前也用分子筛，而在我国则普遍采用分子筛。脱水后干气的露点或水含量，根据各国乃至不同地区的具体情况而异。我国石油天然气行业标准《车用压缩天然气》(GB 18047—2000)中规定，车用CNG的水露点在最高操作压力下，不应高于-13℃；当最低气温低于-8℃，水露点应比最低气温低5℃。因此，CNG的脱水深度通常也用其在储存压力下的水露点或用其脱水后的水含量来表示。

CNG加气站中的脱水装置按其在加气站工艺流程中的位置不同可分为低压脱水(压缩机前脱水)、中压脱水(压缩机级间)及高压脱水(压缩机后)3种，即当进加气站的天然气需要脱水时，脱水可在增压前(前置)、增压间(级间)或增压后(后置)进行。脱水装置的设置位置应按下列条件确定：①所选用的压缩机在运行中，其机体限制冷凝水的生成量，且天然气的进站压力能克服脱水系统等阻力时，应将脱水装置设置在压缩机前；②所选用的压缩机在运行中，其机体不限制冷凝水的生成量，并有可靠的导出措施时，可将脱水装置设置在压缩机后；③所选用的压缩机在运行中，允许从压缩机的级间导出天然气进行脱水时，宜将脱水装置设置在压缩机的级间。此外，压缩机汽缸采用的润滑方式(无油或注油润滑)也是确定脱水装置在流程中位置时需要考虑的因素。

在增压前脱水时，再生用的天然气宜采用进站天然气经电加热、吸附剂再生、冷却和气液分离后，再经增压进入天然气脱水系统。在增压后或增压间脱水时，再生用的天然气宜采用脱除游离液(水分和油分)后的压缩天然气，并应由电加热控制系统温度。再生后的天然气宜经冷却、气液分离后进入压缩机的进口。

低、中、高压脱水方式各有优缺点。高压脱水在需要深度脱水时具有优势，但高、中压脱水需要对压缩机进行必要的保护，否则会因含水蒸气的天然气进入压缩机而导致故障。

天然气脱水装置设置在压缩机后或压缩机级间时，压缩天然气进入脱水装置前，应先经过冷却、气液分离和除油过滤，以脱除游离的水分和油分。

1)美国空气产品公司 CNG 加气站天然气脱水装置

美国空气产品公司 PPC 生产的 CNG 加气站天然气脱水装置工艺流程见图 3-2-33。不同型号脱水装置的性能见表 3-2-23。

表 3-2-23　PPC 生产的 CNG 加气站脱水装置性能

装置型号	T80	T150	T225	T500	T750
干燥器外径/m	0.219	0.273	0.324	0.406	0.508
分子筛装填量/kg	19.1	34	58.1	92.1	144.2
原料气处理量/(m^3/h)	340	680~1000	850~1700	1360~2800	2200~4400
系统压降①/kPa	52.4	87.6	49.6	86.9	114.5
原料气压力/MPa	0.28~1.38				
原料气水含量②/(g/m^3)	0.110				
原料气温度/℃	21.1				
干气水露点(压力下)/℃	-51.1~-73.3				
再生方式	闭路循环				
冷却方式	空冷				
风机类型	密闭容积式				
再生温度/℃	204				
脱水时间③/h	24	27	33	33	33
再生时间③/h	24	27	33	33	33
环境温度③/℃	29.4				
供电电源/V/相/Hz	460/3/60				
耗电量⑤/(kW·h/d)	8	11	15	26	39
比耗电量/(kW·h/kg 水)	8.9	5	4.5	4.7	4.5
装置尺寸(长×宽×高)/m	1.219×1.524×2.540	1.219×1.524×2.540	1.422×1.524×2.794	1.524×1.651×3.378	1.575×1.702×3.378
付运质量/t	0.862	0.907	1.089	1.588	1.928

注：①压降值按最大原料气流量及入口条件为 0.69MPa、21.1℃计，包括经过过滤器的压降。

②原料气水含量变化只会随每个周期时间改变，并不影响原料气流量，其确切值可向制造厂咨询。

③表中每个周期时间是近似的，系按原料气入口条件为 0.69MPa、21.1℃及水含量为 0.110g/m^3 计。

④如环境温度较低(例如冬季)，干气在压力下水露点可达-73.3℃。

⑤耗电量也是近似的，系按原料气入口条件为 0.69MPa、21.1℃及水含量为 0.110g/m^3 计。

由图3-2-34可知，原料气先经过一个装有聚结元件的预过滤器，除去携带的游离液后经阀V1进入左侧的干燥器，由上而下流过分子筛床层深度脱水。干气从干燥器底部流出经阀V7至后过滤器，除去气体中携带的分子筛粉尘后，再由压缩机增压至所需加气压力。

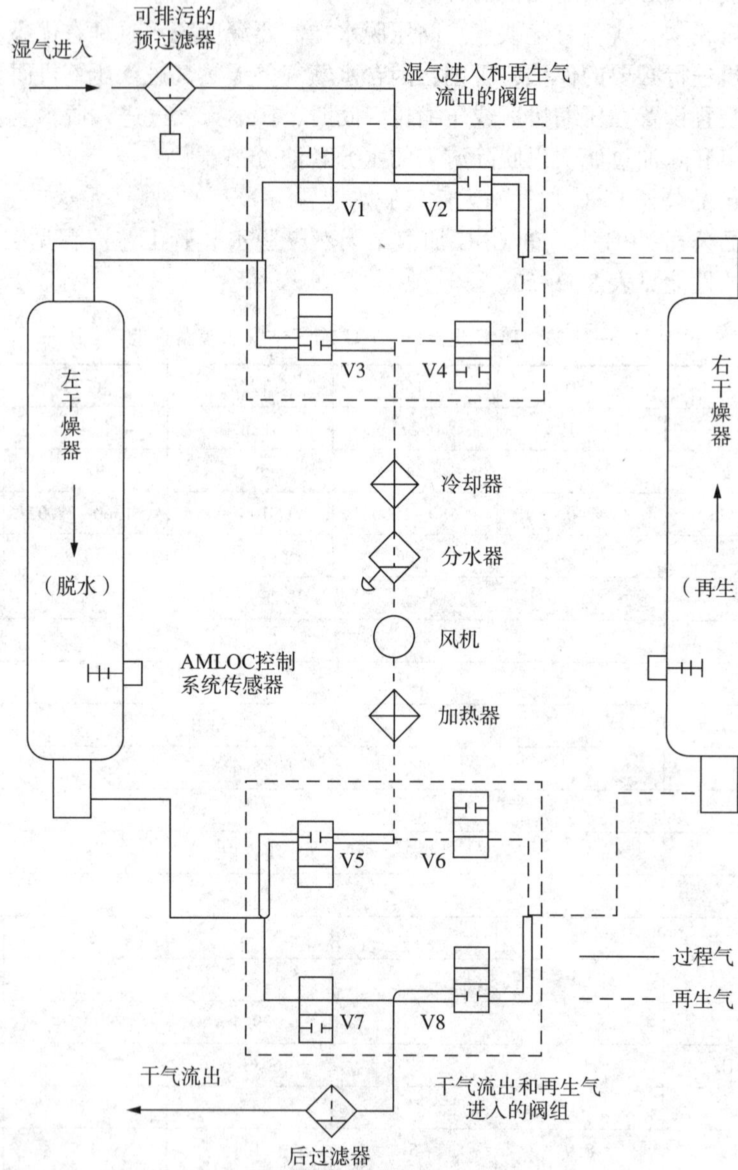

图3-2-34 PPC生产的C1VG加气站脱水装置工艺流程图

当左侧干燥器脱水时，在上次切换中存留在右侧干燥器内的气体利用容积式风机进行闭路再生循环，即这部分气体由风机增压并由加热器加热后，经阀V6进入右侧干燥器底部，由下而上流过分子筛床层进行再生，使上一周期中被分子筛吸附的水分脱附出来，然后经过阀V4至冷却器使这部分水蒸气冷凝并在分水器中排出。加热完毕后，可以利用与左侧干燥器脱水周期的时间差进行自然冷却，也可以将加热器停用，利用风机将未加热的气体增压后对右侧干燥器强制冷却。

两台干燥器按程序自动切换。闭路再生循环采用空冷式冷却器具有旋转叶片的干式无油润滑的容积式风机和由铠装电热元件构成的电加热器。

由于 PPC 可提供几种不同型号的脱水装置，设计时可根据气体的最大流量和管线最低保证压力由图 3-2-35 中选取相应的装置型号。例如，某 CNG 加气站脱水系统气体流量为 $34m^3/min$，压力为 0.86MPa，由图 3-2-35 查出应选用 T500 型号的脱水装置。

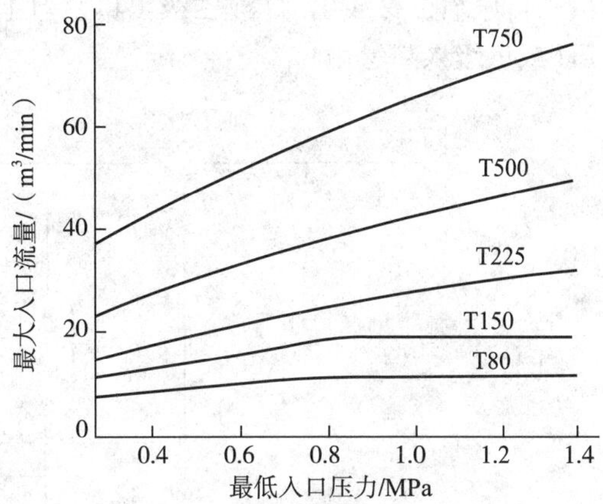

图 3-2-35 PPC 脱水装置选型图

2）中原油田 CNG 加气站天然气脱水装置

目前国内各地加气站大多采用国产天然气脱水装置，并有低压、中压、高压脱水 3 类。其中，低压和中压脱水装置有半自动、自动和零排放 3 种方式，高压脱水装置只有全自动一种方式。半自动装置只需操作人员在两塔切换时手动切换阀门，再生过程自动控制。在两塔切换时有少量天然气排放。全自动装置所有操作自动控制，不需人员操作。在两塔切换时也有少量天然气排放。零排放装置指全过程（切换、再生）实现零排放。这些装置脱水后气体的水露点小于-60℃。干燥剂一般采用 4A 或 13X 分子筛。中原油田 CNG 加气站普遍采用中低压脱水装置。图 3-2-36 为中原油田即墨区 CNG 加气母站脱水装置，采用半自动和全自动低压脱水流程。图 3-2-36 中原料气从进气口进入前置过滤器，除去游离液和尘埃后经阀 3 进入干燥器 A，脱水后经阀 5 去后置过滤器除去吸附剂粉尘后至出气口。再生气经循环风机增压后进入加热器升温，然后经阀 B 进入干燥器 B 使其再生，再经阀 27 进入冷却器冷却后去分离器分出冷凝水，重新进入循环风机增压。

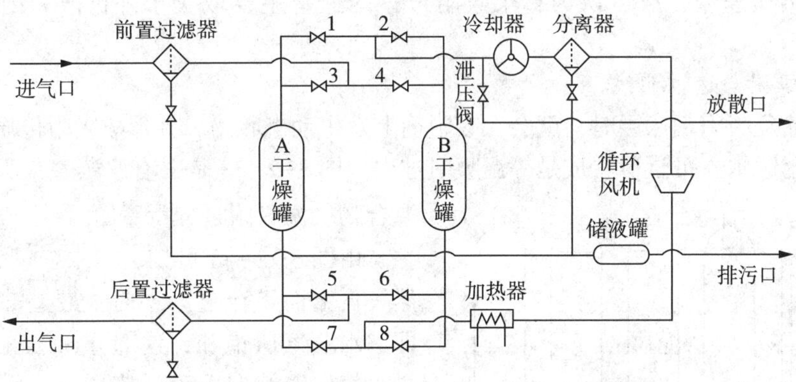

图 3-2-36 即墨区 CNG 加气母站低压半自动、全自动脱水装置

中原油田新疆某 CNG 加气站采用零排放低压脱水工艺流程，如图 3-2-37 所示。图 3-2-37 中原料气从进气口进入前置过滤器，除去游离液和尘埃后经阀 1 进入干燥器 A，脱水后经止回阀和后置过滤器至出气口。再生气来自脱水装置出口，经循环风机增压后进入加热器升温，然后经止回阀进入干燥器 B 使其再生，再经阀 4 进入冷却器冷却后去分离器分出冷凝水，重新回到脱水装置进气口。

半自动、全自动和零排放中压脱水流程与图 3-2-36、图 3-2-37 基本相同，只是进气口来自压缩机一级出口(或二级出口，但工作压力不宜超过4MPa)，出气口去压缩机二级入口(或三级入口)。

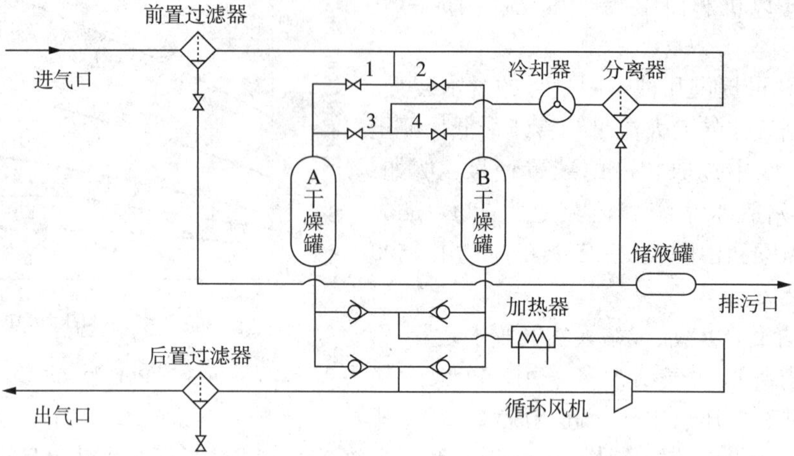

图 3-2-37　新疆某CNG加气站零排放低压天然气脱水装置

四、吸附过程特性及工艺计算

目前，采用吸附法的天然气脱水装置其干燥器均为固定床。由于天然气是多组分气体混合物，故其在固定床干燥器中脱水过程实质上就是在吸附剂床层上进行吸附传质与分离的过程。

(一)吸附传质过程

吸附质被吸附剂吸附的过程包括：①外扩散过程，即吸附质分子首先从流体主体扩散到吸附剂颗粒外表面，也称膜扩散过程；②内扩散过程，即吸附质分子再从吸附剂颗粒外表面进入颗粒微孔内，也称孔扩散过程；③在吸附剂微孔的内表面上完成吸附作用，此吸附速率通常远大于传质速率，故可认为整个吸附过程的速率主要取决于外扩散和内扩散的传质阻力。

1. 动态吸附与透过曲线

当气体流经吸附剂床层时，就会在吸附剂上发生动态吸附，并形成吸附传质区。对于高压天然气吸附脱水，可近似看成是等温吸附过程。图3-2-38是只有水蒸气为吸附质的气体混合物等温吸附过程示意图。

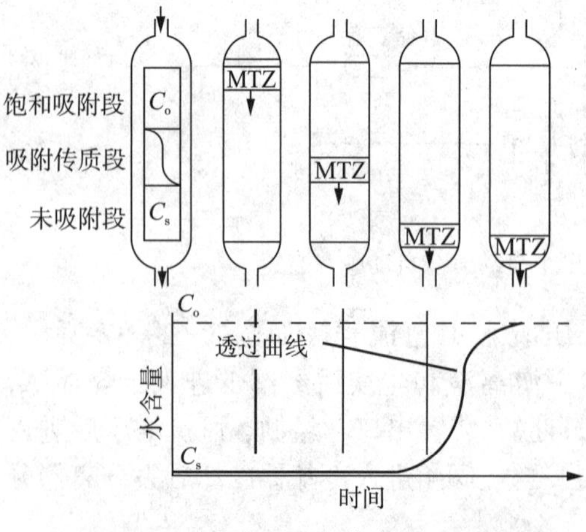

图 3-2-38　水蒸气在固体床上的吸附过程

由图3-2-38可知，当水含量为 C_o 的湿天然气自上而下流过床层时，最上部的吸附剂立即被水蒸气所饱和，这部分床层称为吸附饱和段。气体继续向下流过床层时，水蒸气又被吸附饱和区以下的吸附剂所吸附，形成吸附传质段(MTZ)。在吸附传质段中，床层上的水含量自上而下从接近饱和到接近零(气体中水蒸气含量为 C_g)，形成一条S形吸附负荷曲线。在吸附传质段以下的床层中，可以看成是只有水蒸气含量为 C_g 的干气流过，故为未吸附段。因此，此时的吸附剂床层由吸附饱和段、吸附传质段和未吸附段3部分组成。随着湿天然气不断流过床层，吸附饱和段不断扩大，吸附传质段不断向下推移，未吸附段不断缩小，直至吸附传质段前端到达床层底部为止。

在吸附传质段前端到达床层底部前，离开床层的干气中水蒸气含量一直为 C_g，而当吸附传质段后端到达床层底部时，由于整个床层都已处于吸附饱和段，故出口气体中水蒸气含量就与进口相同(C_o)。实际上为了安全起见，在吸附传质段前端未到达床层底部前就要进行切换，将湿天然气改为进入另一台已再生完毕的干燥器中。

由图3-2-38还知，当吸附传质段前端到达床层底部后，离开床层的气体中吸附质浓度就会从 C_g 迅速增加至 C_o。在吸附过程中，从开始进行吸附到出口气体中吸附质浓度达到某一预定值时所需要的时间称为透过时间(转效时间、穿透时间)，该预定浓度值通常取吸附质进口浓度的5%或10%。固定床出口气体中吸附质浓度随时间的变化曲线称为透过曲线(转效曲线、穿透曲线)。透过曲线为S形，与床层内的浓度分布曲线呈镜面对称关系。由于床层内的浓度分布情况难以测定，而出口气体中吸附质的浓度则很易分析测得，故可由测定透过曲线来了解床层内的浓度分布情况。

实际上，活性氧化铝、硅胶和某些分子筛不仅吸附水蒸气，而且还吸附天然气中其他一些组分。但是，吸附剂对天然气中各组分的吸附活性并不相同，其顺序(按活性递减)为水、甲醇、硫化氢和硫醇、二氧化碳、己烷和更重烃类、戊烷、丁烷、丙烷、乙烷以及甲烷。因此，当湿天然气自上而下地流过吸附剂床层时，气体中各组分就会按不同的速率和活性被吸附。水蒸气始终是很快被床层顶部吸附剂所吸附，天然气中的其他组分则按其吸附活性不同被床层较下面的吸附剂所吸附，在床层上出现一连串的吸附传质段，见图3-2-39。随着吸附时间的加长，水蒸气将逐渐置换床层中已被吸附的烃类。因此，短吸附周期主要用于天然气脱水和回收烃类，长周期主要用于天然气脱水。

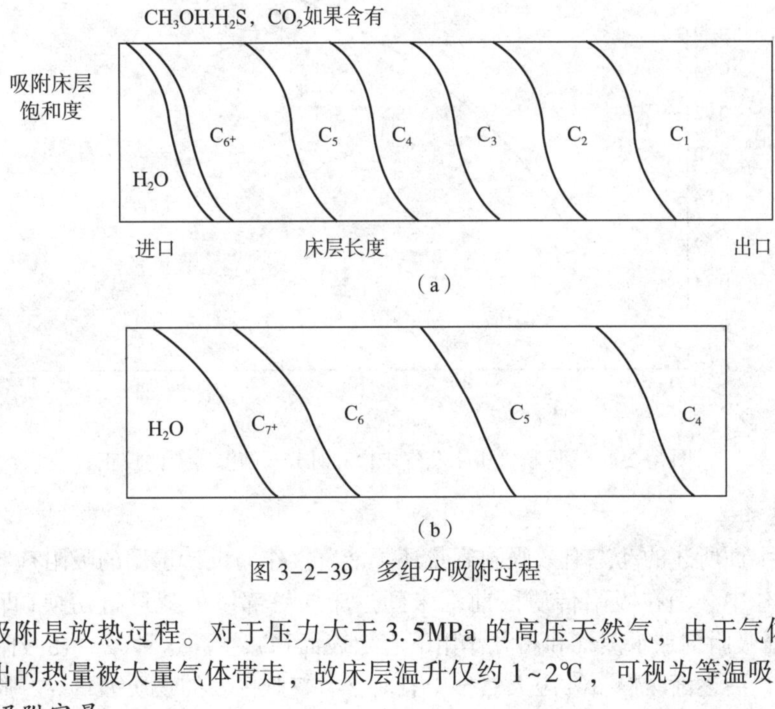

图3-2-39 多组分吸附过程

水蒸气吸附是放热过程。对于压力大于3.5MPa的高压天然气，由于气体中水含量较少，吸附放出的热量被大量气体带走，故床层温升仅约1~2℃，可视为等温吸附过程。

2. 动态吸附容量

在设计干燥器时，最重要的是计算吸附剂床层在达到透过时间以前的连续运行时间和透过吸附容量。所谓透过吸附容量就是与透过时间相对应的吸附质吸附容量。由于到达透过点时床层内有一部分相当于吸附传质段长度部分的吸附剂尚未达到饱和，故与动态饱和吸附容量(即动态平衡吸附容量)X_s不同，而将其称为动态有效吸附容量X。动态有效吸附容量X由床层内吸附饱和段和吸附传质段内两部分吸附容量组成。如床层长度为H_t，吸附传质段长度为H_s，吸附传质段内吸附剂的未吸附容量分率为f，则

$$XH_t = X_s H_t - f X_s H_s \tag{3-2-7}$$

为了确定动态有效吸附容量X，需要求解吸附传质段长度以及吸附传质段内的浓度分布，或求解透过曲线。在天然气吸附法脱水计算中f值通常取0.45~0.50。

(二)吸附容量

吸附剂吸附容量用来表示单位吸附剂吸附吸附质能力的大小，其单位通常为质量分数或kg吸附质/kg吸附剂。当吸附质为水蒸气时，也称为吸附剂的湿容量，单位为kg水/kg吸附剂。由上可知，湿容量有平衡湿容量和有效湿容量两种不同表示方法。

1. 平衡湿容量

平衡湿容量(即饱和湿容量)是指温度一定时，新鲜吸附剂与一定湿度(或一定水蒸气分压)的气体充分接触，最后水蒸气在两相中达到平衡时的湿容量。平衡湿容量又可分为静态平衡湿容量和动态平衡湿容量两种。在静态条件(即气体不流动)下测定的平衡湿容量称为静态平衡湿容量，图3-2-40和图3-2-41中的平衡湿容量即为静态平衡湿容量。在动态条件下测定的平衡湿容量称为动态平衡湿容量，通常是指气体以一定流速连续流过吸附剂床层时测定的平衡湿容量。动态平衡湿容量一般为静态平衡湿容量的40%~60%。

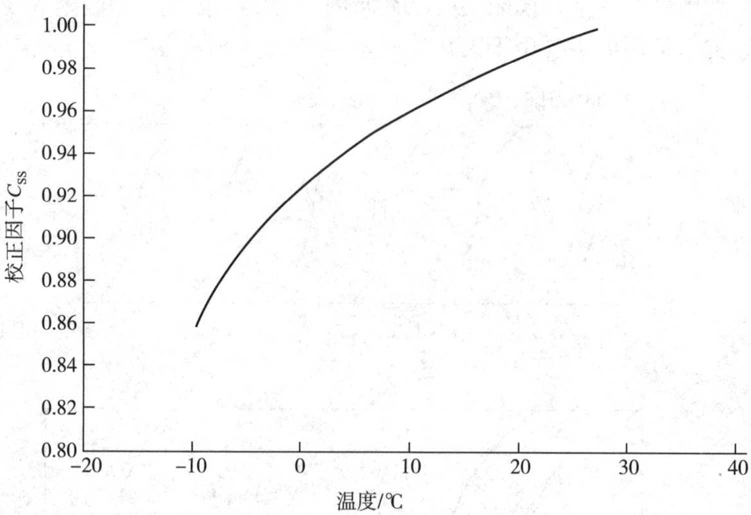

图3-2-40 原料气中水蒸气未饱和时分子筛湿容量的校正

2. 有效湿容量

实际上，上面所述的动态有效吸附容量还不能直接作为设计选用的吸附剂容量。这是因为：①实际操作中必须在吸附传质段前端未到达床层底部以前就进行切换(即还有未吸附段)；②再生时吸附剂在水蒸气和高温作用下有效表面积减少，这种减少在吸附剂开始使用时比较明显，以后逐渐缓慢；③湿天然气中有时含有较难挥发的物质如重烃、胺、甘醇等杂质，它们会堵塞吸附剂的微孔，并且在再生时不能脱除，因而也减少了吸附剂的有效表面积。根据经验和经济等因素以及整个吸附剂床层不可能完全利用而确定的设计湿容量称为有

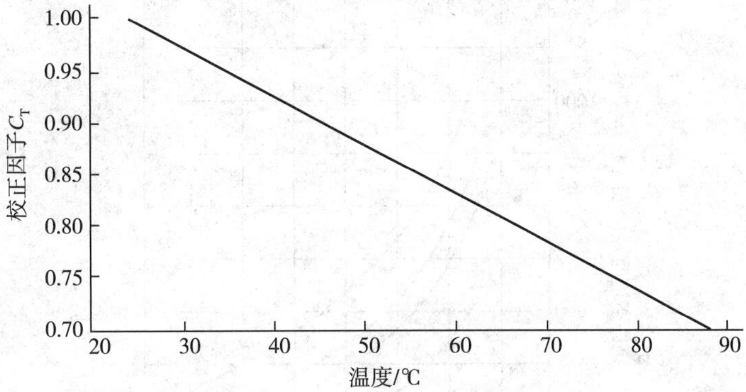

图 3-2-41 分子筛湿容量的温度校正

效湿容量。

因此，虽然静态平衡湿容量表示了温度、压力和气体组成对吸附剂湿容量的影响，但可以直接用于吸附脱水过程工艺计算的是动态平衡湿容量和有效湿容量。

设计选用的有效湿容量应使吸附剂的使用寿命合理，最好由干燥剂制造厂商提供，如无此数据时，也可选取表 3-2-24 的数据。此表适用于清洁、含饱和水的高压天然气脱水，干气露点可达-40℃以下。当要求露点更低时，因床层下部的气体相对湿度小，吸附推动力也小，干燥剂湿容量相应降低，故应选用较低的有效湿容量。

表 3-2-24 设计选用的干燥剂有效湿容量

干燥剂	活性氧化铝	硅胶	分子筛
有效湿容量/(kg/100kg)	4~7	7~9	9~12

由此可知，干燥剂的湿容量和吸附速率随使用时间而降低，设计的目的就是要使床层中装填足够的干燥剂，以期在 3~5 年后脱水周期结束时吸附传质段才到达床层底部。

在饱和吸附段，分子筛在使用 3~5 年后其饱和湿容量一般可保持在 13kg 水/kg 分子筛。如果进入床层的气体中水蒸气未饱和或温度高于 24℃时，则应采用图 3-2-40 和图 3-2-41 对干燥剂饱和湿容量进行校正。

(三) 吸附过程工艺计算

1. 估算干燥剂床层直径

首先，按照式(3-2-8)估算床层直径，即

$$D_1 = [Q_W/(v_1 \times 60 \times 0.785)]^{0.5} \tag{3-2-8}$$

式中 D_1——估算的床层直径，m；

Q_W——气体在操作状态下的体积流量，m^3/h；

v_1——允许空塔流速，m/min，可由表 3-2-25 或图 3-2-42 查得。

表 3-2-25 20℃时 4~6 目硅胶允许空塔流速

吸附压力/MPa	2.6	3.4	4.1	4.8	5.5	6.2	6.9	7.6	8.3
允许空塔流速/(m/min)	12~16	11~15	10~13	9~13	8~12	8~11	8~10	7~10	7~9

然后，将计算到的床层直径 D_1 圆整为工程设计中实际可以采用的数值 D_2 并计算出相应的空塔气速 v_2，再按 D_2 和 v_2 进行以下计算。

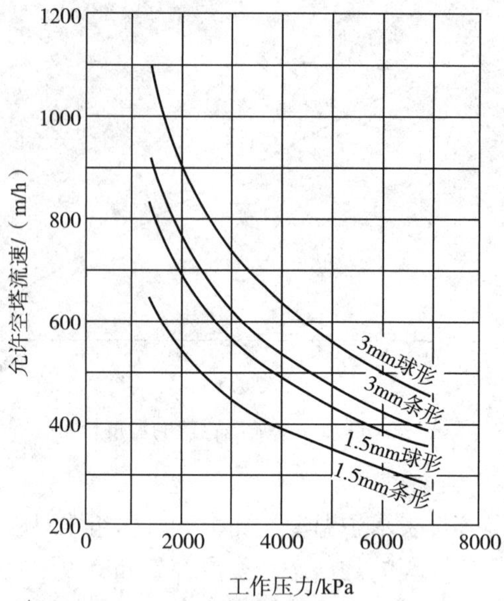

图 3-2-42　分子筛干燥器允许空塔流速

2. 分子筛床层高度和气体流过床层压降

干燥剂床层由饱和吸附段、吸附传质段和未吸附段3部分组成。

1)饱和吸附段

通常假定由吸附饱和段脱除全部需要脱除的水分，故已知每个脱水周期中气体所需的脱水量时，将其除以干燥剂的饱和湿容量即可得到吸附饱和段的干燥剂量 S_S，为

$$S_S=\frac{W_r}{0.13C_{SS}C_T} \tag{3-2-9}$$

式中　S_S——吸附饱和段所需的分子筛装填量，kg；

W_r——每个脱水周期气体所需的脱水量，kg/周期；

C_{SS}、C_T——由图3-39和图3-40查得的校正因子。

然后，再由式(3-2-10)计算饱和吸附段的长度 L_S 为

$$L_S=\frac{4S_S}{\pi D_2^2\rho_B} \tag{3-2-10}$$

式中　L_S——吸附饱和段床层长度，m；

D_2——实际采用的床层直径，m；

ρ_B——分子筛堆积密度，kg/m³。

2)吸附传质段

吸附传质段的长度可按式(3-2-11)估计，即

$$L_{MTZ}=\eta(v_2/560)^{0.3} \tag{3-2-11}$$

式中　L_{MTZ}——吸附传质段长度，m；

η——系数，对于 $\phi3.2$mm 的分子筛，$\eta=1.70$；对于 $\phi1.6$mm 的分子筛，$\eta=0.85$；

v_2——气体空塔气速，m/min。

3)床层总高度

床层总高度 H 是吸附饱和段与吸附传质段长度之和。在床层上下应有1.8~1.9m的自由空间，以保证气流进行适当分配。

也可采用有效湿容量代替饱和湿容量(13%)代入式(3-2-9)中。此时，有效湿容量通常选用8%~10%，此值包括了吸附传质段、温度和气体中相对湿度的校正。此法适用于大多数方案和可行性研究计算。

4)透过时间 θ_B

按照下述公式计算透过时间 θ_B，并核对与确定的脱水周期是否一致，即

$$\theta_B=(0.01\times\rho_B H)/q \tag{3-2-12}$$

$$q=0.05305G_1/D_2^2 \tag{3-2-13}$$

式中　θ_B——透过时间，h；

q——床层截面积水负荷，kg/(kg·m²)；

G_1——干燥剂脱水负荷，kg/d。

其他符号意义同上。

5)气体流过床层的压降

气体流过干燥器床层的压降 Δp 如可按修正的Ergun公式计算，即

$$\Delta p/H=B\mu_g v_2+C\rho_g v_2^2 \tag{3-2-14}$$

式中　Δp——气体流过床层的压降，kPa；

μ_g——气体在操作状态下的黏度，mPa·s；

B、C——常数，可由表3-2-26查得。

其他符号意义同上。

表3-2-26　干燥剂颗粒类型常数

颗粒类型	ϕ3.2mm球状	ϕ3.2mm圆柱(条)状	ϕ1.6mm球状	ϕ1.6mm圆柱(条)状
B	0.0560	0.0722	0.152	0.238
C	0.0000889	0.000124	0.000136	0.000210

气体通过干燥剂床层的压降一般应小于35kPa，最好不超过55kPa。

因此，应根据床层高度核算气体流过床层的压降是否合适。如果压降偏高，则应调整空塔流速和直径重新计算床层高度和压降，直至压降合适为止。

已知干燥剂床层直径 D 后，加上干燥器2倍壁厚，如干燥器还有内保温层，还需加上2倍保温层厚度，即可算出干燥器壳体的外径。干燥器高径比应不小于1.6。最后，再根据实际选用的床层直径，按以上有关各式确定床层高度、气体实际空塔流速和床层压降等。

【例3-2-3】 某CNG加气母站，原料气来自输气管道分输站，处理量为7200m³/h，天然气压力为6MPa，温度为30℃，在该压力下的水露点≤-14℃，天然气脱水装置采用某公司成套产品，分子筛干燥器共2台，每16h切换一次，脱水后的露点(常压)要求为-55℃，干燥器内径为0.6m，装填ϕ3.2mm球状4A分子筛297kg，试核算其干燥器空塔流速和床层高度是否合适。

【解】 4A分子筛堆积密度取720kg/m³，则每台干燥器内装填的分子筛体积 V 为

$$V=297/720=0.413\text{m}^3$$

已知干燥器内径为0.6m，则其床层实际高度 H 为

$$H=\frac{4\times0.413}{\pi(0.6)^2}=1.46\text{m}$$

床层高径比为1.46/0.6=2.43>1.6

第三编 CHAPTER THREE 天然气净化

(1)天然气流过床层的实际空塔流速 v_2。

天然气在6MPa和30℃下的实际体积流量为109.1m³/h，故实际空塔流速为

$$v_2=\frac{4\times109.1}{\pi(0.6)^2\times60}=6.43\text{m/min}$$

由图3-2-42查得其允许空塔流速为8.7m/min，故实际空塔流速符合要求。

(2)床层高度。

由有关软件求得原料气中水的质量流量为0.3325kg/h；常压下水露点为-55℃时水的质量流量为0.1731kg/h。为留有余地，此处按脱水后干气水含量为0计算，则每个脱水周期天然气流过床层的脱水量 W_r 为

$$W_r=16\times0.3325=5.32\text{kg/周期}$$

由图3-2-40和图3-2-41查得 C_{SS}、C_T 分别为1.00和0.97，故吸附饱和段所需的分子筛装填量 S_S 为

$$S_S=5.32/(0.13\times1\times0.97)=42.2\text{kg}$$

饱和吸附段的长度 L_S 为

$$L_S=(4\times42.2)/(\pi\times0.6^2\times720)=0.21\text{m}$$

吸附传质段的长度 L_{MTZ} 为

$$L_{MTZ}=1.7\times(6.43/560)^{0.3}=0.45\text{m}$$

所需的床层总高度 $H=0.21+0.45=0.66(\text{m})<1.46\text{m}$

(3)透过时间 θ_B。

$$\theta_B=(0.01\times8\times720\times0.66)/1.18=32.2\text{h}>16\text{h}$$

床层高度如按1.46计算，则透过时间更长。

由上述结果可知，气体实际空塔流速(6.43m/min)小于允许流速(8.7m/min)，需要的干燥剂床层高度(0.66m)小于实际高度(1.46m)，透过时间(32.2h)大于实际脱水周期(16h)，故此干燥器可满足要求，且有较大余地。

3. 干燥器再生加热过程总热负荷

干燥器再生加热过程总热负荷 Q_{rh} 包括加热干燥器本身、干燥剂和瓷球的显热、水和重烃的脱附热以及散热损失5部分。

1)加热干燥器壳体(包括支承件等)本身的显热

$$Q_{hv}=G_v c_{pv}(T_4-T_1) \tag{3-2-15}$$

式中 Q_{hv}——加热干燥器壳体本身的显热，kJ；

G_v——干燥器壳体的质量，kg；

c_{pv}——干燥器壳体(通常是钢)的平均比热容，kg/(kg·℃)；

T_4——再生加热过程结束时床层温度，近似取再生气出干燥器温度，℃；

T_1——再生加热过程开始时床层温度，近似取原料气进干燥器温度，℃。

2)加热干燥剂的显热

$$Q_{hd}=G_d c_{pd}(T_4-T_1) \tag{3-2-16}$$

式中 Q_{hd}——加热干燥剂的显热，kJ；

G_d——干燥剂的质量，kg；

c_{pd}——干燥剂的平均比热容，kg/(kg·℃)。

3)加热和脱除床层所吸附水和重烃的总热

通常将干燥剂所吸附的水分、重烃由加热开始至脱附温度所需的显热以及重烃脱附所需的潜热忽略不计，则可得

$$Q_{hw}=W_t\Delta Q_w \tag{3-2-17}$$

式中 Q_{hw}——脱除床层所吸附水的潜热，kJ；

ΔQ_w——水的脱附潜热，通常取4190kJ/kg。

W_t 的意义同上。

4)加热瓷球的显热

$$Q_{hp}=G_p c_{pp}(T_4-T_1) \tag{3-2-18}$$

式中 Q_{hp}——加热瓷球的显热，kJ；

G_p——瓷球的质量，kg；

c_{pp}——瓷球的平均比热容，kg/(kg·℃)。

5)散热损失

可按上述各项总热量的10%考虑。

6)干燥器再生加热过程总热负荷 Q_{rh}

即为上述各项值的总和。

4. 加热再生气所需的热负荷和再生气流量

1)加热再生气所需的热负荷

由图3-2-30可知，温度为 T_1 的再生气经加热器加热至 T_H 后进入干燥器，以提供加热过程所需的热量。再生气出干燥器的温度为 T，其值在不断变化(见图3-2-30曲线2)。因此，在某一微分时间 dt 内由热再生气提供的微分热量 dQ_{rh}为

$$q_{rg}c_{pg}(T_H-T)\mathrm{d}t=\mathrm{d}Q_{rh}=K\mathrm{d}T \tag{3-2-19}$$

式中 dQ_{rh}——在时间 dt 内由热再生气提供的微分热量，kJ；

q_{rg}——再生气流量，kg/h；

c_{pg}——再生气平均比热容，kJ/(kg·℃)；

dt——加热过程中某一微分时间，h；

dT——在时间 dt 内干燥器床层的微分温升,℃；

T_H——再生气进干燥器床层的温度,℃；

T——再生气出干燥器床层的温度,℃；

K——一个假定的常数。

假定加热过程开始时间为 t_0，床层温度为 T_1；加热结束时间为 t_1，床层温度为 T_4，将式(3-2-19)积分后可得

$$q_{rg}c_{pg}(t_1-t_0)=K\ln[(T_H-T_1)/(T_H-T_4)] \tag{3-2-20}$$

由于 $Q_{rh}=K(T_4-T_1)$，故

$$q_{rg}c_{pg}(t_1-t_0)=[Q_{rh}/(T_4-T_1)]\ln[(T_H-T_1)/(T_H-T_4)] \tag{3-2-21}$$

此外，在再生过程中加热再生气所需的热负荷 Q_{rg}为

$$Q_{rg}=q_{rg}c_{pg}(T_H-T_1)(t_1-t_0) \tag{3-2-22}$$

式中 Q_{rg}——加热过程中由加热器加热再生气所需的热负荷，kJ。

将式(3-2-21)代入式(3-2-22)可得

$$Q_{rg}=Q_{rh}\frac{T_H-T_1}{T_4-T_1}\ln[(T_H-T_1)/(T_H-T_4)] \tag{3-2-23}$$

2)再生气流量

由式(3-2-23)求出加热再生气所需的热负荷后，已知加热时间，即可按式(3-2-24)计算再生气流量

$$q_{rg}=Q_{rg}/[c_{pg}(T_H-T_1)\theta_h] \tag{3-2-24}$$

式中　θ_h——加热过程时间，一般为再生周期时间的55%~65%，h。

再生气量通常为原料气量的5%~10%。

5. 冷却过程总热负荷和冷却时间

加热过程结束后，随即用冷却气通过干燥器对床层进行冷却(见图3-2-30曲线2的阶段D)。冷却气为未加热的湿气或干气，进入干燥器的温度为T_1。冷却过程开始时床层温度为T_4，冷却过程结束时床层温度为T_5($T_5>T_1$)。因此，冷却过程热负荷可按下述各式计算。

1)冷却干燥器壳体所需带走的热量

$$Q_{cv}=G_v c_{pv}(T_5-T_4) \tag{3-2-25}$$

式中　Q_{cv}——冷却干燥器壳体(包括支承件)所需带走的热量，kJ；

T_4——冷却过程开始时床层温度，近似取加热过程结束时再生气出干燥器的温度，℃；

T_5——冷却过程结束时床层温度，近似取冷却过程结束时冷却气出干燥器的温度，℃。

2)冷却干燥剂所需带走的热量

$$Q_{cd}=G_d c_{pd}(T_5-T_4) \tag{3-2-26}$$

式中　Q_{cd}——冷却干燥剂所需带走的热量，kJ。

3)冷却瓷球所需带走的热量

$$Q_{cp}=G_p c_{pp}(T_5-T_4) \tag{3-2-27}$$

式中　Q_{cp}——冷却瓷球所需带走的热量，kJ。

4)冷却过程总热负荷

$$Q_{rc}=Q_{cv}+Q_{cd}+Q_{cp} \tag{3-2-28}$$

式中　Q_{rc}——冷却过程总热负荷，kJ。

5)冷却时间

冷却气流量通常与加热气流量相同。因此，当按式(3-2-24)和式(3-2-28)计算出再生加热气流量和冷却过程总热负荷后，可按式(3-2-29)求出冷却时间为

$$\theta_c=\frac{Q_{rc}}{q_{rg}c_{pg}(T_D-T_1)} \tag{3-2-29}$$

式中　θ_c——冷却过程时间，h；

T_D——冷却过程干燥器平均温度，近似取冷却气出干燥器的平均温度，即$T_D=(T_4+T_5)/2$，℃。

由式(3-2-29)求出θ_c后，应核算θ_c与θ_h之和是否满足式(3-2-30)：

$$\theta_c+\theta_h\leqslant\tau \tag{3-2-30}$$

式中　τ——脱水周期，h。

如$\theta_c+\theta_h>\tau$，则应适当缩短加热时间，相应增加再生气流量，直至满足公式(3-2-30)为止。

【例 3-2-4】 某吸附法天然气脱水装置，原料气量为 $1.416\times10^6 m^3/h$，相对密度为0.7，压力为4.2MPa(绝压)，温度为38℃，干燥器内径为1.68m，壳体(包括支撑件)质量为13470kg，壳体材料(钢)比热容为0.50kJ/(kg·℃)。采用4A条状分子筛，比热容为0.963 kJ/(kg·℃)，分子筛质量为6310kg，脱水周期为8h，每台干燥器吸附的水量为665kg/周期。现用湿原料气再生，其平均比热容为2.43 kJ/(kg·℃)，再生气加热至288℃进入干燥器，床层所吸附的水分在121℃全部脱附，吸附的烃类忽略不计。水的吸附热为4190kJ/kg。加热过程结束时再生气出干燥器温度为260℃，加热时间为5h，冷却过程结束时，冷却气出干燥器温度为52℃。试求此干燥器的再生过程总热负荷、再生气量、冷却过程总热负荷及冷却时间。

【解】

(1)加热过程总热负荷 Q_{rh}。

本例中需要考虑干燥剂床层所吸附水分由38℃加热至121℃时的显热 Q_{hw}。

$$Q_{hw}=665\times4.187\times(121-38)=231100\text{kJ}$$

$$Q_{vw}=665\times4190=2786400\text{kJ}$$

$$Q_{hd}=6310\times0.963\times(260-38)=1349000\text{kJ}$$

$$Q_{hv}=13470\times0.50\times(260-38)=1495200\text{kJ}$$

$$Q_{rh}=Q_{hw}+Q_{vw}+Q_{hd}+Q_{hv}=581700\text{kJ}$$

(2)加热再生气所需热负荷 Q_{rg}。

$$Q_{rg}=5861700\times\frac{288-38}{260-38}\ln\left(\frac{288-38}{288-260}\right)=14451000\text{kJ}$$

(3)再生气流量 q_{rg}。

$$q_{rg}=\frac{14451000}{2.43\times5\times(288-38)}=4760\text{kg/h}$$

(4)冷却过程总热负荷 Q_{rc}。

$$Q_{cd}=6310\times0.963\times(52-260)=-1263900\text{kJ}$$

$$Q_{cv}=13470\times0.50\times(52-260)=-1400900\text{kJ}$$

$$Q_{rc}=\text{Q}_{cd}+\text{Q}_{cv}=-2664800\text{kJ}$$

(5)冷却时间 θ_c。

$$T_D=(260+52)/2=156℃$$

$$\theta_c=\frac{2664800}{4760\times2.43\times(156-38)}=1.95\text{h}$$

(6)核算 θ_h 和 θ_c 是否合适。

$\theta_h+\theta_c=5.0+1.95=6.95\text{h}<8\text{h}$，故无须再调整。

第三章　硫黄回收及尾气处理

硫黄别名硫、胶体硫、硫黄块。外观为淡黄色脆性结晶或粉末，有特殊臭味。自然界中硫以自然硫、金属硫化矿、硫酸盐矿、有机硫和硫化氢等形态存在。

我国硫资源开发结构与国外不同：一是我国天然硫黄矿很少，由于技术经济原因，几乎没有开采，在国内的硫资源开发总量中可以忽略不计。二是国产硫黄主要来自原油、天然气回收硫黄。国内硫黄市场对进口的依存度较高，但最近几年硫黄进口量占国内硫黄总消费量的百分数在下降。硫黄可应用于磷肥、有色金属选矿、轮胎、食品加工、农药、火药、纺织等领域。

巨大的硫黄产量在为企业带来巨额利润的同时，也给硫黄产品的储存与销售带来很大压力。如不及时将硫黄运出，将造成每天近千万立方米的高含硫天然气无法进行净化处理，进而导致川气东送工程不能正常为下游供气。开拓硫黄产品的多元市场与产品渠道，对保障净化厂的正常生产、提高产品附加值都有积极的意义。

第一节　尾气 SO_2 排放标准及工业硫黄质量指标

硫主要以 H_2S 形态存在于天然气中。天然气中含有 H_2S 时不仅会污染环境，而且对天然气生产和利用都有不利影响，故需脱除其中的 H_2S。从天然气中脱除的 H_2S 又是生产硫黄的重要原料。例如，来自醇胺法等脱硫脱碳装置的酸气中含有相当数量的 H_2S，可用来生产优质硫黄。这样做，既可使宝贵的硫资源得到综合利用，又可防止环境污染。

大约到20世纪70年代初，主要只是从经济上考虑是否需要进行硫黄回收(制硫)。如果在经济上可行，那就建设硫黄回收装置；如果在经济上不可行，就把酸气焚烧后放空。但是，随着世界各国对环境保护要求的日益严格，当前把天然气中脱除下来的 H_2S 转化成硫黄，不只是从经济上考虑，更重要的是出于环境保护的需要。

从天然气中 H_2S 生产硫黄的方法很多。其中，有些方法是以醇胺法等脱硫脱碳装置得到的酸气生产硫黄，但不能用来从酸性天然气中脱硫，例如目前广泛应用的克劳斯(Claus)法即如此。有些方法则是以脱除天然气中的 H_2S 为主要目的，生产的硫黄只不过是该法的副产品，例如用于天然气脱硫的直接转化法(如 Lo-Cat 法)等即如此。

当采用克劳斯法从酸气中回收硫黄时，由于克劳斯反应是可逆反应，受到热力学和动力学的限制，以及存在有其他硫损失等原因，常规克劳斯法的硫收率一般只能达到92%～95%，即使将催化转化段由两级增加至三级甚至四级，也难以超过97%。尾气中残余的硫化物通常经焚烧后以毒性较小的 SO_2 形态排放大气。当排放气体不能满足当地排放指标时，则需配备尾气处理装置处理然后经焚烧使排放气体中的 SO_2 量和(或)浓度符合指标。

应该指出的是，由于尾气处理装置所回收的硫黄仅占酸气中硫总量的百分之几，故从经济上难获效益，但却具有非常显著的环境效益和社会效益。

如上所述，采用硫黄回收及尾气处理的目的是防止污染环境，并对宝贵的硫资源回收利用。因此，首先了解硫黄回收装置尾气 SO_2 排放标准和工业硫黄质量指标是十分必要的。

一、硫黄回收装置尾气 SO_2 排放标准

各国对硫黄回收装置尾气 SO_2 排放标准各不相同。有的国家根据不同地区、不同烟囱高度规定允许排放的 SO_2 量；有的国家还同时规定允许排放的 SO_2 浓度；更多的国家和地区是根据硫黄回收装置的规模规定必须达到的总硫收率，规模愈大，要求也愈严格。

(一)国外标准

表 3-3-1 给出了一些经济发达国家硫黄回收装置所要求达到的硫收率要求。由表 3-3-1 可以看出：①一些国家尤其是美国根据装置规模不同而有不同的硫收率要求，规模愈大要求愈严。②各国从自身国情出发，其标准差别很大。例如，加拿大因地广人稀故其标准较美国要宽，而日本由于是人口密集岛国，故其标准最严。③随着经济发展和环保意识的增强，这些国家所要求的硫收率也在不断提高。

表 3-3-1 一些国家对硫黄回收装置硫收率的要求%(质量分数)

国家	装置规模/(t/d)							
	<0.3	0.3~2	2~5	5~10	10~20	20~50	50~2000	2000~10000
美国得克萨斯州								
新建装置	焚烧		96.0		97.5~98.5	98.5~99.8	99.8	
已建装置	焚烧	96.0	96.0~98.5		98.5~99.8	99.8	99.8	
加拿大	70			90	96.3		98.5~98.8	99.8
意大利	95					96	97.5	
德国	97					98	98.5	
日本	99.9							
法国	97.5							
荷兰	99.8							
英国	98							

(二)我国标准

我国在 1997 年执行的《大气污染物综合排放标准》(GB 16297—1996)中对 SO_2 的排放不仅有严格的总量控制(即最高允许排放速率)，而且同时有非常严格的 SO_2 排放浓度控制(即最高允许排放浓度)，见表 3-3-2。我国标准不仅对已建和新建装置分别有不同的 SO_2 排放限值，而且还区分不同地区有不同要求，以及在一级地区不允许新建硫黄回收装置。然而，对硫黄回收装置而言，表 3-3-2 的关键是对 SO_2 排放浓度的限值，即已建装置的硫收率需达到 99.6%才能符合 SO_2 最高允许排放浓度($1200mg/m^3$)，新建装置则需达到 99.7%。这样，不论装置规模大小，都必须建设投资和操作费用很高的尾气处理装置方可符合要求。此标准的严格程度仅次于日本，而显著超过美国、法国、意大利和德国等发达国家。

为此，原国家环保总局在环函[1999]48 号文件《关于天然气净化厂脱硫尾气排放执行标准有关问题的复函》中指出："天然气作为一种清洁能源，其推广使用对于保护环境有积极意义。天然气净化厂排放脱硫尾气中二氧化硫具有排放量小、浓度高、治理难度大、费用较高等特点，因此，天然气净化厂二氧化硫污染物排放应作为特殊污染源，制定相应的行业污染物排放标准进行控制；在行业污染物排放标准未出台前，同意天然气净化厂脱硫尾气暂按《大气污染物综合排放标准》(GB 16297—1996)中的最高允许排放速率指标进行控制，并尽可能考虑二氧化硫综合回收利用。"

表 3-3-2 《大气污染物综合排放标准》(GB 16297—1996)中对硫黄生产装置 SO_2 排放限值

最高允许排放浓度①/(mg/m³)	排气筒高度/m	最高允许排放速率①/(kg/h)		
		一级	二级	三级
1200(960)	15	1.6	3.0(2.6)	4.1(3.5)
	20	2.6	5.1(4.3)	7.7(6.6)
	30	8.8	17(15)	26(22)
	40	15	30(25)	45(38)
	50	23	45(39)	69(58)
	60	33	64(55)	98(83)
	70	47	91(77)	140(120)
	80	63	120(110)	190(160)
	90	82	160(130)	240(200)
	100	100	200(170)	310(270)

注：①括号外为对 1997 年 1 月 1 日前已建装置要求，括号内为对 1997 年 1 月 1 日起新建装置要求。

二、硫的物理性质与质量标准

由醇胺法和砜胺法等脱硫脱碳装置富液再生得到的含 H_2S 酸气，大多去克劳斯法装置回收硫黄。如酸气中 H_2S 浓度较低且潜硫量不大时，也可采用直接转化法在液相中将 H_2S 氧化为元素硫。目前，世界上通过克劳斯法从天然气中回收的硫黄约占硫黄总产量的 1/3 以上，如加上炼油厂从克劳斯法装置回收的硫黄，则接近总产量的 2/3。我国虽然从克劳斯法回收的硫黄量少一些，但也占有一定比例。

(一)硫的物理性质

在克劳斯法硫黄回收装置(以下简称克劳斯装置)中，由于工艺需要，过程气(即装置中除进出物料外，内部任一处的流体)的温度变化较大，故生成的元素硫的相态、分子形态及其他一些性质等也在相应变化。因此，在介绍克劳斯法硫黄回收基本原理之前，首先简单回顾一下硫的有关物理性质。

元素硫在不同温度下有多种同素异形体，并因温度变化而有相变。通常条件下硫是固态，有两种由八原子环(S_8 环)组成的结晶形式(斜方晶形的菱形硫和针状晶形的单斜硫)与一种无定形形式。由常温下直到 95.5℃时处于稳定形式的斜方晶硫，又称正交晶硫或 α 硫；升温到 95.5℃则转变为单斜晶硫，又称 β 硫。由 95.5℃直到熔点为止，单斜硫是固态硫(固硫)的稳定形式。无定形硫是将液态硫(液硫)加热到接近沸点时倾入冷水迅速冷却得到的固态硫，由于具有弹性，故又称之为“弹性”硫，但这不是所希望的产品。不溶硫指不溶于 CS_2 的硫黄，也称聚合硫、白硫或 ω 硫，主要用作橡胶制品，特别是子午胎的硫化剂。硫黄的物理性质见表 3-3-3。

固硫在熔点时熔化变成黄褐色易流动的液体，其分子也是由 S_8 环构成。当液硫继续加热到大约 160℃时，S_8 环开始断裂，变成链状的 S_8 分子，颜色变成暗红棕色。随着温度不断升高，生成的原子链相互连接成长链，液硫颜色更加发暗。但是，从 187℃到沸点 444.6℃为止，这些长链又断裂变短。这些变化表现为液硫在黏度上的特有变化，即从熔点起液硫的黏度随温度升高而降低，大约在 157℃时黏度降低到最低值，以后由于短链连接成长链，黏度又开始增加，到187℃时达到最高值。之后，由于硫原子链断裂越来越多，故黏度又很快降低，一直到沸点为止，如图3-3-1所示。

表3-3-3 硫黄的物理性质

项 目	数 值	项 目	数 值
原子体积/(mL/mol)		折射率(n_D^{20})	
正交晶	15	正交晶	1.957
单斜晶	16.4	单斜晶	2.038
沸点(101.3kPa)/℃	444.6	临界温度/℃	1040
相对密度(d_{40}^{20})		临界压力/MPa	11.754
正交晶	2.07	临界密度/(g/cm^3)	0.403
单斜晶	1.96	临界体积/(mL/g)	2.48
着火温度/℃	248~261		

继续加热至沸点时，液硫变为硫蒸气。硫蒸气中有许多由不同数量硫原子构成的硫分子平衡存在，如S_2、S_3、S_4、S_5、S_6、S_7和S_8，但主要是S_2、S_6和S_8。随着温度升高，硫蒸气分子中的原子数逐渐减少，800~1400℃硫蒸气中基本上是S_2，大于1700℃时主要是硫原子。硫蒸气中各种形态硫分子的平衡组成见图3-3-2。由图可知，在克劳斯反应炉(燃烧炉)的高温条件下主要为S_2，在催化转化段则生成S_8，以及少量S_6。

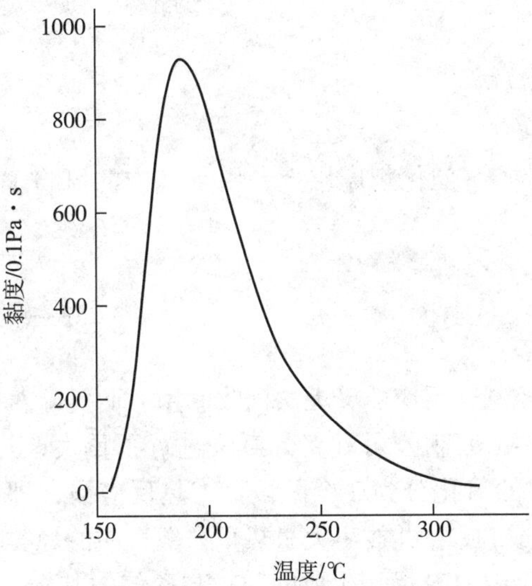

图3-3-1 液硫黏度随温度的变化

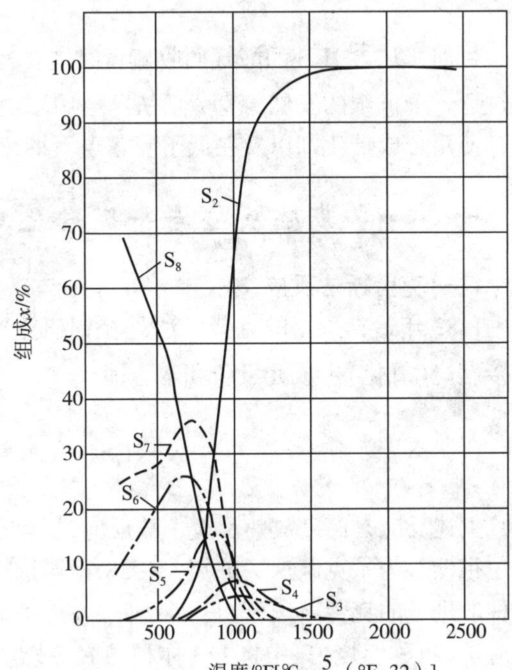

图3-3-2 硫化氢和化学计量空气反应生成的硫蒸气平衡组成

(二)工业硫黄质量指标

工业硫黄产品呈黄色或淡黄色，有块状、粉状、粒状及片状。我国国家标准《工业硫黄》(GB 2449—2021)中对工业硫黄的质量指标见表3-3-4。表中的优等品已可满足我国国家标准《食品添加剂硫黄》(GB 3150—2010)的要求。

表 3-3-4 我国工业硫黄技术指标

项目			技术指标		
			优等品	一等品	合格品
硫(S)的质量分数/%		≥	99.95	99.95	99.00
水分的质量分数%	固体硫黄	≤	2.0	2.0	2.0
	液体硫黄	≤	0.10	0.50	1.00
灰分的质量分数/%		≤	0.03	0.10	0.20
酸度的质量分数[以硫酸(H_2SO_4)计]/%			0.003	0.005	0.02
有机物的质量分数/%			0.03	0.30	0.80
砷(As)的质量分数/%			0.0001	0.01	0.05
铁(Fe)的质量分数/%			0.003	0.005	—
筛余物的质量分数①/%	粒度大于150μm		0	0	3.0
	粒度为75~150μm		0.5	1.0	4.0

注：①表中的筛余物指标仅用于粉状硫黄。

第二节 克劳斯法硫黄回收原理与工艺

目前，从含H_2S的酸气回收硫黄时主要是采用氧化催化制硫法，通常称之为克劳斯法。经过近一个世纪的发展，克劳斯法已经历了由最初的直接氧化，之后将热反应与催化反应分开，使用合成催化剂以及在低于硫露点下继续反应等4个阶段，并日趋成熟。

一、克劳斯法反应与平衡转化率

(一)克劳斯法反应

1883年最初采用的克劳斯法是在铝矾土或铁矿石催化剂床层上，用空气中的氧将H_2S直接燃烧(氧化)生成元素硫和水，即

$$H_2S+\frac{1}{2}O_2 \longleftrightarrow S+H_2O \qquad (3-3-1)$$

上述反应是高度放热反应，故反应过程很难控制，反应热又无法回收利用，而且硫黄收率也很低。为了克服这一缺点，1938年德国Farben工业公司对克劳斯法进行了重大改进。这种改进了的克劳斯法(改良克劳斯法)是将H_2S的氧化分为2个阶段：①热反应段，即在反应炉(也称燃烧炉)中将1/3体积的H_2S燃烧生成SO_2，并放出大量热量，酸气中的烃类也全部在此阶段中燃烧；②催化反应段，即将热反应中H_2S燃烧生成的SO_2与酸气中其余2/3体积的H_2S在催化剂上反应生成元素硫，放出的热量较少。

热反应段和催化反应段中发生的主要反应(忽略烃类和其他易燃物)如下：

热反应段：

$$H_2S+\frac{3}{2}O_2 \rightleftharpoons SO_2+H_2O \quad (3-3-2)$$

$$\Delta H(298K)=-518.9(kJ/mol)$$

催化反应段：

$$2H_2S+SO_2 \rightleftharpoons \frac{3}{x}S_x+2H_2O \quad (3-3-3)$$

$$\Delta H(298K)=-96.1(kJ/mol)$$

总反应：

$$3H_2S+\frac{3}{2}O_2 \rightleftharpoons \frac{3}{x}S_x+3H_2O \quad (3-3-4)$$

$$\Delta H(298K)=-615.0(kJ/mol)$$

上述反应式只是对克劳斯法反应(以下简称克劳斯反应)的简化描述。实际上，硫蒸气中各种形态硫分子(S_2、S_3、S_4、S_5、S_6、S_7 和 S_8)的存在使化学平衡变得非常复杂，在整个工艺过程下它们的平衡浓度相互影响，无法精确获知。此外，酸气中的烃类、CO_2 在反应炉中发生的副反应又会导致 COS、CS_2、CO 和 H_2 的生成，更增加了反应的复杂性。

通常，进入克劳斯装置的原料气(即酸气)中 H_2S 含量为 30%~80%(体积分数)，烃类 0.5%~1.5%(体积分数)，其余主要是 CO_2 和饱和水蒸气。对于这样组成的原料气来讲，克劳斯法热反应段反应炉的温度在 980~1370℃。在此温度下生产的硫分子形态主要是 S_2，而且是由轻度吸热的克劳斯反应所决定，即

$$2H_2S+SO_2 \rightleftharpoons \frac{3}{2}S_2+2H_2O \quad (3-3-5)$$

$$\Delta H(298K)=47.5(kJ/mol)$$

(二)克劳斯法化学反应的热力学分析

1. 平衡常数 K_p

以反应式(3-3-3)为例，该反应是可逆反应，低压下此气相反应的平衡常数 K_p 可表示为

$$K_p=\frac{(p_{S_x})^{\frac{3}{x}}(p_{H_2O})^2}{(p_{H_2S})^2(p_{SO_2})}=\frac{(S_x\text{ 的摩尔数})^{\frac{3}{x}}(H_2O\text{ 的摩尔数})^2}{(H_2S\text{ 的摩尔数})^2(S\text{ 的摩尔数})}\left(\frac{\pi}{\text{总摩尔数}}\right)^{\frac{3}{x}-1} \quad (3-3-6)$$

式中 K_p——气相克劳斯反应式(3-3-3)在某一给定温度下的平衡常数；

p_i——反应达到平衡时体系中 i 组分(即 S_x、H_2O、H_2S 及 SO_2)的分压，kPa(绝压)或 atm(绝压)；

π——体系总压，kPa(绝压)或 atm(绝压)。

式(3-3-3)中反应生成的 S_x 可以是 S_2、S_3、S_4、S_5、S_6、S_7 及 S_8 等，其反应平衡十分复杂。但是，反应温度越低(例如，在催化反应段的各级转化器中)，硫蒸气中 S_5、S_6、S_7 及 S_8 等相对分子质量较大的硫分子含量越多，反应温度越高(例如，在热反应段反应炉中)，硫蒸气中 S_2、S_3 及 S_4 等相对分子质量较小的硫分子含量越多(见图 3-3-2)。因此，由式(3-3-3)可知，反应温度较低时，由于硫蒸气分子构成的变化，也有利于反应向右移动。

2. 平衡转化率

在考虑到反应生成的硫蒸气中除含有 S_2、S_6 及 S_8 外还存在其他形态的硫分子的因素后，H_2S 转化成元素硫的平衡转化率与温度的关系见图 3-3-3。由图 3-3-3 及式(3-3-3)可知：

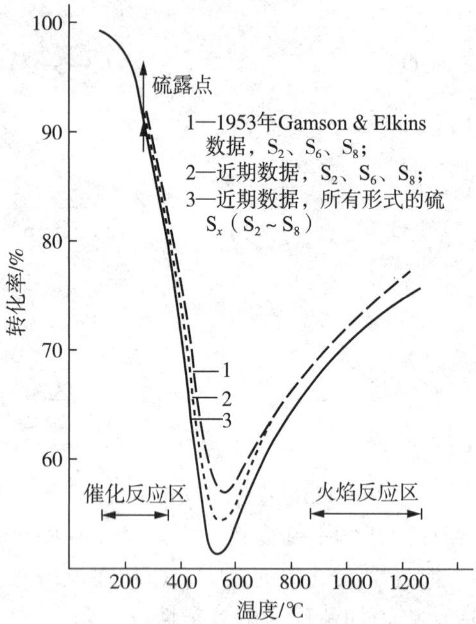

图 3-3-3　H_2S 转化为硫的平衡转化率

(1)平衡转化率曲线约在550℃时为最低点，以此最低点可将克劳斯反应过程分为两部分，即右侧的火焰反应区(热反应区)和左侧的催化反应区。在火焰反应区，H_2S 通过燃烧转化为元素硫，其平衡转化率随温度升高而增加，但一般不超过70%；在催化反应区，其平衡转化率随温度降低而迅速增加，直至接近完全转化。

(2)温度和压力对 H_2S 转化率的影响可用硫蒸气中不同形态的硫分子来解释。在火焰反应区内，硫蒸气中主要是 S_2，由反应(3-3-5)可知，该反应是吸热的，并且由 3mol 反应物生成 3.5mol 产物，因而温度升高、压力降低有利于反应进行。在催化反应区内，硫蒸气中主要是 S_6 和 S_8，反应是放热的，同时反应物的摩尔数大于产物的摩尔数，因而温度降低、压力升高有利于反应进行。

(3)从反应动力学角度看，随着反应温度降低，反应速度也逐渐变慢，低于350℃时的反应速度已不能满足工业要求，而此温度下的平衡转化率也仅为80%~85%。因此，必须使用催化剂加速反应，以便在较低的温度下达到较高的转化率。

(4)热反应区的反应炉及催化反应区各级转化器出口过程气中除含有硫蒸气外，还含有 N_2、CO_2、H_2O、H_2 以及未反应的 H_2S 和 SO_2、COS、CS_2 等硫化物。由于降低硫蒸气分压有利于反应进行，而且硫蒸气又远比过程气中其他组分容易冷凝，故可在反应炉和各级转化器之后设置硫冷凝器，将反应生成的元素硫从过程气中冷凝与分离出来，以便增加平衡转化率。此外，从过程气中分出硫蒸气后也能相应降低下一级转化器出口过程气的硫露点，从而使下一级转化器可以在更低的温度下操作。

(5)尽管图 3-3-3 表明，在催化反应区中温度较低对反应有利，但为了有较高的反应速度，并确保过程气的温度高于硫蒸气露点值，过程气在进入各级转化器之前必须进行再热。

(6)从化学平衡来看，氧气用量过剩并不能增加转化率，因为多余的氧气将和 H_2S 反应生成 SO_2，而不是元素硫。然而，提高空气中的氧气含量(富氧空气)和酸性气体中的 H_2S 含量则有利于增加转化率。这一思路已在新的工艺方法如氧基回收工艺(COPE 法)中得到应用。

二、克劳斯法工艺流程和影响硫收率的因素

(一)工艺方法选择

通常，克劳斯装置包括热反应、余热回收、硫冷凝、再热及催化反应等部分。由这些部分可以组成各种不同的克劳斯法硫黄回收工艺，从而处理不同 H_2S 含量的进料气。目前，常用的工艺方法有直流法、分流法、硫循环法及直接氧化法等，其原理流程见图 3-3-4。不同工艺方法的主要区别在于保持热平衡的方法不同。在这几种工艺方法的基础上，又根据预热、补充燃料气等措施的不同，衍生出各种不同的变形工艺方法，其适用范围见表3-3-5。其中，直流法和分流法是主要的工艺方法。

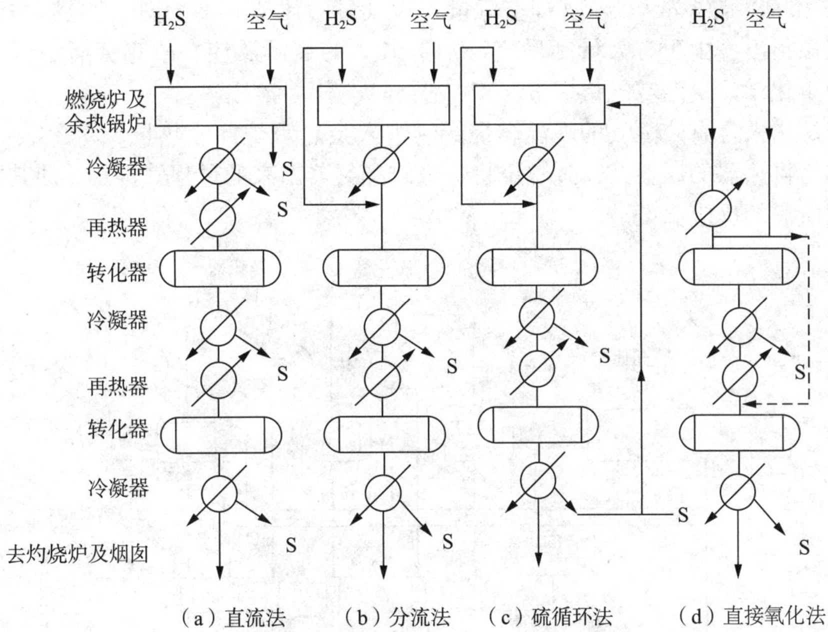

图 3-3-4 克劳斯法主要工艺原理流程图

应该说明的是，表 3-3-5 中的划分范围并非是严格的，关键是反应炉内 H_2S 燃烧所放出的热量必须保证炉内火焰处于稳定状态，否则将无法正常运行。

表 3-3-5 各种变形的克劳斯法

酸气中 H_2S 浓度/%（体积分数）	55~100	30~55①	15~30	10~15	5~10	<5
推荐的工艺流程	直流法	预热酸气及空气的直流法，或非常规分流法	分流法	预热酸气及空气的分流法	掺入燃料气的分流法或硫循环法	直接氧化法

注：①大于 50% 可以采用直流法。

(二) 工艺流程

1. 直流法

直流法也称直通法、单流法或部分燃烧法。该法的特点是全部进料气都进入反应炉，而空气则按照化学计量配给，仅供原料气中 1/3 体积的 H_2S 及全部烃类、硫醇燃烧，从而使原料气中的 H_2S 部分燃烧生成 SO_2，以保证过程气中 H_2S 与 SO_2 的摩尔比为 2∶1。反应炉内虽无催化剂，但 H_2S 仍能有效地转化为元素硫，其转化率随反应炉的温度和压力不同而异。

实践表明，反应炉内 H_2S 转化率一般可达 60%~75%，这就大大减轻了催化反应段的反应负荷而有助于提高硫收率。因此，直流法是首先应该考虑的工艺流程，但前提是原料气中的 H_2S 含量应大于 55%。其原因是应保证酸气与空气燃烧的反应热足以维持反应炉内温度不低于 980℃，通常认为此温度是反应炉内火焰处于稳定状态而能有效操作的下限。当然，如果预热酸气、空气或使用富氧空气，原料气中的 H_2S 含量也可低于 50%。

图 3-3-5 为以部分酸气为燃料，采用在线加热炉进行再热的直流法三级硫黄回收装置工艺流程图。反应炉中的温度可高达 1100~1600℃。由于温度高，副反应十分复杂，会生成

少量的 COS 和 CS_2 等，故风气比(即空气量与酸气量的比值)和操作条件是影响硫收率的关键。此处应该指出，由于有大量副反应特别是 H_2S 的裂解反应，故克劳斯法所需实际空气量通常均低于化学计量的空气量。

从反应炉出来含有硫蒸气的高温燃烧产物进入余热锅炉回收热量。图 3-3-5 中有一部分原料气作为再热器的燃料，通过燃烧将一级硫冷凝器出来的过程气再热，使其在进入转化器之前达到所需的反应温度。

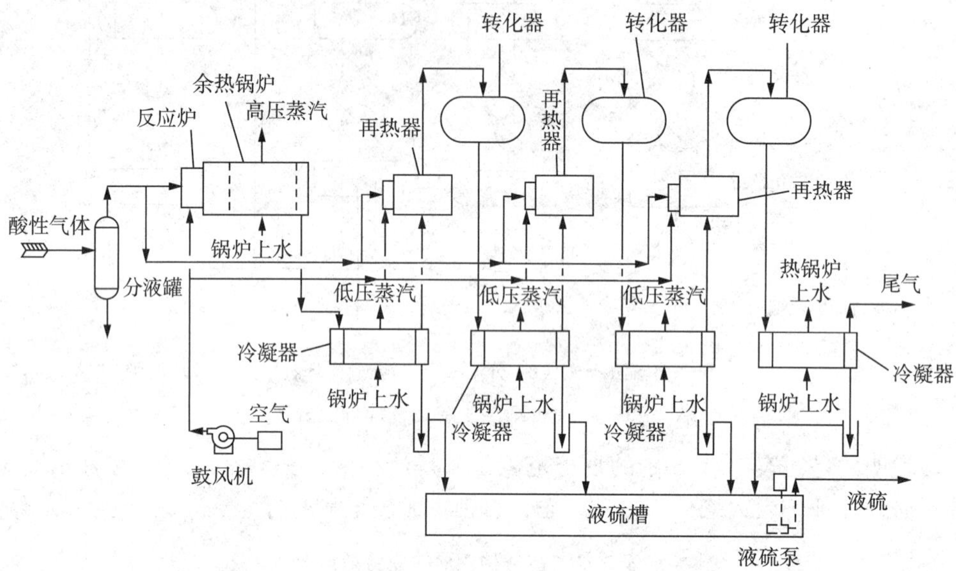

图 3-3-5 直流法三级硫黄回收工艺流程图

再热后的过程气流过一级转化器反应后接着进入二级硫冷凝器，经冷却、分离除去液硫。分出液硫后的过程气去二级再热器，再热至所需的温度后进入二级转化器进一步反应。由二级转化器出来的过程气进入三级硫冷凝器并除去液硫。分出液硫后的过程气去三级再热器，再热后进入三级转化器，使 H_2S 和 SO_2 最大限度地转化成元素硫。由三级转化器出来的过程气进入四级硫冷凝器冷却，以除去最后生成的硫。脱除液硫后的尾气因仍含有 H_2S、SO_2、COS、CS_2 和硫蒸气等含硫化合物，或经焚烧后向大气排放，或去尾气处理装置进一步处理后再焚烧排放。各级硫冷凝器分出的液硫流入液硫槽，经各种方法成型为固体后即为硫黄产品，也可直接以液硫状态作为产品外输。

应该指出的是，克劳斯法之所以需要设置两级或更多催化转化器的原因为：①由转化器出来的过程气温度应高于其硫露点温度，以防液硫凝结在催化剂上而使之失去活性；②较低的温度可获得较高的转化率。通常，在一级转化器中为使有机硫水解需要采用较高温度，二级及其以后的转化器则逐级采用更低的温度以获得更高的转化率。

图 3-3-5 中设置了三级催化转化器，有些装置为了获得更高的硫收率甚至设置了四级转化器，但第三级和第四级转化器的转化效果十分有限。

从硫黄回收的观点来看，直流法的总硫收率是最高的。

2. *分流法*

当进料气中 H_2S 含量在 15%~30%时。采用直流法难以使反应炉内燃烧稳定，此时就应使用分流法。

常规分流法的主要特点是将原料气(酸气)分为两股，其中 1/3 原料气与按照化学计量配给的空气进入反应炉内，使原料气中 H_2S 及全部烃类、硫醇燃烧，H_2S 按反应(3-3-2)生成 SO_2，然后与旁通的2/3原料气混合进入催化转化段。因此，常规分流法中生成的元素硫完全是在催化反应段中获得的。

当原料气中 H_2S 含量在30%~55%时，如采用直流法则反应炉内火焰难以稳定，而采用常规分流法将1/3的 H_2S 燃烧生成 SO_2 时，炉温又过高使炉壁耐火材料难以适应。此时，可以采用非常规分流法，即将进入反应炉的原料气量提高至1/3以上来控制炉温。以后的工艺流程则与直流法相同。

因此，非常规分流法会在反应炉内生成一部分元素硫。这样，一方面可减轻催化转化器的反应负荷，另一方面也因硫蒸气进入转化器而对转化率带来不利影响，但其总硫收率高于常规分流法。此外，因进反应炉酸气带入的烃类增多，故供风量比常规分流法要多。

应该指出的是，由于分流法中有部分原料气不经过反应炉即进入催化反应段，当原料气中含有重烃尤其是芳香烃时，它们会在催化剂上裂解结焦，影响催化剂的活性和寿命，并使生成的硫黄颜色欠佳甚至变黑。

3. 硫循环法

当进料气中 H_2S 含量在5%~10%甚至更低时可考虑采用此法。它是将一部分液硫产品返回反应炉内，在另一个专门的燃烧器中使其燃烧生成 SO_2，并使过程气中 H_2S 与 SO_2 的摩尔比为2∶1。除此之外，流程中其他部分均与分流法相似。

4. 直接氧化法

当原料气中 H_2S 含量低于5%时可采用直接氧化法，这实际上是克劳斯法原型工艺的新发展。按照所用催化剂的催化反应方向不同可将直接氧化法分为两类：一类是将 H_2S 选择性催化氧化为元素硫，在该反应条件下这实际上是一个不可逆反应，目前在克劳斯法尾气处理领域获得了很好应用；另一类是将 H_2S 催化氧化为元素硫及 SO_2，故在其后继之以常规克劳斯催化反应段。属于此类方法的有美国UOP公司和Parsons公司开发的Selectox工艺。

自克劳斯法问世以来，其催化转化器一直采用绝热反应器，优点是价格便宜。20世纪90年代后，德国Linde公司将等温反应器用于催化转化，即所称Clinsulf工艺。尽管等温反应器价格高，但该工艺的优点是流程简化，设备减少，而且装置的适应性显著改善。

1) Selectox工艺

Selectox工艺有一次通过和循环法两种。当酸气中 H_2S 含量小于5%时可采用一次通过法，H_2S 含量大于5%时为控制反应温度使过程气出口温度不高于371℃，则需将过程气进行循环。图3-3-6为Selectox循环工艺流程示意图。

由图3-3-6可知，预热后的酸气与空气一起进入装有Selectox催化剂的氧化段反应，硫收率约80%，然后去克劳斯催化反应段进一步反应，尾气最后再经Selectox催化剂催化焚烧后放空。Selectox催化剂为Selectox-32或Selectox-33，系在 SiO_2-AlO_3 载体上浸积约7% V_2O_5 和8% BiO_2，可将 H_2S 氧化为硫或 SO_2，但不氧化烃类、氢和氨等化合物，具有良好的稳定性。然而，芳香烃可在其上裂解结炭，故要求酸气中芳香烃含量小于1000mL/m³。

由于Selectox催化氧化段内同时存在 H_2S 直接氧化和 H_2S 与 SO_2 反应，故其转化率高于克劳斯法平衡转化率。

2) Clinsulf-Do工艺

Clinsulf-Do工艺是一种选择性催化氧化工艺，其核心设备是内冷管式催化反应器，内装 TiO_2 基催化剂。H_2S 与 O_2 在催化剂床层上反应直接生产元素硫，而不发生 H_2、CO及低分子烷烃的氧化反应。此法允许原料气范围为500~50000m³/h，并对原料气中的H_2S含量无下限要求，H_2S允许含量为1%~20%。Clinsulf-Do工艺既可用于加氢尾气的直接氧化，又可用于低H_2S含量酸气的硫黄回收。

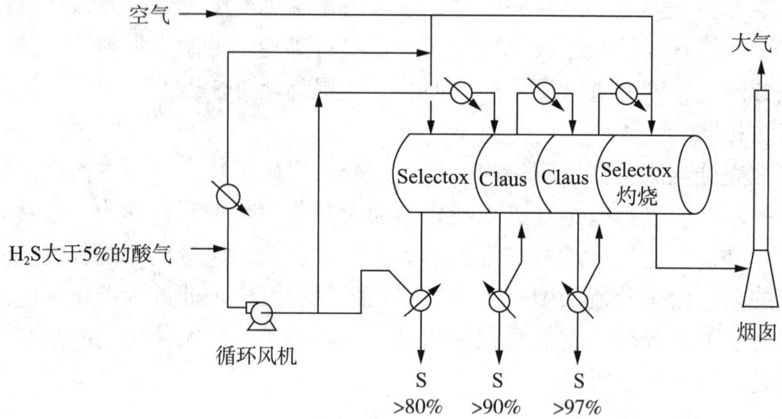

图3-3-6 Selectox循环工艺流程示意图

长庆气区第一天然气净化厂脱硫脱碳装置酸气中H_2S含量低(仅为1.3%~3.4%)，CO_2含量高(90%~95%)，无法采用常规克劳斯法处理，故选用Clinsulf -Do法硫黄回收装置。该装置由国外引进，并已于2004年初建成投产。原料气为来自脱硫脱碳装置的酸气，处理量为10×10^4~ 27×10^4m³/d，温度为34℃，压力为39.5kPa，组成见表3-3-6。

该装置包括硫黄回收(主要设备为Clinsulf反应器、硫冷凝器、硫分离器和文丘里洗涤器)、硫黄成型和包装、硫黄仓库以及相应的配套设施。硫黄回收工艺流程图见图3-3-7。

表3-3-6 长庆气区第一天然气厂酸气组成 %(体积分数)

组　分	CH_4	H_2S	CO_2	H_2O	合　计	CO_2/H_2S
组　成	0.95	1.56	92.89	4.60	100.00	59.54

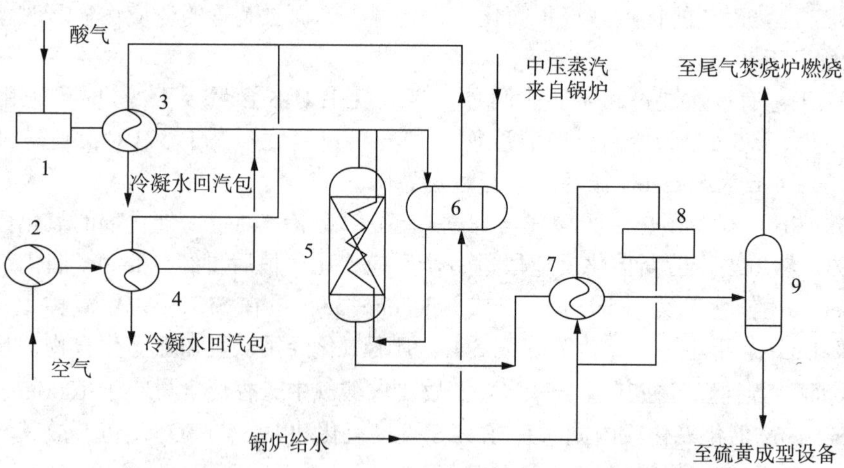

图3-3-7 长庆第一天然气净化厂硫黄回收工艺流程图

1—酸气分离器；2—罗茨鼓风机；3—空气预热器；4—酸气预热器；5—反应器；6—汽包；7—硫冷凝器；8—蒸汽冷凝器；9—硫分离器

图中，酸气经过气液分离、预热至约 200℃，与加热至约 200℃的空气一起进入管道混合器充分混合后，进入 Clinsulf 反应器。酸气和空气混合物在反应器上部绝热反应段反应，反应热用来加热反应气体，以使反应快速进行。充分反应后的气体进入反应器下部等温反应段，通过冷却管内的冷却水将温度控制在硫露点以上，既防止了硫在催化剂床层上冷凝，又促使反应向生成硫黄的方向进行。

离开反应器的反应气体直接进入硫冷凝器冷却成为液硫后去硫分离器，分出的液硫至硫黄成型、包装设备成为硫黄产品。从硫分离器顶部排出的尾气，其中的 H_2S 和 SO_2 含量已满足国家现行环保标准，可经烟囱直接排放，但由于其含少量硫蒸气，长期生产会导致固体硫黄在烟囱中积累和堵塞，故进入脱硫脱碳装置配套的酸气焚烧炉中经焚烧后排放。

反应器冷却管内的锅炉给水来自汽包，在反应器内加热后部分气化，通过自然循环的方式在汽包和反应器之间循环。由汽包产生的中压蒸气作为酸气预热器和空气预热器的热源。如果反应热量不足以加热酸气和空气时，则需采用外界中压蒸气补充。锅炉给水在硫冷凝器内产生的低压蒸气经冷凝后返回硫冷凝器循环。

该装置自投产以来，在目前的处理量下各项工艺指标基本上达到了设计要求，硫黄产品纯度在 99.9%以上。设计硫收率为 89.0%，实际平均为 94.85%。装置的主要运行情况见表 3-3-7。

表 3-3-7　长庆第一天然气净化厂硫黄回收装置运行情况

项　目	酸气量/($10^4m^3/d$)	硫黄量/(t/d)	酸气组成①/%(体积分数)			尾气组成①/%(体积分数)				
			H_2S	CH_4	CO_2	H_2S	CH_4	CO_2	N_2	SO_2
设计值	10~27	4.18	1.56	0.95	92.89	0.20	1.03	85.34	4.04	677×10^{-6}
实际最高值②	20.42	6.20	2.50	0.70	99.30	1.19	0.77	97.63	12.10	0.0018
实际平均值②	13.05	2.85	1.71	0.36	95.97	0.18	0.31	92.88	5.66	0.0002

注：①干基。

②2004 年 5~9 月统计数据。

(三) 主要设备及操作条件

现以直流法为例，这类硫黄回收装置的主要设备有反应炉、余热锅炉、转化器、冷凝器等，其作用及特点如下所述：

1. 反应炉

反应炉又称为燃烧炉，是克劳斯法硫黄回收工艺中最重要的设备。反应炉的主要作用是：①使进料气中 1/3 体积的 H_2S 转化为 SO_2，使过程气中 H_2S 和 SO_2 的摩尔比保持为 2；②使进料气中烃类、NH_3 等组分在燃烧过程中转化为 CO_2、N_2 等惰性组分。

1) 火焰温度

直流法的反应温度最好能达到 1250℃，因为较高的温度从热力学和动力学两方面都有利于提高转化率。但炉温也应避免大于 1600℃，因为此时不仅选择耐火材料困难，而且还会生成多种氮氧化物，在它们的催化下使 SO_2 又进一步生成 SO_3，导致后面的转化器中催化剂很快因硫酸盐化而失活。

反应炉内温度和进料气中的 H_2S 含量密切有关。当进料气中 H_2S 含量低于 30%时，就必须采用分流法才能维持火焰温度。

2)炉内停留时间

反应物流在炉内的停留时间是决定反应炉体积的重要设计参数。高温下克劳斯反应通常在1s内即可完成。国外设计的反应炉停留时间至少为0.5s。但是，进料气中H_2S和杂质含量、进料气和空气混合的均匀程度、燃烧室的结构等因素均对炉内反应速度有影响。国内很多克劳斯装置进料气中H_2S含量较低，炉温也相应较低，为确保达到高的转化率，故取反应炉停留时间为1~2.5s。进料气中H_2S含量较多时，停留时间可以短一些。

3)火嘴

火嘴的作用是使进料气和空气有效混合，提供使杂质(如烃类、NH_3等)和H_2S同样能完全燃烧的稳定火焰，因而维持反应炉的正常运行。根据进料气的压力不同，火嘴大致可分为低压涡流、强制混合和预混合三类。

2. 余热锅炉

余热锅炉以往称为废热锅炉，其作用是通过产生高压蒸汽从反应炉出口的高温气流中回收热量，并使过程气的温度降至下游设备所要求的温度。余热锅炉高温气流入口侧管束的管口内应加陶瓷保护套管，入口侧管板上应加耐火保护层。通常，小型克劳斯装置的反应炉和余热锅炉组合为一个整体。对于大型克劳斯装置(大于30t/d)，采用与余热锅炉分开的外反应炉更为经济。

余热锅炉有釜式和自然循环式两种形式，采用卧式安装以保证将全部管子浸没在水中。

3. 转化器

转化器的作用是使过程气中的H_2S和SO_2在其催化剂床层上继续反应生成元素硫，同时也使过程气中的COS、CS_2等有机硫化物在催化剂床层上水解为H_2S和CO_2。

目前，克劳斯装置常用的转化器类似一个卧式圆柱体，气体顶进底出。考虑到压力降，转化器内催化剂床层厚度一般为0.9~1.5m。规模较大的装置，每个转化器为一个单独的容器，但规模较小(100t/d以下)的装置，大多是采用纵向或径向隔板把一个容器分为数个转化器。规模大于800t/d的装置也有采用立式的。

转化器的空速一般在1000~2000h^{-1}(对过程气而言)。通常，各级转化器都采用相同的空速。由于一级转化器进口过程气中反应物的浓度比下游转化器要高5~25倍，故即使对过程气而言空速相同，但对反应物而言其在下游转化器中的实际空速要比一级转化器低很多。

4. 硫冷凝器

硫冷凝器的作用是把克劳斯反应生成的硫蒸气冷凝为液硫而除去，同时回收过程气的热量。目前，几乎全部采用卧式管壳式冷凝器，安装时应放在系统最低处，而且大多数倾斜度为1%~2%。回收的热量用来发生低压蒸汽或预热锅炉给水。几个冷凝器可以分别设置，也可以把产生蒸汽压力相同的冷凝器组合在一个壳体内。

气-液分离器安装在硫冷凝器的下游，以便从过程气中分出液硫，并从排出管放出。分离器可以与硫冷凝器组合成一个整体，也可以是一个单独的容器，并可设置金属丝网捕雾器或碰撞板，以减少出口气流中夹带的液硫量。通常，按空塔气速为6.1~9.1 m/s来确定分离器尺寸。

5. 捕集器

捕集器的作用是从末级冷凝器出口气流中进一步回收液硫和硫雾。某些工业装置的实践表明，采用捕集器后可使硫产量提高2%。近些年来，大多数工业装置的捕集器采用金属丝网型，当气速为1.5~4.1m/s时，平均捕集效率可达97%以上，尾气中硫雾含量约为0.56g/m^3。

6. 尾气灼烧炉

由于 H_2S 毒性远比 SO_2 大，一般不允许直接排放，故采用尾气灼烧炉将克劳斯装置尾气中的 H_2S 转化为 SO_2 后再排放。

(四)操作条件分析

1. 热反应(燃烧)

在直流法克劳斯装置中，进入反应炉内的酸性气体与按照化学计量配给的空气进行燃烧。空气由鼓风机送入炉内。根据下游是否建有尾气处理装置，燃烧过程的压力在20~97kPa。

在燃烧过程中由于有副反应发生，生成像 H_2、CO、COS 及 CS_2 这样的产物。其中，H_2S 裂解似乎是生成 H_2 最可能的原因，而 CO、COS 及 CS_2 的生成量则与进料气中的 CO_2 和/或烃类数量有关。重烃、NH_3 及氰化物在还原气中很难燃烧完全。重烃可能只是部分燃烧并生成焦炭或焦油状含碳物质，这些物质很容易被下游转化器中的催化剂吸附而使其失活，并影响硫的色泽。NH_3 及氰化物可以燃烧生成 NO，而 NO 对 SO_2 氧化生或 SO_3 的反应有催化作用，生成的 SO_3 可造成催化剂的硫酸盐化，还可引起转化器、硫冷凝器等的严重腐蚀。未燃烧的 NH_3 则可生成铵盐，使转化器、硫冷凝器及液硫排除管堵塞。当进料气中含有 NH_3 与氰化物时，有时可采用专门的两级燃烧的燃烧器或一个单独的燃烧器，以确保燃烧完全。

进料气中 H_2S 含量过低时，火焰就难以保持稳定。保持燃烧稳定的最低火焰温度大约是980℃。如前所述，当进料气中 H_2S 含量过低时，常采用分流法、硫循环法及直接氧化法等。但是，这些方法的进料气中全部或部分烃类、NH_3 及氰化物等，未经燃烧即进入一级转化器中。这样，将会引起重烃生成焦炭等含碳物质和 NH_3 生成铵盐，从而导致催化剂失活和设备堵塞。防止这些问题发生同时又可改善火焰稳定性的办法是将空气或进料气预热，以及采用富氧燃烧工艺等。水蒸气、热油或热气体加热的换热器及明火加热炉均可用来预热燃烧用的空气或进料气。空气及进料气一般预热到大约230~260℃。其他改善火焰稳定性的方法，还有向进料气中掺入燃料气以及采用氧气或富氧空气进行燃烧等。

2. 余热回收

大多数克劳斯装置采用火管式余热锅炉，产生的蒸汽压力一般在1.03~3.45MPa。余热锅炉出口温度通常应高于过程气硫露点温度，然而有时也会出现硫冷凝，尤其是在负荷不足，以及准备从过程气中排放这些硫(或者通过管道由下游的设备排放这些硫)时更是如此。

也可以采用其他方法来冷却高温过程气。例如，采用甘醇水溶液、氨液、循环冷却水(不气化)以及油浴等。在当地缺乏优质的锅炉给水，或者生产的蒸汽无法利用时，采用上述某种冷却介质时的优点就更为明显。

有些小型克劳斯装置可以采用闭式蒸汽系统，产生的蒸汽压力为0.14~0.21MPa，在高位冷凝器中用空气将其冷凝，凝结水则靠重力返回锅炉作为锅炉给水。

3. 硫冷凝

在一级转化器之前(分流法等除外)和其他各级转化器之后均有硫冷凝器。除了最后一级转化器外，这些冷凝器的设计出口温度一般为165~182℃。这样，冷凝下来的液硫黏度较低，而且冷凝器中过程气一侧的金属表面温度高于亚硫酸和硫酸的露点温度。根据采用的冷却介质不同，末一级硫冷凝器的出口温度可低至127℃。但是，由于可能生成硫雾或硫烟，过程气和冷却介质之间的温差应避免过大，这对于末一级硫冷凝器尤为重要。

4. 再热

过程气进入转化器的温度应按下述要求确定，即：①比预计的出口硫露点高14~17℃；②尽可能地低，以使H_2S的转化率最高，但也要高到足以得到令人满意的反应速度；③对一级转化器而言，还应高到足以使COS和CS_2水解生成H_2S和CO_2，即

$$COS+H_2S \rightleftharpoons CO_2+H_2S \tag{3-3-7}$$

$$CS_2+2H_2O \rightleftharpoons CO_2+2H_2S \tag{3-3-8}$$

图3-3-8为几种常用的再热方法，即热气体旁通法(高温掺合法)、直接明火加热法(在线燃烧炉法)和间接加热法(过程气换热法)等。热气体旁通法是从余热锅炉引出一部分热过程气(温度一般为480~650℃)，将其与硫冷凝器出口的气体混合。直接明火加热法是采用在线燃烧炉将燃料气或酸性气体燃烧，然后使燃烧产物掺和到硫冷凝器出口气体中使之升温。间接加热法采用加热炉或换热器来加热硫冷凝器出口的过程气。高压蒸汽、热油及热的过程气都可用作间接加热的加热介质，有时还可采用电加热。

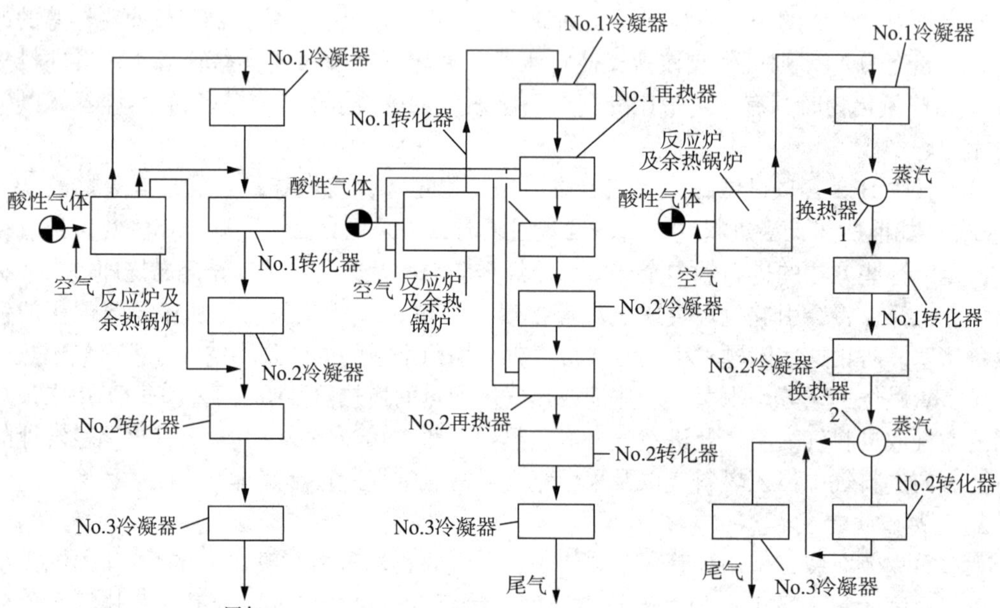

(a)热气体旁通法　　(b)直接再热法　　(c)间接再热法

图3-3-8　各种再热方法

通常，热气体旁通法操作费用最低，易于控制，压力降也小，但是总硫收率较低，尤其是负荷降低时更加显著。有时，在一级、二级转化器之前采用热气体旁通法，而在三级转化器前采用间接加热法。

直接明火加热法可以设计成将过程气加热至所需的任一温度值，其压力降也较小。缺点是如果采用酸性气体燃烧，可能生成SO_3，使催化剂硫酸盐化而失活；如果采用燃料气燃烧，可能生成烟炱，堵塞床层使催化剂失活。

间接加热法是在各级转化器之前设置一个换热器。此法费用最贵，而且压降最大。此外，转化器进口温度还受加热介质温度的限制。例如，采用4.14MPa的高压蒸汽(254℃)作为热源时，转化器的进口温度最高约为243℃。这样，催化剂通常不能再生。而且COS和

CS_2 水解也较困难。但是，间接加热法的总硫收率一般最高，而且，催化剂由于硫酸盐化和炭沉积而失活的可能性也较小。

综上所述，采用不同的再热方法将会影响到总硫收率。各种再热方法按总硫收率依次递增的顺序为：①热气体旁通法；②在线燃烧炉法；③气/气换热器法；④用燃料气燃烧或蒸汽加热的间接加热法。热气体旁通法通常只适用于一级转化器，直接明火加热法适用于各级转化器，间接加热法一般不适用于一级转化器。

5. 转化器

转化器内的克劳斯反应是放热的，因而较低的温度有利于化学平衡。但是，较高的温度可使 COS 和 CS_2 水解更完全，因此，一级转化器的操作温度通常要高到足可使 COS 和 CS_2 水解，而二级、三级转化器的操作温度只要高到反应速度令人满意，并且避免液硫沉积即可。采用三级转化器的克劳斯装置的各级转化器入口温度范围是：一级转化器，232～249℃，二级转化器，199～221℃；三级转化器，188～210℃。

由于克劳斯反应和 COS、CS_2 水解反应都是放热的，故过程气在各级转化器反应时将会产生温升。一级转化器的温升一般为 44～100℃，二级转化器温升为 14～33℃，三级转化器温升为 3～8℃。因有散热损失，三级转化器测得的出口温度常略低于入口温度。

(五)影响硫回收率的因素

以直流法两级转化克劳斯装置为例，典型的硫回收率和硫损失如表 3-3-8 所示。

表 3-3-8 直流法两级转化克劳斯装置回收率和硫损失

项　目	硫回收率	硫平衡转化率损失 (H_2S+SO_2)	有机硫损失 (COS，CS_2)	硫蒸气损失	夹带液流损失	合计
占进料气中硫的比例(质量)/%	96.2	2.7	0.35	0.25	0.5	100.0

影响硫回收率的因素很多，其中以进料气质量(H_2S 含量和杂质含量)、风气比和催化剂活性等尤为重要，现将其分别介绍如下。

1. 进料气中 H_2S 含量

进料气中 H_2S 含量高，可以增加硫回收率和降低装置投资，其关系大致如表 3-3-9 所示。

因此，在上游的脱硫装置中采用选择性脱硫方法可以有效地降低酸性气体中 CO_2 的含量，这对提高克劳斯装置进料气的 H_2S 含量和装置的硫回收率，以及降低装置投资都十分有利。

表 3-3-9 进料气中 H_2S 含量和硫回收率与装置投资的关系

H_2S 含量/%	16	24	58	93
装置投资比	2.06	1.67	1.15	1.00
硫回收率/%	93.7	94.2	95.0	95.9

2. 进料气和过程气的杂质

1) CO_2

进料气中一般都含有 CO_2。它不仅会降低进料气中 H_2S 含量，也会与 H_2S 在反应炉中反应生成 COS 和 CS_2，这两者都可使硫回收率降低。当进料气中 CO_2 含量从 3.6%增加至 43.5%时，随尾气排放的硫损失量将增加 52.2%。

2)烃类和其他有机化合物

进料气中含有烃类和其他有机化合物(例如进料气中夹带脱硫溶剂)时，不仅会提高反应炉的温度和余热锅炉的热负荷，也增加了空气的需要量。在空气量不足时，相对分子质量较大的烃类(尤其是芳香烃)和醇胺类脱硫溶剂将在高温下与硫反应生成焦炭或焦油状物质，严重影响催化剂的活性。此外，进料气中含有过多的烃类还会增加反应炉内 COS 和 CS_2 的生成量，影响总转化率，故要求进料气中的烃类含量(以 CH_4 计)一般不超过 2%。

3)水蒸气

水蒸气既是进料气中的惰性组分，又是克劳斯反应的产物。因此，它的存在能抑制克劳斯反应，降低反应物的分压，从而降低总转化率。过程气温度、水含量和转化率三者的关系见表 3-3-10。

表 3-3-10 过程气温度、含水量和转化率的关系

气流温度/℃	转化率/%		
	含水 24	含水 28	含水 32
175	84	83	81
200	75	73	70
225	63	60	56
250	50	45	41

4) NH_3

当反应炉内空气量不足、温度也不够高时，进料气中的 NH_3 不能完全转化为 N_2 和 H_2O，大部分转化为硫氢化铵和多硫化铵，堵塞硫冷凝器的管程，增加系统压力降，严重时会使装置停产。同时，未完全转化的 NH_3 还可能在高温下生成各种氮氧化物，导致设备腐蚀和催化剂中毒。据报道，进料气中的 NH_3 含量应控制在 NH_3 与 H_2S 的体积比小于 0.042%。

应该指出的是，虽然进料气中杂质对克劳斯装置的设计和操作有很大影响，但一般不在进装置前预先脱除，而是通过改进克劳斯装置的设备或操作条件等办法来解决。

3. 风气比

风气比是指进入反应炉的空气与酸气的体积比。当酸气中 H_2S、烃类及其他可燃组分含量已知时，可按化学反应的理论需氧量计算出风气比。对酸气中的 CH_4 及除 H_2S 以外其他可燃组分，通常均假定完全燃烧。除了在反应炉内因裂解等副反应而使反应物的计量关系产生一点偏移之外，总的来说是按照化学计量反应的。尤其是，为了获得尽可能趋近于 100% 的总转化率，应保证进入各级转化器的过程气中 H_2S/SO_2 的摩尔比为 2。风气比的微小偏差即空气不足或过剩，都会导致 H_2S/SO_2 比值不当，使硫平衡转化率损失剧烈增加，从而降低转化率与硫回收率，尤其是空气不足时对硫平衡转化率损失的影响更大，见图 3-3-9。

克劳斯装置进料气组成(体积分数)为：H_2S 93.0%；CO_2、烃 0.5%(相对分子质量 30)；H_2O 6.5%。

在实际运行中，为了严格有效地控制风气比，需要有一套比较复杂的收集信息、判断和反馈调节空气量的系统。

此外，如果反应前过程气中 H_2S/SO_2 之摩尔比为 2 时，在任何转化率下反应后过程气中 H_2S/SO_2 之比也为 2；如反应前过程气中 H_2S/SO_2 之比与 2 有任何微小的偏差，都会使反应后过程气中 H_2S/SO_2 之比与 2 偏差更大，而且转化率越高，偏差越大，见图 3-3-10 所示。因此，目前大多数克劳斯装置都采用紫外分光光度计或在线气相色谱仪连续监测尾气中

H_2S/SO_2 的比值，尤以使用前者居多。国内一些克劳斯装置由于实现了过程气在线跟踪分析及风气比自动控制，促成了克劳斯反应过程的最佳化操作，其经济效益及环境效益都十分显著。

2011 年，由南化集团研究院和扬子石化股份责任公司共同承担的 UV-Ⅱ型紫外光度法 H_2S/SO_2 比例分析仪，通过了由中国石化股份有限公司主持的成果鉴定。该分析仪为防爆型，属国内首创，具有自主知识产权，达到了国际同类产品的水平。

UV-Ⅱ型 H_2S/SO_2 比例分析仪用紫外分光光度法分析，连续测量硫回收装置尾气中的 H_2S 和 SO_2 含量及 H_2S 与 SO_2 的比值。可提供独立的三路 4~20mA 模拟量信号输出，这些信号与 H_2S 与 SO_2 体积气体浓度百分比(体积分数)成比例关系。

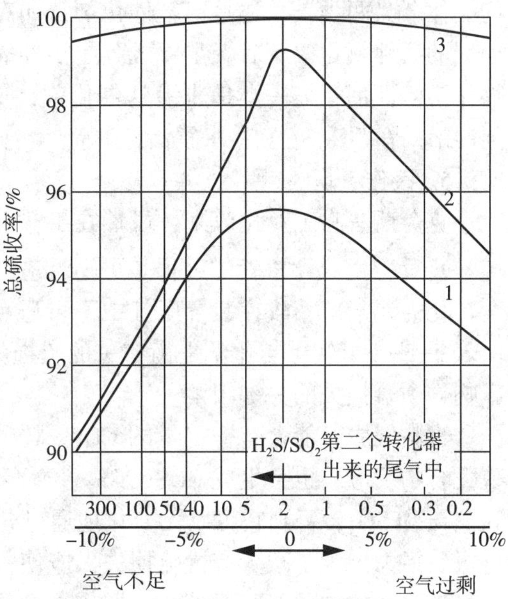

图 3-3-9　风气比不当对过程气 H_2S/SO_2 比值的影响

1—两级转化克劳斯法；2—两级转化克劳斯法+低温克劳斯法；3—两级转化克劳斯法+SCOT 法

分析仪的外形照片如图 3-3-11 所示。整个分析仪由检测箱、保温测量箱、紫外光源箱、防爆正压控制箱、正压气源分配箱，防爆控制阀箱组成，所有箱体都整体安装在底板上，底板可直接架设在安装管道上。通过这种方式，样品气体可直接从工艺管道中提取，并通过出口法兰返回到过程管道中，避免了较长的，昂贵的加热样品管线的费用。

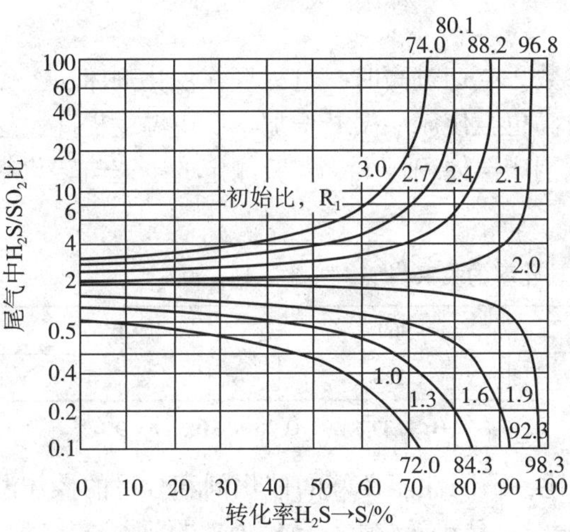

图 3-3-10　尾气中 H_2S/CO_2 之比和转化率的关系

图 3-3-11　硫回收装置尾气 H_2S/SO_2 分析仪的外形照片

4. 催化剂

虽然克劳斯反应对催化剂的要求并不苛刻，但为保证实现克劳斯反应过程的最佳效果，仍然需要催化剂有良好的活性和稳定性。此外，由于反应炉常常产生远高于平衡值的 COS 及 CS_2，还需要一级转化器的催化剂具有促使 COS、CS_2 水解的良好活性。目前常用的催化剂大体分为两类：一类是铝基催化剂，如高纯度活性氧化铝(Al_2O_3 含量约为95%)及加有添加剂的活性氧化铝，后者主要成分是活性氧化铝，同时还加入1%~8%的钛、铁和硅的氧化物作为活性剂；另一类是非铝基催化剂，例如，二氧化钛(TiO_2)含量高达85%的钛基催化剂(用以提高COS、CS_2 水解活性)等。

5. 操作温度

克劳斯法自工业化以来，虽然在工艺上不断改进，使硫回收率有了很大提高，但因 H_2S 与 SO_2 反应生成元素硫的过程是可逆反应，由于受到化学平衡的限制，H_2S 和 SO_2 不可能完全转化为元素硫，故在装置尾气中不可避免地含有一定量的 H_2S 和 SO_3，影响了硫回收率。由表3-3-8可知，与化学平衡有关的硫损失高达2.7%，而末级转化器出口过程气的温度是影响这项硫损失的关键因素。

进料气中可能含有一定量的COS、CS_2。在反应炉中，进料气中含有的 CO_2、烃类与含硫化合物反应，也会生成COS、CS_2。这两种有机硫化物十分稳定，除非将COS、CS_2 转化为 H_2S 和 SO_2，否则它可以无变化地通过各级转化器，最后随尾气排放出装置，成为装置的有机硫损失。为了减少有机硫损失，应使一级转化器在较高温度下操作，并采用可促使COS和 CS_2 水解的催化剂。但是，采用较高的反应温度会使一级转化器中克劳斯反应的平衡转化率降低，所以需增加转化器的级数以提高硫回收率。目前，新建克劳斯装置多采用两级转化，并常继之以低温克劳斯法或超级克劳斯法以取得更好的效果。

由上述可知，为促使COS、CS_2 进行水解反应，一级转化器出口过程气温度必须保持在310~340℃甚至高至370℃。以后各级转化器由于已将大量元素硫从过程气中分出，也不存在COS、CS_2 的水解问题，故可在较低温度下操作，以获得较高的转化率。例如，对于进料气中 H_2S 含量较高的直流法克劳斯装置，二级转化器出口温度一般为240~260℃，三级转化器出口温度则为180~220℃。

6. 空速

空速是控制气体与催化剂接触时间的重要参数。空速过高时，过程气在催化剂床层上停留时间过短，使平衡转化率降低。此外，空速过高也会使床层温升增加，反应温度提高，这也不利于提高转化率。反之，空速过低会使催化剂床层体积过大。实验测定的空速与转化率之间关系如表3-3-11所示。

表3-3-11 空速和转化率的关系①

空速/h^{-1}	240	480	960	1920
转化率/%	27.3	26.4	25.8	24.0

注：①反应温度260℃，床层高度0.8m，进料气组成为 H_2S 6.78%；SO_2 2.39%；H_2O 26.9%；N_2 63.9%。

综上所述，提高进料气质量，严格控制风气比，采用性能良好的催化剂和合适的操作温度，是实现克劳斯反应过程最佳化的必要条件，同时也是在下游进行尾气处理的前提与基础。

第三节 克劳斯法工艺计算

在克劳斯法制硫过程中，由于有各种形态的气相硫(S_2~S_8)产生，它们相互之间的平衡关系常常无法确切得知，而进料气中其他组分如 CO_2、烃类、NH_3 等同时又有很多副反应发生，因此，克劳斯装置的工艺计算是很复杂的。通常，要关联化学平衡、热平衡及物料平衡由计算机完成这些计算。例如，由 Bryan 研究和工程公司开发的 TSWEET 软件，即可用于硫黄回收装置的设计、改造和优化，目前，已为许多设计和生产经营公司所采用。但是，如果不考虑副反应，利用人工进行简化计算，也可得到较为满意的结果。

一、克劳斯装置反应炉内化学反应的复杂性

1. 反应炉中的实际反应物与产物

如果用纯 H_2S 气体作为克劳斯法制硫的进料气，并又与纯氧一起在反应炉内燃烧，则反应后的过程气中仅含有 H_2S、SO_2、H_2O 及不同形态的硫分子。实际上，进料气中除 H_2S 外，通常还含有 H_2S、SO_2、H_2O、H_2O、烃类及 NH_3 等，空气中除 O_2 外，还有 N_2、CO_2 及 H_2O 等，故化学反应十分复杂，反应后过程气中的组分也非常繁多。

反应炉内可能出现的反应分为基本反应与副反应 2 部分。基本反应包括了式(3-3-2)～式(3-3-4)所列的热反应和催化反应、烃类的完全燃烧反应等。副反应则包括生成或消耗 CO、H_2、COS、CS_2 等的反应等。

2. 平衡时气相中各种形态硫分子的构成

如前所述，不同温度下硫蒸气中平衡存在的各种形态硫分子的构成是不同的。由图 3-3-12 可知，在反应炉高温下生成的硫蒸气主要由 S_2 构成，而出反应炉的过程气中的硫蒸气则随着温度降低将会发生下列反应，即

$$3S_2 \rightleftharpoons S_6$$

$$\Delta H(298K) = -272.2kJ \cdot mol^{-1}$$

$$4S_2 \rightleftharpoons S_8$$

$$\Delta H(298K) = -404.4kJ \cdot mol^{-1}$$

$$4S_6 \rightleftharpoons 3S_8$$

$$\Delta H(298K) = -124.5kJ \cdot mol^{-1}$$

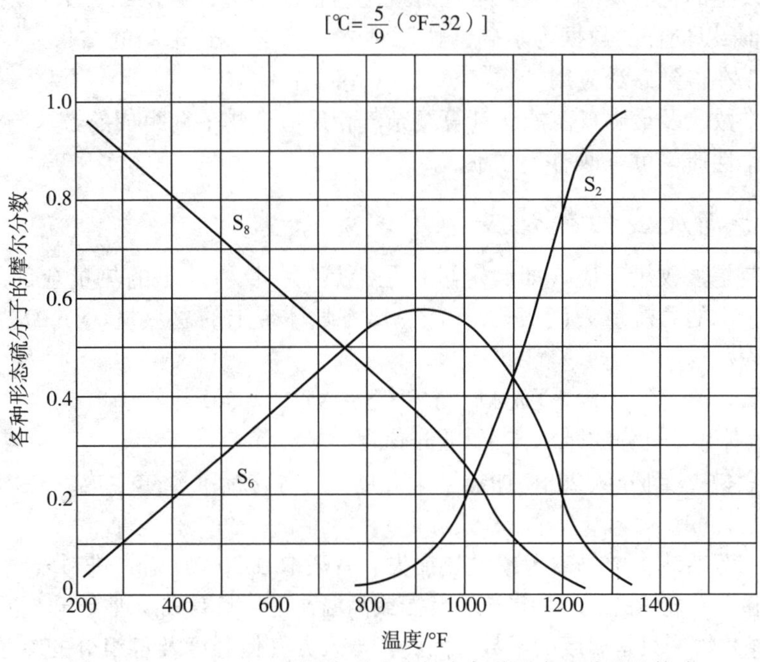

图 3-3-12　0.1MPa 下平衡时硫蒸气中各种形态硫分子的构成

在各级转化器中由于操作温度较低，故硫蒸气主要由S_6、S_8构成。实际计算中，只考虑硫蒸气中有S_2、S_6和S_8三种形态硫分子平衡存在即已足够准确。即使这样，克劳斯法的过程气组成也十分复杂，大致包括H_2S、SO_2、CO_2、H_2O、CO、COS、CS_2、H_2、S_2、S_6、S_8和N_2等组分。

二、克劳斯反应的化学平衡

由上可知，克劳斯法制硫过程中的主要反应可用反应式(3-3-2)~式(3-3-4)来表示，但实际上在火焰反应区(反应炉内)因有许多副反应发生，平衡时反应产物的组成更为复杂。在催化反应区(转化器内)，除有H_2S、SO_2反应生成元素硫外，还有COS、CS_2的水解及S_2、S_6、S_8间的反应平衡问题。

在以往克劳斯装置反应炉简化计算中，不仅未涉及化学平衡计算，而且还将副反应忽略不计，只是进行粗略的计算。例如，理论证明高温下克劳斯反应的硫处于峰值时的氧量系数$\alpha < 1$，且此时产物中的H_2S/SO_2之比不等于2，因为有副反应发生而降低了氧耗量。因此，H_2S与SO_2是在低于化学计算关系下发生反应的，而以往粗略计算则是以化学计量关系为前提。如要比较精确地确定过程气的组成、就必须用严格的化学平衡计算方法，通过关联化学平衡、物料平衡和热平衡精确得出复杂气相反应产物的平衡组成。由于化学平衡涉及众多已知或未知的化学反应而十分复杂，为充分利用所能得到的数据，并便于计算复杂的气相混合物平衡组成，目前大多数采用平衡常数法或最小自由能法。

平衡常数法是由物料平衡方程和足够数量的任意选择的独立平衡方程(要求已知平衡常数与温度的关联式)组成一个方程组，方程的总数应等于求解的未知数的个数，通过解方程组来确定平衡组成。平衡常数法通常采用计算机解法，但如将副反应忽略不计，采用手工简化计算的图解法也可得到较为满意的结果。最小自由能法是根据在每种元素的原子数守恒条件下，平衡时系统吉布斯自由能达到最小，从而求出相应产物的平衡组成。最小自由能法无须了解过程中发生的化学反应个数，可任意规定平衡时反应产物的组分数(只要有足够的热力学数据)。如果以同样的数据为基础，这两种方法都能得到相同的结果。但因其简明性，最小自由能法正在得到广泛应用。

关于平衡常数法及最小自由能法计算复杂气相反应产物平衡组成的方法与步骤，以及有关组分的热力学性质等可查取有关文献。

三、克劳斯反应的热效应

克劳斯反应是强放热反应。如假定过程是绝热的，反应放出的热量全部用于加热过程气，入方气体带入的总热量为$(\sum n_i \Delta h_{m,i})_{in}$，出方气体带走的总热量$(\sum n_i \Delta h_{m,i})_{out}$，则此过程的热平衡可表示为

$$(\sum n_i \Delta h_{m,i})_{in} - (\sum n_i \Delta h_{m,i})_{out} = 0 \tag{3-3-9}$$

式中 n_i——气体中i组分的摩尔流率，kmol/h；

$\Delta h_{m,i}$——气体中i组分从298K加热至某温度(T)时含标准摩尔生成焓在内的摩尔焓变，kJ/kmol。

在实际的克劳斯装置中仍需考虑散热损失、一般取0.209MJ/m^3进料气。

由于入方和出方气体一般均为常压、常温或高温，可将其看成是理想气体混合物。故气体中任一组分的摩尔焓变只是温度的函数。因此，当入方气体温度及各组分的摩尔流量已知时，通过化学平衡计算求出出方气体中各组分的摩尔流量后，即可按式(3-3-9)猜算反应温度T_R。

$\Delta H_{m,i}$是理想气体混合物中 i 组分从 298K 加热至某温度(T)时含标准摩尔生成焓在内的摩尔焓变。因此，在式(3-3-9)的热平衡计算中已将过程的反应热考虑在内。某温度下理想气体混合物中任一组分含标准摩尔生产焓在内的摩尔焓变 $\Delta H_m(T)$为

$$\Delta H_m(TK) = \Delta_f H_m(298K) + \int_{T_0}^{T} c_{p,m} dT - \int_{T_0}^{298} c_{p,m} dT \tag{3-3-10}$$

式中 $\Delta H_m(T)$——理想气体混合物中任一组分从 298K 加热至某温度(T)下含标准摩尔生成焓在内的摩尔焓变，kJ/kmol；

$\Delta_f H_m(298K)$——理想气体混合物中任意组分的标准摩尔生成焓，kJ/kmol；

$c_{p,m}$——理想气体混合物中任一组分的定压摩尔热容，kJ/(kmol·K)；

$\int_{T_0}^{T} c_{p,m} dT$ 是理想气体混合物种任一组分在某温度(T)下的摩尔焓，kJ/kmol，可从有关表中查取，也可由下述温度多项式函数来计算，即

$$\int_{T_0}^{T} c_{p,m} dT = H^\circ_0 + A + BT + CT^2 + DT^3 + ET^4 + FT^5 \tag{3-3-11}$$

式中 H°_0——理想气体混合物中任一组分在参比状态 T_0、p_0 下的摩尔焓，此结果采用 0K 和 0MPa 下的 $H^\circ_0=0$；

T——温度，K；

A、B、C、D、E、F——温度多项系数(见表 3-3-12 和表 3-3-13)。

表 3-3-12 S_2、S_6、S_8 摩尔焓的温度多项式系数

组 分	$\Delta_f H_m$(298K)/(kJ/mol)	A	B	C	D	E
S_2	128.49	-402.207	30.79691	4.27653×10^{-3}	-7.957497×10^{-3}	5.90905×10^{-3}
S_6	102.88	-1664.789	46.40035	0.1448115	-1.060079×10^{-4}	2.790892×10^{-8}
S_8	102.80	-2768.039	69.08666	0.1898345	-1.387961×10^{-4}	3.651368×10^{-8}

表 3-3-13 有关组分摩尔焓的温度多项式系数①

组 分	$\Delta_f H_m$(298K)/(kJ/mol)	A	B	$C\times10^3$	$D\times10^6$	$E\times10^{10}$	$F\times10^{14}$	G	M
CH_4	-74.85	-5.58114	0.564843	-0.282973	0.417399	-1.525576	1.958857	-0.623373	16.043
H_2S	-20.17	-0.61782	0.238575	-0.024457	0.041067	-0.130126	0.144852	-0.045932	34.08
O_2	0	-0.98176	0.227489	-0.037305	0.048302	-0.185243	0.247488	0.124314	31.999
N_2	0	-0.68925	0.253664	-0.014549	0.012544	-0.017106	-0.008239	0.050052	28.013
H_2	0	12.32674	3.1996187	0.392786	-0.293452	1.090069	-1.387867	-4.938247	2.016
H_2O	-241.82	-2.46342	0.457392	-0.052512	0.064594	-0.202759	0.236310	-0.339830	18.015
CO	-110.52	-0.97557	0.256524	-0.022911	0.022280	-0.056326	0.045588	0.092470	28.01
CO_2	-395.43	4.77805	0.114433	0.101132	-0.026494	0.034706	-0.013140	0.343357	44.01
COS	-138.41	0	0.093707	0.088148	-0.028705	0.041818	0	0.248827	60.07
O_2	-296.85	1.39432	0.110263	0.033029	0.008912	-0.077313	0.129287	0.194796	64.063
CS_2	117.07	0	0.086102	0.070821	-0.024743	0.035946	0	0.139229	76.131

注：①$c_p=(B+2CT+3DT^2+4ET^3+5FT^4)\times4.1868\times M$ J/(mol·K)；

$H=\int_0^T c_p dT = 2.326\times M\times(A+BT+CT^2+DT^3+ET^4+FT^5)$ J/mol；

$S=\int_0^T \frac{c_p}{T} dT = (G+B\ln T+2CT = 3/2DT^2+4/3ET^3+5/4FT^4)\times2.1868\times M$ J/(mol·K)。

第三编 CHAPTER THREE 天然气净化

请注意，表3-3-13中的温度多项式系数只适用于T(°R)，故须先将T(K)换算成T(°R)(1K=1.8 °R)后，再代入式(3-3-11)中计算。

【例3-3-1】 某克劳斯装置原料气温度为43.3℃，压力为0.1427MPa(绝压)，其组成及摩尔流量见表3-3-14，当地干球温度37.8℃，湿球温度为23.9℃，鼓风机出口空气(去反应炉)温度82.2℃，如忽略副反应，试用平衡常数法对其反应炉进行简化计算，过程气中各组分的摩尔焓由有关表中直接查找。

表3-3-14 原料气组成及流量

组 成	H_2S	CO_2	H_2O	烃类(按C_1计)	合 计
%(体积分数)	60.65	32.17	6.20	0.98	100.00
kmol/h	132.02	70.03	13.49	2.14	217.68

【解】

①原料气中1/3的H_2S及全部烃类燃烧所需氧气量：

$$H_2S+\frac{3}{2}O_2 \rightleftharpoons SO_2+H_2O$$

$$\Delta H=-518.89\text{kJ}\cdot\text{mol}^{-1}$$

$$CH_4+2O_2 \longrightarrow CO_2+2H_2O$$

$$\Delta H=-802.81\text{kJ}\cdot\text{mol}^{-1}$$

因此，燃烧所需氧气量为

H_2S燃烧所需氧气量： 1/3×3/2×132.02=66.01kmol/h

烃类燃烧所需氧气量： 2×2.14=4.28kmol/h

合计所需氧气量： 66.01+4.28=70.29kmol/h

②物料平衡：假定有$x$kmol/h的H_2S与SO_2反应生成S_2，则

$$2H_2S+SO_2 \rightleftharpoons \frac{3}{2}S_2+2H_2O$$

$$x \quad 1/2x \quad 3/4x \quad x$$

$$\Delta H=47.45\text{kJ}\cdot\text{mol}^{-1}$$

因此，反应段的物料平衡见表3-3-15。

表3-3-15 反应段物料平衡

物 流		H_2S	CO_2	H_2O	SO_2	N_2	O_2	S_2	烃类(按C_1计)	合 计
入方	原料气	132.02	70.03	13.49	—	—	—	—	2.14	217.68
	空气	—	—	9.94	—	264.29	70.29	—	—	344.52
出方	燃烧产物	88.02	72.17	71.71	44.01	264.29	—	—	—	540.2
	反应产物	88.02−x	72.17	71.71+x	44.01−1/2x	264.29	—	3/4x	—	540.20+1/4x

由反应炉内热力学平衡和热平衡联解(联解过程略)求得，此时炉内温度1165℃，有x(数值为61.24)kmol/h的H_2S与SO_2反应生成S_2，相当于转化率为70.1%。然后，将x=61.24kmol/h代入表3-3-15中即可求得反应段的物料平衡。

③热力学平衡温度：

假定气流经过燃烧器及反应炉的压力降为11.0kPa，故反应炉过程气出口的压力p=

0. 1427-0. 011=0. 1317MPa(绝压)或 1. 30(绝压)(1atm=0. 1MPa)。

由式(3-3-5)知反应式(3-3-3)处于平衡时的平衡常数 K_p(系统总压为 1. 30atm)为

$$K_p=\frac{\left(\frac{3}{4}x\right)^{3/2}(71.71+x)^2}{(88.02-x)^2\left(44.01-\frac{1}{2}x\right)}\left(\frac{1.30}{540+\frac{1}{4}x}\right)^{\frac{1}{2}}$$

假定 x 分别为 58. 97kmol/h、61. 24kmol/h 及 63. 50kmol/h，按上式分别计算出 K_p 值后，由图 3-3-13 查出相应的热力学平衡温度(反应平衡温度)，见表 3-3-16。

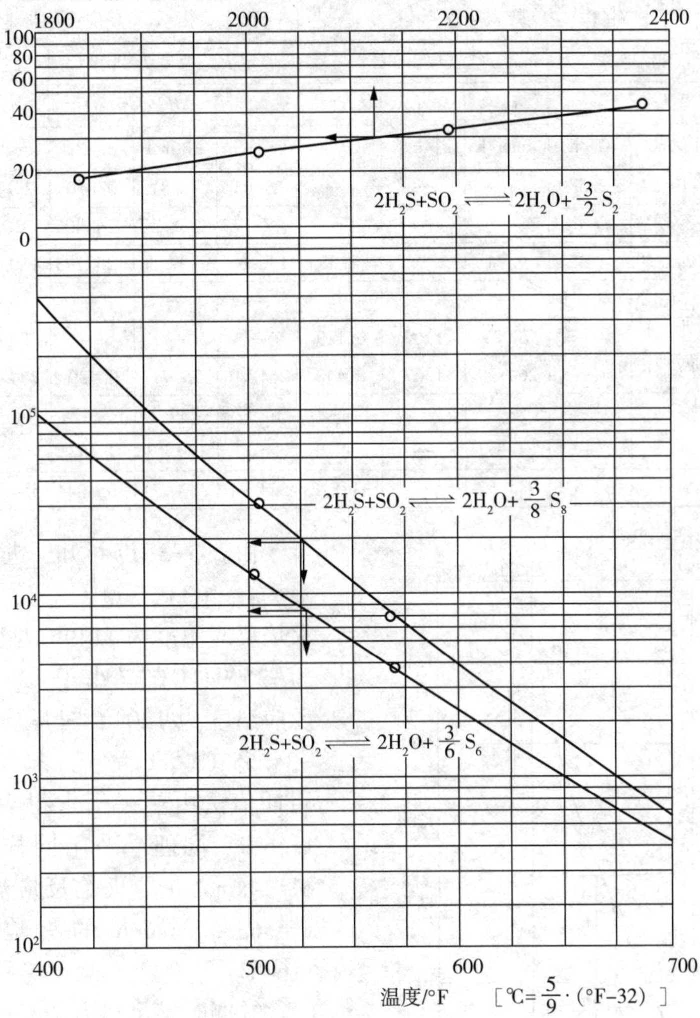

图 3-3-13　克劳斯反应平衡常数与温度的关系

表 3-3-16　x 为不同值时的平衡温度

x(假定值)/(kmol/h)	58. 97	61. 24	63. 50
K_p(计算值)	19. 8	27. 7	39. 5
平衡温度(查图 3-3-13)/℃	1027	1143	1310

④火焰反应温度：由有关表中查得摩尔焓，再根据热平衡确定不同 x 时的火焰反应温度。绝热情况下，入口气体(进料气和空气)带入的热量和出口气体(反应产物或过程气)带走的热量相等。因此，由此计算出的火焰反应温度应和热力学平衡温度一致。具体的步骤是：按热平衡计算出不同 x 时的火焰反应温度，并与上述求出的热力学平衡温度对假定的 x 画成图，图中两曲线的交点即可同时满足热力学平衡与热平衡条件。

例如，当 x=58.97kmol/h 时，分别假定火焰反应温度为 1149℃与 1204℃，并求出反应产物相应带走的热量见表 3-3-17，再用内插法求得满足热平衡时的火焰反应温度。

表 3-3-17　x=58.97kmol/h 时火焰反应温度的确定

组分	进料气及空气带入热量						反应产物带走热量					
	进料气(43.3℃)			空气(82.2℃)			假定火焰温度为 1149℃			假定火焰温度为 1204℃		
	q_m	ΔH_m	Q	q_m	ΔH_m	Q	q_m	ΔH_m	Q	q_m	ΔH_m	Q
	kmol/h	kJ/mol	GJ/h	kmol/h	kJ/mol	GJ/h	kmol/h	kJ/mol	GJ/h	kmol/h	kJ/mol	GJ/h
H_2S	132.02	-19.54	-2.580	—	—	—	29.05	27.87	0.810	29.05	30.66	0.891
CO_2	70.03	-394.73	-27.643	—	—	—	72.17	-338.17	-24.406	72.17	-334.94	-24.173
H_2O	13.49	-241.20	-3.254	9.94	-239.77	-2.383	130.68	-197.38	-25.793	130.68	-194.82	-25.459
CH_4	2.14	-74.18	-0.159	—	—	—	—	—	—	—	—	—
O_2	—	—	—	70.29	1.69	0.119	—	—	—	—	—	—
N_2	—	—	—	264.29	1.67	0.442	264.29	35.71	9.439	264.29	37.62	9.944
SO_2	—	—	—	—	—	—	14.52	-239.25	-3.474	14.52	-236.16	-3.429
S_2	—	—	—	—	—	—	44.23	169.17	7.483	44.23	171.24	7.574
合计	217.68	—	-33.636	344.52	—	-1.822	554.94	—	-35.941	554.94	—	-34.652

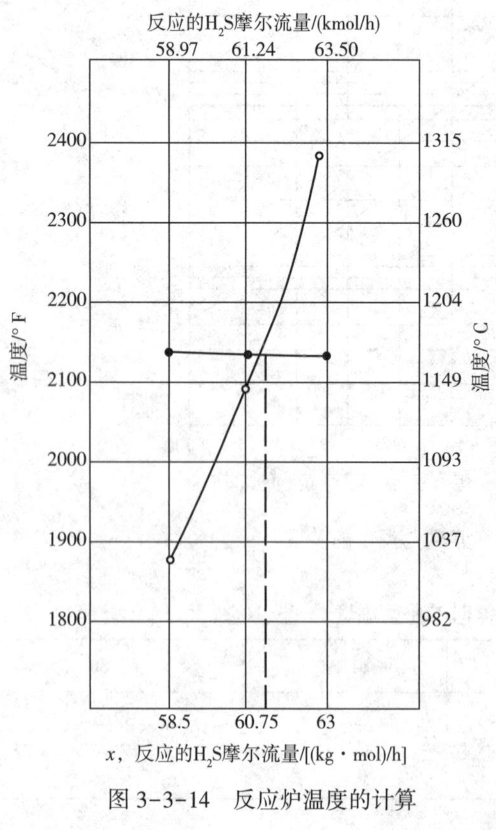

图 3-3-14　反应炉温度的计算

由表 3-3-17 可知，进料气及空气带入热量为：-(33.636+1.822)=-35.458(GJ/h)；火焰反应温度为 1149℃时反应产物带走热量为-35.941GJ/h(小于-35.485GJ/h)；火焰反应温度为 1204℃时反应产物带走热量为-34.652GJ/h(大于-35.485GJ/h)。因此，用插值法由热平衡求得火焰反应温度约为1166℃，同理，采用同样方法求得当 x=61.24kmol/h 的火焰反应温度约为 1166℃，x=63.50kmol/h 的火焰反应温度约为1164℃。

⑤同时满足热力学平衡及热平衡条件的温度：

将假定不同 x 值时计算出的火焰反应温度和热力学平衡温度在图 3-3-14 中画成 2 条曲线，两曲线的交点即可同时满足热力学平衡及热平衡条件。由图 3-3-14 可知，该交点处 x=61.69kmol/h，温度为 1165℃，相当于转化率为 70.1%。

第四节　硫黄处理及储存

一、液硫处理

克劳斯装置生产的硫黄可以以液硫(约 138℃)或固硫(常温)形式储存与装运。通常可设置一个由不锈钢或耐酸水泥制成的溢流罐或槽储存液硫，如果以液硫形式装运，可由溢流罐将液硫直接泵送到槽车，或送至中间储罐。如果以固硫形式装运，则将液硫冷却与固化，或者送至成型机、造粒塔等成为片状硫或粒状硫。

(一)液硫脱气

克劳斯装置生产的液硫在装运时对环境和安全卫生的要求很严格：由于生产的液硫中一般均含有少量的 H_2S，故必须将其从液硫中脱除，即所谓液硫脱气。

1. H_2S 在液硫中的溶解度

当 H_2S 溶解于液硫中时会生成多硫化氢(H_2S_x，x 通常为 2)。如图 3-3-15 所示，H_2S 在液硫中的溶解度虽随温度升高而降低，但由于多硫化氢的生成量随温度升高迅速增加，故

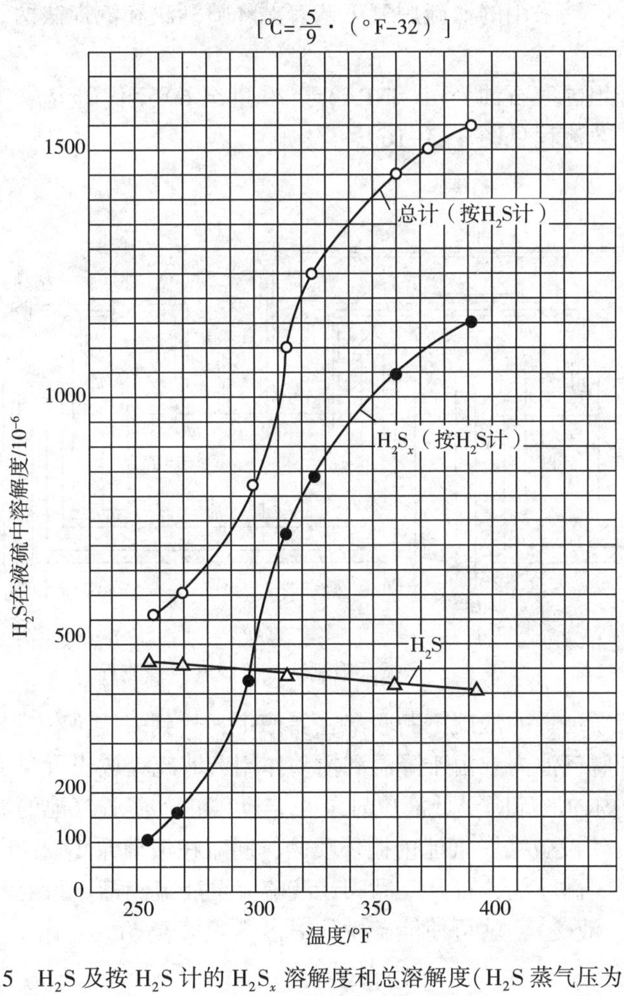

图 3-3-15　H_2S 及按 H_2S 计的 H_2S_x 溶解度和总溶解度(H_2S 蒸气压为 0.1MPa)

按 H_2S 计的总溶解度也随温度升高而增加。克劳斯装置生产的液硫温度一般为138~154℃。但在储运或输送时液硫的温度可降至127℃。在这种情况下，H_2S 就会从液硫中逸出并聚集在液硫上部的空间中。

克劳斯装置生产的液硫是从各级硫冷凝器中分离出来的。由于各级硫冷凝器的温度和 H_2S 分压都不同，因而得到的液硫中 H_2S 和 H_2S_x 含量也不同。实际测量的含量(按 H_2S 计)见表3-3-18。

表3-3-18 各级冷凝器得到的液硫中 H_2S、H_2S_x(按 H_2S 计)含量

部位	一级硫冷凝器	二级硫冷凝器	三级硫冷凝器	四级硫冷凝器	末级捕集器
液硫中 H_2S 含量/(μg/g)	500~700	180~280	70~110	10~30	5~10

2. *液硫脱气工艺*

通常，脱气前液硫中的总 H_2S 含量平均为250~300μg/g。曾对总 H_2S 含量为7μg/g、15μg/g和100μg/g的液硫铁路槽车进行试验后表明，液硫中总 H_2S 含量15μg/g是安全装运液硫的上限。因此，脱气设备应按脱气后液硫中 H_2S 最大含量为10μg/g来设计。

目前，工业上最广泛采用的液硫脱气工艺有循环喷洒法和汽提法两种。

1)循环喷洒法

此法是法国阿奎坦国家石油公司(SNPA)于20世纪60年代研究成功的，广泛用于大型克劳斯装置上，其工艺流程见图3-3-16。

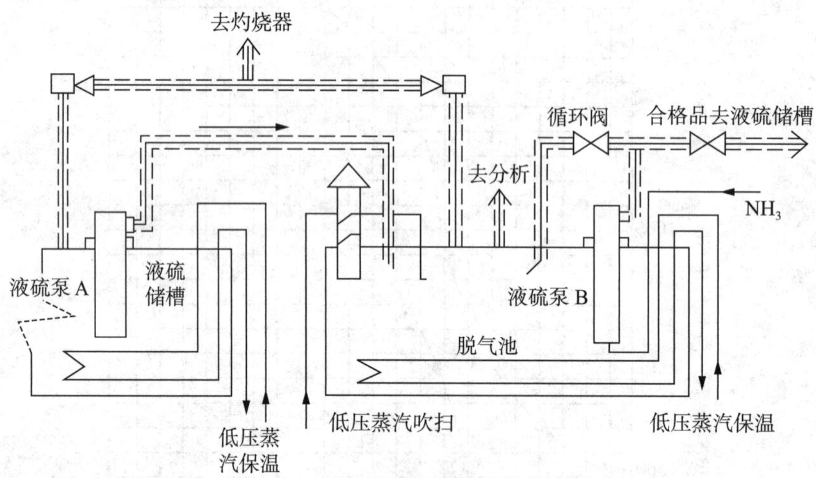

图3-3-16 循环喷洒法液硫脱气原理流程

图中，来自克劳斯装置的液硫不断收集在储槽中，达到一定液位后液硫泵A自动启动，液硫通过喷嘴喷洒到脱气池内。由于降温和搅动作用，液硫释放出大量 H_2S，使 H_2S 含量降至约100μg/g。储槽内的液硫降至低液位时泵A自动停止，而脱气池的液位升至一定高度后液硫泵B自动启动，使液硫在脱气池内循环喷洒，同时在液硫泵B入口处注入一定量的氨。脱气循环完成后，关闭循环阀，打开产品阀让液硫流至液硫储槽。只要掌握好循环条件和注氨量(约100mg氨/kg液硫)，就可使液硫中的 H_2S 含量降至5μg/g以下。

2)汽提法

此法较适用于小型克劳斯装置，有很多工艺类型。其特点是设备简单，操作连续，并可利用冷凝器产生的蒸汽进行汽提，投资和操作费用均比循环喷洒法低，经脱气后液硫中 H_2S 含量可降至 100μg/g 以下。

3)搅拌法

普光气田天然气净化厂采用的液硫脱气方法是 Black & Vcatch 的专利 MAG®液硫脱气工艺，也称为搅拌法。MAG®液硫脱气工艺无须采用任何化学添加剂，其工艺原理为：液硫在液硫池的不同分区中循环流动，并通过喷射器进行机械搅动，使溶解在液硫中的 H_2S 释放到气相中并由抽空器送入尾气焚烧炉，以维持气相中的 H_2S 浓度在爆炸极限以下。MAG®液硫脱气工艺可将液硫中的 H_2S 脱除至 10(μg/g)以下。

(二)液硫输送

采用专用槽车或船只运输液硫，目前仍是运输硫黄的一种方式。运输液硫时，务必防止液硫凝固，注意它的黏度特性(见图 3-3-17)。因此，所有运输液硫的管道和设备都应保持在 130~140℃范围内，并避免由于温度过高导致液硫黏度剧增。

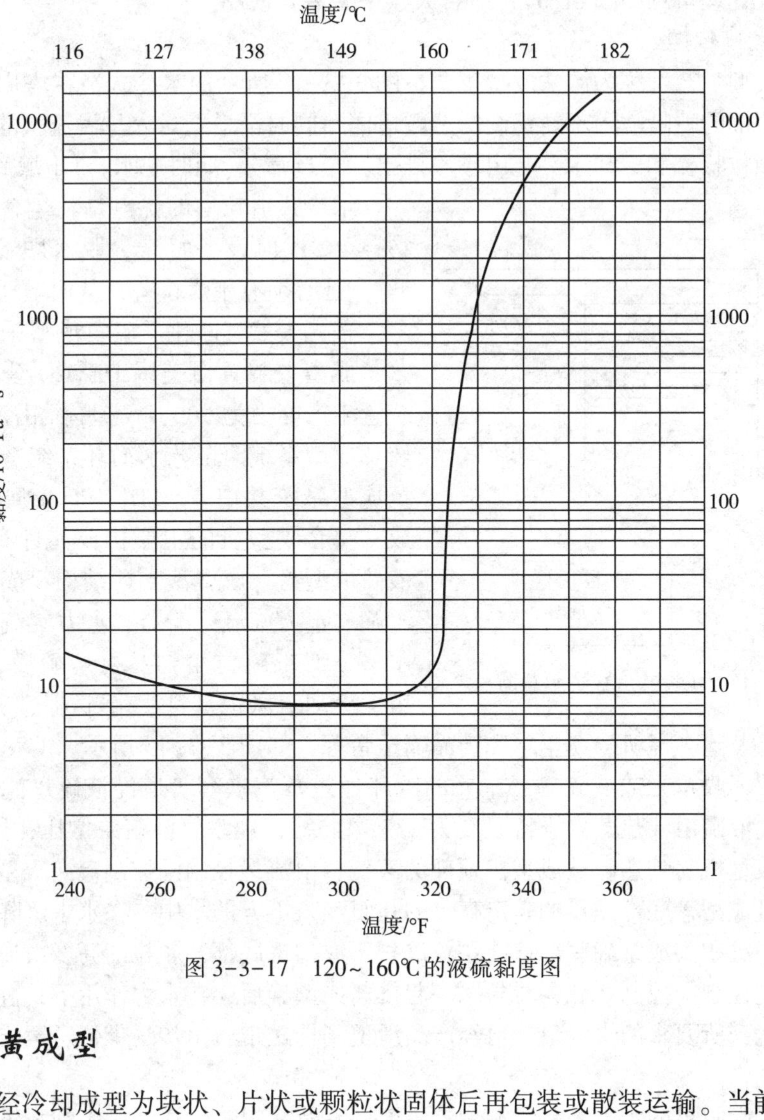

图 3-3-17　120~160℃的液硫黏度图

二、硫黄成型

液硫也可经冷却成型为块状、片状或颗粒状固体后再包装或散装运输。当前国际贸易中所有海上船运的硫黄都是固体。尤以颗粒状更受欢迎。块状硫的成型设备简单，操作方便，但劳动强度大，机械破碎时还有粉尘污染问题。片状或颗粒状硫则需专门成型设备，尤其是颗粒状硫成型设备更为复杂。但是，颗粒状硫强度好，成型操作中无粉尘，包装运输过程不易粉碎。固体硫黄产品的质量可根据其脆性、水含量及装运性能来分类。

1. 鼓式成型机

鼓式成型机用于生产片状硫。鼓式成型机用水冷却的筒形转鼓下半部浸于液硫中，当浸渍在转鼓表面上的液硫随转鼓旋转露出液面后，由于冷却而在转鼓表面形成一层薄薄的固体硫，再用刮刀刮下即成片状硫产品、冷却方式可采用夹套或内壁喷水。

鼓式成型机操作方便，但转鼓由于热胀冷缩容易变形，而且处理量有限，只适合小型装置使用。此外，刮下产品时有少量粉尘产生。

2. 钢带成型机

钢带成型机也用于生产片状硫。液硫缓慢流到钢带上，在钢带下侧喷水使液硫快速冷却和固化。此设备较鼓式成型机复杂，占地面积大，对钢带材质有严格要求，但处理量大(单条成型机最大处理量约为500t/d)，适合大、中型装置使用。

3. 水冷式造粒塔

水冷式成型工艺又称为湿法成型工艺。图3-3-18所示的水冷式造粒塔用于生产颗粒状硫，液硫从顶部的喷嘴喷入不锈钢制的造粒塔内，同时沿塔壁送入呈涡流状的含表面活性剂的冷却水。颗粒状硫和冷却水一起由塔底排出，经过筛分(同时脱水)、干燥后即得成品。

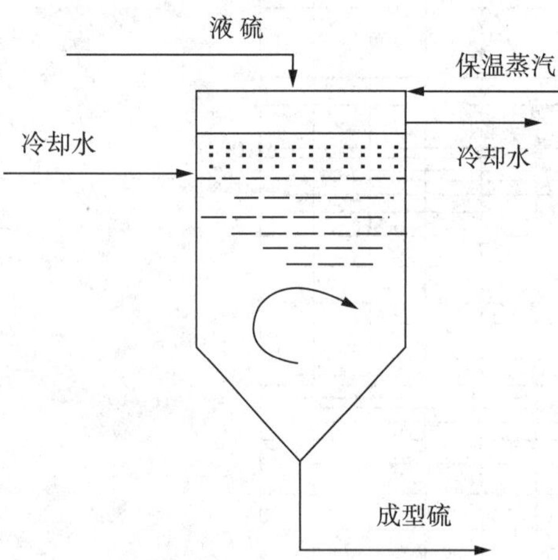

图3-3-18 水冷式造粒塔示意图

水冷式造粒塔的优点是粉尘含量较少，约为1%~2%，但设备复杂，脱水颗粒含水约4%~5%，且必须有干燥设备，从而增加了操作费用。

普光天然气净化厂硫黄成型采用湿法成型工艺，成型主装置由美国DEVCO公司提供，单套装置生产能力为90t/h。该单元由液硫过滤系统、硫黄成型系统、工艺水循环系统3部分组成。硫黄成型系统共由4台DEVCOⅡ型硫黄成型机组成，每套成型机的主要构成元件有液硫分配盘、液硫成型盘、成型盘支撑结构、成型罐、振动脱水筛、水力旋流分离器、水力旋流进料泵、工艺水槽、细粉硫再熔器、再熔硫黄输送泵、冷却塔、冷却塔风机、料斗/输送器、成型罐进水泵、冷却塔进料泵、除尘风机、粉尘罩和产品输送带等，如图3-3-19所示。

来自硫黄回收单元或液硫罐区单元的液硫通过蒸汽夹套管道经液硫过滤器，进入液硫池，液硫池中液硫由伴热蒸汽维持温度为135~145℃，经垂直液硫泵增压，以大约0.4MPa的压力进入成型机。到达硫黄成型机顶部的液硫，由流量控制阀控制流向成型盘。

液硫通过成型盘底部预设的一定直径的孔眼滴入下方的水中，在水中沉降并进一步冷却成球状颗粒，沉积到成型罐底部。硫颗粒沉积于成型罐底部，颗粒的高度由成型罐排放口处的硫颗粒高度控制阀控制。硫颗粒与水一起排离成型罐后，在重力作用下，进入振动脱水筛脱水，使其达到所要求的含水量，再经产品滑道到传送带，由传送带传送至袋装单元或圆形料仓。

振动脱水筛脱出的水、来自成型罐的溢流回水及从螺旋输送器脱出的水进入热水槽，由水力旋流进料泵打入水力旋流分离器脱除水中的细粉硫，脱除细粉硫后的净水自水力旋流分离器上部流到净水槽，再经冷却塔进料泵增压后进入冷却塔，冷却后的水靠重力作用流入冷水槽，由成型罐进水泵打入成型罐，冷水槽补水通过液位控制阀保持冷水槽正常液位。

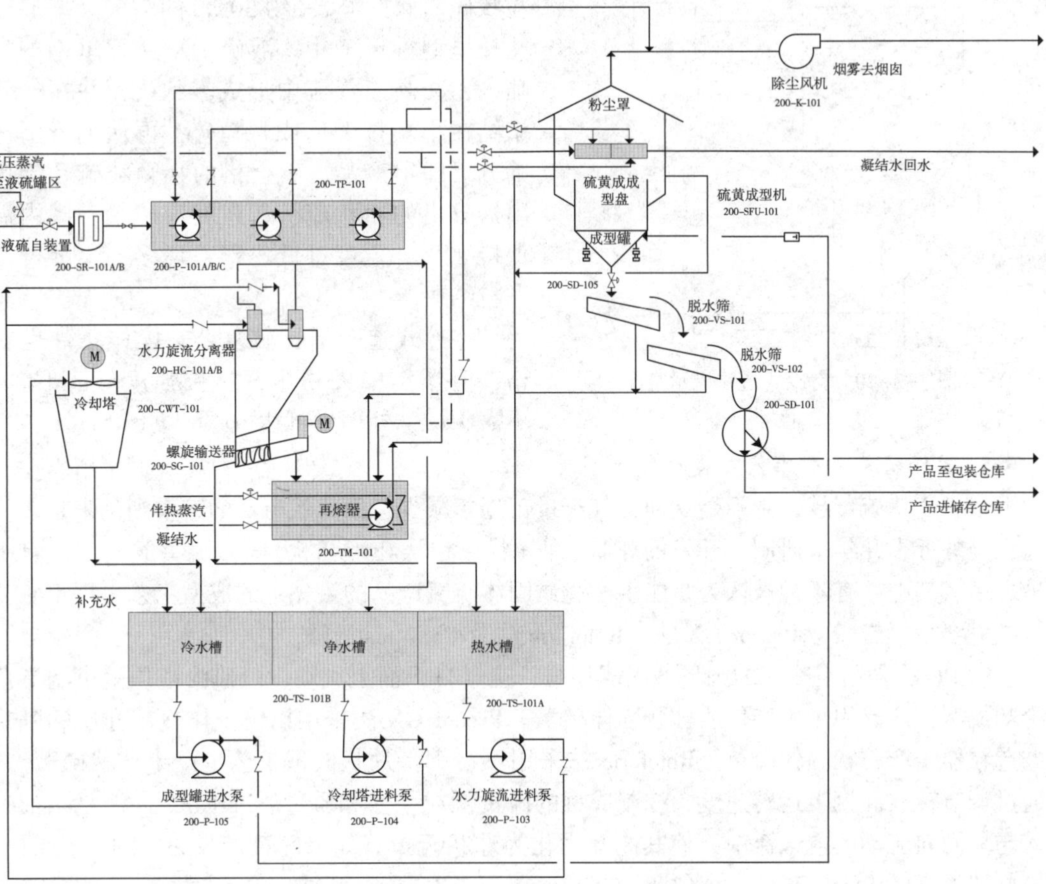

图 3-3-19　硫黄成型单元工艺流程简图

水力旋流分离器脱除掉的细粉硫，排放至细粉硫料斗/螺旋输送器，经滑道至细粉硫再熔器，在细粉硫再熔器中和来自液硫池的液硫由压力 0.6MPa 左右的蒸汽加热共熔后，由再熔硫黄输送泵泵入液硫池。

成型盘及再熔器产生的硫蒸气及少量的硫化氢及二氧化硫由除尘风机排至大气。液硫池产生的含有少量多硫化氢及硫蒸气的烟气直接进入放散管排放到大气中。

目前，液硫池放空气直接排至放散管，由于放空气中含有 H_2S_{x+1}、硫蒸气及 H_2S，在常压条件下会发生如下反应：

$$H_2S_{x+1} \rightleftharpoons H_2S+S_x$$

放空气出液硫池的温度在 140℃左右，随着其在放散管中的流动，温度降低，反应向右边移动，产生的 S_x 及硫蒸气在放散管筒体上沉积，与空气中氧气接触表面发生氧化自热现象，温度不断升高直至发生自燃，因此经常会在放散管顶部看到蓝色火焰。为了确保硫黄成型装置的正常生产，在液硫池盖板上接一根管径为 DN25 的管子引入空气，以稀释放散管中硫的浓度，使其降至可燃点以下，从而大大减少了硫的自燃现象。但是，日积月累，放空气中夹带的硫不断地沉积在放散管筒体上，逐渐堵塞放散管，影响装置正常运行。因此，必须在放空气进入放散管之前增加水洗装置，脱除气体中的硫化氢、多硫化氢以及单质硫。

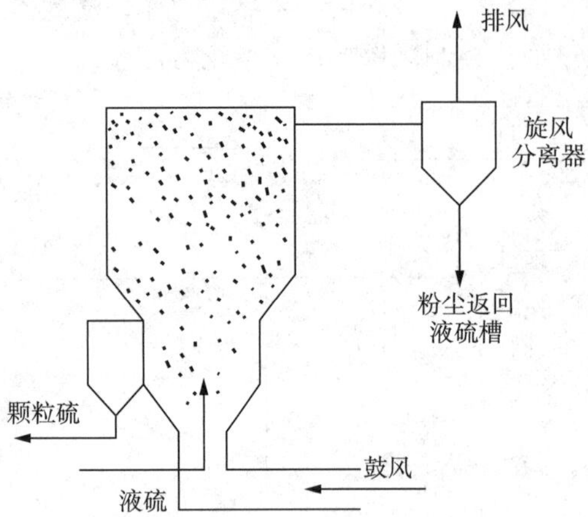

图 3-3-20　空冷式造粒塔示意图

4. 空冷式造粒塔

图 3-3-20 所示的空冷式造粒塔用于生产颗粒状硫。保持恒温(约 30℃)的空气从塔底鼓入文丘里型锥形槽中，液硫则从文丘里型的喉部喷入，在高速气流中形成雾状硫，并在喉管内聚结在小颗粒上形成颗粒硫，再从侧管引出经筛分后即得产品。不合格的小颗粒硫和旋风分离器分出的粉状硫一起送回液硫槽。塔内温度保持 82℃，温度过低小颗粒增多，温度过高则颗粒结块。

空冷式造粒塔比较复杂，操作条件也较严格，但操作中无粉尘，颗粒强度好，不含水，不需干燥，处理量可达 10t/h 以上。

5. 国外硫黄成型工艺发展动向

由于片状硫黄越来越不受欢迎，其产量正逐年减少，而球状硫黄的产量则越来越多。因此，国外近十几年来研制、开发的球状(即球状、粒状和半球状)固体硫黄成型工艺有十几种之多。其中，有 4 种被认为是能生产优质固体硫黄产品的最先进的成型工艺，即 PAPP 法(波兰空气小粒法)、Procor GX 法、Rotoform 法及 Perlotmatic 法。

PAPP 法采用空冷式的圆形截面成型塔，空气自下而上流动，液硫由塔顶呈小滴下落时冷却成型，广泛用于生产优质球状固体硫黄。Procor GX 法采用以空气作冷却介质的卧式转鼓造粒器生产粒状固体硫黄。Rotoform 法采用不锈钢带片状成型工艺生产半球状硫黄产品，通过调节转鼓和钢带运转速度，控制成型的硫黄颗粒尺寸和质量。Perlotmatic 法是将液硫喷入与其同向流动的空气流中，使其冷却固化为球状硫黄。如果硫黄产量为 1000t/d 或更大，最好选择 PAPP 法；产量较小(200~500t/d)时可选 Procor GX 法和 Rotoform 法；产量在500~1000t/d 时，如果已建有 Sandvik 片状成型装置而又想改为生产球形硫黄的，则可考虑 Rotoform 法。

第五节　克劳斯装置尾气处理工艺

一、低温克劳斯法

低温克劳斯法又称延续反应法。这类方法的原理是在比常规克劳斯法更为有利的反应平衡条件下，即或者是在低于硫露点(亚露点)的温度下，或者是在高于硫熔点温度的液相中继续进行克劳斯反应，以便获得更多的元素硫。前者通常又称为亚露点克劳斯法，后者通常又称为液相克劳斯法。

延续反应法又可分为干法与湿法两类。干法系在固体催化剂床层上进行反应，而吸附在催化剂床层上的硫黄需定期用过程气或惰性气体将其带出，以便恢复催化剂的活性。湿法系在含有催化剂的溶剂中进行反应，生成的硫黄因与溶剂密度不同而分离。目前，以干法在工业上应用较多。但是，由于这类方法的总硫收率包括克劳斯装置在内只能达到 98%~99%，而且处理后尾气经灼烧后，烟气中 SO_2 含量通常仍为 0.12%～0.20%，故使其应用受到一定限制。

二、还原-吸收法

还原-吸收法又称 H_2S 回收法，此法是先将克劳斯装置尾气中基本上所有形式的硫通过加氢和/或水解转化为 H_2S，然后用不同的方法进行处理。在 Beavcon-Stretford(比文-蒽醌)法中是用蒽醌法装置将这种尾气中的 H_2S 转化为元素硫，而在 SCOT 法、ARCO 法和 Surften 法中则采用具有选择性的胺溶液来吸收 H_2S。从富胺溶液再生时得到的 H_2S 及 CO_2，再返回至克劳斯装置的前部。

通常，SCOT 法、ARCO 法离开吸收塔的尾气中 H_2S 含量仅在 $(0.10～0.15)\times10^{-3}$，而 Surften 法、Beavon-Stretford 法可将尾气中的 H_2S 含量降至 10×10^{-6} 以下。所有这些方法的总硫收率都超过了 99.9%。普光气田天然气净化厂克劳斯装置尾气处理正在采用此方法。

三、氧化-吸收法

SO_2 回收法又称氧化-吸收法。这类方法的原理是将尾气中所有的硫化物先氧化为 SO_2，然后再用溶液吸收(或回收) SO_2。通常，是将尾气送至灼烧炉中灼烧，使硫化物转化为 SO_2。

Wellman-Lord 法采用碱性溶液吸收 SO_2，而且从溶液回收到的基本上都是纯 SO_2，回收到的 SO_2 可以是液相或气相。

由联合碳化物公司(UCC)开发的 UCAP 法则是采用叔胺溶液吸收 SO_2。如果溶液的 pH 值控制合适的话，富胺可在含 CO_2 的物流中选择性地吸收 SO_2。然后，在一个常规的再生塔中将 SO_2 从富胺溶液中汽提出来。汽提出来的 SO_2 一般返回克劳斯装置的前部。

此外，国内开发的以碱液吸收 SO_2 生产焦业硫酸钠的工艺，也颇适合于小型克劳斯装置的尾气处理。

在决定选择何种尾气处理方法时，还应考虑当地采用的大气污染物排放标准、各种方法的投资、长期连续运行的费用及操作优缺点等。

四、克劳斯法延伸工艺

克劳斯法延伸工艺包括克劳斯法组合工艺和克劳斯法变体工艺 2 部分。克劳斯法组合工艺是指将常规克劳斯法与尾气处理方法组合成为一体的工艺。属于此类工艺的有冷床吸附法(CBA)、MCRC 法和超级克劳斯法等。克劳斯法变体工艺是指与常规克劳斯法(主要特征是以空气作为 H_2S 的氧化剂，催化转化段采用固定床绝热反应器)有重要差别的克劳斯法。属于此类工艺的有富氧克劳斯法(例如 COPE、SURE 法等)及采用等温催化反应的方法(例如，德国 Linde 公司将等温反应器用于克劳斯法催化转化段的 Clinsulf SDP、Clinsulf DO 法等)。

1. MCRC 法

MCRC 法又称亚露点法，是加拿大矿场和化学资源公司开发的一种把常规克劳斯法和尾气处理法组合在一起的工艺。此法有三级反应器及四级反应器两种流程，其特点是有一台反应器作为常规克劳斯法的一级转化器，另有一台作为再生兼二级转化器，而有一台或两台反应器在低于硫露点温度下进行反应。反应器定期切换，处于低温反应段的催化剂上积存的硫采用装置本身的热过程气赶出而使催化剂获得再生。三级反应器流程的硫收率为 98.5 %～

99.2%，四级反应器流程的硫收率则可达99.3%~99.4%。

我国川西北天然气净化厂有2套MCRC装置，一套为引进装置，另一套为经加拿大矿场和化学资源公司同意，由国内设计、建设的装置，均系三级反应器流程，如图3-3-21所示。

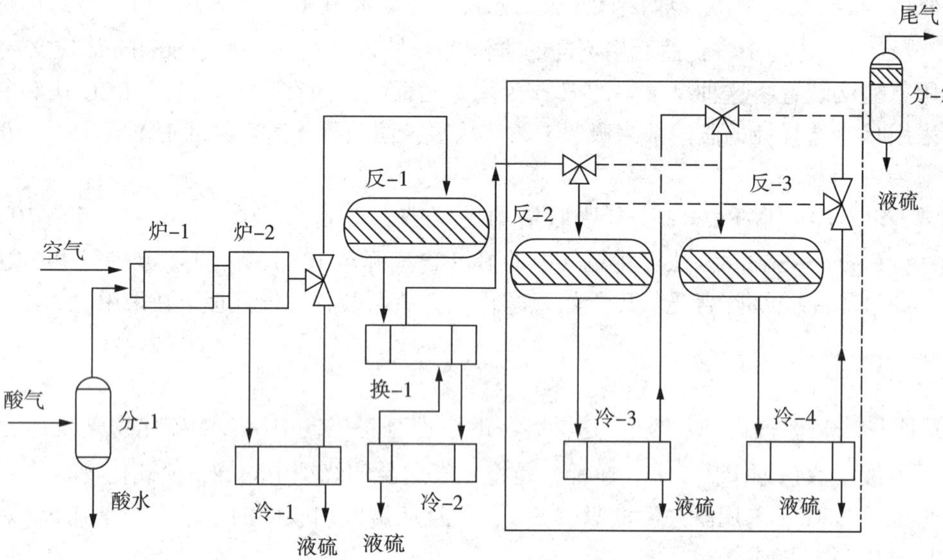

图3-3-21 三级反应器的MCRC原理流程

引进装置酸气处理量为$6\times10^4m^3/d$，H_2S含量为53.6%，硫黄产量为46 t/d，硫收率可达99%。两套MCRC装置的实际运行结果见表3-3-19。

表3-3-19 川西北天然气净化厂MCRC装置运行结果

装置	规模/(t/d)	设计总转化率/%	考核总转化率/%	硫收率/%
引进	46.05	99.22	99.17	
国内	52	99.18(99.06~99.25)		99.03(98.92~99.14)

应该说明的是，在反应器切换期间总硫收率将发生波动而无法达到99%，约需30min可恢复正常。四级反应器MCRC装置因有两个反应器处于低温反应段，故反应器切换时硫收率的波动可显著减小，其原理流程图见图3-3-22。

MCRC法低温反应段所用催化剂为S-201，我国西南油气田分公司天然气研究院研制的CT6-4也可使用。

2. *冷床吸附(CBA)法*

所谓冷床吸附是指在较常规克劳斯催化转化器为“冷”的温度下反应生成硫，并吸附在催化剂上，然后切换至较高温度下运行并将硫脱附逸出，从而使催化剂获得再生。CBA法是由美国Amoco公司开发，最早将常规克劳斯法和低温克劳斯法组合在一起的工艺，其原理流程见图3-3-23。图中横线以上为常规克劳斯法催化反应段；横线以下为冷床吸附段，两台反应器中有一台处于反应阶段，另一台处于再生冷却阶段，然后定期切换。再生所用热过程气来自一级反应器出口，携带出的硫蒸气经冷凝器冷却和分离后，增压送至二级预热器入口。

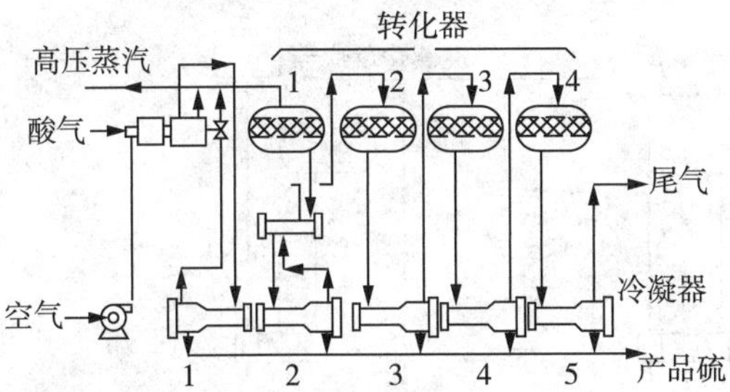

图 3-3-22 四级反应器的 MCRC 原理流程

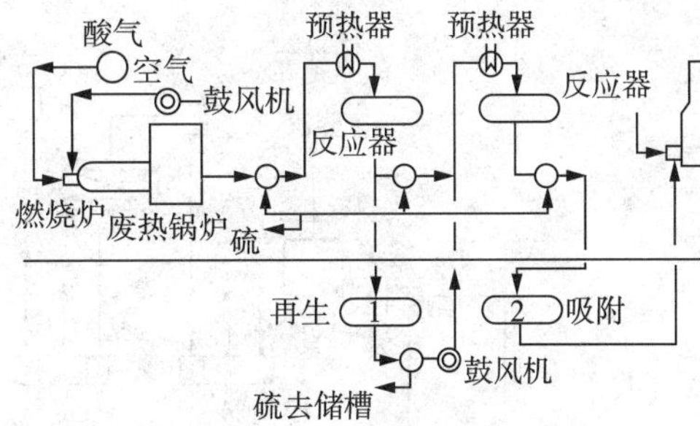

图 3-3-23 四级反应器 CBA 法原理流程

除图 3-3-23 的四级反应器 CBA 法外，近几年又开发了三级反应器的 CBA 法。其中，仅有一台反应器用于常规克劳斯法催化反应段，另两台反应器分别用于冷床吸附段的反应与再生，其总硫收率较四级反应器 CBA 法约低 3%。

在 CBA 法的基础上，又开发了 ULTRA(超低温反应吸附)工艺，即将尾气加氢、急冷，然后分出 1/3 将 H_2S 转化为 SO_2，再与其余 2/3 的 H_2S 合并进入冷床吸附段，其总硫收率可达 99.7%以上。

从工艺流程中有余热锅炉、一级转化器、一级硫冷凝器和一级再热器来看，典型的亚露点克劳斯装置与常规的克劳斯装置是类似的。然而，亚露点克劳斯装置与常规克劳斯装置，甚至不同类别的亚露点克劳斯装置(例如 CBA、MCRC)在下游的操作顺序上都有显著不同。通常，亚露点克劳斯装置的一个转化器正在硫露点温度以下操作，其他转化器则正在冷却或再生。为使催化剂床层定期再生，床层切换操作是这些亚露点装置的共同特点：转化器在低于硫露点温度下操作，意味着克劳斯反应的平衡常数较大，因而使得尾气中未反应的 H_2S 和 SO_2 含量减少。为了有效地在亚露点下操作，严格控制 H_2S/SO_2 比值是必不可少的，但过程气中的 COS 和 CS_2 也是不起反应而径直去灼烧炉。

虽然 MCRC 法和 CBA 法的原理相似，但每种方法都有各自的特点。

3. 超级克劳斯法

荷兰 Shell 公司在 1988 年开发的超级克劳斯(Superclaus)法与常规克劳斯法一样均为稳态工艺。此法包括 Superclaus 99 和 Superclaus 99.5 两种类型，前者总硫收率为 99%左右，后者总硫收率可达 99.5 %。

Superclaus 99 工艺的特点是将两级常规克劳斯法催化反应器维持在富 H_2S 条件下(即 H_2S/SO_2 大于 2)进行，并使二级出口过程气中 H_2S/SO_2 的比值控制在 10~100，最后一级选择性氧化反应器配入适当高于化学计量的空气使 H_2S 在催化剂上氧化为元素硫。图 3-3-24为 Superclaus 99 工艺流程。

由于 Superclaus 99 工艺中进入选择性氧化反应器的过程气中 SO_2、COS、CS_2 不能转化，故总硫收率在 99%左右。为此，又开发了 Superclaus 99.5 工艺，即在选择性氧化反应段前增加了加氢反应段，使过程气中的 SO_2、COS、CS_2 先转化为 H_2S 或元素硫，从而使总硫收率达 99.5%。图 3-3-25 是 Superclaus 99.5 工艺流程。

如前所述，H_2S 与 SO_2 反应是可逆反应，其转化率受到热力学平衡限制，故二者摩尔比在反应时应严格控制，但 H_2S 的直接氧化反应是不可逆反应，故对其反应配比的控制不是非常严格。

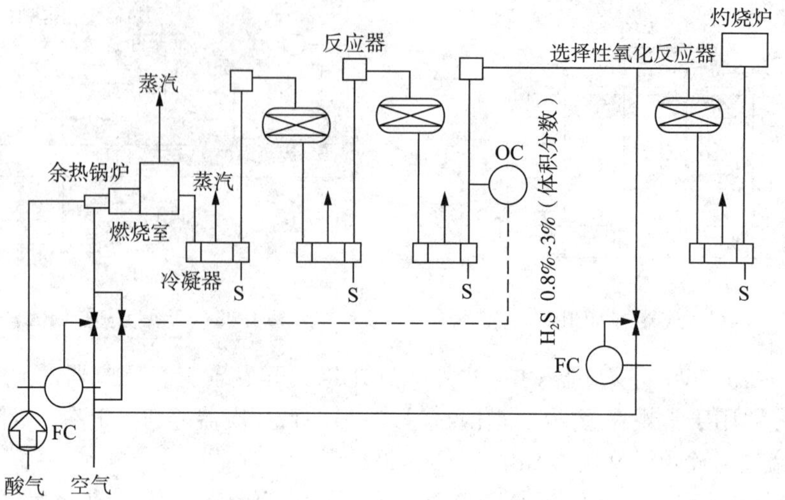

图 3-3-24 Superclaus 99 工艺流程

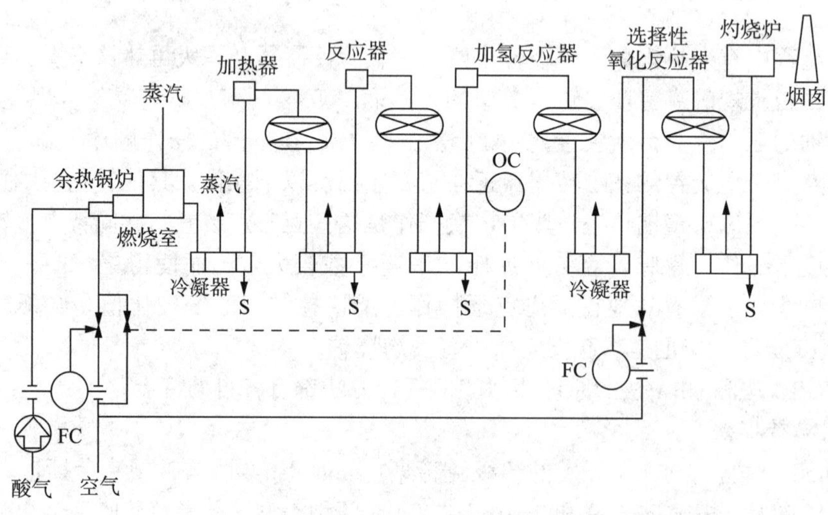

图 3-3-25 Superclaus 99.5 工艺流程

Superclaus 法中直接氧化段所用催化剂具有良好的选择性，即使氧量过剩也只将 H_2S 氧化为硫而基本上不生成 SO_2。第一代催化剂是以 $\alpha-Al_2O_3$ 为载体的 Fe-Cr 基催化剂。第二代催化剂则以 $\alpha-Al_2O_3$ 和 SiO_2 为载体的 Fe 基催化剂，其活性更高，进料温度为 200℃（较第一代催化剂降低了 50℃），转化率提高 10%，故总硫收率可增加 0.5%~0.7%。因此，采用第二代催化剂不仅能耗降低，还可允许尾气中 H_2S 有较高的浓度。新近开发的第三代催化剂 CENTERA 是以 $\alpha-Al_2O_3$ 和 SiO_2 为载体的 Fe、Zn 基等催化剂。

应该指出的是，由于 H_2S 直接氧化所产生的反应热为 H_2S 与 SO_2 反应热的几倍，为防止催化剂床层超温失活，其进料中 H_2S 浓度需严格控制，一般应低于 1.5%。

目前，超级克劳斯法已在德国、荷兰、美国、加拿大和日本等多国推广应用，其中多为 Superclaus 99 工艺，我国也引进该工艺并且有些已投入生产运行。这些装置中采用的常规克劳斯段既有直流型的，也有分流型的。在各种克劳斯法组合工艺中，由于 Superclaus 法是稳态运行而不需切换，并且投资也较低，因此发展最快，应用最多，故应作为首选工艺。

1994 年，中国石化安庆分公司炼油厂从荷兰引进我国的第一套超级克劳斯法硫黄回收装置，硫黄生产能力为60t/d。

4. 富氧克劳斯法

常规克劳斯法采用无偿的空气为氧源。但是，使用富氧空气甚至纯氧却可减少过程气中的惰性气体(氮气)量从而提高克劳斯装置的处理能力。事实上，当需要增加已建克劳斯装置能力，特别是在无法新建克劳斯装置的情况下，采用富氧克劳斯法改造现有装置以提高其处理量，已成为优先考虑的方案。

目前，已经工业化的富氧克劳斯法有COPE、Claus Plus、SURE、NOTOG及Oxyclaus法等，还有以变压吸附获得富氧空气的PS Claus法，以及为了解决炉温问题而开发的“无约束的克劳斯扩建”的No-TICE法等。从富氧克劳斯工业化以来，在国外已经有140多套装置成功运行。

从理论上讲，不同浓度的富氧空气和纯氧均可用于富氧克劳斯法，但因受反应炉炉温(上限约为1482℃)等的限制，故在酸气中H_2S及富氧程度均较高的情况下，为了控制炉温需要将部分过程气循环或采取其他措施。

对于低富氧程度的克劳斯装置，除供风的控制系统需要改造外，其余系统与常规克劳斯装置相同。1985年初，由美国空气产品与化学品公司设计的COPE法最先在Lake Charles炼油厂两套已建克劳斯装置改造中应用，其主要目的是提高装置产能和降低改造投资。改造后的装置采用的富氧浓度升至54%，产能增加近一倍。图3-3-26为其改造后的COPE富氧克劳斯法原理流程图。

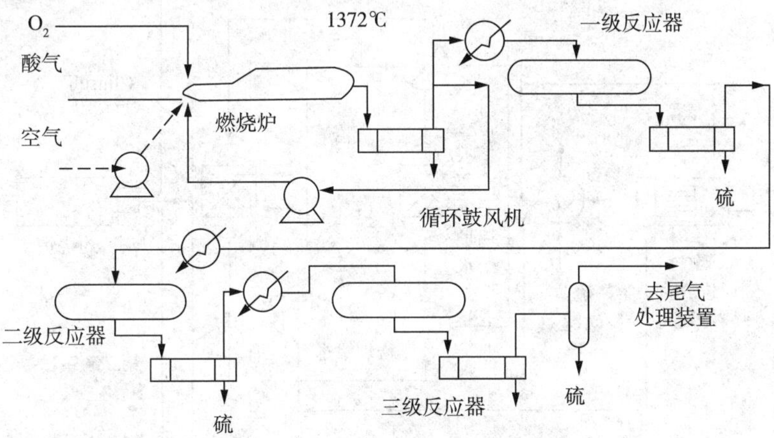

图3-3-26 富氧克劳斯法原理流程

COPE法采用了一种特殊设计的高效率、高能量的混合燃烧器，保证了气体混合充分和燃烧器火焰稳定，并且用循环鼓风机将一级硫冷凝器出口的一部分过程气返回反应炉以调节炉温。

继Lake Charles炼油厂后，美国Champlin炼油厂两套已建克劳斯装置也改用COPE法。这两套装置改造后采用27%~29%的富氧空气，取消了过程气循环系统，装置硫黄产能增加21%~23 %。

此外，由于装置还处理酸水汽提气，故混合进料中NH_3含量达8.7%~36.3%，由于采用富氧克劳斯法后炉温升高，故NH_3也会更多地分解为N_2、H_2和H_2O，反应炉出口过程气中NH_3含量小于20mL/m^3。

表3-3-20为上述四套装置的运行数据。

表 3-3-20 COPE 法克劳斯装置运行数据

装 置	Champlin A		Champlin B		Charles		
工 艺	常规法	COPE	常规法	COPE	常规法	COPE(1)	COPE(2)
酸气量/(m^3/h)	2151	2643	2391	2966			
H_2S 浓度/%(体积分数)	68	73	68	73	89	89	89
酸水汽提气/(t/d)	891	877	736	736			
氧流量/(t/d)	0	16.2	0	15.9			
氧浓度/%	20.3	28.6	20.3	27.2	21	54	65
反应炉温度/℃	1243	1399	1149	1324	1301	1379	1410
硫黄产量/(t/d)	67.1	82.3	72.6	87.9	108	196	199

5. Clinsulf 法

德国 Linde 公司开发的 Clinsulf 法特点是采用内冷管式催化反应器(上部为绝热反应段，下部为等温反应段)，包括 Clinsulf SDP、Clinsulf DO 两种类型。前者是将常规克劳斯法与低温克劳斯法组合一起的工艺，后者则是直接氧化工艺。有关 Clinsulf DO 工艺本章已在前面叙述，此处仅介绍 Clinsuif SDP 工艺，其工艺流程图见图 3-3-27。

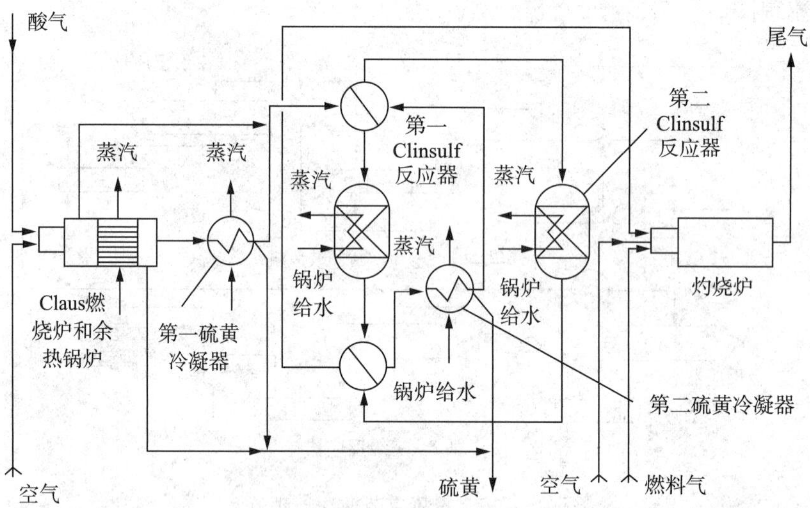

图 3-3-27 Clinsulf SDP 工艺流程

Clinsulf 法的特点是：①装置设有两个反应器，一个处于“热”态进行常规克劳斯反应，并使催化剂上吸附的硫逸出，另一个处于“冷”态进行低温克劳斯反应，两个反应器定期切换；②反应器上部绝热反应段有助于在较高温度下使有机硫转化并获得较高的反应速度，下部等温反应段则可保证有较高的转化率；③仅使用两个再热炉和一个硫冷凝器，流程简化，设备减少，同时再热燃料气用量也少；④由于 Clinsulf 等温反应器结构较常用绝热反应器复杂，故该装置价格昂贵，但因流程简化，设备减少，据称投资大体与三级转化的克劳斯装置相当；⑤与 MCRC 法相同，反应器切换时达到操作稳定的时间约需 20min，在此切换时间内总硫收率也无法保证达到 99%；⑥对管壳式催化反应器的循环水质量要求很高，又因产生高压蒸汽故对有关设备的安全性要求也高，而且此高压蒸汽冷凝后循环，能量无法回收。

1995 年第一套 Clinsulf SDP 装置在瑞典 Nynas 炼油厂投产，处理酸气及酸水汽提气，装置产能为 16t/d，进料中 H_2S 含量为 75.8%，硫收率平均为 99.4%。装置内各段转化率见表 3-3-21。

表 3-3-21　Nynas 炼油厂 Clinsulf DO 装置各段转化率　%

位　置	反应炉	第一反应器绝热段	第一反应器等温段	第二反应器绝热段	第二反应器等温段
段内转化率	60.0	75.0	50.0	60.0	75.0
累计转化率	60.0	90.0	95.0	98.0	99.5
剩余的 H_2S 和 SO_2 含量	40.0	10.0	5.0	2.0	0.5

我国重庆天然气净化总厂垫江分厂引进的 Clinsulf SDP 装置于 2002 年 11 月投产。装置产能为 16t/d，操作弹性为 50%～100%，设计酸气中 H_2S 含量为 30%～45%，硫收率为 99.2%。反应器上部装填 ESM7001 氧化钛基催化剂，下部为 UOP2001 氧化铝基催化剂。两个反应器每 3h 切换一次。表 3-3-22 是其考核期间运行数据平均值。

表 3-3-22　垫江分厂 Clinsulf SDP 装置运行数据　%(体积分数)

组成(干基)	H_2S	CO_2	烃类	SO_2	COS	CS_2	硫雾
酸气	4.09	59.07	0.84				
尾气	0.030	37.55		0.52	0①	0.0001②	0.71g/m^3

注：①系未检出。

②检测 19 次，仅有 1 次检出为 0.004%。

根据检测数据计算，37 组数据平均值的总硫收率大于 99.2%，但还有待观察其长期运行情况。

除上述工艺外，其他还有 Clinsulf SSP 工艺及 BASF 公司开放的类似 Clinsulf DO 工艺的 Catasulf 工艺，此处就不再多述。

五、普光天然气净化厂硫黄回收及尾气处理装置简介

普光净化厂在国内硫黄产量最高，能力位处第二的是天津石化。普光净化厂目前硫黄产量高达 160×10^4t/a 以上，能力位处第二的天津石化产能仅有 20×10^4t/a。2021 年，普光净化厂处理混合天然气 $89.24\times10^8m^3$，净化气 $66.93\times10^8m^3$，生产硫黄 186×10^4t。

(一)硫黄回收单元

1. 工艺技术

硫黄回收单元采用的是在天然气和石油工业普遍采用的氧化催化制硫法，即克劳斯法的工艺技术从酸性气中回收元素硫，该工艺技术的特点是高温热转化和低温催化转化相结合。主要的工艺原理是全部酸性气进入反应炉，按酸性气中携带烃类完全燃烧且 1/3 的 H_2S 生成 SO_2 控制进入反应炉的燃烧空气量，在反应炉内发生如下的化学反应(称为 Claus 反应)：

$$H_2S + 3/2O_2 \longrightarrow SO_2 + H_2O \qquad (3-3-12)$$

$$2H_2S + SO_2 \longrightarrow 3/xS_x + 2H_2O \qquad (3-3-13)$$

从而将酸性气中的硫元素转化成单质硫。由于 Claus 反应是可逆反应，受到化学平衡的限制，达到反应平衡后的过程气体经冷却后冷凝出单质硫以后，过程气体中剩余的 H_2S 和 SO_2 在催化剂的作用下继续发生 Claus 反应(反应 2)生成单质硫。Claus 工艺通常采用一段高温热转化加两级、三级或四级低温催化转化，可以加工含硫化氢 5%～100%的各种酸性气

体。本单元采用的是一段高温热转化加两段低温催化转化 Claus 工艺，单元的硫回收率为93%~95%。由于 Claus 工艺在热转化和催化转化的过程中均能产生大量的热量，所以 Claus 工艺通常利用产生的热量来发生各种等级的蒸汽来回收热量。

Claus 工艺生产的液体硫黄产品中根据温度的不同会含有不同浓度的 H_2S 气体，为了避免 H_2S 气体对液体硫黄后续加工和运输过程造成危险和危害，通常都采用液硫脱气技术来脱除液硫中的 H_2S 气体。本单元采用的是 Black & Veatch 的专利 MAG®液硫脱气工艺。

2. 工艺技术特点

(1)本单元采用一级热反应+两级催化转化反应的 Claus 工艺回收酸性气中的元素硫。

(2)为了充分利用单元的废热，设置高压及低压蒸汽发生设备以回收单元的废热，两级 Claus 催化反应器入口采用单元自产高压蒸汽间接加热方案。

(3)为进一步提高单元的硫回收率减少尾气处理单元的负荷，采用三级硫冷凝器加热锅炉给水的方案来进一步降低尾气出口温度提高硫回收率。

(4)反应炉废热锅炉采用两壳程设计，以减少热通量提高设备的可靠性。

(5)反应炉采用预留双区设置。

(6)MAG®液硫脱气工艺，可将液硫中的 H_2S 脱除至 10μg/g(质量分数)以下。

(7)反应炉空气配风采用尾气 H_2S/SO_2 比值在线分析仪反馈控制方案。

(二)尾气处理单元

1. 工艺技术

采用 Claus 工艺从酸性气中回收元素硫时，由于 Claus 反应是可逆的，受到化学平衡的限制，即使采用四级催化转化器，总硫回收率也只能到98%~99%，有1%~2%的硫化物要排到大气。因此，单纯采用 Claus 硫回收工艺不能满足现行国家环保标准的要求，为了提高硫回收率，满足国家环保标准的要求，需要在硫黄回收单元后增设尾气处理单元。

尾气还原吸收工艺是通过加氢还原反应将尾气中的 SO_2、S_x 还原为 H_2S；COS、CS_2 水解为 H_2S。然后采用胺法选择吸收尾气中的 H_2S，富胺液经再生释放出酸性气，酸性气则返回硫黄回收单元循环处理。该工艺的特点为：硫回收率高(≥99.8%)；排放气净化度高(<960mg/m³,符合 GB 16297—1996 环保规定)。

其主要的工艺原理是硫黄回收单元尾气经在线加热炉加热后进入加氢反应器，在催化剂的作用下，尾气中的 SO_2 和元素硫发生如下反应：

$$SO_2 + 3H_2 \longrightarrow H_2S + 2H_2O \tag{3-3-14}$$

$$S_8 + 8H_2 \longrightarrow 8H_2S \tag{3-3-15}$$

而尾气中的 COS 和 CS_2 水解生成 H_2S 和 CO_2：

$$COS + H_2O \longrightarrow H_2S + CO_2 \tag{3-3-16}$$

$$CS_2 + 2H_2O \longrightarrow 2H_2S + CO_2 \tag{3-3-17}$$

加氢反应后的尾气经急冷降温后进入吸收塔，在吸收塔内，采用胺吸收法吸收尾气中的酸性气(H_2S)，半贫胺液返回至天然气脱硫单元循环利用。经胺吸收后的尾气送至尾气焚烧炉，采用热焚烧的工艺将尾气中的残余硫化物氧化成 SO_2 后经烟囱排入大气。尾气中反应产生的 H_2O 经急冷后送至酸性水汽提单元。

2. 工艺技术特点

(1)本单元采用尾气加氢还原吸收工艺进行尾气净化。

(2)采用在线加热炉发生次氧化反应，提供加氢反应所需的热源及还原气体。

(3)吸收塔的富胺液作为天然气脱硫单元的半贫液进一步利用，以节约全厂的溶剂再生的蒸汽能耗。

(4)为了充分利用单元的废热，设置加氢反应器出口冷却器发生低压蒸汽回收单元的废热。

(5)尾气焚烧部分采用热焚烧工艺，在尾气焚烧炉内补充燃料气达到适宜的反应温度，将尾气及装置产生的废气中残留的硫化物进一步氧化成 SO_2 后排放大气以满足环保要求。

(6)尾气焚烧部分设置高压蒸汽过热器，回收焚烧炉产生的废热同时将单元产生的高压蒸汽过热后送至系统管网。

巨大的硫黄产量在为企业带来巨额利润的同时，也给硫黄产品的储存与销售带来很大压力。如不及时将硫黄运出，将造成每天近千万立方米的高含硫天然气无法进行净化处理，进而导致川气东送工程不能正常为下游供气。2010 年 3 月，净化厂就曾经因为硫黄产品库存上限，而紧急增建了汽运装机系统。因此，开拓硫黄产品的多元市场与产品渠道，对保障净化厂的正常生产、提高产品附加值都有积极的意义。

第六节 非克劳斯法回收硫黄工艺

克劳斯工艺是处理胺法及砜胺法等所产生的含 H_2S 酸气的主体工艺，包括直流法、分流法及直接氧化法等，已在本章的前面各节做了系统介绍。

除克劳斯工艺外，还可通过另一些途径处理与利用含 H_2S 的酸气。例如：可使用直接转化法将酸气中的 H_2S 在常温下于液相中氧化为元素硫；生产增值的有机或无机硫化工产品；在酸气 H_2S 浓度极低且潜硫量极少、灼烧后 SO_2 可满足当地环保要求的条件下也可灼烧排放；酸气中 CO_2 的利用也颇值得注意。至于将 H_2S 分解为元素硫和氢气虽是十分诱人的途径，目前尚只能在燃烧炉内使 H_2S 少量裂解而多产生一点氢气；至于使之完全转化为硫和氢气，国内外开展了几种途径的研究开发工作，但迄今尚未取得工业化的成果。

一、直接转化法处理酸气中的 H_2S

在酸气中的 H_2S 浓度相当低且潜硫量又不大的条件下，以直接转化法(即氧化还原法)处理也是一条适当的途径。

本编第一章第三节已详细介绍了直接转化法，即以铁法及钒法为主的、以氧载体在常温下将 H_2S 在液相中氧化为元素硫的方法，原则上它们均可用于处理含 H_2S 酸气。事实上，有几种工艺已建有处理酸气的工业装置，如 Lo-Cat、Sulferox 及 Stretford 等方法，此中自动循环的 Lo-Cat 单塔流程特别适于处理酸气，之前已介绍了四川蜀南气矿的 Lo-Cat 装置。

这些工艺的详情此处不再赘述，但应注意它们在处理酸气(而非天然气)时的一些特点：

(1)由于含 H_2S 酸气在 H_2S 被脱除并氧化为元素硫后即可作为废气排放，因此它更适合于将溶液吸收 H_2S 及溶液再生集于一塔的安排，如 Lo-Cat 自动循环工艺。此中，稳定维持溶液的性能，即保持溶液再生与其氧化 H_2S 的同步性是至关重要的。

(2)用于直接转化 H_2S 的铁法或钒法溶液大多是 pH 值高于 7 的弱碱性溶液(以增强吸收 H_2S 的推动力)，在用于处理酸气(通常 CO_2 浓度远高于 H_2S)的工况下，CO_2 的吸收是不可避免的，因此，保持 CO_2 的吸收与排出的平衡也成为维持溶液性能的关键问题之一。

(3)使用直接转化法处理酸气时，由于 H_2S 脱除率通常可高达 99%以上，因此不存在克劳斯工艺中的尾气处理问题。但是，由于氧载体在将 H_2S 氧化为元素硫的同时也可能有微量或少量的硫氧酸盐(如 SO_3^{2-}、$S_2O_3^{2-}$、SO_4^{2-} 等)生成并在溶液内积累；此外溶液中的有机物也可能产生降解；所以，此类方法可能存在废液处理问题。

(4)直接转化法所得的硫泥或硫浆以熔硫釜处理后可得到纯度相当高的硫黄，呈棕黄色，然而，其质量还是不如亮黄色的克劳斯硫黄。此外，由于有溶剂降解问题，其化学品消耗费用也比较高。

二、利用酸气中的 H_2S 生产硫化工产品

酸气中的 H_2S 可用于生产各种硫化工产品，富 H_2S 酸气(H_2S 大于80%~90%)则是优良原料。

1. 无机硫化工产品

国内以酸气 H_2S 为原料生产无机硫化工产品首先是在成都简阳东溪净化装置生产焦亚硫酸钠；此后川西南矿区用以生产硫氢化钠、硫代硫酸钠、液体 SO_2 以及不溶硫等，酸气中的 CO_2 还用于生产碳酸银，这些装置都取得了一定的经济效益。

目前，川中净化厂的高 H_2S 酸气(H_2S 大于90%)有生产硫化锌的计划。

2. 有机硫化工产品

以酸气中的 H_2S 生产有机硫化工产品可能有更好的效益。

在附近对二硫化碳有稳定需求的条件下，天然气净化厂同时具有生产二硫化碳的两种原料——CH_4和硫黄，而且有克劳斯装置可附带处理二硫化碳装置产生的含 H_2S 废气，因而有显著的优势。

法国 Lacq 气田 SNPA-DEA 装置的含 H_2S 酸气早就用于生产多种有机硫化工产品及液体 H_2S，如表3-3-23所示。

表3-3-23 Lacq天然气厂有机硫化工产品

名　称	产量/(t/a)	用　途	投产时间
甲硫醇	15000	合成蛋氨酸的重要中间体	1958年
蛋氨酸	4000	用作动物饲料添加剂	—
Alerton 11(乙硫醇)	9000	气体增臭剂及合成农药中间体	1972年
长链脂肪硫醇	3000	用作聚合反应的链转移剂	1977年
特十二硫醇 TDM	4000	用作聚合反应的链转移剂	1962年
多硫化物 TPS 20和30	1500	石油添加剂	—
液体 H_2S	2000	作商品	20世纪50年代
Alerton55(二甲基硫化物)	3000	合成二甲亚砜和用作气体增臭剂	—
二甲基二硫化物	3000	作溶剂、抗焦剂和合成农药用	1965年
二乙基硫化物	1000	作气体增臭剂和合成的中间体	—
Alerton88(四氢噻吩)	1500	作城市煤气增臭剂	—
二甲亚砜 DMSO	3000	作抽取芳烃用溶剂	1963年
巯基乙酸	3000	用于化妆品和药物工业	—
巯基乙酸异辛酯	2000	用作塑料稳定剂	—
Thiostone(多硫化物)	—	用作沥青添加剂供修路用，使路面耐磨	—
Sulkat(多硫化物)	3000	用作建筑、运输、航空工业高级密封剂	—

国内利用川中净化厂独特的高质量酸气(H_2S 含量约为 95%)优势，正在开发系列硫化工产品。建成的 3000 t/a 巯基乙醇装置已投入生产；下步还将建设 1500 t/a 甲硫醇装置、1000 t/a 四氢噻吩装置以及 2000 t/a 硫化锌装置，从而成为我国的西部硫化工基地。

三、从 H_2S 制氢气与硫黄

克劳斯工艺及直接转化法均只回收了 H_2S 中的“S”，其中的“H_2”则转化为 H_2O 而排放。如能从 H_2S 制得氢气和硫黄则使之全转化为有用产品，这对于需要氢气的工厂，例如炼油厂有特别重要的意义。为此，国内外开展了多种途径的由 H_2S 制氢气和硫黄的研究开发工作，有的还进行了工业规模的试验，但迄今由于技术及经济方面的原因尚未能工业化。

1. H_2S 制 H_2 和 S 的热力学

热力学分析表明，H_2S 分解为 H_2 和硫(S)的反应是一个自由能增加的反应，即使在高温下其平衡常数也是相当低的；就动力学而言，只有在高温下才能产生反应。表 3-3-24 给出了不同温度下的平衡常数值。

表 3-3-24　H_2S 裂解反应的平衡常数

温度/K	1000	1200	1400	1600	1800	2000
K	1.6×10^{-8}	3.2×10^{-7}	2.7×10^{-6}	1.3×10^{-5}	4.7×10^{-5}	1.3×10^{-4}

从表 3-3-24 可见，平衡常数是如此之低，采用常规途径很难取得令人满意的效果；必须别出蹊径，因此出现了微波裂解、双反应转换、瓷膜反应器等的研究开发工作；同时也研究了利用克劳斯炉的反应热裂解 H_2S 生成氢气的可能性，以下将简要介绍这些研究开发情况。

2. H_2S 微波裂解工艺

俄罗斯库尔恰托夫原子能研究所及美国阿尔贡国家实验室均开展了使用微波裂解 H_2S 的研究开发工作。电微波发生器产生的微波可经波导管对称地进入反应区，微波释放所产生的“冷”的非平衡等离子体可使 H_2S 裂解。俄罗斯设想的概念流程示于图 3-3-28。

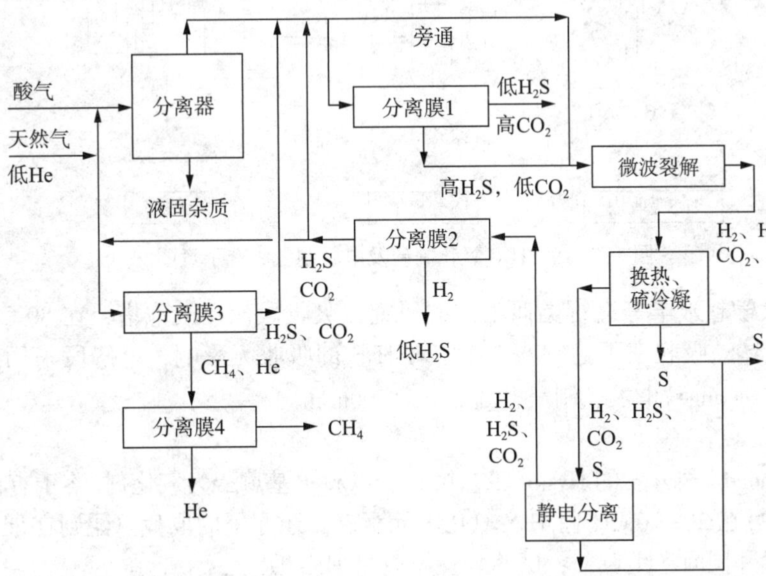

图 3-3-28　H_2S 微波裂解制 H_2 和硫概念流程

俄罗斯曾在奥伦堡天然气净化厂建设了功率为1MW、酸气处理量为1000 m^3/h 的工业试验装置，H_2S 单程转化率为65%~85%，能耗为1gmol转化的 H_2S 为10kJ左右，液硫冷凝后气流入膜反应器分离得到氢气及未反应的 H_2S。此外，俄方还在乌克兰一炼厂建设一套35kW的 H_2S 微波裂解试验装置。美国试验装置的功率仅为2 kW。1993年俄美双方还曾决定合作推进这一工艺的工业化，但近期无进一步的消息。

我国西安石油学院采用微波法进行了实验室研究，但使用了FeS为催化剂。

3. H_2S 氧化制硫及电解制氢组合工艺

此工艺的特点是以 Fe^{3+} 氧化 H_2S 得元素硫，而 Fe^{2+} 则依靠电解氧化为 Fe^{3+} 并同时产生氢气。可见此工艺的第一步与直接转化法的吸收步骤相同，而第二步溶液再生段则不同。此中所涉及的反应为：

吸收段：
$$2Fe^{3+} + H_2S \xlongequal{\quad} 2Fe^{2+} + 2H^+ + S \tag{3-3-18}$$

电解段：
$$\text{阳极}\quad 2Fe^{2+} \longrightarrow 2Fe^{3+} + 2e \tag{3-3-19}$$
$$\text{阴极}\quad 2H^+ + 2e \longrightarrow H_2 \tag{3-3-20}$$

日本国家工业化学实验室与出光兴产公司合作建有1t/d的试验装置，使用 $FeCl_3$ 溶液，H_2S 吸收率99%，电解电压0.75~0.9V，制氢电耗为2.0 kW·h/m^3 H_2，图3-3-29为其过程示意图。

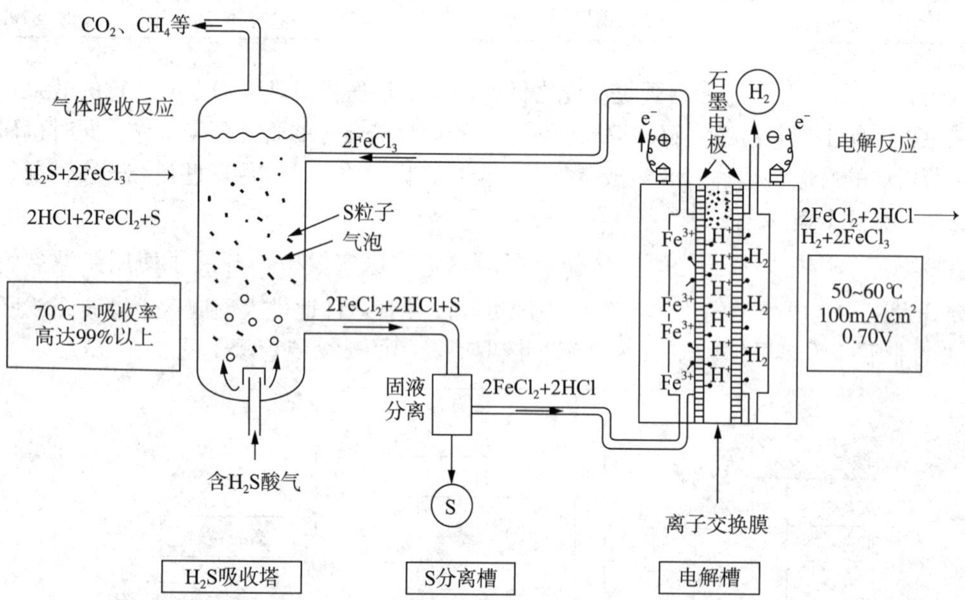

图3-3-29 H_2S 氧化制硫及电解制氢组合示意图

中国石油大学赵永丰等进行类似工艺的研究，吸收段使用鼓泡塔，在80℃下，对 H_2S 浓度为2%的气体，吸收率可达99%，CO_2 对 H_2S 的吸收无影响，电解段采用新型的SPE(Solide Profon Exchange)电极，制氢电耗2.0 kW·h/m^3。

4. Hysulf 工艺

美国Marathon公司开发的Hysulf工艺第一步以叔丁基蒽醌为氧化剂(溶于有机溶剂如*N*-甲基吡咯烷酮中)在20~70℃下将 H_2S 氧化为元素硫，还原了的取代蒽醌则在催化剂存在及一定温度下再生并同时产生氢气；试验装置规模为1kg/d。

5. 热裂解工艺

加拿大 Alberta 硫黄研究公司研究了利用克劳斯燃烧炉的高温条件使 H_2S 裂解的可能性，试验装置是在小型克劳斯炉内装有高铝瓷管反应器，管长 3 m，以纯 H_2S 为进料，停留时间 0.2s，当温度从 1030℃升至 1270℃时，转化率由 21%升至 35%。

除上述一些研究开发工作外，在 H_2S 制氢气及硫黄这一领域还进行了许多探索，包括多相催化分解、均相催化分解，使用的能源还有放射线能、光能及太阳能等；为了推动反应，还采用瓷膜反应器在反应的同时分离出氢气以有利于反应进一步进行。

不久前还出现了一些新的设想，如考虑到酸气含有 H_2S 及 CO_2，可将其转化为硫黄及 $CO + H_2$ 合成气，还有利用生化过程将其转化为硫黄及碳水化合物(类似植物光合作用，但吐出的不是氧而是硫)等。

无疑，以 H_2S 为原料取得氢气和硫黄是一个特别令人向往的方向，付出较低的能耗是其能够工业化的前提，此外还需考虑由于 CO_2 存在是否有可能发生水煤气转化反应而降低了氢气的收率；考虑到反应平衡问题，采用膜分离导出氢气既推动了反应又分离了产品，反应分离一体化应是发展方向。

四、非水相金属基离子液湿法氧化脱硫

非水相(Nasil)湿法氧化脱硫工艺，是在疏水的有机介质中完成含硫酸性气(H_2S)的反应性吸收，将硫化氢直接转化为产物硫黄，从脱硫液中原位沉降分离，此过程无须添加任何化学辅助药剂，流程简化，易操作易控制；空气再生时所产生的水分可以通过挥发或蒸发的方式从脱硫液中去除，达到脱硫液不被稀释和没有废水外排的绿色生产目标。

非水相离子液氧化脱硫工艺脱硫剂使用寿命长、损耗低，无须添加辅助药剂，运行成本低；工艺路线短，动设备及控制系统少，能耗低且操作简单；硫黄纯度高，无硫堵现象；无污染排放，符合“绿色”生产目标。适用于小规模、硫黄产量在 0.2~25t/d 的含硫气体净化装置。

形成一套适用于含硫天然气处理的新型离子液脱硫撬装设备，实现脱硫后气体中 H_2S 含量小于 20ppm($1ppm=10^{-6}$)。

普光天然气净化厂第六联合西南角新上一套处理量为 $12000Nm^3/d$ 的非水相离子液脱硫试验装置，装置操作弹性为 50%~100%，间歇性操作，净化气硫化氢含量为≤20ppm，硫黄产量为 15.25kg/h(设计值，干基)，硫黄纯度达 99%以上。

五、分子筛脱硫

分子筛对于极性分子即使在低浓度时也有相当高的吸附容量，其对一些化合物的吸附强度按递减顺序为：$H_2O>NH_3>CH_3OH>CH_3SH>H_2S>COS>CO_2>CH_4>N_2$。

因此，分子筛也可用来从气体中脱除硫化物。当用于选择性脱除 H_2S 时，可将 H_2S 脱除到 $6mg/m^3$。分子筛还可用来同时脱水及脱有机硫，或用来脱除 CO_2，纯 H_2S 在几种类型分子筛上的吸附等温线见图 3-3-30。

如果 H_2S 在混合物中，其吸附容量将会降低。图 3-3-31 为分子筛脱硫的综合工艺流程图。由于分子筛床层再生时可使床层上脱附出来的 H_2S 浓缩到流量较低的再生气流中，故必须将此再生气流进行处理或去炬排放。在再生过程中，再生气流中的 H_2S 浓度将会出现一个最高值，大约是原料气中 H_2S 浓度的 30 倍。操作时，可将出现 H_2S 高峰值时的再生气流送往火炬，其余的再生气流则可返回原料气中。

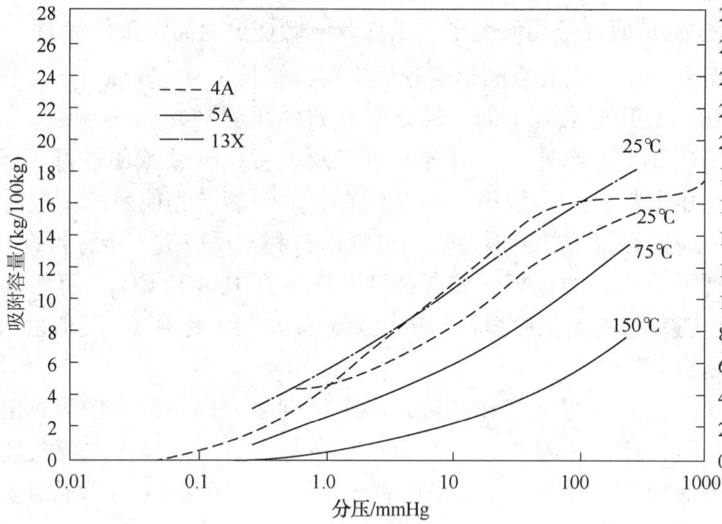

图 3-3-30 H_2S 在 4A、5A 和 13X 分子筛上的吸附等温线

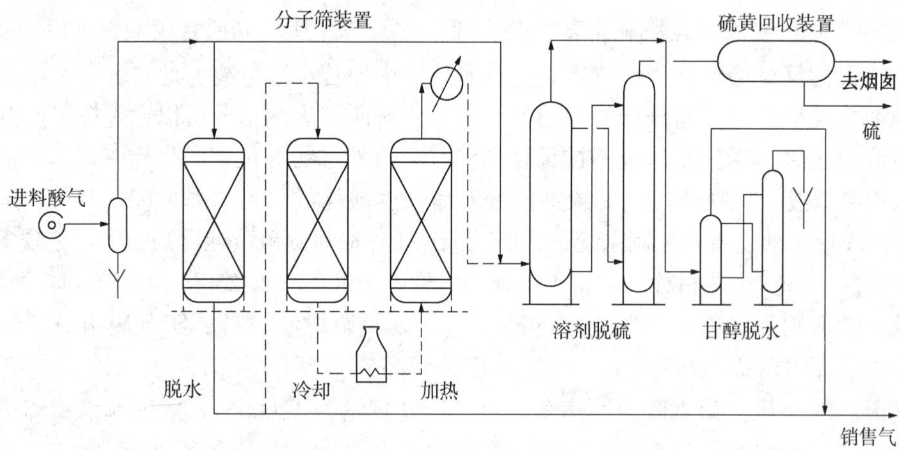

图 3-3-31 分子筛脱硫的综合工艺流程图

含 CO_2 的气体在分子筛床层上脱硫时可能发生的反应为

$$CO_2 + H_2S \rightleftharpoons COS + H_2O$$

此反应是可逆的，即温度和浓度会影响反应平衡。在吸附周期中可生成 COS，较高的温度也有利于 COS 生成。通常，生成 COS 的反应主要发生在气体出口的床层处，因为此处的气体基本不含水，故促使反应向右方进行。另外，再生过程中期也易生成 COS。为此，可采用对 COS 生成没有催化作用的分子筛(例如，Cosmin 105A)。

分子筛对有机硫化物、CS_2、H_2S 等都有很好的脱除效率，气体被吸附后能使硫含量降至 0.4×10^{-6}。当分子筛吸附饱后，一般可用 200~300℃的高温蒸汽再生并重复使用。该方法适用于低含硫、低水露点的天然气脱硫。但处理费用较高，再生出的硫化氢需要处理，使装置一次性投资增大。

第七节　碳捕集(CCUS)

碳捕集、利用与封存(Carbon Capture Utilization and Storage，简称CCUS)，即把生产过程中排放的二氧化碳进行提纯、继而投入新的生产过程中进行循环利用或封存。长期以来，CCUS一直被认为是减少化石能发电和工业过程中二氧化碳排放的关键技术。

碳中和是立在当下、着眼未来的战略之举。碳中和追求的最终是一种“碳”的平衡状态，涉及“碳排放”与“碳吸收”两个过程。要实现碳中和的目标，除了提高减排效率之，最重要的就是要从空气当中大规模捕集二氧化碳并推进碳捕集技术(CCUS)的应用与创新，这也是国际能源署认可的根本途径。

碳捕集作为“碳吸收”最有效、最直接的手段，可以说是碳中和的托底技术。2020年以来，在全球大力推进碳中和的背景之下，碳捕集技术也由此进入发展的快车道。根据国际市场研究机构数据，2020年CCUS市场规模达到了16亿美元，2025年将达到35亿美元年复合增长率达到17%。

碳捕集利用与封存技术是在二氧化碳排放前就对它进行捕捉，从工业过程、能源利用或大气中分离出来，然后通过管道或船舶运输到新的生产过程进行提纯、循环再利用，或输送到封存地进行压缩注入地下并使其发挥有效作用的过程，达到彻底减排和二氧化碳资源利用的目的。

捕集即通过燃烧前捕集、燃烧后捕集、富氧化捕集和化学链捕集等方式，将二氧化碳从工业生产的过程中抽出来，运输即用罐车、船舶或管道的方式进行运输，将这些二氧化碳“聚集”起来。采用工程技术手段，实现资源化利用。比如将二氧化碳注入地下，进而实现强化能源生产、促进资源开采的过程，比如提高石油、天然气的开采率。封存即将收集到的二氧化碳注入深部地质储层，实现二氧化碳与大气长期隔绝的过程，如陆地封存或海洋封存等方式(见图3-3-32)。

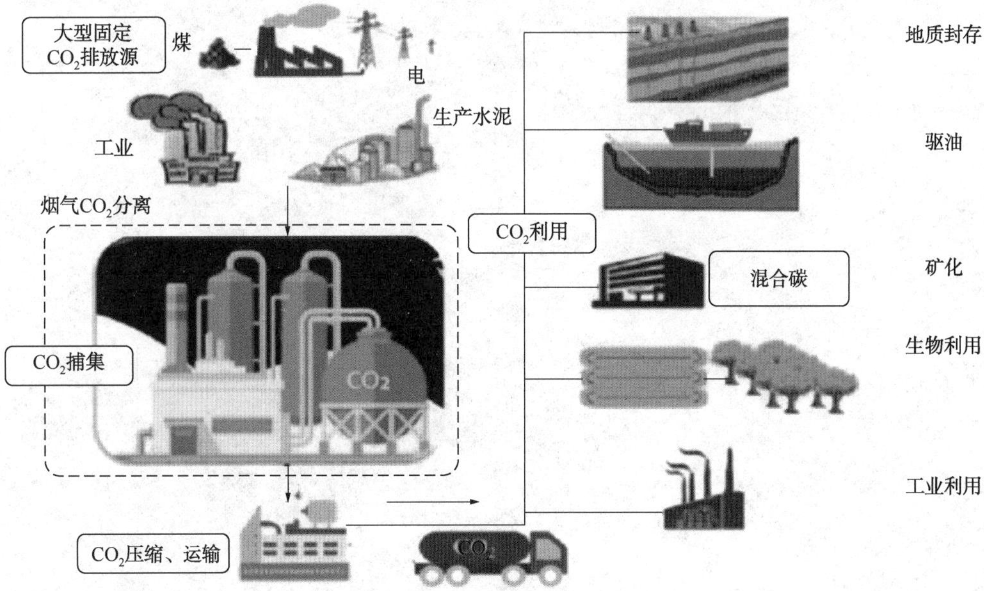

图3-3-32　CCUS概念流程示意图

碳捕集、利用和封存技术是最直接的一种控制二氧化碳排放的措施，被科学界认为是碳存量治理最有潜力的和最具实效的减排手段，是未来减缓温室气体排放的重要技术路径之一。国际能源署(IEA)研究结果表明，到2060年累计减排量的14%来自CCUS。而CCUS是唯一可以实现继续使用化石能源的同时大规模减排的低碳技术，也是工业领域深度减排的关键技术。

第四编　天然气加工和产品利用

天然气加工是指从天然气中除甲烷以外其他组分的回收和进一步利用的过程，包括天然气凝液回收和凝液化工利用。

第一章　天然气凝液回收

第一节　天然气凝液回收目的和方法

天然气(尤其是凝析气及伴生气)中除含有甲烷外，还含有一定量的乙烷、丙烷、丁烷、戊烷以及更重烃类。为了符合商品天然气质量指标或管输气对烃露点的质量要求，或为了获得宝贵的液体燃料和化工原料，需将天然气中的烃类按照一定要求分离与回收。

目前，天然气中的乙烷、丙烷、丁烷、戊烷以及更重烃类除乙烷有时是以气体形式回收外，其他都是以液体形式回收的。天然气凝液的组成根据天然气的组成、天然气凝液回收目的及方法不同而异。从天然气中回收凝液的工艺过程称之为天然气凝液回收(NGL 回收)，我国习惯上称为轻烃回收。回收到的天然气凝液或直接作为商品，或根据有关产品质量指标进一步分离为乙烷、液化石油气(LPG，可以是丙烷、丁烷或丙烷、丁烷混合物)及天然汽油(C_{5+})等产品。因此，天然气凝液回收一般也包括了天然气分离过程。

虽然天然气凝液回收是一个十分重要的工艺过程，但并不是在任何情况下回收天然气凝液都是经济合理的。它取决于天然气的类型和数量、天然气凝液回收目的、方法及产品价格等，特别是取决于那些可以回收的烃类组分是作为液体产品还是作为商品气中组分时的经济效益比较。

一、天然气类型对天然气凝液回收的影响

我国习惯上将天然气分为气藏气、凝析气及伴生气 3 类。天然气类型不同，气组成也有很大差别。因此，天然气类型主要决定了天然气中可以回收的烃类组成及数量。

气藏气主要是由甲烷组成，乙烷及更重烃类含量很少。因此，只是将气体中乙烷及更重烃类回收作为产品高于其在商品气中的经济效益时，一般才考虑进行天然气凝液回收。我国川渝、长庆和青海气区有的天然气属于含乙烷及更重烃类很少的干天然气(即贫气)。但塔里木、长庆气田有的天然气则属于含少量 C_{5+} 重烃的湿天然气，为了使进入输气管道的气体烃露点符合要求，必须采用低温分离法将少量 C_{5+} 重烃脱除，即所谓脱油。此时，其目的主要是控制天然气的烃露点。

伴生气中通常含有较多乙烷及更重烃类，为了获得液烃产品，同时也为了符合商品气或管输气对烃露点的要求，必须进行天然气凝液回收。尤其是从未稳定原油储罐回收到的烃蒸气与其混合后，其丙烷、丁烷含量更多，回收价值更高。

凝析气中一般含有较多的戊烷以上烃类，当其压力降低至相包络区露点线以下时，就会出现反凝析现象。因此，除需回收因反凝析而在井场和处理厂获得的凝析油外，由于气体中仍含有不少可以冷凝回收的烃类，无论分离出凝析油后的气体是否要经压缩回注地层，通常都应回收天然气凝液，从而额外获得一定数量的液烃。

二、天然气凝液回收的目的

从天然气中回收液烃的目的是：①使商品气符合质量指标；②满足管输气质量要求；③最大限度地回收天然气凝液。

1. 使商品气符合质量指标

为了符合商品天然气质量指标，需将从井口采出和从矿场分离器分出的天然气进行处理，即：

(1)脱水，以满足商品气的水露点指标。当天然气需经压缩方可达到管输压力时，通常先将压缩后的气体冷却并分出游离水后，再用甘醇脱水法等脱除其余水分。这样，可以降低甘醇脱水的负荷及成本。

(2)如果天然气含有 H_2S、CO_2 时，则需脱除这些酸性组分。

(3)当商品气有烃露点指标时，还需脱凝液(即脱油)或回收 NGL。此时，如果天然气中可以冷凝回收的烃类很少，则只需适度回收 NGL 以控制其烃露点；如果天然气中氮气等不可燃组分含量较多，则应保留一定量的乙烷及较重烃类(必要时还需脱氮)以符合商品气的热值指标；如果可以冷凝回收的烃类成为液体产品比其作为商品气中的组分具有更好经济效益时，则应在符合商品气最低热值的前提下，最大限度地回收 NGL。因此，NGL 的回收程度不仅取决于天然气组成，还取决于商品气热值、烃露点指标等因素。

2. 满足管输气质量要求

对于海上或内陆边远地区生产的天然气来讲，为了满足管输气质量要求，有时需就地预处理，然后再经过管道输送至天然气处理厂进一步处理。如果天然气在管输中析出凝液，将会带来以下问题：

(1)当压降相同时，两相流动所需管线直径比单相流动要大。

(2)当两相流流体到达目的地时，必须设置液塞捕集器以保护下游设备。

为了防止管输中析出液烃，可考虑采取以下方法：

(1)只适度回收 NGL，使天然气烃露点满足管输要求，以保证天然气在输送时为单相流动即可，此法通常称之为露点控制。

(2)将天然气压缩至临界冷凝压力以上冷却后再用管道输送，从而防止在管输中形成两相流，即所谓密相输送。此法所需管线直径较小，但管壁较厚，而且压缩能耗很高。例如，由加拿大 BC 省到美国芝加哥的“联盟(Alliance)”输气管道即为富气高压密相输送，管道干线及支线总长 3686km，主管径 914/1067mm，管壁厚 14mm，设计输气能力为 $150\times10^8 m^3/a$，工作压力 12.0MPa，气体热值高达 $44.2MJ/m^3$。

(3)采用两相流动输送天然气。

以上三种方法中，前两种方法投资及运行费用都较高，故应对其进行综合比较后从中选择最为经济合理的一种方法。

3. 最大限度地回收天然气凝液

在下述情况下需要最大限度地回收 NGL。

(1)从伴生气回收到的液烃返回原油中时价值更高，即回收液烃的主要目的是为了尽可能地增加原油产量。

(2)从 NGL 回收过程中得到的液烃产品比其作为商品气中的组分时价值更高，因而具有良好的经济效益。

当从天然气中最大限度地回收NGL，即残余气(即回收NGL后的干气)中只有甲烷时，通常也可符合商品气的热值指标。但是，很多天然气中都含有氮气及二氧化碳等不可燃组分，故还需在残余气中保留一定量的乙烷，必要时甚至需要脱除天然气中的氮气。例如，英国气体(British Gas)公司突尼斯Hannibai天然气处理厂的原料气中含有16%以上的N_2和13%以上的CO_2，必须将N_2脱除至小于6.5%以满足商品气的指标，水、BTEX(苯、甲苯、乙苯和二甲苯)及CO_2等也必须脱除至很低值，以防止在脱氮装置(NRU)的低温系统中有固体析出。

由此可知，由于回收凝液的目的不同，对凝液的收率要求也有区别，获得的凝液组成也各不一样。目前，我国习惯上根据是否回收乙烷而将NGL回收装置分为2类：一类以回收乙烷及更重烃类为目的；另一类以回收丙烷及更重烃类为目的。因此，以控制天然气水、烃露点为目的的脱油脱水装置，一般均属于后者。

三、NGL产品质量指标

NGL产品有乙烷、丙烷、丁烷、丙丁烷混合物(液化石油气)、C_{5+}，对于烃类纯组分，国家标准未做要求，其质量指标通常与下游用户协商确定。如乙烷主要供给乙烯作原料，其质量指标一般由油气田与乙烯厂共同商定。

1. 液化石油气

根据产品来源不同相应地制定了《液化石油气》(GB 11174—2011)。其产品质量指标见表4-1-1。

表4-1-1　《液化石油气》(GB 11174—2011)产品质量指标

项　目		质量标准			实验方法
		商品丙烷	商品丙丁烷混合物	商品丁烷	
密度(15℃)/(kg/m^3)		报告			SH/T 0221①
蒸汽压(37.8℃)/kPa	≤	1430	1380	485	GB/T 12576
C_3烃类组分(体积分数)/%	≥	95	—	—	SH/T 0230
C_4及C_4以上烃类组分(体积分数)/%	≤	2.5	—	—	SH/T 0230
(C_3+C_4)烃类组分(体积分数)/%	≥	—	95	95	SH/T 0230
C_5及C_5以上烃类组分(体积分数)/%	≤	—	3.0	2.0	SH/T 0230
残留物(蒸发残留物)/(mL/100mL)	≤	0.05			SY/T 7509
油渍观察		通过③			SY/T 7509
铜片腐蚀(40℃，1h)/级	≤	1			SH/T 0232
总硫含量/(mg/m^3)	≤	343			SH/T 0222
硫化氢(需要满足下列要求之一)					
乙酸铅法		无			SH/T 0125
层析法/(mg/m^3)	≤	10			SH/T 0231
游离水		无			目测④

注：①密度也可用GB/T 12576方法计算，有争议时以SH/T 0221为仲裁方法。

②液化石油气中不允许人为加入除加臭剂以外的非烃类化合物。

③按SY/T 7509方法所述，每次以0.1mL的增量将0.3mL溶剂-残留物混合液滴到滤纸上，2min后在日光下观察，无持久不退的油环为通过。

④有争议时，采用SH/T 0221的仪器及试验条件目测是否存在游离水。

2. 稳定轻烃

我国习惯上把 C_{5+}(天然汽油)称为稳定轻烃或轻油，按其蒸气压分为1号和2号两个牌号，其质量指标符合国家标准《稳定轻烃》(GB 9053—1998)，见表4-1-2。

表4-1-2 《稳定轻烃》(GB 9053—1998)质量标准

项目		质量指标		实验方法
		1号	2号	
饱和蒸汽压/kPa		74~200	夏<74，冬①<88	GB/T 8017—1987
馏程				GB/T 6536—2010
10%蒸发温度/℃	不低于	—	35	
90%蒸发温度/℃	不高于	135	150	
终馏点/℃	不高于	190	190	
60℃蒸发率/%		实测		
硫含量/%	不大于	0.05	0.10	SH/T 0253—1992
机械杂质及水分		无	无	目测②
铜片腐蚀/级	不大于	1	1	GB/T 5096—1985(2004)
颜色/赛波特色号	不小于	+25	—	GB/T 3555—1992

注：①冬季指9月1日至第二年2月29日。

②将油样注入100mL玻璃量筒中观察，应当透明，没有悬浮与沉淀的机械杂质和游离水。

四、世界NGL产品产量和市场

据美国《油气杂志》的数据显示，2008年全球前10大天然气液体(NGL)生产国共计生产NGL达到232.8×$10^{12}m^3$，产量前10位的国家及其在世界NGL产量中所占份额见表4-1-3。表4-1-3说明，世界上美国和沙特是两个最大的NGL生产国家，其产量占世界总量的38.7%，世界上80%的NGL产自10个国家。

在NGL产品中，由于乙烷不易运输，故乙烷都供给本国或邻近国家用来裂解制乙烯，美国是世界上乙烯产量和采用乙烷作乙烯原料的最大国家。LPG和 C_{5+} 烃类(其组分类似轻石脑油)比较容易运输，其与炼油厂生产的LPG、石脑油合并，在世界上形成规模较大的LPG和石脑油市场。

据美国《世界炼油商务文摘周刊》报道，2012年世界LPG产量(包括从天然气中回收和炼油厂供给的，不包括炼油厂自用于生产化工产品)为2.41×10^8t/a，LPG作为炼油、原油开采和天然气开采的副产物，其来源占LPG总量的份额分别为41%、24%和35%。预计2014年世界LPG的产量将达到2.75×10^8t/a。

表4-1-3 2008年世界NGL产量

国家	产量/(10^8ft^3/a)	份额/%
美国	757576	26
沙特阿拉伯	370440	12.7
加拿大	325248	11.2

续表

国家	产量/($10^8ft^3/a$)	份额/%
墨西哥	197110	6.8
科威特	186848	6.4
伊朗	129175	4.4
澳大利亚	107333	3.7
俄罗斯	91279	3.1
阿联酋	89786	3.1
委内瑞拉	73129	2.5
前10名总计	2327924	80
世界总计	2909905	100

我国LPG来源主要依靠炼油厂和进口，2005~2010年我国LPG供需情况见表4-1-4。

表4-1-4 2005~2010年我国LPG供需情况 10^4t

年份	2005	2006	2007	2008	2009	2010
产量①	1432.7	1745.3	1944.7	1914.8	1831.7	2102.3
进口量	617.0	535.6	405.4	259.2	408.0	327.0
出口量	2.7	15.1	33.8	67.9	84.9	93.0
消费量	2046.5	2207.6	2327.9	2118.9	2153.1	2240.3

注：①不包括炼油厂自用原料和燃料。

2010年我国部分省市LPG调节量见表4-1-5。

表4-1-5 2010年我国部分省市LPG调节量 10^4t

省市	外省调入量	本省调出量
广东省	310.32	20.10
广西省	84.31	—
海南省	—	42.00
上海市	67.56	24.04
江苏省	—	13.39
浙江省	134.46	—
江西省	43.28	8.57
山东省	—	108.30
辽宁省	—	64.74
北京市	14.02	3.90
天津市	1.18	32.00
总计	358.24	476.59

五、NGL回收工艺方法

NGL回收可在油气田矿场中进行，也可在天然气加工厂中进行。回收方法主要有吸附法、油吸收法及冷凝分离法3种。

(一) 吸附法

吸附法系利用具有多孔结构的固体吸附剂(如活性炭、硅胶、硅藻土等)对各种烃类的吸附容量不同，从而使天然气中一些组分得以分离的方法。在北美洲用这种方法从湿气中回收较重烃类，且多用于处理量较小及 C_{3+} 含量较少的天然气，也可用作从天然气中脱水及回收烃类，使天然气的水露点及烃露点都符合管输的要求。

吸附法的流程与分子筛双塔脱水类似，装置比较简单，不需特殊材料和设备，投资较少；但能耗较大，成本较高，燃料气消耗约为所处理气量的 5%，吸附剂容量等问题也未能得到很好解决，故此法在世界范围内未得到较广泛应用。

(二) 油吸收法

油吸收法系选用一定相对分子质量烃类(即吸收油)选择性地吸收天然气中乙烷以上的组分，使这些组分与甲烷分离。吸收油一般采用石脑油、煤油、柴油及 C_{5+} 轻油。吸收油相对分子质量越小，NGL 收率越高，但吸收油蒸发损失越大。

按照吸收温度不同，该法又可分为常温、中温及低温油吸收法。常温和中温油吸收法回收率较低，故低温油吸收法一直占主导地位，此法的温度在-40℃左右，压降较小，允许采用碳钢，对原料气预处理没有严格要求，单套装置处理量较大。以回收 C_{3+} 为目的的低温油吸收法原理流程见图 4-1-1。原料气与外输干气换热后，再经外部冷源冷冻致冷(大多用液体丙烷致冷)，去吸收塔与冷的吸收油逆流接触，进行传热和传质，吸收塔塔底的液体称为富吸收油(简称富油)，它含有全部被吸收的组分，吸收塔塔顶为外输干气。富油进入稳定塔，塔顶分离出不需要回收的轻组分用作燃料，塔底液体进入富油蒸馏塔。从富油蒸馏塔塔底流出的贫吸收油(简称贫油)，经冷冻后去吸收塔循环使用，塔顶为 NGL，再进入蒸馏塔分离获得 LPG 和 C_{5+} 产品。此法优点为系统压力降小。

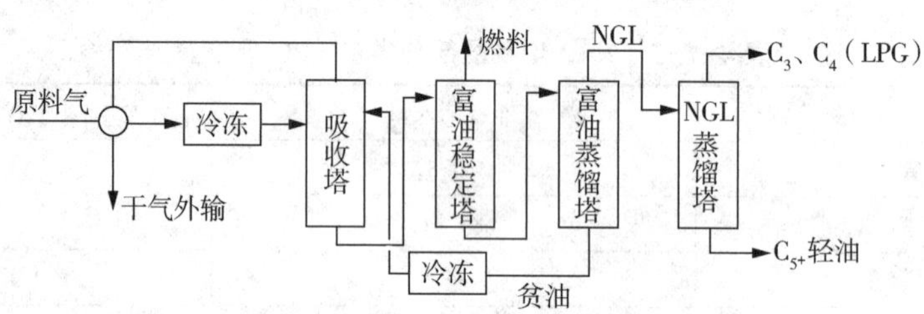

图 4-1-1 低温油吸收法原理流程图

(三) 冷凝分离法

冷凝分离法是利用在一定压力下天然气中各组分的挥发度不同，将天然气冷却至露点温度以下，得到一部分 C_{2+}、C_{3+} 的 NGL，使其与甲烷(或甲烷、乙烷)分离的过程，分离出来的 NGL 用精馏方法进一步分离成所需要的产品。

冷凝分离法在低温下进行，故又可称为低温分离法。低温分离法一般可分为浅冷和深冷。浅冷是以回收 C_{3+} 为主要目的，致冷温度一般在-25～-15℃，深冷以回收 C_{2+} 为主要目的，致冷温度一般在-100～-90℃。而中冷温度一般在-80～-30℃，是以提高 C_3 收率为目的，有时也把中冷归于深冷部分，有的文献也称为中深冷。

对于回收 C_{3+} 烃类的工艺装置，为了保证达到较高的回收率，使工艺装置在最佳工况下运行，必须确定合理的冷凝压力和温度。现将不同压力下液化率与温度的关系列于表 4-1-6。

从表 4-1-6 可得出，C_2、C_3、C_{3+} 的液化率是随着压力的增高，温度的降低而提高，但各组分的液化速率是不相同的。随着压力的增加，液化率增加很快，但当增加到 3.5MPa

时，液化率增长幅度开始降低。若压力太低(1.5MPa 以下)，要想使液化率增长，需要很低的冷凝温度。

表 4-1-6 液化率与压力、温度的关系

组分	压力/MPa \ 温度/℃ 液化率/%	-10	-20	-30	-40	-50	-60	-70
C_2	1.5	1.03	1.91	3.34	5.66	9.53	15.99	26.57
	2.5	2.45	4.22	7.00	11.43	18.44	29.34	45.29
	3.5	4.01	6.67	10.77	17.09	26.70	40.78	59.6
	4.0	4.78	7.85	12.53	19.65	30.29	45.56	65.71
C_3	1.5	4.64	9.59	18.10	31.02	47.78	65.50	80.50
	2.5	10.40	18.82	31.02	46.40	62.80	77.35	88.05
	3.5	15.54	25.92	39.46	54.83	69.76	82.09	90.81
	4.0	17.61	28.52	42.25	57.32	71.58	83.21	91.52
C_{3^+}	1.5	25.11	36.40	48.74	61.26	73.05	83.14	90.73
	2.5	35.31	47.33	59.49	70.96	80.93	88.75	94.13
	3.5	41.36	53.31	64.91	75.42	84.19	90.82	95.31
	4.0	43.28	55.10	66.42	76.56	84.93	91.23	95.56

冷凝分离法特点是在一定的压力下需要向天然气提供足够的冷量，使其降温。按照提供冷量的制冷系统不同，冷凝分离法可分为冷剂制冷法、直接膨胀制冷法和联合制冷法3种。

在天然气进入冷凝分离法装置之前，一般先进行脱硫化氢、脱水等处理，或者由天然气净化厂供给原料天然气。

1. 冷剂制冷法

冷剂制冷法又称外加冷源法(外冷法)，它是由独立设置的冷剂制冷系统向原料气提供冷量。

1)冷剂的分类

在制冷循环中工作的制冷工质称为制冷剂(简称冷剂)。例如，在压缩制冷循环中利用冷剂的相变传递热量，即在冷剂蒸发时吸热，冷凝时放热。现可用作冷剂的物质，根据化学成分，可分为以下几类：

(1)卤代烃冷剂。它们都是甲烷、乙烷、丙烷的衍生物。在这些衍生物中，由氟、氯、溴原子取代了原来化合物中全部或部分氢原子，其中含氟的一类化合物总称为氟里昂。

(2)无机化合物冷剂。属于此类冷剂的有氨、二氧化碳及二硫化碳等，常用的为氨。

(3)烃类冷剂。常用的烃类冷剂有甲烷、乙烷、丙烷、丁烷、乙烯及丙烯等。在天然气NGL回收和天然气液化过程中广泛采用单组分烃类或混合烃类作为冷剂。例如某NGL回收工艺装置采用了混合烃类作为冷剂，其组成为：CH_4 30%、C_2H_6 25%、C_3H_8 35%、C_4H_{10} 10%。

上述冷剂用于制冷循环的物理性质列于表4-1-7。从表看出，冷剂的物理性质参差不齐。现按冷剂的物理性质，并对冷剂使用性能的要求，提出如下比较：

(1)蒸发潜热应该大。利用冷剂循环制冷是一种相变制冷，蒸发潜热大的冷剂，在制冷中循环量小，动力消耗少，设备容量小，生产成本低。氨在这方面有明显的优点。

表 4-1-7 几种常用冷剂的物理性质

冷剂名称	常压下沸点/℃	凝点/℃	蒸发潜热/(kJ/kg)	临界温度/℃	临界压力/MPa	空气中爆炸极限(体)/%	
						下限	上限
氨	-33.5	-77.7	1369	132.4	11.15	15.5	27
丙烷	-42.07	-187.7	427	96.81	4.201	2.1	9.5
丙烯	-47.7	-185	439	91.4	4.90	2	11.1
乙烷	-88.6	-183.2	491	32.1	5	3.22	12.45
乙烯	-103.7	-169.5	484	9.5	5.16	3.05	28.6
甲烷	-161.5	-182.48	511	-82.5	4.58	5	15
二氧化硫	-78.9	-56.6	575	31	7.5		
氯甲烷	-23.74	-97.6	406	143.1	6.809	8	20

(2)操作压力和比体积应适宜。制冷循环过程要求冷剂的冷凝压力不要过高，蒸发压力不要太低，蒸发时比体积不要过大。因为冷凝压力高会增加压缩机和冷凝器的压力等级、设备费用及动力消耗；蒸发压力过低，特别到负压状态会引起空气渗入蒸发设备中，不利于稳定操作，甚至会引起爆炸事故；蒸发后比体积过大的冷剂，要求气相运行的设备和管道体积过大。在这方面氨仍然是比较理想的冷剂。

(3)冷剂应具有好的化学稳定性。冷剂对于设备不应该有显著的腐蚀作用，氨对铜有强烈的腐蚀作用，丙烷等饱和烃类化学稳定性很好，对铜、钢都不发生腐蚀作用。

(4)冷剂不应有易燃易爆性。易燃易爆物作为冷剂对安全生产是有威胁的，二氧化碳作为冷剂是最安全可靠的，因它不燃不爆；在氨中混入空气过多有发生爆炸的危险；乙烷等烃类冷剂是易燃易爆物，故使用时需采取措施，保证安全。

(5)冷剂应能就地取材。在油气田 NGL 回收装置中，丙烷、丁烷是本装置的产品，将其用作冷剂是最为方便的。

2)冷剂制冷工艺

冷剂制冷是利用液体蒸发实现，故称为蒸气制冷。此法分为蒸气压缩式(也称机械压缩式)、吸收式及喷射式 3 种类型，但目前多采用压缩式和吸收式。

(1)压缩制冷工艺。

工业上采用的压缩制冷系统，是用机械对冷剂蒸气压缩的一种制冷循环。压缩制冷系统按冷剂不同，可分为氨、丙烷及其他冷剂(如混合冷剂)制冷系统。按压缩级数又有单级和多级之分，在油气田 NGL 回收装置中通常使用单级压缩制冷系统。

以氨作为冷剂的单级压缩制冷循环流程见图 4-1-2。

氨蒸气进入压缩机，经压缩压力达到 0.9MPa(绝压)，成为高温高压氨蒸气，再经水冷却到 20℃，成为液氨，进入储罐。再经节流阀将压力降至 0.194MPa(绝压)，温度降至-20℃，成为低温低压液氨进入蒸发器。在其中吸收被冷冻流体的热量而蒸发，从而产生制冷效应。氨蒸气返回压缩机进行下一个制冷循环。在整个循环过程中，氨的作用是由其性质所决定的，氨的沸点与压力关系见表 4-1-8。从表中看出，氨被压缩到 0.9MPa(绝压)和温度冷却到 20℃时，已成为液态，节流降压到 0.1MPa(绝压)蒸发，其蒸发温度也只能降至-33.4℃，如果压力再降低进入负压下运行，是很不安全的。所以，用氨作冷剂制冷，控制蒸发压力最低为 0.1~0.12MPa(绝压)的微正压状态，达到-30℃左右的冷冻程度。

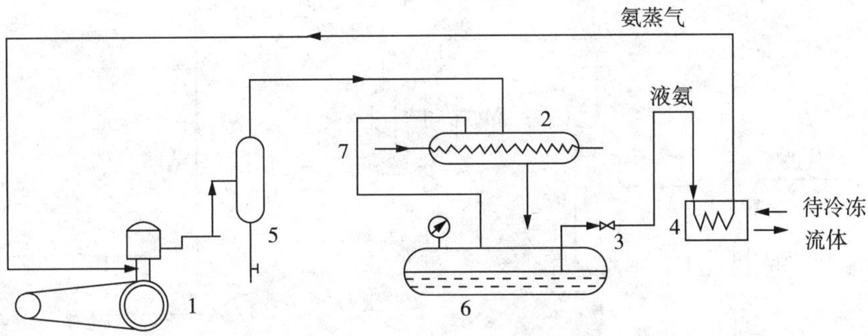

图 4-1-2　氨单级压缩制冷循环工艺流程图

1—氨压缩机；2—冷却冷凝器；3—节流阀；4—氨蒸发器；5—油分离器；6—液氨储罐；7—平衡管

表 4-1-8　氨的沸点与压力的关系

压力(绝压)/MPa	沸点/ ℃	压力(绝压)/MPa	沸点/ ℃
2. 073	50	0. 194	-20
1. 585	40	0. 122	-30
1. 190	30	0. 100	-33. 4
0. 874	20	0. 0732	-40
0. 627	10	0. 0417	-50
0. 438	0	0. 0223	-60
0. 297	-10	0. 0111	-70

在我国，丙烷制冷工艺应用于天然气轻烃回收装置才 20 多年时间，但该项技术的推广迅速，几年来，我国新建的外冷工艺天然气轻烃回收装置基本都采用丙烷制冷工艺，一些原设计为氨制冷工艺的老装置也在改造成丙烷制冷工艺。丙烷制冷工艺流程见图 4-1-3。丙烷气体从螺杆压缩机出口压力为 1. 4MPa，温度约 60℃，经空冷器冷却后，温度为 40℃，丙烷全部转化为液体，进入丙烷储罐，经节流阀节流至 0. 3MPa，此时丙烷温度为-13. 5℃,气相约占 37%，混合物进入丙烷蒸发器后遇热天然气液相挥发为气相，通过相变热将天然气降至-10℃，丙烷蒸发器中气相丙烷经缓冲罐送至螺杆压缩机入口，形成制冷循环。丙烷的沸点与压力关系见表 4-1-9。

表 4-1-9　丙烷的沸点与压力关系

压力(绝压)/MPa	沸点/ K	压力(绝压)/MPa	沸点/ K
2. 2036	335	0. 18761	246
1. 6027	320	0. 1254	236
1. 1314	305	0. 101325	231. 07
0. 87971	295	0. 076789	225
0. 58278	280	0. 046753	215
0. 4312	270	0. 026912	205
0. 29056	258	0. 010354	190

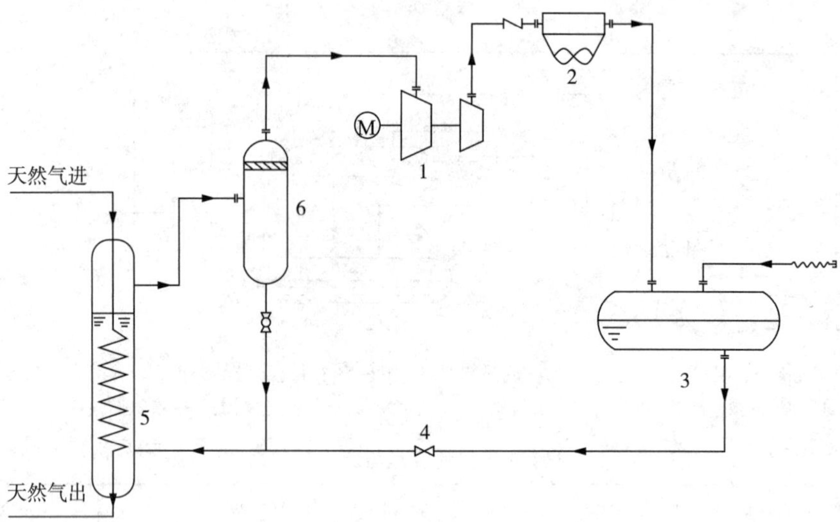

图 4-1-3 丙烷制冷循环工艺流程图

1—螺杆压缩机；2—空冷器；3—丙烷储罐；4—节流阀；5—丙烷蒸发器；6—丙烷缓冲罐

(2)吸收制冷工艺。

一般氨作冷剂使用于吸收式制冷。氨吸收制冷系统是以沸点不同而相互溶解两种物质的溶液为工质，低沸点氨为制冷剂，高沸点水为吸收剂，工艺流程见图 4-1-4。

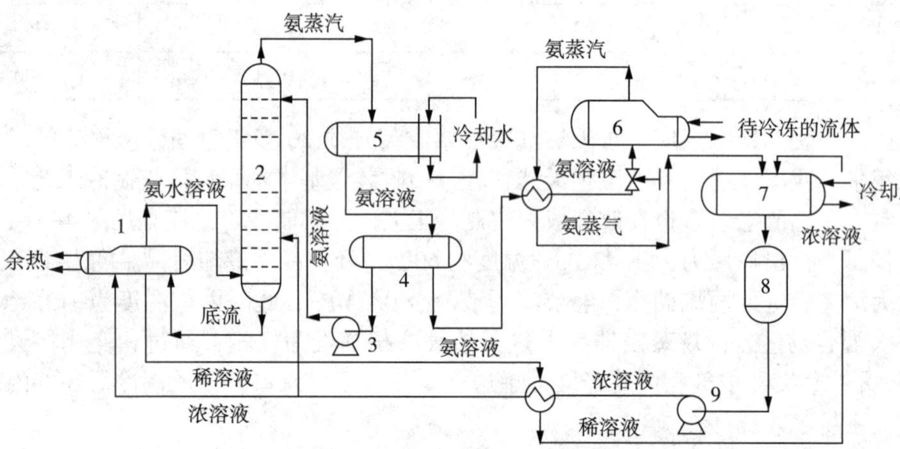

图 4-1-4 氨吸收制冷循环工艺流程图

1—发生器；2—精馏塔；3—回流泵(选用)；4—氨液罐；5—冷凝器；6—蒸发器；
7—水溶液薄膜吸收器；8—浓溶液罐；9—溶液泵

系统中冷剂循环的推动力是发生器加热的热能。发生器中产生的氨蒸气带有水汽，故需要一个精馏塔以提高氨蒸气的纯度。由精馏塔顶部溜出的氨蒸气浓度一般可达 99.8%以上，氨蒸气经冷凝后流入氨液罐，一部分回流返回精馏塔，塔底物流到反应器。氨液由罐中经过换热器被来自蒸发器的低温氨蒸气冷却，再经节流阀减压后在蒸发器中吸热蒸发，从而产生制冷效应。氨蒸气进入水溶液薄膜吸收器，被稀氨水溶液吸收为浓氨水溶液后，由溶液泵经溶液换热器预热后送入发生器进行下一个循环。吸收氨蒸气的稀氨水溶液来自发生器底部，经溶液换热器冷却，由节流阀减压后送到水溶液薄膜吸收器。

3) NGL 回收装置采用冷剂制冷法时对冷剂的选择和装置适用范围

NGL 回收装置采用冷剂制冷时，天然气中 NGL 的冷凝所需要冷量，由独立的外部制冷系统提供，制冷量不受原料气贫富程度的限制，对原料气压力无严格要求，装置在运行期间，可以改变制冷量的大小，以适应原料气量和组成及季节性气温的变化。冷剂的选用主要依据是冷冻温度、NGL 收率及制冷系统所耗功率因素。冷剂按冷冻温度的划分如下：

(1) 氨适用于原料气冷冻温度高于-30～-25℃时的工况。

(2) 丙烷适用于原料气冷冻温度-40～-30℃时的工况。

(3) 以乙烷、丙烷为主的混合冷剂适用于原料气冷冻温度低于-40～-35℃时的工况。

采用冷剂制冷法的 NGL 回收装置的适用范围：

(1) 以控制外输天然气烃露点为主，并同时回收部分 NGL 的装置。通常原料天然气冷冻温度应低于外输天然气所要求的烃露点温度 5℃以上。

(2) 原料天然气中含 NGL 较富，原料气和外输气之间没有足够压差可供利用，采用冷剂制冷法可以很经济的达到所要求的 NGL 收率。

(3) 对压力及流量有波动的原料气适应性较强。

2. 直接膨胀制冷法

直接膨胀制冷法也称自冷法，此法不另外设置独立制冷系统，原料天然气降温所需冷量由气体直接经过串接在系统中的各种膨胀制冷设备来提供。因此，制冷能力直接取决于原料气的组成、压力、膨胀比、制冷设备结构及热力学效率等。常用的直接膨胀制冷设备有：节流阀(又称焦耳-汤姆逊阀简称 J-T 阀)、热分离机及涡轮膨胀机等。

1) 焦耳-汤姆逊节流制冷法

焦耳-汤姆逊节流制冷是应用 J-T 阀来完成的，装置比较简单。在 NGL 回收过程中，该法适用于如下情况：

(1) 适用于原料气量很小的 NGL 回收装置，一般处理量在 $15\times10^4m^3/d$ 以下最为合适，但要求原料气中含 NGL 较富，其投资费用可比采用膨胀机低。

(2) 当气量太小不适合用膨胀机时，气源压力较高，且原料气与外输气之间有很大压差可以利用，采用 J-T 阀制冷是比较好的。

(3) 原料气量波动很大时，J-T 阀制冷 NGL 回收装置可以比膨胀机装置运行得更好，因为膨胀机设计流量的波动范围很窄，而 J-T 阀装置可以在原料气流量比膨胀机大得多的波动范围内操作。

(4) J-T 节流阀还可用在高压凝析气井井口的低温分离装置上，由于井口与外输气之间存在较大的压差，将高压井流出物从井口压力通过 J-T 阀膨胀至一定压力，产生一定的冷量，井口流出物在低温状态下使天然气和凝析油分离，能比常温分离法回收更多的凝析油。

(5) 在膨胀机制冷系统中，在有压差尚能利用的情况下，往往装有 J-T 阀，作为补充冷量之用。

美国 Edwards 工程公司在得克萨斯州的 Houston 建设了一套橇装式气体加工装置，处理量为 $11.3\times10^4m^3/d$，通过 2 个 J-T 阀，将天然气从 7MPa 节流到 1.55MPa，在 J-T 阀前使用丙烷，将气体预冷到-18℃，结果该阀出口温度为-103℃，乙烷回收率为 90%，丙烷回收率为 98%。此为 J-T 阀与丙烷联合制冷装置。

我国新疆库车建设了一套处理量为 $25\times10^4m^3/d$(实际气量为 15×10^4～$21\times10^4m^3/d$)的焦耳-汤姆逊节流装置，用于回收 NGL(不回收乙烷)，原料天然气中 C_{3+} 含量为 3.44%(摩尔分数)，其工艺流程见图 4-1-5。

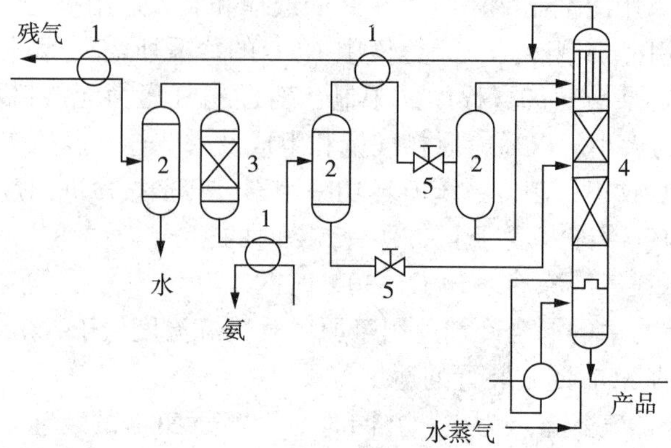

图 4-1-5　库车节流装置工艺流程图

1—换热器；2—分离器；3—干燥器；4—脱乙烷塔；5—J-T 阀

天然气经换热后进干燥器脱水，脱水后的原料气经氨预冷和换热后冷却到-28℃，通过 J-T 阀将低温分离器的温度稳定在-73℃，最后在脱乙烷塔塔底获得 NGL，C_{3+}回收率 65%。此为 J-T 阀与氨联合制冷装置。

2)热分离机制冷法

热分离机(Thermal Separator)是 20 世纪 70 年代法国埃尔夫-贝尔坦(Elf-Bertin)公司研制的一种简易有效的气体膨胀制冷设备。它有两种类型：固定式(STS)和转动式(RST)，如图 4-1-6 所示。

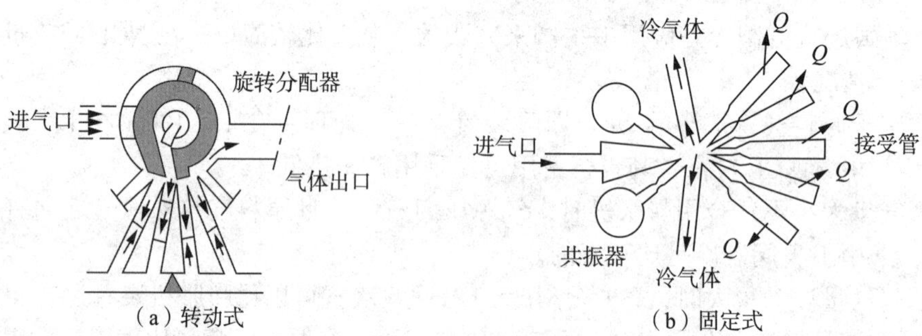

图 4-1-6　热分离器结构示意图

固定式热分离机是法国埃尔夫-贝尔坦公司初期研究的，高压气体通过喷嘴进入一端密封的接受管，进行压缩和膨胀，被压缩气体产生热量 Q 与外界空气自然对流散失，从支管中流出为冷气体。图 4-1-6(b)是一种多管固定式热分离机，在气体分配控制上设有共振器，它能产生压缩波，使喷射气体以一定频率依次流入接受管，当进气量为 5~1000g/s、振动频率 200~1500Hz 和压缩比在 2~6 时，效率可达到 30%~40%。

转动式热分离机又可称为转动喷嘴膨胀机，其工作原理：多根一端密封的接受管(或称变压管)，另一端和 1 个旋转气体分配器(转动喷嘴)呈辐射状连接成一个制冷元件，分配器转速一般在 1000~3000r/min。具有一定压力的气体从喷嘴高速喷出，当喷嘴对准一端密封的接受管时，高速气流如活塞一样冲击管内残留的气体，使其压缩并随即升高温度，通过裸管外壁释放出热量被环境带走。随着喷嘴转动，接受管与排气通道相通时，管内气体压力迅速下降，体积膨胀，致使排出温度急剧降低，这一低温气体即去制冷。随着喷嘴转动，各接受管都依次经历了同上的进气-压缩-膨胀降温-排出低温气体过程。在理想状态下被环境所带走的热量，即为出口低温气体的致冷量。热分离机的效率也按等熵效率来衡量，但不能误会其是一等熵过程，根据目前现有热分离机操作性能，其等熵效率可达60%。

自20世纪80年代末期以来，热分离机已在我国一些NGL回收装置中得到应用。实践证明，热分离机应该使用于原料气与外输气之间压差很大的场合，最佳膨胀比应大于5。我国一套$10\times10^4 m^3/d$的热分离机回收NGL装置，由于压差不够大，热分离机长期在膨胀比3.5左右的状态下操作运行，NGL的回收率很低，致使近年来该装置采用涡轮膨胀机替代热分离机。

3)透平膨胀机制冷法

透平膨胀机是用来使高压气体膨胀输出外功产生冷量的机器。由于透平膨胀机具有流量大、体积小、冷损少、结构简单、通流部分无机械摩擦件、不污染制冷工质(即压缩气体)、调节性能好及安全可靠等优点，自20世纪60年代以来，在NGL回收和天然气液化等装置中广泛用作制冷机械。

NGL回收装置采用透平膨胀机装置，需满足下列条件：

(1)原料气的压力、流量及组分比较稳定，因透平膨胀机对上述参数波动适应性是较差的。

(2)原料气与输出气之间有足够的压差可供利用，膨胀比一般要求高于2。

(3)天然气较贫时，例如天然气中C_{3+}烃类组分含量(体积分数)小于3.5%，利用透平膨胀机产生的冷量，能使NGL回收率达到较高水平。

透平膨胀机制冷法发展很快，美国新建成或改建的NGL回收装置90%以上采用了透平膨胀机。至今，我国已建成NGL回收装置100多套，采用透平膨胀机的装置占了主要比例。

3. 冷剂和直接膨胀联合制冷法

此法是冷剂和直接膨胀制冷法二者的联合，即冷量来自两部分：一部分由冷剂制冷法提供；另一部分由直接膨胀制冷法提供。当原料气中烃类组成较富，采用直接膨胀制冷法产生的冷量尚不足，不能获得较高的NGL收率，就采用此法。油田伴生气具有烃类组分含量较高和压力较低的特点，自80年代以来我国建设的油田伴生气NGL回收装置，从国外引进的或国产的装置，较多采用了此种方法，以直接膨胀制冷为主，采用冷剂作为补冷用。

第二节　国内外NGL回收工艺概况

一、国内NGL回收工艺发展

(一)国内自主建设NGL回收装置

我国的天然气资源，西南气田气质较贫，处理工艺主要为天然气净化，中原油田具有“油轻气富”的特点，伴生气较富，大庆、辽河油田也产出有伴生气。

1. 工艺发展

国内天然气最初作为石油勘探开发的一种附属物，采出后进火炬大量烧掉。后来发展为单独勘探开发的对象，展开高效集输储存和综合利用。天然气凝液回收设施开始于70年代末，大规模的发展是在80年代，回收工艺经历了3个阶段：

1)第一阶段：冷剂制冷或节流的浅冷工艺

第一阶段的凝液回收，从产品来看，主要回收C_3以上产品。

油气田开发过程中，井口具有较高的压力能，通常采用节流阀回收部分凝液，设施简单，但由于受压力变化和环境的影响，轻烃产品收率较低。

80年代初，中原油田随着伴生气量的增加，开始进行凝液回收装置的建设。中原石油勘探局勘察设计研究院，在1983年，自主设计建设中原第一天然气处理厂，装置规模$50\times10^4m^3/d$，回收C_3以上产品，采用氨外部制冷工艺，装置设备全部采用国产化。后由于单独氨制冷轻烃收率较低，在1986年，对装置进行改造，增加膨胀机，称为氨预冷加膨胀制冷流程，提高轻烃收率。

冷剂制冷回收NGL装置采用的冷剂主要为氨和丙烷。目前应用丙烷冷剂的装置逐步增加，在新建装置中冷剂以选择丙烷为主。采用氨为冷剂的工艺有氨压缩制冷和氨吸收制冷2种工艺，此为浅冷分离工艺，一般用于加工压力较低和C_{3+}烃类含量较高的油田伴生气，而且以回收C_{3+}烃类为目的，在对丙烷收率要求不高时应用。

图4-1-7为用氨为冷剂NGL回收装置的典型工艺流程。

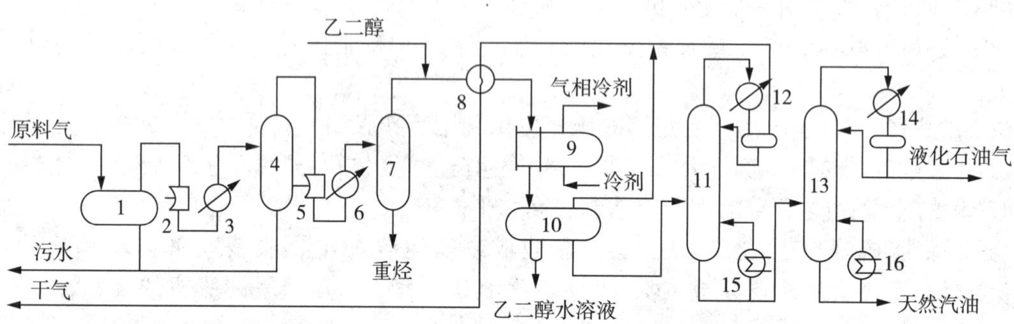

图4-1-7　采用冷剂制冷法的天然气凝液回收工艺流程图

1—原料气分离器；2，5—原料气压缩机；3，6—水冷却器；4，7—分离器；8—气/气换热器；9—冷剂蒸发器；10—低温分离器；11—脱乙烷塔；12—脱乙烷塔塔顶冷凝器；13—脱丁烷塔；14—脱丁烷塔塔顶冷凝器；15，16—重沸器

原料一般为0.1~0.3MPa的油田伴生气，先在原料气分离器中除去游离的油、水及其他杂质，然后增压到1.6~2.4MPa，增压后原料气用水冷却至常温，然后经过贫富气换热器预冷后进入氨冷剂蒸发器，将原料气冷冻至-25~-15℃。此时，原料气中较重烃类冷凝为液体，气液混合物送至低温分离器内进行分离。分出的干气主要成分是甲烷、乙烷；NGL主要成分是C_{3+}烃类，也有一定数量的乙烷，进入脱乙烷塔，将乙烷和更轻组分脱除，塔底产物则进入脱丁烷塔。在脱丁烷塔顶部获得LPG产品，塔底为C_{5+}烃类。如还要求生产丙烷，则另需增设1个脱丙烷塔。冷冻温度若能达到-25℃时，丙烷收率可达50%左右。为了防止水合物形成，在浅冷情况下，一般采用乙二醇或二甘醇作为水合物抑制剂，在原料气进入低温部位前注入，并在低温分离器底部回收，再生后循环使用。

2)第二阶段：透平膨胀制冷工艺

第二阶段的凝液回收，仍以回收C_3以上产品为主。

随着设备技术的进步，膨胀机开始逐步应用到制冷工艺中，与节流阀相比，能获得更低的温度和较高的凝液收率。透平膨胀机制冷工艺流程简单、操作方便、对原料气组成变化适应性大，投资低、效率高等优点，因此，设备技术成熟后，新建或改造NGL回收装置90%都应用了透平膨胀制冷工艺。

气藏气或凝析气的井口压力较高，在原料气与输出商品气之间有压差可以利用来驱动膨胀机制冷，若 C_{3+} 含量不很丰富时，利用单级膨胀机制冷获得的冷量，可使丙烷收率达到65%以上。

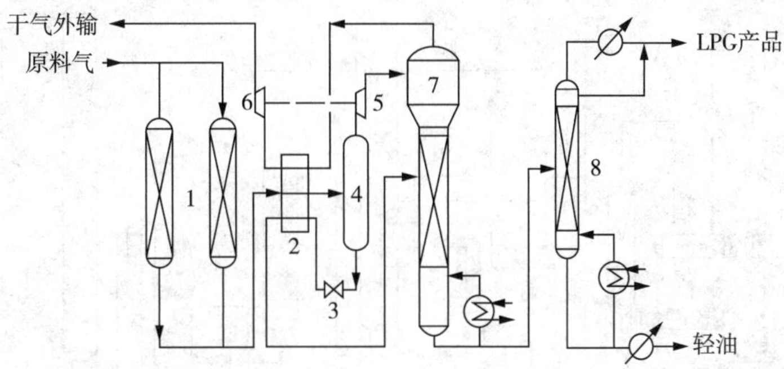

图 4-1-8 典型膨胀制冷 NGL 回收装置工艺流程图

1—原料气干燥器；2—冷箱；3—节流阀；4—低温分离器；5—涡轮膨胀机；6—膨胀机同轴压缩机；7—脱乙烷塔；8—液化气塔

如图 4-1-8 所示，来自井口或集输管道的天然气压力为 3.7MPa，首先进入原料气干燥器进行深度脱水，经原料气过滤器除去催化剂粉末固体，再经冷箱冷却到-65℃进入低温分离器。分离器的气相经涡轮膨胀机降温至-92℃，压力降至 1.75MPa(膨胀比 2.114)后直接进入脱乙烷塔；分离器的液相经节流阀降至 1.78MPa 后，回冷箱复热至约 40℃后进入脱乙烷塔中部。从脱乙烷塔顶部出来的温度约-90℃、压力约 1.7MPa 的低温干气进入冷箱复热至约 40℃，由膨胀机同轴压缩机增压至 1.8MPa。该干气的小部分作为分子筛干燥器的再生气，其余部分外输。从脱乙烷塔底部出来的温度约 80℃、压力约 1.75MPa 的 C_{3+}烃类靠压差直接进入液化气塔，塔顶为 LPG 产品，塔底为 C_{5+}烃类，轻油产品。

3) 第三阶段：冷剂制冷加膨胀深冷制冷工艺

第三阶段进入了以回收 C_{2+}产品的工艺发展时期。

对膨胀机来说，膨胀前气体入口温度越低，则越可能在出口获得更低的温度。因此，当膨胀机技术成熟后，要想获得更低的温度和更好的乙烷收率，需要采用冷剂预冷加膨胀制冷的深冷工艺。

同时随着市场对产品乙烯需求的剧增，从天然气中回收的乙烷是制取乙烯的最优原料，丙烷、丁烷、戊烷等轻烃也是优质的深加工原料。采用冷剂预冷加膨胀制冷的深冷工艺可使乙烷收率达到 50%～85%。

1988 年，中原设计院对已建的中原第一气体处理厂装置进行了技术改造设计，采用了分子筛脱水、膨胀制冷加氨辅助制冷工艺，丙烷收率达到 75%，改造后取得了较好的经济效益。同时中原油田还建设了胡状气体处理厂、文三联燃气净化站及联合站轻烃回收等一系列 NGL 装置，采用丙烷预冷加膨胀制冷工艺，并且设备全部国产化。

胡状气体处理厂，装置规模 $10\times10^4 m^3/d$。该装置由中原设计院设计，采用了丙烷辅助制冷加膨胀制冷，该装置原料气组分见表 4-1-10。

表 4-1-10 原料气组分表

组 分	C_1	C_2	C_3	iC_4	nC_4	iC_5	nC_5	nC_6	N_2	CO_2
摩尔分数/%	78.63	9.565	5.307	1.109	1.865	0.821	1.0864	0.264	0.6097	0.5598

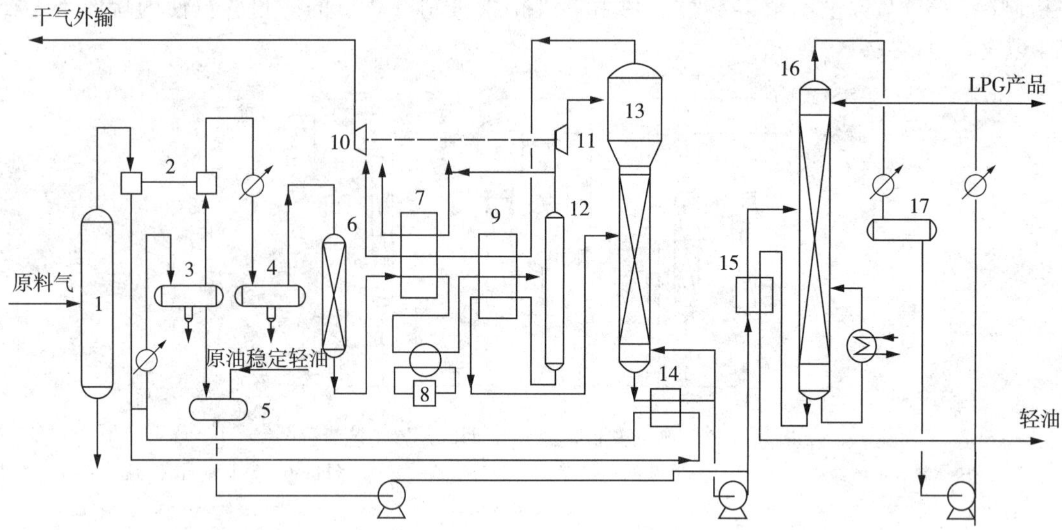

图 4-1-9 胡状气体处理厂工艺原则流程图

1—原料气分离器；2—压缩机；3、4—三相分离器；5—缓冲罐；6—干燥器；7、9—冷箱；8—氨循环制冷系统；10—同轴增压机；11—膨胀机；12—低温分离器；13—脱乙烷塔；14、15—换热器；16—液化气塔；17—回流罐

如图 4-1-9 所示，来自集输系统的油田伴生气首先进入原料气分离器 1，经压缩机 2 增压至 1.7MPa，经冷却器冷却后进入出口分离器 3、4，除去气体中游离水、机械杂质及可能携带的轻油，然后去分子筛干燥器 6 深度脱水。干燥后气体经过滤器后，依次流过冷箱 7、氨蒸发器 8、冷箱 9，温度自 40℃冷冻至-54℃，并有大量凝液析出。进入低温分离器 12 分离后，液相自低温分离器 12 底部进入冷箱 9 复热后去脱乙烷塔 13 中部；低温分离器 12 顶部气相去膨胀机 11，压力由 1.6MPa 降至 0.35MPa(膨胀比 4.5)，温度降至-94℃。膨胀后的气液混合物进入脱乙烷塔 13 的顶部，分出的气体为干气，经冷箱 7、9 回收冷量后再由膨胀机驱动的同轴增压机 10 增压后进入外输管道。脱乙烷塔 13 顶部馏出气体经板翅式换热器 16 冷却后进入二级凝液分离器 13 的下部，以回收一部分丙烷。自脱乙烷塔底部得到的凝液用泵增压并与塔底物料换热后送至液化气塔 16，脱出液化石油气，塔底为 C_{5+}轻油。

产品产量：LPG 15.3t/d，C_{5+}轻油 14.5t/a，丙烷收率≥70%。

2. 工艺比较

结合三种不同工艺，按相同的组分，进气参数，进行模拟计算对比(见表 4-1-11、表 4-1-12)。

表 4-1-11 三种 NGL 回收工艺比较采用的天然气组成

组 分	C_1	C_2	C_3	iC_4	nC_4	iC_5	nC_5	nC_6	N_2	CO_2
摩尔分数/%	78.7	9.6	5.32	1.1	1.87	0.83	1.1	0.26	0.65	0.57

装置操作参数：处理规模 $5\times10^4 m^3/d$，进气压力 0.3MPa(绝压，下同)，进气温度 40℃，增压后压力 1.5 MPa，膨胀后压力 0.35 MPa。

结果表明，单独的制冷工艺收率低于外部制冷加膨胀制冷工艺，膨胀制冷工艺流程简单，与丙烷制冷工艺相比，投资低，轻烃回收率稍低，但丙烷制冷干气出口压力能较大。

因此，对油气田开发的地面设施，若有充分压力能可利用，同时设施运行周期不长，可采用膨胀制冷；鉴于目前国内的膨胀机技术成熟，价格合理，大多数的 NGL 回收设施，建议采用冷剂与膨胀机联合制冷法，以提高轻烃回收率。

表 4-1-12 三种 NGL 回收工艺结果比较

参 数	膨胀制冷工艺	丙烷制冷工艺	丙烷加膨胀制冷工艺
制冷温度/℃	-63	-35	-95
电耗功率/kW(理论)	170	220	220
膨胀功率/kW(理论)	46	0	35
干气出装置压力/MPa	0.34	1.45	0.34
C_{3+}回收率/%	58	63	92

(二)国内引进的 NGL 回收装置

1. 概况

为了获得更好的乙烷收率，国内陆续引进了大型深冷 NGL 回收装置，供大庆、中原、盘锦几家乙烯厂作为原料，自 20 世纪 80 年代末以来，我国引进的 NGL 回收装置见表 4-1-13。

表 4-1-13 我国引进的 NGL 回收装置

油田	装置名称	装置规模/(10^4m^3/d)	制冷方式	操作条件		收率/%		引进厂商	投产日期
				温度/℃	压力/MPa	C_2	C_3		
大庆	杏三浅冷站	40	氨压缩制冷	-25	1.7			意大利 CTIP	1982-8
	杏九浅冷站	40	氨压缩制冷	-25	1.7			意大利 CTIP	1982-12
	杏 V-1 浅冷站	40	氨压缩制冷	-25	1.7			意大利 CTIP	1983-9
	萨南深冷装置	60	两级膨胀机制冷	-97	5.17	85		德国 Linde	1987-6
	萨中深冷装置	60	两级膨胀机制冷	-105	4.2	85		德国 Linde	1987-12
辽河	$120\times10^4m^3$/d 深冷装置	120	膨胀机+丙烷制冷	-117	4.5	85		日本 JGC	1988-6
	$200\times10^4m^3$/d 深冷装置	200	膨胀机+氨吸收制冷	-113	3.66	85		美国 fluor	1989-8
胜利	A 形橇块	5	单级膨胀机制冷	-75	4.3		50	日本 JGC	1987-1
	C 形橇块	25	单级膨胀机制冷	-81	4.9		70	日本 JGC	1986-11
中原	B 形橇块	15	单级膨胀机制冷	-72	5.3		60	日本 JGC	1987-11
	第三处理厂深冷装置	100	膨胀机+丙烷制冷	-110	4.2	85	97.6	德国 Linde	1990
吉林	双阳 NGL 回收装置	14.7	丙烷压缩制冷	-28	6.4			美国 NATCO	1990-8
新疆	采油二厂深冷装置	60	单级膨胀机制冷	-86	1.9		75~80	日本三菱重工	1990-7
吐哈	丘陵 $120\times10^4m^3$/d 深冷装置	120	膨胀机+丙烷制冷(内有 DHX 工艺)	-51			85 以上	德国 Linde	1996 年底
大港	压气站 NGL 回收装置	100	单级膨胀机制冷		4.5		86	美国 Proquip	1996-5
锦州	20-2 气体处理厂 NGL 回收装置	150	单级膨胀机制冷	-106	5	85	90 以上	Hudson	

2. 主要大型NGL回收装置

表4-1-14所列5套引进的大型NGL回收装置基本达到目前世界较先进水平，属深冷装置，以回收C_{2+}为目的，供大庆、盘锦、中原几家乙烯厂作为原料，具有以下共同特点：

表4-1-14 我国引进的主要大型NGL回收装置技术条件和操作参数

项目	大庆 $60×10^4m^3/d$①	辽河 $200×10^4m^3/d$	辽河 $120×10^4m^3/d$	中原 $120×10^4m^3/d$
原料气处理量/($10^4m^3/d$)	60	200	120	100
进装置原料气压力/MPa	0.127~0.147	0.15	0.5	0.6~0.7
压缩机出口压力/MPa	2.76	3.8	3.4	4.3
增压机出口压力/MPa	5.17	—	4.5	—
高压膨胀机				
入口压力/MPa	4.8	3.66	4.5	4.2
出口压力/MPa	1.73	1.26	0.8	1.45
膨胀比	2.78	2.9	5.63	2.9
入口温度/℃	-56	-67	-63	
出口温度/℃	-97~-105	-113	-117	-110
低压膨胀机				
入口压力/MPa	1.7	1.26	—	—
出口压力/MPa	0.45	0.43	—	—
膨胀比	3.78	2.93	—	—
入口温度/℃	28	-77	—	—
出口温度/℃	-34~-53	-113	—	—
脱甲烷塔				
塔顶温度/℃	-97~-100	-88	-112	
塔底温度/℃	26~32	—	-10	—
压力/MPa	1.73	3.8	0.8	—
外输干气压力/MPa	0.8	0.7~0.8	0.8	1.2

注：①大庆油田有萨南、萨中2套装置，操作参数基本相近。

(1)装置用原料气都是油田伴生气，含有较丰富的C_{2+}烃类，约占伴生气的10%~20%以上。具体组分见表4-1-15。

(2)油田伴生气进入NGL回收装置的压力一般为0.1~0.3MPa(最高0.6MPa)，基本上没有压差可以利用，均需采用以燃气轮机驱动的离心压缩机来提高原料气的压力，供给膨胀机制冷，因此投资较高且耗用大量天然气(一般占装置进原料天然气的5%~9%)作燃气轮机的燃料。可利用燃气轮机的排气生产蒸汽供装置用，热效率较高。

(3)由于原料气中含C_{2+}比较高，要获得较高的乙烷收率，就必须有充足的冷量。虽然使用压缩机提高了压力，已有压差可以利用，但采用单级膨胀机尚不能获得足够的冷量，因此就需要用双级膨胀机工艺、膨胀机和氨或丙烷联合制冷工艺，才能获得较高乙烷收率。

表 4-1-15　我国主要大油田的伴生气组成　%(体积分数)

油田名称		甲烷	乙烷	丙烷	异丁烷	正丁烷	异戊烷	正戊烷	C_{6^+}	C_7^+	CO_2	N_2	H_2S
大庆油田	(萨南)	76.66	5.93	6.59	1.02	3.45	1.54		1.21	0.95	0.26	2.28	—
	(萨中)	85.88	3.34	4.54	0.67	1.99	0.35	0.81	0.36	0.16	0.9	1.0	—
	(杏南)	68.26	10.58	11.2	5.96		1.91		0.66	0.36	0.20	0.55	—
辽河油田	(兴隆台)	82.7	7.21	4.16	0.74	1.46	0.44	0.37	1.04	—	0.42	1.47	—
	(辽中)	87.53	6.2	2.74	0.62	1.22	0.36	0.30	0.21	0.46	0.03	0.33	—
中原油田		82.23	7.41	4.25	0.95	1.88	0.48	0.50	0.4	—	1.50	0.40	—
华北油田	(任北)	59.37	6.48	10.02	9.21		3.81		1.34	1.40	4.58	1.79	—
胜利油田		87.75	3.78	3.74	0.81	2.31	0.82	0.65	0.06	0.03	0.53	0.02	—
吐哈油田	(任陵)	67.61	13.51	10.69	3.06	2.55	0.68	0.56	0.16	0.09	0.40	0.65	—
	(温米)	76.12	9.28	6.77	2.82	1.65	0.84	0.30	0.22	0.07	0.26	1.59	—
	(鄯善)	65.81	12.85	10.17	3.66	3.18	1.15	0.68	0.39	1.14	1.89	0.03	—
大港油田		80.94	10.2	4.84	0.87	1.06	0.34		—	—	0.41	0.34	—

3. 工艺流程

1) 大庆油田 $60\times10^4m^3/d$ 两级膨胀机制冷法装置工艺流程

该装置工艺流程见图 4-1-10。原料气的组分见表 4-1-15。

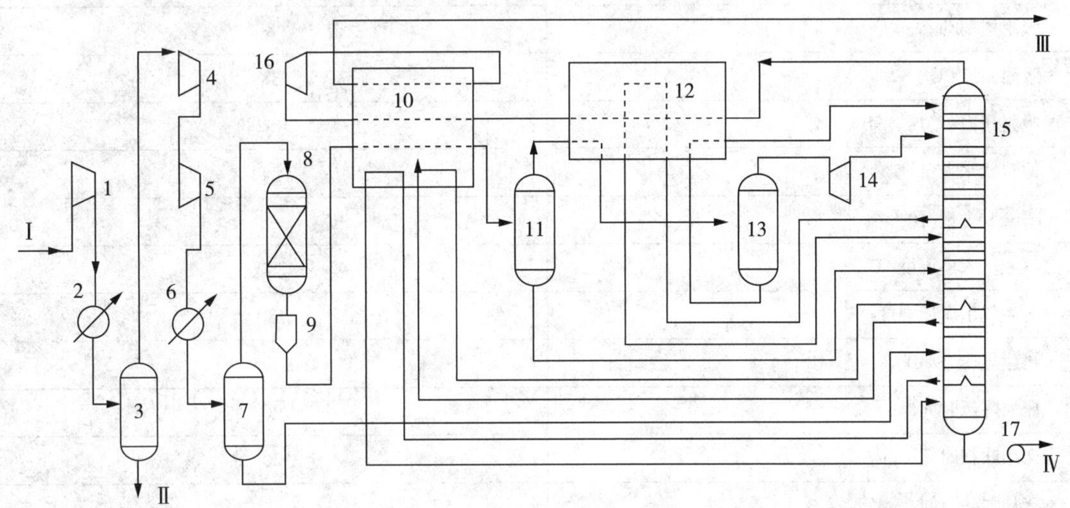

图 4-1-10　两级膨胀机制冷法装置工艺流程图

1—油田气压缩机；2—冷却器；3—沉降分水罐；4，5—增压机；6—冷却器；7—一级凝液分离器；8—分子筛干燥器；9—粉尘过滤器；10，12—多股流板翅式换热器；11—二级凝液分离器；13—三级凝液分离器；14—一级涡轮膨胀机；15—脱甲烷塔；16—二级涡轮膨胀机；17—混合轻烃泵

Ⅰ—油田伴生气；Ⅱ—脱出水；Ⅲ—干气；Ⅳ—混合烃

(1) 原料气压缩。自集输系统来的低压油田伴生气Ⅰ进入压缩机 1 增压至 2.76MPa，经冷却器 2 冷却至常温进入沉降分水罐 3，脱除游离水Ⅱ。由沉降分水罐 3 顶部分出的气体依次经过膨胀机驱动的增压机 4、5（正升压流程），压力增到 5.17MPa，再经冷却器 6 冷却后进入一级凝液分离器 7，分出的凝液直接进入脱甲烷塔 15 的底部。

(2) 脱水。由一级凝液分离器分出的气体进入分子筛干燥器 8 吸附脱水，含水可降至很低，气体经粉尘过滤器9除去其中可能携带的分子筛粉末，然后进入冷冻系统。分子筛干燥器共2台，并联切换操作，周期为8h，再生气为经过燃气轮机回收余热加热至300℃左右的干气，整个切换过程为自动控制。脱水部分的技术条件、操作参数及脱水效果见表4-1-16。

表4-1-16 脱水分子筛干燥器工艺参数

参数	数值
处理量/(m^3/h)	29480
脱水负荷/(kg/h)	42.1
干燥器台数/台	2
分子筛产地	德(美)国
分子筛型号	4A
分子筛形状/尺寸/mm	球状/$\phi3\sim\phi5$
分子筛堆积密度/(kg/m^3)	660
分子筛床层高度/m	3.100
分子筛湿容量①/%	7.88
分子筛使用寿命/a	2
吸附周期/h	8
吸附温度/℃	38
吸附压力(绝压)/MPa	4.2
原料气水含量	饱和
干气水含量/10^{-6}	≈1
再生气入口温度/℃	230
再生气出床层温度/℃	180
再生气压力/MPa	1.95
床层降压时间/min	20
床层吹扫时间/min	20
床层加热时间/min	222
床层冷却时间/min	156
床层升压时间/min	20
两床平行运行时间/min	30
阀门总切换时间/min	12
干燥器直径(设计值)/m	1.600
操作状态下空塔流速①/(m/s)	0.1017

注：①计算值。

(3)冷冻。经脱水后的气体自过滤器 9 经板翅式换热器 10 冷冻至-23℃进入二级凝液分离器 11。自 11 底部分出的凝液进入脱甲烷塔 15 的中部，顶部分出的气体经板翅式换热器 12 冷冻至-56℃后去三级凝液分离器 13。自 13 底部分出的凝液经板翅式换热器 12 后进入脱甲烷塔 15 的顶部，自 13 顶部分出的气体经一级膨胀机 14 后压力降至 1.73MPa，温度降至-105～-97℃，然后此气、液混合物进入脱甲烷塔顶部偏下部位。脱甲烷塔顶部出来的干气经板翅式换热器 12、10 复热至 28℃，再进入二级膨胀机 16，压力自 1.7MPa 降至 0.45MPa，温度降至-53～-34℃，再经板翅式换热器 10 复热至 12～18℃后外输。

(4)混合 NGL 脱甲烷。由于该装置只生产 C_{2+}NGL 供乙烯装置作原料，故只设置脱甲烷塔，塔顶温度为-100～-97℃，塔底不设重沸器，塔中部有中间冷却和中间再沸侧线，分别由板翅式换热器 12、10 提供冷量及热量。脱出甲烷后的 NGL 即本装置产品Ⅳ，由泵 17 增压后送出装置。

2)辽河油田 $120\times10^4 m^3/d$ 膨胀机和丙烷压缩联合制冷法装置工艺流程

该装置的工艺流程见图 4-1-11。原料气的组分见表 4-1-15。来自联合站 0.5MPa 的油田伴生气进入原料过滤器，除去杂质、游离水及油滴等，进入由燃气轮机驱动的离心式压缩机 1，一级出口为 1.6MPa，二级出口为 3.4MPa，气体经水冷却器 2 冷却后进入凝液分离器 3，分出凝液和水Ⅱ，再去分子筛干燥器 4，进行深度脱水(见表 4-1-16)。脱水后气体经过滤器 5，滤掉分子筛粉尘后经膨胀机驱动的增压机 6(正升压流程)压缩到 4.5MPa，再经水冷却器 7 和换热器 8 进入板翅式冷箱 10 冷至-63℃，然后去凝液分离器 11 进行气、液分离。自凝液分离器底部出来的凝液进入脱甲烷塔 13 的中部。顶部分出的气体进入膨胀机 12，压力降至 0.8MPa，温度降至-117℃，然后直接进入脱甲烷塔 13 的顶部。脱甲烷塔顶部温度为-112℃，由塔顶馏出的气体经冷箱 10 复热后作为干气产品Ⅲ外输。由脱甲烷塔 13 引出的侧线液体经冷箱 10 升温重沸后返回塔中部。底部液体经泵 14 后分为两路进入冷箱 10，一路升温重沸仍返回塔底，另一路升温后送入脱乙烷塔 15 的中部。脱乙烷塔 15 压力为 2.05MPa，塔顶溜出的气体乙烷分为两路，一路经换热器 8 复热后作为产品乙烷Ⅳ外输；另一路经丙烷制冷系统 9 在冷凝器 16 中冷凝为液体进入回流罐 17，再用泵 18 送入脱乙烷塔顶部作为回流。塔 15 底部设有重沸器 19，塔底流出物靠本身压力进入脱丁烷塔 20 的中部。脱丁烷塔 20 操作压力为 1.5MPa，塔顶溜出气体丙烷经冷凝器 21 冷凝后进入回流罐 22，用泵 23 增压后分为两路，一路作塔 20 回流，另一路为丙烷产品Ⅴ。丙烷产品既可作为本装置的冷剂，又可将其混入 LPGⅥ中，或直接出装置。塔 20 底部流出物分为两路，一路经重沸器加热后返回塔底，另一路经冷却器 27 冷却后即为 C_{5+}轻油产品Ⅶ。

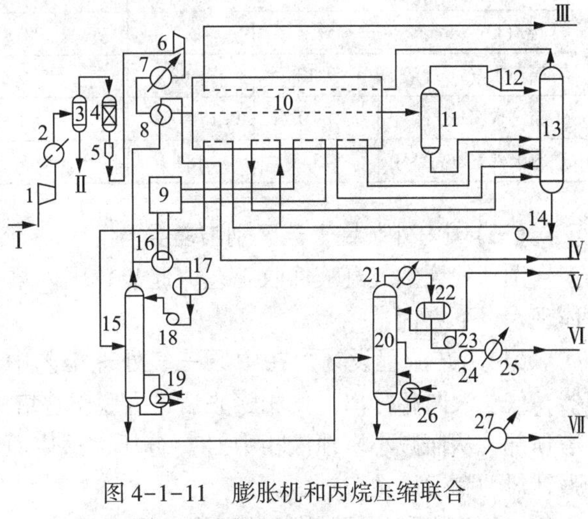

图 4-1-11　膨胀机和丙烷压缩联合制冷法装置工艺流程图

该装置冷剂制冷系统 9 利用自产丙烷Ⅴ作为冷剂，设有 2 个制冷系统：一个温度等级为-33℃，用于原料气在板翅换热器10中的冷源；另一个温度等级为-17℃，用于脱乙烷塔顶部乙烷气体在冷凝器16中的冷源。

3)产品收率和产量

我国引进的主要大型NGL回收装置的产品收率和产量见表4-1-17。

表4-1-17 我国引进的主要大型NGL回收装置的产率和产量

项目	大庆 $60\times10^4m^3/d$		辽河	辽河	中原
	萨南	萨中	$200\times10^4m^3/d$	$120\times10^4m^3/d$	$100\times10^4m^3/d$
伴生气中 C_{2+} 体积分数/%	19.15	—	15.41	10.36	18.22
产量					
乙烷/(10^4t/a)	—	—	5.98	2.8989	2.0
丙烷/(10^4t/a)	—	—	5.56	—	2.6589
丁烷/(10^4t/a)	—	—	3.67	3.9120	2.0460
C_{5+} 烃类/(10^4t/a)	—	—	4.6	1.9176	2.1780
混合NGL					
10^4t/a	4.3523	5.7656	19.8	8.7276	8.8829①
t/d	145	198	594.6	261.83	277.85
乙烷收率(体)/%	>85	>85	>85	>85	>85
C_{3+} 收率(体)/%	—	—	>94	—	>97

注：①1997年的运转数据，也是1990~1999年中获得NGL最高的一年。

4)消耗指标

表4-1-18的引进装置都是采用燃气轮机驱动的离心式压缩机，其中以辽河油田 $200\times10^4m^3/d$ 装置的轴功率(18500kW)为最大，耗用燃料天然气 $187200m^3/d$，即回收1t NGL需耗用燃料天然气 $314.8m^3$，约占原料气产量的9%，说明用作燃料能耗是很高的。

表4-1-18 我国引进的主要大型NGL回收装置消耗指标

项目	大庆 $60\times10^4m^3/d$		辽河	辽河	中原
	萨南	萨中	$200\times10^4m^3/d$	$120\times10^4m^3/d$	$100\times10^4m^3/d$
电/(kW·h/t)	57.4	42.1	98.3	—	139
循环水/(m^3/t)	9.13	6.68	206.1	—	—
新鲜水/(m^3/t)	0.21~0.66	0.15~0.48	4.58	—	1.8
燃料天然气/(m^3/t)	243.3	184	105.9	314.8	148

(三)国内外装置工艺区别与差异

国外的天然气凝液回收工艺，起步较国内早，对NGL回收装置，引进的工艺主要优点体现在以下方面：

(1)工艺流程设计。在中原三气处理工艺中，经过丙烷预冷、换冷后，进入低温分离器，气、液两相分离，气相膨胀后进入脱甲烷塔中部，液相节流后作为过冷液体进入脱甲烷塔顶部，从而减小塔顶液相中 CO_2 分压，适应原料气中 CO_2 含量要求，体现了流程设计的强针对性和适用性。

(2)控制系统。在引进装置中，采用了三级联锁控制系统，如中原三气装置，设置在线色谱分析，检测信号与制冷单元入口阀门联锁，不合格时返回脱水单元。控制系统设计理念更倾向于以人为本，减少人员去相对危险的操作场所，从而实现安全科学的生产。

(3)冷量的利用。在中原三气装置中，脱甲烷塔塔底未设置重沸器，采用与制冷的天然气进行换冷，达到热量平衡，从而充分利用冷量，达到节能降耗的目的。

在 NGL 回收装置设计中，如何使流程更加灵活、实用，在满足产品要求的前提下，最大限度地降低能耗，也是未来设计工作需要努力攻克的难题与方向。

二、国外 NGL 回收工艺发展概况

自 20 世纪 80 年代以来，国外以节能降耗、提高 NGL 收率及减少投资费用为目的，对 NGL 回收工艺进行了一系列改进工作，出现了许多改进工艺。

1. 油吸收法工艺的发展

马拉(Mehra)法是油吸收法的一种改进工艺。例如，在以回收 C_{3+} 为目的过程中，为了提高 C_3 收率，C_2 的回收量不可避免地也相应增加，而在脱乙烷塔中又要排出，徒然浪费了能量。马拉法则借助于特定溶剂，采用不同的操作参数，可回收 C_{2+}、C_{3+}、C_{4+} 或 C_{5+}(视需要而定)。此法的实质是用物理溶剂代替吸收油，吸收原料气中 C_{2+} 或 C_{3+} 组分后，采用闪蒸或汽提方法又使 C_{2+} 或 C_{3+} 与溶剂分开。

马拉法可分为抽提-闪蒸法和抽提-汽提法。其工艺流程见图 4-1-12。

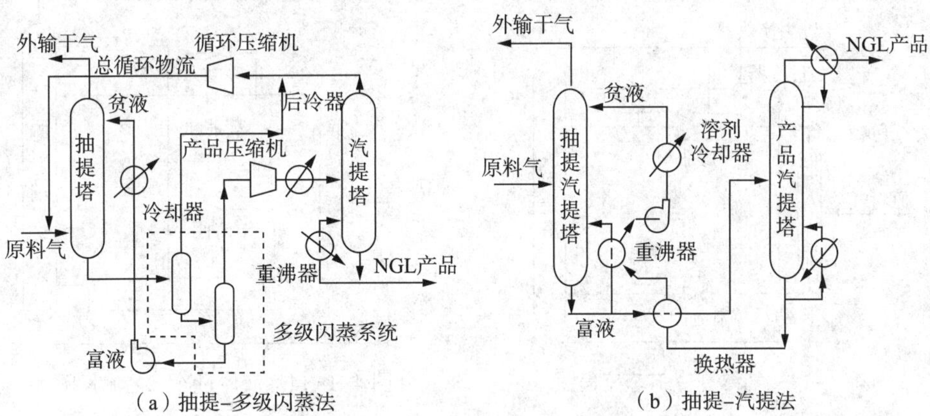

图 4-1-12　马拉法工艺流程图

1) 抽提-闪蒸法

该法的工艺过程与常温吸收法一样。抽提塔塔底富液经减压后进行多级闪蒸，使目的产物从富液中分离出来。通过选择合适的闪蒸条件，在最初闪蒸过程中先分出某些不想回收的组分，并使其循环返回或直接进入外输干气中。最后气提塔的作用是保证回收的 NGL 中较轻组分有合格的含量。

2) 抽提-汽提法

该法是对上述抽提-闪蒸法的改进，造价和操作费用都有大幅度降低。原料气进入抽提汽提塔上部抽提段的底部，由下向上与选择性好的贫物理溶剂逆流接触，达到平衡。吸收了所需要组分的富液向下流入塔下部汽提段，在汽提段中将来自抽提段富液中挥发性最大的甲烷(或甲烷和乙烷)几乎全部汽提出来。抽提汽提塔塔顶基本是甲烷(或甲烷和乙烷)，从而达到甲烷与 C_{2+}(或甲烷、乙烷与 C_{3+})分离目的。由抽提汽提塔塔底流出的富液进入产品汽提塔，塔顶馏出物为所需获得的 NGL(C_{2+} 或 C_{3+})，塔底为再生的贫液，经冷却或冷冻后返

回抽提汽提塔。

该法的特点是，选择良好的物理溶剂，并依靠调节抽提汽提塔塔底富溶剂的泡点灵活地选择 NGL 产品中较轻组分的含量。

马拉法专利溶剂是由带支链甲基、乙基、丙基的 $C_8 \sim C_{10}$ 芳烃(尤其是1，3，5-三甲基苯，正丙基苯，正丁基苯，邻、对、间二甲苯及其混合物，以及二甲苯和其他 $C_8 \sim C_{10}$ 芳烃的混合物)，和其他溶剂如聚乙二醇二甲醚、N-甲基吡咯烷酮、二甲基甲酰胺、碳酸丙烯酯、环丁砜及乙二醇三乙酸酯等组成。混合溶剂性能是：不起泡，不降解，不腐蚀，含硫和不含硫的天然气都能应用，蒸气压低、凝点低。马拉法无需低温，天然气不需深度脱水。使溶剂损失降至最低尤为重要；出口天然气要设置活性炭过滤器；另一重点是要防止进口气流中夹带压缩机油、其他重质烃类和乙二醇，使其积留在溶剂中，一般在抽提汽提塔前要设置活性炭过滤器。马拉法还可与冷剂制冷法相结合，以提高 NGL 收率。

2. 膨胀机制冷法工艺的发展

1)气体过冷工艺(GSP)和液体过冷工艺(LSP)

此两种工艺是 Ortloff 公司对工业标准单级膨胀机工艺(ISS)和多级膨胀机工艺(MTP)的改进。典型的 GSP 和 LSP 工艺流程分别见图 4-1-13 和图 4-1-14。

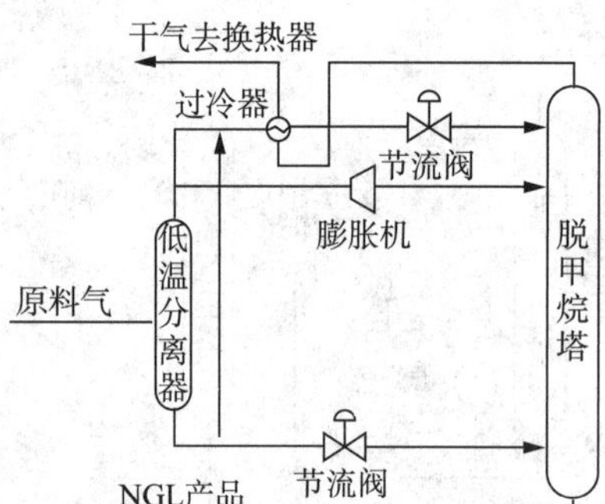

图 4-1-13　气体过冷工艺流程图

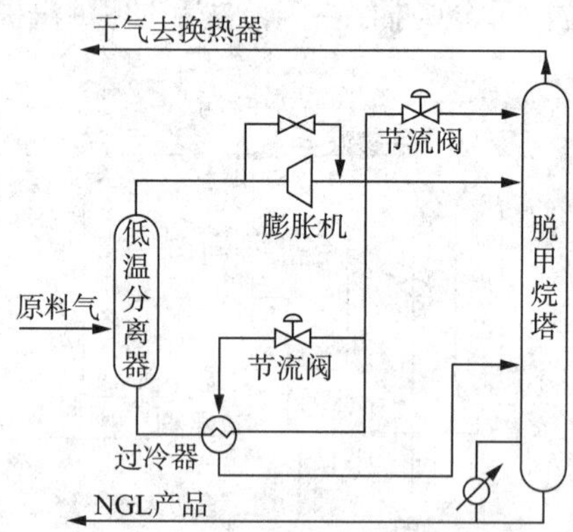

图 4-1-14　液体过冷工艺流程图

GSP 是针对较贫气体(C_{2+}<200g/m^3)处理装置而改进的工艺，而 LSP 是针对较富气体(C_{2+}>200g/m^3)处理装置而改进的工艺。

表 4-1-19 列出了处理量 283×10^{4}m^3/d 装置采用 GSP 与 ISS 和 MTP 工艺的主要指标对比。从表 4-1-19 看出，采用 GSP 工艺可在保持较高 C_2 收率的情况下，原料气中 CO_2 的容许含量高于其他两种工艺，且功耗较低。

表 4-1-19　GSP 与 ISS、NTP 工艺主要指标对比

项　目	ISS	MTP	GSP
C_2 回收率/%	80.8	85.4	85.8
CO_2 冻结情况	冻结	冻结	不冻结
再压缩功率/kW	6478	4637	3961
制冷压缩功率/kW	225	991	1244
总压缩功率/kW	6703	5630	5205

Ortloff 公司对 LSP 也做过论证，证明采用 LSP 工艺可减小常规流程的高压和低温，从而节省功率。由于在脱甲烷塔顶部几层塔板处 CO_2 易生成固体，采用 LSP 工艺后，有一部分含有 C_4 组分的液体进入塔上部，溶解 CO_2，使之偏离生成固体的条件，故该工艺可以处理 CO_2 较多的气体，不需专门脱 CO_2 设施。

2) 直接换热(DHX)工艺

DHX 工艺是加拿大埃索资源公司(Esso Resources Canada Ltd)于 1984 年首先提出，在 Judy Greek 的 NGL 回收装置上得到实践并获得成功的新工艺，流程见图 4-1-15。

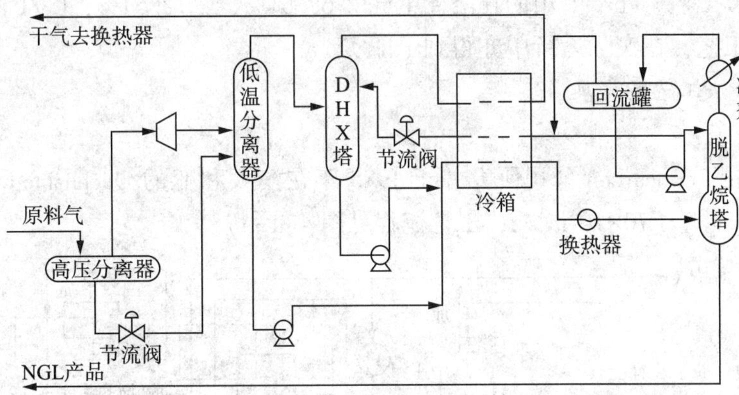

图 4-1-15　直接换热法工艺流程图

DHX 塔相当于一个吸收塔。该工艺实质是脱乙烷塔回流罐的液烃经过换冷、节流降温后，进入 DHX 塔塔顶用来吸收低温分离器进塔气体中的 C_{3+} 组分，从而提高 C_{3+} 收率。常规单级膨胀机制冷装置很容易改造成 DHX 工艺，实践证明，在不回收乙烷的情况下，在相同条件下 C_{3+} 收率可由 72%提高到 95%，改造投资却较少。

吐哈油田以丘陵油田伴生气为原料的 $120\times10^4m^3/d$ NGL 回收装置，由 Linde 公司设计，全套引进，采用膨胀机加丙烷制冷联合工艺，装置中引入了 DHX 工艺。全套装置由原料气预分离、压缩、脱水、冷冻、分离及分馏等部分组成。工艺流程见图 4-1-16。

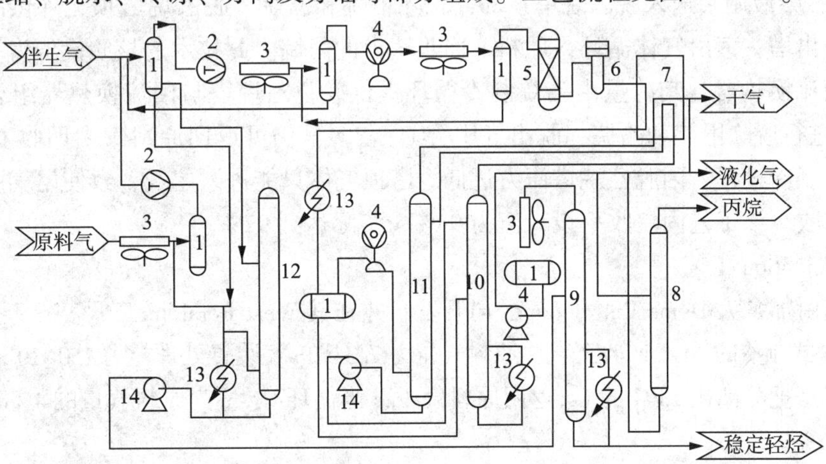

图 4-1-16　混合制冷 NGL 回收工艺流程图

1—分离器、回流罐；2—压缩机；3—空冷器；4—膨胀机(增压端、膨胀端)；
5—分子筛干燥器；6—粉尘过滤器；7—冷箱；8—丙烷塔；9—液化气塔；10—脱乙烷塔；
11—重接触塔(DHX)塔；12—重烃脱水塔；13—丙烷蒸发器；14—回流泵

该装置系统最低温度为-51℃，为中冷 NGL 回收装置，由于采用了 DHX 工艺，将脱乙烷塔塔顶气体经温降到-51℃后进入 DHX 塔顶部，不断从 DHX 顶部馏出的干气中吸收 C_{3+} 组分，提高了 C_{3+} 收率。C_{3+} 收率达到 85%以上。

中国石油大学(华东)开发了 DHX 工艺模拟软件，研究结果表明，DHX 工艺 C_{3+} 收率与单级膨胀机工艺相比，提高幅度主要取决于原料天然气中 C_1/C_2 的比值，而原料气中 C_3 含量对此影响较小。在原料气中 C_1/C_2 比值越小，DHX 工艺 C_3 收率提高幅度越大；C_1/C_2 比值越大，C_3 收率提高越小，比值>12.835，丙烷收率增长很小。由此可见，并非所有的原料气都适用于 DHX 工艺。吐哈油田的丘陵伴生气 $C_1$67.61%、$C_2$13.51%，C_1/C_2 比值为 5，适合与采用 DHX 工艺，在实际运行中亦得到了证实。

3. 冷剂制冷法工艺的发展

1) PetroFlux 工艺

英国 Coastain Petrocarbon 公司研究并于 1985 年在澳大利亚的 Queensland 州建设了第 1 套装置，气体处理能力 $70\times10^4m^3/d$，工艺流程见图 4-1-17。

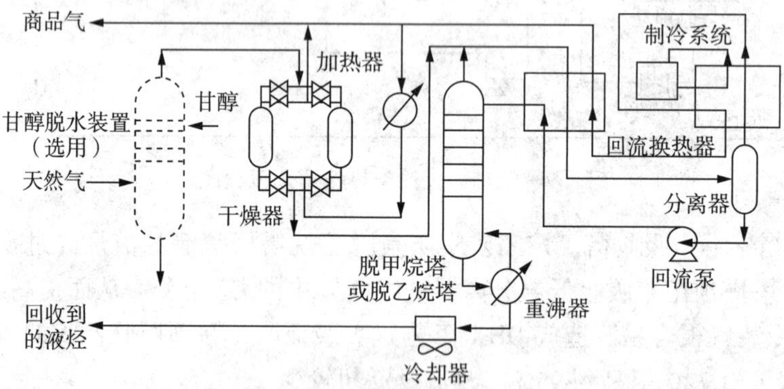

图 4-1-17 PetroFlux 法工艺流程图

进料天然气(3.8MPa)经预冷器用回收冷量冷至-45℃，不凝气进入回流换热器继续冷却到-70℃，凝液用泵送入脱乙烷塔顶部，脱除甲烷和乙烷。脱乙烷塔顶无外供冷量，为一个典型的蒸出塔，蒸出气体循环入原料，回收蒸出的丙烷。此技术的核心设备为一个直立铝制板翅式回流换热器，其冷量由乙烷制冷循环提供。脱乙烷塔与回流换热器组合，该塔在 3.8MPa 下进行脱除甲烷和乙烷，脱出气中含 C_3 较多，仍可返回原料气中回收 C_3，避免了一般膨胀机制冷过程，因脱乙烷塔压力过低，塔顶气体只能进入尾气，致使尾气中的丙烷未能进一步回收。该工艺丙烷收率设计值为 95%，实际达到 97%。

2) Reciculation 工艺

该工艺由加拿大 Dome Petroleum 公司开发，并在其 West Pembina 工厂实施。原流程为乙烷-丙烷复叠式制冷的 NGL 回收工艺，原料气压力 7.34MPa，装置处理能力 $150\times10^4m^3/d$。此工艺核心内容是把分离出 LPG 的 C_{5+} 返回原料气中，当循环 C_{5+} 量为原料气量的 4%时，LPG 收率可提高 15%。

以上介绍的国外开发的改进工艺，均有其特定的气体组成、压力等背景状况，对具体某个油气田的 NGL 回收工艺能否采用，需进行深入研究和分析。

第三节 凝液回收原理与工艺

采用冷凝分离法回收凝液，关键是需要向原料气提供足够的冷量，使其降温至露点以下(即进入两相区)部分冷凝，从而进行分离。向原料气提供冷量的任务是通过制冷系统实现的，因此，冷凝分离法通常又是按照制冷方法不同来分类的。

所谓制冷(致冷)是指利用人工方法制造低温(即低于环境温度)的技术。制冷方法主要有3种：①利用物质相变(如融化、蒸发、升华)的吸热效应实现制冷；②利用气体膨胀的冷效应实现制冷；③利用半导体的热电效应以及近来开发的顺磁盐绝热法和吸附法实现制冷。

在NGL回收过程中广泛采用液体蒸发和气体膨胀来实现制冷。利用液体蒸发实现制冷称为蒸气制冷。蒸气制冷又可分为蒸汽压缩式(机械压缩式)、蒸气喷射式和吸收式3种类型，目前大多采用蒸汽压缩式。气体膨胀制冷目前广泛采用透平膨胀机制冷，也有采用节流阀制冷和热分离机制冷的。

在我国天然气工业中，通常也将采用制冷技术使天然气温度降至低温的过程称作冷冻，与温度降至常温的冷却过程不同。因此，它与低温工程中冷冻的含义不是完全相同的。

从投资来看，氨吸收制冷系统一般可与蒸汽压缩制冷系统竞争，而操作费用则取决于所用热源和冷却介质(水或空气)在经济上的比较。氨吸收制冷系统对热源的温度要求不高，一般不超过200℃，故可直接利用工业余热等低温热源，节约大量电能。整个系统由于运动部件少，故运行稳定，噪声小，并可适应工况变化。但是，它的冷却负荷一般比蒸汽压缩制冷系统约大一倍。因此，只在有余热可供利用及冷却费用较低的地区，可以考虑采用氨吸收制冷系统，而且以在大型NGL回收装置上应用为主。

一、蒸汽压缩制冷

蒸汽压缩制冷通常又称机械压缩制冷或简称压缩制冷，是NGL回收过程中最常采用的制冷方法之一。

(一)冷剂的分类与选择

1. 冷剂分类

在制冷循环中工作的制冷介质称为制冷剂或简称冷剂。

在压缩制冷循环中利用冷剂相变传递热量，即在冷剂蒸发时吸热，冷凝时放热。因此，冷剂必须具备一定的特性，包括其理化及热力学性质(如常压沸点、蒸发潜热、蒸发与冷凝压力、蒸气比体积、热导率、单位体积制冷量、循环效率、压缩终了温度等)、安全性(毒性、燃烧性和爆炸性)、腐蚀性、与润滑油的溶解性、水溶性、充注量等。此外，由于对环境保护要求日益严格，故在选用冷剂时还需遵循两个重要的选择原则，即ODP值(臭氧消耗潜能值)和GWP值(温室效应潜能值)。

目前可以用作冷剂的物质有几十种，但常用的不过十几种，根据其化学成分可分为以下几类：

(1)卤化碳(卤代烃)冷剂。它们都是甲烷、乙烷、丙烷的衍生物。在这些衍生物中，由氟、氯、溴原子取代了原来化合物中全部或部分氢原子。其中，甲烷、乙烷分子中氢原子全部或部分被氟、氯原子取代的化合物统称为氟利昂(Freon)。甲烷、乙烷分子中氢原子全部被氟、氯原子取代的化合物称为“氟氯烷”或“氟氯烃”，可用符号“CFC”表示。甲烷、乙烷分子中氢原子部分被氟、氯原子取代的化合物又称“氢氟氯烷”或“氢氟氯烃”，可用符号“HCFC”表示。氟利昂包括20多种化合物，其中最常用的是氟利昂-12(化学式CCl_2F_2)及氟利昂-11(化学式CCl_3F)。

(2)烃类冷剂。常用的烃类冷剂有甲烷、乙烷、丙烷、丁烷、乙烯和丙烯等，也有由两种或两种以上烃类组成的混合冷剂。混合冷剂的特点是其蒸发过程是在一个温度范围内完成的。

(3)无机化合物冷剂。属于此类冷剂的有氨、二氧化碳、二硫化碳和空气等。

(4)共沸溶液冷剂。这是由两种或两种以上冷剂按照一定比例相互溶解而成的冷剂。与单组分冷剂一样，在一定压力下蒸发时保持一定的蒸发温度，而且液相和气相都具有相同的组成。

2. 冷剂选择

氟利昂的致命缺点是其为“温室效应气体”，温室效应值远大于二氧化碳，更危险的是它会破坏大气层中的臭氧。所以，1987年9月签署并于1989年生效的《关于消耗臭氧层物质的蒙特利尔协议书》，以及1990年6月又在伦敦召开的该协议书缔约国第二次会议中，对全部CFC、四氯化碳(CCl_4)和甲基氯仿($C_2H_3Cl_3$)等的生产和排放进行限制，要求缔约国中发达国家在2000年完全停止生产以上物质，发展中国家可推迟到2010年。另外，还对过渡性物质HCFC提出了2020年后的控制日程表。

1997年12月签署的《京都议定书》又将CFC和HCFC等的替代物质列入限控物质清单中，要求发达国家控制碳氟化合物(HFC)的排放。在2000年左右的排放量达到1990年的水平。因此，为了控制全球气候变化，又一次对冷剂提出了新的要求。

目前，在NGL回收及天然气液化过程中，广泛采用氨、单组分烃类或混合烃类作为冷剂。

NH_3是一种传统冷剂，其优点是ODP及GWP均为零，蒸发相变焓较大(故单位体积制冷量较大，能耗较低，设备尺寸小)，价格低廉，传热性能好，易检漏，含水量余地大(故可防止冰堵)；缺点是有强烈的刺激臭味，对人体有较大毒性，含水时对铜和铜合金有腐蚀性，以及其一定的油溶性、与某些材料不溶性、压缩终了温度高等。但可通过采取一些措施，如减少充灌量，采用螺杆式压缩机及板式换热器等方式提高其安全性，因而仍是目前广泛采用的一种冷剂。

丙烷的优点是ODP为零，GWP也较小，蒸发温度较低，对人体毒性也小，当工艺介质(例如天然气)与其火灾危险性等级相同时，制冷压缩机组可与工艺设备紧凑布置；缺点是蒸发相变焓较小(故单位体积制冷量较小，能耗较高，设备尺寸较大)，易燃易爆，油溶性较大，不易检漏，安全性差。因此，当工艺介质与其处于相同火灾危险等级时可优先考虑。

由此可知，氨与丙烷均为对大气中臭氧层无破坏作用且无温室效应的冷剂，应用时各有利弊，故应结合具体情况综合比较后确定选用何种冷剂。

通常，任何一种冷剂的实际使用温度下限是其常压沸点。为了降低压缩机的能耗，蒸发器中的冷剂蒸发压力最好高于当地大气压力。一般来讲，当压缩机的入口压力大约小于0.2MPa(绝压)时其功率就会明显增加。

此外，冷剂在蒸发器中的蒸发温度对制冷压缩机能耗也影响很大。因此，只要蒸发温度满足原料气冷凝分离温度要求即可，不应过分降低蒸发温度，以免增加制冷压缩机的能耗。

3. 冷剂纯度

用作冷剂的丙烷往往含有少量乙烷及异丁烷。由于这些杂质尤其是乙烷对压缩机的功率有一定影响，故对丙烷中的乙烷含量应予以限制。Blackburn 等曾对含有不同数量乙烷及异丁烷的丙烷制冷压缩机功率进行了计算，其结果见表 4-1-20。

(二)压缩制冷循环热力学分析

压缩制冷是使沸点低于环境温度的冷剂液体蒸发(即气化)以获得低温冷量。例如，采用液体丙烷在常压下蒸发，则可获得大约-40℃的低温。在蒸发器中液体丙烷被待冷却的工艺流体(例如天然气)加热气化，而工艺流体则被冷却降温。然后，将气化了的丙烷压缩到一定压力，经冷却器使其冷凝，冷凝后的液体丙烷再膨胀到常压下气化，由此构成压缩、冷凝、膨胀及蒸发组成单级膨胀的压缩制冷循环。如果循环中各个过程都是无损失的理想过程，则此单级制冷循环正好与理想热机的卡诺循环相反，称为逆卡诺循环或理想制冷循环，图 4-1-18(b)中 1、2、3、4 各点连线即为其在 T-s 图(温熵图)上的轨迹线。

表 4-1-20　丙烷纯度对压缩机功率的影响

丙烷摩尔组成/%			压缩机功率/kW
乙烷	丙烷	异丁烷	
2.0	97.5	0.5	194
4.0	95.5	0.5	199
2.0	96.5	1.5	196

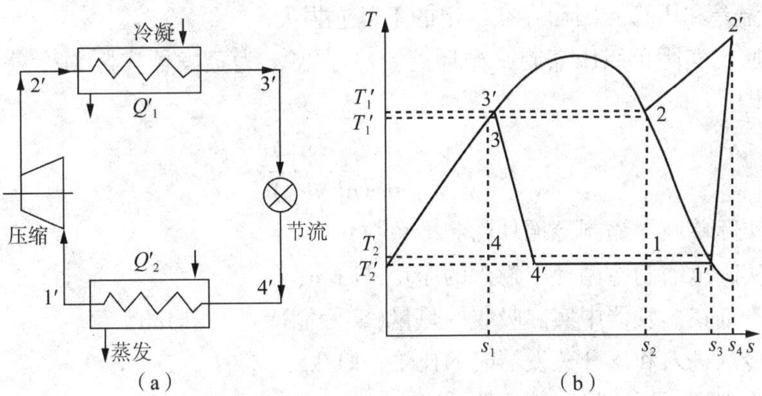

图 4-1-18　实际单级节流压缩制冷循环

根据热力学第二定律，在制冷循环中的压缩功肯定大于膨胀过程回收的功，而制冷循环的效率则用制冷系数来衡量。通常，采用制冷循环获得的制冷量 Q_2 与输入的净功(压缩功与膨胀功之差)W 的比值表示制冷循环的制冷系数 ε，即

$$\varepsilon=\frac{Q_2}{W}=\frac{m(h_1-h_4)}{W} \tag{4-1-1}$$

式中　ε——制冷系统的制冷系数；

Q_2——冷剂在低温下(即在蒸发器中)吸收的热量(制冷量)，kJ/h；

W——制冷循环中输入的净功，kJ/h；

h_2、h_1——冷剂进入和离开蒸发器时的比焓，kJ/kg；

m——冷剂循环量。

对于逆卡诺循环而言，制冷系数 ε 又可表示为：

$$\varepsilon=\frac{Q_2}{W}=\frac{Q_2}{Q_1-Q_2}=\frac{T_2}{T_1-T_2} \tag{4-1-2}$$

式中 Q_1——冷剂在高温下(即在冷凝器中)放出的热量，kJ/h；

T_1——冷剂在高温下的放热(即冷凝)温度，K；

T_2——冷剂在低温下的吸热(即蒸发)温度(或制冷温度)，K。

由公式(4-1-2)可知，在相同 T_1 下理想制冷循环的制冷系数随制冷温度(T_2)的降低而减少。或者说，相同净功获得的制冷量，将随制冷温度的降低而减少。

图4-1-18(b)中的1′、2′、3′、4′各点连线为带节流膨胀的实际单级压缩制冷循环在 T-s 图上的轨迹线。与逆卡诺循环相比，主要差别如下：

(1)压缩过程。逆卡诺循环是等熵过程，压缩机进气为湿气，出口为饱和蒸气。实际压缩过程为多变过程，有一定的熵增和不可逆损失。压缩机进气一般为饱和蒸气，甚至有一定过热度，而出口蒸气则有相当过热度。显然，实际压缩过程的能耗将高于理想过程。

(2)冷凝过程。逆卡诺循环的冷凝过程是无温差、无压差的理想传热过程。实际冷凝过程则存在一定温差和压降，因而存在一定的不可逆损失。

(3)膨胀过程。逆卡诺循环是湿蒸气在膨胀机中做外功的等熵膨胀过程，而实际膨胀过程多采用节流阀进行等焓膨胀，膨胀过程中不对外做功，做功能力相应产生一定损失。

(4)蒸发过程。逆卡诺循环的蒸发过程是无温差、无压差的理想传热过程。实际蒸发过程则存在一定温差和压降，因而存在一定的不可逆损失。

带节流膨胀的实际单级压缩制冷循环的制冷系数 ε' 为蒸发器实际制冷量与压缩机实际压缩功之比，即

$$\varepsilon'=\frac{Q_2'}{W'}=\frac{m(h_{1'}-h_{4'})}{m(h_{2'}-h_{1'})} \tag{4-1-3}$$

式中 ε'——实际单级压缩制冷循环的制冷系数；

W'——实际压缩制冷循环中输入的净功，kJ/h；

Q_2'——冷剂在蒸发器中实际吸收的热量(实际制冷量)，kJ/h；

$h_{4'}$、$h_{1'}$——冷剂进入和离开蒸发器时的比焓，kJ/kg；

$h_{2'}$——冷剂离开压缩机时的比焓，kJ/kg。

由于各种损失的存在，带节流膨胀的实际单级压缩制冷循环的制冷系数总是低于逆卡诺循环的制冷系数。理想制冷循环所消耗的功与实际制冷循环所消耗的功之比，称为实际制冷循环的热力学效率。

因此，工业上采用的压缩制冷系统是用机械对冷剂蒸气进行压缩的一种实际制冷循环系统，由制冷压缩机、冷凝器、节流阀(或称膨胀阀)、蒸发器(或称冷冻器)等设备组成。压缩制冷系统按冷剂不同可分为氨制冷系统、丙烷制冷系统和其他冷剂(如混合冷剂)制冷系统；按压缩级数又有单级和多级(一般为两级)之分。此外，还有分别使用不同冷剂的两个以上单级或多级压缩制冷系统覆叠而成的阶式制冷系统(覆叠制冷系统)。

在压缩制冷系统中，压缩机将蒸发器来的低压冷剂饱和蒸汽压缩为高压、高温过热蒸气后进入冷凝器，用水或空气作为冷却介质使其冷凝为高压饱和液体，再经节流阀变为低压液体(同时也有部分液体气化)，使其蒸发温度相应降低，然后进入蒸发器中蒸发吸热，从而

使工艺流体冷冻降温。吸热后的低压冷剂饱和蒸气返回压缩机入口，进行下一个循环。因此，压缩制冷系统包括压缩、冷凝、节流及蒸发四个过程，冷剂在系统中经过这四个过程完成一个制冷循环，并将热量从低温传到高温，从而达到制冷目的。

（三）简单压缩制冷系统

简单压缩制冷系统是由带节流的压缩制冷循环构成的制冷系统，图 4-1-19 为氨单级压缩制冷循环工艺流程图。

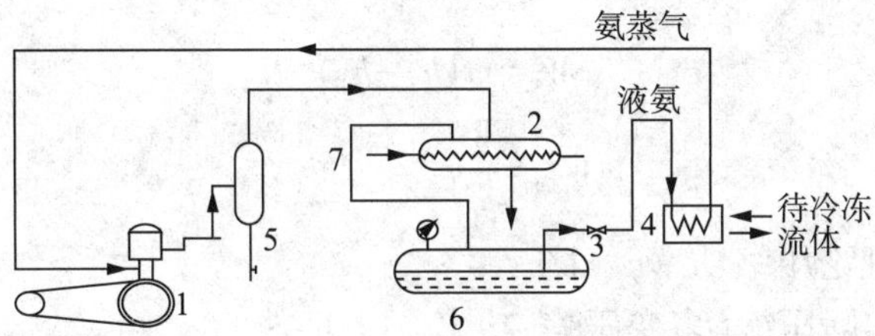

图 4-1-19　氨单级压缩制冷循环工艺流程图

1—氨压缩机；2—冷却冷凝器；3—节流阀；4—氨蒸发器；5—油分离器；6—液氨储罐；7—平衡管

图 4-1-20 为该制冷循环在压焓图上的轨迹图。冷剂在 3′点为高压饱和液体，其压力或温度取决于冷剂蒸气冷凝时所采用的冷却介质是水、空气还是其他物质。冷剂由 3′点经节流阀等焓膨胀至 4′点时将有部分液体蒸发，在压焓图上是一条垂直于横坐标的 3′4′线。由图 4-1-20 可知，4′点位于气、液两相区，其温度低于 3′点。4′点的冷剂气、液混合物进入蒸发器后，液体在等压下蒸发吸热，从而使待冷却的工艺流体冷冻降温。通常，冷剂在蒸发器内的蒸发温度比待冷却的工艺流体所要求的最低温度低 3~7℃。离开蒸发器的冷剂（1′点）是处于蒸发压力或温度下的饱和蒸气，经压缩后成为高压过热蒸气（2′点）进入冷凝器，在接近等压下冷却与冷凝。冷剂离开冷凝器（3′点）时为饱和液体，或是略有过冷的液体。

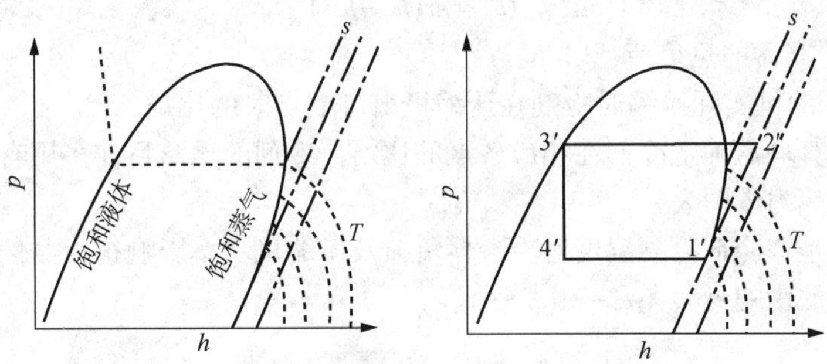

图 4-1-20　简单压缩制冷系统在压焓图上的轨迹图

当估算简单压缩制冷系统的冷剂循环量及设备负荷时，其方法可简述如下：

1. 冷剂循环量

图 4-1-18 中的 Q_2'为由待冷却工艺流体决定的蒸发器热负荷。由蒸发器热平衡可知：

$$Q_2'+mh_{3'}=mh_{1'} \tag{4-1-4}$$

或

$$m=\frac{Q_2'}{(h_{1'}-h_{3'})} \tag{4-1-5}$$

式中　Q_2'——蒸发器的热负荷，即单位时间冷剂在蒸发器中吸收的热量（制冷量或制冷负荷），kJ/h；

$h_{3'}$——冷剂在3′点处于饱和液体时的比焓，kJ/kg；

$h_{1'}$——冷剂在1′点处于饱和液体时的比焓，kJ/kg；

m——冷剂循环量，kg/h。

2. 压缩机功率

确定压缩机的功率有很多方法，例如首先计算出压缩机的理论压缩(等熵压缩)功率 W_s，然后再由等熵效率(绝热效率) η_s，求出其实际功率 W_{act}。W_{act}通常也称为压缩机的气体压缩功率或气体功率(Ghp)。

$$W_s = m(h_{2'} - h_1) \tag{4-1-6}$$

$$W_{act} = \frac{W_s}{\eta_s} \tag{4-1-7}$$

式中　W_s——压缩机理论压缩功率，kJ/h；

W_{act}——压缩机实际压缩(多变压缩)功率，kJ/h；

η_s——压缩机等熵效率(绝热效率)；

$h_{2'}$、h_1——压缩机理论压缩时冷剂在压缩机出口和入口处的比焓，kJ/kg。

压缩机的等熵效率应由制造厂提供。当无确切数据时，对于离心式压缩机此效率可取0.75；对于往复式压缩机此效率可取0.85。

压缩机的制动功率或制动马力(Bhp)系向压缩机轴上提供的功率，亦即压缩机的轴功率。它大于上述确定的压缩机气体功率。对于离心式压缩机，应为气体功率与消耗于轴承和密封件的功率损失之和；对于往复式压缩机，一般可由气体功率除以机械效率求得。

3. 冷凝器负荷

图4-1-18中的 Q'_1 为冷剂蒸气在冷凝器中冷却、冷凝时放出的热量或冷凝器的热负荷。由冷凝器热平衡可知：

$$Q'_1 = m(h_{3'} - h_{2'}) \tag{4-1-8}$$

式中　Q'_1——冷凝器的热负荷，kJ/h；

$h_{2'}$——压缩机实际压缩时冷剂在压缩机出口2′点时的比焓，kJ/kg。

上述各项计算均需确定冷剂在相应各点的比焓。冷剂的比焓目前多用有关软件由计算机完成，也可查取热力学图表。

应该指出的是，冷剂冷凝温度对冷凝器负荷及压缩机功率影响很大。例如，单级丙烯制冷系统冷凝温度的影响见表4-1-21。

表4-1-21　冷凝温度的影响

项　目	数　值				
冷凝温度/℃	16	27	38	49	60
制冷负荷/kW	293	293	293	293	293
制冷温度/℃	-46	-46	-46	-46	-46
压缩功率/kW	157	199	248	320	413
冷凝器负荷/kW	451	492	539	613	709

(四)带经济器的压缩制冷系统

图4-1-21为更复杂的压缩制冷系统，由两级节流、两级压缩制冷循环构成。图4-1-22则为该制冷循环在压焓图上的轨迹图。与图4-1-18相比，此系统增加了一个节流阀和一个在冷凝压力和蒸发压力之间的中间压力下对冷剂进行部分闪蒸的分离器。

由图4-1-21和图4-1-22可知，冷剂先由4点等焓膨胀至某中间压力5点。5点压力的确定原则上应该是使制冷压缩机每一级的压缩比相同。5点处于两相区，其温度低于4点。等焓膨胀产生的饱和蒸气由分离器分出后去第二级压缩，而离开分离器的饱和液体则进一步等焓膨胀至7点。可以看出，此系统中由7点至0点(饱和蒸气)的可利用焓差 Δh 比简单压缩制冷系统要大。在此系统中，单位质量冷剂在蒸发器中吸收热量(即单位制冷量)的能耗较少，其原因是循环的冷剂中有一部分气态冷剂不经一级压缩而直接去压缩机二级入口，故进入蒸发器中的冷剂中含蒸气较少。这些流经蒸发器的蒸气基本上不起制冷作用，却会增加压缩机的能耗。

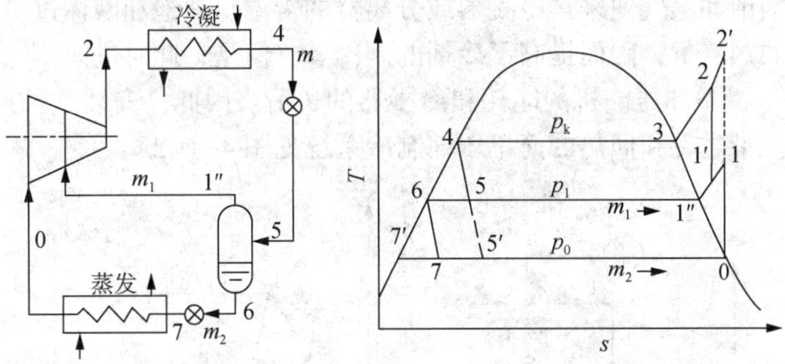

图4-1-21　带经济器的压缩制冷系统

图4-1-21中的分离器通常称为经济器或节能器。实际上，经济器是用来称呼可以降低制冷能耗的各种设备统称。无论系统中有多少级压缩，在各级压缩之间都可设置分离器与节流阀的组合设施。

可以采用与简单压缩制冷系统相同的方法估算图4-1-21所示制冷系统的冷剂循环量以及设备负荷等。

1. 冷剂循环量

假定流经冷凝器的冷剂循环量为 m，节流至5点压力下由分离器分出的冷剂蒸气量为 m_1，离开分离器的冷剂液体量为 m_2。由分离器热平衡可知：

$$mh_4=m_1h_1+m_2h_6 \tag{4-1-9}$$

式中　m——流经冷凝器的冷剂循环量，kg/h；

m_1——离开分离器的冷剂蒸气量，kg/h；

m_2——离开分离器的冷剂液体量，kg/h；

h_4——进入分离器前面节流阀的冷剂比焓，kJ/kg；

h_1——离开分离器的冷剂蒸气比焓，kJ/kg；

h_6——离开分离器的冷剂液体比焓，kJ/kg。

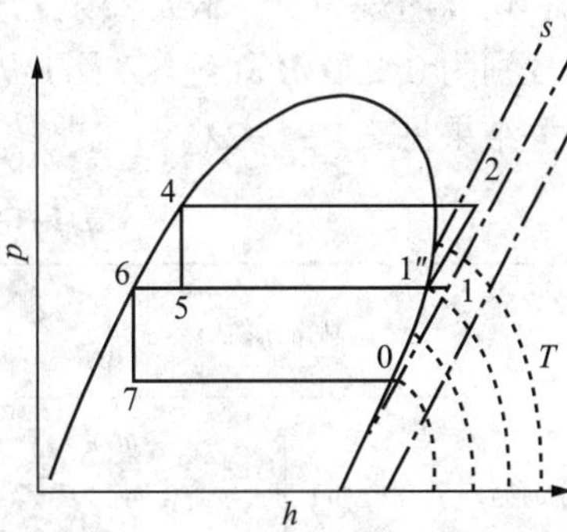

图4-1-22　带经济器压缩制冷系统在压焓图上的轨迹图

由于 $m = m_1+ m_2$ 故可取 $m=1.0$，并定义 x 为离开分离器的液体冷剂相对量，则

$$h_4= (1-x)h_1+xh_6 \tag{4-1-10}$$

通过压焓图求得 h_4、h_1 和 h_6 后，即可由公式(4-1-10)解出 x。然后，按照与公式(4-1-5)相似的热平衡求出 m_2，即

$$m_2=\frac{Q'_2}{(h_0-h_6)} \tag{4-1-11}$$

式中 h_6——离开蒸发器时冷剂蒸气的比焓，kJ/kg。

x 及 m_2 已知后，即可求得 m 和 m_1。

2. 压缩机功率

先由 m_1 求出第一级压缩功率，再由 m 求出第二级压缩功率，二者相加即为压缩机的总功率。不同级的冷剂蒸气在汇合后进入第二级压缩前的温度，可按此三通管路的热平衡求出。在大多数情况下，此处的温度影响可忽略不计。

3. 冷凝器热负荷

冷凝器热负荷的计算方法与简单压缩制冷系统相同。如果需安装一个换热器，利用离开蒸发器的低温冷剂饱和蒸气使来自冷凝器或分离器的常温冷剂饱和液体过冷，则可减少经节流阀膨胀后产生的蒸气量，因而提高了冷剂的制冷量。但是，此时进入压缩机的冷剂蒸气将会过热(称为回热)，增加压缩机的能耗和冷凝器的负荷。因此，安装这种换热器是否合算，应通过计算确定。带过冷和回热的简单压缩制冷系统见图4-1-23。

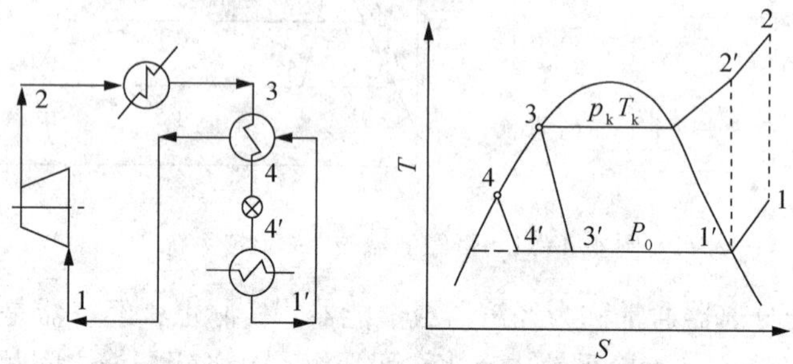

图4-1-23 带过冷和回热的简单压缩制冷系统

现以丙烷为例，假定蒸发器热负荷为1.055MJ/h(或制冷量为293kW)，蒸发和冷凝压力分别为0.220MPa(绝压)及1.79MPa(绝压)，按照上述方法求得以上两种压缩制冷系统的有关结果见表4-1-22。

表4-1-22 两种压缩制冷系统工艺计算结果

制冷系统		单级节流		两级节流	
		手工计算	计算机计算[①]	手工计算	计算机计算[①]
冷剂循环量/(kg/h)	m	5153	5066	4853	4762
	m_1			1282	1338
	m_2			3571	3424
压缩机功率/kW	总计	197	191	151	152
	一级			85	78
	二级			66	74
冷凝器压力/MPa		1.79	1.84	1.79	
分离器压力/MPa				0.81	0.81
蒸发器压力/MPa		0.22	0.215	0.22	0.22
冷凝器热负荷/(GJ/h)		1.77	1.75	1.60	1.60

注：①采用OPSIM软件。

由表4-1-22可知，当二者运行条件相同时，带经济器的压缩制冷系统的压缩机总功率(151kW)远小于简单压缩制冷系统的功率(197kW)。尽管如此，当采用往复式制冷压缩机时，由于机架尺寸及投资费用减少甚少，故在工业上仍经常采用简单的压缩制冷系统。但是，目前广泛采用的单级压缩螺杆式制冷压缩机，其制冷系统中采用的经济器则与上述有所不同，即离开中间储罐(见图 4-1-19)的冷剂分为两路，其中进入蒸发器的冷剂先经过换热器用另一部分冷剂液体蒸发降温使之过冷，然后再进入蒸发器蒸发制冷，这样也能达到节能的目的，故此换热器也称之为经济器。最后，来自换热器及蒸发器的冷剂饱和蒸气分别返回压缩机中间入口和一级入口。

(五) 分级制冷(分级蒸发)的压缩制冷系统

当工艺流体需要在几个温度等级(温位)下冷却降温，或者所需要提供几个温位的制冷量时，可采用分级制冷(分级蒸发)的压缩制冷系统。

图 4-1-24 为两级节流、两级压缩和两级制冷(蒸发)的制冷系统示意图。这种制冷系统与带有经济器的制冷循环相似，也是只有一部分冷剂去低压蒸发器循环，故可降低能耗。但是，这种制冷系统需要两台蒸发器(高压与低压)，而且由于平均温差较小，其总传热面积较简单制冷系统要大。

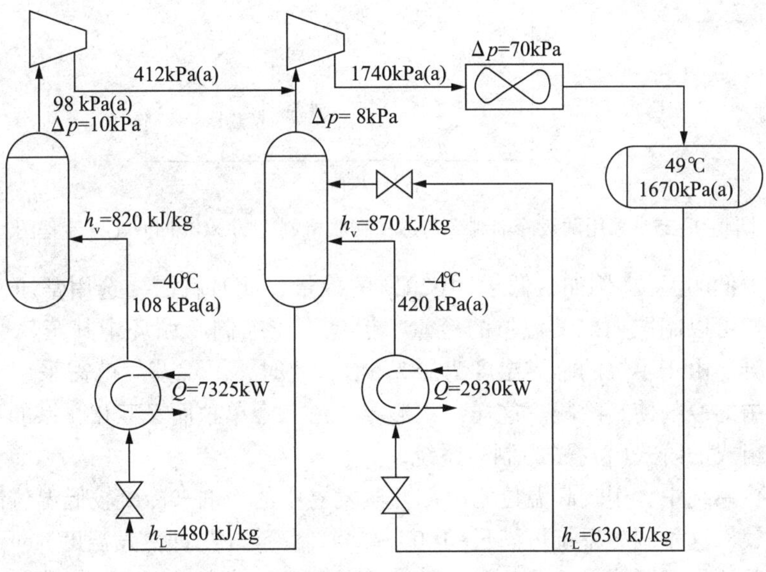

图 4-1-24　两级制冷的压缩制冷系统

由于这种制冷系统可以用一台多级压缩机组满足生产装置中各部位对不同温位冷量的需要，故可降低制冷系统的能耗及投资，因此在乙烯等装置中广泛应用。此外，分级制冷的压缩制冷系统也可与透平膨胀机制冷一起用于 NGL 回收装置中，如图 4-1-25 所示。图 4-1-25中不仅有两台不同温位的蒸发器(也称为冷冻器)，而且还有间隔串联的气/气换热器，从而使换热系统的传热温差变小而且均匀，提高了换热系统的热力学效率。

此外，分级制冷系统还有采用多级节流、多级压缩、多级蒸发的制冷循环的，由于在 NGL 回收装置中很少采用，故不再多述。

(六) 阶式(覆叠式)制冷系统

采用氨、丙烷等冷剂的压缩制冷系统，其制冷温度最低仅约为-40～-30℃。如果要求更低的制冷温度(例如低于-80～-60℃)，必须选用乙烷、乙烯这样的冷剂(其常压沸点分别为-88.6℃和-103.7℃)。但是，由于乙烷、乙烯的临界温度较高(乙烷为 32.1℃，乙烯为

9.2℃)，故在压缩制冷循环中不能采用空气或冷却水(温度为35~40℃)等冷却介质，而是需要采用丙烷、丙烯或氨制冷循环蒸发器中的冷剂提供冷量使其冷凝。

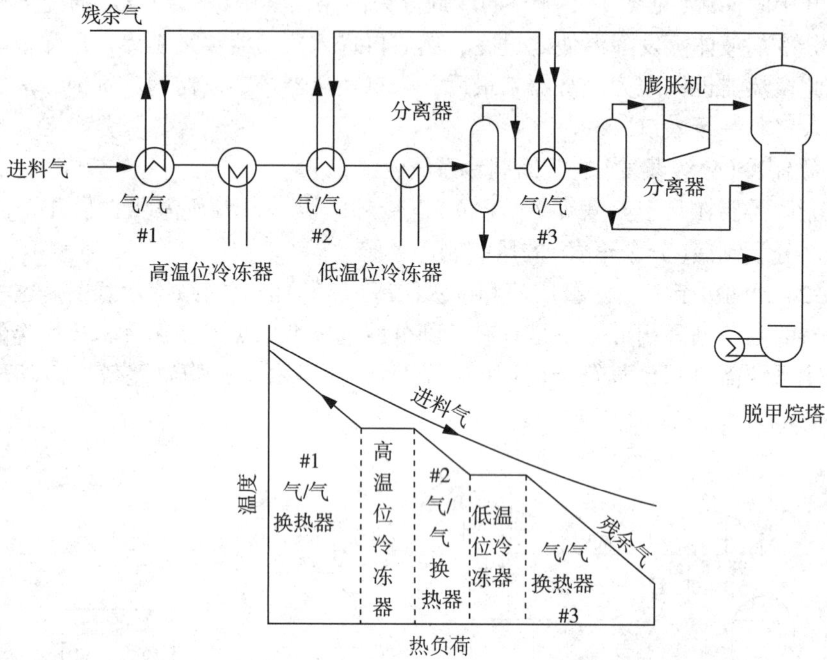

图4-1-25 采用两级冷剂制冷与透平膨胀机制冷的NGL回收工艺流程图

为了获得更低的温位(例如，低于-102℃)的冷量，此时就需要选用常压沸点更低的冷剂。例如，甲烷可以制取-160℃温位的冷量。但是，压缩制冷循环中其蒸气必须在低于此温度下才能冷凝。由于甲烷的临界温度为-82.5℃，此时，甲烷蒸气就需采用乙烷、乙烯制冷循环蒸发器中的冷剂使其冷凝。这样，就形成了由几个单独而又互相联系的不同温位冷剂压缩制冷循环组成的阶式(覆叠式)制冷系统。

在阶式制冷系统中，用较高温位制冷循环蒸发器中的冷剂来冷凝较低温位制冷循环冷凝器中的冷剂蒸气。这种制冷系统可满足-140~-70℃制冷温度(即蒸发温度)的要求。

阶式制冷系统常用丙烷、乙烷(或乙烯)及甲烷作为三个温位的冷剂。图4-1-26为阶式制冷系统工艺流程示意图。图中，制冷温位高的第一级制冷循环(第一级制冷阶)采用丙烷作冷剂。由丙烷压缩机来的丙烷蒸气先经冷却器(水冷或空气冷却)冷凝为液体，再经节流阀降压后分别在蒸发器及乙烯冷却器中蒸发(蒸发温度可达-40℃)，一方面使天然气蒸发器中冷冻降温，另一方面使由乙烯压缩机来的乙烯蒸气冷凝为液体。第二级制冷循环(第二级制冷阶)采用乙烯作冷剂。由乙烯压缩机来的乙烯蒸气先经冷却器冷凝为液体，再经节流阀降压后分别在蒸发器及甲烷冷却器中蒸发(蒸发温度可达-102℃)，一方面使天然气在蒸发器中冷冻降温，另一方面使由甲烷压缩机来的甲烷蒸气冷凝为液体。制冷温位低的第三级制冷循环(第三级制冷阶)采用甲烷作冷剂。由甲烷压缩机来的甲烷蒸气先经冷却器冷凝为液体，再经节流阀降压后在蒸发器中蒸发(蒸发温度可达-160℃)，使天然气进一步在蒸发器中冷冻降温。此外，各级制冷循环中的冷剂制冷温度常因所要求的冷量温位不同而有差别。

阶式制冷系统的优点是能耗较低。以天然气液化装置为例，当装置原料气压力与干气外输压力相差不大时，每液化1000m^{3}天然气的能耗约为300~320kW·h。如果采用混合冷剂制冷系统和透平膨胀机制冷系统，其能耗将分别增加约 20%~24%和 40%以上。另外，由于其技术成熟，故在 20 世纪 60 年代曾广泛用于液化天然气生产中。

阶式制冷系统的缺点是流程及操作复杂，投资较大。而且，当装置原料气压力大大高于干气外输压力时，透平膨胀机制冷系统的能耗将显著降低，加之此系统投资少，操作简单，故目前除极少数 NGL 回收装置采用两级阶式制冷系统外，大多采用透平膨胀机制冷系统。但是，在乙烯装置中由于所需制冷温位多，丙烯、乙烯冷剂又是本装置的产品，储存设施完善，加之阶式制冷系统能耗低，故仍广泛采用。

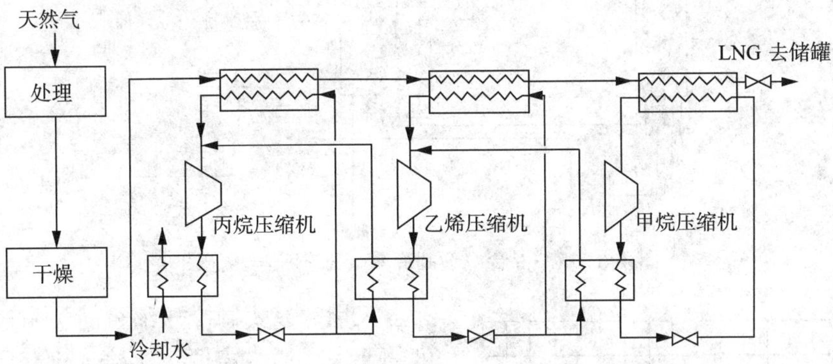

图 4-1-26　阶式制冷系统工艺流程示意图

(七)混合冷剂制冷系统

混合冷剂是指由甲烷至戊烷等烃类混合物组成的冷剂。因此，在一定蒸发压力下其蒸发过程是在一个很宽的温度范围下完成的。利用混合冷剂这一特点也可以获得所要求的不同制冷温位，降低换热系统的传热温差，提高制冷系统的㶲效率。这样，既保留了阶式制冷系统的优点，又因为只有一台或几台同类型的压缩机，使工艺流程大大简化，投资也可减少。因此，自 20 世纪 70 年代以来此系统已在天然气液化装置中普遍取代了阶式制冷系统，在 NGL 回收装置中也有采用。但是，由于混合冷剂制冷系统的能耗高于丙烯-乙烯阶式制冷系统的能耗，加之操作比较复杂，很难适应乙烯装置工况的变化，故在该类装置中至今仍未采用。

图 4-1-27 为采用混合冷剂制冷系统的 NGL 回收工艺流程示意图，图 4-1-28 则为相应的天然气冷却曲线，其混合冷剂的组成(摩尔分数)为：CH_4 30%、C_2H_6 25%、C_3H_8 35%、C_4H_{10} 10%。

(八)制冷压缩机的选型

常用的制冷压缩机有离心式、往复式和螺杆式等。影响制冷压缩机选型的主要因素有冷剂的类型及制冷负荷等。

往复式压缩机虽可用于丙烷，但因丙烷在较高温度下会溶于油，故需采用特种润滑油和曲轴箱加热器。

采用电动机驱动时，离心式压缩机功率低于约 400kW；采用透平驱动时，其功率低于约 600kW 时是不经济的。功率大于 750kW 尤其是更高时，采用离心式压缩机就更经济。

功率较低时，采用往复式、螺杆式及旋转式压缩机都可以。

在 NGL 回收及天然气液化装置所遇到的制冷温度下，通常需要 3~4 个叶轮的离心式制冷压缩机。因而可以采用多级级间经济器并提供多个温位以进一步降低能耗。但是，在低负荷时为了防止喘振，需要将压缩机出口冷剂蒸气返回入口，从而浪费功率，这是使用离心式制冷压缩机的主要缺点。

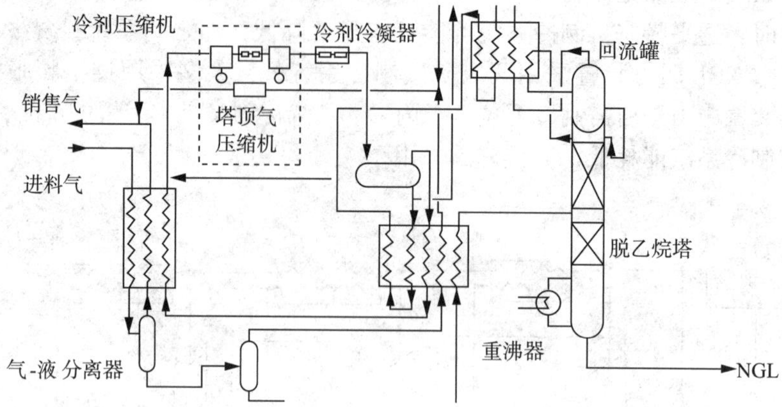

图 4-1-27　混合冷剂制冷系统工艺流程示意图

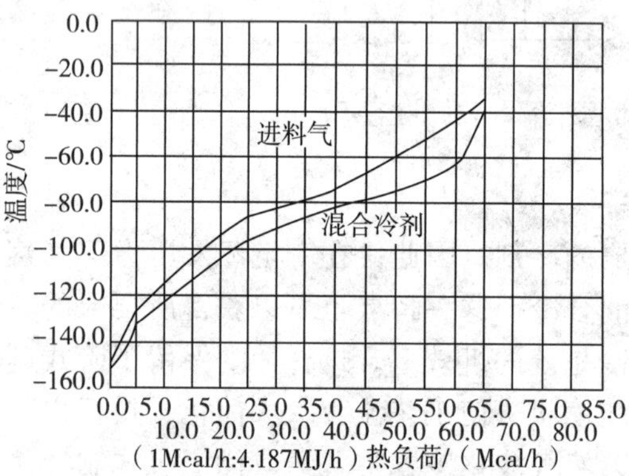

图 4-1-28　采用混合冷剂制冷的天然气冷却曲线

采用往复式制冷压缩机时，由于对制冷温度的要求故通常需两级压缩，故有可能使用一个级间经济器及一个辅助制冷温位。经济器也降低了压缩机一级汽缸体积、直径，因而降低了连杆负荷。通过改变汽缸速度、余隙容积以及将压缩机出口冷剂蒸气返回入口，可以调节其制冷负荷。但是，冷剂蒸气循环同样也是浪费功率。

螺杆式压缩机可用于所有冷剂。在标准出口压力(2.4MPa)下的入口压力下限约为0.021MPa，出口压力超过5.0MPa也可使用。

螺杆式压缩机可在很宽的入口和出口压力范围内运行，压缩比直到10均可。当有经济器时，其压缩比可以更高。在压缩比2~7下运行时，其效率可高到与同范围的往复式压缩机相当。螺杆式压缩机的制冷负荷可在100%~10%范围内自动调节而单位制冷量的功耗无明显降低。采用经济器时，螺杆式压缩机的能耗约可降低20%。

电动机、气体透平和膨胀机等都可作为螺杆式压缩机的驱动机。

二、透平膨胀机制冷

透平膨胀机是一种输出功率并使压缩气体膨胀因而压力降低和能量减少的原动机。通常，人们又把其中输出功率且压缩气体为水蒸气和燃气的这一类透平膨胀机另外称为蒸汽轮机和燃气轮机(例如，催化裂化装置中的烟气轮机即属于此类)，而只把输出功率且压缩气体为空气、天然气等，利用气体能量减少以获得低温从而实现制冷目的的这一类称为透平膨胀机(涡轮膨胀机)。本书所指的透平膨胀机即为后者。

由于透平膨胀机具有流量大、体积小、冷量损失少、结构简单、通流部分无机械摩擦件、不污染制冷工质(即压缩气体)、调节性能好、安全可靠等优点，故自20世纪60年代以来已在 NGL 回收及天然气液化等装置中广泛用作制冷机械。

(一)透平膨胀机简介

1. 结构

图 4-1-29 为一种广为应用的带有半开式工作叶轮的单级向心径-轴流反作用式透平膨胀机的局部剖视图。它由膨胀机通流部分、制动器及机体三部分组成。膨胀机通流部分是获得低温的主要部件，由蜗壳、喷嘴环(导流器)工作轮(叶轮)及扩压器组成。制冷工质从入口管线进入膨胀机的蜗壳 1，把气流均匀地分配给喷嘴环。气流在喷嘴环的喷嘴 2 中第一次膨胀，把一部分焓降转换成动能，因而推动工作轮 3 输出外功。同时，剩余的一部分焓降也因气流在工作轮中继续膨胀而转换成外功输出。膨胀后的低温工质经过扩压器 4 排至出口低温管线中。图 4-1-29 中的这台透平膨胀机采用风机作为制动器。制动空气通过风机端盖 8 上的入口管吸入，先经风机轮 6 压缩后，再经无叶括压器及风机蜗壳 7 扩压，最后排入管线中。测速器 9 用来测量透平膨胀机的转速。机体在这里起着传递、支承和隔热的作用。主轴支承在机体 11 中的轴承座 10 上，通过主轴(传动轴)5 把膨胀机工作轮的功率传递给同轴安装的制动器。为了防止不同温度区的热量传递和冷气体泄漏，机体中还设有中间体 12 和密封设备 13。由膨胀机工作轮、制动风机轮和主轴等组成的旋转部件又称为转子。此外，为使透平膨胀机连续安全运行，还必须有一些辅助设备和系统，例如润滑、密封、冷却、自动控制和保安系统等。

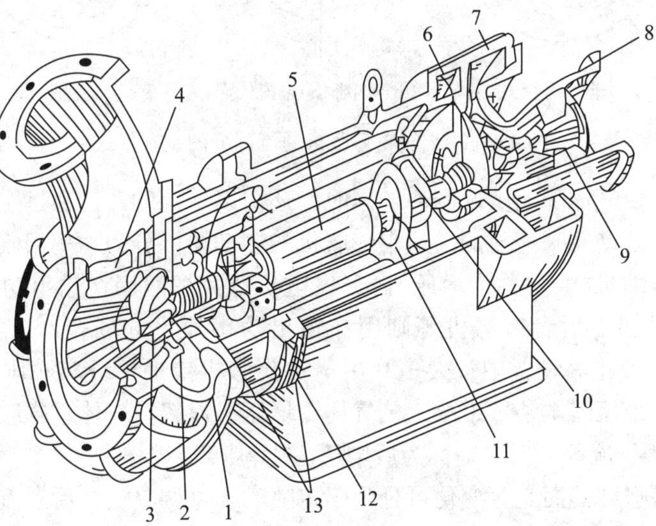

图 4-1-29　向心径-轴流反作用式透平膨胀机结构示意图

1—蜗壳；2—喷嘴；3—工作轮；4—扩压器；5—主轴；6—风机轮；7—风机蜗壳；8—风机端盖；9—测速器；10—轴承座；11—机体；12—中间体；13—密封设备

2. 制冷原理

向心反作用式透平膨胀机的工作过程基本上是离心压缩机的反过程。从能量转换观点来看，透平膨胀机是作为一种原动机来驱动它的制动器高速旋转，由于工作轮中的气体对工作轮做功，使工作轮出口的气体压力及比焓降低(即产生焓降)，从而把气体的能量转换成机械功输出并传递给制动器接收，亦即转换为其他形式能量的一种高速旋转机械。

如上所述，在向心反作用式透平膨胀机中，具有一定可利用压力能的气体，在喷嘴环的喷嘴中膨胀，压力降低，速度增加，将一部分压力能及焓降转换为动能。在喷嘴出口处的高速气流推动工作轮高速旋转，同时在工作轮流道中继续膨胀，压力及比焓继续降低。由于气体在工作轮进出口处的速度方向和大小发生变化，即动量矩发生变化，工作轮中的气体便对工作轮做功，从而把气体的能量转换为机械功输出并传递给制动器接收，因而降低了膨胀机出口气体的压力和温度。

3. 透平膨胀机及其制动器分类

透平膨胀机按气体在工作轮中的流向分为轴流式、向心径流式(径流式)和向心径-轴流式(径-轴流式)三类，如图 4-1-30 所示；按气体在工作轮中是否继续膨胀可分为反作用式(反击式)和冲动式(冲击式)两类。NGL 回收及天然气液化等装置中采用的透平膨胀机多为向心径-轴流反作用式。

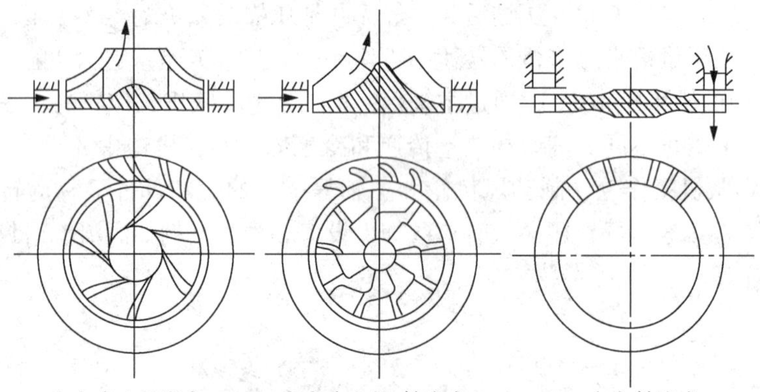

(a) 向心径流式　(b) 向心径-轴流式　(c) 轴流式

图 4-1-30　涡轮膨胀机通流部分的基本形式

透平膨胀机在使气体降温实现制冷的同时，还需以一定的转速通过主轴输出相应的机械功。这一任务是由制动器来完成的。透平膨胀机的制动器可分为功率回收型与功率消耗型两类。前者有离心压缩机(通常称为增压机)、发电机等，一般用在输出功率较大的场合，以提高装置的经济性，而后者有风机等则用在输出功率较小的场合，以简化工艺流程。在 NGL 回收及天然气液化等装置中，大多利用透平膨胀机带动单级离心压缩机，即利用透平膨胀机输出的功率来压缩本装置中的工艺气体。增压机设置在气体进膨胀机之前的工艺流程称为前增压(正升压)流程，反之则称为后增压(逆升压)流程。

喷嘴按其流道喉部截面是否变化可分为固定喷嘴和可调喷嘴，后者流道喉部截面在透平膨胀机运行中可根据冷量调节的需要来改变，故大、中型透平膨胀机普遍采用，以提高其运行时的经济性。

对于常用的向心径-轴流式工作轮，按轮盘结构形式又可分为半开式、闭式和开式三种，如图 4-1-31 所示。半开式工作轮制造成本较低，主要用于中、小型透平膨胀机，闭式工作轮内漏少、效率高、制造成本较高，多用于大型透平膨胀机。

(二) 透平膨胀机的等熵效率

透平膨胀机的等熵效率是衡量其热力学性能的一个十分重要的参数。压缩气体流过膨胀机进行膨胀时，如果与外部没有热交换(即绝热过程)，同时对外做功过程又是可逆的，则必然是等熵过程。这种理想过程的特点是气体膨胀并对外做功，且其比熵不变，膨胀后的气体温度降低，同时产生冷量。

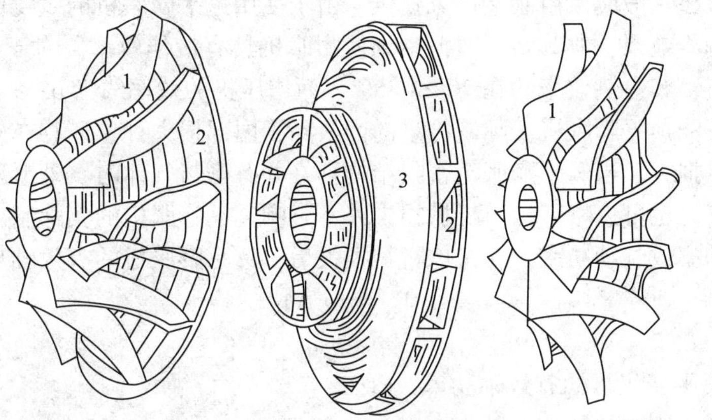

（a）半开式　（b）闭式　（c）开式

图 4-1-31　径-轴流式工作轮的型式

1—叶片；2—轮背；3—轮盖

气体等熵膨胀时，压力的微小变化所引起的温度变化称为微分等熵效应，以微分等熵效应系数 μ_s 表示，即

$$\mu_s=\left(\frac{\partial T}{\partial p}\right)_s \tag{4-1-12}$$

同样，可导出

$$\mu_s=\left(\frac{\partial T}{\partial p}\right)_s=\frac{T}{c_p}\left(\frac{\partial V}{\partial T}\right)_p \tag{4-1-13}$$

由式(4-1-13)可知，由于 $c_p>0$，$T>0$，而且气体总是 $\left(\frac{\partial V}{\partial T}\right)_p>0$，故 μ_s 为正值。因此，气体等熵膨胀时温度总是降低的，亦即产生焓降，从而实现制冷目的。

通常，人们把膨胀机中转换为外功的焓降称为膨胀机的制冷量。对于 NGL 回收及天然气液化装置用的透平膨胀机来说，主要目的是要获得尽可能多的制冷量。但是，由于有各种内部损失存在，实际膨胀过程是熵增大的不可逆过程(多变过程)，因而使得透平膨胀机的实际制冷量比等熵膨胀时的理论制冷量要少。

透平膨胀机的实际焓降就是它的实际制冷量。透平膨胀机的实际焓降 Δh_{act}(即透平膨胀机进、出口气体实际比焓之差)与等熵膨胀的理论焓降 Δh_s(即从透平膨胀机进口状态等熵膨胀到出口压力下的进、出口气体比焓之差)之比称为透平膨胀机的等熵效率(绝热效率)，常以 η_s 表示，即

$$\eta_s=\Delta h_{act}/\Delta h_s \tag{4-1-14}$$

式中　η_s——透平膨胀机的等熵效率，以分数表示；

Δh_{act}——透平膨胀机的实际焓降，kJ/kg；

Δh_s——透平膨胀机的等熵焓降，kJ/kg。

对于制冷用的透平膨胀机来讲，人们还关注其实际制冷量(即制冷功率或制冷负荷)的大小。透平膨胀机的实际制冷量 Q_{act} 为

$$Q_{act}=m\Delta h_{act}=m\eta_s\Delta h_s \tag{4-1-15}$$

由此可知，对于进、出口条件和气体质量流量一定的透平膨胀机来讲，等熵效率越高，所获得的实际制冷量就越大。因此，等熵效率是衡量透平膨胀机热力学性能的一个十分重要

的参数。等熵效率一般应该由制造厂家提供。由于使用透平膨胀机的主要优点是既可回收能量，又可获得制冷效果，故其转速要调整到使膨胀机具有最佳效率。对于向心径-轴流反作用式透平膨胀机，其等熵效率约在70%~85%，而增压机的效率约为65%~80%。

实际上，影响透平膨胀机实际制冷量的因素除了内部损失外，还存在外泄漏、外漏冷等外部损失和机械损失。当透平膨胀机密封结构良好并有密封气体时，外泄漏量不大。外漏冷在机壳隔热良好时也可忽略不计。机械损失并不影响透平膨胀机的实际制冷量，但却影响其输出的有效轴功率或制动功率。在考虑机械损失后，透平膨胀机的有效轴功率 W_e 为

$$W_e = m\eta_e \Delta h_s \tag{4-1-16}$$

$$\eta_e = \eta_s \eta_m \tag{4-1-17}$$

式中 W_e——透平膨胀机的有效轴功率，kJ/h；

η_e——透平膨胀机的有效效率，以分数表示；

η_m——透平膨胀机的机械效率，以分数表示，一般取0.95~0.98。

有效轴功率是选择制冷用透平膨胀机制动器功率大小的主要依据之一。

(三)透平膨胀机的进、出口工艺参数的确定

膨胀机进口条件(T_1、p_1)一般根据原料气组成、要求的液烃冷凝率及工艺过程的能量平衡等来确定。膨胀机出口压力 p_2 则应根据工艺过程的要求及膨胀机下游压缩机的功率来确定。然后，通过试算法(手工或计算机计算)确定膨胀机等熵膨胀时的理论出口温度 T_2 和实际膨胀时的出口温度 T_2'。当已知气体在膨胀机进口处的组成、摩尔流量、温度(T_1)和压力(p_1)，以及膨胀机出口压力(p_2)时，其具体计算步骤如下：

(1)由原料气组成、膨胀机进口条件(T_1、p_1)计算膨胀机进口物流的比焓(h_1)和比熵(s_1)。

(2)假设一个等熵膨胀时的理论出口温度 T_2。

(3)根据 p_2 及假设的 T_2 对膨胀机出口物流进行平衡闪蒸计算，以确定此处的冷凝率。

(4)计算膨胀机出口物流的比焓(h_2)和比熵(s_2)。如果出口物流为两相流，则 h_2、s_2 为气液混合物的比焓及比熵。

(5)如果由步骤(4)求出的 s_2 等于 s_1，则假设是正确的。否则，就要重复步骤(2)~(4)，直至 s_2 等于 s_1。

(6)当 s_2 等于 s_1 时为等熵膨胀过程，此时的理论焓降为 $\Delta h_s = h_2 - h_1$。

(7)已知膨胀机的等熵效率 η_s，计算实际焓降 $\Delta h_{act} = \eta_s \Delta h_s = h_2' - h_1$，并由实际焓降计算实际制冷量。

(8)已知膨胀机的机械效率 η_m，计算输出的有效轴功率 W_e。

(9)由于膨胀机的实际焓降小于理论焓降，故其实际出口温度 T_2'将高于上述步骤确定的理论出口温度，可由 h_2'、p_2 利用 T-s 图或 h-s 图查出 T_2'，也可采用与步骤(2)~(5)相同的方法通过试算法确定膨胀机的实际出口温度 T_2'。

【例4-1-1】 某NGL回收装置，采用透平膨胀机制冷。已知膨胀机进口气体组成(体积分数)为：CH_4 88.97%、C_2H_6 8.54%、C_3H_8 1.92%、N_2 0.48%、CO_2 0.09%，摩尔流量为343kmol/h，压力为2MPa(绝压，下同)，温度为214K，出口压力为0.5MPa，膨胀机等熵效率为76.5%。试计算膨胀机出口物流的实际温度、制冷量及有效轴功率。

【解】 本例题采用有关软件由计算机求解，其中间及最终结果如下：

① 由气体组成求得其相对分子质量为17.86，故质量流量 m=6129kg/h。

② 由气体组成、进口压力和温度，求得其在膨胀机进口条件下的比焓 $h_1=6421kJ/kmol$。

③ 由气体组成、进口压力和温度以及出口压力，求得膨胀机等熵膨胀(膨胀比为 2/0.5=4)时的理论焓降 $\Delta h_s=1901kJ/kmol$。

④ 由气体组成、进口压力和温度、出口压力及等熵效率，求得膨胀机的实际焓降 $\Delta h_{act}=0.765\times1901=1434kJ/kmol$，并由此求得膨胀机出口物流的实际比焓 $h_2'=4967kJ/kmol$。

⑤ 由气体组成、出口压力及比焓，求得膨胀机出口物流的温度为 175K，带液量为 4.44 %(质量分数)。

⑥ 由气体摩尔流量和膨胀机实际焓降，求得膨胀机的实际制冷量 $Q_{act}=343\times1434=492MJ/h=137kW$。

⑦ 膨胀机的机械效率取 0.98，故其有效轴功率 $W_e=0.98\times137=134kW$。

由此可知，当进入膨胀机的气体组成、压力和温度已知时，膨胀机出口温度决定于其膨胀比、带液量及等熵效率。

膨胀机的膨胀比(即物流进、出口绝对压力之比)宜为 2~4。如果膨胀比较大，由于此时膨胀机效率较低，应考虑采用两级或三级膨胀。当采用多级膨胀时，每级膨胀的焓降不应大于 115kJ/kg。但是，是否采用多级膨胀，还应对此工艺过程进行经济分析，并权衡其操作上的难易后决定。

膨胀机进口温度宜为-70~-30℃，压力一般不宜高于 6~7MPa。透平膨胀机主轴转速一般在$(1\sim5)\times10^4$ r/min，甚至更高。

(四)透平膨胀机的运行

影响透平膨胀机运行的因素很多，例如，膨胀机必须能在有凝液存在的情况下安全有效地运行。大多数情况下，气流经过膨胀机时会部分冷凝而析出一些凝液，有时凝液量可能超过 20%(质量分数)。凝液的析出将使高速旋转的膨胀机本身产生某种不平衡过程，引起效率下降。由于一般仅在膨胀机出口出现气、液两相，故可认为大部分凝液正好在工作轮的下游析出。因此，在膨胀机的设计与制造中要考虑避免液滴撞击工作轮以及在转子中积累的问题。通常采用单级向心径-轴流反作用式透平膨胀机，以解决气流在透平膨胀机中产生凝液时所带来的危害。

有人根据经验认为，膨胀机出口物流中的带液量可达 20%(质量分数)，但一般说来，允许至 10%(质量分数)的带液量是比较合适的。

为了保护膨胀机在低温下安全可靠运行，应严防气体中的水、CO_2 等在膨胀机的低温部位形成固体而引起严重磨损和侵蚀。因此，从原料气中脱水、脱碳是十分必要的。

此外，对气流中可能形成固体或半固体的其他杂质也必须脱除。气流中夹带的胺、甘醇及压缩机的润滑油等都可能在膨胀机的上游、低温分离器及膨胀机进口过滤网上造成堵塞。

CO_2 在 NGL 回收及天然气液化等装置中，特别是在温度较低的膨胀机出口及脱甲烷塔的顶部可能形成固体。因此，对膨胀机进口气流中的 CO_2 含量应有一定限制，例如摩尔分数在 0.5%~1.0%。

膨胀机产生的凝液如果送至脱甲烷塔顶部的塔板上，CO_2 在塔顶的几块塔板上进行浓缩。这说明最可能形成固体 CO_2 的部位是在塔顶的几块塔板上，而不是膨胀机的出口。此外，如果原料气中含有苯、环已烷等物质，它们也会随膨胀机产生的凝液进入脱甲烷塔中形成固体，故也必须给予充分注意。

对透平膨胀机的润滑油、密封以及其他系统等，一般都有比较严格的要求，这里就不再一一介绍。

三、节流阀膨胀制冷

当气体有可供利用的压力能，而且不需很低的冷冻温度时，采用节流阀(也称焦耳-汤姆逊阀简称 J-T 阀)膨胀制冷则是一种比较简单的制冷方法。如果进入节流阀的气流温度很低时节流效应尤为显著。第三编中所述的图 3-2-1 即为采用节流阀制冷的低温分离工艺流程图。

(一)节流阀膨胀制冷原理

1. 节流过程主要特征

在管线中连续流动的压缩流体通过孔口或阀门时，由于局部阻力使流体压力显著降低，这种现象称为节流。工程上的实际节流过程，由于流体经过孔口或阀门时流速快、时间短，来不及与外界进行热交换，故可近似认为是绝热节流。如果在节流过程中，流体与外界既无热交换和轴功交换(即不对外做功)，又无宏观位能和动能变化，则节流前后流体的比焓不变，此时即为等焓节流。天然气流经节流阀的膨胀过程可近似看作是等焓节流。

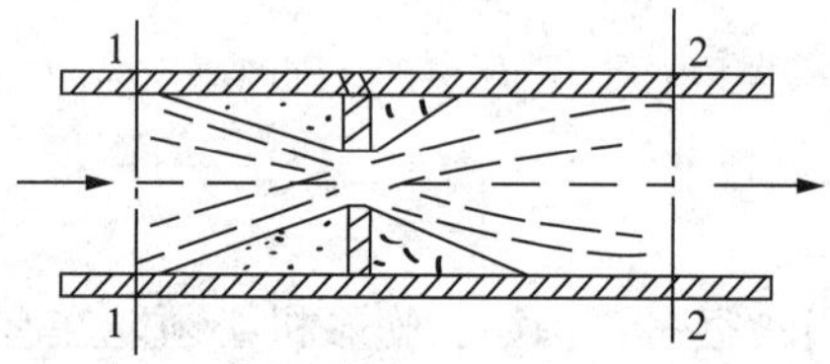

图 4-1-32 节流过程示意图

图 4-1-32 为节流过程示意图。流体在接近孔口时，由于截面积急剧缩小，因而流速迅速增加。流体经过孔口后，由于截面积急剧扩大，流速又迅速降低。如果流体由截面 1-1 流到截面 2-2 的节流过程中，与外界没有热交换及轴功交换，则可由绝热稳定流动能量平衡方程得

$$h_1+\frac{v_1^2}{2g}+z_1=h_2+\frac{v_2^2}{2g}+z_2 \tag{4-1-18}$$

式中 h_1、h_2——流体在截面 1-1 和截面 2-2 处的比焓，kJ/kg(换算为 m)；

v_1、v_2——流体在截面 1-1 和截面 2-2 处的平均速度，m/s；

z_1、z_2——流体在截面 1-1 和截面 2-2 处的水平高度，m；

g——重力加速度，m/s^2。

一般情况下动能与位能变化不大，且其值与比焓相比又很小，故公式(4-1-18)中的动能、位能变化可忽略不计，因而可得

$$h_1-h_2=0 \tag{4-1-19}$$

或

$$h_1=h_2$$

式(4-1-19)说明绝热节流前后流体比焓相等，这是节流过程的主要特征。由于节流过程摩擦与涡流产生的热量不可能完全转变为其他形式的能量，故节流过程是不可逆过程，过程进行时流体比熵随之增加。

2. 节流效应

由于理想气体的比焓只是温度的函数，故其节流前后温度不变。对于实际气体，其比焓

是温度及压力的函数，故其节流前后温度一般将发生变化，这一现象称之为节流效应或焦耳-姆逊效应(简称焦-汤效应)。

流体在节流过程中由于微小压力变化所引起的温度变化称之为微分节流效应，以微分节流效应系数μ_h表示，即

$$\mu_h=\left(\frac{\partial T}{\partial p}\right)_h \tag{4-1-20}$$

当压降为某一有限值时，例如由p_1降至p_2，流体在节流过程中所产生的温度变化称为积分节流效应ΔT_h，即

$$\Delta T_h=T_2-T_1=\int_{p1}^{p2}\mu_h \mathrm{d}p=\mu_m(p_2-p_1) \tag{4-1-21}$$

式中 μ_m——压力由p_1节流至p_2时的平均节流效应系数。

理论上，μ_h的表达式可由热力学关系式推导出来。从比焓的特性可知

$$\mathrm{d}h=c_p\mathrm{d}T-\left[T\left(\frac{\partial V}{\partial T}\right)_p-V\right]\mathrm{d}p \tag{4-1-22}$$

对于等焓过程，dh =0，将公式(4-1-22)移项可得：

$$\mu_h=\left(\frac{\partial T}{\partial p}\right)_h=\frac{1}{c_p}\left[T\left(\frac{\partial V}{\partial T}\right)_p-V\right] \tag{4-1-23}$$

式中 c_p——流体的等压比热容。

对于理想气体，由于$pV = RT$，$\left(\frac{\partial V}{\partial T}\right)_p=\frac{R}{p}=\frac{V}{T}$，故由公式(4-1-23)得$\mu_h=0$，即理想气体在节流过程中温度不变。对于实际气体，公式(4-1-23)有以下三种情况：

(1)当$T\left(\frac{\partial V}{\partial T}\right)_p>V$时，$\mu_h>0$，节流后温度降低，称为冷效应。

(2)当$T\left(\frac{\partial V}{\partial T}\right)_p=V$时，$\mu_h=0$，节流后温度不变，称为零效应。

(3)当$T\left(\frac{\partial V}{\partial T}\right)_p<V$时，$\mu_h<0$，节流后温度升高，称为热效应。

图4-1-33给出了节流效应曲线。曲线A表示了气体微分斜率$\left(\frac{\partial V}{\partial T}\right)_p$大于平均斜率$V/T$的情况，故气体在膨胀时将会降温。曲线$C$表示气体的节流情况正好相反，节流膨胀时将会升温。曲线B表示气体在节流时温度不变。所谓节流膨胀制冷，就是利用压缩流体流经节流阀进行等焓膨胀并产生节流冷效应，使气体温度降低的一种方法。

许多流体的节流效应具有正负值改变的特性。或者说，同一流体在不同状态下节流时可能有不同的微分节流效应，或正、或负、或为零。曲线斜率改变正负值($\mu_h=0$)的点称为转化点，相应的温度称为转化温度(转换温度)。图4-1-33的右图即为节流效应的转化曲线，其形状具有所有实际流体的共性。在曲线以外，流体在节流膨胀时升温，而在曲线以内，流体在节流膨胀时降温。

由图4-1-33还可知，流体在不同压力下有不同的转化点，而在同一压力下存在两个转化点，相应有两个转化温度：一为气相转化点，相应为气相转化温度；二为液相转化点，相应为液相转化温度。流体在低于气相转化温度并高于液相转化温度之间(即曲线以内)节流膨胀时降温，而在高于气相转化温度或低于液相转化温度下节流膨胀时升温时大多数气体的

转化温度都很高，在室温下节流膨胀时均降温。少数气体(如氦、氖、氢等)的转化温度较低，为获得节流冷效应，必须在节流前预冷，使其节流前的温度低于转化温度。

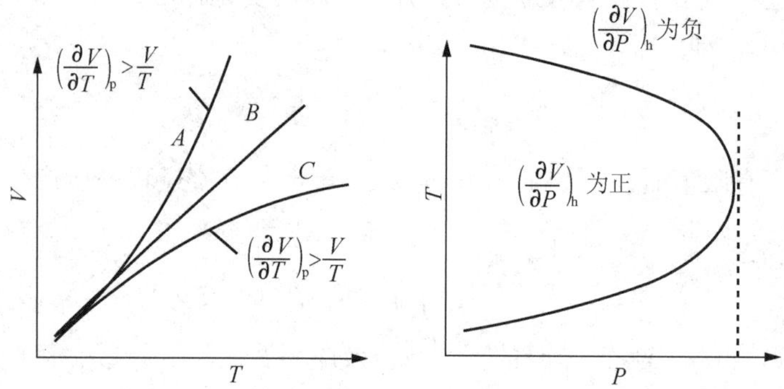

图 4-1-33 节流效应的转化曲线

因此，实际气体节流前后温度变化情况取决于气体的性质及所处状态，故要达到节流制冷目的，必须根据气体性质选取合适的节流前温度和压力。

必须说明的是，图 4-1-33 中的曲线只适用于在节流膨胀中没有凝液析出的情况。

(二)节流膨胀(等焓膨胀)与等熵膨胀比较

将式(4-1-13)和式(4-1-23)进行比较后可以得出

$$\mu_s - \mu_h = \frac{V}{c_p} \tag{4-1-24}$$

式(4-1-24)中的 V/c_p 为气体对外做功引起的温度降。由于 $V>0$，$c_p>0$，则$V/c_p>0$，故 $\mu_s>\mu_h$，即气体的微分等熵效应总是大于微分节流效应。因此，对于同样的初始状态和膨胀比，等熵膨胀的温降比节流膨胀温降要大，如图 4-1-34 所示的 1-3 线。但是，μ_s 与 μ_h 的差值与温度、压力有关。当压力较低而温度较高时，μ_s 与 μ_h 大得多。随着压力增加，μ_s 将接近于 μ_h。在临界点时，μ_s 近似等于 μ_h。

同样可知，当气体初始状态及膨胀比相同时，等熵膨胀与等焓膨胀单位制冷量之差为

$$q_s - q_h = w_s \tag{4-1-25}$$

式中 q_s——等熵膨胀的单位制冷量，kJ/kg；

q_h——等焓膨胀的单位制冷量，kJ/kg；

w_s——等熵膨胀的单位膨胀功，kJ/kg。

从实用角度看，二者有以下区别：

(1)节流膨胀过程用节流阀，结构简单，操作方便；等熵过程用膨胀机，结构复杂。

(2)膨胀机中的实际膨胀过程为多变过程，故所得到的温度效应比等熵过程的理论值小，如图 4-1-34 中的 1-3′线所示。

(3)节流阀可以在气液两相区内工作，即节流阀出口允许有很大的带液量，而膨胀机所允许的带液量有一定限度。

因此，节流膨胀和等熵膨胀两个过程的应用应根据具体情况而定。在制冷系统中，液体冷剂的膨胀过程均采用节流膨胀，而气体冷剂的膨胀既可采用等熵膨胀，也可采用节流膨胀。由于气体节流膨胀只需结构简单的节流阀即可，故在一些高压气藏气的低温分离装置中仍然采用。此外，在温度较低尤其是在两相区中，μ_s 与 μ_h 相差甚小，膨胀机的结构及运行尚存在一定问题，故在 NGL 回收及天然气液化等装置中常采用气体节流膨胀作为最低温位

的制冷方法(见图 4-1-35)。

(三)气体节流膨胀出口温度的确定

如前所述，气体节流膨胀可近似看成是等焓过程。当气体组成和节流阀的进口压力、温度及出口压力已知时，可用试算法按以下步骤计算其出口温度：

(1)计算流体在进口温度(T_1)和压力(p_1)时的比焓(h_1)，如为两相流，则应为气液混合物的比焓。

(2)假设一个流体出口温度 T_2。

(3)按出口压力 p_2 及假设的 T_2 进行平衡闪蒸计算，求出气、液各相的组成及相对量(如液化率)。

(4)根据上述平衡闪蒸计算及假设的 T_2，求出出口流体的比焓 h_2。

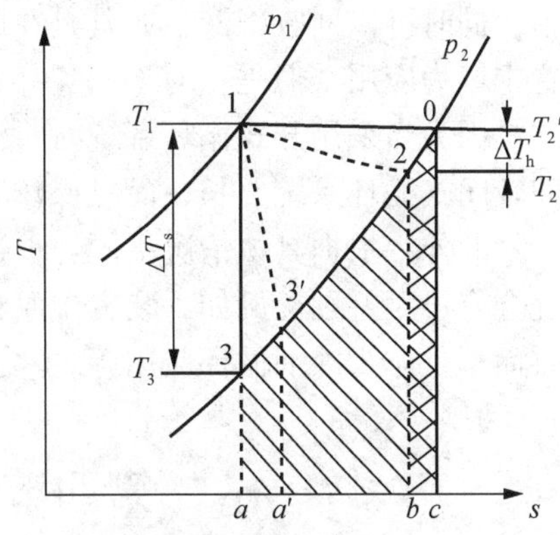

图 4-1-34　等焓及等熵膨胀的温降和制冷量

(5)如果 $h_1 = h_2$，则假设的出口温度 T_2 是正确的。否则，重复步骤(2)~(5)，直到$h_1 = h_2$ 为止。

目前，上述计算也多用有关软件由计算机完成。

四、节流阀及膨胀机联合制冷

除阶式制冷系统外，采用节流阀和膨胀机联合制冷循环系统也可达到深冷分离所需温位。这些制冷系统在 NGL 回收、天然气液化及天然气脱氮等装置中均得到广泛应用。

图 4-1-35 为带预冷的节流阀和膨胀机联合(并联)制冷循环系统示意图。如图所示，常温 T_1 和常压 p_1 的气体(点 1)先经压缩机 A 压缩至 p_2，再经冷却器 B 冷却至 T_2(点 2)，然后经换热器 C、D、E 用返回的低温气体和外部冷源预冷至 T_3(点 3)后分为两部分：一部分进入膨胀机 F 膨胀至点 4 后，经换热器 G 与由蒸发器 H 返回的低温气体汇合；另一部分进入换热器 G 进一步预冷至点 5 并经节流阀膨胀至点 6 后，所析出的凝液作为冷剂送至蒸发器 H。节流后产生的气体与蒸发器气化的气体由点 7 经换热器 G，以及换热器 E、D、C 回收冷量后返回压缩机 A 进口(点 1)。

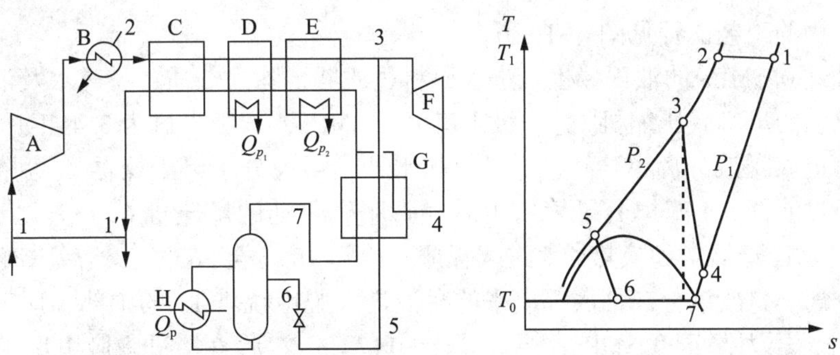

图 4-1-35　带预冷的节流阀和膨胀机联合制冷循环系统示意图

A—压缩机；B—冷却器；C、D、E、G—换热器；F—膨胀机；H—蒸发器

必须说明的是，图 4-1-35 表示的是闭式制冷循环系统原理示意图。实际上，在 NGL 回收、天然气液化及天然气脱氮等装置中既可以采用开式系统，也可以采用闭式循环系统。开式制冷系统中的冷剂就是装置中的工艺流体(如天然气)，并不在系统中进行循环，而闭式制冷循环系统中作为冷剂的气体则在封闭系统中循环。由于开式循环系统投资较低，操作简

单，同时可以回收凝液，尤其是在原料气压力高于干气外输压力时经济性更好，故在上述装置中广为应用。但是，对于图4-1-35所示的混合冷剂制冷系统采用的则是闭式循环系统。这是因为当采用开式循环系统时，混合冷剂的组成受原料气及操作条件的影响较大，启动时间较闭式循环系统要长，而且操作容易偏离最佳条件。

此外，根据具体情况不同，上述装置采用的实际制冷系统也与图4-1-35所示的制冷系统会有很大差别。例如，装置中原料气在冷却过程中进行多级气液分离，分出的凝液予以回收而不是作为冷剂循环应用等。

第四节　大型NGL回收装置

一、以回收C_{2+}组分的NGL回收装置

当原料气中C_{2+}烃类较多(例如高于190mL/m^3)且要求C_2收率较高时，可采用膨胀机制冷，还需增设外冷源，才能满足冷量要求。

(一)辽河油田

我国辽河油田在80年代末期从日本挥发油公司(JGC)引进的120×10^{4}m^3/d NGL回收装置采用丙烷制冷与透平膨胀机制冷相结合的工艺方法，产品有乙烷、丙烷、液化石油气和天然汽油。

1. 设计条件

装置原料气处理量为120×10^{4}m^3/d，原料气为伴生气，其组成见表4-1-23。原料气进装置压力为0.5MPa，温度为35℃。最低制冷温度为-117℃，乙烷收率为85%。

表4-1-23　辽河油田某NGL回收装置原料气组成

组分	N_2	CO_2	C_1	C_2	C_3	iC_4	nC_4	iC_5	nC_5	C_6	C_{7+}	合计
组成/%	0.33	0.03	87.53	6.20	2.74	0.62	1.22	0.36	0.30	0.21	0.46	100

2. 工艺流程描述

该装置采用的工艺流程见图4-1-36。

来自联合站0.5MPa的油田伴生气进入原料过滤器，除去杂质、游离水及油滴等，进入由燃气轮机驱动的离心式压缩机1，一级出口为1.6MPa，二级出口为3.4MPa，气体经水冷却器2冷却后进入凝液分离器3，分出凝液和水Ⅱ，再去分子筛干燥器4，进行深度脱水。脱水后气体经过滤器5，滤掉分子筛粉尘后经膨胀机驱动的增压机6(正升压流程)压缩到4.5MPa，再经水冷却器7和换热器8进入板翅式冷箱10冷至-63℃，然后去凝液分离器11进行气、液分离。自凝液分离器底部出来的凝液进入脱甲烷塔13的中部。顶部分出的气体进入膨胀机12，压力降至0.8MPa，温度降至-117℃，然后直接进入脱甲烷塔13的顶部。脱甲烷塔顶部温度为-112℃，由塔顶馏出的气体经冷箱10复热后作为干气产品Ⅲ外输。由脱甲烷塔13引出的侧线液体经冷箱10升温重沸后返回塔中部。底部液体经泵14后分为两路进入冷箱10，一路升温重沸仍返回塔底，另一路升温后送入脱乙烷塔15的中部。脱乙烷塔15压力为2.05MPa，塔顶溜出的气体乙烷分为两路，一路经换热器8复热后作为产品乙烷Ⅳ外输；另一路经丙烷制冷系统9在冷凝器16中冷凝为液体进入回流罐17，再用泵18送入脱乙烷塔顶部作为回流。塔15底部设有重沸器19，塔底流出物靠本身压力进入脱丁烷塔

20 的中部。脱丁烷塔 20 操作压力为 1.5MPa，塔顶溜出气体丙烷经冷凝器 21 冷凝后进入回流罐 22，用泵 23 增压后分为两路，一路作塔 20 回流，另一路为丙烷产品Ⅴ。丙烷产品既可作为本装置的冷剂，又可将其混入 LPGⅥ中，或直接出装置。塔 20 底部流出物分为两路，一路经重沸器加热后返回塔底，另一路经冷却器 27 冷却后即为 C_{5+}轻油产品Ⅶ。

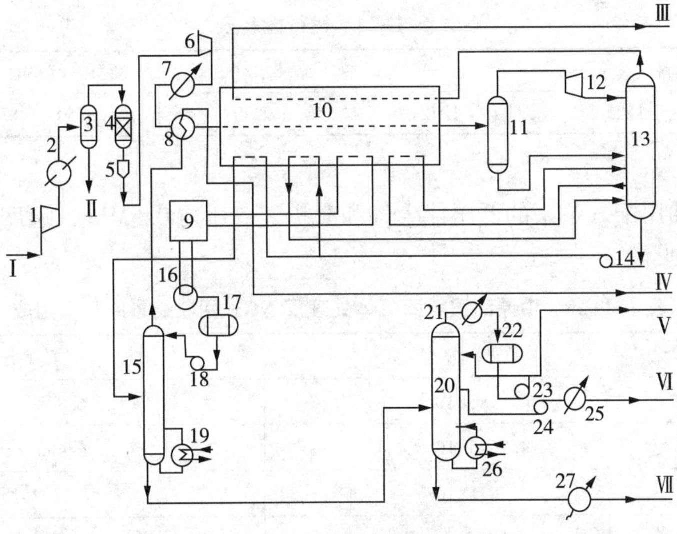

图 4-1-36 膨胀机和丙烷压缩联合制冷法装置工艺流程图

1—原料气压缩机；2，7—水冷却器；3，11—凝液分离器；4—分子筛干燥器；5—粉尘过滤器；6—增压机；8—乙烷—原料气换热器；9—丙烷循环制冷系统；10—六股流板翅式换热器(冷箱)；12—涡轮膨胀机；13—脱甲烷塔；14—脱甲烷塔塔底泵；15—脱乙烷塔；16—脱乙烷塔顶部冷凝器；17，22—回流罐；18，23—回流泵；19，26—重沸器；20—脱丁烷塔；21—脱丁烷塔顶部冷凝器；24—脱乙烷塔中部液化石油气抽出泵；25—泵 24 出口液化石油气冷却器；27—天然汽油冷却器；Ⅰ—原料气；Ⅱ—分出的重烃和水分；Ⅲ—干气；Ⅳ—乙烷；Ⅴ—丙烷；Ⅵ—液化石油气；Ⅶ—C_{5+}轻油

该装置冷剂制冷系统 9 利用自产丙烷Ⅴ作为冷剂，设有两个制冷系统：一个温度等级为-33℃，用于原料气在板翅式换热器 10 中的冷源；另一个温度等级为-17℃，用于脱乙烷塔顶部乙烷气体在冷凝器 16 中的冷源。

3. 产品指标

(1)乙烷(气体)：纯度 97%(质量分数)、其中甲烷<1%(质量分数)、丙烷<1%(质量分数)、二氧化碳<3%(质量分数)、水露点低于-40℃。

(2)液化石油气：丙、丁烷纯度为 96%(质量分数)，其中 C_{5+}<5%(质量分数)、乙烷及更轻组分<1%(质量分数)、二氧化碳<3%(质量分数)、水露点低于-40℃。

(3)天然汽油：丁烷<1%(质量分数)。

装置年开工以 8000h 计，乙烷收率 85%时产品产量为：干气 $106\times10^4m^3/d$，乙烷 $8.7\times10^4t/d$，液化石油气 $11.7\times10^4t/d$，天然汽油 $5.7\times10^4t/d$。

4. 运行能耗

运行能耗见表 4-1-24。

(二)中原油田

中原油田第四气体处理厂天然气凝析液回收装置是在消化、吸收国外先进工艺的基础上，结合国内外设备、材料的现状，对工艺流程和自动控制系统进行了优化选择后而设计完成的，是国内第一套自行设计的大型以回收乙烷为目的的天然气深冷处理装置，乙烷收率在85%以上，丙烷、丁烷收率均在95%以上，其工艺技术和轻烃收率在国内处于领先水平。采用先进的膨胀机制冷和丙烷辅助制冷相结合的制冷工艺，制冷温度达-100℃以下，最低可达-103℃。

表4-1-24 运行能耗表

名 称	燃料气/(m^3/h)	电/kW	循环水/(t/h)	新鲜水/(t/h)	蒸汽/(t/h)
用 量	1155	1072	2249	50	8

1. 设计条件

原料气为从油田配气站来的低压伴生气和凝析气，压力0.5MPa，温度32℃，流量$100\times10^4m^3/d$，其组成见表4-1-25。

表4-1-25 中原油田第四气体处理厂NGL回收装置原料气组成 mol(%)

组 分	重组分	轻组分
H_2O	6.8786×10^{-1}	6.8786×10^{-1}
N_2	4.2666×10^{-1}	6.4565×10^{-1}
CO_2	3.4031×10^{-1}	1.2515
CH_4	75.300	79.166
C_2H_6	10.710	8.2898
C_3H_8	6.1761	5.0653
iC_4	1.4536	1.0625
nC_4	2.5571	2.0623
iC_5	9.7779×10^{-1}	6.5493×10^{-1}
nC_5	7.4758×10^{-1}	3.7697×10^{-1}
nC_6	6.5398×10^{-1}	3.2649×10^{-1}
nC_7	3.8738×10^{-1}	2.2649×10^{-1}
nC_8	1.0230×10^{-1}	1.1496×10^{-1}
nC_9	1.7502×10^{-2}	1.7844×10^{-2}
nC_{10}	2.4053×10^{-3}	1.2763×10^{-2}
H_2S	3.0000×10^{-4}	3.0000×10^{-4}

2. 工艺流程描述

该装置采用的工艺流程见图4-1-37，从柳屯配气站来的686kPa(绝压，下同)的原料气，经燃气轮机驱动的压缩机1-K1增压到3510kPa，经空冷后进膨胀机2-TK1驱动的增压机增压至4451kPa，经空冷和丙烷制冷冷却到23℃左右，进分子筛干燥塔1-V5脱水后进入NGL回收单元。

压缩脱水单元来的高压原料气在冷箱2-E1和2-E2中与干气(-99℃)换热，丙烷辅助制冷降到-60℃，经低温分离器2-V1分为气相和液相，气相与原料气换热后升温至-34℃，经膨胀机2-TK1膨胀至1450kPa、-85℃进入脱甲烷塔2-C1(塔顶操作压力1400kPa，操作温度-101℃)上部，液相经节流阀节流至1400kPa、-101℃呈气液混相进入脱甲烷塔顶，液相作为塔顶回流。经脱甲烷塔分馏后，塔顶干气(-99℃)进入冷箱2-E1和2-E2与原料气换热温度升至23℃，一部分作为燃料气和再生气，其余外输至装置界区送回柳屯配气站。塔底液相物流NGL(回收85%以上的乙烷，-5℃)，一部分进冷箱与原料气换热重沸后返塔，另一部分经塔底泵2-P1增压至2800kPa，在冷箱中与原料气换热升温至23℃进脱乙烷塔4-C1。

脱乙烷塔塔顶操作压力2730kPa，操作温度-3℃，塔底温度98℃，NGL经脱乙烷塔分馏后，塔顶气相经4-E2丙烷制冷冷凝后，进回流罐4-V1，一部分用泵4-P1增压后作塔顶回流，一部分经外输泵4-P4增压至5883kPa，经计量后出界区送中原乙烯厂作原料，塔底液相产品进脱丙烷塔4-C2。

脱丙烷塔4-C2操作压力1600kPa，操作温度48℃，塔底温度110℃。塔顶气相经空冷到40℃，冷凝后进入回流罐4-V2，用泵4-P2增压后一部分作为塔顶回流，一部分作为丙烷产品进产品中间储罐6-T1，塔顶液相进脱丁烷塔4-C3。

脱丁烷塔4-C3塔顶操作压力550kPa，操作温度51℃，塔底温度113℃。塔顶气相经空冷到40℃，冷凝后进入回流罐4-V3，用泵4-P3增压后一部分作为塔顶回流，一部分作为丁烷产品进产品中间储罐6-T2，塔顶液相经空冷到40℃后作为天然汽油产品进入天然汽油产品中间储罐6-T3。

分子筛干燥塔的再生气为导热油加热的干气，再生后经冷却出界区至柳屯配气站。增压系统回收的液体经稳定塔1-C1脱水脱气后，塔顶气相进压缩机1-K1入口，塔底液相进脱丁烷塔4-C3分馏。产品中间储罐中的丙烷、丁烷和天然汽油分别经泵增压到2100kPa、1200kPa和600kPa送出界区，输送到三气罐区、轻烃站罐区，装车外销或送中原乙烯厂作原料。

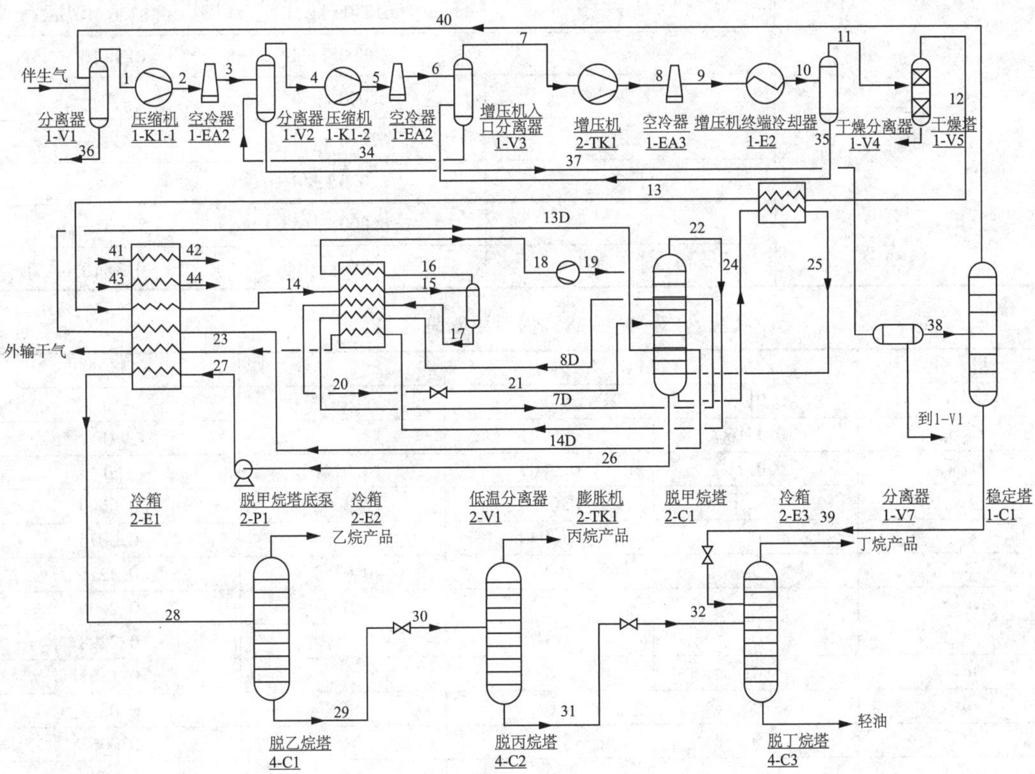

图4-1-37　中原油田天然气处理厂工艺模拟流程图

3. 产品指标

乙烷：液态乙烷出界区压力6.0MPa，其中甲烷<2.2%(质量分数)，丙烷及更重组分<2.5%(质量分数)。

丙烷：液态丙烷出界区压力2.1MPa，产品纯度>95%，乙烷含量<1.5%(质量分数)，丁烷及以上组分含量<2.5%(质量分数)。

丁烷：液态丁烷出界区压力1.2MPa，产品纯度>95%，丙烷含量<2.5%(质量分数)，戊烷及以上组分含量<2.0%(质量分数)。

轻油：天然汽油出界区压力0.6MPa，丁烷含量<1.0%(质量分数)。

注：含量均为摩尔分数。

4. 运行能耗

运行能耗见表4-1-26。

表4-1-26 能耗运行表

名称	燃料气/(m^3/h)	电/kW	新鲜水/(t/h)
用量	1650	1913.15	20

5. 物料平衡表

物料平衡表见表4-1-27、表4-1-28。

表4-1-27 物料平衡表(一)

进料	原料气	909700kg/d	$100\times10^4m^3/d$
产出	外输干气	618400 kg/d	$83.6\times10^4m^3/d$
	燃料气	28800 kg/d	$3.9\times10^4m^3/d$
	乙烷	65000 kg/d	—
	丙烷	67000 kg/d	—
	丁烷	62000 kg/d	—
	轻油	66000 kg/d	—
	脱出水及损失	2500 kg/d	$0.3\times10^4m^3/d$

表4-1-28 物料平衡表(二)

组分	乙烷	丙烷	丁烷	轻油
CH_4	0.0145	0	0	0
C_2H_6	0.9516	0.0101	0	0
C_3H_8	0.0175	0.9709	0.0141	0
iC_4	0	0.0160	0.3391	0.0003
nC_4	0	0.0030	0.6304	0.0078
iC_5	0	0	0.0150	0.3225
nC_5	0	0	0.0014	0.2606
nC_6	0	0	0	0.2298
nC_7	0	0	0	0.1361
nC_8	0	0	0	0.0359
nC_9	0	0	0	0.0062
nC_{10}	0	0	0	0.008
CO_2	0.0164	0	0	0

6. 工艺特点与先进性分析

(1)中原油田的原料气中 CO_2 含量相对较高，要获得高收率乙烷，易发生 CO_2 冻堵，设计中对分馏工艺进行了多方案模拟，最终采用了 Ortloff 公司提出的液体过冷法(LSP 工艺)，即采用过冷液体作为脱甲烷塔顶的回流，为脱甲烷塔顶提供冷源，该工艺在乙烷收率 85%的条件下，较常规膨胀机制冷工艺可节约能耗 20%以上且能有效防止 CO_2 的冻结。

(2)脱水部分采用了天然气高压低温双塔脱水工艺流程，天然气在较高压力下操作，增加了分子筛的吸附能力、减少了干燥器的结构尺寸、分子筛的填充量简化了操作程序，从多年来的运行效果看，脱水达到了设计指标，操作简便，运行可靠。

(3)制冷部分根据工艺所需制冷介质品位的不同，采用了三级压缩、三级节流的制冷工艺技术，在两个压力等级上的气相丙烷分别进入压缩机，此工艺与传统的一级压缩相比可节能 249kW，与二级压缩相比可节能 42kW，节能效果明显。

(4)设计中采用燃气轮机烟气余热回收工艺技术，可从烟气余热中回收 5500kW 能量，节省了加热炉和燃料，燃气轮机单机效率从 23.4%提高到综合热效率 56.7%，节能效果非常明显。

(5)开发了重吸收塔与脱甲烷塔两塔合一技术，将传统的重吸收塔和脱甲烷塔设计成一个塔，上部塔实现了冷回流重吸收功能，下部实现分馏过程，减少了空间，冷量损失小。

7. 目前运行现状

天然气处理厂第三气体处理厂两套伴生气处理装置建成后一直运行平稳，为中原油田带来了丰厚的经济效益。但自 2004 年以来，伴生气气量逐年降低，从 2004 年 $160\times10^4m^3/d$ 降至 2009 年的 $70\times10^4m^3/d$，无法保证两套装置同时运行，只能采用一开一备的运行模式。目前冬季伴生气量最低时降至 $60\times10^4m^3/d$ 左右，远低于设计工作范围的下限 $80\times10^4m^3/d$，伴生气气质也明显变贫，其中 C_{3+} 含量由 $230g/m^3$ 降至 $180g/m^3$。同时，由于中原油田的三次采油工艺采用的是 CO_2 气驱工艺，导致伴生气中 CO_2 含量逐年增加，已由设计时的不到 1.2%增加到了目前的 1.7%。以上问题的存在直接引起装置工作条件的变化，对关键设备的安全平稳运行也带来影响。根据实际运行经验，当来气量低于 $80\times10^4m^3/d$ 时，如果不及时采取措施，气体处理装置将无法正常平稳运行。为保证装置的运行，目前采取的措施是根据原料气气量、压力的高低以及压缩(增压)机最低防喘流量要求，向原料气中适量补充干气，以增加原料气流量及压力。

(三)华北油田

华北油气分公司大牛地天然气乙烷回收工程，新建 1 座 $600\times10^4m^3/d$ 乙烷回收装置，操作弹性 70%~110%，主要产品包括干气、乙烷、液化石油气及稳定轻烃。在乙烷回收单元经丙烷预冷、膨胀机制冷以及部分干气循环联合制冷后，进入脱甲烷塔实现 C_{2+} 组分与天然气(干气)的分离，乙烷回收装置乙烷收率>95%。

1. 设计条件

装置原料气来自塔榆增压首站管道天然气，处理量为 $600\times10^4m^3/d$，其组成见表 4-1-29。进站压力为 4.5~2.0MPa，目前运行压力 2.0MPa，夏季温度 15℃，冬季 0℃。

表 4-1-29 原料气组成 %(摩尔分数)

序号	组分	组分1	组分2	组分3	平均值
1	CH_4	0.9186	0.9199	0.9190	0.9183
2	C_2H_6	0.0453	0.0462	0.0461	0.0458
3	C_3H_8	0.0095	0.0097	0.0097	0.0096
4	iC_4	0.0012	0.0011	0.0020	0.0014
5	nC_4	0.0011	0.0011	0.0011	0.0011
6	iC_5	0.0008	0.0008	0.0008	0.0008
7	nC_5	0.0005	0.0005	0.0005	0.0005
8	nC_6	0.0004	0.0001	0.0001	0.0002
9	nC_7	0.0001	0.0000	0.0001	0.0001
10	H_2O	0.0009	0.0009	0.0009	0.0009
11	N_2	0.0075	0.0055	0.0055	0.0062
12	CO_2	0.0143	0.0145	0.0145	0.0144
13	He	0.0003	0.0003	0.0003	0.0003
14	H_2	0.0002	0.0002	0.0002	0.0002

2. 工艺流程描述

根据原料气性质和产品指标确定本工程总工艺流程如下：

塔榆增压首站管道来气作为原料气首先进入原料气增压单元增压后进入脱碳单元和脱水、脱汞单元，经脱碳、脱水脱汞后的净化气满足 $CO_2 \leqslant 8ppm$、$H_2O < 0.1ppm$ 和 $Hg < 0.01\mu g/m^3$ 后进入乙烷回收单元。在乙烷回收单元经丙烷预冷、膨胀机制冷以及部分干气循环联合制冷后，进入脱甲烷塔实现 C_{2+}组分与天然气(干气)的分离；分离的干气经外输增压单元增压后与脱碳系统再生尾气(单独增压)一并汇入塔榆管线外输。C_{2+}组分进入凝液分馏单元进一步分离，得到气态乙烷、液化石油气和稳定轻烃。气态乙烷采用混合冷剂制冷进一步液化得到液态乙烷产品。液态乙烷、液化石油气、稳定轻烃在储罐内储存定期外输销售。乙烷储存装车过程产生的 BOG 回收增压后，经原料气增压机组压缩后进入乙烷回收装置处理。装置总工艺框图见图 4-1-38，总工艺流程示意图见图 4-1-39。

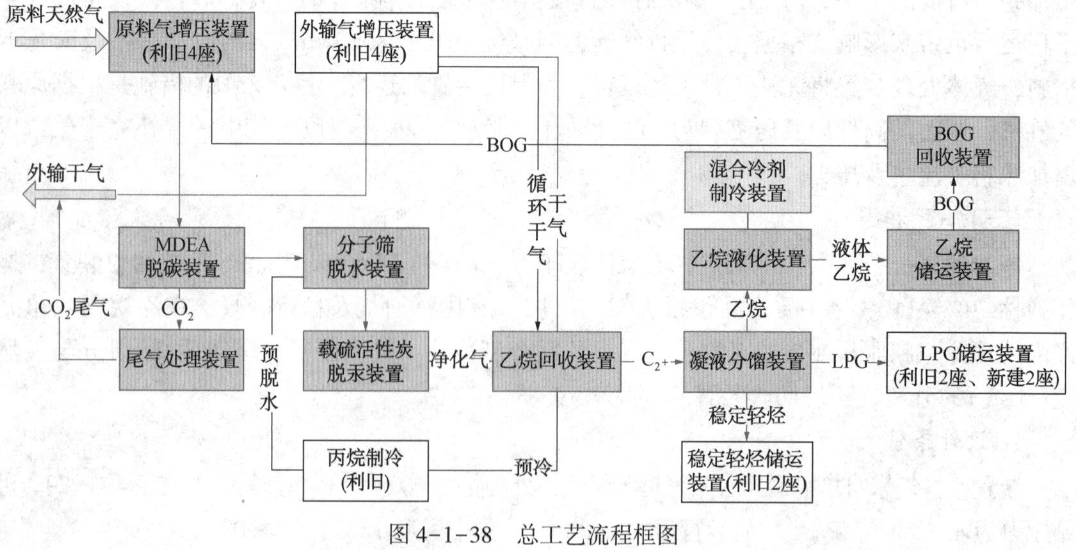

图 4-1-38 总工艺流程框图

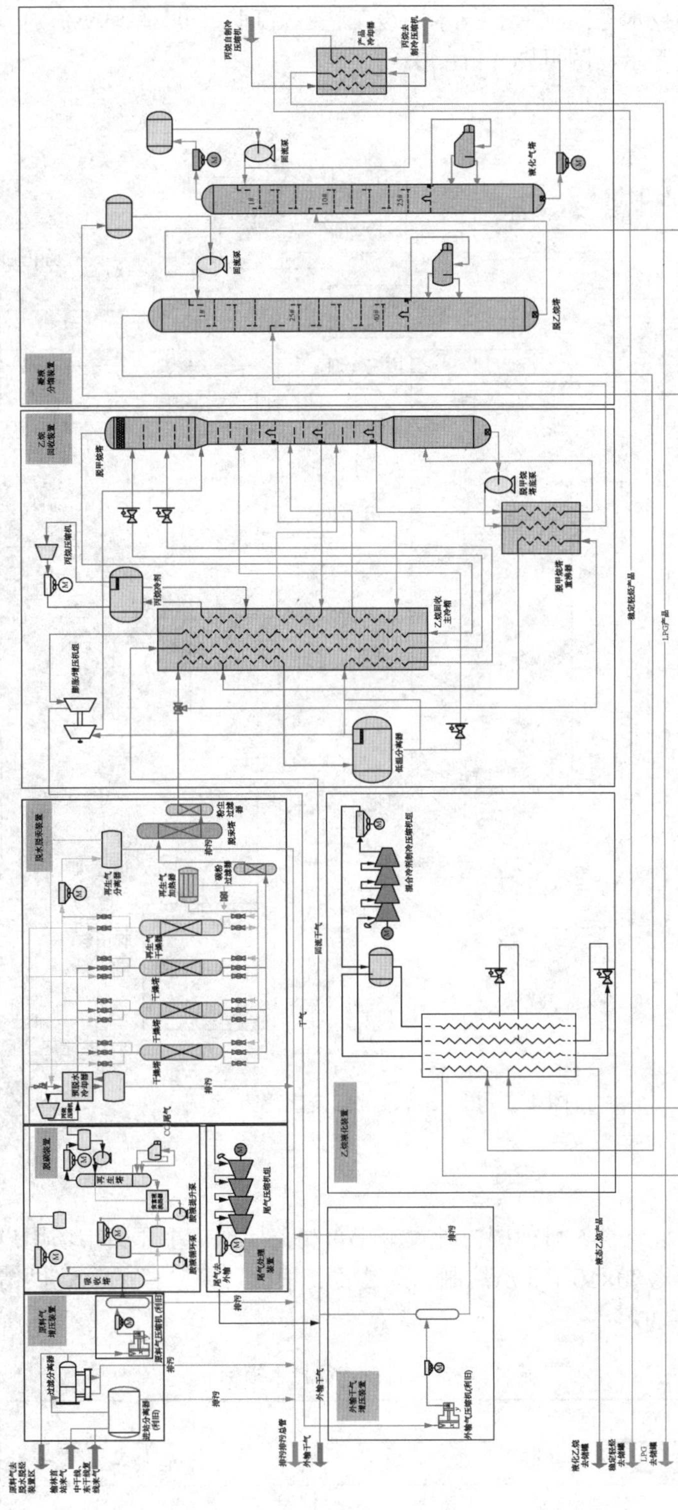

图4-1-39 总工艺流程示意图

乙烷回收工艺采用膨胀制冷、丙烷制冷和部分干气循环工艺，为中原设计公司自主研发并经中石化集团公司科技处认定的脱甲烷塔防 CO_2 冻堵技术、脱甲烷塔重吸收技术及多股流侧向抽出冷量利用技术等三项专有技术，该工艺乙烷理论回收率>99%。

乙烷回收工艺流程示意图见图 4-1-40。

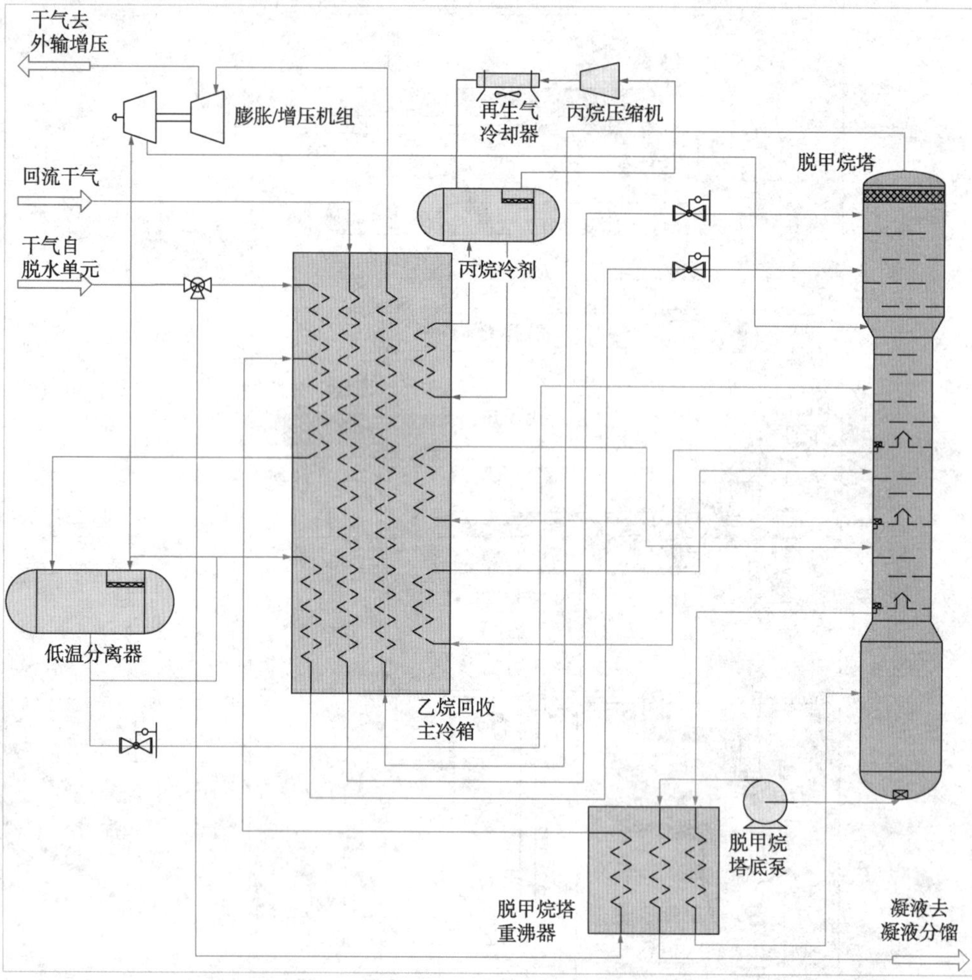

图 4-1-40 乙烷回收工艺流程示意图

3. 产品指标

1) 乙烷

乙烷作为乙烯裂解原料，目前国内外没有出台相关标准，主要由市场用户提出。本书中乙烷市场用户为某石化 80×10^4t/a 乙烷制乙烯装置，根据可研阶段的乙烷供销协议，乙烷产品技术指标见表 4-1-30。

表 4-1-30 乙烷产品技术指标

项 目		技术指标	备 注
乙烷(摩尔分数)/%	≥	98.13	
甲烷(摩尔分数)/%	≤	1.31	
二氧化碳(摩尔分数)/%	≤	0.01	

续表

项　　目		技术指标	备　注
丙烷及丙烷以上(摩尔分数)/%	≤	0.56	
H_2S 含量/(mg/m^3)	≤	0	
汞($\mu g/m^3$)/%	≤	0.01	
砷		0	
氧化物		0	

2)干气

外输压力：4.5~4.85MPa。

经回收乙烷后，进入塔榆管线天然气的热值、CO_2 含量、水露点等仍应满足表4-1-31中一类气质指标要求。其中水露点应满足塔榆末站交接点水露点：≤-11.5℃(4.0MPa)，相当于榆济线最高输气压力9.5MPa下，水露点≤5℃。

表4-1-31　天然气技术指标

项　　目		一类	二类
高位发热值①,②/(MJ/m^3)	≥	34	31.4
总硫(以硫计)①/(mg/m^3)	≤	20	100
硫化氢/(mg/m^3)	≤	6	20
二氧化碳(体积分数)/%	≤	3.0	4.0

注：① 本标准中使用的标准参比条件是101.325kPa，20℃。
② 高位发热量以干基及计。

3)液化石油气

液化石油气质量符合规范《液化石油气》(GB 11174—2011)对商品丙丁烷混合物的质量指标要求(见表4-1-32)，具体如下：

37.8℃时蒸汽压(表压)≤1380kPa；

C_3+C_4 烃类组分体积分数>95%；

C_5 及以上烃类组分体积分数≤3%。

表4-1-32　液化石油气的技术指标

项　　目		质量指标			实验方法
		商品丙烷	商品丙丁烷混合物	商品丁烷	
密度(15℃)/(kg/m^3)		报告			SH/T 0221
蒸气压(37.8℃)/KPa	≤	1430	1380	485	GB/T 12576
组分					SH/T 0230
C_3+烃类组分(体积分数)/%	≥	95	—	—	
C_4 及 C_4 以上烃类组分(体积分数)/%	≤	2.5	—	—	
C_3+C_4 烃类组分(体积分数)/%	≥	—	95	95	
C_5 及 C_5 以上烃类组分(体积分数)/%	≤	—	3.0	2.0	

第四编 CHAPTER FOUR 天然气加工和产品利用

续表

<table>
<tr><th rowspan="2">项　　目</th><th colspan="3">质量指标</th><th rowspan="2">实验方法</th></tr>
<tr><th>商品丙烷</th><th>商品丙丁烷混合物</th><th>商品丁烷</th></tr>
<tr><td>残留物
蒸发残留物/(mL/100mL)　≤</td><td colspan="3">0.05</td><td rowspan="2">SY/T 7509</td></tr>
<tr><td>油渍观察</td><td colspan="3">通过</td></tr>
<tr><td>铜片腐蚀(40℃，1h)/级　≤</td><td colspan="3">1</td><td>SH/T 0232</td></tr>
<tr><td>总硫含量/(mg/m³)　≤</td><td colspan="3">343</td><td>SH/T 0222</td></tr>
<tr><td rowspan="2">硫化氢(需满足下列要求之一)：乙酸铅法层析法/(mg/m³)　≤</td><td colspan="3">无</td><td>SY/T 0125</td></tr>
<tr><td colspan="3">10</td><td>SY/T 0231</td></tr>
<tr><td>游离水</td><td colspan="3">无</td><td>目测</td></tr>
</table>

4)稳定轻烃

稳定轻烃质量符合规范《稳定轻烃》(GB 9053—2013)中1号稳定轻烃的质量指标要求(见表4-1-33)，具体如下：37.8℃时蒸汽压(表压)范围74~200kPa。

表4-1-33　稳定轻烃技术指标(GB 9053—2013)

<table>
<tr><th rowspan="2">项目</th><th colspan="2">质量指标</th><th rowspan="2">实验方法</th></tr>
<tr><th>1号</th><th>2号</th></tr>
<tr><td>饱和蒸汽压/kPa</td><td>74~200</td><td>夏[a]<74，冬[b]<88</td><td>GB/T 8017</td></tr>
<tr><td>馏程
10%蒸发温度/℃　≥
90%蒸发温度/℃　≤
终馏点/℃　≤
60℃蒸发率(体积分数)/%</td><td>
—
135
190
实测</td><td>
35
150
190
—</td><td>GB/T 6536</td></tr>
<tr><td>硫含量[c]/%　≤</td><td>0.05</td><td>0.10</td><td>SH/T 0253</td></tr>
<tr><td>机械杂质及水分</td><td>无</td><td>无</td><td>目测[d]</td></tr>
<tr><td>铜片腐蚀/级　≤</td><td>1</td><td>1</td><td>GB/T 5096</td></tr>
<tr><td>赛波特颜色号　≥</td><td>+25</td><td>—</td><td>GB/T 3555</td></tr>
</table>

注：[a]夏季从5月1日至10月31日。

[b]冬季从11月1日至4月30日。

[c]硫含量允许采用GB/T 17040和SH/T 0253进行测定，但仲裁试验采用SH/T 0689。

[d]将试样注入100mL的玻璃量筒中观察，应当透明，没有悬浮与沉淀的机械杂质及水分。

4. 运行能耗

利用HYSYS模拟计算软件，针对液体过冷工艺、Ortloff公司部分干气循环工艺以及中原设计公司高效乙烷回收工艺进行能耗对比，在CO_2含量1.4%下，高效乙烷回收工艺综合能耗8.39 MJ/kg，相比于部分干气循环工艺节约能耗12.5%，见表4-1-34。

表 4-1-34 不同工艺下乙烷回收装置能耗分析(在 CO_2 含量 1.4%下)

对比项	单位	液体过冷工艺	Ortloff 公司部分干气循环工艺	中原设计公司高效乙烷回收工艺
乙烷收率	%	70	98	99
乙烷产量	t/d	242	338	341.3
原料气脱碳装置能耗	kW	不设	不设	13810
乙烷产品脱碳装置能耗	kW	13730	13730	不设
制冷机组功率	kW	670	2958	700
原料气增压机组功率	kW	6803	9008	8230
外输增压机组功率	kW	7555	7562	9016
脱乙烷塔重沸器热负荷	kW	2960	4273	2799
单位产品能耗	MJ/kg(乙烷)	11.32	9.59	8.39

5. 总物料平衡表

总物料平衡见表 4-1-35。

表 4-1-35 总物料平衡表

项目		投入	产出			
		原料气	外输干气	乙烷	LPG	稳定轻烃
压力/MPa(表压)		2.0	4.2	0.02	1.42	0.60
温度/℃		15	48	-90	39	39
密度/(kg/m^3)(工况)		16.41	28.09	546.5	492.7	614.5
流量	$10^4Nm^3/h$(气体)	25	23.52	—	—	—
	$10^8Nm^3/a$(气体)	20	18.82	—	—	—
	t/h(液体)	—	—	14.34	6.00	1.09
	$10^4t/a$(液体)	—	—	11.47	4.80	0.87
	m^3/h(液体)	—	—	26.23	12.17	1.77
	$10^4m^3/a$(液体)	—	—	20.98	9.74	1.42
摩尔组分	CH_4	0.9183	0.9732	0.0076	0.0000	0.0000
	C_2H_6	0.0458	0.0004	0.9873	0.0035	0.0000
	C_3H_8	0.0096	0.0000	0.0050	0.7716	0.0001
	iC_4	0.0014	0.0000	0.0000	0.1174	0.0030
	nC_4	0.0011	0.0000	0.0000	0.0889	0.0152
	iC_5	0.0008	0.0000	0.0000	0.0149	0.4501
	nC_5	0.0005	0.0000	0.0000	0.0036	0.3319
	nC_6	0.0002	0.0000	0.0000	0.0000	0.1474
	nC_7	0.0001	0.0000	0.0000	0.0000	0.0523
	H_2O	0.0009	0.0001	0.0000	0.0000	0.0000
	N_2	0.0062	0.0064	0.0000	0.0000	0.0000
	CO_2	0.0144	0.0193	0.0000	0.0000	0.0000
	He	0.0003	0.0003	0.0000	0.0000	0.0000
	H_2	0.0002	0.0002	0.0000	0.0000	0.0000

6. 工艺特点与先进性分析

本工艺设计包工艺技术使用中石化中原石油工程设计有限公司自主研发的高效乙烷回收专有技术，该专有技术于2019年10月25日通过中国石化科技部认定。中石化中原石油工程设计有限公司、中国石化华北油气分公司工程技术部作为许可实施单位可使用该专有技术。

针对乙烷含量低、CO_2 含量高的原料气特点，建立天然气深度处理乙烷回收工艺动态计算模型，改进部分干气循环工艺路线和工艺参数，形成了高效乙烷回收三项专有技术，解决了原料气中 C_2 含量低造成的能耗较高、CO_2 含量高造成的关键设备冻堵等难题，实现乙烷理论收率99%。

高效乙烷回收专有技术主要包含：

(1)脱甲烷塔防 CO_2 冻堵技术。

(2)脱甲烷塔顶重吸收技术。

(3)多股侧线抽出冷量利用技术。

工艺特点

(1)采用“丙烷预冷+膨胀制冷+高效乙烷回收专有技术”组合制冷工艺，合理匹配不同温位制冷需求，节约制冷用量。

(2)采用部分干气循环 C_{2+}回收工艺，C_2 回收率达到95%，C_{3+}回收率达到99%以上，技术先进。

(3)选用8股流板翅式冷箱，最小夹点温度接近3℃，对数平均温差不大于6℃，最大截面温差低于18℃，换热效率高，运行温度应力小，降低了制冷系统负荷，延长了使用寿命。

(4)采用同轴增压膨胀机制冷技术，等熵效率高，运行稳定可靠。

(5)采用脱甲烷塔三股流侧线引出技术，充分利用脱甲烷塔物料的阶梯冷量，节能效果明显。

(6)采用活化MDEA+哌嗪脱碳技术，二氧化碳脱除效率高。

(7)采用高、低温系统分供的供热系统，调节灵活，节能减排。

二、以回收 C_{3+}组分的NGL回收装置

(一)雅克拉气田

1. 设计条件

雅克拉凝析气田位于塔里木盆地北部，在新疆维吾尔自治区阿克苏地区境内，属于旱荒漠地区，冬冷夏热，干燥少雨。根据开发方案，雅克拉气田设计开发规模为 $260\times10^4m^3/d$。天然气井流物组分数据见表4-1-36。

2. 工艺流程

雅克拉集气处理站天然气处理工艺流程见图4-1-41。

根据集气处理站原料气的特点和下游用户(天然气低热值应大于8600kcal/m^3)的要求，雅克拉集气处理站的处理工艺如下：雅克拉气田的天然气经采气管线进入站内，在站内经分离、计量、节流后气相进入脱水前分离器，分离后的天然气进入天然气脱水装置。为满足天然气处理的要求，天然气脱水装置采用分子筛脱水。脱水后的天然气经天然气换热器冷却后进入低温分离器；经分离后的天然气进入透平膨胀机的膨胀端，膨胀后的温度为-76.1℃，

压力为2.38MPa(绝压)。膨胀后的天然气进入重吸收塔回收凝液后经天然气换热器回收冷量后进入透平膨胀机的增压端，增压后的温度为46.8℃，压力为3.01MPa(绝压)。该部分天然气分为两股，一股为130×$10^4m^3/d$，外输至库车大化，其余部分后经天然气压缩机增压、后冷器冷却后外输至西气东输的轮南首站，该部分气体的温度为50℃，压力为8.15MPa(绝压)。两股天然气可根据市场要求调整，外输西气东输的输气量最大为180×$10^4m^3/d$(6×$10^8m^3/a$)。天然气压缩机设置3台，2用1备，单台功率为1260kW。

表4-1-36 天然气井流物组分数据表

序号	组分	数值/%	序号	组分	数值/%
1	C_1	85.70	8	C_6	0.12
2	C_2	4.77	9	C_7	0.04
3	C_3	1.67	10	C_8	0.02
4	iC_4	0.25	11	CO_2	3.34
5	nC_4	0.49	12	N_2	3.25
6	iC_5	0.12	13	H_2S	3.3mg/m^3
7	nC_5	0.16			

为保证凝液满足稳定轻烃的质量指标，由生产分离器、计量分离器得到的凝液经凝析油换热器加热后进入一级闪蒸分离器、二级闪蒸分离器，在一级分离器、二级分离器内完成油、气和水的分离，为保证脱水效果，需加注破乳剂，分离器的操作压力为2.95MPa(绝压)和0.80MPa(绝压)。经脱水后的凝液进入凝液稳定塔进行分离，液相经凝析油外输泵增压后进入凝析油外输管线，气相经天然气压缩机增压、冷却、分离后进入脱水前分离器。为保证凝析油稳定部分的正常生产，站内设凝析油储罐。

经透平膨胀机低温膨胀得到的凝液进入脱乙烷塔，在该塔内进行分离，分离出的液相进入液化气塔，在液化气塔内分离后得到合格的液化气和轻油产品。液化气和轻油经储罐储存后装车外运。为提高液化气塔的操作稳定性，液化气塔采用塔顶全冷凝、强制回流的方式。

当处理装置出现故障时，通过紧急切换阀，使进站天然气去火炬放空。

3. 产品指标

雅克拉集气处理站的产品为干气、液化气、轻油和凝析油，产品质量符合有关标准的要求。

产品干气符合《天然气》(GB 17820—2018)中一类天然气的要求。液化气符合《液化石油气》(GB 11174—2011)的要求，其37.8℃时蒸气压1012kPa，低于1380kPa的要求。轻油符合《稳定轻烃》(GB 9053—1998)中2号稳定轻烃的要求，其37.8℃时蒸气压73kPa，低于74kPa的要求。凝析油符合稳定原油的要求，其45℃时蒸气压28kPa，低于70kPa的要求。

4. 物料平衡

干气：126.41×$10^4m^3/d$(2.83MPa)；126.31×$10^4m^3/d$(8.15MPa)。

液化气：140.85t/d。

轻油：86.60t/d。

凝析油：461.44t/d。

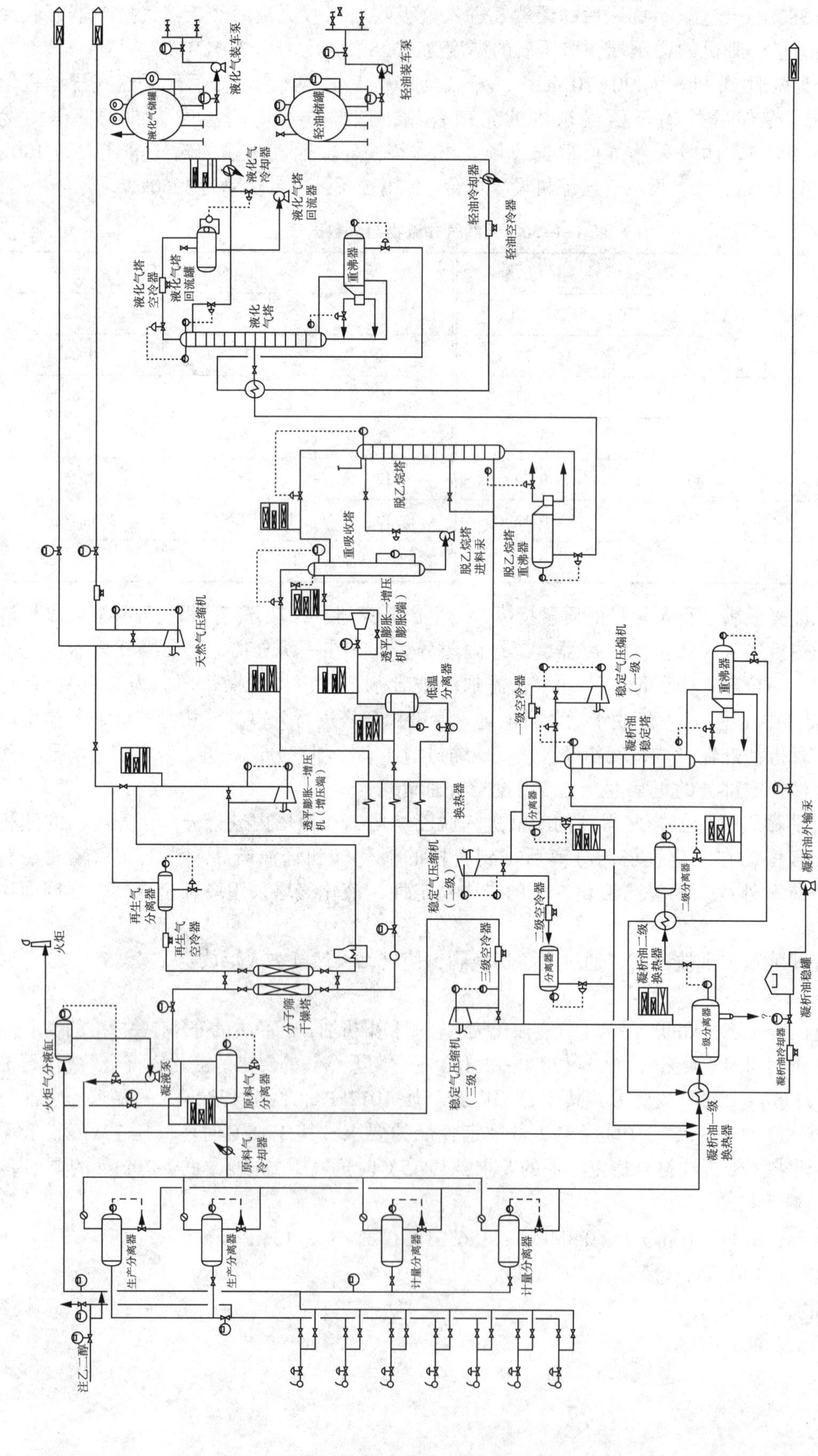

图4-1-41 雅克拉集气处理站天然气处理工艺流程简图

(二)春晓气田

1. 设计条件

春晓气田群位于上海市东南方向约450km、浙江省宁波市东南方向约350km的东海大陆架海域，该气田群包括春晓、天外天、残雪和断桥4个油气田。气田产出的天然气(干气)通过约350km的海底管线输送到位于宁波市北仑区春晓镇的春晓天然气处理厂，年处理天然气能力为$25\times10^8m^3$，主要产品有天然气干气，商品丙烷、丁烷、液化气和稳定轻烃，其产量和组成见表4-1-37。

表4-1-37 天然气产量及组成一览表

组分＼年份	2005	2008	2018	2022
H_2O	0.0001	0.0001	0.0001	0.0001
CO_2	0.0246	0.0204	0.0204	0.0200
N_2	0.0084	0.0104	0.0104	0.0105
C_1	0.9272	0.8695	0.8695	0.8655
C_2	0.0245	0.0484	0.0484	0.0515
C_3	0.0097	0.0259	0.0259	0.0279
iC_4	0.0023	0.0095	0.0095	0.0103
nC_4	0.0021	0.0082	0.0082	0.0087
iC_5	0.0007	0.0026	0.0026	0.0022
nC_5	0.0004	0.0025	0.0025	0.0021
nC_6	0.00	0.0016	0.0016	0.0010
nC_7	0.00	0.0005	0.0005	0.0002
nC_8	0.00	0.0003	0.0003	0.0001
nC_9	0.00	0.0001	0.0001	0.00
nC_{10}	0.00	0.0001	0.0001	0.00
合计	1.0000	1.0000	1.0000	1.0000
原料气量/$10^4m^3/d$	163	756	756	660

2. 工艺流程

春晓天然气处理厂工艺流程简图见图4-1-42。

原料气进入段塞流捕集器分离，液相经过滤、加热后进入稳定塔进行稳定处理，塔顶气相进入燃料气系统，稳定塔底液相进入丙烷塔中部。段塞流捕集器气相通过稳压后进入来气过滤器，经分子筛干燥塔脱水后，经粉尘过滤器，进入冷箱初步冷却至-36.1℃后，进入低温分离器分离出气相和液相。低温分离器液相经节流至-45.3℃后再进入冷箱与热介质换热至3.9℃后，进入脱乙烷塔中部。经脱乙烷塔分馏后，塔顶气相(-23.5℃，2.7579MPa)一部分进入冷箱换冷后进入脱乙烷塔回流罐(-39.4℃，2.7579MPa)作为塔顶回流进入脱乙烷塔顶部，脱乙烷塔回流罐气相(-39.4℃，2.7579MPa)进入冷箱换冷至-81.1℃，经节流后温度降至-92.3℃进入吸收塔顶部作为塔顶进料。低温分离器气相(-36.1℃，4.7911MPa)

进入膨胀压缩机膨胀端膨胀制冷(-77.2℃，1.813.3MPa)后，进入吸收塔底部，气液相进行充分接触后，进行进一步分离，吸收塔塔顶气相(-86.8℃)进入冷箱与热介质换热至25.8℃后进入膨胀压缩机增压端增压至2.405MPa，再经膨胀压缩机后冷却器冷却至46.1℃，计量后作为产品天然气外输。

吸收塔塔底液(-77.8℃，1.785MPa)经吸收塔塔底泵增压至2.9578MPa后，进入冷箱与热介质换热至-5.6℃后进入脱乙烷塔上部。脱乙烷塔底部液相(101.6℃，2.7717MPa)一部分进入分馏单元，另一部分经脱乙烷塔再沸器加热后返回脱乙烷塔。

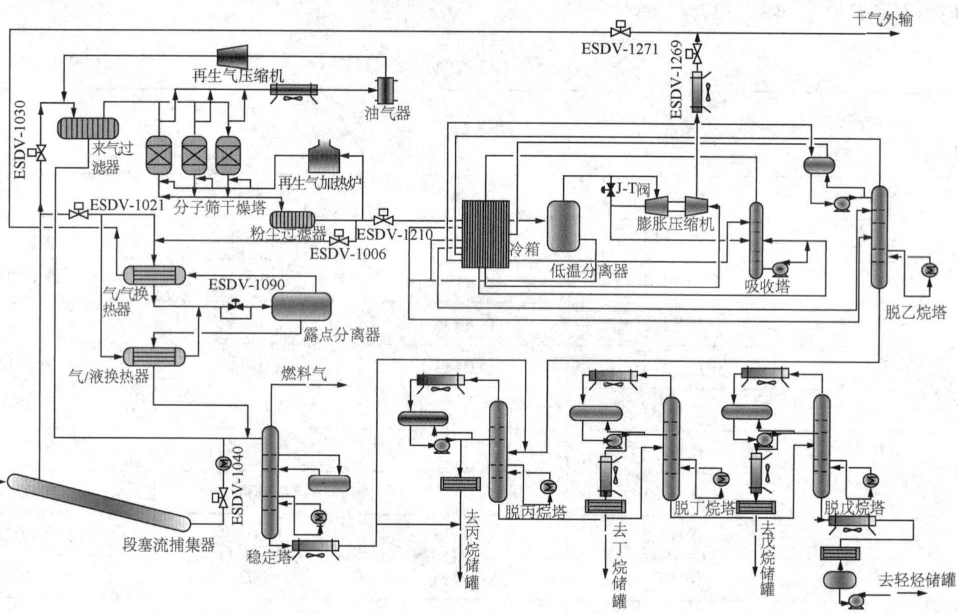

图4-1-42　春晓天然气处理厂工艺流程简图

由脱乙烷塔塔底出来的C_{3+}以上液体(85.2℃)与稳定塔底液(188.8℃)混合后进入脱丙烷塔中部，脱丙烷塔塔顶气相(55.6℃，1.8202MPa)经脱丙烷塔空冷器冷凝至52.7℃后进入脱丙烷塔回流罐，脱丙烷塔回流罐，回流罐液相经脱丙烷塔回流泵增压，一部分作为塔顶回流，另一部分进入丙烷产品后冷却器，冷至37.5℃进入丙烷储罐。

脱丙烷塔塔底液相(118℃，1.834MPa)一部分进入脱丙烷塔再沸器换热至109.6℃后返回塔底，另一部分(即C_{4+}馏分)被送至脱丁烷塔中部作为进料，由脱丙烷塔塔底出来的C_{4+}以上液体(91.3℃)进入脱丁烷塔中部，脱丁烷塔塔顶气相(65.8℃，0.855MPa)经脱丁烷塔空冷器冷凝至64.0℃后进入脱丁烷塔回流罐，回流罐液相经脱丁烷塔回流泵增压，一部分作为塔顶回流，另一部分进入丙烷产品冷却器及丁烷产品最终冷却器，冷却至37.8℃进入丁烷储罐。

脱丁烷塔塔底液相(118.3℃，0.8687MPa)一部分进入脱丙烷塔再沸器换热至127.8℃后返回塔底，另一部分(即C_{5+}馏分)被送至脱戊烷塔中部作为进料，由脱丁烷塔塔底出来的C_{5+}以上液体(97.0℃)进入脱戊烷塔中部，脱戊烷塔塔顶气相(75.5℃，0.3723MPa)经脱戊烷塔空冷器冷凝至74.2℃后进入脱戊烷塔回流罐，回流罐液相经脱戊烷塔回流泵增压，一部分作为塔顶回流，另一部分进入戊烷产品冷却器及戊烷产品最终冷却器，冷至37.8℃进入戊烷储罐。

脱戊烷塔塔底液相(119.1℃，0.3861MPa)一部分进入脱戊烷塔再沸器换热至129.4℃

后返回塔底，另一部分(即 C_{6+}馏分)被送至稳定轻烃产品冷却器及稳定轻烃产品最终冷却器冷却至 37.9℃送至稳定轻烃缓冲罐，罐内液体经泵增压后送至稳定轻烃储罐，然后由装车泵增压后装车外运。

3. 产品指标

春晓天然气处理厂主要产品有天然气干气、商品丙烷、丁烷、液化气和稳定轻烃，产品质量符合有关标准的要求，见表 4-1-38。

表 4-1-38　终端站主要产品、规格一览表

产品名称	产品规格	备　注
天然气干气	符合 GB 17820—1999 中二类天然气技术指标	管输外售
商品丙烷	符合 GB 7548—1998 质量指标	汽运外售
商品丁烷	符合 GB 7548—1998 质量指标	汽运外售
戊烷	符合用户要求	汽运外售
稳定轻烃	符合 GB 9053—1998 质量指标	汽运外售

4. 物料平衡

物料平衡见表 4-1-39。

表 4-1-39　物料平衡表

物　料	项　目	单　位	数　量
进料	天然气	$10^4m^3/d$	760
产出	天然气干气	$10^8m^3/a$	22.6
	商品丙烷	$10^4t/a$	13.26
	商品丁烷	$10^4t/a$	10.28
	戊烷	$10^4t/a$	3.75
	稳定轻烃	$10^4t/a$	2.90

(三) 大涝坝气田

1. 设计条件

大涝坝凝析气田产出的天然气和凝析油通过井场集输管线混输到集气处理站，站内经分离器分离后的天然气经干燥脱水后进入气体处理装置生产干气、液化气和稳定轻烃等产品；凝析油进气体处理装置凝析油稳定塔生产稳定凝析油。设计规模：天然气处理量为 $25\times10^4m^3/d$，凝析油处理量为 $8\times10^4t/a$。

(1)天然气成见表 4-1-40。

表 4-1-40　天然气组成表

序　号	组分名称	摩尔分数/%	序　号	组分名称	摩尔分数/%
1	C_1	82.71	7	nC_5	0.13
2	C_2	9.17	8	nC_6	0.09
3	C_3	2.76	9	nC_7	0.03
4	iC_4	0.55	10	nC_8	0.01

续表

序号	组分名称	摩尔分数/%	序号	组分名称	摩尔分数/%
5	nC_4	0.60	11	CO_2	0.65
6	iC_5	0.16	12	N_2	3.15
合计			100.00		
高位发热量/(kJ/m³)		41265	低位发热量/(kJ/m³)		37351

(2)凝析油物性见表4-1-41。

表4-1-41 凝析油物性表

序号	项目	数值(体积分数)/%
1	相对密度	0.7812
2	运动黏度/(mm^2/s)	1.97
3	凝固点/℃	14
4	含盐量/(mg/L)	41.46
5	含硫量/%	0.02
6	含蜡量/%	11.20
7	初馏点/℃	56.3
	馏量/%	温度/℃
8	12.5	102.6
9	29.8	152.9
10	34.8	173.1
11	43.0	213.4
12	47.8	233.5
13	53.3	253.6
14	59.3	273.8
15	69.3	304.0
16	终馏点71.8	310.0

2. 工艺流程

大涝坝集气处理站工艺流程见图4-1-43。

凝析油(118℃、0.55MPa)进入凝析油稳定塔进行稳定。塔顶部气相约103.3℃、0.48MPa，经空冷器冷凝到40℃后，将得到的轻烃经回流泵部分打回流，其余部分送入天然气处理系统的液化气塔进行分离。塔底稳定凝析油约195.5℃、0.5MPa，经与凝析油稳定塔进料换热温度降到112℃，再与节流阀前物料换热温度降至约63℃后外输到稳定凝析油储罐。

来自凝析油稳定塔回流罐的不凝气(40℃、0.46MPa)，以及从三相分离器来的天然气(43.83℃、0.46MPa)一起进入增压机入口分离器分离出携带的重油后，进入天然气增压机经三级增压至6.6 MPa并经级间冷却器冷却到40℃，与来自生产和计量分离器的原料气(26.3℃、6.6MPa)一起进入干燥器入口分离器分离出携带的重油后进分子筛干燥器脱水。

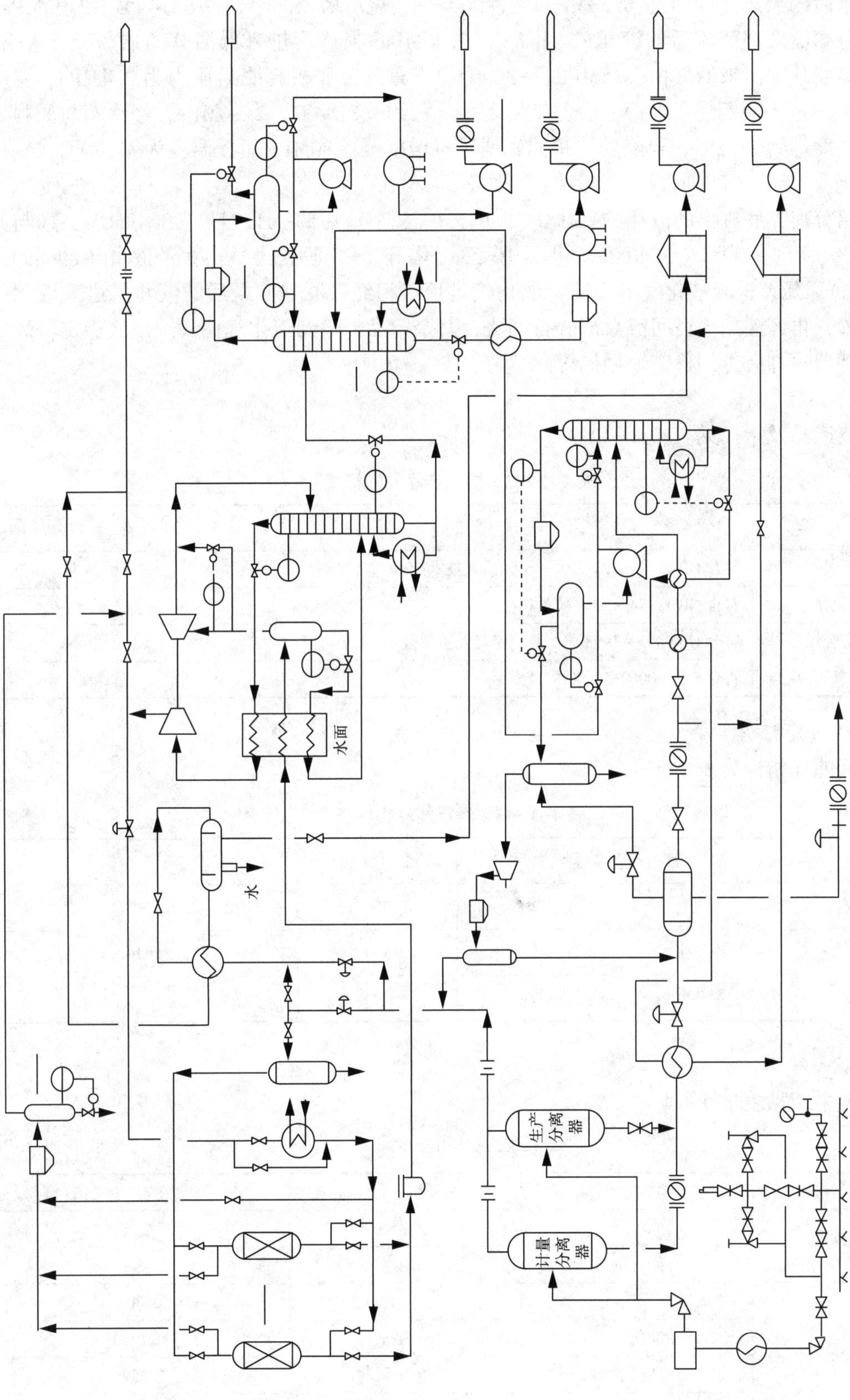

图4-1-43　大涝坝集气处理站工艺流程简图

脱水后的天然气(25℃、6.53MPa)经冷箱与脱乙烷塔塔顶的干气(-62.44℃、2.36MPa)和低温分离器底部节流后的液相(-51.2℃、2.43MPa)换冷后进入低温分离器。经分液后，低温分离器顶部出来的气相(6.5MPa、-30.0℃)，进入膨胀机膨胀后压力为2.4MPa，温度-70.01℃，进入脱乙烷塔上部。脱乙烷塔塔顶气相约-62.44℃、2.36MPa，经冷箱与原料气换冷，温度约为21.2℃，再经膨胀机同轴增压机增压至2.80MPa后，温度为37.70℃，输往库车大化。

低温分离器底排出的液相约-30.0℃、6.5MPa，节流后约-51.14℃、2.43MPa，经与原料气换冷后约-20℃、2.40MPa进入脱乙烷塔下部。脱乙烷塔底部液相(89.85℃、2.40MPa)靠压差进入液化气塔中部，液化气塔顶气相经冷凝器冷凝后的液化气进入液化气塔回流罐，再经液化气塔回流泵部分打回流，其余产品外输到液化气储罐。塔底稳定轻烃经产品冷却器冷却后送到稳定轻烃储罐。

3. 产品指标

主要产品及指标见表4-1-42。

表4-1-42 主要产品及指标表

名称	规格	备注
干气	符合GB 17820—2012中一类天然气技术指标	管输外售
液化气	符合GB 11174—2011质量指标	进储罐
稳定轻烃	符合GB 9053—1998中1号稳定轻烃质量指标	进储罐
稳定凝析油	符合SY/T 0069—2008质量指标	进储罐

4. 运行能耗

运行能耗指标见表4-1-43。

表4-1-43 运行能耗指标表

序号	项目	单位	数量	备注
1	电	kW	550	
2	新鲜水	t/h	3.0	夏季用水
3	燃料气	m^3/h	400	

5. 物料平衡

物料平衡见表4-1-44。

表4-1-44 物料平衡表

物料	项目	单位	数量
进料	原料气	$10^4m^3/d$	25
	凝析油	$10^4t/a$	8
产出	干气	$10^8m^3/a$	0.802
	液化气	$10^4t/a$	0.7960
	稳定轻烃	$10^4t/a$	1.0593
	稳定凝析油	$10^4t/a$	6.43

第五节 NGL 回收工艺设计操作要点

一、工艺方法的选择

(一)主要考虑因素

原料气组成、NGL 回收率或烃类产品收率以及产品(包括干气在内)质量指标等对工艺方法选择有着十分重要的影响。

1. 原料气组成

1) C_{3+}烃类及水蒸气、二氧化碳、硫化氢

原料气中 C_{3+}烃类及水蒸气、二氧化碳、硫化氢等含量对工艺方法的选择均有很大影响。有关 C_{3+}烃类含量对工艺方法选择的影响已在前面介绍，这里就不再多述。

原料气中二氧化碳、硫化氢等酸性组分含量对于选择预处理的脱硫脱碳方法，以及确定在 NGL 回收装置低温部位中防止固体二氧化碳形成的操作条件都是十分重要的。此外，原料气中通常都含有饱和水蒸气，故也需脱水以防止在低温部位由于形成水合物而堵塞设备和管线。当原料气中含有大量 C_{3+}烃类时，则在冷凝分离系统中就需要更多的冷量。有关天然气脱硫脱碳及脱水方法的选择已在前面有关章节中详细介绍，此处不再多述。

2) 汞

有些原料气中还含有极微量的元素汞，汞会引起铝质板翅式换热器腐蚀泄漏，故在采用板翅式换热器的装置中必须脱除。某些固体吸附剂可将气体中汞脱除至 0.001～0.01μg/m³。一般采用浸渍硫的 Calgon HGR(4×10 目)、HGR-P(4mm 直径)的活性炭和 HgSIV 吸附剂脱汞。无机汞和有机汞均可脱除。如果先将气体干燥则可提高其脱汞率。浸渍的硫与汞反应生成硫化汞而附着在活性炭微孔中。

埃及 Khalda 石油公司 Salam 天然气处理厂的原料气中汞含量为 75～175μg/m³，为防止铝质板翅式换热器腐蚀及汞在外输管道中冷凝，原料气进入处理厂后先经入口分离器进行气液分离，分出的气体再经吸附剂脱汞、三甘醇脱水，然后去透平膨胀机制冷、干气再压缩及膜分离系统。脱汞塔采用 HgSIV 吸附剂，将气体中的汞脱除至低于 20μg/m³。

此外，我国海南海燃高新能源公司所属 LNG 装置原料气为福山油田 NGL 回收装置的干气，2007 年初，该 LNG 装置预处理系统分子筛干燥器脱水后的气体经主冷箱(板翅式换热器)冷却去气液分离器的铝合金直管段出现泄漏现象，停运后割开检查，发现该管段中有液汞存在。经检测，原料气中元素汞含量约 100μg/m³，经分子筛脱水后的气体中汞含量在 20～40μg/m³。为此，在预处理系统分子筛干燥器后增加了脱汞塔，采用浸渍硫的活性炭脱除气体中的元素汞。2007 年 3 月，脱汞塔投入运行后效果良好。

3) 氧

当原料气中氧含量大约超过 10×10^{-6}(体积分数)时，将会对分子筛干燥剂带来不利影响。因为在分子筛床层再生时原料气中的微量氧在分子筛的催化下可与烃类反应，生成水和二氧化碳，从而增加再生后分子筛中的残余水量，影响其脱水性能。降低再生温度则是一种有效的预防措施。

2. 商品乙烷及丙烷的收率

烃类产品的收率对工艺方法的选择有很大影响。一般说来，几种常见的工艺方法可能达到的烃类产品收率，见表4-1-45。

表4-1-45 烃类产品收率与工艺方法的关系

工艺方法	低温油吸收	丙烷制冷	乙烷/丙烷阶式制冷	混合冷剂制冷	透平膨胀机制冷
丙烷收率①/%	90	90	98	98	98
乙烷收率①/%	60	50	85	92	92

注：①可能达到的最高值。

3. 商品气质量指标

在商品气质量指标中对其热值有一定要求。回收NGL后将会导致气量缩减及热值降低。因此，如果在商品气中存在氮气或二氧化碳等组分，就一定要保留足够的乙烷和更重烃类以符合热值指标；如果商品气中只有极少量氮气或二氧化碳等组分，乙烷和更重烃类的回收率就会受到市场需求、回收成本及价格的制约。

目前，尽管一些发达国家对商品天然气都采用热值计量进行贸易交接，但我国由于种种原因仍采用体积计量，故这一因素的重要性尚无法充分体现。

(二)工艺方法优选

由上可知，选择工艺方法时需要考虑的因素很多，在不同条件下选择的工艺方法也往往不同。因此，应根据具体条件进行技术经济比较后才能得出明确的结论。例如，当以回收C_{2+}为目的时，对于低温油吸收法、阶式制冷法及透平膨胀机法这3种方法，国外曾发表过很多对比数据，各说不一，只能作为参考。但是，从投资来看，透平膨胀机制冷法则是最低的。而且，只要其制冷温度在热力学效率较高的范围内，即使干气需要再压缩到膨胀前的气体压力，其能耗与热力学效率最高的阶式制冷法相比，差别也不是很大。所以，从发展趋势来看，膨胀机制冷法应作为优先考虑的工艺方法。

对于以回收C_{3+}烃类为目的的小型NGL回收装置，可先根据原料气(通常是伴生气)组成贫富，参照图4-1-44初步选择相应的工艺方法。当干气外输压力接近原料气压力，不仅要求回收乙烷而且要求丙烷收率达90%左右时，则可参照图4-1-45初步选择相应的工艺方法。

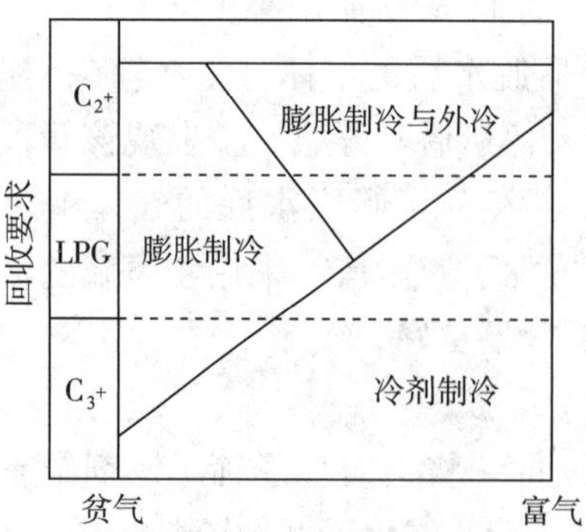

图4-1-44 小型NGL回收装置工艺方法的选择

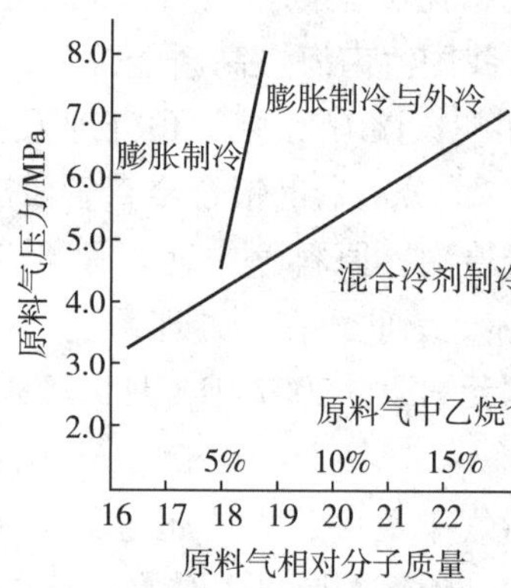

图4-1-45 丙烷收率为90%的工艺方法选择

需要指出的是，当要求乙烷收率高于90%时，投资和操作费用就会明显增加，这是因为：

(1)需要增加膨胀机的级数，即增加膨胀比以获得更低的温位冷量，因而就要相应提高原料气的压力。无论是提高原料气集气管网的压力等级，还是在装置中增加原料气压缩机，都会使投资、操作费用增加。

(2)原料气压力提高后，使装置中的设备、管线压力等级也提高，其投资也随之增加。

(3)由于制冷温度降低，用于低温部位的钢材量及投资也相应增加。

因此，乙烷收率要求过高在经济上并不一定合算。一般认为，当以回收C_{2+}为目的时，乙烷收率在50%~90%是比较合适的。但是，无论何种情况都必须进行综合比较以确定最佳的乙烷或丙烷收率。

二、操作参数的合理选取

(一)NGL回收系统中的压力与温度

在低压石油伴生气回收NGL工艺中，如以回收C_{3+}为目的，C_{3+}烃类在伴生气中含量较富，但不要求获得较高收率，一般采用外冷法工艺(即冷剂制冷法)。由于伴生气压力通常仅有0.1~0.3MPa，为了提高天然气冷凝率(即凝液数量与天然气总量之比)，都要将原料气增压到适宜的冷凝分离压力，且干气外输压力要求较低，在此情况下，一般用压缩机将原料气压力提高到1.5~2.5MPa。如要求干气在较高的压力下输出，原料气就增压到比干气输出稍高的压力。

以回收C_{2+}为目的或者要求C_{3+}获得较高收率的低压伴生气NGL回收装置，一般采用膨胀机制冷加外冷的联合工艺(或两级膨胀机工艺)，例如前述引进的5套主要大型NGL回收装置，均将低压伴生气增压到3.8~5.17MPa。由于5套装置输出干气压力要求不是太高，即0.4~1.2MPa，故经膨胀机制冷后干气压力能满足外输要求。若遇到干气外输更高的压力时，还需将输出干气增压，消费更多的能耗。

NGL冷凝率或某种烃类(通常是C_2或C_3)收率是衡量NGL回收装置的一个十分重要的指标。总的来说，原料气中含有可以冷凝的烃类量越多，NGL冷凝率或某种烃类产品的收率就越高，经济效益就越好。但是，原料气越富时，在给定NGL冷凝率或产品收率时所需的制冷负荷及换热器面积也越大，投资费用也就更高。反之，原料气越贫时，为达到较高的收率则需要更低的冷凝温度。

因此，首先应通过投资、运行费用、产品价格(包括干气在内)等进行技术经济比较后确定所要求的NGL冷凝率或产品收率，然后再根据NGL冷凝率或产品收率，选择合适的工艺流程，确定适宜的原料气增压后压力和冷冻后温度。如果只采用膨胀机制冷法无法达到所需的适宜冷凝温度时，则应采用冷剂预冷。对于高压原料气，还要注意此压力、温度应远离(通常是压力宜低于)临界点值，以免气、液相密度相近，分离困难，导致膨胀机中气流带液过多，或者在压力、温度略有变化时，分离效果就会有很大差异，致使实际运行很难控制。

(二)凝液分馏

由冷凝分离系统获得的凝液，有些装置直接作为产品出售，有些则送至凝液分馏系统进一步分成乙烷、丙烷、丁烷(或丙丁烷混合物)、天然汽油等产品。凝液分馏系统的作用就是按照上述各种产品的质量要求，利用精馏方法对凝液进行分离。因此，分馏系统的主要设备就是分馏塔，以及相应的冷凝器、重沸器、换热器和其他设施等。

1. *凝液分馏流程*

由于凝液分馏系统实质上就是对 NGL 进行分离的过程，故合理组织分离流程，对于节约投资、降低能耗和提高经济效益都是十分重要的。通常，NGL 回收装置的凝液分馏系统大多采用按烃类相对分子质量从小到大逐塔分离的顺序流程，依次分出乙烷、丙烷、丁烷(或丙丁烷混合物)、天然汽油等，如图 4-1-46 所示。对于回收 C_{2+} 的装置，则应先从凝液中脱出甲烷，然后再从剩余的凝液中按照需要进行分离；对于回收 C_{3+} 的装置，则应先从凝液中脱除甲烷和乙烷，然后再从剩余的凝液中按照需要进行分离。

采用顺序流程的原因是：①可以合理利用低温凝液的冷量，尤其是全塔均在低温下运行，而且是分馏系统温度最低且能耗最高的脱甲烷塔，以及塔顶部位一般也在低温下运行的脱乙烷塔；②可以减少分馏塔的负荷及脱甲烷塔以后其他分馏塔塔顶冷凝器及塔底重沸器的热负荷。例如，美国 Louisiana 天然气处理厂 NGL 装置的凝液分馏系统即依次为脱甲烷塔、脱乙烷塔、脱丙烷塔、脱丁烷塔及脱异丁烷塔等。

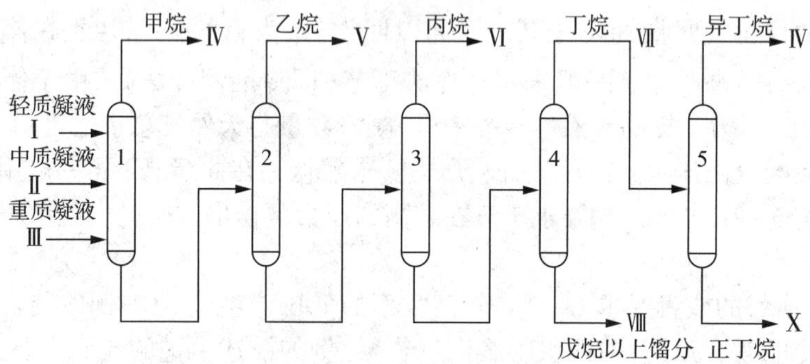

图 4-1-46　凝液分馏的顺序流程

2. *塔侧换热器*

一般的精馏过程，只在分馏塔两端(塔顶和塔底)对塔内物流进行冷却和加热，属于常规精馏，而在塔中部对塔内物流进行冷却和加热的，则属于非常规精馏或复杂精馏。

对于塔顶温度低于常温、塔底温度高于常温，而且塔顶、塔底温差较大的分馏塔，如在精馏段设置塔侧冷凝器或冷却器(中间冷凝器或冷却器)，就可利用比塔顶冷凝器温位较高的冷剂作为冷源，以代替塔顶原来采用温位较低冷剂提供的一部分冷量，故可降低能耗。同样，在提馏段设置塔侧重沸器(中间重沸器)，就可利用比塔底重沸器温位较低的物流作为热源，也可降低能耗。

对于脱甲烷塔，由于其塔底温度低于常温，故塔底重沸器本身就是回收冷量的设备。此时如在提馏段适当位置设置塔侧重沸器，就可回收温位比塔底更低的冷量。

由于脱甲烷塔全塔均在低温下运行，而且塔顶、塔底温差较大，如果设置塔侧冷凝器(或冷却器)和塔侧重沸器，就会显著降低能耗。在 NGL 回收装置中，一般是将冷凝分离系统获得的各级低温凝液以多股进料形式分别进入脱甲烷塔精馏段的相应部位，尤其是将透平膨胀机出口物流或分离出的低温凝液作为塔顶进料，同样也可起到塔侧冷凝器(或冷却器)的效果。此外，由于脱甲烷塔提馏段的温度比初步预冷后的原料气温度还低，故可利用此原料气作为塔侧重沸器的热源，既回收了脱甲烷塔的冷量，又降低了塔底重沸器的能耗，甚至可以取消塔底重沸器。

从提高塔的热力学效率来看，带有塔侧换热器的复杂精馏更适合塔顶、塔底温差较大的分馏塔。由于这时冷量或热量的温位差别较大，故设置塔侧冷凝器和塔侧重沸器的效果更好。因此，凝液分馏系统中的脱甲烷塔多采用之(塔侧重沸器一般为 1~2 台)。

3. 分馏塔运行压力

1)脱甲烷塔

该塔是将凝液中的甲烷和乙烷进行分离的精馏塔。由塔顶馏出的气体中主要组分是甲烷以及少量乙烷。如果凝液中溶有氮气和二氧化碳，则大部分氮气和相当一部分二氧化碳也将从塔顶馏出。选择脱甲烷塔的压力是一个关键的问题，它会影响到原料气压缩机、膨胀机和干气再压缩机的投资及操作费用、塔顶乙烷损失和冷凝器所用冷剂的温位和负荷、塔侧及塔底重沸器所能回收的冷量温位和负荷，以及凝液分馏系统的操作费用等。

在对上述因素进行综合考虑之后，脱甲烷塔不宜采用较高压力。此外，由于塔压较低，低压下塔内物流的冷量也可通过塔侧和塔底重沸器回收，从而降低装置能耗。如果是采用低压伴生气为原料，采用压缩机增压且干气外输压力不高时，脱甲烷塔就更应采用较低压力。

通常，脱甲烷塔压力为 0.7~3.2MPa。当脱甲烷塔压力高于 3.0MPa 时，称为高压脱甲烷塔；低于 0.8MPa 时称为低压脱甲烷塔；压力介于高压与低压之间时，称为中压脱甲烷塔。

2)脱乙烷塔等

对于回收乙烷的装置，脱乙烷塔及其后各塔的运行压力应根据塔顶产品要求、状态(气相或液相)、塔顶冷凝器或分凝器冷却介质温度以及压降等来确定。对于脱丙烷塔、脱丁烷塔(或脱丙烷、丁烷塔)，塔顶温度宜比冷却介质温度高 10~20℃，产品的冷凝温度最高不应超过 50℃。

4. 回流比及进料状态

1)回流比

回流比会影响分馏塔塔板数、热负荷及产品纯度等。当产品纯度一定时，降低回流比会使塔板数增加，但由重沸器提供的热负荷及由冷凝器取走的热负荷减少，故可降低能耗。

当装置以回收 C_{2+} 为目的时，脱甲烷塔回流所需冷量占凝液分馏系统相当大比例的冷量消耗。如分离要求相同，回流比越大，塔板数虽可减少，但所需冷量也越多。因此，对脱甲烷塔这类的低温分馏塔，回流比应严格控制。即使对脱丙烷塔、脱丁烷塔(或脱丙烷、丁烷塔)，回流比也不宜过大。

2)进料状态

塔的进料状态(气相、混合相或液相)对分馏塔的分离能耗影响也很大。在凝液分馏系统中，大部分能量消耗在脱甲烷塔等低温分馏塔上。因此，合理选择这些塔的进料状态对于降低能耗是十分重要的。对于低温分馏塔(塔顶温度<塔底温度<常温，例如脱甲烷塔)。应尽量采用饱和液体甚至过冷液体；对于高温分馏塔(塔底温度>塔顶温度>常温，例如脱丙烷、丁烷塔)，在高浓度进料(塔顶与塔底产品摩尔流量之比较大)时，应适当提高进料温度即提高气化率，而在低浓度时，则应适当降低进料温度即降低气化率。对于在中等温度范围下运行的分馏塔(塔底温度>常温>塔顶温度，例如塔顶在低温下运行的脱乙烷塔)，则应根据具体情况综合比较后，才能确定最佳进料状态。

5. 分馏塔选型

塔型的选择应考虑处理量、操作弹性、塔板效率、投资和压降等因素，一般选用填料塔，直径较大的分馏塔也可选用浮阀塔。填料宜选用规整填料。

在填料塔内，气液接触是在整个塔内连续进行的，而板式塔只是在塔板上进行的。与板式塔相比，填料塔的优点是压降较小，液体负荷较大，可以采用耐腐蚀的塑料材质；有的填料操作弹性较小，并容易堵塞等，应采取措施确保液体分布均匀。

凝液分馏系统中各塔的典型工艺参数见表4-1-46。表中数据并非设计值，只是以往采用的典型数据。实际选用时取决于很多因素，例如进料组成、能耗及投资等。

表4-1-46 典型的分馏塔工艺数据

塔名称	操作压力/MPa	实际塔板数/块	回流比①	回流比②	塔板效率/%
脱甲烷塔	1.38~2.76	18~26	顶部进料	顶部进料	45~60
脱乙烷塔	2.59~3.10	25~35	0.9~2.0	0.6~1.0	50~70
脱丙烷塔	1.65~1.86	30~40	1.8~3.5	0.9~1.1	80~90
脱丁烷塔	0.48~0.62	25~35	1.2~1.5	0.8~0.9	85~95
丁烷分离塔	0.55~0.69	60~80	6.0~14.0	3.0~3.5	90~110
凝液稳定塔	0.69~2.76	16~24	顶部进料	顶部进料	40~60

注：①回流摩尔流量与塔顶产品摩尔流量之比。
②回流体积流量与进料体积流量之比。

(三)低温换热设备

冷凝分离系统中一般都有很多换热设备，其类型有管壳式、螺旋板式、绕管式及板翅式换热器等，后两者适用于低温下运行。板翅式换热器可作为气/气、气/液或液/液换热器，也可用作冷凝器或蒸发器。而且，在同一换热器内可允许有2~9股物流之间换热。采用板翅式换热器作为蒸发器时的冷端温差一般宜在3~5℃；而管壳式换热器则宜在5~7℃。

目前，我国生产的铝质板翅式换热器最高工作压力可达6.3 MPa。

在组织冷凝分离系统的低温换热流程时，应使低温换热系统经济合理，即：①冷流与热流的换热温差比较接近；②对数平均温差宜低于15℃；③换热过程中冷流与热流的温差应避免出现小于3℃的窄点；④当蒸发器的对数平均温差较大时，应采用分级制冷的压缩制冷系统以提供不同温位的冷量。

由于低温设备温度低，极易散冷，故通常均将板翅式换热器、低温分离器及低温调节阀等，根据它们在工艺流程中的不同位置包装在一个或几个矩形箱子里，然后在箱内及低温设备外壁之间填充如珍珠岩等隔热材料，称为冷箱。

三、小型NGL回收装置的橇装化

随着油田的长期开发，出现了一些偏远区块，同时小规模油气区块开发日益受到重视。这类油气设施特点是：油气处理规模较小，稳产时间较短；通常天然气处理规模不超过$10\times10^4Nm^3/d$，稳产时间不超过两年，甚至有稳产不超过一年的边远井，如延长油田部分边远油气井、普光气田部分小规模气田区块、西北油田偏远区块等。

因此，对于这些区块或单井的伴生气，最初采取的不开发或者就地燃烧放空的措施。为了最大程度地利用资源，保护环境，对小型NGL回收装置进行橇装化，实现车载可移动，不仅实现轻烃回收，而且降低了工程建设周期，提高了效率，方便了操作管理。

目前橇装化的装置规模在$(3\sim20)\times10^4m^3/d$，通常由原料气压缩橇块、脱水橇块、丙烷制冷橇块、凝液分馏橇块、冷箱橇块等组成，根据工艺选择不同，来进行调整，橇块大小不超过为 3m×3.3m。如图 4-1-47、图 4-1-48 所示。

图 4-1-47　压缩机橇块

图 4-1-48　三甘醇脱水橇块

装置的橇装化，即装置主要在工厂预制进行，采用整体基础，现场施工工程量小，同时方便搬迁，是未来工程发展的趋势和方向。

四、在回收 NGL 过程中值得注意的问题

1. CO_2 冰堵问题

NGL 回收工艺都在低温条件下操作，尤其是采用深冷工艺装置，使天然气中含有的 CO_2 生成固体，特别是脱甲烷塔(或脱乙烷塔)顶部的几层塔板和膨胀机出口容易生成固体，而产生冰堵，这是在 NGL 回收装置设计和操作中需重视和解决的问题。

根据有关文献的数据，对深冷 NGL 回收装置原料气中 CO_2 含量必须控制在 0.5%～1.0%以下，前述引进的 5 套主要大型 NGL 回收装置均是采用深冷工艺，最低冷冻温度为 -117～-100℃，它们所用原料气中，如中原油田 $100×10^4m^3/d$ 装置原料气 B 中 CO_2 含量为 1.252%，辽河油田 $120×10^4m^3/d$ 装置原料气 CO_2 含量为 0.4185%，已略超过和接近上述的数值。为了不建设天然气脱除 CO_2 装置和避免产生 CO_2 的冰堵问题，在装置设计中，中原油田装置采用了以含有重组分的凝液作回流形式输入脱甲烷塔的措施，可以起吸收 CO_2 作用(特别是 C_4)，使之偏离生成固体 CO_2 的条件；辽河油田装置在设计中采用了将脱甲烷塔塔顶压力降为 0.8MPa 的措施，以求得到可靠的安全运行。其余 3 套装置原料气中 CO_2 含量远低于 0.5%，故未采取任何措施。若遇原料气中 CO_2 含量较高的深冷装置，即使采取措施也不能避免 CO_2 冰堵问题，就必须建设脱 CO_2 装置。

2. 根据环境、介质选择工艺流程

对 NGL 回收装置，工艺原理虽相同，但在不同的环境、组分中，流程又不可完全相同。

如井口集输来的原料气，要充分考虑气井的压力波动，初期通常压力都较高，开采过程中会逐步下降，在工艺中要充分论证膨胀工艺的可行性，否则，需采取更合理的工艺。

如轻质油的处理，中原的油轻，伴生气富，采出水矿物质含量少，在脱水罐设备选型时，余量可不考虑太多；若在新疆，脱水罐要考虑一定的余量，并将游离水全部脱除，因为水中含有矿物质，在后续过程中会产生结盐现象。

3. 冷却方式的选择

装置中的冷却方式，有空冷、水冷两种，对于缺水的中西部地区，优先采用空冷，而对于水资源丰富的南部地区，优先采用水冷。

4. 压缩机噪声措施

装置中最大噪声来自压缩机，而噪声也是一种污染物，设备本体1m处的噪声要求不高于75dB。设备制造本身都满足标准要求，但若装置处在非常偏远、无人烟区域，压缩机的设置仅满足安装、维护要求即可，否则，应尽量设置压缩机房，满足安装、检修要求的同时，减少噪声对周围环境的影响。

第二章　天然气凝液化工及产品利用

第一节　天然气凝液化工利用

NGL 三个产品的利用：①乙烷主要用作裂解生产乙烯等；② LPG(丙烷、丁烷)主要用作民用燃料和汽车代用燃料，LPG 中丁烷可作汽油调和组分，LPG 及其单组分(丙烷、正丁烷、异丁烷)也可用于裂解生产乙烯等，还可生产其他化工产品；③C_{5+}轻油(主要组分为 C_5、C_6 烷烃)也可用于裂解生产乙烯和其他化工产品，并能生产各种溶剂油。

一、裂解制乙烯

(一)国内外乙烯装置原料现状和发展趋势

乙烯是石油化工主导产品，乙烯原料的优化对降低石化产品成本具有举足轻重的作用。乙烯生产成本中原料费用占的比例很高，根据原料的不同，约占乙烯总成本的 60%~80%，因此原料费用直接影响乙烯和后续一系列石化产品的市场竞争力。

目前世界上生产乙烯主要采用蒸汽裂解装置(简称乙烯装置)，其主要产品为乙烯，并副产丙烯等石油化工产品。乙烯装置采用不同原料影响乙烯的收率，表 4-2-1 给出采用 Lummus 公司短停留时间(SRT)裂解炉技术的不同原料气的乙烯及其他产品的分布情况。

表 4-2-1　不同原料气的乙烯及其他产品的收率(质量分数)　　%

产品＼原料	乙烷	丙烷	正丁烷	全馏程石脑油	常压轻柴油	瓦斯油		
						重质	减压	加氢裂化
乙烯	84.0	45.0	44.0	34.4	28.7	25.9	22.0	34.7
丙烯	1.4	14.0	17.3	14.4	14.8	13.6	12.1	14.2
丁二烯	1.4	2.0	3.0	4.9	4.8	4.9	5.0	5.2
芳烃	0.4	3.5	3.4	14.0	16.6	13.3	8.5	13.0
其他①	12.8	35.5	32.3	32.3	35.1	42.3	52.4	32.9

注：① 包括 H_2、CH_4、混合 C_4 及 C_{5+}等。

由表 4-2-1 可知，从乙烷到轻柴油、瓦斯油，原料越重，乙烯收率越低，由天然气(包括伴生气)回收得到的 NGL 作原料裂解制乙烯的收率，较石油馏分原料高，尤其乙烷是生产乙烯最经济的原料。表 4-2-2 列出了 2000~2010 年世界乙烯装置石脑油和乙烷进料比例的变化。

目前，世界大约 50%以上的乙烯生产原料来自石油，如石脑油、柴油和凝析油等(石脑油即为直馏汽油馏分，NGL 中的 C_{5+}一般称天然汽油，其性质与石脑油相近，也可作制乙烯原料)，欧洲和亚太生产商主要采用这类相对较贵的原料，而中东、北美则主要采用成本较低廉的乙烷裂解原料。因此，以石脑油为原料的东北亚和欧洲乙烯生产商在竞争中处于劣势，而以乙烷为原料的中东和北美生产商具有较强的成本优势。

表4-2-2 2000~2010年世界乙烯装置石脑油和乙烷进料比例的变化

乙烯原料	2000年	2004年	2006年	2010年
石脑油/%	55	54	50	47
乙烷/%	28	29	31	35

由于受到资源限制，我国乙烯原料以石脑油为主，其次是轻柴油、加氢尾油，乙烷和丙烷等所占比例很少。石脑油在原料中比例约占64%，加氢尾油约占10%，轻柴油约占10%，国内乙烯原料的90%来自炼厂。随着石油资源短缺、油价上涨和油品重质化、劣质化等影响，乙烯原料的单一化也成为影响我国炼化生产的主要瓶颈。为了解决乙烯原料优化问题，2008年，镇海炼化首次提出了“分子管理理念”。经过两年的攻关将两套装置由炼油型成功地向炼化型转型，优质的加氢裂化尾油年产量增加了$(40\sim50)\times10^4$t，原料芳烃指数(BMCI值)大幅降低。同时，镇海炼化通过分子结构分析的研究，将焦化汽油干点由180℃提高到240℃，并单独进行加氢，将低值产品转变为优质裂解原料，增产约30×10^4t。另外，他们还建成投用两套轻烃回收装置，主要从常减压、催化重整、对二甲苯、加氢裂化等装置排放气中回收饱和LPG组分用作乙烯原料，每年约增加轻烃裂解原料20.5×10^4t。除此之外，镇海炼化优化利用干气资源，主要从催化干气、Ⅱ轻烃富乙烷气及歧化尾气中回收富乙烯乙烷气，为乙烯装置提供低成本的优质原料。除此之外，大庆炼化、抚顺石化、辽阳石化、吉林石化、兰州石化、独山子石化等也根据各自乙烯装置的需要，开始进行乙烯原料优化工作。

(二)国内外乙烯生产能力、产量

乙烯装置除主要生产乙烯外，同时生产丙烯，还副产碳四馏分、芳烃等，因此乙烯装置是现代化石油化工企业中生产基础化工原料的核心装置。

历年我国乙烯生产能力和产量均大幅度的增长，近几年乙烯产需平衡见表4-2-3。

表4-2-3 2006~2011年我国乙烯产需平衡表 10^4t/a

年 份	国内产量	进口量	出口量	表观消费量
2006	955.36	11.70	12.90	954.16
2007	1047.70	51.00	5.00	1039.70
2008	1025.60	72.10	1.40	1096.30
2009	1077.10	97.50	1.50	1173.10
2010	1418.48	81.50	3.40	1496.88
2011	1527.5	106.0	1.0	1632.0

(三)乙烯及主要副产品的性质和产品质量指标

乙烯装置主要产品及副产品的性质见表4-2-4。乙烯和丙烯产品质量指标分别见表4-2-5、表4-2-6。

表 4-2-4 $C_{2+} \sim C_{4+}$的物理性质

项 目	乙烯	丙烯	异丁烯	1-丁烯	顺-2-丁烯	反-2-丁烯	丁二烯
分子式	C_2H_4	C_3H_6	C_4H_8	C_4H_8	C_4H_8	C_4H_8	C_4H_6
结构式	$CH_2{=}CH_2$	$CH_3CH{=}CH_2$	$CH_3C(CH_3){=}CH_2$	$CH_3CH_2CH{=}CH_2$	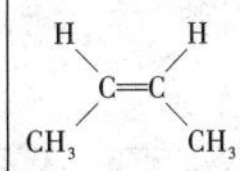	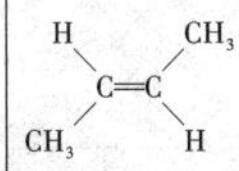	$CH_2{=}CHCH{=}CH_2$
相对分子质量	28.052	42.078	56.104	56.104	56.104	56.104	54.088
沸点/℃	-103.71	-47.7	-6.8	-6.26	3.72	0.88	-4.41
熔点/℃	-169.15	-185.2	-140.35	-185.35	-183.91	-105.55	-108.75
液体相对密度(15.6℃/15.6℃)	0.5699	0.5139(20/4)	0.6002	0.6911	0.6272	0.6100	0.6274
气体相对密度(空气=1，理想气体)	0.9852	1.476	1.9368	1.9368	1.9368	1.9368	2.48
闪点/℃	-66.9	-72.2	-40.6				-40.6
折射率(n_D^{20})	1.3622	1.3625					
自燃点/℃	540	455	465	384	324	324	
API 指数			103.9	103.9	94.1	100.5	94.2
临界温度/℃	9.9	91.89	144.7	146.4	155.0	155.0	163.1
临界压力/MPa	4.95	4.45	4.0	4.1	4.2	4.2	4.32
临界密度/(g/cm³)	0.2142	0.233	0.235	0.234	0.240	0.236	
蒸气压(37.8℃)/MPa		1.54	0.45	0.44	0.32	0.35	
蒸发热(常压，沸点)/(J/g)	482.7	437.5	394.2	390.6	416.1	409.7	406.46
比热容(15.6℃，常压)/[J/(g·℃)] c_p 气体 c_V 气体 c_p 液体			0.8608 0.7633 1.2791	0.8612 0.7603 1.2326	0.7603 0.6778 1.2326	0.8495 0.7674 1.2556	1.4717(25℃) 2.22
燃烧热(15.6℃) 液体/(J/g) 气体(常压)/(J/mL)			114.51 0.809	114.84 0.809	114.51 0.809	114.34 0.809	2520.4(kJ/mol，25℃) 2544.4(kJ/mol，25℃)
爆炸范围(V)/%	3.05~28.6	2.0~11.1	1.8~8.8	1.6~9.3	1.8~9.7	1.8~9.7	2.0~11.5

表 4-2-5 工业用乙烯[①](GB/T 7715—2003)

指标名称		优等品	一等品	实验方法
乙烯含量/%	≥	99.95	99.90	GB/T 3391—2002
甲烷和乙烷/10^{-6}	≤	500	1000	GB/T 3391—2002
碳三和碳三以上/10^{-6}	≤	20	50	GB/T 3391—2002
一氧化碳/10^{-6}	≤	2	5	GB/T 3394—2009
二氧化碳/10^{-6}	≤	5	10	GB/T 3394—2009

续表

指标名称		优等品	一等品	实验方法
氢[①]/10^{-6}	≤	5	10	GB/T 3393—2009
氧/10^{-6}	≤	2	5	GB/T 3398. 1—2008
乙炔/10^{-6}	≤	5	10	GB/T 3394—2009 或 GB/T 3391—2002
硫/10^{-6}	≤	1	2	GB/T 11141—1989
水/10^{-6}	≤	10	10	GB/T 12701—1990
甲醇/10^{-6}	≤	10	10	GB/T 12701—1990

注：①该项目按用户要求，需要时测定。

表 4-2-6 工业用丙烯[①](GB/T 7716—2002)

指标名称		优等品	一等品	实验方法
丙烯含量/%	≥	99. 6	99. 2	GB/T 3392
烷烃/%	≤	余量	余量	GB/T 3392
乙烯/10^{-6}	≤	50	100	GB/T 3392
乙炔/10^{-6}	≤	2	5	GB/T 3394
甲基乙炔+丙二烯/10^{-6}	≤	5	20	GB/T 3392
氧/10^{-6}	≤	5	10	GB/T 3396
一氧化碳/10^{-6}	≤	2	5	GB/T 3394
二氧化碳/10^{-6}	≤	5	10	GB/T 3394
丁烯+丁二烯/10^{-6}	≤	5	20	GB/T 3392
硫[①]/10^{-6}	≤	1	5	GB/T 11141
水/10^{-6}	≤	10	10	GB/T 3727
甲醇/10^{-6}	≤	10	10	GB/T 12701

注：①该指标也可以由供需双方协调确定。

(四)裂解制乙烯工艺流程

烃类裂解制乙烯的关键设备是裂解炉。目前世界上生产乙烯所用的裂解技术有：①鲁姆斯公司(Lummus)的短停留时间(SRT)技术；②美国斯通-韦伯斯特公司(Stone-Webster)的超选择性裂解(USC)技术；③荷兰动力技术国际公司(KTI)的GK技术；④Kellog公司的毫秒炉(USRT)技术；⑤林德公司(Linde)的LSCC技术；⑥美国布朗路特公司(Brown)的HSLR技术；⑦Exxon公司的LRT技术。

这些技术共同之处是满足乙烯生产所需的高温、短停时间及低烃分压，不同之处在于炉管构型、急冷锅炉配套、燃烧器选择、稀释蒸汽注入方式等。这些技术中以鲁姆斯公司(Lummus)的SRT技术推广使用最多，我国多数大型乙烯装置引进了该技术，其流程见图4-2-1。

在裂解部分，石油烃原料经预热后进入SRT型管式加热炉1，与稀释水蒸气混合，在760~870℃条件下进行裂解，裂解炉出口高温裂解气经急冷器2急冷，以终止二次反应，同时副产高压蒸汽，裂解气急冷后进入汽油蒸馏塔3除去高沸点燃料油，再进入直接用水冷却的水洗塔4，然后用多级压缩机将裂解气压缩到3.4MPa，压缩裂解气在干燥器6和激冷系统7进行干燥、脱除氢气后进入蒸馏系统。

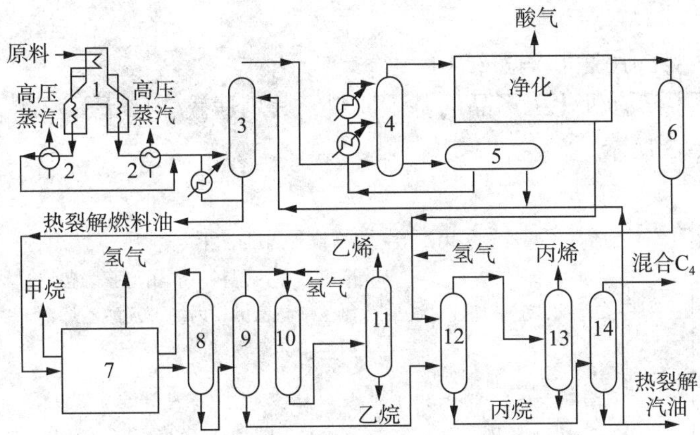

图4-2-1 Lummus工艺裂解制乙烯流程图

1—SRT裂解炉；2—急冷器；3—汽油蒸馏塔；4—水洗塔；5—分离塔；6—干燥器；7—激冷与分离系统；8—脱甲烷塔；9—脱乙烷塔；10—加氢塔；11—乙烯精馏塔；12—脱丙烷塔；13—丙烯精馏塔；14—脱混合C_4塔

在蒸馏部分，裂解气通过脱甲烷塔8、脱乙烷塔9、乙烯精馏塔11、脱丙烷塔12、丙烯精馏塔13等，将各组分分离成产品乙烯、丙烯、混合C_4等。

以45×10^4 t/a乙烯装置为基础，采用不同裂解原料的产品分布，见表4-2-7。此表说明，不同裂解原料所得产品数量有差别，乙烷裂解主要产品为乙烯，其他原料裂解主要产品为乙烯和丙烯。副产品为混合C_4(其中以丁二烯为主)、芳烃、裂解汽油、裂解柴油、富氢气体及富甲烷气体。

表4-2-7 不同裂解的产品分布

原　料	乙烷	丙烷	丁烷	石脑油	常压柴油	减压柴油
单程乙烯收率/%	48.56	34.45	30.75	28.70	23.60	18.00
乙烯总收率/%	77.00	42.00	42.00	32.46	26.00	20.76
产品量/(t/a)						
富氢气体(40%)	61000	29800	27070	26850	26100	25540
富甲烷气体	5500	23600	273590	221580	182300	174300
乙烯	450000	450000	450000	450000	450000	450000
丙烯	9090	179700	201700	169800	252250	296600
丙烷	1300	—	11150	9300	13200	13650
丁二烯	11355	28200	38450	64600	84700	118500
丁烯及丁烷	5010	15400	110030	55400	88230	13750
裂解汽油	10455	79200	145780	325150	321750	411700
苯	5320	29520	65210	97020	86800	82200
甲苯	940	7800	18950	48510	82300	65100
碳八芳烃	120	1100	5800	29250	4220	54200
裂解燃料油	1000	5500	25600	63120	311400	539840

裂解气分离后所得产品的规格，随后续加工方案不同，而有不同的要求，通常将乙烯和丙烯产品分为化学级和聚合级两个等级，例如乙烯生产乙苯、环氧乙烷用化学级，生产聚乙烯用聚合级。

(五)乙烯、丙烯的用途和消费结构

乙烯、丙烯是生产有机化工产品的基础原料，其用途较为广泛，乙烯、丙烯系列产品如图 4-2-2、图 4-2-3 所示。

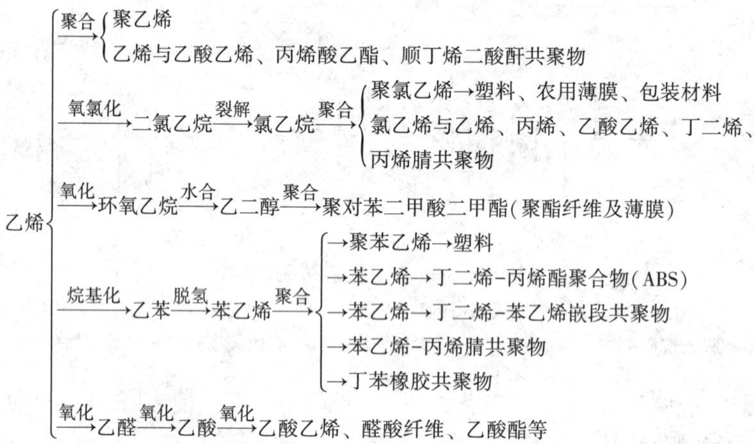

图 4-2-2　乙烯系列产品

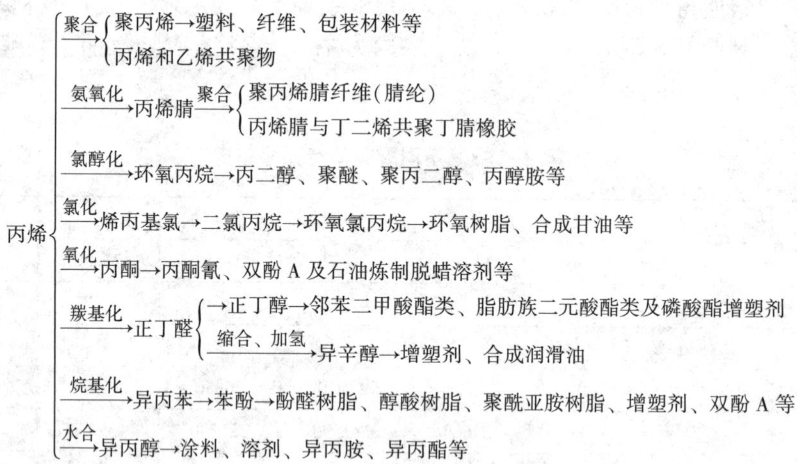

图 4-2-3　丙烯系列产品

我国乙烯主要用于生产聚乙烯、乙二醇及聚氯乙烯等，丙烯主要生产聚丙烯、丙烯腈、丁辛醇等，近年来我国乙烯下游各衍生物的消费量及预测见表 4-2-8，丙烯消费结构见表 4-2-9。

二、脱烃制烯烃

国际上丙烯增长速度超过乙烯，2010 年世界丙烯的产量约为 7730×10^4 t。其中 59%来自蒸汽裂解装置生产乙烯的副产品，33%来自炼油厂催化裂化装置生产汽柴油的副产品，3%由丙烷脱氢产生，5%由其他方法得到。其中，丙烷脱氢(PDH)制丙烯工业装置近几年在中东等具有资源优势的地区发展较快，现在生产能力约为250×10^4t/a，已经成为第三大丙烯生产路线。

表4-2-8 2005、2010年和2015年我国乙烯当量消费量及预测 10^4t

项目	2005年		2010年		2015年	
	消费量	当量消费量	消费量	当量消费量	消费量	当量消费量
聚乙烯	1069.0	1048.0	1705.8	1672.4	2202.0	2158.0
聚氯乙烯	685.5	335.9	1254.6	615.3	1210.2	593.0
乙二醇	418.0	270.5	820.5	523.8	1015.0	656.9
聚苯乙烯	354.0	104.8	585.6	172.2	674.0	202.2
ABS	235.6	42.2	426.6	76.2	478.2	88.2
环氧乙烷	128.6	125.4	230.2	215.4	270.2	263.0
丁苯橡胶	66.8	5.7	125.0	10.8	164.0	15.4
乙丙橡胶	6.4	3.6	19.7	8.2	23.2	12.3
其他		6.0		12.0		14.0
合计		1942.1		3315.3		4003.0

表4-2-9 2012年丙烯消费结构 %

项目	聚丙烯	丙烯腈	环氧丙烷	其他
消费结构	68.8	12.36	8.6	10.24

世界上掌握烷烃脱氢制烯烃工业化技术的主要有：①UOP公司的Oleflex工艺；②ABB Lummus公司的Catofin工艺；③Uhde公司的STAR(Steam Active Reforming)工艺；④意大利Snamprogetti公司和俄罗斯Ярсинтез公司合作开发的FBD-4工艺；⑤林德公司的PDH工艺。这些工艺主要是丙烷作原料生产丙烯，用异丁烷作原料生产异丁烯，Oleflex工艺还用混合C_3/C_4作原料生产丙烯和异丁烯。这些工艺的技术是成熟的，全世界已有几十套工业生产装置正在运行。

(一)脱氢工艺

1. Oleflex工艺

整个工艺装置由反应系统和产品分离回收系统两部分组成，典型的工艺流程见图4-2-4。反应系统由三级(适用于异丁烷脱氢)或四级(适用于丙烷脱氢)径向流动反应器、原料和中间加热器及催化剂连续再生装置(CCR)构成。原料和富氢循环气流混合，与反应器流出物换热后，进入加热器中加热到反应器入口所需温度后，径向流过反应器。反应器中的催化剂为移动床，催化剂靠重力向下移动，控制少量催化剂从反应器底部排出传送到下一级反应器的顶部，最后一级反应器流出的催化剂送到CCR装置中去再生，见图4-2-5。

再生后的催化剂通过气动返回到第1级反应器的顶部。催化剂在反应器-再生器环路中循环时间可在较宽范围内调节，取决于操作强度和再生要求，一般在2~7d。反应器(含原料烃)和再生器(含氧气)相互隔离，不仅保证了操作安全，而且消除了再生废气和原料气之间的交叉污染。CCR装置主要功能：①烧去反应时沉积在催化剂上的焦炭；②重新分散催化剂的活性组分；③脱除过量水分。

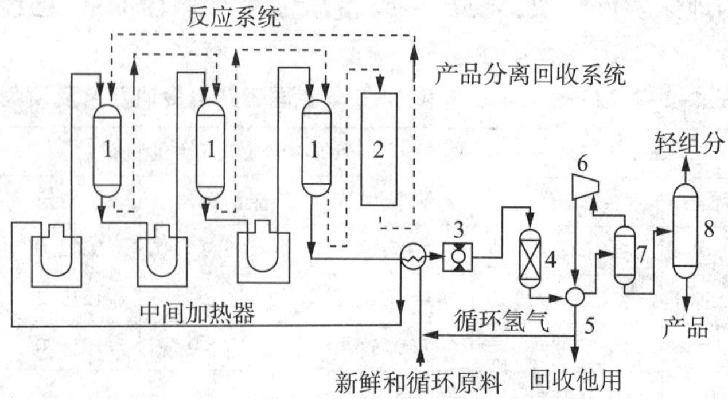

图 4-2-4 Oleflex 工艺流程图

1—反应器；2—CCR 装置；3—压缩机；4—分子筛干燥器；
5—冷凝器；6—涡轮膨胀机；7—分离器；8—分馏塔

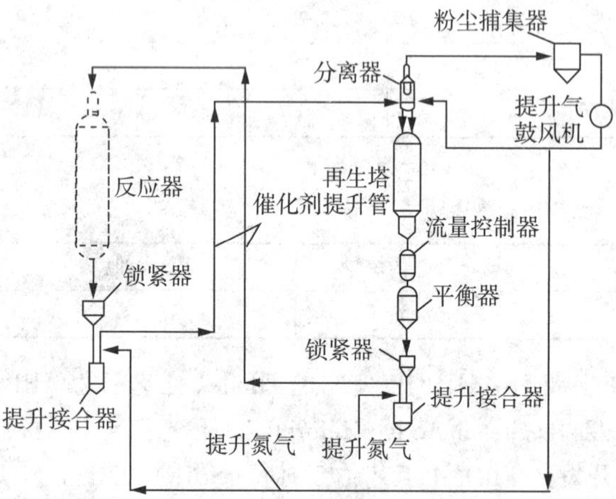

图 4-2-5 Oleflex 催化剂连续再生装置

脱氢过程热力学是受平衡控制的，低压、高温有利于反应的进行，为了减少热裂解副反应发生，实际操作温度不能提得很高，因而压力就成为起支配作用的操作参数，但降低反应压力，特别是负压操作，又会使产品分离回收系统压缩机的压缩比增加而增大能量消耗，亦带来空气吸入系统的危险性。基于以上因素综合考虑，Oleflex工艺反应器选择在温度 620~650℃、压力 0.2~0.25MPa 下操作，使压缩机入口压力刚好保持在大气压以上。原料用富氢循环气流稀释，起到了维持催化剂稳定性，降低烃类分压，以利于转化率的提高和作为热载体的作用。

在产品分离回收系统中，反应器流出物经压缩和用分子筛干燥脱去水分后进入冷箱，被来自涡轮膨胀机的冷气冷凝，未冷凝的富氢气体则从其后的分离器中分离出来，经膨胀后分成两股，一股作为稀释原料用的循环气，另一股可用于加氢工艺或作燃料，氢气纯度为85%~93%，杂质主要为 CH_4、C_2H_6，不含 N_2、CO 和 CO_2。分离器底部流出的冷凝液送入分馏装置。

分馏装置的设计取决于加工原料的类型：加工丙烷时，分馏装置包括脱乙烷塔，丙烷/丙烯分馏塔；加工 C_4 原料时，大多仅一个脱丙烷塔；加工 C_3/ C_4 混合原料时，分馏装置由脱乙烷塔、C_3/ C_4 分馏塔和丙烷/丙烯分馏塔组成。

另外，用混合 C_4（正丁烷和异丁烷）为原料的 Oleflex 装置，可与异构化装置（Butamer）及 MTBE 装置组成联合装置，方框流程见图 4-2-6。混合 C_4 进入脱异丁烷塔，塔顶为异丁烷，塔底出来的正丁烷去

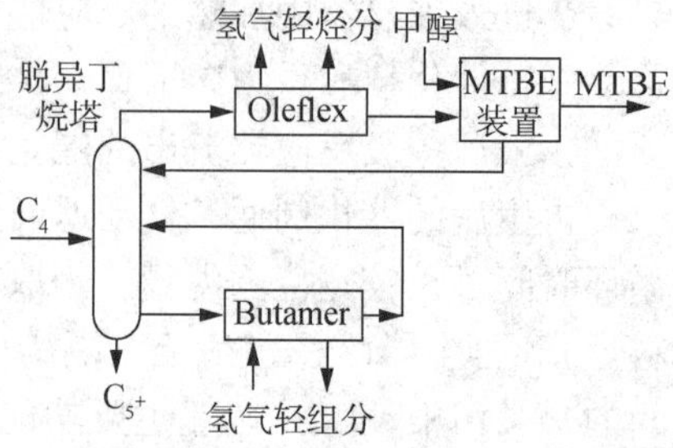

图 4-2-6 MTBE 生产工艺流程图

Butamer 装置异构成异丁烷，返回到脱异丁烷塔，然后全部异丁烷进入 Oleflex 装置脱氢转化为异丁烯，最后在 MTBE 合成装置中制得 MTBE 产品。

2. Catofin 工艺

Catofin 工艺流程见图 4-2-7。反应系统采用一组周期性循环操作的绝热式固定床反应器(3 个以上)，其中一个反应器进行物料脱氢反应，一个反应器用热空气预热催化剂床层并烧焦，一个反应器进行阀门切换、吹扫、排气和催化剂还原等操作，采用多个负压下间歇操作反应器使所有物流实现连续流动，反应周期为 15~30min，需切换，负压操作有利于脱氢反应平衡，故其单程转化率高于 Oleflex 等工艺。

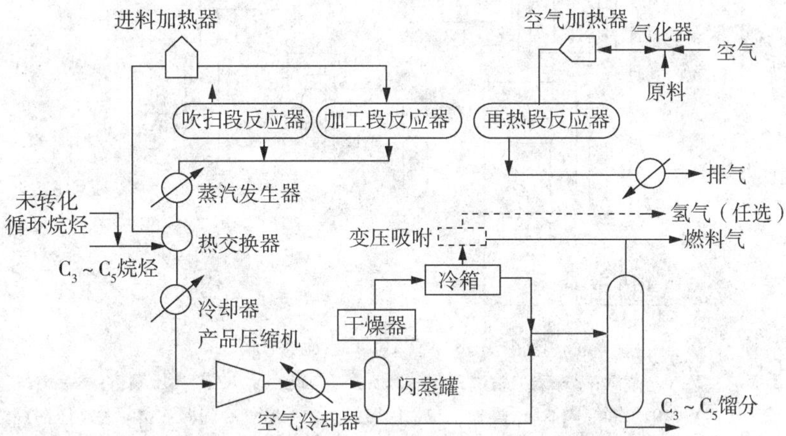

图 4-2-7　Catofin 工艺流程图

将原料烷烃和未转化的循环烷烃混合，经与反应器流出物换热和进料加热器加热后，从上向下进入有热空气预热的反应器，反应产物经蒸汽发生器和原料换热器冷却后进入压缩机，压缩后气相产物为氢和低沸点烃类，液相产物为烯烃(包括未反应的烷烃去分馏装置，最后获得烯烃产品)。

每台反应器的催化剂床层都在原料烷烃进入前用热风预热，储存在催化剂床层中的热量随着脱氢反应进行，不断被原料烃类吸收。当催化剂层冷却到预定温度时，停止进料，用比原料温度高 14~28℃的热空气把催化剂再加热到原来的温度。调节热空气温度是控制系统维持热平衡的主要手段。因此，Catofin 工艺循环作业目的不是为了再生催化剂，而是为催化剂床层提供热量，脱氢反应过程中沉积在催化剂表面极少量(0.02%)焦炭和聚合物在预热床层中亦被烧掉，采用压缩空气作为预热用气。

3. STAR 工艺

该工艺流程见图 4-2-8。新鲜原料烷烃分成平行的几股气流和蒸汽混合，并分别与反应器流出物换热和进入燃烧炉预热段加热后进管式反应器，催化剂装在反应管中，流经管内的过程气用管外烟气加热发生反应，反应产物进一步处理的流程基本上与 Catofin 工艺一样。

管式反应器结构类似于传统生产甲醇合成气的顶烧转化炉，在运转过程中催化剂因焦炭沉积而缓慢降低活性，需周期性烧焦再生。再生分两个阶段进行，第一阶段先停止进料，用配入少量空气的工艺蒸汽吹扫短暂时间，此阶段配入空气中的氧都与焦炭发生反应而耗尽；在第二阶段，增加蒸汽中配入的空气量，使再生排出气流中又出现了氧，以保证除去催化剂上沉积的所有焦炭。再生结束时，停止配入空气，用蒸汽吹扫后即可重新进料投入运行。运转-再生循环周期为 8h，其中 7h 运转、1h 再生，在某些情况下，可达到 15h 运转、1h

再生。

采用蒸汽作稀释剂，可降低原料烃类和氢的分压，有利于提高转化率，蒸汽在反应器中又起到了热载体的作用，抑制催化剂上产生结炭，但降低了过程潜热效率。

再生气排出物流的热量，与反应器流出物和烟气一样被用于过热蒸汽和预热锅炉给水，使 STAR 工艺具有高的综合热利用效率。

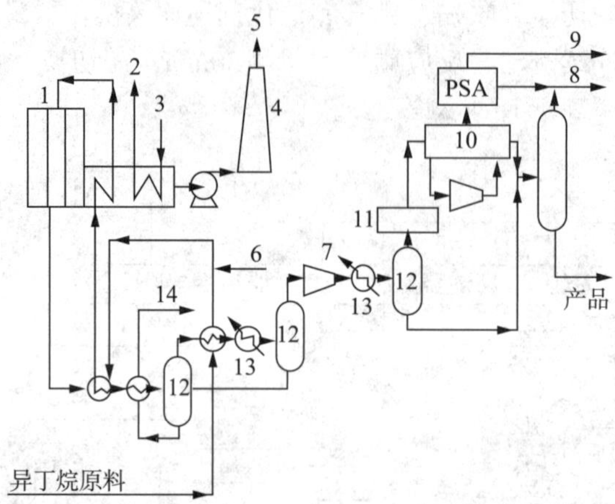

图 4-2-8 STAR 工艺流程图

1—反应炉；2，6—蒸汽；3—锅炉给水；4—烟囱；5—烟道气；7—产品压缩机；8—燃料气；9—氢气(任选)；10—冷箱；11—干燥器；12—闪蒸罐；13—空气冷却器；14—去高压锅炉给水

4. FBD-4 工艺

流化床 FBD-4 工艺早在 20 世纪 60 年代由苏联开发，80 年代以来俄罗斯与意大利联合对工艺进行了改进，目标主要是改善过程的经济性，其中包括开发稳定性和活性更高的催化剂以及实现工艺过程的最佳化。FBD-4 工艺流程见图 4-2-9。

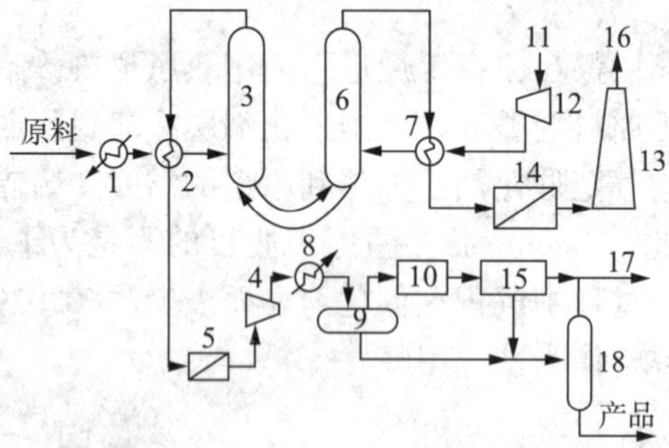

图 4-2-9 FBD-4 工艺流程图

1—原料气化器；2—换热器；3—反应器；4—压缩机；5—过滤器；6—再生器；7—热交换器；8—冷却器；9—分离器；10—干燥器；11—再生空气；12—空气压缩机；13—烟囱；14—烟道气过滤器；15—冷箱；16—烟道气；17—轻组分；18—脱丙烷塔

该工艺的核心部分是反应器-再生器系统，其结构与炼油厂流化床催化裂化装置相类似。用蒸汽气化新鲜原料烷烃与循环物料混合，经与反应器流出物换热后，从催化剂床层底部通过分配器进入反应器，借助分配器使流过床层的气体在整个横截面达到均匀分布。反应器流出物通过装于反应器内上部的高效旋风分离器分离出夹带的催化剂粉末后，从顶部离开反应器，然后与原料换热进入过滤器，以除去残余的粉尘。反应产物进一步处理与 Catofin

工艺相同。

在流化床反应器中，反应所需热由再生器的催化剂(热容量)提供。反应器中催化剂通过气动输送，连续由反应器底部经过 U 形管到达再生器顶部；为了避免催化剂上吸附烯烃产品，在送入再生器前用氮气汽提。再生过的催化剂亦一样通过气动输送，连续从再生器底部通过另一根 U 形管返回到反应器的顶部；为了避免氧带入反应器，在返回到反应器前也用氮气汽提。在流化床反应器中，气相原料和固相催化剂是逆向流动和接触的。在再生器中，一方面用空气使沉积在催化剂上的少量炭烧掉，使催化剂活性恢复并提供了部分所需的反应热；另一方面还必须补充一部分燃料将催化剂加热，再生器的烟道气用于预热燃烧空气。再生器操作条件：温度 640~670℃，压力 120~140kPa。

(二)脱氢工艺的技术参数

各种脱氢工艺的技术参数见表 4-2-10。

表 4-2-10　国外丙、丁烷脱氢工艺参数

项　目	Oleflex	Catofin	STAR	FBD-4
反应器形式	连续流动低速移动床（绝热）	切换固定床（绝热）	切换管式固定床（等温）	连续流化床（绝热）
气流方向	径向	轴向	轴向	轴向
热载体	反应物料	催化剂	—	催化剂
供热方式	段间加热	再生蓄热	间接加热	再生催化供热
切割周期/h	—	1/4~1/2	8	—
反应温度/℃	620~650	620~675	482~621	527~627
C_3^0/iC_4^0		590~650		
反应压力/kPa	200~250	32~49	98~196	120~150
再生				
工作	连续	切换	切换	连续
目的	消除积炭，分散 Pt	消除积炭，提供反应热	消除积炭	提供反应热，消除积炭
稀释剂/烃(摩尔比)	H_2，1~5	—	水蒸气，2~10	—
C_3^0 单程转化率/%	35~40	55~60	30~40	40
选择性/%	89~91	87~94	80~90	89
iC_4^0 单程转化率/%	40~45	60	45~55	50
选择性/%	91~93	90~93	85~95	91

(三)脱氢催化剂

工业应用的低碳烷烃脱氢催化剂可分为贵金属 Pt 基和非贵金属 Cr_2O_3 基两类。催化剂载体除 STAR 工艺采用铝酸锌尖晶石外，其余均采用耐温氧化铝。除主催化剂及载体外，各种催化剂均含有助催化剂。表 4-2-11 所示为各种工艺用脱氢催化剂有关情况。

为了增强 Oleflex 工艺的竞争能力，UOP 公司自开发 DeH-6 后，又开发了 DeH-8、DeH-10、DeH-12 催化剂，其中 1996 年开发的 DeH-12 催化剂不但选择性和寿命比其他几种有较大的提高，其 Pt 含量比 DeH-10 少 25%，比 DeH-8 少 40%。

表 4-2-11　低碳烷烃脱氢催化剂

项　　目	Oleflex	Catofin	STAR	FBD-4
牌号	DeH-6 等	—	—	ИМ-2201，2201M
主催化剂	Pt 0.01%~2%	Cr_2O_3 18%~20%	Pt 0.05%~5%	Cr_2O_3 12%~25%
载体	γ-Al_2O_3	γ，η-Al_2O_3	铝酸锌	Al_2O_3
助催化剂	Sn 0.1%~1% K/Li 0.2%~2.5%	Na_2O 膨润土	Sn 0.1%~5%	SiO_2 1%~2% K_2O 1%~2%
形状	球形	粒状	—	球形
粒度/mm	1.59	3.175	—	<0.1
密度/(kg/L)	—	—	—	<2.0
比热容/[kJ/(kg · K)]	—	—	—	0.9
制备方法	浸渍	浸渍	浸渍	浸渍
可抗毒物		烯烃、含氧物	烯烃、含氧物、一定的硫	烯烃、含氧物
不抗毒物		重金属		重金属
寿命		超过 600d	超过 1 年	

(四)脱氢工艺消耗指标

各种脱氢工艺消耗指标见表 4-2-12。

表 4-2-12　各种脱氢工艺消耗指标(以每吨产品计)

项　　目	Oleflex		Catofin		STAR	FBD-4
	异丁烯	丙烷	异丁烯	丙烯	丙烯	异丁烯
原料烷烃耗量/t	1.187	1.182	1.2	1.13	1.19~1.25	1.24~1.35
电/kW · h	13.9	73	5.54	6.62	—	155
蒸汽/t	0.681	1.769	0.858	1.00	—	0.45
燃料/MJ	4452	8056	5860	5090	—	3990
冷却水/m^3	34.8	3.8	133.2	169.6	—	80
锅炉进水/t	0.4536	0.635	1.44	1.95	—	—

据统计，在全球的丙烯需求中，中国市场占到了 15%以上，并且消费量还在以每年约 5%~6%的速度增长。中国多家石化业者也纷纷宣布将投资 PDH 项目。2011 年 5 月中国软包装集团宣布，计划在福建省福清石化科技园新建 200×10^4t/a PDH 制丙烯装置，预计在 2014 年投产。7 月 15 日，江苏长江天然气化工有限公司年产丙烯 65×10^4t 的丙烯联合体项目落户江苏南通如皋长江镇，拟采用从国外进口天然气分离产生的丙烷为原料。8 月 3 日 UOP 宣布浙江聚龙石油化工有限公司已选择 UOP 为 PDH 制丙烯的新装置提供关键技术，该装置预计将于 2013 年启动，届时将年产丙烯 45×10^4t。8 月 5 日浙江海越股份发布公告称，与 ABB Lummus Global 公司签订了宁波 PDH 装置的技术许可和工程技术服务合同，建设 138×10^4t丙烷和混合 C_4 利用项目。9 月份东华能源股份与江苏飞翔化工股份、江苏华昌化工股份签署三方合资协议，拟共同投资设立张家港扬子江石化有限公司，共同投资 120×10^4t

的 PDH 生产丙烯装置。另据普氏新闻报道称，中国烟台万华聚氨酯计划 2013 年投产在山东烟台新建的 75×10^4t/a PDH 制丙烯装置，该装置将使用 UOP 的 Oleflex 工艺技术。

(五) 乙烷氧化脱氢制乙烯的进展

传统的乙烷等烃类裂解生产乙烯能耗大，受平衡限制，单程转化率低，副产品多。国外研究的乙烷氧化脱氢制乙烯工艺，装置投资、操作费用等较裂解法明显优越，且有利于乙烯的生成。

由于乙烷比 C_{3+}烷烃稳定，受到热力学平衡限制，脱氢制乙烯收率难以提高，故乙烷脱氢在技术上难度很大。近年来国外开展乙烷氧化脱氢新工艺的研究。因在热力学上十分有利，关键是要研究氧化脱氢的高效催化剂，除原料乙烷外，还需要氧气及稀释剂，主要产品是乙烯并联产乙酸。

目前美国几家大公司开展了催化剂和工艺的研究，其结果见表 4-2-13。

表 4-2-13 乙烷氧化脱氢制乙烯催化剂和工艺条件

公 司	催化剂	反应器	反应温度/℃	反应压力/MPa	空速/h^{-1}	乙烷转化率/%	乙烯选择性/%
UCC	Mo-V-Nb Sb-Ca-O	固定床	400	0.1	710	73	71
Standard Oil	V-P-Mo	固定床	526	0.1	900	53	43.2
Phillips Petroleum	Mn-P-O	循环交替	675~740	0.1	400~600	20~97	50~96
	Ca-P-O	循环交替	480~815	0.1~0.2	100~2500	20~50	70~87
	ZnTiO	循环交替	700	0.01	1200	40~71	68~78

乙烷氧化脱氢制乙烯所用催化剂为：①碱金属和碱土金属；②过渡金属氧化物；③稀土金属氧化物。乙烷氧化脱氢氧化剂有氧气、空气、氧化亚氮等，主要氧化剂是氧气。在乙烷氧化脱氢过程中要加入稀释剂，起到稳定反应物流速，调节反应物分压，以便反应向有利方向进行的作用，稀释剂有氮气、氦气和水蒸气等。

从表 4-2-13 可以看出，UCC 的反应条件(400℃，0.1MPa)温和，结果也最优。该公司在自己实验室结果的基础上，建立了中试装置，在温度 300~400℃、压力 0.1~4.0MPa 条件下制得乙烯，并副产乙酸和水，乙烯和乙酸的选择性达 90%，催化剂寿命达 1~2 年，并提出投资费用要比裂解法减少 20%~30%。由此可以看出，反应条件比裂解法更为温和的乙烷氧化脱氢制乙烯工艺是有发展前景的，但尚未见到已工业化的报道。

(六) 我国烷烃脱氢制烯烃科研工作动向

近年来中国科学院一些科研单位和院校开展了实验室烷烃脱氢制烯烃的科研工作，主要从事催化剂研制，如大连化学物理研究所、大庆石油学院等单位进行了丙烷脱氢制丙烯研究工作；成都有机化学研究所、兰州化学物理研究所开展了乙烷氧化脱氢制乙烯研究工作。

三、芳构化制苯、甲苯、二甲苯

苯、甲苯、二甲苯(BTX)是石油化工和有机合成重要基础原料，产量仅次于乙烯、丙烯、甲醇等大化工产品。目前世界 BTX 产品主要用石脑油催化重整(部分炼油厂催化重整装置用于生产高辛烷值汽油的调和组分)。由于 BTX 的需求量日益增长，采用低碳烷烃芳构化制取，是生产 BTX 又一个重要来源。若能获得价格较低廉的低碳烷烃，降低 BTX 生产成本，低碳烷烃芳构化无疑成为有发展前途的工艺。

(一) BTX 的性质和质量指标

BTX 的物理性质见表 4-2-14。二甲苯系包括邻二甲苯、间二甲苯、对二甲苯和乙苯四种同分异构体的混合物。苯、甲苯及二甲苯的质量指标分别见表 4-2-15、表 4-2-16、表 4-2-17。

表 4-2-14 BTX 的物理性质

项目	苯	甲苯	邻二甲苯	间二甲苯	对二甲苯	乙苯
分子式	C_6H_6	C_7H_8	C_8H_{10}	C_8H_{10}	C_8H_{10}	C_8H_{10}
结构式		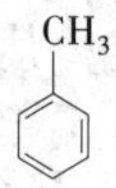	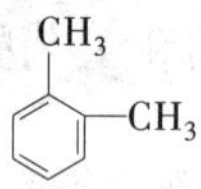	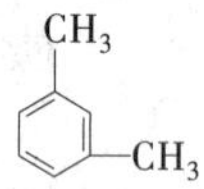	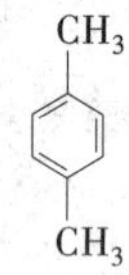	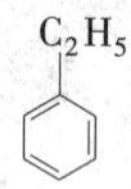
相对分子质量	78.11	92.14	106.2	106.2	106.2	106.2
沸点/℃	80.099	110.625	144.41	139.10	138.35	136.19
熔点/℃	5.533	-94.991	-25.17	-47.4	13.26	-94.98
相对密度(d_4^{20})	0.8847	0.8719	0.880	0.864	0.861	0.867
闪点(开)/℃	-12.2~13.3	7				
自燃点/℃	630	633				
熔化热/(J/g)	127.49	6.397				
气化热(80.1℃)/(J/g)	394.19	38.016	43.15 (30℃, kJ/mol)	42.76 (30℃, kJ/mol)	42.236 (30℃, kJ/mol)	41.927 (30℃, kJ/mol)
黏度(30℃)/(mPa·s)	0.645 (20℃)	0.58 (20℃)	0.8762	0.547	0.568	0.589
导热系数/[kJ/(cm·s·℃)]	141.93×10^{-5} (30℃)	142.8×10^{-5} (20℃)	134.4×10^{-5}	134.4×10^{-5}	134.4×10^{-5}	131.9×10^{-5}
表面张力(20℃)/(10^{-5}N/cm)	28.9	28.53	29.25	28.02	27.03	28.23
折射率(n_D^{20})	1.50112	1.49693				
蒸汽压/Pa	13332.2 (26.2℃)		2045.959 (40℃)	2522.919 (40℃)	2646.1751 (40℃)	1864.557 (40℃)
临界温度/℃	289.5	320.8	357.07	348.82	343.0	343.94
临界压力/MPa	4.94	4.26	3.733	3.541	3.501	3.609
临界密度/(kg/m^3)	304	290	288	282	280	284
比热容(25℃)/[J/(g·℃)]	1.0463					
爆炸范围(体积分数)/%	1.33~7.9	1.3~6.8	1.1~6.4	1.1~6.4	1.1~6.6	0.99~6.7

表 4-2-15 石油苯的要求和试验方法

项目		质量指标		实验方法
		石油苯-535	石油苯-545	
外观		透明液体、无不溶水及机械杂质		目测①
颜色(铂-钴色号) 不深于		20	20	GB/T 3143 ASTMD1209②
纯度(质量分数)/%	≥	99.80	99.90	ASTM D 4492
甲苯(质量分数)/%	≤	0.10	0.05	ASTM D 4492
非芳烃(质量分数)/%	≤	0.15	0.10	ASTM D 4492
噻吩/(mg/kg)	≤	报告	0.6	ASTM D 1685 ASTM D 4735③
酸洗比色		酸层颜色不深于 1000mL,稀酸中含 0.2g 重铬酸钾的标准溶液	酸层颜色不深于 1000mL,稀酸中含 0.1g 重铬酸钾的标准溶液	GB/T 2012
总硫含量/(mg/kg)	≤	2	1	SH/T 0253④ SH/T 0689
溴指数/(mg/100g)	≤	—	20	SH/T 0630 SH/T 1551⑤ SH/T 1767
结晶点(干基)/℃	≥	5.35	5.45	GB/T 3145
1,4-二氧己烷(质量分数)/%		由供需双方商定		ASTM D 4492
氮含量/(mg/kg)		由供需双方商定		SH/T 0657 ASTM D6069
水含量/(mg/kg)		由供需双方商定		SH/T 246 ASTM E1064
密度(20℃)/(kg/m^3)		报告		GB/T 2013 SH/T 0604
中性实验		中性		GB/T 1816

注:① 将试样注入 100 mL 玻璃量筒中,在 20℃±3℃下观察,应是透明、无不溶水及机械杂质。对机械杂质有争议时,用 GB/T 511 方法进行测定,结果应为无。
② 在有异议时,ASTM D 1209 为仲裁法。
③ 在有异议时,ASTM D 4735 为仲裁法。
④ 在有异议时,SH/T 0253 为仲裁法。
⑤ 在有异议时,SH/T 1551 为仲裁法。

表 4-2-16 甲苯质量指标

项目		优级品	一级品	实验方法
外观		透明液体，无不溶水及机械杂质		目测①
颜色(Hazen 单位，铂-钴色号)		10	20	GB/T 3143 ASTM D1209②
密度(20℃)/(kg/m³)		—	865~868	GB/T 2013③ SH/T0604
纯度(质量分数)/%	≥	99.9	—	ASTM D6526
烃类杂质含量/% 苯含量 C_8 芳烃含量 非芳烃含量	 ≤ ≤ ≤	 0.03 0.05 0.10	 0.10 0.10 0.25	GB/T 3144 ASTM D6526④
酸洗比色		酸层颜色不深于 1000mL 稀酸中含 0.2g 重铬酸钾的标准溶液		GB/T 2012
总硫含量/10^{-6}	≤	2		SH/T 0253⑤ SH/T 0589
蒸发残余物/(mg/100mL)	≤	3		GB/T 3209
中性试验		中性		GB/T 1816
溴指数/(mg/100g)		由供需双方商定		SH/T 0630 SH/T 1551 SH/T 1767

注：①将试样注入 100 mL 玻璃量筒中，在 20℃±3℃下观察，应透明、无不溶水及机械杂质。对机械杂质有争议时，用 GB/T 511 方法进行测定，结果应为无。
②在有异议时，ASTM D 1209 为仲裁法。
③在有异议时，GB/T 2013 仲裁法。
④在有异议时，ASTM D6526 为仲裁法。
⑤在有异议时，SH/T 0253 为仲裁法。

表 4-2-17 石油混合二甲苯技术要求和试验方法

项目		质量指标		实验方法
		3℃混合二甲苯	5℃混合二甲苯	
外观 颜色(Hagen 单位，铂-钴色号)		透明液体，无不溶水及机械杂质 20		目测① GB/T 3143
密度(20℃)/(kg/m³)		862~868	860~870	GB/T 2013② SH/T 0604
馏程/℃ 初馏点 终馏点 总馏程范围	 ≥ ≤ ≤	 137.5 141.5 3	 137 143 5	GB 3146③

续表

项目	质量指标		实验方法
	3℃混合二甲苯	5℃混合二甲苯	
酸洗比色	酸层颜色不深于 1000mL 稀酸中含 0.3g 重铬酸钾的标准溶液	酸层颜色不深于 1000mL 稀酸中含 0.5g 重铬酸钾的标准溶液	GB 2012
总硫含量/10^{-6} ≤	2		SH/Y 0689 SH/T 0253④
蒸发残余物/(mg/100mL) ≤	3		GB/T 3209
铜片腐蚀	通过		GB/T 11138
中性试验	中性		GB/T 1816
溴指数/(mg/100g)	由供需双方商定		SH/T 0630 SH/T 1551 SH/T 1767

注：①将试样注入 100 mL 玻璃量筒中，在 20℃±3℃下观察，应透明、无不溶水及机械杂质。对机械杂质有争议时，用 GB/T 511 方法进行测定，结果应为无。

②在有异议时，GB/T 2013 仲裁法。

③在有异议时，以蒸馏法为仲裁法。

④在有异议时，以 SH/T 0253 为仲裁法。

(二)芳构化工艺

1. Cyclar 工艺

在 BP 公司开发的高活性、高选择性的脱氢芳构化和 UOP 公司的低速移动床连续再生(CCR)相结合的基础上，两公司联合开发了以 LPG 为原料的 Cyclar 工艺，转化成 BTX 和氢气。第一套装置建在苏格兰 Grangemouth 地区 BP 公司炼油厂内，被认为是较理想的地点，因 Cyclar 装置可与炼油厂装置联合，LPG 较易自北海油田获得。该装置每天加工能力为 1000 桶(约 2.8×10^4t/a)，以丙烷、丁烷或丙丁烷为原料，在不同的工艺条件下运行，自 1990 年开工以来，已证明该工艺技术成熟可行。在沙特阿拉伯建设 1 套每天加工能力 4600 桶(约 13×10^4t/a)的 Cyclar 工艺装置，1999 年开工。

1)基本原理

在第 1 步反应过程中，低碳烷烃被脱氢生成烯烃，具有较高活性的烯烃一旦形成，迅速聚合成分子量更大的中间产品，然后再环化成环烷烃。低聚反应是由酸性催化剂催化，而环化反应则由沸石的择形性所促进。反应最后步骤是环烷烃脱氢生成相应的芳烃；采用的工艺操作条件，从热力学来看，对最后反应阶段是有利的，使中间产品几乎完全转化为芳烃。由于烯烃类是关键的反应中间物，因而烯烃可直接加入 Cyclar 装置的新鲜原料中，烯烃虽然可以完全转化成芳烃，但催化剂失活率和生焦率都高于丙烷、丁烷为原料时的情况。Cyclar 工艺所用催化剂结焦低，热稳定性好，机械强度高，磨损小，寿命长。催化剂对硫、氮化合物，二氧化碳和水不敏感，所以原料不需深度精制。芳构化反应是强吸热反应，为了提高生成芳烃的选择性，必须保持较高反应温度，并抑制歧化、裂化和生焦反应。

2)工艺流程

将 LPG 转化成 BTX 和氢气的 Cyclar 工艺，由反应、催化剂再生及产品回收组成，工艺流程见图4-2-10。反应段连续地将LPG转化，4台绝热径向流动反应器垂直重叠在一起，使催化剂能在反应器间靠重力流动，虽有些反应是放热过程，但吸热反应占支配地位，故要求使用中间加热器以保证催化剂的最佳效率。反应流出物在分离器内，分出液体被送至汽提塔，从C_{6+}芳烃中除去轻质饱和烃，放出气体被压缩后送至回收气体的低温分离装置(冷箱)，低温分离装置除了产生燃料气和未转化的LPG循环外，可生产纯度(体积分数)95%的氢气产品。脱氢反应是该工艺的关键阶段，它适宜于高温低压下操作，但能产生焦炭沉积，因此催化剂必须连续烧焦再生以维持最佳活性。催化剂自反应器底部连续引出，用空气气动输送至再生器，同时等量的再生催化剂被输送到反应器，催化剂的流动是连续的。由于反应器和再生器是分开的，因此它们可在各自的最佳工艺条件下运行。反应操作条件为：温度482~537℃，压力0.9~1.0MPa，空速$2h^{-1}$。

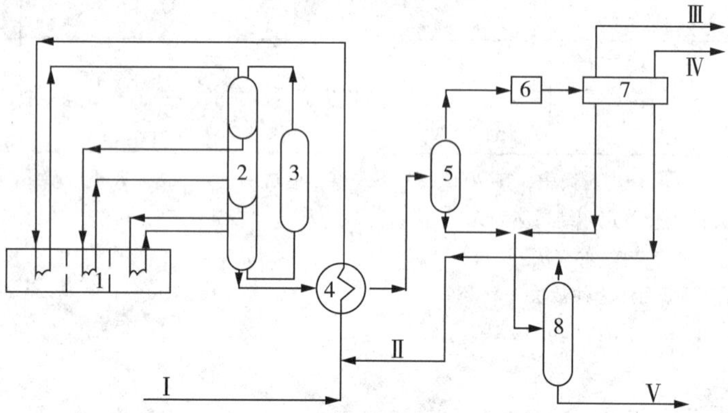

图4-2-10 Cyclar过程的工艺流程图

1—加热炉；2—反应器；3—再生器；4—换热器；5—分离器；6—辅助压缩机；
7—气体分离设备；8—汽提塔

Ⅰ—新鲜原料；Ⅱ—循环物；Ⅲ—氢气；Ⅳ—燃料气；Ⅴ—C_{6+}芳烃

Cyclar工艺使用镓改性的ZSM-5催化剂，结焦性低，热稳定性好，机械强度高，循环速度慢，磨损小，寿命长达2年。烧焦再生后可恢复活性和选择性。催化剂对硫、氮化合物、二氧化碳及水不敏感，所以原料无须深度精制。

表4-2-18列出每天加工15000桶(约1200 t/d)丙烷或每天加工15000桶(约1360 t/d)丁烷的Cyclar工艺产品产率。该工艺所获得芳烃的总收率为62%~65 %，在芳烃中BTX占85%以上。

表4-2-18 Cyclar工艺产品产率 10^4t/a

产品＼原料	丙烷		丁烷	
苯	8.2	20.3%	8.4	18.4%
甲苯、二甲苯、C_9芳烃	17.3	42.8%	21.7	47.6%
氢气(纯度95%)	3.0	7.4%	3.0	6.6%
燃料气①	11.9	29.5%	12.5	27.4%
总计	40.4	100%	45.6	100%

注：①燃料气组成(摩尔分数)：甲烷60%和乙烷20%，其余为未回收的丙烷、丁烷及氢气。

与采用以石脑油为原料的催化重整生产芳烃相比，Cyclar 工艺可省去加氢精制和溶剂抽提过程，可节约投资和操作。两工艺的综合经济效益还与石脑油、LPG 的价格有很大关系。

2. 其他芳构化工艺

1) Pyroform 工艺

美国动力技术国际公司开发了 Pyroform 工艺，该工艺能使用乙烷、丙烷生产芳烃或高辛烷值汽油及乙烯。原料与再循环物料混合后首先进入热解反应器，在高温作用下生成烯烃，再进入热催化反应器，其中装有 ZSM-5 分子筛催化剂，在这里烯烃转化成芳烃。该工艺产品的组成(质量分数)见表 4-2-19。从此表看出，该工艺能把原料高效地转化成芳烃，包括反应能力很低的乙烷。

表 4-2-19 Pyroform 工艺产品组成 %

产品 \ 原料	乙烷	丙烷
氢气	7.3	2.9
甲烷	18.2	35.2
C_2~C_5 烃	18.5	12.7
苯	4.6	6.5
甲苯	13.6	12.4
C_8 芳烃	19.2	16.8
C_6~C_8 非芳烃	17.8	11.5
C_{9+}烃	0.8	2.0
总计	100	100
芳烃	37.4	35.7
液体烃 C_{5+}	74.5	61.9

2) M-2 重整工艺

该工艺是 Mobil 公司开发的低碳烷烃为原料生产芳烃，使用 HZSM-5 单功能催化剂。正戊烷、含烯烃气体、各种汽油都是该工艺的原料，尤其含烯烃原料更有利于芳烃的生成。M-2重整工艺反应条件和芳烃产率见表 4-2-20。

表 4-2-20 M-2 重整工艺反应条件和芳烃产率

原料	碳含量/%	反应条件		芳烃产率/%	
		温度/℃	空速/h^{-1}	观测	最大
正戊烷	83.3	575	1.0	31	45
正己烷	83.7	538	1.0	32	45
丙烯	85.8	538	68	33	58

该工艺催化剂与传统酸催化剂相比稳定性较好，但催化剂的积碳失活仍然较为严重，并且芳烃产物需要循环处理。

3) Aroforming 工艺

IFP 和 Salutee 公司开发的 Aroforming 工艺，采用掺杂金属氧化物的分子筛催化剂，将

LPG 或 C_5～C_6 烷烃转化为芳烃，反应结果与 Cyclar 工艺相似。该工艺采用多段固定床等温管式反应器，一部分用作反应，另一部分用作催化剂再生。该工艺既适用大规模生产，对规模较小的生产也较为合适。

(三)我国低碳烷烃芳构化的发展动向

20 世纪 90 年代以来，大连化学物理研究所、兰州化学物理研究所、山西煤炭化学研究所、洛阳石化工程公司炼制研究所、大庆石油学院及大庆油田等单位开展了低碳烷烃 C_3～C_4、C_4～C_9 芳构化的研究工作，主要针对分子筛催化剂的研究取得了一些成果。我国油气田回收的 LPG 远不能满足市场的需求，因此用 LPG 作芳构化原料，资源不足，但从油气田回收的 C_4～C_9 尚有一定的资源。大庆石油化工总厂在实验室固定床反应器中进行了 C_4～C_8 芳构化的研究工作，采用 Ga-Zn-ZSM-5 催化剂，反应温度 550℃，压力 0.2MPa，质量空速 0.5h^{-1}，原料组成见表 4-2-21。

表 4-2-21　原料组成

组　分	≤C_4	C_5	C_6	C_7	C_8	≥C_9
质量分数/%	7.304	20.301	23.289	24.555	16.546	8.074

试验规模为 100mL(催化剂填装量)，单程周期为 100h，全程 1000h，试验结果：烷烃转化率可达 96%，芳烃选择性 57.8%，总芳烃平均质量收率 55.51%。上海石油化工股份有限公司已建一套 2×10^4t/a C_5 烃芳构化装置。

(四)BTX 的用途

苯、甲苯、二甲苯系列产品分别见图 4-2-11～图 4-2-13。

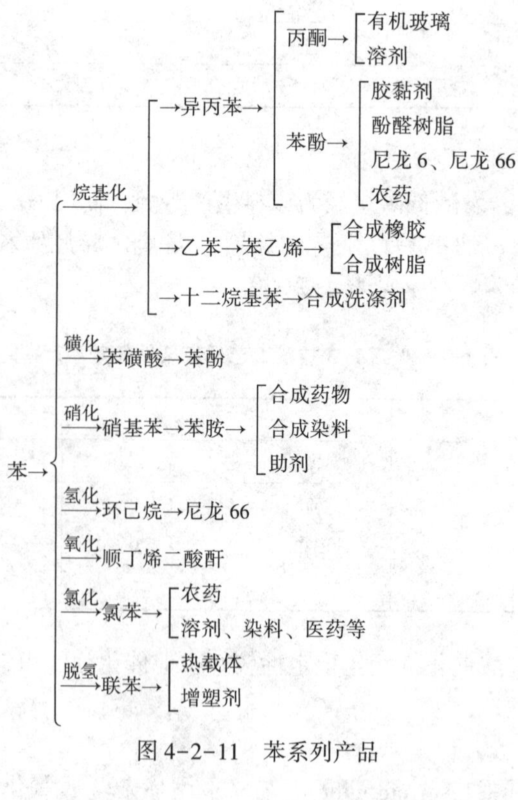

图 4-2-11　苯系列产品

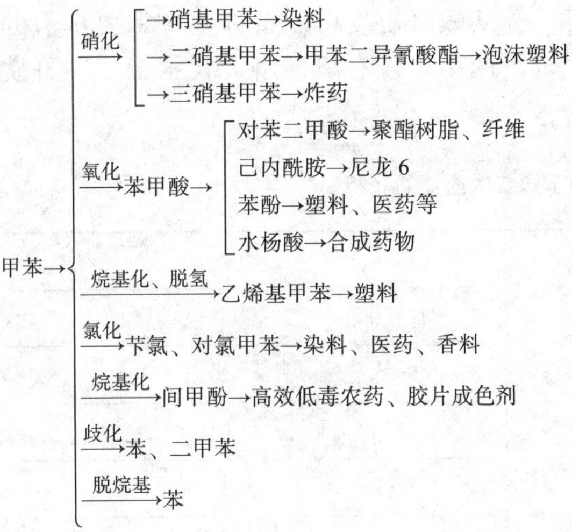

图 4-2-12　甲苯系列产品

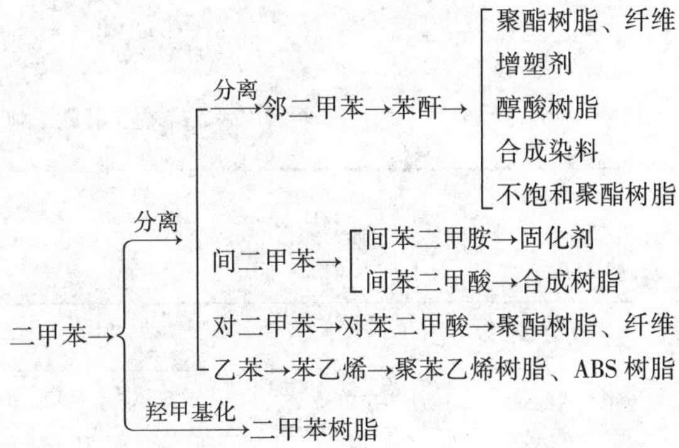

图 4-2-13　二甲苯系列产品

四、正丁烷制顺丁烯酸酐及其下游产品

油田气回收 NGL 中的正丁烷用催化氧化法生产顺丁烯二酸酐(简称顺酐)与苯、丁烯为原料的工艺路线相比，具有原料价格较为低廉的优点。20 世纪 80 年代以来，世界上正丁烷催化氧化制顺酐新技术得到了迅速发展，预计今后新建装置将以正丁烷原料的顺酐生产装置为主。

(一)顺酐的性质和产品质量指标

顺酐为白色结晶粉末，有强烈刺激气味，刺激眼睛及皮肤，易升华。溶于水成顺丁烯二酸(即失水苹果酸)，又溶于乙醇、乙醚及丙酮，难溶于石油醚和四氯化碳。其主要物理性质见表 4-2-22。

表 4-2-22　顺酐的物理性质

项　目	数　值	项　目	数　值
化学式	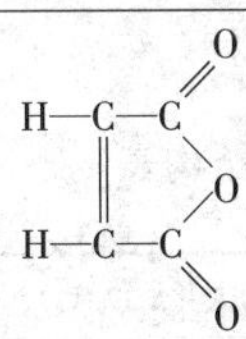	黏度/mPa·s 60℃ 90℃ 150℃	 16.1 10.7 6.0
相对分子质量	98.6	溶解度(二甲苯，29.7℃)/(g/L)	163.2
相对密度(d_4^{20})	0.934	蒸汽压/kPa	
沸点/℃	199.7	44℃	0.1333
熔点/℃	52.85	78.7℃	1.333
闪点(开)/℃	110	111.8℃	5.333
自燃点/℃	477	135℃	13.332
生产热/(kJ/mol)	-470.72	129.5℃	53.329
燃烧热/(kJ/mol)	-1391.23	202℃	101.325
气化热/(kJ/mol)	54.85	爆炸范围/%	1.86~8.41
熔化热/(kJ/mol)	13.66		
水解热/(kJ/mol)	-34.88		

顺酐的化学性质非常活泼，其分子中具有羰基及双键，从而可进行酯化、各基团加成、亲核或亲电子反应、自由基反应及异构反应，从顺酐出发可制备许多有重要价值的化合物，因此顺酐已成为重要性仅次于乙酐、苯酐的第三位有机酸酐。我国工业顺酐质量指标见表4-2-23。

表 4-2-23　我国工业顺丁烯二酸酐质量指标

项　　目		指　　标	
		优等品	合格品
顺酐的质量分数(以 $C_4H_2O_3$ 计)/%	≥	99.5	99.0
熔融色度(铂-钴色号)/Hazen 单位	≤	25	50
结晶点/℃	≥	52.5	52.0
灼烧残渣的质量分数/%	≤	0.005	
铁的质量分数(以 Fe 计)/(μg/g)	≤	3	—
加热后的熔融色度/Hazen 单位(铂-钴色号)	≤	由供需双方协商确定	—

(二)国内外发展情况

2008 年全球顺酐生产能力为 247.6×10⁴t/a。其中，亚洲生产能力为 150.6×10⁴t/a，占世界总产能的 60.8%；欧洲为 44.4×10⁴t/a，占 17.9%；北美为 38.8×10⁴t/a，占 15.7%；中东为 10×10⁴t/a，占 4.0%；南美为 3.8×10⁴t/a，占 0.2%。

目前在世界顺酐总消费量中，不饱和聚酯树脂仍超过 40%，1，4-丁二醇已占第二位。表 4-2-24 及表 4-2-25 反映了国内外顺酐的消费结构。

2010 年我国顺酐生产能力约 98.5×10⁴t/a，实际生产量达到 64.4×10⁴t/a，原料曾以苯为主，与世界发展趋势一样，新建装置都是采用正丁烷为原料。目前，我国顺酐生产厂有 20 多家，但主要为用苯作原料的千吨级装置。2000~2010 年我国顺酐生产情况见表 4-2-26。

表 4-2-24　世界顺酐的消费结构表

消费用途	2008 年		2013 年(预测)		2008~2013 年年均增长率
	10^3t	%	10^3t	%	
不饱和聚酯树脂	785	55	910	46.6	3.0%
1，4-丁二醇	186	13	520	26.6	22.8%
富马酸	42	3	49	2.5	3.1%
润滑油添加剂	42	3	44	2.3	1.0%
其他	371	26	430	22	3.0%
总计	1426	100	1953	100	6.5%

表 4-2-25 我国顺酐消费结构

行业类别	2009 年		2013 年		备 注
	组成/%	消耗量/10^4t	组成/%	消耗量/10^4t	年平均增长率
不饱和聚酯树脂	60.8	33.0	48.9	40.0	4.9%
1，4-丁二醇等加氢产品	17.9	9.71	32.04	26.21	28%
农用化学品	0.8	0.43	0.49	0.4	-2%
润滑油添加剂	2.7	1.5	2.69	2.20	10%
涂料、油漆	9.1	4.94	6.80	5.56	3.0%
其他	8.7	4.72	9.08	7.43	12%
总计	100	54.3	100	81.8	11%

表 4-2-26 2000~2010 年我国顺酐生产状况

年 份	能力/(10^4t/a)	产量/10^4t	开工率/%
2000	12.50	9.967	79.74
2001	17.45	13.95	79.94
2002	25.00	17.48	69.92
2003	28.15	20.82	73.96
2004	32.35	23.32	72.09
2005	35.25	27.79	78.74
2006	55.30	36.80	66.50
2007	73.30	46.80	63.80
2008	74.10	46.90	63.29
2009	76.30	52.74	69.12
2010	98.50	64.38	65.36

(三)顺酐生产工艺

国外顺酐生产工艺主要有：

苯制顺酐工艺有代表性的为美国 SD 工艺和意大利 Alusuisse 工艺(现被瑞士 Lonza 公司兼并)，用钒、钼氧化物系催化剂，将苯蒸气以空气在固定床反应器中氧化生成顺酐，操作条件：温度 350~400℃，压力 0.1~0.2MPa。

正丁烷制顺酐工艺：①美国 SD(现 Sud-Chemie)公司，Monsanto 公司和意大利 Alusuisse-Lonza(现 Polynt)固定床工艺较为成熟，Chevron 研究公司、Denka 公司的技术也各有特点；②美国 Lummus 和 Alusuisse 协作开发的 Alma 和英国 BP 公司流化床工艺最为成熟；③美国 Monsanto 和 Du Pont 联合开发的移动床工艺。

现将国外以正丁烷为原料的典型工艺介绍如下：

1. 正丁烷氧化制顺酐生产过程基本情况

正丁烷催化氧化制顺酐生产工艺过程包括两个部分，即选择性催化氧化反应和产品回收精制。反应式如下：

正丁烷氧化为顺酐有以下特点：①正丁烷相当稳定，催化剂需有很高的活性；②正丁烷与顺酐的分子结构相差较大，其反应历程是较复杂的，催化剂需有很好的选择性；③反应中有大量的反应热放出，除主反应外，生成 CO_2、CO 及 H_2O 等的副反应将产生更多的热量，这就要求反应器有很好的导热能力，以维持适当的反应器床层温度。

正丁烷氧化制顺酐催化剂最有效的是V-P-O复合氧化催化剂，并加有助催化剂。

传统管壳式固定床反应器的缺点：①催化剂床层中可能出现热点，使温度控制难以优化；②防止超过爆炸极限，将进料中正丁烷浓度(体积分数，下同)控制在1.8%以下；③催化剂装卸不便等。

流化床反应器的优点：①催化剂床层温度均匀；②进料气中正丁烷浓度可超过1.8%，甚至达到4.3%；③催化剂的装卸较为容易。缺点：流化床中存在返混问题，反应产物顺酐可能进一步被氧化。

反应生成的顺酐须从气相中回收并精制为产品。传统回收方法是水涤气法，在预冷回收了部分顺酐后，以水溶液吸收顺酐，此时生成顺丁烯二酸(简称顺酸)。从酸液中回收顺酐除了要分出游离水外，还要从分子中脱去水，为了达到脱水要求需加入二甲苯恒沸脱水。在此过程中顺酐还有少量异构化为反丁二烯二酸(即富马酸)，之后还可能生成富马酸酐，最后在精馏塔内切割获得顺酐产品。

鉴于水涤气法能耗高，且收率受影响，为此开发了有机溶剂涤气法，采用六氢酞酸二丁酯(DIBE)，环脂酸酯或其他溶剂，流程也得到简化，能耗可下降65%。顺酐收率也从水涤气法不足96%升至98.5%以上。

2. 固定床氧化工艺

国外正丁烷固定床氧化制顺酐工艺以美国SD公司、Monsanto公司和意大利Alusuisse的技术(含设备)较为成熟。此外，Chevron研究公司、Denka公司等的技术也各有特点。图4-2-14为SD工艺流程。

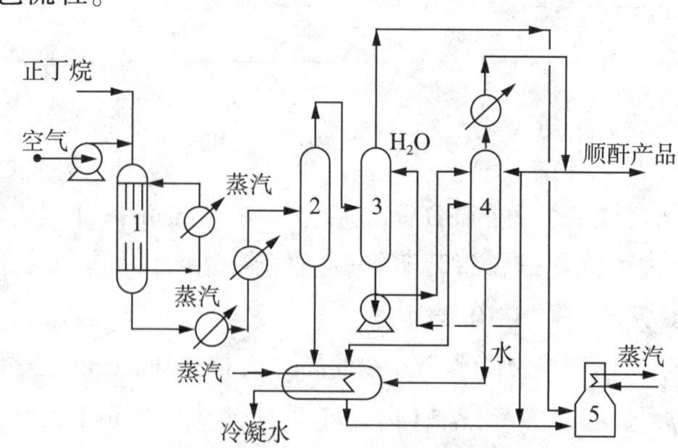

图4-2-14 SD工艺流程图

1—管壳式反应器；2—分离器；3—洗涤塔；4—脱水蒸馏塔；5—焚烧炉

压缩空气(0.2MPa)与气化了的正丁烷在混合器内混合，因爆炸极限限制，正丁烷浓度应低于1.8%，进入管壳式反应器1，以熔盐循环带走反应热来控制催化剂床层温度。反应生成气经过两个冷凝器后进入分离器2，分离出重质组分后反应生成气去洗涤塔3，以水吸收顺酐，同时生成顺酸，塔底物料进入脱水蒸馏塔4，脱水制成顺酐产品，脱出的水又返回洗涤塔。焚烧炉5用于燃烧重质组分、废气及废水产生蒸汽。

美国休斯敦3×10^4t/a顺酐装置，其管壳式反应器材料为碳钢，有反应管16260根，管内径2.1cm，外径2.54cm，管长3.657m，内装V-P-O-Zn-Li片状催化剂，床高3.2m，催化剂寿命2.5年；管外以407℃熔盐冷却，反应温度418℃。后处理为水涤气，薄膜蒸发器脱水。该装置正丁烷摩尔转化率为82.5%，顺酐选择性66%~67.8%，质量收率92%~94.5%，催化剂的空时产率为101g/L·h。该装置的消耗指标见表4-2-27。

表4-2-27　3×10^4t/a Halcon SD工艺装置消耗指标

项　目	指　标	项　目	指　标
正丁烷(96%)/(t/t)	1.1659	冷却水/(m^3/t)	1800
催化剂/(t/t)	0.0005	惰性气/(m^3/t)	12.5
电/[(kW·h)/t]	1240	副产蒸汽/(t/t)	-5.5
工艺水/(m^3/t)	0.591		

3. 流化床氧化工艺

1)工艺流程

目前国外有代表性的正丁烷流化床氧化制顺酐工艺是意大利Alusuisse及Lummus两公司合作开发的Alma工艺，此法的工艺流程见图4-2-15。正丁烷原料经蒸发器加热至70℃气化后进入流化床反应器1，空气经加压后也进入反应器底部。流化床反应器内设有4组水平式冷却盘管，反应器内还有4块带孔隔板消除返混，最上部还有2组冷却盘管以减少生成CO及CO_2副反应。反应生成物以两级旋风分离器分离催化剂并分别送回反应器底部和中下部。反应生成物以软化水间接冷却至150℃，同时副产4~5MPa蒸汽，再冷却至80℃，经金属过滤器除去催化剂微粒。过滤后的反应生成物在管道内用吸收塔底循环富溶剂急冷，以减少副反应，然后去顺酐回收部分。

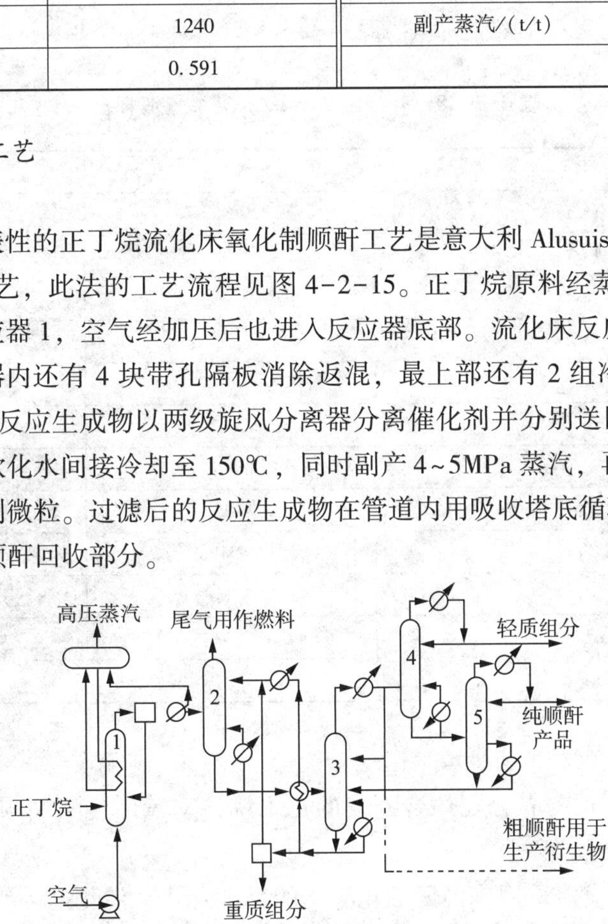

图4-2-15　Alma工艺流程图

1—流化床反应器；2—吸收塔；3—闪蒸塔；4—脱轻质组分塔；5—成品塔

急冷后的反应生成物进入顺酐吸收塔2，吸收溶剂为六氢酞酸二丁酯，塔底富液含顺酐10%去闪蒸塔3，塔底物料分离出重质组分后溶剂循环返回吸收塔，塔顶的粗顺酐经脱轻质组分塔4脱除异丁醇、乙酸、顺酸及丙烯酸等轻质组分，最后在成品塔5中经减压蒸馏得纯顺酐产品。

Alma工艺的正丁烷转化率为82%~84%，选择性为60%~62%，新催化剂的摩尔收率为51%，老催化剂为49%，质量收率约85%。

2)反应器操作条件

Alma工艺使用V-P-O系催化剂，无锆，维持钒为4价，采用方法是连续加入磷酸盐，及以丁烷和氮气处理催化剂，将多余的氧带去。催化剂的制备方法是在有机溶剂中将钒化合物加入磷化合物中，用时除去生成的水，再经分离，于90~95℃干燥，并于200~300℃活化，形成$VP_{1\sim1.3}O_x$为主要成分的配位化合物。

流化床反应器的操作条件为：压力100~200kPa，温度380~410℃(顶部250℃)，表观速度0.5m/s，停留时间14~15s，丁烷/空气物质的量比4.3/100，催化剂平均粒径60μm，流化床密度600kg/m^3，催化剂空时产率50 g/(kg · h)。

3)消耗指标

3×10^{4}t/a Alma工艺装置消耗指标见表4-2-28。

表4-2-28 3×10^{4}t/a Alma工艺装置消耗指标

项　目	规　格	指　标
正丁烷/(t/t)	96%	1.2723
催化剂/(t/t)		0.0005
溶　剂/(t/t)		0.009
循环水/(t/t)	30℃，4MPa	180
锅炉水		18.76
电/(kW · h/t)	6000V	667
电/(kW · h/t)	380V	112
蒸汽(副产)/(t/t)	4MPa	-17.08
蒸汽/(t/t)	1.2MPa	1.56
蒸汽/(t/t)	0.35MPa	0.187
氮气/(m^3/t)		40
新鲜水/(t/t)		2.4

4. 移动床催化氧化新工艺

由Monsanto和Du Pont公司联合开发的正丁烷移动床催化氧制顺酐工艺，其流程见图4-2-16。

移动床工艺的反应器采用炼油厂催化裂化的提升管式，催化剂为钒、磷，助催化剂为硅、铟、钽、锑等，氧化反应在340~450℃下进行，反应段中气体停留时间0.15~15s。再生器采用流化床，再生温度300~500℃，催化剂停留时间5~300s。在没有气相氧的情况下，催化剂连续移动将正丁烷氧化为顺酐。被还原的催化剂经分离解吸器进入再生器吸氧再生后，循环返回反应器。在反应器中生成的顺酐随着流出气离开解吸器，回收并精制得产品。

该工艺的优点：①可使用更高浓度的正丁烷，如5%~20%，未反应的正丁烷可以循环使用；②限制了进氧量，整个过程耗氧较少，有相当部分反应依靠催化剂中的晶相氧；③被还原了的催化剂单独再生，使反应可在较低温度下进行，减少了副产品生成；④避免了流化床返混问题。

因此，移动床反应系统的正丁烷转化率、选择性及产率均高于流化床和固定床。顺酐的摩尔收率可达72%，相当于质量收率为122%，较流化床高30%~40%，成本降低10%~20%。

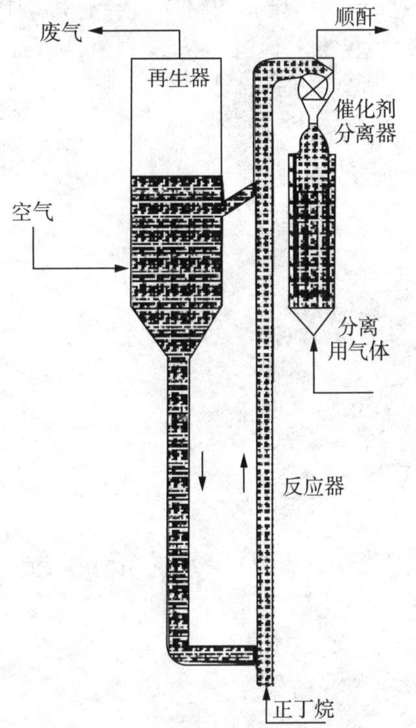

图4-2-16 正丁烷氧化移动床试验装置

(四)顺酐下游产品

1.1，4-丁二醇

目前，世界上生产1，4-丁二醇(BDO)的工艺路线有：炔醛法、顺酐法、丁二烯法及丙烯法，以采用前两条工艺路线为主。近年来，BDO需求旺盛，炔醛法生产BDO仍占主导地位，但顺酐法发展迅速，使BDO成为顺酐主要下游产品之一。

这里只介绍用顺酐法生产BDO的工艺。

1)化学反应

顺酐制BDO所涉及的化学反应包括酯化及加氢两个部分，如下所示：

(1)酯化。酯化既可使用乙醇，也可使用甲醇。其第1步以过量乙醇与顺酐反应生成顺酸一乙酯(MEM)，此反应容易进行，无需催化剂，且选择性很高。第2步再脂化生成顺酸二乙酯(DEM)，则需要使用酸性离子交换树脂催化剂。

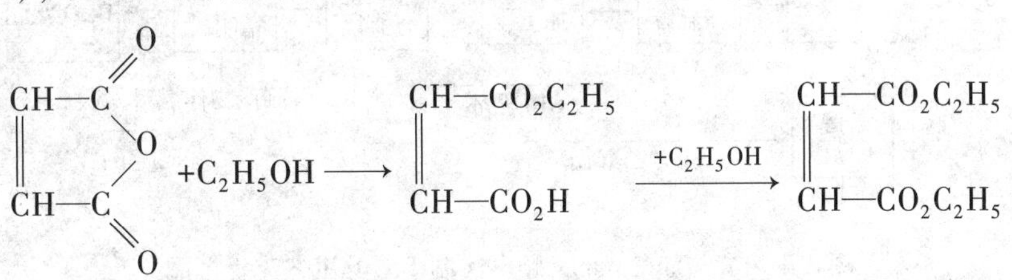

(4-2-1)

(2)加氢。如图4-2-2所示，顺酸二乙酯的加氢，其主反应有3步，即顺酸二乙酯首先加氢生成琥珀酸二乙酯(DES)，再经2步氢解生成BDO。除此之外，还生成γ-丁内酯(GBL)、四氢呋喃(THF)。琥珀酸二乙酯的生成迅速而完全，进一步氢解速率则较缓慢。γ-丁内酯与BDO的比例可在一定比例内调节，其他副产物很少。

2)Davy Makee 工艺流程

目前Davy Makee工艺改称为Kvaermer工艺，整个装置分为3部分，即酯化、加氢和产品精馏，流程见图4-2-17。

(1)酯化。第1级酯化在50~80℃下进行，选择性达99%。第2级酯化需使用固体酸性阳离子交换树脂作催化剂，先使用乙醇-水共沸物，而后用无水乙醇酯化，压力 1.5MPa，温度 100~130℃，最高可达 180℃，两次酯化总转化率达 99%。整个酯化阶段总收率可达 98%。酯化设备的材质，与有机酸接触者使用不锈钢，余为碳钢。

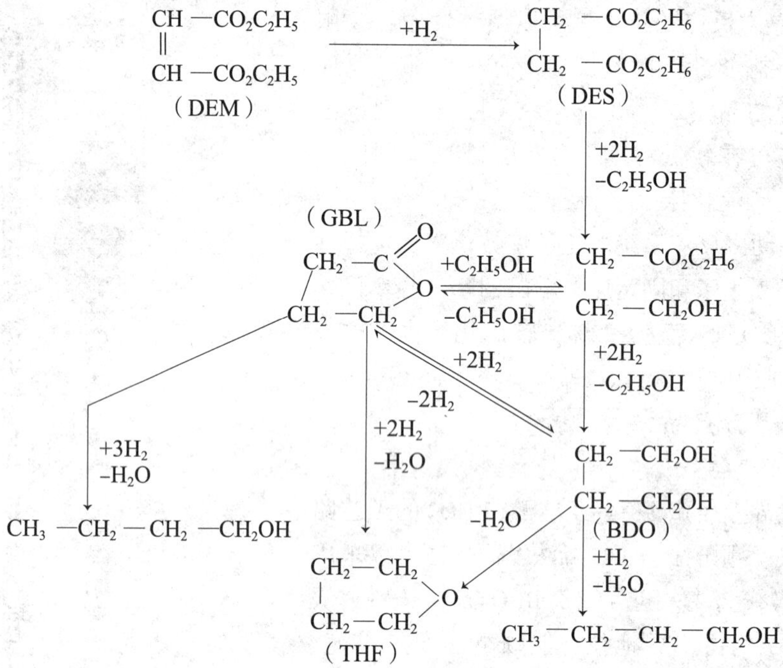

(4-2-2)

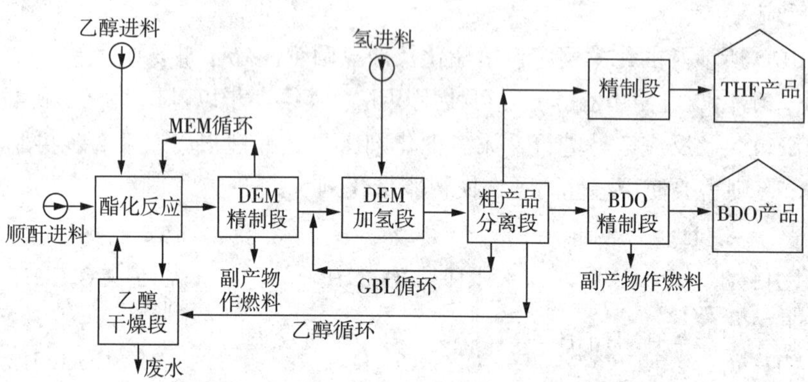

图 4-2-17 Davy Makee 顺酐法制丁二醇工艺流程框图

(2)加氢。如前所述，加氢部分包括 DEM 加氢为 DES，DES 两级氢解为 BDO。表 4-2-29 给出了规模为 2.7×10^4t/a 的 Davy Makee 装置加氢和两级氢解反应器的重要工艺参数。

催化剂为 Cu/Cr，稳定剂为 Ba-Mn，粒度均为 4.75mm，孔隙率 0.45。3 台反应器均为绝热固定床。表 4-2-29 所示为尽可能提高 BDO 产率的安排，将 GBL 分离并进入二级氢解反应器。

(3)产品分离精制。混合的反应产物中主组分 BDO 采用常压及减压蒸馏而分离，获得成品。GBL 和小量未转化的 DES 循环再次氢解，副产品 THF，在 0.75 MPa 下提纯，分出水-乙醇共沸物。

(4)消耗指标。2×10^4t/a BDO 装置梢耗指标见表 4-2-30。

表 4-2-29　加氢反应器的重要工艺参数

过　　程	DEM 加氢	DES 一级氢解	DES 二级氢解
催化剂(稳定剂)	Cu/Cr(Ba-Mn)	Cu/Cr(Ba-Mn)	Cu/Cr(Ba-Mn)
装量/m^3	2.26	17	34
反应器直径/高度/m	1.5/2.33	2.17/6.67	2.5/10
温度进口/出口/℃	168/179	178/185	170/172
进口压力/MPa	4.20	4.07	3.90
压降/MPa	0.117	0.11	0.11
进料浓度(摩尔分数)/%	DEM 0.27	DES 0.28	GBL 0.10
	H_2 84.77	H_2 84.72	H_2 84.05
进气质量流量/[kg/(m^2·h)]	46647	22459	16893
气时空速/h^{-1}	157200	22400	10400
液时空速/h^{-1}	3.0	0.45	0.23
转化率/%	DEM 100	DES 95.5	GBL 40.4
选择性/%	DES 100	BDO 79.3	BDO 99.5
		GBL 16.0	THF 0.25
		THF 4.3	正丁醇 0.25
		正丁醇 0.2	
		其他 0.2	

表 4-2-30　2×10^4t/a BDO 装置消耗指标(以每吨 BDO+THF 计)

项　　目	指　　标	项　　目	指　　标
顺酐(100%)/t	1.154	软水/m^3	4.32
乙醇(99.95%)/t	0.063	新鲜水/m^3	74
氢气(100%)/t	0.119	电/kW·h	1060
蒸汽(3.2MPa)/t	4.83	氮气/m^3	252
(1.1MPa)/t	2.26	工艺、仪表空气/m^3	435
循环水(32~42℃)/m^3	580		

BP 化学公司和 Lurgi 油气化学公司联合开发了正丁烷经顺酐制 BDO 的 Geminox 工艺，该工艺也分为 3 部分：①正丁烷经钒和磷混合氧化物，用空气将正丁烷氧化为顺酐，然后将顺酐吸收于水洗器中称为马来酸酐；②此部分为工艺核心，精马来酸酐不经中间精制过程，在高压固定床加氢转化为 BDO，使用专利加氢催化剂，BDO 选择性高于 90%，其余为副产品 THF 和 GBL；③BDO 提纯，使用常规蒸馏塔。该工艺三废量小且易于处理，不要求使用任何危险溶剂和化学品，催化剂中金属都可回收。由于专用催化剂，无顺酐提纯和酯化步骤，与其他工艺相比，生产成本可节省 25%。1998 年 BP 公司建了一套 6.3×10^4t/a BDO 装置，2001 年投产。

2. 其他下游产品

1)不饱和聚酯树脂

不饱和聚酯树脂(简称 UP 树脂)是一种常用树脂。以顺酐、苯酐和多元醇(如乙二醇、丙二醇等)为原料，按一定比例，通过酯化缩聚反应即可制得固体或高弹性线型UP树脂。反应温度一般为190~210℃，反应完成后冷却至90℃左右，加入苯乙烯交联剂。UP树脂属于低压层压树脂，在低温低压下迅速固化，并具有良好的机械强度和介电性能，它既可单独加工，也可与添料一起加工。UP树脂由于原料不同，品种繁多，性能各异，有通用性、韧性、柔性、耐化学性、耐高温性、自熄性及低收缩率等，几乎所有类别的UP树脂均使用顺酐作为原料。

UP树脂主要用作玻璃纤维增强塑料，即玻璃钢，其用量占UP树脂总消费量的80%。聚酯玻璃钢机械强度高，在某些方面接近金属，而其相对密度仅为结构钢材的1/4~1/5，铝合金的2/3，故在汽车、航空、船舶等运输工具中得到广泛应用。聚酯玻璃钢还用作建筑材料、化工容器、防腐设备等。除玻璃钢外，UP树脂还用于灌注料、防腐涂料、清漆及密封腻子等。在通用型UP树脂配方中，顺酐用量约18%，其消耗指标见表4-2-31。

表4-2-31 通用型UP树脂消耗指标

项目	指标	项目	指标
顺酐/(kg/t)	180	电/(kW·h/t)	80
苯酐/(kg/t)	272	软水/(m^3/t)	90
乙二醇/(kg/t)	68	蒸汽/(t/t)	400
丙二醇/(kg/t)	209	惰性气/(m^3/t)	40
苯乙烯/(kg/t)	354	燃料油/(L/t)	20~30

2)润滑油添加剂

(1)双烯基丁二酰亚胺无灰添加剂。使用分子量在750~1500的聚异丁烯与顺酐在氯气催化作用下生成聚异丁烯基马来酸酐，再与多乙烯多胺反应、处理得产品。主要用于各内燃机油中作无灰分散剂，在润滑油添加剂生产中占重要地位，国产牌号有T-152、T- 154及T-155。

(2)十二烯基琥珀酸、十六烯基琥珀酸防锈剂。由丙烯四聚体、异丁烯三聚体或叠合汽油与顺酐反应可制得十二烯基琥珀酸酐，其水解产物为十二烯基琥珀酸。是常用的润滑油防锈剂。

α-C_{16}烯烃与顺酐反应并水解可制得十六烯基琥珀酸。主要用作汽轮机油、导轨油、主轴油、液压油的防锈剂。

(3)马来酰亚胺衍生物。

①N，N′-间亚苯基双马来亚胺。顺酐和间苯二胺反应可制得本产品。主要用作氯磺化聚乙烯的交联剂和防焦剂，以及天然橡胶和氟橡胶多功能硫化剂。

②N -苯基马来酰亚胺。顺酐与苯胺在惰性有机溶剂(如甲苯、二甲基甲酰胺、氯代烷类等)中在酸催化剂存在下进行反应，可制得本产品。主要用途作为耐热级ABS树脂的共聚单体。

③N，N′-4，4′-二苯醚双马来酰亚胺。顺酐和4，4′-二苯醚二胺反应可制得本产品。主要用于合成“M”型聚酰亚胺树脂的中间体。

(4)四氢苯酐类产品。顺酐与共轭双烯进行狄尔斯-阿德尔反应可制得四氢苯酐、甲基四氢苯酐和降冰片烯二甲酸酐等系列产品。

①四氢苯酐。顺酐与1，3-丁二烯反应可制得四氢苯酐。主要用作聚酯、环氧树脂的固化剂和增塑剂。

②甲基四氢苯酐。顺酐与异戊二烯或间戊二烯反应可制得甲基四氢苯酐，也可直接采用已除去环戊二烯的 C_5 馏分为原料与顺酐反应制得含有两种异构体的混合甲基四氢苯酐。甲基四氢苯酐是一种新开发的环氧树脂固化剂，比其他酸酐类固化剂及胺类固化剂具有更好的机械强度、耐热性能和电气性能。同时，它还可再加氢制得甲基六氢苯酐，具有优异的耐候性，熔点低至-15℃，毒性又小，在用作环氧树脂固化剂时可完全实现无溶剂化；另外，可用于电子元件的浸渗和层压加工过程。

③降冰片烯二甲酸酐。由顺酐与环戊二烯反应制得。该产品用作环氧树脂固化剂时可提高树脂的耐热温度。

(5)富马酸。

简称反酸，可由顺酐异构化制得。本产品可用作聚酯树脂和醇酸树脂的单体之一，油气田作为钻井液、压裂液的添加剂，还可用于模压树脂、电绝缘材料、增塑剂、纸张上浆剂和胶黏剂等。富马酸的下游产品具有开发前途，以富马酸和甲醇为原料经酯化反应制得的富马二甲酯是当前国内外大力发展的新型防腐保鲜剂，用作饲料防腐剂效果极佳，用于水果、蔬菜保鲜效果十分理想。

(6)苹果酸。

顺酸又名失水苹果酸，故可由顺酐制备苹果酸。用作食品添加剂。

(7)醇酸树脂。

使用顺酐代替酞酐与多元醇、脂肪酸反应制得的醇酸树脂涂料，黏度更高、干燥更快，薄膜及颜色较好，化学稳定性也更好。

五、C_{5^+}制溶剂油

前面已述，从天然气(或石油伴生气)中回收NGL，分离出LPG后余下的 C_{5+} 产品(称为天然汽油)，其主要用途供70号含铅汽油的调和油或作化工原料，目前我国已取消70号含铅汽油的生产，但用这种辛烷值较低的烃馏分又难以调配成90号以上无铅汽油，因此应用这种馏分来生产各种牌号的溶剂油是一条较佳的途径，而且近年来溶剂油的需求量也日益增长。例如我国食用油生产量较大，生产大豆、菜籽油已由压榨法逐渐改为较先进的溶剂油抽提法，需用植物油抽提溶剂技术。

(一)我国溶剂油产品和质量指标

我国生产的各种溶剂油产品及用途见表4-2-32。

各种溶剂油的质量指标见表4-2-33~表4-2-35。

表4-2-32　我国溶剂油产品

产品名称和牌号	沸点或馏分/℃	主要成分	用　　途
正戊烷	36.07	nC_5	分子筛脱蜡脱附剂、硬质聚氨酯发泡剂
正已烷	68.73	nC_6	稀释剂、抽提溶剂
30#石油醚	30~60	C_5、C_6	化学试剂
30#发泡剂	30~60	C_5、C_6	聚苯乙烯发泡剂
70#花溶剂油	60~70	C_6	香料生产用

续表

产品名称和牌号	沸点或馏分/℃	主要成分	用　途
60#石油醚	60 ~90	C_6、C_7	化学试剂
6#抽提溶剂油	60~90	C_6、C_7	大豆、菜籽抽提溶剂
90#石油醚	90~120	C_7、C_8	化学试剂
120#溶剂油	80~120	C_7、C_8	建材、橡胶、油漆、皮革用
190#溶剂油	120~140	C_8、C_9	涂料、清洗用
200#溶剂油	140~200	C_9、C_{10}	油漆溶剂
260#溶剂油	195~260	C_{11}、C_{15}	涂料及杀虫剂溶剂

表 4-2-33　植物油(6#)抽提溶剂及技术要求和实验方法

项　目		指　标	实验方法
馏程/℃			
初馏点	≥	61	GB/T 6536
干点/℃	≤	76	
苯含量(质量分数)/%	≤	0.1	GB/T 17474
密度(20℃)/(kg/m³)		655~680	GB/T 1884 或 GB/T 1885 SH/T 0604①
溴指数	≤	100	GB/T 11136
色度/号	≥	+30	GB/T 3555
不挥发物/(mg/100mL)	≤	1.0	GB/T 3209
硫含量/(mg/kg)	≤	0.0005	SH/T 0253② SH/T 0689
机械杂质及水分		无	目测③
铜片腐蚀(50℃，3h)/级	≤	1	GB/T 5096

注：①有争议时，以 GB/T 1884 和 GB/T 1885 为仲裁试验方法。

②有争议时，以 SH/T 0253 为仲裁方法。

③将试样注入 100mL 的玻璃量筒中，室温下观察，试样应透明、无悬浮及沉降物。

表 4-2-34　橡胶工业用溶剂油(120#)

项　目		优级品	一级品	合格品	实验方法
密度(20℃)/(kg/m³)	≤	700	730	—	GB/T 1884
馏程/℃					
初馏点	≥	80	80	80	GB/T 6536
110℃馏出量/%	≥	98	93	—	
120℃馏出量/%	≥	—	98	98	
残留量/%	≤	1.0	1.5	—	
溴值(gBr/100g)	≤	0.12	0.14	0.31	SH/T 0236
芳香烃含量/%	≤	1.5	3.0	3.0	SH/T 0166
硫含量/%	≤	0.018	0.020	0.050	GB/T 380①
博士试验		通过		—	SH/T 0174

续表

项目	优级品	一级品	合格品	实验方法
水溶性酸或碱	无			GB/T 259
机械杂质及水分	无			目测②
油渍试验	合格			目测③

注：①允许用 SH/T0253 方法测定，有异议时以 GB/T 380 方法为准。

②将试样注入 100mL 玻璃量筒中，在室温 20℃±5℃下观察，必须透明，不允许有悬浮和沉降的机械杂质及水。有异议时以 GB/T 511 和 GB/T 260 为准。

③将溶剂油蒸馏试验的残留物用小滤纸滤入干净的容积为 10~25mL 试管或量筒中，用吸管取其滤液往清洁滤纸上同一处滴 3 滴，在室温下 20℃±5℃放置 30min，如滤纸上没有油渍存在即认为合格。

表 4-2-35 油漆及清洗用溶剂油技术要求

项目	1号		2号			3号			4号			5号		实验方法
	中芳型	低芳型	普通型	中芳型	低芳型	普通型	中芳型	低芳型	普通型	中芳型	低芳型	中芳型	低芳型	
芳香烃含量(V)/%	2~8	0~<2	8~22	2~<8	0~<2	8~22	2~<8	0~<2	8~22	2~<8	0~<2	2~8	0~<2	GB/T 11132 SH/T 0166 SH/T 0245 SH/T 0411 SH/T 0693
外观	透明，无沉淀及悬浮物													目测②
闪点(闭口)/℃	4		38			38			60			65		SH/T 0733③ GB/T 261
颜色　不深于	赛波特色号+28 或铂-钴色号 10		赛波特色号+25 或铂-钴色号 25			赛波特色号+25 或铂-钴色号 25			赛波特色号+25 或铂-钴色号 25			塞波特色号 +25		GB/T 31555 GB/T 3143
溴值/(gBr/100g) ≤	5											—		SH/T0236 GB/T 11135④
博士实验	—		通过											SH/T 0174
馏程/℃														GB/T 6536
初馏点 ≥	115		150			150			175			200		
50%馏出温度 ≤	130		175			180			200			—		
干点 ≤	155		185			215			215			300		
残留量(V)/% ≤	—		1.5			1.5			1.5			—		
水溶性酸碱	—		无											GB/T 259
铜片腐蚀/级 ≤														GB/T 5096
100℃，3h	—		—			—			—			1		
50℃，3h	1		1			1			1			—		
密度(20℃)/(kg/cm³)	报告													GB/T 1884 GB/T 1885

注：①芳烃的测定可根据馏程选择适当的方式，采用 SH/T 0166、SH/T 0245 和 SH/T 0411 测定时，标准样品按体积百分数配制，有争议时，当芳烃含量(体积分数)大于 5%时，采用 GB/T 11132 方法仲裁；当芳烃含量小于 5%时，1 号采用 SH/T 0166 方法，2 号、3 号、4 号采用 SH/T 0245 方法，5 号采用 SH/T 0411 方法仲裁。

②将试样注入 100mL 量筒中，室温下观察，无悬浮物及游离水。有争议时分别采用 GB/T 511 和 GB/T 260 方法。

③对于预估闪点高于室温 10℃以上的样品允许采用 GB/T 261，有争议时采用 SH/T0733。

④有争议时采用 GB/T 11135 方法。

(二)生产工艺

溶剂油生产主要是采用精馏塔将宽馏分切割成若干适合于产品指标要求的窄馏分，生产工艺和设备比较简单。生产量较小可采用间断式精馏釜，在一套精馏釜装置中根据塔顶温度的逐渐升高切割出若干窄馏分的溶剂油；生产量较大则采用连续式多塔流程。

近些年来我国已有几个油田利用自己的低碳烃资源，建设了万吨级溶剂油生产装置。现将中原油田第二气体处理厂溶剂生产装置介绍如下：

1. 原料组分

中原油田 C_{5+} 低碳烃组分见表4-2-36。

表4-2-36 中原油田 C_{5+} 低碳烃组分

组　分		摩尔分数/%	组　分		摩尔分数/%
C_4	正丁烷	0.14	C_7	正庚烷	2.02
C_5	正戊烷	29.55		2-甲基乙烷	1.79
	异戊烷	25.01		3-甲基己烷	1.19
	2，2-甲基丁烷	0.59		甲基环己烷	0.91
	1，1-二甲基环戊烷	1.04		顺-1，2-二甲基环戊烷	0.91
	环戊烷	3.16		顺-1，3-二甲基环戊烷	0.24
C_6	正丁烷	8.07		反-1，2-二甲基环戊烷	0.49
	2-甲基戊烷	7.08		反-1，3-二甲基环戊烷	0.20
	3-甲基戊烷	3.72		甲苯	1.3
	2，4-甲基戊烷	0.33	C_8	正辛烷	0.96
	甲基环戊烷	3.42		2-甲基庚烷	0.52
	苯	5.69		3-甲基庚烷	0.46

2. 生产装置工艺流程

处理量为 2.5×10^4 t/a 的连续式溶剂油生产工艺流程见图4-2-18。

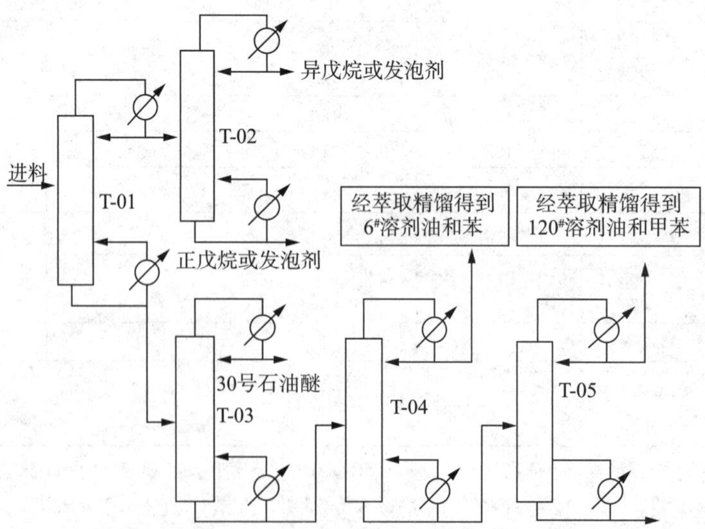

图4-2-18 连续式溶剂油生产工艺流程图

T-01—脱戊烷塔；T-02—正异戊烷塔；T-03—脱石油醚塔；T-04—6#油塔；T-05—120#油塔

该装置为连续式五塔流程，可生产如下产品：30#石油醚、正戊烷或30#发泡剂、6#抽提溶剂油和苯、120#溶剂油和甲苯及副产品异戊烷。5个精馏塔采用天津大学的高效规整填料，各精馏塔的操作数据与设计值的对比见表4-2-37。

表4-2-37 中原油田溶剂油装置各精馏塔操作数据与设计值对比

项目	T-01	T-02	T-03	T-04	T-05
操作压力/kPa					
设计值	400	300	110	125	110
现场值	403	302	116	126	115
塔顶温度/℃					
设计值	79	63.6	56.7	76.5	98.9
现场值	72	64	37.2	74	99.5
塔底温度/℃					
设计值	125.7	73	83.7	111.7	127.5
现场值	124.2	72	84.6	109.2	126

3. 溶剂油脱芳烃

在大部分溶剂油的产品质量指标中，对芳烃含量没有要求或要求不严格，但6#抽提溶剂油和120#溶剂油等产品的芳烃含量有一定要求。

如表4-2-37所示，中原油田C_{5+}馏分中苯和甲苯含量分别为5.69%和1.3%，因此在窄馏分的6#抽提溶剂油和120#溶剂油中，苯和甲苯的含量更高，不能满足产品质量指标的要求，必须进行脱芳烃。该装置采用了萃取蒸馏工艺，使苯与6#抽提溶剂油分开，甲苯与120#溶剂油分开。

萃取蒸馏工艺是在溶剂油中加入芳烃溶解能力强、选择性好的萃取剂，使芳烃与其他组分相对挥发度的间距增大，这样就可用常规精馏方法进行分离。富含芳烃的萃取剂入再生塔进行再生，再生后的萃取剂循环使用。常用萃取剂为环丁砜和*N*-甲基吡咯烷酮，它们具有对芳烃溶解能力强，能显著提高芳烃的相对挥发度，热稳定性好等特点。除了萃取蒸馏工艺外还有其他脱芳烃工艺，其对比见表4-2-38。

表4-2-38 各种脱芳烃工艺优缺点比较

项目	磺化反应法	液-液萃取法	萃取蒸馏法	吸附分离法
溶剂或吸附剂	发烟硫酸	二乙二醇醚或环丁砜	*N*-甲基吡咯烷酮	分子筛
优缺点	流程简单；投资少；操作费用低；脱芳烃效果好；酸渣处理难	流程复杂；投资高；操作费用高；脱芳烃效果好；芳烃纯度较高；溶剂便宜	流程简单；投资适中；操作费用适中；脱芳烃效果好；芳烃纯度高；溶剂昂贵	流程简单；投资少；操作费用适中；脱芳烃效果差；芳烃纯度低

六、丙烷氨氧化制丙烯

(一)丙烯腈的性质和质量指标

丙烯腈为无色、易燃、易爆，具有刺激性臭味的液体；微溶于水，能与大多数有机溶剂，如丙酮、苯、四氯化碳、乙酸乙酯、甲醇、甲苯等互溶；能自聚，特别在缺氧或暴露在可见光的情况下更易自聚，在浓碱存在下能强烈聚合。丙烯腈的物理性质见表 4-2-39。

表 4-2-39　丙烯腈的物理性质

项　目	数　值	项　目	数　值
化学式	CH_2═CHCN	临界温度/℃	246
相对分子质量	53.06	临界压力/MPa	353.6
相对密度(d_4^{20})	0.860	生成热(25℃液体)/(kJ/mol)	151.5
沸点/℃	77.3	燃烧热(25℃液体)/(kJ/mol)	-1761
凝点/℃	-83.55	蒸发热/(kJ/g)	0.57
闪点/℃	0	比热容/[J/(g·℃)]	2.09
自燃点/℃	481	蒸气密度(标准状态)/(kg/m³)	2.37
折射率(n_D^{20})	1.3888	蒸气压/kPa	11.07
动力黏度/Pa·s	0.34×10^{-3}	爆炸范围(25℃)/%	3.05~17.0

工业丙烯腈的质量指标(均质量分数)见表 4-2-40。

表 4-2-40　工业用丙烯腈质量指标和试验方法(GB/T 7717.1—2008)

项　目		优等品	一等品	合格品	试验方法
外观①	≤	透明液体，无悬浮物			
色度(铂-钴)/号	≤	5	5	10	GB/T 3143
密度(20℃)/(g/cm³)	≤	0.800~0.807			GB/T 4472
酸度(以乙酸计)/(mg/kg)	≤	20	30	—	GB/T 7717.5
pH 值(5%的水溶液)	≤	6.0~9.0			
滴定值(5%的水溶液)/mL	≤	2.0	2.0	3.0	
水分的质量分数/%	≤	0.20~0.30	0.20~0.45	0.20~0.60	GB/T 6283
总醛(以乙醛计)质量分数/(mg/kg)	≤	30	50	100	GB/T 7717.8
总氰(以氢氰酸计)质量分数/(mg/kg)	≤	5	10	20	GB/T 7717.9
过氧化物(以 H_2O_2 计) 质量分数/(mg/kg)	≤	0.20	0.20	0.40	GB/T 7717.10
铁的质量分数/(mg/kg)	≤	0.10	0.10	0.20	GB/T 7717.11
铜/%	≤	0.10	0.10	—	
丙烯醛的质量分数/(mg/kg)	≤	10	20	40	GB/T 7717.12
丙酮的质量分数/(mg/kg)	≤	80	150	200	
乙腈的质量分数/(mg/kg)	≤	150	200	300	
丙腈的质量分数/(mg/kg)	≤	100	—	—	
恶唑的质量分数/(mg/kg)	≤	200	—	—	
甲基丙烯腈的质量分数/(mg/kg)	≤	300	—	—	
丙烯腈的质量分数/%	≥	99.5	—	—	
沸程(101.33kPa)/℃		74.5~79.0			GB/T 7534
阻聚剂，对羟基苯甲醚的质量分数/(mg/kg)		35~45			GB/T 7717.15

注：①取 50~60mL 试样，置于清洁、干燥的 100mL 具塞比色管中，在日光灯透射下，用目视法观察。

(二)国内外发展情况

截至 2010 年，世界丙烯腈生产能力为 633×10^4t/a。需求量约 624×10^4t/a，但都是用丙烯为原料生产的。

旭化成公司是世界上第一家大规模使用丙烷生产丙烯腈的公司。2010 年 8 月该公司与沙比克(SABIC)公司计划在沙特朱拜勒合资建设 20×10^4t/a 丙烯腈项目。该项目拟采用丙烷原料工艺，计划于 2013 年建成投产。旭化成公司在我国台湾建设的以丙烷为原料的 20×10^4t/a 丙烯腈装置于 2010 年投产；在泰国东海岸海湾 Rayong 省建设的 20×10^4t/a 丙烯腈项目也于 2010 年底投产。另外，由于台湾中国石油化学工业开发股份有限公司(简称：台湾石化)的下游客户(ABS 生产商)正在扩充产能，为满足客户的这一需求，该公司计划将丙烯腈产能增加 4.5×10^4t/a，达到 23.5×10^4t/a，扩建部分的装置在 2010 年投入使用。

截至 2009 年年底，我国共有 9 套丙烯腈生产装置，总产能达到 100×10^4t/a，2009 年总产量为 96.7×10^4t，开工率接近 100%。

2010 年，国内有 4 家新建、扩建项目投产，包括吉林石化公司合计扩建产能为 21×10^4t/a 的第 3 套、第 4 套丙烯腈装置，中国石油大庆石化分公司扩建的 10×10^4t/a 丙烯腈装置，安庆石化腈纶有限公司扩建的 13×10^4t/a 的丙烯腈装置和新加坡明志石化在江苏盐城市大丰港经济区重石化工业园新建的 10×10^4t/a 的丙烯腈装置。2010 年年底国内新增产能 54×10^4t/a，国内丙烯腈的总生产能力达到 154×10^4t/a。

近些年来出于节约原料成本等原因，BP、旭化成等公司正在积极开发以丙烷为原料制丙烯腈的新工艺。

丙烯腈 60%用于生产聚丙烯腈纤维，其余 40%用于生产丁腈橡胶、ABS、AS 树脂、丙烯酰胺、己二腈等。

(三)丙烷氨氧化制丙烯腈工艺

反应式：

$$CH_3CH_2CH_3+NH_3+2O_2 \rightarrow CH_2{=\!=}CHCN+4H_2O$$

日本旭化成公司开发丙烷制丙烯腈的新型高效催化剂，在提高以氨计算的丙烯腈收率的同时，不降低以丙烷计算的丙烯腈收率，即同时可以高效利用氨与丙烷原料。催化剂为 SiO_2 上负载 Mo、V、Nb 或 Sn 金属。反应中采用惰性气体进行稀释。反应温度 415℃，压力 0.1MPa，当丙烷转化率为 90%时，丙烯腈选择性为 70%，丙烯腈总收率为 60%。

1999 年该公司在川崎生产基地进行新型催化剂的工业化中试。该公司将在中试的基础上在亚洲建设生产装置，认为最小的经济性规模为 20×10^4t/a。

BP Chemicals 公司进行了丙烷氨氧化制丙烯腈新工艺研发，其关键也是催化剂，与丙烯路线采用的磷钼酸铋系催化剂有明显的区别，但工艺和设备是相同的，也是使用流化床反应器，该反应使用一步法，而不是丙烷脱氢制丙烯，然后由丙烯氨氧化。反应温度 440~550℃，压力 6.8~102kPa，反应停留时间 0.05~5s。新工艺污染较小，其中有价值的联产物乙腈和氢氰酸比丙烯路线多，丙烯酸之类的副产废物减少到最低限度。BP Chemacals 公司于 1997 年在一套以前用作丙烯路线的中试装置进行了新工艺试验，新工艺有望比丙烯路线降低 20%生产成本。

英国 BOC Gases 和日本三菱化成公司也在进行丙烷制丙烯腈新工艺的试验。

第二节 液化石油气燃料利用

液化石油气(LPG)作为重要的城市燃气之一，在国内外各行各业中都得到十分广泛的应用。在日常生活方面，用于做饭、烧水、采暖、饮食业烹饪、野餐等；在公共建筑方面，普遍用于采暖、空调制冷、食堂烹饪；在工业运输方面，主要用于锅炉、热处理、焊接、干燥、烘烤以及作为汽车和各种内燃机的燃料；在农业方面，可用于农产品干燥、饲养家畜、采暖等。总之，LPG在人们生活的各个方面都得到普遍应用，亦即凡是天然气用作燃料的场合LPG都能应用。

一、LPG特点和组成

(一)LPG特点

LPG具有以下基本特点：

(1)LPG的主要成分为丙烷、丁烷及丙烯和丁烯，其次还有少量的C_2(乙烯、乙烷)和C_{5+}(戊烷以上烃类)组分。此外，还有少量杂质如硫化物、H_2S、RSH、RSSR和元素硫等。在常温常压下呈气态，当压力升高或温度降低时很容易转变成液态。临界温度为92~162℃，临界压力(绝)为3.53~4.455 MPa。

(2)由于LPG在常温加压(1.0MPa)下易变成液态、液体的体积是气体体积的1/250左右，故LPG较其他城市燃气易于运输和储存。当减压时即呈气态，用户使用很方便。

(3)LPG的热值高于其他燃气的热值(见表4-2-41)，其低热值为87.8~108.7MJ/m³(气态)或45.1~45.9 MJ/kg(液态)，使用时考虑到燃烧的完全性，通常都以气态使用。

(4)LPG的相对密度为1.8~2.0，比空气重，泄漏后易在低洼、沟槽处聚积，极易与周围空气混合形成爆炸性气体，遇到明火将发生爆炸[爆炸极限(体积分数)为1.7%~10%]。

表4-2-41 燃气热值比较

燃气种类	低热值/(MJ/m³)
天然气	33~38.2
油田伴生气	40~45.5
人工煤气	13~18
LPG(气态)	87~108.4
沼气	20~25

(二)LPG组成

LPG从生产来源划分，可分为油气田LPG和炼油厂LPG。这两种LPG的组成基本相似，都是以C_3和C_4烃类为主，只是油气田LPG以饱和的烷烃即丙烷和丁烷为主，不含烯烃；而炼油厂加工得到的LPG主要是从催化裂化装置裂解气中回收得到，除了含有丙烷和丁烷还含有大量的丙烯和丁烯，其总烯烃含量达到50%~60%。

我国某些炼油厂生产的LPG组分见表4-2-42。从表可看出，由于各炼油厂采用的生产工艺不同，其LPG组成有较大的差别。

LPG中往往存在少量杂质，这些杂质的含量虽然只有百万分之几到几十万分之几，但应用时却不能忽视它们的影响。液化气中实际存在的杂质包括重质烃类(己烷等)、硫化物和元素硫，而且还有挥发油分和聚合残渣、水、卤素、氨以及微量的污染物等。

表 4-2-42 我国主要炼油厂商品液化石油气组分 %

组成＼炼厂名称	燕化	大庆	胜利	南京	上海	济南	长岭	武汉
甲烷				0.03		0.3		
乙烷	0.90		0.23	0.89	1.57	5.8		0.03
乙烯				0.26				
丙烷	7.10	1.0	16.81	12.42	0.80	8.6	10.2	15.13
丙烯	23.20	0.1	24.10	24.33	21.68	31.9	21.7	38.51
正丁烷	5.40	6.7	6.46	4.66	3.66	1.9	6.3	3.88
异丁烷	22.80	38.5	12.22	20.40	11.87	11.4	21.3	17.77
1-丁烯	27.50	37.90	20.58	27.57	>16.01	14.5	16.2	13.02
异丁烯							10.3	
反丁烯	5.47	10.8	7.56	5.66	8.48	6.0	9.2	6.57
顺丁烯	4.30	5.0	5.53	2.35	6.37	4.4	4.8	4.81
戊烷	3.00		3.62		>21.25	4.1		0.17
戊烯	0.03							
硫化氢				0.36		1.0		
二氧化碳				0.24		0.5		
空气				0.83		14		

二、LPG 的质量控制

LPG 质量控制的主要项目有：蒸气压、结冰倾向、气味、毒性、腐蚀性、不蒸发残渣和其他杂质等。

1. 蒸气压

控制蒸气压就是对 LPG 中主要成分 C_3、C_4 及其低沸点和高沸点烃类之间的含量平衡的设定和调节。标准中规定了乙烷、乙烯以及 C_5 以上组分在不同季节允许的最大含量，并限定在 37.8℃时蒸气压(表压)不大于 1380kPa。这在液化气管道供应时是十分重要的规定指标。

LPG 的蒸气压既受温度变化的影响，又随其各组分分子成分变化而变化。当 LPG 由丙烷和丁烷组成时，其蒸气压与温度及 C_3、C_4 的比例关系见图 4-2-19。

2. 结冰倾向

由于 LPG 中存在有水，常常出现结冰问题。当气候条件变化或采用低温法储存时，温度下降到一定程度，水即离析出来并引起结冰或与烃类形成高熔点的水化物。由于水的存在会使碳钢生锈，增加残渣量。因此对水含量标准规定了游离水和挟带水不能检出；溶解水限定最大含量。规定丙烷水含量不超过 10×10^{-6}，丁烷水含量不超过 20×10^{-6}。

如果在某些场合下 LPG 中水分无法脱除，为防止结冰，可向 LPG(特别是商品丙烷)中加入抗结冰剂，如甲醇。一般最小加入量为其体积的 0.05%。

3. 气味和毒性

毒性和气味的控制就是尽量降低硫含量，但商品 LPG 中可加入少量的添加剂，如乙硫

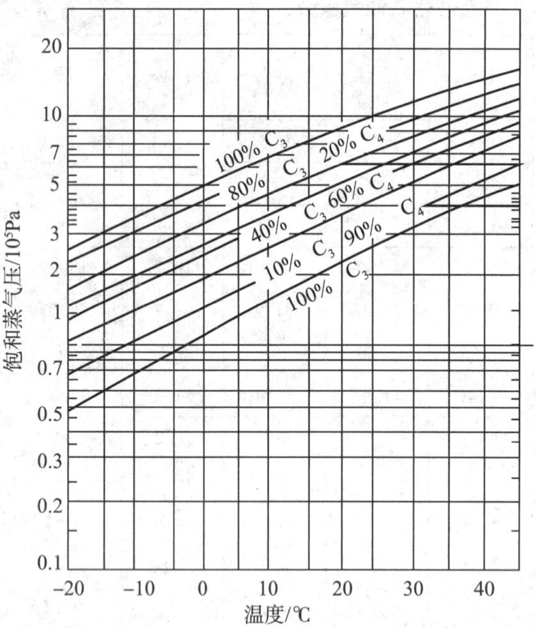

图 4-2-19 C_3、C_4 混合液体的蒸气压

醇和甲硫醚，以便发生泄漏时能及时嗅到气味，防止事故发生。

4. 腐蚀

LPG 的腐蚀性是产品的重要限定指标，以避免因腐蚀性对金属设备造成腐蚀。控制方法有两种：其一是规定在标准试验条件下，允许最大的腐蚀程度；如规定进行铜片试验，通过观察铜片受腐蚀变色的情况，判定腐蚀程度。其二，对 LPG 中已知腐蚀组分的浓度加以限制。

5. 残渣

不挥发性残渣是由各种物质组成的混合物，其中包括残留在 LPG 中的戊烷以上高沸点烃类、从橡胶软管带来的黏性物、灰尘、元素硫、铁锈等不挥发物。

一般只有特殊用途的产品才对杂质提出相应的要求。

三、LPG 作民用燃料

(一) 用户

由于 LPG 是一种清洁、高效的城市燃料，在世界各国，各行各业都得到广泛应用，其消费量也逐年增长。目前，LPG 作民用和商用燃料约占 60%，化工利用占 15%，其他利用约占 25%。在这些用户中可分为居民用户、公共建筑物用户和工业设备用户。用户不同，供应 LPG 的方式也不相同。

(二) 供应方式

LPG 对民用和工业用户的供应方式有 3 种：单瓶(或双瓶)供应、瓶组供应和管道供应。

1. 单瓶供应

单瓶供气系统见图 4-2-20。目前普遍使用的钢瓶储罐有 10kg 和 15kg 两种，一般情况下容器的灌装量为容器体积的 80%~85%，保持容器内液、气两相并存。

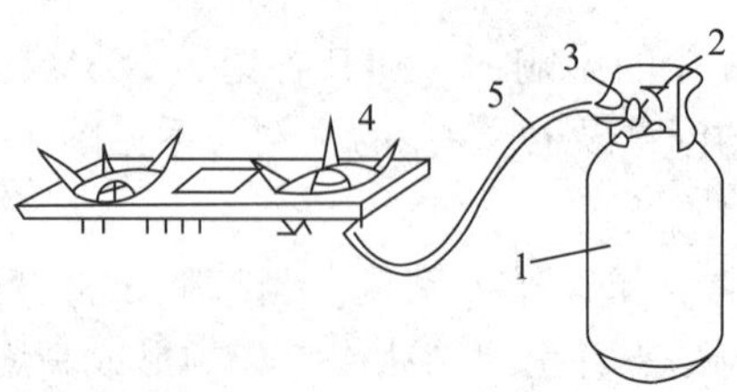

图 4-2-20 单瓶供气系统示意图

1—钢瓶；2—角阀；3—调压器；4—燃具；5—耐油胶管

钢瓶内的 LPG 的蒸气压力随着环境温度变化而变化，并在所处环境温度下自然气化。用户在使用时，LPG 经调压器减至燃具要求的压力为 2.8kPa±0.5kPa，供燃具使用。

居民用户使用的燃具和钢瓶不允许安装在地下室、半地下室和卧室内。安装在厨房内的钢瓶同燃具之间的距离应不小于 1m。

LPG燃具的类型、构造和功能与天然气等其他燃气的燃具基本相同，只是燃烧器和供气管等部件的具体尺寸有所不同。

2. 瓶组供应

LPG瓶组供气系统见图4-2-21。瓶组和调压器、压力表、控制阀等一般都安装在单独的房间内，这种供气方式能满足用气量较大的用户的用气需要。使用钢瓶的规格多为35kg和50kg，瓶组可以是2个或3个以上。

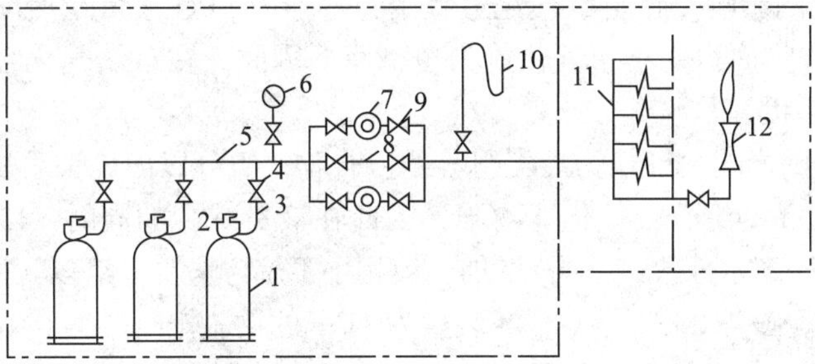

图4-2-21　LPG瓶组供气系统示意图

1—钢瓶；2—角阀；3—钢瓶接管；4—阀门；5—集气管；6—压力表；7—调压器；8—旁通管；9—阀门；10—U形压力计；11—分配管道；12—燃烧设备

3. 管道供应

管道供气系统见图4-2-22。气化站(或混气站)输送的LPG(或混有空气的LPG)，通过输配管道，将LPG供给用户。一般经分户计量后送至燃具使用。

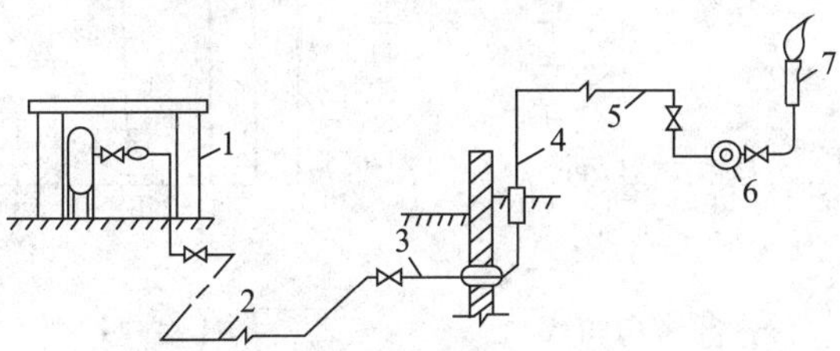

图4-2-22　管道供气系统示意图

1—气化站(或混气站)；2—输配管道；3—引入管；4—阀门；5—户内管道；6—计量表；7—燃烧设备

供应给居民用户和公共建筑物用户作烹饪时，供气压力在燃具前为2.8kPa±0.5kPa，供应锅炉房和其他工业用户时，应根据用气设备的要求来确定，一般在10~100 kPa。

单瓶(或双瓶)供气和瓶组供气方式，使用灵活，建设周期短，特别适用于距城市燃气管网较远的分散的居民用户、用气量不太大的公共建筑和小型工业用户；而管道供气方式则适用于用气量较大的用户和距城市燃气管网较远的小区居民和乡镇居民区的集中供气，以及锅炉房和其他工业用户用气需要。

(三)LPG的气化

LPG的气化是管道供应系统中一个十分重要的环节。根据不同需要，LPG的气化可分为自然气化、强制气化和气化后掺混空气三种方式。

1. 自然气化

LPG灌装入瓶内分为气、液两相，容器上部为气相，下部为液相，在一定温度下瓶内气、液两相处于平衡状态。

自然气化是容器中的LPG，依靠自身的显热和吸收外界环境的热量而气化的过程。其特点是：

(1)受液相温度和压力的影响。当LPG钢瓶内气相以一定速率导出时，液体温度将以近似直线形式下降。由于容器内液量不断减少以及由于蒸气压的不同引起气、液相组分发生变化，不能提供恒定的燃气组成，这就是自然气化的特点及变化规律。为了保持LPG的稳定供应，气化压力必须保持在调压器进口最低允许压力之上。但随着允许压力的升高，液体温度也升高，气化速率则变小，即总供气量受到限制。

(2)受液量变化的影响。在自然气化过程中，容器内LPG液量是逐渐减少的，使得液化气与容器壁接触的传热面积变小，气化能力也减小。因此，在自然气化容器设计时，应考虑取比表面积最大的形状。

(3)受液相组分的影响。LPG为烃类组分的混合物，组分以丙烷、丁烷为主。在气化过程中，沸点低、蒸气压高的组分，气化能力强，因此在液量减少的同时，LPG的组成也是变化的。气相中丙烷含量(摩尔分数，下同)增加，液相中丁烷含量越来越多，相应地气化能力也将变小(见图4-2-23)。图4-2-24是一个灌装量为11kg的钢瓶排出LPG的情况。

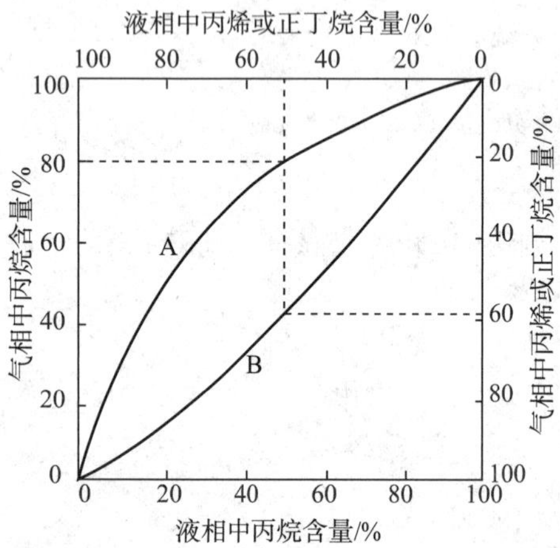

图4-2-23 LPG的气-液相平衡曲线

A—丙烷-正丁烷平衡曲线；B—丙烷-丙烯平衡曲线

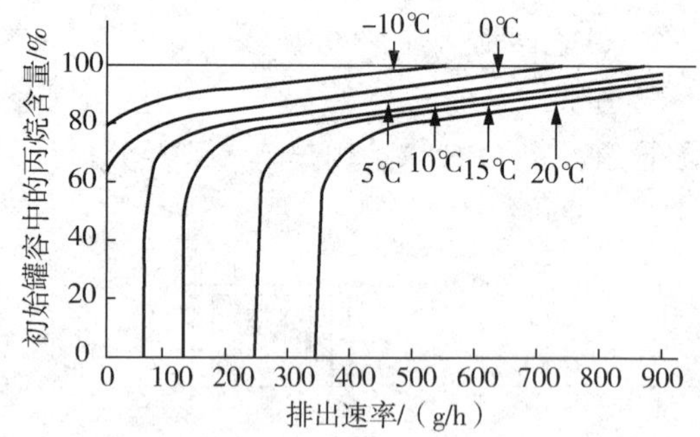

图4-2-24 灌装量11kg的钢瓶排出LPG的情况

2. 强制气化

当单靠液化气自然气化的气量不能满足用户需求时应采用强制气化。强制气化就是用人为的方法加强LPG的气化。当采用管道供应LPG和LPG掺混空气时应采用强制气化方式。这种强制气化可分为气相导出和液相导出两种形式。

气相导出气化形式基本上和自然气化方式相同，即用热媒加热装有LPG的容器，并控制液体温度低于容器设计压力下的操作温度。这种方式在气化过程中热量损失大，气化能力低，不经济，故少用。液相导出气化，即将液态LPG从容器中导出送至专门的气化器中进行强制气化。由于采用专用设备，加热热媒可以灵活多样，如热水、蒸气、电加热等。加热温度提高快，气化能力大，能为用户提供稳定的液化石油气组成。由于经济性好，供气量大，在工程设计中被广泛采用。

液相导出强制气化又可分为等压强制气化、加压强制气化和减压强制气化三种形式。

1)等压强制气化

等压气化方式是利用LPG储罐自身的压力，将液态LPG送入气化器，使其在与储罐压力相等的条件下气化，如图4-2-25所示。

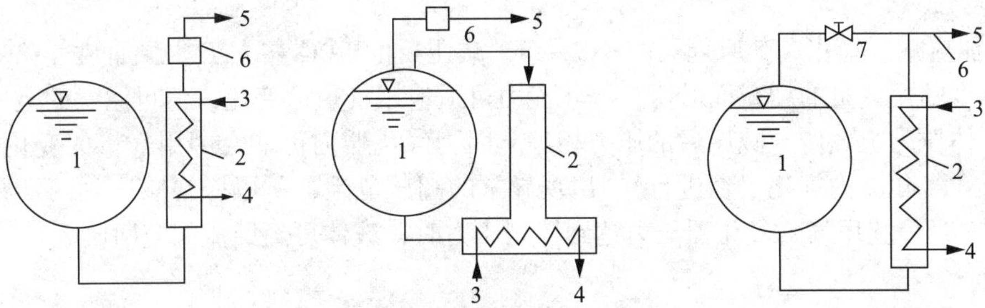

（a）液相连通　（b）两相连通（带调节阀）　（c）两相连通

图 4-2-25　气化器与贮罐的连接方式图

1—储罐；2—气化器；3—热媒入口；4—热媒出口；5—气体输出管；6—调压器；7—调节阀

(1)液相连通方式。如图 4-2-25(a)所示，气体直接从气化器顶部导出进入调压器 6，调节到管道要求的压力后送给用户使用。在气化器出口应设浮球阀等防溢装置，防止液态 LPG 进入调压器与输气管路。

(2)气、液两相连通方式。送入管道的气体是从罐顶部导出[见图 4-2-25(b)]。此方式用于纯丙烷或丙烷组分较多的 LPG。当用气低峰负荷时，由储罐自然气化供气；当用气负荷增大时，储罐压力低于调压器 6 进口最低允许压力，此时启动气化器。

(3)带调节阀的气、液两相连通方式。如图 4-2-25(c)所示，在储罐 1 与气化器 2 之间的连通管上设置一调节器 7。该连通方式适用气化器的主要换热部位低于储罐最低液位，气体自气化器顶部导出，当储罐压力较低时，可以控制调节阀的开度，使气化器液位上升，气量增加，部分气体进入储罐，以提高气化压力。

2)加压强制气化

加压强制气化是将储罐内的 LPG 经泵加压到高于容器内的蒸气压后送入气化器，使其在压力下气化。气化-混合站一般采用加压气化方式，以便为混气装置提供较高且稳定的进口压力。气化后的气体经调压后送入混气装置或管道外送(见图 4-2-26)。一般民用混气装置所需引射器喷嘴前压力为 0.2~0.35MPa，出口压力为 50kPa。

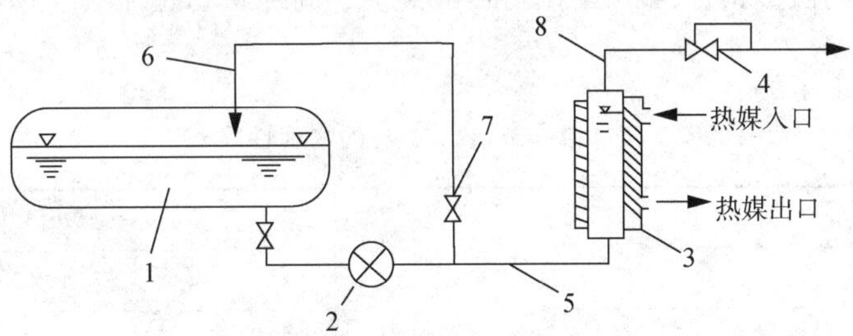

图 4-2-26　加压强制气化原理图

1—储罐；2—泵；3—气化器；4—调压器；5—液相管；6—回流管；7—回流阀；8—气相管

3)减压强制气化

减压强制气化是 LPG 利用自身的压力从储罐，经管道减压阀，再进入气化器，产生的蒸气通过调压器调压后送到管道供气系统。减压强制气化可分为常温减压气化和加热减压气化两种方式。

(1)常温减压气化。图 4-2-27 为其原理图。液态 LPG 经减压节流后，依靠自身显热和吸收外界环境热量而气化。由于经过减压节流后，液相压力下降，因此它比自然气化有更强的气化能力。

(2)加热减压气化。其原理见图4-2-28。减压后的LPG靠人工热源加热气化。气化器内液面高度随用气量的增减而升降，气化能力可适应用气量的变化。值得注意的是从气化器导出的气体压力大致应与减压后的压力相等。因为气化器内可能会因用气量的变化(如突然用气停止，气化器内气化仍在进行)，出现异常的超压危险，所以应在减压阀两端并联一个回流阀5。当停止用气，气化器压力达到控制压力时，液体可经回流阀流回储罐。

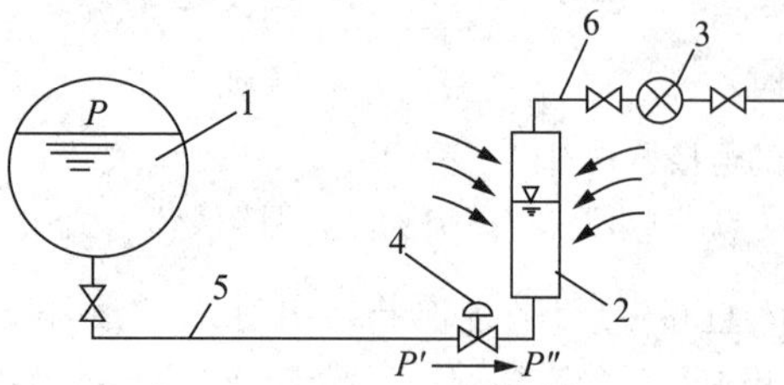

图4-2-27 减压常温强制气化原理图

1—储罐；2—气化器；3—调压器；4—减压阀；5—液相管；6—气相管

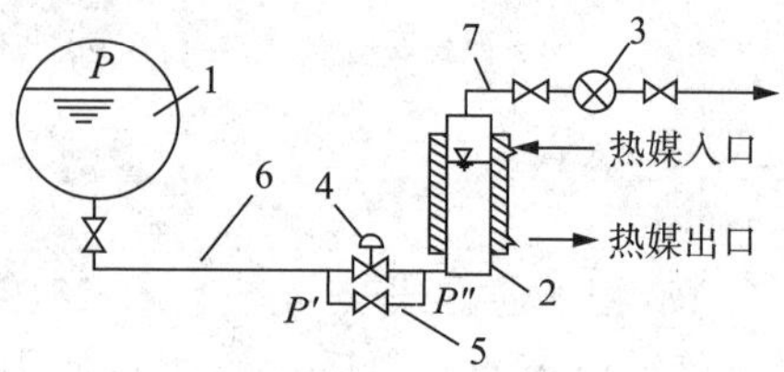

图4-2-28 减压中热气化原理图

1—容器(储罐)；2—气化器；3—调压器；4—减压阀；5—回流阀；6—液相管；7—气相管

第三节 氦回收和利用

一、氦的性质和质量指标

氦(He)是无色、无味、无臭、无毒的稀有气体，它与氖(Ne)、氩(Ar)、氪(Kr)、氙(Xe)及氡(Rn)等气体一样同属于惰性气体。化学性质极不活泼，不能燃烧，也不助燃，几乎不与任何物质发生化学反应，是除氢以外最轻的气体，浮力为氢的93%，导热系数比空气高6倍，导电性好，扩散系数大，与理想气体十分接近。

氦有两种稳定的同位素，相对原子质量为4的^4He和相对原子质量为3的^3He。从天然气中分离出的氦，^4He对^3He比约为107∶1，即^3He含量极低。表4-2-43为^4He的数据。

我国氦气产品的质量指标均属国家标准:《纯氦、高纯氦和超纯氦》(GB/T 4844—2011)，质量指标要求见表4-2-44。

表4-2-43 氦(^4He)的物理性质

项　　目	数　　值
相对原分子质量	4.0026
相对密度(对空气)	0.1785
沸点/℃	-268.94
凝点(2.63MPa)/℃	-271.9
临界温度/℃	-269.9
临界压力/Pa	228.938
导热系数(气体，101.32kPa，0℃)/[mW/(m·K)]	141.84
动力黏度(气体，101.32kPa，25℃)/Pa·s	18.85

表 4-2-44　我国氦气质量指标

项　目		指　标			
		纯　氦		高纯氦	超纯氦
氦气(He)纯度(体积分数)/10^{-2}	≥	99.99	99.995	99.999	99.9999
氖气(Ne)含量(体积分数)/10^{-6}	<	40	15	4	1
氢气(H_2)含量(体积分数)/10^{-6}	<	7	3	1	0.1
氧气(O_2)+氩(Ar)含量(体积分数)/10^{-6}	<	8	3	1	0.1
氮气(N_2)含量(体积分数)/10^{-6}	<	25	10	2	0.1
一氧化碳(CO)含量(体积分数)/10^{-6}	<	1	1	0.5	0.1
二氧化碳(CO_2)含量(体积分数)/10^{-6}	<	1	1	0.5	0.1
甲烷(CH_4)含量(体积分数)/10^{-6}	<	1	1	0.5	0.1
水分(H_2O)含量(体积分数)/10^{-6}	<	20	10	3	0.2
总杂质含量(体积分数)/10^{-6}	≤	100	10	10	1

二、国内外发展情况

(一)氦气资源分布

氦气资源在全球范围内的分布极不均匀，美国是全球氦气资源最丰富的国家，虽然已大规模开采超过 60 年，其氦气储量仍占全球总储量的 40%。根据美国地质调查局(USGS)2020 年的调查报告：全球氦气资源量为 $520\times10^8m^3$，其中美国、阿尔及利亚、卡塔尔和俄罗斯拥有全球 88%的氦气资源。预计美国的氦气资源量 $200\times10^8m^3$ 左右，卡塔尔 $100\times10^8m^3$左右，阿尔及利亚 $82\times10^8m^3$ 左右，俄罗斯 $68\times10^8m^3$ 左右，加拿大 $20\times10^8m^3$ 左右，中国 $11\times10^8m^3$ 左右，波兰 $3\times10^8m^3$ 左右。图 4-2-29 为全球氦气资源分布格局(2020 年)。

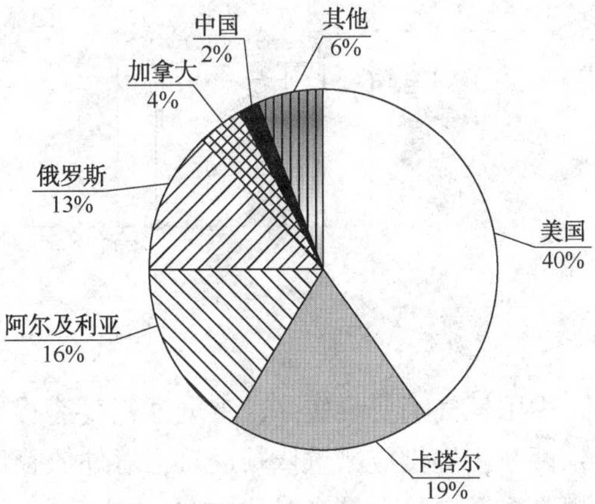

图 4-2-29　全球氦气资源分布格局(2020 年)

截至 2020 年，美国主要氦气气田的可采储量约 $39\times10^8m^3$，阿尔及利亚约 $18\times10^8m^3$，俄罗斯约 $17\times10^8m^3$，波兰约 $0.23\times10^8m^3$。美国仍是全球氦气资源可采储量最大的国家，占据绝对优势。

(二)氦资源供需情况

国际上氦气供应实行配额制，现有氦气产量已由埃克森美孚公司(Exxon Mobil)、空气化工产品有限公司(Air Products and Chemical, Inc.)、法国液化空气集团(Air Liquide)、林德公司(The Linde Group)等几个国际气体公司通过长期贸易协议完成额度分配，除俄罗斯外，其余国家氦气资源分配话语权由美国资本掌握。例如，埃克森美孚不仅是北美最大氦气生产商，还通过在卡塔尔液化天然气工厂的股份间接掌控其氦气生产。表 4-2-45 为全球不同国家氦气产量。

表 4-2-45 全球不同国家氦气产量 10^4m^3

国 家	2016年	2017年	2018年	2019年	2020年
美国	8900	9100	9000	8900	7400
卡塔尔	5000	4500	4500	5100	4500
阿尔及利亚	1000	1400	1400	1400	1400
俄罗斯	300	300	300	200	500
澳大利亚	400	400	400	400	400
波兰	200	200	200	200	100
加拿大	100	100	100	100	100
小计	15900	16000	15900	16300	14400
全球	16700	16800	16700	17200	15200

数据来源：USGS。

根据中国工业气体工业协会统计，2020年全球氦气需求量$1.94×10^8m^3$，受新冠疫情影响较2019年下降0.51%；而2020年氦气产量$1.52×10^8m^3$，具体见图4-2-30。氦气需求量按地区分，北美占42%、亚太占32%、欧洲占20%、中东及非洲占5%；氦气需求量按应用领域分，医疗领域占29%、高端制造领域占27%、航空航天领域占20%、大科学领域占8%、潜艇和深水领域合计占2%。随着5G、半导体、航空航天等领域的高速发展，预计未来几年氦气需求量将继续增长，预计2025年达到$2.11×10^8m^3$。参考天然气增长速率，按照年均1.8%的需求增长预测，到2030年全球氦气需求量预计可达$2.3×10^8m^3$。

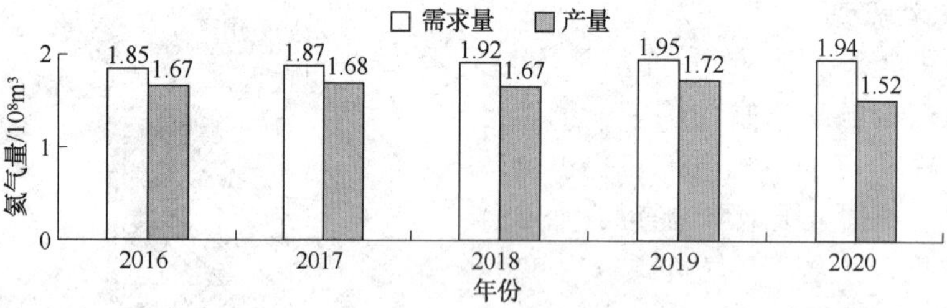

图4-2-30 全球氦气供需量

中国氦气消费量较高，占全球氦气消费量的11%，且增速迅猛。近几年氦气价格较高，供销两旺，但供应严重依赖进口，对外依存度最高达98.5%(2018年)。随着中国氦气自产量提高，进口量由最高时的$2311×10^4m^3/a$下降到$2076×10^4m^3/a$，对外依存度下降到97.5%(2020年)，但其供应安全仍面临极大风险。

(三)氦回收利用情况

从空气中分离氦成本太高。世界市场上消费的氦主要来自含氦天然气，天然气含量一般被分成>0.3%(体积分数)、0.1%~0.3%、0.1%三个范围。

1985年前美国生产的氦气90%来自Hugoton和Panhandle两个气田，由于此两大气田于1985年已有60年开采历史，天然气已采出90%，现主要供冬季天然气调峰用，同时生产氦气。近10多年来，美国致力于开发新的含氦天然气气田，如怀俄明州的Tip Top气田，仅其中Labarge地区天然气储量中估计含有氦$60×10^8m^3$。Exxon Mobil公司于1986年开始在该地区建立了1座天然气加工厂提取甲烷、氮、氦三种产品，有2套$300×10^4m^3/d$(6.75MPa)加工天然气的装置，其中粗氦提取能力为$2240×10^4m^3/a$，此为目前美国产氦的主要气田和加工厂。

美国五大含氦气田情况见表4-2-46。

表 4-2-46 美国五大含氦气田情况

气 田	地 区	氦含量/%	现 状
Hugoton	堪萨斯州、俄克拉荷马州	0.44~0.7	已采出90%天然气，现主要供冬季调峰用
Panhandle	得克萨斯州	0.44~0.7	已采出90%天然气，现主要供冬季调峰用
Keys	俄克拉荷马州	2.0	
Cliffside	得克萨斯州		20世纪60年代已枯竭，现用作粗氦地下储库
Tip Top	怀俄明州	0.6~0.8	新开发的含氦主要气源，并已建成天然气加工厂，其中提取氦的生产能力为 $2240\times10^4m^3/a$

苏联原有氦生产能力$(200\sim250)\times10^4m^3/a$，1982年后在俄罗斯奥伦堡(Orenburg)气田新建3套回收氦的装置，并先后投产，氦的生产能力为每套$300\times10^4m^3/a$，共$900\times10^4m^3/a$，原料天然气中含氦量为0.055%，该气田氦储量估计为$36\times10^8m^3$。

截至目前，我国获得探明储量的天然气气藏中含氦较少，如四川气田中含有氦的天然气，一般氦含量在$(300\sim600)\times10^{-6}$，无回收的经济价值，只有威远气田的局部地层的天然气中氦含量为0.18%~0.2%。威远天然气化工厂建有回收氦的装置，生产能力为$5\times10^4m^3/a$，但该气田已开采30年。目前我国需用的氦产品，主要从国际市场上购买。

三、氦回收工艺

(一)国内外天然气提氦工艺

天然气提氦技术包括非低温法和低温法(深冷法)。非低温法主要包括吸附法、吸收法、扩散法和膜分离法，低温法即冷凝法。其中，PSA法、膜分离法及深冷法是最主要的三种提氦方法，而深冷法最为常用。

1. 吸附法

吸附法是根据天然气中各组分在固体吸附剂表面上吸附能力的差异而将其中的氦分离出来。限于吸附剂的吸附容量，吸附法一般适用于杂质含量小于10%的粗氦精制中。近年来发展起来的变压吸附(PSA)即属于此类改进型方法。

变压吸附法(PSA)利用吸附剂在不同压力下的吸附量差异，升压吸附，降压时被吸附气体解吸，吸附剂再生。变压吸附一般采用两塔交替进行吸附和再生操作，连续生产。2008年，印度Kuthalam集气站成功实现了PSA法提氦，每天处理约$1224m^3$天然气。截至目前，PSA法已在美国三大提氦装置中得到了应用。如图4-2-31所示为美国两级PSA粗氦精制工艺流程。

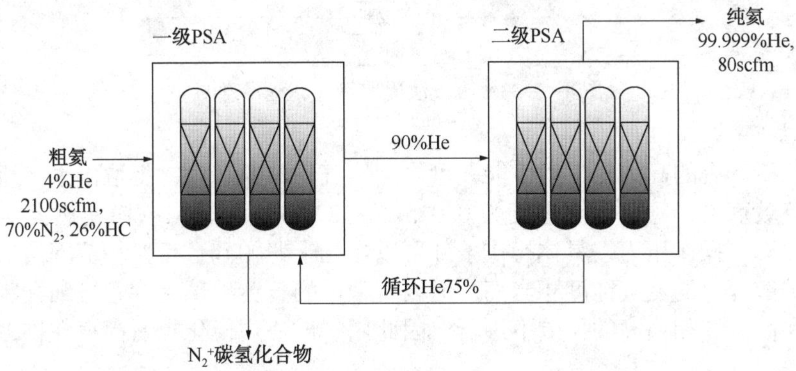

图 4-2-31 美国两级PSA粗氦精制工艺流程

典型PSA工艺流程如图4-2-32所示。粗氦与空气混合后，经预热和催化将H_2及碳氢化合物氧化后进入一级PSA单元脱除水、CO_2及O_2，周期8min，包括吸附、循环、减压、抽空(<10kPa)、回流进料增压及循环进料增压六个步骤，得到90%的He。二级PSA单元周

期 6min，包括吸附、减压、抽空(<10kPa)、吹扫及氦增压五个步骤，得到 99.999%的纯氦。此外，二级 PSA 单元中分离出部分氦用于回流(He 纯度 75%)以达到 95%的回收率，与深冷法的回收率相近。

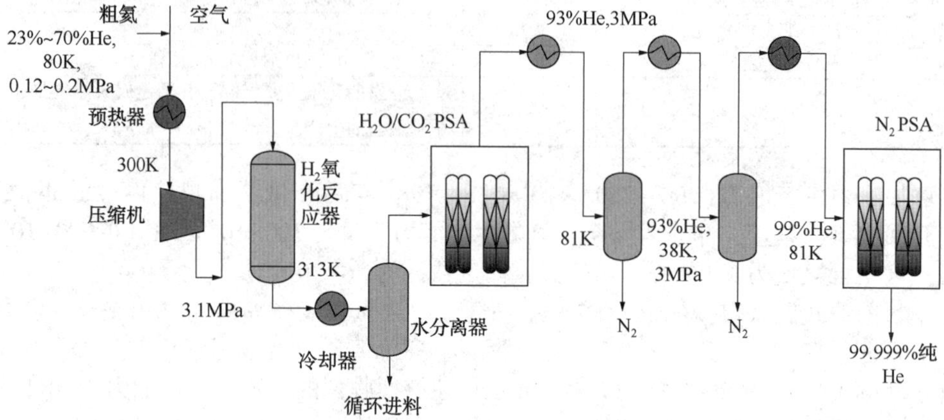

图 4-2-32　典型 PSA 工艺流程

变压吸附法的优点是产品纯度高(高达 99.999%)，设备简单，易于操作维护，再生床层无须加热，操作成本低，采用循环工艺，连续生产。但是，氦纯度越高，工艺流程越复杂。同时，变压吸附周期短，一般约 20min，采用自动控制，对设备阀门要求高。

2. 吸收法

选用适当的吸收溶剂，在一定的条件下可将沸点比氦气高的天然气中的其余组分洗涤吸收除去而提取氦气。所用的吸收溶剂如液态氟烃、液态烷烃等。图 4-2-33 展示了从含氦天然气中提取氦气的一种吸收法流程简图。该法一般适用于氦气含量较高的场合，并且通常与 PSA 一起使用。

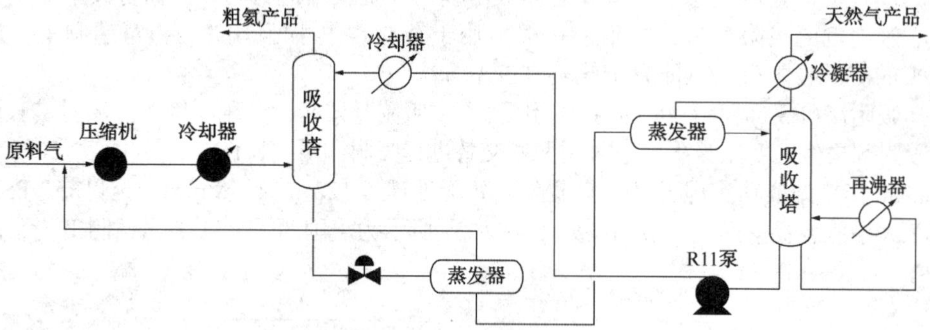

图 4-2-33　吸收法提取氦气流程示意图

3. 扩散法

利用氦气所具有的高的热扩散性能，可将天然气中的氦气浓缩提取出来。所用的扩散元件通常为石英玻璃毛细管，管壁厚度为 0.025~0.127mm，内径与壁厚之比为 3~7，操作温度在 400~500℃，操作压力按具体操作条件可以在几十兆帕到数百兆帕范围内选用。经石英玻璃毛细管扩散提取的氦气纯度相当高，但因所采用的石英玻璃毛细管极细，制作不便，操作时又需要在高温和相当高的压差下进行，因此用扩散法规模化提氦尚存在许多限制。

4. 膜分离法

膜分离法是在膜两侧压差的推动下，天然气各组分在溶解-扩散-解吸的过程中产生了渗透性能的差异，利用氦气渗透性能好的特点实现氦气分离。按照用途，分离膜可分为氢膜、有机蒸气膜、氧氮分离膜、CO_2 分离膜等。大多数气体分离膜为有机高分子膜，如聚二甲基硅氧烷膜 PDMS 和聚酰亚胺膜 PI。如图 4-2-34 所示为三级渗透膜提氦工艺流程。

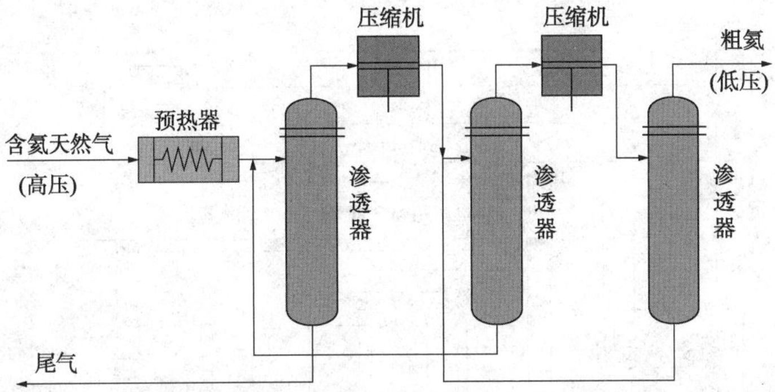

图 4-2-34 三级渗透膜提氦工艺流程

Linde 公司采用四氟乙烯和六氟丙烯共聚物提氦膜处理含氦 0.45%的天然气，氦收率 60%。美国采用两级聚碳酸酯纤维平板膜将含氦 0.5%的天然气提浓至 82%左右。1986 年，大连物化所与四川石油管理局威远天然气化工厂合作，采用国产中空纤维膜从含氦 0.2%的天然气中浓缩氦，氦收率为 30%。1990 年，威远气田与四川化工研究所使用聚碳酸酯膜对粗氦进行了膜分离实验，将氦气从 65%提浓到 90%，收率 90%。1994 年，南京化工学院采用醋酸纤维膜将氦气提浓到 99.5%，收率 79%左右，但醋酸纤维膜的生产难以工业化。

虽然膜对氦气和甲烷的选择性很好，但氦气含量很小，单级膜提氦效率低，一般采用多级膜。近年来，新的膜材料(中空纤维渗透膜)不断问世，膜分离提氦法的发展前景广阔。

5. 深冷法

深冷法是目前天然气提氦技术中最为成熟、应用最为广泛的提氦方法。深冷法的适应性和稳定性较好，且装置的处理量大，还可同时联产 LNG，有利于提高天然气提氦的经济性。从天然气流中分离氦气的低温过程分为 3 种：①基于闪蒸的过程；②基于蒸馏的过程；③闪蒸和蒸馏的集成。深冷法主要包括林德循环法(节流法)和克劳德循环法(膨胀机法)。

1) 林德循环法

典型的林德循环提氦工艺流程如图 4-2-35 所示。原料气压力为 3.4MPa，经脱水、干燥后预冷到-50℃，节流到-107℃，此时约有 80%气体被液化，气液混合物进入第一分离器，分出气体，经换热、节流，温度降到-143℃，又有 80%的气体被液化，气液混合物进入第二分离器，分出气体又经过以上类似过程，温度降至-174℃，又有部分气体液化，将气液混合物进入第三分离器，分离出的不凝气(粗氦)为中间产品。粗氦中含氦 60%、含氮 40%(有少量的氢、氖、氩等)。上述工艺流程的氦收率为 90%~95%，如设置分馏塔收率可达 97%。

流程中，降低系统压力由 J-T 节流阀提供冷量，经分离排出的液体(即 LNG)，经复热气化后按不同压力等级，予以再压缩，使提氦后的天然气返回输气管线。

由天然气提氦工艺得到的粗氦还需进一步精制成商品精氦，粗氦精制见如下步骤：

(1) 在 19MPa 下用-196℃液氮冷却，冷凝后使氦的纯度提高到 92%(含氮 7.8%)。

(2) 在 2.0MPa 下用沸腾氮进一步冷却，冷凝后使氦的纯度提高到 99.5%。

(3) 在液氮温度下，用活性炭除去所有杂质，得到商品精氦，如粗氦中含有氢，因氢与氦难以深冷分离，故需采用催化氧化法脱除氢。

美国 Exxon Mobil 公司 Shute Creck 工厂(在怀俄明州 Labarge 地区)，是世界上第一座非燃料型天然气提氦工厂，其工艺与传统的提氦工艺不同。其原料气组成为：CO_2 67%，H_2S 4%，N_2 8%，He≥0.5%，CH_4≤20.5%。经预处理脱除酸性气体(H_2S 和 CO_2)和水分后，其组成为：N_2 35%~42%、CH_4 56%~63% 、He 1.4%~1.7%、C_2H_6 0.04%。以两套处理量各为 300×$10^4m^3/d$ (6.75MPa)的天然气加工装置，获得氦、甲烷、粗氦三种产品，质量如下：氮的纯度>99%、粗氦含氦量 50%(回收率 90%)、甲烷含氮 3%(收率 99.5%，外输压力 2.1MPa)。

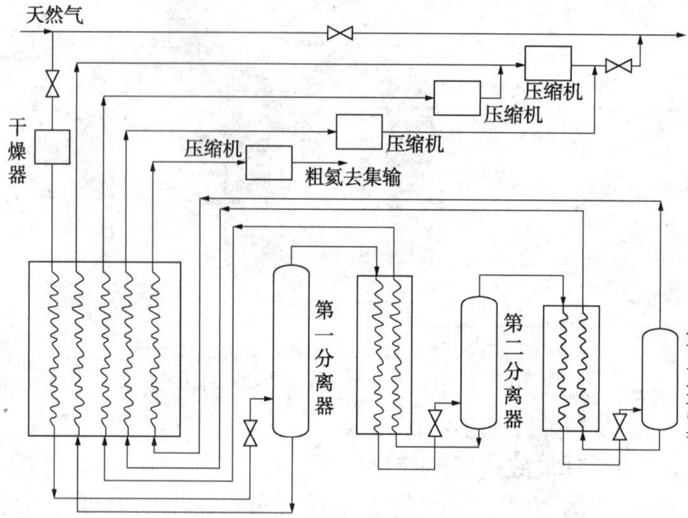

图 4-2-35 典型的林德循环提氦工艺流程

该装置实际上是天然气脱氮装置，也是近期世界上最大的粗氦回收装置，其工艺流程如图 4-2-36 所示。6.75MPa 原料气换热预冷到-123℃，节流到 2.32MPa，进入高压塔底部。塔顶产物含氦 50%，回收冷量后外输；塔底产物冷却和节流到 0.14MPa 后进入低压塔的中部，塔顶温度-187℃，塔底温度-156℃。塔顶出来的为纯氮，回收冷量后外输；塔底为液态甲烷(氮含量<3%)，用泵升压后与高压塔底产物换热到沸点并气化，然后又在主换热器中与原料气换热升到外输温度，压力可达 2.1MPa。此装置采用液态甲烷泵增压，然后复热和气化，甲烷外输，而在典型的提氦工艺中是将甲烷尾气用压缩机加压后外输。

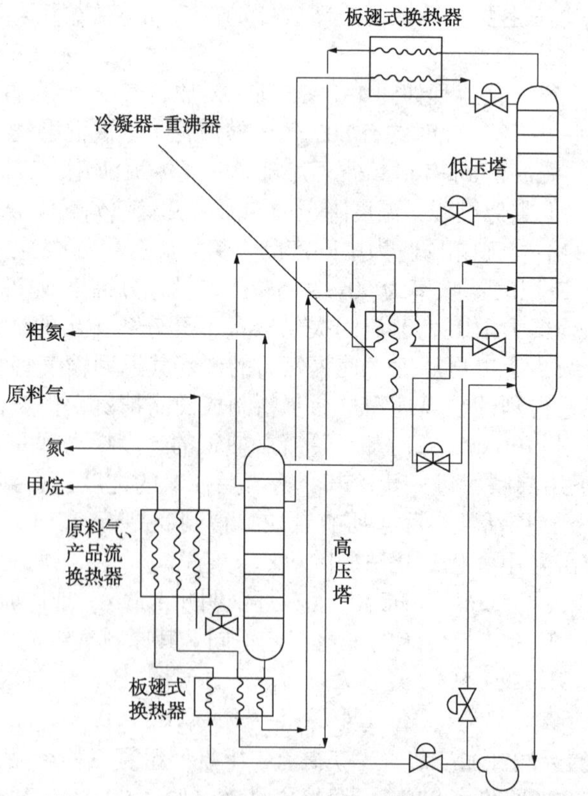

图 4-2-36 非燃料型天然气提氦工艺流程图

2) 克劳德循环法

(1) 前膨胀提氦工艺。

前膨胀提氦工艺流程如图 4-2-37 所示。含氦天然气进入原料气冷却器并冷却到一定温度后，经膨胀制冷后再次进入原料气冷却器进一步冷却，然后进入一级提浓塔，塔顶的一次粗氦气体进二级提浓塔，二级提浓塔塔顶分离出产品粗氦，一级提浓塔塔底出来的大部分液甲烷先进入原料气冷却器回收冷量后进入膨胀机增压端增压后进入商品天然气外输管线，另一部分液甲烷经节流作为一级提浓塔塔顶的冷源，再进入原料气冷却器回收冷量，最后经过低压尾气压缩机增压后进入商品天然气外输管线。二级提浓塔塔顶的冷源采用氮循环制冷。

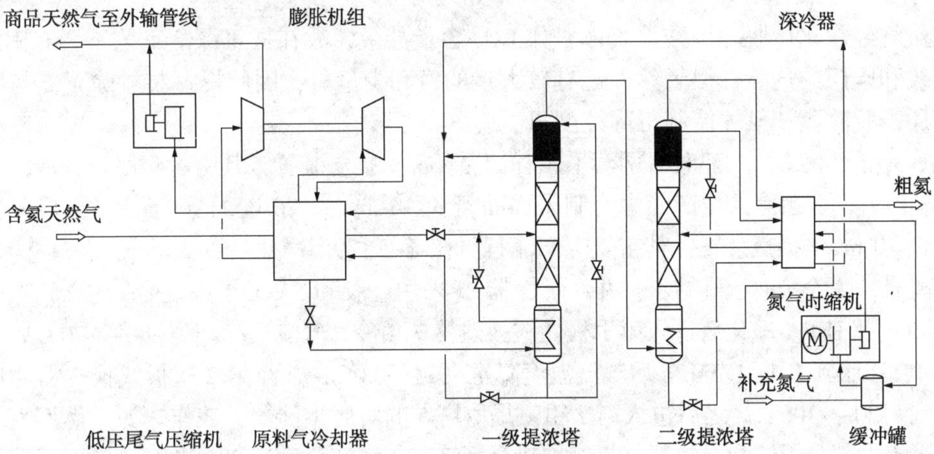

图 4-2-37　前膨胀提氦工艺流程图

(2) 后膨胀提氦工艺。

后膨胀提氦工艺流程如图 4-2-38 所示。含氦天然气进入原料气冷却器换冷后进入一级提浓塔，塔顶的一次粗氦气体进二级提浓塔，在二级提浓塔塔顶分离出产品粗氦，一级提浓塔塔底出来的大部分液甲烷先进入原料气冷却器回收部分冷量，再经膨胀制冷后进入原料气冷却器回收冷量后形成中压尾气再进膨胀机增压端增压后进入天然气产品外输管线，另一部分液甲烷经节流作为一级提浓塔塔顶的冷源后，再进入原料气冷却器回收冷量，最后经过低压尾气压缩机增压后进入商品天然气外输管线。二级提浓塔塔顶的冷源采用氮循环制冷。

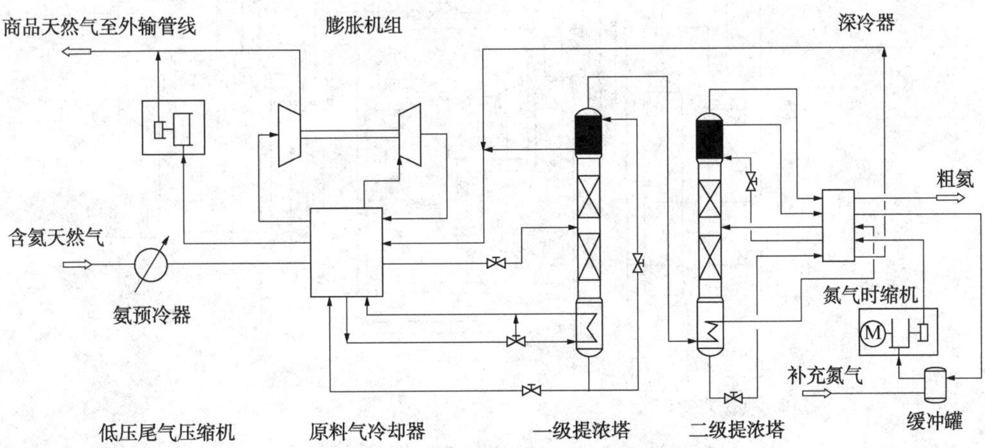

图 4-2-38　后膨胀提氦工艺流程图

（二）我国天然气提氦工艺

截至目前，我国只有四川威远气田天然气中含有约0.2%的氦，70年代初建立了我国唯一的天然气提氦装置，包括提取粗氦（60%～70%）和加工成精氦，产品符合表4-2-44所示的质量指标。威远天然气含有H_2S和CO_2，因此在提氦前必须在天然气净化厂中先将酸性气体脱除。现将天然气净化后进入提氦装置的组成列于表4-2-47。

表4-2-47　威远天然气进入提氦装置的组成

组　分	CH_4	C_2H_6	C_3H_8	C_4H_{10}	C_{5^+}	H_2	CO_2	N_2	H_2S	He
体积分数/%	92	0.04	0	0	0.08	0.1	0.005	7.65	0.0013	0.18～0.2

天然气经净化厂脱除了酸性气体，如CO_2含量甚微，故在提氦深冷工艺不会有固体CO_2堵塞管线和阀门的危险，但天然气还有较大量的氮和少量氢，因此提氦装置除了氦与甲烷分离外，还需脱除氮和氢才能制得高纯度氦。

威远天然气化工厂初建时有两套采用林德循环深冷提氦装置，其中一套用氨补冷，另一套用液氮补冷，两套装置的生产能力为制得商品氦$3\times10^4m^3/a$。20世纪90年代又建成一套生产能力为$5\times10^4m^3/a$提氦装置，其粗氦生产流程见图4-2-39。净化后的天然气（1.7～2 MPa）先进入分离器，脱除胺液和凝结水，并经干燥器2（采用硅胶和5Å分子筛复合床层）脱除饱和水和少量CO_2及H_2S。净化后进入第1板翅式换热器7预冷，气流被冷却到-80～-70℃后去涡轮膨胀机4，膨胀到1.1～1.5MPa后气流温度降至-92～-83℃，并经第2翅板式换热器8进一步被冷却到-120～-106℃。之后进入第1粗氦提取塔5的塔底重沸器，兼作热源，然后入塔，在此条件下绝大部分甲烷和一小部分氮气被冷凝下来，入塔液化率达90%左右。未冷凝的气相升入塔顶冷凝器，壳程用节流至常压的液态甲烷冷却至-155～-152℃左右，塔顶排出不凝气（粗氦氦含量3%～4%），再进入第2粗氦提取塔6，塔顶用常压蒸发的液氮冷却至-185～-175℃，使大部氮气被冷凝下来，塔顶获70%～75%的粗氦。第1、第2粗氦提取塔塔底液态甲烷经复热、气化后进入同轴压缩机3压到2.1MPa后，返回输气管线。粗氦进一步精制获得商品精氦，工艺流程见图4-2-40。粗氦先经钯反应器脱除氢后，用膜压机送至冷凝器，用液氮循环制冷在-190℃下分离出氮和甲烷，然后在活性炭吸附器中吸附掉残留的氮，从而制得高纯氦。

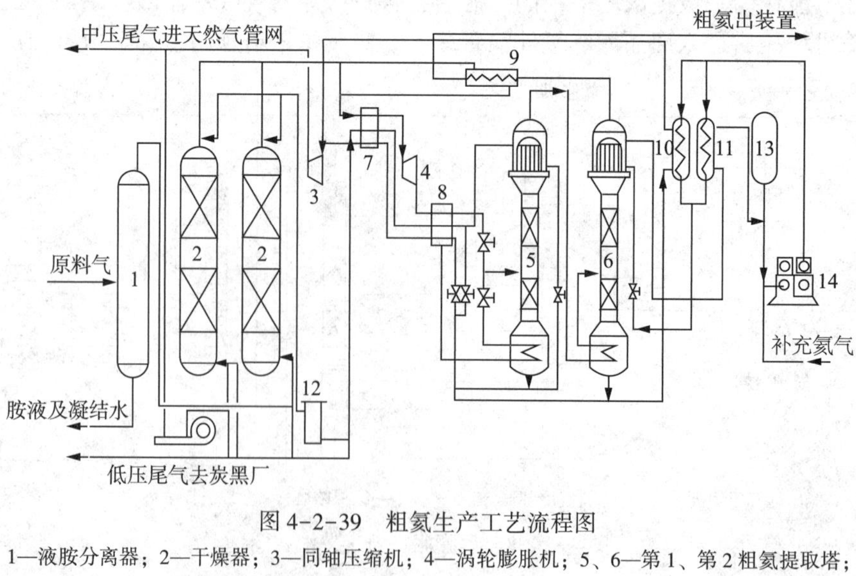

图4-2-39　粗氦生产工艺流程图

1—液胺分离器；2—干燥器；3—同轴压缩机；4—涡轮膨胀机；5、6—第1、第2粗氦提取塔；7、8—第1、第2板翅式换热器；9～11—换热器；12—过滤器；13—氦气储罐；14—氦气压缩机

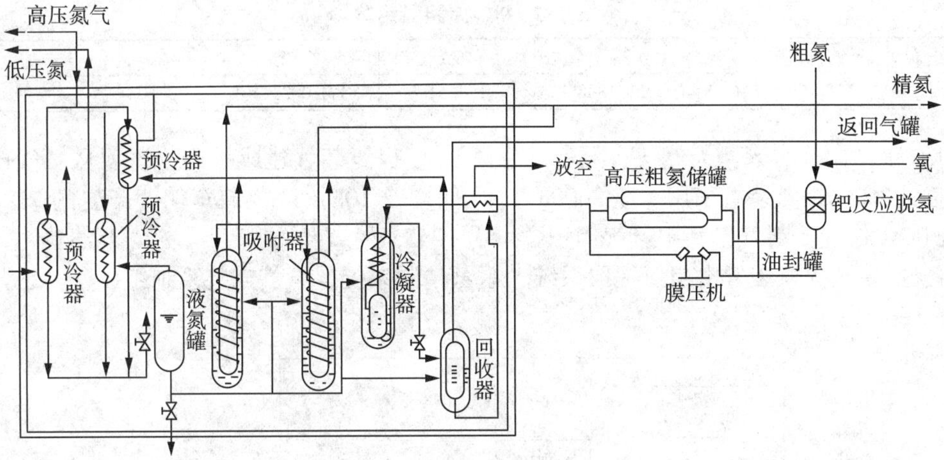

图 4-2-40　粗氦精制工艺流程图

20 世纪 80 年代，威远天然气化工厂采用了四川省化工研究所聚碳酸酯(PC)中空纤维膜渗透器(外形尺寸 ϕ127mm×2700mm)，进行了氦含量为 65%～70%粗氦精制工业性试验，其流程见图 4-2-41。试验用粗氦组成(体积分数)：He 65%～70%、O_2 0.1%～1.1%、N_2 28.2%～33.8%。

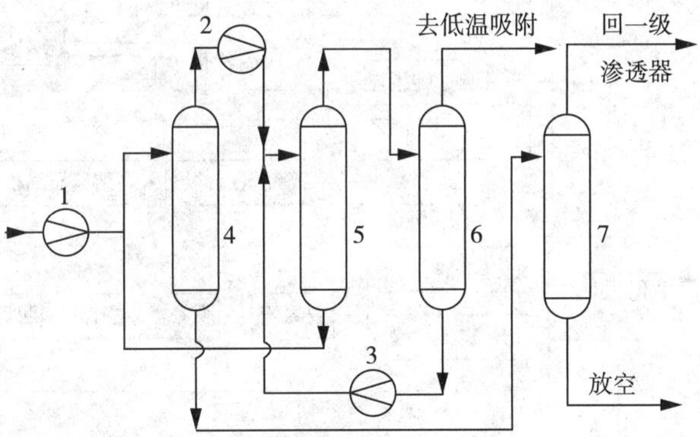

图 4-2-41　粗氦纯化生产工艺流程图

1～3—膜片压缩机；4～6—一级、二级、三级渗透器；7—辅助级渗透器

试验采用三级渗透器工艺，粗氦经膜片压缩机升压到 4.5MPa 进入一级渗透器，出来的 0.02MPa 渗透气进入油封罐，经膜片压缩机升压至 4.5MPa，进入二级渗透器，出来的 1.5～1.6MPa 渗透气直接入三级渗透器。粗氦经一级渗透后氦浓度达到 92 %，经二级渗透后达到 98%。经过三级渗透后氦浓度提高到 99%以上，送往低温吸附器除去残留氮，最后获得 99.99%或 99.999%纯氦。二级渗透时尾气在 4MPa 下，返回一级渗透器处理；三级渗透器的尾气含氦在 95%左右，返回二级渗透器处理；一级渗透器出来的尾气含氦在 20%～30% ，经过一辅助渗透器回收氦，最后放空尾气含氦 4%～7%。与深冷法相比，用薄膜渗透法可节电 50%左右。实际工业应用关键问题为渗透器的寿命，希望要达到 2 年以上。

天然气提氦装置投资费用和能耗主要用于粗氦生产，为此威远天然气化工厂与大连化学物理研究所协作，由该所提供聚砜(PSF)/硅橡胶中空纤维渗透器(内径 25mm，长度 1340mm)，进行了实验室规模的从天然气中提取粗氦试验。试验原料气与工业生产用一样(组分详见表 4-2-48)。试验结果：在天然气进口压力 1.4～1.9 MPa 和常温条件下，经一级膜渗透器，使氦浓缩 5～5.5 倍，氦收率达到 63%～75%。

表 4-2-48 原料气组分

组 分	甲烷	氮气	氦气	乙烷	氢气	合计
含量/%	77.2546	21.1838	1.4551	0.0023	0.1041	100

2020 年，内蒙古兴圣天然气有限责任公司 BOG 提氦装置建成投产，该项目氦气产品纯度达 99.999%。提氦装置采用 1 座 $3000m^3$LNG 储罐及 10 个 LNG 装车鹤管产生的 $7198m^3/h$ 的含氦 BOG 作为原料气，其中氦气体积含量为 1.4551%。

内蒙古兴圣提氦装置由粗氦提取系统、粗氦精制系统、氦气充装系统组成，其工艺流程如图 4-2-42 所示。

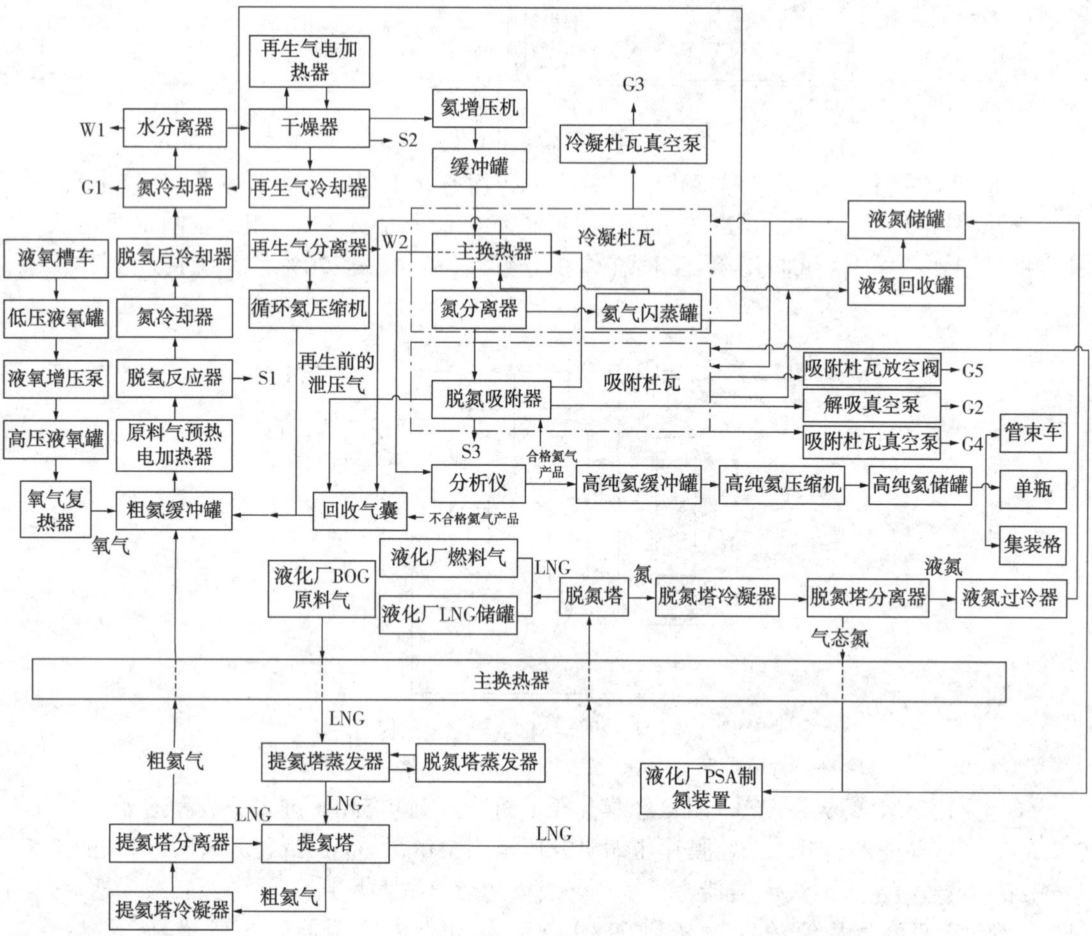

图 4-2-42 内蒙古兴圣提氦装置工艺流程图

1. 粗氦提取系统

1) BOG 流路

来自 BOG 压缩系统的 BOG，经过主换热器冷凝后依次进入提氦塔蒸发器和脱氮塔蒸发器作为热源，然后节流进入提氦塔提氦，提氦塔塔顶粗氦气经提氦塔冷凝器冷凝，然后由提氦塔分离器进行分离，最终粗氦气经主换热器复热后出冷箱去到下一步的精制系统，提氦塔塔底 LNG 进入主换热器进一步过冷后进入脱氮塔脱氮，脱氮塔塔顶氮经脱氮塔冷凝器冷凝，然后由脱氮塔分离器分离产生液氮和气氮，液氮经液氮过冷器过冷后进入液氮贮槽，气氮经主换热器复热后部分用于氮气脱除系统，部分返回工厂内 PSA 装置，脱氮塔塔底 LNG 分为两部分，一部分用作燃料气，另一部分节流后进入 LNG 储罐。

2）混合冷剂制冷循环系统

混合冷剂制冷循环采用两级节流的单一混合冷剂流程。冷剂来源为冷剂压缩机出口分离器气相和液相混合冷剂。高压气相冷剂先进入主换热器冷却、液化、过冷后节流，然后进入冷剂过冷分离器进行气液两相分离，气相和液相在主换热器中均匀混合后复热，主要为主换热器中液化和过冷段提供冷量；高压液相冷剂进入主换热器过冷，然后节流进入冷剂预冷分离器进行气液两相分离，气相和液相分别进入低压冷剂通道，与高压气相冷剂节流复热后的低压冷剂一起为预冷段提供冷量，然后复热返回冷剂压缩机入口。

3）氮气制冷循环系统

氮气制冷循环系统主要为提氦塔和脱氮塔的冷凝和液氮的过冷提供冷量，从循环氮压缩机组来的高压氮气进入主换热器冷却、液化、过冷后，分为三路，一路节流进入提氦塔冷凝器为其提供冷量，另一路节流进入脱氮塔过冷器为其提供冷量，还有一路节流进入液氮过冷器为液氮产品的过冷提供冷量。从提氦塔冷凝器、脱氮塔冷凝器和液氮过冷器返回的氮气汇合后进入主换热器复热，复热后出冷箱，然后经氮气压缩机压缩，完成一个循环。

2. 粗氦精制系统

1）加氧除氢系统

从粗氦提取系统提取来的粗氦气、脱水系统的循环气、外购的液氧经增压、复热后产生的氧气及氦气回收气囊回收的气体汇合后进入粗氦缓冲罐，然后经过原料气预热电加热器加热后进入脱氢反应器，反应后先通过氮冷却器冷却，然后再经过脱氢后冷却器继续冷却，液态水冷凝析出，由水分离器分离并排放，气相进入脱水系统。

2）脱水系统

从加氧除氢系统来的粗氦气及少量水蒸气进入脱水系统，脱水系统采用双塔切换的干燥器进行脱水，待单塔饱和后切换至另一塔进行吸附，干燥剂使用分子筛。干燥塔利用经再生气电加热器加热的由干燥器初步脱除水分的氦气吹扫再生。吹扫后的含水氦气由再生气冷却器冷却后进入再生气分离器进行分离，分离出液态水并排放，氦气经循环氦压缩机压缩后返回脱氢系统。

3）氮气脱除系统

氮气脱除系统采用高压低温冷凝分离和低温吸附的方法。

从脱水系统来的干燥粗氦气先经过氦气压缩机压缩到 19.3MPa 后进入缓冲罐，再进入氮气脱除系统。

高压粗氦气在主换热器与低温氦气和低温氮气换热而冷却，然后与液氮换热冷却到 -205℃经氮分离器进行气液分离，脱除大部分的氮杂质。气相进入脱氮吸附器进行氦气精脱，脱氮吸附器使用活性炭对氮气进行吸附，然后得到低温氦气产品，该低温氦气与高压粗氦气在主换热器内换热复热后，经分析仪检测合格的氦气去氦气充装系统，检测不合格的氦气经回收气囊收集返回脱氢系统；液相节流至常压进入氦气闪蒸罐进行氦气闪蒸，闪蒸气经主换热器复热出冷箱经回收气囊收集返回脱氢系统，闪蒸后液相进入氮冷却器复热后放空。氮冷凝分离和吸附时冷量靠液氮并采用真空泵抽成负压来实现。氮气吸附器在吸附周期完成以后，需要进行再生。氮气吸附器泄压到微正压，泄压排放的氦气经回收气囊收集返回脱氢系统，同时吸附杜瓦通入氮气升压排放液氮，排放完毕以后，通过电加热器对脱氮吸附器进行加热，同时用产品氦气对脱氮吸附器进行置换，随着温度升高，氮气从活性炭中解吸出来，随着置换的氦气被带出，加热时间到了之后，解吸真空泵对脱氮吸附器进行抽真空，氮气和氦气被抽出排放到大气中，抽真空完成以后，吸附杜瓦中通入氦气对脱氮吸附器进行预冷，脱氮吸附器再生完成，然后吸附杜瓦真空泵对吸附杜瓦进行抽真空，同时吸附杜瓦准备通入液氮进行冷却。

3. 氦气充装系统

从脱氮系统出来的高纯氦气产品经高纯氦缓冲罐进入高纯氦压缩机，经压缩后的高纯氦气进入高纯氦储罐暂存，待用户需要时进行充装，采用管束车、单瓶充装和集装格充装三种充装形式。

四、氦的用途

氦具有许多独特性质，它在工业、国防及许多尖端科学领域有较重要的用途：

(1)用作提升气。氦气的相对密度较空气小，在标准状态下 $1m^3$ 氦气的浮力 1.1kg，为氢气浮力的93%，氦又是惰性气体，因此是比氢气更为可靠的提升气，用于充气球和飞艇。

(2)合成呼吸气。由于氦在血液和细胞组织中溶解度很小，以 1∶4 的氧和氦混合的呼吸气，代替空气供深水潜水员呼吸用，还可缩短潜水后减压时间。氦气渗透性很强，可以较快地渗透肺部，用于治疗哮喘、肺气肿等呼吸道疾病。

(3)航天发射用作压送和吹扫气。由于氦气的化学惰性和沸点低，在航天发射中用作燃烧系统吹扫气和各种燃料和氧化剂如液氢、液氧等压送。还用于给火箭助推器和宇宙飞船上气动机构加压，给高空飞行器某些电子部件加压。

(4)焊接和其他用保护气。与通常氩弧焊相比，氦弧或氦-氩弧焊具有熔深大、速度快、焊缝中气孔少、热影响区过热现象轻、焊接部位低温塑性好等优点，已广泛用于不锈钢、铜、镁、锆、钛等金属或合金的焊接。氦气还可用作半导体、光导纤维等生产过程的保护气。

(5)传热介质。由于氦不与原子反应堆的燃料和其他物质起化学反应，故氦气可用作原子反应堆冷却和热交换的传热介质。

(6)光学仪器填充气。由于氦气的性质与理想气体十分接近，折射率又小，因此可用作光学仪器的填充气，使光学仪器获得很高灵敏度。

(7)其他。氦还可用作气相色谱载气，用于真空设备检漏，还可用于低温技术，超导技术等。

第四节 硫的利用

一、硫黄、二氧化硫及硫化氢的性质

硫黄(S)为黄色固体，有结晶形和无定形两种。结晶形硫黄主要有两种同素异形体：在95.6℃以下稳定的是 α 硫或斜方硫，又称正交晶硫；在95.6℃以上稳定的是 β 硫或单斜硫，又称单斜晶硫。它不溶于水，稍溶于乙醇和乙醚，溶于二硫化碳、四氯化碳和苯。无定形硫黄主要有弹性硫，是将熔融硫迅速注入冷水中而得，不稳定，很快转变成 α 硫。硫黄的物理性质见表4-2-49。

单质硫固体及硫蒸气的热化学性质见表4-2-50~表4-2-53，表中，A、B、C、D 为温度系数；p 为蒸气压，单位Pa；T 为温度；H 为焓；S 为熵；C_p 为定压比热容，$C_p=4.1859(A+B10^{-3}T+C10^{5}T^{-2}+D10^{-6}T^{2})$，单位为J/(mol·K)；$BT$ 为 β 函数，$\beta(T)=-10^{3}G(T)/4.575T$；$\log_{10}^{p}=A10^{3}T^{-1}+B\log_{10}^{T}+C10^{-3}T+D$。

表 4-2-49　硫黄的物理性质

项　　目	数　　值
原子体积/(mL/mol)	
正交晶	15
单斜晶	16.4
沸点(101.3kPa)/℃	444.6
相对密度(d_{40}^{20})	
正交晶	2.07
单斜晶	1.96
着火温度/℃	248~261
折射率(n_D^{20})	
正交晶	1.957
单斜晶	2.038
临界温度/℃	1040
临界压力/MPa	11.754
临界密度/(g/cm^3)	0.403
临界体积/(mL/g)	2.48

表 4-2-50　硫(形体，单斜晶体)的热化学性质

项目		A	B	C	D		范围/K
S-菱	C_p	3.58	6.24				
	异构体转化温度=368.54K，生成热=0.4019kJ/mol						298~369
S-单斜	C_p	3.56	6.96				
	熔点=388.36K，生成热=1.7183kJ/mol						369~388
液相	C_p	107.489	-229.439	-49.915	142.985		338~718
	沸点=717.75K，生成热=9.6275kJ/mol						
S-菱	$\log_{10}^p$	5.652	140.410	-85.051	-348.807		298~369
S-单斜	$\log_{10}^p$	5.652	140.410	-85.051	-348.807		369~388
液相	$\log_{10}^p$	-8.757	-35.684	11.056	106.932		338~718
	(S_6+S_8)						
S-菱	298	22.771	0.000	31.938	-9.523	6.982	
	300	22.821	0.042	32.080	-9.581	6.982	
	369	24.613	1.658	36.944	-9.565	7.087	0.667
			0.402	1.088			
S-单斜	369	25.638	2.068	38.045	-9.565	7.087	0.667
	388	26.216	2.583	39.401	-12.717	7.158	3.336
			1.716	4.420			
液相	388	30.033	4.299	43.822	-12.717	7.158	3.470
	400	32.373	4.663	44.743	-13.236	7.233	7.207
	500	38.012	8.342	52.930	-18.125	7.924	771.370
	600	34.324	11.976	59.565	-23.763	8.656	1.221×10^4
	700	32.645	15.283	64.663	-29.983	9.364	7.735×10^4
	718	32.933	15.864	65.483	-31.139	9.481	1.014×10^5

表 4-2-51 硫(单原子气体)热化学性质

状态	物理量	A	B	C	D	范围/K
气相	C_p	5.230	-0.110	0.445		298~2000
状态	T/K	C_p	H/(kJ/mol)	S/[J/(mol·K)]	G/(kJ/mol)	BT
气相	298	23.884	279.113	167.853	229.067	-167.932
	300	23.855	279.159	167.999	228.757	-166.672
	400	22.905	281.490	174.713	211.603	-115.630
	500	22.440	281.662	179.770	193.868	-84.751
	600	22.168	285.982	183.834	175.680	-64.002
	700	21.984	288.192	187.237	157.124	-49.062
	800	21.850	290.381	190.163	138.250	-37.773
	900	21.741	292.562	192.733	119.100	-28.924
	1000	21.649	294.730	195.019	99.711	-21.796
	1100	21.574	297.078	197.078	80.105	-15.919
	1200	21.503	299.046	198.949	60.301	-10.984
	1300	21.436	301.193	200.670	40.322	-6.781
	1400	21.377	303.332	202.256	20.172	-3.148
	1500	21.319	313.838	203.730	-0.126	0.017
	1600	21.260	307.597	205.103	-20.569	2.809
	1700	21.206	309.720	206.392	-41.143	5.291
	1800	21.155	311.838	207.602	-61.846	7.509
	1900	21.101	313.951	208.744	-82.662	9.510
	2000	21.051	316.057	209.824	-103.591	11.323

表 4-2-52 硫(二原子气体)热化学性质

状态	物理量	A	B	C	D	范围/K
气相	C_p	8.54	0.28	0.79		298~2000
状态	T/K	C_p	H/(kJ/mol)	S/[J/(mol·K)]	G/(kJ/mol)	BT
气相	298	32.378	129.092	228.171	61.063	-44.768
	300	32.424	129.150	228.338	60.640	-44.182
	400	34.148	132.491	237.970	37.304	-20.385
	500	35.010	135.952	245.689	13.110	-5.730
	600	35.534	139.481	252.122	-11.792	4.295
	700	35.894	143.056	257.631	-37.283	11.641
	800	36.170	146.660	262.440	-63.294	17.292
	900	36.392	150.289	266.714	-89.757	21.046
	1000	36.589	153.935	270.557	-116.622	25.492
	1100	36.764	157.606	274.056	-143.855	28.585
	1200	36.923	161.289	277.258	-171.423	31.226
	1300	37.074	164.990	280.222	-199.301	33.508
	1400	37.221	168.702	282.976	-227.459	35.513
	1500	37.359	172.432	285.546	-255.889	37.288
	1600	37.493	176.174	287.961	-284.567	38.874
	1700	37.627	179.929	290.239	-313.474	40.306
	1800	37.756	183.700	292.394	-342.608	41.603
	1900	37.882	187.480	294.437	-371.951	42.792
	2000	38.008	191.277	296.383	-401.494	43.880

表 4-2-53 硫(八原子气体)热化学性质

状态	物理量	A	B	C	D	范围/K
气相	C_p	43.323	0.208	-5.475		298~2000
状态	T/K	C_p	H/(kJ/mol)	S/[J/(mol·K)]	G/(kJ/mol)	BT
气相	298	155.823	101.298	430.402	-27.028	19.816
	300	156.141	101.586	431.369	-27.823	20.272
	400	167.367	117.840	478.054	-73.378	40.096
	500	172.612	134.868	516.028	-123.144	53.834
	600	175.500	152.285	547.777	-176.379	64.253
	700	177.275	169.933	574.973	-232.549	72.616
	800	178.460	187.723	598.728	-291.260	79.577
	900	179.297	205.613	619.799	-352.206	85.538
状态	T/K	C_p	H/(kJ/mol)	S/[J/(mol·K)]	G/(kJ/mol)	范围/K
气相	1000	179.920	223.575	638.723	-415.149	90.741
	1100	180.406	241.595	655.894	-479.891	95.358
	1200	180.795	259.653	671.612	-546.279	99.506
	1300	181.118	277.748	686.095	-614.173	103.265
	1400	181.394	295.877	699.527	-683.462	106.706
	1500	181.632	314.027	712.051	-754.048	109.879
	1600	181.842	332.202	723.780	-825.843	112.821
	1700	182.030	350.393	734.810	-898.782	115.563
	1800	182.202	368.606	745.220	-972.788	118.129
	1900	182.365	386.835	755.073	-1047.807	120.540
	2000	182.512	405.077	764.433	-1123.784	122.817

硫化氢(H_2S)为无色、有恶臭味的可燃气体，有毒。硫化氢易溶于甲醇、二硫化碳、四氯化碳、丙酮、环丁砜等有机溶剂，在有机胺中溶解度很大，N-甲基吡咯啉是它的良好溶剂，常压下 20℃时的溶解度为 49mL/g。在非极性溶剂中溶解度较小，化学性质不稳定。

液态的硫化氢可溶解大量的无水 $AlCl_3$、$ZnCl_2$、$FeCl_3$、PCl_3、$SiCl_4$ 和 SO_2。液态硫化氢或加压下的硫化氢气体可溶解大量的硫。硫化氢的性质见表 4-2-54。

二氧化硫(SO_2)为无色、有刺激性和臭味的气体，有毒，不自燃也不助燃，易液化。二氧化硫极易溶于水、乙醇及乙醚。二氧化硫的性质见表 4-2-55。

表 4-2-54 硫化氢的物理和热力学性质

项 目	数 值	项 目	数 值
相对分子质量	34.08		
熔点/℃	-85.6	爆炸范围(20℃)(体积分数)/%	4.3~46
沸点/℃	-60.75	蒸气压/kPa	
熔化热/(kJ/mol)	2.375	-60℃	102.7
气化热/(kJ/mol)	18.67	-40℃	256.6
密度(-60℃)/(g/cm^3)	0.993	-20℃	546.6
临界温度/℃	100.05	0℃	1033
临界压力/kPa	8940	20℃	1780
临界密度/(g/cm^3)	0.346	40℃	2859
生成自由焓/(kJ/mol)	-33.6	60℃	4347
生产热(25℃)/(kJ/mol)	-20.6	溶解度(101.3kPa，水中)(质量分数)/%	
生产熵(25℃)/[J/(mol·K)]	205.7	0℃	0.71
比定压摩尔热容/[J/(mol·K)]	34.2	10℃	0.53
自燃温度(空气中)/℃	约 260	20℃	0.398

表 4-2-55　二氧化硫的物理和热力学性质

项　目	数　值	项　目	数　值
分子量	64.06		
熔点/℃	-72.7	偶极矩(25℃)/C·m	3.8×10^{-30}
沸点/℃	-10.02	蒸气压/kPa	
熔化热/(kJ/mol)	7.4	10℃	230
蒸发热(-10.0℃)/(kJ/mol)	24.92	20℃	330
密度(液体，-20℃)/(g/cm^3)	1.485	30℃	460
临界温度/℃	157.6	40℃	630
临界压力/kPa	7911	溶解度(101.3kPa)/(g/100g)	
临界体积/(mL/g)	122	0℃	22.971
生成自由焓(25℃，气体)/(kJ/mol)	-300.19	10℃	16.413
生产热(25℃，气体)/(kJ/mol)	-296.82	20℃	11.577
比定压摩尔热容/[J/(mol·K)]	39.9	30℃	8.247
介电常数(-16.5℃)	17.27	40℃	5.881

二、硫黄和液体二氧化硫质量指标

工业硫黄成品呈黄色或淡黄色，有块状、粉状、粒状及片状。

液体二氧化硫质量指标见表 4-2-56。

表 4-2-56　液体二氧化硫质量指标

项　目		指　标		
		优等品	一等品	合格品
外观		无色或略带黄色的透明液体		
二氧化硫(SO_2)/%	≥	99.97	99.90	99.60
残渣/%	≤	0.010	0.040	0.20
水分/%	≤	0.020	0.060	0.20
砷(As)/%	≤	0.000004	—	—

三、国内外硫黄生产量、消费量及消费结构

世界上的硫黄主要从天然气和石油中回收，以及从矿山开采获得。含硫天然气必须经过脱硫以后才能供给用户，含硫原油也必须在炼制过程中脱除硫。回收硫黄是天然气净化和石油炼制的副产品，其数量不取决于硫黄需要量，而是取决于天然气和炼油的生产量。从矿山开采硫黄需要建设专门的开采和加工装置，耗用较多的燃料和能量，用于熔融、提升和加工，生产成本较高。石油加工回收硫黄生产在北美、中国、中东地区都是增长状态，但产量比天然气回收硫黄的产量较小。

近些年来，美国硫黄产量缓慢增长，而以硫黄回收生产硫黄的产量占总硫黄产量的10%左右，如表 4-2-57 所示。

表 4-2-57 美国回收硫黄和硫黄产量的变化 10^4 t

年 份	2006	2007	2008	2009	2010
回收硫黄	839	828	869	903	910
总硫黄产量	906	910	945	978	990

全世界和主要硫黄生产国硫黄产量见表 4-2-58。从表 4-2-58 可知，世界上硫黄产量最多的国家为美国、加拿大、俄罗斯和中国，其中加拿大和俄罗斯生产硫黄主要是从天然气中回收的。

表 4-2-58 全世界和主要硫黄生产国硫黄产量 10^4 t

年 份	2009	2010	年 份	2009	2010
全世界	6790	6800	澳大利亚	93	93
美国	978	990	智利	160	160
加拿大	694	700	中国	937	940
俄罗斯	707	710	芬兰	61.5	61.5
日本	335	340	印度	115	120
沙特阿拉伯	320	320	意大利	74	74
德国	376	380	哈萨克斯坦	200	200
波兰	73	75	韩国	156	160
法国	131	130	荷兰	53	53
阿联酋	200	200	南非	53.9	54
墨西哥	170	170	西班牙	63.7	64
伊朗	157	160	乌兹别克斯坦	52	52
科威特	70	70	委内瑞拉	80	80

由于国际硫黄价格便宜，对我国用硫大户硫酸工业的原料结构产生了较大影响，近些年新建了一些用硫黄生产硫酸的装置，一些用硫铁矿作原料的硫酸装置也掺烧硫黄，使进口硫黄量飞速增长，如表 4-2-59 所示。

表 4-2-59 我国硫黄进口量 10^4 t

年 份	2007	2008	2009	2010	2011
进口量	964.68	841.49	1216.79	1048.98	952.3

世界硫黄约 85%以上用于生产硫酸，其余供其他工业用，但使用范围较广，十分繁杂。

我国过去主要用硫铁矿生产硫酸，用硫黄生产硫酸的比例很小，近年进口大量硫黄用于生产硫酸，其余传统消费用户见表 4-2-60。由表可知，我国硫黄消费除了直接在各行业使用外，较多是由硫黄制成化工产品如二硫化碳和专用化工产品或中间体进行使用。

四、硫黄、二氧化硫及硫化氢化工利用

用硫黄、二氧化硫及硫化氢为原料生产化工产品，品种繁多，现介绍几种较重要的无机和有机化工产品。

二氧化硫可用硫黄或含硫天然气净化厂的酸气灼烧制得。硫化氢可用硫化物和硫酸反应制得，最佳的方法是利用含硫天然气净化厂的酸气，一般酸气中含硫化氢 20%~90%，其余为二氧化碳。

表 4-2-60　我国消费硫黄传统行业

行　业	用　途
食糖	在食糖生产过程中，需要硫黄生产的二氧化硫，用于漂白脱色
黏胶纤维	人造棉、人造毛和人造丝等黏胶纤维生产过程中，用二硫化碳为溶剂
染料	染料中有各种硫化染料，如用硫黄生产的硫化还原黑、硫化还原蓝及硫化亮绿等
橡胶	橡胶制品的硫化剂和某些橡胶硫化促进剂的生产分别需要硫黄和二硫化碳为原料，如将硫黄生产不溶性硫，再用于生产橡胶硫化剂，尤其是子午线轮胎用硫化剂
农药	在各种农药生产中使用硫黄和二硫化碳为原料生产较多农药。如杀菌硫黄胶悬剂是目前发展最快的硫系农药，用硫黄粉制成
选矿药剂	硫化金属矿物，尤其是有色金属矿的浮选富集需要选矿药剂如乙基黄原酸钠和丁基黄原酸钠，此时用二硫化碳为原料生产的
特种硫黄	荧光剂精制硫黄、食品添加剂硫黄、试剂硫黄

(一)硫酸

1. 硫酸的性质和质量指标

硫酸(H_2SO_4)为无色油状液体，98.3%工业硫酸呈黄色。相对分子质量98.078，相对密度(d_4^{18})1.834，熔点10.49℃，沸点338℃，在340℃时分解。它是一种活泼的二元强酸，能与许多金属或金属氧化物作用而生成硫酸盐，浓硫酸有强烈的吸水作用和氧化作用，与水猛烈相混同时放出大量的热，故用水稀释时应将硫酸慢慢注入水中，并随时搅拌。对棉麻织物、木材、纸张等碳水化合物剧烈脱水而使之碳化。

我国工业硫酸(浓硫酸和发烟硫酸)的质量指标应符合《工业硫酸》(GB/T 534—2024)的要求(见表4-2-61)。

表 4-2-61　工业硫酸质量指标

指标名称		浓硫酸			发烟硫酸		
		优等品	一等品	合格品	优等品	一等品	合格品
硫黄(H_2SO_4)含量/%	≥	92.5或98.0	92.5或98	92.5或98	20.0或25.0	20.0或25.0	20.0或25.0
游离三氧化硫(SO_3)质量分数/%	≥	0.02	0.03	0.1	0.02	0.03	0.10
灰分的质量分数/%	≤	0.010	0.010		0.005	0.010	0.030
铁(Fe)质量分数/%	≤	0.0001	0.005		0.0001	0.0001	
砷(As)质量分数/%	≤	0.001	0.01				
汞(Hg)质量分数/%	≤	0.005	0.02		0.005		
铅(Pb)质量分数/%	≤	50	50				
透明度/mm	>	2.0	2.0				
色度/mL	≤						

2. 硫黄制酸生产工艺

1)基本原理

以硫黄为原料生产硫酸有3个步骤：

①硫黄燃烧产生 SO_2 气体：

$$S+O_2 \longrightarrow SO_2 \qquad \Delta H=-296.84\text{kJ} \qquad (4-2-3)$$

②在催化剂存在下 SO_2 与空气接触生成 SO_3：

$$2SO_2+O_2 \longrightarrow 2SO_3 \qquad \Delta H=-97.088\text{kJ} \qquad (4-2-4)$$

③SO_3 气体与水反应生成硫酸：

$$SO_3+H_2O \longrightarrow H_2SO_4 \qquad \Delta H=-132.4\text{kJ} \qquad (4-2-5)$$

2）工艺流程

二转二吸工艺流程见图 4-2-43。固体硫黄用蒸汽加热熔化后用泵打入焚烧炉，在炉内用空气燃烧（温度为 800~1030℃），空气用硫酸干燥，燃烧生成 8.5%左右的 SO_2 气体。高温 SO_2 气体经废热锅炉降温至 420℃，然后全部 SO_2 气体进入第一转化器，在钒催化剂存在下氧化转化为 SO_3，经一次转化，只有 97% SO_2 转化为 SO_3，后过程气经冷却降温至 200℃进入第一吸收塔，用 98%浓硫酸吸收 SO_3，加水稀释为 98 %硫酸产品，经换热后进入第二转化器，使 SO_2 总收率达到 99.5%以上，再经冷却进入第二吸收塔。排入烟囱的尾气 SO_2 含量一般低于 300×10^{-6}，符合国家标准要求。

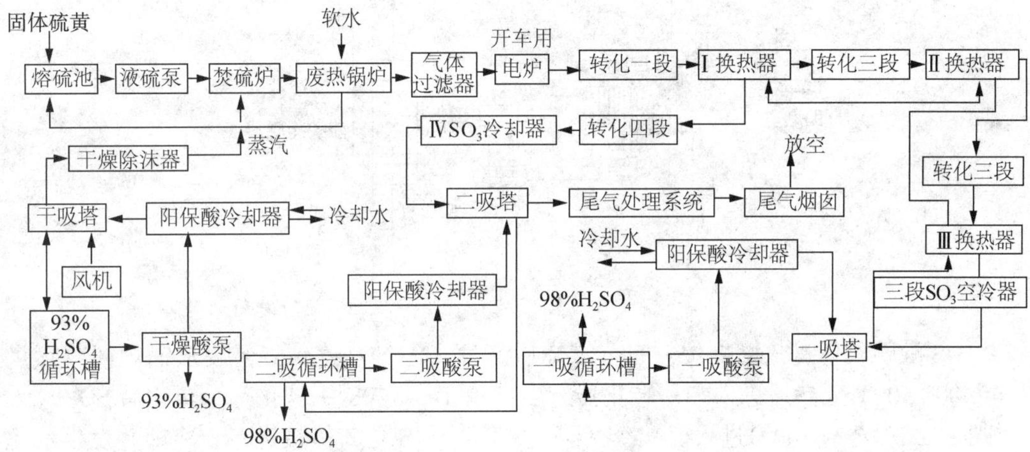

图 4-2-43　二转二吸法工艺流程图

3）硫黄制酸主要设备

（1）焚烧炉。有立式和卧式两种。卧式焚烧炉具有投资省、燃烧完全等优点，但需要专人操作，维修较困难；立式焚烧炉投资大，但操作简单，无须专人操作，维修时间较少。

（2）转化器。我国目前硫酸生产转化流程多为四段转化，也有用五段转化。

（3）三氧化硫冷却器。我国目前有风冷、水冷等方式。水冷能回收热能产生热水，但投资高，一般采用自然风冷式冷却器。

（4）吸收塔、干燥塔。有填料塔、波纹塔、泡罩塔等，一般采用瓷质填料吸收塔、干燥塔。

4）国内外技术发展趋势

（1）国外硫黄制酸先进技术。装置大型化：一般 1000~2000t/d，最大 3000t/d；装置自动化，普遍采用 DCS 自动控制；余热利用，硫黄制酸过程中高、中、低温余热全部利用，用火管锅炉回收余热，产生中压、次高压蒸汽以供发电，低温余热采用 Monsanto 公司的 HRS 或 Super HRS 热量回收装置生产低压蒸汽；利用金属铯催化剂使钒催化剂的超燃温度降低20~40℃，提高转化率，降低 SO_2 排放，并采用二转二吸工艺。

(2)我国技术发展趋势。引进技术和利用外资改造装置；装置大型化，达到900~1500t/d；采用二转二吸工艺，选用高活性、低燃点、低压降的新型钒催化剂；余热综合利用；消化吸收国外引进的先进设备：火管锅炉、硫黄泵及硫黄喷枪等；提高装置自动化水平，应采用微机集散控制系统。

3. 硫化氢直接制硫酸

含硫天然气和原油经脱硫后产生的 H_2S 酸性气体，可不经回收硫黄后制取硫酸，用 H_2S 直接制酸，例如我国四川油气田的含硫天然气，在净化厂中采用胺法或砜胺法脱硫后，产生的含 H_2S 酸性气体均进入 Claus 装置回收硫黄，一般酸性气体中含有 H_2S 大于50%，若使用此种酸性气体直接制酸，可节省建立 Claus 和尾气处理装置的投资。

直接制酸工艺分干法和湿法两种，主要区别是经焚烧后的气流凝成酸前是否要经过干燥，湿法工艺不需干燥，故工艺较简单和合理。目前国外 Topsoe 公司的 WSA 工艺最具代表性，其工艺流程见图4-2-44。

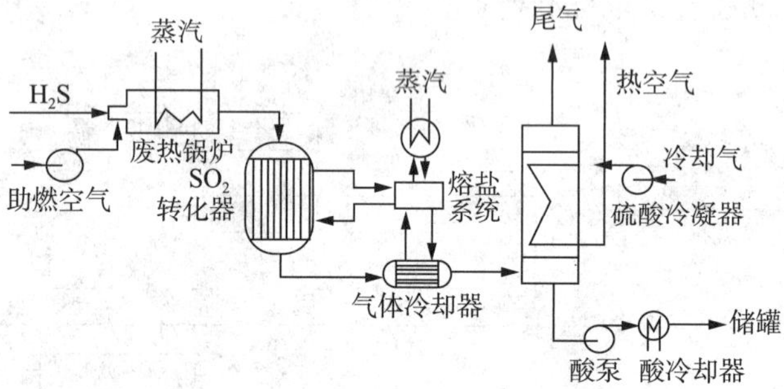

图4-2-44 WSA工艺流程示意图

含 H_2S 酸性气体进入燃烧炉，完全燃烧后产生高温 SO_2 气体，经废热锅炉回收热量后降温至400~500℃，然后进入 SO_2 转化器床层装填 TopsoeVK 钒催化剂，转化后 SO_3 进入气体冷却器，冷却至约300℃进入硫酸冷凝器，在该器中 SO_3 气体被进一步冷却并发生水化作用形成硫酸蒸汽，同时被冷凝生成98%浓硫酸产品去储藏。

WSA 工艺特点：①气体中硫回收率可达99%以上，尾气可达标排放；②产品为工业浓硫酸；③具有较高的热回收率，副产蒸汽；④没有物质需要进一步处理；⑤整个系统不需工艺水，也不产生工业废水；⑥硫酸冷却器水用量非常少。

4. 硫酸用途

我国硫酸主要用于生产磷肥，如1998年我国磷肥用硫酸 1490×10^4t，占硫酸产量73%。硫酸用途很广，可制备各种硫酸盐产品如硫酸铵、磷酸、过磷酸钙、硫酸铅等；还可用于药物、染料、洗涤剂的生产、金属冶炼等；有机合成中用作脱水剂和磺化剂；金属搪瓷工业中用作酸洗剂；石油工业中用作精制石油产品；黏胶纤维工业中用于配制凝固剂。

(二)二甲基亚砜(DMSO)

1. 二甲基亚砜的性质和质量指标

一种含硫有机化合物，常温下为无色透明液体，具有吸湿性、高极性及高沸点，几乎无臭，微带苦味。溶于水、乙醇、丙酮、苯及氯仿，是极性强的惰性溶剂。本品毒性很小。其物理性质和产品质量指标分别见表4-2-62和表4-2-63。

表 4-2-62 二甲基亚砜的物理性质

项目	数值	项目	数值
化学式	$(CH_3)_2SO$	比热容(13.5℃)/(kJ/mol)	1.88
分子量	78.13	燃烧热(25℃)/(kJ/mol)	1978.6
相对密度(d_{40}^{20})	1.1014	熔化热(18.4℃)/(kJ/mol)	6.53
沸点/℃	189	蒸气压(40℃)/kPa	12
熔点/℃	18.55	爆炸极限(体积分数)/%	
折射率(n_D^{20})	1.483	下限	3~3.5
闪点(开)/℃	95	上限	42~63
自燃温度/℃	300~302		

表 4-2-63 二甲基亚砜质量指标

项目		一级品	优级品
含量/%	≥	99.8	99.9
凝固点/℃	≥	18.10	18.20
酸值/(KOH mg/g)	≤	0.04	0.04
透光度(400 μm)/%	≥	80.00	95.00
水分/%	≤	0.05	0.03
折光度 20℃		1.4771~1.4790	1.4771~1.4790

2. 国内外发展情况

世界上只有少数几个国家即美国、法国、日本及我国生产。近些年来，由于国外第 3 代喹诺酮类抗菌药物的发展，加之 DMSO 应用领域的不断扩展，使其市场需求量逐年增长。特别是印度、韩国、日本等亚洲国家 DMSO 需求量的增长，给我国 DMSO 出口带来生机。前几年多数亚洲国家由法国和美国进口 DMSO，由于我国 DMSO 产品质量的提高以及价格上所具有的竞争优势，近几年这块市场已逐渐由我国占领，目前其市场容量超过 3.8×10^4t，其中印度年需求量 1.6×10^4t 左右。目前，国外 DMSO 生产厂家和生产能力见表 4-2-64。

表 4-2-64 国外 DMSO 主要生产厂家和生产能力

国家	公司	生产能力/(t/a)
美国	Gaylord	6000
法国	Atochem	10000
法国	Elf Aguitain	6000
日本	东丽	10000

我国现有 DMSO 生产厂中较大的厂家分布在重庆、湖北、山东、山西、辽宁地。2011 年我国二甲基亚砜总生产能力约为 4.8 t/a。其中重庆兴发金冠化工有限公司年产量 1.0×10^4t/a，湖北兴发化工集团白沙河化工厂年产量为 0.8×10^4t/a。

3. 二甲基亚砜生产工艺

DMSO 生产的主要中间体为二甲基硫醚，其来源不同，美国 Gaylord 公司生产 DMSO 所需二甲基硫醚是附近造纸厂的副产品，法国 Atochem 和日本昭和公司采用硫化氢和甲醇为原料来合成，我国所有厂家均采用二硫化碳和甲醇合成二甲基硫醚。

1)以硫化氢和甲醇为原料的工艺流程

反应方程式如下：

①合成二甲基硫醚：

$$2CH_3OH+H_2S \longrightarrow (CH_3)_2S+2H_2O \qquad (4-2-6)$$

②氧化制 DMSO：

$$(CH_3)_2S+NO_2 \longrightarrow (CH_3)_2SO+NO \qquad (4-2-7)$$

③二氧化氮制备：

$$2NaNO_2+H_2SO_4 \longrightarrow Na_2SO_4+NO_2+NO+H_2O \qquad (4-2-8)$$

$$NO + 1/2O_2 \longrightarrow NO_2 \qquad (4-2-9)$$

DMSO 生产工艺流程框图见图 4-2-45。甲醇和硫化氢经预热后进入合成反应器，在 γ-Al_2O_3存在下，于温度 300~310℃和常压下生成二甲基硫醚。用二甲基硫醚生产 DMSO 主要采用氧化和精馏两个工序：二甲基硫醚和 NO_2 在液相中反应生成 DMSO，同时 NO_2 被还原为 NO，采用逆流塔式液相反应器，塔底温度 60℃，塔顶温度 25℃。NO_2 由亚硝酸钠和浓硫酸反应制备，被还原生成的 NO 用氧气氧化重新制得 NO_2。未反应的二甲基硫醚从产物中经闪蒸分出循环使用，粗 DMSO 用 NaOH 中和处理。

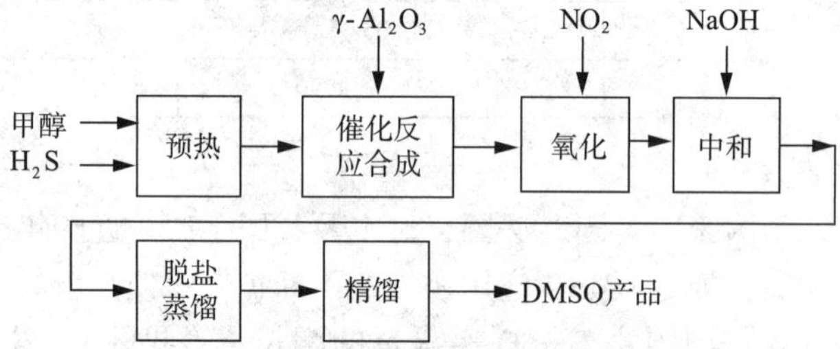

图 4-2-45　DMSO 生产工艺流程图

在精馏工序中，采用三塔流程，经脱盐蒸馏、减压脱水蒸馏和真空精馏制得纯度为 99%以上的 DMSO 产品。

2)以二硫化碳与甲醇为原料的工艺流程

甲醇与二硫化碳在 γ-Al_2O_3 催化剂作用下，于 380~390℃下生成二甲基硫醚。

$$4CH_3OH+CS_2 \longrightarrow 2(CH_3)_2S+2H_2O+CO_2$$

生成的二甲基硫醚与 NO_2 反应，氧化生成二甲基亚砜。

$$(CH_3)_2S+NO_2 \longrightarrow (CH_3)_2SO+NO$$

反应生成的 NO 与氧气反应，又重新生成 NO_2，参与氧化反应。生产工艺流程图见图 4-2-46。

3)消耗指标

两种不同生产工艺的消耗指标对比见表 4-2-65。

从表 4-2-65 看出，两种工艺消耗指标基本相同，只是用 H_2S 的消耗比 CS_2 稍大。若利用天然气净化厂酸气中的 H_2S 作原料，价格比 CS_2 低廉，其产品成本无疑会比用 CS_2 为低。

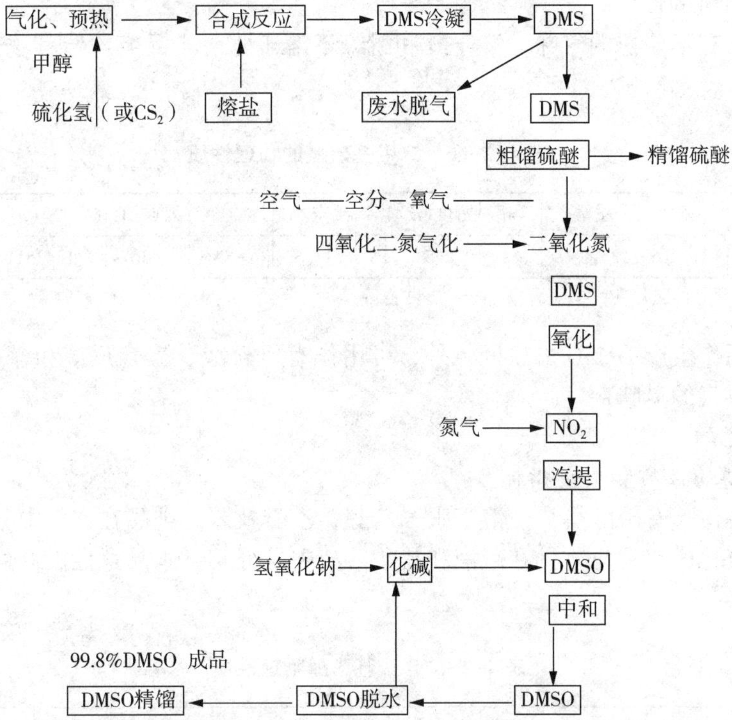

图 4-2-46　CS_2 与甲醇为原料生产工艺流程框图

表 4-2-65　两种不同生产工艺消耗指标(以每吨 DMSO 计)

项　　目	甲醇/t	H_2S/t	CS_2/t	亚硝酸钠/t	硫酸/t	NaOH/t	电/kW·h	蒸汽/t	冷却水(循环水)/t
以 H_2S、甲醇为原料生产工艺	1.35	0.95	—	0.2	0.4	0.2	1296	14.4	384
以 CS_2、甲醇为原料生产工艺	1.35	—	0.85	0.2	0.4	0.2	1296	14.4	384

4. 二甲基亚砜的用途

(1)在制药工业中用作诺氟沙星、氧氟沙星等新型喹诺酮类抗菌素中间体合成的溶剂；左旋咪唑、黄连素、苏酸肌醇酯等药物用溶剂；DMSO 具有消炎、止痛、利尿、镇静等作用，可用作一些消炎止痛药的活性成分，并对许多药物有溶解性、渗透性，能增加药物吸收和提高疗效。

(2)在丙烯腈聚合反应中作加工溶剂，也可用作聚合物抽丝溶剂，还可作聚氨酯、涤纶、氯纶、聚酰胺、聚酰亚胺及聚砜等树脂的合成溶剂。

(3)在石化工业中用作芳烃抽提、丁二烯抽提溶剂及乙炔提浓溶剂。

(4)在稀有金属冶炼中，可作金、铂、铌、钽、铼及部分放射性元素的萃取剂。

(5)其他用途：合成纤维染色溶剂、去染剂、合成纤维改性剂、防冻剂、脱漆剂等。

5. 二甲基硫醚的性质和用途

上述制备 DMSO 时，第一步生产的中间体二甲基硫醚，也是一种溶剂产品。

1)二甲基硫醚的性质

无色液体，有不愉快的气味。溶于醇和醚，不溶于水。本品有毒。其物理性质见表4-2-66。

表4-2-66 二甲基硫醚的物理性质

项 目	化学式	相对分子质量	相对密度(d_4^{20})	沸点/℃	熔点/℃	闪点/℃	折射率(n_D^{20})	自燃温度/℃
数值	$(CH_3)_2S$	62.13	0.845	37.5	-83	-36	1.4351	206

2)用途

本产品除用作生产DMSO的中间体外，可用作有机合成、聚合反应和氰化反应的溶剂，还可用作城市煤气的臭味剂。

(三)巯基乙醇

1. 巯基乙醇的性质和质量指标

无色透明液体，有硫醇臭味。溶于水、乙醇、乙醚及苯。纯品在空气中分解缓慢，其水溶液在空气中氧化成二硫化物，在碱液和盐酸溶液中易分解。本品毒性极低。其物理性质见表4-2-67。

表4-2-67 巯基乙醇物理性质

项 目	化学式	相对分子质量	相对密度(d_4^{20})	熔点/℃	沸点(101.3kPa)/℃	闪点/℃	折射率(n_D^{20})	着火温度/℃	蒸汽压(20℃)/Pa
数值	$HS(CH_2)_2S$	78.13	1.1143	100	157~158	75	1.4996	74	33.322

巯基乙醇的质量指标见表4-2-68。

表4-2-68 巯基乙醇质量指标

项 目		指 标		
		优等品	一等品	合格品
β-巯基乙醇/%	≥	99.2	98.5	98.0
H_2O/%	≤	0.50		
色度(Pt-Co)	≤	30	50	100
pH值(50%V/V水溶液)	≥	3.00		
乳胶分离时间/s	≤	60		

2. 国内外发展情况

国外巯基乙醇主要生产国家有美国、德国等。美国建有产能200t/a巯基乙醇生产装置，产品全部用于国内消耗，每年还从西欧、进口少量巯基乙醇。德国巴斯夫公司年产巯基乙醇10000t/a，自身消耗40%，其余出口至西欧、东欧、美国、东南亚等国家和地区。苏联所需巯基乙醇主要靠进口。随着巯基乙醇在调聚剂、聚合催化剂、聚合物交联剂、固化剂等方面应用日益广泛，其需求量也在大幅增长。

目前我国仅有年产几千吨的生产能力，由于各种原因均存在开工不足现象。

3. 巯基乙醇生产工艺

巯基乙醇生产工艺有两条路线：氯乙醇法和环氧乙烷法。前者采用氯乙醇和硫氢化钠反应制得，污染严重、条件苛刻、收率低、成本高、故已淘汰。目前均采用后者，由 H_2S 和环氧乙烷合成，其反应式如下：

主反应：　$$H_2S + C_2H_4O \longrightarrow HSC_2H_4OH \quad (4-2-10)$$

副反应：　$$H_2S + 2C_2H_4O \longrightarrow S(C_2H_4OH)_2 \quad (4-2-11)$$

国外生产巯基乙醇有高压法和低压法两种工艺。高压法压力位 3~20MPa，转化率和收率都较高，但对设备要求较高，维护和操作也很困难。低压法对设备要求不高，但生产副产品较多，巯基乙醇收率很低。

我国开发成功了常压法，其工艺流程见图 4-2-47。将助剂 1 和助剂 2 按一定比例加入第 1 搅拌混合器制成反应用溶剂，通入 H_2S 气体，使溶剂饱和吸收。在第 2 混合器中加入环氧乙烷与饱和溶剂搅拌混合，然后泵入装有强碱性阴离子交换树脂的固定床反应器中，在 42℃左右反应，反应是放热过程。在反应中 H_2S 是过量的，未反应的 H_2S 在蒸馏塔中蒸出，循环返回原料，在天然气净化厂中还可返回 Claus 硫黄回收装置，最后由精馏塔制成纯度大于 98%以上的巯基乙醇产品。H_2S 转化率 80%，产品收率 85%。副产品为硫代二甘醇，由于巯基乙醇沸点为 157℃，硫代二甘醇沸点为 283℃，沸点差很大，容易分离。

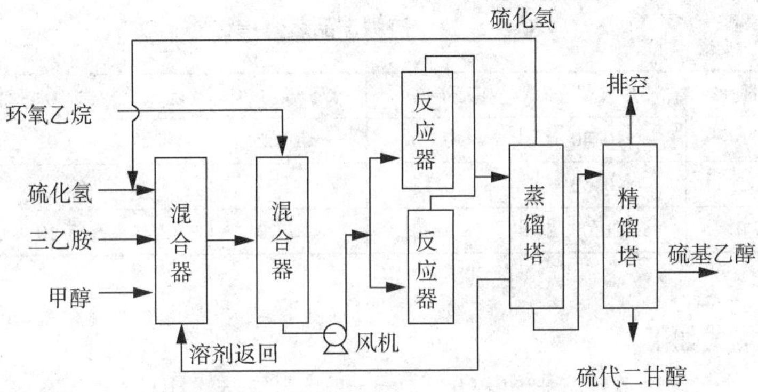

图 4-2-47　常压合成法工艺流程图

4. 消耗指标

巯基乙醇生产消耗指标见表 4-2-69。

表 4-2-69　巯基乙醇消耗指标(以每吨巯基乙醇计)

项　目	环氧乙烷(98%)/t	H_2S/t	助剂 1/t	助剂 2/t	电/kW·h	循环水/t	蒸汽(0.8MPa)/t
指标	0.66	0.7	0.16	0.045	2700	22.5	13.5

5. 巯基乙醇的用途

(1)聚合级高纯度巯基乙醇主要用于高分子聚合物，如聚丙烯、聚氯乙烯、聚丙烯酸酯等的调聚剂、聚合催化剂、交联剂及固化剂。

(2)用作农药原料，如制取硫代、二硫代氨基甲酸酯等除虫剂和杀虫剂。

(3)用作合成橡胶、塑料、树脂、纺织、油漆等行业的助剂。

6. 硫代二甘醇的性质和用途

硫代二甘醇是生产巯基乙醇的副产品。无色透明糖浆状液体，易燃，低毒，有特殊气味。其物理性质见表 4-2-70。

表 4-2-70 硫代二甘醇的物理性质

项 目	化学式	相对分子质量	相对密度(d_4^{20})	沸点/℃	闪点/℃	凝点/℃	折射率(n_D^{20})
数值	$HO(CH_2)_2S(CH_2)_2OH$	120.17	1.1852	283	160	-10	1.5217

本产品是一种溶剂和有机原料中间体，用于制备增塑剂、橡胶促进剂、防老剂、防腐剂、杀虫剂、除草剂、印染助剂等。

(四)硫脲

1. 硫脲的性质和质量指标

硫脲化学式为 NH_2CSNH_2，相对分子质量 76.12。白色有光泽的斜方或针状结晶，味苦，可燃。相对密度(d_4^{20})1.405，熔点 180℃，在真空下 150~160℃时升华。溶于水和乙醇，几乎不溶于乙醚。本品具有中等毒性，腐蚀皮肤。

硫脲的质量指标见表 4-2-71。

表 4-2-71 硫脲产品质量指标

项 目	硫脲含量/%	加热减量/%	灰分/%	水不溶物/%	硫氰酸盐(以 CNS 计)/%	熔点/℃
优等品	≤99.0	≤0.40	≤0.10	≤0.02	≤0.02	≥171
一等品	≤98.5	≤0.50	≤0.15	≤0.05	≤0.05	≥170
合格品	≤98.0	≤1.00	≤0.30	≤0.10	≤0.10	—

2. 硫脲生产工艺

硫脲生产反应式如下：

$$2H_2S + Ca(OH)_2 \longrightarrow Ca(SH)_2 + 2H_2O \tag{4-2-12}$$

$$Ca(SH)_2 + 2CaCN_2 + 6H_2O \longrightarrow 2NH_2CSNH_2 + 3Ca(OH)_2 \tag{4-2-13}$$

硫脲生产工艺流程框图如图 4-2-48 所示。

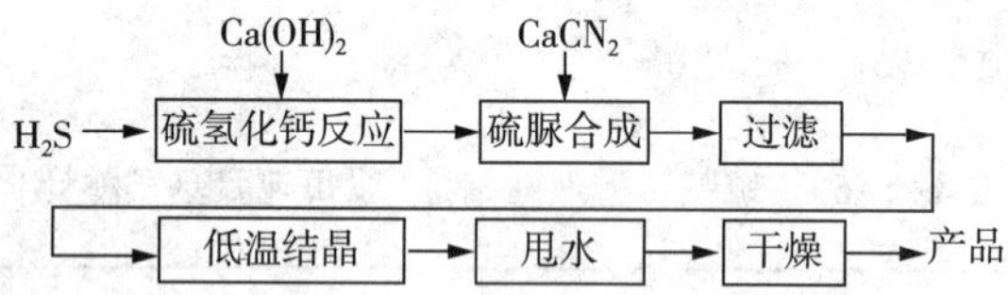

图 4-2-48 硫脲生产工艺流程框图

用石灰乳在负压、冷却下吸收 H_2S，生成硫氢化钙溶液，将硫氢化钙与石灰氮(氰氨化钙)按物质的量比 1∶5 在 80℃左右反应 3h，即得硫脲溶液，经过滤、浓缩、冷却结晶、甩水及干燥制得硫脲产品。硫脲生产的主要问题为大量排出废 $Ca(OH)_2$ 需要处理。

3. 消耗指标

硫脲生产消耗指标见表 4-2-72。

表 4-2-72 硫脲生产消耗指标(以每吨硫脲计)

项 目	石灰氮($CaCN_2$>49%)/t	H_2S(>90%)/t	电/kW·h	蒸汽(0.6MPa)/t	循环水/t
指标	3.2~3.5	0.55	700	20	90

4. 硫脲用途

(1)用作生产磺胺噻唑及抑制甲状腺病药物的原料。

(2)纺织、印染行业中用作漂白剂、染色助剂和抗氧化剂。

(3)可用于制取橡胶硫化促进剂、金属矿物浮选剂、照相显影剂、冷烫剂及过氧化硫脲等。

(五)二甲基二硫(DMDS)

1. 二甲基二硫的性质和质量指标

淡黄色液体，具有一定臭味。毒性较其他有机硫化合物低，对中枢神经系统有轻微的麻痹作用。其物理性质见表4-2-73。

表4-2-73　二甲基二硫物理性质

项　目	数　值	项　目	数　值
化学式	$CH_3—S—S—CH_3$	闪点(闭)/℃	76
相对分子质量	94.2	折射率(n_D^{20})	1.526
相对密度(d_4^{20})	1.0625	自燃温度/℃	>300
熔点/℃	-84.7	蒸发热/(kJ/mol)	40.18
沸点/℃	109.6	燃烧热/(kJ/mol)	2790
黏度/mPa·s	6.2	爆炸范围(体积分数)/%	1.1~16.1

法国Atochem公司二甲基二硫的质量指标见表4-2-74。

表4-2-74　二甲基二硫质量指标

项　目	外　观	含量/%	甲基硫醇/%	色泽(AHPA)	水分/%
指　标	淡黄色液体，有臭味	≥98	≤1	≤150	≤0.06

DMDS与水几乎是不混溶的。20℃时DMDS在水中的溶解度为$1000×10^{-6}$，而水在DMDS中的溶解度为$2500×10^{-6}$。常温下DMDS能以任何比例与大多数液体有机化合物如胺、醛、一元酸、酮、酯、醚、芳香族、脂肪族烃、卤代烃、亚硝酸酯、一元醇及大多数酚类相混溶。带有10个以上碳原子的酰胺、多元酚、多元醇、多元酸及酐在较高温度下能溶于DMDS中。

DMDS是一种优良的溶硫剂，20℃时它能溶解1.4倍自身质量的硫，在80℃时溶解硫量可增到自身质量的7.5倍。在不同压力下，H_2S在DMDS中的溶解度(质量分数)见表4-2-75。

表4-2-75　20℃时H_2S在DMDS中的溶解度

压力/MPa	0.1	0.2	0.3	0.4	0.5	0.6
溶解度/%	2.5	5.8	9.2	13.8	19.2	24.4

2. 国内外发展情况

1965年，法国石油和天然气公司(SNEA)在Lacq气田首先进行DMDS的中试规模生产，1972年实现了工业化。20世纪80年代中期以来，美国Pennwalt公司开发了直接以硫化氢、甲醇和硫黄为原料连续生产DMDS的新工艺，并且在Taxas州Huston一家生产硫酸产品的装置经改造后用来生产 DMDS。目前法国 SNEA 公司亦采用了 Pennwalt 公司的技术，使该公司实际又重新控制了世界 DMDS 的产量。

我国只有本溪橡胶化工厂小量生产，该厂采用硫酸二甲酯和二硫化钠为原料的生产工艺。

3. 二甲基二硫生产工艺

Pennwalt 公司 DMDS 生产工艺流程见图 4-2-49。

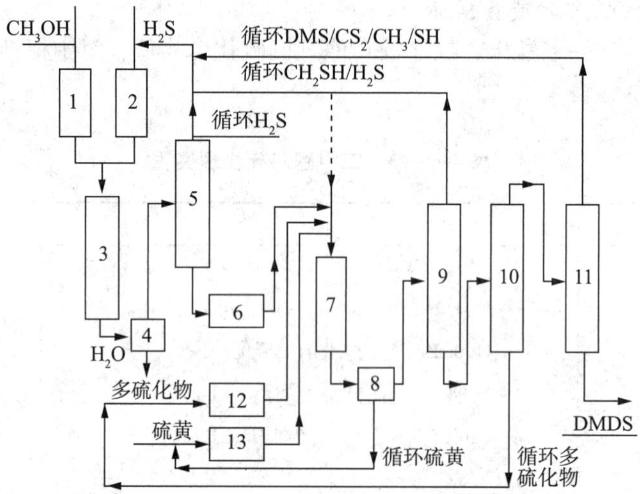

图 4-2-49 DMDS 合成工艺流程图

1，2，6，12，13—预热器；3—第 1 反应器；4—水分离器；5—高压分离器；7—第 2 反应器；8—硫分离器；9~11—第 1、2、3 蒸馏塔

1) 反应工序

生产工艺在两个反应器中进行，以改善过程的选择性，减少生成二甲基硫化物(DMS)。

在第 1 反应器中由甲醇和 H_2S 反应生成甲硫醇，反应式如下：

$$CH_3OH+H_2S \longrightarrow CH_3SH+H_2O \tag{4-2-14}$$

反应条件：温度 250~400℃，压力 0.69~2.74 MPa，进料速度 100~150 molCH_3OH/(kg 催化剂·24 h)，调整催化剂的体积使生成 CH_3SH 的速率满足第 2 反应中所需 CH_3SH 摩尔数。H_2S 与 CH_3OH 物质的量比高达(6~10)：1，以抑制 DMS 生成，未反应的 H_2S 循环使用。采用沉积磷钨酸钾的 Al_2O_3 催化剂。

在第 2 个反应器中，由 CH_3SH 和硫黄生成 DMDS，反应式如下：

$$2CH_3SH + S \longrightarrow CH_3SSCH_3 + H_2S \tag{4-2-15}$$

反应条件：温度 125~225℃，压力 0.34~2.57 MPa，CH_3SH 与 S 物质的量比为 7：1，进料速度 750~125 mol CH_3SH/(kg 催化剂·24 h)，使用含 13%Na_2O 的 Y 型沸石作为催化剂，未反应硫黄循环使用。采用高的 CH_3SH/S 物质的量比，为了抑制多硫化物形成。生成的少量多硫化物，通过下一步工序蒸馏后循环到第 2 反应器，与 CH_3SH 反应又生成 DMDS，反应式如下：

$$CH_3SSSCH_3 + CH_3SH \longrightarrow 2CH_3SSCH_3 + H_2S \tag{4-2-16}$$

在第 2 反应原料混合物中加入 50%惰性气体，以便从催化剂床层移除足够的热量。

2) 蒸馏工序

通过三塔蒸馏流程，最后制得 DMDS 产品。

为了解决我国使用硫酸二甲酯和二硫化钠为原料的环境污染问题，中科院长春应用化学研究所开发了用 CH_3SH 和硫黄为原料的气相氧化法合成 DMDS(即上述第 2 步合成反应)，DMDS 单程摩尔收率可达到 95%~98%，副产品很少。

4. 二甲基二硫的用途

(1) 在炼油厂中用作预硫化剂。如加氢精制和加氢裂解催化剂的预硫化作用，增加了催化剂的活性，而抑制副反应，使催化剂的选择性得到改进。与其他液体硫化剂相比，DMDS 具有高硫含量、低挥发性、高闪点、低腐蚀及对人体毒害低等许多优点(见表 4-2-76)，而被优先选用。

表 4-2-76　DMDS 与其他硫化物性质比较

化合物	硫含量/%	沸点/℃	蒸汽压(20℃)/kPa	自燃温度/℃	闪点/℃	20℃时公害因子
DMDS	68	109.6	2.27	>300	16	1
二甲基硫化物	52	37	53	206	-34	74
二乙基硫化物	36	92	6	>300	-10	3.5
甲硫醇	67	8	160	280	<-50	568
乙硫醇	52	35	53.5	>300	-54	480
正丁基硫醇	35	98	4.4	>300	0	32
二硫化碳	84	46	40	100	<-30	
硫化氢	94	<-30	1906.5	260	<-50	1682

此外，DMDS 在催化剂上分解成起硫化作用的硫化物温度低(250℃完全分解)，且烃类中只含甲基，分解过程中生成没有结焦危险的饱和烃。

(2) 自 1982 年以来 DMDS 作为酸性气井及超酸性气井的优良溶硫剂，以解决开发过程中管线被堵塞的问题。加拿大 Alberta 硫黄研究公司(ASRL)采用 DMDS 加入 3%~5%二甲基甲酰胺，应用于 Panther River 气田，该气田的 H_2S 含量 68%，曾进行了长期现场试验，而未发现硫堵塞和严重腐蚀问题。美国 Pennwalt 公司开发了注册商标为 Sulfa-Hitech 的 DMDS 产品体系，在北美一些酸性气田(H_2S 含量在 30%左右)现场应用十分成功。

(3) DMDS 作为硫甲基化剂用来制造一些芳香族的硫甲基硫代磷酸盐杀虫剂；亦可作为 CH_3SH 的代用品以及农药、医药等的中间体；甲磺酸作为催化剂存在下，用 H_2O_2 氧化 DMDS 可制取甲磺酸，它是一种重要的非氧化作用强酸，既可作为溶剂，又可作为烷基化、酯化及聚合反应催化剂，在农业上又是植物育种诱发剂。

(六) 甲硫醇

甲硫醇为无色气体，溶于醇和醚，在 20℃水中溶解度为 23.3g/L。本品有毒和有恶腥气味。其物理性质见表 4-2-77。

表 4-2-77　甲硫醇的物理性质

项　目	化学式	相对分子质量	相对密度(d_4^{20})	沸点/℃	闪点/℃	凝点/℃
数值	CH_3SH	48.11	1.638	3.95	-18	-123

甲硫醇是上述 DMDS 的中间体，是合成饲料添加剂蛋氨酸的主要原料；还用于合成染料、农药、医药等，例如倍硫磷、苄菊酯、丙虫磷、扑草净等；也用于生产甲烷磺酰氯、甲

硫基丙醇等中间体。

(七)氯化亚砜

1. 氯化亚砜的性质和质量指标

无色或淡黄色液体，具有强刺激味气味。可与苯、氯仿、四氯化碳混溶，在水中易分解成二氧化硫和氯化氢，加热至140℃分解成氯气和二氧化硫。本品有毒，剧烈刺激皮肤、上呼吸道及眼部。其物理性质见表4-2-78。

表4-2-78 氯化亚砜的物理性质

项目	化学式	相对分子质量	相对密度(d_4^{20})	沸点/℃	闪点/℃	凝点/℃
数值	$SOCl_2$	118.964	1.638	79	-104.5	-1.517

工业氯化亚砜的质量指标见表4-2-79。

表4-2-79 工业氯化亚砜的质量指标

项目		指标		
		优等品	一等品	合格品
色度(K_2CrO_4)	≤	1#	2#	3#
蒸馏残留物/%	≤	0.001	0.003	0.005
密度(20℃)/(g/cm^3)		1.630~1.650		
沸程(75~80℃)(体)/%	≥	99.0	98.5	98.0

2. 氯化亚砜生产工艺

氯化亚砜生产工艺主要有氯磺酸法、二氧化硫气相法及联合法。氯磺酸法用硫黄、氯磺酸及氯气为原料进行反应制得，但该法三废污染严重，总收率仅41%。现主要介绍后两种方法。

1)二氧化硫气相法

反应式如下：

$$S + 2Cl_2 + SO_2 \longrightarrow 2SOCl_2 \tag{4-2-17}$$

$$1/2S_2Cl_2 + 3/2Cl_2 + SO_2 \longrightarrow 2SOCl_2 \tag{4-2-18}$$

以二氧化硫、氯气及硫黄(或一氯化硫)为原料，在活性炭催化剂存在下，温度200℃或更高的温度下反应，生成粗氯化亚砜，经蒸馏、精馏制得产品。该法工艺较复杂，投资较大，反应温度高，且有大量废气、废渣产生，总收率约65%。

2)联合法

反应式如下：

$$SO_2 + Cl_2 + PCl_3 \longrightarrow SOCl_2 + POCl_3 \tag{4-2-19}$$

我国小规模装置的生产工艺流程见图4-2-50。

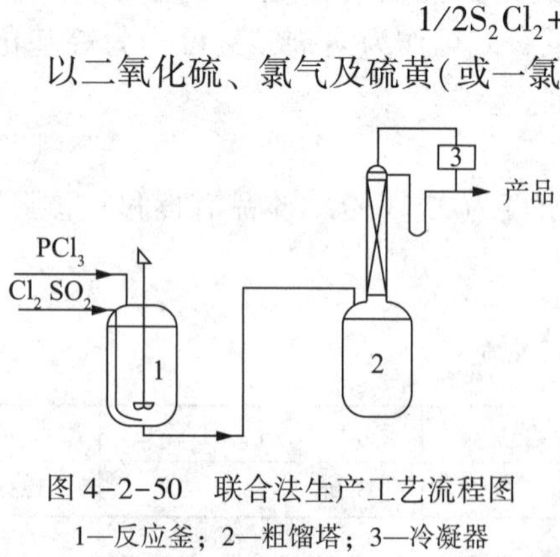

图4-2-50 联合法生产工艺流程图

1—反应釜；2—粗馏塔；3—冷凝器

将二氧化硫和氯气通入三氯化磷中反应制得粗氯化亚砜，经蒸馏精制得产品。将三氯化磷投入反应釜后，通入二氧化硫和氯气，调节二者比例和流量，使气体尽量全部吸收。该反应为放热反应，反应过程中温度控制在45~60℃为宜，整个过程5~6h。反应结束后将混合液抽入间歇式精馏塔中进行精馏，精馏塔塔柱内装填高效耐腐蚀填料，回流比控制在3~5，收集75~80℃馏分即为氯化亚砜，收集105~109℃馏分即为副产品三氯氧磷。总收率85%，还副产一部分稀盐酸。

3. 消耗指标

氯化亚砜生产消耗指标见表4-2-80。

表4-2-80 二氧化硫气相法和联合法消耗指标

项　目	PCl_3/t	S/t	Cl_2/t	SO_2/t
SO_2 气相法①	—	0.22	0.88	0.44
联合法②	1.3	—	0.66	0.64

注：①以1 t氯化亚砜计。

②以1 t氯化亚砜和1.2 t三氯氧磷计。

4. 氯化亚砜的用途

(1)间(对)苯二甲酰氯合成。用间(对)苯二甲酸和氯化亚砜反应制得间(对)苯二甲酰氯，反应式为：

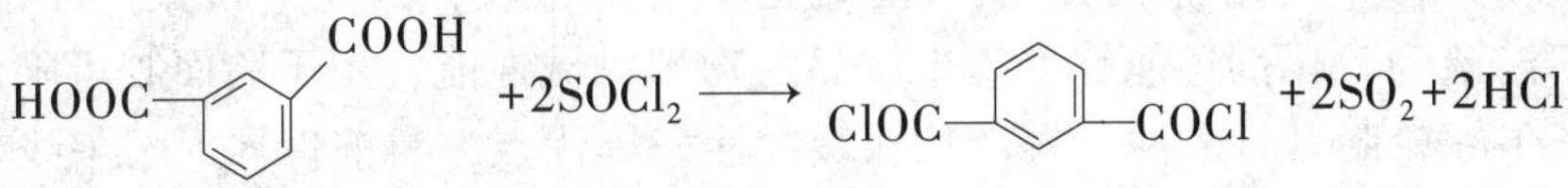

(4-2-20)

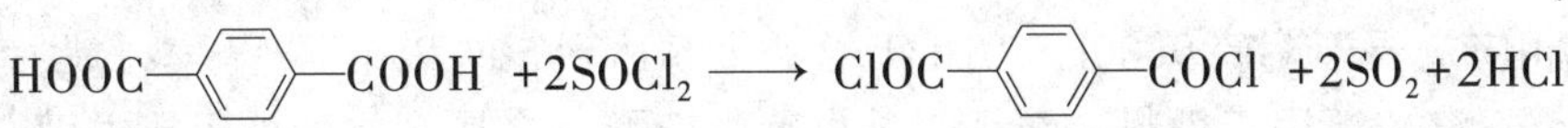

(4-2-21)

这两种产品主要用于有机合成，也用于医药、染料的合成。

(2)邻(对)氯苯甲酰氯合成。用邻(对)氯苯甲酸和氯化亚砜反应制得邻(对)氯苯甲酰氯，反应式为：

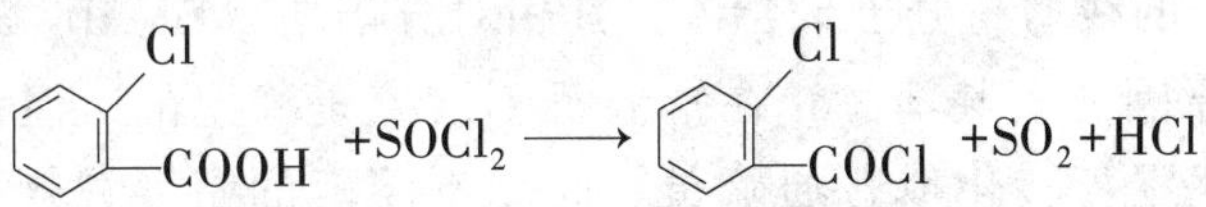 (4-2-22)

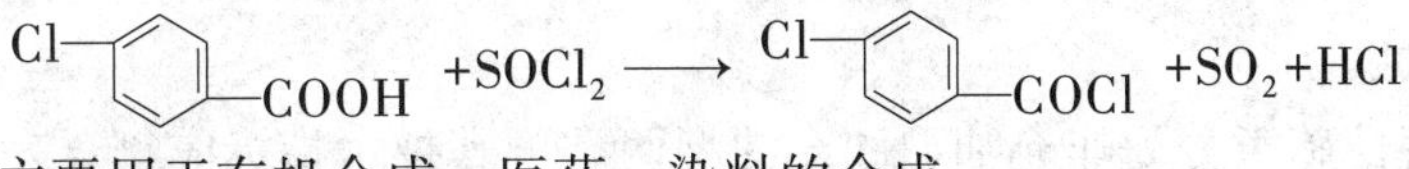 (4-2-23)

这两种产品主要用于有机合成、医药、染料的合成。

(3)丁(庚、癸)酰氯合成。用丁(庚、癸)酸和氯化亚砜反应制得丁(庚、癸)酰氯，反应式为：

$$CH_3CH_2CH_2COOH + SOCl_2 \longrightarrow CH_3CH_2CH_2COCl + SO_2 + HCl \quad (4-2-24)$$

$$CH_3(CH_2)_5COOH + SOCl_2 \longrightarrow CH_3(CH_2)_5COCl + SO_2 + HCl \quad (4-2-25)$$

$$CH_3(CH_2)_8COOH + SOCl_2 \longrightarrow CH_3(CH_2)_8COCl + SO_2 + HCl \quad (4-2-26)$$

这3种产品主要用于有机合成、医药中间体。

(4)十六碳酰氯合成。用十六碳酸和氯化亚砜反应制得十六碳酰氯，反应式为：

$$C_{15}H_{31}COOH + SOCl_2 \longrightarrow C_{15}H_{31}COCl + SO_2 + HCl \quad (4-2-27)$$

该产品主要用于医药中间体。

(5)硬脂酸酰氯合成。用硬脂酸和氯化反应制得硬脂酸酰氯，反应式为：

$$C_{17}H_{35}COOH + SOCl_2 \longrightarrow C_{17}H_{35}COCl + SO_2 + HCl \tag{4-2-28}$$

该产品用于制备烷基烯酮二聚体固体，反应式为：

$$2C_{17}H_{35}COCl+2(C_2H_5)_3N \longrightarrow C_{16}H_{35}CH{=}\underset{\displaystyle |\atop \displaystyle O{-}C{=}O}{C}{-}CHC_{16}H_{33} + 2(C_2H_5)_3N\cdot HCl \tag{4-2-29}$$

该产品是造纸工业的中性施胶剂。

(6)氯化亚砜可在电池方面应用。用多种材料作阴极，锂作阳极，在氯化亚砜中加入四氯化铝锂配成电解液，制备的电池性能很好。

(7)氯化亚砜还可用于酸酐或羟基化合物的氯化，有机磺酸或硝基化合物的氯置换，制备氯硫酰基化合物；及用于闭环反应、贝克曼转位、脱水剂、催化剂、干燥剂等。

(八)不溶硫

不溶硫系指不溶于二硫化碳的硫黄，也称聚合硫、白硫或 ω-硫。普通硫黄是可以完全溶解于二硫化碳中的。

不溶硫的主要用途是作为橡胶制品，尤其是子午线轮胎的硫化剂。普通硫黄可溶于橡胶且在较高温度下有较大的溶解度，因此在硫化后降温时因溶解度降低而析出迁移至表面，即产生“喷霜”(喷硫)问题；而不溶硫也不溶于橡胶，因此不存在“喷霜”问题。此外，使用不溶硫为硫化剂还能够提高半成品的物理机械性能，用于胎面胶可降低磨耗。

由于子午线轮胎具有节油、寿命长和缓冲性好等优点，目前世界上子午线轮胎的年产量可能已达到当年轮胎总产量的90%；我国也在积极推进轮胎的子午化，2000年可能达到30%，相应需要不溶硫9600t，2010年子午化率达到50%以上。

此外，不溶硫还用于染料、纺织、杀虫剂生产及重金属废水的处理等方面。

我国上海京海化工厂一套4000t/a高含量不溶硫装置于1999年投产；沈阳富华化工厂也建设5000t/a不溶硫装置。

1. 不溶硫的性质与质量指标

不溶硫是硫原子的线型高分子聚合体，其相对分子质量在$(10\sim30)\times10^4$之间，其结构及不溶于CS_2的原因还不甚清楚。在常温下不溶硫是稳定的，但在高于110℃的条件下，10~20 min它就逐步转化成普通硫黄。商品不溶硫的密度视规格不同而在1.834~1.950g/cm^3。

橡胶用不溶性硫黄分为非充油型和充油型两类，其技术指标应符合表4-2-81。

美国Stauffer公司生产的不溶硫商品Crystex，除要求灰分≤0.15%，酸度(以H_2SO_4)<0.1%外，还要求有机碳<0.05%、As<0.25×10^{-6}、Se<2×10^{-6}、Te<2×10^{-6}。

2. 不溶硫生产工艺

虽然不溶硫可使用硫化氢与二氧化硫在酸性介质中反应来制备，但实际生产装置多以普通硫黄气化或熔融后急冷，必要时继以二硫化碳抽提。

普通硫黄为S_8环结构，在高温下它有相当部分转化为线型高分子聚合体，但不同结构的硫分子间仍存在某种平衡；即使采用高温的气化法，急冷产物中的不溶硫含量也在65%左右，当生产高含量不溶硫时，需以二硫化碳抽提出其中的可溶性硫黄。

气化法较熔融法能耗高，但其转化率高，生产工艺成熟，应用更为普遍。

表 4-2-81　橡胶用不溶性硫黄技术指标

项　目		非充油型		充油型			
		IS60	IS90	IS-HS 70-20	IS-HS 60-33	IS 60-10	IS 60-05
外观		黄色粉末		黄色不飞扬粉末			
元素硫含量/%	≥	99.50		79.00	66.00	89.00	94.00
不溶性硫含量/%	≥	60.00	90.00	70.00	60.00	54.00	57.00
热稳定性(105℃)/%	≥	—		75.0	75.0	—	—
油含量/%		—		19.00~21.00	32.00~34.00	9.00~11.00	4.00~6.00
酸度(以 H_2SO_4 计)/%	≤	0.05		0.05			
加热减量/%	≤	0.50		0.50			
灰分/%	≤	0.30		0.30			
150μm 筛余物/%	≤	1.0		1.0			

注：以上%均为质量分数。

我国京海化工厂生产中含量(60%)不溶硫及高含量(90%)不溶硫的工艺流程见图 4-2-51。如图所示，无论是生产中含量或高含量不溶硫，均逐级升温至 680℃使原料硫完全气化。京海化工厂新建的高含量不溶硫生产装置采用了喷雾成粉、二硫化碳液膜直接萃取、全封闭离心分离和氮保护下闪蒸干燥等技术措施，稳定了高含量产品的细度和浓度，全封闭离心分离使物料中的二硫化碳含量从 10%降至 0.5%。

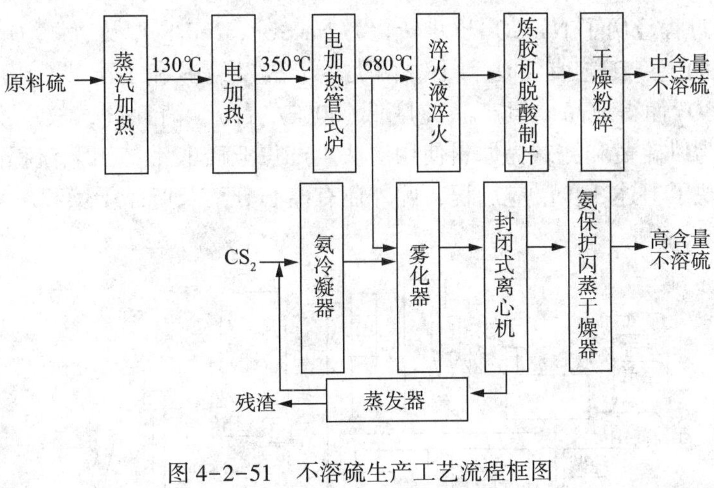

图 4-2-51　不溶硫生产工艺流程框图

(九)焦亚硫酸钠

焦亚硫酸钠($Na_2S_2O_5$)又名重亚硫酸钠、偏重亚硫酸钠等。在石油天然气开采过程中，焦亚硫酸钠可与甲醛配成磺化基使苯酚磺甲基化缩合而得磺甲基化酚醛树脂(SMF 或 SP)，作为抗高温(200~220℃)、抗盐(13%直至饱和)、抗 Ca^{2+}(2000×10^{-6})的钻井液降滤失剂，它还有降低泥饼摩阻、减少泥饼渗透性的效能。

此外，焦亚硫酸钠广泛用作漂白剂、防腐剂、疏松剂、抗氧化剂、护色剂和保鲜剂等；在医药工业中用于生产氯仿、苯丙砜和苯甲醛；在化学工业中用于生产羟基香草醛和盐酸羟胺等。

1. 焦亚硫酸钠的性质与质量指标

白色或浅黄色粒状或粉状结晶，相对分子质量 190.14，密度 1.4g/cm³。20℃下在水中的溶解度为 39.5%，随温度升高溶解度有所增加，其水溶液呈酸性。此外，它易溶于甘油而难溶于乙醇。焦亚硫酸钠放置于空气中易氧化并放出 SO_2；加热至 150℃则分解。

焦亚硫酸钠工业用和作为食品添加剂的质量标准见表 4-2-82。

表 4-2-82 焦亚硫酸钠质量标准

项目	工业用(HG/T 2826—2008) 优等品	工业用(HG/T 2826—2008) 一等品	项目	食品添加剂(GB 1893—2008) 指标
主含量以($Na_2S_2O_5$)计/% ≥	96.5	95.0	主含量以($Na_2S_2O_5$)计/% ≥	96.5
铁(Fe)/% ≤	0.005	0.010	铁含量(以 Fe 计)/% ≤	0.003
水不溶物 ≤	0.05	0.05	澄清度	通过试验
砷(As)/% ≤	0.001	—	重金属含量(以 Pb 计)/% ≤	0.0005
			砷含量(以 As 计)/% ≤	0.0001

2. 焦亚硫酸钠生产工艺

不同形态的硫(H_2S、元素硫等)只要转化成 SO_2，即可用以与纯碱或亚硫酸钠反应而制取焦亚硫酸钠，其反应式为：

$$Na_2CO_3 + 2SO_2 = Na_2S_2O_5 + CO_2\uparrow \tag{4-2-30}$$

$$Na_2SO_3 + SO_2 = Na_2S_2O_5 \tag{4-2-31}$$

实际的反应过程经历了 Na_2CO_3 逐步转化为 Na_2SO_3、$NaHSO_3$ 及 $Na_2S_2O_5$ 3 个步骤。

焦亚硫酸钠的生产工艺有湿法和干法两类。干法以纯碱和水配成块状物(物质的量比 1∶2.5)，通入 SO_2 而得成品，但产品纯度低(60%左右)，消耗高，故一般均采用湿法生产。图 4-2-52 为以硫黄和纯碱为原料使用湿法生产焦亚硫酸钠的工艺流程图。所示流程有 3 台反应器，反映了上述 3 步反应历程，此外还有离心分离及产品干燥和尾气处理等步骤。

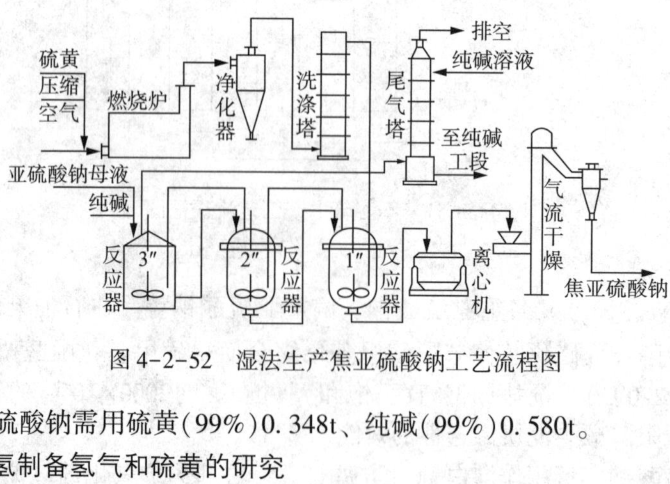

图 4-2-52 湿法生产焦亚硫酸钠工艺流程图

生产 1t 焦亚硫酸钠需用硫黄(99%)0.348t、纯碱(99%)0.580t。

(十) 用硫化氢制备氢气和硫黄的研究

对含硫天然气加工厂和含硫原油炼油厂在脱硫过程中，用酸气中的 H_2S 直接分解成氢气和硫黄是有现实意义的，故近些年来国内外进行了大量的研究工作。先将各种工艺方法介绍如下。

1. 微波裂解工艺

(1)俄罗斯库尔恰托夫研究所利用微波释放的产生“冷的”非平衡等离子体，将 H_2S 分解为氢气和硫黄。其流程概况为：高浓度 H_2S 气体经过一组喷嘴进入等离子-化学反应器，采用1个或多个微波发生器，在等离子-化学反应器周围对称排列注入微波。等离子反应产物是氢气、硫蒸气及 H_2S 混合物，然后在冷凝器中迅速急冷，以最大程度减少氢气和硫黄生成的逆反应，H_2S 单程转化率65%~85%。在分离器中回收液体硫黄后，氢气和 H_2S 进入膜分离器，获得粗氢气和未分解的循环 H_2S。该工艺在奥伦堡天然气加工厂建有气体处理量为1000m³/h的工业试验装置，微波功率1MW。该工艺为非催化法分解 H_2S。

(2)美国 Argonne 国家实验室也利用微波产生的等离子体对分解 H_2S 进行了研究，工艺流程基本上与俄罗斯库尔恰托夫研究所的相似，只是装置较小(微波发生器为2kW，2.45GHz)，将扩大到使用100 kW、915GHz的工业规模的微波发生器进行现场试验。

(3)我国西安石油大学以FeS为催化剂，对微波法分解 H_2S 进行了研究，并获得了良好的实验结果。

2. 间接电解工艺

(1)日本国家工业化学实验室和出光兴产共同开发了一种分解 H_2S 的电解复合工艺，见图4-2-53。

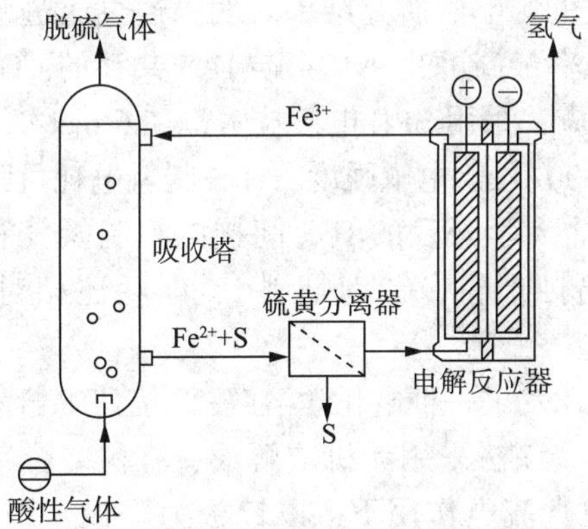

图4-2-53 分解 H_2S 电解复合工艺流程图

含 H_2S 的酸性气体与含3价铁的酸性溶液在吸收塔中接触，H_2S 被3价铁转化为元素硫，3价铁还原成2价铁，在硫黄分离器中除硫后，在电解反应器中对含2价铁的溶液进行电解，2价铁被转变为3价铁，并产生氢气，3价铁循环返回吸收塔。反应式如下：

$$2Fe^{3+} + H_2S \longrightarrow 2Fe^{2+} + 2H^+ + S \quad (4-2-32)$$

$$2H^+ + 2Fe^{2+} \longrightarrow 2Fe^{3+} + H_2 \quad (4-2-33)$$

该工艺与液相氧化还原和电解工艺相似，但由于是酸性条件，避免了螯合剂的使用，且以电解而不是用空气产生氢气，提高了再生速率，同时不直接电解 H_2S，排除了硫黄在电极上产生涂层和其他副产物。该工艺具备 H_2S 脱除率高，硫黄易分离，电解电压低(0.75~0.9V)的特点。已建有1t/d的中试装置。研究表明，采用强酸性高含铁Fe-Cl体系的吸收液，对 H_2S 吸收率达99%，制氢电耗2.0kW·h/m³，据认为该工艺的经济性可望与Claus工艺相当。

(2)20世纪80年代以来，中国石油大学电化学组开始对 H_2S 间接电解制氢气和硫黄进行了研究，研究表明，80℃、常压下对 H_2S 含量 5%~95%的酸性气体一次吸收率大于 95%，制氢电耗约 2.4 kW · h/m^3。在电解过程中采用了新型的和价格较低的石墨基镀铂电极，这为进一步开发该工艺奠定了技术基础。近些年，该校又继续对间接电解脱硫制氢法进行了试验和研究，其工艺流程与图 4-2-53 相似，其原理也与前述相同，H_2S 吸收在鼓泡床间歇吸收塔中进行，含 H_2S 酸气从吸收塔底部经分配器分散成气泡进入塔内，经 Fe^{3+} 吸收后液体富含 Fe^{2+} 及氢气，经过滤除去硫黄后送入电解反应器阳极电解再生。

阳极反应：

$$2Fe^{2+} \longrightarrow 2Fe^{3+} + 2e \tag{4-2-34}$$

阴极反应：

$$2H^{+} + 2e \longrightarrow H_2 \tag{4-2-35}$$

阴极液与吸收液同等酸度的盐酸溶液，在电解过程中，阳极的 H^+ 穿过离子交换膜进入阴极区，并电解还原成氢气。电解池采用了间歇式反应器，阳极为石墨纤维布，阴极为镀铂(铂含量约 3g/m^2)石墨纤维布，离子交换膜采用杜邦 Nafion 324 或上海有机化学研究所仿 Nafion 117。

在试验研究工作中作了两个改进：①设计和应用了新型的吸收液；②采用了 SPE(Solide Profon Exchange)电极技术。试验工作对 H_2S(浓度为 2%~3%)进行了吸收和电解研究，又考察了 CO_2 和烯烃对 H_2S 吸收的影响。研究结果表明，通过改进吸收液的组成，在 80℃、常压下，2%H_2S 气体一次脱硫率最高可达 99%；与 H_2S 共存的 CO_2 对 H_2S 吸收无影响；异丁烯在酸性吸收液中将发生反应；采用 SPE 电极技术，在 6 mol/L 盐酸为支持电解质时，80℃下可获得工业上可接收的 1000A/m^2 电解强度，H_2S 制氢电耗可降至 2 kW · h/m^3。

(3)前面介绍的中国石油大学开发的 H_2S 间接电解制氢气和硫黄的方法，工艺较为复杂，需要在强酸下进行，腐蚀严重，特别是制 H_2 电耗还相对较高，不利于规模化推广应用。

针对这一问题，该校又开发了一种电化学溶解-沉淀法综合利用 H_2S 的新方法，并获得了我国专利(CN-99111163)。该法采用无机电解液、有机络合剂和高分子聚电解液组合的复合电解液(CMP)，然后在直流电作用下，以锌板为阳极，用 CMP 对其进行电化阳极溶解，制备出在一定酸碱浓度范围内，都可稳定存在的含锌络合离子导电溶剂[$Zn(CMP)^{2+}$]。

阳极反应：

$$Zn+CMP \longrightarrow Zn(CMP)^{2+}+2e$$

在电解制备 $Zn(CMP)^{2+}$ 的同时，阴极发生等电化学当量的 H_2。

阴极反应：

$$2H_2O+2e \longrightarrow H_2+2OH^-$$

在电解反应的同时，将 H_2S 气体导入 $Zn(CMP)^{2+}$ 中进行气-液化学吸收反应，使其生成 ZnS 絮状沉淀，同时 $Zn(CMP)^{2+}$ 还原成 CMP，该复合电解液可循环使用。

电解反应：

$$Zn+CMP+2H_2O \longrightarrow Zn(CMP)^{2+} + H_2+2OH^-$$

吸收过程反应：

$$H_2S+Zn(CMP)^{2+} + 2OH^- \longrightarrow ZnS+2H_2O+CMP$$

该方法总反应：

$$Zn+ H_2S \longrightarrow ZnS+H_2$$

采用锌板为阳极、石墨板为阴极，单电极大小均为 8cm×3cm×4cm，电解池由阳极和阴极各 3 块组成，电流连接方式为并联，极板间距为 2.5cm。调节通入 H_2S 的体积量，使其和电解出的 H_2 体积量相当，来控制吸收反应体系的 OH^- 浓度平衡。

试验结果得出，利用该方法进行 H_2S 电解制 H_2 的电压较低，电解电耗较小，与通常用水电解制 H_2 相比，电解电压降低 1V 左右，电解电耗降低 50%左右。

3. 热裂解工艺

加拿大 Alberta 硫黄研究有限公司(ASRL)提出了一种将 Claus 硫黄回收与 H_2S 裂解相结合的工艺，利用反应炉中 H_2S 部分燃烧产生的高温来裂解 H_2S。一部分进入 Claus 反应炉的酸气通过位于燃烧室内的陶瓷管式反应器进行热裂解，当气体产物从裂解管出来时被快速急冷，以减少氢气和硫黄发生逆向反应。中试装置采用了小型 Claus 反应炉，其中安装有高含量 Al_2O_3 陶瓷管式反应器，管长 3m，停留时间约 0.2s，纯 H_2S 为原料进入裂解反应器，当温度从 1030℃升至 1270℃时，转化率由 21%提高到 35%。

4. Hysulf 工艺

美国 Marathon 石油公司开发了一种在温度条件下将 H_2S 转化为氢气和硫黄的 Hysulf 工艺。该工艺分为两步：含 H_2S 的酸气与含有蒽醌类物质如叔戊基蒽醌(TAAQ)的有机溶剂接触发生氧化还原反应，H_2S 被氧化为元素硫，而 TAAQ 被还原为相应的氢蒽醌(H_2TAAQ)，反应温度 20~70℃，溶剂为 *N*-甲基吡咯烷酮，还含有碱性复合剂，可提高反应速率和硫收率；脱除生成固体硫黄后，溶液在改性转化催化剂作用下反应，H_2TAAQ 被再生为 TAAQ，同时产生氢气，反应温度 150~200℃，压力 0.4MPa。建有 1kg/d 的连续实验室装置，用来收集工业化装置设计数据，用于处理 H_2S 含量为 0.5%~2.5%、硫黄生产能力为 2t/d 的装置。

第五节 二氧化碳回收和利用

一、二氧化碳的性质和质量指标

二氧化碳(CO_2)为无色略带刺鼻性气味和微酸味的气体，不燃烧，起助燃作用，相对密度约为空气的 1.53 倍。CO_2 是非极性分子，但可以溶于极性较强的溶剂中，其溶解度的大小与温度、压力和溶剂性质有关，CO_2 溶于水可以生成碳酸。其物理性质见表 4-2-83。

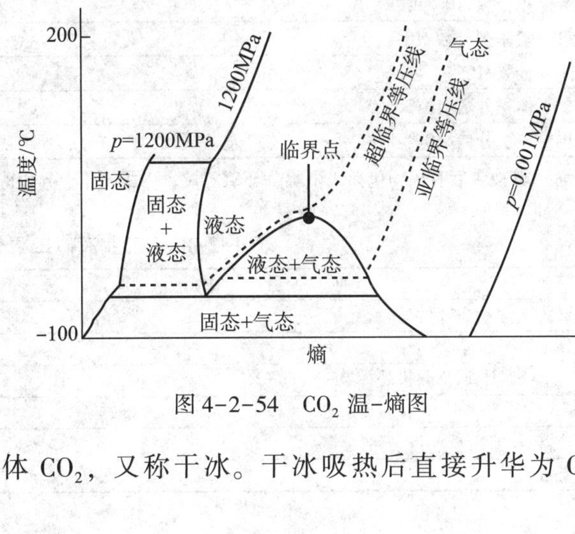

图 4-2-54 CO_2 温-熵图

图 4-2-54 为 0.001~1200 MPa 和 -100~200℃范围内的 CO_2 温-熵图。CO_2 可在三相点和临界点之间任何温度下，用加压冷却法液化。将 CO_2 气体加压到约 7.6MPa(即临界压力以上)，温度降到临界点(30.06℃)以下即可液化，液体 CO_2 的相对密度(d_4^{20}) 1.031。液体 CO_2 冷却到三相点温度(-56.5℃)以下，压力为 0.518MPa 时，就变成固体 CO_2，又称干冰。干冰吸热后直接升华为 CO_2 气体。

表 4-2-83　二氧化碳的物理性质

项　目	数　值	项　目	数　值
分子量	44.01	温度/℃	-56.57
气体密度(0℃, 0.101MPa)/(kg/m^3)	1.977	压力/MPa	0.518
折射率(0℃, 0.101MPa)	1.00015	气化热/(kJ/kg)	347.86
气体黏度(0℃, 0.101MPa)/mPa · s	0.0138	熔化热/(kJ/kg)	195.82
摩尔体积(0℃, 0.101MPa)/(L/mol)	22.26	生成热(25℃)/(kJ/mol)	393.7
临界温度/℃	31.06	比热容(20℃, 0.101MPa)/[kJ/(kg · K)]	
临界压力/MPa	7.382	比定压热容	0.845
临界密度/(kg/m^3)	467	比定容热容	0.61
三相点		导热系数(0℃, 0.101MPa)/[W/(m · K)]	52.75

目前我国主要二氧化碳产品国家标准和行业标准，详见表 4-2-84~表 4-2-87。

表 4-2-84　食品添加剂液体二氧化碳标准

项　目		指　标
二氧化碳含量体积分数/10^{-2}	≥	99.9
水分体积分数/10^{-6}	≤	20
酸度		按 5.4 检验合格
一氧化氮体积分数/10^{-6}	≤	2.5
二氧化氮体积分数/10^{-6}	≤	2.5
二氧化硫体积分数/10^{-6}	≤	1.0
总硫体积分数(除二氧化硫外，以硫计)/10^{-6}	≤	0.1
碳氢化合物总量体积分数(以甲烷计)/10^{-6}	≤	50(其中非甲烷烃不超过 20)
苯体积分数/10^{-6}	≤	0.02
甲醇体积分数/10^{-6}	≤	10
乙醇体积分数/10^{-6}	≤	10
乙醛体积分数/10^{-6}	≤	0.2
其他含氧有机物体积分数/10^{-6}	≤	1.0
氯乙烯体积分数/10^{-6}	≤	0.3
油脂质量分数 /10^{-6}	≤	5
水溶液气味、味道及外观		按 5.10 检验合格
蒸发残渣质量分数/10^{-6}	≤	10
氧气体积分数/10^{-6}	≤	30
一氧化碳体积分数/10^{-6}	≤	10
氨体积分数/10^{-6}	≤	2.5
磷化氢体积分数/10^{-6}	≤	0.3
氰化氢体积分数/10^{-6}	≤	0.5

注：其他含氧有机物包括二甲醚、环氧乙烷、丙酮、正、异丙醇、正、异丁醇、乙酸乙酯、乙酸异戊酯。

表 4-2-85　工业液体二氧化碳质量标准

项　目		指　标		
二氧化碳含量/%	≥	99	99.5	99.9
油分		按 4.4 检验合格		
CO、H_2S、H_3P 及有机还原物		—	按 4.4 检验合格	
气味		无异味		
水分露点/℃	≤	—	-60	-65
游离水		无	—	

表 4-2-86 二氧化碳灭火剂

项目		指标
纯度/%	≥	99.5
油含量		无
总硫化合物含量/(mg/kg)	≤	5.0
醇类含量(以乙醇计)/(mg/L)	≤	30
水含量/%	≤	0.015

注：对非发酵法所得的二氧化碳/醇类含量不做规定。

表 4-2-87 焊接用二氧化碳

标准代号		HG/T 2537—1993		
产品和级别		焊接二氧化碳		
		优级品	一级品	合格品
CO_2 含量/%	≥	99.9	99.7	99.5
水分/%	≤	不得检出		
油分		不得检出		
气味		无异味		
水蒸气+乙醇含量/(m/m)	≤	0.005	0.02	0.05

注：对非发酵法所得的二氧化碳，醇类含量不做规定。

二、二氧化碳资源

(一)高含二氧化碳气藏和常规天然气气藏中二氧化碳的资源

国内外在勘探天然气过程中发现了一些高含 CO_2 气藏，据统计 94%的天然气藏中 CO_2 不到 4%，而含 CO_2 80%以上的气藏仅占 5%左右，这说明大多数天然气气藏的组分以甲烷为主，而高含 CO_2 气藏只是极少数。

就世界上形成 CO_2 气藏的地区来看，美洲和太平洋地区发现得最多，如墨西哥塔姆比克地区，有的高含 CO_2 气井，日产气 $238\times10^4m^3$；美国洛杉矶、加利福尼亚等靠近深大断裂地区，许多产气井中含 CO_2 在 80%以上。国外高含 CO_2 气藏一些实例见表 4-2-88。

表 4-2-88 国外高含 CO_2 气藏实例

含油气盆地	气田	气组分/%		
		CO_2	CH_4	其他组分
美国洛杉矶	基普-托普	85.5	6.7	0.5
美国诺尔特	马克	90.0	—	—
墨西哥	塔姆比克	96.0	2.4	1.4
匈牙利班诺恩	菌克	79.2	15.6	1.0
匈牙利班诺恩	布斯塔费利	97.9	1.9	—
罗马尼亚特兰布利石	宾基特	89.3	6.0	0.3
俄罗斯萨哈林	终左尔	44.7	46.1	0.7
德国	布拉姆别	20.5	73.6	2.6
俄罗斯	阿斯特拉罕	13.96	52.83	33.21

我国东部和其他地区油气盆地也发现了较多 CO_2 气藏(见表4-2-89)。苏北泰兴黄桥气田是目前我国储量最大的高含 CO_2 气田，地质储量 $624\times10^8m^3$，预测总储量 $1000\times10^8m^3$ 以上，CO_2 平均含量90%以上，并还有2个高含 CO_2 气田均有工业开发的价值，其产量见表4-2-90。松辽万金塔 CO_2 气田，初估气田储量 $30\times10^8m^3$。

表4-2-89　我国高含 CO_2 气藏

含油气盆地	井　位	CO_2/%	含油气盆地	井　位	CO_2/%
苏北盆地(黄桥地区)	苏203 苏174(D3W) 苏(P1q)	92.06 91~99.6 93~98	济阳坳陷	平方王滨4-6-6 平气4 平气9-3 平气12 平12-61 平13-2 平13-4 平14-3 花17(1) 花17(2)	72.51 75.33 73.87 74.2 79.17 68.85 74.92 77.93 93.78 93.54
松辽盆地(吉林万金塔)	Wan 5 Wan 6 Wan 9 Wan 2	99.0 98.2 98.1 99.02	山东胜利油田滨南地区 安徽天水地区 华北油田 湖北建南 南海莺歌海浅层气 川东北罗家寨等	滨四 天深4 留58	70~75 99 46.9 39 9~10 10
广东三水盆地	水深44 水深24 水深9	83.99 99.48 99.6			

表4-2-90　江苏黄桥及其他高含 CO_2 气田的产量

气田名称	气　藏	工业气流井数/口	日产量/10^4m^3
黄桥	D3W(泥盆系五通组)	1	36.33
	P1q(二叠系栖霞组)	2	20~46
	$C_{2\sim3}$(石炭系，船山组-黄龙组)	1	2.27
	K_2P(白垩系浦口组)	1	1.6
	N_1y_2(第三系盐城组一段)	4	0.3~0.9
富民庄	$E_{2\sim3}S'$(三垛组一段)	1	9.018
小纪	E1t(秦州组一段)	1	7.68

表4-2-90中除黄桥气田 N_1y_2 气藏外产出气体 CO_2 占绝对优势，伴有少量原油、烃类气；黄桥气田 N_1y_2 气藏产出气体的组分以 N_2 为主，伴有 N_1、烃类及商品位氦。

国内外常规天然气气藏 CO_2 含量参差不齐，较多数天然气的 CO_2 含量<1%，但也有一些 CO_2 含量>3%，例如我国的较大气田中，崖13-1气田7.65%，陕甘宁气田3.023%，四川威远气田4.437%，川东卧龙河(嘉四)气田4.0%，川西北(中坝雷三)4.13%，其余天然气(包括伴生气)有一些为1%~2%，较多的<1%。

(二)其他二氧化碳来源

除了天然气中含有CO_2外，全世界CO_2主要来源是从气田、化工、炼油、石化、发酵、炼钢等副产气中回收，也可以用煤、石油、天然气在多种工业炉烟道气中回收。各种工业生产的CO_2气源和含量见表4-2-91。

表4-2-91　生产二氧化碳气源和含量

二氧化碳来源	含量(体积分数)/%
天然气气田	80~90
合成氨副产气	98~99
石油炼制副产气	98~99
石化厂生产环氧乙烷副产气	91
发酵工业(生产乙醇和制酒)副产气	95~98
石灰窖副产气	15~ 40
炼钢副产气	18~21
燃煤锅炉烟道气	18~29
焦炭及重油燃烧烟道气	10~17
天然气燃烧烟道气	8.5~10

我国大型化肥厂(3×10^4 t/a)，以天然气为原料的化肥厂CO_2全部用于生产尿素，以煤、重油及轻油为原料的化肥厂，有大量CO_2放空；以煤为原料的合成氨厂，年排放CO_2量约25×10^4 t，以重油和轻油为原料的合成氨厂年排放CO_2量分别约为20×10^4 t和10×10^4 t。全国炼油厂有18套烃类水蒸气转化制氢装置，排放CO_2约50×10^4 t以上。各大型乙烯厂用乙烯制环氧乙烷的副产品CO_2，大部分放空未能利用。

三、国内外二氧化碳利用情况

全世界各种矿物燃料(煤、石油、天然气)燃烧和工业生产排放到大气中的CO_2量达到$185\sim242\times10^8$ t/a，而用于生产液体CO_2、合成尿素和甲醇等的年消费量却不足1×10^8 t/a。此说明CO_2的排放量和利用量之间相差很悬殊，在回收排放的CO_2中，目前世界上用来制尿素的量最大，其次为生产液体CO_2。

美国和日本是世界生产液体CO_2最发达的国家，现将美、日二国的生产能力和消费结构列于表4-2-92~表4-2-95。

表4-2-92　美国液体二氧化碳生产能力

CO_2来源	合成氨副产气	炼油厂制氢副产气	乙醇厂副产气	石化厂副产气	天然气加工副产气	合　计
工厂/个	34	20	15	9	12	90
生产能力/(10^4t/a)	345.6	177.6	128.8	32.8	115.2	800
所占比例/%	43.2	22.2	16.1	4.1	14.4	100

表 4-2-93 日本液体二氧化碳生产能力

CO_2 来源	炼油厂制氢副产气	合成氨副产气	乙醇厂副产气	石化厂副产气	天然气加工副产气	合计
工厂/个	11	9	4	3	3	30
生产能力/(10^4t/a)	45.87	43.63	23.62	11.0	0.88	125
所占比例%	36.7	34.9	18.9	8.8	0.7	100

表 4-2-94 美国液体二氧化碳消费结构

应用领域	食品加工	饮料碳酸化	油井、气井操作①	化学品生产	金属加工	其他	合计
消费量/(10^4t/a)	226.98	94.58	53.35	46.56	23.76	39.77	485
所占比例%	46.8	19.5	11.0	9.6	4.9	8.2	400

注：①此消费量估计是油气田向液体 CO_2 工厂购买的量，美国三次采油所用的 CO_2，主要由高含 CO_2 气田供给的，其数量要大得多。

表 4-2-95 日本液体二氧化碳消费结构

应用领域	CO_2 保护焊	啤酒、饮料	食品冷藏、冷冻剂	炼炉(转炉复合吹炼)	铸钢砂型硬化	其他	合计
消费量/(10^4t/a)	51.26	19.8	13.78	9.32	4.66	17.47	116.29
所占比例/%	44.08	17.03	11.85	8.01	4.01	15.02	100

从以上表中看出，美、日两国液体 CO_2 来源是相近的，但在消费结构方面却差别较大。

油田开发后的采油称为一次采油，后注水驱油为二次采油，最后注入 CO_2 或其他物质驱油为三次采油，进一步提高采收率。注 CO_2 是最常用的经济方法，可多采出 7%~10%的原始地质储量。驱油所需 CO_2 最好在附近高含 CO_2 气井中获得，与高含 CO_2 气井距离较远的，将 CO_2 液化后用长距离管道输送。

美国是应用 CO_2 进行三次采油最多的国家，CO_2 消费量在世界上也是最大的，其用量逐年增加，1998 年初已达到约 1000×10^4 t/a(17.9bbl/d)，1998 年美国 CO_2 驱产油量为 2.8461×10^4 m^3/d。

目前我国液体 CO_2 的生产能力已达到$(60\sim80)\times10^4$ t/a。生产商品 CO_2 的气源大部分来自发酵装置、合成氨和炼油厂制氢装置及石灰窑的副产气。我国有百余家乙醇厂、啤酒厂已建 CO_2 回收、精制装置，总生产能力 180×10^4 t/a。化肥系统全国有 55 家合成氨厂已建成 CO_2 回收、精制装置，总生产能力 23×10^4 t/a。例如广东江门氮肥厂于 1989 年采用西南化工研究院变压吸附(PSA)工艺，从合成氨变换气中(CO_2 含量 15%~30 %)回收 CO_2，建成 3000~3500t/a 食品级 CO_2 装置；湖南洞庭氮肥厂于 1991 年中外合资建成 3000t/a 干冰装置；四川化工厂于 1995 年建成 4000t/a 食用液体 CO_2 装置，该装置利用合成氨生产装置副产的浓度大于 98.5%的放空 CO_2 作原料，采用 2.5 MPa 净化-液化工艺，产品纯度>99.9%，水分含量$\leqslant20\times10^{-6}$，质量达到国际百事可乐集团对食品 CO_2 的要求标准，符合《食品添加剂 液体二氧化碳》(GB/T 10621—2006)食用液体 CO_2 标准。炼油、石化系统已建或在建几套 CO_2 回收装置，如茂名石化公司采用炼油厂制氢的副产气，建成规模为 1.5×10^4 t/a

食品级 CO_2 生产装置。国外跨国气体公司在我国已建成独资、合资 CO_2 生产企业 10 余家（见表 4-2-96）。

表 4-2-96 跨国公司在我国投资的二氧化碳企业

企业名称	合作伙伴	生产能力/(10^4t/a)
陕西兴平 BOC 气体有限公司	兴平化肥厂	1(液、固 CO_2)
大连 BOC 气体有限公司	大连二氧化碳厂	1
广氮气体公司	BOC、广氮	2
高伦气体工业公司	BOC、茂名石化	1.5(食品级)
抚顺 BOC 二氧化碳气体公司		1(食品级)
BOC 气体(武汉)公司		1(食品级)
青岛 BOC 二氧化碳气体公司	青岛恒昌化工股份公司	1.6
南京 PRAXAIR 气体有限公司		3(液、固 CO_2)
北京 PRAXAIR 气体有限公司	北京化工实验厂	3
云南沾化梅塞尔气体有限公司	云南沾益化肥厂	2
林德(厦门)工业气体有限公司		2
上海石铧岩谷气体开发公司	上海石化、金东石化开发公司	3(液、固 CO_2)
茂名高伦公司	法国液空公司	3
岳阳 PRAXAIR 气体有限公司		3
上海焦化公司	林德公司	6
广州氮肥厂	法国液空公司	2

关于高含 CO_2 气藏的利用，我国苏北盆地是高含 CO_2 气藏的地区，目前已建处理站，经脱水、净化及液化处理后的液体 CO_2，专供江苏油田开展三次采油，提高原油采收率，目前已成为该油田一个主要的增产工艺技术。20 世纪 80 年代，广东南海县 CO_2 实验厂和佛山市 CO_2 研究所协作利用三水盆地水深 9 井的 CO_2，生产食用 CO_2 和干冰，产品销到省内外和港澳地区。山东渤海化肥厂利用山东胜利油田滨南地区滨四井 70%～75% CO_2 生产碳酸氢铵，并加工成液体 CO_2 和干冰出售。

关于常规天然气中 CO_2 的利用，川西南气矿利用威远气田含 CO_2 4.437%和 H_2S 0.879%的天然气中的 CO_2 和 H_2S 生产 $SrCO_3$(2400t/a)，并生产 NaHS、$Na_2S_2O_3$。长庆油田陕甘宁马五气藏的天然气系含 CO_2 3.023%的低含硫天然气，靖边天然气净化厂采用 MDEA 法脱硫后的商品天然气输往北京、西安等地，排放尾气中含 H_2S 3.41%，其余为 CO_2，采用三级 PDS 湿式氧化还原工艺，并用一级固体脱硫法脱除 H_2S，获得 CO_2 供靖边甲醇厂(10×10^4 t/a)用作补碳，以降低甲醇的生产成本。

我国 CO_2 的消费结构与美、日二国虽不完全相同，但消费大用户是基本一样的。化工行业是我国第一大用户，约占 24%；饮料行业消费现占 20%，是第二大用户；焊接行业约占 15%；烟丝膨化剂原用氟利昂，现用液体 CO_2 进行膨化处理，CO_2 用量迅速上升。

四、二氧化碳精制和回收工艺

(一)高浓度二氧化碳气田气和工业生产排放气的精制工艺

CO_2 浓度大于90%的气田气和排放气，要制得高纯度 CO_2，需要将小于10%的杂质脱除。杂质的组分不完全一样，一般为水、H_2S、氮气、甲烷、乙烷等。

现介绍两个实例。

1. 江苏油田用高含二氧化碳气生产三次采油用的液二氧化碳

该油田利用苏北盆地丰富的 CO_2 气源，建造了富民 CO_2 处理站。供该油田进行三次采油作业使用。原料气组成：CO_2 99.03%，CH_4 0.44%，N_2 0.33%，$C_2\sim C_6$烃类 0.2%，水<1%，不含 H_2S。工艺原理流程见图4-2-55。由于三次采油用 CO_2 不需要深度脱水，只要降低露点，在冬天时不会使水分结冰堵塞管线和阀门等；另外为了减轻含水 CO_2 对管线等的腐蚀，有关资料表明，CO_2 的水含量小于0.2%，其腐蚀问题即可以不予考虑，因此脱水工艺采用三甘醇作脱水剂。江苏油田自行设计了高效三相分离器，其内部结构采用旋风分离板，利用旋风分离和重力分离的原理，从井口来的气、液相 CO_2 经过高压三相分离器，甲烷等不凝气、水和三甘醇得到了较好的分离，CO_2 含水小于0.2%，符合使用要求。

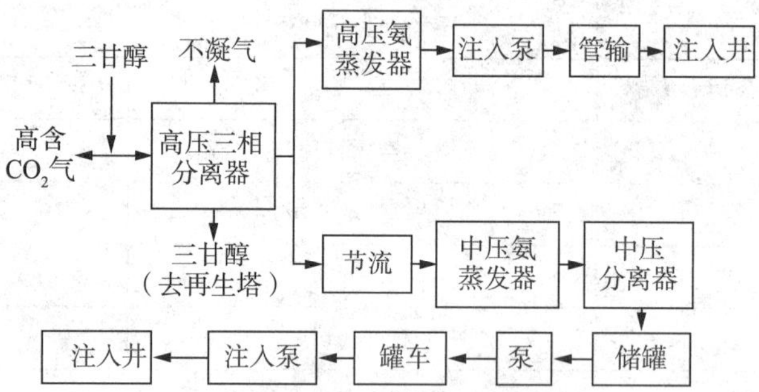

图4-2-55 工艺原理流程图

关于 CO_2 的液化问题，由于井口来的 CO_2 压力≥6.2 MPa，根据相态图在5.6MPa下温度低于19℃，CO_2 为液相，为了保证全年正常操作，不采用提高压力来液化，而是采用氨冷法，使 CO_2 保持在10℃以下，维持在液相状态。经过高压三相分离器分离后的 CO_2 中还含有一部分未被分离出来的较重烃类混合物，在 CO_2 局部节流膨胀致冷时它们会结成固体物使流量计、管线等被堵塞。为了防止堵塞现象的发生，利用斯托克斯沉降原理设计了中压三相分离器，现场运行证明效果理想。

液体 CO_2 可用两种办法来运输：一种是从处理站敷设液体 CO_2 管线，通至各油井，将其输去进行施工作业；另一种是将液体 CO_2 装入汽车专用储罐，供更远的油井使用。

2. 合成氨厂3500t/a食品级液体 CO_2 生产工艺

(1)原料气中含 CO_2 98%~99%，H_2S 约300mg/m³。

(2)常压原料气首先采用氧化铁固体脱硫剂脱除 H_2S，使 H_2S 含量小于 0.5×10^{-6}。

(3)液化方法。根据相态图：在8MPa下，温度低于30℃，CO_2 为液相；在2.5MPa下，温度低于-20℃，CO_2 为液相。本装置采用了高压法，将脱硫后的 CO_2 进入四段压缩机压缩到8 MPa，用液氨作冷媒使之液化为液体 CO_2。

(4)采用3Å分子筛脱水，使水露点<-40℃。

最后制得纯度大于99.99%的液体CO_2，完全符合国标GB 10621—89食品级CO_2的指标要求。

(5)消耗指标见表4-2-97。

表4-2-97 食品级液体CO_2生产消耗指标(以每吨产品计)

项目	CO_2原料气(98%~99%)/m^3	电/kW·h	软水/m^3	冷却水/m^3
指标	550	300	20	100

(二)从常规天然气中回收二氧化碳工艺

前面已述，常规天然气CO_2含量大多<1%，在经济上不值得回收和利用，而且国内外天然气质量指标中允许含2%~3%的CO_2。

含CO_2大于3%的天然气可采用胺法、热钾碱法及物理溶剂法等工艺从天然气中脱出CO_2，获得高浓度CO_2后，再用上述工艺脱除水分等杂质和进行液化，制得高纯度的CO_2。

当天然气中CO_2含量超过20%，使用胺法等工艺能耗太高，则可采用膜分离工艺，美国已有很多套膜分离装置处理天然气，分离出CO_2用于三次采油。

五、二氧化碳利用发展方向

(一)油气田增产作业用

在美、俄等国已广泛使用CO_2驱油，提高采收率，所产原油量已占补充原油量的重要地位。

我国大庆、胜利、华北等油田先后进行过CO_2驱油室内研究和现场试验，均取得了肯定的结论，但均因CO_2气源得不到解决，而未能实施。目前只有江苏油田利用该地区CO_2气井丰富的资源，已建了处理站，产出的CO_2供该油田三次采油作业之用，并已成为该油田增产原油的主要技术措施。预计今后我国将有更多的油田利用已发现的CO_2气田或其他CO_2气源来进行三次采油作业。

另外，CO_2还可用于CO_2助排、CO_2泡沫压裂、CO_2与油、水与甲醇的乳化压裂、CO_2增能压裂、CO_2与胶凝水压裂、纯CO_2压裂等多种油气田增产作业，目前正处于积极使用阶段，并已为世界多数产油气国及油气田服务公司所重视。

(二)植物气肥

目前CO_2气肥在欧洲、北美、中美及某些亚洲国家得到了推广应用。美国约有50%~70%温室作业采用CO_2气肥，荷兰90%的番茄、黄瓜、甜椒、草莓种植中施用CO_2气肥。

CO_2用作植物气肥，可促进农作物生长，提高产量。在塑料棚内用管道施放(浓度为2%~5%)6~38d，蔬菜产量提高5倍，成熟期也显著缩短；在大豆芽、绿豆芽开始培养后12h，往床层通入CO_2气体，能明显刺激豆芽胚轴长长、长粗，豆芽光泽半透明且饱满，时间可缩短3~4d；水稻开花前施用CO_2(浓度为0.9%)，每亩可增产173 kg。近些年，我国山东农业科学研究院、大连石油化工公司等单位先后研制成功CO_2气肥，并在一些省推广使用，实现了较好的经济效益。例如，山东寿光县已将CO_2作为温室大棚蔬菜生产新技术之一，大力推广。

(三)超临界萃取用

所谓超临界CO_2流体萃取，是将被提炼物置于临界温度、压力以上的CO_2流体中。应用超临界CO_2流体具有气、液两重特性，既有与气体相当的高渗透力和低黏度，兼有与液体相近的密度和较好的流动、传热、传质及溶解性能，使难挥发的物质转入气相。在此条件下，尽管温度不高，物质的气相分压，比同温度下蒸气压高出105~106倍。萃取完成后，只要将富集了难挥发物质的载气降压，便可使该物质从气相中凝析出来，达到与CO_2分离的目的。超临界CO_2流体以无毒、无腐蚀、高纯度、低黏度、低价格、优良的传质性能和扩散系数及较低的临界温度、临界压力等优点，广泛用于各行各业，尤其是用于分离热敏物质和天然物品。

超临界萃取技术是国际上先进的物理萃取技术，该技术广泛应用于食品、医药、环保及化工等各个领域。德国利用超临界CO_2技术从咖啡豆、茶叶中提取咖啡因，HAG公司早已建成万吨级工业生产装置。美、英、法、德、日等国家在天然香料的萃取领域发展最为迅速，已建有一些工业化装置。

我国于20世纪80年代就开展了超临界CO_2用于食品、医药等行业的试验和研究，取得了不少成果，并应用于实际生产。

(1)内蒙古科迪高技术产业有限公司和广州轻工研究所采用超临界CO_2萃取技术制备沙棘油，并建设年产20t装置。沙棘油是一种高级植物营养油，具有医疗、保健及美容等功能。北京华颖集团公司又用超临界萃取技术从沙棘油中提取豆角甾醇。

(2)北京化工大学开展了超临界CO_2萃取菜籽油的研究，可由菜籽、大豆、向日葵等原料提取食用油，与乙烷法萃取相差不大，油收率19%左右，但超临界CO_2萃取法工艺简单，萃取温度低，溶剂易脱除，溶剂不燃烧、无污染、无毒，萃取时不浸出磷脂，故不需脱脂工艺。湖南省粮油科学研究所也用超临界CO_2流体萃取米糠油获得成功。

(3)清华大学用超临界CO_2萃取技术从纯鱼油中提取多烯不饱和脂肪酸(EPA和DHA)的工艺研究，采用CO_2作溶剂，萃取效果好，EPA和DHA浓度分别从3.9%和8.9%提高到6.5%和21.67%。

(4)汉中师范学院采用从瑞士进口的NOVA公司200mL超临界萃取装置，通过实验得出超临界CO_2萃取水冬瓜油，最佳工艺条件：温度40℃，压力35 MPa，克服了其他溶剂萃取法在分离过程中需蒸馏加热，使某些热敏性物质破坏的缺点，也解决了压榨法中油产率低，精制工艺烦琐、油品色泽深等问题。用超临界CO_2萃取水冬瓜油，脱色、脱臭、脱苦在萃取器内一次完成，从而取得高质量、高收率的水冬瓜油。

(四)化工利用

在CO_2化工利用中，用量最大的是作为尿素、碳酸氢铵生产的原料。用于生产其他的无机和有机化工产品如下：

1. 用于生产无机化工产品

以CO_2为原料生产无机化工产品主要为碳酸盐和碳酸氢盐，如锂、钠、镁、钙、锶、钡、氨的碳酸盐和钾、钠、氨的碳酸氢盐及碱式碳酸铅。这些传统的无机化工产品的生产工艺已经成熟。

2. 用于生产有机化工产品

应用CO_2生产(但不是主要原料)的部分有机化工产品见表4-2-98。

3. CO_2化学的进展

除上述的传统化工利用外，20世纪80年代以来各国对CO_2化学的研究工作开展比较活跃，我国不少科研院校也给予一定的重视，相继开展了一些研究工作。目前，在CO_2加氢制甲醇、甲烷，重整制合成气方面已取得了较好的成果，是具备工业化条件的新技术。

表 4-2-98　应用二氧化碳生产的有机化工产品

名　称	分子式、结构式、相对分子质量	主要性质	生产工艺	用　途
水杨酸	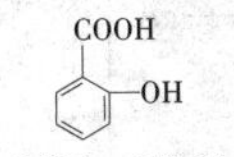 $C_7H_6O_3$　138.12	白色针状结晶或粉末，熔点 159℃，沸点 211℃，76℃升华，急剧加热时分解为酚和 CO_2	由苯酚钠盐与 CO_2 羟基化后再经酸化而得：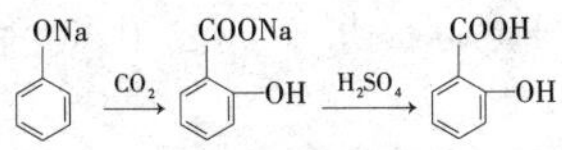	医药、染料、香料、橡胶助剂等精细化学品的重要原料
对氨基水杨酸	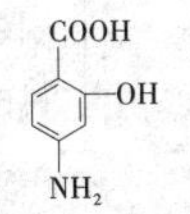 $C_7H_7NO_3$　153.13	白色晶体。熔点 150～151℃、无臭或微有丙酮气味。溶于稀硝酸、稀 NaOH、丙酮、碳酸氢钠和磷酸，稍溶于乙醚，不溶于水及苯	由间氨基酚与 CO_2 羟基化后再经酸化而得：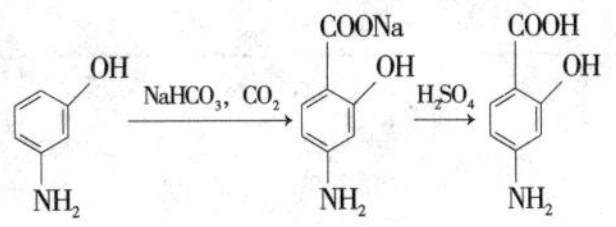	医药中间体，用于合成抗结核病药对氨柳酸钠。也用于分析试剂作荧光指示剂
对羧基苯甲酸	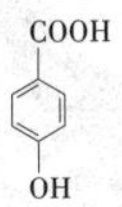 $C_7H_6O_3$　138.12	白色棱状体结晶。熔点 214.5～215.5℃。相对密度 1.46。易溶于热水、乙醇、乙醚、丙酮，微溶于苯，不溶于二硫化碳	由苯酚钾与 CO_2 羟基化后再经酸化而得：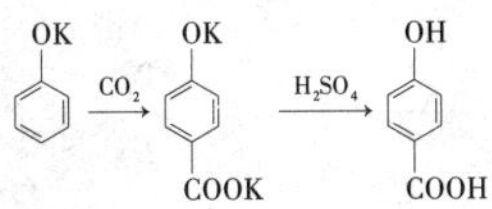	用作制备对羟基苯甲酸甲酯、乙酯、丙酯、丁酯、异丙酯、异丁酯的原料，这些酯类物用作食品添加剂、果品调味剂。还用于化妆品、防腐剂、杀菌剂等
2，4-二羟基苯甲酸	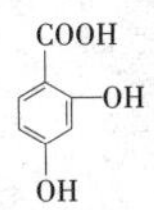 $C_7H_6O_4$　154.12	白色针状结晶。熔点218～219℃。溶于热水、乙醇、乙醚	由间苯二酚与 CO_2 羟基化而得：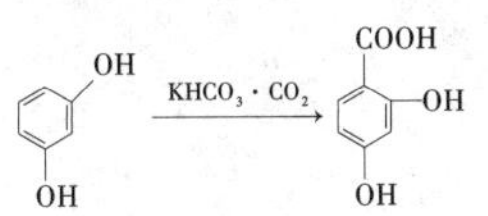	化学试剂，染料和药物中间体
二氰二胺（又称双氰胺、氰基胍）	$H_2N{=}C(NH)—NH—C{\equiv}N$ $C_2H_4N_4$　84.08	白色单棱状结晶或粉末。熔点 211～212℃。相对密度（d_4^{20}）1.400。易溶于热水、丙酮、液氨，不溶于乙醚、苯和氯仿	把石灰氮（氰胺钙）水解，将所得悬浮状水溶液氰胺氢钙过滤除去氢氧化钙，滤液通过 CO_2 脱碳得氰胺液，在弱碱下聚合成二氰二胺	涂料中间体，染料固色剂，双氰化肥，精细化工中间体
碳酸胍	$(H_2N—C(=NH)—NH_2)_2 \cdot H_2CO_3$ $C_2H_{10}N_6 \cdot H_2CO_3$	白色结晶粉末。熔点 198℃。相对密度（d_4^{20}）1.24。溶于水，微溶于甲醇，不溶于丙酮、苯及乙醚	将 NaOH 加入甲醇溶解，再加入硝基胍加热至 60℃，冷却过滤，取滤液通入 CO_2 至饱和生成碳酸胍	分析试剂，氨基树脂的 pH 值调节剂，树脂稳定剂

续表

名称	分子式、结构式、相对分子质量	主要性质	生产工艺	用途
1-羟基-2-萘甲酸	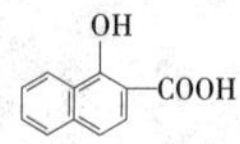 $C_{11}H_8O_3$ 188.18	白色针状结晶。熔点195℃。易溶于醇、醚、苯和苛性碱溶液，能溶于热水，几乎不溶于冷水	以1-萘酚为原料，在溶剂氯苯中1-萘酚钠盐与CO_2进行羟基化反应，再重排酸化制得	染料、彩色胶片成色剂的中间体，也用作电池添加剂
3-羟基-2-萘甲酸	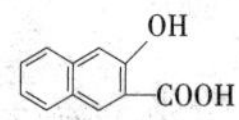 $C_{11}H_8O_3$ 188.18	淡黄色结晶。熔点222~223℃。易溶于乙醇、乙醚、溶于氯仿、苯和碱溶液，微溶于热水，几乎不溶于冷水	由无水2-萘酚钠盐与CO_2进行羟基化反应，再用硫酸中和和酸化制得	主要用于制造色酚AS及其他色酚中间体，也是制药业、有机染料的中间体

第四编 CHAPTER FOUR 天然气加工和产品利用

第五编　天然气长输管线及各种储存工艺和计量

第一章　国内外输气管道概况

陆地上，由于气体的特性，加上管道运输具有经济性、可靠性，天然气的输送几乎全部采用管道。全球管道建设发展与油气能源发展态势密不可分，近年来，世界各国输气管道建设除中国推进较为明显外，其他国家和地区基本处于缓慢推进状态。

第一节　国外主要输气管道概况

截至2020年底，全球在役天然气管道总里程约135.0×10^4km。全球管道主要集中于北美地区、欧洲、俄罗斯及中亚地区、亚太地区。世界范围内，天然气管道总长排名前3的国家为美国、俄罗斯和中国。

一、中俄东线天然气管道

中俄东线天然气管道，即东线天然气管道，是目前中俄之间最重要的天然气管道项目。该项目需要在两国分别建设一条天然气输气系统，两条输气系统通过两国边界连接。俄罗斯境内段西伯利亚力量天然气输送系统长3000km，2014年9月开始建设，2019年12月，恰扬金气田到布拉戈维申斯克段（全长约2200km）建成投产；2015年6月30日，中国境内段在黑龙江中俄边境黑河市正式开工建设，2019年12月北段投产，2020年12月中段投产，2020年7月南段启动建设。该管道有助于推进俄罗斯东西伯利亚气田的开发，可实现中国供气30年，输气量为380×$10^8m^3/a$。

二、中亚天然气管道

中亚天然气管道是目前全球最大的在役天然气管道项目，共分为4段，将中亚的天然气资源输往中国。其中A线、B线及C线分别于2009年、2010年及2014年建成投产，D线于2014年9月开工建设，目前处于路由勘查阶段。中亚天然气管道全部建成后，总输量将达到850×$10^8m^3/a$。

三、土耳其溪天然气管道

土耳其溪天然气管道是为替代南溪管道而建的，旨在将俄罗斯天然气从黑海北岸阿纳帕附近在建的罗斯卡亚压气站出境，穿越黑海抵达土耳其，其有望延伸至土耳其与希腊边境的天然气枢纽系统，向南欧用户供应天然气。该管道设计输气能力为630×$10^8m^3/a$，计划建设4条海底支线，总长910km，其中660km处于原南溪管道黑海穿越范畴；其余250km为新规划的陆上管道，通往土耳其境内欧洲部分。土耳其溪天然气管道于2020年建成投产。

四、北溪-2天然气管道

北溪-2天然气管道于2015年6月由Gazprom与德国巴斯夫公司、法国能源公司ENGIE、奥地利石油天然气公司、德国意昂集团、荷兰皇家壳牌集团签署股东协议，将俄罗斯天然气经由波罗的海输往德国，再由德国国内管道输往欧洲其他国家。该管道全长超过1200km，设计输量 $550\times10^8m^3/a$，由联合项目公司 Nord Stream2AG 公司实施。2018 年 9 月，该管道在芬兰开始敷设，截至 2020 年底，敷设完成约 93%，2021 年 9 月，管道敷设完成。

五、挪威 Polarled 天然气管道

挪威 Polarled 天然气管道作为世界上首条穿越北极圈的天然气管道，由挪威国家石油公司设计建设。该管道全长 482km，管径 914mm，输气量 $7\times10^8m^3/d$，安装深度达 1265m。该管道于 2015 年 9 月竣工，进一步加强了挪威对欧洲的供气能力。

第二节　我国天然气管道现状及发展

近年来，随着国家能源结构调整的逐步深入和大气污染治理力度的逐步加强，天然气在国家一次能源消费中所占的比例日益增高，特别是 2017~2018 年冬季气荒后，国家建立产供储销督办体系以及随着国家油气管网改革的逐步落地，天然气干线管道建设和运营里程将会出现爆发式增长。2000 年以来先后建成了西气东输、陕京线、中哈、中缅、川气东送、榆济线、中俄东线等一大批干线管道，2016~2020 年新建长输管道超过 12000km，全国天然气干线管道总里程超过 86000km，一次输气能力超过 $3500\times10^8m^3/a$。实施基础设施互联互通工程，主干管网、区域性支线管网和配气管网建设速度加快，LNG 接收站布局和配套外输管道逐步完善。"西气东输、北气南下、海气登陆、就近供应"的全国管道联通"一张网"初步建成。

一、国内天然气长输管道供需现状分析

(一)天然气产量稳步提升

近年来，我国天然气产量逐年增长，国家统计局数据显示，2020 年我国天然气产量达到 $1925\times10^8m^3$，同比增长 9.8%(图 5-1-1)，增量 $163.26\times10^8m^3$，天然气连续 4 年增产超过 $100\times10^8m^3$，增储上产效果明显。页岩气、煤层气、煤制气等非常规气全面增产、贡献突出，其中煤制气产量 $40\times10^8m^3$，煤层气产量 $65\times10^8m^3$，页岩气产量超过 $200\times10^8m^3$。大庆、长庆、胜利、新疆等主力油气田产量持续增长，其中 10 月大庆油田天然气日销量首次突破千万立方米；12 月中国石油西南油气田宣布年产天然气突破 $300\times10^8m^3$。

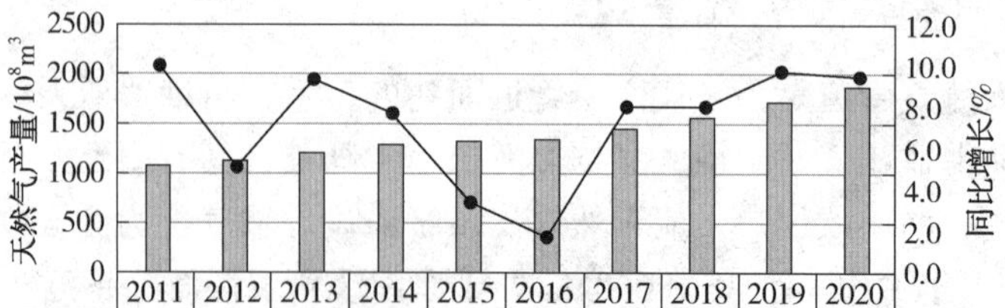

	2011	2012	2013	2014	2015	2016	2017	2018	2019	2020
天然气产量	1053.3	1106.0	1208.5	1301.5	1346.1	1368.6	1480.3	1601.5	1761.7	1925.0
同比增长	10.0	5.0	9.3	7.7	3.4	1.7	8.2	8.2	10.0	9.8

■ 天然气产量　—●— 同比增长

图 5-1-1　2011~2020 年中国天然气产量及增长情况

(据国家统计局数据)

2020 年，我国新增天然气探明地质储量达到 $1.29\times10^{12}m^3$。油气发现主要来自西部油气盆地的新区带、新层系，四川盆地发现新的富含天然气区带，常压页岩气勘探取得新突破，为增储上产提供了新的资源基础。

（二）天然气消费增长降速

作为清洁能源，天然气燃烧过程中产生的 CO_2 少于其他化石燃料，使得天然气在国内一次能源消费结构中也占据愈发重要的地位。目前，国内天然气市场受宏观经济稳中向好、环保政策影响显著等因素影响，全国天然气消费增量不断刷新历史纪录。纵观近十年，天然气消费总量仍呈稳步增长趋势。作为全球天然气消费大国，据统计，2020 年，国内天然气表观消费量为 $3240\times10^8m^3$，比 2019 年表观消费量高出 $173\times10^8m^3$，同比涨幅为 5.6%（图 5-1-2）。在新冠疫情、经济和市场等综合因素影响下，天然气消费量继续保持增长态势，但增速较此前 4 年明显下降。截至 2021 年 1~8 月，天然气表观消费量 $2406.2\times10^8m^3$，同比增长 16.8%。

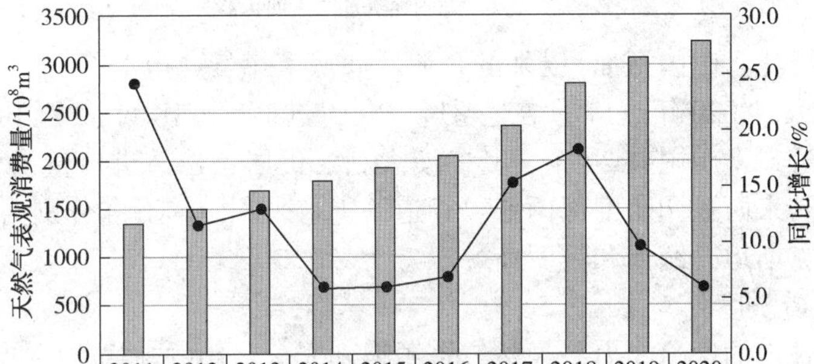

	2011	2012	2013	2014	2015	2016	2017	2018	2019	2020
天然气表观消费量	1341.1	1497.0	1692.0	1786.0	1932.0	2058.0	2373.0	2803.0	3067.0	3240.0
同比增长	24.2	11.6	12.9	5.6	5.7	6.6	15.3	18.1	9.4	5.6

天然气表观消费量　同比增长

图 5-1-2　2011~2020 年中国天然气消费及增长情况
（据国家统计局、国家发改委数据）

分领域看，发电用气同比增长 7.7%，主要由宏观经济回暖等因素带动；工业燃气同比增长 9.3%，增长的驱动力来自气价较低、减税降费等因素；城市燃气同比增长 5.1%，其中商业、服务业用气受新冠疫情冲击明显下降；化工用气同比增长 4.5%，其中化肥用气快速增长，甲醇用气大幅下降。

分地区看，长三角和东北地区天然气消费增长大幅放缓，而东南沿海、中西 部和环渤海地区天然气消费增长较快，增幅均在 10% 以上，其中环渤海地区是国内最大的天然气消费区域，地区天然气消费增长主要来自居民和工业用气推动。

（三）天然气进口增速回落

2020 年，中国天然气进口数量实现稳步增长，天然气进口来源呈多元化特点。尽管新冠疫情叠加，国际油价暴跌，天然气市场遭受重创，但随着我国有效防疫措施的实施，企业有序复工复产，天然气需求保持较快增长。海关数据显示，2020 年，中国天然气进口量 10166.1×10^4t（约 $1403\times10^8m^3/a$），同比增长 5.3%（图 5-1-3）。其中，液化天然气进口量 6713×10^4t，同比增长 11.5%，气态天然气进口量 3453×10^4t，同比下降 4.9%。受国产气快速增长和需求增速放缓影响，我国天然气进口增速回落。天然气对外依存度约 43%，较 2019 年回落约 2 个百分点。

我国天然气进口主体和进口来源均呈现出多元化的特点。进口主体中，“三桶油”（中国

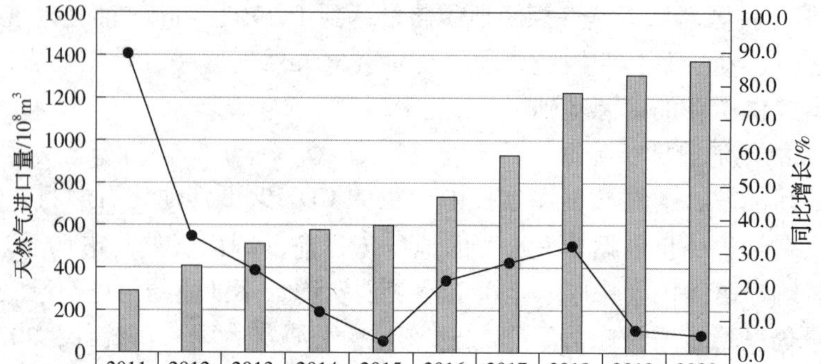

	2011	2012	2013	2014	2015	2016	2017	2018	2019	2020
天然气进口量	311.50	420.60	525.40	591.30	611.40	745.60	945.60	1246.40	1331.80	1403.00
同比增长	89.1	35.0	24.9	12.5	3.4	21.9	26.8	31.8	6.9	5.3

图 5-1-3 2011~2020 年天然气进口量及同比增长

(据国家统计局、海关数据)

石油、中国石化、中国海油)以外的企业，如城市燃气、电力企业等，形成了液化天然气进口的第二梯队，2020 年进口量增速超过 70%，进口量占比 11%，创历史新高。进口来源中，液化天然气进口来源国共 24 个，其中澳大利亚仍居首位，进口量占比 46%，卡塔尔居第二位，其后是马来西亚和印度尼西亚；管道气进口来源国前五名分别为土库曼斯坦、乌兹别克斯坦、哈萨克斯坦、缅甸和俄罗斯。

(四)管道长度

天然气管道的保障能力是天然气资源得到充分运用的前提之一，也是天然气行业发展的基石。目前，国内已建成由跨境管线、主干线与区域联络线、省内城际管线、城市配气网与大工业直供管线构建的全国性天然气管网，如西气东输管道一线、二线、三线，陕京系统、涩宁兰、中贵、中缅、川气东送、秦沈、哈沈等多条大口径的长输天然气管道，以及用于大区域资源调配的中贵联络线和冀宁联络线两大跨省联络线工程，已初步形成“横跨东西、纵贯南北、联通境外”的格局。随着中国天然气消费量的增长，中国天然气管道长度逐年增长，据统计，2020 年中国天然气管道长度达到 85.06×10^4km，同比增长 10.76%(图 5-1-4)。

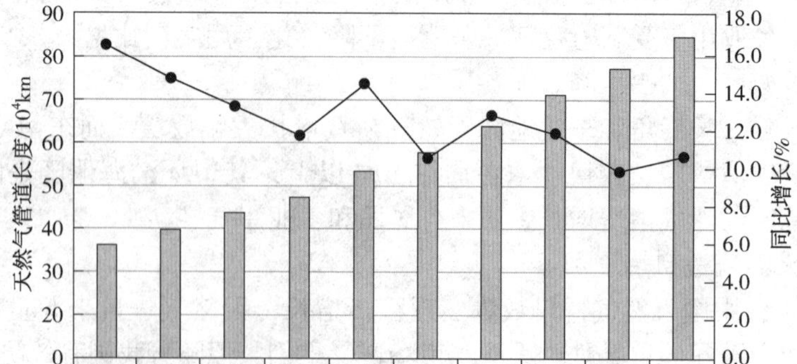

	2011	2012	2013	2014	2015	2016	2017	2018	2019	2020
天然气管道长度	29.90	34.28	38.85	43.46	49.81	55.10	62.33	69.80	76.79	85.06
同比增长	16.59	14.64	13.34	11.87	14.62	10.63	13.11	12.00	10.01	10.76

图 5-1-4 2011~2020 年天然气管道长度及同比增长

(据国家统计局数据)

从输送油气长度来看，据统计，2020 年中国管道输送油气长度为 13.41×10^4km，同比增长 5.92%(图 5-1-5)。基本构建了以西气东输系统、陕京系统、涩宁兰系统、川气东送系统和中缅天然气管道为骨干的输气主体框架，在川渝、华北、长三角和珠三角地区形成了比较完善的区域性管网，而且随着中俄东线(北段)正式投产，中国西北、东北、西南及海上四大油气战略进口通道基本建成，国内四大油气战略通道实现了原油和天然气均能输送；已有建成 LNG 接收站 22 座，接收和储运能力明显增强，其中“陆上”接收站 21 座，“浮式”接收站仅 1 座；已建成地下储气库 27 座，其中，中国石油参与建设 23 座，中国石化参与建设 3 座，港华燃气参与建设 1 座。2019 年累计供气能力超过 $102\times10^8m^3$，同比大幅增长 44%，三大石油公司储气能力达 $153.6\times10^8m^3$。

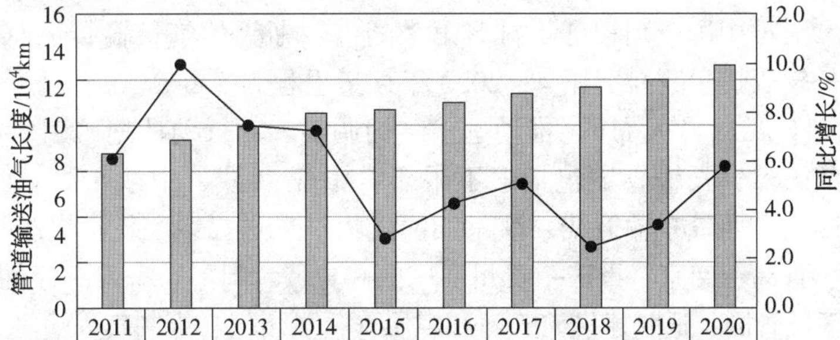

	2011	2012	2013	2014	2015	2016	2017	2018	2019	2020
管道输送油气长度	8.33	9.16	9.85	10.37	10.87	11.34	11.93	12.23	12.66	13.41
同比增长	6.11	9.96	7.53	7.31	2.84	4.32	5.20	2.51	3.52	5.92

管道输送油气长度　同比增长

图 5-1-5　2011~2020 年管道输送油气长度及同比增长

(据国家统计局数据)

目前，全球油气长输管道总里程约 191.9×10^4km，天然气管道占比 64.8%。从全球天然气长输管道里程来看，美国的天然气长输管道存量里程全球第一，里程达到中国的 7 倍；中国天然气长输管道里程位列全球第 4，2020 年中国油气管道长度达 13.41×10^4km(表 5-1-1)。国内油气长输管道主要集中在三大石油公司，中国石油、中国石化和中国海油分别占 69%、8%和 7%，其他公司约占 16%。

表 5-1-1　中国油气管道长度(据国家统计局数据)

年 份	里程/10^4km	年 份	里程/10^4km	年 份	里程/10^4km
1978	0.83	1993	1.64	2007	5.45
1980	0.87	1994	1.68	2008	5.83
1981	0.97	1995	1.72	2009	6.91
1982	1.04	1996	1.93	2010	7.85
1983	1.08	1997	2.04	2011	8.33
1984	1.10	1998	2.31	2012	9.16
1985	1.17	1999	2.49	2013	9.85
1986	1.30	2000	2.47	2014	10.57
1987	1.38	2001	2.76	2015	10.87

续表

年份	里程/10^4km	年份	里程/10^4km	年份	里程/10^4km
1988	1.43	2002	2.98	2016	11.34
1989	1.51	2003	3.26	2017	11.93
1990	1.59	2004	3.82	2018	12.23
1991	1.62	2005	4.40	2019	12.66
1992	1.59	2006	4.81	2020	13.41

从全球天然气长输管道里程来看，全球天然气长输管道里程排名前5的国家为美国、俄罗斯、加拿大、中国及阿根廷。排名第2的俄罗斯天然气长输管道总里程约17×10^4km。中国天然气长输管道里程排名第4，2020年存量里程为8.6×10^4km。

国务院于2018年发布的《推动运输结构调整三年行动计划(2018—2020)》中提到，我国规划建设的天然气长输管道包括但不限于：中亚D线、中俄东线、西气东输三线(中段)、西气东输四线、西气东输五线、陕京四线、川气东送二线、新疆煤制气外输、鄂尔多斯—安平—沧州、青岛—南京、重庆—贵州—广西、青藏、闽粤、海口—徐闻等天然气管道。同时，加快建设区域管网，适时建设储气库和煤层气、页岩气、煤制气外输管道(见表5-1-2)。

表5-1-2　中国部分天然气长输管道重点项目举例

项目	全长/km	管径/mm	设计压力/MPa	设计输量/(m^3/d)	简述
新粤浙天然气管道	4159	1219	12	300	中国石化新疆制煤天然气外输管道(新—粤—浙天然气管道)包括1条干线和5条干线，管道干线起于新疆木垒首站，止于广东省韶关末站
中俄东线天然气管道	3371	1422	12	380	中俄东线天然气管道是我国管径最大、压力最高、输量最大、钢级最强、涉及单位最多、国产化程度最高的天然气管道。干线管道起自黑龙江省黑河市，止于上海市白鹤末站
鄂安沧天然管道	2293	1219	12	300	中国石化鄂安沧天然气管道气源主要为新蒙能源煤制气、汇能集团煤制气等。管道西起陕西省神木市，东至河北省沧州市，南至中原油田文23储气库，北至雄安新区，包括1条干线和5条支线
蒙西煤制气外输管道	1022	1219	12	300	蒙西煤制气外输管道是中国海油第一条跨省天然气长输管道，包括1条干线、2条注入支线和2条分输支线。干线管道起自内蒙古杭锦旗首站，止于河北省黄骅末站
西气东输四线	3123	1422	12	400	西气东输四线起于新疆乌恰，经甘肃河西走廊，止于宁夏中卫

二、国内天然气长输管道储运现状分析

(一)管道建设速度大幅提升

2020年，我国新建成天然气长输管道约4984km，较2019年增加2765km。与2019年相

比，天然气管道建设速度呈大幅增长态势。截至 2020 年底，我国境内累计建成天然气长输管道约 8.6×10^4km。2020 年续建或开工、2021 年及以后建成的天然气管道总里程预计为 3050×10^4km，建设趋势仍然向好。

2020 年建成或投产的主要天然气管道有：中俄东线中段(长岭—永清)、明水—哈尔滨支线，青宁(青岛—南京)输气管道，西气东输三线闽粤支干线，深圳液化天然气(LNG)接收站外输管道，新奥舟山 LNG 接收站外输管道，西气东输福州联络线(西三线福州末站—中国海油福建 LNG 青口分输站)，广东省“2021 工程”，云南能源投资股份有限公司陆良支线(陆良末站—召夸)、泸西—弥勒—开远支线泸西—弥勒段，宁海—象山天然气管道，济南东部城区天然气管道改线工程，中国华电启通(启东—南通)天然气管线，中国海油南海天然气管线高栏支线，中国石化中科炼化配套管道，“川气东送”与港华燃气联通工程，新疆煤制气管道潜江—郴州段，丽水—龙游天然气管道一期，秦沈管道天然气管道朝阳支线，河南省发展燃气有限公司“唐伊线”方城—南召、社旗天然气支线工程(南阳支线)，山东临沂能源公司临朐—沂水天然气管道，临沧天然气管道支线一期，“气化湖南”郴州—桂阳段等。

2020 年续建或开工建设、2021 年及以后将建成的主要天然气管道有：中俄东线天然气管道南段，中俄东线安平—临沂段，山东管网南干线、西干线、西干线支线，忠武线潜湘支线、西三线长沙支线与中国石化新疆煤制气管道湖南长沙联通工程，习酒镇—习水县城天然气输气管道，广西天然气支线管网陆川天然气支线管道工程，神木—安平煤层气管道工程山西—河北段，濮范台(濮阳—范县—台前)输气管道，麟游—宝鸡输气管道，“气化湖南”工程桂阳—临武段等。

(二)储气库建设继续推进

截至 2019 年底，中国累计建成 26 座地地下储气库，储气调峰能力达 $140\times10^8m^3$。储气库项目进展包括：中国石化文 23 储气库一期工程建成投产、相国寺储气库扩容工程正式启动，辽河油田双 6 储气库地面工程竣工。

2020 年，我国储气库工作气量达 $147\times10^8m^3$，较 2019 年略有增长，约占全国天然气年度消费总量的 4.5%。储气库项目建设进展包括：新疆温吉桑储气库群开工建设、辽河雷 61 储气库注气投产、吉林双坨子储气库完成试注、大庆油田升平储气库先导试验井等，主要集中在新疆、东北和川渝地区。

2021 年辽河油田双 6 储气库，中原油田新建的卫 11、文 13 西储气库建成注气。

(三)LNG 接收能力快速增长

2020 年，我国 LNG 接收站总接收能力达 8700×10^4t/a，同比增长 14.2%，年新增接收能力 1085×10^4t/a，在建和扩建项目潜力巨大。若在建和规划项目如期建成，预计 2025 年接收能力将接近 1.8×10^8t/a。2020 年新建成 LNG 接收站项目包括：广汇启东 LNG 接收站三期工程，新增 1 座 $16\times10^4m^3$LNG 储罐；上海洋山 LNG 接收站扩建工程，新增 2 座 $20\times10^4m^3$LNG 储罐；浙江宁波 LNG 接收站二期工程，新增 3 座 $16\times10^4m^3$LNG 储罐；唐山 LNG 接收站三期工程，新增 2 座 $16\times10^4m^3$LNG 储罐(此期工程共新增 4 座 $16\times10^4m^3$LNG 储罐)。上述项目分别为江苏、上海、浙江和北京提高了储备能力，为天然气供应应急调峰提供了有力保障。

此外，各省市根据国家要求出台落实文件，明确重点建设任务，以完成储气能力建设目标任务。例如，云南省着力构建“1 个地下储气库+6 个省级重点实施的 LNG 储气项目+17 个州(市)级重点实施的 LNG 储气项目”互为补充的储气体系；江西省重点推进湖口 LNG 储配项目工程和樟树地下盐穴储气库前期研究工作；湖北省加快构建以地下盐穴储气库、沿江

LNG接收站和大中型LNG储罐为主的储气体系；河南省则通过“苏豫模式”在江苏滨海LNG接收站投资建设LNG储罐，满足储气能力需求并拓展气源渠道。

(四)天然气互联互通工程取得新进展

2020年，我国天然气基础设施互联互通工程取得新进展。其中，中俄东线天然气管道中段工程于2020年12月3日正式投产运营。中俄东线是继中亚管道、中缅管道后，向我国供气的第三条跨国境天然气长输管道。中段按期建成投产后，与已建的东北、华北管网、陕京管道系统及大连、唐山LNG、辽河储气库等互联互通，可有效增强京津冀地区天然气供应能力和调峰应急保障能力。

青宁天然气管道于2020年12月15日正式投产。该管道连接华北区域和长三角区域管网，在东部沿海地区形成陆上天然气与海外液化天然气资源的互通互保，实现与西气东输、川气东送等东西主干管网的联通，可全面提升我国中东部地区天然气应急保供能力。

此外，还有启通天然气管线项目、启东三期LNG接收站项目，均于2020年12月正式进入试运行阶段，实现西气东输管网与启通天然气管线互联互通。西气东输福州联络线工程于2020年10月30日正式投产，用于将西气东输三线东段干线与东部沿海天然气管网互联互通。川气东送管道于2020年8月26日完成金坛输气站向港华燃气金坛储气库投产试运行，实现川气东送管道与港华金坛储气库互联互通。中原油田新建卫11、文13西储气库于2021年12月2日建成注气，新增工作气量$3.32\times10^8m^3$，为华北地区冬季保供增添了“底气”等(见表5-1-3)。

表5-1-3 国内部分输气管道工程信息汇总

工程名称	线长/km	设计管径/mm	设计输量/($10^8m^3/a$)	建设单位
西气东输三线(西段)	2050	1219	250~300	中国石油、全国社会保障基金理事会、北京国联能源产业投资基金、宝钢集团
西气东输五线	3200	1219	135×300	中国石油
中亚D线	1000	1219	300	中国石油、塔吉克斯坦输气公司
中缅油气楚雄—攀枝花天然气管道	190.1	610	20	中国石油、东南亚原油管道有限公司
鄂安沧管道	2422	1219/1016	300	中国石化
陕京四线	1098	1016	250	中国石油
川气东送二线	550	1016	120	中国石化
青藏天然气管道	1140	610	12.7	中国石油
蒙西煤制气外输管道	1200	1219	300	中国海油
新疆煤制气外输管道	8372	1219/1016	300	中国石化

第三节 我国天然气管道发展存在问题及发展方向

一、国内输气管道发展存在的问题

当前，国内虽已基本建成“横跨东西、纵贯南北、联通境外”的全国天然气管网格局，但仍存在建设发展速度滞后、管道设施能力不足、效率不高、运销捆绑和互联互通不够等问题，具体如下：

(一)国内天然气管网建设进度滞后

“十三五”期间，受 2014 年与 2015 年天然气消费增速收窄以及“管网剥离”预期影响，国内天然气管道建设进度滞后。国家发展改革委制定的《天然气发展“十三五”规划》指出：2020 年全国干线管道总里程达到 10.4×10^4km，干线输气能力超过 $4000\times10^8 m^3/a$，管道总里程年均增速为 10.2%。截至 2020 年底，中国累计建成天然气管道 11.2×10^4km，其中长输管道约 8.6×10^4km(图 5-1-6)，虽然未能完成 10.4×10^4km 的目标，但 2020 年中国新建成天然气管道约 4984km，比 2019 年增加 2765km，建设速度呈大幅增长态势。

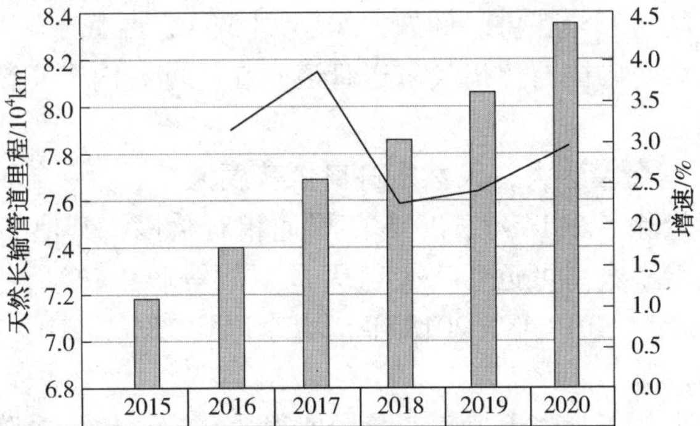

	2015	2016	2017	2018	2019	2020
天然长输管道里程	7.2	7.4	7.7	7.9	8.1	8.6
—— 增速		3.2	3.9	2.3	2.5	3.0

■ 天然气长输管道里程　—— 增速

图 5-1-6　2015~2020 年天然气干线管道建设里程

(二)管道设施能力不足，影响安全稳定供气

作为连接上游资源和下游市场之间的桥梁，天然气产业发展高度依赖输配管网、储气库等基础设施，管网建设直接决定天然气市场利用的规模，因此天然气行业持续、良好的发展离不开相应的强大基础设施建设的支撑。

尽管国内天然气基础设施在近年来有了较快发展，但与国家经济整体发展水平相比依然落后，存在诸多不完善之处(表 5-1-4)。国内天然气干线管道密度远低于世界平均水平，从天然气管线长度与国土面积比重角度看，截至 2017 年底，美国、法国和德国的天然气干线管道密度分别高达 44.7m/km^2、67m/km^2 和 106.4m/km^2，国内的天然气干线管道密度为 7.3m/km^2，约为美国的 1/6、法国的 1/10 和德国的 1/15；就运输能力与消费量比重而言，国内天然气管道密度为 19.97km/$10^8 m^3$，不足世界平均 33.73km/$10^8 m^3$，远低于美国的 56.3km/$10^8 m^3$。

表 5-1-4　中国天然气基础设施与其他国家对比

指 标	中国	美团	法国	德国	俄罗斯	世界平均
干线管道密度/(m/km^2)	7.3	44.7	67	106.4		
储气库工作气量、消费量/%	3.4	18	15~35			17

国内长输干线管网未能覆盖全国，海南、西藏等省(自治区)尚未接入全国长输管道系统，另有超过 20%的地级行政单位、约 30%的县级行政单位没有接通管道气。中国与美国国土面积大致相当，但美国天然气管网系统高度发达，瓦联瓦通程度极高，系统集输配一体

化，可在 48 个州的任何地区输送或输出天然气。美国天然气管网包括超过 210 个管道系统，其中 109 个州际管道系统，101 个州内管道系统，跨州管道的总输气能力已超过 $42\times10^8m^3/d$；干线管道 49×10^4km；压缩机站场约 1400 座。

(三) 互联互通不够

国内基础设施间的互联互通主要集中在企业自发层面。三大石油公司仅仅在局部地区进行了互连，在京津冀、长三角和珠三角地区成区域性网络，同时也存在不同主体之间以及不同基础设施间的联通。

整体上，国内天然气基础设施在互联互通能力上的不足尤为突出。不同公司间的管道缺乏联通，影响天然气安全保供。例如，2016 年 5 月，西气东输武汉等段遭遇特大洪水侵袭，由于西气东输管线与中国石化川气东送管道间在江苏省内未实行互联互通，对天然气应急供应造成一定影响。

(四) 天然气消费增速大，天然气进口依赖度大

天然气消费量除了 2014 年、2015 年增速相对缓慢，其他年份增速都很快。早期基数不是很大，影响自然不大。可近年来受蓝天保卫战等政策拉动，全国天然气消费快速大幅增长。特别是 2016 年、2017 年、2018 年，增速达到 18%，2019 年更是增幅超过 $400\times10^8m^3$，这是前所未有的。

尽管在过去十几年国内天然气产量增速很快，应该说仅次于卡塔尔的增速，但仍远远赶不上消费量增速，这必然导致进口快速攀升。除了 2015 年消费量低速以外，天然气进口量增速均处于高速增长中，这个增速和增量在世界上也是少有的，每年有几百亿立方米的进口增量，这必然导致中国对外依存度极具攀升。“十三五”前三年，就增长了 14 个百分点，2019 年更是达到 44%，对外依存度高，国内的天然气的安全形势不容乐观。

二、国内天然气输气管道发展方向

“十四五”期间，国内将进入油气管网设施第三次快速发展阶段，原油管网布局逐步完善，成品油管网服务水平不断提升，天然气干线管网建设加快提速，支线管道覆盖水平明显提高，油气管网设施的互联互通更加高效顺畅，管网运行效率显著提升，开始进入高质量发展的新阶段。

(一) 国家政策和新规划发力，推动国内天然气基础设施建设

2020 年，为了应对新冠疫情造成的经济下行压力，力争全国经济社会发展早日恢复正常，稳定经济增长预期，为实现决胜全面建成小康社会、决战脱贫攻坚目标任务创造条件，2020 年 3 月 4 日，中共中央政提出“要选好投资项目，加快推进国家规划已明确的重大工程和基础设施建设”的部署要求。从长远来说，按照国家中长期油气管网规划，比照经济发达国家已建成的油气管网基础设施规模和密度，中国仍然需要建设大量天然气管网，以满足经济社会发展对天然气的现实需求，解决大气污染等严重环境问题。

“十四五”时期是国内油气管网全面进入物理互联互通、服务公平开放的“全国一张网”发展新阶段，将彻底实现管网设施规划建设统筹布局、管网运行成本独立核算、管网安全管理稳步提升，是国内油气管网快速发展的关键时期，预计在“十四五”期间，国家管网公司和地方企业年均建设管道超过 8000km，基本实现天然气管网内陆地区地级市全覆盖，县级市管网覆盖服务水平显著提升。

(二) 管网设施统筹规划、优化布局，互联互通、高效运行，公平开放、服务用户

国家管网集团成立并负责全国主要干线管网的建设和运营，能够更有效地统筹油气资源

和市场需求，在充分发挥现有管网设施能力的基础上，根据管输瓶颈和未来增长需求进行全国油气干线管网规划布局。管网设施规划建设在公司内部进行高效统筹规划、在全国范围内进行优化布局，避免出现管道逆向输送和负荷不均等问题，可提高管网设施的规划效果和整体运行效率。

2017年以来，国家推动的天然气管网互联互通工程虽然取得了可喜进展，但主要是天然气管网在关键枢纽的互联互通，只在冬季保供和应急工况下发挥作用。“十四五”时期干线管网的互联互通还将推广到原油和成品油管网，并实现各自的应联尽联、灵活调运、节能降耗，充分发挥现有管网设施的能力，降低管输成本，让利上、下游企业。

2019年，国家能源局发布《油气管网设施公平开放监管办法》，对天然气管网设施的公平开放提出了明确的监管要求。国家管网公司也陆续公布了管网设施的基础信息、管网剩余能力等内容，全国油气管网设施的公平开放正在逐步推进。预计“十四五”期间国内油气管网设施的公平开放将由起步走向成熟，对上、下游企业的支撑服务能力显著增强，激发上、下游企业发展活力，提高油气管网对社会生产的支持力度。

（三）资源供需保持持续增长，助力我国天然气基础设施建设

天然气资源供需保持增长。受中国宏观经济总体稳中趋缓、暖冬天气、环保政策继续施行、天然气产供储销体系建设成效显著、国产气增储上产态势良好等因素影响，2019年天然气供应保障总体平稳，消费端呈现季节性峰谷差依然明显的“稳中趋缓”的增长特征。

资源方面，2020年各大石油公司不断加大油气勘探开发投入，国内天然气增储上产效果明显，天然气产量达到$1924.95\times10^8m^3$，比上年增长$171.33\times10^8m^3$，增幅为8.9%，明显高于近10年国产气平均7.5%的增长率。特别是长庆气区、川渝气区和塔里木气区的勘探开发与生产均有较大进展。2020年，全国仍持续加大天然气勘探开发力度，国产气产量增长率达到10%左右。

市场方面，国家发改委公布，2020年全国天然气表观消费量达到$3240\times10^8m^3$，比上年增长约$173\times10^8m^3$，增幅为5.6%。2020年一季度，受突发新冠疫情影响，虽然居民用气有所增加，但商业、工业和交通等结构用户用气降幅较大，一季度天然气消费量同比总体下降。目前，随着全国各行业陆续恢复正常的生产生活状态，天然气市场需求逐步恢复，2020年天然气消费总量与上年相比仍能达到5%左右的增长水平。综上所述，天然气资源供应和需求均保持较高增长态势，将对管道等能源短板类基础设施建设提出新的要求。

第二章 天然气输送

第一节 长输天然气管道的特点与气质指标

一、长输管道的特点

长输管道是天然气远距离输送的重要工具。它将经过净化处理后的符合气质标准的天然气输送至城镇及工业企业。

长距离输气管道与压缩机站组成一个复杂的动力系统，由于输送的气量大、输距长，通常采用高压力、大管径的输送系统，这是增加管道输送能力的有力措施。长输管道与矿场输气管道和城镇输配管网有很大差别，其主要特点是：

(1)长输管道是天然气长距离连续输送系统，不需要常规的输送设备和占用大量土地及建筑物，靠自身的压力或加压后将天然气运送到目的地，输送量大，经济安全。

(2)天然气的产供销由采气、净化、输气和销售等环节组成，是在一条全封闭的管道中完成的。因此，上下游紧密相连，互相制约，构成一个较复杂的系统，这使得它在设计和操作管理上比其他管道更复杂。

(3)长输管道担负着向城镇和工业企业提供大量能源和原料重任，涉及国计民生；一旦供气中断，将影响城镇和企业的生产与人们的生活，造成巨大经济损失。因此，必须确保安全、连续可靠地供气。

(4)由于天然气生产的均衡性和用户用气的波动性，使得长输管道系统的压力处于不断地变化之中，这要求管道有一定的储气能力或增加储气设施，以适应用气量的变化。

(5)由于长输天然气管道输送的连续性和重要性，要求与长输管道系统相配套的完善的附属设施，尤其是通信和自控系统，具有先进完善的调度操作系统，以保证长输管道平稳安全地输气。

(6)由于天然气管网规模日益扩大、管道分支和气源增加，并且分布不集中、输送方向可变，要求管网系统输气方案更加灵活，能够更好地解决某些地域的供气紧张问题，实现天然气管道互联互通，以保障不同地区的供气安全。

二、管输天然气气质标准

管输天然气气质标准是对有害于管道和输送过程的天然气成分的限制。气体是否含有有害成分及含量的多少，对管道的工作状况、经济效益和使用寿命有重大影响。它是管道输送工艺设计和生产管理基本内容的主要决定因素。

中国管输天然气的气质要求在《输气管道工程设计规范》(GB 50251—2008)中做了明确规定：进入输气管道的气体应符合现行国家标准《天然气》(GB 17820—2018)中一类气的指标，并应符合下列规定：

(1)应清除机械杂质。

(2)水露点应比输送条件下最低环境温度低5℃。

(3)烃露点应低于最低环境温度。

《天然气》(GB 17820—2018)规定：

天然气按高位发热量、总硫、硫化氢和二氧化碳含量分为一类气和二类气。

天然气的质量要求应符合表5-2-1的规定。

表5-2-1 天然气质量要求

项 目		一类气	二类气
高位发热量①②/(MJ/m^3)	≥	34.0	31.4
总硫(以硫计)①/(mg/m^3)	≤	20	100
硫化氢[a]/(mg/m^3)	≤	6	20
二氧化碳摩尔分数/%	≤	3.0	4.0

注：①本标准中使用后的标准参比条件是101.325kPa，20℃。

②高位发热量以干基计。

《天然气》(GB 17820—2018)规定进入长输管道的天然气应符合一类气的质量要求。

第二节 输气工艺及管道的工艺计算

一、输气工艺概述

长输管道系统的构成一般包括输气干线、首站、中间气体分输站、干线截断阀室、中间气体接收站、清管站、障碍(江河、铁路、水利工程等)的穿跨越、末站(或称城市门站)、城市储配站及压气站，总流程图见图5-2-1。同时还包括与管道系统密不可分的通信系统和自控系统。

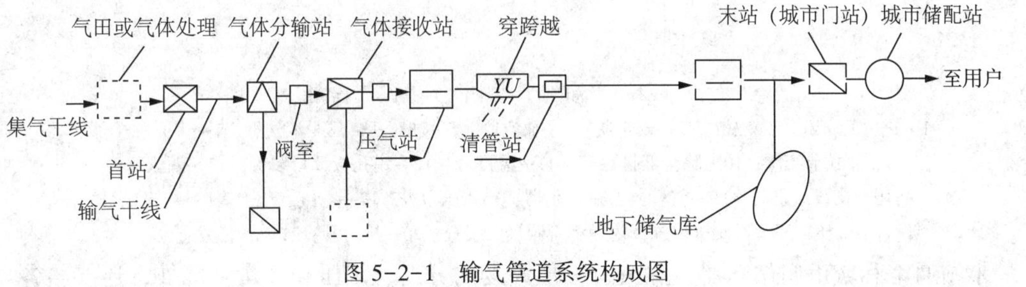

图5-2-1 输气管道系统构成图

输气干线的首站主要是对进入干线的气体质量进行检测和计量，同时具有分离、调压和清管器发送功能，见图5-2-2。

中间分输(或进气)站的功能和首站差不多，主要是给沿线城镇供气(或接受其他支线与气源来气)，见图5-2-3。

压气站是为提高输气压力而设的中间接力站，它由动力设备和辅助系统组成。压气站的设置比其他站场复杂，将在“本章第三节”中专门介绍。

清管站通常与其他站场合建，其功能是通过收发球定期清除管道中的杂物，如水、机械杂质和铁锈等，并设有专门的分离器及排污装置。

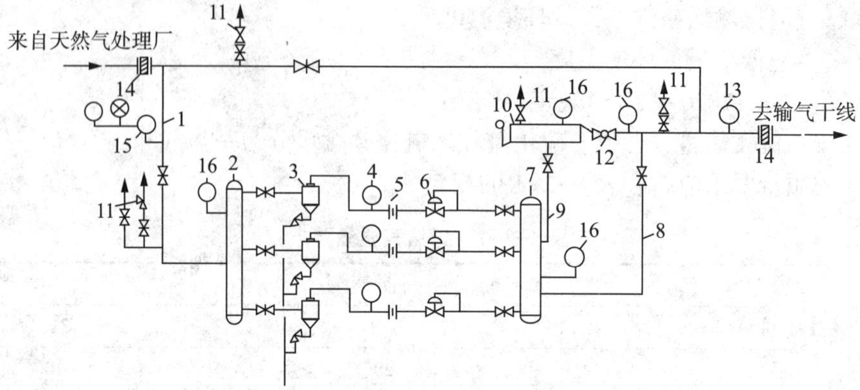

图 5-2-2　输气干线首站流程图

1—进气管；2，7—汇气管；3—多管除尘器；4—温度计；5—锐孔板计量装置；6—调压阀；
8—正常外输气管线；9—清管用旁通管线；10—清管器发送装置；11—放空管；
12—球阀；13—清管器通过指示器；14—绝缘法兰；
15—电接点压力表(带声光讯号)；16—压力表

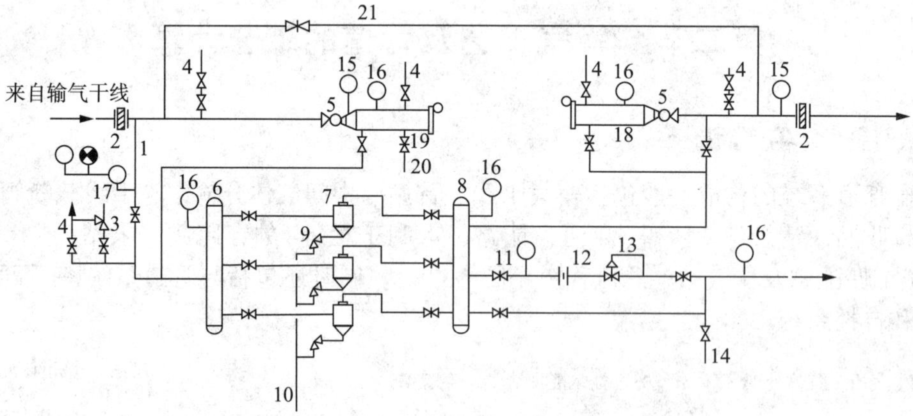

图 5-2-3　输气干线中间分输站流程图

1—进气管；2—绝缘法兰；3—安全阀；4—放空阀；5—球阀；6，8—汇气管；7—多管除尘器；
9—笼式节流阀；10—除尘器排污管；11—温度计；12—锐孔板计量装置；13—调压阀；
14—用户支线放空阀；15—清管器通过指示器；16—压力表；17—电接点压力表(带声光讯号)；
18—清管器发送装置；19—清管器接收装置；20—排污管；21—越站旁通

末站通常和城市门站合建，除具有一般站场的分离、调压和计量功能外，还要给各类用户配气，见图 5-2-4。

为了调峰的需要，将地下储气库和储配站与输气干线相连接，构成输气干线系统的一部分。

干线截断阀室是为及时进行事故抢修、检修而设置。根据线路所在地区类别，每隔一定距离设置一座阀室。

输气管道的通信系统分有线(架空明线、电缆、光纤)和无线(微波、卫星)两大类，通常又作为自控的数据传输通道。它是输气管道系统进行日常管理、生产调度、事故抢修等必不可少的，是实现安全、平稳供气的保证措施。

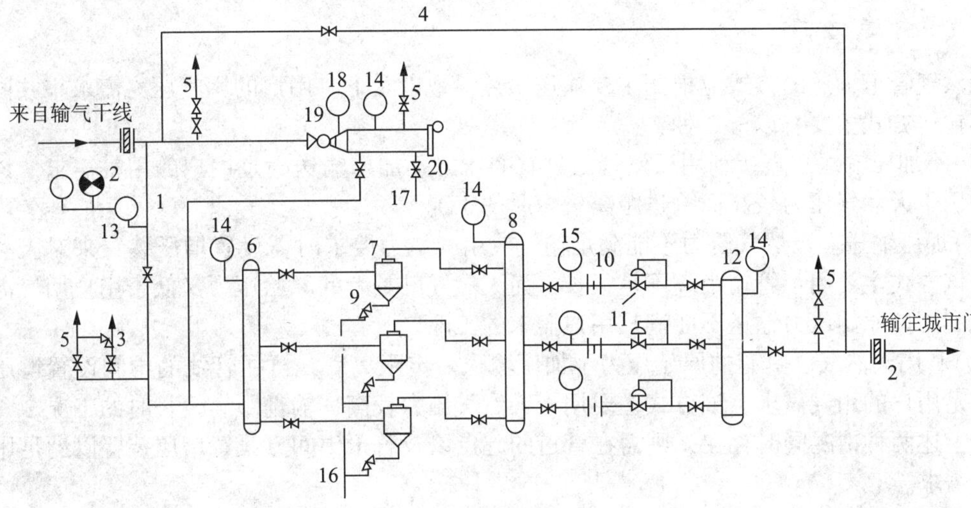

图 5-2-4 输气干线末站流程图

1—进气管；2—绝缘法兰；3—安全阀；4—越站旁通管；5—放空管；6，8，12—汇气管；7—多管除尘器；9—笼式节流阀；10—锐孔板计量装置；11—调压阀；13—电接点压力表(带声光讯号)；14—压力表；15—温度计；16—多管除尘排污管；17—排污管；18—清管器通过指示器；19—球阀；20—清管器接收装置

二、主要输送工艺参数

天然气管道的输送工艺参数主要是指输气量、输送距离、输气压力、管径和输气温度等。其中输气量、输送距离、输气压力和管径 4 者相互影响，是需要优化的重要参数。

1. 设计输送能力

输气管道的设计输送能力应按设计委托书或合同规定的年或日最大输气量计算。当采用年输气量时，设计年工作天数按 350d 计算。

2. 输气压力

输气压力是指管道最高输气压力，以 MPa 计，没有压缩机的管道即为管道起点最高压力，有压缩机时即为压缩机出口压力。

3. 供气压力

输气管道沿线或末端向用户供气，供气合同中要求确定交气压力，管输天然气应满足这些压力要求，并以此压力作为管道设计条件。

4. 输气温度

天然气在输送过程中，与土壤传热和压力降低产生焦-汤效应，温度会降低。由于管道沿程各点温度都会发生变化，因此输送温度除了对输气工艺计算产生影响外，对于天然气水、烃露点温度也会产生影响。

5. 输送距离

一般指管道长度。输气管道设计时，一般先确定气源和用户，根据线路走向方案，可以确定天然气管道的长度。从天然气管道起点到天然气用户交气点的管道长度即为输送距离。

6. 气体组成

天然气组成由气源厂或气田给定。不同组成的气体会有不同的密度及物性参数。天然气组成是工艺计算必需的参数。

三、输送方式

天然气管道输送的方式应根据主要输送工艺参数以及下游用户的用气压力需求来共同确定，其输送方式主要有以下3种：

(1)不加压输送。直接利用天然气已具有的压力不加压输送满足用户的用气需求。该方式主要用于天然气压力较高而输送距离较短时的工况。

(2)加压输送。天然气压力不能满足输气或用气压力要求时需设置增压装置来对天然气增压。该方式主要用于管输距离不是很长，而天然气已具有的原始压力又低于用户用气需求或直接利用该原始压力输送不能满足用户需求的工况。

(3)利用天然气已具有的原始压力不加压输送一定距离后，再在管线的中间设置增压装置以满足用户的用气需求，该方式主要用于天然气压力较高、输送距离较长时的工况。

若上述两种情况同时存在，则需在管道的起点以及若干中间点设置增压装置以满足用户的用气需求。

四、输气管道的水力计算

(一)基本方程

输气管道水力计算的基本方程是指管道内气体流动的基本方程和气体的状态方程，是输气管道水力计算的基础。由它们可以导出简化计算用的稳定流动代数方程或是高级动态模拟软件使用的差分方程。

1. 管道内气体流动基本方程

表征管道内气体流动的状态参数主要由气体的压力、密度、流速组成，它们之间的关系由气体在管道中流动的基本方程，即连续性方程、运动方程及能量方程共同描述。

1)连续性方程

根据质量守恒定律，气体连续性方程为：

$$\frac{\partial \rho}{\partial t}+\frac{\partial(\rho v)}{\partial x}=0 \tag{5-2-1}$$

式中 ρ——气体的密度，kg/m^3；

v——气体的流速，m/s；

t——时间变量，s；

x——沿管长变量，m。

对于稳定流动，流动参数不随时间而变化，其连续性方程变为：

$$\frac{\mathrm{d}(\rho v)}{\mathrm{d}x}=0 \tag{5-2-2}$$

2)运动方程

根据牛顿第二定律，由流体力学所建立的运动方程形式可写为：

$$\frac{\partial p}{\partial t}+\frac{\partial(\rho v^2)}{\partial x}=-g\rho\sin\theta-\frac{\partial p}{\partial x}-\frac{\lambda}{D}\frac{v^2}{2}\rho \tag{5-2-3}$$

式中 g——重力加速度，m/s^2；

θ——管道与水平面间的倾角，rad；

λ——水力摩阻系数；

D——管道内径，m；

p——管道中的气体压力，Pa。

其余符号同前。

对于稳定流动，运动方程形式变为：

$$\frac{\mathrm{d}p}{\mathrm{d}x}+\rho v\frac{\mathrm{d}v}{\mathrm{d}x}=-g\rho\sin\theta-\frac{\lambda}{D}\frac{v^2}{2}\rho \tag{5-2-4}$$

3)能量方程

根据能量守恒定律，由流体力学建立的能量方程为：

$$-\rho v\frac{\partial Q}{\partial x}=\frac{\partial}{\partial t}\left[\rho\left(u+\frac{v^2}{2}+gs\right)\right]+\frac{\partial}{\partial x}\left[\rho v\left(h+\frac{v^2}{2}+gs\right)\right] \tag{5-2-5}$$

式中　Q——单位质量气体向外界放出的热量，J/kg；

u——气体内能，J/kg；

h——气体的焓，J/kg；

s——管道位置高度，m。

其余符号同前。

对于稳定流动，能量方程变为：

$$-\rho v\frac{\partial Q}{\partial x}=\frac{\partial}{\partial x}\left[\rho v\left(h+\frac{v^2}{2}+gs\right)\right] \tag{5-2-6}$$

2. 气体的状态方程

实际气体状态方程通式为：

$$p=Z\rho RT$$

工程设计中计算压缩因子 Z 的方程有很多，关键是选择适合天然气管道输送条件的方程，常用的方程有：①范得瓦尔方程；②SRK 方程；③PR 方程；④BWRS 方程；⑤SAREM方程。

其中，PR 方程和 BWRS 方程适应面宽也比较准确，但是要求确切知道气体中各组分的摩尔百分数。

SAREM 方程是专门在正常的天然气管道输送条件下研制的纯经验公式，在其适用范围内也很准确。但是，当压力过低或天然气中重组分较多时会有较大的误差。

(二)稳定流动状态下水平输气管道中气体流量计算基本公式

1. 公式的基本形式

在水平输气管道中，可以对稳定流动状态下的基本方程做进一步简化，公式为：

$$q_v=1051\left[\frac{(p_1^2-p_2^2)d^5}{\lambda Z\gamma TL}\right]^{0.5} \tag{5-2-7}$$

式中　q_v——气体($p_0=0.101325$MPa，$T=293$K)流量，m³/d；

p_1、p_2——输气管起、终点压力(绝压)，MPa；

d——输气管道直径，cm；

λ——水力摩阻系数；

γ——气体相对密度；

Z——气体压缩因子；

T——输气管道内气体的平均温度，K；

L——输气管道计算段的长度，km。

2. 公式的适用条件

该公式适用于输气管道纵断面的相对高差小于等于 200m 且不考虑高差影响工况下的水力计算。

(三)非水平输气管道中气体流量计算基本公式

1. 公式的基本形式

$$q_v = 1051\left\{\frac{p_1^2 - p_2^2(1+a\Delta h)d^5}{\lambda Z\gamma TL\left[1+\frac{a}{2L}\sum_{i=1}^{n}(h_i+h_{i-1})L_i\right]}\right\}^{0.5} \tag{5-2-8}$$

$$a = \frac{2\gamma}{ZR_a T} \tag{5-2-9}$$

式中 a——系数，m^{-1}；

R_a——空气气体常数，在标准状况下(p_0=0.101325MPa，T=293K)，R_a=287.1$m^2/(s^2\cdot K)$；

Δh——输气管道计算段的终点对计算段起点的标高差，m；

n——输气管道沿线计算的分管段数(计算分管段的划分是沿输气管道走向，从起点开始，当其中相对高差在200m以内，同时不考虑高差对计算结果影响时可划作一个计算分管段)；

h_i——各计算分管段终点的标高，m；

h_{i-1}——各计算分管段起点的标高，m；

L_i——各计算分管段的长度，km。

g——重力加速度，g=9.81m/s^2；

其余符号同前。

2. 公式适用条件

该公式适用于考虑管段纵断面的相对高差影响工况下的水力计算。

(四)水力摩阻系数、气体的流动状态和流动状态的判别

1. 流动状态及其判别方法

1)流动状态的种类

气体在管路中的流态划分为层流和紊流两大类。而紊流又分为光滑区、混合摩擦区及阻力平方区3个区。除低压输气管可能处于层流或紊流光滑区外，中压和高压输气管的流态主要处于混合摩擦区和阻力平方区，对干线输气管来说，基本上都处于阻力平方区。

2)雷诺数

划分气体流态的标准是雷诺数 Re。雷诺数的计算如下：

$$Re = 1.536\frac{Q\gamma}{D\mu} \tag{5-2-10}$$

式中 γ——天然气的相对密度；

D——管道内径，m；

Q——输气管流量，m^3/s；

μ——动力黏度，Pa·s。

3)流动状态的判别方法

①$Re<2000$，流态为层流；

②$Re>3000$，流态为紊流。

③$3000<Re<Re_1$流态为光滑区，Re_1为第一边界雷诺数；

④$Re_1<Re<Re_2$流态为混合摩擦区，Re_2为第二边界雷诺数；

⑤$Re>Re_2$，流态为阻力平方区。

$$Re_1=\frac{59.7}{\left(\frac{2k}{D}\right)^{8/7}} \tag{5-2-11}$$

$$Re_2=11\left(\frac{2k}{D}\right)^{-1.5} \tag{5-2-12}$$

式中 k——管壁的当量粗糙度(绝对粗糙度的平均值)。

其余符号同前。

2. 水力摩阻系数

工程计算上应用的许多不同形式的计算公式，都是在上面的基本公式中代入不同的水力摩阻系数 λ 推导出来的。因此，输气管道的计算公式选得合适与否，主要取决于摩阻系数 λ 的计算选择是否正确。气体管流的摩阻系数在本质上与液体的没有区别，它的值与气体在管道中的流态和管内壁粗糙度有关。

1)光滑区

水力光滑区气体摩阻系数为：

$$\lambda=\frac{0.1844}{Re^{0.2}} \tag{5-2-13}$$

2)混合摩擦区

混合摩擦区气体摩阻系数为：

$$\lambda=0.067\left(\frac{158}{Re}+\frac{2k}{D}\right)^{0.2} \tag{5-2-14}$$

$$\lambda=0.11\left(\frac{68}{Re}+\frac{k}{D}\right)^{0.25} \tag{5-2-15}$$

3)阻力平方区

长距离输气管道中气体的流态均在阻力平方区，因此各国研究人员对输气管道 λ 公式的研究也主要集中在这一区，在文献中可查到几十个阻力平方区的 λ 计算公式。下面，介绍5个在工程计算上曾广泛采用过的及目前推荐采用的阻力平方区的 λ 计算公式。

(1)威莫斯(Weymouth)公式。

$$\lambda=\frac{0.009407}{\sqrt[3]{D}} \tag{5-2-16}$$

式中 D——管道内径，m。

该公式适用于管径小、输量不大、净化程度较差的矿区集气管网和干线。对于长距离输气管道，随着天然气工业和科学技术的发展，输气管道的管径和输量越来越大，制管技术和天然气净化程度越来越高，若继续采用威莫斯公式，则计算结果比实际输量偏差较大，所以在长输管道中许多国家已不再采用这一公式。

(2)潘汉德尔(Panhandle)A式。

$$\lambda=\frac{1}{11.81Re^{0.1461}} \tag{5-2-17}$$

该公式适用于管径168.3~610mm，雷诺数范围 $5\times10^6\sim14\times10^6$ 的天然气管道。

(3)潘汉德尔(Panhandle)B式。

$$\lambda=\frac{1}{68.03Re^{0.0392}} \tag{5-2-18}$$

该公式适用于管径大于610mm的天然气管道。

从式(5-2-18)中可以看出，潘汉德尔把输气的钢管看作“光滑管”，因此水力摩阻系数仅表示为关于雷诺数 Re 的函数，这可理解为钢管内壁表面很光滑(目前在美国，取管壁粗糙度 $k=0.02$mm)，粗糙度很小，因此可不考虑其影响。

(4)苏联早期公式：

$$Re_1=\frac{0.383}{\left(\frac{2k}{D}\right)^{0.4}} \tag{5-2-19}$$

(5)俄罗斯近期公式。

$$\lambda=0.067\left(\frac{2k}{D}\right)^{0.2} \tag{5-2-20}$$

4)适用于紊流3个区的公式

柯列勃洛克公式：

$$\frac{1}{\sqrt{\lambda}}=-2\lg\left(\frac{k}{3.7D}+\frac{2.51}{Re\sqrt{\lambda}}\right) \tag{5-2-21}$$

(五)输气管道中气体流量常用计算公式

1. 摩阻系数用威莫斯公式计算时的流量公式

1)公式的形式

当输气管道近似于水平管时：

$$Q=5033.11D^{8/3}\left[\frac{(p_1^2-p_2^2)}{Z\gamma TL}\right]^{0.5} \tag{5-2-22}$$

当输气管道为起伏管时：

$$Q=5033.11D^{8/3}\left\{\frac{p_1^2-p_2^2(1+a\Delta h)}{Z\gamma TL\left[1+\frac{a}{2L}\sum_i^n(h_i+h_{i-1})L_i\right]}\right\}^{0.5} \tag{5-2-23}$$

2)适用条件

如同前面所述，威莫斯公式适用于管径小、输量不大、净化程度较差的矿区集气管网和干线，而对于长距离输气管道，特别是对于大口径、长距离、高压力的天然气长输管道，由于计算结果比实际输量偏差较大，所以许多国家已不再采用这一公式，中国亦一样。

2. 摩阻系数用潘汉德尔B式计算时的流量公式(采用手工计算时)

当输气管道近似于水平管时，公式如下：

$$q_v=11522Ed^{2.53}\left[\frac{(p_1^2-p_2^2)}{ZTL\gamma^{0.961}}\right]^{0.51} \tag{5-2-24}$$

式中 q_v——气体($p_0=0.101325$MPa，$T=293$K)的流量，m^3/d；

d——输气管内直径，cm；

p_1——输气管计算段起点压力(绝压)，MPa；

p_2——输气管计算段终点压力(绝压)，MPa；

Z——气体的压缩因子；

T——气体的平均绝对温度，K；

γ——气体的相对密度；

L——输气管道计算管段的长度，km；

E——输气管的效率系数(当管道公称直径为 $DN300\sim DN800$mm 时，E 为 0.8~0.9；当管道公称直径大于 $DN800$mm 时，E 为 0.91~0.94)。

当输气管道为起伏管时，公式如下：

$$q_v = 11522Ed^{2.53}\left\{\frac{p_1^2 - p_2^2(1+a\Delta h)}{ZTL\gamma^{0.961}\left[1+\frac{a}{2L}\sum_i^n (h_i + h_{i-1})L_i\right]}\right\}^{0.51} \tag{5-2-25}$$

$$a = \frac{2\gamma}{ZR_a T}$$

式中 a——系数，m^{-1}；

R_a——空气气体常数，在标准状况下(p_0=0.101325MPa，T=293K)，R=287$m^3/(s^2 \cdot K)$；

Δh——输气管道计算段的终点对计算段起点的标高差，m；

n——输气管道沿线计算的分管段数(计算分管段的划分是沿输气管道走向，从起点开始，当其中相对高差在 200m 以内，同时不考虑高差对计算结果影响时可划作一个计算分管段)；

h_i——各计算分管段终点的标高，m；

h_{i-1}——各计算分管段起点的标高，m；

L_i——各计算分管段的长度，km。

3. *摩阻系数用柯列勃洛克公式计算时的流量计算*

柯列勃洛克公式是迄今为止世界各国在众多领域中广泛采用的一个经典公式，它是普朗德半经验理论发展到工程应用阶段的产物，有较扎实的理论基础和实验基础，随着国内计算机的普及，该公式已被广泛应用在长输管道的工程设计中。

由于柯列勃洛克公式是一个“隐函数”公式，无法用常规的代数式求解，需要用“迭代法”求解，因此在使用该公式进行流量计算时，需要借助电脑。此公式计算准确、适应面广，是使用计算机进行水力计算时的首选摩阻公式。

使用本公式的关键是根据实际情况合理选择管壁绝对当量粗糙度。而管壁粗糙度是一种难以用机械测量方法准确测量的数值，一方面它是高低参差不齐的极其微观的几何量，另一方面对于工程计算又必须将沿管道长度的不同几何量，以及焊缝、管件等产生的粗糙度作用综合考虑在内。

通常最有效确定粗糙度的方法是按照所采用管道的情况，根据经验数据设定管壁粗糙度。经验数据则是对已建成输气管道实测的流量与压力等参数值经核对与修正所得。

管壁绝对粗糙度随管型(无缝管、直缝管与螺缝管)、管道的新旧程度以及管道使用情况而异。许多国家在手册与文献中提出不尽相同的管道内表面绝对粗糙度数值。

(1)美国《烃类气体和液体的管道设计》给出的 λ 值：

①新的干净的裸管 λ 取 12.7~19μm；

②在大气中暴露 12 个月的裸管 λ 取 31.8μm；

③有内涂层 λ 取 7.6~12.7μm。

(2)苏联《干线输气管道设计规范》(ОИТП 51-1-85)给出的 λ 值为 30μm。

(3)法国煤气工业协会《天然气输配手册第九分册—天然气输送管道的设计与施工》给出的 λ 值：

①清除后的裸管 λ 取 20~50μm；

②未清除的裸管 λ 取 30~50μm；

③有内覆盖层 λ 取 5~10μm。

(4)加拿大努发公司《天然气管道减阻内涂工艺的研究》给出的 λ 值：

①裸管 λ 取 19.1μm；

②大气中暴露 12 个月 λ 取 36μm；

③有内涂层 λ 取 6.4μm。

(六)输气管的压力分布和平均压力

1. 沿线压力分布

如图 5-2-5 所示，设输气管 AB，长为 L，起、终点压力为 p_Q 和 p_Z，其上一点 M，压力为 p_x，AM 段长度为 x，输气管流量为 Q。

AM 段：

$$Q=C_0D^{2.5}\left(\frac{p_Q^2-p_x^2}{Z\Delta_* Tx}\right)^{0.5}$$

MB 段：

$$Q=C_0D^{2.5}\left[\frac{p_x^2-p_Z^2}{Z\Delta_* T(L-x)}\right]^{0.5}$$

由流量相等得：

$$\frac{p_Q^2-p_x^2}{x}=\frac{p_x^2-p_Z^2}{L-x}$$

即：

$$p_x^2=p_Q^2-\frac{p_Q^2-p_Z^2}{L}x \tag{5-2-26}$$

$$p_x=\sqrt{p_Q^2-(p_Q^2-p_Z^2)\frac{x}{L}} \tag{5-2-27}$$

以上两式说明输气管的压力平方 p_x^2 与 x 呈线性关系[见图 5-2-6(a)]，压力 p_x 与 x 为抛物线关系[见图 5-2-6(b)]，这与等温输油管是不同的。

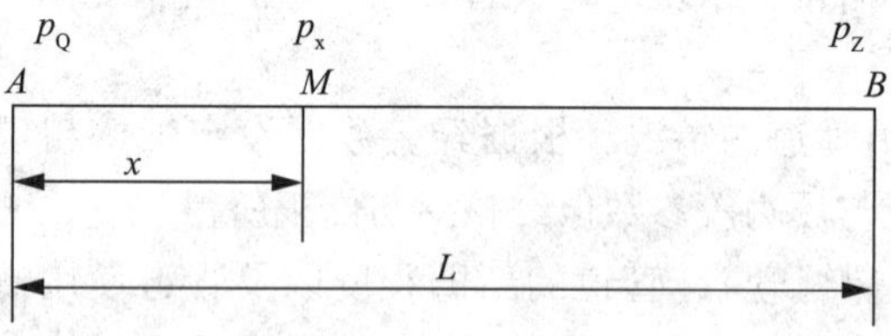

图 5-2-5　沿线压力分布计算示意图

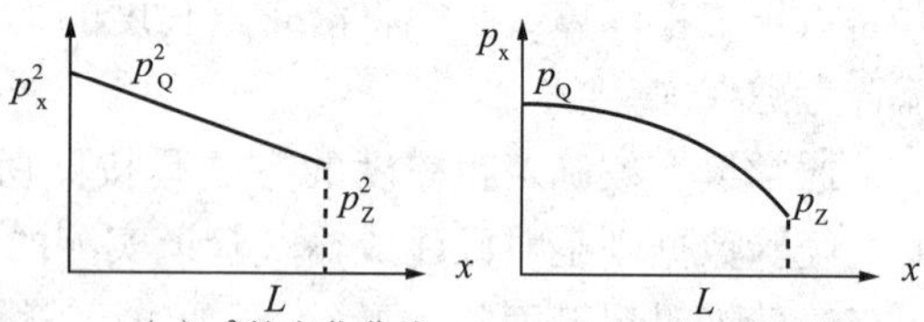

(a) p_x^2 的变化曲线　(b) p_x 的变化曲线

图 5-2-6　p_x 和 p_x^2 的变化

由图 5-2-6(b)看出，靠近起点，压力降落比较慢；距起点越远，压力降落越快，坡降越陡。在 3/4 管段上，压力损失约占一半，另一半压力消耗在后面的 1/4 管段上。因为随着压力下降，流速增大，单位长度的摩阻损失也增加。这也说明了高压输气节省能量，经济性好。

为了进一步说明这一问题，列举两组数据：

①若 $p_Z=0$，$p_x=p_Q\sqrt{1-\frac{x}{L}}$(见表 5-2-2)。

表 5-2-2　数据(一)

x/L	0	1/4	1/2	3/4	1
p_x	p_Q	$0.866p_Q$	$0.707p_Q$	$0.5p_Q$	0
Δp	$0.134p_Q$	$0.159p_Q$	$0.207p_Q$	$0.5p_Q$	

这组数据证明，输气管前 3/4 管段上消耗了 $1/2p_Q$ 的压力，后 1/4 管段上消耗了 $1/2p_Q$ 的压力。

②设 $p_Q=70\times10^5\text{Pa}$，$p_Z=40\times10^5\text{Pa}$(见表 5-2-3)。

表 5-2-3　数据(二)

x/L	0	1/4	1/2	3/4	1
p_x	70	63.8	57	49.2	40
Δp	6.2	6.8	7.8	9.2	

从上面两个例子看以看出：压气站入口压力增高后，下游段 1/4 管段上压力降大大降低，进一步说明：

①输气管压力高一些，对降低能耗和输气成本有利；

②压气站入口压力不能太低。

2. 平均压力

输气管停止输气时，管内压力并不像输油管那样立刻消失，而是高压端的气体逐渐流向低压端，起点压力 p_Q 逐渐下降，终点压力 p_Z 逐渐上升，最后全线达到某一压力值，即平均压力，这就是输气管的压力平衡现象。

根据管内平衡前后质量守恒可得平均压力：

$$p_{pj}=\frac{1}{L}\int_0^L p_x\mathrm{d}x=\frac{1}{L}\int_0^L\sqrt{p_Q^2-(p_Q^2-p_Z^2)\frac{x}{L}}\,\mathrm{d}x=\frac{2}{3}\frac{p_Q^3-p_Z^3}{p_Q^2-p_Z^2}$$

即：

$$p_{pj}=\frac{2}{3}\left(p_Q+\frac{p_Z^2}{p_Q+p_Z}\right) \tag{5-2-28}$$

利用平均压力可求输气时的压缩因子 Z 以及输气管中的储气量。

在式(5-2-27)中，若假设某点压力 $p=p_{pj}$，则可求得该点距起点的距离：

$$x_0=\frac{p_Q^2-p_{pj}^2}{p_Q^2-p_Z^2}L \tag{5-2-29}$$

也就是说，输气管上距起点 x_0 以后的地方，输气时压力虽然低于平均压力，但停气后由于压力平衡，x_0 以后的地方承受的压力不低于平均压力。因此，x_0 以后的管道至少应按照平均压力进行强度设计。

距离 x_0 是随着压力比 p_Q/p_Z 而变化的。

当 $p_Z\to0$，$p_{pj}\to\frac{2}{3}p_Q$ 时，得：

$$x_0=\frac{5}{9}L\approx0.55L$$

当 $p_Z \to p_Q$ 时，得：

$$x_0 = \lim_{p_Z \to p_Q} \frac{p_Q^2 - p_{pj}^2}{p_Q^2 - p_Z^2} L = \lim_{p_Z \to p_Q} \frac{9p_Q^2(p_Q+p_Z)^2 - 4(p_Q^2+p_Q p_Z+p_Z^2)}{9(p_Q+p_Z)^2(p_Q^2-p_Z^2)} L$$

根据求极限的洛必达法则，以 p_Z 为变量求导，则有：

$$x_0 = \lim_{p_Z \to p_Q} \frac{18p_Q^2(p_Q+p_Z) - 8(p_Q^2+p_Q p_Z+p_Z^2)(p_Q+2p_Z)}{18(p_Q+p_Z)(p_Q^2-p_Z^2) + 9(p_Q+p_Z)^2(-2p_Z)} L = \frac{36p_Q^3 - 72p_Z^3}{-72p_Q^3} L = 0.5L$$

故 p_Z 从0变化至 p_Q 时，x_0 从 $0.55L$ 变化至 $0.5L$。工程上近似可取 $x_0 \approx 0.5L$，即输气管后一半管段要按平均压力选择壁厚。

(七)计算机在输气管道水力计算中的应用

1. 解析法计算的局限性和计算机的应用

(1)解析法的局限性。由于中国近些年来天然气管道发展，天然气的气源以及用户也越来越多元化，各气源所能提供的气量的条件各不相同，各用户的用气需求也不尽相同，因此在设计阶段对工艺系统分析的要求越来越高，计算也越来越复杂，若继续沿用常规的解析法来进行工艺计算则存在着计算时间长，且计算结果误差较大的两个问题。

(2)计算机软件的应用。利用计算机软件对天然气管网进行动态、稳态计算是为满足越来越高的工艺系统分析要求的唯一手段，具有计算结果精确、计算时间短两大优点，大大提高了工作效率和工作质量。

2. 进行管内流体水力计算的常用软件

国内目前流行的计算机离线模拟软件主要有两个：一个是英国 ESI 公司的 Pipeline Studio 软件；另一个是 DNV GL 公司的 SPS 软件。

以上两个输气管道模拟软件主要应用于以下3个领域：

(1)管道设计。在输气管道设计过程中，稳态模拟可以帮助工艺设计工程师进行计算以确定工艺设计方案；瞬态模拟可以针对不同工艺设计方案进行多种典型工况条件(如调峰、管道发生断裂事故等)下的非稳态工况计算，从而为设计方案优选提供数据。

(2)管道运行。在输气管道运行管理过程中，模拟软件可以制定和优化运行方案，预测管道的运行状态、预测事故后果、评价事故应急方案的效果等多方面的模拟。在正常运行条件下，输气管道的非稳态工况往往是由于用气流量随时间变化而引发的，因而在输气管道运行管理过程中，模拟软件的最主要用途是调峰过程中的模拟，根据其模拟结果来进行调峰方案评价与优选，如陕京线2003年冬季调峰方案模拟就是使用英国 ESI 公司的 Pipeline Studio 中的 TGNET 模块进行计算的。

(3)操作人员培训。利用模拟软件进行人员培训是20世纪90年代兴起的。这种培训方式是利用专门的模拟培训软件在计算机网络上进行的，与在实际管道上进行的传统培训方式相比，它可以丰富培训内容、提供培训深度、增加培训兴趣和灵活性，而且不会干扰实际管道的运行。

五、主要工艺参数的确定

(一)输送压力的确定

输送压力是输气管道最重要的工艺参数，它的确定对管道工程建设投资影响甚大，直接影响管材耗量、管沟的土石方总量、管子的运输费用、绝缘防腐费用以及焊接费用，因此确定管道的输送压力须掌握以下4个原则：

(1)使总的输气成本最低。

(2)满足用户在不同用气点处对用气压力的需求。

(3)充分利用天然气在净化厂出厂时已具有的压能。

(4)充分考虑钢管的制造和施工技术水平。

(二)管道直径的确定

1. 影响管道直径的主要因素

影响管道直径的主要因素有：输送压力和管道运行中的分段加压方式。

(1)输送压力。从气体流量计算公式中可以看出，在一定输量条件下输送压力与管径是成反比关系的，即压力越高，所需管径越小，压力越低，所需管径越大。

(2)管道运行中的分段加压方式。当充分利用天然气在净化厂出厂时已具有的压能仍然不能满足进行输送和用户用气压力需求时，就需对天然气采取增压的方式进行输送。而压缩机站间距对管径的影响很大，压力越高所需的管径就越小，站间距越长所需的管径就越大。此时，合理选择管径、压力和站间距就成了关键的优化课题。

2. 管道直径计算

从流量式(5-2-21)~式(5-2-24)中可以看出，影响管道直径选择的主要有4个参数：输气压力、用户需求压力、上游来气量和输送距离。

对一个工程而言，管径的选择应按最大输量进行计算，经过线路踏勘确定一条合理的线路走向后输送距离也就确定了，在此条件下，结合上游来气压力以及用户需求压力，通过工艺计算就能确定管道的管径。

(三)气体流动的阻力降计算和管道中间加压点位置的确定

1. 管内气体流动的阻力降计算

管内气体流动的阻力降(简称压降)是判定管径选择是否合理的重要参数，压降过大则说明管径过小，反之，则说明管径过大。要计算阻力降首先要确定水力摩阻系数，而水力摩阻系数的确定又必须通过雷诺数判定流态后再进行计算，最后再将计算结果代入基本公式即可得出压降结果。

2. 中间加压点的确定

(1)管道压降曲线。输气管中的气流随着压力下降，体积和流速不断增加，摩阻损失随速度的增加而增加，因此压力降低也加快，管道压降曲线是一条抛物线。

(2)压气站位置的确定。压气站位置的确定是一个非常复杂的过程，因为它的选择不仅需要符合工艺方案的需求(如各压气站压比尽量相近)，还要考虑远期管道增输时压气站布站，同时还应考虑所确定的点位在实地是否具备建设压气站的条件。因此，在压气站的确定过程中，一般是按“压力恢复”的原则拟定不同的加压点布点方案并进行优化，经过实地踏勘后确定加压点的位置。

(四)输气管道系统的调峰

1. 调峰计算的必要性

由于天然气工业的不断发展，下游用户也越来越多元化，而下游用户中城市燃气的用气量在不断变化，并且有月不均匀性、日不均匀性和时不均匀性的特性，因而调峰的用气量也具有不稳定的特点，但气源的供应量不可能完全按用气量的变化而随时改变，因此，供气与用气经常发生不平衡现象。特别是长距离输气管道，在为保证按合同要求供气，并求得供气方最好的经济效益，需要进行调峰计算。

输气管道系统的调峰计算依据来源于下游的市场调研，即通过收集下游各用户的用气量、用气规律、用气压力需求等资料，计算出用户所需求的调峰量，再对输气管道系统进行工艺系统计算和分析，确定出最经济的解决用户调峰需求的方法。

2. 不均匀系数确定

1)月用气不均匀系数

一年中随季节变化，各月用气不均匀系数各不相同。月用气量与当年平均月用量的比值称为月用气不均匀系数。天然气用途不同，各种用途用气所占比例不一样，则会影响到月用气不均匀系数的变化。锅炉采暖用气对冬季不均匀系数影响很大，天然气空调用气对夏季用气不均匀系数影响很大，而化工用气比较平稳。某输气管道2002年、2003年各类用气比例见表5-2-4，各年月不均匀系数见表5-2-5。确定了月用气不均匀系数后，就可以计算调峰气量，从而确定调峰方案。

表5-2-4 某输气管道下游用气结构表

用途		居民	商业、公共建筑	工业	化肥
比例/%	2002年	13	36	27	24
	2003年	12	43	22	23

表5-2-5 某输气管道近年实测月用气不均匀系数

月份 年份	1	2	3	4	5	6	7	8	9	10	11	12
2001	1.34	1.15	0.87	0.67	0.65	0.62	0.66	0.72	0.76	0.80	0.25	1.98
2002	1.52	1.27	0.95	0.62	0.62	0.66	0.67	0.82	0.69	0.65	1.16	1.96
2003	1.61	1.41	1.01	0.70	0.65	0.53	0.66	0.70	0.69	0.70	1.16	1.75
2004	1.68	1.47	0.98	0.66	0.59	0.66	0.66	0.69	0.72	0.80	1.12	1.68
平均	1.54	1.33	0.95	0.66	0.63	0.62	0.66	0.73	0.72	0.74	1.17	1.84

从表5-2-4中可以看出，商业和公共建筑用气比例较大，其中有相当部分是采暖用气，故月高峰和低峰之间变化约达到3倍。这对于冬夏供气平衡带来了非常大的困难。

2)时不均匀用气系数

1天中24小时用气量也是变化的，小时用气量与当日平均小时用气量的比值即称为时不均匀系数。小时用气调峰一般由城市储气设施自行解决。当需要利用输气管道储气来调峰时，应进行时不均匀系数的调研、分析，确定时不均匀系数。影响时不均匀系数最大的是居民、公共建筑用气、燃机调峰电厂用气和其他不连续的工业用气。

3. 调峰的途径

对于长输管道而言，解决用户调峰需求主要有以下3种手段：

(1)用气源调节供气量。

(2)利用管道末段的几何容积来储气。

(3)设置地下储气库。

4. 输气管道系统的调峰能力

1)由气源调节供气量带来的调峰能力

目前国内的可用作调节使用的天然气气源主要有两种：一种是利用气田生产量调节。该方式是充分利用气井、净化厂和输气管道的生产、输送能力，增加气源供给量。此种手段增加调节能力有限，一般只能用于部分缓解季节调峰。另一种是用 LNG，通过调整汽化能力来满足用户的用气需求。由于 LNG 气源一般都靠近用气中心，只要气源厂和管道系统能力配套，就可以解决用户的月、日、时调峰。但是汽化能力变化越大，调峰成本也就越高，所以在实际操作过程中，应结合实际情况统筹考虑。

2) 由管道末段储气带来的调峰能力

长距离输气管道的末段(从压缩机站末站到终点配气站)，在设计时要根据日用气量的波动情况存在一定的储气能力，借以进行负荷调节，没有中间压缩机站的输气管道，全线都可以储气。当管道的终点压力在一定范围波动时，管内气体的平均压力也相应有一个最高和最低值，如果适当地选择储气管段的始终点压力波动范围和管段容积，即可使管道具有适当的储气能力。

由于管道末段储气具有储气灵活、储气量有限的特征，因此也可用来缓解大工业直供用户的调峰(如调峰电厂)和城市用气的部分日调峰。

3) 由储气库调峰

能否设置地下储气库主要与地质构造有关，目前地下储气库通常有下列几种方式：

(1) 利用枯竭的油气田储气。

(2) 利用含水多孔地层储气。

(3) 利用盐矿层建造储气库储气。

储气库的容积决定了其储存的气量大小，由于储气库生产净化设施不能频繁开停，因此储气库主要用来解决月不均匀调峰和部分时段日不均匀调峰。

对于长距离输气管道，要解决下游用户的季节调峰、部分时段调峰以及大工业直供用户的调峰往往需要上述 3 种方式联合使用才能解决，合理地使用各种调峰方式，用最经济的方法最大限度满足下游用户用气需求是系统设计的关键之一。

(五) 输气管道系统的计算机模拟

1. 计算机模拟的目的

(1) 为选择优化的方案提供数据。

(2) 培训操作人员，优化操作参数。

(3) 直观显示运行情况，制定日或周运行计划。

2. 模拟方式

1) 动态模拟

动态模拟是指管道内各节点的压力、流量、温度随时间的变化而变化的工况模拟，有必要进行动态模拟的工况主要有如下两种：

(1) 下游用户的用气量随时间变化而变化。

由于下游用户的用气量随时间变化而变化，特别是遇到调峰电厂这一类的间歇性用气直供用户，而气源的供应量不可能完全按用气量的变化而随时改变，就会出现供、需不平衡的工况。此时就需通过动态模拟进行储气调峰计算分析，通过优化输送工艺来满足用户的用气需求。可以通过对夏季低峰月、低峰日供需不平衡的调峰计算来求得向储气库注气的最大量以及注气压力，为储气库的注气规模提供依据；对冬季高峰月、高峰日供需不平衡的调峰计算来求得向储气库采气的最大量以及采气压力，同时还可对管道在该工况下做适应性分析；通过对注、采能力的分析可以求得解决用户调峰所需的储气库的储气量。

(2)事故工况的动态模拟。

事故工况的动态模拟是根据系统的实际情况，假定一些可能发生的事故出现，分析全线水力工况随时间而变化的情况，主要是供气压力变化的情况。

常见的事故工况分析有：管道自救能力分析、抢险时间分析、保守供气分析、系统发生事故和系统恢复过程中的管道设备适应性分析和对上游气源的影响、放空时间分析等。可根据整个工艺系统确定全线最不利的事故工况点，再通过事故工况模拟来判定管道的自救能力能否满足抢险时间的要求，如果无法满足，则需通过该种工况模拟来分析需对下游用户减少多大的输量或应急气源(如储气库、LNG 等)需提供多大的气量才能赢得足够的抢修时间。

2)稳态模拟

稳态模拟是指下游用户的用气量不随时间变化的工况，稳态模拟主要用于前期工作中多方案的比选。

(六)输气管道的热力计算

1. 埋地管道内的流体与埋地处土壤间的热量交换

1)总传热系数

总传热系数 K 是指当气体与周围介质的温差为1℃时，单位时间通过单位传热表面所传递的热量，它表示气体至周围介质的散热强弱。

管内气体与周围介质间的总传热系数可由下列公式计算确定：

$$\frac{1}{KD_j}=\frac{1}{\alpha_1 D_n}+\sum_1^n \frac{\ln\frac{D_{i+1}}{D_i}}{2\lambda_i}+\frac{1}{\alpha_2 D_w} \tag{5-2-30}$$

式中 K——总传热系数，W/(m²·K)；

α_1——管内气流至管内表面的放热系数，W/(m²·K)；

D_j——确定总传热系数的计算管径，m；

D_n——管内径，m；

D_w——管道的最外径，m；

D_i——管子、绝缘层等的内径，m；

D_{i+1}——管子、绝缘层等的外径，m；

λ_i——管子、绝缘层等的导热系数，W/(m²·K)；

α_2——管道外表面至周围介质的放热系数，W/(m²·K)。

对于直径较大的管道，可近似认为：

$$\frac{1}{K}=\frac{1}{\alpha_1}+\sum_1^n \frac{\delta_i}{\lambda_i}+\frac{1}{\alpha_2} \tag{5-2-31}$$

式中 δ_i——管壁、绝缘层等的厚度，m。

2)传热量

总传热系数越大，其传热量也就越大。对于埋地管道，其传热过程由3部分组成，即气体至管壁的传热，管壁、绝缘层、防护层等 n 层之间的传热，管道至土壤的传热。

2. 管道内因压力变化而导致的温度变化

天然气可压缩的特性决定了当管道内的压力变化时不能及时与外界进行热交换而引起温度的变化，当压力升高时，温度随之升高，压力降低时，温度随之降低。

3. 管内气体的温度变化

1)管道沿线温度计算

在不考虑节流效应时，输气管道沿线任意点的温度应按下列公式计算：

$$t_x = t_0 + (t_1 - t_0)\,e^{-ax} \tag{5-2-32}$$

$$a = \frac{225.256 \times 10^6 KD}{q_v \gamma c_p} \tag{5-2-33}$$

式中 t_x——输气管道沿线任意点的气体温度,℃；

t_0——输气管道埋设处的土壤温度,℃；

t_1——输气管道计算段起点的气体温度,℃；

e——自然对数底数，按 2.718 取值；

x——输气管道计算段起点至沿线任意点的长度，km；

a——系数；

K——输气管道中气体到土壤的总传热系数，W/(m^2·K)；

D——输气管道外直径，m；

q_v——输气管道中气体(p_0=0.101325MPa，T=293K)的流量，m^3/d；

γ——气体的相对密度；

c_p——气体的定压比热容，J/(kg·K)。

考虑节流效应，则输气管上任意点的温度计算公式如下：

$$t_x = t_0 + (t_1 - t_0)\,e^{-ax} - \frac{j\Delta p_x}{ax}(1 - e^{aL}) \tag{5-2-34}$$

式中 Δp_x——长度 x 管段压降，MPa；

j——焦耳汤姆逊效应系数,℃/MPa。

其余符号同前。

当管长为 L 时，输气管中气体的平均温度按下式计算：

$$t_{cp} = t_0 + (t_1 - t_0)\frac{1 - e^{-aL}}{aL} - j\frac{p_1 - p_2}{aL}\left[1 - \frac{1}{aL}(1 - e^{-aL})\right] \tag{5-2-35}$$

2)温度变化对输气过程的影响

温度变化对输气过程的影响主要是压降的影响，温度越高，气体分子运动越剧烈，沿程摩阻越大，压降越大，反之则越小。

3)管内气体的平均温度

管内流体的平均温度对管道的输气能力有一定的影响，管道埋深处的地温越高，平均温度越高，输气能力越小，反之则越大。因此在管线设计时应充分考虑夏季地温对管输能力的影响。平均温度的计算公式如下：

$$t_{cp} = t_0 + (t_1 - t_0)\frac{1 - e^{-aL}}{aL} \tag{5-2-36}$$

式中 t_{cp}——输气管道平均温度,℃；

L——管道长度，km。

其余符号同前。

4)气体温度的分段计算和合理分段

当沿线温度变化不是很大时，采用等温输送假设进行水力计算是可行的，但当沿线温度变化较大时，则必须进行热力计算，特别是有节流效应时，某些地段输气管中气体的温度甚至会低于周围介质的温度。热力计算也是预测天然气管道是否形成水合物和管道强度计算所必需的。因此应首先判断出管道沿线哪几个点会出现节流效应，再有针对性地对该点进行热力计算，以判断管线是否需要采取保护措施。

第三节 压气站工艺计算

一、压气站的功能与组成

压气站是输气管道系统的心脏，其主要功能是对输送气体进行加压，达到正常输送的目的。本章主要介绍天然气的压气站，其设计的基本原则和计算方法，也可供其他气体的压气站参考。

压气站由主气路系统和辅助系统组成，主气路系统包括：压缩机组、除尘设备、循环阀组、截断阀组、调压阀、流量计、空气冷却器以及连接这些设备的管道等。辅助系统分为各自独立的密封油系统、润滑油系统、动力燃料气系统、启动气系统，以及保护压气站安全正常运行的仪表控制系统和消防系统。

如果采用电动机驱动，则没有动力燃料气和启动系统。天然气经压缩后，气体的温度随压力的升高而上升。当压缩机出口温度过高时，还要在压缩机出口设气体冷却器，提高压缩机的工作效率，并满足管道防腐绝缘等对温度的要求。如果天然气出口温度不高，则不用天然气冷却装置。

二、压气站的工艺流程

(一)选择工艺流程的一般原则

(1)在工艺流程中，除增压外，还必须考虑排空、安全泄放、越站输送、清管作业、调压计量(首站、末站或中间分输站)等功能，必须采用高效的除尘设备，如过滤分离器以防止机械杂质打坏压缩机的叶片。

(2)压气站的工艺流程必须适应管道全线的调度要求，根据调度指令能实时调节运行参数。

(3)要能及时进行事故处理，当站内发生事故时，能立即调整流程，实现紧急停车或启动备用机组。

(4)压气站流程应考虑到今后改进或扩建的需要，留有一定余地。

(二)往复式压气站工艺流程

在输气管道中，采用往复式压缩机的压气站都采用并联流程，一级压缩通常为单排布置，辅助设备和管道好安排(大型机组一般为双层布置)，辅助设备和管道在一层，主机操作面在二层，调节方便，机组启、停互不干扰。图5-2-7是装有10TK型燃气发动机驱动的往复式压缩机站的工艺流程图。

(三)离心式压气站工艺流程

离心式压气站的工艺流程分为3种基本流程：串联、并联和串并联混合型。图5-2-8是串联流程，设有越战旁通阀9和机组循环阀4及站内循环管线(图上未画出，通过减压阀6去站内循环)。

图5-2-9是串并联运行的典型流程。全站共有10台机组，分成两大组，每组5台，四用一备，这两组是完全独立的两个系统，每组2台先串联运行。

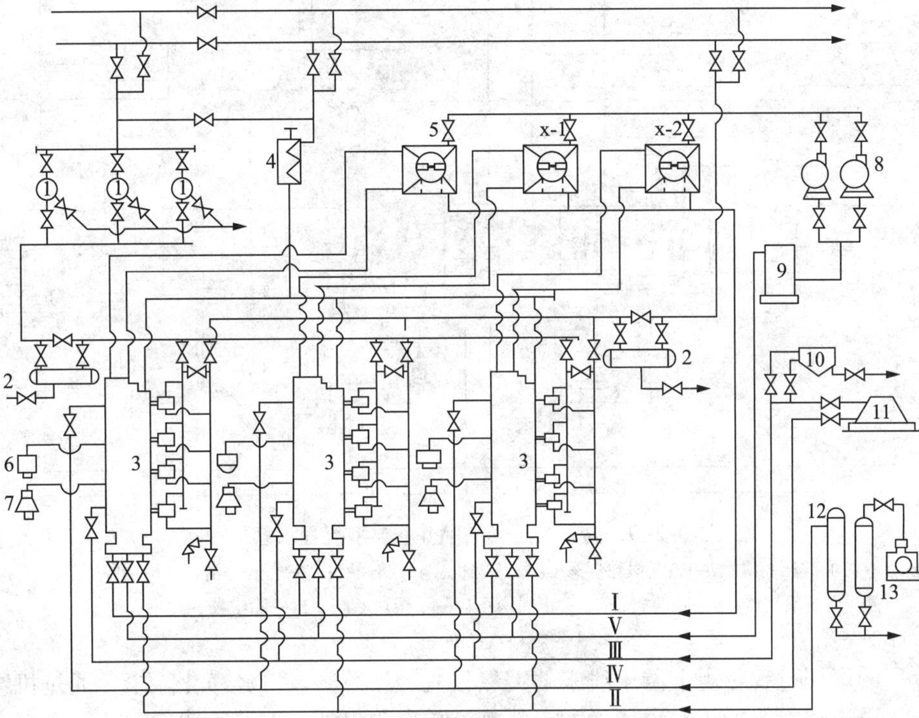

图 5-2-7　往复式压缩机站工艺流程示意图

1—除尘器；2—油捕集器；3—往复式压缩机；4—燃料气调节点；5—风机；6—排气管消声器；
7—空气滤清器；8—离心泵；9—“热循环”水散热器；10—油罐；11—润滑油净化机；
12—启动空气瓶；13—分水器；14—空气压缩机；
x-1—润滑油空气冷却器；x-2—“热循环”水空气冷却器；
Ⅰ—天然气；Ⅱ—启动空气；Ⅲ—净油；Ⅳ—脏油；Ⅴ—热循环

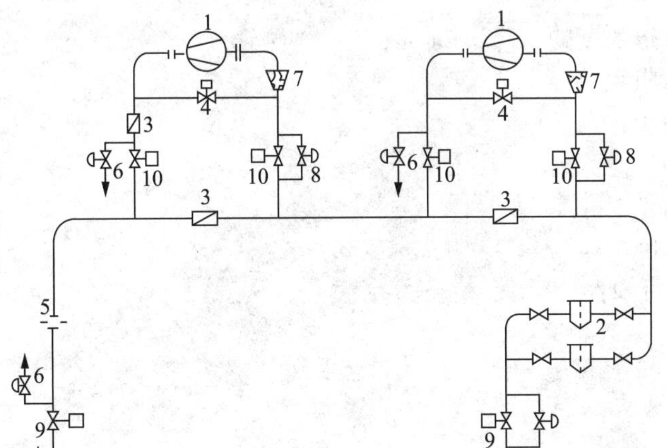

图 5-2-8　串联流程示意图

1—压缩机；2—过滤器；3—单向阀；4—机组循环阀；5—流量测量；6—减压系统；
7—污物滤器；8—进气阀；9—站阀；10—压缩机阀

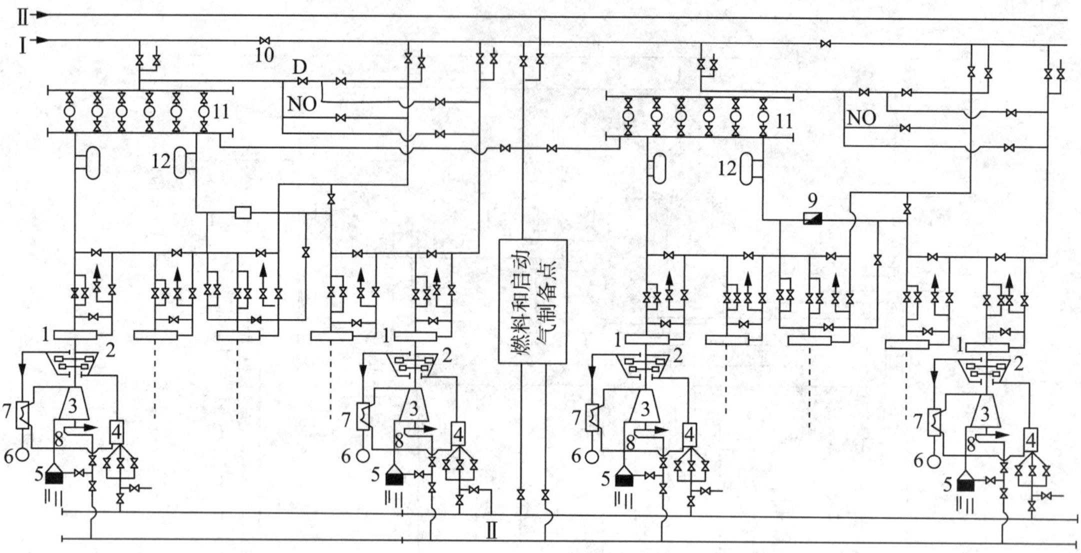

图5-2-9 离心式压气站串并联典型流程示意图

1—离心式压缩机；2—燃气涡轮；3—空气压缩机；4—燃烧室；5—空气滤清器；6—排气管；7—空气预热器；8—启动涡轮；9—止回阀；10—干线切断阀；11—除尘器；12—脱油器；Ⅰ—燃料气；Ⅱ—启动气

天然气的增压过程：由上游干线来的天然气先经站总阀，再经净化除尘，通过机组进行一级增压，再进行二级增压，增压后的天然气经单向阀出站去下游管线。

三、压缩机的功率计算

(一)理想气体的多变过程

理想气体状态方程式为：

$$i_p = \frac{0.8114\lambda q_w^2 z}{D^5 \rho} \tag{5-2-37}$$

式中 i_p——单位管道长度的压降，Pa/m；

λ——达西摩阻系数；

z——压缩因子；

q_w——气体的质量流量，kg/s；

D——管道内径，m；

ρ——气体密度，kg/m³。

由式(5-2-37)可知：

对于等温过程：

$$pq = 常数$$

或

$$p_1 q_1 = p_2 q_2 \tag{5-2-38}$$

对于绝热过程：

$$pq^k = 常数$$

或

$$p_1 q_1^k = p_2 q_2^k \tag{5-2-39}$$

对于多变过程：

$$pq^n = 常数$$

或

$$p_1 q_1^n = p_2 q_2^n \tag{5-2-40}$$

式中　k——绝热指数，天然气 $k=1.395$；

n——多变指数，$1<n<k$，按下述方法计算。

由式(5-2-36)、式(5-2-39)可知：

$$\frac{T_2}{T_1}=\frac{p_2q_2}{p_1q_1}=\left(\frac{p_2}{p_1}\right)^{\frac{n-1}{n}} \tag{5-2-41}$$

$$n=\frac{\lg\left(\frac{p_2}{p_1}\right)}{\lg\left(\frac{p_2T_1}{p_1T_2}\right)} \tag{5-2-42}$$

(二)理想气体的理论轴功率

当气体从压力 p_1 压缩到 p_2 后，压缩机所耗理论轴功率为：

$$P_{\mathrm{T}}=\frac{1}{1000}(p_2-p_1)q_2+\int_{q_2}^{q_1}(p-p_1)\mathrm{d}q$$

$$=\frac{1}{1000}\left(p_2q_2-p_1q_1+\int_{q_2}^{q_1}p\mathrm{d}q\right)$$

由式(5-2-39)可解出$\int_{q_2}^{q_1}p\mathrm{d}q$，因此

$$P_{\mathrm{T}}=\frac{p_1q_1}{1000}\left(\frac{n}{n+1}\right)\left[\left(\frac{p_2}{p_1}\right)^{\frac{n-1}{n}}-1\right] \tag{5-2-43}$$

式中　P_{T}——理论轴功率，kW；

q_1——进气压力 p_1 时的进气量，m^3/s；

p_1——进气绝对压力，Pa；

p_2——排气绝对压力，Pa。

(三)实际气体的多变指数

由于高压气体存在压缩因子 Z，且压缩机为多级压缩，因此实际气体的多变指数不同于理想气体的多变指数。

实际气体的状态方程为：

$$\frac{p_1q_1}{T_1Z_1}=\frac{p_2q_2}{T_2Z_2} \tag{5-2-44}$$

依理想气体推导过程，可得到实际气体的多变指数 n 计算公式：

$$n=\frac{\lg\left(\frac{p_2}{p_1}\right)}{\lg\left(\frac{p_2T_1Z_1}{p_1T_2Z_2}\right)} \tag{5-2-45}$$

由于 $Z_2>Z_1$，因此实际气体的多变指数 n 大于理想气体的多变指数 n。

(四)实际气体的轴功率

实际气体压缩机的最高工作压力取决于各站的输送高差、输送管道长度、压缩因子等多种因素。为了提高工作效率和保证压缩机的正常运转，气体在压缩机内压缩过程中应采取冷却措施，以限制压缩机出口的气体温度不致过高。由于压缩机每级的进气和排气压力不同，

因此压缩机各级的多变指数和压缩因子按下述公式计算：

$$n_i=\frac{\lg\left(\frac{p_{2i}}{p_{1i}}\right)}{\lg\left(\frac{p_{2i}T_{1i}Z_{1i}}{p_{1i}T_{2i}Z_{2i}}\right)} \tag{5-2-46}$$

$$\overline{Z_i}=\frac{1}{2}(Z_{1i}+Z_{2i}) \tag{5-2-47}$$

式中 n_i——各级压缩机的多变指数；

p_{2i}——各级的排气绝对压力，Pa；

p_{1i}——各级的进气绝对压力，Pa；

T_{2i}——各级的排气温度，K；

T_{1i}——各级的进气温度，K；

$\overline{Z_i}$——各级压缩机的平均压缩因子；

Z_{1i}——各级压缩机的进口压缩因子；

Z_{2i}——各级压缩机的出口压缩因子。

压缩机的实际轴功率为各级压缩机轴功率之和，并考虑压缩机的气力效率和传动效率：

$$P'_{\mathrm{T}}=\frac{1}{1000\eta_1\eta_2}\sum\left\{\overline{Z_i}p_{1i}q_{1i}\left(\frac{n_i}{n_i+1}\right)\left[\left(\frac{p_{2i}}{p_{1i}}\right)^{\frac{n_i-1}{n_i}}-1\right]\right\} \tag{5-2-48}$$

式中 P'_{T}——压缩机的实际轴功率，kW；

q_{1i}——为进气压力 p_{1i} 时的进气量，m^3/s；

η_1——压缩机的气力功率；

η_2——压缩机的传动功率。

其余符号同前。

采用原动机的额定功率大于实际轴功率，一般在邻近电源、电价便宜的地方，应尽量采用电动机作原动机。对于远离电源、电价较高的地方，亦可采用燃气发动机、燃气轮机作原动机，既可带动离心式压缩机，亦可带动往复式压缩机。

(五)低压通风机、鼓风机功率的计算

低压通风机、鼓风机主要用于低压燃气的供气，其工作压力较低，可忽略气体的压缩性，其功率计算公式如下：

$$P\geqslant\frac{Kpq}{1000\eta_1\eta_2} \tag{5-2-49}$$

式中 P——电动机的额定功率，kW；

p——通风机、鼓风机的加压压力，Pa；

q——通风机、鼓风机的流量，m^3/s；

η_1——通风机、鼓风机的工作效率；

η_2——通风机、鼓风机的传动效率。

四、压气站和输气管道系统

压气站是输气管道的能量供给系统，压缩机投入运行之后，输气管道的输送能力不只取决于输气管道本身，同时也取决于压气站的工作状况，输气管道和压气站组成一个统一的水力系统，要弄清这个系统的工作情况，必须弄清输气管道的特性和压气站的特性，然后求其共同点，而压气站的特性又取决于压缩机特性和站内工艺流程。

(一)输气管道与压气站的联合工作

当输气管道建成后，某一管段的管径、长度、水力摩阻系数也就确定了，其通过气体的能力就是管道起点和终点压力差的函数，如果以横坐标表示流量 Q，纵坐标表示起、终点压力比值 p_H/p_K，则可描绘出这一管段通过流量和压力之间的关系曲线，见图 5-2-10。

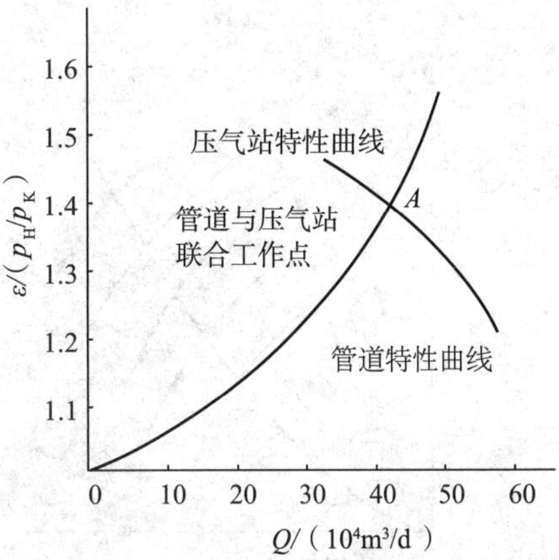

图 5-2-10　压气站与管道联合工作点

当压气站和输气管道联合工作时，压气站的出口压力就是与压气站相连的下游管段的起点压力 p_H，下一站的进口压力就是该管段的终点压力 p_K，设压气站的出口压力不变，那么压气站前一区间的管道压力损失就应由该站增压来补偿，因此压气站的压比 $\varepsilon=p_H/p_K$。如果把压气站的特性曲线与管道的特性曲线画在同一坐标上时，它就有一个交点，即为管道与压气站的联合工作点，如图 5-2-10 中的 A 点。实际上，压气站的特性曲线是一组曲线，由串联与并联机组组成的特性曲线有重叠的情况，因此对应管道的某一工作点，可能有几条曲线与之相交的情况，此时应选择能使压缩机都处于高效区的运行流程。

(二)压气站调节

压气站正常的工况是根据年输气任务而确定的，而实际输气参数(流量、压力)随时间在不断地变化，引起这些变化的原因是多方面的，归纳起来有两种：一种是有规律且可预见的，如用户用气量的波动，四季气温变化引起天然气输送温度的改变，气源的不同引起组分变化以及输气系统设备定期维修等；另一种是突发性的不可预见的，如输气管爆破、脱硫厂因事故停产等。无论是可预见的或不可预见的，都要求压气站立即作出反应，改变工况运行，以保证输气系统在新工况下稳定运转。改变工况运行必须通过对压缩机的调节来实现，调节方式则取决于压气站的流程和机组的性能，这里仅介绍离心压缩机的调节。

1. 变转速调节

离心式压缩机在不同的转速下有不同的特性曲线，见图 5-2-11。当管道特性曲线不变而流量和压力发生变化时可改变压缩机转速以满足新工况的要求。转速调节是较为经济的，除机组效率有所降低外，不带来其他方面的能量损失，调速幅度不大时效率改变很小。

2. 改变压缩机进口阀门开度的节流调节

这是一种增加吸气管阻力的调节方法，见图 5-2-12。在转速不变的情况下，离心式压缩机的体积流量和压比不变，但由于吸入压力降低，压缩机的质量流量和排气压力将与吸入压力成比例地减少，离心式压缩机的排气压力和质量流量的关系将在连接工作点 A 和原站的直线上移动。

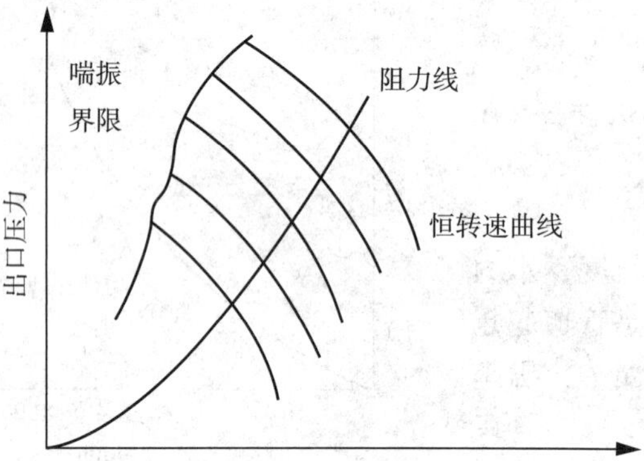

图 5-2-11　变转速调节

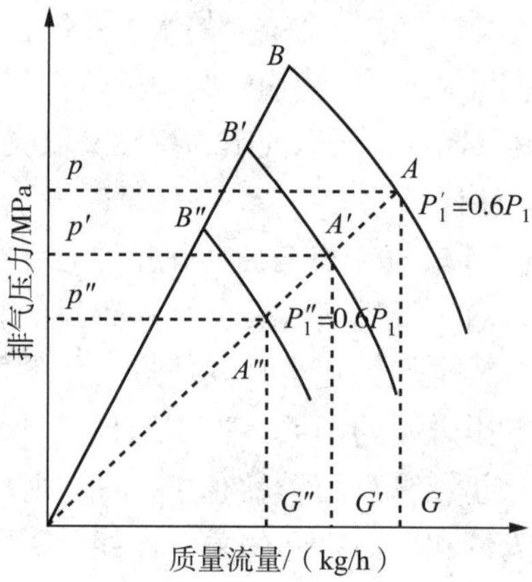

图 5-2-12　吸气节流调节

这种调节方法比排气管节流操作稳定、范围更广，也较省功。以交流电机为原动机时经常使用这种方法。

3. 可调进口导叶调节

在压缩机叶轮前装设吸入气流导流叶片，转动这些叶片可改变进入叶轮的气流对叶轮叶片的速度，使气流顺叶轮转向或逆叶轮转向旋绕，这样就可在压缩机转速不变的条件下改变压缩机的能量头。正旋绕使能量头减少，压比降低，逆旋绕使能量头增加，压比加大。这是一种仅次于变转速的节能调节方式。不过它使压缩机结构复杂化，而且调节范围取决于叶轮的内外径比值，比值小，调节非常有限。

4. 循环管线调节

利用离心式压缩机站上安装的站内的循环管线(原本是为机组启停时使用的)在管道气量减少时，可使部分气体在站内循环，这是离心式压缩机经常使用的临时调节方法，因为它非常简单易行。在自动化程度高的压气站还可以根据确定的参数自动打开循环阀，也是一种机组的保护措施，可防止喘振的发生。

(三)压气站的辅助系统

1. 天然气冷却装置

经压缩后的天然气温度升高，当温升不大时可利用地温使天然气降温至进口温度，当温升超过管道防腐绝缘层允许温度时，就需对出站气体进行冷却；冷却的另一作用是能提高管道的输气量。

压缩站天然气冷却方式有水冷和空冷。水冷却器分列管式和套管式两种。水冷却装置要消耗较多工业水(多用循环冷却水)，能耗较高，投资较大。采用空冷的天然气冷却系统主要由空冷器、风机和联结管道组成。由于空气传热系数较小，因此所需传热面积很大。空冷器特别适合于无水或缺少水的地区使用，在输气管道上空冷器已得到普遍采用。

2. 燃气轮机-离心式压缩机站的辅助系统

1)润滑油系统

燃气轮机离心式压缩机润滑油系统，一部分属机组本身的，另一部分属于全站公用的。离心压缩机单机供油系统既可润滑机组轴承，保持压缩机的密封，也可为机组的液压控制系统服务。

2）离心式压缩机的油密封系统

压缩机油密封系统的作用是润滑压缩机径向止推轴承，同时防止天然气通过止推轴承泄漏。

3）油冷却系统

油冷却系统的主要作用是用来冷却轴承的润滑油，使其温度不超过允许极限（75℃）。通常油冷和天然气冷却合并为一个冷却系统，一般采用水冷，也可采用空冷。

第三章　天然气储存

第一节　天然气储存目的

在天然气供应和需求之间始终存在着不均衡性。随着天然气消费量的增长，天然气的平均运距和运时都大大增加，更使得供需不均衡的矛盾加剧。引起天然气消费需求量不均衡的主要原因是季节性气温变化、人们生活方式造成的用气量变化以及某些用气企业生产、停产检修及事故等引起用气量的不均衡性。为了能够安全、平稳、可靠地向用户供气，就需要进行天然气储备，即把用气低峰时输气系统中富余的天然气储存在消费中心附近，在用气高峰时用以补充供气量的不足和在输气系统发生故障时用以保证连续供气。

天然气储存的意义在于：它是调节供气不均衡性最有效的手段，可减轻季节性用量波动和昼夜用气波动所带来的管理上和经济上的损害；保证系统供气的可靠性和连续性；可充分利用生产设备和输气系统的能力，保证输供系统的正常运行，提高输气效率，降低输气成本。

第二节　天然气储存方式分类

城市天然气的用气量及各类用户的用气情况具有小时、日、月及季节的不均衡性，而天然气气源的供应量基本上是一个常量，不可能完全随用气量的变化而随时变化，特别是长距离输气管道，为求得最高的效率和最好的经济效益，希望在某一较恒定的输气量下工作。为了满足用户的用气需求及保证不间断地供气，应考虑生产与使用的平衡问题。解决用气和供气之间不平衡问题的途径有：

(1)改变气源的生产能力和设置机动气源。

(2)利用缓冲用户和发挥调度的作用。

(3)利用各种储气设施。

前两种途径由于受到气源生产可行性、供气安全可靠性和技术、经济合理性要求的限制，不可能完全解决供需的不平衡问题。而建设一定规模的储气设施，当用气量处于低峰时，将多余的气体储存起来；当用气量处于高峰时，不足的气量由储气设施中的气体来补充，是调节和缓和供气均衡性与用气不均衡性矛盾的最有效的方法之一。目前，天然气的储存主要分为气态储存、液态储存等。

一、气罐储气

(一)低压气罐

低压气罐有湿气和干气两种。低压气罐的特点是它的储气体积能在一定范围内变化。

图 5-3-1 所示为湿气直立罐，它由水槽、钟罩、塔节、水封、顶架、导轨、立柱、导轮、增加压力的加重装置及防止造成真空的装置等组成。气罐的进出气管可以分为单管及双管两种。当供应的气体组分经常发生变化时，使用双管，进气、出气各一根管子，以利于气体组分混合均匀。

单节低压湿气气罐体积一般不超过 3000m^3，大容量的为多节罐。

另一种低压湿气罐——螺旋罐，如图 5-3-2 所示。这种罐设有导轨立柱，罐体靠安装在侧板上的导轨与安装在平台上的导轨之间的相对运动，使其缓慢旋转上升或下降。螺旋罐的主要优点是比直立罐节省金属 15%~30%，且外形较为美观，故在我国得到广泛应用。

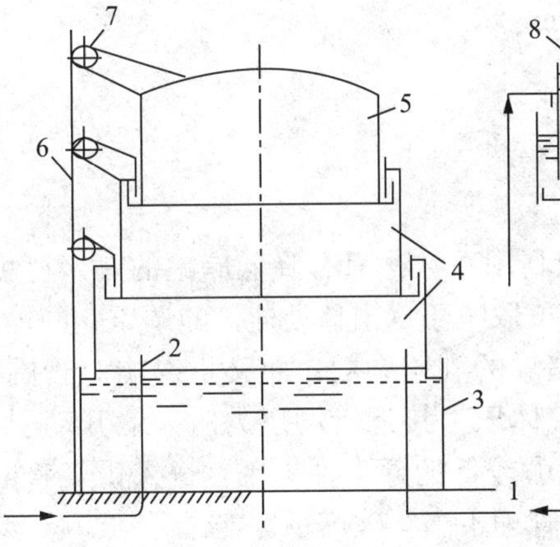

图 5-3-1　多节直立式湿气气罐

1—进气管；2—出气管；3—水槽；4—塔节；5—钟罩；6—导向装置(导轨立柱)；7—导轮；8—水封

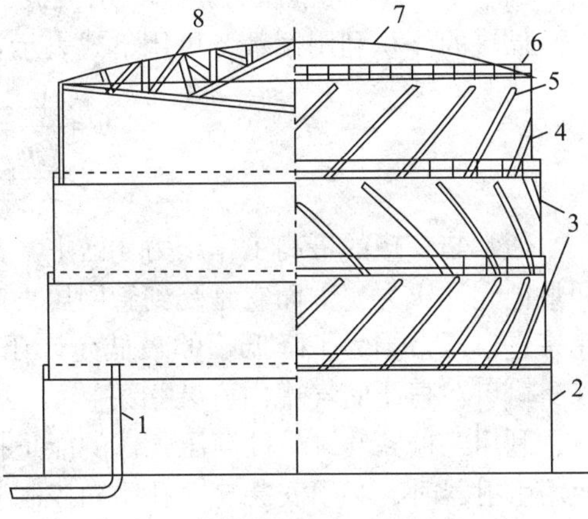

图 5-3-2　螺旋罐示意图

1—进气管；2—水槽；3—塔节；4—钟罩；5—导轨；6—平台；7—顶板；8—顶架

干式气罐主要由圆柱形外筒、沿外筒上下运动的活塞、底板及顶板组成。气体储存在活塞以下部分，随活塞上下而增减其体积。干式气罐没有水槽，因而产生复杂而不易解决的密封问题，也就是如何防止活塞与外筒之间的漏气。根据密封方式的不同，干式气罐的形式很多。图 5-3-3 所示为应用较多的克隆型干式气罐。它采用干式密封，由树胶和棉织品薄膜制成的密封垫圈安装在活塞的外周，借助于连杆和平衡重物的作用紧密地压在侧板内壁上。这种结构已经满足了气体密封的要求，但为了使活塞能够灵活平稳地沿侧板滑动，还要定期注入润滑脂。

干式气罐没有水封，大大减少了罐的基础荷载，有利于建造大型储气罐，又节省金属，但因密封复杂，提高了对罐体及活塞等部件施工质量的要求。

(二)高压气罐

最常见的高压气罐就是球形罐和圆筒形卧式罐。高压气罐的几何体积固定不变，是靠改变其储气压力来储存气体的，故又称定体积罐。

高压储气罐的有效储气体积可按下式计算：

$$V=V_c(p-p_c)/p_0 \qquad (5\text{-}3\text{-}1)$$

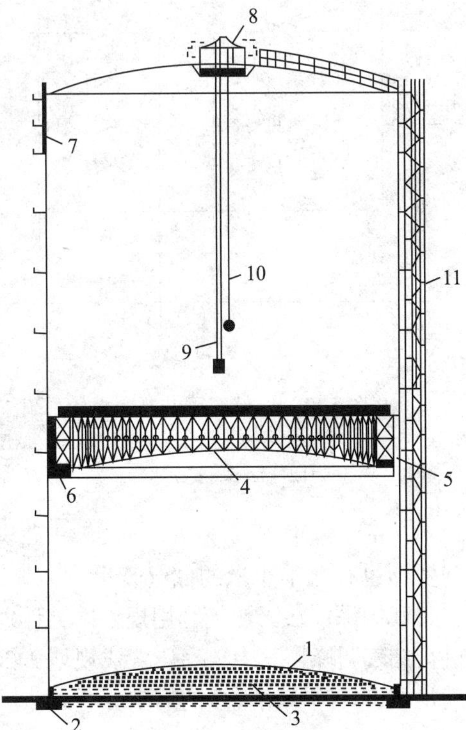

图 5-3-3　克隆型干式气罐示意图

1—底板；2—环形基础；3—砂基础；4—活塞；5—密封垫圈；6—加重块；7—燃气放散管；8—换气装置；9—内部电梯；10—电梯平衡块；11—外部电梯

式中　V——气罐的有效储气体积，m^3；

V_c——气罐的几何体积，m^3；

p——气罐最高工作绝对压力，Pa；

p_c——气罐最低允许绝对压力，Pa；

p_0——工程标准压力，$p_0=101325Pa$。

储罐的体积利用系数，可用下式表示：

$$\varphi=\frac{V}{\frac{V_c p}{p_0}}=\frac{V_c(p-p_c)}{V_c p}=\frac{p-p_c}{p} \tag{5-3-2}$$

通常储气罐的最高工作压力p已定，欲提高体积利用系数，只有降低储罐的剩余压力，即最低允许压力p_c，而它是受到管网压力限制的，其值取决于罐出口处连接的调压阀的最低允许进口压力。为了降低罐的最低允许压力，提高储罐的利用系数，而又不影响对管网供气，可以在高压储气罐内安装引射器。当储气罐内气体压力接近管网压力时，就开动引射器，利用经过储气罐站的高压气体的能量把气体从压力较低的罐中抽出来，送入供气管网。使用引射器时，必须安装自动开闭和控制装置，否则管理不当会破坏正常工作。

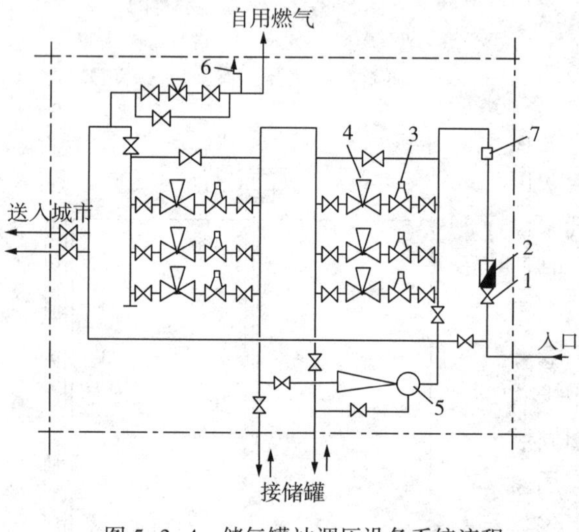

图5-3-4　储气罐站调压设备系统流程
1—阀门；2—逆止阀；3—安全阀；4—调压阀；
5—引射器；6—安全水封；7—流量孔板

图5-3-4为高压储气罐站的调压设备系统流程图。在入口的地方安装了逆止阀，防止干线停气时储气罐内的气体倒流。

(三)高压管束

高压管束实质也是一种高压储气罐，不过因其直径较小，所以能承受更高的压力。高压管束储气是将一组或几组钢管埋于地下，利用气体的可压缩性及其高压下同理想气体的偏差进行储气。天然气在16MPa和15.6℃的条件下比理想气体的体积小22%左右，使储气量大为增加。

管束储气运行压力较高，埋在地下较安全，但储气量不大，占地面积较大，压缩机站和减压装置的建设投资和操作费用高。管束储气主要用作城市配气系统昼夜调峰。英美等国每个储气管束的容量约为$28\times10^4m^3$，工作压力为6.3～7.0MPa。美国有300家公司经营的储气管束总长约9700km，俄罗斯也有几千千米的储气管束。

我国深圳在天然气利用规划中，计划采用高压管线和城市门站不加压管束联合储气的方式进行储气调峰。其中，高压管线规划242km，门站管束18km，储气能力可达到$110\times10^4m^3$，可满足城市日调峰用气量的需求。

二、天然气的液化储存

甲烷的临界温度为-82.1℃，临界压力为4.49MPa。在0.055MPa压力下，达到-161℃，甲烷即可液化。使用的液化温度取决于储存压力。最常采用的是深度冷冻法，将天然气冷却至-163℃，在常压、低温下储存。天然气的液态体积约为气态的1/600。

储存液化天然气的储罐通常由内罐、外罐和中间填充的绝热材料构成。内罐又称“薄膜罐”，是由耐低温的薄钢板制成的具有液密性、可挠性的容器。外罐是能承受各种负荷的外壳，它必须具有足够的强度，其材料可以是钢的、钢筋混凝土的，甚至是冻土层。

天然气液化后在常压、低温下储存比较安全，负荷调节范围广，适于调节各种情况(月、日、时)的供气与用气之间的不平衡。用气高峰时，再汽化后，即可供气。

天然气的液化和再汽化都要消耗一定的能量，只有储存量较大时经济上才合算。

LNG 工业链主要包括天然气预处理、液化、储存、运输、利用 5 个系统，如图 5-3-5 所示。天然气经过净化处理(脱水、脱烃、脱酸性气体)后，采用节流、膨胀或外加冷源制冷工艺，使甲烷变成液体，成为优质的化工原料及工业、民用燃料。

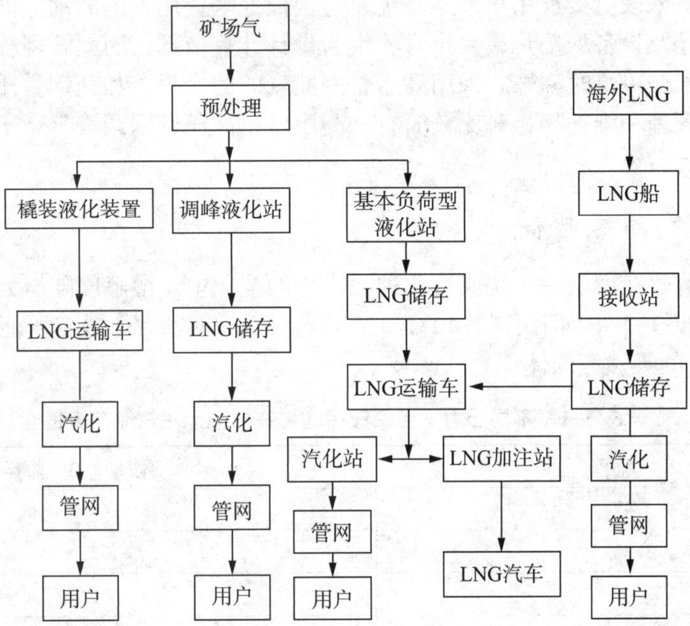

图 5-3-5　液化天然气工业链

世界上 LNG 调峰方式主要包括 3 类：

1. 终端储罐调峰方式

如韩国天然气公司在 LNG 消费高峰期间，从全球 LNG 市场上进口 LNG 现货，用以填平 LNG 长期合同签订量和短期 LNG 消费高峰之间的差距。

2. 小型 LNG 液化调峰方式

调峰型液化装置指为调峰负荷或补充冬季燃料供应的天然气液化装置，通常将低峰负荷时过剩的天然气液化储存起来，在高峰时或紧急情况下再汽化使用。在北美特别是美国采用这种调峰方式较多。

天然气液化调峰站主要采用两种方式满足天然气高峰需求：第一种是从管道内取气，然后将其液化储存，在天然气需求高峰时，将 LNG 再汽化，并送回管道；第二种是在天然气液化调峰站内，设有 LNG 卸载站以接收来自其他地方的 LNG。

调峰型 LNG 装置在匹配峰荷和增加供气的可靠性方面发挥着重要作用，可以极大地提高管网的经济性。与基本负荷型 LNG 装置相比，调峰型 LNG 装置是小流量的天然气液化装置，并非常年连续进行，生产规模较小，其液化能力一般为高峰负荷量的 1/10 左右，其液化部分常采用带膨胀机的液化流程和混合制冷剂液化流程。

3. 小型 LNG 汽化调峰方式

即采用 LNG 卫星站的方式进行供气和调峰。这种方式主要用于 LNG 卫星站供气城市内部的调峰需求。美国大多数 LNG 储存设施就属于地方燃气公司。

三、长输管道末段储气

利用长输管道末段起、终点的压力变化，从而改变管道中的存气量，达到储气的目的。用气低峰时，多余气体存入管道中，起、终点压力提高。用气高峰时，不足的气体，由管道中积存的气体补充，起、终点压力降低。

对于城市管网，可以利用城市高压管网储气，它与长输管道末段储气原理相似。城市高压管网比长输管道末段更接近用户，能够更及时快捷地响应用气的波动。同时，由于城市燃气管网系统的管径及设备均按月最大小时流量为设计计算依据，因此管网输气能力富裕量非常大，非常有利于解决小时调峰。采用高压管网储气的储气投资和耗钢量比建地上金属储罐低，而且操作、管理和维护都相对比较简单。利用城市高压管网调峰有利于接收各方面来的天然气及平衡输气系统工况。

四、天然气的溶解储存

天然气可以溶解在丙烷、丁烷或这两种混合物的溶剂中，溶解度随压力的增加和温度的降低而提高。表 5-3-1 中列出了在-40℃温度下不同压力时，1m^3 罐容所能储存的天然气量(工程标准状况下的天然气的体积)。

表 5-3-1 不同压力下包括液相增量在内的天然气储存容量

压力/MPa	1m^3 罐容储存天然气的容量/m^3
1.47	43.5
1.96	52.6
2.45	71.9
2.94	35.8
3.43	99.2
3.82	110.0

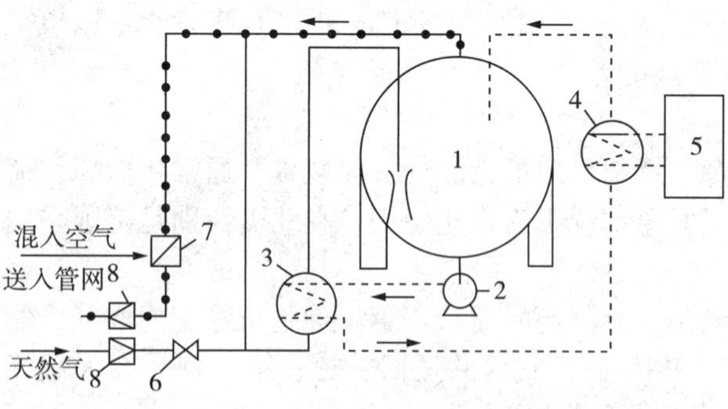

图 5-3-6 天然气溶解储存系统

1—储罐；2—循环泵；3—换热器；4—冷却器；5—制冷装置；6—限流阀；7—热值调节器；8—调压阀

天然气溶解于低温液化石油气中的储存系统见图 5-3-6。干线来的天然气经调压阀 8、限流阀 6 后，一部分进入城市管网，另一部分在用气低峰期经换热器冷却后进入储罐。限流阀 6 的作用是使干线的输量均衡稳定，提高管道的输送效率。液化石油气由循环泵 2 送入换热器 3，与天然气逆流换热，换热后其温度略有升高，而后经冷却器 4 冷却至运行温度进入储罐。用气高峰时，储罐压力高于管网压力，天然气自动向管网补充，直到罐内压力降到 1MPa 以下时，罐内蒸汽压减小，液化石油气将自动地掺混到天然气中送入管网，此时可燃气体的热值将会增高。为保证燃具的正常工作，热值调节器 7 会自动掺混空气加以调节。

天然气在低温石油气中储存所消耗的能量比天然气液化储存所需的能量小很多，储存能力比气态储存时高 4~6 倍(视压力、温度而定)，而且这种系统操作简单、安全和经济。

五、天然气水合物(NGH)的固态储存

天然气固态储存就是将天然气(主要是甲烷)在一定温度、压力条件下，转变为固态的水合物，储存于钢制储罐中。

天然气水合物能在较低的温度和压力形成，水合物的形成温度为 0~4℃，压力为 4~6MPa。一般 1m^3 水合物能储存 150~180m^3 的天然气，且水合物的储存条件比较温和。水合物的这些优点使水合物有可能成为一种新的储气调峰方式。采用天然气水合物的方式储气调峰，水合物的形成可以充分利用来气的压力。水合物可以先在反应釜中形成，然后转移到常压下储存，也可以采用水合物直接在反应釜中形成。由于水合物形成后具有自保性能，因此形成后可以在常压温度为-20~-15℃下稳定储存。

由于水合物的形成和储存温度较低，水合物的形成放出大量的生成热，所以必须进行降温并采取一定的保温措施。

水合物储气调峰的流程见图 5-3-7。

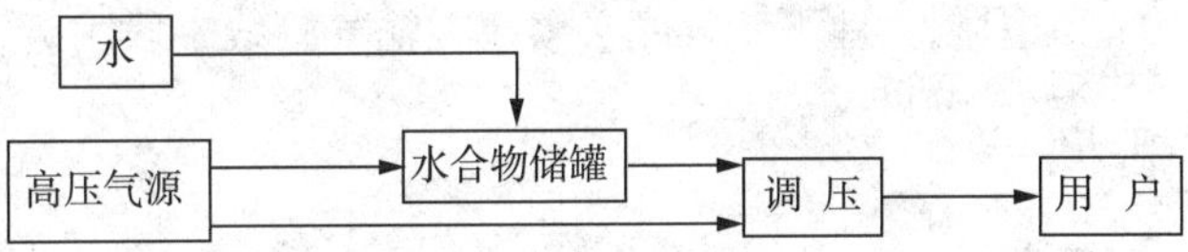

图 5-3-7　水合物储气调峰的流程

当供气量大于用气量时，利用来气的压力，气体与降温后的水在水合物储罐中接触后形成水合物。水合物形成后，降温、卸压，常压(或 0.3~0.5MPa)储存于储罐中。当供气量小于用气量时，高压气源的气体直接减压后输送到用户，同时，给储罐内水合物升温。使水合物汽化，调压后输送到用户。

由上述讨论中可以看出，天然气固态储存的优点是非常明显的，设备也不复杂，但由于再汽化和脱水工艺上的原因，这种方法目前还处于研究阶段，尚未被实际使用。

六、天然气吸附储存

吸附天然气简称 ANG。利用高比表面、富微孔的吸附剂在中低压下吸附储存天然气，可以实现高压下 CNG(压缩天然气)的储气能量密度，这是吸附储存天然气的基本原理(见图5-3-8)。在储存容器中加入吸附剂后，虽然吸附剂本身要占据部分储存空间，但因吸附相的天然气密度高，总体效果是将显著提高天然气的体积能量密度。ANG 的最大优点在于中压(3.5~5MPa，仅为 CNG 的 1/5~1/4)下即可获得接近于高压(20MPa)下 CNG 的储存能量密度。因其储气压力低，故在储气

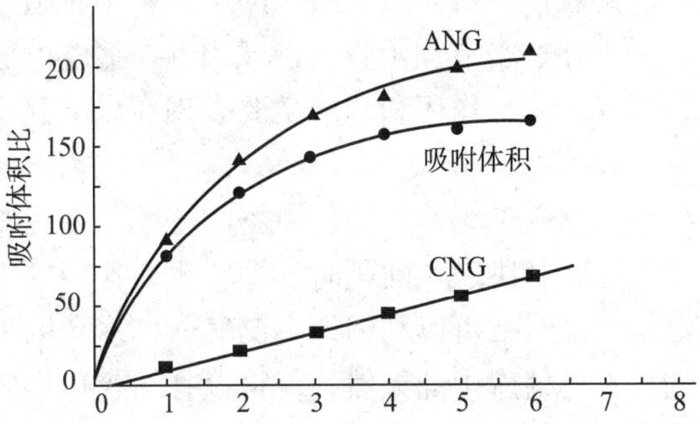

图 5-3-8　ANG 的储存原理图

第五编 CHAPTER FIVE 天然气长输管线及各种储存工艺和计量

设备的容重比、形式、系统的成本等方面较 CNG 有较大的优势。

对于 ANG 储存来说，高比表面的活性炭是必要的。高比表面的活性炭是指比表面积为 $2000\sim4000m^2/g$ 的活性炭，又称超级活性炭，一般活性炭的比表面积为 $1000m^2/g$ 左右。超级活性炭的制备以煤、果壳、塑料等为原料。制备方法分为物理法和化学法，整个过程又可以分为炭化与活化两个阶段。物理法是以水蒸气或 CO_2 为活化剂，而化学法是以 KOH、$ZnCl_2$、H_3PO_4 等为活化剂。但用化学法得到的吸附剂微孔少，因此后来都采用物理活化法。制备超级活化炭的关键是选择合适的炭化料，确定合适的活化条件，严格控制烧失率。

但是，在 ANG 技术的应用中仍存在许多因素，如脱附时天然气的滞留量大(约 30%)；吸附剂的装填密度低，降低了储罐单位体积的储气量；吸脱附时的热效应(甲烷吸附热约 12kJ/mol)降低了储气能力；重烃与水对吸附剂的污染；吸附剂结构对吸脱附量的影响。

储存天然气时，由于储存体积本身的限制，应考虑单位体积的吸脱附量而不是单位质量吸附剂的吸脱附量。

第三节　地下储气库

建地下储气库是目前世界上最有效、适用范围最广的调峰措施。为了使地下储气库能及时对用气量的变化作出反应，用于调峰的地下储气库通常建在用气负荷中心附近。特别是当供气不足，由于受管道输气能力限制，地下储气库必须建在输气管线末段附近才能正常发挥作用。

一、储气库现状

(一)地下储气库类型

地下储气库经过长期的发展，截至目前主要有四种类型的储气库。一是枯竭气油气藏储气库。这种储气库在全世界范围得到最广泛的应用。二是含水层储气库。这种储气库是天然气注入地层岩石的含水层，直至把水驱赶到边缘而形成的。三是盐穴储气库。这种储气库是将新鲜水注入盐层中，盐层经过水的溶淋会形成很多的洞穴，从而在这些洞穴中储存天然气。四是矿坑及岩洞地下储气库。开凿山峰或采矿，会留下很多岩洞或洞穴，利用这些废弃的岩洞和洞穴进行天然气的储存。这种地下储气库在世界上分布极少，因为符合条件的矿坑和岩洞很少。

(二)地下储气库的作用及功能

随着世界对天然气需求的增长，用管道输送天然气不能解决天然气需求存在的矛盾，比如需求存在季节性矛盾，造成用气与输气的不均衡，这种情况下就有必要建立地下储气库。地下储气库的作用和功能主要表现在以下几个方面。

1. 解决调峰问题

天然气市场需求随着市场的变化而变化，用管道输送天然气时很难实现供需平衡。地下储气库在解决这一问题时发挥了重要作用。天然气市场受需求量和管道供气量影响，当前者低于后者时，可以利用地下储气库把多余的天然气资源储存起来，当前者大于后者时，之前储存在储气库中的天然气就可以补给管道供气量的不足。这样就能很好地满足市场需求，不浪费天然气。

2. 解决应急安全供气问题

在现实情况中，一些用户根据生产和生活的需要会临时增加随天然气的需求量，这时就可以利用地下储气库提供应急供气服务。另外长期使用的天然气管道，出现突发事故或遇到自然灾害是不可避免的，且也要按计划对供气管道进行检修，出现这些情况就需要对终端供气进行检修维护，这时地下储气库就派上大用场，可以继续向用户供气，保障生产和生活。

3. 优化管道的运行

以往无论是管道的运行系统，还是天然气的生产系统，很容易受到市场对天然气需求量季节性变化的影响，利用地下储气库可以减少两者受市场的影响。同时，因为有了地下储气库，天然气生产和管道运输之间也可以实现一定程度的均衡，最大限度地利用输气管道的能力。因为运行效率和输气效率都得到很大提高，输气成本也会明显下降。

4. 用于战略储备

地下储气库也是国家的一种战略储备。当今世界并不太平，恐怖主义、霸权主义仍然影响世界的和平与发展。一些国家发生动乱，破坏了世界的能源运输通道及能源设施，包括天然气管道等；国家遭遇战争，受到别国的能源封锁。一旦出现上述情况，国家将面临严重的能源危机。因为能源是经济社会发展的根本动力，没有能源国家经济就面临危机。地下储气库，也是一种能源战略储备，在关键时刻，能够为国家提供必要的能源，维护国家的正常运转。

5. 提高经济效益

市场经济下，天然气价格会出现波动，价格波动的过程中地下储气库发挥了一定作用，一般天然气需求是呈现季节性变化的，在用气高峰时，供不应求，此时天然气价格最高。此时用地下储气库，一方面供气方可以获得很高的利润，另一方面因为供需矛盾得到一定程度的缓解，天然气价格会下降，用气方也从中获利。

(三)地下储气库发展现状

1. 国外储气库发展现状

自20世纪初，国外就已经开始建设地下储气库。1915年，加拿大首次在安大略省的WELLAND气田进行储气试验；1916年，美国在纽约布法罗附近的枯竭气田ZOAR利用气层建设储气库，1954年在CALG的纽约城气田首次利用油田建成储气库，1958年在肯塔基首次建成含水层储气库，1963年在美国科罗拉多DENVER附近首次建成废弃矿坑储气库；1956年，法国开始地下战略储气库的建设；1959年，苏联建成第一个盐层地下储气库。

从储气库近一个世纪的发展来看，无论是季节调峰、应急供气，还是战略储备，都已经成为各国非常重视的一项工程。北美、欧洲、独联体、亚洲、大洋洲和中东(主要是伊朗)等地区都在积极地开发和建设地下储气库，已成为天然气工作体系中不可或缺的重要组成部分。从国家和地区分布来看，全球地下储气库主要分布在天然气市场成熟的地区，北美、欧洲和独联体国家(主要是俄罗斯和乌克兰)拥有全球98%的在运地下储气库，其中有超过三分之二的储气库集中分布在北美地区，占全球储气库工作气量的近40%，占全球天然气日产量的一半。据国际天然气联盟(IGU) 2018年数据，全球共有地下储气库近700座；总工作气量达$4165\times10^8m^3$，约占全球天然气消费量的11.8%，主要分布在北美和欧盟，北美占37%，欧盟占26%，独联体国家占28%(见表5-3-2)。

表5-3-2 国外主要国家地下储气库简况

国家	消费量/10^8m^3	地下储气库数量/座	工作气量/10^8m^3	高峰采气能力/($10^4m^3/d$)	工作气量占比/%
美国	7786	393	1360.8	3406	17.5
俄罗斯	4248	23	718.5	798	16.9
乌克兰	290	13	321.8	264	111.0

续表

国家	消费量/10^8m^3	地下储气库数量/座	工作气量/10^8m^3	高峰采气能力/($10^4m^3/d$)	工作气量占比/%
加拿大	999	66	265.8	266	26.6
德国	805	49	238.3	690	29.6
意大利	645	12	173.6	244	26.9
荷兰	336	5	123.8	278	36.9
法国	426	16	129.8	224	30.5
奥地利	87	8	76.7	93	93.3

2. 我国储气库现状

我国对地下储气库的建设起步较晚。在大庆曾利用枯竭气藏建造过两座地下储气库。萨尔图1号地下储气库于1969年建成，运行十多年后，因储气库与市区扩大后的安全距离问题而被拆除。大庆喇嘛甸地下储气库于1975年建成，于1999年对储气库进行扩建。20世纪90年代初，我国真正开始研究地下储气库。随着陕京天然气管道一线工程的完工，2000年11月，我国首次在大港油田利用枯竭凝析气藏建成了大张坨地下储气库。

随着全球天然气消费量不断增大，天然气储备资源显得尤为重要。为了解决天然气市场供需矛盾，中国社会科学院世界经济与政治研究所王永忠指出，建设大规模的储存设施可以扩大天然气的储量，以应对紧急情况，对保证国家能源安全具有重要意义。天然气是主要的清洁能源类别之一，对中国实现减少二氧化碳排放的目标至关重要，因此，中国目前对天然气有相当大的需求。根据国家统计局的数据，在2021年期间，国内天然气产量同比增长10.4%，进口天然气总量增长22.2%。中国呈现出供不应求的天然气现状，因此，需要依靠进口天然气以满足国家需求。但由于恶劣的天气条件以及其他突发事件等，进口存在一些风险，天然气进口可能会放缓。为了更高效地应对我国天然气短缺问题，发展天然气地下储存库、提升天然气储存能力、保障国家的电力供应等措施具有重要意义。

国际天然气联盟(IGU)分析认为：天然气的对外依存度和地下储气库工作气量存在一定的关系，当天然气对外依存度超过30%时，地下储气库工作气量需要超过天然气消费量的12%；当对外依存度超过50%时，地下储气库工作气量需要达到天然气消费量的20%。

国家管网公司的成立有效推动了天然气管网建设，天然气输送能力明显提高，储气调峰能力显著增强。四大天然气进口通道的修建工作稳步进行，部分管道(中俄东线中段管道和青宁管道)已实现投产运行。截至2021年底，全国建成储气库28座(见表5-3-3)，调峰能力达到$165×10^8m^3$，但储气量仅占当年天然气消费量的4.4%，远低于国际天然气联盟提出的12%指标要求。然而，鉴于中国的能源结构，扩大天然气储气库只能在短期内缓解当前的电力短缺，还需要从多个方面加以解决。

表5-3-3 我国已建成储气库统计

储气库(群)	类型	投产时间	数量/座	运营公司
大庆喇嘛甸储气库	油气藏	1975年	1	中国石油
大港储气库(群)	油气藏	2000年	6	中国石油
大港板南(群)	油气藏	2014年	3	中国石油
京58群气库(群)	油气藏	2007年	3	中国石油
苏桥储气库(群)	油气藏	2013年	5	中国石油

续表

储气库(群)	类 型	投产时间	数量/座	运营公司
双6储气库	油气藏	2016年	1	中国石油
刘庄储气库	油气藏	2011年	1	中国石油
相国寺储气库	油气藏	2013年	1	中国石油
呼图壁储气库	油气藏	2013年	1	中国石油
陕224储气库	油气藏	2015年	1	中国石油
中国石油金坛储气库	盐穴	2012年	1	中国石油
文96储气库	油气藏	2017年	1	中国石化
中国石化金坛储气库	盐穴	2017年	1	中国石化
文23储气库	油气藏	2019年	1	中国石化
港华金坛储气库	盐穴	2018年	1	港华燃气

(四)我国地下储气库建设的发展机遇与挑战

1. 机遇

我国于2020年开始制定相关政策并采取强有力的措施，设定了未来10年达到二氧化碳排放峰值的目标，并预计于2060年实现“碳中和”。在国家“双碳”目标的背景下，地下储气库的建设具有重大意义。受天然气消费需求影响，我国主要有两大消费特点：①消费的供不应求；②在空间和时间上存在严重的供需不均衡。因此，中国地下储气库建设面临非常好的发展机遇。

2. 挑战

随着我国经济的高速发展，能源需求日益增长，天然气地下储气库在能源安全消费中占有重要地位，当前面临着建库资源、关键技术、市场化机制等一系列的挑战。我国天然气行业面临的主要风险是全球天然气行业竞争对国内勘探开发体系的影响。与国际大型天然气生产国相比，中国天然气产业开发的成本高，回收难度大。

在低油价下，中国天然气行业很容易受到进口LNG价格持续下跌的影响。未来，随着LNG供应的爆炸式增长，大量产气企业使用自建终端来满足生产用气量的情况将更加普遍。受管道距离和区域天然气价格溢价的影响，沿海地区天然气价格相对较高，输往沿海地区的管道天然气必然首先受到进口LNG价格较低的影响。

利用地层储气，成本低、储气量大，是解决供气与用气月(或季度)不均衡的最佳手段，因而得到广泛应用。目前全世界在用的天然气地下储气库有596个，工作气的容量为$3078\times10^8m^3$，相当于世界天然气消费量的13%。枯竭气层储气库是应用最广泛的储气方式，占储气库总数的77.6%。

早在1915年，加拿大建成世界上第一个地下储气库。美国第一座地下储气库建于1916年，从1947年起又有显著增长，每年约以增长$56\times10^8m^3$储存体积的速度发展，至1970年已有地下储气库325座，总储存体积达$1466\times10^7m^3$。相当于年消费量的20.3%。我国于1975年在大庆油田建成了第一个地下储气库，该地下储气库是大庆合成氨的原料工程之一，建在喇嘛甸油气田顶部，地面设施的设计注采能力为$40\times10^8m^3$，1995年注气量为$2060\times10^4m^3$，不足库容的0.5%，通过两次扩建，大庆喇嘛甸地下储气库的日储气能力达到$100\times10^4m^3$，年注气能力达到$1.5\times10^8m^3$，总库容已经达到了$25.0\times10^8m^3$。

我国首次大规模采用储气库调峰是在陕京输气管道工程上。为了解决北京市季节用气的不均衡性问题，保证向北京市稳定供气，1999年修建了大港油田大张坨地下储气库。大张坨地下储气库采用目前国内最先进的循环注气开采系统，有效工作采气量为$6\times10^8m^3/a$，特殊时期的最大日调峰能力为$1000\times10^4m^3$。

为保证西气东输管道沿线和下游长江三角洲地区用户的正常用气，现在长江三角洲地区选择了江苏省金坛市的金坛盐矿和安徽省定远市的定远盐矿建设盐穴地下储气库。这两个盐矿地理位置优越，地质条件得天独厚，盐矿储量规模大，含盐品位高，地面淡水资源丰富，盐矿开采已形成一定规模。设计总的调峰气量为$8\times10^8m^3$，有效储气量为$17.4\times10^8m^3$，建成后日注气量为$1500\times10^4m^3$，日采气量为$4000\times10^4m^3$，完全可以满足长江三角洲地区季节调峰的要求，于2008年前建成投入使用，2020年达到建设规模。

利用地层储气，必须准确地掌握地层的有关参数：孔隙度、渗透率、构造形态和大小、储气层厚度等。对于枯竭的油气田而言，这些参数都是已知的，而且还有原有油气井、井场设备和管线等可以利用，这无疑是非常有利的，因此已枯竭的油气田是最好和最可靠的地下储气库。

利用含水多孔地层储气是20世纪50年代储气技术的重大发展，它给缺乏枯竭油气田的地区提供了发展地下储气库的可能性。通常选择有足够面积和厚度、其上有良好不渗透覆盖层的砂岩或砂层来储气。法国拉克气田东北部的吕萨尼地下储气库就是一个含水层储气库。储气层由非均质的陆相未胶结砂层组成，地层厚度为45~50m，盖层为不透气的泥灰岩，储气能力为$5\times10^8m^3$。

利用盐岩层建造储气库有两种：一种是利用盐岩层内的天然岩穴储气，但很少；另一种是利用人造盐岩穴，是通过岩层注入淡水，将盐岩溶解后，排除盐水而形成。天然气在高压下注入盐穴储气库，当需要时打开井口即可。

二、地下储气库的基本参数

(一)储气容量和规模

建造地下储气库储存天然气的主要目的是缓解天然气消费和供应的不均衡性。而要确定补偿“高峰”期间天然气消费量范围是极其复杂的，因为天然气需求量的波动与消费者结构有极大关系，而且具有随机性。

对天然气的总储备可人为地分成：

(1)季节储备：为缓解天然气消费的季节性波动(冬季取暖和动力消耗大)。

(2)高峰储备：为补偿小时和昼夜用气“高峰”中增高的用气量。

(3)事故储备：为保证在供气系统中事故期间对消费者供气。

这几种储备都可按一定数量来补偿因事故而对消费者未供足的气量，但这并不影响一年内的事故储备量。

下面介绍两种储备量(规模)的确定方法：

1. 季节储备量的计算

天然气消费量存在着时间上的不均衡性，为缓解季节性耗气量的不均衡性而实行天然气季节储备，其储备量有以下3种计算方法：①按温度不足差(即日平均温度与某标准温度之间的差值)数和1个温度不足差所必需的热量；②按所有各类用户采暖用标准耗气量；③按耗气量的月不均衡性系数。

知道了耗气量的月不均衡性系数之后，必须储备的季节储备量(有效量)就可按式(5-3-3)计算：

$$Q_a=\sum_{i=1}^{n}(Q_{CM}-Q_{iM})=\sum_{i=1}^{n}Q_{CM}\left(1-\frac{Q_{iM}}{Q_{CM}}\right)=\frac{Q_r}{12}\sum_{i=1}^{n}(1-K_{iM}) \tag{5-3-3}$$

式中　Q_a——储备气量；

Q_{CM}——月平均耗气量，$Q_{CM}=Q_r/12$；

Q_r——年耗气量，m^3；

Q_{iM}——月实际耗气量；

K_{iM}——月不均衡性系数，$K_{iM}<1$；

n——系数。

2. 事故储备量的计算

为了不间断地向消费者供气，必须建立等于全部事故停输而未供足气量的储备。一年应按三个时期分析对消费者的事故性未供足气量：第一时期为一季度和四季度(共 0.5 个日历年度)，第二时期为二季度(0.25 个日历年度)，第三时期为三季度(0.25 个日历年度)。下面介绍每个时期未供足气量的计算方法。

第一时期：在一季度、四季度，地下储气库储备的天然气主要用以补偿冬季增大的取暖和动力消费量，因此，用于补偿事故性未供足气量的气体非常少。这一时期系统对消费者事故性未供足气量可按式(5-3-4)计算：

$$Q_H^{I}=0.5\alpha_q qT_0L \tag{5-3-4}$$

式中　Q_H——事故性未供足气量，10^6m^3；

α_q——某结构系统发生事故时的输气量损失系数；

q——干线输气管的计算通过能力，$10^6m^3/d$；

T_0——在日历年度内输气管系统处于事故状态的时间，$d/10^3km$；

L——输气管系统的长度(以单线计算)，10^3km。

第二时期：在二季度，因地下储气库中储存的气量已不多，已不能由地下储气库来补偿对消费者未供足的气量。这一时期的事故性未供足气量可按式(5-3-5)计算：

$$Q_H^{II}=0.8\alpha_q 0.25qT_0L_{aa}=0.2\,\alpha_q qT_0L^* \tag{5-3-5}$$

按地下储气库的工况(二季度、三季度注入天然气，一季度、四季度抽出天然气)，对地下储气库的日平均供气量为 $0.2q$，日平均消费量为 $0.8q$。

第三时期：在三季度，对消费者的事故性未供足气量，可部分地用地下储气库储存气体给以补偿。在运行工况下的日平均抽气量等于 $0.2q$。这一时期的事故性未供足气量按式(5-3-6)计算：

$$Q_H^{III}=0.8\alpha_q 0.25qT_0L-0.2q0.25T_0L=(0.2\alpha_q-0.05)qT_0L \tag{5-3-6}$$

从上述方法计算出事故性未供足气量后，便可计算出某系统的天然气事故储备量。

根据以上所述，为了在日历年度内不间断地向消费者供气，事故储备量或者地下储气库的事故储备规模，应等于上述三个时期计算的事故性未供足气量(或应储备量)之和，即

$$Q_p=0.5\alpha_q qT_0L+0.25\alpha_q qT_0L+0.25\alpha_q qT_0L=\alpha_q qT_0L=qT_{np}L \tag{5-3-7}$$

式中　T_{np}——输气管系统处于事故状态的拆合时间，约定由其来确定系统完全停止供气的时间，$d/10^3km$。

为便于计算任何系统，根据各时期在日历年度范围内的相对时间长度和系统结构，在输气量不变的情况下，苏联确定的各供气时期的储备系数为：

$$\alpha_q^{I}=0.5\alpha_q;\ \alpha_q^{II}=0.25\alpha_q;\ \alpha_q^{III}=0.25\alpha_q$$

对于数量最多的衰竭油气田型地下储气库，其最大储气规模(容量)可按式(5-3-8)近似计算：

$$V=S\cdot h\cdot m\cdot k\frac{p_n\cdot T_0}{p_0\cdot T_n\cdot Z} \tag{5-3-8}$$

式中 V——储气容量(20℃和工程标准压力下)，m^3；

S——储气层面积，m^2；

h——储气层高度，m；

m——储气层孔隙度，m；

k——气层含气饱和度；

p_n——储气层压力，Pa；

T_0——标准状态下温度，K；

p_0——标准状态下压力，Pa；

T_n——地层温度，K；

Z——天然气压缩系数。

在这些参数中，只有 p_n 可以通过改变注气压力进行人为控制。储层容量与储层压力成正比。应指出的是，实际的最大注气压力与相应的最大储气容量，国外经验是通过几个“注气—抽气”周期，在观测、分析和评价储气层圈闭的密封性基础上加以确定。

总体来说，扩大储气库规模可降低储气库的单位投资和储气成本。储气规模扩大2倍，相应费用可降低1/2。在同一条件下，建造一个规模较大的储气库总比建造几个规模较小的储气库要合理得多。

(二)最大允许压力

一般情况下，储气库中最大允许压力，可根据矿体侧压力计算：

$$p_{m,\Pi}\leqslant p_{\delta,r}=\eta_r p_{r,c} \tag{5-3-9}$$

式中 $p_{m,\Pi}$——最大允许压力；

$p_{\delta,r}$——矿体侧压力；

η_r——岩石内摩擦系数；

$p_{r,c}$——矿体静压力。

对于塑性岩石，η_r 可按式(5-3-10)计算：

$$\eta_r=\frac{1.73-\tan\alpha}{1.73+2\tan\alpha} \tag{5-3-10}$$

式中 α——岩石内摩擦角。

当 $\alpha>60.4$ 和 $\tan\alpha>1.73$ 时，无意义。考虑到安全系数，储气库中的最大允许压力应比矿体侧压力小30%~50%。

地下储气库的实践证明，当存在厚度超过3m的黏土盖层时，最大允许压力可按储层深度相应的标准静水压力计算，公式如下：

$$p_{m,\Pi}=\eta_0 p_0=\eta_0\rho_{Bq}H_0 \tag{5-3-11}$$

式中 ρ_{Bq}——淡水密度，kg/m^3。

根据盖层可靠性、注水泥质量和储气工艺要求，当 $p_{m,\Pi}=(1.3\sim1.4)\cdot10^4H_0\cdot p_a$ 时，η_0 的选取范围为1.3~1.5。在这种情况下，经验表明地层的渗透率不会遭到破坏，背斜中的液体不会通过储层顶部窜流到其他层系。

井口处的最大注气压力是由地层的特性决定的，可参考以下经验数据选取：

(1)可取与储气层平均深度等高的水柱静压头，当有5m以上厚度的黏土盖层时，可取这一静水压头的1.3~15倍。

(2)可取储气层的原始压力或原始压力的1.12~1.2倍。

(三)垫层气量与有效气量

地下储气库中储存的气体总量分为有效气量和垫层气量两部分。有效气量又称作气量，是指每年注入储气库后能从中采出的那部分天然气量；而垫层气残存气量，是指地下储气库运行期间长期留在储气库中的那部分天然气量。

垫层气的作用有：①在抽气结束时使储气库中维持一定的地层压力，从而保证储气库仍具有一定的产能，以满足地下资源保护要求和向用户地区输气的条件；②抑制地层水流入储气库；③提高气井产量；④减少天然气在压缩机站的压缩级数。

垫层气量越大，它所维持的储气库地层压力就越高，单井产量就越高，所需采气井数就越少，但并不是垫层气量越大就越好。垫层气量增大，储气库的有效气量就会相应减少，整个储气库的生产能力就会降低，储气库的初期投资和长期占用资金量就越大，储气成本就越高。建库初期注入的垫层气(天然气)在储气库初期投资中占了相当大的比重，达50%以上。

因此，正确确定垫层气量和有效气量，既有助于改善储气库的技术工艺指标，又有助于降低储气库的投资和运行费用。

决定储气库中垫层气量的因素有很多，如储层深度、地层的地质物理参数、地层厚度、储气库运行制度、气井运行工艺制度、抽气结束时井口气压等，而井口气体压力又与用户类型、连接管线长度、直径、通过能力及终端压力等有关。

除工艺因素外，垫层气量还取决于气井钻井费用、气井操作费用、垫层气单位成本、垫层气注入和补充操作费用、压气站投资和运行费用等。垫层气量、生产井数和压气站功率三者之间存在着相互关联、相互制约的关系。

垫层气量通常可按式(5-3-12)计算：

$$Q_{\sigma}=\Omega_{K}\frac{p_{K}Z_{a}}{zp_{a}} \tag{5-3-12}$$

式中　Q_{σ}——垫层气量，m^3；

Ω_{K}——饱和气层孔隙空间的恒定容积，m^3；

p_{K}——抽气结束时储气库中按地层孔隙空间容积计算的加权平均压力，MPa/cm^2。

垫层气量也可按式(5-3-13)计算：

$$Q_{\sigma}=\Omega_{K}\frac{p_{K}Z_{a}}{z_{K}p_{a}}+\alpha_{K}(\Omega_{H}-\Omega_{K})\frac{p_{B}Z_{a}}{z_{B}p_{a}} \tag{5-3-13}$$

$$或\ Q_{\sigma}=\frac{Q_{a}\frac{p_{K}}{z_{K}}[1+\alpha_{K}(\Psi-1)]}{\Psi\left(\frac{p_{H}}{z_{H}}-\alpha_{K}\frac{p_{K}}{z_{K}}\right)-\frac{p_{K}}{z_{K}}(1-\alpha_{K})} \tag{5-3-14}$$

式中　Ω_{H}、Ω_{K}——矿层孔隙空间开始的(抽气前)非水淹容积和最后的非水淹容积，m^3；

p_{K}、p_{B}——按地层孔隙空间非水淹容积和水淹部分容积计算的加权平均压力，MPa；

α_{K}——水淹地带气体体积饱和度系数，小数；

p_{H}——抽气前储气库中气体的折比压力，MPa；

Q_{a}——有效气量，m^3。

$$\Psi=\Omega_{H}/\Omega_{K}$$

垫层气量一般为有效气量的60%~140%，考虑到技术因素和经济因素，也可按储存气量的60%~120%选取。

有效气量的计算方法通常是根据耗气量的月不均衡性系数进行计算，公式如下：

$$Q_a=\frac{Q_r}{12}\sum_{i=1}^{n}(K_{Mmax}-1) \tag{5-3-15}$$

$$或\ Q_a=\frac{Q_r}{12}\sum_{i=1}^{n}(K_{Mmin}) \tag{5-3-16}$$

式中 Q_a——有效气量，m^3；

Q_r——根据所有用户用气定额并考虑地区气化发展计划计算的年平均需气量，10^6m^3；

K_{Mmax}——大于1的月不均衡性系数；

K_{Mmin}——小于1的月不均衡性系数；

n——大于或小于1的系数。

在某些情况下，如果在设计地下储气库时无年需气量的具体资料，可按式(5-3-17)计算有效气量：

$$Q_a=Q_{t.or}\alpha\beta+Q_{r,H,o}\eta \tag{5-3-17}$$

式中 $Q_{t.or}$——根据用气设施平均气温和热工特性计算的1年内用于取暖的气体量，m^3；

$Q_{r,H,o}$——除取暖以外的年需气量，m^3；

α——考虑年取暖负荷不完全由有效气量提供的系数(年取暖负荷变化范围0.4~0.8)；

β——考虑相关地区多年气候变化系数(该系数变化范围为1.2~1.5)；

η——考虑提高工艺需气量的计算系数，在冬季，η为0.01~0.02。

(四)压缩机的压缩比

在地下储气库的地面工程中，用于天然气增压的压缩功是最大的动力消耗。合理的压缩比对节能降耗和合理分配压缩级数都很重要。

由井口处的最大注气压力可以推算注气压缩机的出口压力。在出口压力一定的前提下，只能通过优选入口压力来确定适宜的压缩比。压缩机入口压力与输气干线至储气库节点处的管压相对应，节点处的管压既要与输气压力协调一致，又要兼顾注气压缩机合理的压缩比。在采气过程中，地下储气库与输气干线接点处的压力，既影响采出气的外输压力，又影响最小采气压力。

三、地下储气库地面工程

储气库地面工程作为储气库的一部分，其建设受到方方面面的影响，不仅受长输管道运行压力和管输量的影响，而且受储气库运行压力(最高与最低注采压力)、注采气周期、最大注采气量、采出气的温度和组分等诸多因素的影响，每一个因素的变化都将带来建设规模和建设方案的变化，同时也将影响未来储气库的运行成本。

储气库的建设投资最终将转化到气价上，做好地层筛选，优化地下、地上工程建设方案，降低投资，将降低天然气调峰成本，增强天然气的市场竞争力。储气库地面集输系统是储气库组成的重要部分。储气库建成后更多地要靠经济合理的布局、优化的运行参数提高使用率，降低运营成本。因此，根据不同的地下构造，配套建设经济合理的地面集输设施，地上、地下整体优化，降低储气库综合运营成本也是十分必要的。

地面工程投资在储气库中占较大比例，因此有必要对地面注采气系统进行优化研究，以减少地面工程的投资。

地下储气库地面系统主要由注采气管网、注采气站、压力站及输气管线组成。

(一)注采气管网

注采气管网由井场至注采站间的管线组成，主要包括单井采气管线、采气汇管、单井注气管线、注气汇管和计量管线等。当储气库注气时，自注采气站增压后的天然气经注采气管网分输至各井口，经计量后注入地下储气库；当储气库采气时，天然气经井口紧急切断阀，计量后通过集输管网输送至注采站。

根据储气库所辖注采井的井位和井数的不同，储气库注采气管网一般采取放射状(见图5-3-9)、枝状(见图5-3-10)或二者相结合的注采气方式。集输系统最常用的布置方式为枝状结构，井连接到管线，管线又连接到更大的管线，井口设有计量装置。在某些情况下，井通过专门的管线直接与注采站相连，这些井的计量装置可以设在靠近注采站或直接设在注采站的每条管线上。

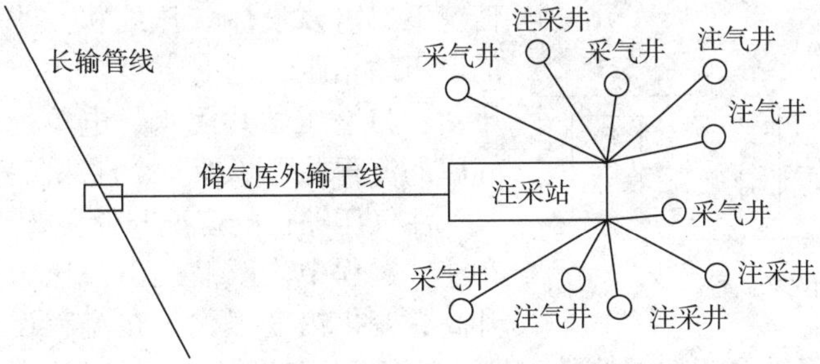

图5-3-9 放射状管网集气方式

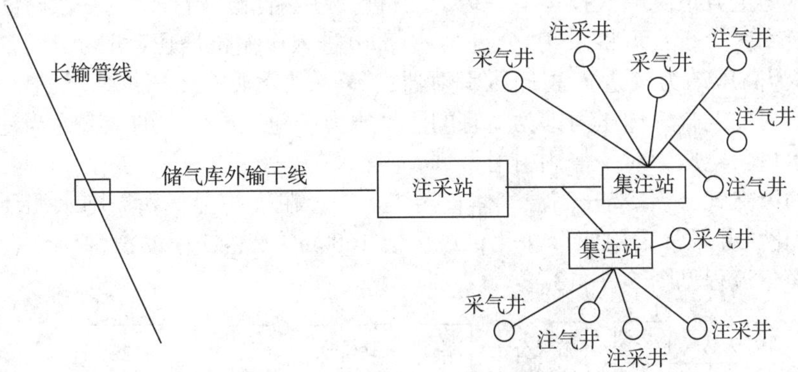

图5-3-10 枝状管网集气方式

注采气系统与一般气田的集输系统相同，只是管线要粗一些，体积大一些，这样才能和储气库的大井眼井相匹配。

(二)注采气站及天然气处理流程

注采气站及天然气处理流程主要完成的工艺作业是：①向各井配气；②控制气体的流量和压力；③进行气体净化、脱除固体和液体杂质；④气体计量、温度压力的测量与调节，对自气体中脱出的固体和液体组分进行计量；⑤试井。

地下储气库的天然气处理系统应该符合的基本要求是：①分离水和液态烃，保证用户使用的天然气符合标准；②保证有规律地提取、检验不同气井的天然气。

1. 注气流程

地下储气库的注气流程有以下两种基本形式：

(1)靠注气压缩机增压注气(见图5-3-11)。

(2)靠采气干线的管压注气(见图5-3-12)。

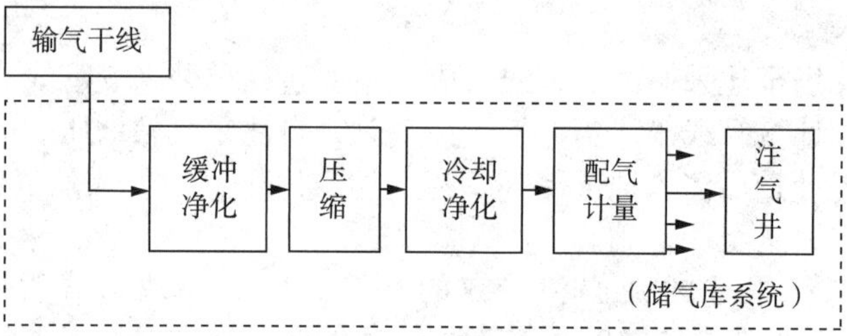

图 5-3-11　靠注气压缩机增压注气示意图

两种流程的差别在于是否设注气压缩机，这需要结合整个注采气系统全面考虑。只有当储气库采气干线连接处的管网高于最大注气压力时，才无须设注气压缩机。显然，在大多数情况下都需要设注气压缩机。当储气库与输气干线的增压站相距不远时，可考虑将注气压缩机放在增压站，与增压站共用水、电等配套工程，以简化储气库的流程并可减少整个注采气系统的总投资。

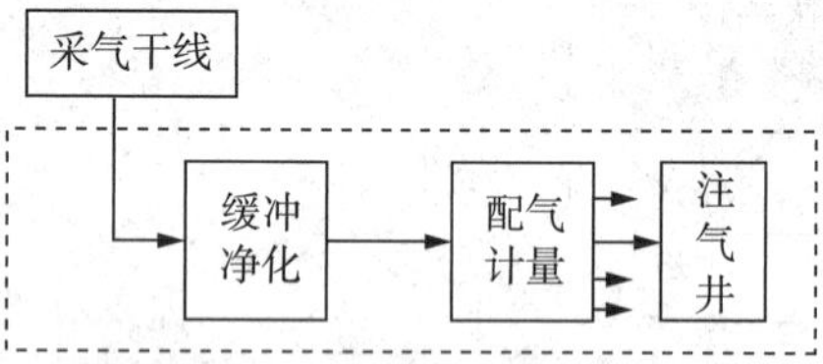

图 5-3-12　靠采气干线的管压注气示意图

注气压缩机的工况与储气库地层状态密切相关，在注气过程中，压缩机出口压力随地层压力升高而升高，变化幅度很大，在流程设计中要充分考虑适应这种变化。为此可采取两种措施：一是设置多级压缩机，每一级压缩机均可独立运行，也可逐级串联运行；二是设置高低压天然气引射器。在注气初期，只投运第一级压缩机，然后再根据地层压力上升情况顺次投运下一级。在每一级压缩机开始投运的一段时间内，为保证压缩机在高效率区运行，可将来气“分流”，一部分进入压缩机增压(可酌情调整压缩机的运转台数)，作为高压动力气进入高低压引射器；另一部分则不经压缩直接进入高低压引射器，引射器出口的混合气体压力即为适宜的注气压力。随地层压力的上升，当注气所需压力接近压缩机出口额定压力时，停用引射器。

压缩后的天然气必须冷却(高温气体直接注入，会在气井套管和周围水泥环引起不均衡的应变)、净化。苏联常采用四级净化，最后使 1000m^3 天然气中润滑油含量在 0.4~0.5g。天然气冷却净化流程见图 5-3-13。

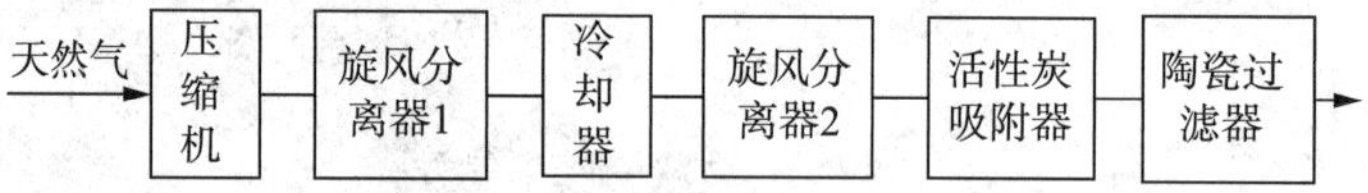

图 5-3-13　天然气冷却净化流程图

2. 采气流程

地下储气库的采气流程有两种基本形式：

(1)靠地层压力将采出的天然气输至输气干线(见图 5-3-14)。

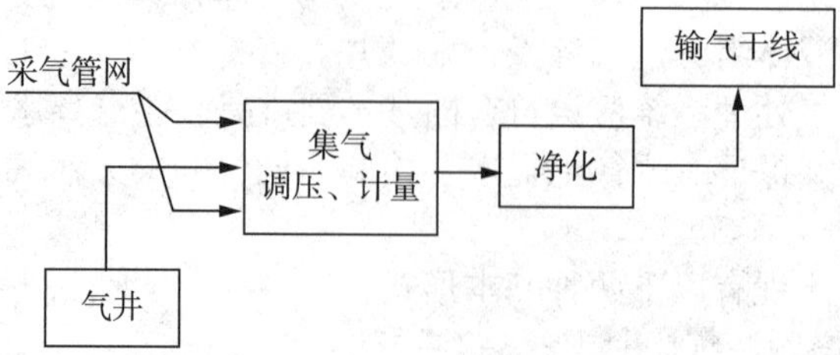

图 5-3-14　靠地层压力将采出的天然气输至输气干线流程图

(2)靠地层压力和外输气压缩机增压将采出气输至输气干线(见图5-3-15)。

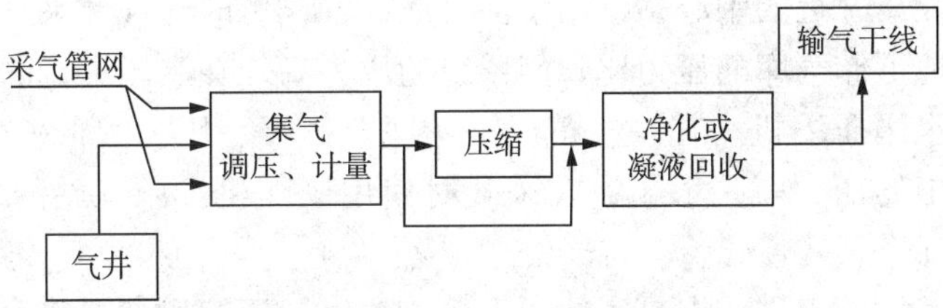

图5-3-15　靠地层压力和外输气压缩机增压将采出气输至输气干线流程图

两种流程的差别在于是否设外输气压缩机。在大多数情况下，很容易做到最低采气压力高于外输所需压力，可不设外输气压缩机，简化流程，节省地面工程的投资和动力消耗。

在下列两种情况下应设外输气压缩机：

(1)输气干线的管压很高，采出气如果单靠地层压力外输则要求过多的垫气量。

(2)需要深度回收采出气中的凝液，采用压缩-膨胀机制冷。

3. 采出气的净化流程

回采的天然气必须处理成符合管输标准的干气才能外输。通常，这种处理以净化为主要目的，回收天然气凝液只是附带的。因为注入地下储气库的天然气来自输气干线，而气体在进入干线之前一般已经有过回收凝液的处理。对于建在枯竭气藏的地下储气库，在注采开始的几个周期内由于保留了原气藏中的气，采出气中重组分较多，但呈逐渐减少的趋势。是否需要专门设置回收凝液的装置，应通过全面的经济技术对比来确定。还可以配合地面工程的分期建设，在一期工程中设置一些活动式的简易装置(比如橇装式的辅助制冷设施)，在二期工程中再酌情拆除或完善。对于采出气量大且重组分含量多、注入气未经深度处理的地下储气库，以及在油气开发初期为储存伴生气而建的储气库，需要设置专门的凝液回收装置，比如采用压缩-膨胀机制冷，将采出气进行深冷分离。

采出气的净化宜采用自然冷却与节流膨胀制冷相结合的冷冻分离法，使天然气中的水蒸气和重烃在较低的温度下部分冷凝并分离(见图5-3-16)。

此流程的优点是：

(1)能使外输气的水露点和烃露点均达到管输要求，而"甘醇吸收法脱水"只能达到水露点的要求。

(2)在空冷器入口注入水合物抑制剂(甘醇类溶液或甲醇)，可以充分利用自然冷源；采气周期一般在冬春季节，气温较低，冬天空冷器出口温度可以低于外输管线埋地处的土壤温度。

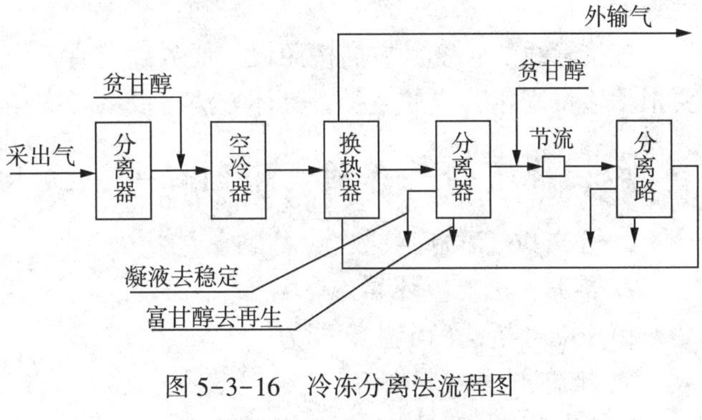

图5-3-16　冷冻分离法流程图

(3)经过"空冷"的天然气，利用采气压力与外输压力之间的压差节流膨胀致冷，只需要较小的压差即能达到净化要求的低温。

(4)流程灵活。如果最低采气压力与外输压力之间的压差太小，在采气后期节流产生的低温不能满足干气的露点要求，可在空冷器入口喷入雾状的浓度较高的甘醇溶液，即可起到"吸收脱水"的作用。

(三)压气站

压缩机通常设在离井近的中心站，用于注气或采气，有时注气和采气时都用。压缩机一般用于注气，因为地下储气库的压力比管网系统的压力高。在有压缩机的情况下，为了提高采出能力，采气时也用压缩机。在一些情况下，埋藏很浅、压力很低的气藏被用作储气库时，注气时用管线中的压力就足够了，在采气时使用压缩机。压气站的主要设备包括压缩机、净化设备和冷却塔。

地下储气库压气站的工作特点是气体压力、流量以及压缩机都有很大的可变性。

地下储气库一般为注采合一，压缩机的管线连接要使压缩机能够进行各种组合操作，并且在必要时根据压力等级的不同实现二级或三级压缩。压缩机要优先选用往复式压缩机，压缩机出口气体含有润滑油，进入地层后，能够降低气井井底附近地区的渗透率。因此，需采用分油器、活性炭吸附罐或陶瓷过滤器将压缩气体中的油分除掉。

在地下储气库地面工程中，用于天然气增压的压缩功是最大的动力消耗，适宜的压缩比对节能降耗和合理分配压缩系数都很重要。一般地下储气库都设置注气压缩机，井口的最大注气压力是由地层的物性决定的，通过这个压力可以推算注气压缩机出口压力。在额定出口压力的前提下，通过优选入口压力来确定适宜的压缩比。压缩机入口压力与输气干线至储气库的节点处的管网相对应，节点处的管网既要与输气干线系统协调一致，又要兼顾注气压缩机合理的压缩比。多数情况下输气干线与储气库之间通过单线连接，在采气周期，这个接点处的压力就左右着采出气的外输压力，也影响着最小采气压力。

考虑到注气初期注气量小、注气压力低的现象，有时设计采用两级压缩。低压时，单级压缩或并联运行，从压缩机气缸排出的天然气通过冷却器进入压缩机排出汇管。随着压力不断升高，改为串联运行，天然气经第一级压缩机气缸排出后，经过一个中间冷却器进入二级压缩机气缸，再通过一个二级冷却器进入一级压缩机排出汇管。美国 Honor Ranchor 储气库在气藏压力为 10850~26950kPa 时就采用两级压缩。

(四)输气管线

用于将气体从输送系统送到储气库库区，以及将自储气库采出的气体送入输气干线，或者送给用户。

连接管线的长度、方向按照设计任务确定或者与供配气计划协同解决。在工艺设计中需要根据输量确定管线的直径，具体方法可以参考本编的有关内容。

四、地下储气库的一个例证——文96储气库

(一)文96储气库参数

1. 单井采气能力计算

1)产能分析法确定生产能力

(1)产能试井资料解释。

文96气藏先后对文96-5井、文96-2井、文96井三口井开展了稳定试井，应用二项式、指数式分别计算无阻流量为$(14.24\sim36.27)\times10^4m^3/d$，计算每米气层无阻流量约为$(1\sim9)\times10^4m^3/(d\cdot m)$。其中：

①文96-5井：1998年9月测试沙二下$^{2\sim4}$砂组，二项式计算出无阻流量为$14.24\times10^4m^3/d$，指数式计算值为$15.87\times10^4m^3/d$(见表5-3-4和图5-3-17)，每米气层无阻流量分别为$1.02\times10^4m^3/(d\cdot m)$、$1.13\times10^4m^3/(d\cdot m)$。

表 5-3-4 文 96-5 井测试数据

点序	气嘴/mm	井口压力(绝压)		井底压力(绝压)		q/(10^3m^3/d)	p_i^2	p_{wf}^2	$p_i^2-p_{wf}^2$	$\frac{p_i^2-p_{wf}^2}{q}$	$\lg(p_i^2-p_{wf}^2)$	$\lg q$
		油压/MPa	套压/MPa	p_i/MPa	p_{wf}/MPa							
1	4	21.81	21.55	15.78	14.80	25.60	249.01	219.04	29.97	1.1706	1.4767	1.41
2	6	21.15	20.55		13.96	43.09		194.88	54.13	1.2562	1.7334	1.63
3	8	19.43	19.16		13.20	56.49		174.24	74.77	1.3235	1.8737	1.75
4	10	17.03	17.30		12.67	64.81		160.53	88.48	1.3652	1.9468	1.81

测试日期：1998.9.10~1998.9.20

测试井段：2404.5~2590.8m

层位：沙二下$^{2\sim4}$砂组

处理日期：2003.5.29

类 型	A	B	C	n	q_{ob}/(10^3m^3/d)
二项式	1.04304	0.00496			142.36
指数式	-0.1631	1.163	1.3811	0.8598	158.71

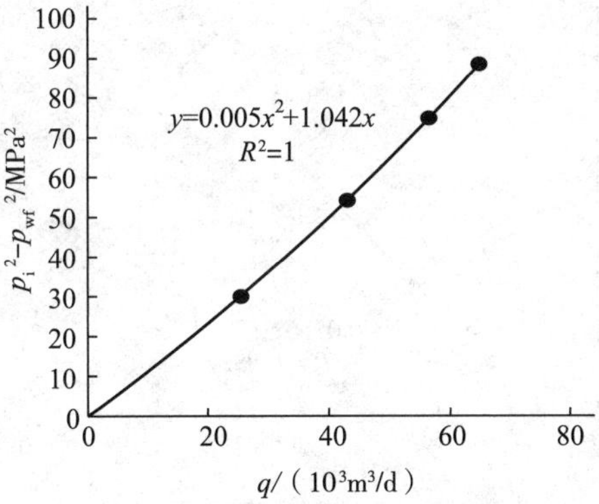

(a) 96-5文井采气指示曲线

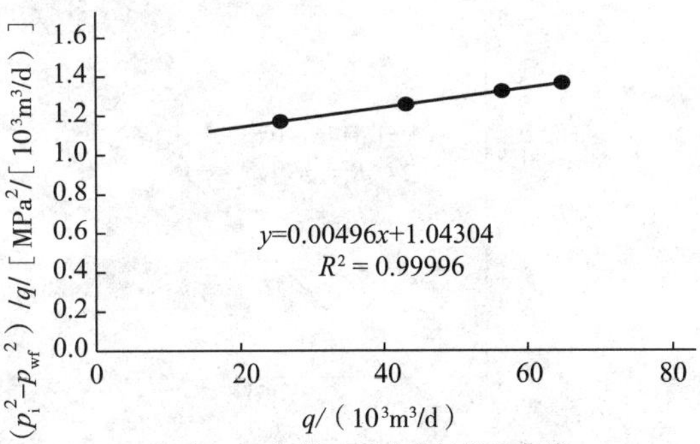

(b) 96-5文井二项式采气指示曲线

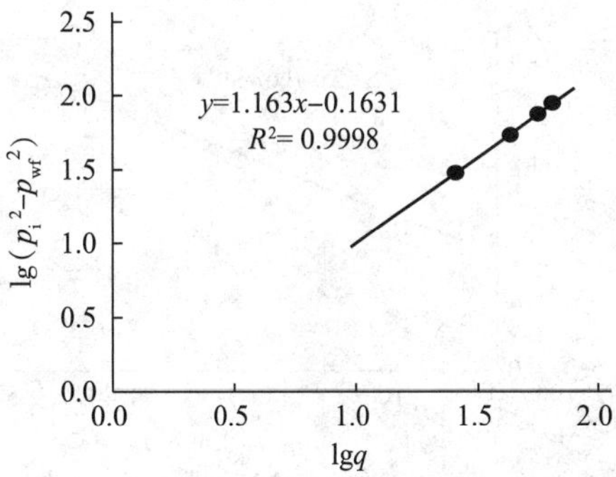

(c) 文96-5井指数式采气指示曲线

图 5-3-17 文 96-5 井试井解释成果

②文 96-2 井：1991 年 8 月测试沙二下^8 砂组，二项式计算出无阻流量为 14.9×10^4m^3/d，指数式计算值为 17.4×10^4m^3/d，每米气层无阻流量分别为 5.0×10^4m^3/(d·m)、5.8×10^4m^3/(d·m)(见表 5-3-5、图 5-3-18)。

表 5-3-5 文 96-2 井测试数据

点序	气嘴/mm	井口压力(绝压)		井底压力(绝压)		q/(10^3m^3/d)	p_i^2	p_{wf}^2	$p_i^2-p_{wf}^2$	$\frac{p_i^2-p_{wf}^2}{q}$	$\lg(p_i^2-p_{wf}^2)$	$\lg q$
		油压/MPa	套压/MPa	p_i/MPa	p_{wf}/MPa							
1	3	19.00	19.50	24.59	24.35	13.196	604.67	592.92	11.75	0.8901	1.0699	1.12
2	4	18.70	19.00		23.71	28.502		562.16	42.50	1.4913	1.6284	1.45
3	5	18.50	18.80		22.83	48.653		521.21	83.46	1.7154	1.9215	1.69

测试日期：1991.7.26~1991.8.6

测试井段：2537.8~2549.9m

层位：沙二下^{8}砂组

处理日期：2003.5.29

类型	A	B	C	n	q_{ob}/(10^3m^3/d)
二项式	0.6834	0.02265			149.00
指数式	-0.6120	1.5146	2.5355	0.6602	173.99

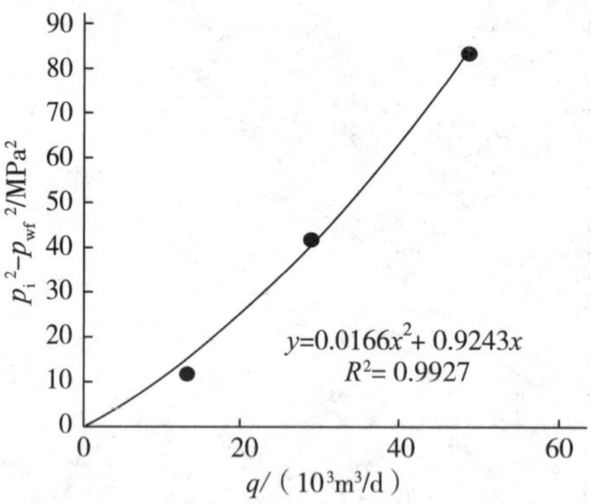

（a）文96-2井采气指示曲线

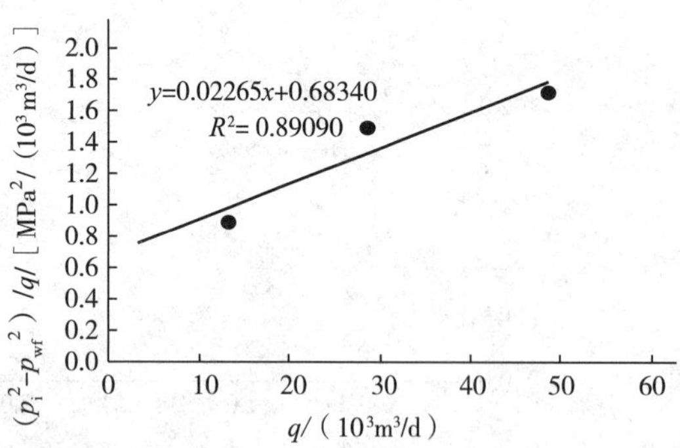

（b）文96-2井二项式采气指示曲线

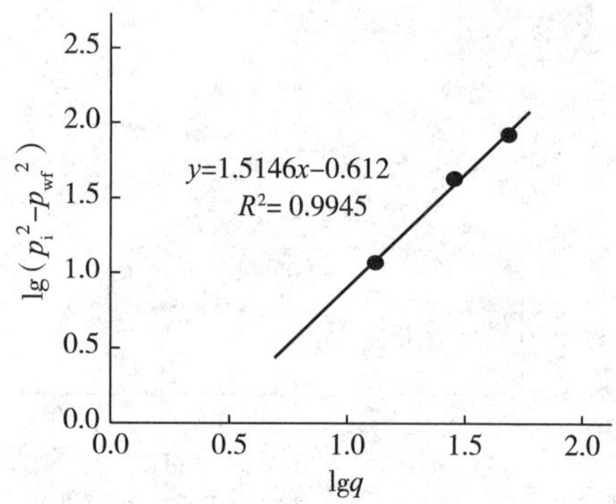

（c）文96-2井指数式采气指示曲线

图 5-3-18 文 96-2 井稳定试井处理结果

③文 96 井：1981 年 10 月测试沙三上^{3}砂组，二项式计算无阻流量为 33.85×10^4m^3，指数式计算值为 36.27×10^4m^3，每米气层无阻流量分别为 8.5×10^4m^3/(d·m)、9.0×10^4m^3/(d·m)(见表 5-3-6、图 5-3-19)。

表 5-3-6　文 96 井测试数据

点序	气嘴/mm	井口压力(绝压)		井底压力(绝压)		q/(10^3m^3/d)	p_i^2	p_{wf}^2	$p_i^2-p_{wf}^2$	$\frac{p_i^2-p_{wf}^2}{q}$	$\lg(p_i^2-p_{wf}^2)$	$\lg q$
		油压/MPa	套压/MPa	p_i/MPa	p_{wf}/MPa							
1	4	21.81	21.55	27.43	27.10	42.41	752.36	734.18	18.18	0.4287	1.2596	1.63
2	6	21.15	20.55		25.65	118.44		658.14	94.22	0.7955	1.9742	2.07
3	8	19.43	19.16		23.77	161.88		565.08	187.29	1.1569	2.2725	2.21
4	10	17.03	17.30		20.85	215.03		434.68	317.68	1.4774	2.5020	2.33

测试日期：1981.10.26~1981.11.2

测试井段：2659.4~2663.4m

层位：沙三上^{3}砂组

处理日期：2003.5.29

类　型	A	B	C	n	q_{ob}/(10^3m^3/d)
二项式	0.13451	0.00617			338.46
指数式	-1.6094	1.7526	8.2850	0.5706	362.68

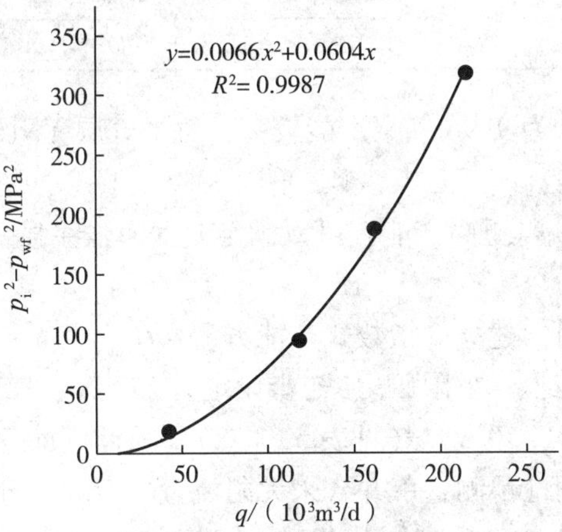

（a）文96井采气指示曲线

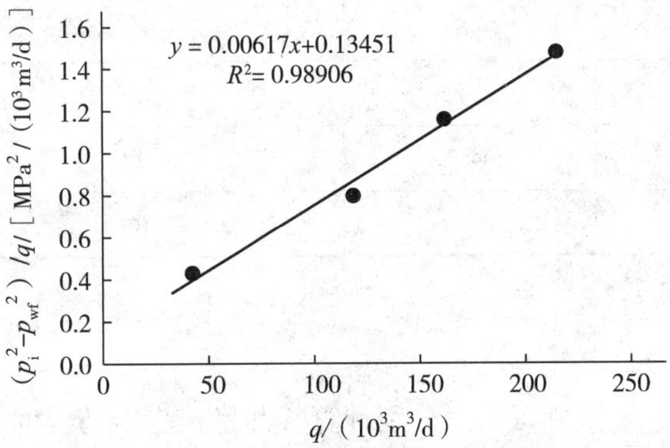

（b）文96井二项式采气指示曲线

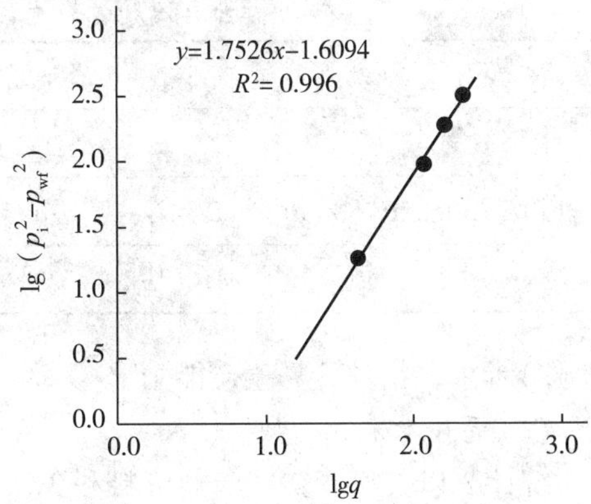

（c）文96井指数式采气指示曲线

图 5-3-19　文 96 井稳定试井处理结果

同时，根据文96-1井、文92-47井、文92-63井三口井投产初期静压、流压资料用一点法计算其无阻流量值(见表5-3-7)，分别为18.49×10^4m^3/d、30.07×10^4m^3/d、25.06×10^4m^3/d，每米气层无阻流量分别为1.27×10^4m^3/(d·m)、1.01×10^4m^3/(d·m)、1.31×10^4m^3/(d·m)。其中，文92-63井位于构造边部，气水边界附近，生产沙二下$^{1\sim4}$砂组，计算无阻流量为25×10^4m^3/d。文92-47井位于一个单独小断块，生产沙二下$^{1\sim4}$砂组，也具有30×10^4m^3/d的无阻流量。

表5-3-7　文96气藏一点法计算无阻流量表

项目名称	文96-1	文92-47	文92-63
投产日期	1993.11	1994.12	1994.12
生产层位	沙三上$^{3-4}$	沙二下$^{1-4}$	沙二下$^{1-4}$
q/(10^4m^3/d)	7.9995	10.500	5.046
p_i/MPa	24.42	24.21	24.99
p_{wf}/MPa	21.17	21.94	23.96
$p_{wf}^2/p_i{}^2$	0.75	0.82	0.92
q_{aof}/(10^4m^3/d)	18.49	30.07	25.06
H/m	14.50	29.60	19.10
每米气层无阻流量/[10^4m^3/(d·m)]	1.27	1.01	1.31

通过以上计算，评价认为文96气藏产能较高，每米气层无阻流量是(1.0~9.0)×10^4m^3/(d·m)。改建储气库后，若沙二下$^{1-4}$、沙二下$^{5-7}$、沙二下^8~沙三上^{3}合采合注，射开气层厚度可达60m左右，能够获得更高产能，可以满足储气库强注强采的要求。

(2)采气能力确定。

利用实测产能试井资料，建立的指数式产能方程：$Q_{aof}=c(p_r^2-p_{wf}^2)^n$，分别计算出文96-2井、文96-5井、文96井在上、下限压力(初步设定为27MPa、12MPa，其后详细论证)时的无阻流量为(39.08~146.18)×10^4m^3/d(见表5-3-8)。当储气库建成，正常运行后，3套层系同时动用。按气藏工程理论预测，单井合采无阻流量一定大于分层的无阻流量，即大于下限压力时单层最大无阻流量88.16×10^4m^3/d，估计应在100×10^4m^3/d以上。

表5-3-8　文96气藏不同地层压力下无阻流量

井　号	文96-2井	文96-5	文96
试气层位	沙二下^8	沙二下$^{2\sim4}$	沙三上^3
上限压力时无阻流量/(10^4m^3/d)	70.16	104.29	146.18
下限压力时无阻流量/(10^4m^3/d)	39.08	48.67	88.16

2)米采气指数计算生产能力

(1)气井米采气指数。

统计3口井投产初期产能资料和3口井稳定试井资料，分别计算气井稳定生产情况时的米采气指数(见表5-3-9)。从图5-3-20看出，文96气藏米采气指数随气藏压力增加呈增加的趋势。

表 5-3-9 文 96 气藏米采气指数计算表

井 号	生产层位	有效厚度/m	日产气量/10^4m^3	流压/MPa	静压/MPa	米采气指数/[$m^3/(m·MPa^2·d)$]	修正米采气指数/[$m^3/(m·MPa^2·d)$]
文 96-1	沙三上$^{3\sim4}$	12.4	7.9995	21.17	24.42	43.5400	94.2415
文 96	沙三上^3	4	21.503	20.85	27.43	169.2177	
文 96-2	沙二下^8	3	4.8653	22.83	24.59	194.3185	
文 92-47	沙二下$^{1\sim4}$	17.2	10.5	21.94	24.21	58.2725	
文 92-63	沙二下$^{1\sim4}$	17.1	5.046	23.96	24.99	58.5277	
文 96-5	沙二下$^{2\sim4}$	17.7	6.481	12.67	15.78	41.3834	

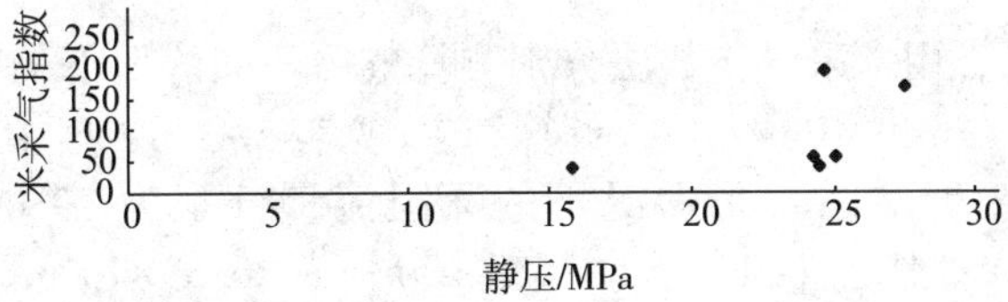

图 5-3-20 静压与米采气指数关系图

同时，文 92-47 井 1998 年 9 月实测产气剖面显示(见表 5-3-10)，产气层厚度占射开气层厚度的 30.53%，按此对文 92-47 井米采气指数进行修正，计算为 $94.24m^3/(m·MPa^2·d)$，与文 96-2 井沙二下^8 的米采气指数非常接近。结合其他井射开气层层数、生产动态，类比文92-47井产出状况，认为文 96 气藏的米采气指数约为 $190m^3/(m·MPa^2·d)$。

表 5-3-10 文 96 气藏文 92-47 井产气剖面统计

井 号	测试日期	层 位	原解释厚度/m	测试日产气/10^4m^3	解释出气剖面	
					厚度/m	占射开层厚度/%
文 92-47	1998.09	沙二下$^{1\sim4}$	26.2	6.02	8	30.53

(2)气井生产压差。

统计气藏文 96-3 井、文 96-5 井、文 96-4 井、文 92-57 井、文 92-51 井、文 92-46 井六口井在不同开发时期的生产压差，其结果在 1~6MPa。考虑气藏作为储气库建设，一方面需要强注强采；另一方面储层物性较好，低产层酸化效果显著。气库运行时，气井生产压差初步确定为 3.0MPa。同时，考虑到钻井、作业产生的污染对气井生产压差的影响，应用数值模拟对注采井在视表皮系数分别为 0、10 的情况下的生产压差进行模拟计算。当表皮系数为 0 时，注采井 3 套层系合采、合注的最大生产压差为 1.96MPa；当表皮系数为 10 时，注采井合采、合注的生产压差达到 2.84MPa，与初步设计生产压差一致。因此，确定注采井生产压差为 3.0MPa。

(3)气井射开有效厚度。

考虑气库建设的特点，统计了文 96 气藏构造高部位砂体发育区的 8 口井有效气层厚度资料，计算出 3 套层系平均有效厚度(见表 5-3-11)分别为 20m、24m、22m，叠合有效厚度 66m。由于气藏徐楼断层西倾，且比较缓。若新钻井要钻遇全部气层，则需钻定向斜井。

表 5-3-11 文 96 气藏有效厚度统计表

m

井 号	沙二下$^{1\sim4}$	沙二下$^{5\sim7}$	沙二下^{8}～沙三上^{3}	小计
文 92	17.6	27	25.2	69.8
文 96	20.2	15.4	16.9	52.5
文 96-1	1.6	33.3	28.9	63.8
文 96-2	30	30.3	12.6	72.9
文 13-88	23.1	16.3	23.9	63.3
文 13-96	22.4	29.9	24.2	76.5
文 13-282	22.1	17.9	27.7	67.7
文 13-283	20.8	21.7	21	63.5
平均	19.725	23.975	22.55	66.25

(4)气井产量测算。

根据前面计算成果，用米采气指数法分别测算气藏不同静压下的气井无阻流量，其中，米采气指数取值 190m³/(m·MPa²·d)。计算结果(见表 5-3-12)，在气藏静压为 12MPa 和 27MPa 时，单井射开 3 套层系合采情况下的无阻流量分别为 79.00×10⁴m³/d、191.86×10⁴m³/d，按经验法取 1/3 作为单井的实际产能，分别为 26.33×10⁴m³/d、63.95×10⁴m³/d。

表 5-3-12 文 96 储气库采气井合采无阻流量预测表

静压/MPa	井底流压/MPa	生产压差/MPa	米采气指数/[m³/(m·MPa²·d)]	预测无阻流量/(10⁴m³/d)
5	2	3	190	26
6	3	3	190	34
7	4	3	190	41
8	5	3	190	49
9	6	3	190	56
10	7	3	190	64
11	8	3	190	71
12	9	3	190	79
13	10	3	190	87
14	11	3	190	94
15	12	3	190	102
16	13	3	190	109
17	14	3	190	117
18	15	3	190	124
19	16	3	190	132
20	17	3	190	139
21	18	3	190	147
22	19	3	190	154
23	20	3	190	162
24	21	3	190	169
25	22	3	190	177
26	23	3	190	184
27	24	3	190	192
28	25	3	190	199
29	26	3	190	207
30	27	3	190	214

3)单井采气能力评价

(1)气井携液最小日产气量分析。

对于气井来说，在油管内任意流压下，能连续不断地将气流中最大液滴携带到井口的气体流量称为气井连续排液最小气量。换言之，当气井日产量小于气井连续排液最小气量时，井筒(底)内液体不能完全被带出，也就是出现了脉动现象。这样，气井生产时间愈长，液体在井底沉降地愈多，最终导致气井停喷。

由于文96气藏存在一定的边水，文92-57井、96-2井等在生产过程中也有一定量的地层水产出，说明地层水已侵入到气藏内部，对可能气库未来采气井产生一定的影响。因此，计算了气藏气井连续排液所需最小日产气量，为气库采气井产量确定提供依据。

计算方法采用美国Jones Pork提出的计算公式，公式如下：

$$q_{\min}=112.3305\times10^4\times D^{5/2}\times \mathrm{SQRE}\left[p_{wf}/(M\times T_{wf}\times Z^2)\right]$$

式中 $q_{\min}$——最低允许气量，$10^4m^3/d$；

D——油管半径，m；

p_{wf}——流压，MPa；

M——气体相对分子质量；

T_{wf}——流温，K；

Z——压缩因子。

根据上述公式，分别计算油管内径62mm($2\frac{7}{8}$in 油管)、76mm($3\frac{1}{2}$in 油管)、97.2mm(4in 油管)最大临界携液流量分别为$4.02\times10^4m^3/d$、$6.02\times10^4m^3/d$、$8.21\times10^4m^3/d$，也就是说，在保证连续排液的情况下，采气井日产气量必须大于携液最小日产气量，即大于$8.93\times10^4m^3/d$(见表5-3-13)。

表5-3-13 文96气井不同管径、不同压力下最小携水能力表

井口压力/MPa	不同内径油管的临界流量/($10^4m^3/d$)		
	62mm	76mm	97.2mm
5	1.85	2.77	3.77
10	2.6	3.89	5.3
15	3.16	4.73	6.45
20	3.62	5.43	7.4
25	4.02	6.02	8.21
30	4.37	6.55	8.93

(2)气井冲蚀流速。

中原油田采油院利用考虑井筒摩阻、偏差因子、井筒压力以及流速对冲蚀流量等多种因素的软件，分别计算了油管内径分别为62mm($2\frac{7}{8}$in 油管)、76mm($3\frac{1}{2}$in 油管)、97.2mm(4in 油管)、不同井底流压情况对应的冲蚀流速(见图5-3-21)。计算结果，冲蚀流量随井底流压增高而增大、随管径增大而增大，计算在气藏下限压力12MPa时对应最小井底流压7.5MPa计算，ϕ62mm/ϕ76mm/ϕ97.2mm油管的气井临界冲蚀流量为：$30.3\times10^4m^3/d$、$45.6\times10^4m^3/d$、$74.6\times10^4m^3/d$。

也就是说，为防止冲蚀现象的发生，采气井日采气量应小于气井冲蚀流速，即气库运行时，气井油管内径为62mm时采气井日产气量应低于$30\times10^4m^3/d$；气井油管内径为76mm、

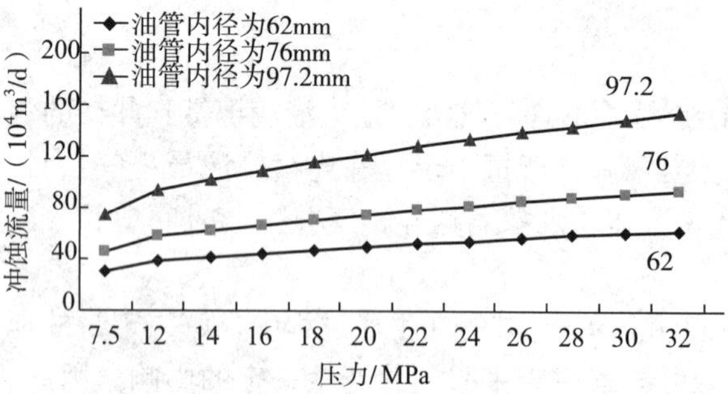

图5-3-21 文96储气库气井冲蚀流量曲线

97.2mm时采气井日产气量应低于45.6×$10^4m^3/d$、74.6×$10^4m^3/d$。

4)单井采气能力确定

根据文96气藏试气井产能测试、油层套管大小，结合气藏携液最小日产气量、冲蚀流速结果，进行单井采气能力的确定。

(1)油层套管的选择。

根据采气工程方案需要，储气库完井管柱中必须下入井下安全阀，其自动控制由一根1/4in控制管线实现，其外径为6.35mm。文96气藏老井中油层套管尺寸为5½in(139.7mm)，套管最小壁厚为7.72mm，最大内径为124.3mm，而3½in油管接箍为114.5mm，油套环空单侧间隙只有4.9mm，安全控制管线无法下入，不能满足作业要求。另外，配套的3½in井下安全阀最大外径143.51mm也超出5½in套管内径。因此，目前生产气井只能下2⅞in油管(内径为62mm)，不能改下3½in油管(内径为76mm)；对于新钻井，可以设计下3½in油管或4in油管。

(2)单井采气能力确定。

根据文23主块产能测试经验法配产，结合气井冲蚀流速和携液最小日产气量计算结果，综合确定采气井单井产能，有以下两种情况：

①老井：由于生产管柱只能下内径为62mm油管(2⅞in)生产，在目前设计的下限压力12MPa下，气井冲蚀流量最大日产量在30.2×$10^4m^3/d$，同时考虑降低气库设计指标风险。因此，综合确定老井日采气量设计25×$10^4m^3/d$(见表5-3-14)。

②新井：新井生产管柱设计用内径为76mm油管(3½in)生产，在目前设计下限压力12MPa下，气井冲蚀流量最大日产量在45.6×$10^4m^3/d$，也考虑降低气库设计指标风险，设计气井日采气量40×$10^4m^3/d$。

表5-3-14 文96气藏储气库采气井配产结果

气井类型	油管内径/mm	产能测试/($10^4m^3/d$)	米采气指数配产/($10^4m^3/d$)	气井冲蚀流量(地层压力12MPa)/($10^4m^3/d$)	携液最小气量(地层压力12MPa)/($10^4m^3/d$)	综合配产/($10^4m^3/d$)
老井	62	29.3~46.5	26.2~63.9	<30.2	>4	25
新井	76	29.3~46.5	26.2~63.9	<45.6	>6	40

2. 单井注气能力计算

注气井注气能力的设计与采气井生产能力的设计原理近似。采用采气井稳定试井求出的指数式方程，计算注气井注入时的无阻流量。考虑文96气藏储层物性好和储层稳定分布，选用文96井沙三上^{3}试气所建立的指数式方程预测注气井的注入能力。即：

$$q_{aof}=8.285(p_{wf}^2-p_r^2)^{0.5706}$$

由此计算，当注气井注入压差为3.0MPa时，在气藏上限压力和下限压力下的无阻流量分别为155.75×$10^4m^3/d$和101.69×$10^4m^3/d$。按照经验法取1/3作为注气井注气能力，分别为51.39×$10^4m^3/d$和33.56×$10^4m^3/d$，平均为42.47×$10^4m^3/d$。

同时，考虑地面注气设备的稳定性、压缩机运行成本和计算方法可能产生的误差，选取注气井日注气能力为 $35\times10^4m^3/d$。

3. 储气库运行参数研究

1)储气库运行周期

地下储气库的主要作用是调节季节性用气峰谷差，或者是输气干线、气田短时间发生意外时能够保证供气的连续性。所以，根据中石化向河南、山东两地供气量和用户用气不均匀系数，确定出文 96 气藏储气库的运行周期为：

(1)采气期：11 月 15 日~3 月 14 日，共 120 天。

(2)注气期：3 月 26 日~10 月 31 日，共 220 天。

(3)停气期：春季 3 月 15 日~3 月 25 日，共 11 天；

秋季 11 月 1 日~11 月 14 日，共 14 天。

停气期主要用于气库压力平衡、资料录取和注采井及设备的维护等。

2)储气库运行压力设计

(1)上限压力。

储气库上限压力确定的原则是不破坏储气库的封闭性，同时兼顾气库的目标工作气量与气井产能，以及对注气压缩机性能参数的影响。考虑这些因素，一般选取气藏的原始地层压力 27.0MPa 作为气库的上限压力。

(2)下限压力。

储气库下限压力确定的原则是气井在低压时有较高产能，能满足调峰气量的要求，同时能避免边水对气库运行的影响，如对库容量、气井生产能力的影响。

统计文 96 气藏不同见水井、停喷井资料，气井见水时地层压力为 7.5~14.51MPa，绝大多数在 8MPa 左右；停喷地层压力为 7.5~18.94MPa，平均在 11.66MPa(见表 5-3-15)。同时，根据气库地面集输处理对采气井井口压力要达到 7.2MPa 的限制，按动气柱法计算气库中深的流动压力约 8.88MPa，加上采气井在下限压力时的生产压差，估算气库此时的地层压力为 11.88MPa，选取 12MPa 作为气库运行下限压力。尽管个别气井因地层水的影响停喷压力超过 12MPa，但气库注采井都部署在构造高部位，没有边水或油藏注入水的影响，不存在采气井停喷问题。

表 5-3-15 文 96 气藏见水井、停喷井情况统计

井 号	生产层位	见水时间	见水地层压力/MPa	井 号	生产层位	停喷时间	停喷地层压力/MPa
96-4	沙二下$^{6\sim7}$	1998-1	8	92-45	沙二下$^{5\sim6}$	1996-8	8
96-2	沙二下^{7}	2000-1	7.4	92-46	沙三上$^{2\sim8}$	1996-8	18.94
92-51	沙三上$^{1\sim3}$	2000-9	8.4	92-57	沙二下$^{2\sim4}$	2002-5	8.03
92-57	沙二下$^{2\sim4}$	2000-1	14.51	96-4	沙二下$^{6\sim7}$	1994-1	10.23
文侧 96	沙二下$^{5\sim7}$	2002-1	7.9	96-5	沙二下$^{5\sim6}$	1997-1	8
13-308	沙二下$^{1\sim3}$	2001-2	7.5	13-79	沙二下$^{7\sim8}$	1998-4	13.2
平均			8	13-308	沙二下$^{1\sim6}$	2001-1	7.5
				平均			11.66

3)库容参数设计

(1)气藏工程法基本原理。

就地下储气库而言，注采过程完全遵守物质守恒原理，在气藏工程方法上的表现形式就是物质平衡方程式。由于文96气藏在开采过程中具有弱边水的特征，且边水作用有限，可以不考虑。因此选用定容气藏的物质平衡方程式进行该气库库容量的分析计算。具体关系式为：

$$p/Z=p_i/Z_i[1-(G_{LP}/G_L)]$$

式中　G_{LP}——储气库累积产出烃类体积，10^8m^3；

G_L——储气库原始烃类体积，10^8m^3；

Z——天然气偏差系数，采用气藏文96-2井沙二下[8]PVT相态分析实测的压力与偏差系数关系曲线确定(见图5-3-22)。

根据上述公式，可以预测气库不同压力下的库容量。

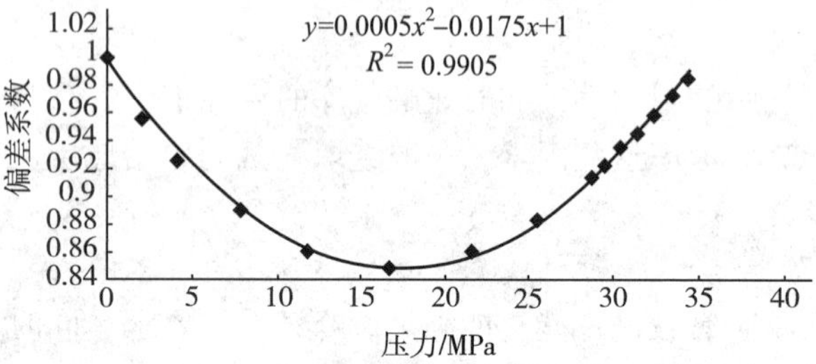

图5-3-22　文96-2井压力与偏差系数关系曲线

(2)影响库容因素。

利用上述方法计算的库容参数是原始状况下的库容参数。对于文96气藏这样一个带有弱边水、窄油环的低含量凝析气藏，在15年的开发过程中，已发生了边水的入侵和油、气、水井井身状况的损坏，这些情况势必会对气库未来的库容参数产生一定的影响。因此，对影响程度进行了初步估算。

①反凝析影响程度。

根据文96-2井PVT分析资料，计算凝析油含量97.94g/m^3。实测气藏上露点压力为28.76MPa，最大反凝析压力为17.67MPa，含液量百分数比较低，仅为3.38%。考虑气库运行时采气井产量高，完全能有效带液，而且随着气库运行，气质逐渐“变干”，反凝析影响更轻。

②边水侵入影响程度。

文96气藏至2009年底累积水侵量约104.14×10^{4}m^3，在理想情况下，这部分水侵量在气库注气过程中会有大部分被驱替出原始含油气范围，但仍有一小部分残留在气库内。根据文96气藏气—水相渗曲线(见图5-3-23)，气驱水后的含水饱和度在40%，而气藏原始束缚水饱和度平均为30%。因此，估算水侵量的10%不会被驱出气库，其残余量约为10×10^{4}m^3。与此同时，考虑到在计算气藏压降储量时，采出原油部分的体积没有考虑进去。截至2009年3月，气藏累产原油7.79×10^{4}t，按原油相对密度0.82折算到气藏，约占10×10^{4}m^{3}的空间体积。考虑这两部分对库容的增减，文96气藏改建储气库后的库容量基本就是原始地层压力下的库容量值。

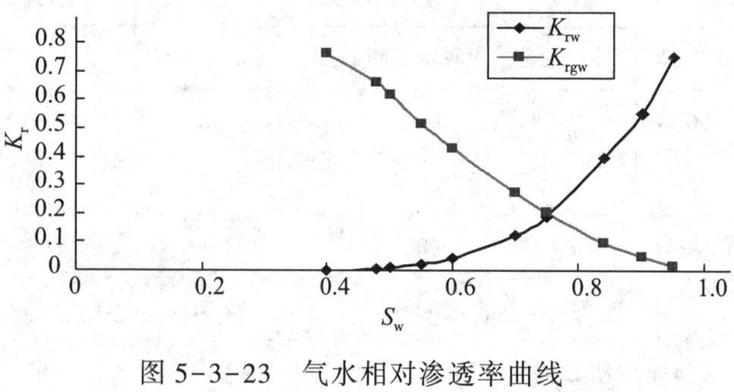

图5-3-23　气水相对渗透率曲线

③钻穿气库油水井影响程度。

文96气藏下部沙三上$^{5\sim8}$、沙三中是文东油田的主要开发层系，目前开发注采井网比较完善。由于沙三中储层物性差，采用高压注水，注水压力可达26MPa。尽管如此，因油层套管下深达3100~3700m，完全把气藏段封住，油藏注水、采油不会对气藏造成影响。但也存在3种情况，可能对气库运行工作气量和库容带来影响：一是油藏钻调整井时，在气藏段可能发生井喷或钻井泥浆漏失；二是个别油、水井固井质量差，难免会发生气藏与下部油藏管外窜现象；三是钻穿气藏的油水井中有26口井井况存在问题，其中，套变(漏)14口(见表5-3-16)。由于这部分井套管有问题，因此在储气库强注强采的情况下，有可能通过损坏的套管互窜。

表5-3-16　钻遇文96气藏井况有问题井调查表

项目	井号	井别	生产层位	油压(MPa)/气量/(m^3)或油(t)/气(m^3)/水量(m^3)或泵压(MPa)/油压(MPa)/套压(MPa)/日注水量(m^3)	目前井况简述
气藏生产井	文96	气	沙二下$^{6\sim7}$	报废	1996年5月，套管错位2314.09m
	报废1口				
	92-46	气	沙三上$^{1\sim8}$	抽/2767	2002年7月29日~8月2日，预计鱼顶位置2810.24m
	92-51	气	沙三上$^{1\sim4}$	1.38/4450	1998年8月，钻塞时掉入钻头，鱼顶深度2692.45m
	92-57	气	沙二下$^{1\sim4}$	0.8/253	鱼顶：2802.36m
	落物3口				
	13-79	气	沙二下$^{7\sim8}$	抽/0	套变位置3353.20m，已大修
	套变1口				
钻遇气藏的油水井	92-56	油	沙三上$^{5\sim8}$	0	井内有鱼顶：2418.35m，挤灰时套管错断，悬空灰面：1733.07m，封井
	203-13	油	沙三中$^{5\sim7}$	2/353/30	2002年5月，套变位置3404.64m，套变位置3437.88m
	92-82	油	沙三上$^{5\sim8}$	1.1/1333/31	2001年8月，下ϕ114mm×2.25mm通井规通至2404.13m遇阻，套变
	13-96	油	沙三中$^{4\sim9}$	2.9/933/64.6	套变位置3125.04m
	13-188	油	沙三中$^{7\sim9}$	3.6/1033/24.8	2000年4月，套铣至3532.12m处无进尺，2½in平124+加大196起套铣管时有卡的现象
	13-197	油	沙三中$^{4\sim7}$	1.3/197/40.8	大修位置(套变)3378.9m
	13-398	油	沙三中$^{6\sim9}$	3.5/910/38.6	2003年3月，ϕ114mm×2.47mm通井规遇阻3486.58m，起出发现外壁有擦痕，未缩径
	套变7口				
	X92-56	油	沙三上$^{5\sim8}$	1.5/433/51.6	2000年7，落鱼为电泵分离器，深度2858.08m
	92-64	油	沙三上$^{5\sim8}$	3.7/237/239.5	2001年1月，落鱼为保护器上接头，深度2883.74m
	13-77	油	沙二下~沙三中	0.6/603/4.6	1988年9月补孔时掉1m枪身1支；2003年1月处理位置3002.3m(井底)

续表

项 目	井 号	井 别	生产层位	油压(MPa)/气量/(m^3)或油(t)/气(m^3)/水量(m^3)或泵压(MPa)/油压(MPa)/套压(MPa)/日注水量(m^3)	目前井况简述
钻遇气藏的油水井	13-117	油	沙三中$^{4\sim10}$	4.6/777/73.5	2003年2月通井遇阻3365.23m，大修位置3677.29m；2003年3月，ϕ60.3mm平式管21根探至3677.57m遇阻
	13-198	油	沙三中$^{4\sim8}$	1.8/177/24	2001年8月，2½in笔尖冲砂至3549.54m无井尺，ϕ114mm通井规遇阻2472.8m；2002年9月，固定凡尔球及球座落井，鱼顶：3451.64m
	13-278	油	沙三上$^{6\sim8}$	6.7/3213/32.6	2000年10月，3根ϕ89mm油管下带喇叭口落井
	13-286	油	沙三中$^{4\sim6}$	4.6/3441/63.6	2002年5月，ϕ102mm×0.25mm铅模打印，证实鱼顶为ϕ57mm泵本体，深度3336.75m
	13-400	油	沙三中$^{7\sim9}$	0.4/313/19.3	鱼顶WS-60枪身，深度3643.13m
	落物8口				
	13-76	水	沙三中$^{5\sim6}$	37.5/30.8/29.9/96	套变位置3353.58m，ϕ114mm变为ϕ99mm
	13-88	水	沙三中$^{5\sim7}$	32/20.5/19.7/55	1996年8月，ϕ114mm铅模遇阻于710.35m，下ϕ114mm平底磨鞋磨铣通过；2002年11月，怀疑套漏
	13-196	水	沙三中$^{5\sim8}$	32/22.5/21.3/18	2001年5月冲砂遇阻3576.79m，且有卡钻现象；2001年12月挤堵未成，打印证实套管在3382.24m变形，ϕ95mm变为ϕ93mm
	13-282	水	沙三上$^{5\sim7}$	31.8/26.3/25.5/96	ϕ114mm铅模缩径，3300.8m，ϕ112mm铅模缩径，3308.65m
	13-283	水	沙三中$^{4\sim6}$	31.5/21.1/20.3/93	填砂砂面3520.416m，套变3628.0m；1999年12月找漏，套管在2404~2424m有轻微漏失，下管遇阻3418.04m
	13-310	水	沙三中$^{7\sim8}$	37/35.3/35.3/74	1996年6月冲砂遇阻，打印套变3518.0m，ϕ106mm变为ϕ106mm×69mm
	13-100	水	沙三中$^{4\sim6}$	40/25.7/24.6/41	套管在3318.1m变形，ϕ114mm变为ϕ108mm
	套变(漏)7口				
	203-12	水			1999年4月水井大修中完所剩，鱼顶为钻杆，深度3274.3m
	92-41	水	沙三上$^{5\sim8}$	37.2/31.2/30.1/99	鱼顶为油管位置：2809.13m
	92-65	水	沙三上$^{7\sim10}$	32/27.5/27.3/77	1987年2月掉仪器一件，鱼顶：2944.27m
	13-285	水	沙三中$^{4\sim9}$	31.2/28.6/27.5/56	鱼顶3460.04m。2001年6月，证实井内有ϕ44mm的圆柱形落物，鱼顶深度3460.04m
	落物4口				

经井况调查，气藏生产井中有 4 口井井况有问题。其中，落物井 3 口(文 92-46 井、文 92-51井、文 92-57 井)；套变井 1 口(文 13-79 井)。因此，储气库投入运行后，注采气过程地层压力较高，为避免老井井况差对气库造成影响，除文侧 96 井井况较好，可继续作为采气井利用外，其他井都要求封井。

储气库投入运行后，不仅强注强采，而且注采周期来回反复，给地层造成很大的伸缩压力。在储气库强注强采的影响下，势必会对下部层系的生产井产生影响。建议在注采期间密切监测油气水井压力及产量变化，及时采取有效措施，避免相互受到影响。

(3)库容参数设计。

由于沙二下$^{5\sim7}$存在油环，目前采出程度不到 20%，沙二下$^{5\sim7}$作为储气库，在采气过程中有原油的带出，需采取油分离才能对外供气，增加投资和生产成本。因此，本设计，作为两种情况进行设计，一是射开沙二下^{1}~沙三上^{3} 层系气层全部动用(以下叫全部动用方案一)；二是不动用沙二下$^{5\sim7}$气顶，只考虑沙二下$^{1\sim4}$、沙二下^{8}~沙三上^{3} 的纯气藏作为储气库(以下叫部分动用方案二)。

①最大库容量。最大库容量反映了储气库的储气规模，它是指当气库压力为上限压力时的库容量。文 96 气藏储气库上限压力确定为 27MPa，由此计算出沙二下^{1}~沙三上^{3} 层系最大库容量为 7.37×10^{8}m^{3}。地质研究表明，沙二下$^{1\sim4}$层系文 92-47 断层具有一定的封闭性，由于储量小，气层薄、单井产能低，可暂不动用文 92-47 块库容。全部动用方案一：设计把注采井都部署在构造主体高部位，计算主块的库容量为 6.69×10^{8}m^{3}；部分动用方案二：不考虑沙二下$^{5\sim7}$带油环气顶时，主块库容为 5.19×10^{8}m^{3}(见表 5-3-17)。

表 5-3-17 文 96 气藏主块库容参数

参 数	全动用方案一	部分动用方案二
最大库容量/10^{8}m^{3}	6.69	5.19
基础垫气量/10^{8}m^{3}	0.75	0.58
附加垫气量/10^{8}m^{3}	2.10	1.63
总垫气量/10^{8}m^{3}	2.85	2.21
有效工作气量/10^{8}m^{3}	3.84	2.98

②基础垫气量。当气库压力下降到气藏废弃时，气库内残存气量称为基础垫气量。文 96 气藏采收率为 88.8%，按此计算，两套方案的基础垫气量分别为 0.75×10^{8}m^{3}、0.58×10^{8}m^{3}。

③附加垫气量。在基础垫气量的基础上，为提高气库的压力水平，进而保证采气井能够达到设计产量所需要增加的垫气量为附加垫气量。气库压力下限设计为 12MPa，计算文 96 储气库两套方案的附加垫气量分别为 2.1×10^{8}m^{3}、1.63×10^{8}m^{3}。

④总垫气量。总垫气量为气库基础垫气量与附加垫气量之和。在文 96 储气库运行压力下限为 12MPa 时，计算文 96 主块储气库两套方案的总垫气量分别为 2.85×10^{8}m^{3}、2.21×10^{8}m^{3}。

⑤有效工作气量。有效工作气量是气库压力从上限压力下降到下限压力时的总采气量，它反映了储气库的实际调峰能力，即储气库最大库容减去总垫气量。按此计算，两套方案的有效工作气量分别为 3.84×10^{8}m^{3}、2.98×10^{8}m^{3}。

(二)气库方案设计

1. 设计原则

(1)为了提高效益，减少投资，在保证气库的安全运行的条件下，注、采气井尽量利用现有井网。

(2)根据文96气藏构造、储量特征，气库设在文96气藏主块。

(3)气库采用整体设计和整体实施的方式。

(4)注采井相对集中地部署在构造高部位、气层较厚的高-中产区，且与断层、边水保持一定距离，尽量减少边水对气库运行产生的不良影响；注采井不要求均匀分布，井距可以较小，基本以不发生大的井间干扰为原则。

(5)新井均部署在构造高部位，全部采用双靶定向井的方式，这样既能钻全气层，又能减少边水对气库运行产生的不良影响。

2. 气库方案设计

文96储气库设计方案分为两种情况：一是主块沙二下^{1} ~ 沙三上^{3} 层系同时动用，并强注强采；二是不考虑沙二下$^{5\sim7}$油环，气库层系为沙二下$^{1\sim4,8}$ ~ 沙三上^{3} 层系。

1)工作井井位部署

(1)可利用井筛选。

作为储气库的注采气井，要满足强注强采需要，特别是对注气井的井况要求高，必须满足以下条件：

①气层与地面站的连接设施、气井井壁、井筒应具有良好的气密封性能，以确保在地下储气库运行过程中气体不会通过油套环空及套管外产生泄漏。

②在因注气-采气周期作业而造成的储气库负荷正负交替操作过程中，气井必须具有良好的可靠性及稳定性。

③气井结构应能允许开展多种措施、改造和维修作业，能满足作为生产井、观察井和减压井、排水井等综合功能的要求。

④井身结构完善，无套变、腐蚀、落物等现象，能满足注采气完井工艺管柱下入的需要。

因此，在储气库建造初期阶段，对每口利用井要采用变密度、电磁等多种手段进行井筒测试，确保固井质量良好、套管无腐蚀、套变等。对于注气井还需采用氮气试压，以确认井筒气密性。

目前气田文96气藏先后投产气井21口。其中，专作为气藏采气井6口(文96-1井、文96-2井、文96-3井、文96-4井、文96-5井、文侧96井)，其余15口为下部油藏低产井或报废油水井上返采气井。根据井况调查结果，除文侧96井为2001年新钻井外，其余20口均为1996年以前的老井，由于套管为非气密封井，加上投产已达15年以上导致井况腐蚀、套变等井况，评价认为，只有文侧96井才能作为采气井。

但是，该井井下有落物，鱼顶位置1815.2m，并于2005年3月注灰封井，注灰位置：1106.72m、35m。该井在钻塞、打捞作业时，势必对套管影响较大，因此不再考虑利用该井。

(2)气库注采气设计。

根据前面两套方案的库容，设计两套方案的注采井及位部署图。考虑目前油环水淹，推荐方案二为实施方案。

①全部动用的方案一。

采气井：根据可利用老井评价结果，没有可利用井，因此储气库建设全部考虑新井。新井采气配产 $40\times10^4m^3/d$，根据有效工作气量 $3.84\times10^8m^3$ 和采气周期 120d 计算，需新钻 8 口，气库工作采气能力可达到 $3.84\times10^8m^3$（见表 5-3-18）。

表 5-3-18 文 96 气藏主块储气库方案设计表

方案号	设计气库工作气量/10^8m^3	设计井别	井数/口	配产/(10^4m^3/d)	日注(采)能力/10^4m^3	年注(采)气量/10^8m^3
一	3.84	采气井	8	40	320	3.84
		注气井	5	35	175	3.85
二	2.98	采气井	7	40	280	3.36
		注气井	4	35	140	3.08

注气井：设计采气新井转为注气井，根据气井单井注气能力和注气周期 220d 计算，需要 5 口注气井，周期注气 $3.85\times10^8m^3$，完全能满足气库工作气量的要求。

②部分动用的方案二。

采气井：新井采气配产 $40\times10^4m^3/d$，根据有效工作气量 $2.98\times10^8m^3$ 和采气周期 120d 计算，需新钻 6.2 口，为保留余地，设计新钻井 7 口（见图 5-3-25），120d 采气周期的周期采气量为 $3.36\times10^8m^3$，完全能满足气库工作气量的要求。

注气井：设计采气新井转为注气井，设计 4 口注气井，配产 $35\times10^4m^3/d$，在 220d 注气周期内注气能力为 $3.02\times10^8m^3$。

2）新井钻井设计

徐楼断层是气藏西部边界断层，为多条近平行呈雁行式排列的断层组合的断裂带，纵贯整个文留构造，是沙三段晚期开始发育的同生断层，主要活动期为沙三上～沙一，在东营组消失。走向 NE～NNE，倾向 NW～NWW，断距 100～800m，倾角 35°～45°。双靶定向井设计原则是：8 口新井所有的 Ⅰ 靶位置以沙二上底（沙二下顶），Ⅱ 靶位置以沙三上^{3}底为靶点，垂直深度分别约为 2370m、2642m（各井误差约 20m），定向井井斜约 40°，位移约 230m。

3）气库观察井设置

设置观察井的主要目的是：监测气库内部压力的变化和储层渗透性能的变化；监测气库内气油、气水界面的变化。根据监测目的和储气库纵向上层系流体分布的差异，部署观察井 4 口。

（1）文 92-47 井：为气藏北部高部位观察井，用于监测气库北部沙二下$^{1\sim4}$压力变化和文 92-47 断层的封闭性。

（2）文 92-57 井：为气藏中部观察井，用于监测气库沙二下$^{5\sim7}$油、水界面侵入状况、变动情况和边水压力变化状况。

（3）文 92-63 井：为气藏南部观察井，用于监测气库主体部位沙二下$^{1\sim4}$压力变化、了解储层含气饱和度的变化状况。

（4）文 92-62 井：为气藏过渡带观察井，用于监测沙三上$^{1\sim3}$气水界面变化情况。

两种方案的观察井不变，井位部署见图 5-3-24、图 5-3-25。

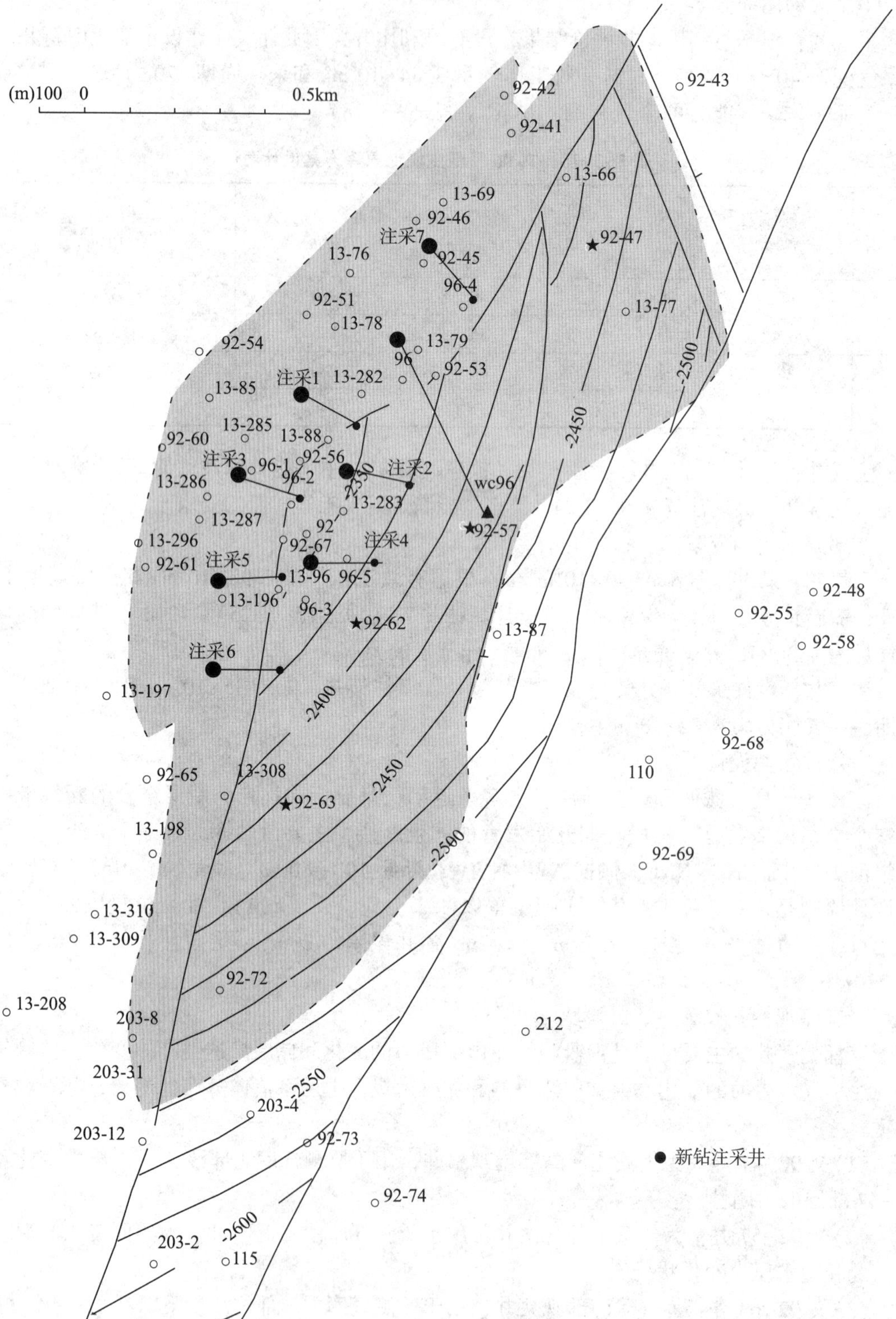

图 5-3-24 文 96 气库井位部署图(全动用方案一)

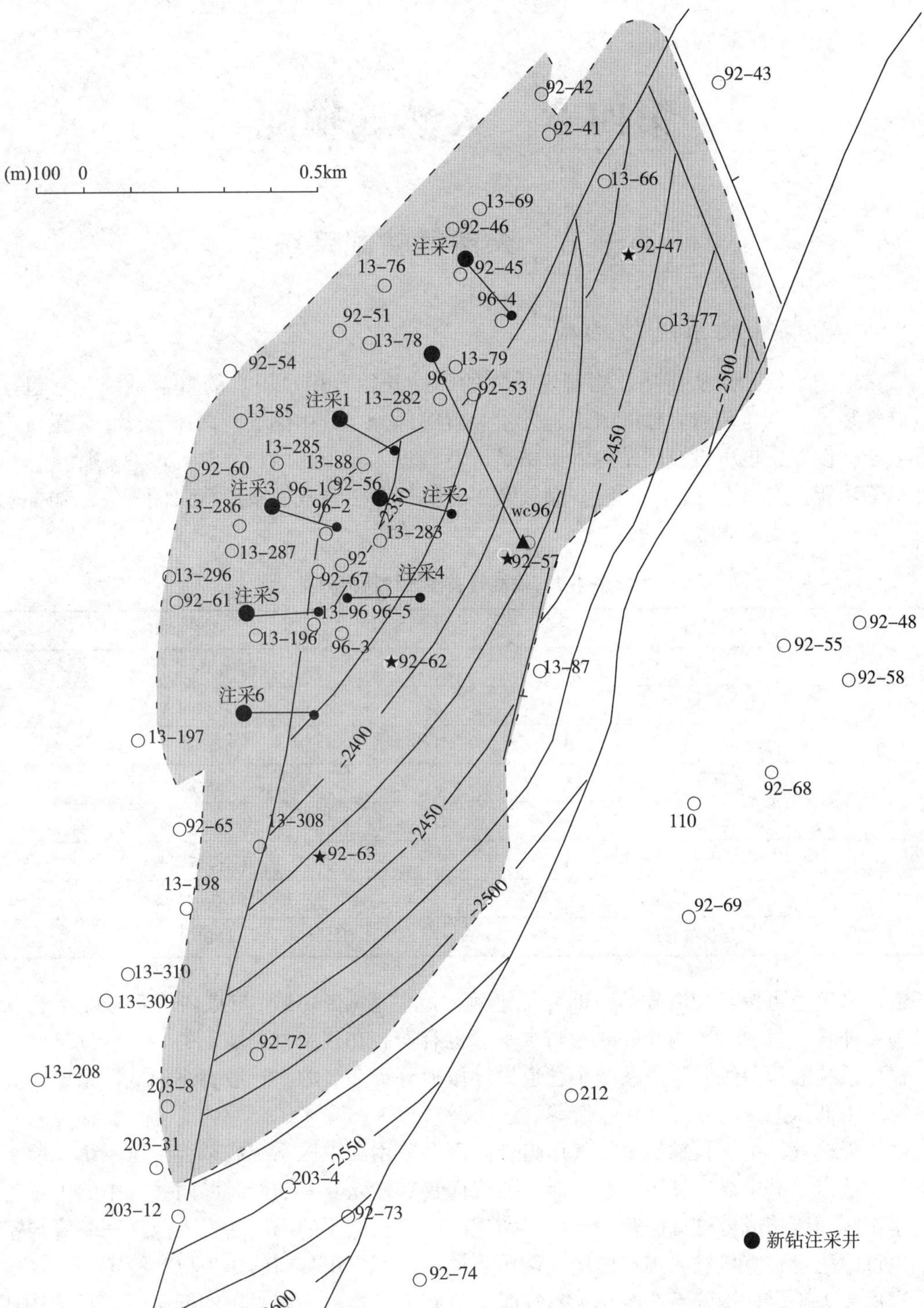

图 5-3-25 文 96 气库井位部署图(部分动用方案二)

第四章　天然气输配

第一节　天然气输配系统

一、城市输配系统的构成

城市输配系统是指从接受长输管道供气的门站开始至用户用具的整个系统，它包括门站、储气装置、调压装置、输配管道、计量装置等部分，其中储气、调压与计量装置可单独设置或合并设置，也可设在门站内。门站是天然气进入城市的门户，具有过滤、计量、调压与加臭等功能，有时兼有储气功能。储气装置有储气罐、输气管线或管束储气等。输配管道可按设计压力分类见表 5-4-1。

表 5-4-1　输配管道按设计压力分类

名　称		压力(表压)/MPa
超高压		$4.0<p$
高压燃气管道	A	$2.5<p\leqslant4.0$
	B	$1.6<p\leqslant2.5$
次高压燃气管道	A	$0.8<p\leqslant1.6$
	B	$0.4<p\leqslant0.8$
中压燃气管道	A	$0.2<p\leqslant0.4$
	B	$0.01\leqslant p\leqslant0.20$
低压燃气管道		$p<0.01$

输配管道也可按其功能分类，即分配干管、庭院管(街坊管)与室内管。分配干管与庭院管为室外管。目前，室内管的立管与水平管也有安装在建筑物外墙上的。

输配系统的压力级制是由系统中管道设计压力等级命名的，一般有高中低压系统、高中压系统、中低压系统与单级中压系统等。

对于天然气，由于长输管道供气压力较高而多采用高中压系统或单级中压系统，前者适用于较大城市，其中高压管道可兼作储气装置而具有输储双重功能。此两系统中的中压管道供气至小区调压箱或楼栋调压箱，天然气实现由中压至低压的调压后进入低压庭院管与室内管；也可中压管道直接进入用户由用户调压器调压，用户用具前的压力更为稳定。

当原有人工燃气输配系统改输天然气时，原有人工燃气大多采用中低压系统且为中压 B 级，一般加以改造后可予以利用，天然气经区域中低压调压站调压后进入低压分配干管、低压庭院管与室内管。中低压系统与单级中压系统的区别在于中低压系统具有区域调压站与低压分配干管，显然其低压管网的覆盖面大，有的路段同时出现中压管道与低压分配干管，且区域调压站供应户数多于小区调压箱与楼栋调压箱，用户燃具前压力波动大。当中压 A 系统向中压 B 系统供气时，需设置中压调压器。为便于比较，把几种不同压力级制的输配系统绘成综合流程示意图。图 5-4-1 中包括高(次高)中低压、高(次高)中压、中低压与单级中压 4 种输配系统。

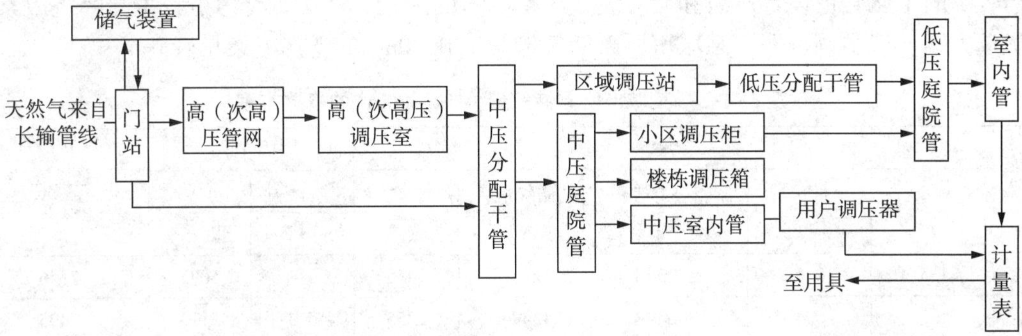

图 5-4-1　不同压力级制输配系统综合流程示意图

二、城市输配系统压力级制的确定

确定输配系统压力级制时，应考虑下列因素：①气源；②城市现状与发展规划；③储气措施；④大型用户与特殊用户状况。

由长输管道送至城市的天然气具有压力高的特点，应充分利用此压力，采用技术先进、运行安全与经济合理的储气和输气措施。对天然气的压力不仅考虑在长输管道投产初期因未达设计流量而出现较低压力供气的现状，更应结合长输管道设计压力以及其增压可行性，确定城市输配系统的压力级制。国内长输管道设计压力部分见表 5-4-2。

表 5-4-2　国内长输管道设计压力

名　称	榆　济	鄂安沧	青　宁	中俄东
压力/MPa	10/8	12/10	10	12

对于大中型城市，由于用气量多、面广，为安全供气，在城市周边设置高压或次高压环线或半环线经多个调压站向城市供气，该高压或次高压管线往往兼作储气，即具有输、储双重功能。

当天然气压力大于 2.0MPa 时，因储罐最高运行压力一般为 1.6MPa，采用管道储气较储罐储气经济，除长输管道末段可储气外，也可设置高压管道或管束储气。由于四级地区下燃气管道压力不宜大于 1.6MPa，高压管道一般设置在中心城区边缘。对于要求供气压力较高的用户，如天然气电厂等，可由高压或次高压管道直接供气。

城区输配系统一般为单级中压。该系统避免了中、低压管道并行敷设、减少低压管长度而获得了较好的经济性。单个调压器的供气户数较少，燃具前压力有更好的稳定性。因此，单级中压系统成为城区天然气输配系统的首选。

综上所述，城市天然气输配系统结合管道储气或储罐储气可采用的压力级制一般为高(次高)中压与单级中压。

结合部分城区的道路、建筑等状况，特别是未经改造的旧城区，从安全角度考虑，可采用中低压输配系统。原有人工燃气中低压输配系统改输天然气时需经改造，但压力级制不变，大多为中压 B 与低压。因此，同一城区有可能存在两种压力级制。

中压系统设计压力的确定需结合储气设施的运行作业技术、经济比较进行优化。由于中压管道的天然气来自储罐或高(次高)压管道，降低中压管道设计压力可提高储气装置利用率、节省其投资，但由于中压管道可利用的压降减少而增加投资，通过计算可获得总投资最少与较少的中压管道设计压力和储气装置运行压力的配置，然后综合考虑技术与经济因素获得优选方案。现举例说明：某城市所需储气量为 120000m^3 的备选方案见表5-4-3。

表 5-4-3 某城市所需储气量为 120000m^3 的备选方案

序号	球罐					中压管网		总投资/万元
	最高运行压力/MPa	最低运行压力/MPa	罐组公称容积/(m^3×个数)	储气量/m^3	投资/万元	运行压力/MPa	投资/万元	
1	1.5	0.5	3000×4	122678	2255	0.4	5091	7346
2	1.5	0.4	3000×4	134946	2255	0.3	5170	7425
3	1.5	0.3	3000×4	147214	2255	0.2	5522	7777
4	1.5	0.5	2000×4	122678	2275	0.4	5091	7366
5	1.5	0.4	2000×4	134946	2275	0.3	5170	7445
6	1.5	0.3	2000×4	122678	1896	0.2	5522	7418
7	1.5	0.5	5000×4 3000×1	132902	2345	0.4	5091	7436
8	1.5	0.4	5000×2 2000×1	134946	2165	0.3	5170	7335
9	1.5	0.3	5000×2	122678	1786	0.2	5522	7308

由表 5-4-3 可知，按总投资最少排列的前三位是方案 9、8、1，此 3 种方案经济性最佳，若 5000m^3 球罐整体处理有难度，也可采用方案 1。上述三个方案中压管网运行压力各不相同。可见，储罐组合与运行工况对中压管网压力级制的确定有显著影响。对于管道储气同样可进行表 5-4-3 的方案比选。

三、门站

(一)门站工艺流程与总平面布置

门站接收长输管道上分输站或末站的供气，对天然气进行过滤、计量、调压、检测与加臭等，并宜设置自动化控制系统，也可设置储气装置。门站出口可直接连接城市中压管网；当城市另设储配站或高中压调压器时，天然气在门站经过过滤、计量与检测后供入高压或次高压管道。当站内需耗用天然气发电或作其他用途时，可另设专线供应。图 5-4-2 为某中等城市门站流程。

图 5-4-2 所示流程由 4 个集气管将系统分成 3 段，前段为过滤与计量部分，两条线一开一备，两流量计间连接管可使其互校；中段主调压 3 条线，两开一备，储气罐出口调压两条线，一开一备，储罐出口不与主调压器进口集气管连通而单独设置储罐出口调压，使储罐出口不受门站进气压力影响，有利于储罐工况调度，提高其利用率；后段为出站计量部分，设置的目的是精确掌握工况。出站计量后设有加臭装置。为提高储罐利用率或储罐检修时抽空，可设置引射器。当上游设有清管球发射装置时，需在门站设接收装置。门站设有越站旁通管，其上有节流阀。对天然气需进行热值或全组分以及水露点和硫化氢的在线检测。进、出站管线设绝缘法兰与切断阀门。各压力段各自设安全放散阀。

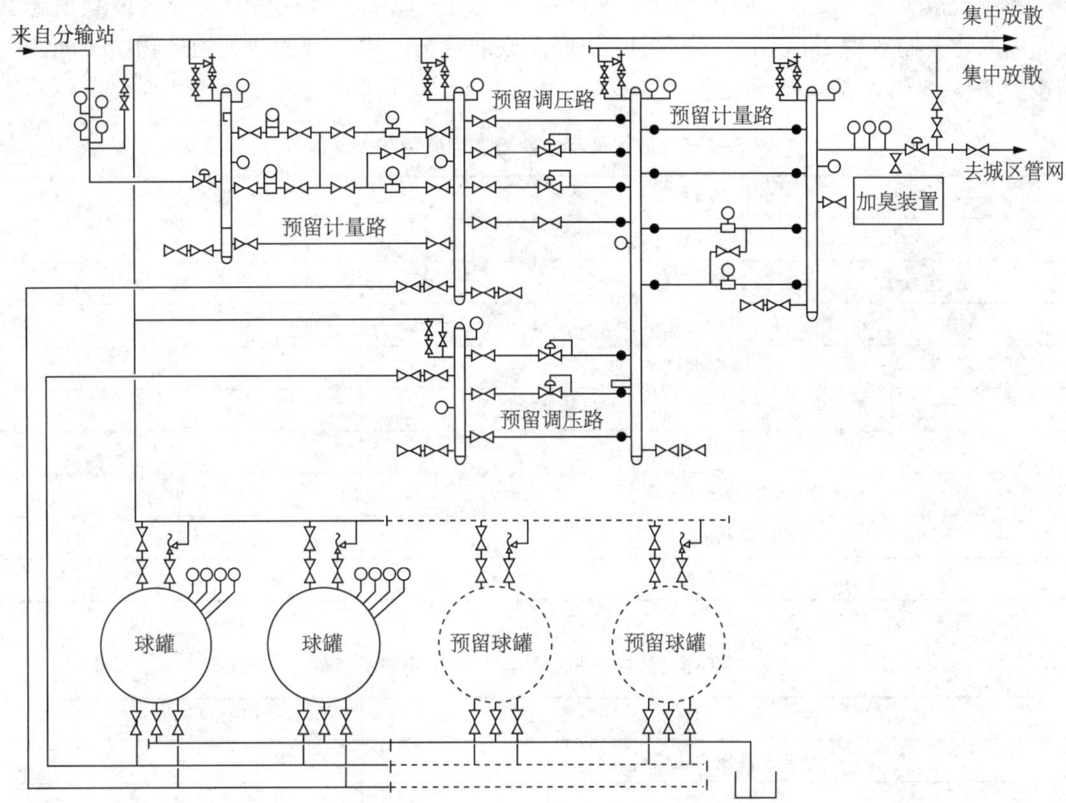

图 5-4-2　门站流程图

门站站址应符合城市规划要求，并结合长输管道位置确定；同时考虑少占农田，节约用地，与周围建筑物和构造物有符合设计规范要求的安全间距，以及适宜的地形、工程地质、供电、给排水、通信等条件，并应与城市景观协调。

门站总平面应分为生产区（计量、调压、储气、加臭等）与辅助区（变配电、消防泵房、消防水池、办公楼、仓库等）。生产区应设置在全年最小频率风向的上风侧，并设置环形消防车通道，其宽度不应小于 3.5m。把门站过滤、计量与调压等功能装配于一体的撬装式装置可节省用地。当门站设有储罐时，其与站内建、构筑物的防火间距按表 5-4-4 确定。

表 5-4-4　储罐与站内建、构筑物的防火间距　m

储气罐总容积/m^3	<1000	1000～10000	10000～50000	50000～200000	>200000
明火或散发火花地点	20	25	30	35	40
调压间、压缩机间、计量间	10	12	15	20	25
控制室、配电室、汽车库等辅助建筑	12	15	20	25	30
机修间、燃气锅炉房	15	20	25	30	35
综合办公生活建筑	18	20	25	30	35
消防泵房、消防水池取水口	20	20	20	20	20
站内道路（路边）	10	10	10	10	10
围墙	15	15	15	15	18

集中放散装置宜设置在站内全年最小频率风向的上风侧，放散管管口的高度高出距其25m内的建、构造物2m以上，且不小于10m。放散管与站内、外的建、构造物防火间距分别按表5-4-5与表5-4-6确定。

表5-4-5 放散管与站内建、构造物防火间距

项 目	防火间距/m
明火或散发火花地点	30
可燃气体储气罐	20
室外变配电站	30
调压间、压缩机间、计量间及工艺装置区	20
控制室、配电室、汽车库、机修间和其他辅助建筑	25
燃气锅炉房	25
消防泵房、消防水池取水口	20
站内道路(路边)	2
站区围墙	2

表5-4-6 放散管与站外建、构造物防火间距

项 目		防火间距/m
明火或散发火花地点		30
民用建筑		25
甲、乙类液体储罐、易燃材料堆场		30
室外变配电站		30
甲、乙类物品库房、甲、乙类生产厂房		25
其他厂房		20
铁路用地界		30
公路用地界	高速、Ⅰ级、Ⅱ级	15
	Ⅲ级、Ⅳ级	10
架空电力线	>380V	2.0倍杆高
	≤380V	1.5倍杆高
架空通信线	国家Ⅰ级、Ⅱ级	1.5倍杆高
	Ⅲ级、Ⅳ级	1.5倍杆高

(二)门站设备

1. 过滤设置

过滤装置的功能是除去天然气中机械杂质、凝固物等固体杂质，以减少对设备、仪表与管道的磨损、腐蚀与堵塞，并保证计量与调压精度。由于门站接收的天然气经上游多个场站的净化、过滤处理，因此在门站一般采用单级过滤器，过滤精度为10μm或20μm。当设置粗、精两级过滤时，粗过滤精度为50μm、精过滤为5μm或10μm。过滤器的效率为98%。

过滤器一般为圆筒形，内置滤芯材质为不锈钢或聚酯纤维，也有此两种材料的复合型。过滤器进、出口应设置压差计，当压差超过规定值时应更换滤芯。

过滤器一般按进口压力与允许压差条件下的流量选用，当无此资料时，可按进、出口流速在10~15m/s范围内选用。

2. 计量装置

门站计量装置设置在调压器前，作天然气贸易计量用，因此它的选型应和上游分输计量站选用的型号一致。调压器后出口管线上的计量装置是为了掌握用气规律而设置。门站一般采用涡轮流量计，也有采用超声波流量计与腰轮流量计，当流量波动范围不大且压力较高时，也可采用孔板流量计。

3. 调压装置

门站调压装置按门站出口压力需要可为高中压调压器或高高压调压器，一般多采用自力式调压器，也有采用曲流式调压器。

调压器宜在最大流量的20%~80%之间运行，稳压精度不超过额定出口压力的±15%，关闭压力不超过额定出口压力的±15%。调压器的最大流量 Q 是额定流量 Q_n 的1.15~1.20倍，而额定流量 Q_n 又应为所需出口流量 Q_j 的1.2倍，即形成下述关系：

$$Q=(1.15\sim1.20)Q_n=(1.38\sim1.44)Q_j \tag{5-4-1}$$

可按最大流量 Q 选用调压器。

4. 安全阀

门站安全阀的功能是在超压状况下开启放散泄压，一般选用弹簧封闭全启式安全阀，其由指挥器控制时灵敏度较高。

安全阀的泄放压力用等于或低于设计压力、高于运行压力，其按不同的运行压力由下列关系式确定。

$$p\leqslant1.8\text{MPa}：p_0=p+0.18\text{MPa}$$

$$1.8\text{MPa}<p\leqslant7.5\text{MPa}：p_0=1.1p$$

$$p>7.5\text{MPa}：p_0=1.05p$$

式中 p——运行压力(绝压)，MPa；

p_0——安全阀泄放压力(绝压)，MPa。

为保证放散泄压可靠，所需最大泄放量应不小于超压流量。所需安全的通道面积由下式确定：

$$A=\frac{G}{10.197CKp_1\sqrt{\dfrac{M}{ZT_1}}} \tag{5-4-2}$$

式中 A——安全阀通道截面积，cm^2；

G——安全阀最大泄放量，kg/h；

p_1——安全阀最大泄放量时的进口压力(绝压)，MPa，$p_1=p_0+p_a$；

p_a——安全阀聚积压力(绝压)，$p_a=0.2p_0$，MPa；

K——流量系数，由产品样本提供，当样本无此数据时，可取 $K=0.9\sim0.97$；

C——与绝热指数有关的系数。对于天然气，$C=258.23$；

M——燃气千克分子量，kmol；

T_1——安全阀进口燃气温度，K；

Z——燃气压缩因子。

门站内手动放散阀一般采用截止阀，当压力过高时实行紧急手动放散。

5. 管道

门站管道除连接地上设备外一般埋地设置。按流速不大于20m/s确定管径。管材按管径与压力等级确定，一般公称直径大于或等于150mm的管道采用直缝电阻焊接钢管，小于150mm的管道采用无缝钢管；高压与次高压管道按《石油天然气工业　管线输送系统用钢管(GB/T 9711—2023)选用，中压管道按《低压流体输送用大直径电焊钢管(GB/T 14980—2017)选用，无缝钢管按《输送流体用无缝钢管》(GB/T 8163—2018)选用，均需由强度计算确定材质与壁厚。

地下管道的直径部分采用三层聚乙烯加强级防腐层，管件采用冷喷涂环氧粉末外加聚乙烯冷缠带加强级防腐层，地上管道采用环氧底漆与聚氨酯面漆防腐。

6. 监测与控制系统

门站主要监测参数为进站天然气压力、温度、流量、成分，出站天然气压力、温度、流量，过滤器前、后压差，调压器前、后压力，加臭剂加入量，调压计量区天然气浓度。控制系统的控制对象主要为进、出门站管道上设置的电动阀。

监测与控制系统采用微机课编程控制系统收集监测参数与运行状态，实现画面显示、运算、记录、报警以及参数设定等功能，同时作为城市天然气输配系统SCADA系统的一个远端站(RTU)，向监测中心发送运行参数与接收来自监控中心的调度指令。电动阀门既可在门站控制室操作，也可在监控中心进行远程控制。

(三)天然气的加臭

天然气属于易燃、易爆的危险品。因此，要求其必须具有独特的、可以使人察觉的气味。使用中当天然气发生泄漏时，应能通过气味使人发现；在重要场合，还应设置检测仪器。对无臭或臭味不足的天然气应加臭。经长输管道输送的天然气，一般是在城镇的天然气门站进行加臭。

1. 加臭剂量的标准

(1)对于有毒燃气(指含有一氧化碳、氰化氢等有毒成分的燃气)，如果泄露到空气中，要求在达到对人体有害的浓度之前，一般人应能察觉。

(2)对于无毒燃气(指不含有一氧化碳、氰化氢等有毒成分的燃气，如天然气、液化石油气等)，如果泄漏到空气中，只在达到其爆炸下限的20%浓度时，一般人能够察觉。

(3)当短期利用加臭剂寻找地下管道的漏气点时，加臭剂的加入剂量可以增加至正常使用量的10倍。

(4)新管线投入使用的最初阶段，加臭剂的加入剂量应比正常使用量高2~3倍，直到罐壁铁锈和沉积物等被加臭剂饱和。

2. 加臭剂应有特性

我国目前常用的加臭剂主要有四氢噻吩(THT)和乙硫醇(EM)等。

燃气应具有可察觉臭味，加臭剂的最小量应符合下列规定：无毒燃气泄漏到空气中，达到爆炸下限的20%时，应能察觉；有毒燃气泄漏到空气中，达到人体允许的有害浓度时，应能察觉。

加臭剂应符合下列要求：

(1)与燃气混合后应具有特殊臭味，且与一般气味，如厨房油味、化妆品气味等，有明显区别。

(2)应具有在空气中能察觉的含量指标。

(3)在正常使用浓度范围内，加臭剂不应对人体、管道或其接触的材料有害。

(4)能安全燃烧，燃烧产物不应对人体呼吸系统有害，并不应腐蚀或伤害与燃烧产物经常接触的材料。

(5)溶解于水的程度不应大于2.5%(质量分数)。

(6)具有一定的挥发性，在管道运行温度下不冷凝。

(7)较高温度下不易分解。

(8)土壤透过性良好。

(9)价格低廉。

硫醇(DMS)曾是使用较多的加臭剂，以乙硫醇为代表，它具有洋葱腐败味，分子式为：$H_3C—S—CH_3$。

四氢噻吩与乙硫醇相比，具有较多的优点：四氢噻吩的衰减量为乙硫醇的1/2；对管道的腐蚀性为乙硫醇的1/6；但价格比乙硫醇高。四氢噻吩的性质见表5-4-7。

表5-4-7　四氢噻吩的性质

相对分子质量	含硫量/%	沸点/℃	凝固点/℃	热分解温度/℃	水中溶解度/%	腐蚀性	毒　性
88	36.4	119~121	-101	480以上	0.07(体积分数)	无	无

四氢噻吩对天然气的耗用量为15~20mg/m³。新建管网投入使用时，应加大用量至正常耗用量的2~3倍，因可能发生罐壁沉积物或锈斑吸收加臭剂的情况。冬季耗用量大于夏季，可为正常耗用量的1.5~2倍。

3. 加臭方法

加臭一般有滴入式和吸收式两种方式。

1)直接滴入式

使用滴入式加臭装置是将液态加臭剂的液滴或细流直接加入燃气管道，加臭剂蒸发后与燃气气流混合。这种装置体积小、结构简单、操作方便，一般可在室外露天或遮阳棚内放置(见图5-4-3)。

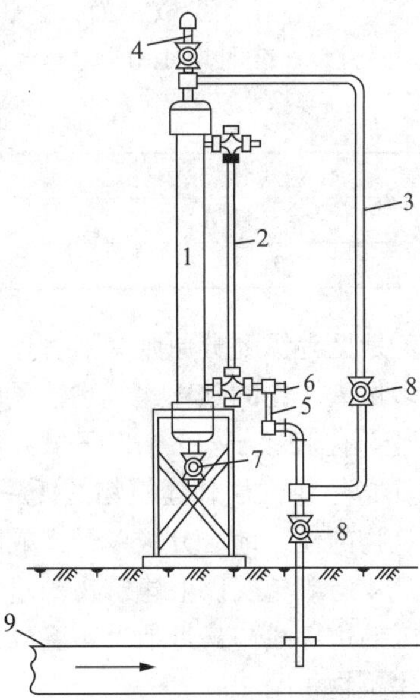

图5-4-3　滴入式加臭装置

1—加臭剂储罐；2—液位计；3—压力平衡管；4—加臭剂充填管；5—观察管；6—针形阀；7—泄压管；8—阀门；9—燃气管道

向管道中直接注入加臭剂的自动加臭装置由隔膜式柱塞计量泵、加臭剂罐、喷嘴与自动控制器件构成。通过流量传感器获得燃气流量信号，经自控系统实现燃气中稳定的加臭剂浓度。装置可显示燃气流量、加臭剂耗量、加臭剂罐液位以及燃气温度、压力等数据。

2)吸收式

吸收式加臭方式是使液态加臭剂在加臭装置中蒸发，然后将部分燃气引至加臭装置中，使燃气被加臭剂蒸汽饱和，加臭后的燃气再返回主管道与主流燃气混合。

四、城市天然气管网

(一)管材

1. 高压与次高压管道

高压与次高压管道直径大于 150mm 时，一般采用焊接钢管；直径较小时采用无缝钢管，应通过技术、经济比较钢种与制管类别。

选用的焊接钢管应符合《石油天然气工业　管线输送系统用钢管》(GB/T 9711—2023)的规定，无缝钢管应符合《输送流体用无缝钢管(GB/T 8163—2018)的规定。

为确定钢种，可通过直管段壁厚计算，比对钢管最小公称厚度，确定采用壁厚，并按不同材质的壁厚值进行分析、比较后确定采用钢种。

钢管壁厚按式(5-4-3)计算：

$$\delta=\frac{PD}{2\delta_s\varphi F} \tag{5-4-3}$$

式中 δ——钢管壁，mm；

P——设计压力，MPa；

D——钢管外径，mm；

δ_s——钢管最低屈服强度，MPa；

F——强度设计系数，按地区等级确定，见表 5-4-8；

φ——焊缝系数，当符合《城镇燃气设计规范》(GB 50028—2006)第 2 款规定的钢管标准时取 1.0。

表 5-4-8　按地区等级划分的强度设计系数

地区等级	F	地区等级	F
一级	0.72	三级	0.40
二级	0.60	四级	0.30

地区等级划分原则为沿管道中心线两侧各 200m 范围内，任意划分为 1.6km 长并能包括最多供人居住的独立建筑物数量的地段，按地段内房屋居住密集程度划分为 4 个等级。一级地区：有 12 个或 12 个以下供人居住建筑物的任一地区分级单元。二级地区：有 12 个以上、80 个以下供人居住建筑物的任一地区分级单元。三级地区：有 80 个或 80 个以上供人居住建筑物的任一地区分级单元；或距人员聚集的室外场所 90m 内铺设管道的区域。四级地区：地上 4 层或 4 层以上建筑物普遍且占多数的任一地区分级单元。地区边界线可作调整，四级地区的边界线与最近地上 4 层或 4 层以上建筑物相距 200m，二级、三级地区的边界线与最近建筑物相距 200m。

钢管最小公称壁厚由表 5-4-9 确定。

表 5-4-9　钢管最小公称壁厚

公称直径	最小公称壁厚/mm	公称直径	最小公称壁厚/mm
*DN*100 ~ *DN*150	4.0	*DN*600 ~ *DN*900	7.1
*DN*200 ~ *DN*300	4.8	*DN*950 ~ *DN*1000	8.7
*DN*350 ~ *DN*450	5.2	*DN*1050	9.5
*DN*500 ~ *DN*550	6.4		

径向稳定性校核应符合下列表达式的要求，当埋设较深或外荷载较大时，按无内压状态计算。

$$\Delta_x \leqslant 0.03D$$

$$\Delta_x = \frac{ZKWD_m^3}{8EI+0.061E_sD_m^3}$$

$$W = W_1 + W_2$$

$$I = \frac{\delta_n^3}{12}$$

式中 Δ_x——钢管水平方向最大变形量，m；

D——钢管外径，m；

D_m——钢管平均直径，m；

W——作用在单位管长上的总竖向荷载，N/m；

W_1——单位管长上竖向永久荷载，N/m；

W_2——地面可变荷载传递到管道上的荷载，N/m；

Z——钢管变形滞后系数，宜取 1.5；

K——基床系数，按表 5-4-10 选取；

E——钢材弹性模量，N/m^2；

I——单位管长截面惯性矩，m^4/m；

δ_n——钢管公称厚度，m；

E_s——土壤变形模量，N/m^2，如无实测数据，按表 5-4-10 选取。

表 5-4-10 土壤变形模量和基床系数

敷管类型	敷管条件	E_s/(MN/m^2)	K
1 型	管道敷设在未扰动土上，回填土松散	1.0	0.108
2 型	管道敷设在未扰动土上，管道中心以下的土轻轻压实	2.0	0.105
3 型	管道放在厚度至少有 100mm 的松土垫层内，管顶以下的回填土轻轻压实	2.8	0.103
4 型	管道放在砂卵石或碎石垫层内，垫层顶面应在管底以上 1/8 管径处，但不得小于 100mm，管顶以下回填土夯实密度约 80%	3.8	0.096
5 型	管道中线以下放在压实的黏土内，管顶以下回填土夯实，夯实密度约 90%	4.8	0.085

设计时，应选用不同钢种进行壁厚计算，确定采用壁厚，经技术、经济比较选定采用钢种。表 5-4-11 是某工程设计压力为 1.6MPa、工程管径 200mm 的焊接钢管，按《石油天然气工业 管线输送系统用钢管》(GB/T 9711—2023) 的要求，对四级地区进行钢种比较的结果。

表 5-4-11 选用不同钢种采用壁厚的比较结果

材 质	L245	L290	L360
计算壁厚/mm	2.3	1.98	1.6
采用壁厚/mm	5.6	4.8	4.8

根据表 5-4-11 的数据，考虑管道的稳定性、抗断性与抗震性等因素，并结合钢材价格，采用 L245。

在确定钢种的基础上进一步选用焊接钢管的类型，其分为两类，即螺旋缝钢管和直缝钢管。螺旋缝双面埋弧焊钢管(SAW)的焊缝与管轴线形成螺旋角，一般为 45°，其使焊缝热影响区不在主应力方向上，因此焊缝受力情况良好，可用带钢生产大直径管道，但由于焊缝长度长，会使产生焊接缺陷的可能性增加。

直缝焊接钢管与螺旋缝焊接钢管相比，焊缝短，在平面上焊接，因此具有焊缝质量好、热影响区小、焊后残余应力小、管道尺寸较精确、易实现在线检测以及原材料可进行 100%的无损检测等优点。

直缝焊接钢管又分为直缝高频电阻焊钢管(ERW)和直缝双面埋弧焊钢管(LSAW)。高频电阻焊是利用高频电流产生的电阻热熔化管坯对接处、经挤压熔合，其特点为热量集中，热影响区小，焊接质量主要取决于母材质量，生产成本低，效率高。

直缝双面埋弧焊钢管一般直径在 *DN*400mm 以上采用 UOE 成型工艺，单张钢板边缘预弯后，经 U 成型、O 成型、内焊、外焊、冷成型等工艺，其成型精度高，错边量小，残余应力小，焊接工艺成熟，质量可靠。

直缝双面埋弧焊钢管价格高于螺旋缝焊接钢管，而价格最低的是直缝高频电阻焊钢管。

天然气输配工程中采用较普遍的高(次高)压管道是直缝高频电阻焊钢管，直径较大时采用直缝埋弧焊钢管或螺旋缝埋弧焊钢管。高压管道的附件不得采用螺旋缝焊接钢管制作，严禁采用铸铁制作。

2. 中压与低压管道

室外地下中压与低压管道有钢管、聚乙烯复合管(PE 管)、钢骨架聚乙烯复合管(钢骨架 PE 复合管)、球墨铸铁管。

钢管具有高强的力学性能，如抗拉强度、延伸率与抗冲击性等。焊接钢管采用焊接制管与连接，气密性良好。其主要缺点是地下易腐蚀，需防腐措施，投资大，且使用寿命较短，一般为 25 年左右。当管径大于 *DN*200 时，其投资少于聚乙烯管。可按《低压流体输送用焊接钢管》(GB/T 3091—2008)采用直缝高频电阻焊钢管。

聚乙烯管是近些年来广泛用于中、低压天然气输配系统的地下管材，具有良好的可焊性、热稳定性、柔韧性与严密性，易施工，耐土壤腐蚀，内壁当量绝对粗糙度仅为钢管的 1/10，使用寿命达 50 年左右。聚乙烯管的主要缺点是重荷载下易损坏，接口质量难以采用无损检测手段检验，以及大管径的管材价格较高。目前已开发的第三代聚乙烯管材 PE100 较之以前广泛采用的 PE80 具有较好的快、慢速裂纹抵抗能力与刚度，改善了刮痕敏感度，因此采用 PE100 制管在相同耐压程度时可减少壁厚或者在相同壁厚下增加耐压程度。

聚乙烯管道按公称外径与壁厚之比，即标准尺寸比，分为两个系列：SDR11 与 SDR17.6，其允许最大工作压力见表 5-4-12，不同温度下的允许最大工作压力见表 5-4-13。

表 5-4-12 聚乙烯管道允许最大工作压力

燃气种类	允许最大工作压力/MPa	
	SDR11	SDR17.6
天然气	0.400	0.200
液化石油气(气态)	0.100	—
人工燃气	0.005	—

表 5-4-13　聚乙烯管道不同温度下的允许最大工作压力

工作温度 T/℃	允许最大工作压力/MPa	
	SDR11	SDR17.6
$-20<T\leqslant0$	0.1	0.0075
$0<T\leqslant20$	0.4	0.2
$20<T\leqslant30$	0.2	0.1
$30<T\leqslant40$	0.1	0.0075

通常聚乙烯管道 $De\geqslant110$mm 采用热熔连接，即由专用连接板加热接口到 210℃使其熔化连接；而 $De<110$mm 时采用电熔连接，即由专用电熔焊机控制管内埋设的电阻丝加热，使接口处熔化而连接。连接质量由外观检查、强度试验与气密性试验确定。

钢骨架聚乙烯复合的钢骨架材料有钢丝网与钢板孔网两种。管道分为普通管与薄壁管两种，普通管宜用于输送人工煤气、天然气与液化石油气(气态)，薄壁管宜用于输送天然气。可按《埋地钢骨架聚乙烯复合管燃气管道工程技术规程》(CECS 131—2002)采用。

输送天然气时，钢骨架聚乙烯复合的普通管与薄壁管的允许最大工作压力见表 5-4-14 与表 5-4-15。钢板孔网骨架聚乙烯复合管的普通管与薄壁管的允许最大工作压力见表5-4-16与表 5-4-17。

表 5-4-14　钢骨架聚乙烯复合的普通管的允许最大工作压力

公称内径/mm	50	65	80	100	125	150	200	250	300	350	400	450	500
允许最大工作压力/MPa	1.6		1.0		0.8	0.7		0.5		0.44			

表 5-4-15　钢骨架聚乙烯复合的薄壁管的允许最大工作压力

公称内径/mm	50	60	80	100	125
允许最大工作压力/MPa	1.0			0.6	

表 5-4-16　钢板孔网骨架聚乙烯薄壁管的普通管的允许最大工作压力

公称外径/mm	50	63	75	90	110	140	160	200	250	315	400	500	630
允许最大工作压力/MPa	1.6		1.0			0.8		0.7		0.5		0.4	

表 5-4-17　钢板孔网骨架聚乙烯复合管的普通管的允许最大工作压力

公称外径/mm	50	63	75	90	110
允许最大工作压力/MPa	1.0			0.6	

钢骨架聚乙烯复合管与聚乙烯管相比，由于加设骨架而增加了强度，使壁厚减薄或耐压程度提高。但管道上开孔接管困难，且价格较高。

钢骨架聚乙烯复合管的连接方法有电熔连接与法兰连接，法兰连接时宜设置检查井。

球墨铸铁管采用离心铸造，接口为机械柔性接口，目前已采用至中压 A 的输配系统。与钢管相比的主要优点是耐腐蚀，管材的电阻是钢的 5 倍，加之机械接口中的橡胶密封圈的绝缘作用，大大降低了埋地的电化学腐蚀。同时，其力学性能较灰铸铁管有较大提高，除延伸率外其他与钢管接近，具体数据见表5-4-18。此外，柔性接口使管道具有一定的可挠性与伸缩性。

表5-4-18　球墨铸铁管力学性能

管　材	延伸率/%	压扁率/%	抗冲击强度/MPa	强度极限/MPa	屈服极限/MPa
灰铸铁管	0	0	5	140	170
球墨铸铁管	10	30	30	420	300
钢管	18	30	40	420	300

球墨铸铁管的密封取决于接口的质量，而接口的质量与使用寿命取决于橡胶密封圈的质量与使用寿命，一般采用丁腈橡胶制作。

球墨铸铁管的接口主要有N_1型和S型，其结构见图5-4-4与图5-4-5。S型较N_1型在内侧多设置一个隔离胶圈，以防止密封胶圈受燃气侵蚀，且钢制支撑圈设在凹槽内可防止管道纵向抽出。

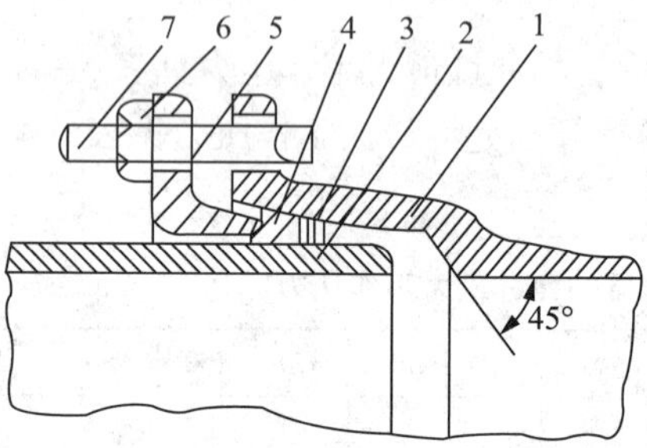

图5-4-4　N_1型柔性机械接口

1—承口；2—插口；3—塑料支撑圈；4—密封胶圈；5—法兰；6—螺母；7—螺栓

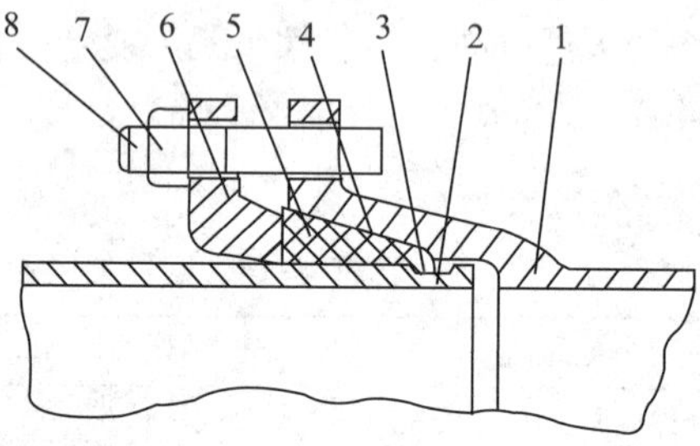

图5-4-5　S型柔性机械接口

1—承口；2—插口；3—钢制支撑圈；4—隔离胶圈；5—密封胶圈；6—法兰；7—螺母；8—螺栓

球墨铸铁管按《水及燃气管道用球墨铸铁管，管件及附件》(GB/T 13295—2019)采用。

对于管材的选用，应作技术、经济比较，表5-4-19是各种管材的价格比，设钢管(含防腐费)为1。

表5-4-19　各种管材的价格比

公称直径/mm	聚乙烯管(SDR11)	钢管(含防腐费)	球墨铸铁管(K9)
100	0.73	1.0	1.18
200	1.09	1.0	0.92
250	1.10	1.0	0.96
300	1.34	1.0	0.90
400	1.80	1.0	0.81

由表5-4-19可见，聚乙烯管公称直径小于200mm时较钢管便宜，而球墨铸铁公称直径小于200mm时较钢管贵。大管径的球墨铸铁管有一定的价格优势。

由于各类管材使用年限有差距，钢管可按25年考虑，聚乙烯管与球墨铸铁管可按50年考虑，按使用年限考虑的年平均价格见表5-4-20，设钢管(含防腐费)为1。

表 5-4-20 按使用年限管材年平均价格比

公称直径/mm	聚乙烯管(SDR11)	钢管(含防腐费)	球墨铸铁管(K9)
100	0.365	1	0.590
200	0.545	1	0.460
250	0.550	1	0.480
300	0.670	1	0.450
400	0.90	1	0.405

由表 5-4-20 可见，钢管的各种公称管径的价格比均高于聚乙烯管与球墨铸铁管。

此外，由于各种管材内壁当量粗糙度的不同以及相同公称管径下内径的不同，造成不同管材管道输送燃气能力的差异，即在相同管长与压力降输送流量不同或在相同管长与流量下压力降不同。表 5-4-21 表示不同管材在相同管长与流量下压力降的比例，由于按中压设定即为压力平方差比例，其中设定钢管为 1。

表 5-4-21 管材在相同管长与流量下压力降比

公称直径/mm	聚乙烯管(SDR11)	钢管	球墨铸铁管(K9)
100	1.15	1	1.56
200	1.0	1	1.47
250	1.01	1	1.58
300	0.72	1	1.49
400	0.75	1	1.12

由表 5-4-21 可见，聚乙烯管尽管内径较同公称直径的钢管小，但由于其内壁当量绝对粗糙度仅为钢管的 1/10，当工程管径大于 200mm 时输送能力优于钢管，球墨铸铁管由于较大的内壁当量绝对粗糙度而使输送能力下降。考虑管材使用年限与输送能力的综合比值见表 5-4-22，综合比值为两个比值的乘积。

表 5-4-22 考虑管材使用年限与输送能力的综合比值

公称直径/mm	聚乙烯管(SDR11)	钢管(含防腐费)	球墨铸铁管(K9)
100	0.420	1	0.920
200	0.545	1	0.676
250	0.556	1	0.758
300	0.482	1	0.671
400	0.675	1	0.454

由表 5-4-22 可见，考虑使用年限与输气能力两因素影响的综合比值中，公称直径 400mm 以下的聚乙烯管占有优势。

钢骨架聚乙烯复合管的价格高于聚乙烯复合管，价格比约为 1.1~1.6 倍，随着管径增大、倍数减小，两者使用年限相同。

随着技术进步、生产规模发展等因素的影响，各种管材的价格与使用年限均会发生变化，上述数据仅作宏观参照，重要的是提供管材选用的技术、经济比较思路与方法。

3. 用户管

当燃气表安装在室内时，从建筑物引入管开始即为用户室内管，随着燃气表户外集中安装方式的出现，燃气表前与部分燃气表后的管道敷设在户外，因此以“用户管”的名称统称用户处室内、外管道。

对于低压室内管，镀锌钢管是室内管道普遍采用的管材，其为丝扣连接，用于天然气时应采用聚四氟乙烯带丝扣的密封材料。可按《低压流体输送用焊接钢管》(GB/T 3091—2008)选用。近些年来，铝塑复合管也应用于室内管道，是在焊接铝管的内、外侧覆盖聚乙烯材料，采用热熔胶、经挤压成型。英、美等国在20世纪80年代已用于室内管。铝塑复合管的优点是易弯曲定型、接口少、便于室内安装，其耐温范围为-40~95℃，耐化学腐蚀与耐火，燃点为340℃。可按《铝塑复合压力管(搭接焊)》(CJ/T 108—1999)选用。不锈钢波纹管在日本普遍用于室内管，国内也有应用。此外，钢管与无缝钢管也可用做室内管材。

对于低压室外管一般采用镀锌钢管或铝塑复合管。

当采用中压进户方式时，中压室内、外管采用钢管，且接口为焊接。

(二)管道布置与敷设

管道布置是燃气输配系统工程设计的主要工作之一，在可行性研究、初步设计与施工图设计中均有不同的深度要求。

由于天然气长输管道至城市边缘的压力一般为高压或次高压，因此天然气城市输配系统一般采用高(次高)中压两级系统或单级中压系统。

高压或次高压管道主要用于向门站与高(次高)中压调压站供气，也可储气作用，其管道布置主要取决于门站与调压站的选址以及供气安全性与储气要求、城市地理环境等，门站与调压站的选址主要由长输管道走向、城市用气负荷分布、供气安全性等因素确定。中压管道向城市内中低压调压箱或用户调压器供气，大型工业用户直接由中压管道供气，中压配气干管一般在中心城区形成环网、城区边缘为支状管道，即采用环、支结合的配气方式，由配气管网接出支管向街区内调压箱或用户调压器供气。因此，中压管道的布置主要取决于城市道路与地理环境状况、用户分布、中低压调压箱的选址以及供气安全性要求等因素。

在确定管道路由后，主要工作是按规范要求确定管道平面与纵、横断面管位和进行穿越障碍物设计。纵断面图内容应包括地面标高、管顶标高、管顶深度、管段长度、管段坡度、测点桩号与路面性质，并在图上画出燃气管道，标明管径，与燃气管道纵向交叉的设施、障碍等的间距。横断面图上应标明燃气管道位置、管径以及建筑物、其他设施等的间距。

一般纵断面图纵向比例为1：(50~100)，横向比例为1：(500~1000)。

1. 高压管道

对于大、中型城市按输气或储气需要设置高压管道，其布置原则如下：

(1)服从城市总体规划，遵守有关法规与规范，考虑远、近期结合，分期建设。

(2)结合门站与调压站选址，管道沿城区边沿敷设，避开重要设施与施工困难地段；不宜进入城市四级地区，不宜从县城、卫星城、镇或居民居住区中间通过。

(3)尽可能少占农田，减少建筑物等拆迁。除管道专用公路的隧道、桥梁外，不应通过铁路或公路的隧道和桥梁。

(4)对于大型城市可考虑高压线成环，以提高供气安全性，并考虑其储气功能。

(5)为方便运输与施工，管道宜在公路附近敷设。

(6)应做多方案比较，选用符合上述各项要求，且长度较短、原有设施可利用、投资较省的方案。

地下高压管道与建筑物的水平净距应根据所经地区等级、管道压力、管道公称直径与壁厚加以确定。表 5-4-23 是一级或二级地区所要求的最小水平净距(m)，表 5-4-24 是三级地区所要求的最小水平净距(m)。水平净距指管道外壁至建筑物出地面处外墙面的距离。

表 5-4-23 一级或二级地区所需求的最小水平净距

<table>
<tr><th rowspan="2">公称直径 DN/mm</th><th colspan="3">最小水平净距/m</th></tr>
<tr><th>1.61MPa</th><th>2.50MPa</th><th>4.00MPa</th></tr>
<tr><td>900<DN≤1050</td><td>53</td><td>60</td><td>70</td></tr>
<tr><td>750<DN≤900</td><td>40</td><td>47</td><td>57</td></tr>
<tr><td>600<DN≤750</td><td>31</td><td>37</td><td>45</td></tr>
<tr><td>450<DN≤600</td><td>24</td><td>28</td><td>38</td></tr>
<tr><td>300<DN≤450</td><td>19</td><td>23</td><td>28</td></tr>
<tr><td>150<DN≤300</td><td>14</td><td>18</td><td>22</td></tr>
<tr><td>DN≤150</td><td>11</td><td>13</td><td>15</td></tr>
</table>

表 5-4-24 三级地区所要求的最小净距

<table>
<tr><th rowspan="2">管道壁厚 δ/mm</th><th colspan="3">最小净距/m</th></tr>
<tr><th>1.61MPa</th><th>1.61MPa</th><th>1.61MPa</th></tr>
<tr><td>δ<9.5</td><td>13.5</td><td>15.0</td><td>17.0</td></tr>
<tr><td>9.5<δ≤11.9</td><td>6.5</td><td>7.5</td><td>9.0</td></tr>
<tr><td>δ≥11.9</td><td>3.0</td><td>3.0</td><td>3.0</td></tr>
</table>

地下高压管道与建筑物、构造物、相邻管道之间所要求的最小水平净距(m)和最小垂直净距(m)，分别见表 5-4-25 与表 5-4-26。

表 5-4-25 地下管道与建筑物、构筑物、相邻管道之间的最小水平净距 m

<table>
<tr><th colspan="2" rowspan="2">压力</th><th rowspan="2">建筑物基础</th><th rowspan="2">建筑物外墙面</th><th rowspan="2">给水管</th><th rowspan="2">污水、雨水、排水管</th><th colspan="2">热力管</th><th colspan="2">电力电缆</th><th colspan="2">通信电缆</th></tr>
<tr><th>直埋</th><th>管沟内</th><th>直埋</th><th>导管内</th><th>直埋</th><th>导管内</th></tr>
<tr><td colspan="2">高压</td><td></td><td>6.5</td><td>1.5</td><td>2.0</td><td>2.0</td><td>4.0</td><td>1.5</td><td>1.5</td><td>1.5</td><td>1.5</td></tr>
<tr><td rowspan="2">次高压</td><td>A</td><td></td><td>6.5</td><td>1.5</td><td>2.0</td><td>2.0</td><td>4.0</td><td>1.5</td><td>1.5</td><td>1.5</td><td>1.5</td></tr>
<tr><td>B</td><td></td><td>4.5</td><td>1.0</td><td>1.5</td><td>1.5</td><td>2.0</td><td>1.0</td><td>1.0</td><td>1.0</td><td>1.0</td></tr>
<tr><td rowspan="2">中压</td><td>A</td><td>1.5</td><td></td><td rowspan="3">0.5</td><td>1.2</td><td rowspan="3">1.0</td><td>1.5</td><td rowspan="3">0.5</td><td rowspan="3">1.0</td><td rowspan="3">1.0</td><td rowspan="3">1.0</td></tr>
<tr><td>B</td><td>1.0</td><td></td><td>1.2</td><td>1.5</td></tr>
<tr><td colspan="2">低压</td><td>0.7</td><td></td><td>1.0</td><td>1.0</td></tr>
</table>

表 5-4-26 地下管道与构筑物、相邻管道之间的最小垂直净距

<table>
<tr><th colspan="2">项　目</th><th>最小垂直净距/m
(当有套管时以套管计)</th><th colspan="2">项 目</th><th>最小垂直净距/m
(当有套管时以套管计)</th></tr>
<tr><td colspan="2">给水管、排水管、其他燃气管</td><td>0.15</td><td>电缆</td><td>导管内</td><td>0.15</td></tr>
<tr><td colspan="2">热力管的管沟底或顶</td><td>0.15</td><td colspan="2">铁路轨底</td><td>1.20</td></tr>
<tr><td>电缆</td><td>直埋</td><td>0.50</td><td colspan="2">有轨电车轨底</td><td>1.00</td></tr>
</table>

高压管道当受条件限制需进入或通过四级地区、县城、卫星城、镇或居民居住区时应遵守下列规定：高压A地下燃气管道与建筑物外墙面之间的水平净距不应小于30m，高压B地下燃气管道与建筑物外墙面之间的水平净距不应小于16m。当管道材料钢级不低于《石油天然气工业 管线输送系统用钢管》(GB/T 9711—2023)标准规定的L245，管道壁厚$\delta \geqslant$ 9.55mm，且对燃气管道采用行之有效的保护措施时，高压A不应小于20m，高压B不应小于10m。

地下高压管道在农田、岩石处与城市敷设时的覆土层(从管顶算起)最小厚度(m)分别见表5-4-27与表5-4-28。

表5-4-27 地下高压管道敷设覆土层最小厚度

地区等级	旱地/m	水田/m	岩石类/m
一级	0.6	0.8	0.5
二级	0.6	0.8	0.5
三级	0.8	0.8	0.5
四级	0.8	0.8	0.5

注：覆土层从管顶算起。

表5-4-28 地下高压管道地区敷设时覆土层最小厚度

埋地处	覆土层最小厚度/m
车行道	0.9
非车行道(含人行道)	0.6
庭院内(绿化地、载货汽车不能进入处)	0.3

注：覆土层从管顶算起。

在高压干管上应设置分段阀门，其最大间距(km)取决于管段所处位置为主的地区等级(见表5-4-29)，高压支管起点处也应设置阀门。

表5-4-29 高压干管分段阀门最大间距

管段所处地区等级	四级	三级	二级	一级
最大间距/km	8	13	24	32

市区外地下高压管道应设置里程桩、转角桩、交叉和警示牌等永久标志；市区内地下高压管道应设立警示标志，在距管顶不小于500mm处应埋设警示带。

2. 次高压管道

次高压管道的作用与高压管道相同，当长输管道至城市边缘的压力为次高压时采用。次高压管道的布置原则同高压管道，一般也不通过中心城区，也不宜从四级地区、县城、卫星城、镇或居民区中间通过。

地下次高压管道与建筑物、构筑物、相邻管道之间所要求的最小水平净距(m)见表5-4-25。最小垂直净距(m)与地下敷设的覆土层最小厚度要求同高压管道。

在次高压干管上应设置分段阀门，并在阀门两侧设置放散管，在支管起点处也应设置阀门。

3. 中压管道

中压管道在高(次高)中压与单级中压输配系统中是输气主体。随着经济发展，特别是道路与住宅建设的水平和质量大幅度提高，这两种天然气输配系统成为城市天然气输配形式的主流。中压管道向数量众多的小区调压箱与楼栋调压箱以及专用调压箱供气，从而形成环、支结合的输气干管以及干管接出的众多供气支管至调压设备。显然调压箱较区域调压站供应户数大大减少，从而减少了用户前压力的波动，而中压进户更使用户压力恒定。对于此种中压干管管段，由于与众多支管相连，支管计算流量之和为该管段泄流量。

高(次高)中压与单级中压输配系统的中压管道布置原则如下：

(1)服从城市总体规划，遵守有关法规与规范，考虑远、近期结合。

(2)干管布置应靠近用气负荷较大区域，以减少支管长度并成环，保证安全供气，但应避开繁华街区，且环数不宜过多。各高、中压调压站出口中压干管宜互通。在城市边缘布置支状干管，形成环、支结合的供气干管体系。

(3)对中、小城镇的干管主环可设计为等管径环，以进一步提高供气安全性与适应性。

(4)管道布置应按先人行道、后非机动车道、尽量不在机动埋设的原则。

(5)管道应与道路同步建设，重复开挖。条件具备时可同沟敷设。

(6)在安全供气的前提下，减少穿越工程与建筑拆迁量。

(7)避免与高压电缆平行敷设，以减少地下钢管电化学腐蚀。

(8)可做多方案比较，选用供气安全、正常水力工况与事故水力工况良好、投资较省以及原有设施可利用的方案。

中、低压输配系统很少采用于城市新建的天然气输配系统，但常见于人工煤气输配系统，且多为中压B系统。

中、低压输配系统的中压管道，向区域调压站与专用调压箱供气，其数量远远少于上述两系统的小区调压箱、楼栋调压箱与用户调压器，因此，中压管道的密度远比上述两系统低，其布置原则同上述两系统。中、低压区域调压站应选在用气负荷中心，并确定其合理的作用半径，结合区域调压站选址布置中压干管，中压干管应成环，干管尽可能接近调压站以缩短中压支管长度。

地下中压管道与建筑物、构筑物、相邻管道之间所要求的最小水平净距(m)见表5-4-25。最小垂直净距(m)与地下敷设的覆土层最小厚度要求同高压管道。

中压干管与支管阀门设置要求同次高压干管与支管。

4. 低压管道

低压管道在高(次高)中压或单级中压输配系统中一般起始于小区调压箱或楼栋调压箱出口至用户引入管或户外燃气表止，属街坊管的范围。低压街坊管呈支状分布，布置时可适当考虑用气量增长的可能性，并尽量减少长度。中、低输配系统采用区域调压站时，其供应户数多，出口低压管道分布广，分为干管与街坊管，前者的主要功能是向众多街坊支管供气，因此其布置类似于前述中压干管，即为成环、支结合的供气干管。该干管管段连接支管的计算流量之和为该管段的涂泄流量。当出现多个区域调压站时，如地理条件许可，出口的低压干管宜连成一片，以保证供气安全。此种低压干管的布置原则，可参照前述高(次高)中压与单级中压输配系统的中压管道布置原则。

地下低压管道与建筑物、构筑物、相邻管道之间所要求的最小水平净距(m)见表5-4-25。最小垂直净距(m)与地下敷设的覆土层最小厚度要求同高压管道。

5. 用户管

居民用户的用户管按压力分类为低压进户与中压进户两类。中压进户的压力不得大于0.2MPa，在燃气表前由用户调压器调至燃具额定压力，避免了用气高、低峰时燃具前压力波动。管径大于 *DN*50 或压力大于 10kPa 的管道宜焊接。用户管按燃气表设置方式分为分散设表与集中设表两类。分散设表即燃气表设在用户内，建筑物引入管与室内立管连接，再由立管连接各层水平支管向用户供气。立管也可设在外墙上，此种立管一般由围绕建筑物外墙上的水平供气管接出。集中设表一般燃气表集中设在户外，即在一楼外墙上设集中表箱，由各燃气表引出室外立管与水平管至各层用户。户外集中设表方式具有方便管理与提高安全性的优点，但由于各户分设立管使投资增加，且投资随建筑层增高而上升。对于高层建筑不宜集中户外设表，但可把燃气表分层集中设置在非封闭的公共区域内。

用户室内燃气管道最高压力(MPa)见表5-4-30，灶具燃烧器额定压力(kPa)见表5-4-31，低压燃气管道允许阻力损失(Pa)见表5-4-32。

表 5-4-30 用户室内燃气管道最高压力

燃气用户	最高压力/MPa
工业用户及单独锅炉房	0.4
商业和居民用户(中压进户)	0.2
商业和居民用户(低压进户)	0.005

表 5-4-31 灶具燃烧器额定压力

燃气 燃烧器	人工燃气	天然气		液化石油气
		矿井气、液化石油气混空气	天然气、油田伴生气	
低压/kPa	1.0	1.0	2.0	2.8 或 5.0
中压/kPa	10 或 30	10 或 30	20 或 50	30 或 100

表 5-4-32 低压燃气管道允许阻力损失

燃气种类	从建筑物引入管至管道末端阻力损失/Pa	
	单层建筑	多层建筑
人工燃气、矿井气、液化石油气混空气	150	250
天然气、油田伴生气	250	350
液化石油气	350	600

燃气引入管的布置要求如下：

(1)引入管应设在厨房或走廊等便于检修的非居住房间内。当确有困难可从楼梯间引入，此时引入管阀门宜设在室外。引入管不得敷设在卧室、浴室、地下室、易燃或易爆品仓库、有腐蚀性介质的房间、配电间、变电室、电缆沟、烟道和进风道等处。

(2)对于天然气，引入管的直径不应小于15mm。

(3)引入管的阀门宜设置在室内，重要用户应在室外另设置阀门。阀门应采用快速式切断阀。地上低压燃气引入管的直径不大于75mm时可在室外设置带丝堵三通，不另设置阀门。

(4)采用地下引入时，引入管宜采用无缝钢管，室内立管部分宜靠实体墙固定。采用地上映入时，引入管与外墙净距宜为100~120mm，套管内管道不应有焊口与接头。

(5)引入管穿过建筑物基础墙或管沟时应设置在套管内，并应考虑沉降影响，采取补偿措施。

室内燃气管道的布置要求如下：

(1)立管不得敷设在卧室、浴室或厕所中。

(2)管道应明设。明设管道应由固定件固定，钢管固定件间距应符合有关要求。当建筑或工艺有特殊要求时，可暗设，但必须符合有关规定，并便于安装和检修。严禁在承重墙、柱、梁上开凿管槽。地下室、半地下室、设备层敷设天然气管道时应符合有关规定。

(3)管道严禁引入卧室。管道不得穿过易燃易爆仓库、配电间、变电所、电缆沟、烟道和进风道等处。不应敷设在潮湿或有腐蚀性介质的房间内，当必须敷设时，必须采取防腐蚀措施。当水平管穿过卧室、浴室或地下室时，必须采用焊接连接，并必须设置在套管中。

(4)管道穿过楼板、楼梯平台、墙壁和隔墙时，必须安装在套管内。非金属管不得穿墙、门和窗。穿越时的钢管套或非金属套不宜小于表 5-4-33 的规定。

表 5-4-33　管道穿过楼板、楼梯平台、墙壁和隔墙的套管

燃气管直径	*DN*15	*DN*20	*DN*25	*DN*32	*DN*40
套管直径	*DN*32	*DN*40	*DN*50	*DN*65	*DN*65
燃气管直径	*DN*50	*DN*65	*DN*80	*DN*100	*DN*150
套管直径	*DN*80	*DN*100	*DN*100	*DN*150	*DN*200

(5)管道敷设高度(从地面到管道底部)应符合下列要求：在有人行走的地方，不应小于 2.2m；在有车通行的地方，不应小于 4.5m。

(6)在燃气表前、用气设备与燃烧器前、点火器和测压器前以及放散管前应设置阀门。地下室、半地下室、设备层和 25 层以上建筑的用气安全设施应符合有关要求。

(7)燃气燃烧设备与管道的连接宜采用硬管连接，当为软管连接时，应采用耐油橡胶管。连接处应采用压紧螺帽(锁母)或管卡固定。软管不得穿墙、窗和门。家用燃气灶与实验室用燃烧器的软管长度不应超过 2m，并不应有接口；工业生产用需移动的燃烧设备的软管长度不应超过 30m，接口不应超过 3 个。

(8)室内明设燃气管与墙面最小净距(mm)宜按表 5-4-34 数据布置。

表 5-4-34　室内明设燃气管与墙面最小净距

燃气管直径	<*DN*25	*DN*25～*DN*40	*DN*50	>*DN*50
最小净距/mm	30	50	60	90

(9)管道和电气设备、相邻管道之间的最小净距(cm)见表 5-4-35。

表 5-4-35　管道和电气设备、相邻管道之间的最小净距

管道和设备		最小净距/cm	
		平行敷设	交叉敷设
电气设备	明装的绝缘电线或电缆	25	10
	暗装的或放在管子中的绝缘电线	5(从槽或管的边缘算起)	1
	电压小于 1000V 的裸露电线的导电部分	100	100
	配电盘或配电箱	30	不允许
相邻管道		应保证燃气管道和相邻管道的安装，安全维护和修理	2

高层建筑的立管布置时应考虑下列影响因素：

(1)建筑物沉降。

高层建筑自重大使沉降显著，对立管引入处易造成破坏，必须采取补偿措施。一般在建筑物外侧设置沉降箱，箱内安装补偿装置。补偿装置有不锈钢软管、金属波纹管、弯头组合、铅管等。其中，弯头组合易出现反转松扣而漏气、铅管施工时易压扁而影响通气，是影响使用的缺点。

(2)附加压头。

天然气密度小于空气密度所产生的附加压头可使上层用户处的压力过高，从而影响燃具燃烧。为消除其影响可采取中压进户设表前中低压调压器，低压进户设表前低低压调压器，缩小低压立管管径，以及在低压立管上设分段阀门或低低压调压器等措施。除中压进户外，针对低压系统的措施只需要在上层用户处出现超压的部分实施。

(3)立管自重。

立管自重产生的压缩应力，大大小小管材允许应力，但对立管产生的纵向推力应以分层设置固定管座加以抵消，一般5~7层设一个固定管座与一个分段阀门。立管自重产生的压缩应力按式(5-4-4)计算：

$$\sigma=\frac{W}{A} \tag{5-4-4}$$

式中 σ——压缩应力，N/mm^2；

W——立管重量，N；

A——立管截面积，$A=\frac{\pi(D_o^2-D_i^2)}{4}$，$mm^2$；

D_o——立管外径，mm；

D_i——立管内径，mm。

(4)立管因温度变化产生的热应力与伸缩量。

当立管固定时，因安装时温度与设计温度的温差而导致的热应力与伸缩量对固定端产生破坏。

热应力按式(5-4-5)计算：

$$\sigma_t=\alpha_1\Delta tE \tag{5-4-5}$$

式中 σ_t——热应力，MPa；

α_1——管材线胀系数，$℃^{-1}$，对普遍钢材在20℃时取1.2×10^{-2}mm/(℃·m)；

Δt——管道设计温度与安装温度差，℃；

E——管材的弹性模量，MPa，对普遍钢材在20℃时取2.1×10^5MPa。

伸缩量按式(5-4-6)计算：

$$\Delta L=10^3\times\alpha_1L\Delta t \tag{5-4-6}$$

式中 ΔL——管道伸缩量，mm；

L——管道长度，m。

对于热应力与伸缩量应采用补偿器加以吸收，补偿器设置在两个固定管座之间。常用的补偿器有Π型补偿器与波纹管补偿器。

Π型补偿器按所需伸出长度选用，其计算公式如下

$$L_s=\sqrt{\frac{1.5\Delta LED}{\sigma_{bw}(1+6K)}} \tag{5-4-7}$$

式中 L_s——Π型补偿器伸出长度，mm；

D——管道外径，mm；

σ_{bw}——管道许用弯曲应力，MPa，钢管可取 75MPa；

K——系数，可取 $K=1$。

波纹管按所需波节数选用，其计算公式如下：

$$n=\frac{\Delta L}{L_c} \tag{5-4-8}$$

式中 n——所需波节数；

L_c——一个波节补偿能力，mm，一般 $L_c=20$mm。

第二节 城市天然气需要量及供需平衡

一、城市燃气需要量

在进行城市燃气输配系统的设计时，首先要确定燃气需用量，即年用气量。年用气量是确定气源、管网和设备燃气通过能力的依据。

年用气量主要取决于用户的类型、数量及用气量指标。

(一) 供气对象及供气原则

1. 供气对象

按照用户的特点，城市燃气供气对象一般分为下列 3 个方面：

(1) 居民生活用气。居民用户是城市供气的基本对象，也是必须保证连续稳定供气的用户。

(2) 公共建筑用气。公共建筑包括职工食堂、饮食业、幼儿园、托儿所、医院、旅馆、理发店、浴室、洗衣房、机关、学校和科研机关等，燃气主要用于炊事和生活用热水。对于学校和科研机关，燃气还用于实验室。

(3) 工业企业生产用气。工业企业用气主要用于生产工艺。

此外，城市燃气也可用作供暖、空调及汽车的能源。

2. 供气原则

燃气是一种优质燃料，应力求经济合理地发挥其使用效能。燃气的供气原则不仅涉及国家的能源政策及环保政策，而且与当地具体情况、条件密切相关。首先应该从提高热效率和节约能源方面考虑。由于我国气源尚不丰富，城市燃气应优先供给居民生活用户。因为小煤炉的热效率很低，只有 15%~20%，但采用燃气后，热效率可高达 55%~60%，燃气供应可大量节约燃料。对于大量的、分散的小用户，即居民生活用户及公共建筑用户来说，使用燃气还可有效地防止环境污染、节约劳动力以及减轻城市交通运输量。

1) 民用用气供气原则

(1) 优先满足城镇居民炊事和生活用热水的用气。

(2) 尽量满足托幼、医院、学校、旅馆、食堂和科研等公共建筑的用气。

(3) 人工燃气一般不供应采暖锅炉用气。如天然气气量充足，可发展燃气供暖和空调。

2) 工业用气供气原则

(1) 应优先供应在工艺上使用燃气后，可使产品产量及质量有很大提高的工业企业。

(2) 使用燃气后能显著减轻大气污染的工业企业。

(3) 作为缓冲用户的工业企业。

3)工业与民用供气的比例

城市燃气在气量分配时兼顾工业与民用。在发展城市燃气的初期，由于民用用户发展较慢，在一定时期内，工业用气比例往往较大。但随着民用用户的逐步发展，民用供气比例就会逐渐提高。在正常情况下，工业与民用的供气量应有一定的比例。这个距离的确定既要从城市燃气供应和需求的具体情况出发，也要考虑发展一定数量的工业用户。因为工业企业具有用气比较均匀的特点，所以工业企业用气量在城市用气量中占有一定比例，将有利于平衡城市燃气使用的不均匀性，减少燃气储存容量。此外，为了平衡城市燃气供应的季节不均匀性及节日高峰负荷，可发展一定数量的工业用户作为缓冲用户。

(二)城市燃气需用量的计算

1. 各类用户的用气量指标

用气量指标又称为用气定额。

1)居民生活用气量指标

影响居民生活用气量指标的因素很多，如住宅用气设备的设置情况，公共生活服务网(食堂、熟食店、饮食店、浴室、洗衣房等)的发展程度，居民的生活水平和生活习惯，居民每户平均人口数，地区的气象条件，燃气价格，住宅内有无集中供暖设备和热水供应设备。

通常，住宅内用气设备齐全，地区的平均气温低，则居民生活用气量指标也高。但是，随着公共生活服务网的发展以及燃具的改进，居民生活用气量又会下降。

上述各种因素对于居民生活用气量指标的影响无法精确地确定，通常都是根据对各种典型用户用气进行调查和测定，并通过综合分析得到平均用气量作为用气量指标。

我国一些地区和城市的居民用气量指标列于表 5-4-36。

表 5-4-36 城镇居民生活用气指标 MJ/(人·年)

城镇地区	有集中供暖的用户	无集中供暖的用户	城镇地区	有集中供暖的用户	无集中供暖的用户
东北地区	2303~2721	1884~2303	成都	—	2512~2931
华东、中南地区	—	2093~2303	上海	—	2303~2512
北京	2721~3140	2512~2931			

由表 5-4-36 可知，无集中供暖设备用户的用气量指标比有集中供暖设备(指非燃气供暖设备)的用户低。

对于新建燃气供应系统的城市，其居民用气量指标可以根据当地的燃料消耗量、生活习惯、气候条件等具体情况，并参照相似城市的用气量指标确定。

2)公共建筑用气量

影响公共建筑用气量指标的重要因素是用气设备的性能、热效率、加工食品的方式和地区的气候条件等。

我国几种公共建筑用气量指标列于表 5-4-37。

表 5-4-37 几种公共建筑用气量指标

类别	单位	用气量指标
职工食堂	MJ/(人·年)	1884~2303
饮食业	MJ/(座·年)	7955~9211

续表

类别		单位	用气量指标
托儿所 幼儿园	全托	MJ/(人·年)	1884~2512
	半托	MJ/(人·年)	1256~1675
医院		MJ/(床位·年)	2931~4187
旅馆 招待所	有餐厅	MJ/(床位·年)	3350~5024
	无餐厅	MJ/(床位·年)	670~1047
高级宾馆		MJ/(床位·年)	8374~10467
理发		MJ/(人·次)	3.35~4.19

2. 城市燃气年用气量计算

分别计算各类用户的年用气量。各类用户年用气量之和为城市年用气量。

1)居民生活年用气量

在计算居民生活年用气量时，需要确定用气人数。居民用气人数取决于城镇居民人口数及汽化率。汽化率是指城镇居民使用燃气的人口数占城镇总人口的百分数。

根据居民生活用气量指标、居民数、汽化率，即可按下式计算出居民生活年用气量。

$$Q_y=\frac{Nkq}{H_1} \tag{5-4-9}$$

式中 Q_y——居民生活年用气量，Nm^3/a；

N——居民人数，人；

k——气化率，%；

q——居民生活用气定额，kJ/(人·年)；

H_1——燃气低热值，kJ/Nm^3。

2)公共建筑年用气量

在计算公共建筑年用气量时，首先要确定各类用户的用气量指标、居民数及各类用户用气人数占总人口的比例。对于公共建筑，用气人口数取决于城市居民人口和公共建筑设施标准。列入这种标准的有：1000居民中托儿所、幼儿园的人数，为1000居民设置的医院、旅馆床位数等。

公共建筑年用气量可按式(5-4-10)计算：

$$Q_y=\frac{MNq}{H_1} \tag{5-4-10}$$

式中 Q_y——公共建筑年用气量，Nm^3/a；

N——各类用气人数占总人口的比例数；

M——气化率,%；

q——各类公共建筑用气定额，kJ/(人·年)；

H_1——燃气低热值，kJ/Nm^3。

3)工业企业年用气量

工业企业年用气量与生产规模、班制和工艺特点有关，一般只进行粗略估算。

估算方法大致有以下两种：

(1)工业企业年用气量可利用各种工业产品的用气定额及其年产量来计算。工业产品的用气定额，可根据有关设计资料或参照已用气企业的产品用气定额选取。

(2)在缺乏产品用气定额资料的情况下，通常是将工业企业其他燃料的年用气量，折算成用气量，折算公式如下：

$$Q_y = \frac{1000 G_y H_i' \eta'}{H_l \eta} \tag{5-4-11}$$

式中 Q_y——用气量，Nm^3/a；

G_y——其他燃料年用量，t/a；

H_i'——其他燃料的低发热值，kJ/kg；

H_l——燃气的低发热值，kJ/Nm^3；

η'——其他燃料燃烧设备热效率，%；

η——燃气燃烧设备热效率，%。

3. 建筑物供暖年用气量

建筑物供暖年用气量与建筑面积、耗热指标和供暖长短有关，其计算公式如下：

$$Q_y = \frac{F q_f n}{H_l \eta} \times 100 \tag{5-4-12}$$

式中 Q_y——年用气量，Nm^3/a；

F——使用燃气供暖的建筑面积，m^2；

q_f——民用建筑物的热指标，kW/m^2；

H_l——燃气的低发热值，kJ/Nm^3；

η——供暖系统的效率，%；

n——供暖最大负荷利用小时数，h。

由于各地冬季供暖计算温度不同，各地区的热指标 q_f 是不同的，可由有关手册查得。

供暖最大负荷利用小时数可按式(5-4-13)计算：

$$n = n_1 \frac{T_1 - T_2}{T_1 - T_3} \tag{5-4-13}$$

式中 n——供暖最大负荷利用小时数，h；

n_1——供暖期，h；

T_1——供暖室内计算温度，℃；

T_2——供暖室外平均气温，℃；

T_3——供暖室外计算温度，℃。

4. 未预见量

城市年用气量中还应计入未预见量，它包括管网的燃气漏损量和发展过程中未预见的供气量。一般未预见量按总用量的5%计算。

二、燃气需用工况

城市各类用户的用气情况是不均匀的，随月、日、时而变化，这是城市燃气供应的一个特点。用气不均匀性可以分为3种，即月不均匀性(或季节不均匀性)、日不均匀性和时不均匀性。

城市燃气需用工况与各类用户的需用工况及这些用户在总用气量中所占的比重有关。

各类用户的用气不均匀性取决于很多因素，如气候条件、居民生活水平及生活习惯、机关的作息制度和工业企业的工作班次、建筑物和车间内装置用气设备的情况等，这些因素对不均匀性的影响从理论上推算不出来，只有经过大量的积累资料，并加以科学的整理，才能取得许用工况的可靠数据。

(一)月用气工况

影响居民生活及公共建筑用气月不均匀性的主要因素是气候条件。气温降低则用气量增大，因为在冬季一些月份水温低，故用气量较多，又因为在冬季，人们习惯吃热食，制备食品需用的燃气量增多，需用的热水也较多。反之，在夏季用气量将会降低。

公共建筑用气的月不均匀规律及影响因素，与各类用户的性质有关，但与居民生活用气的不均匀情况基本相似。

工业企业用气的月不均匀规律主要取决于生产工艺的性质。连续生产的大工业企业以及工业炉用气比较均匀。夏季由于室外气温及水温较高，这类用户的用气量也会适当降低。

建筑物供暖的用气工况与城市所在地区的气候有关。计算时需要知道该地区月平均气温和供暖期的资料。供暖月用气量占年供暖用气量百分数可按式(5-4-14)计算：

$$q_m=\frac{(T_1-T_2)n'100}{\sum(T_1-T_2)n'} \tag{5-4-14}$$

式中 q_m——供暖月用气量占年供暖用气量百分数，%；

T_1——室内计算温度，℃；

T_2——该月平均气温，℃；

n'——该月供暖天数。

根据各类用户的年用气量及需用工况，可编制年用气图表。依据此图制订供气计划，并确定给缓冲用户供气的能力和所需的储气设施，还可预先制订在用气量低得季节维修燃气管道及设备的计划。

一年中各月的用气不均匀情况用不均匀系数表示。根据字面上的意义，它应该是各月的用气量与全年平均月用气量的比值，但这不确切，因为每个月的天数是在28~31d的范围内变化的。因此月不均匀系数 K_1 值应按下式确定：

$$K_1=\frac{\text{该月平均日用气量}}{\text{全年平均日用气量}} \tag{5-4-15}$$

12个月中平均日用气量最大的月，也即月不均匀系数值最大的月，称为计算月。并将月最大不均匀系数 K_1^{max} 称为月高峰系数。

(二)日用气工况

一个月或一周中日用气的波动主要由下列因素决定：居民生活习惯、工业企业的工作和休息制度、室外气温变化等。

上述第一个因素对于各周，除了包含节日的一些周外，影响几乎是一样的。工业企业的工作制度和休息制度，也较有规律。唯独第3个因素，在一周中各日气温的变化却没有一定规律性，气温低的日子，用气量就大。

居民生活和公共建筑用气工况主要取决于居民生活习惯。平日和节假日用气的规律各不相同。

根据实测的资料，我国一些城市，在一周中从星期一至星期五用气量变化较少，而星期六、星期日用气量有所增长。节日前和节假日用气量较大。

工业企业用气的日不均匀系数在平日波动较少，而在轮休日及节假日波动较大。供暖期间，供暖用气的日不均匀系数变化不大。

用日不均匀系数表示一个月(或一周)中日用气量的变化情况，日不均匀系数 K_2 可按式(5-4-16)计算：

$$K_2=\frac{\text{该月中某日用气量}}{\text{该月平均日用气量}} \tag{5-4-16}$$

该月中日最大不均匀系数 K_2^{max} 称为该月的日高峰系数。

(三)小时用气工况

城市燃气管网系统的管径及设备，均按计算月小时最大流量计算的。只有掌握了可靠的小时用气波动，以及计算平衡时不均匀性所需储气容积都很重要。

城市中各类用户的小时用气工况均不相同，居民生活和公共建筑用户的用气不均匀性最为显著。对于供暖用户，若为连续供暖，则小时用气波动小，一般晚间稍高；若为间歇供暖，波动也大。

居民生活用户小时用气工况与居民生活习惯、气化住宅的数量以及居民职业类别等因素有关。每日有早、午、晚3个用气高峰，早高峰最低。由于生活习惯和工作休息制度不同等情况，有的城市晚高峰低于午高峰，另一些城市则晚高峰会高于午高峰。

星期六、星期日小时用气的波动与一周中其他各日又不相同，一般仅有午、晚两个高峰。

我国某城市居民生活、公共建筑及工业企业小时用气的波动情况，见表5-4-38。

表5-4-38　小时用气量占日用气量的百分数　%

时间/时	居民生活和公共建筑	工业企业	时间/时	居民生活和公共建筑	工业企业	时间/时	居民生活和公共建筑	工业企业
6~7	4.87	4.88	14~15	2.27	5.53	22~23	1.27	2.39
7~8	5.20	4.81	15~16	4.05	5.24	23~24	0.98	2.75
8~9	5.17	5.46	16~17	7.10	5.45	24~1	1.35	1.97
9~10	6.55	4.82	17~18	9.59	5.55	1~2	1.30	2.68
10~11	11.27	3.87	18~19	6.10	4.87	2~3	1.65	2.23
11~12	10.42	4.85	19~20	3.42	4.48	3~4	0.99	2.96
12~13	4.09	5.03	20~21	2.13	3.34	4~5	1.63	3.22
13~14	2.77	5.27	21~22	1.48	4.84	5~6	4.35	2.51

通常用小时不均匀系数表示一日中小时用气量的变化情况，小时不均匀系数 K_3 可按下式计算

$$K_3=\frac{\text{该日某小时用气量}}{\text{该日平均小时用气量}} \tag{5-4-17}$$

该日小时不均匀系数的最大值 K_3^{max} 称为该日的小时高峰系数。

以表5-4-38为例，居民生活和公共建筑小时最大用气量发生在10~11时，则小时最大不均匀系数，即小时高峰系数为

$$K_3^{max}=\frac{11.27\times24}{100}=2.7$$

工业企业小时最大用气量发生在17~18时，则其小时高峰系数为

$$K_3^{max}=\frac{5.55\times24}{100}=1.33$$

三、燃气输配系统的小时计算流量

城市燃气输配系统的管径及设备通过能力不能直接用燃气的年用量来确定，而应按燃气计算月的小时最大流量进行计算。小时计算流量的确定，关系着燃气输配的经济性和可靠性。小时计算流量定得偏高，将会增加输配系统的金属用量和基建投资，定得偏低，又会影

响用户的正常用气。

确定燃气小时计算流量的方法有两种：不均匀系数法和同时工作系数法。这两种方法各有特点和使用范围。

(一)城市燃气分配管道的计算流量

各种压力和用途的城市燃气分配管道的计算流量是按计算月的高峰小时最大用气量计算的，其小时最大流量由年用气量和用户不均匀系数求得，计算公式如下：

$$Q=\frac{Q_y}{365\times24}K_1^{max}K_2^{max}K_3^{max} \tag{5-4-18}$$

式中 Q——计算流量，Nm^3/h；

Q_y——年用气量，Nm^3/a；

K_1^{max}——月高峰系数；

K_2^{max}——日高峰系数；

K_3^{max}——小时高峰系数。

用气的高峰系数应根据城市用气量的实际统计资料确定。工业企业生产用气的不均匀性，可按各用户燃气用量的变化叠加后确定。居民生活和公共建筑用气的高峰系数，当缺乏用气量的实际统计资料时，结合当地具体情况，可按下列范围选用：

$$K_1^{max}=1.1\sim1.3$$

$$K_2^{max}=1.05\sim1.2$$

$$K_3^{max}=2.2\sim3.2$$

因此，$K_1^{max}\cdot K_2^{max}\cdot K_3^{max}=2.54\sim4.99$。

供应用户数多时，小时高峰系数取偏小的值。对于个别的独立居民点，当总户数少于1500户时，作为特殊情况，小时高峰系数甚至可以采取3.3~4.0。供暖用气不均匀性可根据当地气象资料及供暖用气工况确定。

此外，居民生活及公共建筑小时最大流量也可采用供气量最大利用小时数来计算。所谓供气量最大利用小时数就是假设把全年8760h(24小时×365天)所使用的燃气总量，按一年中最大小时用量连续大量使用所能延续的小时数。

城市燃气分配管道的最大小时流量用供气量最大利用小时数计算时，其计算公式如下：

$$Q=\frac{Q_y}{n} \tag{5-4-19}$$

式中 Q——燃气管道计算流量，Nm^3/h；

Q_y——年用气量，Nm^3/a；

n——供气量最大利用小时数，h/a。

由式(5-4-18)及式(5-4-19)可得供气量最大利用小时数与不均匀系数间的关系为：

$$n=\frac{8760}{K_1^{max}\cdot K_2^{max}\cdot K_3^{max}} \tag{5-4-20}$$

可见，不均匀系数越大，则供气量最大利用小时数越小。居民及公共建筑供气量最大利用小时数随城市人口多少而异，城市人口越多，用气量比较均匀。则最大利用小时数较大。目前我国尚无n值的统计数据。表5-4-39中的数据仅供参考。

表 5-4-39 供气量最大利用小时数

名 称	汽化人口数/万人													
	0.1	0.2	0.3	0.5	1	2	3	4	5	10	30	50	75	≥100
N/(h/a)	1800	2000	2050	2100	2200	2300	2400	2500	2600	2800	3000	3300	3500	3700

大型工业用户可根据企业特点选用负荷最大利用小时数，一班制工业企业 $n=2000\sim3000$；两班制工业企业 $n=3500\sim4500$；三班制工业企业 $n=6000\sim6500$。

(二)室内和庭院燃气管道的计算流量

由于居民住宅使用燃气的数量和使用时间变化较大，故室内和庭院燃气管道的计算流量一般按燃气用具的额定耗气量和同时工作系数 K_0 来确定。

用同时工作系数法求管道计算流量的公式如下：

$$Q=K_t\sum K_0Q_nN \tag{5-4-21}$$

式中 Q——室内和庭院燃气管道的计算流量，Nm^3/h；

K_t——不同类型用户的同时工作系数，当缺乏资料时，可取 $K_t=1$；

K_0——相同燃具或相同组合燃具的同时工作系数；

N——相同燃具或相同组合燃具数；

Q_n——相同燃具或相同组合燃具的额定流量，Nm^3/h。

同时工作系数 K_0 反映燃气用具集中使用的程度，它与用户的生活规律、燃气用具的种类、数量等因素密切有关。

双眼灶同时工作系数列于表 5-4-40。表中所列的同时工作系数是对于每一用户仅装一台双眼灶，如每一户装两个单眼灶时，也可参照表 5-4-40 进行计算。

表 5-4-40 居民生活用的燃气双眼灶同时工作系数

相同燃具数	1	2	3	4	5	6	7	8	9	10	15	20	25
同时工作系数	1.00	1.00	0.85	0.75	0.68	0.64	0.60	0.58	0.55	0.54	0.48	0.45	0.43
相同燃具数	30	40	50	60	70	80	100	200	300	400	500	600	1000
同时工作系数	0.40	0.39	0.38	0.37	0.36	0.35	0.34	0.31	0.30	0.29	0.28	0.26	0.25

由表 5-4-40 的同时工作系数表明，所有燃气双眼灶不可能在同一时间内使用，所以实际上燃气小时计算流量不会是所有双眼灶额定流量的总和。用户数越多，同时工作系数也越小。该系数还随燃具类型而异。

当每一用户除装一台双眼灶或烤箱灶外，还装有热水器时，可参考表 5-4-41 选取同时工作系数。

表 5-4-41 居民生活用双眼灶或烤箱灶和热水器同时工作系数

设备类型	户 数									
	1	2	3	4	5	6	7	8	9	10
一个烤箱灶和一个热水器	0.7	0.51	0.44	0.38	0.36	0.33	0.30	0.28	0.26	0.25
一个双眼灶和一个热水器	0.8	0.55	0.47	0.42	0.39	0.36	0.33	0.31	0.29	0.27

续表

设备类型	户数									
	15	20	30	40	50	60	70	80	90	100
一个烤箱灶和一个热水器	0.22	0.20	0.19	0.19	0.18	0.18	0.18	0.17	0.17	0.17
一个双眼灶和一个热水器	0.24	0.22	0.21	0.20	0.20	0.19	0.19	0.18	0.18	0.18

由表5-4-41可见，同时工作系数与用户数及燃气设备类型有关。在一个住户中，除装有一台双眼灶或烤箱灶外，还装有热水器时，同时工作系数取小于1的数值，因为双眼灶或烤箱灶和浴盆热水器同时工作的可能性很小。即使它们必须同时工作，使压力略微降低，制备热水和食品的过程减慢，但因热水器工作时间较短，故这种情况还是允许的。

四、燃气输配系统的供需平衡

城市燃气的需用工况是不均匀的，随月、日、时而变化，但一般燃气气源的供应量是均匀的，不可能完全随需用工况而变化，为了解决均匀供气与不均匀耗气之间的矛盾，不间断地向用户供应燃气，保证各类燃气用户有足够流量和正常压力的燃气，必须采取合适的方法使燃气输配系统供需平衡。

(一)供需平衡方法

1. 改变气源的生产能力和设置机动气源

采用改变气源的生产能力和设置机动气源，必须考虑气源运转、停止的难易程度、气源生产负荷变化的可能性和变化的幅度。同时应考虑供气的安全可靠和技术经济合理性。

直立式连续炭化炉煤气的产量可以有少量的变化幅度，主要是通过改变投料量、干馏时间等手段来实现。而焦炉气的产量，通常是不能改变的，因为受焦炭生产的限制。上述两种炉的停炉和开炉都不能在短时间内实现。油制气、发生炉煤气及液化石油气混空气等气源具有机动性，设备启动和停产比较方便，负荷调整范围大。可以调节季节性或日用气不均匀性，甚至可以平衡小时用气不均匀性。当用气城市距天然气产地不太远时，可采用调节井供应量的办法平衡部分月不均匀用气。

2. 利用缓冲用户和发挥调度的作用

一些大型的工业企业、锅炉房等都可以作为城市燃气供应的缓冲用户。夏季用气低峰时，把余气供给它们燃烧，而冬季高峰时，这些缓冲用户改烧固体燃料或液体燃料。用此方法平衡季节不均匀用气及一部分日不均匀用气。

可采用调整大型工业企业用户厂休日和作息时间，以平衡部分日不均匀用气。

此外，还采用计划调配用气的方法，随时掌握各工业企业的实际用气和计划用气量。对居民生活用户和公共建筑用户则设一些测点，在测点装置燃气总计量表，掌握用气情况。根据工业企业、居民生活及公共建筑的用气量和用气工况，制定调度计划，通过调度计划调整供气量。

3. 利用储气设施

1)地下储气

地下储气库储气量大，造价和运行费用省，可用以平衡季节不均匀用气和一部分日不均匀用气。但不应该用来平衡日不均匀用气和小时不均匀用气，因为急剧增加采气强度，会使储库的投资和运行费用增加，很不经济。

2)液态储存

天然气的主要成分是甲烷，在0.056MPa、-161℃时即液化，可以储存在储罐中，储罐必须保证绝热良好。储罐的压力较低，比较安全。将大量天然气液化后储存于特别的低温储罐或冻穴储气库中，用气高峰时，经气化后供出。

采用低温液态储存，通常储存量都很大，否则经济上是不合算的。

液化天然气汽化方便、负荷调节范围广，适于调节各种不均匀用气。

3)管道储气

高压燃气管束储气及长输干管末端储气，是平衡小时不均匀用气的有效办法。高压管束储气是将一组或几组钢管埋在地下，对管内燃气加压，利用燃气的可压缩性及其高压下和理想气体的偏差(在16MPa、15.6℃条件下，天然气比理想气体的体积小22%左右)，进行储气。利用长输干管储气是在夜间用气低峰时，燃气储存在管道中，这时管内压力增高，白天用气高峰时，再将管内储存的燃气送出。

4)储气罐储气

储气罐只能用来平衡日不均匀用气及小时不均匀用气。储气罐储气与其他储气方式相比，金属耗量和投资都较大。

(二)储气容积的计算

储气罐的主要功能有以下3点：

(1)随燃气用量的变化，补充制气设备所不能及时供应的部分燃气量。

(2)当停电、维修管道、制气或输配设备发生暂时故障时，保证一定程度的供气。

(3)可用以混合不同组分的燃气，使燃气的性质(成分、发热值)均匀。

确定储气罐储气容积时，主要根据上述第一项功能。储气总容积，应根据日用气总量，工业与民用的用气比例，气源的可调量大小，用气不均匀情况和运行的经验等因素综合确定。如果气源产量能够根据需用量改变一周内各天的生产工况时，储气容积以计算月最大日燃气供需平衡要求确定，否则应按计算月平均的燃气供需平衡要求确定。

为了平衡一天中的不均匀用气设置储气设备，制气设备可以按计算月最大日平均小时供气量均匀地供气。夜间用气量低时，多余燃气储存在储气设备内，以补充日间用气量高于生产量时的不足部分。

确定储气罐的实际容积时，应考虑到供气量的波动、用气负荷的误差、气温等外界条件的突然变化以及储气设备的安全操作要求(如低压湿式罐不宜升降至极限位置等)。故储罐的实际容积应有一定的富余。

第五章　天然气计量与检测仪表

第一节　天然气流量计量的特点

天然气是一种在管道中流动的，成分复杂多变，流动压力、温度不固定的流体物质，其流量测量与其他热工参数测量相比，有其自身的特点。

一、对流体流动状态的控制

各类物理参数测量仪表大都用实物标准进行刻度，而流体流量的实物标准是一套庞大的装置，有许多特定的条件，在流量标准装置上标定的流量计用于现场就存在许多影响因素。因此，控制这些影响因素是保证流体流量测量准确度的关键。

在实验室里标定流量计是实验室特定条件的流动状态下标度的，在应用于现在，流体的流动状态一般达不到实验室特定条件，根据计量学的相同性和相似性原理可知，由于流动状态条件的偏差，就会增加流量测量的附加误差。为了保证流量计测量流体流量的准确度，流量计的结构设计和制造应能适应流态的变化。在流量计选型和计量系统设计时，应充分考虑流量计上、下游各种工艺设备和管件对流态的扰动。不同测量原理和不同结构形式的流量计对扰动流的敏感度不一样。在有扰动流存在的情况下，选择多声道超声流量计比较理想。因为它可以通过多声道测量出流体流动的速度剖面，因此在有扰动流情况下仍能保持流量计流量测量的准确度。流量计在管道上的安装应当保证相应标准和产品使用说明书的技术要求。

对于差压式流量计而言，要求流体流入节流件前，其入口速度剖面应达到充分发展，流束是轴对称、轴平行的，并且无旋转、无斜向和无脉动存在。对于旋转容积式流量计应考虑降压脉动的影响。

为了克服或减少管道上、下游各类工艺设备和管件对流态的扰动，在流量计安装设计时，一般采用在安装流量计的上、下游设置足够长的直管段或在上游直管段一定的位置上设置流动调整器(整流器)，以达到流体流动的入口速度剖面充分发展。因此，对于流体流量计量准确度要求高的计量回路，往往将流量测量作为一个系统来进行设计、建设、施工、验收、校准和使用，用以确保流量测量准确、可靠和统一。

二、对流体物质属性的控制

不同的流体，其物理化学性质不相同，对流量计有着不同的要求，流量计的结构设计、安装设计、标定等应适应被测流体的属性。用水流量标准装置标定的流体流量计用来测量油流量，虽然它们都是液体，但无法保证它们测量出的油流量是准确的；用空气流量标准装置标定出的气体流量计用来测量天然气流量，同样道理，它们虽然都是气体，但也无法保证测量出的天然气流量是准确的。

三、对流体清洁度的控制

气体中含有过多的液体和固体微粒，或液体中含有过多的气泡和固体微粒，对流量计的正常工作十分有害。一方面它们可能形成双相或三相流动而影响流量测量的准确度；另一方面要磨损和腐蚀流量计，使之测量准确度下降和(或)发生计量事故。天然气是从地层中采出来的，虽然经过分离、过滤、净化等工艺处理，但不可避免仍存在一些液体和固体微粒，在进行流量测量设计和使用中应充分予以考虑，并在实际应用中采取相应措施。

四、相关参数的准确测量

流量测量属于多参数间接测量，除了按其测量原理对主体关键参数进行准确测量外，还应考虑将其他影响主体参数(或流量测量值)的物理参数进行准确的测量，并按其相关关系式进行正确、准确地计算。例如差压式流量计，除了准确测量出压力、温度、黏度或流体密度，对于天然气还应准确实时地分析出气体的组分，以便计算其压缩因子、等熵指数等相关参数。同理，速度式和容积式流量计，除了分别准确地测量出流体的压力、温度等相关参数。天然气是一种成分复杂多变，在采集输配过程中压力和温度也是变化的一种流体物质，相关参数多，对流量测量的影响大，所以其流量测量较其他液体或组分稳定(单质)，气体的流量测量更难测准。

五、应考虑节约能源

流动流体是一种具有能量的物质，能源节约包含着两个方面的内容：一方面是能量合理有效地使用；另一方面能源输送中的压力能要尽可能小的损失。目前使用的流量计，绝大部分测量元件与被测流体相接触，造成一定的能量损失来达到流量测量的目的。虽然超声波流量计可以达到无能源损失的流量测量目的，但研制成功较晚，在1998年美国才形成AGA N09报告。另外，价格昂贵，工业性推广普及应用该处于初期阶段。最理想的测量方法，是如何实现与流体介质不接触的、非接触性的流量测量，这是一种最理想的流量测量技术，也是今后流量测量的发展技术之一。天然气是用管道输送的高压大流量的流体物质，是国家最贵重的一次性能源和化工原料，在流量测量中应考虑如何节约其能源。

六、标准状态条件的规定

流体流量当以体积流量或以能量流量计量时，特别是贸易交接计量时应根据国家法规、标准或供需双方合同，规定一个体积流量或能量流量的计量标准状态条件。对于天然气流量计量而言，其标准状态条件为国家标准《天然气标准参比条件》(ISO 13443：1996)规定的标准状态条件：绝对压力等于101.325kPa，热力学温度等于288.15K(15℃)；我国国家计委、财政部有关文件规定的标准状态条件和《石油液体和气体计量的标准参比条件》(GB/T 17291—1998)均为：绝对压力等于101.325kPa，热力学温度等于293.15K(20℃)。绝对压力规定是相同的，都是一个标准大气压，热力学温度规定是不同的，相差5℃，但可以通过相应的标准公式(ISO 13443：1996标准规定的换算公式)进行换算。

七、测量过程中的安全性

天然气与空气混合达到5%~15%的比例范围时便具备着火燃烧条件，在密闭空间中还会发生可怕的爆炸，因此天然气是易燃、易爆物质。天然气中大都含有硫化氢(H_2S)、二氧化碳(CO_2)及水汽(H_2O)，有毒和有强烈的腐蚀性。对于天然气的流量测量除了要求量值准确、可靠和统一外，对其流量计的结构设计和选材一定要采取适当的措施，保证测量系统和计量站的安全。有时候流量测量量值准确、可靠和统一与安全性之间有些矛盾，但测量中的安全是第一位的。因此，在计量站和测量系统的设计、建设、施工和验收上，流量计选型上、使用上和标定时必须同时考虑它们综合的技术指标，确保天然气计量站和流量测量系统既安全，流量测量量值又准确、可靠和统一。

第二节 天然气流量测量方法及仪表

一、流量测量方法

天然气流量测量有 3 种方法可供选择：体积流量测量、质量流量测量和能量流量测量。上述 3 种测量方法可分为间接测量方式和直接测量方式。按照上述 3 种方法制造的流量仪表有数 10 种之多。每一种仪表都有其特定使用对象和使用范围。

(一)体积流量测量方法

目前天然气工业中采用的主要测量方法是体积流量测量。由于气体具有可压缩性，所以它受温度和压力的影响。

1. 间接式体积流量测量仪表

这类仪表是通过流体的相关参数，通过它们之间的关系计算出体积流量，具有大口径、高压、大流量的特点。典型的流量仪表：如孔板流量计，结构简单、维护方便、寿命长、成本低廉及无须标定就能直接使用；涡轮流量计，则精度高、重复性好、量程宽且能作为标准仪表使用；新近发展的超声波流量计最大特点是无转动部件、无压损、量程宽，其缺点是影响计量精度因素较多，受物性影响需进行补偿修正。

2. 直接式体积流量测量仪表

这类仪表有腰轮、伺服、湿式 3 种体积流量计。由于是利用精密的标准容积对流体进行连续测量，具有准确可靠、量程比较宽、无严格的直管段要求等特点。其不足之处是带有转动部件，在测量小流量和低黏度流体时误差较大，易受污物影响。一般需在上游装过滤器，造成附加压损，难以适应大口径、高压场合使用。

(二)质量流量测量方法

1. 间接式质量流量测量仪表

这类间接测量仪表在工业上应用较为普遍，通常有差压计和密度计组合的质量仪表，见图 5-5-1；涡轮流量计与密度计组合的质量仪表，见图 5-5-2；差压计和涡轮计组合的质量仪表，见图 5-5-3。间接式质量流量测量应用中存在如下问题：由于密度计的结构及元件特性的限制，高可靠性的密度计制作较困难；采用温度、压力补偿式质量流量计，对于高压气体，温度、压力和组分变化大，则不宜采用；对瞬变流(或脉动)，它检测的时间平均密度和速度，会产生较大的误差。

2. 直接式质量流量测量仪表

由检测元件直接显示质量流量的仪表。这类质量流量仪表有动量式、惯性式和美国 1979 年推出的科里奥利(Coriolis)力原理制成的质量流量计，其结构见图 5-5-4。

3. 能量流量测量方法

能量流量计在我国无应用，但它的科学性和经济性受到重视。应用的关键是能实时、准确地检测出天然气中组分的含量，通过计算可获得准确可靠的能量流量数值(MJ/m^3)。

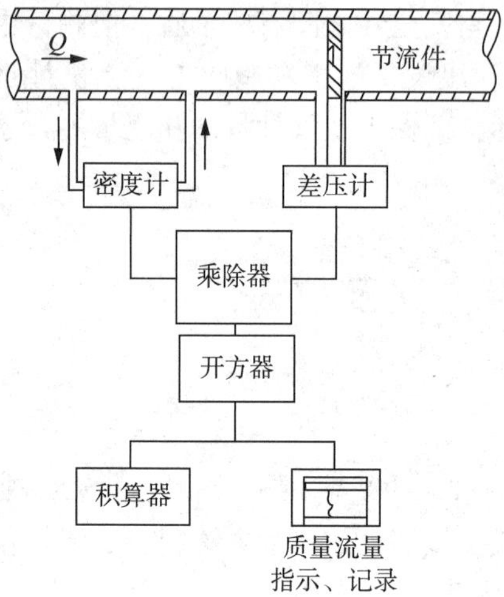

图 5-5-1 差压计与密度计组合的质量流量计

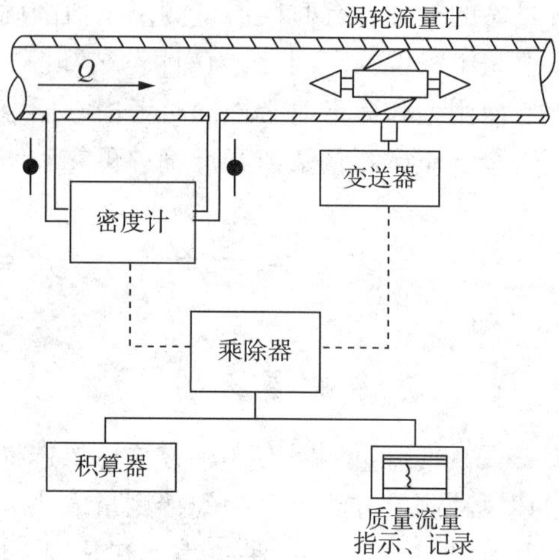

图 5-5-2 涡轮流量计与密度计组合的质量流量计

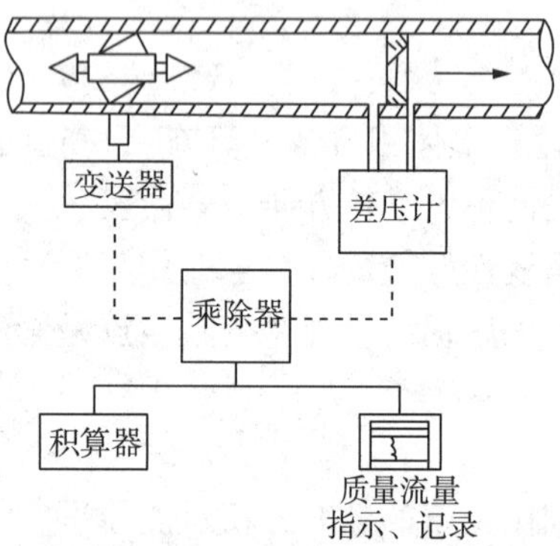

图 5-5-3 差压流量计和涡轮流量计组合的质量流量计

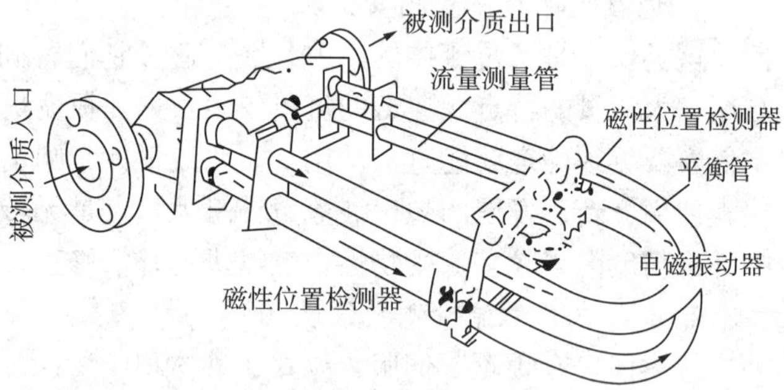

图 5-5-4 质量流量检测器的结构

二、流量仪表的选型原则

在天然气流量测量中，对流量仪表的选择原则应从以下 4 个方面去考虑：

1. 流体特性

天然气流量测量中的流体特性包括：压力、温度、密度、黏度以及压缩性等。由于气体的密度随温度及压力而变化，应加以补偿修正。

2. 流量计性能

流量计的性能是指仪表的精度、重复性、线性度、量程比、压力损失、输出信号特性及响应时间等。对上述指标应进行仔细分析比较，选择能满足天然气测量所需的仪表。

3. 安装条件

流量计的安装条件包括：定向(位)流体流向、上下游管道长度、管径、工作场所、阻力件及振动等。如安装不符合要求，会引起对流态的干扰，影响流速的正常分布，降低流量计的精度和使用寿命。

4. 投资费用

投资费用包括：流量计购置费、安装费、维护费、校检费、流量计寿命、可靠性及备品备件等。购置高性能仪表，虽然初期投资费用增加，但操作、维护、校检费用减少，总的来说是合算的。任何一种流量计，都有其优点和缺点，都有其特定的使用条件和使用范围，在选型时应综合比较，选择性能可靠、维护方便、价格低廉的仪表。

第三节　天然气流量的测量应用

一、孔板流量计的组成

孔板流量计是指通过测量安装在管路中的同心孔板两侧的差压，用以计算流量的一种检测设备。孔板流量计由标准孔板节流装置、导压管、差压计、压力计和温度计组成。根据 GB/T 2624.2—2006 中的规定，标准孔板节流装置由标准孔板、取压装置、上下游测量管（直管段）等组成（见图 5-5-5）。

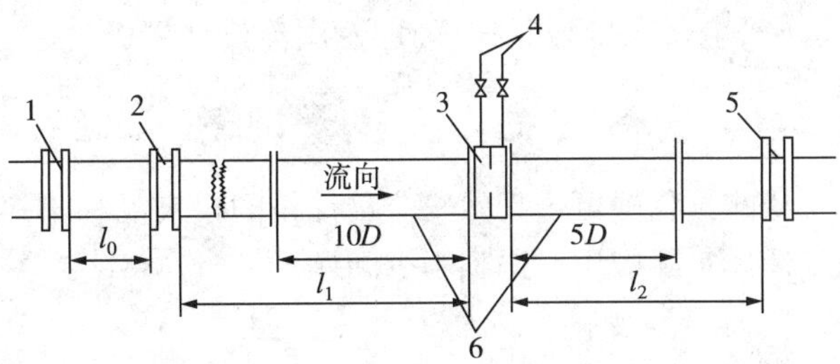

图 5-5-5　节流装置的管段和管件

1—节流件上游第 2 个局部阻力件；2—节流件上游侧第 1 个局部阻力件；3—节流件和取压装置；4—差压信号管路；5—节流件下游第 1 个局部阻力件；6—节流件前后的测量管；l_0—节流件上游第 1 个局部阻力件和第 2 个局部阻力件之间的直管段；l_1—节流件上游侧的直管段；l_2—节流件下游侧的直管段

二、测量原理与基本方程式

采用孔板流量计进行气体流量测量的原理是基于当流体通过节流元件（标准孔板）时，在节流元件前后发生速度变化，从而产生压力差。由测出的压力差 Δp，作为流量的标量，达到测量流量的目的。流量与差压的基本关系式如下：

$$q_m = \frac{C}{\sqrt{1-\beta^4}} \varepsilon \frac{\pi}{4} d^2 \sqrt{2\Delta p \rho_1} \tag{5-5-1}$$

$$\text{或 } q_v = q_m / \rho_1 \tag{5-5-2}$$

$$Q_n = q_m / \rho_n \tag{5-5-3}$$

式中　q_m——质量流量，kg/s；

q_v——工况下体积流量，m^3/s；

Q_n——标况下体积流量，m^3/s；

C——流出系数；

β——孔径比；

ε——可膨胀性系数；

d——孔板开孔直径，m；

Δp——孔板上、下游静压力差，Pa；

ρ_1——工况下气体密度（上游），kg/m^3；

ρ_n——标况下气体密度（上游），kg/m^3。

三、天然气孔板流量计流量积算方法

要把孔板计量的节流原理及其实用方程式用到生产实践中去测量流量，大致有 5 种积算流量的方法可供选择。这 5 种方法在各油气田都有应用过。各种方法都有优缺点，应根据具体情况予以选择。这五种方法是：

(1)用差压计进行积算(只需记录差压)。

(2)用3台记录仪表(差压计、温度计、压力计)或双波纹管差压计配温度计来进行积算。

(3)用带压力、温度补偿的流量积算器(机械的、气动的或电动的)积算。

(4)用带密度自动补偿的流量积算器积算。

(5)电子微处理器积算(即专用流量计算机)。

四、量程变化与大流量测量

目前，我国可供天然气流量计量的仪表品种不多，仍主要采用标准孔板节流装置的孔板流量计，实际应用时遇到不少问题。

(一)量程变化

量程变化是流量计量中普遍存在的问题。特别是直接对用户供气的商业性计量更是如此。我国天然气的消耗量有相当一部分是供给城市居民用气，因此一般日负荷及小时负荷变化都较大，流量计的量程变化也是较大的。常用的孔板流量计的量程比为3∶1~4∶1，对于此类使用场合，在未能获得高量程比流量计(如涡轮流量计)使用之前，可以通过以下3种措施解决：

(1)不同流量计范围的孔板多路并联方式，如图5-5-6所示。通过计量回路组合、切换来适应流量的变化。切换可以人工进行，亦可由可编程控制器或站智能RTU(过程终端装置)进行自动组合，达到精确计量的目的，这是常用的方法。

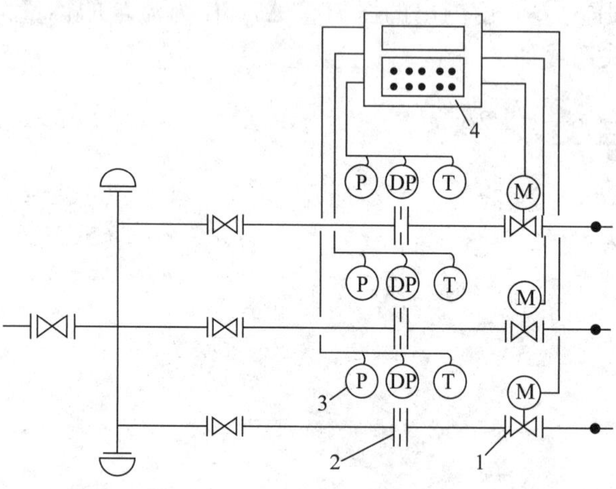

图5-5-6　多路孔板流量并联测量

1—切断阀；2—孔板流量计；3—压力计；4—流量计算机

(2)采用同一孔板流量计并联不同差压测量仪表方式，如图5-5-7所示。根据需要可安装两台或两台以上的不同量程的差压仪表(CWD波纹管差压计或差压变送器)来进行切换计量。这种方式投资较省，但在高雷诺数时压力损失较大，使用受到一定限制。

目前已有高精度智能化差压变送器ST-3000，其精度可达±0.1%，量程最大可达400∶1。只需安装1台变送器即可完成量程变化大的精度测量。

(3)采用变换孔板β值方法。在不变标准孔板节流装置和差压计的情况下，可以通过改变孔板β值的方法实现量程变化大的测量。这是国内外常用的一种方法，但这种方法一般只适用于较长时间或季节性流量变化时使用。

孔板阀节流装置就是以上方法的具体实践，已得到普遍使用。这种装置无须拆开被测介质管道，也不需要停止介质输送，就可随时迅速地取出孔板，进行清洗、更换或切换成不同孔径的孔板。孔板节流装置按结构形式分为精密孔板阀和简易孔板阀两种，已由四川石油设计院研制成功，并已投入批量生产。

取压方式有环室取压和法兰取压。公称通径分为 50mm、80mm、100mm、150mm、200mm、250mm、300mm、400mm 等；公称压力分为 1.6MPa、4MPa、6MPa 三个级别。

(二)大流量测量

各油气田的外输天然气和直接向工业企业(如化工、发电、钢厂等)供气都属于大流量的计量范畴，计量管径一般都在 *DN*100～*DN*400mm，量大，计量精度要求高。

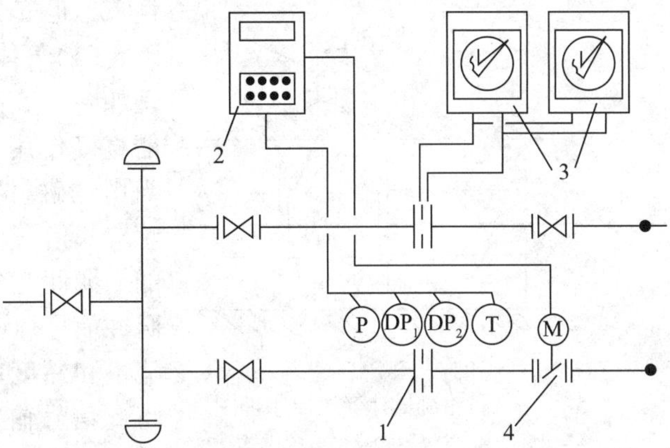

图 5-5-7　同一孔板流量计并联不同差压计

1—孔板流量计；2—流量计算机；3—CWD 记录仪；4—切换阀

1. 大流量测量的现状

精确地进行大流量的计量是各国输气公司关注的问题。目前，国外用于天然气大流量测量的仪表类型较多，但主要计量手段仍是孔板流量计，约占 60%。此外，还有涡街流量计、涡轮流量计及超声波流量计。

孔板流量计主要用于流量变化不大的干线、站场计量，对于直接向用户供气的计量站则较多采用涡轮流量计和涡街流量计及少量超声波流量计。

天然气工业中大流量测量仪表，主要是孔板流量计，约占 95%。其他流量计由于标准、标定及流量仪表维护等方面的原因应用较少。

2. 大流量测量方式

对于天然气大流量的计量，一般采用一台孔板流量计来完成，投资少，维护工作量小。在流量量程变化较大的场合，往往采用不同流量计范围的同类流量计并联的方式。对于输气干线的大型接收计量，一般也采用多回路并联的运行方式。

3. 大流量测量仪表选型

大流量测量仪表选型应综合考虑计量精度要求、量程变化适应性、标准及检定条件、气质条件、运行可靠性、节能、成本及维护等因素。

五、涡轮流量计和涡街流量计

在天然气流量计中除了使用孔板流量计外，还常用涡轮流量计和涡街流量计。这两种流量计同属速度式流量计。

(一)气体涡轮流量计(透平式流量计)

涡轮流量计按其测量对象与特性分为气体涡轮流量计和液体涡轮流量计，液体涡轮不适用于测量燃气，本节只介绍气体涡轮流量计。

涡轮流量计按其检出元件的叶轮体类型通常分为：

(1)叶轮表：它的叶轮为径向平直叶片，叶轮轴与气流方向成垂直。

(2)涡轮表：它的叶轮为螺旋弯曲形叶片，叶轮轴与气流方向平行。

气体涡轮流量计由涡轮流量变送器(传感器)，前置放大器和涡轮流量显示仪组成，它可实现流量的指示和积算总量。若与 DDZ 型温度、压力仪表组合，并配以 LGJ-02 流量计算或 XSJ-09 型流量积算仪，则可将工作状态下的气体体积显示为标准状态下的体积流量和体积总量。气体涡轮流量计具有结构紧凑、重复性好、量程比较宽、反应迅速、压力损失小等

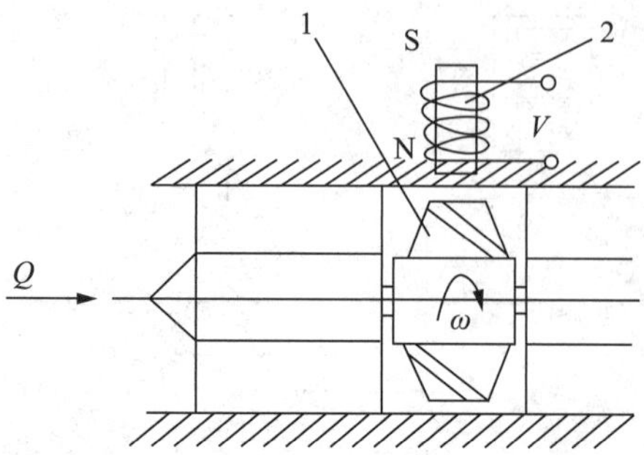

图5-5-8　涡轮流量计变送器原理图
1—螺旋叶片的叶轮；2—磁电感应器

优点，但安装使用和轴承耐磨损性的要求较高。

(1)气体涡轮流量计变送器工作原理。其工作原理如图5-5-8所示。被测气体经变送器时，气体动能直接作用于叶轮的螺旋叶片上，驱使叶轮旋转。当由铁磁材料制成的叶片旋经固定在壳体上的磁电感应式信号检出器中的磁钢时，则引起磁路中磁阻的周期性变化，在感应线圈内产生近似正弦波的电脉冲信号。该电脉冲信号的频率在被测流体一定的流量和黏度范围内与被测流体的体积流量成比例。将此信号输入流量显示仪表进行处理即可转换出所测气体的总量。

(2)涡轮流量计规格及主要参数：公称通径：50~250mm；公称流量：50~10000m^3/d；公称压力：0.6MPa、1MPa、1.6MPa、2.5MPa、4MPa、6MPa、16MPa；量程比：10∶1、15∶1、40∶1；精度：±1%、±1.5%；防爆等级：隔爆型B。

(二)涡街流量计

涡街流量计是天然气流量测量中常用的一种流量计。它把流量信号变成数据以提高精度和量程范围。

1. 工作原理

涡街流量计的工作原理是以已知的漩涡现象为根据，即所谓冯·卡曼尔原理。流体经过非流线形物体时，会被分隔产生小的涡流或漩涡，并沿着非流线形物体后部的两侧流动，见图5-5-9。

这些漩涡产生的局部压力变化被一个传感器监测到，这个涡街频率直接与该流速成比例。一个涡街流量计的输出信号为K系数。K系数与涡街频率对流体速度之比有关。介质流速公式如下：

$$介质流速=\frac{漩涡频率}{K系数} \tag{5-5-4}$$

雷诺数变化，K系数也随着变化，但在某一个范围内，K系数基本上是一个常数，见图5-5-10。在此区间内，涡街流量计提供了高精度的线性流速。

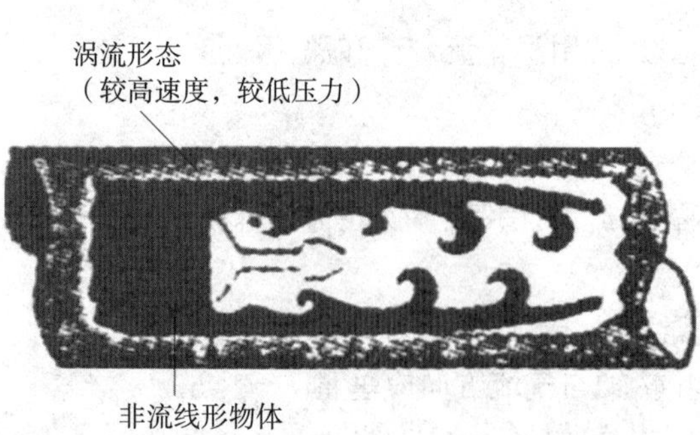

图5-5-9　涡街流量

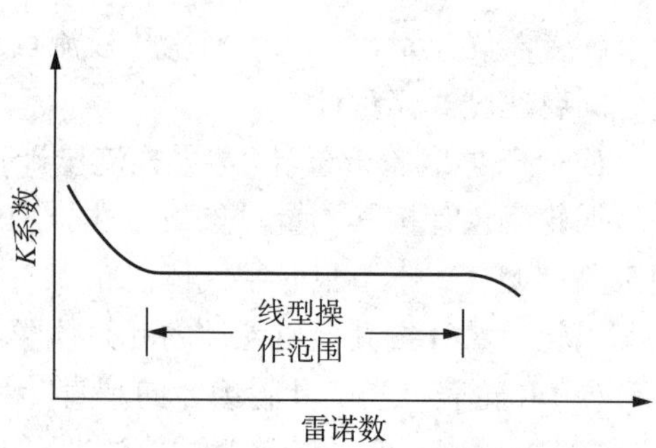

图5-5-10　K系数与雷诺数之间的关系

雷诺数由下式得出：

$$Re=VD\rho/\mu_{cp} \tag{5-5-5}$$

式中　ρ——密度，kg/m^3；

μ_{cp}——黏度，Pa·s；

D——管道内径，m；

V——流量，m^3/s。

2. 涡街流量计规格

夹持式：DN15、DN25、DN40、DN50、DN80、DN100、DN150 和 DN200；

法兰式：DN15、DN25、DN40、DN50、DN80、DN100、DN150 和 DN200；

使用温度范围：-40~232℃；

使用压力范围：1.6MPa、4.0MPa、6.4MPa、10.0MPa。

六、超声波流量计

天然气流量测量除使用上述流量计外，还使用超声波流量计。

(一)超声波流量计的技术特点

天然气流量计属于速度式流量计，20 世纪 90 年代以来国外较广泛用于各种流量的测量。它的技术关键是处理速度分布畸变及旋转流等不正常流动剖面的影响。由于采用多声道(有单声、双声、四声、五声道等)测量技术，克服了不正常流动剖面的影响。

其主要性能及特点是：①能实现双向流测量：-30~30m/s，如储气库进出流量测量；②重复性好：≤5mm/s；③流量计无压损，节能效果好；④可精确测量脉动流；⑤量程比很宽：有 10∶1、20∶1、30∶1 等多种范围；⑥前、后直管段小，上游 100mm，下游 50mm，大口径减少占地面积；⑦对压力变化及沉积物不敏感；⑧传感器可实现不停气更换，操作维护方便。

(二)产品应用及标准

近 10 年来，超声波流量计的应用已进入了工业实用阶段，主要应用在欧洲及美国、加拿大等天然气输配部门，应用的场合有：①气体贸易流量计量；②气体分配计量；③地下储气库进、出双向计量；④气体调配；⑤气体压缩机的防喘振流量测量代替孔板。

由于超声波流量计具有精度高、大口径、量程比大的特点，工业上使用能使站场节省占地面积，简化工艺流程，节省投资，从而为提高计量的管理水平和计量精度奠定了技术基础。

我国已从国外引进超声波流量计产品，在华北地下储气库，大庆、中原等油气田使用。四川石油管理局天然气流量标定中心，正拟购车载式气体超声波流量计作为标准校验仪。

目前，国外生产超声波气体流量计的厂家，主要有荷兰的英斯卓美(Instromet)公司，英国的丹尼尔(DANIEL)公司，美国的帕纳美特(PANAMETRI CS)公司等。其中英斯卓美公司的产品已获得中国计量部门的型式批准证书，并已在四川石油管理局华阳标定中心做性能验证测试，效果良好，并将到现场进行运行性测试。为配合该流量计的工业应用，美国 AGA 于 1998 年已批准“AGA No.9 报告：用多声道超声波流量计测量气体流量”，它实际上是一个工业化产品的标准。国际标准化组织(ISO)正在拟定气体超声波流量计标准。

七、容积式流量计

容积式流量计类似于一种定量容器。一般户内天然气计量采用累积计量器。它的计量方法采用安装于仪表壳体计量室内的测量元件(例如腰轮、活塞、隔膜、叶片)，在仪表进出口流体压力差动能的作用下产生不断地相互交替运动，把充满于计量室内的流体连续不断地分隔成单个的计量体积排向出口。并将测量元件分隔运动次数，通过机械传动机构与积算器相连通，通过积算器指针，即可测得被测气体流量的总量。

(一)容积式流量计的特点

容积式流量计具有测量精度高的特点，其累计流量精度：计量用为±0.2%、±0.5%；生活与工业用为±1%、±1.5%。此外，量程比较宽：有10∶11、20∶11、30∶11等多种范围。

被测流体的密度和黏度的变化对仪表表示值和准确度的影响较小，安装方便，对表前、后直管段的要求不高。但是仪表的制造，装配和使用维护要求较高，转动机构较复杂，仪表前必须安装过滤器。当含有固体颗粒的流体进入仪表时，将会加剧关键零部件的磨损，降低使用寿命。

(二)户内用天然气流量计量表

目前市售的户内用天然气流量计计量表种类繁多，其工作原理基本一致，但使用功能上有所差别。目前已出现自动读表的气表，配备了用于自动读表的遥读输出信号，通过通信网络实现自动抄表和结算。

下面介绍一种CQ3000-C家用燃气表，流量范围从G1.6、G2.5到G4，适用于天然气、液化石油气、混合气、煤气等。可安装远传读数装置，该计量表的技术参数见表5-5-1。

表5-5-1 CQ3000-C家用燃气表技术参数

<table>
<tr><td>用途</td><td colspan="4">天然气、液化石油气、混合气、煤气和其他燃气</td></tr>
<tr><td>回转体积</td><td colspan="4">1.21</td></tr>
<tr><td>工作温度/℃</td><td colspan="4">-10~50</td></tr>
<tr><td>储藏温度/℃</td><td colspan="4">-20~60</td></tr>
<tr><td>最大工作压力/MPa</td><td colspan="4">50</td></tr>
<tr><td rowspan="3">计量范围</td><td>型号 / 流量</td><td>G1.6</td><td>G2.5</td><td>G4</td></tr>
<tr><td>$Q_{min}/(m^3/h)$</td><td>0.016</td><td>0.025</td><td>0.05</td></tr>
<tr><td>$Q_{max}/(m^3/h)$</td><td>2.5</td><td>4.0</td><td>6.0</td></tr>
<tr><td>脉冲发生器</td><td colspan="4">①干簧管最大工作电压12Vdc，最大工作电流10mA；
②标准型0.01m^3/脉冲(也可选择0.1m^3/脉冲及1.0m^3/脉冲)</td></tr>
<tr><td>壳体外形</td><td>流向</td><td>质量</td><td>接头</td><td>外观色</td></tr>
<tr><td>大壳体</td><td>正、反向</td><td>1.95kg</td><td>M30×2
NPT3/4，G3/4</td><td rowspan="2">浅灰色
(GSB.G51001—1994，B03)</td></tr>
<tr><td>小壳体</td><td>正、反向</td><td>1.85kg</td><td>M30×2
NPT3/4，G3/4</td></tr>
</table>

第四节 天然气流量计检定

一、国内外天然气流量计量站概况

(一)国内天然气流量计量检定机构状况

目前，国内具有原级标准装置及溯源能力，可开展高压、大口径天然气流量计检定的计量检定站仅有国家石油天然气大流量计量站成都天然气分站和国家石油天然气大流量计量站南京天然气分站两家。此外，重庆还有一套以天然气介质的 pVTt 装置，适用于低压小流量天然气流量计量检测工作，装置工作压力 1.2MPa，最大流量 2150m^3/h，不确定度 0.35%。此外国内还有多套移动式天然气流量计量标准装置。

1. 国家原油大流量计量站成都天然气分站

为了适应我国天然气工业的发展，20 世纪 90 年代中期，我国在四川华阳建立了国家原油大流量计量站成都天然气流量分站。

国家原油大流量计量站成都天然气分站在华阳建有一套 mt 法天然气流量原级标准装置，次级标准(工作标准)采用 13 个并联安装的临界流喷嘴，这些喷嘴在原级标准上检定，该装置的天然气来源于四川气田工作压力为 2.5MPa 的中压环路，经检定回路后再回到工作压力为 1.0MPa 的低压环路，其工作压力可以在 1.0~2.5MPa 选择。

该站目前只能进行中低压的天然气流量实流检定，气源压力稳定时间长，检定周期长，并且大量时间用于科研任务，用户计量仪表无法及时得到检定。

2. 国家石油天然气大流量计量站南京天然气分站

随着西气东输天然气管道工程的建设，依托西气东输天然气管道工程，2006 年国家筹建了西气东输南京天然气分站。南京天然气分站原级也是采用 mt 法天然气流量标准装置，流量测量不确定度为 0.1%，该中心有不同工作压力的输气支线可供排气，其最大工作压力约为 9.6MPa，流量上限为 12000m^3/h，测试流量计口径为 *DN*50~*DN*400。该站还有一套车载式工作标准装置，装置不确定度 0.4%。

3. 国内主要天然气流量标准检定装置能力

目前国内主要天然气流量标准检定装置能力见表 5-5-2。

表 5-5-2 目前国内主要天然气实流检定站情况表

项 目	成都天然气分站		南京天然气分站		重庆天然气分站
	原级标准	次级标准	原级标准	次级标准	原级标准
流量标准类型	mt 法	临界流喷嘴	mt 法	临界流喷嘴	pVTt
流量测量不确定度	0.1%	0.25%	0.1%	0.25%	0.35%
工作介质	天然气	天然气	天然气	天然气	天然气
流量范围/(m^3/h)	5~320	5~2555	8~443	8~3160	
最高工作压力/MPa	4.0	2.5	4.5~9.6	4.5~9.6	1.0
设计压力/MPa	6.3	6.3	10	10	2.5
检定方式	离线实流	离线实流	离线实流	离线实流	离线实流
工作装置最大检定口径	*DN*300		*DN*400		*DN*150
最大流量范围/(m^3/h)	8000		12000		2150
工作装置系统不确定度	0.35%~0.5%		0.32%		0.5%
授权传递范围	全国		全国		重庆市、贵州省
挂靠单位	中国石油股份有限公司		中国石油股份有限公司		重庆市流量测试研究所
建标时间	1997 年		2008 年		1998 年

(二) 国外天然气流量计量校准机构状况

近几年来，国外天然气流量计的检定从重视干标法逐步过渡到实流检定，即重视量值溯源与量值传递工作，以管输的实际天然气介质及在接近实际运行工况等条件下对流量的分参数，如压力、温度、气质组分和流量总量进行动态量值溯源，相继出现许多实流检定实验室，如荷兰国家计量研究院(NMI)、加拿大输气校准公司(TCC)、德国(Pigsar)、美国科罗拉多工程实验室(CEESI)、美国西南研究院(SWRI)的气体研究所(GRI)、英国国家工程实验室(NEL)、法国燃气公司(Gdf)等。天然气高压大流量检定装置一般都建在天然气管道上，并有一个大的用户(如发电厂)，工作级标准装置大多为涡轮流量计。

1. 荷兰主要的天然气流量检定装置

荷兰国家计量研究院(NMI)是负责荷兰国家量值溯源等任务的机构，该院与德国国家物理技术研究院(PTB)同属欧洲两个最大的天然气流量检测技术机构，欧洲各国的天然气工作标准都在这两个机构进行校准。NMI的低压动态置换气体原级标准装置是荷兰的国家基准，虽然只提供1~4m^3/h的流量，但由于小流量易于控制，不确定度可达0.01%。NMI通过传递标准装置把量值传至高压大流量工作级标准装置。

荷兰计量技术研究院(NMI)是负责荷兰国家量值溯源等任务，其低压动态置换气体原级标准装置是荷兰的国家基准，它采用了以下技术：

(1)严格控制环境温度，使环境温度的变化不影响测量准确度。实验室温度变化每天控制在±2℃，每小时在±0.1℃内。

(2)使用500L的钟罩提供气源，加之高精度的调压系统，保证校准时气流的稳定性。

(3)由气体置换稳定油，而后称量油的重量而获得体积的方法，克服了pVTt法中温度压力变化对容器体积影响所带来的误差以及mt法中称量气体重量对高精度天平的要求和温度压力对称量容器体积改变而影响称量结果。

2. 德国Pigsar

Pigsar检定站(隶属于德国Ruhrgas燃气公司)建于20世纪90年代末，是德国最大的天然气流量检测技术机构，其天然气流量检测和校准由德国国家物理技术研究院(PTB)授权并监督。它采用高压体积管作为原级标准装置，工作级标准装置为4台G1000、4台G250和1台G100气体涡轮流量计，工作压力在1.6~5.0MPa内，对用户工况下测量的体积流量在8~6500m^3/h范围，不确定度为0.16%。其涡论工作标准有3条检测管路，每年检测900次被检表(流量计)。

(1)压力范围：15~50bar。

(2)温度范围：8~20℃。

(3)流量范围：8~6500m^3/h。

(4)原级的不确定度：0.06%。

(5)工作级不确定度：0.16%。

(6)管径范围：*DN*80~*DN*400。

在Pigsar建有原级标准、次级标准和工作标准。原级标准是活塞式体积管，其内径和长度用激光长度来确定，体积管的标准容积值可以溯源到长度基准；次级标准涡轮流量计用活塞式体积管原级标准进行校准；通过上述一系列量值传递，把用长度和时间基准复现的流量值传递到工作流量计上。或者说，Pigsar流量量值传递和溯源链短。直接用高压天然气为介质进行量值传递，测量的天然气的流量量值可溯源到长度和时间基准。

3. 美国GRI

美国西南研究院(SWRI)所属的气体研究所(GRI)是世界著名的流量检测和研究技术机构，它拥有高低压两套环路原级标准和民用气测试标准DTS。检测方法标准是称重法，介质为天然气或氮气，DTS 也可用空气，不确定度为 0.1%～0.25%。GRI 与 CEESI 的量值溯源方法简单明了，其原级标准装置的量值直接溯源至美国国家标准技术研究院(NIST)。GRI 标准装置的技术指标见表 5-5-3。

表 5-5-3 GRI 标准装置技术指标

项目/标准装置	高压环路，HPL	低压环路，LPL	民用气检测标准，DTS
最大工况流量/(m^3/h)	2379	906	71
压力范围/MPa	1.03～7.58	0.21～1.21	0～0.28
温度范围/℃	4.44～48.89(40～120°F)		常温
管径范围/mm	50～400	25～250	100

4. 加拿大输气校准公司的天然气流量检定装置

加拿大输气校准公司(TCC)是由 6 台直径为 *DN*400 与 2 台直径为 *DN*200 气体涡轮流量计组成其主要标准表，每台涡轮流量计的上游串联一台超声流量计作为次要标准表，以 10 台腰轮流量计作为核查标准(传递标准)，并定期地对标准表进行检查，以保证标准表可靠地使用。TCC 装置的工作压力为 6.5MPa，温度为 18～38℃，流量为 0～50000m^3/h，装置总不确定度小于 0.3%。标准表采用荷兰 Instromet 公司的 SM-RI-X 型气体涡轮流量计和 Q.sonic-5S、Q.sonic-3S 气体超声流量计，传递标准为 IRM-DUO 型腰轮流量计，装置溯源至 NMI 和 PTB 标准。该站位于一座气体压缩机站下游，管道压力在 6.2～7.0MPa 范围内，气体输送时的流量大于 2.4×$10^6$$m^3$/h，检定后的气体回到压气站的上游管道。

5. 目前国外主要天然气流量标准检定装置能力

目前国外主要天然气流量标准检定装置能力见表 5-5-4。

表 5-5-4 目前国外主要天然气流量标准检定装置能力表

装置/机构简称	使用单位	国别	工作压力/MPa		流量上限/(m^3/h)	测试管径/mm	不确定度/%
			最小	最大			
Westerbork	Gasunie	荷兰	6.3	6.3	40000	900	0.19
Groningen	Gasunie	荷兰	0.9	4.1	900	300	0.18～0.19
Bergum	Gasunie	荷兰	0.9	5.1	4000	600	0.21(<2.0MPa) 0.18(>2.0MPa)
Winnipeg	TCC	加拿大	6.5	6.5	55000	750	0.25
Bishop	British Gas	英国	2.4	7.0	20000	500	0.30
K-lab	Statoil	挪威	2.0	15.6	1750	150	0.40
Pigsar	Ruhrgas	德国	1.6	5.0	6500	400	0.16
MRF-GTI	SWRI	美国	1.0	7.58	2379	400	0.20～0.25
IOWA(NG)	CEESI	美国	7.24	7.24	34000	900	0.23
Colorado(Air)	CEESI	美国		15.17	200lb/s	700	0.3～0.5
Alfortville	LNE-LADG	法国	1.0	6.0	1200	150	0.25

注：LNE：法国天然气试验室协会；BNM：法国国家计量院；PTB：德国国家物理技术研究院；NEL：英国国家工程试验室；TCC：加拿大输气校准公司；NMI：荷兰国家计量研究院；NIM：中国国家计量研究院；NIST：美国标准技术研究所；NVLAP：美国国家实验室认可委员会；KRISS：韩国标准与科学研究院。

二、天然气流量计量检定装置选择

(一)天然气原级标准装置方案介绍

天然气流量计量检定装置是以天然气为介质，给出天然气流量标准值的测量系统。根据

量值传递关系，天然气流量计量标准由原级标准、次级标准、工作级标准组成，各部分的工作原理和设备选型有很大差异，应该说天然气原级标准的原理决定了次级标准和工作级标准的形式。因此在这里首先对天然气流量原级标准装置的方案进行比较。

气体流量原级标准是根据流量的定义来复现气体流量值的，它形成流体流动环境，并通过向质量、长度、时间等基本量溯源来得到准确的流量量值。相对于工作标准而言，气体流量原级标准的优点是它不需要通过与其他气体流量标准进行比较而得到量值，也就是说它不依赖其他气体流量装置的量值，因此理论上说该方法是准确度水平最高的流量装置。但另一方面，由于其实现量值的原理复杂，其测量范围(特别是测量上限)受到限制，其额定操作条件和环境条件严格苛刻，建造及运行成本较高，维护和操作复杂，不宜经常地使用，适用于进行量值溯源、科研试验等。

目前，比较常用的天然气流量原级标准主要有高压气体活塞装置(HPPP)、静态质量法装置(mt 法)和静态时间法装置(pVTt 法)。

1. HPPP 法

高压活塞式气体流量标准装置，通常简称为 HPPP 法，是英文 High Pressure Piston Prover 四个单词第一个字母的组合，它由具有恒定截面和已知容积的管段组成，活塞以自由置换或强制置换方式在其内往复运动，根据活塞通过该管段所需时间可得到气体的标准体积流量。检测开关可确定活塞进入和离开标准管段的时间间隔，标准管段的容积可采用水驱法由标准量器确定，但近年来随着几何尺寸仪器的不断发展，现在多采用几何测量的方式对标准管段的体积进行直接测量。现有德国国家物理技术研究院 PTB 的一套 HPPP 法高压天然气气体流量基准装置的系统简图见图 5-5-11。

整个 HPPP 的主体是如图 5-5-11 中带有剖面线所示的直径为 0.2508m、长约 6m 的精密加工的不锈钢圆柱体。$a_1 \sim a_2$ 为活塞运动的稳定段，长约 2m，活塞在从 $a_1 \sim a_2$ 运动的过程中，其运行速度上升并达到稳定。$a_2 \sim a_4$ 为计量段，长约 3m，活塞在从 $a_2 \sim a_4$ 运动的过程中，其运行速度保持平稳；a_2、a_3、a_4 处安装有位置开关，且每个截面上各安装有 3 个位置开关，最后测量时间为 3 个计时器测量结果的平均值；a_2、a_3、a_4 处测量的时间可互为核验，使计时准确度和正确性达到较高水平。$a_4 \sim a_5$ 为活塞运动的缓冲段，长约 1m，活塞在从 $a_4 \sim a_5$ 运动的过程中，其运行速度开始下降，以使活塞运行到右端时可以静止下来。因此，活塞从左到右的运动中实现 HPPP 的计量。整个计量过程可分为如图 5-5-11 所示的 3 个阶段：

(1)如图 5-5-11(a)所示，首先打开阀门 2，关闭阀门 1 和止回阀，把气源压力调整到需要的压力点，气体通过旁路流经过活塞缸体。

(2)当系统的流量、压力、温度稳定后，如图 5-5-11(b)所示，阀门 1 打开，阀门 2 关闭，被检流量推动活塞开始在管道内运动，在经过 $a_1 \sim a_2$ 为活塞运动的稳定段后，活塞触发位于 a_2 处截面上的 3 个计时器，计时器开始计时，当活塞运动到 a_4 处时停止计时，该次计量结束。

(3)活塞运动到右侧顶部，如图 5-5-11(c)所示，止回阀打开，气体从止回阀流回检测管道。

(4)如图 5-5-11(d)所示，底部左侧的四通阀门的方向转变，在被检表处流动状态不变的情况下气体从右侧管道进入活塞，推动活塞从右向左运动到左侧顶端。在此过程中阀门 1 为开启状态，阀门 2 为关闭状态。

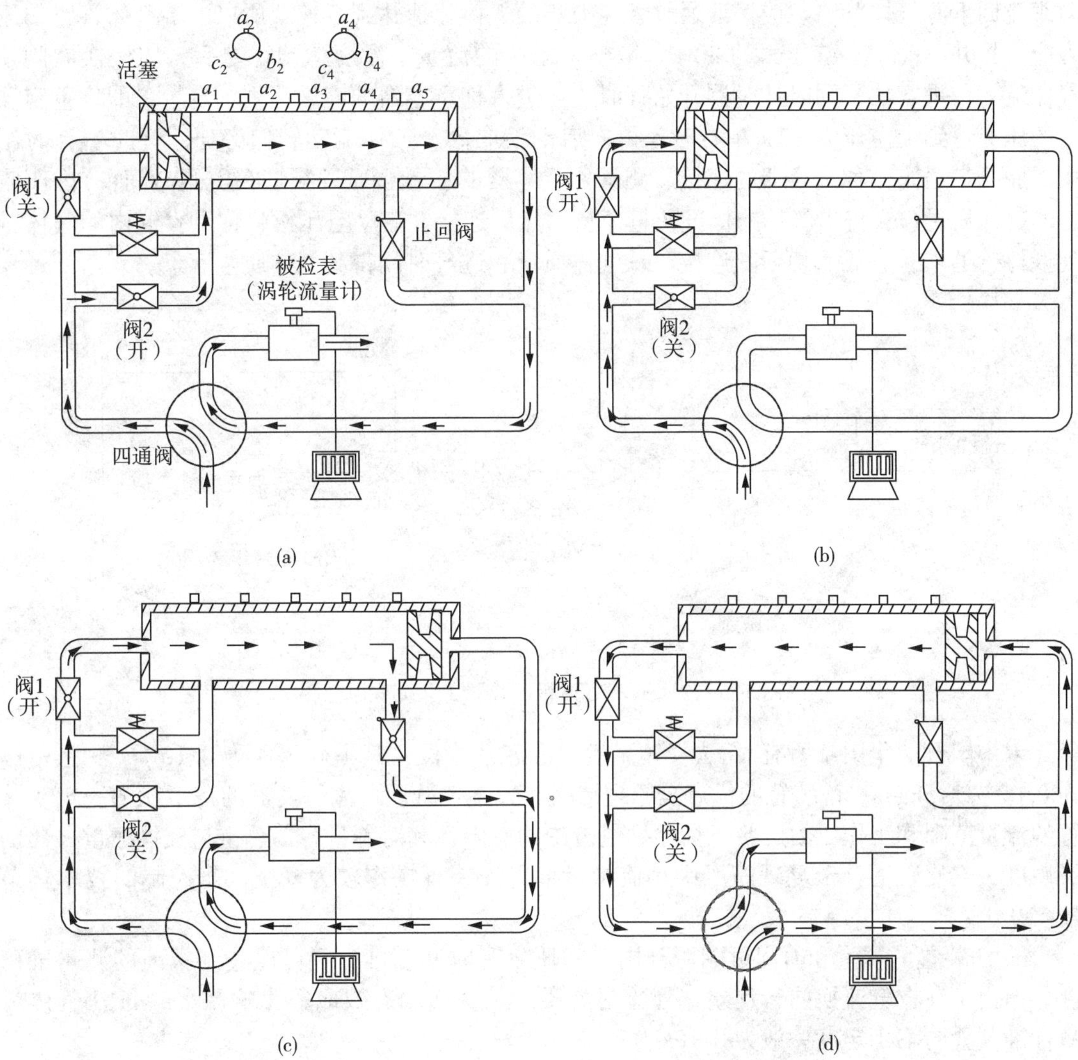

图 5-5-11　PTB 的 HPPP 天然气原级标准系统简图

该装置的不确定度为 0.06%，测量范围为 25~480m³/h。装置的流量范围和工作压力取决于标准管段的容积及其压力等级。

高压活塞装置的优点是动态测量，在实验过程中流动一直是连续的，测量环节较少，设备投入少，引入的不确定度环节较清晰。该装置的缺点是制造商只有一个，唯一性使该方案存在风险。难度主要是主标准器的加工工艺。

2. mt 法气体流量标准装置

它也被称为称重法或质量/时间法气体流量标准装置，通常简称为 mt 法，主体由三通阀、称重容器和称重系统组成。气体经过两级压力调节使得其压力稳定在系统所需的压力。通过三通阀进入称重容器，称量气体质量和通过的时间就可以计算出流量。该装置主要用于校准音速喷嘴，当用于校准其他流量计时，也需在流量计与三通阀间安装音速喷嘴，以保证流量恒定。mt 法装置的质量和时间可溯源到国家的质量和时间基准。

装置工作时如图 5-5-12 所示，首先用脱开机构脱开换向阀与称重容器的连接，称量空的称重容器质量，然后连接换向阀与称重容器。此时气体通过被检表流过音速喷嘴，通过换向阀流回下游气体管路。应保证通过音速喷嘴的气体流速达到音速，所以下游气体管路的压力应可控并不高于上游压力的80%。待整个系统的流量、温度达到稳定后，切换换向阀使气体流入称重容器，同时计时器开始计时。当进入称重容器的气量达到一定量，即称重容器内的压力达到上游压力80%左右时，再次启动换向阀，气体流动转向旁通，计时器计时结束。脱开三通阀与称重容器的连接，测量称重容器的质量，通过测量在实测时间(t)内所收集的气体质量(m)得出气体的标准质量流量。然后连接并启动空压机将称重容器内的气体排到气体管道内，完成后切断其连接。从气体质量和进气时间得到气体质量流量。

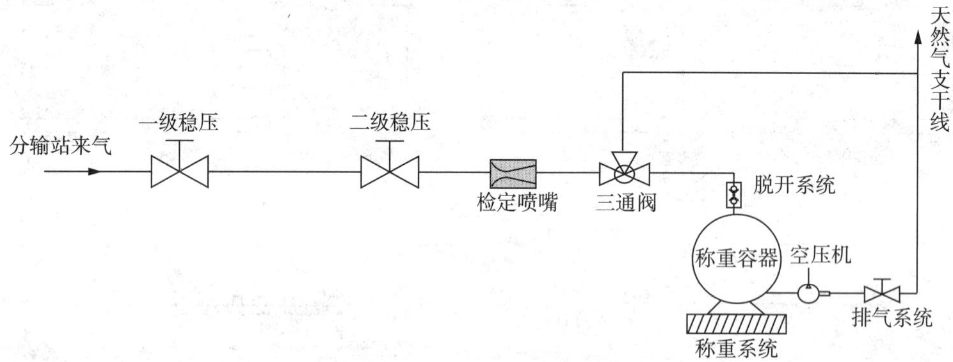

图5-5-12 mt法气体标准装置工艺流程原理图

以中国石油华阳站所有mt法气体流量标准装置为例，其不确定度为0.10%，测量范围为0.004~3.5kg/s。该装置的优点是原理清晰，方案传统而可靠。衡器的称量能力决定了装置的流量范围和工作压力，鉴于衡器称量范围的有限性和对称量容器总重与气体净重之比的灵敏度，它比较适合于复现高压中小流量量值。该装置操作较为复杂，需控制的技术环节较多。

mt法装置的质量和时间可溯源到国家的质量和时间基准，且可以达到很高的测量准确度。但由于存在气流换向行程差、管道附加质量及一些动态效应等影响因素，mt法气体流量标准装置的不确定度一般为0.10%~0.25%。

mt方法的工作介质可以是空气、天然气等多种气体。衡器的称量能力决定了装置的流量范围和工作压力，鉴于衡器称量范围的有限性和对称量容器总重与气体净重之比的灵敏度，它比较适合于复现高压中小流量量值，用于次级标准，即音速喷嘴的量值传递。

3. pVTt法气体流量标准装置

它是根据气体热力学状态方程，在实测时间(t)内让气体注入或流出容积为V的标准容器，通过容器内气体绝对压力p和热力学温度T的变化，计算确定气体的标准质量流量。容器容积V通过体积法或称重法确定，但在实际使用中要考虑温度和压力修正。该种方法所涉及的测量参数和影响因素较多，这些都会影响所复现的标准流量值，故其流量测量不确定度要低于mt法装置。pVTt法气体流量标准装置的工作过程与mt法装置相类似，在此不赘述。

pVTt法气体流量标准装置的不确定度一般为0.10%~0.25%，工作介质可以是空气、天然气等多种气体。装置的流量范围和工作压力取决于标准容器的容积和压力等级，因此在理论上这种装置容易复现高压大流量量值。但是，标准容器过大会导致内部温度场的不均匀，很难准确得到容器内气体的平均温度和压力，给流量测量带来较大影响。

(二)原级方案比较

下面针对HPPP法、mt法和pVTt法进行比较，由于mt法和pVTt法设备配置、工作流程等较为相似，只是 pVTt 发展较早，近年来随着电子秤技术的快速提升，在高压气体流量测量方面 mt 法已基本替代 pVTt 法，所以，下面重点对 HPPP 法和 mt 法进行比较。

1. 测量系统配置比较

1) HPPP 法

如图 5-5-13 所示，HPPP 法的原理是测量一定时间内通过标准容器内气体体积的方式得到通过待测流量计的标准值。运行过程中仅需要保持活塞上游气体压力及活塞上下游压差的稳定，以保证通过 HPPP 原级标准气体流量的稳定。因此，可以直接实现量值传递的流量计的范围相对较宽，除去涡轮流量计，还可以对音速喷嘴、腰轮流量计等其他类型气体流量计进行直接传递。

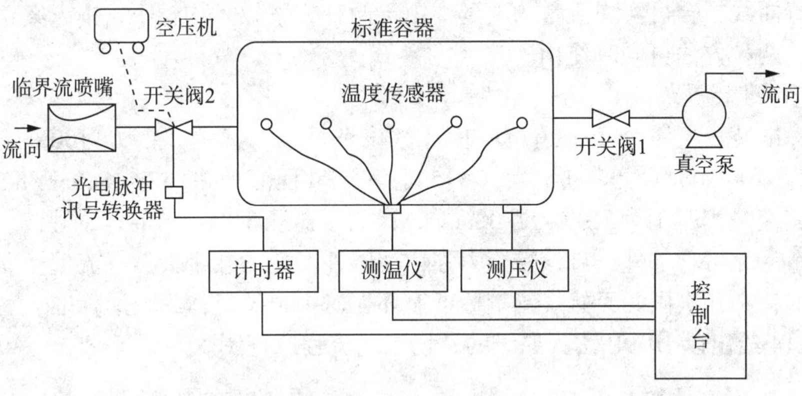

图 5-5-13　pVTt 法气体流量标准装置原理图

检定站内设有原级标准装置、工作级标准装置及核查标准装置。

(1)原级标准装置。

①原级标准是检定站的最高标准，可以直接溯源到长度和时间的国家基准。

②原级流量标准装置采用高压活塞式标准体积管法(HPPP 法)。

原级流量标准装置采用体积-时间法，也称标准体积管法法，就是在检定时间 Δt 内，通过测量流经标准体积管流量 Δv 来计算出流经被检表的天然气体积瞬时流量 q_v：

$$q_v = \Delta v / \Delta t (\Delta v \text{ 为定值})$$

原级标准装置的流量范围为 8~480m³/h，测量不确定度优于 0.1%。

③原级标准装置中的关键设备。

a. 高压活塞式标准体积管。高压活塞式标准体积管用于产生稳定的瞬时流量，活塞采用铝材质制造，气缸选用不锈钢制造，要求有足够的加工精度，气缸与活塞间采用 PTFE 密封材质，有效的气缸容积可溯源到长度单位，应经过精确的检定，几何容积的不确定应优于 0.02%。

b. 四通阀。四通阀用于天然气流体的流向切换，要求具有良好的开关和密封性能。

c. 高精度计时设备。高精度计时设备用于记录通过有效容积的开始(a_2 点)和结束(a_4 点)时间，应采用硬件计时，不应采用 PLC 的软件计时，计时设备应能够输出硬件快速联动开关，用于系统记录涡轮量值传递表的有效脉冲。

(2)工作级标准装置。

设用 1 台 G100(8~160m³/h)、1 台 G250(25~400m³/h)、1 台 G1000(160~1600m³/h)量值传递涡轮表直接用原级标准传递量值，可实现的流量范围为 8~1600m³/h，涡轮流量计

采用固定式安装，检定时无须拆卸，保证检定结果稳定性。更大口径的标准流量计用以上流量计的组合检定完成，由于传递过程引入的不确定度很小，不会造成不确定度损失。

组合后的工作标准流量计组的流量范围为 8~9600m³/h，涡轮流量计的灵敏度高、重复性好、测量范围宽，适合于作高压大流量的工作标准。

从原理上讲，HPPP 方法可实现的最小流量没有限制，但考虑到小流量下流量本身的稳定性，实际中将其最小流量通常保持在 25m³/h，对于更小流量，目前可通过两种方式实现：第一，应用 HPPP 检定的 25m³/h 以上检定的流量计下游安装两个同规格的喷嘴，用分流的方式实现流量的下延；第二，采用 HPPP 对 G100 的 25~160m³/h 进行检定，此外采用低压空气对其进行检定，由于涡轮流量计本身的误差曲线与其雷诺数间稳定的关系，对两次实验结果统一进行曲线拟合可实现流量的下延。由于两种方案投入均较小，本方案建议为保证量值的可靠性，两种方法可同时使用。

(3)核查标准装置。

工作级标准装置上游为 4 台超声流量计做核查标准，其中 2 台 *DN*100 的超声流量计，其流量范围为(20~800)m³/h，1 台为 *DN*150，其流量程范围为(45~1800m³/h)，另外一台为 *DN*400，其流量程范围为(100~11000m³/h)，用于监测工作标准的计量性能。

超声流量计无可动部件，自诊断能力强，在国外新建的几个天然气流量标准中都选择其作为核查标准，在几次国际天然气流量标准循环比对中也选择作为传递标准。

图 5-5-14 给出以 HPPP 法为原级的站场工艺流程原理图。

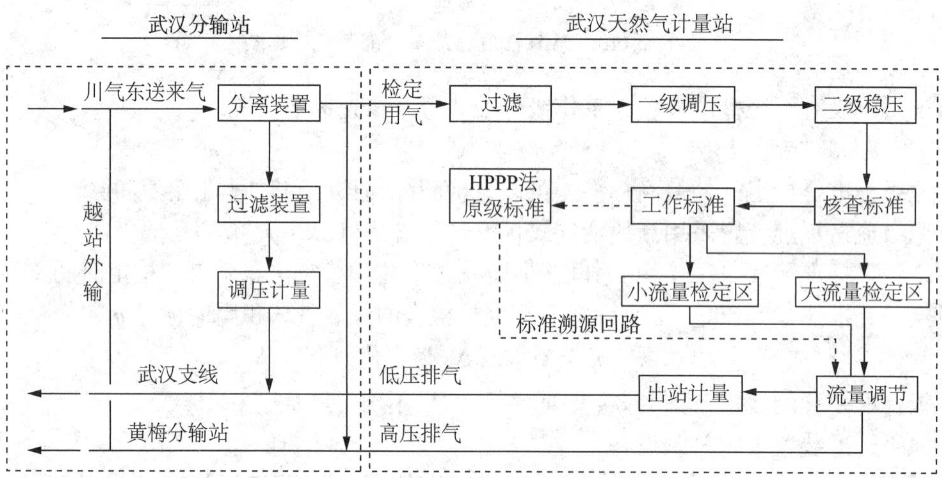

图 5-5-14 HPPP 法站场工艺流程原理图

2)mt 法

如图 5-5-12 所示，mt 法的测量原理是针对一定时间内进入称重容器内气体的质量进行测量。因此，它需要待测流量计在下游背压不断增加过程中，通过流量计的流量保持不变，目前，此方法直接量传的流量计仅限于音速喷嘴。为了实现对称重容器内气体质量的准确测量，该系统需要一套精密的天平系统；此外还需要配备快速三通阀门实现待测气体从旁路到称重容器的切换；为了实现对进入称重容器气体质量的测量，还需要在称重容器与称重系统间配置脱开系统；为了在下次测量前清空称重罐，还需设置能够脱开的空压机。

(1)原级标准装置。

①原级标准是检定站的最高标准，可以直接溯源到质量和时间的国家基准。

②原级流量标准装置采用质量-时间法(mt 法)。

原级流量标准装置采用质量-时间法，也称 mt 法，就是在检定时间 Δt 内，通过测量进入到球罐内天然气质量 Δm 来计算出进入到球罐内的天然气质量瞬时流量 q_m：

$$q_m = \Delta m / \Delta t$$

原级标准装置的流量范围为 8~438m^3/h，测量不确定度为 0.10%。

③原级标准装置中的关键设备。

a. 高压球罐。用于充装天然气的容器，经计算球罐的容积为 10m^3。根据称重秤的要求，应尽量减轻球罐的皮重，以便提高称量的准确度。球罐选用特种钢制造，壁厚为 28mm，质量为 7.2t。

b. 称量设备。称量设备是原级标准装置中最关键的部件，用于测量球罐内部的天然气质量。由于高压钢球罐本身质量很大，被称量的天然气质量相对来说又很小，因此对称重设备的分辨率、满量程称量值都有较高的要求。

在罐皮重为 7.2t、最大天然气称质量 600kg 时，陀螺电子秤的分辨率应能达到 5g。

c. 换向阀。在原级标准装置入口管线装有一对口径为 *DN*100 的电控液动快速开关阀，用于工艺流程的切换。根据不确定度分析计算，要求该阀开、关对称性好，单向换向时间应小于 50ms，切换差应小于 5ms。

(2)次级标准装置。

在原级装置和工作级标准装置之间设有由多个不同喉径的临界流喷嘴组成的次级标准装置，这些喷嘴也是隔离下游称量容器内压力变化对上游流量影响的必备措施。

通过不同的并联组合，临界流喷嘴组可实现的流量范围为 8~2507m^3/h，能覆盖单台 *DN*200 工作标准 10~1600m^3/h 的流量范围。这样就可用次级标准装置直接检定工作标准涡轮流量计。

临界流喷嘴没有可动部件，长期稳定性好，工作原理和测量参数与涡轮流量计不同，是理想的次级标准。次级流量标准由多只并联安装的临界流文丘里喷嘴构成，其设计、制造和安装符合国际标准 ISO 9300。

临界流喷嘴的设计制造，是将喷嘴连同其前后直管段、整流器及测温、测压仪表整体考虑，用法兰连接，以便检定时整体安装和拆卸。检定临界流喷嘴时，可将单台喷嘴整体拆卸下来，安装在原级标准管路上的喷嘴检定台位上进行检定。

利用次级标准能对工作标准和核查标准进行检定，还可对小口径被检流量计等进行检定。

(3)工作级标准装置。

工作标准由多台并联安装的涡轮流量计组成。在工艺流程中，分别设置了大、小口径流量计两套检定管路，分别配置了相应的工作标准。

小口径流量计检定管路的工作标准由多台不同口径并联安装的涡轮流量计组成，其测量范围为 8~2507m^3/h，可用于检定准确度为 0.5 级以下的各种形式小口径气体流量计。

大口径流量计检定管路工作标准由多台并联安装的涡轮流量计组成，流量范围为 8~8500m^3/h，可用于检定口径不超过 *DN*300、准确度 0.75 以下的超声及 0.5 级以下的其他各种气体流量计。

涡轮流量计的灵敏度高、重复性好、测量范围宽，适合于作高压大流量的工作标准。

(4)核查标准装置。

工作级标准装置上游为 4 台超声流量计做核查标准，其中 2 台 *DN*100 的超声流量计，其流量范围为 20~800m^3/h，1 台为 *DN*150，其流量程范围为 45~1800m^3/h，另一台为 *DN*400，其流量程范围为 100~11000m^3/h，用于监测工作标准的计量性能。

超声流量计无可动部件，自诊断能力强，在国外新建的几个天然气流量标准中都选择其作为核查标准，在几次国际天然气流量标准循环比对中也选择作为传递标准。

图 5-5-15 给出以 mt 法为原级的站场工艺流程原理图。

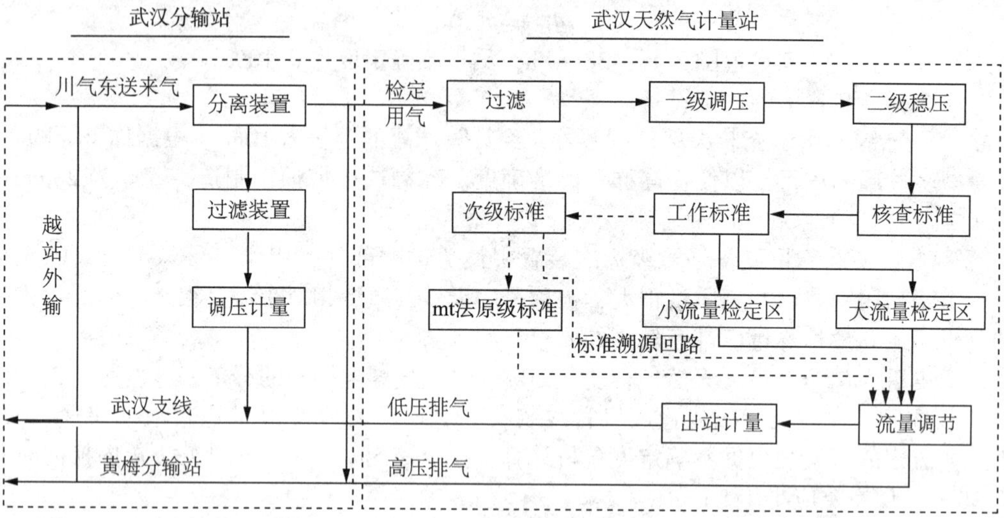

图 5-5-15　mt 法站场工艺流程原理图

3)配置比较

原级系统所需主要设备及量传表类型见表 5-5-5。

表 5-5-5　原级系统所需主要设备及量传表类型

项　目	HPPP 法	mt 法
关键设备	体积管、四通阀、活塞组件	电子秤、称重容器三通阀、脱开系统、空压机
量传表类型	音速喷嘴涡轮、腰轮	音速喷嘴

由表中可见 HPPP 法设备简单。

2. 操作程序比较

HPPP 法的操作流程如图 5-5-16(a)所示，该图给出了用 HPPP 检定工作标准涡轮流量计的操作程序。当系统流量未达到稳定时，来流通过旁路流经涡轮流量计回到下游管线；当系统流量达到稳定时，切换上游阀门，使气体进入活塞缸体，推动缸体内活塞运动，由于通过涡轮流量计的气体量与通过活塞缸体的气体量相同，直接使用通过活塞缸的气体量来检定涡轮流量计。由于较小的系统压力损失，流经涡轮流量计的气体通常可直接进入下游管道(视现场情况而定)。一次检定完成后，在保证通过涡轮流量计天然气流动方向不变的前提下，通过配置在涡轮流量计下游的四通阀，使得进入 HPPP 缸体的气体流动方向发生转变，推动活塞运动到起始位置，系统准备进入下一次测量。

mt 法的操作流程如图 5-5-16(b)所示，与 HPPP 存在很大不同，该装置主要用来检定次级标准音速喷嘴，而工作标准器涡轮流量计则需由次级标准音速喷嘴来检定。来流首先通过音速喷嘴，当流量未稳定时，气体通过旁路回到下游管道，由于喷嘴本身相对较大的压力损失，管道下游需要有一个压力相对较低的环境，对天然气管网来讲就需要一个较大的下游用户，从而可以将天然气压力调整到下游所需压力；当流量达到稳定后，通过音速喷嘴的气体通过三通阀从旁路切换到称重容器，待进入称重容器的气体质量达到预定值时，三通阀换向，天然气再次流经旁路。此时，称重容器与来流相连的管道脱开，系统进入称重准备阶段。待称重容器温度与环境温度达到稳定后，称重系统称出进入称重容器的天然气的质量。此后，进入称重容器的天然气需由空压机压到下游管道。在排气完成后，系统在等待称重容器内温度与环境温度达到稳定后，称量空的称重容器的质量，称重容器与来流管道连接，系统准备进入下一次测量。

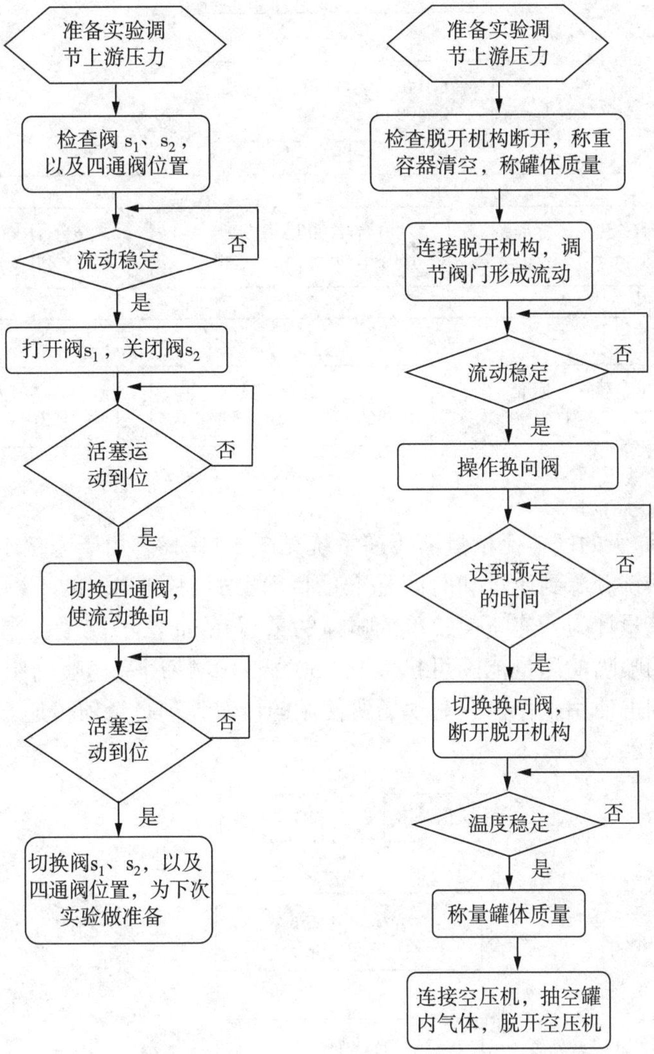

（a）　（b）

图 5-5-16　HPPP 法与 mt 法原级系统工作程序

3. 量值传递方式比较

以 HPPP 法为原级的气体量值传递系统见图 5-5-17。由于其系统的关键是缸体体积及通过此体积时间的测量，因此，该系统溯源到长度和时间基准。目前，HPPP 可实现的不确定度优于 0.1%；HPPP 直接量传 G100 和 G250 的涡轮流量计；在此基础上，为了实现流量上限量程的拓展，可使用此 G250 的流量计量传 4 台相同流量范围的 G250 涡轮流量计，此 4 台涡轮流量计并联使用可量传至更高流量的 G1000 涡轮流量计，在此 G1000 流量计的基础上量传工作用的 6 台 G1000 的涡轮流量计，最终可实现的最大流量为 9600m^3/h，各级系统的不确定度结果见图 5-5-17。

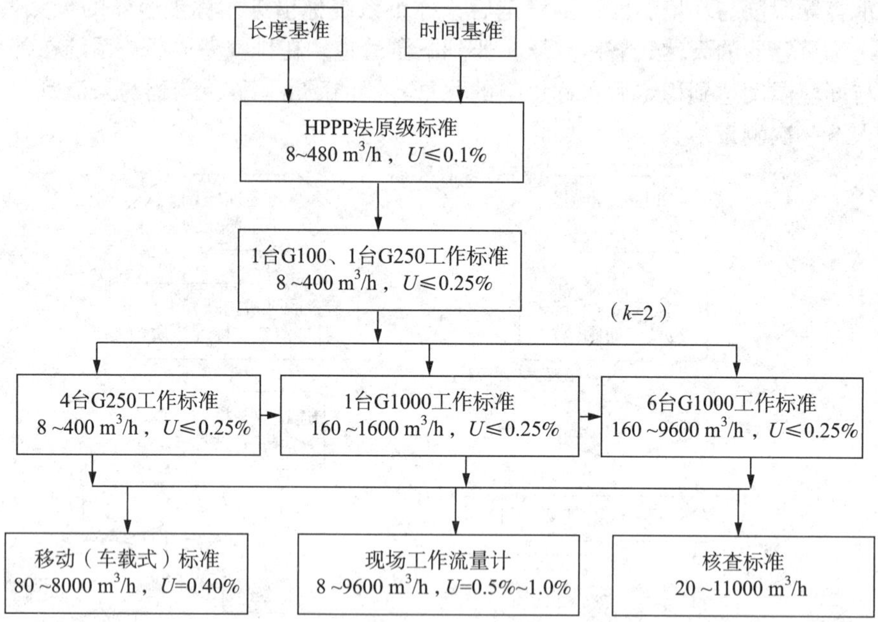

图 5-5-17 HPPP 法量值传递系统

以 mt 法为原级的气体流量量值传递系统见图 5-5-18，由于系统本身涉及质量和时间的测量，因此，系统溯源到质量和时间基准。目前，mt 法可实现的不确定度优于 0.10%。mt 法直接量传的流量计为音速喷嘴，单个喷嘴的量程在 mt 法的测量范围内，根据装置的测量能力，并联使用喷嘴的测量范围可扩大到 2507m^3/h；使用音速喷嘴组对工作标准进行量值传递，在此基础上使用工作标准对现场所使用的流量计进行量值传递，各级系统的不确定度结果见图 5-5-18。

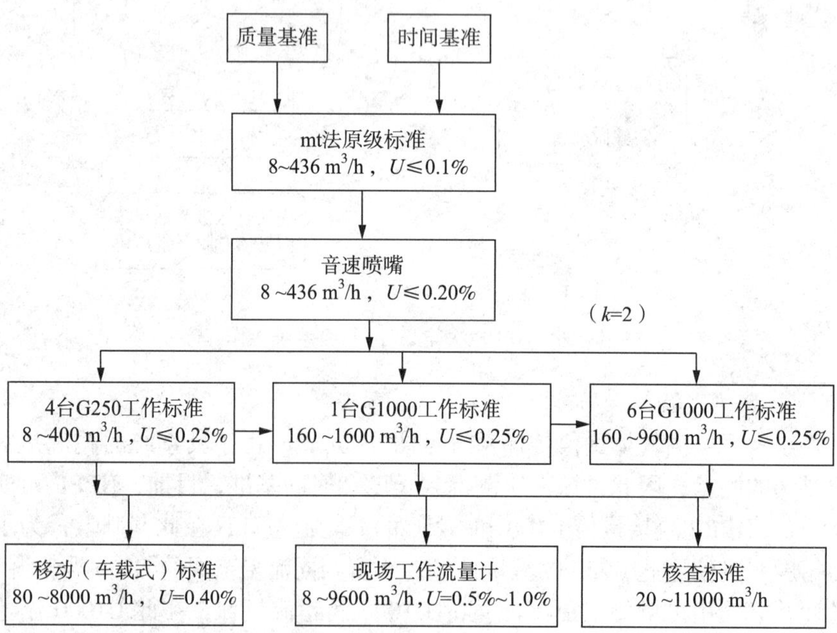

图 5-5-18 mt 法量值传递系统

4. 测量指标比较

国际关键比对是验证一个装置测量能力的一个平台，2007 年 CCM 组织了第一次高压气体流量的国际关键比对，参加此次国际比对各个国家装置能力的基本信息见表 5-5-6。

表 5-5-6 CCM. FF-K5(高压气体流量)装置能力一览表*

机构(国家)	气体种类	基标准形式	不确定度
NEL(英国)	空气、氮气	mt	0.26%~0.32%
CMS(台湾)	空气	mt	0.18%
KRISS(韩国)	空气	mt	0.20%
LNE(法国)	空气、天然气	pVTt 法	0.25%**
PTB(主导实验室，德国)	天然气	HPPP	0.16%**
NMi(荷兰)	天然气	非直接式 mt 法(LP⇒HP)	0.18%**
TCC(加拿大)	天然气	溯源到 PTB/NMi/LNE	0.20%**

注：* 截至 2006 年状态。

** 基于欧洲高压气体协调值。

从参加此次国际比对的装置类型可以看出，现有高压气体流量装置的基准装置的形式主要包括 HPPP 法、mt 法和 pVTt 法，从装置可实现的测量不确定度水平看，HPPP 量传到工作标准可实现的测量不确定为 0.16%(工作介质为天然气)，是现有几种方法中不确定度指标最高的，mt 法可实现的最低不确定为 0.18%(工作介质为空气)。

5. 投入产出比较

HPPP 法的主体是一段高精度加工且准确测量的缸体，由于本身的体积很小，所需空间有限。mt 法的主体设备为一个称重容器，为了满足称重系统较高精度的要求，称重容器内天然气的质量需达到一定的量。针对待建系统的流量范围，初步计算称量容器的体积为 $10m^3$，为了放置如此大体积的容器所需空间较大。此外，mt 法的称量设备是原级标准装置中最关键的部件，由于高压钢球罐本身质量很大，被称量的天然气质量相对来说又很小，因此对称重设备的分辨率、满量程称量值都有较高的要求。

为了实现 HPPP 法系统不确定度的要求，缸体的加工需非常精确，已有的调研显示：现有的加工能力下，缸体本身的材料为普通不锈钢即可达到所需加工要求。对于 mt 法，根据称重秤的要求，应尽量减轻球罐的皮重，以便提高称量的准确度。球罐需选用特种钢制造，在壁厚 28mm 时，质量约为 7.2t，这一特别要求势必大大地增加系统的投入。

此外，在使用 mt 法对次级标准进行量值传递的过程中，由于称重容器需要从来流管道中脱开，且需要容器内温度与环境温度平衡，因此所需时间相对 HPPP 法要长。

6. 方案比较汇总表

HPPP 法和 mt 法的比较见表 5-5-7。

表 5-5-7 HPPP 法和 mt 法的比较

项目	HPPP 方法	mt 法
原理	长度、时间	质量、时间
关键设备	HPPP、缸体测量用光学仪器、四通阀、检测开关、计时设备	称重天平、称重容器 三通阀、快速连接头
被检表类型	音速喷嘴 涡轮、腰轮	音速喷嘴
现有最佳不确定度	工作级标准的最佳不确定度 0.16%(介质为天然气)	工作级标准的最佳不确定度 0.18%(介质为空气)
系统占地	系统主体为一段精确加工且准确测量的缸体，系统较为紧凑	$10m^3$ 的称重容器、脱开系统、下游压力的调节等使得系统所需空间较大
费用	原级系统加工、测试、现场调试费用约 255.53 万欧元	原级、次级标准装置加工、安装、测试费用约 331.08 欧元
原级使用周期	需每年对涡轮流量计进行检定，原级使用较为频繁	音速喷嘴 5 年检定 1 次，原级使用间歇期长
量值溯源	溯源至长度和时间基准	溯源至质量和时间基准
复现量值	体积流量	质量流量
量值传递链	量值传递链较短，HPPP→小口径传递表→小口径标准表组→大口径标准表组	量值传递链短，mt→临界流喷嘴→工作标准表组
关键设备测量和校准方法	利用特制光学仪器	用砝码校准
操作环境条件	无特殊要求	要求严格，室内要恒温、恒湿、无空气流动、无振动
检定操作程序	简单，不需管道打开，可以连续操作	复杂，每次称重要管道打开，要等环境条件稳定才可称重
数据处理方法	简单	相对复杂

综上所述，HPPP 法和 mt 法是两种技术较为成熟的天然气流量原级标准装置，在国际上均有成功应用经验，并具有各自的技术特点，通过比较得出以下结论：

(1)HPPP 法标准直接将天然气流量量值溯源到长度和时间基准，通过复现天然气体积流量进行量值传递，相对于 mt 法标准具有溯源链段短，准确度等级高的特点。

(2)由于 HPPP 法标准复现量值为天然气体积流量，可对涡轮流量计、腰轮流量计、音速喷嘴等多种流量计进行量值传递，而 mt 法标准装置复现量值为天然气质量流量，仅能对音速喷嘴一种流量计进行量值传递。

(3)相对于 mt 法标准装置，HPPP 法标准装置关键设备少，结构简单，操作程序简易。

(4)由于 mt 法标准装置关键设备称重天平准确度受环境因素影响较大，需要对称重罐周围的温度和空气流动进行控制，因此对控制室指标要求较高。而 HPPP 法标准装置对操作环境无特殊要求。

(5)根据我国的检定规程，涡轮流量计的检定周期是 1 年，音速喷嘴的检定周期是 5

年。因此采用HPPP法为原级、涡轮流量计为次级的标准装置相对于采用mt法为原级、音速喷嘴为次级的标准装置，次级标准装置检定周期短、原级标准使用频率较高。

综合以上结论，本可研推荐采用HPPP法作为原级标准装置。通过对该技术的消化吸收，逐步转化为中国石化专有技术，将使中国石化在天然气计量技术领域处于领先地位，不断培养天然气计量技术人才，提高天然气计量管理水平。同时，利用该装置与中国石油现有的mt法原级标准装置开展量值比对和研究，进一步推进我国天然气计量科学技术进步。此外，中国石油在南京建设的mt法原级标准经过6年的建设尚未投产，与此对照，HPPP法准确度等级高，技术集成性好，建设周期短，投产见效快，因此选用HPPP法可满足中国石化天然气快速发展的迫切需求，符合中国石化天然气计量技术发展实际。

三、检定气源方案选择

通常有两种检定气源工艺方案：直排方案和环道方案

(一)直排方案

将检测管道上游与高压管线连接，下游与低压管线连接。利用管道压力形成流动开展检测。目前国内外主要采用这种方式。

具体到本计量站，就需要首先从主干线取气，采用调压阀组将来流气体压力调节到检定压力并控制其稳定，天然气进入检定站的天然气过滤稳压系统。天然气经检定站后通过电动球阀和气液联动阀，高压用气返回至分输站主干线，低压用气回排至下游低压用户支线。优点是靠压差形成流动，避免高压鼓风机等的使用、节省能源。缺点是需要有稳定的气源和低压天然气用户且工作压力受上下游条件限制。

(二)环道方案

利用封闭管道上的循环鼓风机来使得天然气在封闭管道内循环以形成流动，通过比较标准流量计与被检流量计的量值实现量值传递，系统简图见图5-5-19，美国西南研究院就是采用这种方式。

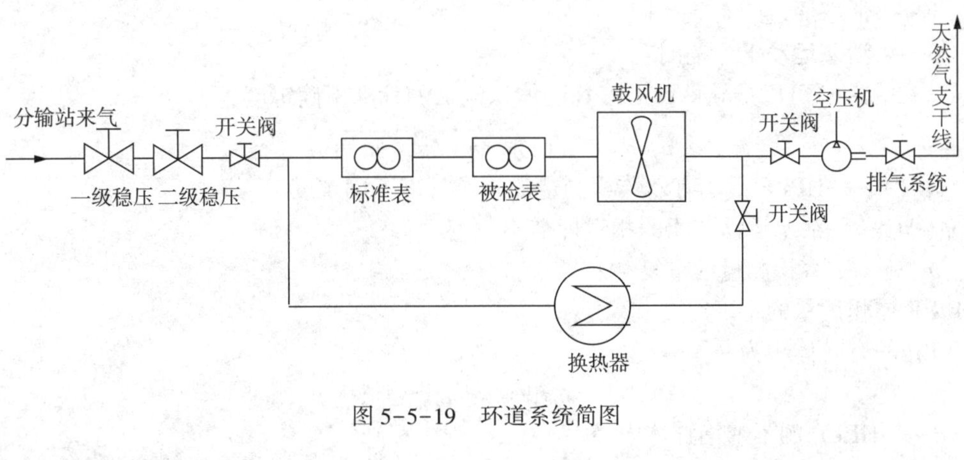

图5-5-19　环道系统简图

具体到本站，需要从主干线取气，使环道内达到实验压力。关闭取气口。启动鼓风机使气体流经稳压罐、热交换器、标准流量计进入被检流量计然后回到鼓风机下游。实验结束后，利用压缩机将气体排至低压天然气用户管网。优点是检测压力可控，且不需持续稳定的气源和低压天然气用户。缺点是该方案只能用于次级标准向工作级标准和工作级标准向被检表传递量值，无法实现原级标准的运行。

(三)方案比较

直排方案的优势在于靠气源的压差排气、节省能源、投资低；缺点是需要有稳定的气源和低压天然气用户。

环道方案的优势在于不需要持续稳定的气源和低压天然气用户作为依托；环道通常需要将检定所需的最大气体用量存储在储气罐内，然后通过压力调节阀将系统压力调节到流量仪表检定所需的压力，为了补偿管道内的压力损失，需要在环路系统内安装必要的增压设备，如高压鼓风机，而由于鼓风机的较大功耗，使得鼓风机出口气体的温度在压力提升的同时，温度也会有一定的升高，需要配置相应的换热器将气体温度调节到检定系统所需的温度。因此环道方案相对直排方案要复杂，需要投入的设备较多、要求场地较大；运行中的维护和操作费用较高。

环道方案适用于气源能力(流量、压力)不足或天然气检定系统的压力波动较大的工况，可以提供稳定的、符合检定需要的气源条件。拟建的武汉计量检定站建于川气东送武汉分输站内，川气东送管道可以提供稳定、足够的高压供气气源和下游排气管道，武汉分输站向武汉市门站分输管道和规划的向武石化分输管道提供了降压排气下游管道，完全符合建设直排式计量检定站的条件。直排方案无论从工艺、功能和建设费用等方面都优于环道方案，因此本方案优先选用直排方案。

四、不确定度分析

下面分别对目前国际上原级标准所常用的 HPPP 法和 mt 法的不确定度进行分析。

(一)HPPP 法不确定度分析

HPPP 法原级不确定度分析：

HPPP 方法复现的体积流量可以表示为：

$$q_v=\frac{V}{\Delta t} \tag{5-5-6}$$

式中 q_v——体积流量，m^3/s；

V——活塞通过的有效体积，m^3；

Δt——活塞运动 V 所需时间，s。

从式(5-5-6)可以推导得到 HPPP 法体积流量的标准不确定度为：

$$u_r(q_v)\sqrt{u_r(V)^2+u_r(\Delta t)^2+u_r(r)^2} \tag{5-5-7}$$

式中 $u_r(V)$——HPPP 活塞有效体积测量的相对标准不确定度；

$u_r(\Delta t)$——活塞运动时间的相对标准不确定度；

$u_r(r)$——容积测量的重复性。

HPPP 体积测量的不确定度 $u_r(V)$：

HPPP 的有效体积为

$$V=\pi d^2L \tag{5-5-8}$$

式中 d——HPPP 的不锈钢缸体内径，m；

L——HPPP 的不锈钢缸体有效长度，m。

从式(5-5-8)可以得到体积测量的不确定度为

$$u_r(V)=\sqrt{4u_r(d)^2+u_r(L)^2} \tag{5-5-9}$$

式中 $u_r(d)$——内径测量的相对标准不确定度；

$u_r(L)$——有效长度测量的相对标准不确定度。

(1)d 与 L 测量。从式(5-5-9)可以看出内径 d 测量和缸体的长度 L 测量是 HPPP 法缸体体积测量的重要组成部分。为了测量 d 和 L 的长度值，搭建了专用系统设备进行测量。

(2)V 结果及不确定度。在对 HPPP 缸体的直径和行程长度进行测试后，可计算得到缸体体积测量的不确定度。目前，由于测量缸体直径和行程长度专用仪器的使用，此项可不确定度为 0.02%(k=2)。

(3)工作级标准装置。在从原级标准到工作级所使用的 G250 涡轮流量计的量值传递过程中，需考虑几个因素的影响：HPPP 缸体体积的影响，从 HPPP 缸体测量体积到标准表处体积的变化影响(p-T-z 的转换)，管容及仪表响应的影响，仪表测量重复性及拟合得到多项式影响，还有就是 HPPP 内部泄漏的影响。

$$V_{\text{meter}}=V_{\text{HPPP}}\frac{T_{\text{meter}}p_{\text{HPPP}}Z_{\text{meter}}}{T_{\text{HPPP}}p_{\text{meter}}Z_{\text{HPPP}}}+V_{\text{D}}\left(\frac{\Delta T_{\text{Drift}}}{T}-\frac{\Delta T_{\text{Drift}}}{T}\right) \tag{5-5-10}$$

式中各参数的意义同上。

因此流经流量计体积的不确定度为：

$$u_{\text{r}}(V_{\text{meter}})=\sqrt{\begin{array}{l}u_{\text{r}}(V_{\text{HPPP}})^2+u_{\text{r}}(T_{\text{meter}})^2+u_{\text{r}}(Z_{\text{meter}})^2+u_{\text{r}}(p_{\text{mter}})^2\\+u_{\text{r}}(T_{\text{HPPP}})^2+u_{\text{r}}(Z_{\text{HPPP}})^2+u_{\text{r}}(p_{\text{HPPP}})^2+u_{\text{r}}(V_{\text{D}})^2\\+u_{\text{r}}\left(\frac{\Delta T_{\text{drift}}}{T}\right)^2+u_{\text{r}}\left(\frac{\Delta p_{\text{drift}}}{p}\right)^2+u_{\text{r}}(Reg)^2\end{array}} \tag{5-5-11}$$

式中 $u_{\text{r}}(V_{\text{HPPP}})$——HPPP 缸体的相对标准不确定度；

$u_{\text{r}}(T_{\text{meter}})$、$u_{\text{r}}(p_{\text{meter}})$、$u_{\text{r}}(Z_{\text{meter}})$——涡轮流量计处温度、压力、压缩系数(与天然气成分测量不确定度相关)的相对不确定度；

$u_{\text{r}}(T_{\text{HPPP}})$、$u_{\text{r}}(p_{\text{HPPP}})$、$u_{\text{r}}(Z_{\text{HPPP}})$——HPPP 缸体温度、压力、压缩系数(与天然气成分测量不确定度相关)的相对不确定度；

V_{D}——HPPP 出口到标准表间空间大小的相对标准不确定度；

$\frac{\Delta T_{\text{drift}}}{T}$、$\frac{\Delta p_{\text{drift}}}{p}$——温度、压力漂移量测量的相对不确定度；

$u_{\text{r}}(Reg)$——流量计重复性及线性拟合的相对标准不确定度。

在对以上各项不确定来源进行综合汇总后，各项不确定度的大小见表 5-5-8。

表 5-5-8 HPPP 工作级标准表不确定度一览表

不确定度来源	大小(k=2)/%
HPPP 缸体体积测量	0.02
HPPP 内部泄漏	0.02
缸体体积变换(p-T-Z 转换)	0.04
仪表示数复现性及多项式拟合	0.06
管容及标准表延迟	0.07
总不确定度	0.105

在对标准表示数复现性和多项式拟合的过程中，在测量压力范围内，选取3个压力点，每个压力点进行10个不同流量点的实验，最终将所有的结果统一为与雷诺数相关的多项式。

但在组合使用4块G250的涡轮流量计对G1000流量计进行检定的过程中，由于所以G250量传于同一个次级涡轮流量计，在其并联使用扩大量程的过程中需要特别注意流量计间的相关性对测量结果的影响。

目前，以HPPP为原级标准的工作级标准的最佳测量能力为0.16%($k=2$)。

(二)mt法不确定度分析

mt法原级不确定度分析：

mt方法复现的质量流量可以表示为：

$$q_m=\frac{\Delta m}{\Delta t} \tag{5-5-12}$$

式中 q_m——质量流量，kg/s；

Δt——向称重罐充气的时间，s；

Δm——Δt内通过喷嘴进入称重罐的天然气质量，kg。

从式(5-5-12)可以推导得到mt法质量流量的标准不确定度为：

$$u_r(q_m)=\sqrt{u_r(\Delta m)^2+u_r(\Delta t)^2+u_r(r)^2} \tag{5-5-13}$$

式中 $u_r(\Delta m)$——测试时间内通过喷嘴进入称重罐天然气质量相对标准不确定度；

$u_r(\Delta t)$——充气时间的相对标准不确定度；

$u_r(r)$——质量流量测量的重复性。

1. 通过喷嘴的天然气质量的不确定度$u_r(\Delta m)$

根据充气过程，充气质量可以表示为

$$\Delta m=m_1+m_2+m_3+m_4 \tag{5-5-14}$$

式中 m_1——Δt时间内充入称重罐内的天然气质量，kg；

m_2——临界流喷组出口和换向阀之间附加容积内天然气质量的变化量，kg；

m_3——换向阀和进罐手动阀(取决于称重系统的脱开机构位置)之间附加容积内天然气质量的变化量，kg；

m_4——称重罐充入天然气后，体积膨胀引起的空气浮力变化量，kg。

充气质量的标准不确定度可以表示为：

$$u_r(\Delta m)=\sqrt{u_r(m_1)^2+u_r(m_2)^2+u_r(m_3)^2+u_r(m_4)^2} \tag{5-5-15}$$

式中 $u_r(m_1)$——Δt时间内充入称重罐内的天然气质量的相对标准不确定度；

$u_r(m_2)$——临界流喷组出口和换向阀之间附加容积内天然气质量变化量的相对标准不确定度；

$u_r(m_3)$——换向阀和进罐手动阀(取决于称重系统的脱开机构位置)之间附加容积内天然气质量变化量的相对标准不确定度；

$u_r(m_4)$——称重罐充入天然气后，体积膨胀引起的空气浮力变化量的相对标准不确定度。

2. 充气时间的不确定度$u_r(\Delta t)$

充气时间的相对标准不确定度可以表示为

$$u_r(\Delta t)\sqrt{u_r(t)^2+u_r(H_1)^2+u_r(H_2)^2} \tag{5-5-16}$$

式中　$u_r(\Delta t)$——计时器的相对标准不确定度；

$u_r(H_1)$——单个快速换向阀换向时间差的相对标准不确定度；

$u_r(H_2)$——两个快速换向阀联动换向时间差的相对标准不确定度。

3. 质量流量测量的重复性 $u_r(r)$

最大、最小、中间 3 个流量点，每个流量点重复测量 6 次，计算得到各个流量点的重复性，取其中最大值为质量流量测量的重复性 $u_r(r)$。

以南京站 mt 原级装置的能力为例，mt 法装置测量不确定度见表 5-5-9。

表 5-5-9　mt 工作级标准表不确定度一览表

不确定度来源	大小(k=2)/%
质量测量 $u_r(m)$	0.0418
时间测量 $u_r(\Delta t)$	0.0136
重复性 $u_r(r)$	0.02
总不确定度 $u_r(q_m)$	0.049

(三)音速喷嘴次级标准不确定度分析

通过临界流喷嘴的质量流量可以表示为

$$q_m=A_*C_dC_*\frac{p_0}{RT_0} \tag{5-5-17}$$

式中　q_m——临界流喷嘴的质量流量，kg/s；

A_*——喷嘴喉部面积，m^2；

C_d——喷嘴流出系数；

C_*——临界流函数；

p_0——喷嘴前气体绝对滞止压力，Pa；

T_0——喷嘴前气体绝对滞止温度，K；

R——天然气的气体常数，J/(kg · K)。

当用 mt 法检测喷嘴的流出系数时，从式(5-5-17)流出系数可表示为 C_d，

$$C_d=\frac{q_m\sqrt{RT_0}}{A_*\cdot C_*\cdot p_0} \tag{5-5-18}$$

其相对标准不确定度为，

$$u_r(C_d)=\sqrt{\begin{array}{l}u_r(q_m)^2+0.25[u_r(T_0)^2+u_r(R)^2]+\\ u_r(A_*)^2+u_r(C_*)^2+u_r(p_0)^2+u_r(r)^2\end{array}} \tag{5-5-19}$$

式中　$u_r(q_m)$——mt 法原级标准质量流量的相对标准不确定度；

$u_r(T_0)$——喷嘴前气体绝对滞止温度测量的相对标准不确定度；

$u_r(R)$——天然气的气体常数的相对标准不确定度，与天然气成分测量的不确定度密切相关；

$u_r(A_*)$——喷嘴喉部面积的相对标准不确定度，由于其受温度、压力影响较小，通过采用固定的值，此项不确定度通常省略；

$u_r(C_*)$——临界流函数的相对标准不确定度，与成分及温度、压力测量相关；

$u_r(p_0)$——喷嘴前气体绝对滞止压力的相对标准不确定度；

$u_r(r)$——流出系数测量的重复性。

表5-5-10是喷嘴流出系数测量不确定度。

表5-5-10 喷嘴流出系数测量不确定度

不确定度来源	大小(k=2)/%
装置 $u_r(q_m)$	0.049
滞止温度 $u_r(T_0)$	0.0198
滞止压力 $u_r(p_0)$	0.0694
临界流函数 $u_r(C_*)$	0.10
重复性 $u_r(r)$	0.0348
总不确定度	0.137

(四)涡轮流量计工作级标准不确定度分析

涡轮流量计由于其稳定的性能，大多采用此类流量计为工作标准。近年来，随着超声流量计的迅猛发展，一些装置还辅以超声流量计为辅助标准的方式对工作计标准涡轮流量计的运行情况予以辅助核查。涡轮、超声流量计均为速度式流量计，均为脉冲信号输出方式，通常以仪表系数为其计量参数。

仪表系数K为工况条件下，单位体积的工质流经流量计时，流量计所发的脉冲数，即

$$K=\frac{N}{V_{\text{meter}}} \tag{5-5-20}$$

式中 N——流过体积时，流量计发出的脉冲数；

V_{meter}——工况条件下，流经流量计的气体体积，m^3。

因此，仪表系数的不确定度可表示为，

$$u_r(K)=\sqrt{u_r(N)^2+u_r(V_{\text{meter}})^2+u_r(r)^2} \tag{5-5-21}$$

式中 $u_r(N)$——对应流过体积V，流量计发出的测量脉冲数的相对标准不确定度；

$u_r(V_{\text{meter}})$——工况条件下，流经流量计气体体积的相对不确定度；

$u_r(r)$——仪表系数的重复性。

由于次级标准为音速喷嘴，得到的是质量流量，在对$u_r(V)$的评估过程中需考虑到质量流量到体积流量的转换，同时，由于系统各处温度、压力的变化，还需要考虑管容效应对流经流量计体积的影响，最终如式(5-5-22)所示。

$$V_{\text{meter}}=q_m\frac{T_{\text{meter}}Z_{\text{meter}}}{p_{\text{meter}}}+V_D\left(\frac{\Delta T_{\text{Drift}}}{T}-\frac{\Delta p_{\text{Drift}}}{p}\right) \tag{5-5-22}$$

式中 q_m——临界流喷嘴的质量流量，kg/s；

T_{meter}——涡轮流量计处的绝对温度，K；

p_{meter}——涡轮流量计处的绝对压力，Pa；

Z_{meter}——涡轮流量计处气体的压缩系数；

V_D——音速喷嘴与涡轮流量计间的体积，m^3；

$\frac{\Delta T_{Drift}}{T}$——检测过程中内 V_D，温度的变化；

$\frac{\Delta p_{Drift}}{p}$——检测过程中内 V_D，压力的变化。

目前，以 mt 为原级标准的工作级标准的最佳测量能力为 0.18%（$k=2$），中国石油南京站工作级的最佳测量能力为 0.3%（$k=2$）。

五、主要关键措施

根据有关流量计检定规程中要求，在稳定条件下对流量计进行检定，即在检定过程中应保证检定介质的温度、压力和流量稳定不变或变化很小。为此在本站的设计和建设中需要重点考虑以下几个方面的关键措施。

1. 稳压、稳流措施

在工艺流程设计中我们需要考虑以下措施解决天然气作为仪表检定检测介质的稳压和稳流的问题：

（1）选用调压、调流量性能较好的调节阀，推荐采用轴流式调节阀。

（2）在工艺流程设计中，采取入口二级稳压、流量计下游调流量和出口计量的流程，这样可保证在流量计检定过程中天然气介质的压力和流量较稳定。

2. 温度稳定措施

要求站内、外系统都尽量采用埋地方式，利用大地恒温的特点，确保埋地管线内天然气介质的流动温度稳定，不受地面环境温度的影响。而对于计量检定管路一般都安装在地面上，所以在设计中要求地面上的管段、汇管、管件等都采取保温措施，用保温层进行包装。

3. 减少管容措施

借鉴德国 PIGSAR 高压天然气流量标准装置的建设和使用经验，应尽量减少管容积对计量检定结果的影响，减少管容的措施。具体为：

（1）在小口径的涡轮流量计和小口径流量计检定台位之间并联小气容管路，达到了减少管容的目的。

（2）在工艺安装中，尽量缩小汇管以及各装置之间的连接管路的直径和长度，达到减少管容的目的。

4. 流量计前、后直管段要求

（1）所有的流量计前、后直管段都应该经过机械加工（精镗）、研磨，保证直管段的内表面粗糙度达到 ∇ 3.2（$R_a=3.2\mu m$）。

（2）直管段长度设置：

标准涡轮流量计、超声流量计为前 30D，后 10D。

在被检流量计之前 10D 处安装整流器，这样可保证流动的天然气介质为充分发展流动状态，确保了较高的流量计量准确度。

5. 施工质量要求

计量检定站为确保标准装置达到预期的技术指标要求，对工艺施工质量有很高的要求，施工质量的好坏直接影响到标准装置技术指标的优劣，管件加工、焊接质量等施工因素至关重要。在施工前应做好施工组织设计和施工方案的编制，精心组织施工。工程施工时应严格要求，符合国家和行业的相关规范。

由于计量检定站原级标准装置、次级标准装置、标准涡轮流量计、超声流量计、分析仪表等都是关键特殊设备，在设备选择时都需要在可靠、精确、安全等各方面给予重点考虑。

第六章　天然气输送管道实例

第一节　青宁输气管道工程建设背景

一、背景介绍

随着国内经济快速发展，资源环境约束趋紧，能源绿色转型日益迫切，对天然气等优质能源需求迅速增长。天然气作为一种清洁、高效的优质能源，21世纪以来得到迅速发展，已基本建成“横跨东西、纵贯南北、连通境外”的全国天然气管网格局，但与国家经济整体发展水平相比依然落后，仍存在建设发展速度滞后、管道设施能力不足、效率不高、运销捆绑和互连互通不够等诸多不完善之处。2017年，国内天然气市场受宏观经济稳中向好、环保政策影响显著等因素影响，全国天然气消费量快速增长，达$2393\times10^8m^3$，同比增长17%，年增量超过$315\times10^8m^3$，创造了国内天然气消费增量纪录。《天然气发展“十三五”规划》提出：至2020年天然气在一次能源消费比重提高到10%左右，国内天然气综合保供能力达到$3600\times10^8m^3/a$，特别是东部地区经济发展快，能源供需紧张；加快国内天然气行业发展，不仅有利于加快能源结构优化，减少环境污染，也是提高人民生活水平、实现社会经济可持续发展的必要条件。

随着大气污染防治和北方地区清洁取暖工作的深入推进，在十二届全国人大五次会议上，将“打好蓝天保护战”作为2017年重点工作任务之一，提出“今年二氧化硫、氮氧化物排放量要分别下降3%，重点地区细颗粒物($PM_{2.5}$)浓度明显下降”的工作目标。随着“煤改气”工程的大力推进，天然气需求将出现爆发式增长，迫切需要天然气在实现清洁能源替代和保障能源供需平衡方面发挥巨大作用。

截至2018年，中国石化在华北地区已建设投运榆济管道、山东LNG及山东管网和天津LNG及其外输管道，在建、拟建23储气库、鄂安沧管道一期、新气管道二期等项目，华北地区的区域性环网布局已基本形成；“十三五”期间，随着华北陆上气增加、天津LNG项目投产、山东LNG项目(青岛、龙口等)快速上产以及江苏沿海LNG项目的建设投用，中国石化在整个华北地区尤其是山东省，天然气资源丰富。为实现中国石化“川气东送”管道与华北地区供气管网的南北连通，青宁输气管道2010年开始前期策划，项目研究工作正式开展。2013年7月6日，项目获得国家能源局同意开展前期工作的函(路条)。2016年9月13日，青宁输气管道工程项目获得原国土资源部土地预审的批复。2018年8月13日，青宁输气管道工程项目获得国家发改委核准批复。2018年10月28日，项目可研获得中国石化股份公司批复。2018年11月青宁天然气管道分公司组建了青宁输气管道工程项目部，搭建了与EPC联合体相适应的项目管理架构。历经10年的规划发展，青宁输气管道作为东部天然气供应沿海大通道(北部)，将山东管网乃至整个华北管网与南部“川气东送”管道连通，实现长三角和华北两大区域管网气源多元化、供气稳定化，确保供气安全，同时拓宽了中国石化市场范围。

二、建设必要性

1. 调整能源结构，控制污染排放

我国一次能源消费仍以煤炭为主，二氧化碳排放高，环境压力大。2016 年国务院印发的《“十三五”生态环境保护规划》中指出，我国化学需氧量、二氧化硫等主要污染物排放量仍然处于 2000×10^4t 左右的高位，环境承载能力超过或接近上限。江苏省、浙江省和上海市位于长三角地区，既是我国经济社会发展较快、增长潜力较大的地区之一，也是我国污染排放高度集中的区域，大气环境问题十分突出。《“十三五”生态环境保护规划》中也明确提出要“明显降低长三角区域细颗粒物浓度。加快产业结构调整，依法淘汰能耗、环保等不达标的产能。”

加快发展天然气，提高天然气在我国一次能源消费中的比重，可显著减少二氧化碳等温室气体和细颗粒物($PM_{2.5}$)等污染物排放，实现节能减排、改善环境，这既是我国实现优化能源结构的现实选择，也是强化节能减排的迫切需要。

2. 构建国家中东部地区干线环状管网

青宁输气管道的建设，不仅实现中国石化南北两大输气管网(华北管网和“川气东送”系统)的互联互通，同时与已建的山东管网、天津 LNG 外输管道、“川气东送”管道，在建的鄂安沧管道一期(现已建成)、拟建的潜江—中原储气库群输气管道(新疆煤制气外输管道二期工程)一起，形成我国中东部地区干线环状管网(图 5-6-1)，进而实现华北陆上天然气资源、“川气东送”资源以及山东、天津 LNG 资源相互连通的供气格局，使我国主要天然气资源得到更加灵活调配，加强市场安全保供能力。

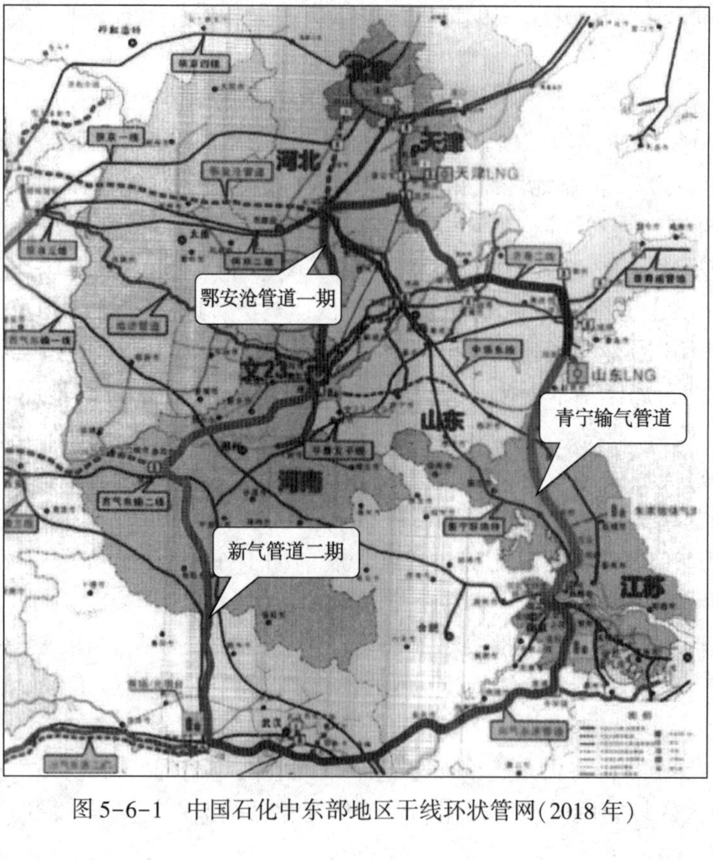

图 5-6-1 中国石化中东部地区干线环状管网(2018 年)

3. 形成沿海输气通道

青宁输气管道与天津 LNG 外输管道、山东管网、“川气东送”及其南京支线在东部沿海形成南北大通道，该通道不仅连接中国石化天津 LNG、山东 LNG 和“川气东送”管道资源，还可实现“西气东输”、陕京及冀宁联络线等东西主干管网在东部沿海地区的连通(图 5-6-2)。同时，青宁输气管道不仅考虑为江苏赣榆 LNG 等提供代输业务，中国石油江苏如东 LNG，中国海油江苏盐城 LNG、广汇启东 LNG 等江苏沿海 LNG 项目也可以和青宁输气管道连通，实现沿海 LNG 和陆域天然气资源的南北调配和应急保供。远期，管道可继续向南，与温州 LNG 项目实现连通，最终形成连接天津、山东、江苏、上海、浙江等东部地区的沿海天然气南北联络通道。

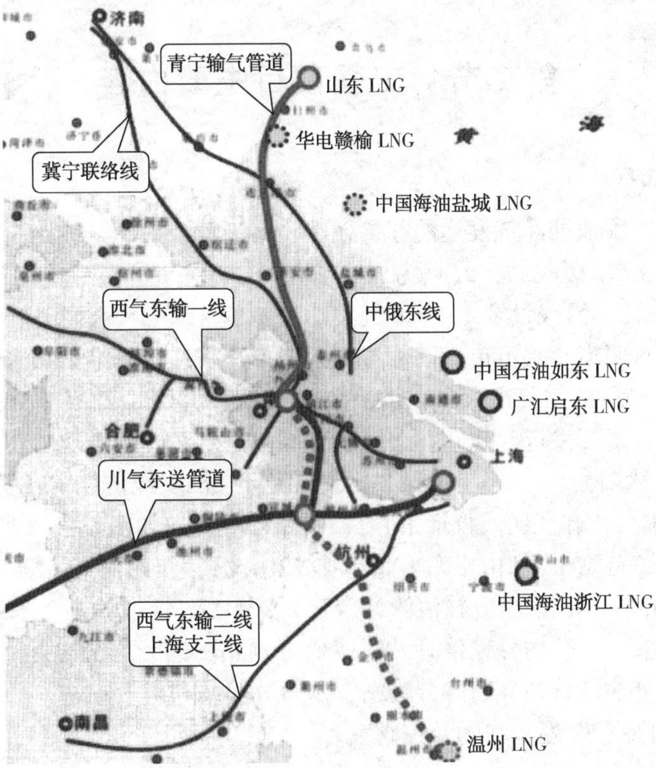

图 5-6-2 东部沿海天然气通道

4. 增加江苏省天然气供应

2018 年，中国石化在上海、江苏等东部沿海市场仅有“川气东送”管道供应天然气，且位于管道末端，青宁输气管道建成后，可以提高东部沿海市场的安全保供能力。同时，随着江苏城镇化的大规模推进，以及环境要求的提高，江苏用气缺口将快速增大，预计 2025 年江苏天然气市场需求量 $517\times10^8m^3$，缺口达 $99\times10^8m^3$，青宁输气管道工程可以将山东的气源输送到江苏，以开拓苏北市场，增供“川气东送”长三角已有市场，保障江苏省天然气供应。

综上分析，青宁输气管道建成后，不仅仅是山东 LNG 的南下通道，更可作为“中东部地区干线环状管网”和“东部沿海输气通道”主要组成部分，可以发挥多气源以及与其他资源之间的南北调配和互保互供作用，使得资源流向市场范围更广，竞争力更强。同时，可以将沿海地区经济发展较好的山东、江苏连接起来，增加向高端市场的供给量，并且作为沿海 LNG 资源的代输通道，能够实现效益最大化。

三、建设意义和作用

青宁输气管道建成后，可实现“川气东送”管道、天津LNG接收站及外输管道、山东管网、江苏管网、山东LNG接收站、金坛/文96/文23储气库等主要储运设施的互联互通，可有效开展华北、华东等重点地区资源灵活调度和应急互保；能充分利用山东LNG接收站资源优势及南方地区冬夏季调峰差异，进一步开辟鲁南、苏北、江南等地区市场，可有效开展华北、华东两地天然气资源灵活调度和应急互保，多方位提升天然气经营效益，确保中国东部沿海经济发达地区的能源安全保障水平。

项目建设满足能源结构调整、增加江苏省天然气供应量、提升中国东部沿海经济发达地区能源安全保障水平要求；满足国家天然气主干网发展需求，形成沿海输气通道；构建国家中东部地区干线环状管网。

第二节 工程项目主要内容

一、输气线路

青宁输气管道工程地处经济发达的苏鲁地区，属于黄淮平原，线路全长536.093km，起点为中国石化青岛LNG接收站，终点为国家管网“川气东送”南京输气站。管道设计压力10MPa，管径1016mm，沿线设置11座输气站场，22座阀室，设计年输气量$72\times10^8m^3$。途经山东省青岛市、日照市、临沂市，江苏省连云港市、宿迁市、淮安市和扬州市2省、7个地市、18个县区，经过的主要市(区、县)有青岛市(黄岛区)、日照市(山海天旅游度假区、东港区、日照经济技术开发区、岚山区)、临沂市(临港区)、连云港市(赣榆区、海州区、东海县)、宿迁市(沭阳县)、淮安市(涟水县、淮阴区、淮安经济技术开发区、淮安区)、扬州市(宝应县、高邮市、邗江区、仪征市)等。线路宏观走向如图5-6-3所示。

全线设输气管道首站1座(由山东LNG接收站建设)，新建输气站场11座，其中：分输站7座(泊里站与山东LNG泊里分输清管站合建)、分输清管站3座、末站1座。分别是泊里分输站、日照分输站、赣榆分输清管站、赣榆分输站、连云港分输站、宿迁分输清管站、淮安分输站、宝应分输清管站、高邮分输站、扬州分输站和南京末站。

全线设置截断阀室22座，均为监控阀室。

二、河流、铁路、公路及水域穿越

输气管道定向钻穿越河流140处(其中高邮湖定向钻7连穿8.2km，本项目主要控制性工程)，顶管穿越公路(高速公路、国道、省道、县道)258处(其中沪陕高速G40顶管63m)，大开挖穿越公路217处，泥水平衡顶管穿越铁路16处。管道沿线主要铁路有新石铁路、坪岚铁路、陇海铁路、新长铁路、宁启铁路等，主要公路有沈海高速、日东高速、连霍高速、宁连高速、沪陕高速、盐徐高速、扬溧高速、宁通高速、G327国道、G328国道及多条省道。管道与铁路基本为交叉通过。与管道平行的公路主要有沈海高速、京沪高速、一些国道以及多条省道和城市道路。管道沿线穿越大中型河流有京杭运河、苏北灌溉总渠等。穿越的其他主要河流还有绣针河、淮沭新河、新沭河、新沂河等。水源主要来自大气降水和河川上游径流。

三、配套工程

(1)管道防腐。输气管线外防腐采用三层PE复合结构，并对管道采取以强制电流为主、牺牲阳极为辅的阴极保护措施。

(2)自动控制。线路、站场采用以计算机为核心的SCADA系统，实现对全线管道输送工艺过程的监控、调度管理及优化运行。控制系统分三级控制方式：就地手动控制、站控室集中控制和控制中心远程控制。各站紧急关断系统、可燃气体检测系统独立设置，报警信号进入SCADA系统进行报警显示，天然气交接(贸易)计量采用超声波流量计。

(3)通信。主干线管道同沟敷设36芯光缆，主要为输气管道的SCADA系统、生产调度系统和管道巡线、抢修提供迅速、安全、可靠的通信保障和服务。

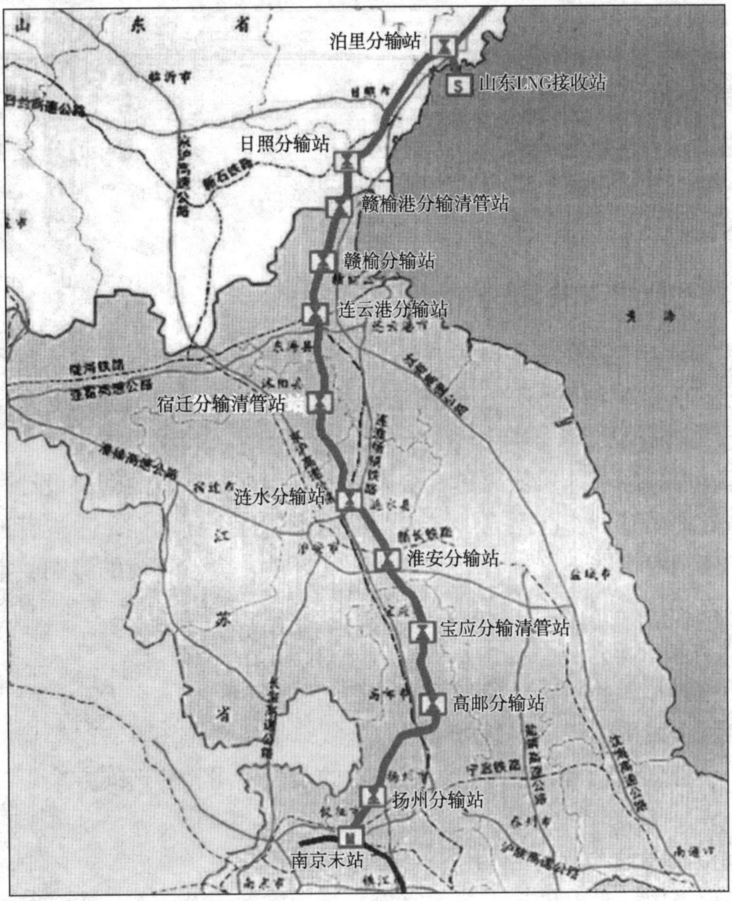

图5-6-3　线路宏观走向图

四、管道连通

青宁输气管道在山东境内与山东LNG外输管道相连，在江苏境内与川气东送管道南京支线连通，与山东管网、天津LNG外输管道、鄂安沧管道一期、新气管道二期、川气东送管道形成中东部地区干线环状管网，实现多气源连通的供气格局。

青宁输气管道在江苏省连云港市与江苏华电规划建设的华电赣榆LNG项目外输管道连通，并为其代输资源，以满足华电在江苏省新建燃气电厂的天然气供应和已建燃气电厂的资源补充要求。

青宁输气管道工程考虑与江苏省沿海输气管道连通；同时考虑与中国石油冀宁联络线、中俄东线连通，增强了中国石化和中国石油两大公司“互供互保”的能力。

第七章　输气管道建设工程技术创新

第一节　管道设计技术创新

一、管道设计创新的重要性

输气管道的设计直接影响到天然气的输送效率和质量，是输气管道建设领域的重点。对于管道的设计创新，既可以全面提升施工建设的科学性，又可以提高天然气输气管道建设的质量，确保天然气输气管道的安全、稳定运行。

二、管道设计中的创新点

在我国天然气管道工业加速发展的背景下，管道的设计创新任务越来越受到重视，逐渐从制造走向“智造”，以一种更科学、更智能的方式向前发展。其管道可创新点列举如下。

1. 设计理念的创新应用

当前，环保、安全、节能、低碳是社会发展的关键词，原有的管道设计理念也需要紧跟时代的步伐，将这些关键词充分融合，转变为在考虑管道全面功能、重视管道运行安全的同时，充分考虑到管道对沿线地区的社会环境、人文环境、自然环境的影响，重视对其社会环境、人文环境和自然环境的保护，实践“绿色管道、安全管道、以人为本”的设计理念。

2. 设计手段的创新应用

1）全线采用卫星遥感技术进行选线

长输管道工程全线采用卫星遥感技术进行选线。卫星遥感图具有时像新、分辨率高、图像直观、范围广、信息量丰富等特点；遥感技术的全面使用，使选线方案更加合理，从而提高了选线效率。

2）数字航空摄影技术的应用

长输管道工程采用世界上最先进的数字摄影测量技术，设计人员通过航测产生的正射影像图不断优化线路走向。采用数字航空摄影数据，可为设计提供“4D”（数字线划图、数字栅格图、数字正射影像图、数字高程模型）原始设计资料。

数字摄影测量方法可以在室内完成占总工作量80%的地形图测量和断面图测量，与传统测量方法相比可节约投资25%左右，提高工效30%左右。

3）地理信息系统（GIS）

随着管道工业自动化的发展，GIS在长输管道中得到了日益广泛的应用。它融合了管道原有的SCADA系统自动控制功能，美国、挪威、丹麦等国家的管道普遍使用GIS技术。目前，该技术已实现地理信息、数据采集、传输、储存和作图的统一作业，可为管道的勘测、设计、施工、投产运行、管理监测、防腐等各阶段提供资料。青宁输气管道工程充分利用数字摄影测量以及产生的数字化基础成果，建立全线地理信息系统，这对于管道的建设、运行管理以及管道的应急抢修等是十分必要的。

4）智能化管道的应用

智能化管道的定义立意高、影响深远，在青宁输气管道上按照智能化管道的定义进行了部分应用与实践。在信息系统集中整合的基础上，借助云计算、物联网、大数据、移动互联网、人工智能等技术，建成资源优化输送、隐患自动识别、风险提前预警、设备预知维护、管线寿命预测、自动应急联动的智能化管道，可提高管网运行效率，支撑油气管网“安全、绿色、低碳、科学”运营。

同时，借助二维码、GPS、移动互联等新一代信息技术手段，为青宁管道的数字孪生搭建基础，实现管道工程建设的各个阶段包括前期、设计、采购、施工及运维的全生命周期可视一体化综合管控，辅助提高管道管理水平。

5）建立青宁输气管道工程门户网站平台

利用建立的门户网站进行方便高效的项目集成管理，在网站上发布青宁输气管道建设的各方面信息，如项目资料、新闻报道、项目通知、项目计划和进度、采办信息、会议日程、宣培工作等。

以天然气并行管道为例，根据并行管道的特点、建设进度安排、相互影响因素分析，结合管道所通过的不同地形地质环境条件，参照《并行敷设管道关键技术研究》等研究成果，按照《油气管道并行敷设设计规定》的要求，优化确定不同条件下并行敷设管道的具体做法，既是管道设计的重点，也是设计的关键，可以充分利用数字化、信息化、智能化、BIM、GIS 等技术对并行敷设管道进行合理设计路线规划和模拟施工，减少施工过程中的经济损失。

6）基于 BIM 的项目全过程设计协同

设计各专业间协同。在设计阶段，将建筑、结构、暖通、电气、给排水等全专业的设计进行 BIM 建模，在各专业的虚拟建造过程中，开展对图纸问题的全面检查和校核。而后将各专业 BIM 模型集成为整合的项目 BIM 模型，通过基于 BIM 模型的冲突检测和分析，开展对图纸不同专业间冲突问题的全面检查和校核。

施工–专业分包深化协同。在项目实施过程中，当专业分包单位或厂家进场后（如电梯厂家、装配式生产厂商、钢结构加工厂家等），基于整合 BIM 模型，开展所对应承包工程范围和节点的深化设计。

3. 管道装置的设计

1）管道的整体布局

对于管道装置来说，最重要的工作就是对管道进行合理布局。布局既要达到相应的排列设计标准，确保整体的美观性；又要使花费最小化，争取用最少的费用打造最优的布局。

2）管道的连接

分布于不同设备之间的管道需要进行合理的连接，连接的方式不仅需要各条线路保持直线型，还需要使连接的线路尽可能短。在实际管道连接的过程中，要充分考虑到热胀冷缩及力与力矩的问题，以免在投入使用后管道系统出现问题。

3）管道的保护

管道在实际进行敷设时，可能会经过夹层、墙壁以及屋面等，应对管道采取必要的保护措施，此时会用到特殊的保护套来保护管道防止遭受磨损。同时还要考虑热胀冷缩的问题，给管道留下足够的空间。若是在铁路或者水道等周围敷设管道时，保护套则可以选择使用过的钢管，节省了使用特殊保护套的费用。

4) 管道的敷设

敷设管道要尽可能地远离沟渠，若是实在无法绕开，就要调整管道与阀门的敷设，还要对排水装置等进行一系列的调整。

5) 敷设地下管道的注意事项

敷设地下管道时要充分考虑敷设区域实际的冰冻情况。敷设时使用到的阀门都必须放置于阀门井里，地下的管道也要避开地表上的设备占地区域。

以夹套管为例，作为石油化工中比较常见的一种使用工具，主要有热油类、热水类和蒸汽类三种。敷设地下管道时，首先要创新夹套管的长度，因为这直接关系设计工作的质量，长度会直接影响管内流体的特性及流量。其次是内外管热应力的创新。内外管的温度是不同的，所能承受的热应力也是不同的。

4. 管道设计的传统模式

在管道设计方面，管道的经济费用以及安全是两个重要的方面。通常来说，管道设计主要有两种方法：一种是考察管道的可靠性；另一种则是将设计的方针以及系数作为一个标准。前一种方法将对管道每个方面的极限值进行全面考察，其考察的重点是管道的载重以及管道的最大使用年限。后一种方法对管道的载重量和材质作出规定，结合施工实际情况，按照先前的规定进行设计。对比这两种方法，不难发现，第一种方法更加科学合理，且实用性更强。

5. 管道设计的创新模式

对于管道设计来说，或多或少会存在一些缺陷，比较常见的缺陷有管道材质或管道安装工艺方面的缺陷。管道设计的创新模式会先给管道上的裂痕进行测定，最常使用的测定方法有样本测定的方法以及无损探伤的方法。其次检测裂痕临界值，裂痕的临界值是指除了管道的断裂和泄漏这两种情况，还指检测管道上裂痕的最大尺寸。然后检测裂痕的强度，测出裂痕的长度，并根据裂痕的变化规律分析出裂痕的强度。最后计算管道的使用年限，根据管道上裂痕尺寸的变化规律，进一步算出裂痕变化的速率，从而得出管道的剩余寿命。

第二节 管道施工技术创新

一、管道施工技术创新的重要性

目前，我国的经济不单单是高速增长，而是逐渐转变为高质量增长，创新成为各行各业可持续发展的唯一武器。在天然气管道行业中，施工技术方案的设计和施工过程控制与安全、环保等发展主题密切相关，对其的创新显得极为重要。

从市场角度来看，管道企业通过不断创新施工技术，可以节省人力、物力，利用新技术来代替原有的生产力，以最小的投资换取最大的企业效益，逐渐占领市场。

从政策支持角度来看，政府对于创新的发展十分重视，相应的政策福利也较为丰厚，管道企业运用施工创新技术申请专利等，能够在税收和其他方面能够享受政府指定的优惠政策。

从企业形象角度来看，施工技术的不断创新是一个施工企业长久发展的最好办法，它能够在一定程度上促进企业的文化建设，提升企业良好的社会形象。

二、管道施工技术的创新点

天然气管道施工技术具有以下三个方面的创新。

1. 管道缺陷检测技术

目前，国内外管道缺陷检测技术主要包括漏磁法内检测、超声波内检测、超声导波、管道壁厚数据分析等。我国在变形、漏磁、惯性测绘内检测器研发应用领域技术较成熟，并且在环焊缝缺陷、螺旋焊缝缺陷识别判定技术领域取得重大突破，但是在超声测厚、超声裂纹、电磁超声技术研发与应用领域与国外的技术相比还存在差距，需要继续技术创新和技术攻关。

2. 管道内减阻技术的深入研究

目前，减少输气管道内壁粗糙度以提高天然气输送效率的方法数不胜数，而从经济性和实用性角度来看，在内壁涂减阻涂层是最有效的方法之一。减阻涂层可在管道的内表面形成一种光滑的保护膜，而这层薄膜能够显著降低输送摩擦力，同时还有一定的防腐作用。

相关研究表明，在天然气输送效率相同的情况下，输气管道有无涂内减阻涂层对输气量产生了较大的差别，涂内减阻涂层的管道提高了6%~30%的输气量。然而传统环氧内减阻涂料为溶剂型产品，对工人和环境产生一定的危害。目前，一种无溶剂环氧内减阻涂料的出现受到了各个管道企业的追捧，其挥发性有机化合物含量极低，耐磨、抗剪切性能也优于溶剂型内减阻涂料，并且涂料喷涂效率高，降低了施工的成本。

3. 管网运行仿真与优化技术

天然气管网仿真与优化技术的应用可有效地提高管道运行的安全性和经济性，既是支撑管网设计方案优选、运行方案优化等业务的核心技术，也是为管道企业赢得巨大经济效益的有力保障。仿真技术主要是通过管道、设备的相关参数计算，建立管道运行模型，模拟出天然气在真实管道中的流动状态和设备运行状态。优化技术相对实施难度较大，理论上来说是在管道运行模型建立完善的基础上，再结合天然气管网资源市场情况以及管输能力等数据，最后将运筹学的思想运用到模型中，得到最优运行方案。然而实际上，系统的、有效的优化技术软件产品数量较少，大多数情况下还是通过具体问题具体分析来优化管道运行以保障天然气管道建设的经济性和高效性。

除此之外，还包括在穿越、挖沟、下管和焊接等多个层面展开创新实践。

参 考 文 献

[1] 徐文渊，蒋长安．天然气利用手册[M].2版．北京：中国石化出版社，2006.

[2] 李玉星，姚光镇．输气管道设计与管理[M].2版．东营：中国石油大学出版社，2009.

[3] 王绍周．管道运输工程[M]. 北京：机械工业出版社，2004.

[4] 宋德琦．天然气储气库技术研究[D]. 成都：西南石油学院，2001.

[5] 严铭卿，宓亢琪，黎光华．天然气输配技术[M]. 北京：化学工业出版社，2006.

[6] 段常贵．燃气输配[M]. 北京：中国建筑工业出版社，2001.

[7] 刁玉玮，王立业，喻健良．化工设备机械基础[M].6版．大连：大连理工大学出版社，2006.

[8] 张永红．天然气流量计量[M]. 北京：石油工业出版社，2006.

[9] 顾安忠．液化天然气技术[M]. 北京：机械工业出版社，2003.

[10] 顾安忠，鲁雪生．液化天然气技术手册[M]. 北京：机械工业出版社，2010.

[11] 赵敏，厉彦忠．C3/MRC液化流程中原料气成分及制冷剂组分匹配研究[J]. 化工学报，2009，60(S1)：50-57.

[12] 李时宣，王登海，王遇冬，等．长庆气田天然气净化工艺技术介绍[J]. 天然气工业，2005，25(4)：150-153.

[13] 朱刚，顾安忠．液化天然气冷能的利用[J]. 能源工程，1999，19(3)：1-2.

[14] 王海华，张同．液化天然气冷能发电[J]. 公用科技，1988，4(1)：5-7.

[15] 余黎明，蒋克忠，张磊．我国液化天然气冷能利用技术综述[J]. 化学工业，2008，26(3)：9-26.

[16] 钱锡俊，陈弘．泵和压缩机[M].2版．东营：中国石油大学出版社，2007.

[17] 张德姜，王怀义，刘绍叶．泵石油化工装置工艺管道安装设计手册[M]. 北京：中国石化出版社，2009.

[18] 林存瑛．天然气矿场集输[M]. 北京：石油工业出版社，1997.

[19] [丹]A. C. 霍夫曼，[美]L. E. 斯坦因．旋风分离器：原理、设计和工程应用[M]. 彭维明，姬忠译．北京：化学工业出版社，2002.

[20] 《化学工程手册》编委会编．化学工程手册(上)[M]. 北京：化学工业出版社，2002.

[21] 钱颂文．换热器设计手册[M]. 北京：化学工业出版社，2002.

[22] 谭天恩，麦本熙，丁惠华．化工原理(上) [M]. 北京：化学工业出版社，1984.

[23] 油化学工业部石油化工规划设计所．炼油设备工艺计算资料-塔的工艺计算[M]. 北京：石油工业出版社，1977.

[24] 庄骏，张红．热管技术及其工程应用[M]. 北京：化学工业出版社，2000.

[25] 李亭寒，华诚生．热管设计与应用[M]. 北京：化学工业出版社，1987.

[26] 毛希澜．换热器设计[M]. 上海：上海科学技术出版社，1988.

[27] 胡居传，岳永亮，王铁恒，等．热管的应用及发展现状[J]. 制冷，2001，20(3)：20-26.

[28] 王开岳．天然气净化工艺：脱硫脱碳、脱水、硫黄回收及尾气处理[M]. 北京：石油工业出版社，2005.

[29] 陈赓良，王开岳．天然气综合利用[M]. 北京：石油工业出版社，2004.

[30] Red Cavaney. LP Gas The All Purpose Fuel，Oil&Gas Development [M.] International：Association Repors，1998.

[31] Yifei Ma，Yanli Li. Analysis of the supply-demand status of China's natural gas to 2020[J]. Springer，2010，7(1)：132-135.

[32] Ryoji Kobori，Tomonori Ohba，Takaomi Suzuki，Etc. Fine pore mouth structure of molecular sieve carbon with GCMC-assisted supercritical gas adsorption analysis[J]. Adsorption，2009，15(2)：114-122.

[33] 张鸿仁，张松主编．油气处理[M]．北京：石油工业出版社，1995.
[34] 炼油厂设备检修手册编写组，炼油厂设备检修手册：第一编[M]．北京：石油工业出版社，1979.
[35] 周公度．沸石分子筛的结构[J]．化学通报，1974，49(4)：49-62.
[36] Hersh，C. K. Molecular Sieves[M]. New York：Reinhold，1961.
[37] 张受谦．化工手册[M]．济南：山东科学技术出版社，1986.
[38] 徐智勇．热力工程计算图册[M]．北京：水利电力出版社，1986.
[39] 吕洪波，易明新，刘念景，等．提高 NGL 装置乙烷收率的技术措施[J]．石油与天然气化工，2003，32(6)：349-350.
[40] 郁永章，高其烈，冯兴全，等．天然气汽车加气站设备与运行[M]．北京：中国石化出版社，2006.
[41] 郭揆常．液化天然气(LNG)应用与安全[M]．北京：中国石化出版社，2008.
[42] 王立昕．大连 LNG 项目建设管理实践[M]．北京：石油工业出版社，2010.
[43] F. D. Skinner et al. Analyzer For H_2S、CO_2 Promises Savings for Amine Operations[J]. Oil Gas J，1996，94(11)：76-79.
[44] 黄桢，李鹭，胡桂川．天然气井油管柱腐蚀破坏力学[M]．重庆：重庆大学出版社，2010.
[45] 马建隆，宋之平．实用热工手册[M]．北京：水利电力出版社，1988.
[46] A. Tabe-Mohammadi. A review of the Appoications of Membrane Separation Technology in Natural Gas Treatment[J]. Separation Science and Technology，1999，34(10)：2095-2111.
[47] 王云瑛，张湘亚．泵和压缩机[M]．北京：石油工业出版社，1987.
[48] 李刚．天然气常见事故预防与处理[M]．北京：中国石化出版社，2008.
[49] 黄春芳．天然气管道输送技术．北京：中国石化出版社，2009.
[50] 潘永密，李斯特．化工机器[M]．北京：石油工业出版社，1980.
[51] 王遇东．然气处理与加工工艺[M]．油工业出版社，1999.
[52] 郭揆常[M]．矿场油气集输与处理．北京：中国石化出版社，2010.
[53] GPSA. Engineering Data Book. 12th Edution[M]，Tulsa：Oklahoma，2004.
[54] 李建胡，萧彤．日本 LNG 接收站的建设[J]．天然气工业，2010，30(1)：109-113.
[55] 张立希，陈慧芳．LNG 接收终端的工艺系统及设备[J]．石油与天然气化工，1999，28(3)：163-199.
[56] 石玉美，汪荣顺，顾安忠．液化天然气接收终端[J]．石油与天然气化工，2003，32(1)：14-17.
[57] 中国石油天然气股份有限公司．天然气工业管理实用手册[M]．北京：石油工业出版社，2005.
[58] 严铭卿主编．燃气工程设计手册[M]．北京：中国建筑工业出版社，2009.
[59] 郑欣，王遇冬，范君来．天然气气质对 LNG、CNG 生产的影响[J]．煤气与热力，2006，26(2)：20-23.
[60] 罗东晓，郑少芬．天然气汽车的经济性分析[J]．煤气与热力，2007，27(3)：21-24.
[61] 欧翔飞，罗东晓．国内压缩天然气汽车产业发展分析[J]．天然气工业，2007，27(4)：129-132.
[62] 朱明华，胡坪．仪器分析．4 版[M]．北京：高等教育出版社，2008.
[63] 罗东晓，林越玲．L-CNG 加气站的推广应用前景[J]．天然气工业，2007，27(4)：123-125.
[64] 杨源泉．阀门设计手册[M]．北京：机械工业出版社，1992.
[65] 王训钜．阀门的使用与维修技术[M]．武汉：湖北科学技术出版社，1985.
[66] 陆培文等．阀门选用手册[M]．北京：机械工业出版社，2001.
[67] 机械工业部编．阀门产品样本[M]．北京：机械工业出版社，1983.
[68] 张明先，王家国．安全阀的选用与使用[J]．石油化工设备技术，1996，13(3)：60.
[69] 李秀科．浅谈蒸汽疏水阀的选用[J]．石油化工设备技术，1999，20(2)：21.
[70] 潘康．控制蝶阀调节特性的研究[D]．杭州：浙江大学，2008.
[71] 李俊英，李新华．机械行业标准《管路法兰及垫片》修订概论[J]．石油化工设备技术，1996，17(4)：46.

[72] Pierre Vander Meulenet. RLG Tank design, principles, and application rules: inventory and variations across various standards, LNG-15 Barcelona, 2007.

[73] Kevin Westwood et. Fast and effective response to LNG vapor releases and fires, LNG-15 Barcelona, 2007.

[74] Less G S, Chang Y S, Kim M S, et al. Thermodynamic Analysis of Extraction Processes for the Utilization of LNG Cold Energy [J]. Cryogenice, 1996, 36(1): 35-40.

[75] T. S Kim, S. T Ro. Power augmentation of combined cycle power plants using cold energy of liquefied natural gas [J]. Energy, 2000, 25(9): 841-856.

[76] Nagamura Takashi, Yamashita Naohiko. AIR separating method using external cold source: US, 5220798 [P], 1993-06-22.

[77] AgrawaRakesh. Liquefied natural gas refrigeration transfer to a cryogenics air separation unit using high nitrogen stream: US, 5137558 [P], 1992-08-11.

[78] Herron Donn Michael, Choe Jung Soo, Dee Douglas Paul. Air separation process utilizing refrigeration extracted from LNG for producyion of liquid oxygen: US, 2008216512a1 [P], 2008-09-11.

[79] 郁永章. 活塞式压缩机[M]. 北京: 机械工业出版社, 1982.

[80] 丁成伟. 离心泵和轴流泵[M]. 北京: 机械工业出版社, 1982.

[81] 机械工程手册、电机工程手册编辑委员会. 机械工程手册: 泵、真空泵[M]. 北京: 机械工业出版社, 1980.